国家出版基金项目
NATIONAL PUBLICATION FOUNDATION

纳米科学与技术

纳米与分子电子学手册

〔美〕谢尔盖·雷舍夫斯基　主编
帅志刚　李启楷　朱道本　等　译

科学出版社
北　京

图字：01-2009-0731 号

内 容 简 介

本书系统论述分子和纳电子技术的方方面面——涵盖基础理论，报道最新进展，设计全新的解决方案，报道可能的技术，预测具有深远意义的发展，构想新的范式等。全书主要由四大部分、共 26 章构成，内容丰富，各章既包括坚实的基础理论又论述可行性技术，在覆盖面和实用性之间取得了较好的平衡。

本书可供分子与纳电子技术及其相关领域的科研工作者和大专院校师生参考使用。

图书在版编目(CIP)数据

纳米与分子电子学手册/(美)雷舍夫斯基(Lyshevski, S. E.)主编；帅志刚，李启楷，朱道本等译．—北京：科学出版社，2011
(纳米科学与技术/白春礼主编)

ISBN 978-7-03-031455-0

Ⅰ．纳… Ⅱ．①雷…②帅…③李…④朱… Ⅲ．纳米技术-应用-分子电子学-手册
Ⅳ．TN01-62

中国版本图书馆 CIP 数据核字（2011）第 110313 号

责任编辑：杨 震 顾英利 沈晓晶 / 责任校对：包志虹
责任印制：钱玉芬 / 封面设计：陈 敬

科学出版社 出版
北京东黄城根北街16号
邮政编码：100717
http://www.sciencep.com
双青印刷厂 印刷
科学出版社发行 各地新华书店经销
*
2011 年 6 月第 一 版 开本：B5（720×1000）
2011 年 6 月第一次印刷 印张：63 1/2 插页 12
印数：1—3 000 字数：1 280 000

定价：168.00 元

（如有印装质量问题，我社负责调换）

《纳米科学与技术》丛书编委会

《纳米科学与技术》丛书序

在新兴前沿领域的快速发展过程中，及时整理、归纳、出版前沿科学的系统性专著，一直是发达国家在国家层面上推动科学与技术发展的重要手段，是一个国家保持科学技术的领先权和引领作用的重要策略之一。

科学技术的发展和应用，离不开知识的传播：我们从事科学研究，得到了“数据”(论文)，这只是“信息”。将相关的大量信息进行整理、分析，使之形成体系并付诸实践，才变成“知识”。信息和知识如果不能交流，就没有用处，所以需要“传播”(出版)，这样才能被更多的人“应用”，被更有效地应用，被更准确地应用，知识才能产生更大的社会效益，国家才能在越来越高的水平上发展。所以，数据→信息→知识→传播→应用→效益→发展，这是科学技术推动社会发展的基本流程。其中，知识的传播，无疑具有桥梁的作用。

整个20世纪，我国在及时地编辑、归纳、出版各个领域的科学技术前沿的系列专著方面，已经大大地落后于科技发达国家，其中的原因有许多，我认为更主要的是缘于科学文化的习惯不同：中国科学家不习惯去花时间整理和梳理自己所从事的研究领域的知识，将其变成具有系统性的知识结构。所以，很多学科领域的第一本原创性“教科书”，大都来自欧美国家。当然，真正优秀的著作不仅需要花费时间和精力，更重要的是要有自己的学术思想以及对这个学科领域充分把握和高度概括的学术能力。

纳米科技已经成为21世纪前沿科学技术的代表领域之一，其对经济和社会发展所产生的潜在影响，已经成为全球关注的焦点。国际纯粹与应用化学联合会(IUPAC)会刊在2006年12月评论：“现在的发达国家如果不发展纳米科技，今后必将沦为第三世界发展中国家。”因此，世界各国，尤其是科技强国，都将发展纳米科技作为国家战略。

兴起于20世纪后期的纳米科技，给我国提供了与科技发达国家同步发展的良好机遇。目前，各国政府都在加大力度出版纳米科技领域的教材、专著以及科普读物。在我国，纳米科技领域尚没有一套能够系统、科学地展现纳米科学技术各个方面前沿进展的系统性专著。因此，国家纳米科学中心与科学出版社共同发起并组织出版《纳米科学与技术》，力求体现本领域出版读物的科学性、准确性和系统性，全面科学地阐述纳米科学技术前沿、基础和应用。本套丛书的出版以高质量、科学性、准确性、系统性、实用性为目标，将涵盖纳米科学技术的所有领域，全面介绍国内外纳米科学技术发展的前沿知识；并长期组织专家撰写、编辑出版下去，为我国纳米科技各个相关基础学科和技术领域的科技工作者和研究生、本科生等，提供一套重要的参考资料。

这是我们努力实践“科学发展观”思想的一次创新，也是一件利国利民、对国家科学技术发展具有重要意义的大事。感谢科学出版社给我们提供的这个平台，这不仅有助于我国在科研一线工作的高水平科学家逐渐增强归纳、整理和传播知识的主动性(这也是科学研究回馈和服务社会的重要内涵之一)，而且有助于培养我国各个领域的人士对前沿科学技术发展的敏感性和兴趣爱好，从而为提高全民科学素养做出贡献。

我谨代表《纳米科学与技术》编委会，感谢为此付出辛勤劳动的作者、编委会委员和出版社的同仁们。

同时希望您，尊贵的读者，如获此书，开卷有益！

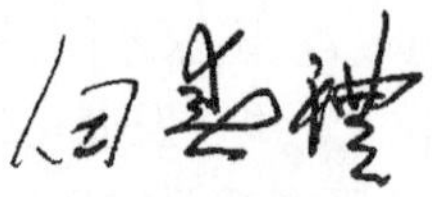

中国科学院院长

国家纳米科技指导协调委员会首席科学家

2011 年 3 月于北京

译 者 序

最近几年来,关于纳电子学方面的研究十分活跃,纳电子学这门新学科正在迅速发展并引人注目。纳电子学是新兴的纳米科学与技术的重要组成部分,是未来的电子、计算机与信息等科学与技术的基础。纳电子学学科主要包括三个方面:固体纳电子学、分子电子学和生物电子学。

《纳米与分子电子学手册》是这一革命性领域在理论和技术方面的最完整和最权威的指南。它涵盖了基本概念、最新进展、全新的解决方案以及具有深远意义的进步,呈现了可靠的基本理论、应用实验结果和尖端技术,探讨了器件级和系统级实现的突破性解决方案,并共享本领域的知名专家获得的科研成果和发展的技术。本手册对器件物理的基本理论进行了探讨,在三维拓扑、组织和体系架构下,对分子处理平台和分子集成电路的合成与设计以及利用量子效应和独特现象进行自下而上的制造进行了阐述。

本手册由相应领域的知名专家撰写,系统地涵盖了分子和纳电子技术的方方面面。分子和纳电子技术是一种革命性的理论与技术进步范式。本手册的各章节包括各种可靠的基本理论和可行的技术,并确保在覆盖度和实用性之间取得平衡。从本书中关于纳米和分子体系的探索中,我们可以得到创新性思维的启迪。通过阅读本手册,可以随时掌握用于实现纳电子技术和微电子技术以及生物分子技术和存储器的最新结果和实用解决方案。此外,本手册还有助于针对当前和未来应用,学习设计概念、器件级仿真、模拟方法和制造技术。因此,本手册可以作为高等院校和科研院所相关领域的科学家、工程师以及高校师生的参考资料。

本手册由朱道本、帅志刚和李启楷组织翻译,李启楷对全手册进行了审校。参加本手册翻译的有:陈克求、董焕丽、郜婧、耿华、胡文平、江浪、江雷、解士杰、李启楷、李新奇、李永舫、李勇军、李玉良、刘洪涛、刘云圻、吕文刚、邵久书、帅志刚、孙庆丰、汤庆鑫、王树、王朝晖、温泉山、夏钶、严大东、占肖卫、张磊、朱春雷等。科学出版社在组织出版和编辑工作中给予了很大的支持,对此表示衷心的感谢。

译 者

2011 年 5 月

作 者 名 单

Rajeev Ahuja
Condensed Matter Theory Group
Department of Physics
Uppsala University
Uppsala, Sweden

Richard Akis
Center for Solid State Engineering Research
Arizona State University
Tempe, Arizona, USA

Andrea Alessandrini
CNR-INFM-S3
NanoStructures and BioSystems at Surfaces
Modena, Italy

Supriyo Bandyopadhyay
Department of Electrical and Computer Engineering
Virginia Commonwealth University
Richmond, Virginia, USA

Valeriu Beiu
United Arab Emirates University
Al-Ain, United Arab Emirates

Robert R. Birge
Department of Chemistry
University of Connecticut
Storrs, Connecticut, USA

A. M. Bratkovsky
Hewlett-Packard Laboratories
Palo Alto, California, USA

J. A. Brown
Department of Physics
University of Alberta
Edmonton, Canada

K. Burke
Department of Chemistry
University of California
Irvine, California, USA

Horacio F. Cantiello
Massachusetts General Hospital
and
Harvard Medical School
Charlestown, Massachusetts, USA

Aldo Di Carlo
Università di Roma Tor Vergata
Roma, Italy

G. F. Cerofolini
STMicroelectronics
Post-Silicon Technology
Milan, Italy

J. Cuevas
Grupo de Física No Lineal
Departamento de Física Aplicada I
ETSI Inform Universidad de Sevilla
Sevilla, Spain

Shamik Das
Nanosystems Group
The MITRE Corporation
McLean, Virginia, USA

John M. Dixon
Massachusetts General Hospital
and
Harvard Medical School
Charlestown, Massachusetts, USA

J. Dorignac
College of Engineering
Boston University
Boston, Massachusetts, USA

Rodney Douglas
Institute of Neuroinformatics
Zurich, Switzerland

J. C. Eilbeck
Department of Mathematics
Heriot-Watt University
Riccarton, Edinburgh, UK

James C. Ellenbogen
Nanosystems Group
The MITRE Corporation
McLean, Virginia, USA

Christoph Erlen
Technische Universität München
München, Germany

F. Evers
Institut fur Theorie der Kondensierten Materie
Universität Karlsruhe
Karlsruhe, Germany

Paolo Facci
CNR-INFM-S3
NanoStructures and BioSystems at Surfaces
Modena, Italy

David K. Ferry
Center for Solid State Engineering Research
Arizona State University
Tempe, Arizona, USA

Danko D. Georgiev
Laboratory of Molecular Pharmacology
Faculty of Pharmaceutical Sciences
Kanazawa University Graduate School of Natural Science and Technology
Kakuma-machi Kanazawa
Ishikawa, Japan

James F. Glazebrook
Department of Mathematics and Computer Science
Eastern Illinois University
Charleston, Illinois, USA

Anton Grigoriev
Condensed Matter Theory Group
Department of Physics
Uppsala University
Uppsala, Sweden

Rikizo Hatakeyama
Department of Electronic Engineering
Tohoku University
Sendai/Japan

Thorsten Hansen
Department of Chemistry and International Institute for Nanotechnology
Northwestern University
Argonne, Evanston, Illinois, USA

Jason R. Hillebrecht
Department of Molecular and Cell Biology
University of Connecticut
Storrs, Connecticut, USA

Walid Ibrahim
United Arab Emirates University
Al-Ain, United Arab Emirates

Giacomo Indiveri
Institute of Neuroinformatics
Zurich, Switzerland

Dustin K. James
Department of Chemistry
Rice University
Houston, Texas, USA

Bhargava Kanchibotla
Department of Electrical and Computer Engineering
Virginia Commonwealth University
Richmond, Virginia, USA

Jeremy F. Koscielecki
Department of Chemistry
University of Connecticut
Storrs, Connecticut, USA

Mark P. Krebs
Department of Ophthalmology
College of Medicine
University of Florida
Gainesville, Florida, USA

Takhee Lee
Department of Materials Science and Engineering
Gwangju Institute of Science and Technology
Gwangju, Korea

Craig S. Lent
Department of Electrical Engineering
University of Notre Dame

Notre Dame, Indiana, USA

Paolo Lugli
Technische
Universität München
München, Germany

Sergey Edward Lyshevski
Department of Electrical
Engineering
Rochester Institute of
Technology
Rochester, New York, USA

Lyuba Malysheva
Bogolyubov Institute for
Theoretical Physics
Kiev, Ukraine

Thomas Marsh
University of St. Thomas
St. Paul, Minnesota, USA

Duane L. Marcy
Department of Electrical
Engineering and Computer
Science
Syracuse University
Syracuse, New York, USA

Robert M. Metzger
Laboratory for Molecular
Electronics
Department of Chemistry
University of Alabama
Tuscaloosa, Alabama, USA

M. Meyyappan
Center for Nanotechnology
NASA Ames Research Center
Moffett Field, California, USA

Lev G. Mourokh
Physics Department
Queens College of the City
University of New York
Flushing, New York, USA

Vladimiro Mujica
Department of Chemistry and
International Institute for
Nanotechnology
Northwestern University
Evanston, Illinois, USA
and
Argonne National Laboratory
Center for Nanoscale
Materials
Argonne, Illinois, USA

Alexander Onipko
IFM
Linkping University
Linkping, Sweden

Alexei O. Orlov
Department of Electrical
Engineering
University of Notre Dame
Notre Dame, Indiana, USA

F. Palmero
Grupo de Física No Lineal
Departamento de Física
ETSI Inform Universidad
de Sevilla
Sevilla, Spain

Alessandro Pecchia
Università di Roma
Tor Vergata
Roma, Italy

Carl A. Picconatto
Nanosystems Group
The MITRE Corporation
McLean, Virginia, USA

Sandipan Pramanik
Department of Electrical and
Computer Engineering
Virginia Commonwealth
University
Richmond, Virginia, USA

Avner Priel
Department of Physics
University of Alberta
Edmonton, Alberta, Canada

Mark A. Ratner
Department of Chemistry and
International Institute for
Nanotechnology
Northwestern University
Evanston, Illinois, USA

Mark A. Reed
Departments of Electrical
Engineering, Applied
Physics, and Physics
Yale University
New Haven, Connecticut, USA

R. A. Römer
Department of Physics and Centre for Scientific Computing
University of Warwick
Coventry, UK

F. R. Romero
Grupo de Física No Lineal
Departamento de FAMN
Facultad de Física
Universidad de Sevilla
Sevilla, Spain

Garrett S. Rose
Department of Electrical and Computer Engineering
Polytechnic University
Brooklyn, New York, USA

Anatoly Yu. Smirnov
Quantum Cat Analytics Inc.
Brooklyn, New York, USA

Gregory L. Snider
Department of Electrical Engineering
University of Notre Dame
Notre Dame, Indiana, USA

Gil Speyer
Center for Solid State Engineering Research
Arizona State University
Tempe, Arizona, USA

Jeffrey A. Stuart
Department of Chemistry
University of Connecticut
Storrs, Connecticut, USA

William Tetley
Department of Electrical Engineering and Computer Science
Syracuse University
Syracuse, New York, USA

James M. Tour
Department of Chemistry
Rice University
Houston, Texas, USA

Jack A. Tuszynski
Department of Physics
University of Alberta
Edmonton, Alberta, Canada

James Vesenka
University of New England
Biddeford, Maine, USA

Wenyong Wang
Semiconductor Electronics Division
National Institute of Standards and Technology
Gaithersburg, Maryland, USA

Bangwei Xi
Department of Chemistry
Syracuse University
Syracuse, New York, USA

Bin Yu
Center for Nanotechnology
NASA Ames Research Center
Moffett Field, California, USA

Matthew M. Ziegler
IBM T. J. Watson Research Center
Yorktown Heights, New York, USA

译者名单

序言

帅志刚　中国科学院化学研究所,清华大学

李启楷　中国科学院化学研究所

第Ⅰ部分　分子与纳电子技术:器件级与系统级

1　自组装单分子层的电学特性

汤庆鑫　董焕丽　胡文平　中国科学院化学研究所

2　分子电子学计算技术

吕文刚　中国科学院物理研究所

夏　钶　北京师范大学

3　单分子电子学:结论与展望

董焕丽　江　浪　胡文平　中国科学院化学研究所

4　碳衍生物

李勇军　李玉良　中国科学院化学研究所

5　纳米存储器与纳米处理器的系统级设计与模拟

王朝晖　郜　婧　中国科学院化学研究所

6　三维分子电子技术与用于信号和信息处理平台的集成电路

李启楷　中国科学院化学研究所

帅志刚　中国科学院化学研究所,清华大学

第Ⅱ部分　纳米尺度电子技术

7　电子学中的无机纳米线

李永舫　中国科学院化学研究所

8　纳电子器件中的量子点

李永舫　中国科学院化学研究所

9　利用纳米级多孔氧化铝模板自组装纳米结构

王朝晖　郜　婧　中国科学院化学研究所

10　尖峰神经元的神经形态网络

第Ⅲ部分　生物分子电子技术与处理

第Ⅳ部分　分子与纳电子学：器件层次建模与模拟

前　言

我很荣幸主持这部手册的编撰工作，本书各章均由相应领域的知名专家撰写，内容极具特色。本书的总体目标是，系统地畅述分子和纳电子技术的方方面面（如涵盖基础理论、报道最新进展、设计全新的解决方案、报道可能的技术、预测具有深远意义的发展、构想新的范式等）。分子和纳电子技术是一种革命性的理论与技术进步范式。本手册的各章节既表述坚实的基础理论又论述可行性技术，以确保在覆盖面和实用性之间求得平衡。分子电子技术和分子处理平台（$^{\rm M}$PP）的发展是无止境的，其优越的总体性能和功能性是任何微电子技术都无法比拟的。

由于高风险/高回报研发的不可预测性、所知的有限性以及理论发现与使能（enabling）技术的偶然性，很难准确地预测各种技术发明何时成熟并进而商业化。60 余年来，人们的精力主要集中在固态微电子技术领域。毫无疑问，这个成熟的有 1500 亿美元规模的微电子工业促进了技术的进步和社会的发展。然而，微电子技术进一步的发展则遇到了理论和技术方面的挑战与限制。这些限制也许是不可逾越的。为了能够找到新的解决方案和定义全新的策略（inroads），人们设计和开发了多种创新的范式和技术。分子与纳电子技术被认为是最具发展前景的解决方案之一。

分子（纳米）电子技术和微电子技术的差异并不在于其尺寸大小（维度），而在于其显著不同的器件级和系统级解决方案、器件物理，以及现象、制造和拓扑/组织/体系架构。例如，绝缘厚度小于 1nm、通道长度小于 20nm 的场效应晶体管，尽管具有亚纳米绝缘厚度，且可能使用碳纳米管（直径小于 1nm）来构成通道，但并不能就由此认为它是纳电子器件。利用原子聚集，使用“自下而上”合成制造出来的三维拓扑的分子和纳电子器件，具有专属的量子现象和电化学机械效应。与传统二维集成电路（IC）相比，三维分子集成电路（$^{\rm M}$IC）和$^{\rm M}$PP 的拓扑、组织和体系架构则是完全不相同的。

由此产生了分子电子技术和$^{\rm M}$PP 的可行性问题。关于固态$^{\rm M}$IC 的整体可行性目前还没有最终定论，并且以往也不存在固态微电子技术和 IC 的类比物。相反，自然中存在大量的各种各样的生物分子处理平台。这些平台为我们提供了分子范式的可行性、可靠性和前所未有的优越性的可靠证据。尽管人们试图利用和原型化基于生物的电子技术、处理和存储，但这些努力曾经且现在仍然面临大量的理论、实验和技术挑战。$^{\rm M}$IC 和$^{\rm M}$PP 优越的组织和体系架构可以通过使用仿生技术来实现，并因此用来研究和原型化脑神经和中枢神经系统的功能。目前，许许多多悬而未决的问题仍然困扰着生物系统。例如，从神经细胞的基本功能到神经元聚集，从信息处理到信息测度，从所利用的现象到所展现的细胞机制等。尽管存在这些巨大的挑战，但在理论和技术的前沿，近几年来仍然取得了很大的进步，并有新的发现。本手册将涵盖这些发展和主要发现。全书由四大部分组成，各主题之间具有连贯性。

第Ⅰ部分：分子与纳电子技术：器件级与系统级。共 6 章，主要包括：

- 自组装单分子层的电学特性
- 分子电子学计算技术
- 单分子电子学：结论与展望
- 碳衍生物
- 纳米存储器与纳米处理器的系统级设计与模拟
- 三维分子电子技术与用于信号和信息处理平台的集成电路

这些章节介绍分子器件（^{M}device）的器件物理、分子器件的合成、^{M}IC 的设计以及^{M}PP 的策划，给出这些器件级和系统级理论的一些有意义的结果以及构想中的技术与工艺实践。

第Ⅱ部分：纳米尺度电子技术。包括如下 6 章：

- 电子学中的无机纳米线
- 纳电子器件中的量子点
- 利用纳米级多孔氧化铝模板自组装纳米结构
- 尖峰神经元的神经形态网络
- 电子学迈向 TSI 时代——分子电子学及未来
- 基于非可靠纳米器件的纳米架构的计算

这些章节主要集中于介绍纳电子和纳米尺度电子技术，并介绍各种实用的解决方案。

第Ⅲ部分：生物分子电子技术与处理。将介绍生物分子电子技术及存储的一些最新进展，由 6 章构成：

- “G 线”DNA 的性质
- 金属蛋白电子技术
- 生物分子与半导体纳米环中非线性和空间离散导致的电荷输运与局域化 · 中性激子的 Aharonov-Bohm 效应
- 蛋白质光存储
- 通过孤立波和随机过程进行的亚神经元信息处理
- 微管和肌丝的电子及离子导电性，与细胞信号的关系及在生物电子学中的应用

上述各章对生物分子平台愿景有重要的实际意义，有助于理解生物系统中一些重要的现象。

第Ⅳ部分：分子与纳电子学：器件层次建模与模拟。共 8 章，主要介绍高保真

建模、异构模拟和数据密集型分析的方方面面，由下述各章构成：

- 分子电子学的模拟工具
- 分子电子学器件中的电流整流、开关和缺陷影响的理论
- 分子电导问题的复杂性
- 作为开放量子体系的纳米机电谐振子
- 分子接触的相干电子输运：一个易处理的模型实例
- 单分子第一性原理输运计算的骄傲、偏见和窘境
- 分子电子器件
- STM 诱导单分子表面反应的电子共隧穿模型

这些章节为读者提供可供实际应用的、非常有意义的结果，着重阐释器件层次的基本理论。

手册中各章介绍的是作者们各自的研究结果。因此，各章节可能在风格、定义、公式、发现和前景叙述上会存在一定的差异和不一致性。在我看来，这并不是缺点，相反还是优点。实际上，读者应当注意观点上的差异、所采用的明显各异的方法、所寻求的选择性技术以及所强调的各种概念。我非常享受与各位作者的合作，并衷心地感谢大家所作出的非常有价值的贡献。显然，本手册中介绍的观点、发现、建议和结论均属于作者，并不一定反映编者的观点。不过，本书中的所有章节都强调，分子与纳电子技术仍然需要进一步的研究和发展，它也代表了目前工程、科学与技术的前沿。

需要强调的是，尽管内容检查了很多次，或为保证质量花费了很多精力，本手册仍不可避免地可能存在着一些小错误或不足。如果发现任何需要校正、调整、澄清和/或修改的地方，请通知我，对此我们将表示衷心的感谢。

致谢

许多人参与了本手册的编撰工作。首先，我要衷心地感谢所有本手册的撰稿人员。同时，还要感谢许许多多在筹备手册编写工作中给予过帮助的人。杰出的 Taylor & Francis 团队，尤其是 Nora Konopka（特邀编辑，电气工程），Jessica Vakili 和 Amy Rodriguez（项目编辑），都给予了极大的帮助，并给出了大量宝贵的反馈和建议。谢谢大家。

Sergey Edward Lyshevski
电气工程系
罗切斯特理工学院
Rochester，NY，14623-5603，USA
E-mail：Sergey. Lyshevski@rit. edu
网址：www. rit. edu/～seleee

目　录

第Ⅳ部分　分子与纳电子学:器件层次建模与模拟

第 I 部分

分子与纳电子技术：器件级与系统级

1 自组装单分子层的电学特性

Wenyong Wang, Takhee Lee, Mark A. Reed 著

汤庆鑫 董焕丽 胡文平 译

摘要：

利用纳米器件对烷基硫醇(alkanethiol)的自组装单分子层(SAM)的电学特性进行研究。通过器件的变温伏安特性，探索单分子层的导电机理。在低温区，观察

到不依赖于温度的输运特性，表明在烷基硫醇单分子层中隧穿效应是载流子输运的主要机理。使用非弹性电子隧穿谱(IETS)对烷基硫醇自组装单分子层的电学性能进行了进一步的研究。IETS 谱显示出烷烃分子的特征振动信号，直接证明了这种分子的存在。通过对谱峰的调制展宽和热展宽效应进行分析，获得了不同振动模式的本征线宽。通过对本征线宽的研究，能够揭示分子的结构信息，是探索分子器件输运特性的有力工具。

1.1 引　　言

在过去几十年中，纳米科学与技术取得了巨大的进展，其研究内容涉及单个原子和分子的操纵、碳纳米管和半导体纳米线的合成及其可能的应用等领域[1-3]。大量的文献证明，纳米器件提供了一个理想的实验平台，用来研究纳米材料的新颖物理特性，特别是在量子水平上的特性，如单电子隧穿或量子限域效应等[4,5]。此外，随着半导体器件尺寸的不断减小，传统的自上而下的微加工工艺很快进入到纳米尺度范围，加工尺寸的进一步减小，将会面临方法和成本方面的挑战[6]。这促使全世界的研究人员都在探寻新的途径，以满足未来不断增加的计算需求。

为了检验单个分子作为具有独立电子功能元器件的可能性，分子的电荷传输特性成为纳米技术研究的一个活跃领域[2,3]。早在 1974 年，人们就提出了单分子整流器的理论模型。模型中的分子是由一个电子受体和一个电子给体组成的，给体和受体通过 σ 桥键分开，整个分子能够作为单分子 p-n 结进行工作[7]。然而，在实现这种单分子器件的过程中，遇到很多挑战，如这种分子的合成、器件的制备及测试的可靠性等。在 1997 年，有文献报道了用 Langmuir-Blodgett (LB)膜制备的单分子整流器，然而，由于文献只是给出了器件的伏安特性曲线，所观察到的整流特性是否真正来自分子本身并不确定，具体的机理也不清楚[8]。当时，除了使用 LB 膜以外，一些课题组也在尝试使用自组装的共轭低聚物来做电子元件的沟道[9,10]，从而开创了利用分子自组装技术制备单分子层器件进行电学特性研究的先河[2]。

分子自组装是一种在各种衬底表面自发形成高度有序单分子层薄膜的实验方法[11,12]。这一领域的前期的开拓性研究工作，主要是在金表面组装，形成硫醚单分子层，然后进行传输特性的研究[13]。在过去 20 年里，这个领域发展迅速，目前，自组装单分子层已经在很多领域(如纳米电子学、表面修饰、生物传感器等)获得了应用[11]。

人们发展了很多方法和器件结构来表征自组装单分子层的特性。例如，关于自组装单分子层传输特性的研究，近年来就有大量报道[2,3,14,15]。不过，很多关于传输机理的结论都不是通过详细地研究器件的温度依赖性而获得的[14,15]，此外，进一步的研究发现，有些效应是来自于细丝传导效应[16-21]。因此，发展可靠、可控的方法来检测分子的电荷传输特性，尤为迫切[22]。事实上，在研究分子器件的性质时，需要注意分子的构型、分子与电极间的键合、电极之间是否真的连接有分子等问题。

本章中，我们研究的都是具有经典电荷传输行为的分子体系，利用这些体系可以控制、消除或理解制备过程中引入的变量。目前广泛研究的烷基硫醇[$CH_3(CH_2)_{n-1}SH$]，其自组装单分子层的结构和构型都已经非常清楚，可以作为一个标准体系来使用[11,22-25]。这个系统在金(111)晶面上形成单一的范德瓦尔斯(van der Waals)晶体[26]，当将其组装在金属电极间的时候，由于分子具有高达8eV的HOMO-LUMO间隙(HOMO即最高已占分子轨道，LUMO即最低未占分子轨道)，体系显示出简单、经典的金属-绝缘体-金属隧穿结的特性[27]。利用烷基硫醇自组装单分子层构筑的纳米器件，能够进行温度依赖性 $I(V)$ [$I(V,T)$]和结构依赖性的测量[24]。将获得的结果与公认的金属-绝缘体-金属隧穿理论模型相比较，可以得到许多重要的传输参数[24,28]。

非弹性电子隧穿(IETS)技术也被用来研究烷基硫醇自组装单层分子的电子传输特性[25,29]。非弹性电子隧穿技术是20世纪60年代发展起来的一种有力的谱学工具，用于研究限域在金属-氧化物-金属隧穿结中有机分子的振动谱[29-31]。在我们的研究中，非弹性电子隧穿谱被用来鉴定分子类型和研究“可控”自组装单分子层的化学键合及导电机理。在获得的谱中仅包括有烷基分子的特征振动模式，直接证明了器件结构中存在着烷基硫醇分子。这是在类似研究中的第一个明确地直接证明烷基硫醇分子存在的实验证据。从谱线中还能获得本征线宽数据，可以用来研究分子构象。所有这些都证明，这种方法可能是将来用于研究分子器件的一种有力工具[22,25]。

1.2 隧穿的理论背景

1.2.1 电子隧穿

隧穿是一种纯量子力学的行为[32,33]。隧穿过程中，粒子可以穿过势垒(对应于经典物理中一个具有负动能的区域)，从一个经典物理允许的运动区域转移到另一个区域。这个过程之所以能够实现，是因为粒子具有波粒二象性的特性。随着量子力学的发展，人们在很多不同的体系中，从理论和实验上对隧穿现象进行了大量的研究[34,35]。

金属-绝缘体-金属隧穿结是一种被广泛研究的隧穿结构。如果两个金属电极被足够薄的绝缘膜分隔开，在两个电极间将会有隧穿电流通过[34,35]。绝缘膜的作用是在金属电极间引入一个势垒。穿过矩形势垒的隧穿电流密度可以用如式(1.1)表示[34,35,36]：

$$J=\left(\frac{e}{4\pi^2\hbar d^2}\right)\left\{\left(\Phi_B-\frac{eV}{2}\right)\exp\left[-\frac{2(2m)^{1/2}}{\hbar}\left(\Phi_B-\frac{eV}{2}\right)^{1/2}d\right]\right.$$
$$\left.-\left(\Phi_B+\frac{eV}{2}\right)\exp\left[-\frac{2(2m)^{1/2}}{\hbar}\left(\Phi_B+\frac{eV}{2}\right)^{1/2}d\right]\right\} \tag{1.1}$$

式中，m 是电子质量；d 是势垒宽度；Φ_B 是势垒高度；$h(=2\pi\hbar)$是普朗克常量；V 是所加偏压。在低偏压范围内，式 (1.1) 可以近似为[36]

$$J\approx\left(\frac{e^2(2m\Phi_B)^{1/2}}{h^2 d}\right)V\exp\left[-\frac{2}{\hbar}(2m\Phi_B)^{1/2}d\right] \tag{1.2}$$

它表明隧穿电流随所加偏压的增加而线性地增加。此公式也表明，隧穿电流随势垒宽度呈指数变化，即 $J\propto\exp(-\beta_0 d)$。衰减因子 β_0 可表示为

$$\beta_0=\frac{2(2m)^{1/2}}{\hbar}(\Phi_B)^{1/2} \tag{1.3}$$

在 20 世纪 50 年代，人们用一个与复杂能带理论相关的经验模型(即所谓的 Franz 双带模型)来解释金属-绝缘体-金属(MIM)结的行为[37-41]。与 Simmons 模型不同，Franz 模型通过考虑能带间隙 E_g，把绝缘薄膜的价带和导带的贡献都包含进来[37]。模型没有给出隧穿电流的表达公式，而是预测了一个经验的带隙内非抛物线的能量-动量色散关系[37]：

$$k^2=\frac{2m^*}{\hbar^2}E\left(1+\frac{E}{E_g}\right) \tag{1.4}$$

式中，m^* 是电子的有效质量；E 是相对于导带的能量。

Franz 模型能够获得在带隙内的隧穿电子的有效质量[38-41]。在已知金属-绝缘体-金属隧穿结势垒高度的情况下，可以利用式(1.4)的非抛物线形 $E(k)$ 关系，可以推导出电子的有效质量[41]。不过，当金属电极的费米能级与一个能带匹配良好时，另一个远处的能带对隧穿传输的贡献可以忽略，这时，Simmons 模型是 Franz 模型的一个非常好的近似[37,42]。

1.2.2 非弹性电子隧穿

由局域分子振动模式导致的非弹性电子隧穿，是 1966 年由 Jaklevic 和 Lambe 在研究金属-氧化物-金属结的隧穿效应时发现的[29]。他们原本希望获得由金属电极引致的能带结构效应[29,43]，而实验中却观察到了与绝缘层中分子杂质的振动激发相关的 d^2I/dV^2 的结构特征。此后，非弹性电子隧穿谱被发展成为一种能够应用于很多领域(如化学鉴定、化学键研究、痕量检测等)的有力谱学工具[30,31]。

图 1.1 给出了隧穿结的能带示意图及其相应的 $I(V)$ 曲线。当在左边金属电极上加一个负偏压时，左边的费米能级升高。一个电子从左侧占据态上隧穿到右

侧的空态上,其能量保持不变(过程 a)。这是在 1.2.1 小节中讨论的弹性隧穿过程。在这个过程中加一小偏压时,电流随电压线性地增加[图 1.1(b)]。然而,如果在势垒中局域有一个频率为 ν 的振动模式,当所加的偏压足够大($eV \geqslant h\nu$)时,电子损失一个能量子($h\nu$)从而激发振动模式,并隧穿到另一个空量子态(过程 b)[44,45]。这为电子打开了一个非弹性隧穿的通道,其总隧穿概率增加。因此,总隧穿电流随所加偏压增加,出现了一个突变[图 1.1(b)]。在微分电导(dI/dV)图中,这个突变产生一个台阶,在 d^2I/dV^2 图中则是一个峰。然而,由于仅有一小部分电子隧穿是非弹性的,产生的微分电导台阶太小,因而很难被探测到。在实际操作中,人们使用对相位敏感的锁相探测器["锁定"(lock-in)]二次谐波检测技术,来直接地测量 $I(V)$ 曲线的二阶导数峰[44]。

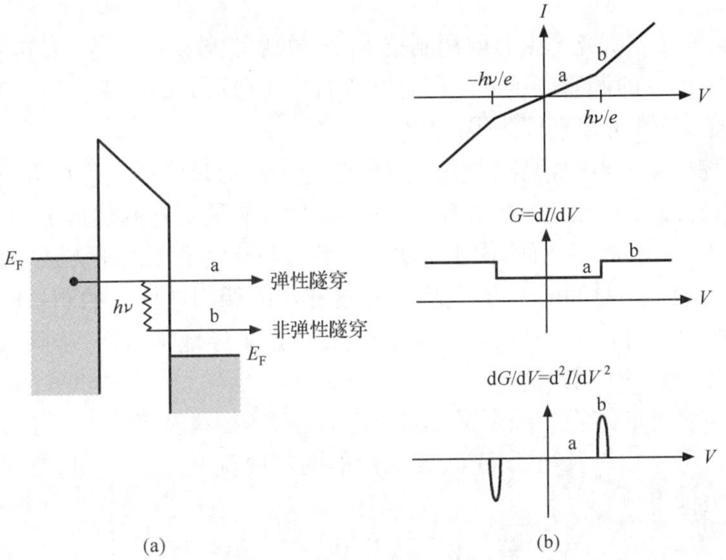

图 1.1 (a) 隧道结的能级图,结内有一个频率为 ν 的振动模式,a 是弹性隧穿过程,b 是非弹性隧穿过程;(b) 对应的 $I(V)$,dI/dV 和 d^2I/dV^2 特性曲线

获得非弹性电子隧穿谱后,需要分析谱峰的位置、宽度和强度。峰的位置和宽度只需要一般的知识就能预测,同电子与分子间相互作用的细节无关。但由于峰的强度与电子-分子间耦合的细节相关,因此更难计算[44]。

1.2.2.1 峰的标定

如上所述,只有当所加的偏压达到 $V_i = h\nu_i/e$ 后,才能出现非弹性隧穿过程[29]。因此,在偏压 V_i 位置处的峰就直接对应于具有 $h\nu_i$ 能量的分子振动模式。这一结论是基于能量守恒得出的,与电子-分子间耦合的机理没有关系。通过参照大量其他技术(如红外、拉曼、高分辨电子能量损失谱等)获得的已知的振动谱,非弹性电子隧穿谱峰可以被一一标定出来[43-45]。

1.2.2.2 峰的宽度

根据非弹性电子隧穿的理论分析,谱峰的宽度包括一个本征的自然线宽和两个谱线的展宽——热展宽和调制展宽。热展宽是由于费米能级的展宽效应所导致的,调制展宽是由用来获得二次谐波信号的动态探测技术引入的[44]。

Lambe 和 Jaklevic 首先研究了热展宽效应[43,46]。他们假设隧穿电流的电压依赖性仅包含在金属电极的费米函数中,而有效隧穿态密度随能量的变化可以忽略不计,这样预测的热展宽的半高宽是 $5.4kT/e$[43,46]。这个预测已经被实验研究所证实[47]。

Klein 等最先研究了由有限调制技术导致的展宽效应[46]。假设在隧穿结上施加一个频率为 ω 的调制电压 V_ω,调制展宽的半高宽是 $1.2V_\omega$ 或 $1.7V_{rms}$(调制电压的均方根值,通常可以直接测得)[44,46]。

这两种展宽因素中,调制展宽占主导地位[45]。通过降低温度可以将热展宽降低,如在液氦温度下的热展宽仅为 2meV。要使调制展宽达到热展宽的大小,调制电压要低于 1.18mV。然而,由于二次谐波信号与调制电压的平方成正比,并且信噪比的提高随平均时间的平方根变化,在这样小的调制电压下的测量时间要求非常长,这是不切实际的。因此,由于调制展宽占据主导地位,进一步降低测量温度对降低展宽所起的作用很小[45]。

实验中获得的谱峰的线宽 W_{exp} 包含三部分:本征线宽 $W_{intrinsic}$,与 $5.4kT$ 成正比的热展宽 $W_{thermal}$ 以及与 $1.7V_{rms}$ 成正比的调制展宽 $W_{modulation}$。这三项因素的平方和再开方即得[43,48]

$$W_{exp} = \sqrt{W_{intrinsic}^2 + W_{thermal}^2 + W_{modulation}^2} \tag{1.5}$$

1.2.2.3 峰的强度

在从实验上发现由于分子振动导致的非弹性电子隧穿后,人们提出了几种理论模型来定量地分析非弹性电子隧穿谱。Scalapino 和 Marcus 发展了第一个理论,来解释相互作用的机理[49]。他们把电子-分子耦合作为电子和分子偶极矩间的库仑相互作用来处理,并考虑了具有偶极矩的分子离一个电极非常近时的情形(此时镜像偶极矩也必须考虑进去)。相互作用势被当作对势垒(假设其为矩形)的扰动来处理。运用 WKB 近似,可以估算非弹性电导和弹性电导间的比率,并预测隧穿谱的强度应该与红外谱的强度一样。不过,实验中发现,尽管在红外谱中的大峰通常都对应于隧穿谱中的大峰,但是比例却不尽相同。此外,在红外谱中没有的峰,也会出现在隧穿谱中[44]。

Lambe 和 Jaklevic 研究了电子-分子相互作用的其他机理，将上述处理做进一步地推广，即涵盖了拉曼类型的相互作用，这里，电子在分子中产生一个诱导偶极，并与这个诱导偶极发生相互作用[43]。他们的计算表明：拉曼型相互作用导致的非弹性电导的变化，与红外型电子-偶极相互作用导致的电导变化几乎具有相同的量级。

上述偶极子近似，给出了隧穿电子和局域化分子振动相互作用机理的清晰物理图像，但计算过于简单。Kirtley 等[50,51]发展了另一种理论，来计算非弹性电子隧穿谱中振动谱的强度[44,52,53]。他们没有采用偶极子近似，而是假设分子中的电荷分布可以分成局部电荷(partial charge)，每个局部电荷定域在某个特定的原子上，这些局域电荷起源于成键时电子的不均匀分布。隧穿电子与振动分子间的相互作用能是所有电子与局部电荷库仑势的总和。这种局部电荷的处理方法，能够在原子尺度上描述相互作用，通过考虑 WKB 波函数和局部电荷相互作用势，能够计算得到与隧穿透射系数对应的非弹性隧穿矩阵[52]。计算结果表明，对接近一个电极的偶极子来说，垂直于隧穿结界面的净偶极矩的分子振动，要比平行于隧穿结界面的净偶极矩的分子振动具有更大的非弹性截面。这是因为，在接近金属表面的时候，镜像偶极子对垂直于结界面的偶极子起到了势能加和作用，而对平行于结界面的偶极子则趋向于抵消势能。不过，对于在隧穿结深处的振动模式，情况则显然不同。尽管具有较低的散射振幅，但平行于结界面的偶极子取向要比垂直取向的情形更为有利[44,52,53]。

1.3 实验方法

1.3.1 烷基硫醇自组装单分子层

分子自组装是一种通过界面上的自发化学吸附过程在各种衬底表面上形成高度有序、紧密排列的单分子层的化学技术[11]。烷基硫醇是一种具有 n 个碳原子的烷基链、以硫醇基作为端基的分子体系[$CH_3(CH_2)_{n-1}SH$][11]。例如，图 1.2(a)所示为八烷基硫醇的化学结构。众所周知，烷基硫醇在金(111)晶面上能够自组装成紧密的类晶体堆积结构，其中，烷基链处于全反式构象[13]。自组装单分子层的沉积过程如图 1.2(b)所示。把清洁的金衬底浸入到烷基硫醇的溶液里，放置一段时间，通过下述化学反应，烷基硫醇自发地在金表面形成一个单分子层[11,12,54]：

$$RS\text{-}H + Au \longrightarrow RS\text{-}Au + 0.5\ H_2$$

式中，R 为分子主链。实验上观测到这类化学吸附过程分为两个阶段：开始是一个快速过程，在数分钟的时间里(取决于硫醇的浓度)约完成膜厚的 90%，之后是一个持续几个小时的较慢过程，达到最终的厚度和接触角[11,12]。研究发现，第二个过程是伏倒在衬底表面的自组装分子转变成有序站立相的过程，同时伴随或跟随着烷基链的重组和晶化[11,55-57]。在分子自组装的过程中，有三种驱动力保证形成最终的单层结构：硫醇头基和金晶格间的相互作用力、烷基链间的色散力(范德瓦尔斯力等)和端基间的相互作用力[11,12]。

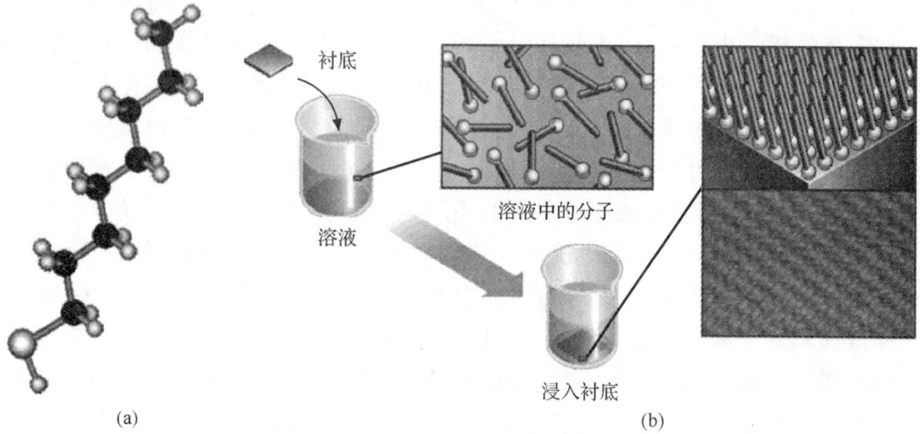

图 1.2　(a) 十二烷基硫醇的化学结构；(b) SAM 的沉积过程示意图[54,61]，及 SAM 的 STM 图像(参看图 1.3)

多种表面分析工具(如红外谱、傅里叶转换红外谱[13,58]、X 射线光电子能谱[59]、拉曼光谱[60]、扫描隧道显微镜[23,61]等)都可以用来研究烷基硫醇的自组装单分子层的表面和内部性质。图 1.3(a)给出了一个在金(111)晶面上形成的十二

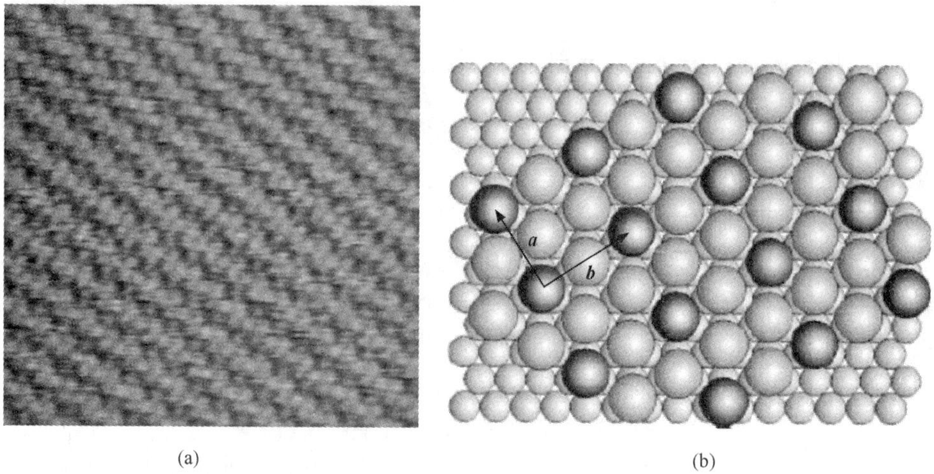

图 1.3　(a) Au(111)表面组装十二烷基硫醇 SAM 的 STM 图像，图像的尺寸为 13nm×13nm。(b) 与烷基硫醇 SAM 相当的晶体结构，大的圆形图标表示烷基硫醇分子，小的圆形图标表示下面的金原子；***a*** 和 ***b*** 是矩形单胞的晶格矢量，长度分别为 0.8nm 和 1.0nm[61]

烷基硫醇自组装单分子层在恒定电流模式下的扫描隧道显微镜照片[61]，图 1.3(b)是相应的晶体结构示意图[为具有$(\sqrt{3}\times\sqrt{3})R30°$点阵的$c(4\times2)$超晶格结构][23,62]。在图 1.3(b)中，大圆形图标代表烷基硫醇分子，小圆形图标代表下面的金原子，***a*** 和 ***b*** 是分子矩形单胞的晶格向量，长度分别是 0.8nm 和 1.0nm[61]。实验研究结果也表明，金(111)晶面上的烷基硫醇自组装单分子层的直立烷基链与金表面的法线间有一个约 30°的夹角[62]，而硫醇头基与金晶格间的键能约为 40kcal①/mol(约 1.7eV)[11]。

研究表明，在自组装单分子层中存在针孔或晶界缺陷，每个自组装区域的尺寸大概为几百埃[11,23]。除了在自组装过程中引入的缺陷之外，衬底表面的粗糙度是另一个缺陷来源。例如，尽管通常被称为"平坦的(flat)"金，在金表面层上仍可能存在晶界，它能够在自组装单层中引起缺陷[23]。不过，自组装单层膜中形成的硫醇-金原子结构，能够在金表面迁移(被称为自组装单分子层的退火过程)，可以消除掉一部分缺陷[11,23]。

烷基硫醇分子具有大的 HOMO-LUMO 间隙(约 8eV[27,63-66])、小的分子长度(约几纳米)，因此，理论预期其电子传输应该是通过隧穿来实现的。下面将讨论烷基硫醇自组装单分子层的电学性能。

1.3.2　分子输运表征的方法

为了正确理解通过自组装分子的电荷传输性能，要求器件的制备方法能够把接触效应与分子层的本征性质区分开来。但是，在纳米尺寸的膜上形成可重复的可靠电学接触是非常困难的，这在实验上本身就非常具有挑战性。为此，人们发展了多种实验表征方法来达成这一目标，下面我们对几种主要的方法作一个简单的总结。

扫描隧道显微镜和导电原子力显微镜等多种扫描探针技术，经常被用来研究分子的电子结构。由于扫描隧道显微镜具有成像、探测和操纵单个原子或分子的能力，在早期分子性能的研究中被广泛采用[67-69]。利用扫描隧道显微镜对单个分子传输性能进行测量也有过报道[70-73]。不过，在这种测量中，如果针尖和样品表面靠得太近，会诱导局域表面电子结构发生变化，从而改变测量结果。针尖和分子之间的真空间隙，也会使分析变得更加复杂[74]。此外，如果测量是在大气环境中进行的，还会造成样品污染，因此，需要在真空或充有惰性气体(如氮气或氩气)的扫描隧道显微镜腔中进行测量[75,76]。

最近，导电原子力显微镜被用来表征自组装单分子层的电学性能[77-80]。例如，Wold 等报道了采用导电原子力显微镜对烷基硫醇分子进行的测量[77]；Cui 等把金纳米粒子和烷基硫醇组装在一起并测量了其电导特性[78]。不过，在这种技术

① 非法定单位。1kcal=4.1868×10³J。——编者

中，导电原子力显微镜的针尖可能会刺穿分子层或使分子层产生形变，产生一个与力相关的接触结区域。因此，需要用黏附力分析（能够排除形变或贯穿的影响）和温度依赖性表征来排除上述影响，使之成为能够广泛应用于分子电导探测的方法[28]。

另一种重要的表征方法是机械可控的断裂结技术[81-84]。在这种技术中，自组装单分子层被夹在两个稳定的金属电极之间，进行 $I(V)$ 特性的测量[81]。在制备过程中，带切痕的金属线被固定在一个弹性弯曲梁上，使用一个压电元件使梁弯曲，并拉断金属线。金属线的拉断可在分子溶液中进行，金属线断裂后让溶剂挥发，就能使分子将两个电极连接在一起，形成所希望得到的分子结[84]。另一种拉断结的制备过程则是使用电子束曝光刻蚀技术，在聚酰亚胺绝缘层（位于金属衬底的表面）上制备金线，然后，把部分聚酰亚胺腐蚀掉，就可以在衬底上得到悬空的金线桥。悬空的金线桥被机械地弯曲拉断，形成纳米尺度的电极对[83]。Reed 等用这种机械拉断形成的电极对，在室温下测量了一个苯二硫醇分子的电荷传输性能[81]。Kergueris 等[82]和 Reichert 等[83]采用类似的技术，测量了自组装单层分子的导电性能，确定了单个分子或几个分子的 $I(V)$ 特性。

最近，人们利用金属原子的电迁移来切断金属线，制备分子结的技术也被开发出来[85-87]。在这种方法中，先用电子束刻蚀和斜入射蒸发（angle evaporation）的方法制备出几百纳米宽的薄金线[85]，然后在线的两端加上偏压，让大电流通过纳米线。大电流能够驱动金原子产生迁移，形成一个只有几纳米宽的间隙。在低温下用大电流使金纳米线断开之前，先需要在室温下将分子沉积在线上[86]。这种技术的好处是可以在两个电极的基础上制备一个栅极，进行三端性质的测试。Park 等用这种电迁移方法形成的电极，在低温下测量了两种分子，观察到了库仑阻塞现象和近藤（Kondo）效应[86]。Liang 等用类似的测试结构，在不同的分子体系构成的单分子晶体管中，也观察到了类似的 Kondo 共振现象[87]。但在这些测量中，分子仅是作为杂质点在起作用[87]，而本征性能并没有体现出来。

交叉线隧穿结（cross-wire tunnel junction）结构是人们在 1990 年提出的一种旨在研究无氧化物隧穿结中非弹性电子隧穿的方法[88]。两根线交叉固定，其中一根线垂直于外加磁场。在线中通过电流，在洛伦兹力的作用下使线向另一根线靠近，这样，结的距离就可以得到控制[88]。Kushmerick 等用这种方法研究了多种分子，并观察到了由分子共轭度和长度不同导致的电导差异[89,90]。这种方法的缺点是很难控制节间的距离：上面的线可能没有接触到分子的另一端，或者可能会压到分子里面去。此外，还没有人用这种测试结构进行过变温测试。

其他被用来研究分子传输性能的实验技术还包括滴汞电极[91,92]和纳米棒[93]的方法。例如，水银滴形成的结是由一滴带有烷基硫醇自组装单分子层的水银与另一滴组装有分子的水银相接触构成[91,92]。这种结被用来研究烷基硫醇自组装单分子层的电荷传输，但测量只能在室温下进行[91]。

本文中我们将主要采用被称为纳米孔的技术，对单分子层的电学性能进行研究[24,94,95]。使用纳米孔的方法，我们能够直接地表征少量(大约数千个)夹在两个金属电极间的自组装分子。接触面积的直径为 30～50nm，与无缺陷自组装单层分子区域的尺寸非常接近[11]。这样吸附的单分子层高度有序，几乎没有缺陷。在器件面积和本征接触的稳定性上，这种方法能够进行精确的控制，能够制备大量满足要求的器件，因此，可以获得一些具有统计意义的结果。制备的器件可以置于低温或磁场的环境中，以便对其电荷传输机理进行研究。

1.3.3 器件的制备

图 1.4 给出了纳米孔器件制备过程的流程图。纳米孔是在一个高电阻率($\rho>10\Omega\cdot cm$)的双面抛光 3in①(100)晶面的硅基片上制备的。基片厚度为 250μm。采用低压化学气相沉积技术，在基片的两面都沉积上 50nm 的低应力 Si_3N_4 膜。使用低应力膜，是为了使后来的隔膜对机械冲击不敏感。然后，通过标准的光刻工艺，在基片的背面刻蚀出一个 400μm×400μm 的窗口，并进行反应离子刻蚀(RIE)。在进行光刻步骤之前，先在衬底的上面覆盖一层氮化硅保护膜。在反应离子刻蚀之后，先将保护膜用丙酮浸润，然后用异丙醇去掉。暴露的硅以底部的氮化物作为模板，通过各向异性的湿法刻蚀法刻蚀掉。刻蚀剂采用加热到 85～90℃的 85% KOH 溶液，在刻蚀的过程中，以磁性搅拌器驱除副产物的气体。在 KOH 刻蚀接近结束时，一个尺寸为 40μm×40μm 的光学透明薄膜就覆盖在了硅片的上面。图 1.5(a)是覆盖了透明薄膜后的光学照片。

硅片在清水中清洗后，浸入各向同性的硅刻蚀剂 (HNO_3 : H_2O : HF＝300 : 150 : 2)中刻蚀 5min，以除去薄膜表面的硅残留物和尖锐的边角。随后，硅片经标准的 RCA 清洗过程清洗，以除去有机和金属污染物，将清洗好的硅片放入氧化炉进行湿法氧化，以防止将来基板的漏电。为了减小高温氧化过程所导致的热应力，基板在进出氧化炉时要非常缓慢。在 850℃的湿法氧化条件下，60min 大概可以生成约 1000Å 的 SiO_2 氧化层，这个厚度足够作为电绝缘层使用。

最后也是最关键的步骤是采用电子束和 RIE 刻蚀，在基板的薄膜上刻蚀一系列纳米尺度的小孔。在电子束刻蚀时，PMMA 的厚度为 200nm (4% 的苯甲醚溶液在 495K 下 3500rpm 甩膜)，电子束的剂量为 40～300mC·cm^{-2}。电子束曝光以后，硅片在 1 : 1 的 MIBK : IPA 中放置 60s，然后放入 RIE 箱，进行刻蚀加工。CHF_3/O_2等离子体用来刻蚀这些纳米孔，对于 50nm 的氮化物薄膜，刻蚀的时间为

① 非法定单位。1in＝2.54cm。——编者

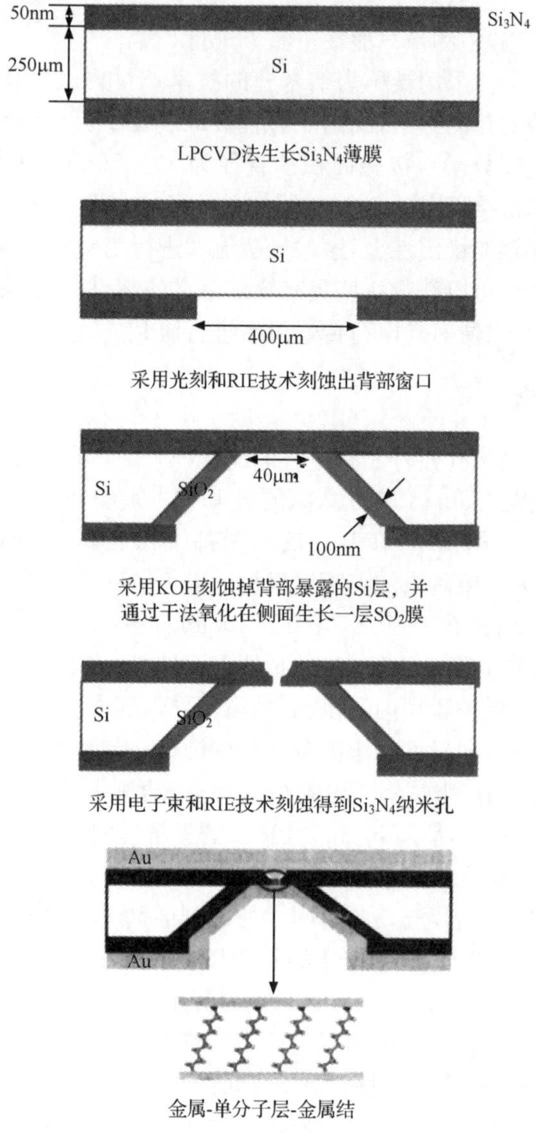

图 1.4 纳米孔的制作过程示意图

2～6min。在刻蚀之前，RIE 腔体必须采用氧等离子体清洗干净，然后，每刻蚀 2min 清洗一次，以除掉腔体中的碳氢刻蚀残留物。在这些孔的深处刻蚀是非常困难的，这是因为，产生的碳氢化合物很容易重新沉积在孔壁上面。因此，在孔打穿时，相对来说，孔的另一端要小得多，呈一个碗状的截面。刻蚀完成后，PMMA 的残留物可以通过氧等离子体去除。

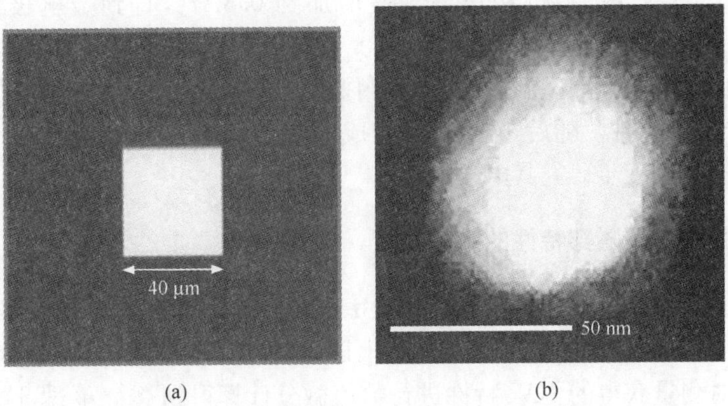

图 1.5　(a) 薄膜的光学照片 (俯视图)；(b) 刻穿的纳米孔的 TEM 照片

刻蚀的孔是否是穿透的,可以通过 SEM(扫描电镜)和 TEM(透射电镜)方法进行证实。如果孔没有被打穿,则需要加长刻蚀时间,直到孔完成。例如,图 1.5(b)给出了一张刻蚀纳米孔的 TEM 照片。孔的直径大约为 50nm,这个孔很小,电极的尺寸和自组装膜的尺寸都要比它大。当然,SEM 和 TEM 观察都是非常花时间的,一个更加实用的用来证实纳米孔是否洞穿的方法,是直接在膜的两边镀上金属,测量其电阻。对于一个完全洞穿的孔,采用通常的探针台测量,显示出其电阻为几个欧姆,而对于一个没有完全洞穿的孔,其 $I(V)$特性显示出开路的性质,在电压为 1.0V 时,电流只有 n 皮安的量级。

在上述纳米加工完成之后,在膜上沉积 150nm 的金作为一个电极。随后,将这个一端带有电极的薄膜置于溶液中进行单层膜的组装,组装在氮气保护的手套箱中进行,组装时间为 74h,箱中氧气的浓度小于 100ppm①。随后,样品用组装的溶剂洗涤,在大气中快速地转移到带有冷却台的真空镀膜机中,蒸镀另一个电极。这个电极的沉积是分子结制作的一个关键步骤。因为在自组装单层膜上蒸镀电极,金属原子很容易渗透进单层膜,或者在单层膜有缺陷的地方(如晶界)直接和基底电极接触,从而导致器件漏电。研究表明,在室温条件下蒸镀,90%的器件会漏电[74]。因此,对于这个电极的沉积,最好采用低温沉积技术[24,95]。沉积在约 10^{-8} Torr② 压力下进行,样品装在镀膜机的冷却台上面,通过液氮的回流,降低样品和沉积金属原子的温度,以减小金属原子对单分子膜的损害。在这个方法中,沉积到单层膜表面的原子动能大大降低,因此能阻止 Au 原子刺穿组装的单分子膜。基于同样的理由,蒸镀 Au 时,蒸镀的速率要非常低。对于最初的 10nm 的金,沉积

---

① 1ppm $=10^{-6}$。

② 非法定单位。1Torr $=$ 1mmHg $=1.333\,22\times10^{2}$Pa。——编者

速率小于 0.1Å/s，随后，沉积速率慢慢增加到 0.5Å/s，直到金电极的厚度达到 200nm。

器件制备好之后，在室温条件下，利用探针台进行初步的 I-V 测量，筛除短路的和没有导通的器件。随后，硅基板被切成一个个小的芯片，连接在有 16 路输出的面板上，以便进一步研究其电学特性。

1.3.4 非弹性电子隧穿特性的锁相测量

非弹性电子隧穿信号与 $I(V)$ 的二阶导数成比例，通常采用一种被称为锁相技术的交流调制方法进行测量[29,31]。理论上讲，这种信号也可以通过数学微分的方法，即直接对测量获得的 $I(V)$ 特性进行数值微分计算得到[96]。不过，这在实际操作中通常是不可行的。相反，锁相二次谐波检测技术能够直接获得正比于 $\mathrm{d}^2I/\mathrm{d}V^2$ 的信号[30,31]。锁相测量中，在器件上加一个由很小的正弦波信号调制的电压，研究通过器件的电流对这个调制信号的反应，这样探测到的一次(ω)和二次(2ω)谐波信号分别与 $I(V)$ 特性的一阶和二阶导数相对应。

实验上，这种调制探测是通过锁相放大器来实现的。在我们实验中，用一个直流电压发生器作为直流电源，合成函数发生器(synthesized function generator)作为交流调制源，并为锁相放大器提供参考信号。直流偏压和交流调制信号通过一个专门的电压混合器实现衰减和混合，然后加载到待测器件（device under test，DUT)上。如果需要更高的偏压，则在待测器件之前增加一个电压调节器，以增加直流偏压。在选好锁相放大器的输入电压后，还需要用到一个 I-V 转换器。锁相放大器的输出由数字式万用表读取。

1.4 自组装烷基硫醇单分子膜的电子传导机理

1.4.1 金属-自组装单分子层-金属结的导电机理

与金属-半导体-金属结一样，金属-自组装单分子层-金属体系的能级排列，决定了其电荷传输机理[97]。体系中分子的最低未占分子轨道(LUMO)和最高已占分子轨道(HOMO)分别起到了类似于半导体导带和价带的作用。LUMO 和 HOMO之间的能量差，也就是带隙，一般在几个电子伏的量级[2,3]。通常，金属电极的费米能级很难与分子的 LUMO 或 HOMO 能级对齐，而是位于带隙中间的某个位置[98]。这种能级的不匹配导致了接触势垒的形成，势垒的高度和厚度以及是否存在缺陷则导致了金属-自组装单分子层-金属结显示出不同的电荷传输行为。表 1.1 列出了各种可能的导电机理和它们的电学特征、温度依赖性和电压依赖性[22,24,99-101]。

表 1.1　可能的导电机理[99]

导电机理	电学性能	温度依赖性	电压依赖性
直接隧穿	$J\sim V\exp\left(-\frac{2d}{\hbar}\sqrt{2m\Phi}\right)$	无	$J\sim V$
Fowler-Nordheim 隧穿	$J\sim V^2\exp\left(-\frac{4d\sqrt{2m}\Phi^{3/2}}{3q\hbar V}\right)$	无	$\ln\left(\frac{J}{V^2}\right)\sim\frac{1}{V}$
热离子发射	$J\sim T^2\exp\left(-\frac{\Phi-q\sqrt{qV/4\pi\varepsilon d}}{kT}\right)$	$\ln\left(\frac{J}{T^2}\right)\sim\frac{1}{T}$	$\ln(J)\sim V^{\frac{1}{2}}$
跳跃导电	$J\sim V\exp\left(-\frac{\Phi}{kT}\right)$	$\ln\left(\frac{J}{V}\right)\sim\frac{1}{T}$	$J\sim V$

注：J 为电流密度，d 为能垒宽度，T 为温度，V 为外加偏压，Φ 为能垒高度。

根据热激活能的不同，金属-自组装单分子层-金属的导电机理可分为两类：①热离子或跳跃机理，其 $I(V)$ 曲线表现出明显的温度依赖性；②直接隧穿或 FN (Fowler-Nordheim)隧穿，其 $I(V)$ 特性与温度无关。热离子发射是通过热激发克服金属-绝缘层的界面势垒，因此，电流表现出很强的温度依赖性。指数关系中与偏压有关的项主要是镜像电荷的贡献，用来降低金属-绝缘层界面势垒的高度。跳跃传导通常是由缺陷调控的，在跳跃过程中，热激活的电子从一个孤立的态跳跃到另一个孤立的态，因此，电导呈现出很强的温度依赖性。然而，不同于热离子发射，在跳跃过程中，并没有出现能垒降低效应。在隧穿过程中，不管是直接隧穿的，还是 FN 隧穿的，都不依赖于温度，但却强烈地依赖于膜层的厚度和外加偏压[99-101]。在加上偏压以后，矩形的势垒变成梯形的势垒，通过梯形势垒的隧穿称为直接隧穿，因为载流子是直接注入电极的。然而，如果外加偏压比最初的势垒还要大，则势垒的形状从梯形进一步地变为三角形。通过三角形势垒的隧穿，载流子隧穿进入绝缘层的导带，这种隧穿称为 FN 隧穿或者场发射[99,100]。

对于一个给定的金属-绝缘体-金属体系，在给定的温度和外加偏压下，某种导电机理将占绝对优势。例如，在高温和势垒较低时，通常是热离子发射占优势。外加偏压较低、温度较高时，假如绝缘层导带中热激发自由载流子的浓度较低，通常会发生跳跃导通。只有在势垒很高且很窄的情况下，隧穿才能发生。

考察 $I(V)$ 特性的温度依赖性，是了解载流子传输机理的一个非常重要的实验技术。根据其温度依赖性，可以直接地得到有效势垒高度等重要的输运参数。这在分子传输性能测量时尤为重要，这是因为，此时缺陷调制的传输模式使分析更加复杂。例如，研究表明，根据 $I(V,T)$ 的特征，我们可以推算出以硫醇基为端基的自组装低聚物的基本传输机理[95]。研究发现，物理吸附的芳基-钛的界面，其热离子发射的势垒高度为 0.25eV[95]。而异氰基化合物在金基板上组装时形成的 Au-

SAM-Au 结，同时显示出热离子发射和跳跃导电机理，且其势垒高度分别为 0.38eV 和 0.30eV[74]。

这里，我们将集中地阐述烷基硫醇自组装单分子层的电荷传输机理。对不同分子长度烷基硫醇的电性能测量，有助于理解电荷传输的长度依赖性。

1.4.2　烷基硫醇 SAM 的以往工作

因为烷基硫醇自组装单层 SAM [$CH_3(CH_2)_{n-1}SH$]的结构和构型已经研究得非常充分和非常透彻，因此，可以作为一个标准的体系来进行测试[11]。这个系统很好控制，可以用来制备形成范德瓦尔斯力自组装单层晶体[11,23]。同时，由于这一 SAM 具有较大的 HOMO-LUMO 带隙(约 8eV)，当这个体系夹在两个金属电极之间时，就制备成了一个简单的经典金属-自组装单分子层-金属(MIM)隧道结[27,63-66]。

烷基硫醇自组装单层的传输特性已经大量的研究，研究手段包括 STM[70,73]、导电 AFM[77-80]、滴汞电极[91,92,102,103]、交叉线纳米结[89]以及电化学方法等[104-106]。然而，受这些结构的物理构型的限制，测量这些自组装单层膜器件的温度依赖性是非常困难的，甚至是不可能的。因此，这些研究基本上是在室温条件下进行的，要确定这些器件是否都是遵循隧穿模式进行传输的，证据还不够充分(假设电极的费米能级介于自组装单层的 HOMO-LUMO 之间，预期电荷传输是隧穿模式)。在缺少 $I(V,T)$特性曲线的情况下，如热离子发射、跃迁或丝状传导等其他的一些传输机理都可能起作用，从而使得问题的分析复杂化。在室温和液氮条件下，测量的 LB 膜烷基单层 $I(V)$特性表现出较大的以杂质为主的传输部分[107,108]，这进一步地突显了 $I(V,T)$测量在 SAM 表征中的重要性。

通过使用纳米孔来组装烷基硫醇 SAM 单层，我们实现了器件 $I(V,T)$和长度依赖性的测量[24,25]，其结果与公认的基于 MIM 隧穿模型的理论结果相吻合。

1.4.3　样品准备

基于烷基硫醇自组装单层的电荷传输测量是采用纳米孔模板进行的[图 1.6(a)]，在基板的一侧镀上 150nm 的金，然后放入溶液中进行自组装。将 10μL 的烷基硫醇溶于 10mL 的乙醇中，配制成约 5mmol/L 的烷基硫醇溶液。在氮气保护的手套箱中，组装 24h，手套箱中氧气的浓度低于 100ppm。三种烷基硫醇分子，即 $CH_3(CH_2)_7SH$ (C8)、$CH_3(CH_2)_{11}SH$ (C12)和 $CH_3(CH_2)_{15}SH$ (C16)，被用来研究电荷传输随分子长度的变化规律。这些分子的化学结构如图 1.6(b)所示。样品经乙醇清洗后，转入镀膜机进行下电极的沉积，金电极厚度为 200nm。随后，将器件封装，进行低温电学特性测量。

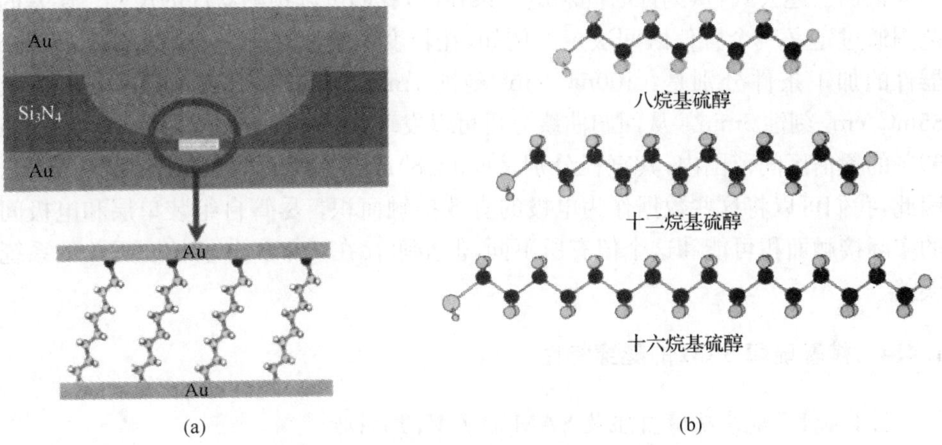

图 1.6　(a) 研究中使用的纳米孔结构的示意图；(b) 八烷基硫醇、十二烷基硫醇和十六烷基硫醇的化学结构

采用同一加工条件得到孔的尺寸和阵列的情况如图 1.7 的扫描电镜照片所示，这些统计结果有助于我们了解真实器件的情况。这种统计的、非直接测量器件尺寸的方法能够避免污染，因为扫描电镜会导致碳氢污染器件，并随后影响到单层膜。我们采用扫描电镜对 112 个用 100mC/cm^2 电子束刻蚀 4.5min 得到的纳米孔、106 个 100mC/cm^2 刻蚀 7min 的纳米孔、130 个 200mC/cm^2 刻蚀 6min 的纳米孔、248 个 300mC/cm^2 刻蚀 6min 的纳米孔直径进行了统计。把这些数据输入 Minitab 软件进行统计分析。采用 Minitab 对器件的尺寸和电子束强度及刻蚀时间做回归分析，可以得到一个通用的尺寸关系：

$$尺寸(nm) = 35.0 + 0.027 \times 剂量(mC/cm^2) + 1.63 \times 时间(min)$$

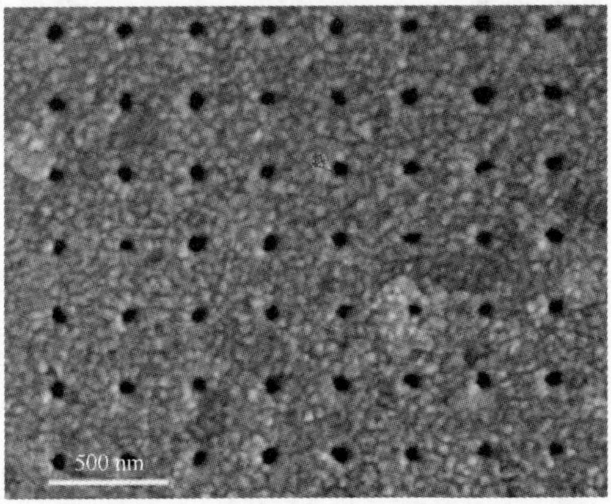

图 1.7　用来校正器件尺寸的纳米孔阵列的代表性扫描电子显微镜图像，标尺为 500nm

根据上述公式，从刻蚀时间和电子束强度，我们可以预测器件的尺寸。误差的范围通过定义一个置信区间决定。例如，在长度依赖性的研究中，C8、C12 和 C16 器件的加工条件分别是：100mC/cm^2 刻蚀 7min，88mC/cm^2 刻蚀 4.5min，以及 85mC/cm^2 刻蚀 5min。从回归曲线分析可以发现，对于 C8、C12 以及 C16 样品，在 99%的置信区间范围内，其直径分别是(50±8)nm、(45±2)nm 以及(45±2)nm。因此，我们可以将这些数据作为电极的有效接触面积。尽管自组装单层和电极间的实际接触面积可能和这个值有所不同，但至多存在一个和分子长度无关的系统误差。

1.4.4　烷基硫醇 SAM 的隧穿特性

1.4.4.1　烷基硫醇自组装 SAM 的 $I(V,T)$特性

为了研究硫醇自组装分子体系的传输特性，我们研究了十二烷基硫醇(C12)从 80K 到 300K 的 $I(V,T)$特性，温度的递增步长为 10K，结果如图 1.8 所示。器件的结构如图 1.6(a)所示。正向偏压对应于电子从物理吸附的金电极[图 1.6(a)的底电极]向分子注入。从直径为(45±2)nm 的电极注入电流，在 1.0V 偏压时的电流密度为(1500±200)A/cm^2。可以看到，在 0～1.0V 的电压范围内，从 300K 到 80K，没有观察到明显的温度依赖性。Arrhenius 曲线($\ln I$-$1/T$)如图 1.9(a)所示，对于不同偏压下的 $\ln I$-$1/T$ 曲线斜率，也没有观察到明显的温度依赖关系，因此，也没有激活能。因此，我们认为，烷基硫醇自组装单层的导电机理是隧穿，取决于是否具有正确的分子长度依赖关系。

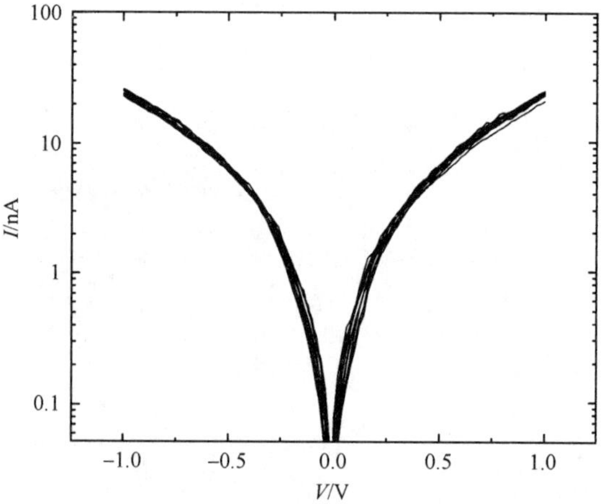

图 1.8　在 300～80K(步长 10K)范围内，十二烷基硫醇 $I(V)$特性的温度依赖性(对数坐标)

从外加偏压和势垒高度(Φ_B)的相对大小来分析，通过 SAM 的隧穿又分为直接隧穿($V<\Phi_B/e$)和 FN 隧穿(Fowler-Nordheim tunneling，$V>\Phi_B/e$)两种，这两种隧穿机理可以从电流对外加偏压的依赖关系进行区别(表 1.1)。由 C12 的 $I(V,T)$数据得到图 1.9(b)所示的 $\ln(I/V^2)$-$1/V$ 关系，其呈现出不明显的电压依赖性，表明在 0～1.0V 的偏压范围内，不遵循 FN 的传输方式，由此推断其势垒高度应该大于外加偏压，也就是说，$\Phi_B>1.0\text{eV}$。当然，这个研究局限于偏压≤1.0V，在更高的偏压下，传输模式会从直接隧穿转变为 FN 隧穿。

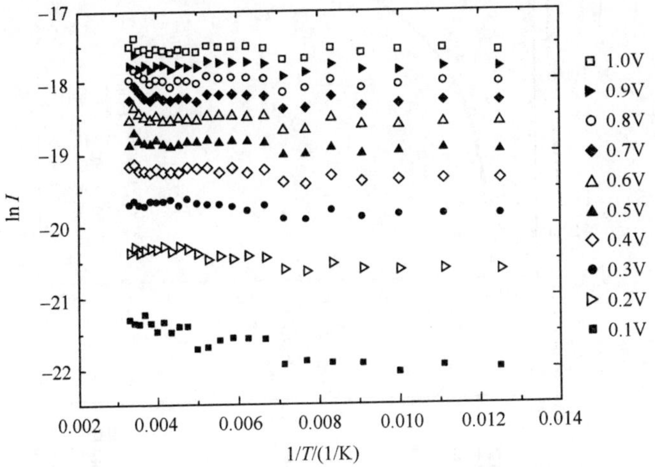

(a)

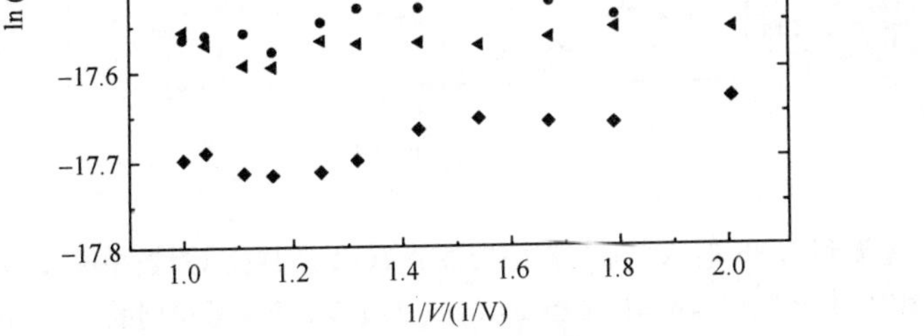

(b)

图 1.9　(a) 从图 1.8 的 $I(V,T)$关系得到的 Arrhenius 曲线，电压范围为 0.1～1.0V，步长为 0.1V；(b) 在选定温度下，$\ln(I/V^2)$与 $1/V$ 的关系，以研究 Fowler-Nordheim 隧穿

我们也研究了其他烷基硫醇分子的 $I(V,T)$ 特性。例如，八烷基二硫醇分子在 290～4.2K 的温度范围内的 $I(V,T)$ 特性，如图 1.10(a)所示，相应的 Arrhenius 曲线[图 1.10(b)]显示，没有热激活关系，也就是说，电流的传输遵循隧穿机理。

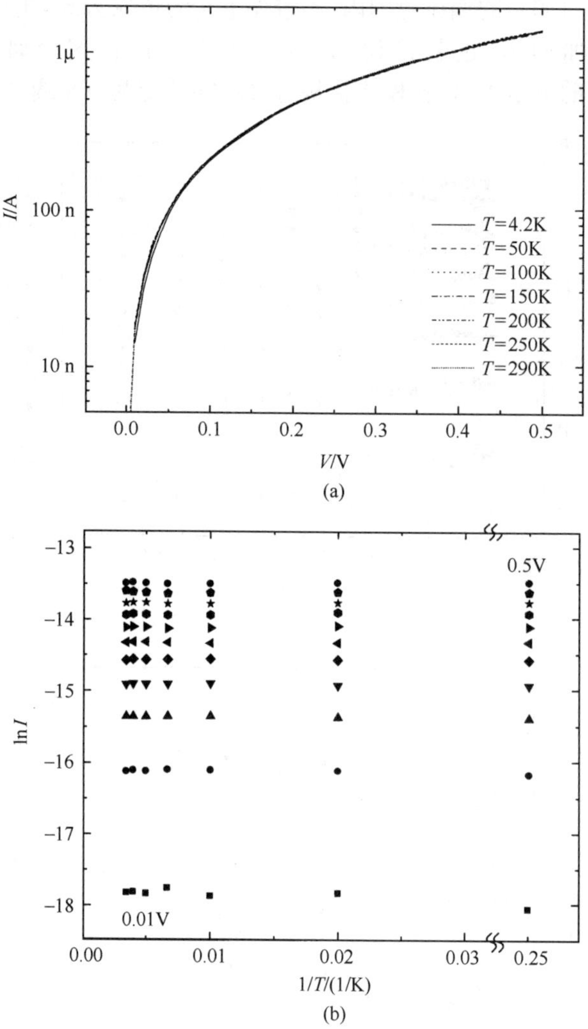

图 1.10 (a) 室温到 4.2K 时八烷基二硫醇器件的 $I(V,T)$ 特征（对数坐标）；(b) 0.1～0.5V 电压范围内，步长为 0.05V 时，从图 1.10(a) 的 $I(V,T)$ 关系得到的 Arrhenius 曲线

如上所述，$I(V)$ 特性随温度的变化规律，是揭示分子传输特性的重要方法，如图 1.11 所示。图 1.11(a)是 C8 分子的室温 $I(V)$ 特性。其 $I(V)$ 特性的形状与直接隧穿的方式非常类似。事实上，这些数据可以采用 Simmons 模型进行拟

合,给出的势垒高度为 1.27eV 和 $\alpha=0.96$(见 1.4.4.2 节)。然而,进一步的 $I(V,T)$测量表明,其 $I(V)$特性存在着明显的温度依赖性[图 1.11(b)],可以通过跳跃模型对其进行很好的拟合(表 1.1),如图 1.11(c)所示,激活势垒的高度约为 190meV。另外一个例子则如图 1.12 所示,图 1.12(a)是 C12 器件在 4.2K 时的测量结果,图 1.12(b)是相应的微分电导。这个器件并不显示出直接的隧穿电导,而是显示出一个能隙约为 60meV 的库仑阻塞行为,相应的器件电容为 3×10^{-18}F。这些杂质调制的传输现象表明,器件中存在有无意掺杂的陷阱或缺陷能级,因此,器件的 $I(V,T)$及随后的 IETS 特征对于揭示器件的正确传输机理是非常重要的。

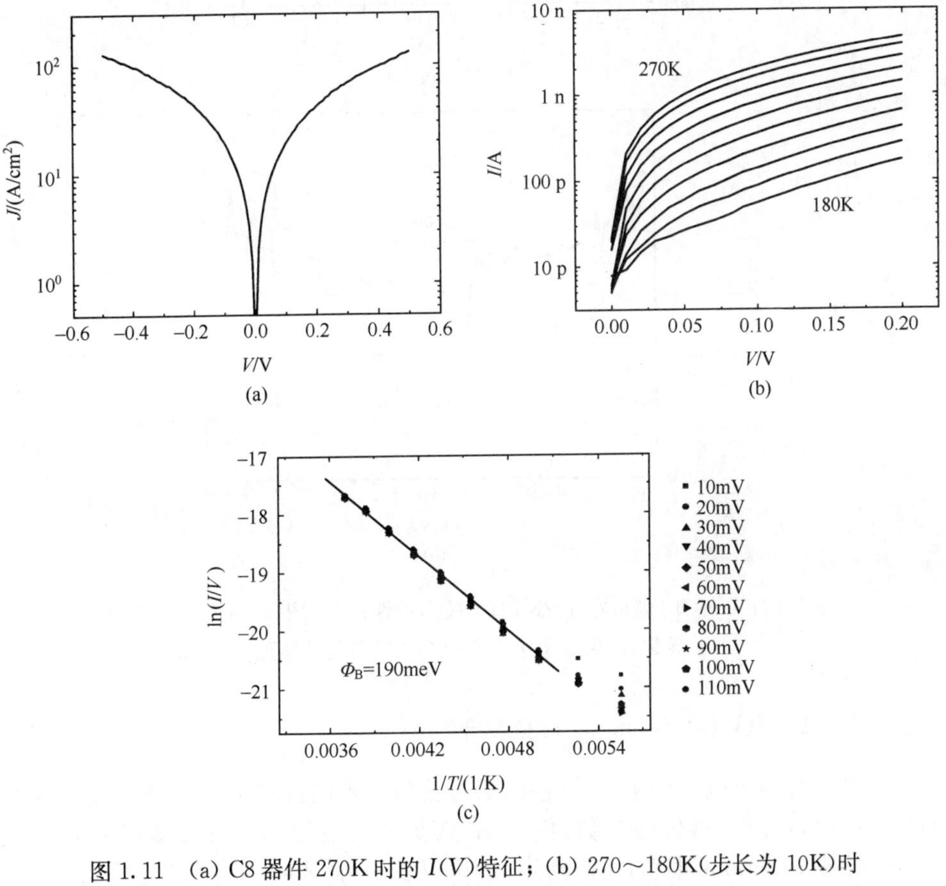

图 1.11 (a) C8 器件 270K 时的 $I(V)$特征;(b) 270～180K(步长为 10K)时同一器件的温度依赖性;(c) 在不同偏压下 $\ln(I/V)$ 对 $1/T$ 的依赖关系,实线是线性拟合的结果,拟合得到的跳跃能垒高度为 190meV

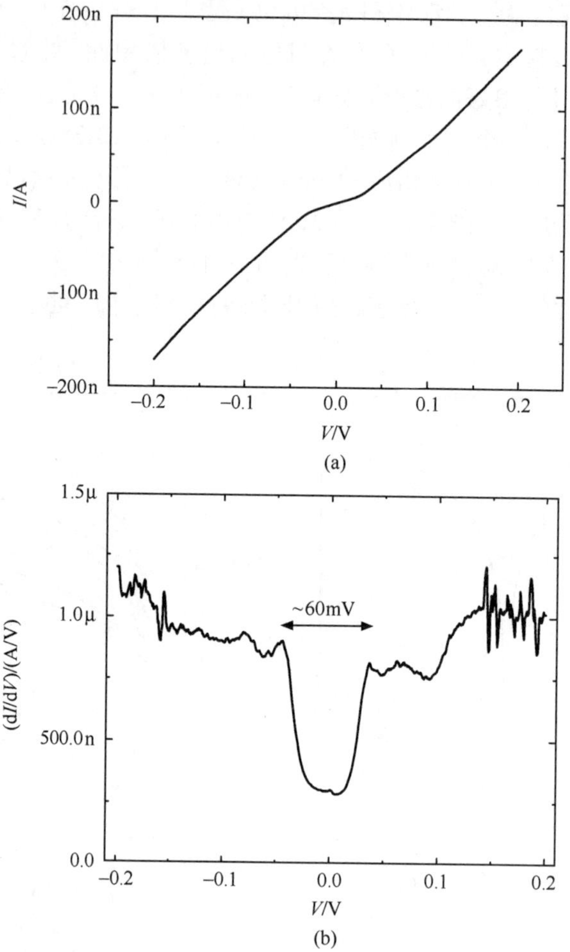

图 1.12　(a) C12 器件在 4.2K 时的 $I(V)$特性；(b) 图(a)的 $I(V)$的数值导数，结果显示了库仑阻塞效应引起的间隙

1.4.4.2　$I(V)$的 Simmons 模型拟合

烷基硫醇的导电机理主要是隧穿，通过比较实验测得的 $I(V)$数据和隧穿模型的计算结果，可以获得传输参数，例如，有效势垒高度等。在直接隧穿区域($V<\Phi_B/e$)，根据 Simmons 模型，电流密度(J)可以表示为[式(1.1)][36,91]

$$J=\left(\frac{e}{4\pi^2\hbar d^2}\right)\left\{\left(\Phi_B-\frac{eV}{2}\right)\exp\left[-\frac{2(2m)^{1/2}}{\hbar}\alpha\left(\Phi_B-\frac{eV}{2}\right)^{1/2}d\right]-\left(\Phi_B+\frac{eV}{2}\right)\exp\left[-\frac{2(2m)^{1/2}}{\hbar}\alpha\left(\Phi_B+\frac{eV}{2}\right)^{1/2}d\right]\right\} \tag{1.6}$$

对于分子体系，Simmons 模型需要引进一个无量纲的可调参数 α 进行修

正[36,78,91]，α 的引入是为了考虑通过分子线隧穿电子的有效质量(m^*)。$\alpha=1$ 对应于电子的情况，在给定温度下(300K)，对有些烷基硫醇分子的测量得到的 $I(V)$ 数据，拟合得并不好[91]。而通过式(1.6)拟合各 $I(V)$ 数据，可以得到 Φ_B 和 α。

式(1.6)可以在两种极端情况下进行近似：与势垒的高度 Φ_B 相比，较低偏压和较高偏压两种情况。在低偏压下，式(1.6)可以近似为

$$J \approx \left(\frac{(2m\Phi_B)^{1/2}e^2\alpha}{h^2 d}\right)V\exp\left[-\frac{2(2m)^{1/2}}{\hbar}\alpha(\Phi_B)^{1/2}d\right] \tag{1.7}$$

在高偏压情况下，比较式(1.6)中第一个和第二个指数项的大小，第一项占优势，因此，电流密度可以表示为

$$J \approx \left(\frac{e}{4\pi^2\hbar d^2}\right)\left(\Phi_B-\frac{eV}{2}\right)\exp\left[-\frac{2(2m)^{1/2}}{\hbar}\alpha\left(\Phi_B-\frac{eV}{2}\right)^{1/2}d\right] \tag{1.8}$$

对于较低偏压和较高偏压两种情形，隧穿电流和势垒的宽度 d 都呈指数关系。在低偏压下，隧穿电流密度 $J \propto \frac{1}{d}\exp(-\beta_0 d)$，这里 β_0 是和偏压无关的衰减系数：

$$\beta_0 = \frac{2(2m)^{1/2}}{\hbar}\alpha(\Phi_B)^{1/2} \tag{1.9}$$

然而，在高偏压的区域 $J \propto \frac{1}{d^2}\exp(-\beta_V d)$，这里 β_V 是和偏压有关的衰减系数：

$$\beta_V = \frac{2(2m)^{1/2}}{\hbar}\alpha\left(\Phi_B-\frac{eV}{2}\right)^{1/2} = \beta_0\left(1-\frac{eV}{2\Phi_B}\right)^{1/2} \tag{1.10}$$

在高偏压下，β_V 随着偏压的升高而降低，它是由于外偏压下能垒降低效应而导致的。

在直接隧穿区域的高偏压和低偏压之间的上述区分，看起来似乎没有什么必要。然而，为了澄清目前文献中的一些误解和错误，并从固体隧穿模型出发，推导出衰减系数的表达形式，这种阐述又是完全有必要的。例如，在前人的工作中[78,80]，在 0～1V[78]或者 0～3V[80]的偏压区间内，衰减系数 β_V 都被认为遵循式(1.10)，然而根据式(1.6)，则是不正确的，这是因为，在这些偏压范围内，并不存在 $J \propto \exp(-\beta_V d)$ 这样简单的指数关系。在另一篇文献[92]中，正确的 Simmons 公式[式(1.6)]被用来拟合测量的 $I(V)$ 数据，不过，在整个外加偏压的范围内，都采用了 β_V 的表达式。有的课题组采用广义的量子力学的指数定律[27,77～80,91]：

$$G = G_0\exp(-\beta d) \tag{1.11}$$

来分析隧穿电流随隧穿长度变化的依赖行为，但这个公式不能解释观察到的衰减系数 β 对偏压的依赖关系。相反，在我们的研究中，Simmons 公式[式(1.6)]被用来拟合直接隧穿区域的 $I(V)$ 数据，在低偏压区域，它演变为式(1.7)，得到一个类似于式(1.11)的和偏压无关的衰减系数。在高偏压区域，式(1.6)中的指数项 $e^{-C\sqrt{\Phi_B-\frac{eV}{2}}}$ 起决定因素，这样，式(1.6)就近似为式(1.8)，给出一个与偏压有关的系数 β_V。在下面的小节中，将会看到，这种区分低偏压和高偏压区域的做法，可以很

好地解释实验数据。

在使用修正的 Simmons 公式[式(1.6)]时，通过调整参数 Φ_B 和 α，对测得的 C12 的 $I(V)$数据采用最小二乘法拟合。隧穿的带隙距离是烷基硫醇分子的长度，这个长度等于自由分子的长度加上 Au—硫醇的键长 2.3Å[77]。对于 C12，这个长度是 18.2Å。对于直径为 45nm 的纳米孔，在室温条件下，C12 器件 $I(V)$数据的最佳拟合参数(χ^2 最小化)是 $\Phi_B=1.42\pm0.04$eV，$\alpha=0.65\pm0.01$，其中，Φ_B 和 α 的误差主要是由器件尺寸的误差所导致的，而器件的尺寸误差约为 2nm。图 1.13(a) 对比了线性坐标下拟合结果(实线)和实验结果(圆点)，显然，它们吻合得很好。虚线是在 $\alpha=1$、$\Phi_B=0.65$eV 时计算得到的 $I(V)$曲线，这是仅拟合低偏压

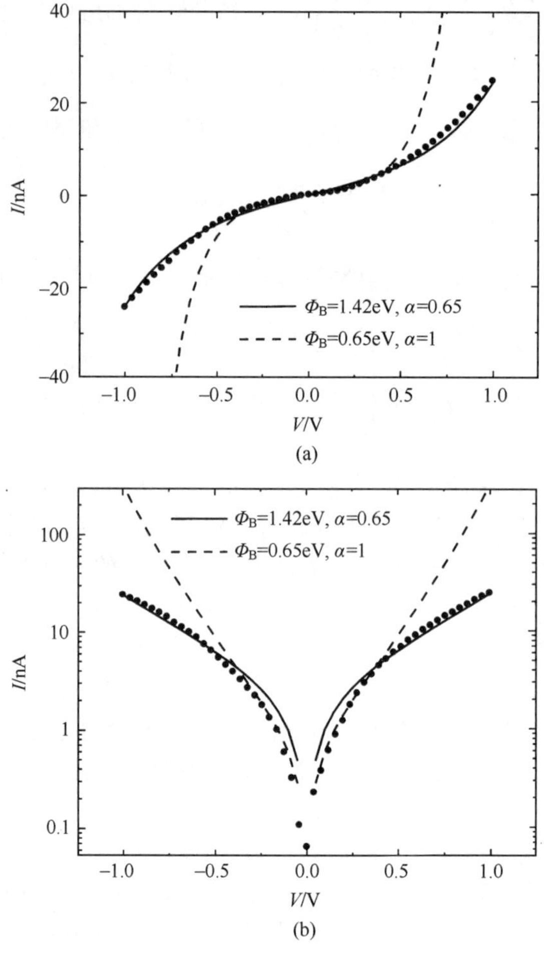

图 1.13　C12 的测量 $I(V)$数据(实心圆)与采用最佳拟合参数 $\Phi_B=1.42$eV，$\alpha=0.65$ 计算得到的结果(实线)对比图。虚线是 $\Phi_B=0.65$eV 时从简单的矩形模型($\alpha=1$)计算得到的 $I(V)$ 曲线。电流分别采用线性坐标(a)和对数坐标(b)作图

实验数据得到的结果。可以看到，在 $\alpha=1$ 时，只有一部分 $I(V)$ 曲线能够较好地拟合，图中给出了 $|V|<0.3$V 时的拟合结果。对同样的图采用对数坐标，则绘制在图 1.13(b)中。前面得到的拟合参数 α，对应于 $0.42m$ 的有效质量 $m^*(=\alpha^2 m)$。

同样，我们对 C8 和 C16 自组装单层的 $I(V)$ 特性也进行了测试。根据 Simmons 拟合，C8 的分子长度为 13.3Å(隧穿带隙宽度)，器件直径为(50±8)nm 时，得到 $\Phi_B=1.83\pm0.10$eV，$\alpha=0.61\pm0.01$。对于 C16，分子长度为 23.2Å，器件直径为(45±2)nm，拟合得到的 $\Phi_B=1.40\pm0.03$eV，$\alpha=0.68\pm0.01$。C8 和 C16 的 $I(V)$ 数据和拟合结果分别如图 1.14(a)和(b)所示。

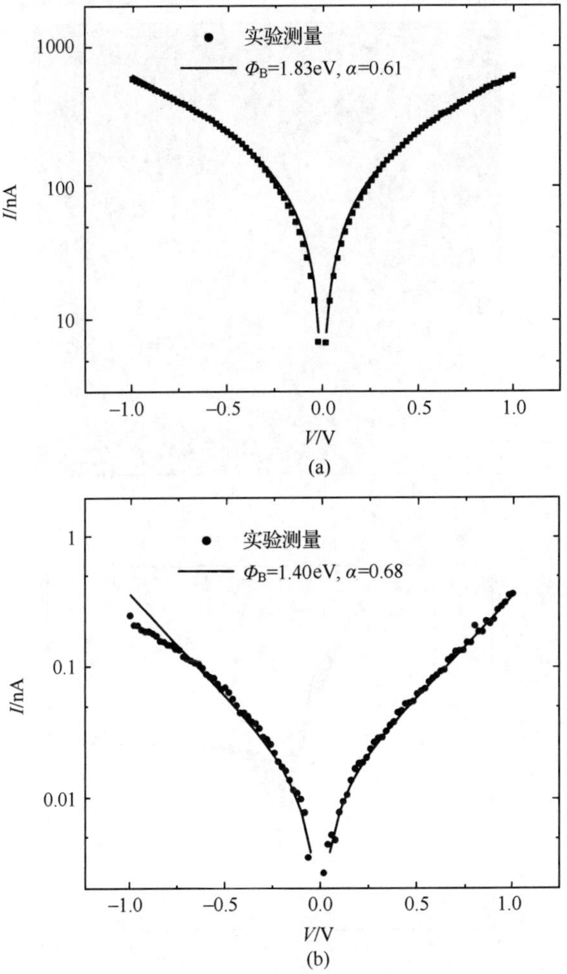

图 1.14　(a) C8 的测量 $I(V)$ 数据(实心圆)与采用最佳拟合参数 $\Phi_B=1.83$eV，$\alpha=0.61$ 计算得到的结果(实线)对比图；(b) C16 的测量 $I(V)$ 数据(实心圆)与采用最佳拟合参数 $\Phi_B=1.40$eV，$\alpha=0.68$ 计算得到的结果(实线)对比图

在不同温度下，用非线性最小二乘法对 C12 的 $I(V)$ 数据进行拟合，可以在整个温度范围内(300～80K)分析$\{\Phi_B,\alpha\}$，拟合的结果表明，Φ_B 和 α 的值与温度无关。从这些拟合中，可以得到 Φ_B 和 α 的平均值，分别为 $\Phi_B=1.45\pm0.02\text{eV}$，$\alpha=0.64\pm0.01$($1\sigma_M$的标准误差)。

为了研究 Simmons 模型拟合对 Φ_B 和 α 的依赖性，我们采用拟合最小化法，来分析 Φ_B 和 α 以及式(1.9)中的乘积形式 $\alpha\Phi_B{}^{1/2}$ 的影响。计算 $\Delta(\Phi_B,\alpha)=(\Sigma|I_{\text{exp},V}-I_{\text{cal},V}|^2)^{1/2}$并作图，这里，$I_{\text{exp},V}$是实验得到的电流值，$I_{\text{cal},V}$是从式(1.6)得到的计算值。我们对总共 7500 对不同的$\{\Phi_B,\alpha\}$进行了分析，Φ_B 在 1.0～2.5eV(0.01eV 步长)范围内取值，α 在 0.5～1.0(0.01 步长)之间变化。图 1.15(a)是用

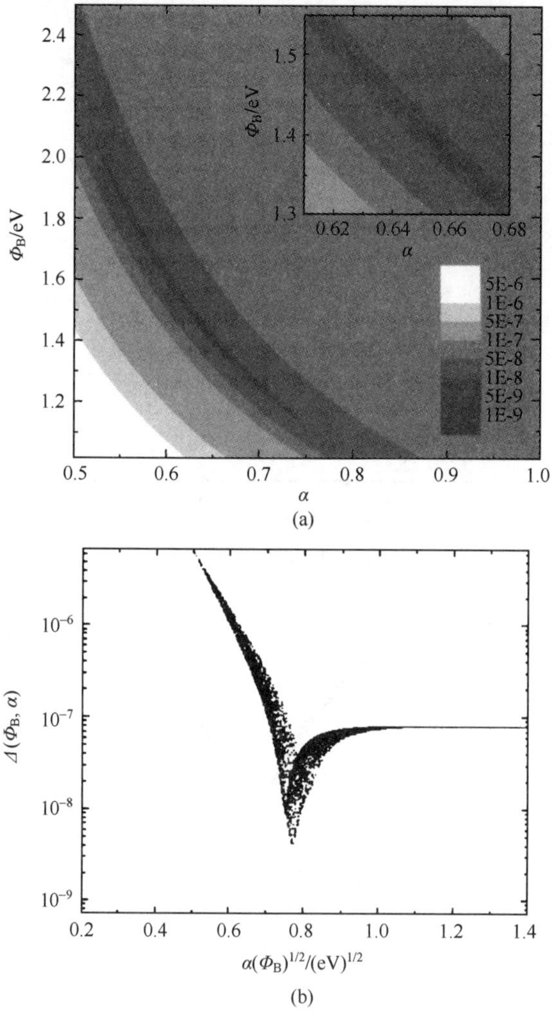

图 1.15 (a) C12 器件 $\Delta(\Phi_B,\alpha)$ 对 Φ_B 和 α 的等高线图，较暗的区域对应于拟合较好的区域；插图给出了详细的最小拟合区域；(b) $\Delta(\Phi_B,\alpha)$对 $\alpha\Phi_B{}^{1/2}$ 的关系曲线

C12 的 $I(V)$数据所作的 $\Delta(\Phi_B, \alpha)$对 Φ_B 和 α 的曲线，其中，较暗的色区代表 $\Delta(\Phi_B, \alpha)$较小，相邻的色区对应于 $\Delta(\Phi_B, \alpha)$相差半个数量级。较暗的色区还代表式(1.6)拟合的 $I(V)$结果较好。从图 1.15(a)中的插图可以看出，存在一个 Φ_B 和 α 区间，所有数据都能产生较好的拟合结果。尽管从前面的 Simmons 拟合得到的隧穿参数 $\Phi_B=1.42\text{eV}$，$\alpha=0.65$ 也位于这个区域，但同时也存在其他可能值的分布。

$\Delta(\Phi_B,\alpha)$ 对 $\alpha\Phi_B^{1/2}$ 作图，可以得到如图 1.15(b)所示曲线图。从图中看出，除了 $\Delta(\Phi_B, \alpha)$的最小点之外，不同的 Φ_B 和 α 对，可以给出同样的 $\Delta(\Phi_B, \alpha)$值。对于这一曲线图，在 $\alpha\Phi_B{}^{1/2}$ 为 $0.77(\text{eV})^{1/2}$ 时，$\Delta(\Phi_B, \alpha)$达到最小值，按式(1.9)给出的 β_0 值为 0.79Å^{-1}。C8 和 C16 器件给出的结果也非常类似，它证实，Simmons 拟合具有很强的 $\alpha\Phi_B{}^{1/2}$ 依赖性。对于 C8 器件，尽管拟合得到的 Φ_B 有点偏大，但综合 α 和 Φ_B 的结果，与 C12 及 C16 器件给出的值相比，给出的 β_0 值在误差范围之内。C8、C12 和 C16 器件的 Φ_B 和 α 的值，则汇总在表 1.2 中，从式(1.9)计算得到的 β_0 值也同时列在表中。

表 1.2 通过 Simmons 模型拟合的烷基硫醇的隧穿参数

分子种类	1V 下的 $J/(\text{A/cm}^2)$	Φ_B/eV	α	m^*/m	$\beta_0/\text{Å}^{-1}$
C8	31 000±10 000	1.83±0.10	0.61±0.01	0.37	0.85±0.04
C12	1 500±200	1.42±0.04	0.65±0.01	0.42	0.79±0.02
C16	23±2	1.42±0.03	0.68±0.01	0.46	0.82±0.02

1.4.4.3 隧穿电流对烷基硫醇长度的依赖性

在 1.4.4.2 小节[式(1.7)和式(1.8)]我们讨论到，隧穿电流在低的偏压范围和高的偏压范围内，对分子长度分别表现出指数依赖性 $J \propto \frac{1}{d}\exp(-\beta_0 d)$ 和 $J \propto \frac{1}{d^2}\exp(-\beta_V d)$，其中 β_0 和 β_V 是衰减系数。为了研究隧穿行为的长度依赖性，我们采用三种不同长度的分子，即 C8、C12 和 C16 [图 1.6(b)]，来研究 $I(V)$特征对烷基硫醇分子长度的依赖性。C8、C12 和 C16 的分子长度分别为 13.3Å、18.2Å 和 23.2Å，和 Simmons 拟合用到的一样。高偏压和低偏压的界限由式(1.6)中第一个和第二个指数项的相对大小来定义。采用最小二乘法，对 C12 的 $I(V)$数据进行拟合，得到 $\Phi_B=1.42\text{eV}$，$\alpha=0.65$，在这组参数下，在 0.5V 偏压下，第二个指数项的贡献约小于第一项的 10%，我们选取这个偏压值作为高和低偏压间的界限。

图 1.16 是隧穿电流密度与分子长度的乘积(低偏压下是 Jd，高偏压下是 Jd^2)与烷基硫醇分子长度的半对数关系。从图中看出，隧穿电流与分子长度存在指数的依赖关系。衰减系数 β 从实验数据线性拟合的斜率(图 1.16 中实线)获得。在不同偏压下获得的 β 数据如图 1.17(a)所示，图中 β 的误差是在综合考虑器件尺寸不确定性和线性拟合误差的基础上获得的。

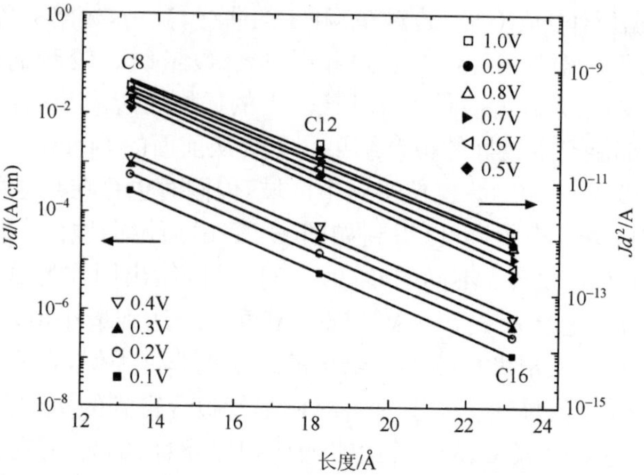

图 1.16　隧穿电流密度与分子长度 d 的乘积(低偏压下)以及与 d^2 的乘积(高偏压下)对分子长度依赖关系(半对数图);实线由数据点的线性拟合得到

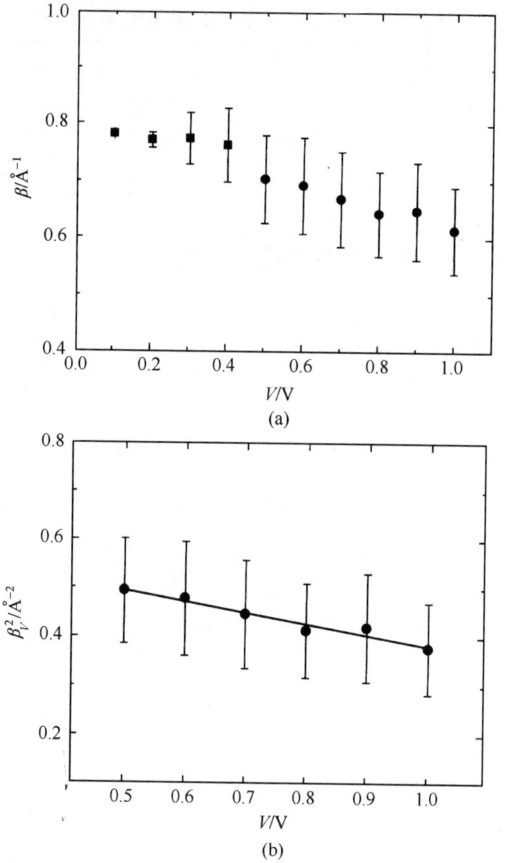

图 1.17　(a) 低偏压 (方形图标)与高偏压 (圆形图标) 下 β 与偏压的关系;(b) β_V^2 对偏压的关系曲线,实线是对数据点的线性拟合

如图 1.17(a)所示,在低偏压的范围内($V<0.5$V),β 值几乎与偏压无关,而在高偏压的范围内 ($V>0.5$V),β 值与偏压密切相关,β 随着偏压的增加而减小,这是因为势垒随着偏压的升高而降低的缘故。从图 1.17(a)可以计算出在低偏压范围内,β_0 的平均值为(0.77±0.06)Å^{-1}。根据式(1.10),在高偏压范围内,β_V^2 与偏压 V 呈线性关系。图 1.17(b)是在 0.5~1.0V 的范围内,β_V^2 与 V 的关系曲线以及数据的线性拟合结果,从拟合的截距和斜率我们得到 $\Phi_B=(1.35\pm0.20)$eV,$\alpha=0.66\pm0.04$,这些值与我们前面通过非线性最小二乘法拟合 $I(V)$的结果完全一致。

表 1.3 是对文献中报道的通过不同方法获得的烷基硫醇输运参数的总结[28]。表中的电流密度(J)是针对 C12 单硫醇和双硫醇在偏压为 1.0V 时的结果,其中一些数据是采用式(1.11)对其他长度的烷基硫醇分子的结果进行外推得到的。从报道的结果来看,这个电流密度的值差别很大,可能归因于器件接触形状和面积的差异,以及电流的非弹性隧穿和缺陷的贡献。本章中利用 Simmons 模型拟合得到的烷基硫醇的 β_0 值[(0.77±0.06)Å^{-1}≈0.96±0.08/亚甲基]和之前报道的值符合得较好。

表 1.3　通过不同测试结构得到的烷基硫醇的隧穿参数

结	β/Å^{-1}	1V 下的 J/(A/cm^2)	Φ_B/eV	技术	参考文献
(单层)单硫醇	0.87±0.1	25~200[a)]	2.1[e)]	Hg-结	[91]
(单层)单硫醇	0.71±0.08	0.7~3.5[a)]		Hg-结	[102]
单硫醇	0.79±0.01	1500±200[b)]	1.4[e)]	固态 M-I-M	[24]
单硫醇	1.2			STM	[70]
双硫醇	0.8±0.08	3.5~5×10^5[c)]	5±2[f)]	STM	[73]
单硫醇	0.73~0.95	1100~1900[d)]	2.2[e)]	CAFM	[77]
单硫醇	0.64~0.8	10~50[d)]	2.3[e)]	CAFM	[78]
双硫醇	0.46±0.02	3~6×10^5[c)]	1.3~1.5[e)]	CAFM	[80]
单硫醇	1.37±0.03		1.8[f)]	音叉 AFM	[141]
单硫醇	0.97±0.04			电化学	[104]
单硫醇	0.85			电化学	[105]
单硫醇	0.91±0.08			电化学	[106]
单硫醇	0.76	2×10^4(0.1V 时)	1.3~3.4[g)]	理论	[122]
单硫醇	0.76			理论	[142]
单硫醇	0.79			理论	[143]

注:(1) 有些衰减系数 β 的单位从每亚甲转换为 Å^{-1}。

(2) 在假定为单分子[c)]和赫兹(Hertzian)接触理论[d)]的情况下,结的面积通过光学显微镜[a)]和 SEM[b)]估计。

(3) 按照指数关系 $G\propto\exp(-\beta b)$,利用其他长度分子的已发表数据,外推得到在 1V 下 C12 单硫醇和双硫醇的电流密度(J)。

(4) 势垒高度值通过 Simmons 方程[e)]、β 的偏压关系[f)]和理论计算[g)]得到。

在整个外加偏压(0~1.0V)范围内,用式(1.11)的指数关系,我们还对分子长度的依赖性进行了分析,以便和这些报道的 β 值进行比较。分析的结果表明,在

0.1～1.0V 的范围内，β 值为 0.84～0.73Å^{-1}，这和文献报道的值非常接近。例如，Holmlin 等通过汞滴电极测得的 β 值为 0.87Å^{-1}[91]，Wold 等给出 $\beta=$ 0.94Å^{-1}，Cui 等采用导电原子力显微镜技术对不同烷基硫醇的研究表明，β 约为 0.64Å^{-1}[79,80]。然而，这些报道的 β 值都是作为与偏压无关的量进行处理的，这与我们的结果以及在一个稍有不同的烷烃体系（表面修饰配体的纳米粒子/烷烃-二硫醇分子）中观察到的结果都不一样[78]。这可能与这些实验都在室温条件下进行且报道的参数并没有从温度依赖性的角度来进行分析有关，此外，非隧穿效应的贡献可能对得到的结果产生非常大的影响。

1.4.4.4 *I-V* 数据的 Franz 模型拟合

我们也可以采用 Franz 双带模型，对获得的实验数据进行分析[37-42]。考虑到导带和价带的贡献，Franz 模型在带隙内预测得到一个经验的非抛物线的 $E(k)$ 关系，如式(1.4)所示。通过这个公式，在已知隧穿结势垒高度的基础上，就能够推导出隧穿电子的有效质量[41,109]。然而，因为没有可靠的实验数据来校准 Au-烷基硫醇 SAM-Au 体系的费米能级，且 Φ_B 是未知的，所以，在我们的分析中，将其作为与有效质量 m^* 类似的可调参数来进行处理。虚数的 k 值与衰减系数 β 有关 $[k^2=-(\beta/2)^2]$，后者可以通过分子长度的依赖性研究来获得。假设烷基硫醇的 HOMO-LUMO 带隙为 8eV，采用最小二乘法对实验数据进行拟合，得到的 $E(k)$

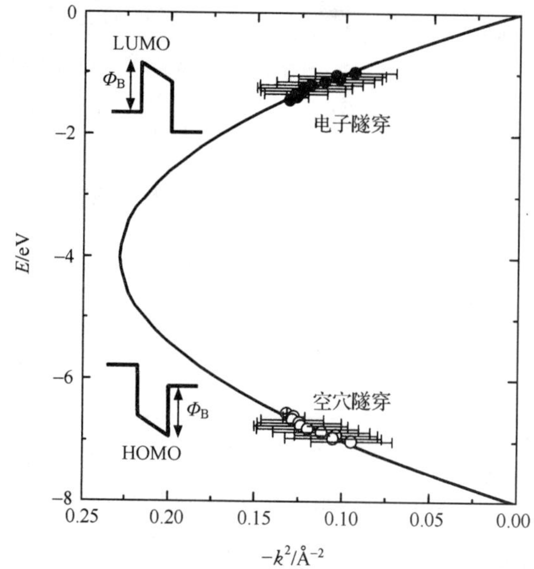

图 1.18 从烷基硫醇长度依赖性的测量数据得到的 $E(k)$ 关系，实线及开环的图标分别对应于电子和空穴传导的情况。实线是 $m^*=0.43m$，$E_g=8$eV 时 Franz 双能带模型的 $E(k)$ 曲线；插图是相应的能带图

关系及其相应的能级图如图 1.18 所示。这里,能量零点取为 LUMO 能级。在 χ^2 最小化时,获得的最佳拟合参数为 $\Phi_B = 1.49 \pm 0.51$eV,$m^* = 0.43 \pm 0.15m$,这里,Φ_B 和 m^* 的误差范围主要由 β 的误差涨落所决定的。靠近 LUMO 轨道的电子隧穿和靠近 HOMO 轨道的空穴隧穿,都可以通过这些参数来描述。$\Phi_B = 1.49$eV,表明费米能级靠近 LUMO 或 HOMO 中的一个。这里所获得的 Φ_B 和 m^* 值,与前面的 Simmons 模型得到的结果符合得相当好。

1.5 烷基硫醇 SAM 的非弹性电子隧穿谱(IETS)

1.5.1 IETS 的简单回顾

在前面我们讨论到,IETS 最初是由 Jaklevic 和 Lambe 在 1966 年发现的。他们在研究含有机分子的隧道结时,通过电子在势垒之间的非弹性隧穿,探测到了分子的振动模式[29,43]。在 IETS 研究的早期,隧穿势垒通常利用金属氧化物来获得,因此,金属材料的选择就变得非常关键,它要求金属材料能够形成厚度为几个纳米、连贯和稳定的氧化层[30,31,44]。基于这个考虑,通常选用的金属材料是铝,因为它能形成质量很高的氧化层。通过气相或液相方法,分子材料被沉积到这个势垒的表面。在沉积上电极时也要求非常小心,这是因为,高温蒸镀可能会损坏吸附的单分子层[44]。通常,IETS 谱研究的范围为 0~500meV(0~4000cm^{-1}),几乎所有的分子振动模式都包括在这个范围内 [30,31,44]。

在 20 世纪 90 年代,另一种隧穿势垒也被用于 IETS 研究[88],其中,金属-氧化物-绝缘层被交叉线结构所取代,交叉线的表面具有一层惰性气体薄膜。为了形成隧穿结,分子与惰性气体以一定的比例混合,随后导入一个真空腔中,在线的表面凝结[88,110]。最近,这种结构被再度用来研究电荷通过分子结时电子振动的贡献[111]。然而,控制上面这根线的精确位置并不容易,上面这根线很有可能没有与分子的另一端相连或刺穿到单层里面,不能形成完美的金属-SAM-金属结结构。另外,还没有人利用这种结构进行温度的依赖性测量。

在这一领域,一个非常重要的进展是通过 STM-IETS 实现了单分子振动谱的探测[112]。自从 STM 发明以来,人们就试图利用 STM 来进行 IETS 研究[67]。然而,为了探测隧穿电导的变化,要求具有非常高的机械稳定性,这种技术直到最近才得以实现[112]。在 STM 的 IETS 测量中,通常的金属-氧化物-金属隧穿结被“STM 针尖-真空-带有机分子的基板”所取代。采用 STM-IETS,成像和探测可以同时实现,甚至可以用来研究单个分子的振动谱[112]。

与常规的振动光谱(如红外光谱和拉曼光谱)相比,非弹性隧穿谱的优势是其灵敏度[30,31]。红外光谱是一类非常成熟的技术,被广泛用来研究吸附物质的种类。它并不要求低温的测量条件，且可以在许多不同的基板上实现[30]。拉曼光谱通常是在红外探测难以进行或者无法进行的时候采用的。例如，拉曼光谱可以用来探测红外透不过的溶剂中分子的振动或无红外活性的振动[30]。与 IETS 相比，红外光谱和拉曼光谱的灵敏度都非常低，他们要求最少 1000 个以上的分子才能实现光谱的探测。分子振动和电子之间的相互作用要比与声子之间的作用强得多，因此，单个分子层就足以产生很好的 IETS 谱[44,45]。此外，IETS 也不需要像红外和拉曼光谱那样遵循选择定则。如上所述，IETS 谱和分子取向有关，但却没有严格的选择定则。在 IETS 谱中可以观察到一定强度的红外和拉曼活性振动模式[44,45]。

自从 IETS 发现以来，它在表面化学、放射损伤、痕量探测及其他领域中已得到了广泛的应用[30,31]。例如，它在化学鉴别时就是一个非常有力的工具：隧穿谱可以作为"指纹"来鉴别局限于隧穿结内分子的种类。它也可以用来研究化学键。在一个隧穿结内，不同键的断裂可以通过相应振动峰强度的减弱来鉴别，而新峰的出现可以推断出在隧穿结内形成了新键[30,31]。在现代硅工业中，IETS 也得到了应用，它被用来研究硅中的声子、SiO_2 隧穿势垒的特性、金属-氧化物-半导体体系的界面态以及高介电常数材料等[113,114]。

在我们的研究中，IETS 还被用来鉴定局限于隧穿结中分子的种类[25]，这种测量采用"纳米孔"实验结构来实施。不同于以前的隧穿结，纳米孔采用自组装分子自身作为隧穿势垒。这是一种无氧化物的隧穿结，以便我们能够研究分子的本征性质。因为隧穿电流与势垒的宽度呈指数关系，在交叉线和 STM 的隧穿结中，上电极的振动造成隧穿宽度产生的较小变化，将导致隧穿结的隧穿电导产生较大的变化，这个因素可能会掩盖非弹性隧穿通道引起的电导变化。与此相比，纳米孔结构采用固定的上电极以及金属-分子直接接触的方式，保证了电极接触的稳定性，从而消除了上述问题。之前的研究也表明，所采用的分子是"控制"分子烷基硫醇，它们能够组装形成很好的绝缘层，可以提供一个很好的隧穿势垒。

1.5.2 烷基硫醇的振动模式

在研究分子的化学结构和分子之间相互作用时，我们可以采用不同的谱学方法。这些方法包括质谱、核磁共振(NMR)谱、红外(IR)谱、紫外(UV)谱、拉曼谱、以及高分辨电子能量损失谱 (HREELS) 等[115-119]。大多数用来分析分子的谱学技术，都是基于不同分子吸收不同电磁辐射的原理[116]。分子光谱中一个非常重要的概念是所谓的基团的振动频率。一个分子通常由许多个原子组成，这些原子基于简正的振动模式会发生移动，但大多数的运动是局域在某一分子碎片上，具有特征的振动频率。因此，根据特定频率吸收带的出现，我们可以推断出特定功能基团的存在。换言之，通过其特征频率我们可以鉴定分子带有特定的功能基团[116,117]。通过鉴定分子内的各个功能基团，从而可以推断分子的化学成分。

对于烷基硫醇分子,最重要的振动模式包括 C—C 和 C—S 基团的伸缩振动以及 CH_2 基团的系列振动。图 1.19 列出了 CH_2 基团可能的振动模式,包括对称的和不对称的伸缩振动、平面内的剪切模式与摇摆模式以及平面外的摇摆模式和扭曲模式等[25,116]。不同的振动模式相应于振动谱中不同的特征峰。

如红外、拉曼、高分辨电子能量损失谱等一系列谱学技术,都被用来分析 Au(111)表面自组装烷基硫醇的振动结构,对于这一研究课题,已经有大量的文献报道。文献[118]～[121]就是这一领域的代表。例如,在早期研究烷基硫醇在 Au(111)表面自组装单层分子堆积和取向的时候,通常采用红外分析技术,结果表明,分子堆积致密,并成晶态结构[26,62]。同样,Castiglioni 等采用红外谱分析了 CH_2 的摇摆模式,以获取有关基团的特征峰[120]。Bryant 等采用拉曼光谱,也研究了烷基硫醇在 Au 表面组装时 C—C 的伸缩振动,这些谱带在红外谱中信号较弱。采用这一方法,他们还对 C—S、S—H 以及 C—H 的伸缩振动进行了研究[121]。Duwez 等和 Kato 等分别采用 HREELS,研究了烷基硫醇自组装单层的各种振动结构以及 Au—S 的振动模式[118,119]。

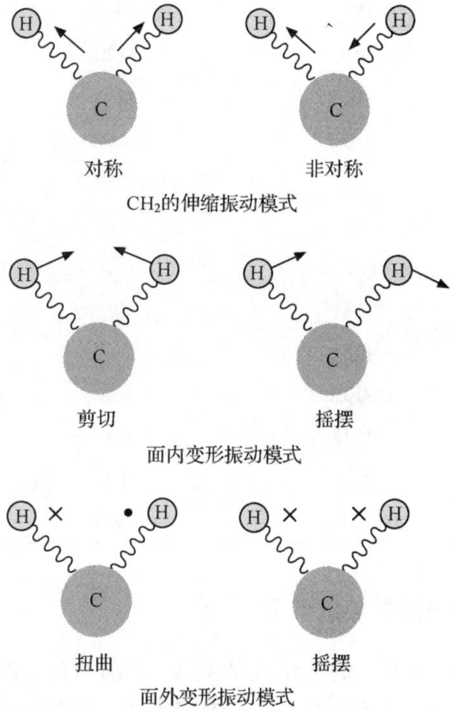

图 1.19　CH_2 的振动模式(摘自文献[115])

表 1.4 是对采用前面提到的谱学分析技术得到的烷基硫醇分子振动模式的总

结[25,118-121]。表中的$\delta_{s,r}$和$\gamma_{w,t}$分别代表平面内的剪切模式(s)和摇摆模式(r)以及平面外的摇摆模式(w)和扭曲(t)模式。ν和$\nu_{s,as}$分别代表伸缩振动以及CH_2基团的对称(s)和反对称(as)伸缩振动模式。与我们所获得的隧道结的IETS的振动峰进行比较,这些基团的特征振动频率能够用来鉴定器件中的分子类别。

表1.4　通过红外、拉曼、高分辨电子能量损失谱得到的烷基硫醇的振动模式[118~121]

模式	方法	波数/cm^{-1}	能量损失/meV
ν(Au—S)	HREELS	225	28
ν(C—S)	拉曼	641	79
	拉曼	706	88
$\delta_r(CH_2)$	HREELS	715	89
	IR	720	89
	IR	766	95
	IR	925	115
ν(C—C)	HREELS	1050	130
	拉曼	1064	132
	拉曼	1120	139
$\gamma_{w,t}(CH_2)$	IR	1230	152
	HREELS	1265	157
	IR	1283	159
	IR	1330	165
$\delta_s(CH_2)$	HREELS	1455	180
ν(S—H)	拉曼	2575	319
$\nu_s(CH_2)$	拉曼	2854	354
	HREELS	2860	355
$\nu_{as}(CH_2)$	拉曼	2880	357
	拉曼	2907	360
	HREELS	2925	363

1.5.3　八烷基二硫醇自组装单层的IETS谱

八烷基二硫醇自组装单层的电学性能测量,如前所述,是在纳米孔的结构中实施的。将约10μL八烷基二硫醇加入10mL乙醇中,配制成组装液。在氮气保护的手套箱中组装24h,手套箱中的氧气浓度低于5ppm。图1.20(a)是器件结构的示意图。在4.2~290K范围的$I(V,T)$测量显示出隧穿传输的行为(图1.10)。图1.20(b)是室温下的$I(V)$测量结果以及利用Simmons公式拟合的结果。从扫描电镜的统计结果来看，结的直径为(51±5)nm，在 1.0V 偏压下计算得到的电流密度大约为(9.3±1.8)×10^4 A/cm^2。采用修正的 Simmons 模型[式(1.6)]，得到八烷基二硫醇器件的传输参数为 $\Phi_B=(1.20\pm0.03)$ eV，$\alpha=0.59\pm0.01$($m^*=0.34m$)。作为对比，在 1.0V 偏压时，八烷基单硫醇器件的电流密度为(3.1±1.0)×10^4 A/cm^2，相应的势垒高度为 1.83±0.10eV，α 为 0.61±0.01($m^*=0.37m$)。可以看出，八烷基二硫醇器件的电流密度要比八烷基单硫醇的电流密度高 3 倍左右，这与文献报道的实验和理论结果相一致[122]。例如，Kaun 等采用密度泛函理论和非平衡格林函数结合的方法，对金属-自组装单层-金属结中的烷烃分子进行了第一性原理计算[122]。他们发现，对于金-烷基二硫醇-金的器件，两个金电极都通过 Au—S 键和单分子层相连，但其电荷传输行为和单硫醇器件本质上是一样的。然而，通过二硫醇的电流要比单硫醇的电流高出近 10 倍，这意味着，二硫醇中多出来的一个硫可能改善了分子和电极之间的耦合[122]。Cui 等还采用导电 AFM 技术，实现了烷基二硫醇分子的实验测量，结果发现，二硫醇分子的电流比单硫醇的电流要高 100 倍左右[78,80]。

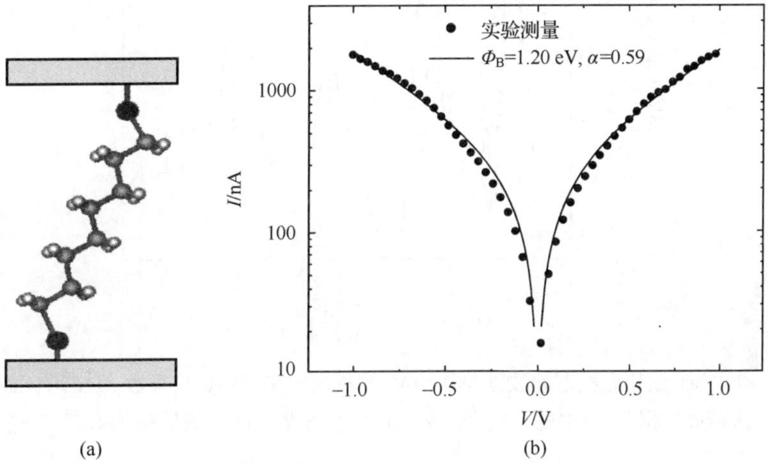

图 1.20 (a) 八烷基二硫醇器件的示意图；(b) 室温下的 $I(V)$测量数据(实心圆)与 Simmons 公式的拟合结果(实线)

我们采用锁相技术，对上述分子器件进行了 IETS 测量。其二次谐波信号(正比于 d^2I/dV^2)是通过锁相放大器直接测量的，结果与一次谐波信号的数值微分符合得很好。例如，图 1.21(a)对八烷基二硫醇器件锁相一次谐波的测量结果和 $I(V)$的数值微分进行了比较，图 1.21 (b)是二次谐波的测量结果和一次谐波信号的数值微分结果的比较(所有数据都是在 4.2K 时测得的)。如图 1.21(b)所示，用数值微分方法计算的 IETS 谱与通过锁相技术得到的二次谐波的测量结果相吻合，当然，锁相技术得到的谱图分辨率则更好。

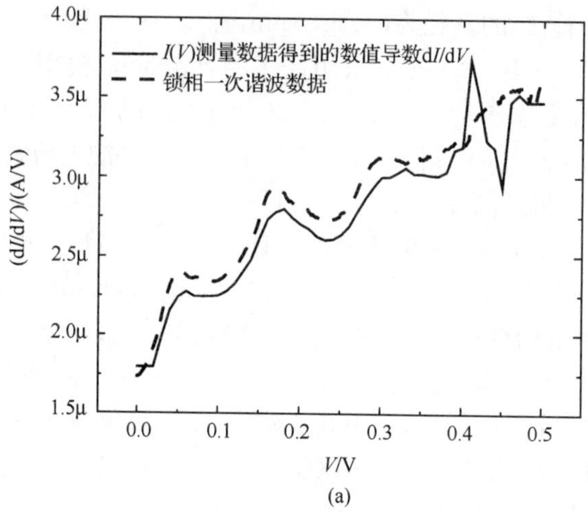

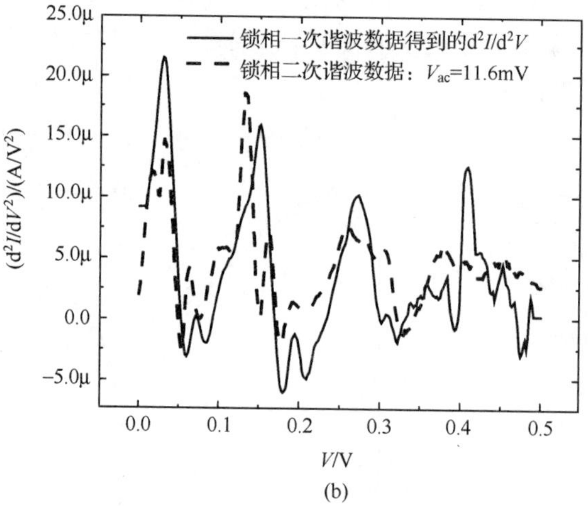

图 1.21 (a) 锁相一次谐波数据与从 $I(V)$测量数据得到的数值导数 dI/dV；(b) 锁相二次谐波数据与(a)中的一次谐波数据的数值导数。所有测量都在 4.2K 下进行

图 1.22 是 $T=4.2$K 时，上述八烷基二硫醇器件的非弹性电子隧穿谱图。二次谐波信号是通过在样品上施加频率 503Hz、8.7mV(均方根值)的交流调制信号而获得的。在持续施加偏压扫描的情况下，这个谱非常稳定且可重复性很好。在 4.2K 下和 0～200mV 的范围内，谱图具有三个显著的特征峰，分别在 33mV、133mV 以及 158mV 的位置。通过与表 1.4 中给出的 Au(111)表面组装的烷基硫醇单分子层的红外谱、拉曼谱以及 HREEL 谱进行比较[118-121]，可以发现，这三个峰可以归属为键合在金表面的烷基硫醇分子的 Au—S 伸缩振动模式，C—C 伸缩振动模式以及 CH_2 摇摆振动模式。在约 329mV 处没有看到本应很强的 S—H 伸缩振动峰，表明多数巯基和底或顶电极发生了反应。在 80mV、107mV 以及 186mV 处的峰具有很好的重复性，它们分别对应于 C—S 伸缩振动模式、CH_2 摇摆

振动模式以及 CH_2 的剪切振动模式。在 357mV 处 CH_2 的伸缩模式显示出一个肩峰。在 15mV 处的峰可能是由 Si、Au 或者 δ(C—C—C)振动引起,因为在这个能区内这三种材料都具有特征频率[123,125]。我们注意到,所有的烷基硫醇峰都出现在谱中,且无一例外或遗漏。在 58mV、257mV、277mV、302mV 以及 375mV 的峰,很可能是氮化硅基板的 Si—H 和 N—H 振动造成的[123,126,127]。对仅有金电极的"空"纳米孔器件中氮化硅的背景谱进行测量是非常困难的,这是因为,器件中的电流往往不是过高(短路),就是过低(开路)。

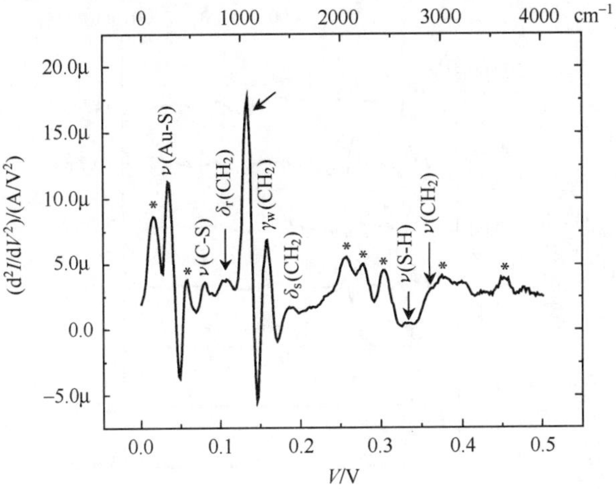

图 1.22 在 8.7mV(均方根值),频率为 503Hz(T=4.2K)的交流调制下,锁相二次谐波测量的 C8 二硫醇 SAM 的非弹性电子隧道谱,星号标记的峰很可能是 Si_3N_4 造成的背景

根据 IETS 理论[128],分子净偶极矩垂直于隧穿结界面的振动要比平行于界面的振动具有更强的峰。例如,在我们的器件结构中[图 1.20(a)],Au—S、C—S 和 C—C 的伸缩振动模式以及 CH_2 的摇摆振动模式和结界面垂直,而 CH_2 基团的摇摆振动模式、剪切振动模式和伸缩振动模式都是平行于这个界面的。在获得的 IETS 谱中(图 1.22),垂直于隧穿结界面的振动产生的峰更强,而平行于界面的峰则相对要弱一些。这些实验观察到的 IETS 峰的相对强弱与理论预测的结果吻合得非常好。

1.5.4 谱线宽度的研究

为了证实获得的谱图是真正有效的 IETS 数据,我们对温度以及外加偏压对峰的展宽效应进行了分析。在给定温度下采用不同的交流调制信号或在给定调制信号下采用不同的温度,我们对 IETS 进行了测量。图 1.23 显示了在 T = 4.2 K 下 IETS 谱的调制依赖性,所采用的调制电压分别为 11.6mV、10.2mV、8.7mV、7.3mV、5.8mV、2.9mV 以及 1.2mV(均方根值)。根据理论分析,交流调制会使 IETS 谱峰的半高宽(FWHM)展宽 $1.7V_{rms}$[46]。此外,在一定温度下的费米能级展宽效应也会使得峰的半高宽展宽 5.4kT[43]，这两种展宽效应是平方加和的[43,48]。为了获得实验的 FWHM，我们采用高斯分布函数对这些峰进行了拟合[48,129]，单个的峰由其左侧和右侧的极小值定义。图 1.24 是 T=4.2K 时 C—C 伸缩模式的调制展宽效应分析。圆圈代表高斯拟合实验峰获得的 FWHM，方块是计算值。实验半高宽的误差范围也可以从高斯拟合中得到。如图 1.24 所示，在大部分电压范围内，两者吻合得很好，然而，在低调制电压下实验线宽出现饱和，表明谱线存在不能忽略的本征线宽。

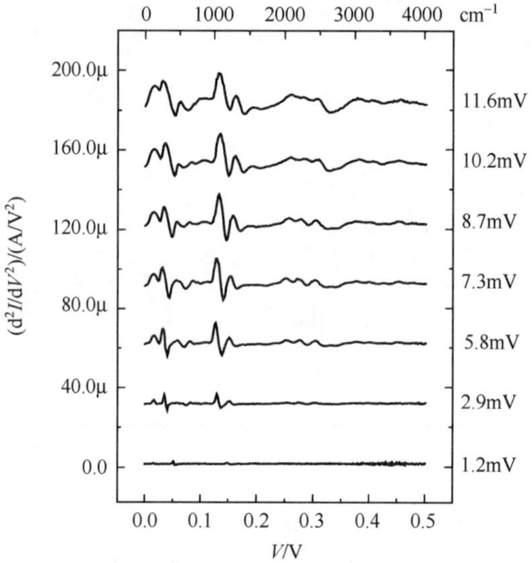

图 1.23 在 4.2K 下，IETS 谱的调制依赖性

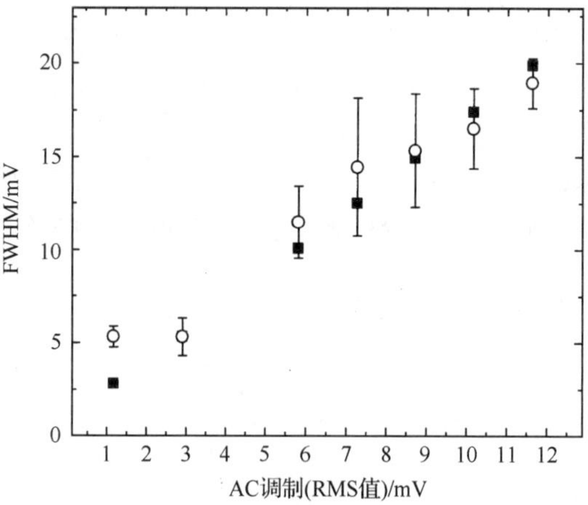

图 1.24 在交流调制下，C—C 伸缩振动的展宽效应。空心圆表示实验的半高宽，方块表示包括热展宽和调制展宽的理论计算结果

综合考虑其本征线宽($W_{intrinsic}$)、热展宽以及调控展宽效应，实验测量得到的峰宽度 (W_{exp})可以用式(1.5)来表示：

$$W_{exp} = \sqrt{W_{intrinsic}^2 + W_{thermal}^2 + W_{modulation}^2}$$

将 $W_{intrinsic}$ 作为拟合参数，采用式(1.5)对交流调制的数据进行非线性最小二乘法拟合，拟合的结果如图 1.25 所示，拟合得到 C—C 伸缩振动模式的本征线宽为 (3.73±0.98)meV(误差范围通过非线性最小二乘法拟合给出)。图中带阴影的部分表示由本征线宽引起的线宽饱和(包含了 5.4kT 的热展宽贡献)。

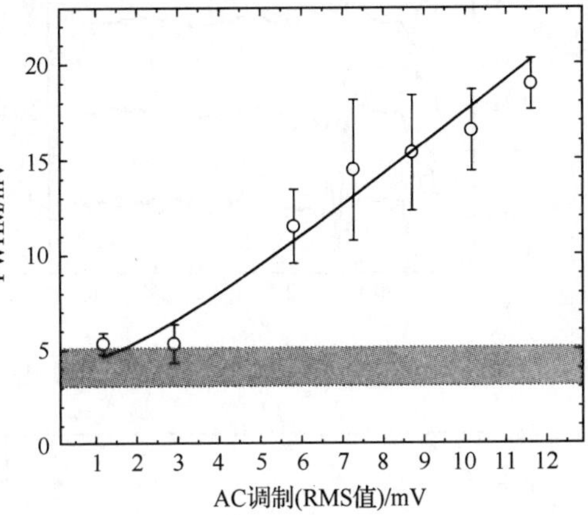

图 1.25　调制展宽数据(空心圆)的非线性最小二乘法拟合结果(实线)，可以获得 C—C 伸缩振动模式的本征线宽。阴影部分是期望的饱和线宽，由本征线宽和 4.2K 下的热展宽造成

在给定的调制电压下，也可以对基于热效应的谱线展宽进行独立的测试。图 1.26 是在 8.7mV(均方根值)交流调制下，且温度分别为 4.2K、20K、35K、50K、65K 以及 80K 时的 IETS 谱。图 1.27 给出的是 C—C 伸缩振动模式的热展宽效应分析。空心圆(及相应的误差棒)表示通过高斯拟合(及拟合的误差)实验线型给出的实验 FWHM 值。方块代表计算值，包括热展宽效应、调制展宽效应以及通过调制展宽分析得到的本征线宽 3.73meV。计算的误差范围(源于本征线宽的误差)与数据点本身的大小相近。在低于(×0.5)和高于(×10)热展宽本征线宽的较大的温度范围内，实验和理论的数据都吻合得非常好。

对于其他一些振动模式，我们也开展了类似的线宽研究，例如，图 1.28 给出了 Au—S 在 33meV 时的伸缩振动以及 CH_2 在 158meV 时的摇摆模式的调制展宽分析。对于 Au—S 的伸缩振动模式，实验和计算结果之间的偏差很小，表明其本征线宽非常小。可以确定这种振动模式的线宽上限为 1.69meV。对于 CH_2 的摇摆模式，采用式(1.5) 进行非线性最小二乘法拟合[图 1.28(b)的实线]给出的本征线宽为(13.5±2.4)meV。对于其他的振动模式，因为谱图的峰值较弱，从线型拟合得到的半高宽误差很大，因此，其本征线宽不能很好地分辨出来。

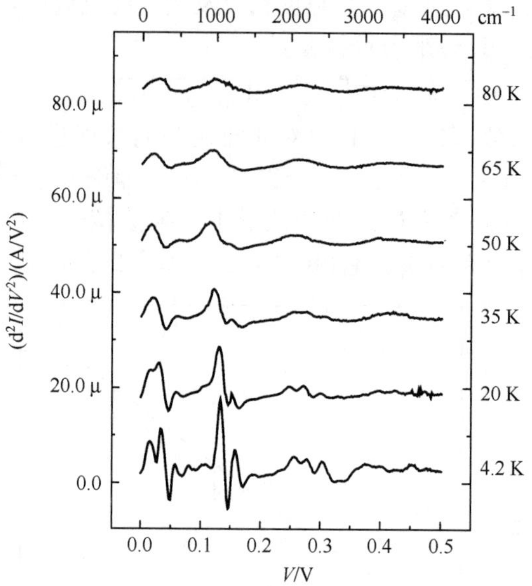

图 1.26 在 8.7mV 的固定调制电压下，IETS 谱的温度依赖性

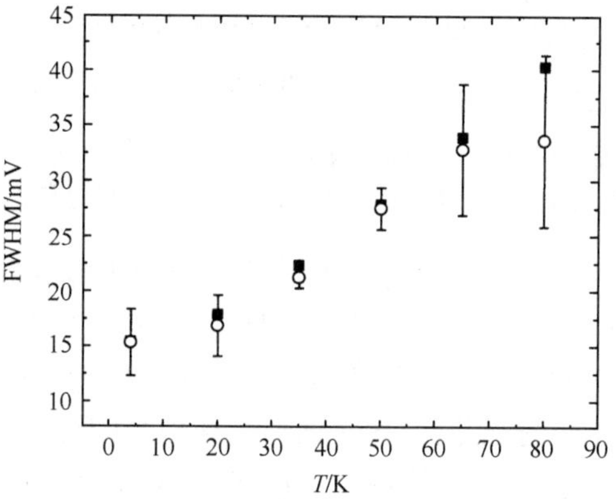

图 1.27 C—C 伸缩振动的线宽随温度的变化。空心圆是实验的半高宽，方块是考虑了热和调制展宽以及本征线宽的计算结果

在经典的 IETS 文献中，一般都没有考虑本征线宽[30,31]。在这些文献中，对热展宽及调制展宽效应都进行了研究，但通常忽略了其本征线宽[44]。最近，采用 STM-IETS 技术，对吸附于 Cu(001)表面的单个 HCCH 分子的 C—H 伸缩振动峰的本征线宽进行了研究[48]，其值为(4±2)meV，与同一研究组采用 STM-IETS 技术得到的 CO 在 Cu(001)表面吸附时受阻转动的本征线宽(6±2)meV 较为一致[48,129]。然而，通过与从红外谱获得的同一类型分子的本征线宽约 6cm^{-1}(约 0.75meV)比较[130]，作者认为，其自然线宽是可以忽略的，这里的 IETS 本征线宽很有可能是由仪器和环境的因素造成的[48]。

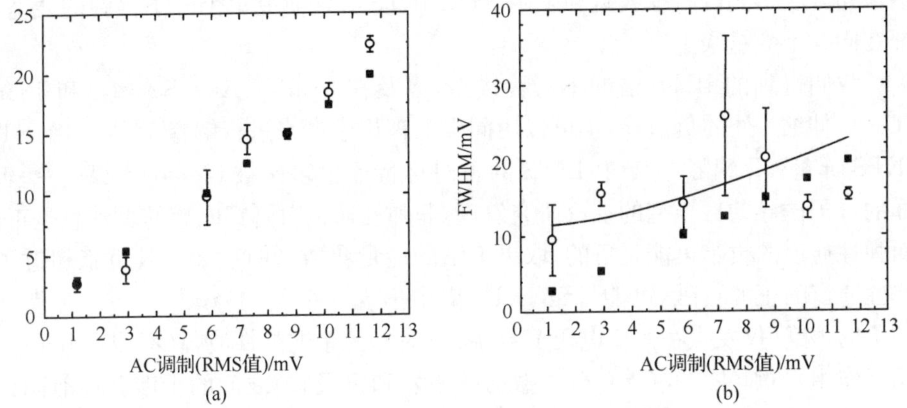

图 1.28 4.2K 时,线宽与交流调制电压的关系:
(a) Au-S 伸缩模式;(b) CH_2 的摇摆模式;
空心圆是实验得到的半高宽,方块是包括了热与调制展宽贡献的计算结果;实线是采用公式(1.5)的非线性最小二乘法拟合结果,可以从中得到本征线宽

上述的 STM-IETS 研究,仅从获得的谱图得到了一个峰的本征线宽[48]。我们基于纳米孔的 IETS 谱,呈现出源于不同振动模式的多个峰。对于不同的峰,其本征线宽也是不一样的,因此,我们认为,这些现象不应当简单地归因于某一种系统展宽效应,而更有可能是由分子器件的本征性质造成的。此外,金基板上烷基硫醇的红外和拉曼谱分析表明,谱线线宽可能远大于 1meV,而且不同的谱峰可能具有相同的线宽。例如,采用洛伦兹和高斯分布函数对具有 Au—S 伸缩振动、CH_2 摇摆振动的拉曼光谱进行线宽拟合[131],得到的线宽分别约为 6meV 和 5meV。因此,这种比较对于我们理解 IETS 谱本征线宽的来源并没有太多的帮助。

最近,Galperin 等对非弹性电子隧穿谱中振动特征的线宽进行了理论研究,他们认为,本征 IETS 线宽实际上是由分子振动和金属电极内激发的电子-空穴对耦合决定的[132]。采用非平衡格林函数方法,作者对由两个电极连接的单个分子的结进行了研究。通过自洽地求解相关的格林函数和自能,可以估算出与结有关的许多重要参数,例如,总的隧穿电流,与振动特征相关的本征线宽。研究发现,声子和热环境的相互作用对线宽的贡献非常小(<0.1meV),本征线宽主要来自声子与电极电子态之间的耦合[132]。计算表明,决定本征线宽的主要因素是作为"桥"连接两个电极的分子与电极之间的电耦合程度。采用纳米孔结构的耦合参数,计算的线宽大于 1meV,这与实验获得的线宽在数量级上是一致的[132]。

一个可能的假想是,因为纳米孔形成的结包含数千个分子,这种非均匀的贡献可能是测量得到的本征线宽的主要部分。然而,基于分子数量的展宽,不可能造成不同的振动模式具有不同的线宽,因此,这类贡献应该是非常小的。此外,我们用纳米孔方法得到的特征线宽和采用 STM-IETS 方法研究单个分子得到的线宽,也都在同一个数量级上[48,129]。

我们得到的 IETS 谱的不对称线型,以及在 33mV (Au—S 伸缩)和 133mV (C—C 伸缩) 处的负值峰,也可以用同样的理论模型来进行解释[132-137]。在 STM-IETS 研究氧化铝隧穿结时,IETS 的不对称特征也多次被观察到[138-140]。基于同样的分子诱导共振模型的理论研究发现,非弹性通道对隧穿电导的贡献总是正的,而弹性通道的贡献可能是负的,取决于结的能量参数,并且,如果其贡献超过了非弹性通道的正的贡献,可能导致 IETS 谱中出现一个负的峰[132,134,135]。弹性通道的负的贡献(仅发生在阈值电压 $V = \hbar\omega/e$ 时),源于纯弹性波幅(不涉及电子-声子相互作用)与弹性波幅(涉及分子振动的激发和再吸收)之间的干涉。在前面讨论的模型中,通过设定"桥"分子态与电极的耦合值,利用数值计算可以研究 IETS 谱随分子能级的变化[132,135]。然而,为了拟合这里报道的实验数据,更好地理解这些特征,我们需要结合理论研究给出一个解析的表达式。

我们的实验研究,也激发了相应的理论探索,特别是利用第一性原理对烷基硫醇 IETS 谱的模拟,以便更好地理解分子-电极之间接触形状的改变对隧道谱的影响,或者更好地鉴定这些峰的归属[144,145]。例如,Solomon 等采用紧束缚密度泛函格林函数("gDFTB")方法,对位于两个 Au 电极之间的八烷基二硫醇的夹心层结构进行了研究[145],如图 1.29 所示,实验和理论计算的结果吻合得非常好[25,145]。

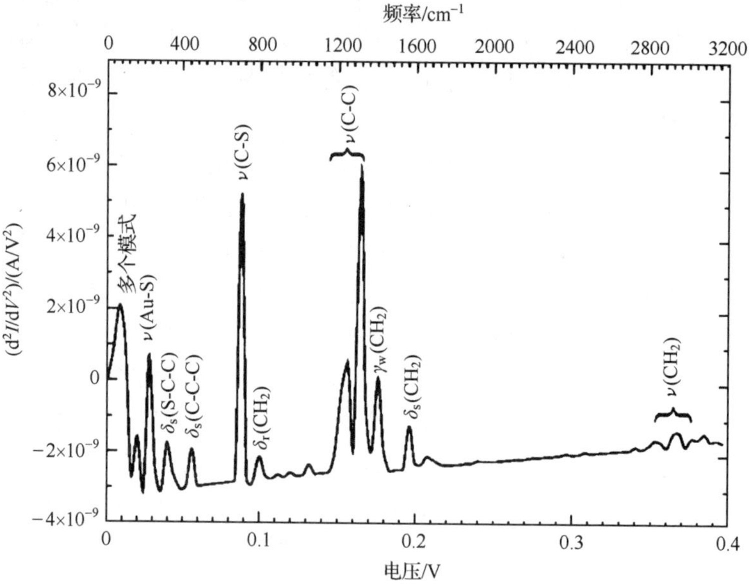

图 1.29 两个金电极之间的八烷基二硫醇的 IETS 计算谱,结果表明,低偏压范围内以前认为是来自 Si_3N_4 基体的一些峰,实际上可能是来自分子 C—C—C 的剪切振动;摘自文献[145]

基于这些理论计算，作者认为，以前归因于 Si_3N_4 模板的、低偏压范围的一些实验峰[25]，有可能是 C—C—C 剪切振动等分子本身的特性引起的[145]。通过比较分子在不同结合构型下的 IETS 计算谱，作者还研究了电极的几何形状对峰的强度的影响，结果表明，分子结合位置的细微变化，会引起 IETS 谱的显著变化[145]。

总之，我们对由于不同振动模式而引起的谱峰的本征线宽进行了研究，证明本征线宽是由分子的本征性质决定的。对金属-单个分子-金属的简化模型，采用非平衡格林函数的理论计算表明，分子振动模式与电极电子态的耦合，对谱线的宽度和线型有着实质性的影响。我们观察到的线宽的差异，可以定性地解释为阈值电压对线宽的影响。通过选取合适的隧穿结参数，可以对实验和理论结果做定量的比较。

1.6 结　论

采用纳米尺度的器件结构，我们首次对烷基硫醇自组装单层 *I-V* 特性的温度依赖性进行了研究，证实隧穿是器件的主要导电机理。与金属-绝缘层-金属隧穿的标准模型相比较，获得了许多重要的传输参数，如势垒高度等，定量地描述了电荷的隧穿过程。此外，非弹性电子隧穿谱技术被用来研究分子的传输特性。这个技术可以用来对分子结内的化合物进行“指纹”鉴定。获得的谱图显示了“受限”分子的特征振动信号，这也是实验首次给出分子传输器件中分子存在的直接证据。

“分子电子学”是一个广阔的研究领域，具有潜在的应用前景，但遗憾的是，目前还缺少足够可靠的数据和表征技术去实现和验证这些想法。我们的研究结果表明，一个精心准备的自组装烷基硫醇单分子层，能够显示出良好的薄绝缘层的性质和“典型的(canonical)”隧穿传输特性。在将来研究分子传输特性时，这种分子体系可以作为标准的控制结构使用。在鉴定化学组成时，IETS 被证实是一种非常可靠的技术，特别是在表征固体分子器件时更是不可或缺的，这是因为，其他谱学技术(如红外谱学、拉曼谱学等)，这时都不能使用或很难使用。众所周知，理解自组装单层的电荷传输的基本过程，本身就是一个挑战性的问题。不过，我们介绍的模型控制体系及其可靠的表征方法，应该有助于我们将来研究更加有趣的新型分子体系的传输性质。

参考文献

[1] Timp, G., Ed., Nanotechnology, Springer-Verlag Berlin, Germany, 1999.

[2] Aviram, A. and Ratner, M. A., Eds., Molecular Electronics: Science and Technology, The Annals of the New York Academy of Sciences, Vol. 852, The New York Academy of Sciences, New York, 1998.

[3] Reed, M. A. and Lee, T., Eds., Molecular Nanoelectronics, American Scientific Publishers, 2003.

[4] Grabert, H. and Devoret, M. H., Eds., Single Charge Tunneling, Plenum, New York, 1991.

[5] Reed, M. A. and Seabaugh, A. C., Prospect for semiconductor quantum devices, in: Molecular and Biomolecular Electronics, edited by Birge, R. R., American Chemical Society, Washington, 1994.
[6] International Technology Roadmap for Semiconductors; http://public.itrs.net/
[7] Aviram A. and Ratner, M. A., Chem. Phys. Lett. 29, 277 (1974).
[8] Metzger, R. M., Chen, B., Holpfner U., et al., J. Am. Chem. Soc. 119, 10455 (1997).
[9] Reed, M. A., U. S. Patent No. 5,475,341, 1995.
[10] Reed, M. A., U. S. Patent No. 5,589,629, 1996.
[11] Ulman, A., An Introduction to Ultrathin Organic Films from Langmuir-Blodgett to Self-Assembly, Academic Press, Boston 1991.
[12] Ulman, A., Chem. Rev. 96, 1533 (1996).
[13] Nuzzo, R. G. and Allara, D. L., J. Am. Chem. Soc. 105, 4481 (1983).
[14] Aviram, A., Ratner M. A., and Mujica, V., Eds., Molecular Electronics II, The Annals of the New York Academy of Sciences, Vol. 960, The New York Academy of Sciences, New York, 2002.
[15] Reimers, J., Picconatto, C., Ellenbogen, J., et al., Eds., Molecular Electronics III, The Annals of the New York Academy of Sciences, Vol. 1006, The New York Academy of Sciences, New York, 2003.
[16] Chen, Y., Jung, G.-Y., Ohlberg, D. A. A., et al., Nanotechnology,14, 462 (2003).
[17] Beyond Silicon: Breakthroughs in Molecular Electronics, http://www.hpl.hp.com/ research/qsr/ (Hewlett-Packard Quantum Science Research).
[18] Luo, Y., Collier, C. P., Jeppesen, J. O., et al., Chem. Phys. Chem. 3, 519 (2002).
[19] Collier, C. P., Mattersteig, G., Wong, E. W., et al., Science 289, 1172 (2000).
[20] Stewart, D. R., Ohlberg, D. A. A., Beck, P. A., et al., Nano Lett. 4, 133 (2004).
[21] Lau, C. N., Stewart, D. R., Williams, R. S., et al., Nano Lett. 4, 569 (2004).
[22] Wang, W., Lee, T., and Reed, M. A., Rep. Prog. Phys. 68, 523 (2005).
[23] Poirier, G. E., Chem. Rev. 97, 1117 (1997).
[24] Wang, W., Lee, T., and Reed, M. A., Phys. Rev. B, 68, 035416 (2003).
[25] Wang, W., Lee, T., Kretzschmar, I., et al., Nano Lett. 4, 643 (2004).
[26] Nuzzo, R. G., Dubois, L. H., and Allara, D. L., J. Am. Chem. Soc. 112, 558 (1990).
[27] Ratner, M. A., Davis, B., Kemp, M., et al., in: Molecular Electronics: Science and Technology, The Annals of the New York Academy of Sciences, Vol. 852 edited by Aviram A. and Ratner M., The New York Academy of Sciences, New York, 1998.
[28] Lee, T., Wang, W., Klemic, J. F., Zhang, J. J., et al., J. Phys. Chem. B 108, 8742 (2004).
[29] Jaklevic, R. C. and Lambe, J., Phys. Rev. Lett. 17, 1139, (1966).
[30] Wolfram, T., editor, Inelastic Electron Tunneling Spectroscopy, Springer, New York, 1978.
[31] Hansma, P. K., editor, Tunneling Spectroscopy: Capabilities, Applications, and New Techniques, Plenum, New York, 1982.
[32] Bohm, D., Quantum Theory, Prentice-Hall, Inc., New York, 1951.
[33] Landau, L. D. and Lifshitz, E. M., Quantum Mechanics (Non-relativistic Theory), third edition, Pergamon Press, New York, 1977.
[34] Burstein, E. and Lundqvist, S., editors, Tunneling Phenomena in Solids, Plenum Press, New York, 1969.

[35] Duke, C. B., Tunneling in Solids, Academic Press, New York, 1969.
[36] Simmons, J. G., J. Appl. Phys. 34, 1793 (1963).
[37] Franz, W., in Handbuch der Physik, Vol. 17, p. 155, edited by S. Flugge, Springer-Verlag, Berlin, Germany, 1956.
[38] Lewicki, G. and Mead, C. A., Phys. Rev. Lett. 16, 939 (1966).
[39] Stratton, R., Lewicki, G., and Mead, C. A., J. Phys. Chem. Solids. 27, 1599 (1966).
[40] Parker, G. H. and Mead, C. A., Phys. Rev. Lett. 21, 605 (1968).
[41] Brar, B., Wilk, G. D., and Seabaugh, A. C., Appl. Phys. Lett. 69, 2728 (1996).
[42] Maserjian, J. and Petersson, G. P., Appl. Phys. Lett. 25, 50 (1974).
[43] Lambe, J. and Jaklevic, R. C., Phys. Rev. 165, 821, (1968).
[44] Hansma, P. K., Phys. Reports (Sec. C of Phys. Lett.) 30, 145, (1977).
[45] Adkins, C. J. and Phillips, W. A., J. Phys. C, 18, 1313, (1985).
[46] Klein, J., Leger, A., Belin, M., Defourneau, D., et al., Phys. Rev. B 7, 2336 (1973).
[47] Jennings, R. J. and Merrifi, J. R., J. Phys. Chem. Solids 33, 1261 (1972).
[48] Lauhon, L. J. and Ho, W., Rev. Sci. Instrum. 72, 216 (2001).
[49] Scalapino, D. J. and Marcus, S. M., Phys. Rev. Lett. 18, 459 (1967).
[50] Bardeen, J., Phys. Rev. Lett. 6, 57 (1961).
[51] Harrison, W. A., Phys. Rev. 123, 85 (1961).
[52] Kirtley, J., Scalapino, D. J. and Hansma, P. K., Phys. Rev. B 14, 3177 (1976).
[53] Kirtley, J. and Hall, J. T., Phys. Rev. B 22, 848 (1980).
[54] Reed, M. A. and Tour, J. M., Scientific American 282, 86 (2000).
[55] Bain, C. D., Troughton, E. B., Tao Y-T., et al., J. Am. Chem. Soc. 111, 321 (1989).
[56] Grunze, M., Phys. Scr. T49B, 711 (1993).
[57] Noh, J. and Hara, M., Langmuir 18, 1953 (2002).
[58] Nuzzo, R. G., Zegarski, B. R., and Dubois, L. H., J. Am. Chem. Soc. 109, 733 (1987).
[59] Walczak, M. W., Chung, C., Stole, S. M., et al., J. Am. Chem. Soc. 113, 2370 (1991).
[60] Widrig, C. A., Chung, C., and Porter, M. D., J. Electroanal. Chem. 310, 335 (1991).
[61] Schäfer, A. H., Seidel, C., Chi, L., et al., Adv. Mater. 10, 839 (1998).
[62] Porter, M. D., Bright, T. B., Allara, D. L., et al., J. Am. Chem. Soc. 109, 3559 (1987).
[63] Although the HOMO-LUMO gap of alkyl chain type molecules has been reported, there is no experimental data on the HOMO-LUMO gap for Au/alkanethiol SAM/Au system. 8 eV is commonly used as HOMO-LUMO gap of alkanethiol.
[64] Boulas, C., Davidovits, J. V., Rondelez, F., et al., Phys. Rev. Lett. 76, 4797 (1996).
[65] Fujihira, M. and Inokuchi, H., Chem. Phys. Lett. 17, 554 (1972).
[66] Lias, S. G., Bartmess, J. E., Liebman, J. F., et al., Gas-Phase Ion and Neutral Thermochemistry, J. Phys. Chem. Ref. Data, Vol. 17, Suppl. No. 1 (1988).
[67] Binnig, G., Rohrer, H., Gerber, C., et al., Phys. Rev. Lett. 49, 57 (1982).
[68] Eigler, D. M. and Schweizer, E. K., Nature 344, 524 (1990).
[69] Lee, H. J. and Ho, W., Science 286, 1719 (1999).
[70] Bumm, L. A., Arnold, J. J., Cygan M. T., et al., Science 271, 1705 (1996).
[71] Donhauser, Z. J., Mantooth, B. A., Kelly, K. F., et al., Science 292, 2303 (2001).

[72] Dorogi, M., Gomez, J., Osifchin, R., et al., Phys. Rev. B 52, 9071 (1995).
[73] Xu, B. and Tao, N., Science, 301, 1221 (2003).
[74] Chen, J., Molecular Wires, Switches, and Memories, Ph. D thesis, Yale University, 2000.
[75] Onipko, A. I., Berggren, K. F., Klymenko Y. O., et al., Phys. Rev. B 61, 11118 (2000).
[76] Cygan, M. T., Dunbar, T. D., Arnold, J. J., et al., J. Am. Chem. Soc. 120, 2721 (1998).
[77] Wold, D. J., Haag, R., Rampi, M. A., et al., J. Phys. Chem. B 106, 2813 (2002).
[78] Cui, X. D., Primak, A., Zarate X., et al., Science 294, 571 (2001).
[79] Wold, D. J. and Frisbie, C. D., J. Am. Chem. Soc. 122, 2970 (2000).
[80] Cui, X. D., Zarate, X., Tomfohr, J., et al., Nanotechnology 13, 5 (2002).
[81] Reed, M. A., Zhou, C., Muller, C. J., et al., Science 278, 252 (1997).
[82] Kergueris, C., Bourgoin, J.-P., Palacin, S., et al., Phys. Rev. B 59, 12505 (1999).
[83] Reichert, J., Ochs, R., Beckmann, D., et al., Phys. Rev. Lett. 88, 176804 (2002).
[84] Zhou, C., Atomic and Molecular wires, Ph. D. thesis, Yale University, 1999.
[85] Park, H., Lim, A. K. L., Park, J., et al., Appl. Phys. Lett. 75, 301, (1999).
[86] Park, J., Pasupathy, A. N., Goldsmith, J. I., et al., Nature 417, 722 (2002).
[87] Liang, W, Shores, M. P., Bockrath, M., et al., Nature 417, 725 (2002).
[88] Gregory, S., Phys. Rev. Lett. 64, 689 (1990).
[89] Kushmerick, J. G., Holt, D. B., Pollack, S. K., et al., J. Am. Chem. Soc. 124, 10654 (2002).
[90] Kushmerick, J. G., Holt, D. B., Yang, J. C., et al., Phys. Rev. Lett. 89, 086802 (2002).
[91] Holmlin, R., Haag, R., Chabinyc, M. L., et al., J. Am. Chem. Soc. 123, 5075 (2001).
[92] Rampi, M. A. and Whitesides, G. M., Chem. Phys. 281, 373 (2002).
[93] Mbindyo, J. K. N., Mallouk, T. E., Mattzela, J. B., et al., J. Am. Chem. Soc. 124, 4020 (2002).
[94] Ralls, K. S., Buhrman, R. A., and Tiberio, T. C., Appl. Phys. Lett. 55, 2459 (1989).
[95] Zhou, C., Deshpande, M. R., Reed, M. A., et al., Appl. Phys. Lett. 71, 611 (1997).
[96] Horiuchi, T., Ebisawa, F., and Tabei H., Rev. Sci. Instrum. 60, 994, (1989).
[97] Datta, S., Tian, W., Hong, S., et al., Phys. Rev. Lett. 79, 2530 (1997).
[98] Xue, Y., Datta, S., and Ratner, M. A., J. Chem. Phys. 115, 9, 4292 (2001).
[99] Sze, S. M., Physics of Semiconductor Devices, Wiley, New York, 1981.
[100] Lamb, D. R., Electrical Conduction Mechanisms in Thin Insulating Films, Methue, London, 1967.
[101] Rhoderick, E. H., and Williams, R. H., Metal-Semiconductor Contacts. Clarendon Press, Oxford, UK, 1988.
[102] Slowinski, K., Fong, H. K. Y., and Majda, M., J. Am. Chem. Soc. 121, 7257 (1999).
[103] York, R. L., Nguyen, P. T., and Slowinski, K., J. Am. Chem. Soc. 125, 5948 (2003).
[104] Smalley, J. F., Feldberg, S. W., Chidsey, C. E. D., et al., J. Phys. Chem. 99, 13141 (1995).
[105] Weber, K., Hockett, L., and Creager, S., J. Phys. Chem. B 101, 8286 (1997).
[106] Slowinski, K., Chamberlain, R. V., Miller, C. J., et al., J. Am. Chem. Soc. 119, 11910 (1997).
[107] Mann, B. and Kuhn, H., J. Appl. Phys. 42, 4398 (1971).
[108] Polymeropoulos, E. E. and Sagiv, J., J. Chem. Phys. 69, 1836 (1978).
[109] Joachim, C. and Magoga, M., Chem. Phys. 281, 347 (2002).
[110] Zimmerman, D. T., Weimer, M. B., and Agnolet, G., Appl. Phys. Lett. 75, 2500 (1999).
[111] Kushmerick, J. G., Lazorcik, J., Patterson, C. H., et al., Nano Lett. 4, 639 (2004).

[112] Stipe, B. C., Rezaei, M. A., and Ho, W., Science 280, 1732 (1998).
[113] Bencuya, I., Electron Tunneling in Metal/Tunnel-oxide/Degenerate Silicon Junctions, Ph. D. thesis, Yale University, 1984.
[114] Lye, W.-K., Inelastic Electron Tunneling Spectroscopy of the Silicon Metal-Oxide-Semiconductor System, Ph. D. thesis, Yale University, 1998.
[115] Vollhardt, K. P. and Schore, N. E., Organic Chemistry: Structure and Function, 3rd edition, W. H. Freeman and Company, New York, 1999.
[116] Kemp, W., Organic Spectroscopy, John Wiley and Sons, New York, 1975.
[117] Cooper, J. W., Spectroscopic Techniques for Organic Chemists, John Wiley and Sons, New York, 1980.
[118] Duwez, A.-S., Yu, L.-M., Riga, J., et al., Langmuir 16, 6569 (2000)
[119] Kato, H. S., Noh, J., Hara, M., et al., J. Phys. Chem. B 106, 9655 (2002).
[120] For IR data see, for example, Castiglioni, C., Gussoni, M., and Zerbi, G. J., Chem. Phys. 95, 7144 (1991).
[121] For Raman data see, for example, Bryant, M. A. and Pemberton, J. E., J. Am. Chem. Soc. 113, 8284 (1991).
[122] Kaun, C-C. and Guo, H., Nano Lett. 3, 1521 (2003).
[123] Molinary, M., Rinnert, H., Vergnat, M., et al., Mat. Sci. Eng. B 101, 186 (2003).
[124] Bogdanoff, P. D., Fultz, B., and Rosenkranz, S., Phys. Rev. B 60, 3976 (1999).
[125] Mazur, U. and Hipps, K. W., J. Phys. Chem. 86, 2854 (1982).
[126] Mazur, U. and Hipps, K. W., J. Phys. Chem. 85, 2244 (1981).
[127] Kurata, H., Hirose, M., and Osaka, Y., Jap. J. Appl. Phys. 20, L811 (1981).
[128] Kirtley, J., The Interaction of Tunneling electrons with Molecular Vibrations, in: Tunneling Spectroscopy, edited by Hansma, P. K., Plenum, New York, 1982.
[129] Lauhon, I. J. and Ho, W., Phys. Rev. B 60, R8525 (1999).
[130] Hirschmugl, C. J., Williams, G. P., Hoffmann, F. M., et al., Phys. Rev. Lett. 65, 480 (1990).
[131] Joo, S. W., Han, S. W., and Kim, K., J. Phys. Chem. B 104, 6218 (2000).
[132] Galperin, M., Ratner, M. A., and Nitzan, A., Nano Lett. 4 1605 (2004).
[133] Persson, B. N. J. and Baratoff, A., Phys. Rev. Lett. 59, 339 (1987).
[134] Persson, B. N. J., Phys. Scr. 38, 282 (1987).
[135] Mii, T., Tikhodeev, S. G., and Ueba, H., Phys. Rev. B 68, 205406 (2003).
[136] Mii, T., Tikhodeev, S. G., and Ueba, H., Surface Science 502-503, 26 (2002).
[137] Tikhodeev, S. G., Natario, M., Makoshi, K., et al., Surface Science 493, 63 (2001).
[138] Bayman, A., Hansma, P. K., and Kaska, W. C., Phys. Rev. B 24, 2449 (1981).
[139] Hahn, J. R., Lee, H. J., and Ho, W., Phys. Rev. Lett. 85, 1914 (2000).
[140] Pascual, J. I., Jackiw, J. J., Song, Z., et al., Phys. Rev. Lett. 86, 1050 (2001).
[141] Fan, F. F., Yang, J., Cai, L., et al., J. Am. Chem. Soc. 124, 5550 (2002).
[142] Piccinin, S., Selloni, A., Scandolo, S., et al., Chem. Phys. 119, 6729 (2003).
[143] Tomfohr, J. K. and Sankey, O. F., Phys. Rev. B 65, 245105 (2002).
[144] Jiang, J., Kula, M., Lu, W., et al., Nano Lett. 5 1551 (2005).
[145] Solomon, G. C., Gagliardi, A., Pecchia, A., et al., J. Chem. Phys. 124, 094704 (2006).

2　分子电子学计算技术

James M. Tour, Dustin K. James　著

吕文刚　夏　钶　译

2.1　现代微电子技术

技术开发和工业竞争推动着半导体工业生产出尺寸更小、运算速率更快、功能更强大的逻辑器件。由于技术的进步,单位集成电路中可容纳的晶体管数目每18～24个月将翻一番,这一概念通常被称为摩尔定律。该定律以英特尔公司创始人之一戈登・摩尔命名,这是他在1965年发表的题为"在集成电路中集成入更多元件"的文章中所预言的[1]。当时,他认为,他的预言至少可以持续适用到1975年,而事实上,这一电路致密化过程(circuit densification)的指数增长率至今一直基本正确(图2.1)。

英特尔公司于2000年生产出了含有4200万个晶体管的奔腾4芯片,这是一个令人惊叹的工业成就。电路致密度的增加,是通过减小金属互连线的线宽,减小其他元件的尺寸和减小多层器件的层厚来实现的。这些变化只有通过发展新的加

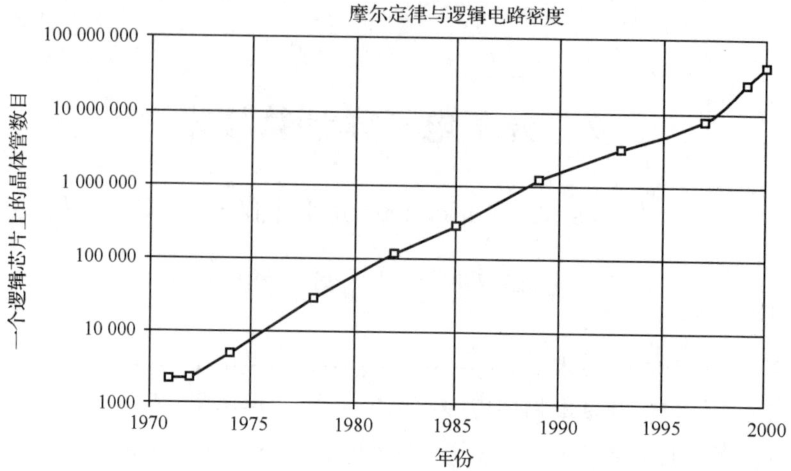

图 2.1 逻辑芯片上的晶体管数自 1972 年以来呈指数增长示意图(承英特尔公司提供数据)

工技术和新的结构材料才能得以实现。例如,商用金属互连线的线宽已经减小到了 0.13μm。由于铝在 0.13μm 线宽时的电阻较大以及铝金属线中原子易于电迁徙(以及其他问题),为了实现 0.13μm 线宽的目标,必须使用更理想的互连线,即用金属铜来替代铝。铜也带来了其自身的问题,包括它的柔软性,易于迁移到二氧化硅中(因此需要一个 Ti/TiN 的势垒覆盖)以及不能通过气相法沉积铜层。为了应对这些以及其他的挑战,必须发展沉积铜的无电极电镀新工艺和清除金属覆层的新技术,这是因为,铜不能被很好地刻蚀。为了在生产线中集成铜,创新则必须自始至终地贯穿于整个制造工艺。如果不付出资金、时间和艰巨的努力,这些变革就不可能到来。

2.2 现代技术的基本物理极限

构建固态器件的材料存在着基本的物理极限,且不能通过工程手段来克服,受此限制,这种通过缩小尺寸的方式来生产更快、更强大的计算机电路的自上而下的方法不再能持续下去了。例如,当绝缘的二氧化硅层薄到只有三个硅原子厚时,漏电就成为一个问题,而在商业应用上到 2003～2004 年就已达到这个厚度。此外,当受限于在非常小的尺寸时,硅将失去原有的能带结构。虽然如电子束刻蚀、深紫外刻蚀(extreme ultraviolet lithography,EUV)[2] 和 X 射线刻蚀等衍生技术仍在商业应用中发展着,但在晶片上制作电路的刻蚀技术也已接近其技术极限。一种能用于 100nm 以下刻蚀的 X 射线刻蚀技术已获专利[3]。

继续增加电路密度在经济上存在着障碍。英特尔公司于 2001 年 10 月花费了

20 亿美元，在亚利桑那州钱德勒市(Chandler，Arizona)新建和装配了第 22 装配线，该项目使用了 0.13μm 铜线技术，以便在 200μm 晶片上制作逻辑芯片。建造一条装配线的费用，预计到 2010 年将达到 150 亿～300 亿美元[4]，而到 2015 年很可能会达到 2000 亿美元[5]。制作尺寸不断减小的元件所需的极度尖端工具，也是费用扶摇直上的原因。制造商可以利用现有的基础设施来削减引进新技术的预算，不过，它存在很大的不确定性，这是因为，通过进一步地增加电路密度的方法本身未经验证、前途未卜。

由于现有技术对缺陷的容错度非常低(要求几乎所有器件都必须良好地工作)，随着器件复杂性、缺陷和污染的增加，控制将变得越来越重要。例如，在制作过程中，使用的湿化学剂，如硫酸中的金属阳离子杂质，要求测量值低于 10^{-9}(ppb)。随着线宽和元件尺寸的降低，几十亿分之一的金属污染的存在就可能导致低的芯片收得率。因此，工业要求供应商生产的化学物品杂质含量达到了万亿分之一以下的水平，这当然增加了使用化学物品的费用。

取决于器件的复杂度，处理工艺的流程步骤数以千计[6]。对于一块晶片，需要花费 30～40 天的时间，才能完成整个制造过程。其中，许多工序为清洗流程，部分装配线每分钟消耗数千加仑①的超纯净水[7]。在半导体工厂的运行中，废水回收变得越来越重要[8]。在地下含水层很低和需要昂贵的处理技术才能满足排污标准的地方，对水的大量消耗和随后的废水处理会带来一些问题。

任何一项能够处理上面讨论的潜在问题之一的新技术，对半导体工业都是有意义的。实际上，如果该技术能生产出更快、更小的逻辑和存储芯片，降低复杂性，节省几天或几周的生产时间，以及减少对自然资源的消耗，都将是一场革命。

2.3　分子电子学

我们如何才能突破现有固态电子学技术的限制？分子电子学是一个有吸引力的新兴领域，是少数几个能激发科学家想象力的领域之一[9]。例如，将分子纳入到功能电路，被《科学》杂志列为 2001 年的重大突破之一[10]。分子电子学包括对单分子或者小分子团簇的研究，将它们作为计算器件的基本单元(即导线、开关、存储器以及增益部件)[11]。其目标是，使用这些用来自下而上设计的分子来获得特定的性质和状态，而不是使用现有的刻蚀技术来自上而下地制作固态电子器件。

现代硅工业使用的是自上而下的方法，使用抗蚀剂(resists)和光，将如晶体管等小特征(features)刻蚀在硅里，不过，对密度持续增长的需求也使工业界倍感压力。此外，采用自下而上的方法，意味着将功能构建到分子这样的小体系上，从而

① 非法定单位。单位符号为 gal，1gal(UK)＝4.546 09L，1gal(US)＝3.785 43L。——译者

可以将分子进一步地自组装成更高阶的结构单元，如晶体管。自下而上的方法是十分自然的，这是因为，自然界中所有的体系都是自下而上地构建的。例如，由具有特定性质的分子组装形成更高阶的结构，如双层脂；随后，再进一步地自组装，尽管非常复杂，仍然组装成了细胞；最后，再自组装成为更高级的生命形式。因此，一旦科学家们知道了如何进一步地控制在特定分子层次上的相互作用，人们就可能利用自组装过程的多样性，来引发未来制造工艺的巨大变革。

最后，从技术发展的角度考虑，分子电子学的支持者们坚定地相信，自下而上的设计将会比自上而下的方法更加有效，对于化学家而言，这些可用的难以置信的结构多样性将导致产生更为有效的分子，因此，对每一个应用，都有可能实现可选功能(optional functionality)。我们可以在小反应器中合成 1mol 的分子开关(一个 22L 烧瓶已足够满足合成的大多数步骤)，其质量约为 450g，包含了 6×10^{23} 个分子，这一数值已经大于全部已生产出来的晶体管的数目。尽管我们还不能期望构建出这样的一个电路，即每个分子都是可寻址的且能连接到供电系统(至少不是在最初几代能够实现的)，在一个小块物质中获得海量数量的开关，是分子电子学能够成为未来计算技术发展中有力工具的一个重要原因。

分子电子学本身涵盖了范围极为广泛的主题。最近，Petty Bryce 和 Bloor 对分子电子学进行了探讨[12]，按照他们使用的术语，这里，我们将研究集中在分子尺度的电子学，而不是用于电子学的分子材料。用于电子学的分子材料研究其中每个功能单元中包含有上万亿个分子的薄膜或晶体(即薄膜晶体管或发光二极管)，它们的性质是在宏观尺度上测量。此外，分子尺度电子学研究的是每个器件只包含一个到几千个分子的情形。

2.4 基于分子电子学的计算机体系架构

在本节中，我们将首次讨论研究者们正在考虑建造的基于分子尺度电子学的计算机的三种通用体系架构方法，以及从 1998～2001 年在这三个领域里取得的进展。此外，我们还将涉及在测量分子开关的电学特性和用分子电子学部件设计逻辑器件上所取得的进展。

第一种分子计算方法基于量子元胞自动机(QCA)，在我们先前的综述[11]中已经简略地讨论过。这一方法依靠静电场排斥来传输通过电路的信息。QCA 方法的一个主要的优点是热耗散不再是重要的因素，这是因为，它只用到了少量电子，而不是在经典固态器件中每比特信息所需的 16 000～18 000 个电子。

第二种方法建立在惠普公司(HP)发展的大规模并行固态 Teramac 计算机基础之上，它需要建造一个类似的大规模并行计算装置[13]，该装置使用基于分子电子学且被认为具有良好容错性的交叉开关矩阵(crossbar)技术。当应用到分子体系中时，在这个方法中，单壁碳纳米管[14-18]或人造纳米线[14,19-22]被用作交叉开关矩阵。我们将会看到，逻辑功能是通过交叉的和特别掺杂的纳米线集合，或者通过放置在每个交叉开关矩阵交点（crossbar junction）上的分子开关实现的。

第三种方法使用分子尺度的开关作为纳米元胞（nanocell）的一部分。纳米元胞是混合了现代硅基技术和纯粹基于分子开关和分子线技术的新概念（事实上，在它们的早期几代中，其他两种方法仍将是混合系统）[23]。纳米元胞依靠使用分子开关阵列来实现逻辑功能，但是不需要每个开关分子都单独地寻址和供电。另外，它在逻辑电路的构造中使用化学的自组装原理，从而降低了复杂性。然而，编程难度在纳米元胞方法中却急剧增加。

虽然基于溶液相的计算（包括 DNA 计算[24]）也可以归类于分子尺度电子学，但是它的速率很慢，这是因为，这一过程需要排列许多化学键，并且它是和溶液相结合在一起的。也许可以证明，它对诊断检测是有益的，但我们并不认为它可以成为具有商业可行性的分子电子学平台；因此，在这篇综述中我们将不予以涉及。

量子计算是一个在理论上和实验室研究中都有极大吸引力的领域[25-28]，有几篇在大众刊物上的文章讨论过这一技术[29,30]。然而，由于量子计算基于被称为量子比特（qubit）的相互作用量子体系，而非基于分子电子学，因此在本综述中也不予以涉及。其他对计算来说有趣的方法，如“自旋电子学[31]”和光激活开关的使用[32]，也将被排除在本综述之外。

2.4.1 量子元胞自动机

量子点被称为人造原子或电子盒[33]，这是因为，它们具有离散的电荷态和类似于原子体系的能级结构，并能包含从几千个到仅有一个电子。它们是典型的小型电传导区（1μm 或更小的尺寸），且具有多样的几何形状和大小。由于是小体积，电子能量是量子化的。没有壳层结构；相反，一般能谱有着与量子涨落[34]相关的普适的统计性质。有几个小组已研究过量子点的制备[35]。例如，Leifeld 与合作者们研究了锗量子点在硅表面上的生长，其中，硅表面被预先覆盖了 0.05～0.11 层的碳[36]（即在晶片表面上每 100 个硅原子大约用 5～10 个碳原子来替代）。人们发现，锗量子点直接生长在硅表面上有碳原子嵌入的地方。

Heath 等发现，含硫化烷钝化的银纳米颗粒的己烷溶液，当己烷蒸发后，在水表面上会形成自发的图案[37]；他们还制备了量子点超晶格[38,39]。Lieber 等考察了在“金属性”单壁碳纳米管中的能隙[16]，并用原子力显微镜机械性地弯曲单壁碳纳米管以产生长度小于 100nm 的量子点[18]。他发现多数金属性单壁碳纳米管不是真正的金属，这是因为通过弯曲单壁碳纳米管，产生了电阻值为 10～100kΩ 的缺陷。在小于 100nm 的距离上布置两个缺陷就形成了量子点。

有人提出了使用量子点的分子计算的结构范式，并称之为量子元胞自动机

(QCA),其中,排列成正方形阵列的四个量子点被放置在一个元胞中,使得电子能够在各点之间隧穿,但却不能离开元胞[40]。如图 2.2 所示,当两个外来的电子被放入元胞时,库仑斥力使电子占据对角的点。两个基态极化态是能量等价的,可以被标记为逻辑“0”或“1”。翻转一个元胞的逻辑态(例如,通过施加一个负电势到与被电子占据的量子点相靠近的电极上)导致相邻的元胞基态翻转以减小库仑排斥能。利用这种方法,一行 QCA 单元可以被用来进行计算。一个简单的例子如图 2.3 所示,它的结构可以被称作二进制线,这里,输入“1”将会输出“1”。所有的电子占据着尽可能远离它们近邻的位置,并且它们都处于基态极化态。翻转左端元胞的基态将导致多米诺骨牌效应,即每个近邻元胞依次翻转基态直到导线的尽头。

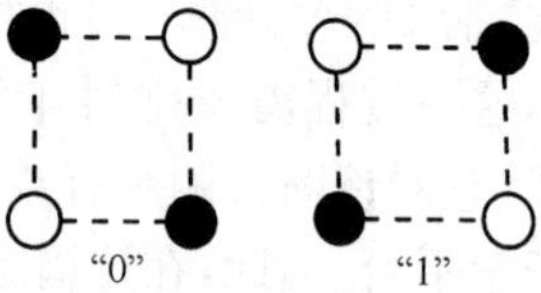

图 2.2 四点 QCA 单元的两个可能的基态极化示意图,分别表示“0”和“1”;注意电子被库仑排斥作用驱赶到了对角的位置上

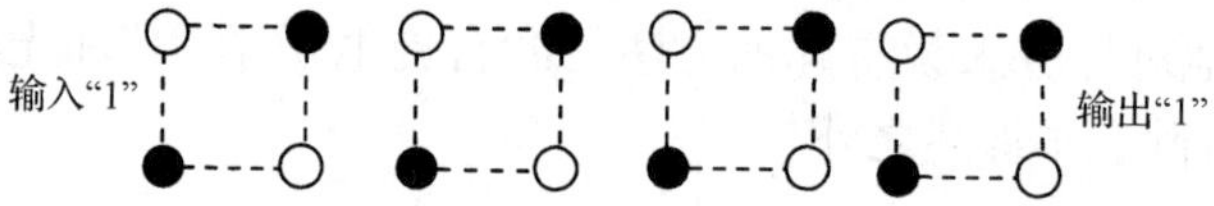

图 2.3 一个简单的 QCA 元胞逻辑线;这里,一个逻辑输入“1”将给出一个逻辑输出“1”

基于量子元胞自动机单元的一个反相器如图 2.4 所示,当输入为“1”时,输出为“0”。能够产生“AND(与)”门和“OR(或)”门的量子元胞自动机拓扑被称为多门(majority gate)[41],如图 2.5 所示,这里三个输入单元“投票”决定中央单元的极化。此中央单元的极化,随后被作为输出传出。其中一个输入可被设计成程序输入,且决定此多门是“与”门还是“或”门。如果编程门(programming gate)是逻辑“0”,那么,如图 2.5 所示结果是“或”门,然而当编程门等于逻辑“1”时,则产生“与”门的结果。

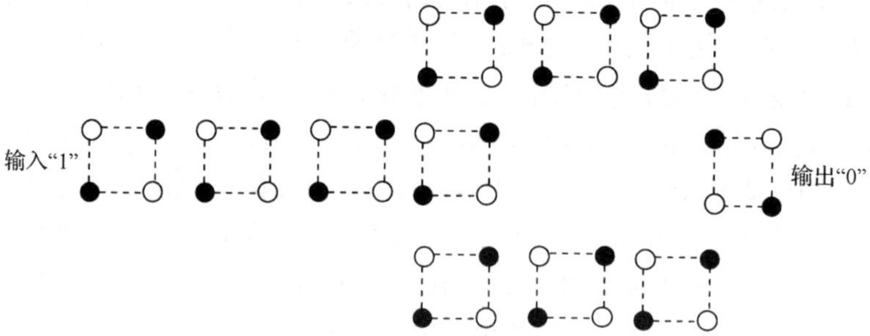

图 2.4 基于 QCA 单元建造的反相器,这样,一个逻辑输入“1”将产生一个逻辑输出“0”

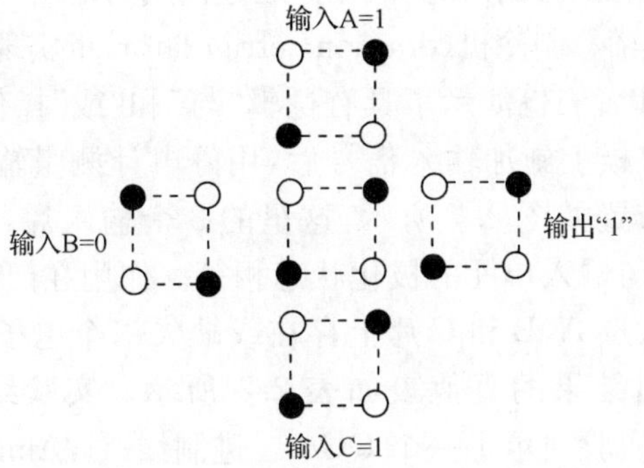

图 2.5 一个 QCA 多门单元:其中,三个输入单元 A、B 和 C 决定了中间单元的基态,进而决定了输出的逻辑态;一个逻辑输入"0"将给出一个逻辑输出"1"

一个 QCA 扇出结构如图 2.6 所示。注意到当输入单元的基态被翻转后,输入系统的能量可能不足以翻转此结构的两个分支上的所有单元,导致形成长寿命的亚稳态,并产生计算错误。用准绝热的办法来开关这些单元,能够防止这些亚稳态的产生[42]。

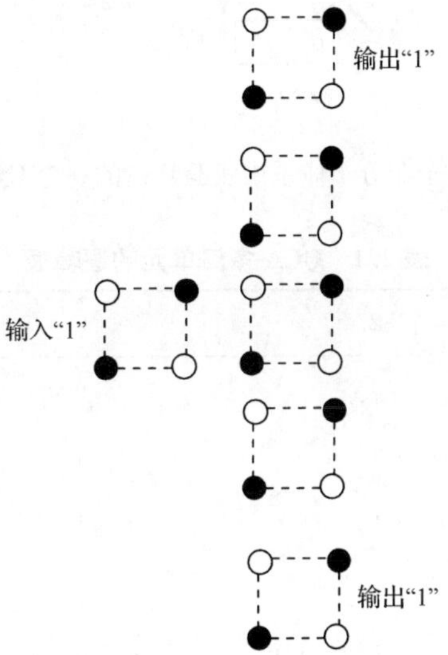

图 2.6 由 QCA 单元构造的扇出构型;一个逻辑输入"1"在此结构的两端都将产生一个逻辑输出"1"

Amlani 及其合作者们展示了 6 点 QCA 单元的实验性开关[43-45]。这些极化开关行为是通过在单元(cell)的输入双点的门上施加电压来实现的。这一单元采用标准的铝隧道结技术在氧化的硅表面制备,其中的铝岛和电极则采用电子束刻蚀来制备，随后再经过遮盖蒸发和在位氧化。通过使用与输出双点相耦合的静电计，这个开关行为可以在稀释制冷机(dilution refrigerator)里实现。

Amlani 与其合作者们也演示了具有逻辑“与”和“或”操作的可用的多门[46]，他们通过在单元的电极上施加输入信号后，用静电计测量输出信号来验证了此功能。多门的实验布置如图 2.7 所示，这里的 3 个输入片，A、B 和 C 被电极所取代，电极上的偏压与输入单元的极化状态相等。作用在门上的负或正偏压，用来模拟被取代的输入点 A、B 和 C 片上存在或缺失一个电子。包含所有可能的输入组合和多门输出结果的真值表如表 2.1 所示。实验结果如图 2.8 所示。Orlov 及其合作者们实验演示了一个 QCA 二进制线[47]，Amlani 等演示了一个无电极 QCA 单元[48]，Bernstein 等则演示了一个计时(clocked) QCA 器件中的锁存器[49]。

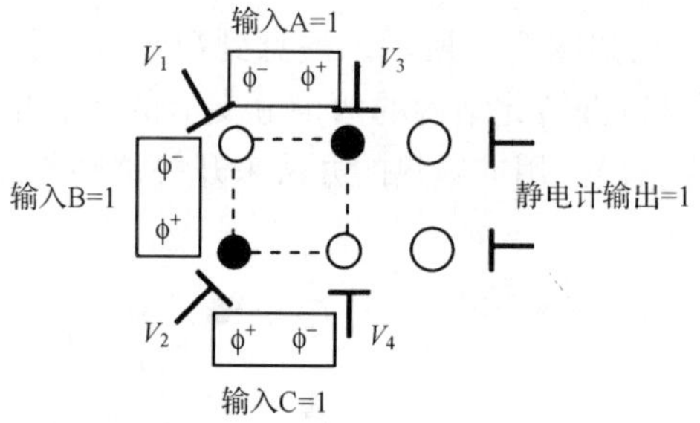

图 2.7 在一个非分子体系中实验建造的一个 QCA 多门单元

表 2.1 QCA 多门单元的逻辑表

A	B	C	输出
0	0	0	0
0	0	1	0
0	1	1	1
0	1	0	0
1	1	0	1
1	1	1	1
1	0	1	1
1	0	0	0

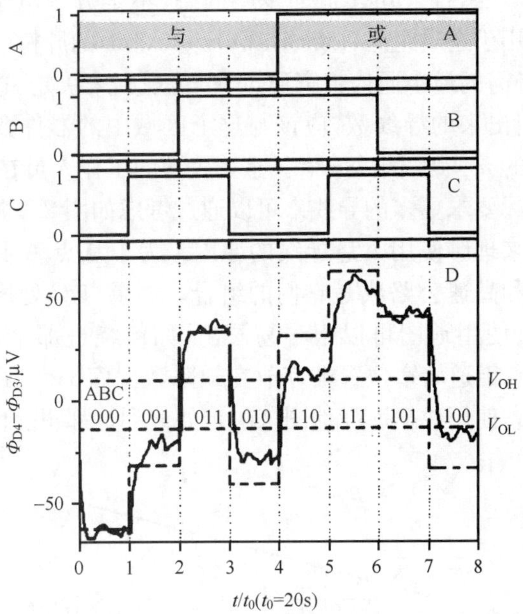

图 2.8 多门操作示例，其中，从 A 到 C 采用 Gray 码输入。最前的 4 个输入和最后的 4 个输入分别表示“与”和“或”操作。D 表示多门的输出特征，其中 t_0 =20s 是输入开关周期。台阶状虚线表示 70mK 时的理论值；实线代表测量值。高电压输出(V_{OH})和低电压输出(V_{OL})用水平虚线标记。(经授权摘自 Amlani. I.，Orlov，A. O.，Toth，G.，et al. Science，284，289，1999. © 1999 美国科学促进会)

尽管在 QCA 的演示中使用量子点是走向实际应用的良好开端，不过，我们的最终目标是使用单个分子来保持电子并沿着 QCA 导线来传递静电势。我们已经合成了一些分子，它们具有第一性原理计算所预言的可以通过静电势将信息从一个分子传递到另一个分子的能力[50]。合成的分子包括三端分子结、开关和分子逻辑门。

在基于 QCA 的分子计算技术成为现实之前，QCA 方法面临几个需要解决的问题。虽然相对较大的量子点阵列能够使用现有的方法制造，但一个主要的问题是，在纳米尺度下将分子精确地排列在阵列中是非常困难的。另一个问题是，只要在阵列中有一个分子性能退化，就能导致整个电路的失效。此外，有关 QCA 设计的单向性(或单向性缺乏)问题也存在争论[47,51,52]。目前，即便使用分子实现双点的小样品也未被实验证明，但是研究者们仍然抱有很大的希望，并为此而继续努力着。

2.4.2 交叉开关矩阵

Heath、Kuekes、Snider 和 Willians 最近报道了一台大规模并行实验计算机，它包含 22 万个硬件缺陷，但对于某些组态型，其操作性能仍要比高端单一处理器工作站快 100 倍[4]。惠普公司建造的基于固态(不是分子电子技术)的 Teramac 计算机,取决于其用于逻辑组态(logical configuration)的胖树(fat-tree)体系架构。胖树体系架构所必需的最小通信带宽通过 Rent 规则来决定,这一规则表述为:从电路的一个区域引出来的导线数,应该与这个区域中的器件数(n)成幂指数的关系,其范围从二维的 $n^{1/2}$ 到三维的 $n^{2/3}$。惠普公司的工作人员在建造中引入了过剩带宽,放入了比实际要求更多的导线。可以通过考虑如图 2.9 所示的一个简单、但直观的城市地图,来理解使用大量导线的原因。为了从点 A 到达点 B,一个人可以走街道、主干道和高速公路或是它们的组合。如果点 C 处房屋失火,当地的街道堵塞,那么,通过使用地图可以很容易看出,如何绕过那个区域到达点 B。在 Teramac 计算机中,街道堵塞位置被存放在缺陷数据库中。当一个器件需要与另一个器件通信时,它使用数据库和地图来决定如何到达那里。因此,Teramac 设计能够容许大量的缺陷。

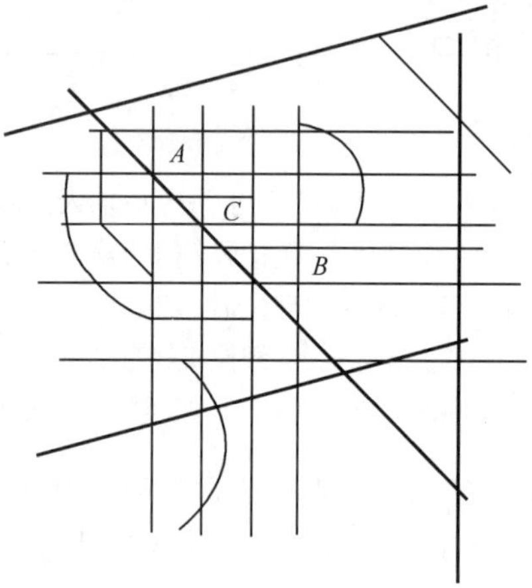

图 2.9 Teramac 计算机容错度的简单示例:在一个典型的城市里,有许多道路可以从点 A 到达点 B:不喜欢车流的人,可能只选择城市街道(细线),而那些希望尽快到达的人,可能选择城市街道与高速公路(粗线)的组合;假如点 C 处有一房屋失火,对于仅希望在城市街道上驾驶的人,可以查看地图并从点 A 到点 B 的诸多可选路径中择定其行驶方案

在此 Teramac 计算机(或基于 Teramac 设计的分子计算机)中,构成地址线(控制组态开关的设置)的导线和链接逻辑器件的数据线,是计算机中最重要和最多的部分。由此不难理解,人们为何将大量的研究精力投放在发展那些可以用在大规模并行分子计算机上的纳米导线上。要记得,如果想利用分子小尺度的优点,我们就需要纳米尺度的导线。

Lieber 综述了在其实验室合成和确定纳米线和纳米管性质方面的工作[14]。Lieber 使用了金和铁的催化剂纳米颗粒作为硅和 GeAs 纳米线(直径为 10nm,长度为几百纳米)的生长核。通过选择特定的条件,Lieber 能够控制单晶半导体纳米线的长度和直径[20]。硼和磷掺杂的硅纳米线被 Lieber 用作构建基元来组装半导体纳米器件[21]。通过交叉 n 型纳米线和 p 型基线来制备活性双极型晶体管(active bipolar transistor)。而掺杂的导线也被用来组装互补类反相器结构。

Heath 报道了使用化学气相沉积法(在 440℃下,用 SiH_4 作为硅源,金或锌纳米颗粒作为催化剂种子)合成硅纳米线的工作。导线在硅晶片表面上生长,得到的导线直径为 14～35nm。生长以后,孤立的纳米线被机械地转移至晶片上;铝电极用标准的电子束刻蚀和电子束蒸镀法放置,并使得导线的两端分别连接到金属接触上。在某些情况下,门电极被定位在了导线的中央(图 2.10)。采用轻敲模式(tapping)AFM,测得的导线直径为 15nm。

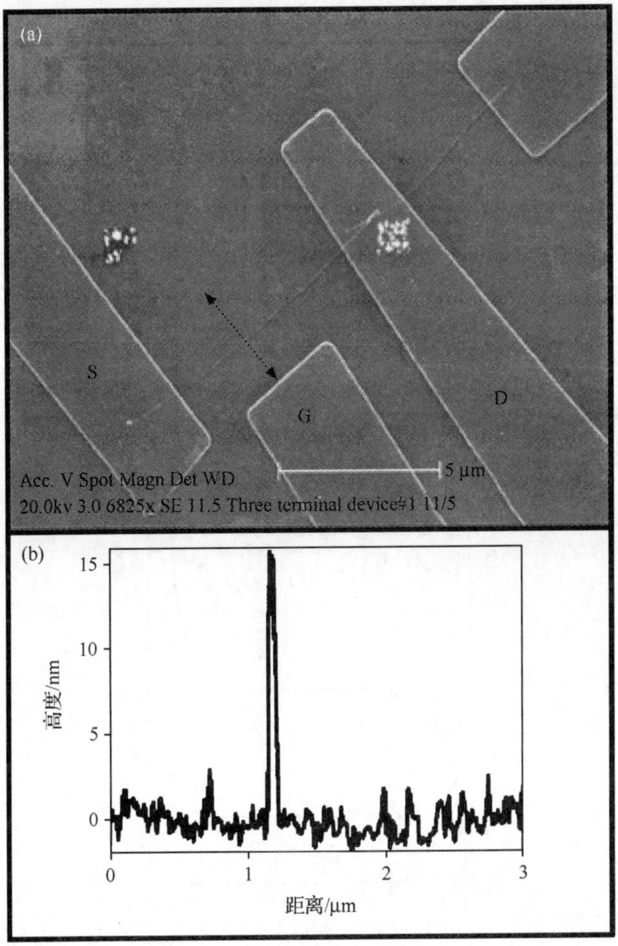

图 2.10　(a)一个三端器件[标记有源(S)、门(G)和漏(D)]的 SEM 图像。(b)部分硅纳米线(在 SEM 图像中用虚箭头标明)的轻敲模式 AFM 轨迹,表明该线的直径为 15nm。(经授权摘自 Chung,S.-W.,Yu,J.-Y.,and Heath,J. R.,Appl. Phys. Lett,76,2068,2000. © 2000 美国物理研究所)

Heath 发现，Ti-Si 线在 550℃下退火会导致电导的增加，这归因于更好的电极/纳米线接触(图 2.11)。Au-Si 线在 750℃下退火 30min 后，会增加约 10^4 倍的电流，如图 2.12 所示，这种效应归因于 Au 掺杂到了 Si 中，从而降低了导线和 Ti/Au 电极之间的接触电阻。

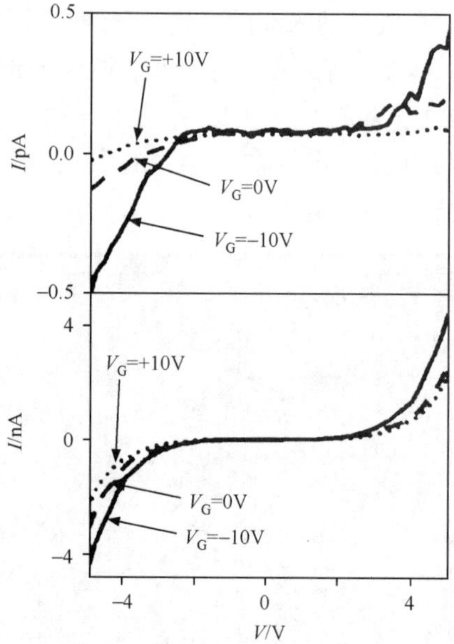

图 2.11　制备的 15nm 硅纳米线器件的三端输运性质的测量结果。硅纳米线与铝电极相接触(上图)，和同一器件在 550℃下退火(下图)。在两种情况下门效应表明均为 p 型掺杂。(经授权摘自 Chung, S-W., Yu, J-Y., and Heath, J R., Appl. Phys. Lett., 76, 2068, 2000. © 2000 美国物理研究所)

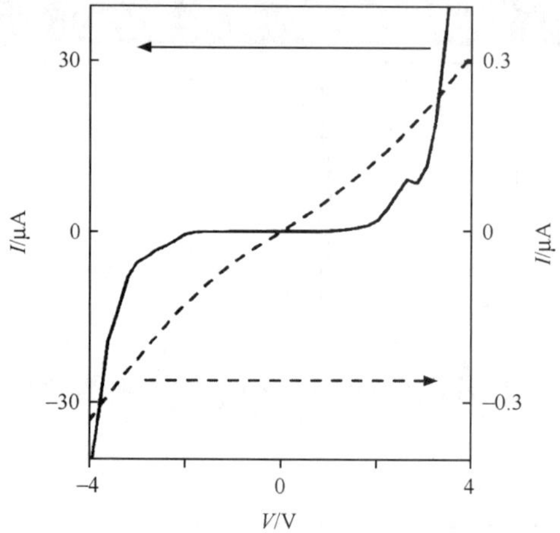

图 2.12　在经过热处理(750℃，时间 1h)之前(实线，电流轴在左侧)和之后(虚线，电流轴在右侧)，与钛/金电极接触的利用 Au 成核的硅纳米线的 I-V 曲线。在退火后，纳米线表现出类金属性的电导，表明它已重掺杂。(经授权摘自 Chung, S.-W., Yu, J.-Y., and Heath, J. R., Appl. Phys. Lett. 76, 2068, 2000. © 2000 美国物理研究所)

人们进行了大量的研究，旨在评估单壁碳纳米管（SWNT）作为纳米线（NW）在分子计算机中的价值。SWNT 的一个问题是，它们在通常的有机溶剂里难以溶解。在其合成阶段，单根的 SWNT 组成管束，且很难从中分离出单根的管[54]。在实验中，我们发现，碳管在 1,2-二氯苯中具有一定的可溶性[55]。解决可溶性问题的一个更好途径是通过共价键吸附可溶性基团来功能化 SWNT。Margrave 和 Smalley 发现，氟化的 SWNT 可以溶于酒精[56]，而 Haddon 和 Smalley 则通过存在于纯化管的羧酸基离子功能化来溶解 SWNT[57]。

我们也曾发现，SWNT 能够通过芳基偶氮盐的电化学还原反应功能化[58]。使用这种方法，纳米管结构上的约 20 个碳原子中的 1 个能够发生反应。我们还发现，可以采用芳基偶氮四氟化硼盐溶液直接处理，或者通过使用一种烷基亚硝酸盐试剂来实现重氮基团的原位生成，来对 SWNT 功能化[59]。这些功能基团为我们进行更具选择性的衍生化提供了进一步的手段。

不幸的是，氟化和其他的侧壁功能化方法可能会干扰 SWNT 的电子学性质。由 Smalley[54,60] 以及 Stoddart 和 Heath[17] 提出来的一个增加溶解性而又不影响 SWNT 电子学性质的方法，是用聚合物来包裹 SWNT 以便分散和溶解管束，却能保持单根管的电子学性质不受影响。Stoddart 和 Heath 发现，SWNT 管束没有被分散成被单独包裹的管子；而是整个管束被包裹。Smalley 发现，单根管能够被聚合物包裹；被包裹的管子没有表现出管束化行为（roping behavior）。虽然 Smalley 能够演示，可以将聚合物从碳管上去除，但仍不清楚 SWNT 是否容易操纵，并随后将其用到电路中去。无论如何，通过利用自上而下的方法，将 SWNT 布置到可控的构型中是可行的。为了利用分子小尺度的可控布置的优势，我们仍然还需要争取获得重大的进展。

Lieber 提出了一个由一系列交叉纳米管构成的基于 SWNT 的非易失性随机存取存储器件，在其中，衬底上放置一层平行的纳米管，另一层平行纳米管在垂直于第一层的方向且悬挂在下面纳米管之上，而下一层则被放置在支撑的周期阵列上[15]。悬置纳米管的弹性能够给出一个能量极小值，两层之间的接触电阻为零，开关（在两组相互垂直的纳米线之间的接触）处于“关”状态。当碳管被瞬间充电来产生静电吸引力时，悬挂的碳管发生弯曲，并与下方的碳管直接连接，这时，便制造了一个接触，它代表“开”状态。“开”/“关”状态可以通过测量各结上的电阻来读取，且能通过在适当的电极上施加电压脉冲来切换。通过以交叉模式机械地布置两组纳米管束，然后，在开关为“关”或“开”状态时，测量 $I(V)$ 特性，由此对这个理论进行了检验（图 2.13）。尽管他们用了金属性和半导体性无规分布的纳米管束，两种模式之间的电阻差仍有 10 倍之多，这足以支持他们的理论。

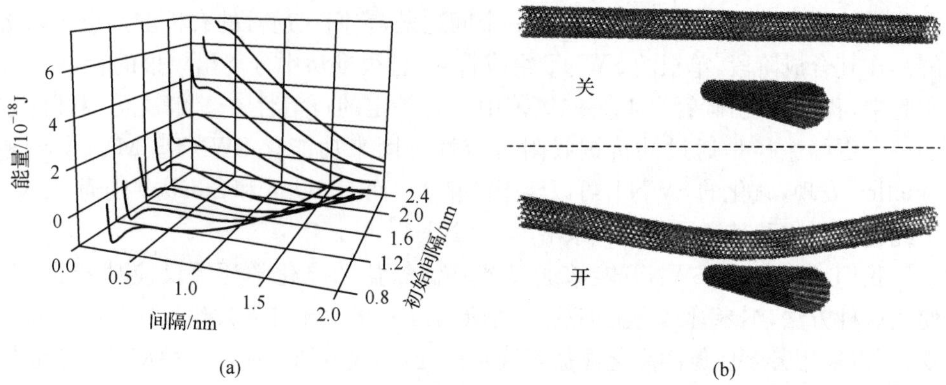

图 2.13 双稳纳米管器件的势能。(a)在交叉点处的单个 20nm 器件的能量($E_t = E_v dW + E_{elas}$)与间距的函数关系图。这些曲线依次对应于初始间距 0.8nm,1.0nm,1.2nm,1.4nm,1.6nm,1.8nm,2.0nm 和 2.4nm,在初始间距从 1.0nm 到 2.0nm 的曲线上都可以看到两个定义良好的极小值。这些极小值对应着分离的和处于 cdW 接触的交叉纳米管。(b)处于"关"(上图)和"开"(下图)状态的 20nm(10,10)SWNT 器件单元的计算结构。该计算的初始间距为 2.0nm;为了清楚起见,硅支撑结构(弹性模量为 168GPa)没有给出。(经授权摘自 Rueckes, T., Kim, K., Joselevich, E., Tseng, G. Y., Cheung, C. -L., and Lieber, C. M., *Science*, 289, 94, 2000. © 2000 美国科学促进会。)

在另一项研究中,Lieber 利用 STM 测定了 SWNT 样品中分子内的结的原子结构和电子学性质[16]。发现金属-半导体结具有电子学意义上的陡峭界面,且界面处没有形成局域态,而金属-金属结则具有更加扩散的界面态和低能态。

使用 SWNT 或纳米线作为导线的一个问题是,如何在器件结构形成过程中去引导它们,即如何将它们放到你想要它们到达的地方。Lieber 研究了通过联合使用流体流动装置和表面图案化技术(surface patterning techniques)来实现纳米线的定向组装,他们发现,可以利用不同流动方向来沉积纳米线层,并用于随后的步骤[19]。对于表面图案化,Lieber 采用 NH_2 钝化的表面条纹来吸引纳米线;在 NH_2 钝化的条纹之间,是甲基钝化的区域或者是空的区域,纳米线对此区域的吸引力较小。流动的控制是通过在平坦衬底上面放置一个聚二甲基硅氧烷(PDMS)模块(mold)来实现的,其中通道结构被切分为啮合面,并位于平面基底之上。随后,悬挂的纳米线(GaP、InP 或者 Si)通过这些通道。线性流速大约为 6.40mm/s。在某些情况下,规则性可延展到超过毫米尺度,正如扫描电子显微镜(SEM)测量的那样。图 2.14 给出了交叉纳米线阵列逐层的典型 SEM 图像。

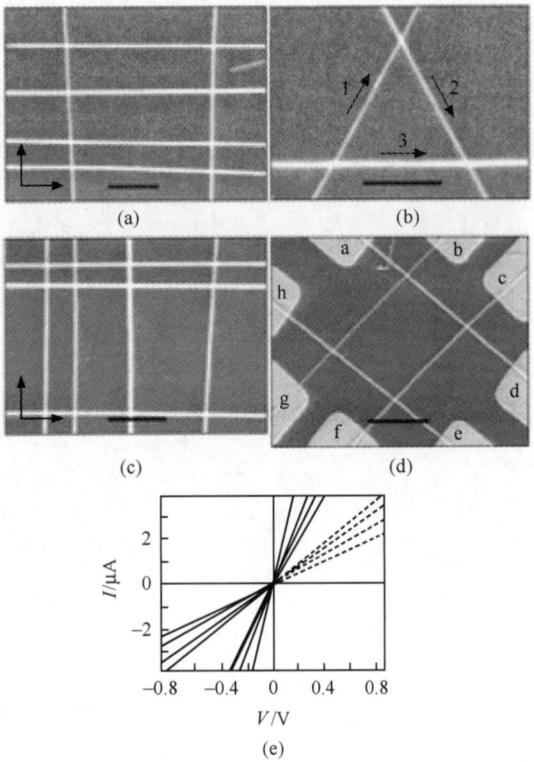

图 2.14　交叉纳米线阵列的逐层组装和输运测量图。(a 和 b) InP 纳米线交叉阵列的典型 SEM 图像,该纳米线阵列采用两步组装过程制作,相邻步骤的流动方向相互垂直。流动方向在图像中用箭头标示。(c)在三步组装过程中得到的 InP 纳米线等边三角形,流动方向的夹角均为 60°,用带数字的箭头标示。a、b 和 c 的标尺为 500nm。(d)典型的 2×2 交叉阵列的 SEM 图像。该阵列通过采用垂直流动法,并顺序组装 n 型 InP 纳米线而获得的。通过热蒸发沉积的 Ni/In/Au 接触电极,采用电子束刻蚀法图案化。在电极沉积之前,纳米线在 6%HF 溶液中经过短时间(3～5s)刻蚀,以去除非晶氧化物外层。标尺为 2mm。(e)在一个 2×2 交叉阵列上通过两端测量得到的典型 *I-V* 曲线。实线表示四个单个纳米线(ad, by, cf, eh)的 *I-V* 曲线,虚线表示通过 4 个 n-n 交叉结点(ab, cd, ef, gh)的 *I-V* 曲线。(经授权摘自 Huang, Y., Duan, X., Wei, Q., and Lieber, C. M., *Science*, 291, 630, 2001. © 2001 美国科学促进会。)

在 Lieber 展示有可能用交叉纳米线作开关时,Stoddart 和 Heath 则已合成了分子器件,它们能桥接交叉纳米线并且可作为存储器与逻辑器件中的开关[61]。美国加州大学洛杉矶分校(UCLA)的研究者们也合成了裂解酶(图 2.15)和轮烷(图 2.16)。它们能够用氧化还原反应来切换"关"和"开"的状态。例如,Langmuir-Blodgett 薄膜由如图 2.15 所示的裂解酶形成,且单分子层被沉积在由光刻晶片所得到的多晶硅纳米线上。第二组纳米线是通过荫罩沉积的垂直的钛纳米线,然后测定$I(V)$曲线。当与所施加的控制相比较时,数据表明,分子表现为固态分子开关。然而,迄今为止,人们还没能演示 Stoddart 开关与纳米线的组合。

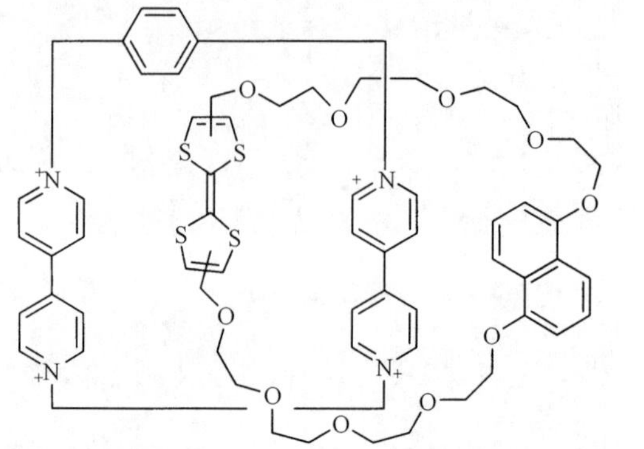

图 2.15 裂解酶。注意:这两个环结构缠绕在了一起

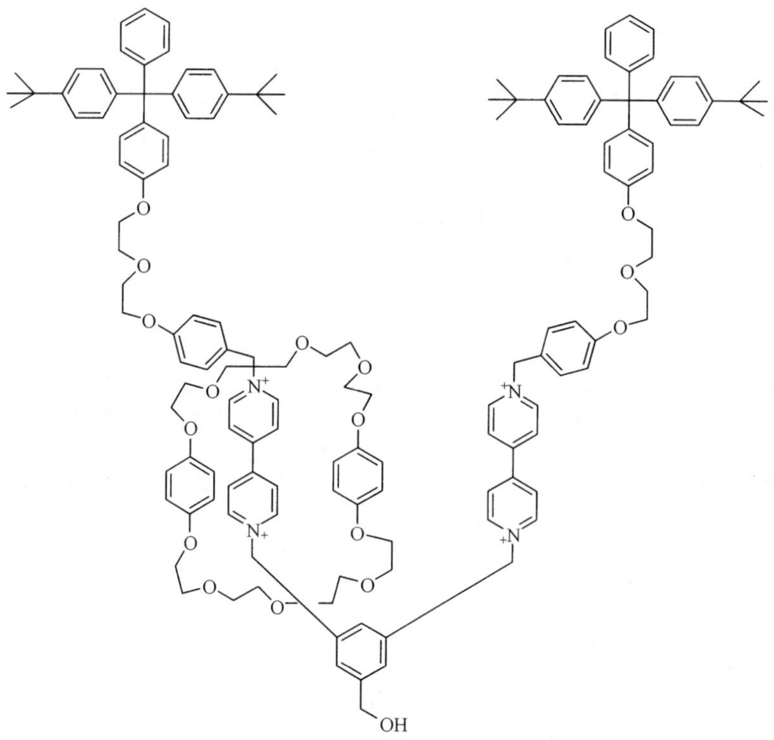

图 2.16 一个[2]轮烷。两个大端基团不允许环状结构滑出任何一端

我们知道,碳纳米管具有金属性或半导体性。IBM 的 Avouris 及其合作者们发展了一种方法,即用电学破坏法操控多壁纳米管(MWNT)和 SWNT[62]。MWNT 的管壁性质可以在金属性和半导性之间变化。在空气中用电流快速氧化多壁纳米管的外层,可以相继地将各外层去除,这是因为,外层管壁与电极相连,而内层管壁负载很小或没有电流。依次去除各管壁外层,直到具有要求性质的那一层为止。

对于 SWNT 束，Avouris 采用一个静电耦合的门电极来耗尽半导体 SWNT 的载流子。一旦耗尽后，金属性的 SWNT 能被氧化，仅留下了未受影响的半导性 SWNT。所得到的 SWNT 多数是半导性的，能够被用来制作基于纳米管的场效应管(FET)(图 2.17)。

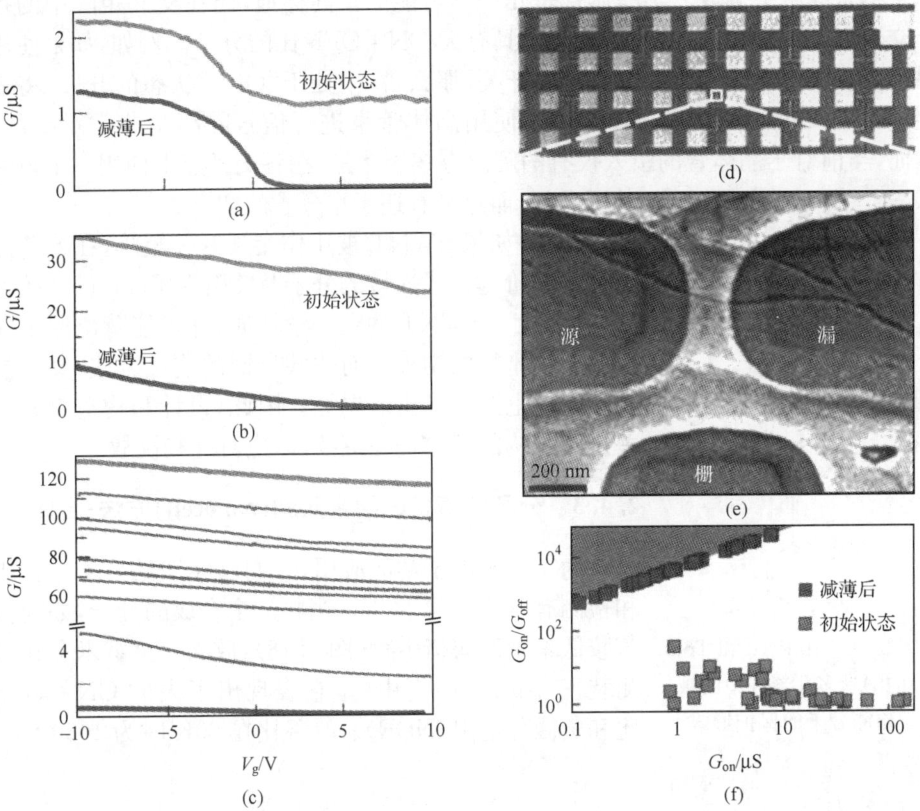

图 2.17 (a 和 b)对半导体型和金属型 SWNT 混合体施加应力，同时对管束施加栅电压，以耗尽半导体管中的载流子。半导体管是通过选择性地破坏金属型 SWNT 而得到的。当金属型 SWNT 被破坏时，$G(V)$曲线刚性地向下移动。剩下的电流改变则完全来源于剩余的半导体型 SWNT。(c)在非常粗的管束中，必须牺牲掉部分半导体型 SWNT 以去除其最内部的金属型 SWNT。通过将该技术与标准的刻蚀方法相结合，可以从包含有金属型半导体的无序管束中制作出基于纳米管的三端场效应管的阵列(d 和 e)。尽管这些管束由于它们包含有金属成分在内，最初只表现出很少的或没有开关性质，不过，具有良好场效应特性的器件最终被可靠地实现(f)。(经授权摘自 Collins, P. G., Arnold, M. S., and Avouris, P., *Science*, 292, 706, 2001. © 2001 美国科学促进会。)

使用交叉开关矩阵技术的分子计算容错方法在得以应用之前仍面临几个障碍。如前所述，我们使用了许多非常细小的导线，用来获得容错性。这些导线中的每一根是如何被外界访问的？多路复用(multiplexing)，即在一个共同的传输介质中组合两个或更多的信息通路，必将成为解答这个难题的主体部分。纳米线的定向自组装以及将其附加到多路复用器上将是十分复杂的。另一个障碍则是信号强度沿着纳米线传输的衰减。增益在使用晶体管电路中被普遍地引入。然而，在每一个纳米线结上方放一个晶体管是几乎不可能的。同样地，当在交叉矩阵中的每个交叉点上不存在晶体管时，就需要具有大 ON∶OFF 比的分子。例如，如果使用一个具有 10∶1 的 ON∶OFF 比的开关，那么 10 个处于“OFF”状态的开关，将表现出一个“ON”的状态。因此，通过使用晶体管来进行信号隔离是非常重要的。然而，当前对于晶体管的引入仅有的解决方案仍然是，在各交叉点上使用一个较大的固态门，而这又有违于小分子的初衷。

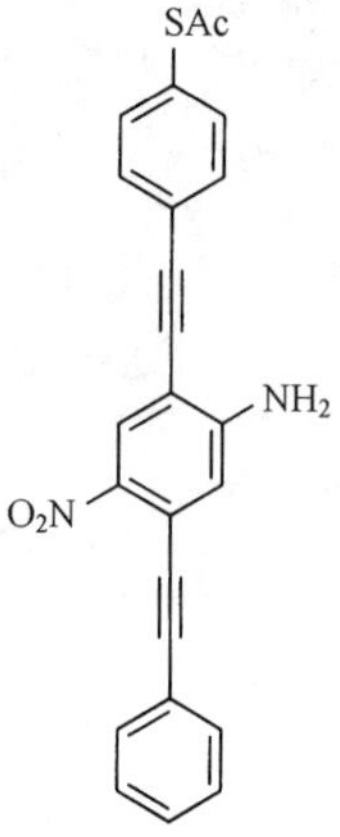

图 2.18 在 Reed 和 Tour 的纳米多孔器件中的被检测分子的保护形式

此外，如果 SWNT 被用作交叉开关矩阵，在各节点上通过共价键方式连接的分子开关引入了 sp^3 的连接方式，它干扰了 SWNT 的电子学性质，并可能背离原来使用单壁纳米管的初衷。而非共价键的连接方式，又不能提供操控电路所必需的电导。因此，设计和构造交叉开关矩阵架构的工作仍在继续，以应对这些挑战。

2.4.3 分子计算机的纳米元胞(nanocell)方法：合成

为了分子电子学的应用，我们已经涉足分子的合成和检测有一段时间了[11]。当将一个合成的分子，如硝基苯胺低聚苯乙炔衍生物(图 2.18)，放入一个纳米多孔检测装置(图 2.19)[63]中时，它表现出了大的 ON∶OFF 比和负微分电阻(NDR)。峰谷比在 60K 时为 1030∶1。

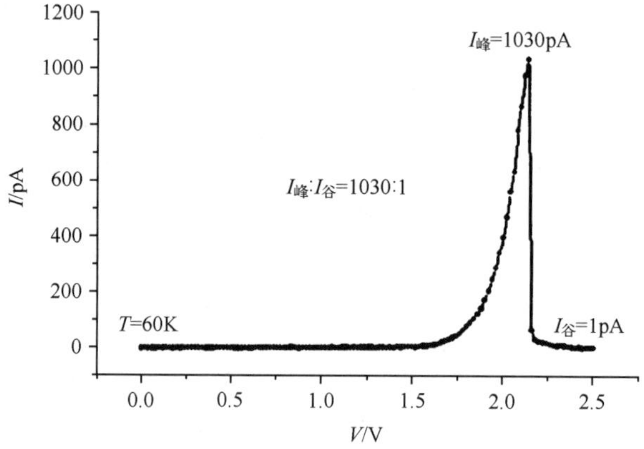

图 2.19 一个材料为金-(2′-氨基-4-乙炔苯基-4′-乙炔苯基-5′-硝基-1′-苯-硫醇盐)-金的器件在 60K 时的 $I(V)$特性曲线。峰电流密度约为 $50A/cm^2$，负微分电阻率约为 $-400\mu\Omega/cm^2$，峰谷比为 1030∶1

相同的纳米多孔检测装置被用来研究分子长时间地保持在“ON”状态的能力。在研究图 2.20 中分子 **1** 到分子 **4** 作为分子存储器的行为时，只有两个含有硝基的分子 **1** 和分子 **2**，被发现具有存储器特性。写、读和擦除循环如图 2.21 所示。图 2.22 给出了 Au-(**1**)-Au 器件的 $I(V)$特性。此特征具有高精度的可重复性，且没有发现这一器件存在老化现象。这个结果是在经历了 10 亿次循环和 1 年以上时间的情况下得到的。

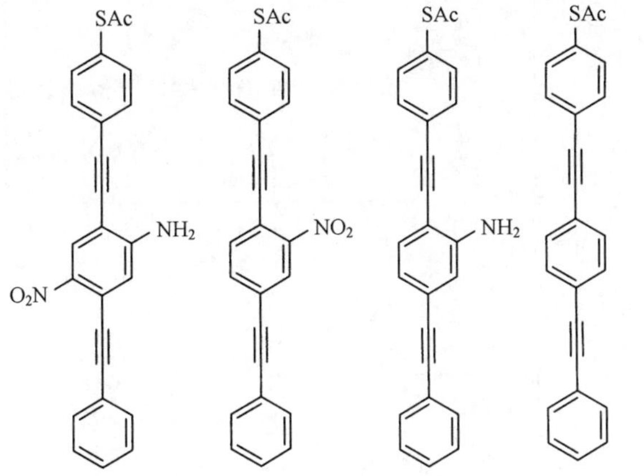

1 **2** **3** **4**

图 2.20 在纳米孔器件中，对分子 **1** 到分子 **4** 的高或低电导率的存储状态进行了测量。只有两个含有硝基的分子 **1** 和分子 **2** 表现出活性

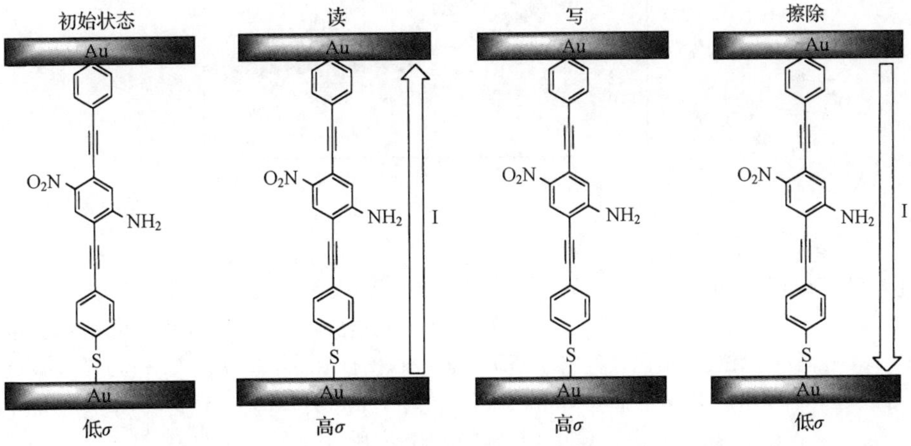

图 2.21 存储器件通过高或低电导态的存储进行操作。初始的低电导率态(低 σ 态)，在施加电压后，改变为高电导率态(高 σ 态)。在写入和擦除脉冲下的电流方向用箭头标出。高 σ 态维持作为存储比特。(经授权摘自 Reed, M. A., Chen, J., Rawlett, A. M., Price, D. W., and Tour, J. M., *Appl. Phys. Lett.*, 78, 3735, 2001. © 2001 美国物理研究所)

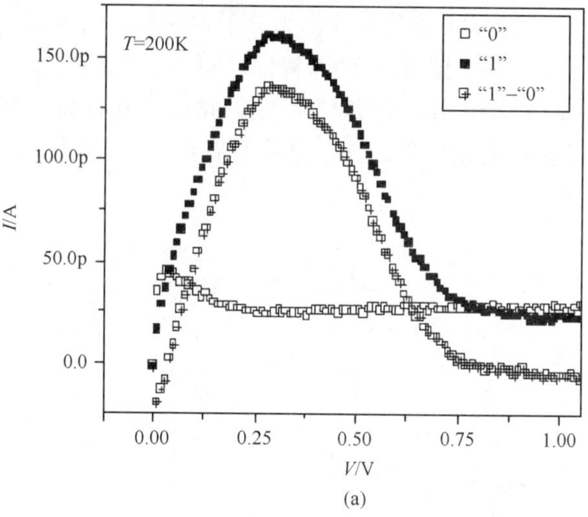

图 2.22 (a) 在 200K 下 Au-(**1**)-Au 器件的 $I(V)$特性。数字"0"表示初始态,"1"表示储存的写入态,"1"—"0"是两个态之间的差。正偏压对应着空穴注入,空穴来自于化学吸附的硫-金接触。(b) 随温度变化的差值曲线("1"—"0")。(经授权摘自 Reed, M. A., Chen, J., Rawlett, A. M., Price, D. W., and Tour, J. M., *Appl. Phys. Lett.*, 78, 3735, 2001. © 2001 美国物理研究所。)

同时也测量了 Au-(**2**)-Au 的 $I(V)$特性(图 2.23)。图 2.24 为所测量的分子无规存取存储的逻辑图。

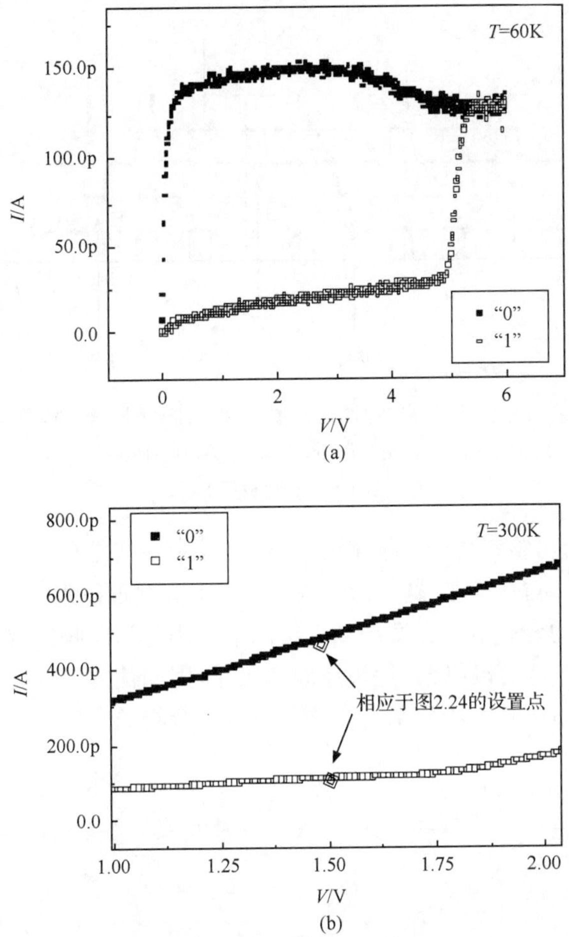

图 2.23　在一个 Au-(**2**)-Au 器件中,存储态和初始/擦除态在 60K(a)和室温(b)(300K)下的 *I-V* 特性曲线。设置点是图 2.24 中电路的操作点。(经授权摘自 Reed, M. A., Chen, J., Rawlett, A. M., Price, D. W., and Tour, J. M., *Appl. Phys. Lett.*, 78, 3735, 2001. © 2001 美国物理研究所。)

Seminario 等发展了一套处理电子输运问题的理论方法,即在 B3PWP1/6-31G 和 B3PW91/LAML2DZ 的理论层次上使用了电子密度泛函理论[65],通过把单个分子接触到金属表面上[64],对图 2.20 中的 4 种分子的电学行为做了分析。硝基-氨基功能化的分子 **1** 的最低非占据分子轨道(LUMO)是最为靠近金的费米能级的轨道。电中性的分子 **1** 的 LUMO 被发现是局域化的(非传导的)。处于−1 带电态的 LUMO 变成退局域的(传导的)。因此,从金向分子转移出一个电子,形成自由基负离子,从而导致了穿过分子的传导。分子的一个轻微的扭曲,就使得轨道之间产生有利于电导的对齐,并有利于开关特性。

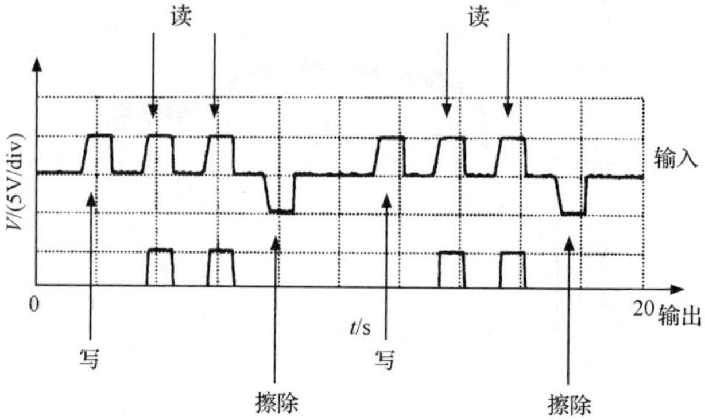

图 2.24 测量的分子随机存取存储逻辑图(经授权摘自 Reed, M. A., Chen, J., Rawlett, A. M., Price, D. W., and Tour, J. M., Appl. Phys. Lett., 78, 3735, 2001. © 2001 美国物理研究所。)

近期,我们的实验室合成了很多的新分子,其中一些已在分子电子学的应用中进行了测试[66-69]。自从硝基-氨基衍生物的 NDR 被发现以来,我们将重点放在低聚苯乙炔衍生物的合成上。方案图 2.1 给出了二硝基衍生物的合成。在自然界中作为电子受体的苯醌,能够轻易地被还原和氧化,因而使它们成为研究分子开关极佳的候选者。方案图 2.2 给出了一个这类候选化合物的合成。

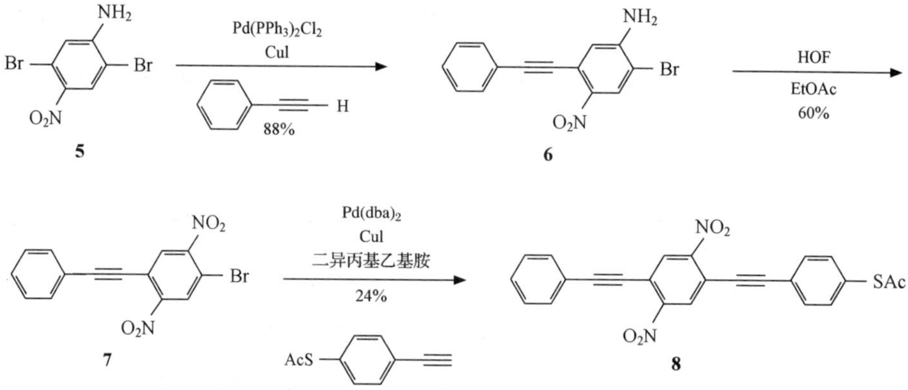

方案图 2.1 二硝基衍生物的合成(经授权摘自 Dirk, S. M., Price, D. W. Jr., Chanteau, S., Kosynkin, D. V., and Tour, J. M., *Tetrahedron*, 57, 5109, 2001. © 2001 Elsevier Science。)

乙酰硫醇基团被称为保护鳄鱼夹。例如,在金表面一个自组装单分子层(SAM)的形成过程中,硫醇基在原位被退保护(deprotected),从而硫醇与金形成了一个强键(约 2eV,45cal/mol)。

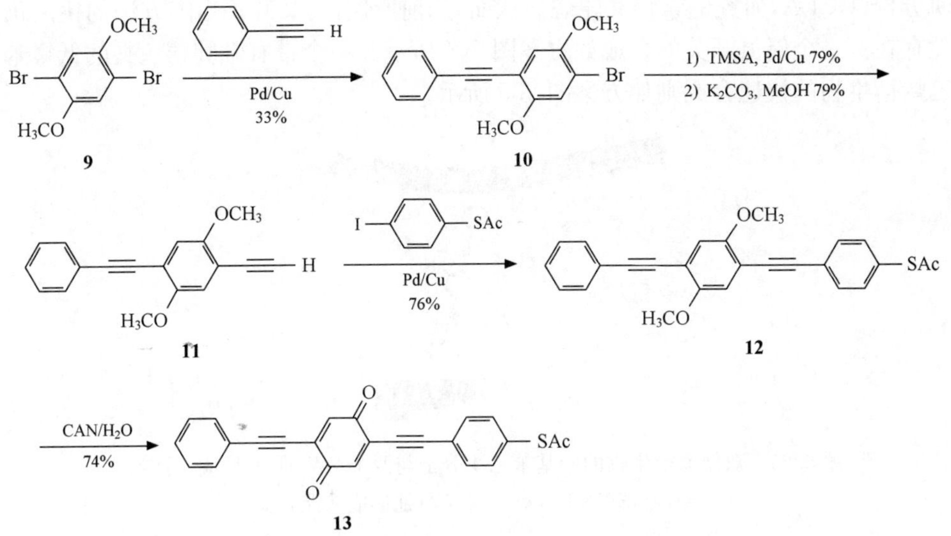

方案图 2.2 一个苯醌分子电子学备选物的合成(经授权摘自 Dirk, S. M., Price, D. W. Jr., Chanteau, S., Kosynkin, D. V., and Tour, J. M., *Tetrahedron*, 57, 5109, 2001. © 2001 Elsevier Science.)

Seminario 和 Tour 对金属-分子接触进行了理论分析[70],在运行 Gaussian 98 软件时使用 B3PW91/LANL2DZ 层次的理论,同时,结合了格林函数方法,该方法考虑了接触的"无限"性质。他们发现,钯是最好的金属接触,其后是镍和铂;铜处在中间,而最差的金属则是金和银。最好的鳄鱼夹是硫醇夹,但他们发现,它并不比异腈夹好很多。

我们也考察了其他鳄鱼夹,如吡啶端基、偶氮盐、异腈、硒、碲以及羧酸端基[66]。低聚苯乙炔分子和异腈端基的合成如方案图 2.3 所示。

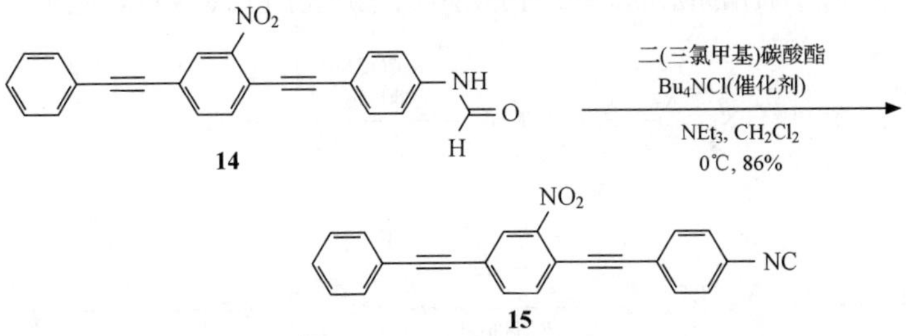

方案图 2.3 用甲酰胺母体合成的异腈鳄鱼夹

我们在前面曾讨论过在 SWNT 功能化中的偶氮盐。随着这个过程的改进,很有可能采用 SWNT 作为交叉开关矩阵,并用低聚苯乙炔分子作为在交叉线结处的开关,来构造这一大规模并行计算机体系架构(图 2.25),而不采用加州大学洛杉矶分校(UCLA)研究的索烃和轮烷。然而,如前所述,交叉开关矩阵方法的挑战仍然存在。一个偶氮开关的合成如方案图 2.4 所示。一个带有吡啶鳄鱼夹的低聚苯乙烯衍生物的快速合成则如方案图 2.5 所示。

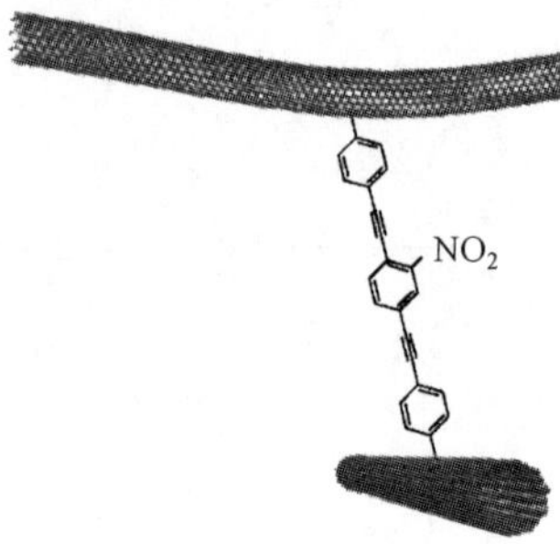

图 2.25 双偶氮衍生物的硝基苯乙炔分子与两个 SWNT 的反应,可能会导致在 SWNT 阵列的交叉节处形成功能开关

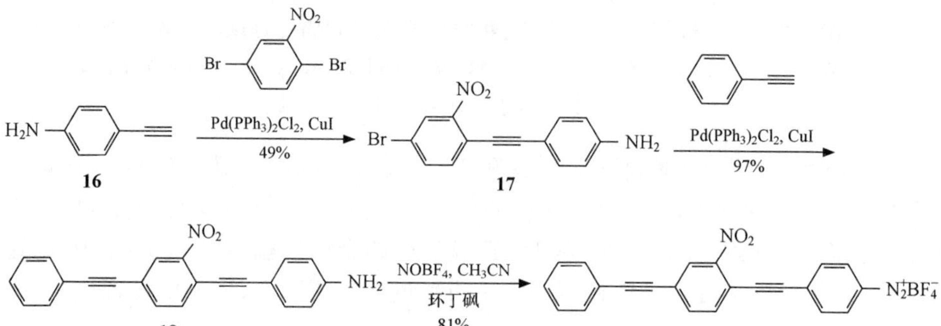

方案图 2.4 一种含有分子电子学候选化合物的偶氮盐的合成(经授权摘自 Dirk, S. M., Price, D. W. Jr., Chanteau, S., Kosynkin, D. V., and Tour, J. M., *Tetrahedron*, 57, 5109, 2001. © 2001 Elsevier Science.)

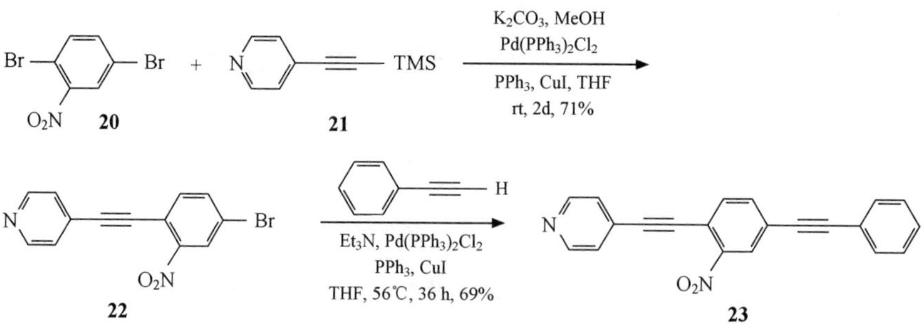

方案图 2.5 一个含有吡啶鳄鱼夹的衍生物的合成(经授权摘自 Chanteau, S., and Tour, J. M., Synthesis of potential molecular electronic devices containing pyridine units, *Tet. Lett.*, 42, 3057, 2001. © 2001 Elsevier Science.)

2.4.4 分子计算机的纳米元胞方法:功能块(functional block)

在我们基于纳米元胞的分子计算机的概念性方法中,一个小到 $1\mu m^2$ 的特征被刻蚀进硅晶片的表面。使用标准的光刻技术,在纳米元胞的周边,形成 10～20 个金电极。只有当金引线深入到纳米元胞核心时才会暴露;而金表面的所有其他部分都被氮化物所覆盖。位于纳米元胞中心处的硅表面(分子洞——“分子件”组装体的位置)被 $HS(CH_2)_3SiO_x$ 功能化。一个由直径为 30～60nm 金纳米颗粒组成的二维阵列,被沉积在分子洞中的硫醇基团上。被烷硫烃事先保护的金引线,随后采用 UV/O_3 退保护;这个分子开关从溶液中沉积进入到分子洞中,在那里将自己嵌入到金纳米颗粒中,并用围绕着周边的金引线来连接金纳米颗粒。纳米颗粒组合体与分子开关在分子洞中组合,形成从一个电极到另一个电极、数目从几百个到几千个的完整电路(图 2.26 给出了一个简单的示例)。我们期望,能够通过施加电压脉冲到所选定的纳米元胞的电极上,将内部开关切换到“ON”或“OFF”的状态,尤其是用我们已经获得的具有高开关比的低聚苯乙炔。采用这种方法,我们希望修正纳米元胞来实现标准的逻辑操作,例如“与”、“与非”或者“或”。这一想法是,我们首先构造纳米元胞,但不去控制这些纳米颗粒的位置或桥接的开关,而是随后训练(train)它们来执行特定的任务。在适当的时间内训练纳米元胞将是关

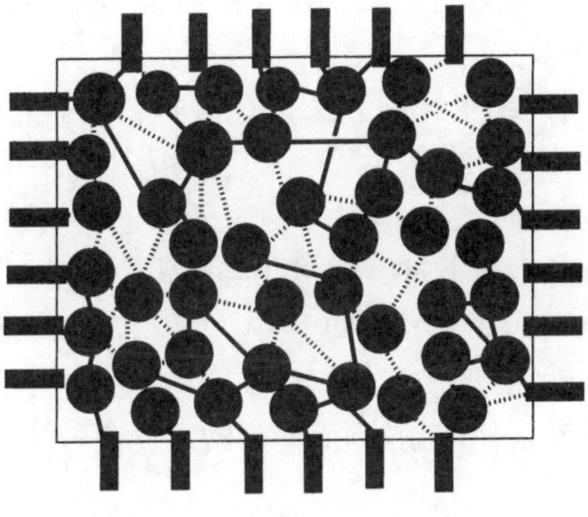

图 2.26 建议的纳米元胞,其电极(黑色矩形)伸入到了方形分子洞中。我们的模拟涉及少数几个电极。这里,用相近尺寸的黑圆点代表的金属纳米颗粒,随着有机分子开关一起被沉积到了分子洞中,并非要求所有的有机分子开关都必须具有相同的长度和相同的功能。分子开关通过位于两端的鳄鱼夹桥接到纳米颗粒上。处在“ON”状态的开关用实线表示,处在“OFF”状态的开关用虚线表示。可能是因为没有对纳米颗粒或开关的沉积进行控制,实际的电路也许是未知的。然而,取决于电极数、分子洞的尺寸、纳米颗粒的尺寸和分子开关的浓度和相同度,我们可以制成从几千到几百万个的可能电路。为了在每一个组装体中植入特定的逻辑门或者预期的功能,纳米元胞可以在集成后利用程序设计模块进行查询。电极的电压脉冲被用来转换开关到“ON”或者“OFF”状态,直到达到预期的逻辑门或功能

键。最后，训练过的纳米元胞将被用作其他元胞的模板。在传统的晶片上将纳米元胞平铺一起，以制作所要求的电路。当输入/输出引线的数目有限(即一个方形的每边只有一个)时，我们期望能够在 $0.1\mu m^2$ 或更小的尺度上来制作未来的纳米元胞。

尽管我们仍然处于构造实际纳米元胞的研究和发展阶段，但我们已经开始采用如 SPICE 和 HSPICE 等的标准电气工程电路模拟程序，并结合基因算法技术来模拟纳米元胞，它分为三个阶段[23]：

(1) 利用完整的全能编程，这里，我们知道构造的纳米元胞内部的所有信息，如纳米颗粒的位置，有多少开关桥接在各纳米颗粒对、开关的电导状态以及通过调节特定开关的“ON”和“OFF”来进行控制，以得到所期望的输出，而不需要从电极外面使用电压脉冲。

(2) 利用全知的编程，这里，我们知道纳米元胞内部看起来像什么，知道开关的电导状态，不过，我们必须使用周围电极的电压脉冲，来调节特定开关的“ON”和“OFF”状态以获得所期望的输出。

(3) 利用平凡的编程，这里，我们不知道纳米元胞的内部，必须猜测在哪里施加电压脉冲。我们正准备开始模拟平凡编程；不过，在纳米元胞的实际物理测试中，由于我们将仅限于使用这种方法，所以这是最为关键的类型。

我们利用全能编程的初步结果表明，我们能模拟简单的逻辑功能，如“与”，“或”和半加器(half-adder)。

正如其他的方法一样，纳米元胞方法也有其弱点和不能回答的问题。设计纳米元胞将是我们最为困难的任务。尽管我们已经展示，在一定环境下，我们的分子开关能够长时地保持它们的状态，但对于纳米元胞电路，我们不知道是否也会如此。我们能够从周边施加电压脉冲并通过相当长距离的分子阵列来引发纳米元胞内部开关的电导的变化吗？在其发展过程中，沉积 SAM 和封装完整的纳米元胞将具有里程碑的意义。然而，即使我们仍面临这些挑战，但由于预期的分子体系快速组装在制造上几乎没有任何限制，因而使得纳米元胞方法有着巨大的发展前景。

2.5 开关和复杂分子器件的表征

既然我们已经概述了所考虑的分子计算体系架构的主要分类，下面我们将介绍一些我们曾做过的基本部件测试。对于分子电子学部件的测试，近来已有综述报道[11,71]。Seminario 和 Tour 发展了一种密度泛函理论计算方法来确定分子的 $I(V)$特性，计算结果与实验结果符合得很好[72]。

Stoddart 和 Heath 通过使用双稳索烃基分子[2]夹在一个 n 型多晶硅底电极和一个金属顶电极之间，制作了固态的、可电子寻址的开关器件[73]。对于开关的作用，人们提出了一个机械化学机理（mechanochemical mechanism），它与器件的测量的温度依赖关系相一致。Stoddart 和 Heath 制作和分析过文献[2]或者文献[3]中轮烷的固态器件。

与 Bard 合作，我们展示了可以使用叉基扫描探针显微技术（SPM）来制作与 SAM 之间形成稳定的电学和机械接触[76]。对于分子电子学候选化合物快速屏蔽是一种具有前景的技术。Frisbie 使用一种镀金的原子力显微镜针尖，并与金支撑的 SAM 一起形成了金属-分子-金属结。他测量了结的 $I(V)$ 特性，其中，这些结的尺度约为 15nm[2]，约包含 75 个分子[77]。$I(V)$ 行为随着 SAM 厚度以及施加到微接触上负载的变化而变化。它也证明，这是一种对分子电子学候选化合物进行快速屏蔽的好方法。

与 Allara 和 Weiss 合作，我们用扫描隧道显微镜考察了在分子 **1**、**2** 和 **4**（取自图 2.20）之间切换时的电导[78]。在一定条件下，分子 **1** 和 **2** 具有负微分电阻效应，而分子 **4** 则没有[63]。用十二烷硫醇制作的 SAM，能够被良好地聚集，并且具有多种典型的缺陷位，如衬底的台阶边缘、薄膜区域边界、其他分子能够插入的衬底空位岛。当分子 **1**、**2** 和 **4** 被分别插入到十二烷硫醇 SAM 中时，由于高度的不同，使得它们从环绕的分子上伸出。当用 STM 长时间观察时，三个分子都有至少 2 个态的高度存在约 3Å 的差异。因为拓扑 STM 图像表示的是电子和表面拓扑结构的组合。在 STM 图像中观察到的高度变化，可能是由分子物理高度上的变化而引起，也可能是由分子电导的变化而引起，或者可能是二者共同引起。导电好的态被称为“ON”，而导电差的则被称为“OFF”。可以改变 SAM 的形成条件，来产生具有较低聚集密度的 SAM。已经发现，与具有更紧密聚集的 SAM 中的情况相比，这三个分子都是在低有序 SAM 中都更加频繁地切换“ON”和“OFF”状态。这是因为，我们认为，紧密聚集的 SAM 可能阻碍了形态的变化，如旋转扭曲，所以，我们可以得出结论，即形态的变化控制着所有三种分子的电导切换。

McGreery 在热解的感光耐蚀膜（PPF）上用偶氮化学形成了紧密聚集的单层，所用的感光耐蚀膜是类似于玻璃碳的一种无序石墨材料形式[79]。在含有感光耐蚀膜的乙腈溶液中，二苯乙烯偶氮盐的电化学还原反应使得在二苯乙烯分子和感光耐蚀膜中含有的碳之间形成了强的 C—C 键。二苯乙烯结的 $I(V)$ 特性可以用汞滴电极法来进行测量。

Lieber 与合作者们用交叉的纳米线制作了逻辑门，它表现出明显的增益，并且可用于实现基本的计算[80]。Avouris 用已被加工为 p 型和 n 型的纳米管晶体管建造了电压反相器，第一次实现了基于纳米管的逻辑门[81]。他们用空间上可分辨的掺杂手段，在单束 SWNT 上实现逻辑功能。Dekker 与合作者们同样用掺杂的 SWNT 制造了逻辑电路[82]。SWNT 在乙烷悬浮液中沉积，那些直径约为 1nm 且被安上铝门导线的碳管通过 AFM 被挑选出来。Schön 及其合作者们通过利用第三个门电极，实现了对垂直于 SAM 方向上电子输运的增益[83]。基于 SAM 的场效应管，实现了 5 个量级大小的电导调制和高达 6 个量级的增益。此外，如果采用两种组分的 SAM，即由绝缘的和导电的分子构成，电导将能够获得三个量级的大小变化[84]。

2.6 结　论

显然，在基于分子电子学的计算器件被商业化之前，我们仍需要做出巨大的努力。量子元胞自动机(QCA)的研究领域，比其他方法更早地实现了逻辑门和逻辑器件，可能需要面对更大的困难，这是因为，我们需要发展纳米尺度量子点的操控和布置技术。分子尺度的量子点，目前正处在研究的活跃阶段，但仍未实现。交叉开关阵列方法也面临着类似的困难，这是因为，目前所获得的最新进展只能对单根纳米线进行操控；因此，它依然更多地只是一种研究的现象，还远未达到商业化的程度。部分难题的解决办法，如小阵列的流体控制布置法(flow control placement)，是一些引人注目的方法，但仍需持续地努力。在这一点上，交叉开关阵列的自组装，能大大地简化这一过程，但它的交叉开关阵列自组装还没有发展到成为一种工具。为了将分子电子学纳米元胞方法应用于商业化，平凡编程(mortal programming)的实现和整个纳米元胞组装过程的开发，则成为主要障碍之一。正如人们经常会遇到的那样，即计算机程序莫名其妙地崩溃，编程是一项必须考虑所有可能扰动的任务，而同时，我们又不知道可能的扰动是什么，因此，至少可以说这是一项困难的任务。在能够确定纳米元胞的编程是否成功之前，我们必须对运行中的纳米元胞进行反复测试和反馈分析。

分子电子学作为一个研究领域，正得到快速发展，几乎每周都有人报道新的发现和突破。在这一领域中的工作，已经开始指向摩尔定律和现在自上而下过程中的固有物理极限，并成为这些发现和突破的来源。他们正瞄准着一个动态目标，正如英特尔公司近期发布的太赫兹晶体管和增强的 0.13μm 工艺所表明的那样[85-87]。我们不能期望“坚如磐石”的公司，会静静地呆在原地，等待被新技术所淘汰。然而，有些人却可能因为这个认识而不能进入这一游戏场，对于另外一些人，它将使得这个领域更加活跃。即使是我们这里正在介绍的计算技术，分子电子学的首个切入点将很可能不是为了计算。更简单的结构，如存储阵列，将有可能是商业化分子电子学器件的最初领域。一旦更为简单的结构被提炼出来，用于计算体系架构的更为精确的方法将会被实现。最后，到本书出版时，我们期望我们的知识已经显著地扩展，与我们写这些内容时所处的时刻相比，技术究竟将朝向哪里发展已经发生了一些变化。因此，这一领域正处于一个快速变革的阶段，而这越发令人振奋。

致 谢

作者感谢由(美国)海军研究办公室(Office of Naval Research,ONR)管理的DARPA、军队研究办公室(Army Research Office,ARO)、(美国)商业部、国家标准和检测研究所、国家航空航天部、Rice大学,以及为我们小组从事研究提供资金支持的分子电子学公司(Molecular Electronics Corporation),我们还要感谢我们的许多同事所作出的艰苦工作和奉献。Dustin K. James要感谢David Nackashi在半导体制作上提供的一些参考。FAR实验室的Chester博士提供了方案图2.2中所示的合成中用到的三甲基硅烷乙炔。

参考文献

[1] Moore, G. E., Cramming more components onto integrated circuits, Electronics, 38, 1965.

[2] Hand, A., EUV lithography makes serious progress, Semiconductor Intl., 24(6), 15, 2001.

[3] Selzer, R. A. et al., Method of improving X-ray lithography in the sub-100nm range to create high-quality semiconductor devices, U. S. patent 6, 295, 332, 25 September 2001.

[4] Heath, J. R. et al., A defect-tolerant computer architecture: opportunities for nanotechnology, Science, 280, 1716, 1998.

[5] Reed, M. A. and Tour, J. M., Computing with molecules, Sci. Am., 292, 86, 2000.

[6] Whitney, D. E., Why mechanical design cannot be like VLSI design, Res. Eng. Des., 8, 125, 1996.

[7] Hand, A., Wafer cleaning confronts increasing demands, Semiconductor Intl., 24 (August), 62, 2001.

[8] Golshan, M. and Schmitt, S., Semiconductors: water reuse and reclaim operations at Hyundai Semiconductor America, Ultrapure Water, 18 (July/August), 34, 2001.

[9] Overton, R., Molecular electronics will change everything, Wired, 8(7), 242, 2000.

[10] Service, R. F., Molecules get wired, Science, 294, 2442, 2001.

[11] Tour, J. M., Molecular electronics, synthesis and testing of components, Acc. Chem. Res., 33, 791, 2000.

[12] Petty, M. C. et al., Introduction to Molecular Electronics, Oxford University Press, New York, 1995.

[13] Heath, J. R., Wires, switches, and wiring: a route toward a chemically assembled electronic nanocomputer, Pure Appl. Chem., 72, 11, 2000.

[14] Hu, J. et al., Chemistry and physics in one dimension: synthesis and properties of nanowires and nanotubes, Acc. Chem. Res., 32, 435, 1999.

[15] Rueckes, T. et al., Carbon nanotubes-based nonvolatile random access memory for molecular computing, Science, 289, 94, 2000.

[16] Ouyang, M. et al., Atomically resolved single-walled carbon nanotubes intramolecular junctions, Science, 291, 97, 2001.

[17] Star, A. et al., Preparation and properties of polymer-wrapped single-walled carbon nanotubes, Angew. Chem. Intl. Ed., 40, 1721, 2001.

[18] Bozovic, D. et al., Electronic properties of mechanically induced kinks in single-walled carbon nanotubes, App. Phys. Lett., 78, 3693, 2001.

[19] Huang, Y. et al., Directed assembly of one-dimensional nanostructures into functional networks, Science, 291, 630, 2001.

[20] Gudiksen, M. S. et al., Synthetic control of the diameter and length of single crystal semiconductor nanowires, J. Phys. Chem. B, 105, 4062, 2001.

[21] Cui, Y. and Lieber, C. M., Functional nanoscale electronic devices assembled using silicon nanowire building blocks, Science, 291, 851, 2001.

[22] Chung, S.-W. et al., Silicon nanowire devices, App. Phys. Lett., 76, 2068, 2000.

[23] Tour, J. M. et al., A method to compute with molecules: simulating the nanocell, submitted for publication, 2002.

[24] Adleman, L. M., Computing with DNA, Sci. Am., 279, 54, 1998.

[25] Preskill, J., Reliable quantum computing, Proc. R. Soc. Lond. A, 454, 385, 1998.

[26] Preskill, J., Quantum computing: pro and con, Proc. R. Soc. Lond. A, 454, 469, 1998.

[27] Platzman, P. M. and Dykman, M. I., Quantum computing with electrons floating on liquid helium, Science, 284, 1967, 1999.

[28] Kane, B., A silicon-based nuclear spin quantum computer, Nature, 393, 133, 1998.

[29] Anderson, M. K., Dawn of the QCAD age, Wired, 9(9), 157, 2001.

[30] Anderson, M. K., Liquid logic, Wired, 9(9), 152, 2001.

[31] Wolf, S. A. et al., Spintronics: a spin-based electronics vision for the future, Science, 294, 1488, 2001.

[32] Raymo, F. M. and Giordani, S., Digital communications through intermolecular fluorescence modulation, Org. Lett., 3, 1833, 2001.

[33] McEuen, P. L., Artificial atoms: new boxes for electrons, Science, 278, 1729, 1997.

[34] Stewart, D. R. et al., Correlations between ground state and excited state spectra of a quantum dot, Science, 278, 1784, 1997.

[35] Rajeshwar, K. et al., Semiconductor-based composite materials: preparation, properties, and performance, Chem. Mater., 13, 2765, 2001.

[36] Leifeld, O. et al., Self-organized growth of Ge quantum dots on Si(001) substrates induced by submonolayer C coverages, Nanotechnology, 19, 122, 1999.

[37] Sear, R. P. et al., Spontaneous patterning of quantum dots at the air-water interface, Phys. Rev. E, 59, 6255, 1999.

[38] Markovich, G. et al., Architectonic quantum dot solids, Acc. Chem. Res., 32, 415, 1999.

[39] Weitz, I. S. et al., Josephson coupled quantum dot artificial solids, J. Phys. Chem. B, 104, 4288, 2000.

[40] Snider, G. L. et al., Quantum-dot cellular automata: review and recent experiments (invited), J. Appl. Phys., 85, 4283, 1999.

[41] Snider, G. L. et al., Quantum-dot cellular automata: line and majority logic gate, Jpn. J. Appl. Phys. Part I, 38, 7227, 1999.

[42] Toth, G. and Lent, C. S., Quasiadiabatic switching for metal-island quantum-dot cellular automata, J. Appl. Phys., 85, 2977, 1999.

[43] Amlani, I. et al., Demonstration of a six-dot quantum cellular automata system, Appl. Phys. Lett., 72, 2179, 1998.

[44] Amlani, I. et al., Experimental demonstration of electron switching in a quantum-dot cellular automata (QCA) cell, Superlattices Microstruct., 25, 273, 1999.

[45] Bernstein, G. H. et al., Observation of switching in a quantum-dot cellular automata cell, Nanotechnology, 10, 166, 1999.

[46] Amlani, I. et al., Digital logic gate using quantum-dot cellular automata, Science, 284, 289, 1999.

[47] Orlov, A. O. et al., Experimental demonstration of a binary wire for quantum-dot cellular automata, Appl. Phys. Lett., 74, 2875, 1999.

[48] Amlani, I. et al., Experimental demonstration of a leadless quantum-dot cellular automata cell, Appl. Phys. Lett., 77, 738, 2000.

[49] Orlov, A. O. et al., Experimental demonstration of a latch in clocked quantum-dot cellular automata, Appl. Phys. Lett., 78, 1625, 2001.

[50] Tour, J. M. et al., Molecular scale electronics: a synthetic/computational approach to digital computing, J. Am. Chem. Soc., 120, 8486, 1998.

[51] Lent, C. S., Molecular electronics: bypassing the transistor paradigm, Science, 288, 1597, 2000.

[52] Bandyopadhyay, S., Debate response: what can replace the transistor paradigm?, Science, 288, 29, June, 2000.

[53] Yu, J.-Y. et al., Silicon nanowires: preparation, devices fabrication, and transport properties, J. Phys. Chem. B., 104, 11864, 2000.

[54] Ausman, K. D. et al., Roping and wrapping carbon nanotubes, Proc. XV Intl. Winterschool Electron. Prop. Novel Mater., Euroconference Kirchberg, Tirol, Austria, 2000.

[55] Bahr, J. L. et al., Dissolution of small diameter single-wall carbon nanotubes in organic solvents?, Chem. Commun., 2001, 193, 2001.

[56] Mickelson, E. T. et al., Solvation of fluorinated single-wall carbon nanotubes in alcohol solvents, J. Phys. Chem. B., 103, 4318, 1999.

[57] Chen, J. et al., Dissolution of full-length single-walled carbon nanotubes, J. Phys. Chem. B., 105, 2525, 2001.

[58] Bahr, J. L. et al., Functionalization of carbon nanotubes by electrochemical reduction of aryl diazonium salts: a bucky paper electrode, J. Am. Chem. Soc., 123, 6536, 2001.

[59] Bahr, J. L. and Tour, J. M., Highly functionalized carbon nanotubes using in situ generated diazonium compounds, Chem. Mater., 13, 3823, 2001.

[60] O'Connell, M. J. et al., Reversible water-solubilization of single-walled carbon nanotubes by polymer wrapping, Chem. Phys. Lett., 342, 265, 2001.

[61] Pease, A. R. et al., Switching devices based on interlocked molecules, Acc. Chem. Res., 34, 433, 2001.

[62] Collins, P. G. et al., Engineering carbon nanotubes and nanotubes circuits using electrical breakdown, Science, 292, 706, 2001.

[63] Chen, J. et al., Large on-off ratios and negative differential resistance in a molecular electronic device, Science, 286, 1550, 1999.

[64] Derosa, P. A. and Seminario, J. M., Electron transport through single molecules: scattering treatment

using density functional and green function theories, J. Phys. Chem. B., 105, 471, 2001.

[65] Seminario, J. M. et al., Theoretical analysis of complementary molecular memory devices, J. Phys. Chem. A., 105, 791, 2001.

[66] Tour, J. M. et al., Synthesis and testing of potential molecular wires and devices, Chem. Eur. J., 7, 5118, 2001.

[67] Kosynkin, D. V. and Tour, J. M., Phenylene ethynylene diazonium salts as potential self-assembling molecular devices, Org. Lett., 3, 993, 2001.

[68] Chanteau, S. and Tour, J. M., Synthesis of potential molecular electronic devices containing pyridine units, Tet. Lett., 42, 3057, 2001.

[69] Dirk, S. M. et al., Accoutrements of a molecular computer: switches, memory components, and alligator clips, Tetrahedron, 57, 5109, 2001.

[70] Seminario, J. M. et al., A theoretical analysis of metal-molecule contacts, J. Am. Chem. Soc., 123, 5616, 2001.

[71] Ward, M. D., Chemistry and molecular electronics: new molecules as wires, switches, and logic gates, J. Chem. Ed., 78, 321, 2001.

[72] Seminario, J. M. et al., Molecular current-voltage characteristics, J. Phys. Chem., 103, 7883, 1999.

[73] Collier, C. P. et al., A [2]catenane-based solid-state electronically reconfigurable switch, Science, 289, 1172, 2000.

[74] Wong, E. W. et al., Fabrication and transport properties of single-molecule thick electrochemical junctions, J. Am. Chem. Soc., 122, 5831, 2000.

[75] Collier, C. P., Molecular-based electronically switchable tunnel junction devices, J. Am. Chem. Soc., 123, 12632, 2001.

[76] Fan, R.-F. F. et al., Determination of the molecular electrical properties of self-assembledmonolayers of compounds of interest in molecular electronics, J. Am. Chem. Soc., 123, 2424, 2001.

[77] Wold, D. J. and Frisbie, C. D., Fabrication and characterization of metal-molecule-metal junctions by conducting probe atomic force microscopy, J. Am. Chem. Soc., 123, 5549, 2001.

[78] Donahauser, Z. J. et al., Conductance switching in single molecules through conformational changes, Science, 292, 2303, 2001.

[79] Ranganathan, S. et al., Covalently bonded organic monolayers on a carbon substrate: a new paradigm for molecular electronics, Nano Lett., 1, 491, 2001.

[80] Huang, Y. et al., Logic gates and computation from assembled nanowire building blocks, Science, 294, 1313, 2001.

[81] Derycke, V. et al., Carbon nanotubes inter- and intramolecular logic gates, Nano Lett., 1, 453, 2001.

[82] Bachtold, A. et al., Logic circuits with carbon nanotubes transistors, Science, 294, 1317, 2001.

[83] Schön, J. H. et al., Self-assembled monolayer organic field-effect transistors, Nature, 413, 713, 2001.

[84] Schön, J. H. et al., Field-effect modulation of the conductance of single molecules, Science, 294, 2138, 2001.

[85] Chau, R. et al., A 50nm Depleted-Substrate CMOS Transistor (DST), International Electron Devices Meeting, Washington, D. C., December 2001.

[86] Barlage, D. et al., High-Frequency Response of 100nm Integrated CMOS Transistors with High-*K* Gate Dielectrics, International Electron Devices Meeting, Washington, D. C., December 2001.
[87] Thompson, S. et al., An Enhanced 130nm Generation Logic Technology Featuring 60nm Transistors Optimized for High Performance and Low Power at 0.7～1.4 V, International Electron Devices Meeting, Washington, D. C., December 2001.

3 单分子电子学：结论与展望

Robert M. Metzger 著

董焕丽 江 浪 胡文平 译

3.1 引 言

“分子电子学”、“分子尺度的电子学”或称“单分子电子学”（unimolecular electronics，UE）[1]，是指为电路的微型化而制备的、尺寸为 1～3nm 的分子电子器件及其电路。至少从概念上说，通过精巧设计的电活性分子，使其电子能级能够在一个很宽的范围内调节，能够实现无机固体电子器件所具有的全部功能；同时，分子电子器件的元件尺寸又是无机固体电子器件（如硅基电子器件）所难以达到的。早在 20 世纪 60 年代中期，戈登·摩尔(Gordon Moore) 就提出了无机电子学的“设计规则”（design rule，DR），或者说集成电路上相邻电子器件间的最短距离。他指出：“集成电路上晶体管的数目，每两年将翻一倍”，从那时起，无机电路确实是在按照这个规律在增长，这就是著名的摩尔定律[2]。摩尔定律到今天依然适用，集成电路 DR ＝ 50nm、时钟频率在吉赫兹的计算机已经实现商业化，DR ＝ 30nm 的计算机也正在研究过程中。新建一个 Si“晶圆工厂（foundry）”的投入将随时间呈指数增长（摩尔第二定律），而当开始生产时，更新、更快的芯片却具有更低的单位成本。当器件尺寸到达 3～5nm 时，散热问题也将成为硅基电子技术所面临的巨大挑战。尽管单分子电子学中有机分子的热稳定性不如无机半导体（耐热性最好的可能是碳纳米管，但目前还不能实现不同直径、长度和电学性能的碳纳米管的化学可控选择，因此，碳纳米管仍然是当前研究的一个焦点），但如果有机分子激发后发光，而不是产生热辐射，它将是单分子电子学的一个很大的优势。硅产业界的工程师们饶有兴趣地关注着单分子电子学的发展，因为单分子电子学无疑是电子学中一个重要的发展方向。让他们感到困惑的是，何时单分子电子学才能真正制造出一些有用的元器件。随着纳米科技的发展，单分子电子学最近获得了快速的发展。在随后的叙述中也可以看到，科学家们迫切地想要知道，单分子元器件究竟是什么样的以及应该如何制备和使用这些元器件？如果单分子电子学能够及时行诸实用，则基于分子的超快计算机就不再是梦想。事实上，第一个基于分子的单分子器件可以追溯到 1974 年，当时，利用单分子具有的电流非对称特性，Aviram 和 Ratner（AR）提出了分子整流器或二极管的概念[3]。

3.2 给体与受体；最高已占据轨道与最低未占据轨道

理解“电活性”有机分子的一个简单方法是，把这些分子的第一电离能（I_D）（对电子给体 D 而言）和第一电子亲和势（A_A）（对电子受体 A 而言）都列成表，并和与其相接触的金属的功函数相比较（图 3.1）。如果能级不匹配，则需要施加一个正的或者负的偏压，使金属电极的功函数（或费米能级）和分子的能级实现共振。相比较而言，I_D 的测量比较简单，而 A_A 的测量要难得多。通常，“好的”或“强的”电子给体（具有相对较小的 I_D）都是弱的电子受体（具有相对较小的 A_D）。反过来，“好的”或“强的”电子受体（具有较大的 A_A）一般都难于氧化（具有较大的 I_A）。作为一个无限二维扩展的芳香体系，半金属性的石墨既是好的电子给体，又是好的电子受体。根据 Koopmans 定律[4]，我们可以对 I_D 和 A_A 进行预测：分子的最高已占据轨道（HOMO）与 I_D 相当，最低未占据轨道（LUMO）和 A_A 相当。当然，这种近似忽略了电子相关性和 Franck-Condon 重整的影响。

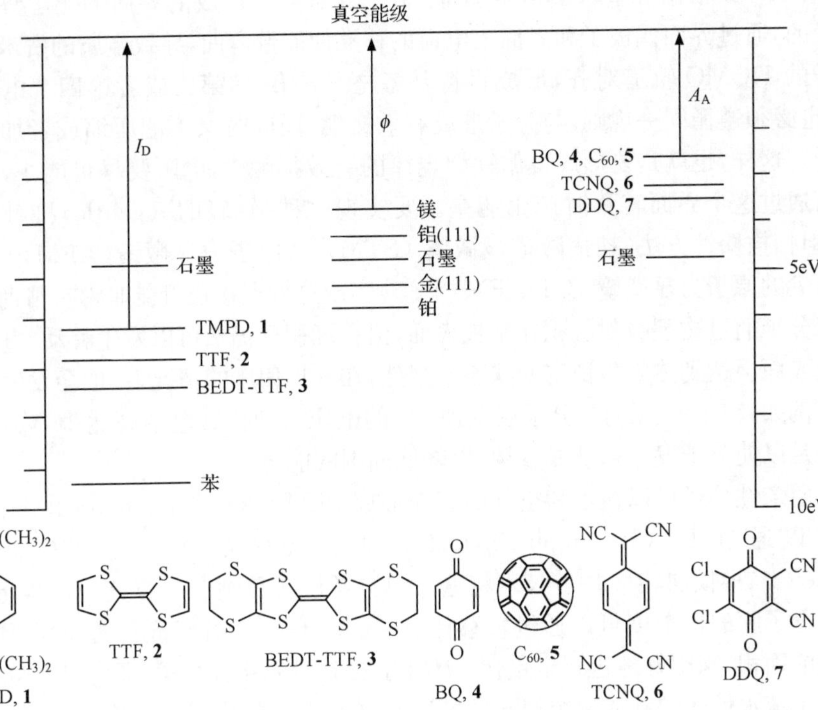

图 3.1　代表性的电子给体 D 及其第一电离能 I_D，代表性的电子受体 A 及其电子亲和势 A_A，以及金属和其近似的功函数 ϕ

实际上，I_D 和 A_A 的范围都是有限的，这是因为，在大气或者溶剂中，分子及其阳离子(或阴离子)都必须是稳定的。因此，尽管"强的"电子给体或受体的设计并不困难，但其在合成、分析和组装过程中的稳定性往往则成为问题。此外，最近我们发现，在金属电极间的单分子层里，气相状态下分子的 I_D 和 A_A 常具有非常显著的改变 (高达 1～2eV)，这可能是因为镜像电荷影响的缘故。

基于上述考虑，在设计分子时，Tour 等[5]尽可能不使"强的"电子给体和"强的"电子受体在同一个分子内出现。虽然这个策略避免了给体 D 和受体 A 化学成键时遇到的困难，但 D-A 分子往往更容易形成电荷转移复合体，而不是形成化学键连接的分子。尽管如此，"Tour 线"成功地实现了具有一定长度的分子连接的问题，并且人们成功地观察到了负微分电阻(NDR)现象[6]。

3.3　接　　触

实现单分子和电极的物理连接是构建单分子器件的第一步。问题是，如何实现？是使用导电高分子，还是使用金属电极？当分子与金属表面轻轻地"接触"

(contact)时，根据吉布斯(Gibbs)原理，分子和金属所形成的界面的化学势必须是相等的，通过界面偶极子和界面上电荷的移动使能带弯曲，导致金属的费米能级和分子的 HOMO 轨道对齐，形成肖特基势垒[7]。第二、第三或者第四个电极的引入，也必须遵循同一规则，与分子形成有效接触，而同时又不能压缩或者加热这个分子。这样，也就是要形成遵循欧姆定律的有效接触[8]，电阻要尽可能小，即避免电荷通过这个界面转移时产生能垒。要实现这种“轻轻的”(gentle)接触并不容易，但扫描探针方法[扫描隧道显微镜 (STM)[9]、原子力显微镜(AFM)[10]、带导电针尖的原子力显微镜 (CT-AFM)[11]]对实现这种点接触可能非常有帮助。

分子通过物理吸附沉积在基板表面，但在沉积后仍然可以发生移动，直到其在基板表面上达到热力学稳定的状态。当然，在外加偏压的情况下，也会发生这种情况。例如，在 1nm 厚的单分子层上加 1V 的电压，这时，其电场高达 1GV/m，这种电场足以使分子发生移动或重构，以降低周围的能量。

两亲性分子可以在水和空气的表面形成 PL(Pockels-Langmuir)单分子层，我们可以通过 LB(Langmuir-Blodgett)、垂直转移方法[12,13]、LS(Langmuir-Schaefer)、准横向转移[14]等技术将这一单分子层转移到金属或其他基板上，固体表面分子膜的覆盖度可以通过转移比(transfer ratio)(衬底覆盖的面积/PL 膜层损失的面积)来很好地进行定量化。为了获得这种两亲性分子，通常是在分子上修饰一个疏水性的烷基或一个亲水性的羧基来实现。单分子膜转移到基板上之后，一段时间后可能会发生重组，这种 PL 单分子层的动力学堆积，可能会发生不同程度的弛豫，并趋向一定的热力学有序化。LB 和 LS 方法具有在整个表面实现动力学覆盖的优势，但表面上的偶然掺杂，有可能导致一段时间后会出现新的、热力学上有利的有序化。

有机分子也可以通过键合连接到某些金属或半导体的表面[15]。例如，羰基键合到氧化铝的表面、巯基或者二硫醚键合到金的表面、硅烷键合到二氧化硅的表面等。这些统称为自组装单分子层 (SAM)，尽管“自组装”这个概念在生物化学中另有含义。自组装单分子层的优点在于：可以在基板表面形成一层牢固的、厚度可控的分子膜，同时还能够避免杂质在基板表面的物理吸附。其不足是：要获得真正完美无缺的单分子膜是非常困难的，而且也是难以证实的。

最好的方法是合成一端是巯基、另一端是烷基链的两亲性分子，采用 LB 或 LS 方法将这种分子的单分子膜转移到金基底上，然后通过物理或化学的方法将烷基除掉。具有多个巯基的分子，可以同时连接在 2 个或者多个电极上，迄今为止，连接两个电极的情况已经实现，但连接 3 个以上的电极的例子还未见报道。

在电极间制备 1～3nm 的间隙是困难的。电子束刻蚀方法可以制备间隙为 50nm 左右的间隙，到 20nm 的间隙就已经非常难了，间隙越小则越困难。而有机单分子的尺寸多为几个纳米以下，用于连接这些分子的电极间隙必须与之相近。

物理学家正在为应对这一挑战而进行着各种准备。Muller 等首先开展了双电极断裂结(two-electrode break junction)的研究[16]；Reed 等则采用机械拉断金丝的方法制备了双电极断裂结，然后将 1,4-苯二硫醇分子通过巯基固定在两电极间，成功研究了 1,4-苯二硫醇分子的传导特性[17]。具体电极制备的方法是首先将金线固定在一个柔性基板上，在希望断裂处刻蚀一下，然后通过压电陶瓷控制，使柔性衬底弯曲，并拉伸金线直至断裂，形成间隙可控的纳米间隙电极对。通过使用压电器件，这种纳米间隙电极对的间隙宽度可以控制在小于 0.1nm 的范围。然后，悬挂在断裂结之上的 1,4-苯二硫醇分子苯溶液，将沿导线随机地形成许多仅一端连接到 Au 的硫醇键。当电极间隙宽度超过 0.8nm 时，一个(两个或更多)二巯基苯会同时键连到两电极上。当电极间隙小于或等于 0.8nm 时，单个的 1,4-苯二硫醇分子就能把两个电极连接起来。测试获得的最小电导就是单个分子连接在电极间时的电导[17]。受前人工作的启发[18]，Reed 及其合作者发展了一种纳米孔的技术来组装少量分子，组装的分子数可以在几百或者几千[19]。

电极之间的纳米间隙也可以通过受控电迁移的方法来制备，当电流通过时，金线将被烧蚀断裂为尖的电极[20]。如果样品能够保持在 4.2K 的低温下，对于该技术的实施将提供很多帮助，但这并不容易控制。

当然，化学家也可以通过先将涂有菠菜状二硫醇的两个 25nm 的金(或者银)纳米粒子通过化学键连到挤在它们中间的 3nm 的分子上，然后再将其通过二硫醇连接到 50nm 宽的电极间从而完成纳米间隙电极对的构筑。

Lindsay 及其合作者采用(CT-AFM)测量了组装在 Au(111) 基板以及同时键连到 Au 纳米粒子上(使彼此更容易接触)的 8-烷基二硫醇的电流-电压(I-V)特性，取决于 AFM 悬臂所用的力，它们可以分为几类，每个分子的电阻估计在(900 ±50)MΩ[21]。

那么，金属电极是否可以容易地沉积在有机单分子层的表面呢？直接沉积显然是不可行的，因为金属原子撞击到有机单分子层表面时，会因为能量太高而“烧坏”(fry)单分子层。当然，在下述条件下情况可能会好一些：①有机层非常厚，如 50nm 以上；②金属具有较低的功函数，如镁[22]或钙；③基板和有机层被低温冷却到 77K 以下；④“冷金”(cold gold)或热化金原子沉积到低温冷却的有机层上[24-26]。系统研究表明，(热的)金属原子(如金)在沉积到单分子膜的表面时，会很容易刺穿单分子膜甚至与其发生化学反应[27-28]。“冷金”方法可以预防这种化学损害，尽管还不能完全阻止，但至少可以减缓一些金属原子对单分子膜的刺穿作用。

人们对金属-分子的界面已经给予了高度关注。Allara 及其合作者采用光谱学手段研究了 Ti-单分子层的界面。他们发现，当 Ti 沉积到组装在 Au 基板上的单分子层上时，Ti 并不是一个理想的覆盖层 (有可能在表面氧化)，很容易刺穿这个单分子层[28]。因此,不管是否有偏压存在,在研究金属-分子的界面时,界面是否发生变化,或发生了什么变化,都是需要非常小心的。

间接损坏的一个例子是,不会氧化的“冷”金原子电迁移到偏压下的单分子层,形成金的笋状结构,但不会使器件短路[29]。这在其他地方也有报道[30]。另一例子是,红外光谱的研究表明,Ti 很容易和二硫醇的化学组装层形成化学吸附,并形成 Ti—C 键,因此,Ti/TiO_2 的吸附层并不是惰性的[28]。

3.4 双探针、三探针及四探针的电学测量

电子学的中心课题之一是 *I-V* 特性的测试,也就是器件的电流与其偏压关系的测量。电子器件多数是两端器件,如电阻、电容、电感、整流器、二极管、以及负微分电阻器件等。Esaki 隧穿二极管和 NDR 器件(二极管逻辑)也具有放大功能。对于一个输入信号,施加 $R(\Omega)$的负载,并将其与具有 $-R(\Omega)$的 NDR 器件串联,在输出端将得到数值为零的净电阻。因此,信号通过这两个电阻器后得到了较大的增强。当然,对于 Esaki 隧穿二极管,其控制和测量则要难得多。有机二硫醇 NDR 器件,在室温下使用的难度较大,它阻碍了 NDR 器件作为放大器的商业化应用。商业上使用的放大器件多数是三端器件(双极性晶体管、场效应晶体管、真空三极管),以及四端或五端器件(如真空四极管、五极管等)。

宏观器件电阻测量的最好方法是四探针法:外面的两个探针用来从恒流源给器件提供一个恒定的电流,内部两个探针用来测量通过该器件的电压降,电阻可以通过欧姆定律计算得到($R=V/I$),通过几何形状的校正,并忽略界面电阻,得到的电阻即是器件的真实电阻。不过,对于 3nm×3nm×3nm 的器件,目前还没有技术可以在这么小的器件上制备四个电极来实现其电阻的测量。电子束沉积的下限是 20nm×20nm×20nm,更小的尺度则变得非常困难。

对于两端器件,可以采用两探针测量,所有的电阻(仪器和电极、电极和分子间的电阻)都必须考虑。为了尽可能地减小接触电阻,通常锡焊、银胶、金胶以及镓铟共晶合金等可以用来实现有效的连接。为了减小肖特基(Schottky)势垒,在分子或单分子层的两边最好采用同一种金属。多数金属表面可以很容易地覆盖一层氧化层(不受干扰的,或多缺陷的,如铝);相反,没有氧化的贵金属,如金,则会出现另一问题:在电场(电迁移)的作用下,沉积在单分子膜上的 Au 原子能够迁移或蠕动到膜内[31]。

采用 STM 或者 CT-AFM 可以实现三电极测量:分子通过物理或者化学方法吸附在预先准备的两电极间,第三电极“栅”极则采用 STM 或者 CT-AFM 的针尖来实现。这种方法已经被用于测量单分子层的场效应晶体管(FET)行为。FET 的电场也可以由栅极提供,它是由待测分子之间的氧化壁垒来实现的。

3.5 电 阻 器

分子可以作为一个电阻器工作。当然，根据有机化学的知识，我们知道，饱和的线性烷基链化合物基本不导电，而聚烯烃或碳氢芳香共轭聚合物的导电性则好得多。早在20世纪60年代，Henry Taube即采用动力学的方法，研究了电荷在金属离子和烷烃以及金属离子和不饱和烯烃配体之间的电荷转移速率，前者的电荷转移速度比后者要慢得多[32,33]。1996年，Weiss及其合作者采用STM研究了通过金基板上组装的烷基硫醇单分子层的电流，发现其电导和分子的共轭度以及分子的长度密切相关[34]。欧姆定律表明[8]：电阻R（单位：欧姆，Ω）与电导G（单位：西门子$=\Omega^{-1}$，S）满足如下关系：

$$R = 1/G = V/I \tag{3.1}$$

式中，V是外加偏压（V）；I是电流（A）。这个定律对宏观的金属是有效的，对于半导体而言，在任何温度下也是适用的，这是因为，这时的电阻主要是由材料内的晶格缺陷或者杂质的散射而引起的。在半导体内，电流遵循类Arrhenius（阿伦尼乌斯）的温度依赖性：

$$I = I_0 \exp[-\Delta E/(k_B T)] \tag{3.2}$$

式中，ΔE是多数载流子（电子或空穴）的激活能；T是温度；k_B是玻尔兹曼常量。

对于纳米尺度的器件而言，其电流I遵循朗道尔（Landauer）公式[35]：

$$I = (2e/h)\int_{-\infty}^{\infty} [f_L(\varepsilon) - f_R(\varepsilon)]\ \mathrm{Tr}\ \{G^a(\varepsilon)\Gamma^R(\varepsilon)G^r(\varepsilon)\Gamma^L(\varepsilon)\}\mathrm{d}\varepsilon \tag{3.3}$$

式中，e是单位电荷，h是普朗克常量，ε是能量，$f_L(\varepsilon)$和$f_R(\varepsilon)$分别是电极左边和右边的费米-狄拉克分布，$G^a(\varepsilon)$和$G^r(\varepsilon)$分别是分子的超前（advanced）和推迟（retarded）格林函数，$\Gamma^R(\varepsilon)$和$\Gamma^L(\varepsilon)$分别是分子与左右电极的耦合矩阵，Tr{ }是求迹运算。在这个公式中，量子电导G_0是量子电阻R_0的倒数，由朗道尔常量[也称分数量子霍尔（Hall）效应的冯·克利青常量（von Klitzing constant）[36]，是10^{-9}]决定：

$$R_0 = 1/G_0 = h/2e^2 = 12.813\text{k}\Omega = 1/(7.75\times 10^{-5}\text{S}) \tag{3.4}$$

这并不意味着，对于任何分子其本征电阻都是12.813kΩ，只是说，分子连同它两边的电极构成的这个系统是12.813kΩ[35]。若假设为两个载流子，分子线及其结到任意金属电极的最小总电阻（minimum overall resistance）是25.626kΩ。纳米导线内的电导要高得多，特别是在不存在散射的情况下（“弹道”电导），但其表观电导不会超过R_0^{-1}。

如果两个电极由N个分子或者N根一维纳米线并行地连接起来的，则式（3.4）还必须除以因子N：

$$R_N = h/2\,e^2\,N = \frac{12.81}{N}\text{k}\Omega \tag{3.5}$$

体材料电导范围可以超过 25 个量级，例如，熔融二氧化硅的电导为 1.33×10^{-18} S·m^{-1}，硅的电导为 1.56×10^{-3} S·m^{-1}，纯水的电导为 5.5×10^{-5} S·m^{-1}，一维有机金属 TTF-TCNQ 的电导为 20S·m^{-1}，导电聚合物的电导为 0.01S·m^{-1}，金的电导为 6.3×10^7S·m^{-1}。当然，超导体的电导在其临界温度以下更是无限的。

对于金属-绝缘体-金属结构 (MIM)，假设在分子和电极之间存在一个宽度为 d 的矩形势垒 Φ_B，在直接隧穿的情况下 $V<\Phi_B e^{-1}$，可以采用 Simmons 公式[37,38]：

$$I = e(2\pi h d^2)^{-1}\{(\Phi_B - eV/2)\exp[-4\pi(2m)^{1/2}h^{-1}\alpha(\Phi_B - eV/2)] + (\Phi_B + eV/2)\exp[-4\pi(2m)^{1/2}h^{-1}\alpha(\Phi_B + eV/2)]\} \tag{3.6}$$

式中，α 是一个无量纲常数，用来校正可能的非矩形势垒，或者用载流子(如电子)的有效质量来代替其静止质量。对实验的拟合表明[38]：室温为 300K 时，对于组装在金基板上的、尺寸大小为(45±7)nm 的十二烷基硫醇 $C_{12}H_{25}SH$，$\Phi_B=(1.37\pm0.06)$V，$\alpha=0.66\pm0.02$，而对于十六烷基硫醇 $C_{16}H_{33}SH$，$\Phi_B=(1.40\pm0.04)$V，$\alpha=0.68\pm0.02$。假设一个分子的横截面积为 23Å^2(烷烃 LB 膜的典型尺寸)，则最多有 300 个分子并行地连接在两电极间；$V=0.8$V 时，$I=20$nA，根据欧姆定律，这时，十二烷基硫醇的电导为 2.5×10^{-8}S$=(36$M$\Omega)^{-1}$，单个分子的电导为 8.3×10^{-11}S。假设十二烷基硫醇单分子组装膜的厚度为 14.4Å，则可以得到 2.5×10^{-8} S/1.44×10^{-9}m$=19.4$S·m^{-1}或者每分子 0.065S·m^{-1}。当然，尽管这种简单的近似非常粗糙，但至少可以给人们一个基本的印象。

不管是对线形碳氢化合物还是对芳香碳氢化合物而言，所有体材料电导的变化都不可能到达 25 个量级。实际上，“最好的”(根据朗道尔公式)比电阻是每分子 $2.5616\times10^4\,\Omega$，仅比估计的每分子 12GΩ(对正十二烷基硫醇测量得到)的电阻小 6 个量级[38]。减小电阻的方法之一是使芳香型分子的 LUMO 轨道在很小的偏压下 (<1V) 就能达到。

单壁碳纳米管(SWCNT)是由纯碳构成的分子[39]，在不同的拓扑结构下表现出半金属或者半导体的性质[40,41]。然而，纳米碳管的化学制备或修饰仍然非常困难。为此，我们需要制备一种无结构缺陷的、两端具有不同基团的单壁碳纳米管，如 A_n-SWCNT-B_m，具有 n 个极化或者带负电荷的 A 基团，m 个极化或者带有相反电荷的 B 基团，这样的单壁碳纳米管可以非常容易地根据其带电、极化状态或者其电导特性，采用色谱的方法进行分离。如果这一点能够实现，则 A_n-SWCNT-B_m 单壁碳纳米管将会成为构筑单分子器件和研究单分子电子学的理想材料。

当然，也存在一些量子机制的限制[42]，假如一个电子被局域在一个很小的点上，例如，一个二维受限的区域或者一个量子点，其电容为 C(典型值为 1fF)，则在这个点上增加一个电荷需要的充电能为 e^2/C。若 $(e^2/2C) < k_B T$(式中，k_B 是玻尔兹曼常量，T 是热力学温度)，这时，能够观察到库仑阻塞现象[42]：在临界电压 $V_{CB} < (k_B T/e)$ 时，则不能再添加电荷，这时，直到电压增加到 $V \geqslant (k_B T/e)$ (300K，$V_{CB} = 0.026V$)，I-V 曲线表现为一个没有电流增加的平台区域。

3.6 整流器或二极管

AR 提出[3]一个 D-σ-A 分子整流器的构想，分子中电子给体 (D) 通过一个绝缘、饱和的"σ"桥键和受体 (A) 相连。在负偏压下，通过这种分子的电流很小，在电压超过某一临界值后，电流才突然增加，这是因为，在这一偏压下，分子的 HOMO、LUMO 和两个电极的费米能级才开始允许电荷转移到电极，第一个高度极化的电子激发态 D^+-σ-A^- 的布居开始增加，并通过分子的非弹性隧穿衰减成 D^0-σ-A^0 态[3]。这种衰减可能通过分子内电荷转移(intramolecular charge transfer，ICT)或给体-受体态的价带间转移(intervalence transfer，IVT)混合得到增强，即存在额外的 ICT 或 IVT 吸收带。如果 D 和 A 隔得过远，"σ"桥键太长，D 和 A 之间不会出现"交流"(communicate)，就不会发生整流现象。当然，如果两部分隔得过近，则 D 和 A 之间很容易形成一个新的单一混合基态，也不会有整流现象发生。那么，这个"σ"桥多长合适呢？估计可能在 2～6 个碳或其相当的长度较好。

激发分子 D^+-σ-A^- 的退激发到底是通过非辐射跃迁 (如放热) 来实现的，还是以发光的形式来实现的？后一种情况更具合理性，这是因为，单个分子的器件最少要散发 2eV 的热量(等同于 16 000K 的局部"温度")，这种高温无疑将融化或者烧毁整个器件。在尺寸小于 10nm 后，无机半导体的器件也会面临着同样的问题，因为无机半导体器件的散热方式只能靠发热。有机分子如果能够发光，无疑是一个新的散热方式，是无机半导体所不能具备的。然而，当存在电场时，这种衰减更倾向于非辐射 (如热) 的方式，而不是光辐射的方式，这一点是毋庸置疑的。如果这一点对分子整流器也适用，则单分子电子学毫无优势可言。

对于"金属-有机分子-金属"组装体的非对称传导的情况(即整流)而言，存在三种特征的过程。首先是由金属/有机分子界面的肖特基势垒[7]引起的肖特基 (S) 整流[22,43]。

第二个过程的出现是由于分子的"生色团"(即分子的一部分的分子轨道必须在传导过程中被占据)被非对称地夹在两个电极之间，如由长链烷基尾巴的出现而造成的不对称[44,45]。我们称这种整流为非对称 (A)整流[46]。通常，带有"尾巴"的 LB 膜容易出现 A 整流。

第三个过程的出现是，当电流流过分子或单分子层时涉及分子轨道之间的电荷转移，其显著的概率振幅非对称地布置到生色团内。这第三个过程可能是真正的“单分子整流”或“U”(表示单分子)整流[44]；这些U形整流才是我们所期望的。

有机分子在两个无机金属电极之间的组装可能导致复合的“A”、“S”和“U”整流效应，而纯的“U”效应的整流非常鲜见[45]。

研究人员从理论上对电荷在金属-有机材料-金属之间的传输进行了研究[44,47]。首先，生色团在两电极间的不对称性，也可能导致 *I-V* 曲线的不对称性[44](即“A”整流)。在STM的研究中，这种效应已经得到了证实[48]。其次，金属和分子的单分子轨道之间的弹性电荷转移可以表述为[47,49]

$$I = I_0\{\arctan[\theta(E_0 + peV)] - \arctan[\theta(E_0 - (1-p)eV)]\} \tag{3.7}$$

式中，E_0 是分子轨道能级(如LUMO或HOMO)；V 是外加偏压；p 是分子距左边电极的距离分数。假如分子在这个间隙的中心，则 $p = 1/2$。通过分子的隧穿概率随外加偏压近似地呈指数增加，因此，通常观察到的S型(sigmoidal)曲线是针对 $I = 0$ 和 $V = 0$ 对称的。

整流的品质因数——整流比(rectification ratio，RR)，通常定义为在给定正偏压 V 时的电流和在负偏压 $-V$ 时电流的绝对值之比

$$\mathrm{RR}(V) = I(V)/\mid I(-V)\mid \tag{3.8}$$

商业掺杂的Si、Ge或GaAs p-n结型整流器的整流比通常为10～100。

在1982～1997年，我们对一系列D-σ-A型分子的整流器进行了研究[50-84]，然而，却不能可靠地测量它们的 *I-V* 特性。在1986～1993年，Sambles发展了一种可靠的技术来测量LB多层甚至单层的电学性能。他们把这种膜夹在两个功函不一样的电极之间，如一端为镁，而另一端为贵金属电极(Ag或Pt)[22,43,85]。为了避开肖特基势垒不对称的问题，以及多层LB膜的层与层之间电荷是如何转移的这一难题，这里，我们仅对LB或LS的单分子层进行研究，单分子层的两边使用相同金属电极(首先是Al，随后是Au)。从1997年以来，我们对9种单分子整流器进行了研究(如图3.2所示的结构 **8～16**)，采用的膜都是LB或LS的单分子层，电极是Al[23,87,88]或者Au[25,26,29,87-96]。如图3.2所示，这些具有D和A结构的分子，除了分子 **15** 和 **16** 之外，都具有一个长链烷基，以便更好地组装单分子层。采用通常的镀膜的方法，在玻璃或石英或非常平的Si的基板上首先镀上电极(Al或Au)，再在金属电极上面转移LB单分子层，然后在精巧的LS或LB的单分子层上蒸镀另外一个电极。当然，在蒸镀电极时，采用通常的蒸镀方法很难完成。这时，需要在真空镀膜机中放置一个液氮冷却的样品台，用来冷却与冷有机单分子层接触的Al蒸气(可以使不漏电的器件成功率在50%以上)[88]。如果蒸镀的电极材料是Au，单是这种措施还不够，还必须同时采用“冷金”技术，即让升华的金原子与氩原子发生多重碰撞，将Au原子冷却到室温[24-26](图3.3)。大多数分子是在室温的条件下在一个法拉第笼中进行研究的，例如，分子 **8** 的整流效应是在105K＜T＜

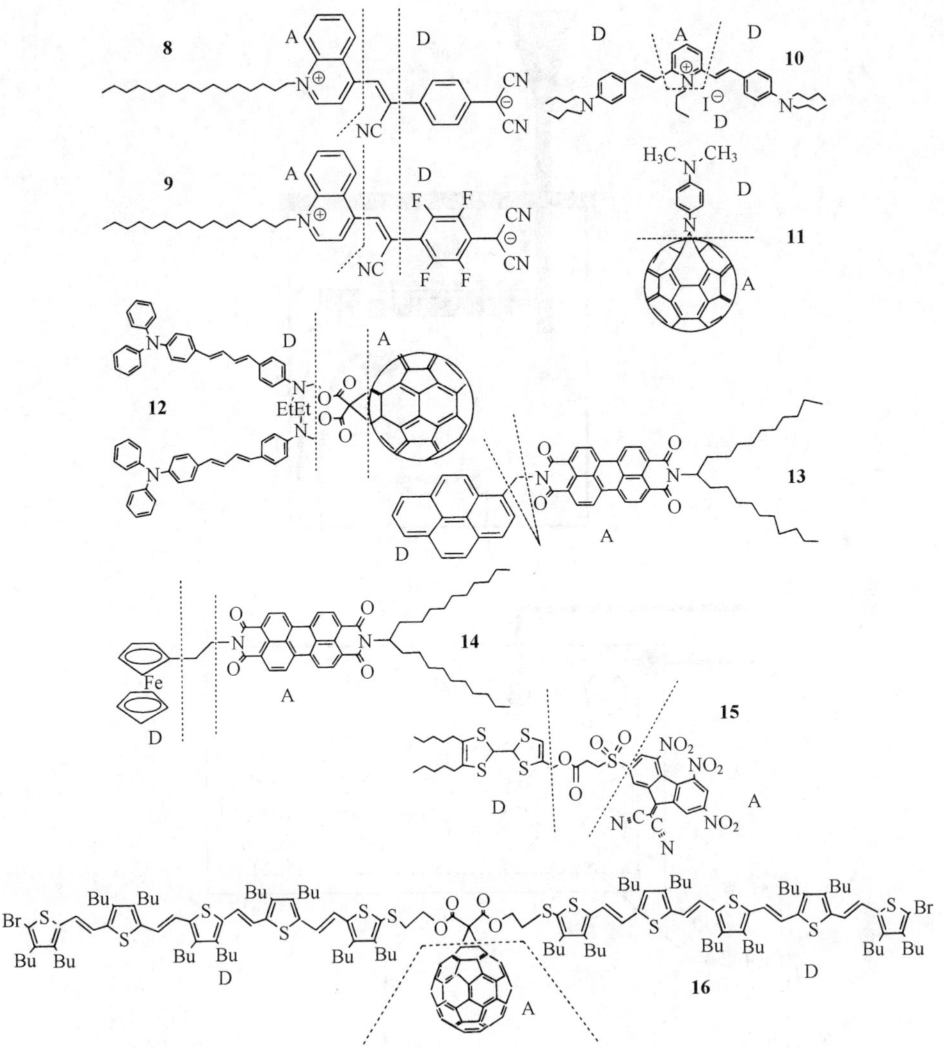

图 3.2 9 种单分子整流器(结构 **8** 到 **16**)

370K[87]的范围内进行研究的。典型的室温 *I-V* 特性如图 3.4 所示。同时，我们对大多数化合物的光谱性质也进行了研究[如可见-紫外(V-UR)、红外(IR)、掠角红外、椭圆偏振、XPS、离子基的 EPR、表面等离子体共振、小角 X 射线散射等][23, 97-99]。从实验到理论，我们都做了大量的努力，以揭示分子的整流机理[23,44,47,100]。器件中较大电子流的方向(正向)用箭头标出，如图 3.4 所示，这与预期的结果是一致的，即从电子给体 D 到电子受体 A。当然，并不是所有的分子都表现出了整流特性[101-103]，这与它们的化学结构和/或单分子层的自组装有关。

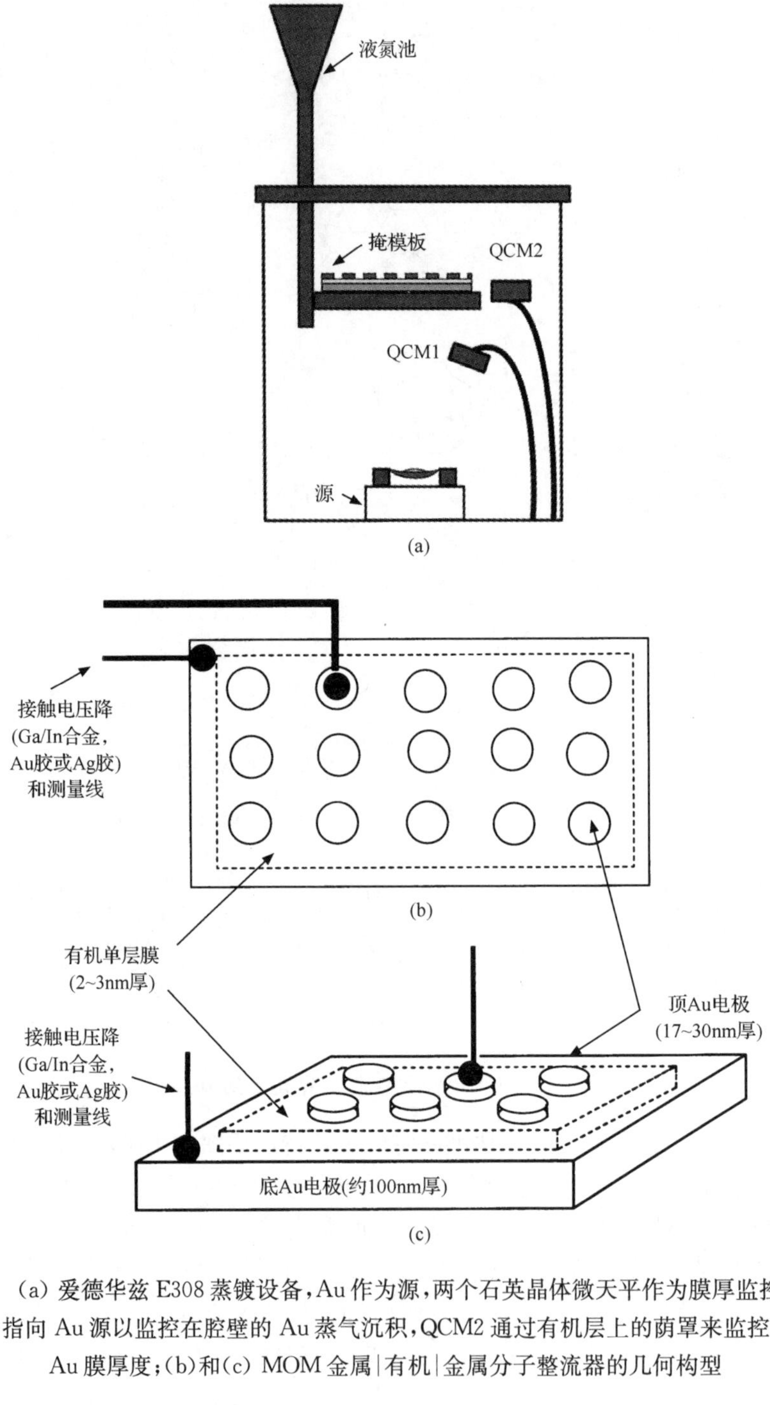

图 3.3　(a) 爱德华兹 E308 蒸镀设备，Au 作为源，两个石英晶体微天平作为膜厚监控设备；QCM1 指向 Au 源以监控在腔壁的 Au 蒸气沉积，QCM2 通过有机层上的荫罩来监控沉积的 Au 膜厚度；(b)和(c) MOM 金属|有机|金属分子整流器的几何构型

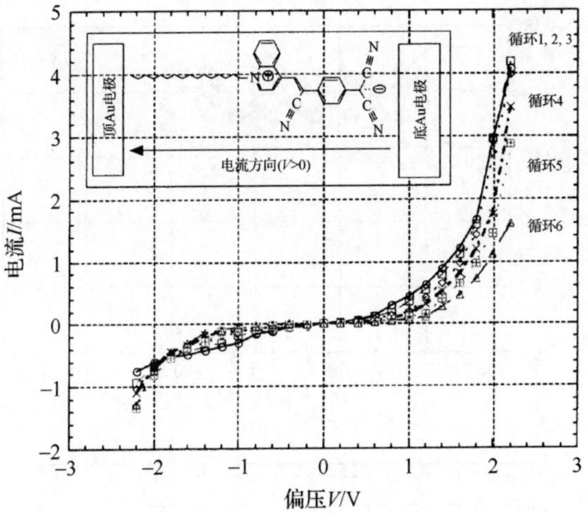
顶Au电极
底Au电极
电流方向(I>0)
循环1, 2, 3
循环4
循环5
循环6
电流I/mA
偏压V/V

(a)

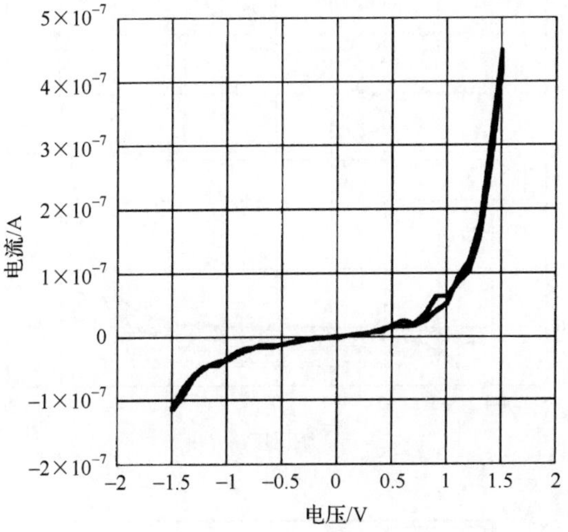
电流/A
电压/V

(b)

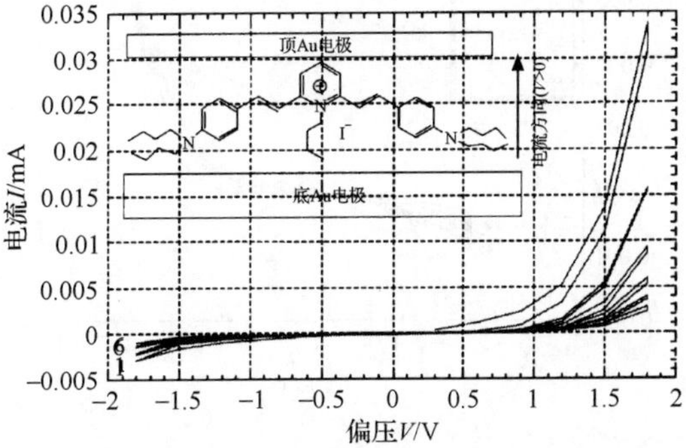
顶Au电极
底Au电极
电流方向(I>0)
电流I/mA
偏压V/V

(c)

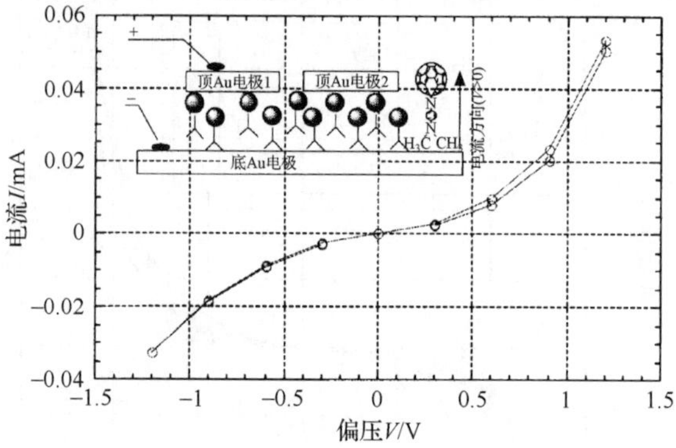
顶Au电极1
顶Au电极2
底Au电极
电流方向(I>0)
H_3C CH_3
电流I/mA
偏压V/V
(d)

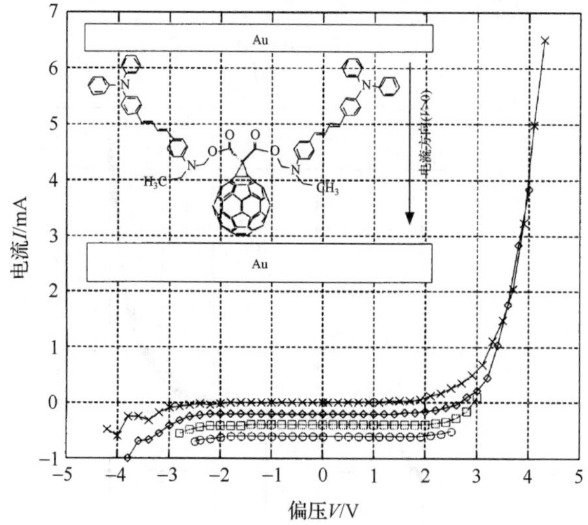
Au
Au
电流方向(I>0)
H_3C
CH_3
电流I/mA
偏压V/V
(e)

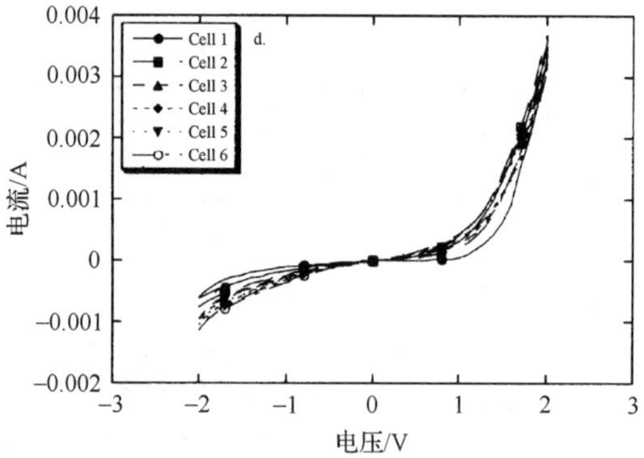
Cell 1
Cell 2
Cell 3
Cell 4
Cell 5
Cell 6
d.
电流/A
电压/V
(f)

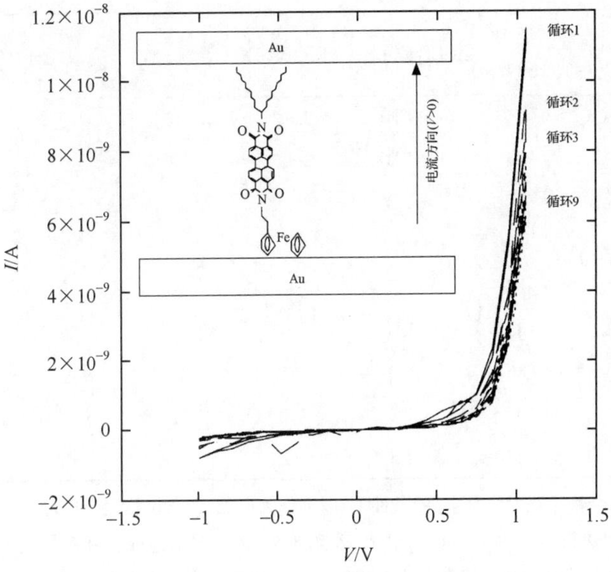

(g)

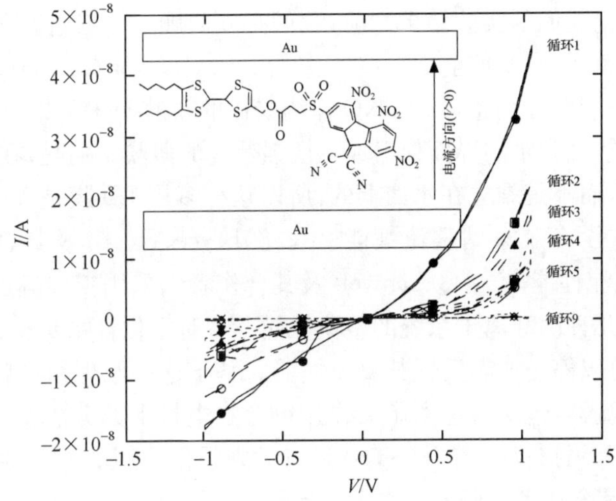

(h)

图 3.4 金属|有机|金属分子整流器的整流性能：(1) 宏观的 Au 或 Al 底电极。(2) 0.3mm^2 Al 或“冷金”顶电极和两者之间。(3) (a) **8** 的 LB 单层[26]；(b) **9** 的 LB 单层[95]；(c) **10** 的 LB 单层[89]；(d) **11** 的 LB 单层[29]；(e) **12** 的 LB 单层[91]；(f) **13** 的 LB 单层[92]；(g) **14** 的 LB 单层[92]；(h) **15** 的 LB 单层[94]

表 3.1 对我们所有测试的整流器所表现出的特性进行了总结。这些工作[104-141]也得到了国际同行的大量关注和引用。

表 3.1　九种分子整流器的数据总结 8～16

结构	转移类型	压力/(mN/m)	LB 或 LS?	RR 式(9)	# pads	完成循环?	U,A,或 S?	文献
8	D^+-π-A^-	20	LB	2～27	16	否	U,A	[26]
9	D^+-π-A^-	28	LB	3～64	3	否	U,A	[95]
10	D^+碘化物	22	LB	8～60	24	否	A	[89]
11	D-σ-A	22	LB	2	1	否	A	[29]
12	D-σ-A	23	LS	2～16	9	是	A	[91]
13	D-σ-A	32	LB	2～5	4	是	U,A	[92]
14	D-σ-A	35	LB	28	1	是	U,A	[92]
15	D-σ-A	35	LS	3	1	否	U	[94]
16	D-σ-A	20	LS	6	20	是	U	[96]

注：所有的化合物是在大气、室温的条件下，以金作为电极，在法拉第笼中进行测量的(其中，**8** 是以铝作为电极，在 300K 时进行测量的[23]；同时，对 105K 到 370K 的情况也进行了测量[87])。

“# pads”列给出了文献中给出的具有整流特性的被测量器件数目（测量次数超过 100 次）。

在详细讨论我们的实验结果之前，我们必须回顾一下最近其他课题组的一些非常重要的贡献：①受我们前面一些工作[51,52]的启发，Bryce、Petty 及其合作者们研究了一种以 TTF 作为给体、TCNQ 作为受体的新的 D-σ-A 化合物。这种 TTF-σ-TCNQ 酯在空气和水的界面处形成一层强荧光的薄膜。但是，在该膜内，TCNQ 基团是平躺的，而不是站立在水面上的，所以这种多层 LB 膜是 Y 型，而不是 Z 型的，因此器件并没有观察到整流性能[142]。②Bryce、Heath 及其合作者们发现了 **15** 类似物的整流性能[143]。③Ashwell 及其合作者们采用扫描隧道谱研究了从化合物 **8** 开始的几种两性离子系统的整流性能[144]；对于化合物 **8** 及其他两性离子体系，酸的加入可以停止或者反置其整流性能。基于这一原理，研制了许多新的、非常有意思的整流器，包括通过离子力作用键合在电极上的分子整流[145,155]。④Yu 及其合作者们采用扫描隧道谱(STS)研究了离子化作用的整流性能[156]。⑤Weber、Mayor 及其合作者们研究了在金纳米间隙电极对之间连接二硫醇时的整流性能，如果分子的一端是四氟苯基，另一端是一个平面苯，观察到整流比为 2～10，但如果分子的两端是对称的，则观察不到任何整流现象[157]。

首次证实的分子整流器是化合物 **8**[85,86,23,87,25,26]。它是一个处于基态的两性离子 D^+-σ-A^-，通过一个扭曲的“π”桥连接（非“σ”桥），它微溶于极性溶剂，在无限稀释的 CH_2Cl_2 中，基态静电偶极矩为 $\mu_{GS}=(43\pm8)$ deb①[23]。存在吸收光谱蓝

① 非法定单位。1deb$=10^{-18}$Fr·cm$=3.335\ 64\times10^{-30}$C·m。——译者

移，峰值在 600～900nm，可能是由于价带间转移（IVT）或者分子内电荷转移带引起的[23,97]，在近红外区域产生荧光[97]。激发态的偶极矩 $\mu_{ES}=3\sim9$deb[97]。由于分子的蓝移效应，基态必定是 D^+-π-A^-，分子的第一激发状态是 D^0-π-A^0；喹啉环和三氰基-二甲基喹啉环之间的有限扭曲，允许在这个分子的 D^+ 末端和 A^- 末端之间存在 IVT 带。这导致了 570nm 左右分子间聚集峰[23]的出现，该峰在 LB 多层膜平面内的极化[95]（它被认为是属于 IVT 峰[23]），而“真正的”IVT 峰，在垂直于单层膜的方向极化，位于 535nm 处[95]。第二瞬态吸收峰，在空气-水的界面上，出现在 670nm 处[158]。在空气-水的界面上，分子 **8** 可以形成 PL 单层膜，其崩溃压力为 34mN/m，崩溃面积在 20℃时为 50Å^2[23]，在上行阶段发生转移时，在亲水性的玻璃、石英、铝[23,83]或新制的亲水性的金表面[25,26]，其转移比高达 100%，而在下行阶段发生到石墨的转移时，转移比约为 50%[83]。X 射线衍射分析结果表明，分子 **8** 的 LB 单层膜厚度大约为 23Å[23] 或 29Å[26]，椭圆偏振光谱分析得到的厚度为 23Å[26]，表面等离子体共振分析得到的厚度为 22Å[23,98]，XPS 分析得到的厚度为 25Å[98]。分子的计算长度为 33Å，若基板上分子的平均长度为 23Å，则分子在铝基板上的倾角大约为 46°[23]。对于分子 **8** 在金基板上的单分子层，用 XPS 可以观察到 2 个 N(1s)峰[98]。角分辨 XPS 光谱显示，靠近 Au 基板的 N 更可能是—CN基上的 N，而不是喹啉上的 N[98]。XPS 光谱显示的价带比例和分子能级状态的密度基本吻合[97]。水滴在亲水性的金表面的接触角大约为 40°（如果金是超亲水的，则其角度应该为 0°），而在分子 **8** 的单分子层表面，其接触角为 92°（其非极化端基是朝向水滴的）[98]。分子 **8** 在铝[23]或者金基板[98]表面的取向，从掠射角 FTIR 的研究中已经得到了证实。

分子 **8** 的 LB 单层或多层膜通常是夹在两个宏观的 Al 电极之间[23]，也可以采用“冷金”技术[24]制作金电极[25,26]。在 Al 电极间（电极因为氧化表现为斑片状，并有大量缺陷），这个单层显示出非常明显的电流非对称性。对于分子 **8**，电压为 1.5V 时，其整流比 RR ＝ 26[23]。假设一个分子的面积为 50Å^2，1.5V 时的电流相当于每个分子上有 0.33 个电子[23]。这个整流比随着电极的不同而有所不同，因为我们测得的这个整流电流，都是采用两探针测量的，包括串联的接触电阻（Al、Ga/In 或 Ag 胶、线等）。在高电压时反复扫描，I-V 曲线逐步变得不对称，随着循环次数的增加，单层膜的整流比逐步降低。在 105K＜T＜390K 的范围内，整流性能没有显示出温度依赖性[87]。

使用不发生氧化的金电极，通过“Au|**8** 的单层膜|Au”器件的电流显著增加，但这种电流的不对称性仍然存在，且最高电流能够达到 90 400 电子/分子 · s[25, 26]。最好的整流比是在 2.2V 时的 27.53[26]。图 3.4(a) 给出了当循环次数从 1 到 6 时，整流比是如何减少的。对某些器件来说，随着电压的增加，电流一直增加，直到器件损坏，而在某些器件中，这种情况在 5.0V 时发生（即电场强度接近

2GV/m时，介电层被击穿，器件被损坏)[26]。

Ashwell及其合作者们发现，分子**8**的Z型、30层的LB膜，在金电极间表现出整流特性[158]，但与单层膜器件相比，电流[158]要小3个数量级[26]。

分子**9**是分子**8**的四氟基取代物，也显示出整流特性，如图3.4(b)所示[95]。

随着循环次数的增加，分子**8**单层膜的电导以及整流比逐渐降低（从最初的27[23,26]降低到1)，通过LB技术和自组装技术[90,93]，我们可以测量硫代乙酰基在金电极上组装强度的变化。不同的取代基可以通过合成来实现[90,93]：①在空气-水界面处形成良好的Langmuir（或PL)单层膜；②通过LB或者LS转移后，共价键接到Au上。LB技术可以提供良好的有序性，使其能够和Au牢固地化学结合，形成坚固的自组装膜。不过，具有11个烷基的分子**8**的衍生物[90]通过硫代乙酰基和金结合后，获得的结果并不令人满意。压力-面积等温曲线表明，在很低的表面压下，PL膜就容易崩溃，与分子**8**相比，其产生的LB单层膜是无序的，这可能是由于分子端部的二氰基甲基的物理吸附和Au-巯基的化学吸附之间竞争的缘故。单分子所表现出的整流性能，无论如何都依赖于LB膜的内部结构，即通过STM针尖探测到的是“站立的”还是“倒立的”或其他的状态[90]。当取代基较长时（如C14和C16硫代乙酰基衍生物)，情况则会好一些[93]。

当吡啶盐化合物**10**在空气和水的界面处形成PL薄膜，并转移到亲水性的基板上时，很容易形成Z型的多层膜[89]。从椭圆偏振光谱的分析来看，单层膜的厚度约为0.7nm，X射线衍射的结果证明其厚度为1.3nm；而采用波长λ为532nm和632.8nm的表面等离子体共振研究的结果表明，其厚度分别为1.15nm或1.18nm[89]。这个薄膜在490nm左右处观察到一个吸收峰（与溶液相比，存在轻微的蓝移)，这可能是由于碘和吡啶环之间的逆电荷转移(back-charge-transfer)而引起的；在垂直入射(λ=1064nm)时，二阶谐波信号$\chi^{(2)}$ = 50pm/V，而在入射角为45°时，则为150pm/V[89]。随着循环次数的增加，器件的整流比呈现下降趋势，如图3.4(c)所示。部分器件的初始整流比RR可以高达60。电流的方向是从平衡离子到吡啶(即沿逆电荷转移方向)。分子**2**的整流可能就是由离子间或分子间的电荷转移所引起的[89]。

富勒烯衍生物**11**是一个适中的(moderate)整流分子，且同时也表现出非常大、但是虚假的整流性能(整流比高达20 000)[29]，这可能是由于Au笋部分地穿透了LB膜(“电迁移”)[29]。化合物**11**是由一个弱的电子给体（二甲基苯胺)和一个电子受体(掺N C_{60})连接而成，在720nm左右处形成一个电荷转移峰[29]。其Langmuir膜的刚性非常好，即等温曲线的斜率非常大。然而，将曲线外推到压力等于0时，分子的面积为70Å²，在22mN/m处的分子面积为50Å²[29]，而C_{60}分子的真正面积为100Å²。因此，可以认为，当在向上将分子**11**转移到Au基板上时，分子**11**在某程度上是交叉排列的，如图3.4(d)插图所示，亲水性的二甲胺基基团紧靠在金基板上。从 XPS 的分析来看，膜层厚度为 2.2nm[29]。角分辨 XPS 光谱证实，N(1s) 的两个 N 原子要比在 C_{60} 笼子的情形，更靠近金电极[29]。我们必须忽略由电迁移引起的大电流。有些器件显示的电流非常小，仅在向前扫描时显示出微弱的整流特性，整流比 RR≈2[图 3.4(d)][29]。

分子 **12** 的 LS 单层膜在金电极间也观察到了很强的整流效应[91]。分子 **12** 基于两个三芳胺(两个单电子给体) 和一个富勒烯 (一个弱的单电子受体)：分子 **12** 的 LS 单层膜的整流器如图 3.4(e)所示；随着循环次数的增加，其整流比并没有发生明显的衰减。这个单层膜可能非常致密且坚硬。因为采用垂直的 LB 方法转移时很难得到如此坚硬的单层膜，这只能是通过采用平面转移的方法或者 LS(Langmuir-Schaefer)的方法[91]将其转移到金基板上得到。

分子 **13** 是一个 D-σ-A 分子，给体是芘，通过只有一个 C 的桥键和苝酰亚胺受体相连[92]，这种分子显示出非常稳定的整流比，如图 3.4(f)所示[92]。

分子 **14** 是一个 D-σ-A 分子，以二茂铁作为给体，通过一个双 C 的桥键和苝四酰亚胺受体相连[92]，在 595nm 处出现了一个由于分子内电荷转移而引起的吸收峰[92]。分子 **14** 的 PL 等温曲线表明，只有在较高的表面压，如 35mN/m 时，才能发生转移，形成整流效应，整流比为 25～35。这个整流比随着循环次数的增加，并不会明显改变[图 3.4(g)][92]。

分子 **15** 是一个 D-σ-A 分子，以 TTF 作为给体，二氰基三硝基芴作为受体，其在 1220nm 处出现了一个最大的电荷转移峰，在表面压为 21mN/m 时可以转移到新的、亲水的金基板上[57]。其 *I-V* 曲线 [图 3.4(h)]表明，随着循环次数的增加，器件的整流比降低，在大约通过 9 次循环后，就趋于稳定[94]。在其他类似分子体系中也观察到了这种现象[143]。

在室温条件下的金电极间，分子 **16** 的 LS 单层膜显示出两个整流区域。在 0.8V 时，因为分子 **16** 的 LUMO 轨道和金电极的费米能级发生共振而产生整流效应[图 3.5(a)][96]，而当偏压超过 2.5V 时，因为分子的 HOMO 和 LUMO 同时导通，产生反向整流效应[图 3.5(b)]，也就是说，分子 **16** 从行为上表现为 Aviram-Ratner 的 D-σ-A 整流行为[96]。在低温 4.2K 时，在 Al 和超导的 Pb 电极之间，在很低的电压下，这种 LS 单层膜就能表现出整流性能[96]。基于此，我们发展了一种 IETS 光谱仪(图 3.6)，利用安息香酸膜，以 Pb 和 Al 作电极，在 4.2K 时得到了所期待和经常记录的 IETS 光谱。随后，我们测量了 4.2K 下 Al 和 Pb 电极间分子 **16** 的 LS 单层膜的光谱，偏压范围对应于分子的振动 (图 3.7)。其最显著的峰是归属为 CH_2 的振动峰[96]。更宽偏压范围内的 IETS 谱(图 3.8)表明：①最显著的 CH_2 振动峰出现在 0.36V；②在 0V 时 出现了著名的“零偏压反常”现象 (zero-bias anomaly, ZBA)，这可能归因于 Al—O 和 Pb—O 的振动，在这里不予以讨论；③出现了一标记为“X”的虚峰(artifacts)；④在 0.65V 时，出现了一个很宽的峰，这

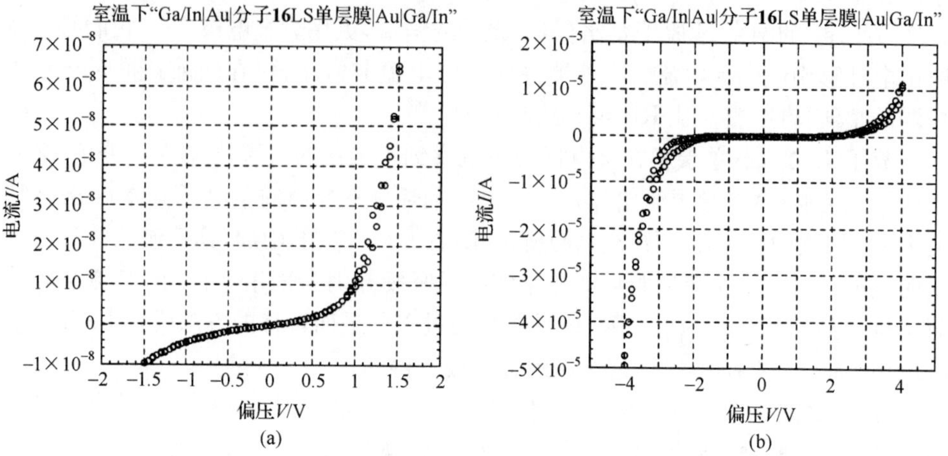

图 3.5 “Au|分子 **16** LS单层膜|Au”的 *I-V* 曲线[96]

(a) 低偏压范围；(b) 高偏压范围

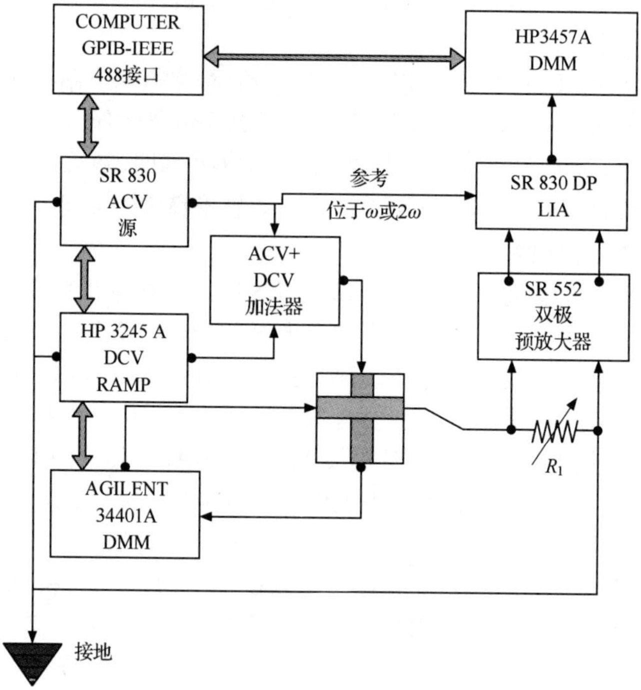

图 3.6 IETS 光谱仪的示意图[96]

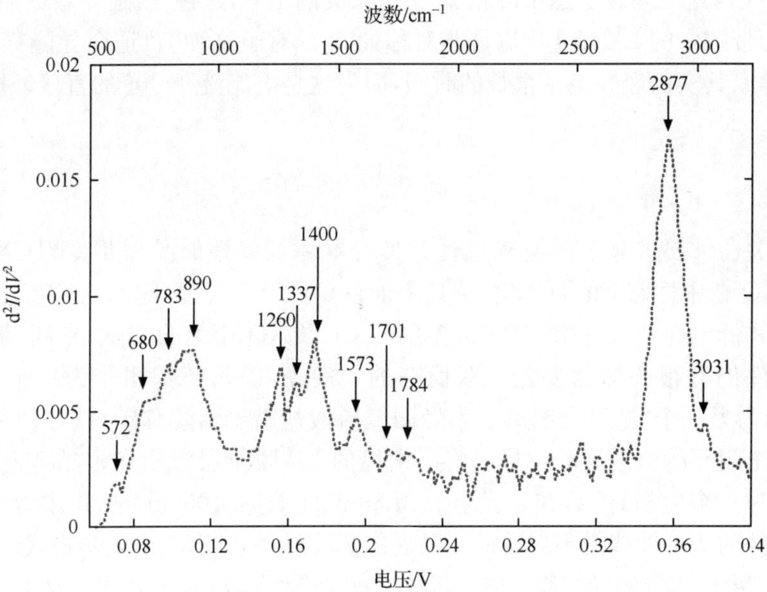

图 3.7 4.2K 下“Pb|分子 **16** LS 单层膜|Al”结的 IETS 振动谱[96]

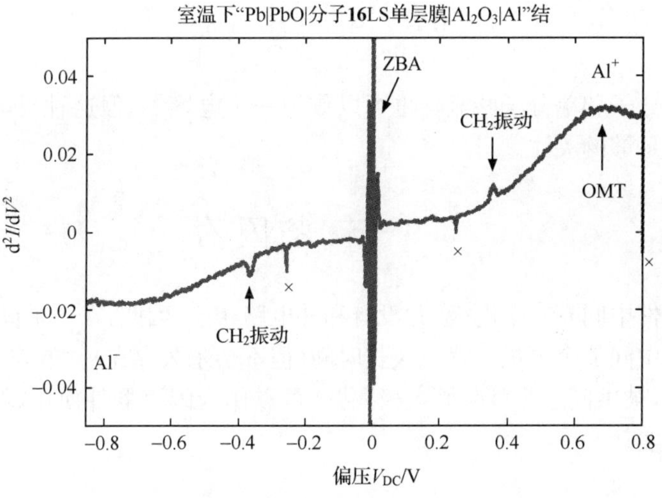

图 3.8 4.2K 下“Pb|分子 16LS 单层膜|Al”结的宽扫描 IETS 谱[96]

个峰可能是由于分子 **16** 的 LUMO 和 Pb 电极的费米能级发生了共振，从其 *I-V* 曲线上电流的增加也可以得到证实。这个峰较宽，曾经被解释为“轨道介层隧穿”(orbital mediated tunneling，OMT)[159,160]，是因为具有不同米勒指数的几个 Pb 晶体粒子，同时进入了能级共振。因为晶体粒子的功函数存在一些微小的差异

(±0.2eV),这才导致了这个峰很宽[96]。在负偏压下,这种“轨道介导隧穿”效应消失,因为带隙中的 LUMO 轨道是非对称的[96]。对于这种“轨道介导隧穿”效应现象,科学家其实已经寻觅了很长的时间,因为这是电流流经分子的直接证据。

3.7 开　关

开关器件要求分子具有双稳性。具有本体双稳性的晶体是 CuTCNQ,它是 CuTCNQ 在中性态 Cu^0TCNQ^0 及其离子态 Cu^+TCNQ^- 之间的亚稳态:这样允许高电导和低电导[161]。尽管存在很多的与 CuTCNQ 相关的文献、专利,但要成为实用器件仍有很长的路要走。双稳态的[3]索烃,以萘环基团作为一个“站”,以 TTF 作为另一个“站”,四阳离子索烃四氟磷酸盐沿着索烃移动,就好似一列火车沿着一个闭环的轨道运动一样。将[3]索烃的 LB 膜单层沉积在多晶硅上面,以多晶硅作为一个电极,然后在索烃上沉积 5nm 的 Ti 和 100nm 的 Al 作为另一个电极。器件的 *I-V* 曲线是不对称的。随后的读写循环表明,其电阻步进式地变化,正如“火车”由低电导的“站”移动到了高电导的“站”[162]。红外光谱显示,索烃上沉积的 Ti 和索烃确实发生了化学反应,但这种反应并没有破坏分子开关的“工作部分”[163]。

3.8 电 容 器

双稳态分子和单分子整流器也可以作为一个电容器,但这种可能性直到现在也没有引起足够的关注。

3.9 未来闪存

闪存器件中间有一个电极,并没有和外电路相连,因此,在一个极化脉冲之后,电荷可以在中间那个电极上存在较长时间(但不会永久存在)。单分子整流器的两个单分子层,被中间这个“浮动”电极隔开,可以作为闪存器件使用,但这个想法还没有得到证实。

3.10 场效应晶体管

场效应晶体管要求一个半导电通道连接源极和漏极,其“厚度”可以通过栅极上施加的偏压进行调节。因此,从这个观点来看,任何半导体都可以用来构造场效应晶体管。由于其制备简单,目前的集成电路都采用场效应晶体管。在多年以前,基于 LB 单层或多层的器件也观察到了场效应特性[164]。卷曲在平行 Au 上的单壁碳纳米管的场效应性能是采用 STM 的针尖作为栅极，金作为源漏极成功实现的[165]，目前有大量的相关工作和报道。然而，阻碍碳管场效应晶体管实际应用的困难在于如何对碳管进行有序化。

3.11　负微分电阻器件

通过使用“纳米孔”技术，将一种硫醇盐组装在金基板上，在另一端蒸镀上 Ti 作为另一个电极，观察到了明显的负微分电阻(NDR)现象[166]。采用 STM 研究该分子时，观察到时间依赖的电导振荡现象，可能是由于组装在金基板上的硫醇盐的倾角发生了变化的缘故[167]。然而，如果在室温条件下沉积第二个电极（顶电极），金属（Al，Cu，Ag，特别是 Ti）则可能与硫醇盐的开放表面发生反应，或者渗入到靠近 Au-S 界面的单层膜底部[27, 168]。

3.12　库仑阻塞器件和单电子晶体管

采用有机金属可以构造无增益的有机金属单电子晶体管（SET），也就是库仑阻塞器件。例如，在 0.1K 下，以 Si 作为栅极，与两个 Au 电极连接的 Co(Ⅱ）络合物作为活性分子，分子和 Si 之间距离为 30nm 时，这种晶体管表现出了很好的单分子晶体管特性[169]。

3.13　未来单分子放大器

设计一种三边分子，在三个边上分别具有不同的基团，从而使分子的三个边具有不同的电子亲和势或者电离电位，将这三个基团分别与不同的电极相连，相互距离为 3nm 左右，就构成了一个与单分子类似的双极结晶体管[127,129,135,137]。基于这一原理可以设计出许多分子，分子可以采用不同的端基与不同的电极形成自组装单层结构，但目前的问题是，不管采用什么方法，甚至是采用电迁移，都很难制备出间距为 3nm 的三个电极。

3.14　未来有机互连

采用通常的金属电极，我们可以将电阻器、电容器、整流器以及放大器进行连接以使器件工作，那么，我们有必要探讨以有机/聚合物电极来取代无机金属电极。这样我们就有可能实现全有机计算机！导电低聚物细丝的可控电化学生长已经被实现[170]。

致 谢

在这章的整理、撰写过程中得到了许多同事、学生、博士后等的帮助，他们的努力和建设性建议对于本工作的完善都是不可或缺的，在这里，我深表感谢！我期望他们在解决问题的过程中，也获得了乐趣！

参考文献

[1] Metzger, R. M., Prospects for Truly Unimolecular Devices, in Metzger, R. M., Day, P., and Papavassiliou, G., Eds., Lower-Dimensional Systems and Molecular Electronics, NATO ASI Series B 248: 659-666 (1991).

[2] Moore, G. E., Cramming More Components onto Integrated Circuits, Electronics 38(8): 114-117 (10 April 1965).

[3] Aviram, A. and Ratner, M. A., Molecular Rectifiers, Chem. Phys. Lett. 29: 277 (1974).

[4] Koopmans, T., The Classification of Wave Functions and Eigen-Values to the Single Electrons of an Atom, Physica 1: 104-113 (1934).

[5] Tour, J. M. and James, D. K., elsewhere in this volume.

[6] Reed, M. A. and Wang, W., elsewhere in this volume.

[7] Schottky, W., Simplified and Extended Theory of Barrier-Layer Rectifiers, Z. f. Phys. 118: 539-592 (1942).

[8] Ohm, G. S., Die Galvanische Kette, Mathematisch Bearbeitet (Riemann, Berlin, 1827).

[9] Binnig, G., Rohrer, H., Gerber, Ch., et al., Surface Studies by Scanning Tunneling Microscopy, Phys. Rev. Lett. 49: 57-61 (1982).

[10] Binnig, G., Quate, C. F., and Gerber, Ch., Atomic Force Microscope, Phys. Rev. Lett. 56: 930-930 (1986).

[11] Dürig, U., Züger, O., and Pohl, D. W., Observation of Metallic Adhesion Using the Scanning Tunneling Microscope, Phys. Rev. Lett. 65: 349-352 (1990).

[12] Blodgett, K. B., Films Built by Depositing Successive Monomolecular Layers on a Solid Surface, J. Am. Chem. Soc. 57: 1007-1022 (1935).

[13] Blodgett, K. B. and Langmuir, I., Built-up Films of Barium Stearate and their Optical Properties, Phys. Rev. 51: 964-982 (1937).

[14] Langmuir, I. and Schaefer, V. J., Activity of Urease and Pepsin Monolayers, J. Am. Chem. Soc. 60: 1351-1360 (1938).

[15] Bigelow, W. C., Pickett, D. L., and Zisman, W. A., Oleophobic Monolayers. 1. Films Adsorbed from Solution in Non-Polar Liquids, J. Colloid Sci. 1: 513-538 (1946).

[16] Muller, C. J., Ph. D. Thesis, Univ. of Leiden, 1991.

[17] Reed, M. A., Zhou, C., Muller, C. J., et al., Conductance of a Molecular Junction, Science 278: 252-253 (1997).

[18] Ralls, K. S., Buhrman, R. A., and Tiberio, T. C., Fabrication of Thin-Metal Nanobridges, Appl.

Phys. Lett. 55：2459-2461 (1989).

[19] Zhou, C., Deshpande, M. R., Reed, M. A., et al., Nanoscale Metal/Self-Assembled Monolayer/Metal Heterostructures, Appl. Phys. Lett. 71：611-613 (1997).

[20] Park, H., Lim, A. K. L., Alivisatos, A. P., et al., Fabrication of Metallic Electrodes with Nanometer Separation by Electromigration, Appl. Phys. Lett. 75：(1999).

[21] Cui, X. D., Primak, A., Zarate, X., et al., Reproducible Measurement of Single-Molecule Conductivity, Science 294：571-574 (2001).

[22] Geddes, N. J., Sambles, J. R., Jarvis, D. J., et al., Fabrication and Investigation of Asymmetric Current-Voltage Characteristics of a Metal/Langmuir-Blodgett Monolayer/Metal Structure, Appl. Phys. Lett. 56：1916-1918 (1990).

[23] Metzger, R. M., Chen, B., Höpfner, U., et al., Unimolecular Electrical Rectification in Hexadecylquinolinium Tricyanoquinodimethanide, J. Am. Chem. Soc. 119：10455-10466 (1997).

[24] Okazaki N. and Sambles J. R., In Extended Abstracts of the International Symposium on Organic Molecular Electronics, Nagoya, Japan, p. 66 (2000).

[25] Xu T., Peterson I. R., Lakshmikantham, M. V., et al., Rectification by a Monolayer of Hexadecylquinolinium Tricyanoquinodimethanide between Gold Electrodes, Angew. Chem. Intl. Ed. 40：1749-1752 (2001).

[26] Metzger, R. M., Xu, T., and Peterson, I. R., Electrical Rectification by a Monolayer of Hexadecylquinolinium Tricyanoquinodimethanide Measured between Macroscopic Gold Electrodes, J. Phys. Chem. B105：7280-7290 (2001).

[27] Walker, A. V., Tighe, T. B., Cabarcos, O. M., et al., The Dynamics of Noble Metal Atom Penetration through Methoxy-Terminated Alkanethiolate Monolayers, J. Am. Chem. Soc. 126：3954-3963 (2004).

[28] Tighe T., Daniel T., Zhu Z., et al., Evolution of the Interface and Metal Film Morphology in the Vapor Deposition of Ti on Hexadecanethiolate Hydrocarbon Monolayers on Au, J. Phys. Chem. B109：21006-21014 (2005).

[29] Metzger, R. M., Baldwin, J. W., Shumate, W. J., et al., Large Current Asymmetries and Potential Device Properties of a Langmuir-Blodgett Monolayer of Dimethyanilinoazafullerene Sandwiched between Gold Electrodes, J. Phys. Chem. B107：1021-1027 (2003).

[30] Stewart, D. R., Ohlberg, D. A. A., Beck, P. A., et al., Molecule-Independent Electrical Switching in Pt/Organic Monolayer/Ti Devices, Nano Lett. 4：133-136 (2004).

[31] Black, J. R., Electromigration - A Brief Survey and Some Recent Results, IEEE Trans. El. Dev. ED-16：338-347 (1969).

[32] Taube, H. and Gould, E. S., Organic Molecules as Bridging Groups in Electron-Transfer Reactions, Acc. Chem. Res. 2：321-329 (1969).

[33] Taube, H., Electron Transfer between Metal-Complexes - A Retrospective View (Nobel Lecture), Angew. Chem. Intl. Ed. Engl., 23：329-339 (1984).

[34] Bumm, L. A., Arnold, J. J., Cygan, M. T., et al., Are Single Molecular Wires Conducting?, Science 271：1705 (1996).

[35] Landauer, R., Spatial Variation of Currents and Fields Due to Localized Scatterers in Metallic Conduction, IBM J. Res. Dev. 1：223-231 (1957).

[36] von Klitzing, K., Dorda, G., and Pepper, M., New Method for High-Accuracy Determination of the Fine-Structure Constant Based on Quantized Hall Resistance, Phys. Rev. Lett. 45: 494-497 (1980).

[37] Simmons, J. G., Conduction in Thin Dielectric Films, J. Phys. D4: 613 (1971).

[38] Chen, J., Lee, T., Su, J., et al., Molecular Electronic Devices in Reed, A. and Lee, T., Eds., Molecular Nanoelectronics (American Scientific Publishers, 2003) pp. 39-114.

[39] Iijima, S. and Ichihashi, T., Single-Shell Carbon Nanotubes of 1-nm Diameter, Nature 363: 603-605 (1993).

[40] Saito, R., Fujita, M., Dresselhaus, G., et al., Electronic Structure of Carbon Fibers Based on C_{60}, in L. Y. Chiang, A. F. Garito, and D. J. Sandman, Eds., Electrical, Optical, and Magnetic Properties of Organic Solid-State Materials, MRS Symp. Proc. 247: 333-338 (1992).

[41] White, C. T., Robertson, D. H., and Mintmire, J. W., Helical and Rotational Symmetries of Nanoscale Graphitic Tubules, Phys. Rev. B47: 5485-5488 (1993).

[42] Averin, D. V. and Likharev, K. K., Coulomb Blockade of Single-Electron Tunneling, and Coherent Oscillations in Small Tunnel Junctions, J. Low-Temp. Phys. 62: 345-373 (1986).

[43] Geddes, N. J., Sambles, J. R., Jarvis, D. J., et al., The Electrical Properties of Metal-Sandwiched Langmuir-Blodgett Multilayers and Monolayers of a Redox-Active Organic Molecular Compound, J. Appl. Phys. 71: 756-768 (1992).

[44] Krzeminski, C., Delerue, C., Allan, G., et al., Theory of Rectification in a Molecular Monolayer, Phys. Rev. B64: # 085405 (2001).

[45] Mujica, V., Ratner, M. A., and Nitzan, A., Molecular Rectification: Why Is It So Rare?, Chem. Phys. 281: 147-150 (2002).

[46] Chabinyc, M. L., Chen, X., Holmlin, R. E., et al., Molecular Rectification in a Metal-Insulator-Metal Junction Based on Self-Assembled Monolayers, J. Am. Chem. Soc. 124: 11730-11736 (2002).

[47] Peterson, I. R., Vuillaume, D., and Metzger, R. M., Analytical Model for Molecular-Scale Charge Transport, J. Phys. Chem. A105: 4702-4707 (2001).

[48] Stabel, A., Herwig, P., Müllen, K., et al., Diodelike Current-Voltage Curves for a Single Molecule-Tunneling Spectroscopy with Submolecular Resolution of an Alkylated, peri-Condensed Hexabenzocoronene, Angew. Chem. Int. Ed. 34: 1609-1611 (1995).

[49] Hall, L. E., Reimers, J. R., Hush, N. S., et al., Formalism, Analytical Model, and A-priori Green's Function-Based Calculations on the Current-Voltage Characteristics of Molecular Wires, J. Chem. Phys. 112: 1510-1521 (2000).

[50] Metzger, R. M. and Panetta, C. A., Progress in Cohesive Energies and in Building Organic Unimolecular Rectifiers, J. Phys. (Paris) 44 Colloque C3: 1605-1611 (1983).

[51] Metzger, R. M. and Panetta, C. A., Toward Organic Rectifiers, in Carter, F. L., Ed., Molecular Electronic Devices, Vol. II (Dekker, New York, 1987) pp. 5-25.

[52] Panetta, C. A., Baghdadchi, J., and Metzger, R. M., TTF-$NHCO_2(CH_2)_2O$-TCNQBr and TTF-$CO_2(CH_2)_2$-O-TCNQBr, Two Potential Molecular Rectifiers, Mol. Cryst. Liq. Cryst. 107: 103-113 (1984).

[53] Metzger, R. M., Panetta, C. A., Heimer, N. E., et al., Toward Organic Rectifiers: Langmuir-Blodgett Films and Redox Properties of the *N*-4-n-Dodecyloxyphenyl and *N*-1-Pyrenyl Carbamates of 2-Bromo,5-(2′-hydroxyethoxy)TCNQ, J. Mol. Electronics 2: 119-124 (1986).

[54] Metzger, R. M., Panetta, C. A., Miura. Y., et al., Progress Toward Organic Single-Monolayer Rectifiers, Synth. Metals 18: 797-802 (1987).

[55] Metzger, R. M. and Panetta, C. A., Progress in Molecular Electronics: Langmuir-Blodgett Films of Donor-Sigma-Acceptor Molecules, in Heiras, J. L. and Akachi, T., Eds., Proc. Eighth Winter Meeting on Low-Temperature Physics (UNAM, Mexico City, 1987), pp. 81-100.

[56] Torres, E., Panetta, C. A., and Metzger, R. M., The Preparation of 2-Hydroxymethyl-11,11,12,12-Tetracyanoanthraquinodimethane and its Carbamates with Electron-donor Moieties, J. Org. Chem. 52: 2944-2945 (1987).

[57] Metzger, R. M. and Panetta, C. A., Langmuir-Blodgett Films of Donor-Sigma-Acceptor Molecules and Prospects for Organic Rectifiers, in Delhaès, P. and Drillon, M., Eds., Organic and Inorganic Lower-Dimensional Materials, NATO ASI Ser. B168: 271-286 (Plenum, New York, 1988).

[58] Metzger, R. M., Schumaker, R. R., Cava, M. P., et al., Langmuir-Blodgett Films of Donor-Urethane-TCNQ and Related Molecules, Langmuir 4: 298-304 (1988).

[59] Miura, Y., Torres, E., Panetta, C. A., et al., Electroactive Organic Materials. Preparation and Properties of 2-(2′-Hydroxyethoxy)-7,7,8,8-tetracyanoquinodimethane, J. Org. Chem. 53: 439-440 (1988).

[60] Miura, Y., Laidlaw, R. K., Panetta, C. A., et al., Crystal Structure of 2-Acetoxyethoxy-7,7,8,8-tetracyanoquinodimethan, AETCNQ, $C_{16}H_{10}N_4O_3$, Acta Cryst. C44: 2007-2009 (1988).

[61] Laidlaw, R. K., Miura, Y., Panetta, C. A., et al., Crystal Structure of Methyl 4-(*N*,*N*-dimethylamino)phenyl Carbamate, DMAPCMe, $C_{10}H_{14}N_2O_2$, Acta Cryst. C44: 2009-2013 (1988).

[62] Laidlaw, R. K., Baghdadchi, J., Panetta, C. A., et al., Crystal Structure of 2-Bromo-5-hydroxyethoxy-7, 7, 8, 8-tetracyanoquinodimethan, BHTCNQ, $C_{14}H_7N_4O_2Br$, Acta Cryst. B44: 645-650 (1988).

[63] Miura Y., Panetta, C. A., and Metzger, R. M., Preparative Purification of 2-(2′- Hydroxyethoxy)-terephthalic Acid by Countercurrent Chromatography, J. Liquid Chromatography 11: 245-250 (1988).

[64] Metzger, R. M. and Panetta, C. A., Langmuir-Blodgett Films of Potential Donor-Sigma-Acceptor Organic Rectifiers, J. Mol. Electronics 5: 1-17 (1989).

[65] Metzger, R. M. and Panetta, C. A., Rectification in Langmuir-Blodgett Monolayers of Organic D-σ-A Molecules, J. Chim. Phys. 85: 1125-1134 (1988).

[66] Metzger, R. M. and Panetta, C. A., Possible Rectification in Langmuir-Blodgett Monolayers of Organic D-σ-A Molecules, Synth. Metals 28: C807-C814 (1989).

[67] Metzger, R. M., Laidlaw, R. K., Torres, E., et al., Crystal Structure of DMAP-C-HMTCAQ, *N*, *N*-Dimethylaminophenyl-carbamate-2′hydroxymethoxy-11,11,12,12-tetracya-no-anthraquinodimethan, J. Crystall. Spectroscopic Res. 19: 475-482 (1989).

[68] Metzger, R. M. and Panetta, C. A., Langmuir-Blodgett Films of Potential Organic Rectifiers, in Aviram, A., Ed., Molecular Electronics - Science and Technology (New York Engineering Foundation, 1990) pp. 293-300.

[69] Metzger, R. M., Wiser, D. C., Laidlaw, R. K., et al., Monolayers and Z-Type Multilayers of Donor-Sigma-Acceptor Molecules with One, Two, and Three Dodecoxy Tails, Langmuir 6: 350-357 (1990).

[70] Metzger, R. M. and Panetta, C. A., Review of the Organic Rectifier Project: Langmuir-Blodgett

Films of Donor-Sigma-Acceptor Molecules, in Metzger, R. M., Day, P. and Papavassiliou, G. C., Eds., Lower-Dimensional Systems and Molecular Electronics, NATO ASI Ser. Ser. B248: 611-625 (Plenum Press, New York, 1991).

[71] Metzger, R. M. and Panetta, C. A., Langmuir-Blodgett Films of Potential Unidimensional Organic Rectifiers in Chiang, L. Y., Cowan, D. O., and Chaikin, P., Eds., Advanced Organic Solid State Materials, Mater. Res. Soc. Symp. Proc. Ser. 173: 531-536 (1990).

[72] Metzger, R. M. and Panetta, C. A., The Quest for Unimolecular Rectifiers, New J. Chem. 15: 209-221 (1991).

[73] Metzger, R. M. and Panetta, C. A., Langmuir-Blodgett Films of Potential Organic Rectifiers, in Beeby, J. L., Ed., Condensed Systems of Low Dimensionality NATO ASI Ser. B253: 779-793 (Plenum Press, New York, 1991).

[74] Metzger, R. M. and Panetta, C. A., Langmuir-Blodgett Films of Potential Organic Rectifiers: New Scanning Tunneling Microscopy and Non-Linear Optical Results, Synth. Metals 42: 1407-1413 (1991).

[75] Panetta, C. A., Heimer, N. E., Hussey, C. L., et al., Functionalized Tetracyanoquinodimethane-type Electron Acceptors: Suitable Precursors for D-σ-A Materials, Synlett: 301-309 (1991).

[76] Metzger, R. M., The Search for Organic Unimolecular Rectifiers, in Aviram, A., Ed., Molecular Electronics- Science and Technology, Am. Inst. Phys. Conf. Proc. 262: 85-92 (1992).

[77] Wu, X.-L., Shamsuzzoha, M., Metzger, R. M., et al., Scanning Tunneling Microscopy and High-Resolution Transmission Electron Microscopy of $C_{16}H_{33}$-Q3CNQ, Hexadecylquinolinium Tricyanoquinodimethanide, Synth. Metals 57: 3836-3841 (1993).

[78] Wang, P., Singleton, J. L., Wu, X.-L., et al., Scanning Tunneling Microscopy and Transmission Electron Microscopy of Langmuir-Blodgett Films of Three Donor-Sigma-Acceptor Molecules: BDDAP-C-HETCNQ, BDDAP-C-HPTCNQ and BDDAP-C-HBTCNQ, Synth. Metals 57: 3824-3829 (1993).

[79] Metzger, R. M., The Long Road towards Organic Unimolecular Rectifiers, in Blank, M., Ed., Electricity and Magnetism in Biology and Medicine (San Francisco Press, San Francisco, CA 1993) pp. 175-178.

[80] Metzger, R. M., The Quest for D-σ-A Unimolecular Rectifiers and Related Topics in Molecular Electronics, in Birge, R. R., Ed., Molecular and Biomolecular Electronics, Am. Chem. Soc. Adv. in Chem. Ser. 240: 81-129 (American Chemical Society, Washington, DC, 1994).

[81] Nadizadeh, H., Mattern, D. L., Singleton, J., et al., Langmuir-Blodgett Films of Donor-Bridge-Acceptor (D-σ-A) Compounds, where D=Anilide Donors with Internal Diyne or Saturated Lipid Tails, σ=Carbamate Bridge, and A=4-Nitrophenyl or TCNQ Acceptors, Chem. Mater. 6: 268-277 (1994).

[82] Metzger, R. M., D-σ-A Unimolecular Rectifiers, Matrls. Sci. Engrg. C3: 277-285 (1995).

[83] Metzger, R. M., Tachibana, H., Wu, X., et al., Is Ashwell's Zwitterion a Molecular Diode?, Synth. Metals 85: 1359-1360 (1997).

[84] Metzger, R. M., The Prospects for Unimolecular Rectification, in Sasabe, H., Ed., Hyper-Structured Molecules I: Chemistry, Physics, and Applications (Gordon & Breach Science Publishers, Amsterdam, 1999) pp. 19-33.

[85] Ashwell, G. J., Sambles, J. R., Martin, A. S., et al., Rectifying Characteristics of Mg | ($C_{16}H_{33}$-Q3CNQ LB Film) | Pt Structures, J. Chem. Soc. Chem. Commun. 1374-1376 (1990).

[86] Martin, A. S., Sambles, J. R., and Ashwell, G. J., Molecular Rectifier, Phys. Rev. Lett. 70: 218-

221 (1993).

[87] Chen, B. and Metzger, R. M., Rectification between 370 K and 105 K in Hexadecyl-quinolinium Tricyanoquinodimethanide, J. Phys. Chem. B103: 4447-4451 (1999).

[88] Vuillaume, D., Chen, B., and Metzger, R. M., Electron Transfer through a Monolayer of Hexadecylquinolinium Tricyanoquinodimethanide, Langmuir 15: 4011-4017 (1999).

[89] Baldwin, J. W., Amaresh, R. R., Peterson, I. R., et al., Rectification and Nonlinear Optical Properties of a Langmuir-Blodgett Monolayer of a Pyridinium Dye, J. Phys. Chem. B106: 12158-12164 (2002).

[90] Jaiswal, A., Amaresh, R. R., Lakshmikantham, M. V., et al., Electrical Rectification in a Monolayer of Zwitterions Assembled by Either Physisorption or Chemisorption, Langmuir 19: 9043-9050 (2003).

[91] Honciuc, A., Jaiswal, A., Gong, A., et al., Current Rectification in a Langmuir-Schaefer Monolayer of Fullerene-bis-[4-diphenylamino-4″-(*N*-ethyl-*N*-2‴-ethyl) amino-1, 4-diphenyl-1, 3-butadiene] Malonate between Au Electrodes, J. Phys. Chem. B109: 857-871 (2005).

[92] Shumate, W. J., Mattern. D. L., Jaiswal. A., et al., Spectroscopic and Rectification Studies of Three Donor-Sigma-Acceptor Compounds, Consisting of a One-Electron Donor (Pyrene or Ferrocene), a One-Electron Acceptor (Perylenebisimide), and a C19 Swallowtail, J. Phys. Chem. B110: 11146-11159 (2006).

[93] Jaiswal, A., Rajagopal, D., Lakshmikantham, M. V., et al., Comparison of Unimolecular Rectification in Monolayers of $CH_3C(O)S\text{-}C_{14}H_{28}Q^+\text{-}3CNQ^-$ and $CH_3C(O)S\text{-}C_{16}H_{32}Q^+\text{-}3CNQ^-$ Organized by Self-Assembly, Langmuir-Blodgett, and Langmuir-Schaefer Techniques, unpublished.

[94] Shumate, W. J., Ph. D. dissertation, Univ. of Alabama, 2005.

[95] Honciuc, A., Otsuka, A., Wang, Y.-H., et al., Polarization of Charge-Transfer Bands and Rectification in Hexadecylquinolinium 7,7,8-Tricyano-quinodimethanide and Its Tetrafluoro Analog, J. Phys. Chem B110: 15085-15093 (2006).

[96] Honciuc, A., Metzger, R. M., Gong, A., et al., Electron Tunneling Spectroscopy of a Rectifying Monolayer, to be submitted.

[97] Baldwin, J. W., Chen, B., Street, S. C., et al., Spectro-scopic Studies of Hexadecylquinolinium Tricyanoquinodimethanide, J. Phys. Chem. B103: 4269-4277 (1999).

[98] Xu, T., Morris, T. A., Szulczewski, G. J., et al., A Spectroscopic Study of Hexadecylquinolinium Tricyanoquinodimethanide as a Monolayer and in Bulk, J. Phys. Chem. B106: 10374-10381 (2002).

[99] Terenziani, F., Painelli, A., Girlando, A., et al., From Solution to Langmuir-Blodgett Films: Spectroscopic Study of a Zwitterionic Dye, J. Phys. Chem. B108: 10743-10750 (2004).

[100] Kwon, O., McKee, M. L., and Metzger, R. M., Theoretical Calculations of Methyl-quinolinium Tricyanoquinodimethanide (CH_3Q-3CNQ) Using a Solvation Model, Chem. Phys. Lett. 313: 321-331 (1999).

[101] Scheib, S., Cava, M. P., Baldwin, J. W., et al., In Search of Molecular Rectifiers. The D-σ-A System Derived from Triptycenequinone and Tetrathiafulvalene, J. Org. Chem. 63: 1198-1204 (1998).

[102] Hughes, T. V., Mokijewski, B., Chen, B., et al., Synthesis and Langmuir-Blodgett Film Formation of Amphiphilic Zwitterions Based on Benzothiazolium Tricyanoquinodimethanide, Langmuir 15: 6925-6930 (1999).

[103] Xu, T., Morris, T. A., Szulczewski, G. J., et al., Current-Voltage Characteristics of an LB Mono-

layer of di-Decylammonium Tricyanoquinodimethanide Measured between Macroscopic Gold Electrodes, J. Mater. Chem. 12: 3167-3171 (2002).

[104] Metzger, R. M., Chen, B., Vuillaume, D., et al., Electrical Rectification by a Molecule of Hexadecylquinolinium Tricyanoquinodimethanide, in Electrical, Optical, and Magnetic Properties of Organic Solid-State Materials IV, ed. by Chiang, L. Y., Dalton, L. R., Jen, A. Y., et al., MRS Proceedings 488 (Materials Research Society, Pittsburgh, PA, 1998), pp. 335-340. [Boston, MA, Dec 1997]

[105] Metzger, R. M., Chen, B., Vuillaume, D., et al., Observation of Unimolecular Electrical Rectification in Hexadecylquinolinium Tricyanoquinodime-thanide, Thin Solid Films 327-329: 326-330 (1998).

[106] Scheib, S., Cava, M. P., Baldwin, J. W., et al., In Search of D-σ-A Molecular Rectifiers: the D-σ-A System Derived from Triptycenequinone and Tetrathiafulvalene, Thin Solid Films 327-329: 100-103(1998).

[107] Metzger, R. M. and Cava, M. P., Rectification by a Single Molecule of Hexadecylquinolinium Tricyanoquinodimethanide, in Molecular Electronics: Science and Technology, Ann. N. Y. Acad. Sci. 852: 95-115 (1998).

[108] Metzger, R. M., Demonstration of Unimolecular Electrical Rectification in Hexadecyl-quinolinium Tricyanoquinodimethanide, Adv. Mater. Optics & Electronics 8: 229-245 (1998).

[109] Metzger, R. M., Unimolecular Electrical Rectification by Hexadecylquinolinium Tricyanoquinodimethanide, Mol. Cryst. Liq. Cryst. Sci. Technol. A337: 37-42 (1999).

[110] Metzger, R. M., The Unimolecular Rectifier: Unimolecular Electronic Devices Are Coming, J. Mater. Chem. 9: 2027-2036 (1999).

[111] Metzger, R. M., All About γ-Hexadecylquinolinium Tricyanoquinodimethanide, A Unimolecular Rectifier of Electrical Current, J. Mater. Chem. 10: 55-62 (2000).

[112] Metzger, R. M., Unimolecular Rectification down to 105 K and Spectroscopy of Hexadecylquinolinium Tricyanoquinodimethanide, Synth. Metals 109: 23-28 (2000).

[113] Metzger, R. M., Electrical Rectification by a Molecule: The Advent of Unimolecular Electronic Devices, Acc. Chem. Res. 32: 950-957 (1999).

[114] Metzger, R. M., Chen, B., and Baldwin, J. W., Unimolecular Rectification between 370 K and 105 K and Spectroscopic Properties of Hexadecylquinolinium Tricyanoquino-dimethanide, in Glaser, R. and Kaszinski, P., Eds., Anisotropic Organic Materials - Approaches to Polar Order, Am. Chem. Soc. Symp. Proc. 798: 50-65 (2001).

[115] Metzger, R. M., Unimolecular Rectification Down to 105 K and Spectroscopic Properties of Hexadecylquinolinium Tricyanoquinodimethanide, in Pantelides, S. K., Reed, M. A., Murday, J. S., et al., Eds., Molecular Electronics, Mater. Res. Soc. Symp. Proc. 582 paper H12.2 (Materials Research Society, Warrendale, PA 2001).

[116] Metzger, R. M., Hexadecylquinolinium Tricyanoquinodimethanide, a Unimolecular Rectifier between 370 K and 105 K and its Spectroscopic Properties, Adv. Mater. Optics & Electronics 9: 253-263 (1999).

[117] Metzger, R. M., Rectification by a Single Molecule, Synth. Metals 124: 107-112 (2001) and in I. Ledoux-Rak, Z. Bao, and J. Zyss, Eds., Molecular Photonics: from Macroscopic to Nanoscopic Applications, European Mater. Res. Soc. Symp. Proc. 96 (Elsevier, Amsterdam 2001).

[118] Metzger, R. M., Electrical Rectification by a Monolayer of Hexadecylquinolinium Tricyanoquinodime-

thanide Sandwiched between Gold Electrodes, in L. Merhari, J. A. Rogers, A. Karim, D. J. Norris, and Y. Xia, Eds., Nonlithographic and Lithographic Methods of Nanofabrication-From Ultrahigh-Scale Integration to Photonics to Molecular Electronics, Mater. Res. Soc. Symp. Proc. 636 (Materials Res. Soc., Warrendale, PA 2001) pp. D7. 8/JJ9. 8. 1 to D7. 8/JJ9. 8. 6 (2001).

[119] Metzger, R. M., The Quest of Unimolecular Rectification: from Oxford to Waltham to Exeter to Tuscaloosa J. Macromol. Sci. A38: 1499-1517 (2001).

[120] Metzger, R. M., Monolayer Rectifiers, J. Solid St. Chem. 168: 696-711 (2002).

[121] Metzger, R. M., Unimolecular Rectifiers, in Reed, M. A. and Lee, T., Eds., Molecular Nanoelectronics (American Scientific Publishers, Stevenson Ranch, CA, 2003) pp. 19-38.

[122] Metzger, R. M., Three Langmuir-Blodgett Monolayer Rectifiers, in Structural and Electronic Properties of Molecular Nanostructures, AIP Conf. Proc. 663 (AIP Conf. Proc., Melville, NY, 2002) pp. 531-536.

[123] Metzger, R. M., Electrical Rectification by Langmuir-Blodgett Monolayers, Nanotechnology 13: 585-591 (2003).

[124] Metzger, R. M., One-Molecule-Thick Devices: Rectification of Electrical Current by Three Langmuir-Blodgett Monolayers, Synth. Metals 137: 1499-1501 (2003).

[125] Adams, D., Brus, L., Chidsey, C. E. D., et al., Charge Transfer on the Nanoscale, J. Phys. Chem. B107: 6668-6697 (2003).

[126] Metzger, R. M., Unimolecular Electrical Rectifiers, Chem. Rev. 103: 3803-3834 (2003).

[127] Metzger, R. M., Unimolecular Rectifiers and Proposed Unimolecular Amplifier, in Reimers, J. R., et al., Eds., Molecular Electronics III, Ann. N. Y. Acad. Sci. 1006: 252-276 (2003).

[128] Metzger, R. M., Molecular Rectifiers, in Encyclopedia of Supramolecular Chemistry, Vol. II, pp. 1525-1537 (Marcel Dekker, New York, NY, 2004)

[129] Metzger, R. M., Three Unimolecular Rectifiers and a Proposed Unimolecular Amplifier, in Ouahab, L. and Yagubskii, E., Eds., Organic Conductors, Superconductors and Magnets: from Synthesis to Molecular Electronics", NATO ASI Ser. II (Kluwer, Dordrecht, The Netherlands, 2004), pp. 269-293.

[130] Allara, D. L., McGuinness, C. L., and Metzger, R. M., The Design, Characterization and Use of Molecules in Molecular Devices, in Ouahab, L. and Yagubskii, E., Eds., Organic Conductors, Superconductors and Magnets: from Synthesis to Molecular Electronics, NATO ASI Ser. II (Kluwer, Dordrecht, The Netherlands, 2004), pp. 295-315.

[131] Metzger, R. M., Four Examples of Unimolecular Electrical Rectifiers, The Electrochemical Society Interface 13: 40-44 (Spring 2004).

[132] Metzger, R. M., Unimolecular Rectifiers and Beyond, in edited by Razeghi, M and Brown, G. J., Quantum Sensing and Nanophotonic Devices, SPIE 5359: 153-168 (SPIE-The International Society for Optical Engineering, Bellingham, WA, 2004).

[133] Metzger, R. M., Unimolecular Rectifiers and Prospects for Other Unimolecular Electronic Devices, Chem. Record 4: 291-304 (2004).

[134] Metzger, R. M., Electrical Rectification by Monolayers of Three Molecules, in Kahovec, J., Ed., Electronic Phenomena in Organic Solids, Macromol. Symposia 212: 63-72 (Wiley-VCH, Weinheim, Germany, 2004).

[135] Metzger, R. M., Four Unimolecular Rectifiers and What Lies Ahead, in Proc. of the First Conference on Foundations of Nanoscience: Self-Assembled Architectures and Devices (FNANO04), Snowbird, UT (April 21-23, 2004) (Sciencetechnica, 2004), pp. 151-168.

[136] Peterson, I. R. and Metzger, R. M., Individual Molecules as Electronic Components, IEEE Proc. Circ. Dev. Syst. 151: 452-456 (2004).

[137] Metzger, R. M., Six Unimolecular Rectifiers and What Lies Ahead, in Cuniberti, G., Fagas, G., and Richter, K., Eds., Introducing Molecular Electronics, Springer Lecture Notes on Physics, 680 (Springer, Berlin Heidelberg New York, 2005) pp. 313-349

[138] Metzger, R. M., Unimolecular Rectifiers and What Lies Ahead, Colloids and Surfaces A285: 2-10 (2006).

[139] Metzger, R. M., Unimolecular Rectifiers: Methods and Challenges, Anal. Chim. Acta 568: 146-155 (2006).

[140] Metzger, R. M., Unimolecular Rectifiers: Present Status, Chem. Physics 326: 176-187 (2006).

[141] Metzger, R. M., Eight Unimolecular Rectifiers, in Saito, G. and Maesato, M., Eds. Multifunctional Conducting Molecular Materials (Royal Society of Chemistry, London), accepted and in press.

[142] Perepichka, D. F., Bryce, M. R., Pearson, C., et al., A Covalent Tetrathiafulvalene-Tetracyanoquinodimethane Diad: Extremely Low HOMO-LUMO Gap, Thermoexcited Electron Transfer, and High-Quality Langmuir-Blodgett Films, Angew. Chem. Int. Ed. 42: 4636-4639 (2003).

[143] Ho, G., Heath, J. R., Kontratenko, M., et al., The First Studies of a Tetrathiafulvalene-σ-Acceptor Molecular Rectifier, Chem. Eur. J. 11: 2914-2922 (2005).

[144] Ashwell, G. J., Tyrrell, W. D., and Whittam, A. J., Molecular Rectification: Self-Assembled Monolayers of a Donor-(Pi-Bridge)-Acceptor Chromophore Connected Via a Truncated Au-S-$(CH_2)_3$ Bridge, J. Mater. Chem. 13: 2855-2857 (2003).

[145] Ashwell, G. J., Chwialkowska, A., and High, L. R. H., Rectifying Au-S-C_nH_{2n}-P_3CNQ derivatives, J. Mater. Chem. 14: 2848-2851 (2004).

[146] Ashwell, G. J. and Berry, M., Hybrid SAM/LB Device Structures: Manipulation of the Molecular Orientation for Nanoscale Electronic Applications, J. Mater. Chem. 15: 108-110 (2005).

[147] Ashwell, G. J., Tyrrell, W. D., and Whittam, A. J., Molecular Rectification: Self-Assembled Monolayers in Which Donor-(π-Bridge)-Acceptor Moieties Are Centrally Located and Symmetrically Coupled to Both Gold Electrodes, J. Am. Chem. Soc. 126: 7102-7110 (2005).

[148] Ashwell, G. J., Ewington, J., and Moczko, K., Orientation-Induced Molecular Rectification and Nonlinear Optical Properties of a Squaraine Derivative, J. Mater. Chem. 15: 1154-1159 (2006).

[149] Ashwell, G. J., Mohib, A., and Miller, J. R., Induced Rectification from Self-Assembled Monolayers of Sterically Hindered Pi-Bridged Chromophores, J. Mater. Chem. 15: 1160-1166 (2005).

[150] Ashwell, G. J. and Mohib, A., Improved Molecular Rectification from Self-Assembled Monolayers of a Sterically Hindered Dye, J. Am. Chem. Soc. 127: 16238-16244 (2005).

[151] Ashwell, G. J., Robinson, B. J., Amini, M. A., et al.,Dipole Reversal in Langmuir-Blodgett Films of an Optically Nonlinear Dye and its Effect on the Polarity for Molecular Rectification, J. Mater. Chem. 15: 4203-4305 (2005).

[152] Ashwell, G. J., Sujka, M., and Green, A., Molecular Rectification: Stabilized Alignment of Chevron-Shaped Dyes in Hybrid SAM/LB Structures in which the Self-Assembled Monolayer is Anionic and

the Langmuir-Blodgett Layer is Cationic, J. Chem. Soc. Faraday Disc. 131: 23-31 (2006).

[153] Ashwell, G. J., Urasinska, B., and Tirrell, W. D., Molecules That Mimic Schottky Diodes, Phys. Chem. Chem. Phys. 8: 3314-3319 (2006).

[154] Ashwell, G. J., Ewington, J., and Robinson, B. J., Organic Rectifying Junctions Fabricated by Ionic Coupling, Chem. Commun. 618-620 (2006).

[155] Ashwell, G. J., Tyrrell, W. D., Urasinska, B., et al., Organic Rectifying Junctions from an Electron-Accepting Molecular Wire and an Electron-Donating Phthalocyanine, Chem. Commun. 1640-1642 (2006).

[156] Morales, G. M., Jiang, P., Yuan, S., et al., Inversion of the Rectifying Effect in Diblock Molecular Diodes by Protonation, J. Am. Chem. Soc. 127: 10456-10457 (2005).

[157] Elbing, M., Ochs, R., Keotopp, M., et al., A Single-Molecule Diode, Proc. Natl. Acad. Sci. U. S. 102: 8815-8820 (2005).

[158] Ashwell, G. J. and Paxton, G. A. N., Multifunctional Properties of Z-beta-(*N*-Hexadecyl-4-Quinolinium)-Alpha-Cyano-4-Styryldicyanomethanide: A Molecular Rectifier, Optically Non-Linear Dye, and Ammonia Sensor, Austr. J. Chem. 55: 199-204 (2002).

[159] Mazur, U. and Hipps, K. W., Resonant Tunneling Bands and Electrochemical Reduction Potentials, J. Phys. Chem. 99: 6684-6688 (1995).

[160] Mazur, U. and Hipps, K. W., Orbital-Mediated Tunneling, Inelastic Electron Tunneling, and Electrochemical Potentials for Metal Phthalocyanine Thin Films, J. Phys. Chem. B103: 9721-9727 (1999).

[161] Potember, R. S., Poeher, T. O., and Cowan, D. O., Electrical Switching and Memory Phenomena in Cu-TCNQ Thin Films, Appl. Phys. Lett. 34: 405-407 (1979).

[162] Collier, C. P., Mattersteig, G., Wong, E. W., et al., A [2]Catenane Based Solid-State Electronically Reconfigurable Switch, Science 289: 1172-1175 (2000).

[163] DeIonno, E., Tseng, H.-R., Harvey, D. D., et al., Infrared Spectroscopic Characterization of [2] Rotaxane Molecular Switch Tunnel Junction Devices, J. Phys. Chem. B110: 7609-7612 (2006).

[164] Paloheimo, J., Kuivalainen, P., Stubb, H., et al., Molecular Field-Effect Transistors Using Conducting Polymer Langmuir-Blodgett Films, Phys. Lett. 56: 1157-1159 (1990).

[165] Tans, S. J., Devoret, M. H., Dai, H., et al., Individual Single-wall Carbon Nanotubes as Quantum Wires, Nature 386: 474-477 (1997).

[166] Chen. J., Reed, M. A., Rawlett, A. M., et al., Large On-Off Ratios and Negative Differential Resistance in a Molecular Electronic Device, Science 286: 1550-1552 (1999).

[167] Donhauser, Z. J., Mantooth, B. A., Kelly, K. F., et al., Conductance Switching in Single Molecules Through Conformational Changes, Science 292: 2303-2307 (2001).

[168] Haynie, B. C., Walker, A. V., Tighe, T. B., et al., Adventures in Molecular Electronics: How to Attach Wires to Molecules, Appl. Surf. Sci. 203-204: 433-436 (2003).

[169] Park, J., Pasupathy, A. N., Goldsmith, J. I., et al., Coulomb Blockade and the Kondo Effect in Single Atom Transistors, Nature 417: 722-725 (2002).

[170] He, H., Zhu, J., Tao, N. J., et al., A Conducting Polymer Nanojunction Switch, J. Am. Chem. Soc. 123: 7730-7731 (2001).

4 碳衍生物

Rikizo Hatakeyama 著

李勇军 李玉良 译

4.1 引　　言

碳的同素异形体拥有多种多样的结构和性质,碳材料在基础科学和应用科学的很多领域已经得到广泛的关注。碳的化学键合方式主要是用 s 杂化轨道和 p 杂化轨道来进行表征，如 sp 杂化的碳炔，sp^2 杂化的石墨和 sp^3 杂化的金刚石，它们分别呈一维、二维和三维延展特性。由于碳化学键合方式的多样性，现今 1300 万种材料中的 90%是含碳的有机化合物。金刚石(绝缘体)是已知的最硬的材料，而石墨(导体)则是最软的材料之一。此外，新发现的富勒烯[1,2]、碳纳米管[3,4]，拥有足球状和柱状结构，其直径在 1nm 到 1～50nm 范围内，分别呈一维和二维延展特性。在这些纯的碳同素异形体中，碳形成类石墨的 sp^2 杂化结构，其中，六元环和五元环的互相结合，可以使晶格弯曲形成笼状结构。在包括物理、生物、医学和工程等许多领域，对于其化学、电学、磁学和光学性质都已经有相关研究。在硅半导体工业中广泛使用的“自上而下”的纳米技术，已经接近其不可避免的纳米处理上限，而在“自下而上”的纳米技术中，富勒烯和碳纳米管预期可以作为关键材料的候选者，由于其电学性质、力学性能和低维结构，富勒烯和碳纳米管非常适合于构建纳米电子学器件。

此外，所有这些碳的同素异形体都可以通过其他种类的原子或分子进行内部和外部修饰，制备各种特殊结构和功能的碳衍生物。这里，我们将主要介绍碳材料的处理、衍生物的制备以及相关纳米和分子电子学方面的研究，并重点介绍富勒烯和碳纳米管的内部纳米空腔的控制。

4.2 富勒烯的纳米电子学

4.2.1 前沿背景

自从发现富勒烯内嵌物以来，它一直受到人们的关注。内嵌富勒烯是由一个或者多个原子嵌入富勒烯笼内而形成的，一般表示为 $M@C_n$($n=60,70$ 等)。迄今为止，在元素周期表中，正电性的金属阳离子、惰性气体原子和第五族原子都被广泛用于制备内嵌富勒烯。它们主要是通过在电弧放电和激光汽化制备富勒烯过程中添加适当材料而形成的，而对于稀有气体原子需要外加高温、高压以及其他方法，如在电子束和离子注入中的原子碰撞。然而第三族元素(如钪、钇、镧、钆等)则不能制得内嵌富勒烯，但可以形成更大的富勒烯的内嵌物(如 $M@C_{82}$、$M@C_{84}$ 等)。在一般的富勒烯制备过程中，C_{60} 的产量最高。因此发展有效的方法，以高产率合成内嵌的 C_{60}($M@C_{60}$)则成为亟待解决的课题。而当 C_{60} 内嵌物 $M@C_{60}$ 可以大量生产以后，大量基于它的实验会更加容易地展开，其研究成果也可能引领一场关于纳米和分子电子学方面应用的革命。

在详细介绍实验细节之前，让我们首先来简单回顾一下基于电子的电子学和信息技术的发展历史，以便更好地理解基于内嵌富勒烯的纳米电子学的实际意义(图 4.1)。原子内的电子包含电荷和自旋，它们分别是半导体科学以及磁性材料领域的基石。而这两者的结合,则产生了半导体自旋电子学。这里,我们将阐述基于内嵌富勒烯的纳米电子学,其中原子内嵌入富勒烯之后被看作一个“拟”(pseudo)原子。在内嵌金属的富勒烯中,原子和富勒烯笼之间的电荷转移使得其具有一定的特性,如高温超导和高效率的太阳能电池。

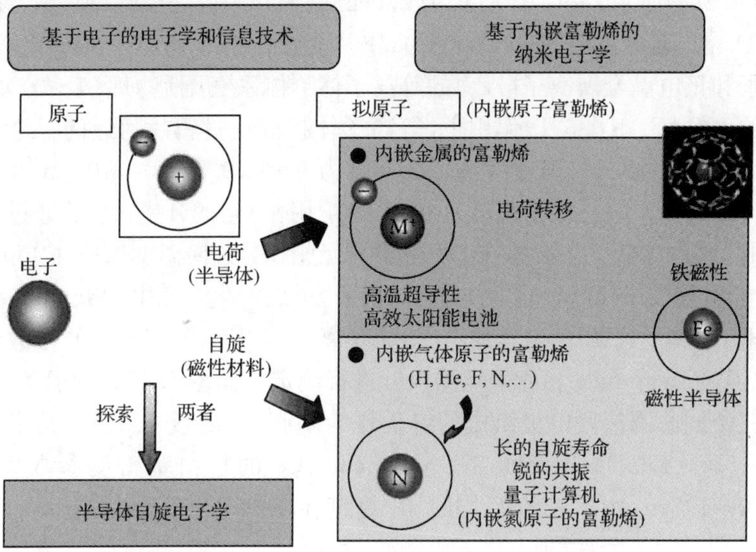

图 4.1 内嵌富勒烯纳米电子学的历史意义

正是由于碱金属(如钠、铯等)在所有元素中具有最小的离子化能和最高的正电性,因此其成为内嵌金属的富勒烯 M@C_{60} 中作为电荷转移体系的典型元素[7,8,9]。此外,内嵌气体原子的富勒烯可以表现出长的自旋寿命和锐共振[10,11]。从这方面来说,内嵌氮原子的 C_{60}(N@C_{60})是众多内嵌富勒烯中最特殊的一个。在常规条件下,处于富勒烯内部的氮原子没有负载电荷,没有束缚,而且具有基态四重态($^4S_{3/2}$)的长弛豫时间,而长的自旋寿命和尖锐的共振使其具有量子信息存储和量子计算的潜在应用价值[12,13]。因此,N@C_{60}同样可以作为具有自旋效应的内嵌富勒烯。此外,磁性半导体 M@C_{60}可以通过在富勒烯内嵌磁性元素(如铁)制备而得到,并有望在纳米半导体自旋电子学方面得到应用,本章中将不涉及此方面研究。

4.2.2 内嵌碱金属的富勒烯

为了大量制备内嵌富勒烯,在电弧放电法制备原生富勒烯时,通常使用金属或者金属氧化物掺杂的石墨棒,在生成富勒烯时可以将金属内嵌在内[6]。在气相离子中和碰撞实验之后,作者所在研究组发明了另一种合成内嵌富勒烯的方法[7]。

这种方法采用了一个包含正电和负电粒子的等离子体，其密度等同于制备内嵌物的碱金属[8]。Cambell 等也发明了类似的方法，即基于负电粒子不存在情况下的离子注入[9]。

等离子体方法的实验是在一个柱状真空室(直径为 10cm，长为 100cm)中进行的，如图 4.2(a)所示。在一个直径为 2.0cm 的钨片表面，分别以锂、钠、钾、铯作为碱金属(A)源，通过高温处理(2000℃)，钨片表面的碱金属原子离子化，进而形成包含电子和正电碱金属离子(A^+)的等离子体。体系气压是 $p=(1\sim3)\times10^{-4}$ Pa。在均匀的磁场($B = 0.3$ T)作用下，等离子体扩散通过钨片附近的一个铜质圆筒(直径 6.0cm，长 20cm)，其中等离子体密度为 $n_p= (0.5\sim5)\times10^9\text{cm}^{-3}$，电子温度为 $T_e\approx0.2\text{eV}\geqslant T_+$(正离子温度)。铜质烤炉用作 C_{60} 的升华，C_{60} 是通过其中的小孔注入的。烤炉温度 T_0 设置在 250～550℃范围内，圆筒温度保持在 450℃。通过 C_{60} 的电子附着($e+C_{60}\longrightarrow C_{60}^-$)产生 C_{60}^- 离子，进而产生含正电的碱金属离子(A^+)以及负电 C_{60} 离子(C_{60}^-)的碱金属-富勒烯等离子体[14]。等离子体的参数和空间参数，可以通过 Langmuir 和离子敏感探针进行测定。如图 4.2(a)所示，实验中主要采用由三个同心圆嵌段电极组成的终板作为基底(金属板 1、2、3)，其半径分别设定在 0～0.7cm，0.9～1.6cm，1.8～2.5cm。C_{60}^- 的自由基密度参数呈凹形，在 $|r|=1.0\sim1.7$cm 处有一宽峰，同时 A^+ 密度在 $|r|=0\sim0.3$cm 处更高，并随着 $|r|$

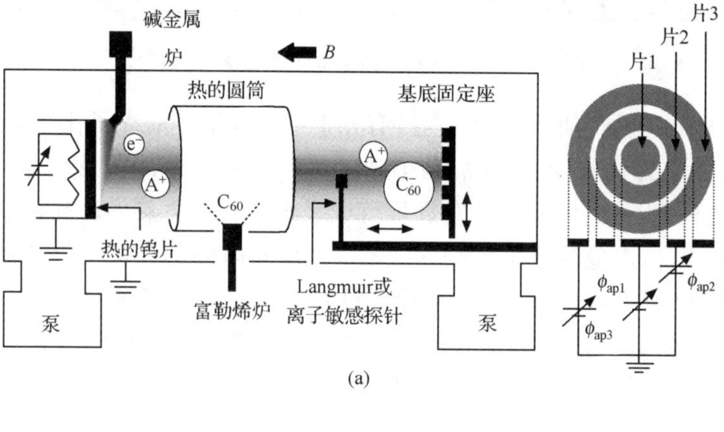

(a)

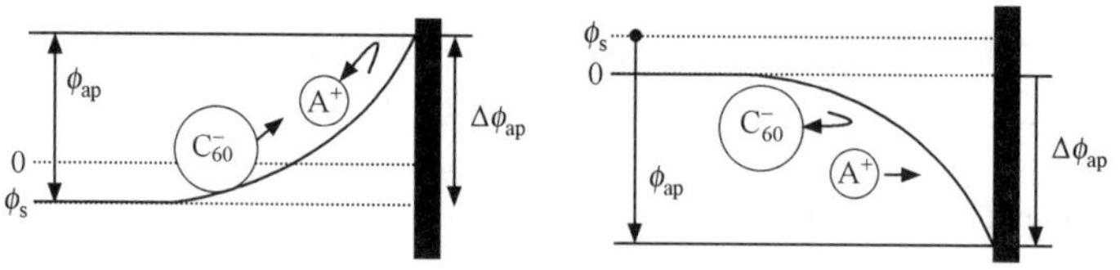

(b)

图 4.2 利用等离子体法制备碱金属内嵌的富勒烯(a)及电势结构与直流偏压 ϕ_{ap} 的关系($\Delta\phi_{ap}=\phi_{ap}-\phi_s$)(b)

值的增加而均匀地降低。ϕ_{ap1}、ϕ_{ap2}和ϕ_{ap3}的直流偏压用于基底钨片的各个循环电极上。这里，把ϕ_{ap}和等离子体势能ϕ_s之间的差值($\phi_{ap}-\phi_s$)定义为$\Delta\phi_{ap}$。沉积时间为60min，形成的薄膜厚度为1.0～1.5μm。薄膜的分子质量通过反射型激光解离飞行时间管质谱仪(LD-TOF MS)进行分析。

根据在内嵌碱金属富勒烯等离子体中于基底(金属板2)上收集到的薄膜典型质谱分析结果可以看出，谱图给出了对应于内嵌Li、Na和K的富勒烯Li@C_{60} Li_2@C_{60}、Na@C_{60}和K@C_{60}。这些结果仅在直流偏压略正于等离子体电势时可以得到，也就是说，$\Delta\phi_{ap}>0$(双金属富勒烯内嵌物Li_2@C_{60}：富勒烯笼中包含两个Li原子)。这种情况下，起初速度较快的A^+和速度较慢的C_{60}^-被分别减速和加速，在到达基底(等离子体外围区域)之前，相应的速度趋近于零，导致了其间存在一个强的库仑相互作用[图4.2(b)左]。然而，当施加负的直流偏压时($\Delta\phi_{ap}<0$)，观察不到类似的峰型。C_{60}^-离子在到达基底之前被反射，而A^+离子被外围电势落差加速，使其具有更高的能量$-e\Delta\phi_{ap}$[图4.2(b)右]。图4.3给出了产物比例与偏压的相关性，分别为Li@C_{60}：C_{60}约为0.6，Na@C_{60}：C_{60}约为1.0，K@C_{60}：C_{60}约为0.1，Cs@C_{60}：C_{60}为0。这里的A@C_{60}与C_{60}的产物比例是通过比较质谱中各峰的强度而估算得到的。除Li@C_{60}之外，其他产物比例近乎反比于碱金属的直径。对于Li@C_{60}而言，由于存在不同的离子化电势，而且锂具有不同于其他碱金属的沸点，因此，其等离子体密度低于其他碱金属富勒烯内嵌物。此外，最大产量比的偏压随着碱金属的直径增加而增加。与其他碱金属离子[Li^+为1.2～1.8Å；Na^+为1.9～2.32Å(与C_{60}中六元环直径：约为2.48Å)；K^+为2.66～3.04Å]相比，Cs^+的直径非常大(约为3.4Å)，因此，即使施加相当于C_{60}^-和Cs^+电势差(约为50eV)的直流偏压($\Delta\phi_{ap}\approx50V$)或者更高的偏压，也无法得到Cs@$C_{60}$[15]。

这些结果表明，由基底电压所控制的A^+和C_{60}^-加速和减速所引起的库仑相互作用，在很低的能量状态下对于C_{60}内嵌原子有很大的影响。根据C_{60}^-和Li^+(或者Na^+)碰撞的*ab initio*分子动力学模拟[16]可以发现，当Li^+用5eV的能量与C_{60}上六元环的正中心进行碰撞时，Li原子很容易内嵌进入C_{60}内部。然而，当Li^+用5 eV的能量撞击C_{60}上C—C键的正中心时，C_{60}会发生形变。由此可见，C_{60}的形变很可能是由库仑相互作用导致的。

对于没有背景电子时的离子注入情况，可以通过图4.4所示的仪器结构示意图直观地给出[17]。碱金属离子从一个热源中产生，加速到一个预定的能量，并沉积到转动的金属圆筒表面，它与图4.2(b)右侧所表述的等离子体实验相类似，即$\Delta\phi_{ap}<0$。在烤炉温度约为450℃时，C_{60}同时沉积下来。其中，对烤炉温度、富勒烯的沉积速度以及金属圆筒转动速度的控制，保证了在每次转动过程中富勒烯都能以单层的形式均匀沉积。薄膜厚度达到几百纳米后，沉积和加热即停止。为了便于内嵌富勒烯的收集，在金属圆筒内使用铝质薄片用作富勒烯的沉积。

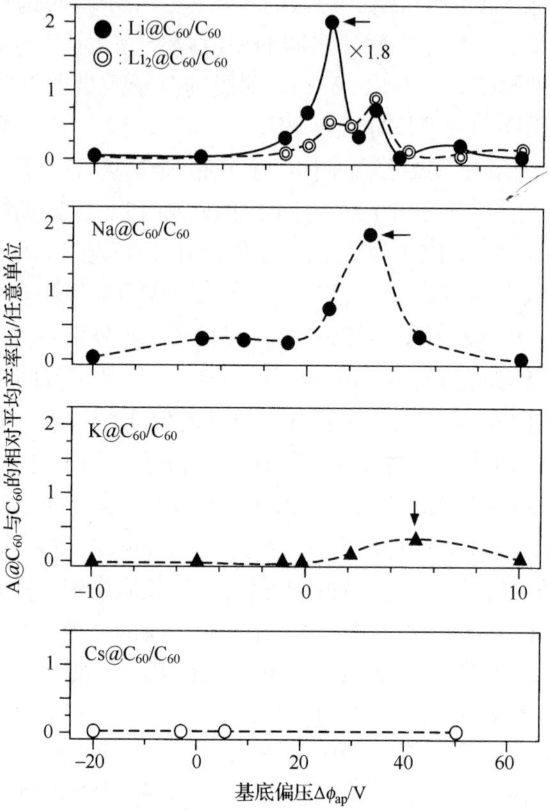

图 4.3　Li@C_{60}、Na@C_{60}、K@C_{60}及 Cs@C_{60}与 C_{60}的相对平均产率比对直流偏压的依赖关系

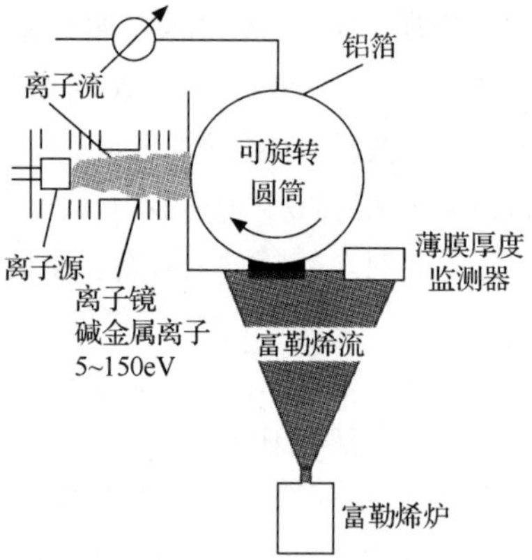

图 4.4　离子注入法制备碱金属内嵌富勒烯的仪器结构示意图(摘自 Campbell, E. E. E. et al., *J. Phys. Chem. Solids*, 58, 1763, 1997)

图4.5给出了所得内嵌物产率与离子注入能之间的关系曲线，其中内嵌物产率是通过测定LD-TOF谱图中的质量峰而得到的。该方法所得内嵌物的产率分布与气相碰撞实验所得到的结果吻合得较好，尤其是能量阈值和能量域宽度均相符，这些都证明了内嵌富勒烯形成的可能性。

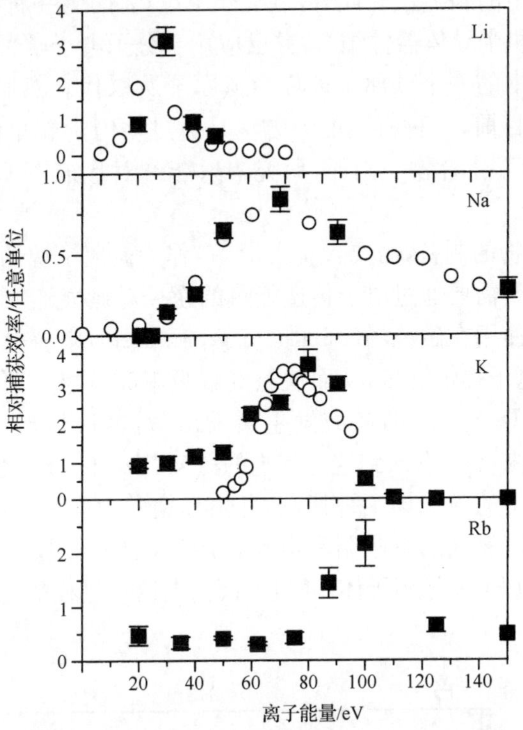

图4.5 Campbell等[17]的碱金属离子-富勒烯薄膜碰撞实验(方块)和Anderson等[18]的气相实验(圆圈)制备得到的内嵌富勒烯的产率比较(摘自Campbell, E. E. E. et al., *J. Phys. Chem. Solids*, 58, 1763, 1997)

值得一提的是，在内嵌富勒烯的合成方法上，等离子体法和离子注入法在A^+是否加速的条件上存在一定的冲突。前者A^+没有加速，C_{60}^-被轻微加速(几电子伏)，而后者A^+被剧烈的加速(几十电子伏)。根据最近的一项关于等离子体法的实验结果，在$\Delta\phi_{ap}<0$时，在特定的实验参数下也同样可以制备得到A@C_{60}。解决了类似的实验难题，高产率合成碱金属内嵌富勒烯将有望实现。

4.2.3 氮原子内嵌的富勒烯

通过离子注入的过程，人们目前已经获得了新型内嵌物体系的N@C_{60}。离子注入过程即离子轰击，这些离子由一个Kaufmann离子源[10]或简单的辉光放电等离子体[11,19]产生。无论如何，C_{60}的离子辐照的方法，对于 N@C_{60}的合成没有太大改善，而且离子轰击对 N@C_{60}合成的影响还不清楚。

目前利用上述方法所得到的产物中，N@C_{60}所占产率仅维持在 10^{-6}～10^{-4}的数量级以内，所以，它影响了 N@C_{60}性质的深入研究。因此，我们迫切需要开发一种可以大量制备 N@C_{60}的新方法。此外，领先于 N@C_{60}的另一种氮杂富勒烯化合物 C_{59}N，已率先与有机半导体器件结合，并已应用于分子电子学领域。这个分子的结构可以认为是 C_{60}中的一个碳原子被一个氮原子所取代。然而，其制备方法仍然复杂且低效[20]。目前，一种有效的新方法是通过动力学能量的控制产生氮离子来制备这些氮杂 C_{60}化合物。因而，研究辐射能量对形成 N-C_{60}化合物的影响尤显重要。

氮杂 C_{60}化合物的制备，需要含有大量 N^+ 作为氮离子源的等离子体。为了用氮气来制备氮离子，需要通过电子传递能量的途径对氮气施加 24.3eV 解吸附/电离能。这里，需要使用在磁镜场(mirror magnetic field)中放电的电子回旋加速共振仪(ECR)来给电子提供能量，从而使氮气解吸附和电离。图 4.6 是实验装置的示意图。由 2.45Hz、800W 的微波发生器发出微波，通过电子波导射入直径为 11cm 的不锈钢室内[21]。引入到这个室内的氮气(1×10^{-2} Pa)会被这些微波电离。由于电子在 ECR 中的磁镜场中被捕获，并由在镜井($B_z=$ 875G)底部的 ECR 加速，一些氮离子通过氮气的解吸附和电离而产生，这些可通过离子发射光谱来证实。含有氮离子的 ECR 等离子体，通过分离栅向这一过程的各个区域扩散。从电

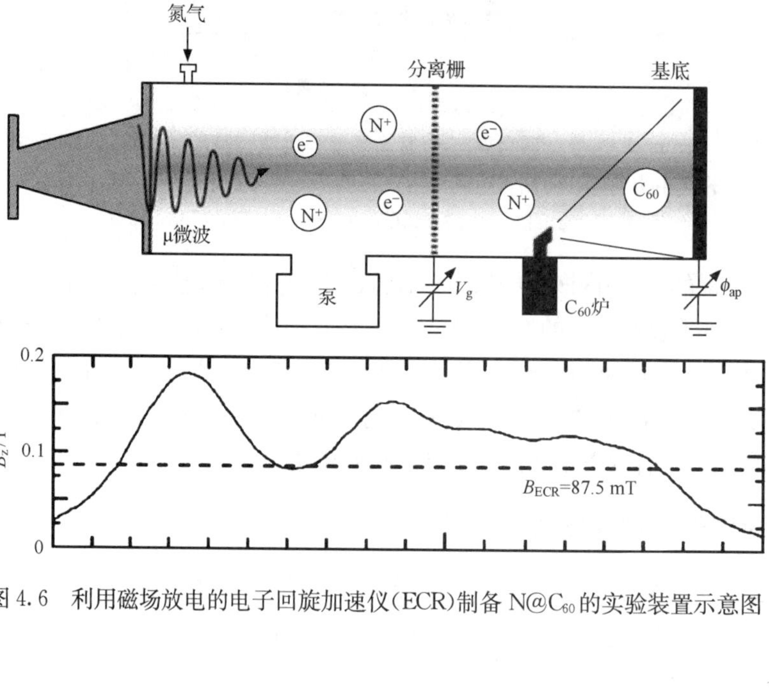

图 4.6 利用磁场放电的电子回旋加速仪(ECR)制备 N@C_{60}的实验装置示意图

炉中升华的 C_{60} 粒子，连续地沉积在一个通有直流电压(ϕ_{ap})的基底上。这些氮离子在到达基底前，由于电势差的原因被加速 $\Delta\phi_{ap}(<0)$，并且在 C_{60} 的沉积过程中以能量 $E_i(=-e\Delta\phi_{ap})$ 轰击 C_{60} 薄膜。在这一过程中，典型的等离子体密度和电子温度分别为 $1\times10^{-9}cm^{-3}$ 和 0.5eV。

用甲苯溶解这些经过离子激发后的化合物，然后过滤分为沉淀和滤液，再分别用 TOF-MS 和 ESR 进行表征。图 4.7 给出了 ESR 谱图，图中显示的朗德因子 g 为 2.002 13(g 是未配对电子自旋密度的电子塞曼因子数值)，超精细劈裂常数为 0.568mT 和 0.570mT。标准的自由氮气和 N@C_{60} 的超精细劈裂常数是 0.38mT 和 0.5665mT[22]，如图 4.7 所示，这些超精细劈裂常数是与 N@C_{60} 一致的，因此，它说明溶液中确实含有 N@C_{60}。N@C_{60} 的含量可以通过样品的 ESR 谱与标准对比而估算出来。通过高效液相色谱(HPLC)和 ESR 相结合的方法[23]，可以分离纯度较低的 N@C_{60}，使 N@C_{60} 的含量从开始的 $10^{-3}\%\sim10^{-2}\%$ 增加到大约 5%。图 4.8(a)是用 TOF-MS 分析的纯度为 5% 的样品的质谱图，734 处的峰值表明了 N@C_{60} 的存在，720 处的峰是归因于 C_{60}，而 721 和 722 处两个峰是由于同位素的存在。如图 4.8(b)所示，根据 TOF-MS 对含有 C_{60} 聚合物和其他各种不纯的残渣分析，在 722 处有一个很明显的峰，说明存在大量的 $C_{59}N$。之前的这些结果表明，N@C_{60} 和 $C_{59}N$ 是在同一条件下生成的，使用溶剂萃取方法，可以将它们逐步地分离出来。

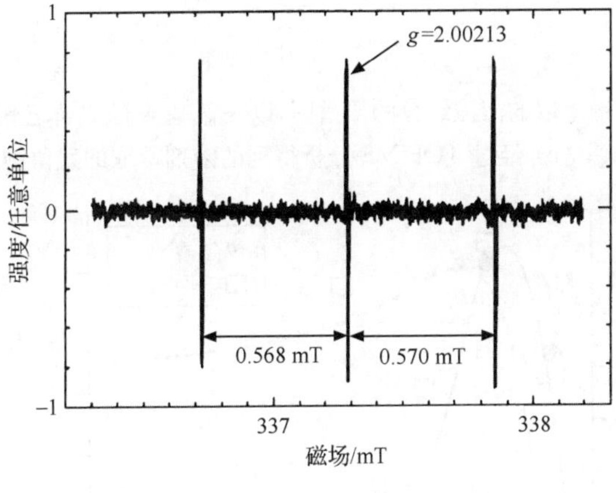

图 4.7 N@C_{60} 甲苯溶液室温状态下的 ESR 谱。因为 ^{14}N 的磁回旋常数为 1/2，因此可以观测到三条超精细劈裂常数

图 4.9 给出了 N@C_{60} 与 $C_{59}N$ 合成与离子辐照能的依赖关系，圆圈和方框分别表示在残渣中 $C_{59}N/C_{60}$ 和在溶液中 N@C_{60}/C_{60} 的质谱峰比值。合成 $C_{59}N$ 最适宜的离子能是 40～50eV。当能量大于 50eV 时，几乎没有 $C_{59}N$ 生成。可以推测，合成 $C_{59}N$ 最适宜的离子能是由 C_{60} 中碳原子的解吸附能(26.6～37.8 eV)[24]和

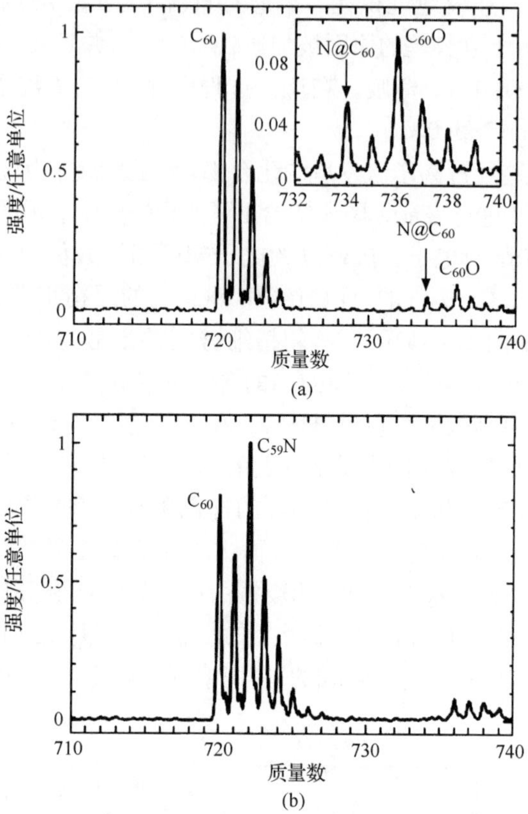

图 4.8 (a) 经过溶剂萃取的溶液组分的质谱图，以α-氰基-4-羟基-苯乙酸为基质（含约 5% $N@C_{60}$的 C_{60}）；(b) 经过 TOF-MS 分析得到的溶剂萃取的残留物组分质谱图

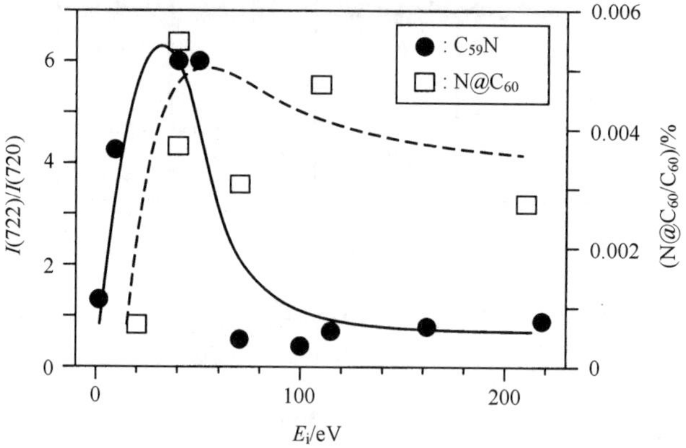

图 4.9 $C_{59}N$ 和 $N@C_{60}$合成时所需要的离子辐照能。圆圈表示由质谱中观察到的 $C_{59}N/C_{60}$的质谱峰值比。方框表示由 ESR 和 HPLC 得到的 $N@C_{60}$在 C_{60}中的纯度

C—N 键的键合能(3.03 eV)决定的。当动能大于 26.6 eV 的氮离子在基底与 C_{60} 碰撞时,C_{60}上的一个碳原子被一个氮原子取代,从而生成 $C_{59}N$。然而,当生成 $C_{59}N$后氮原子的能量仍然高于 9.09 eV 时,因为这个能量高于 $C_{59}N$ 中氮原子的结合能,从而使 C—N 键中的 N 原子从 C_{60}中解离。所以合成 $C_{59}N$ 最适合的离子能为 26.6～46.9eV,它是与实验结果相符的。

此外,在很宽的离子辐照能范围内,所制备的 N@C_{60}纯度几乎是不变的。然而,当离子辐照能低于 20eV 时,这个纯度会有明显的下降。氮原子穿过富勒烯所需动能约为 20eV[25]。因此,能量大于 20eV 的氮离子穿入富勒烯中时就生成了 N@C_{60}。考虑到 N@C_{60}对离子能的依赖性与 $C_{59}N$ 的差异,在一定条件下,这两种 N-C_{60}化合物都可以用这种方法同时或可选择性地制得,它对 C_{60}衍生物在纳米和分子电子学中的应用是非常重要的。

4.3 可控阵列的原生碳纳米管

4.3.1 背景

从 1991 年饭岛澄男(Iijima)发现碳纳米管(CNT)[3]以来,碳纳米管在很多应用领域引起了人们的兴趣。因为单层石墨烯构成的单壁碳纳米管(SWNT)[4]具有尺度优势和非常优良的电子特性,人们希望将其应用于纳米电子学中。SWNT 的电学性质对碳原子壳层的环境非常敏感,通过修饰 SWNT 内壁和外壁,可以改善其电子特性,因此,必然会在将来将其应用于构建复杂的电路。在这样的背景下,人们开发出了充分利用 SWNT 电学性质的多项技术,如通过真空加热来内嵌 C_{60}、SWNT 外表面碱金属掺杂等。通过采用一种独特的等离子体方法,作者所在研究组解决了这个问题。图 4.10 给出了本文作者提出的一个纳米级等离子过程的融合概念(inclusive concept)。一项简单的等离子体技术可以分别提供所需要的碳纳米管源和内包物源。在内包物的区域内,几乎所有的原子和分子会被带上正电或者负电而形成不同极性离子的等离子体,从而被两个源上外加的静电力选择性地加速,向碳纳米管源区域运动,最后插入末端开口的碳纳米管。为了用这种方法有效地实现 SWNT 内部空间的修饰,必须用排列好的 SWNT 作为加速离子的靶标,因为所有需要包裹的材料必须从 SWNT 的边缘进入其内部,也就是说,几乎所有的 SWNT 都必须保持单独直立。

如前所述,如何组织各 SWNT 的生长形态,它对电学性质的改性,以及用于构建电路的实际应用,都是极为重要的。在这一章,我们将介绍一些控制单分散 SWNT 阵列的非常好的技术及其简要发展历程。在这之前我们先介绍一下单分散 SWNT 的重要性。自从发现单分散 SWNT 具有卓越的电子和光化学性质以后,它就引起了人们的广泛关注。单分散 SWNT 的这些性质比那些束状 SWNT 的性质好得多。它们具有极好的结构、高的长径比以及特殊的弹性,使得它们在实际应用方面有很大的前景,如场效应晶体管、纳米探针、感应器、配线、场发射显示器等。不幸的是,这些结构特征却极大地限制了单分散 SWNT 的实际操作,同时也阻碍了它们在工业领域的应用。这样,使得大量的科研人员在过去十年内以"完美地操作单分散 SWNT"作为其终极研究目标。

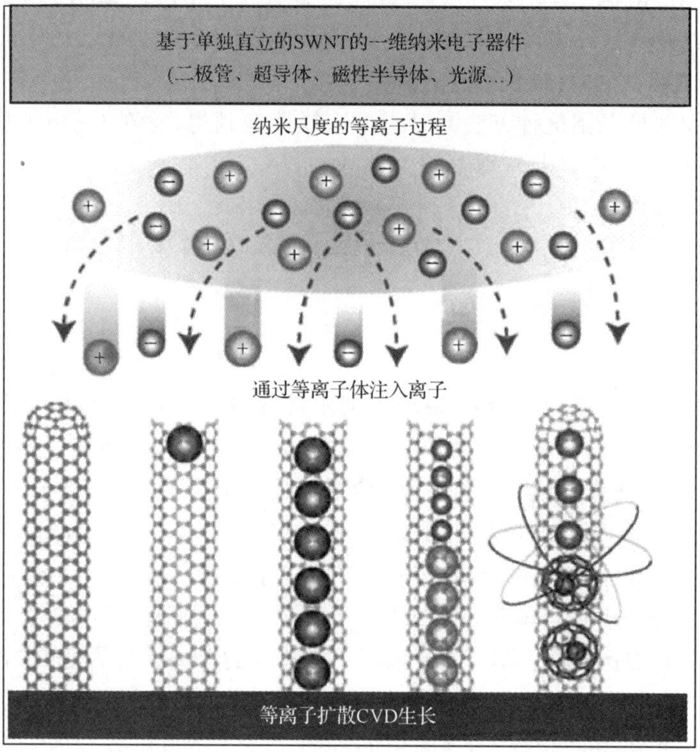

图 4.10 纳米尺度的等离子过程

4.3.2 平行生长的碳纳米管

单分散 SWNT 在基底上的直接生长是由 Cassell 等在 1999 年首次报道[26]。在特殊图案化的基底上,当用热化学蒸气沉积法(CVD)控制单分散 SWNT 的生长时,他们发现,SWNT 是从催化材料上生长出来的悬桥,这些催化材料放置在规则排列的硅塔顶部。在一个方形的含有硅塔的区域,可以得到一个方形的悬挂的碳纳米管桥,如图 4.11(a)所示。这些悬挂的碳纳米管的方向性由所设计的基底控制。在 CVD 生长过程中,碳纳米管从塔的顶部开始生长,朝着临近的塔方向生长并形成了悬桥，而向其他方向生长的纳米管则掉落到了塔的侧面。

悬浮生长的结果报道之后，“方向可控生长”的新概念被首次引入到单分散SWNT的领域。其中，一个最有前景的阵列控制技术是在SWNT生长的过程中施加电场[27]。当在两个电极间施加电场时，SWNT开始沿着电场的方向生长[图4.11(b)]。

气体流动的力场也可以用于控制生长方向[28,29]。当用热化学蒸气沉积法使SWNT生长到很长时，如图4.12(a)所示，我们发现，其生长方向与碳原料气体的流动方向完全一致。有意思的是，当SWNT的两步生长是在同一基底上进行时，通过控制气体的流动方向，可以生长出良好的大尺度SWNT交叉网状结构[图4.12(b)]。

另一种新颖的技术是用基底表面的晶体结构来控制单分散SWNT的生长方向，它引起了人们很大的兴趣[30]。如图4.12(c)所示，单分散SWNT的生长与一些晶体取向一致，这些是Ismach等在2004年发现的。在他们的研究之后也报道过一些类似的工作[31,32]。这些精确的阵列控制技术为单分散SWNT，包括纳米电子技术的大范围工业应用提供了可能。

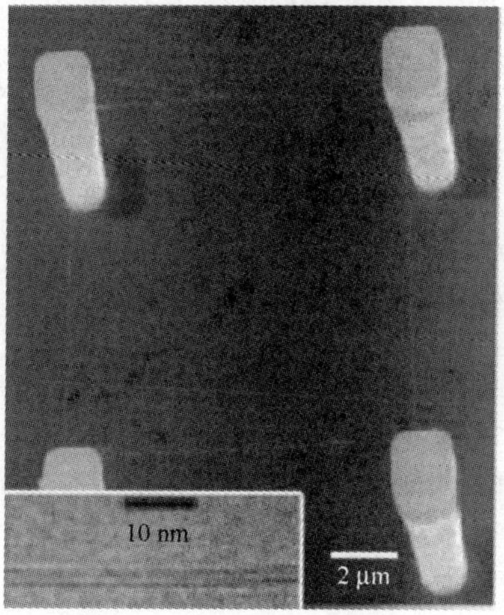

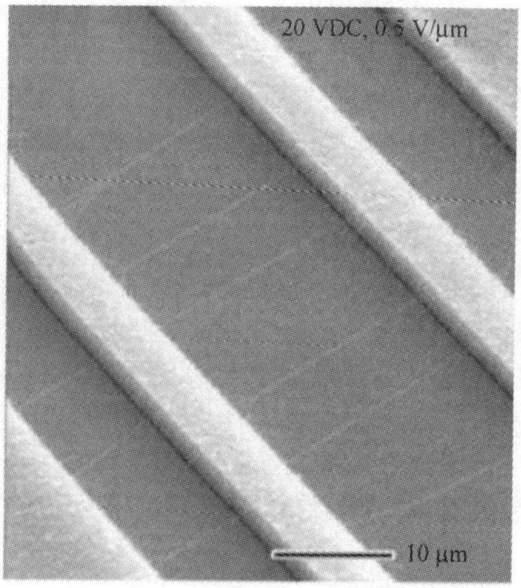

图4.11 (a) 悬挂的单臂碳纳米管的SEM图像，插图为合成的单臂碳纳米管的高分辨透射电镜图像(摘自Cassell, A. M. et al. *J. Am. Chem. Soc.*, 121, 7975, 1999)；(b) 在电场条件下制备的单臂碳纳米管的SEM图像(摘自Zhang, Y. et al. *Appl. Phys. Lett.*, 79, 3155, 2001)

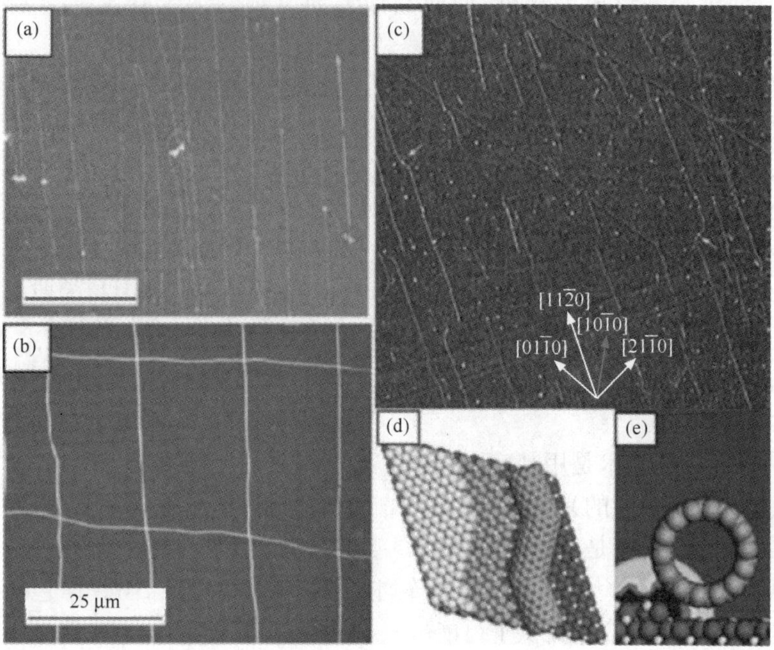

图 4.12 (见彩色插图)(a) 与气流方向平行的单壁碳纳米管 SEM 图像(摘自 S. Huang et al. *J. Am. Chem. Soc.*, 125, 5636, 2003);(b) 由两步法制备的网格状单壁碳纳米管的 SEM 图像,首次生长后基底旋转 90°(摘自 S. Huang et al. *Adv. Mater.*, 15, 1651, 2003);(c) 沿着[11$\bar{2}$0]方向(蓝色)生长的弯曲单壁碳纳米管的 AFM 放大图像,弯曲短片段沿着[10$\bar{1}$0]方向(红色),偶尔也沿[2$\bar{1}\bar{1}$0](黄色)和[01$\bar{1}$0](绿色),相应彩色点的短箭头指向上述各种片段;(d) 一个沿着[11$\bar{2}$0]—[10$\bar{1}$0]—[11$\bar{2}$0]方向的(10,6)—(6,6)—(10,0)纽折单壁碳纳米管;(e) 沿着[11$\bar{2}$0]原子台阶的直径为 1nm 的单壁碳纳米管模型,颜色梯度代表估计的单位长度 SWNT 台阶的静电作用能与 SWNT 坐标位置的关系 $U(x,z)$,它是由非均匀场施加在可极化体上的作用力计算得来的,$F=(\alpha E\Sigma\nabla)E$,沿台阶和 SWNT ($y$) 方向将电势平均,可以得到 $U(x,z)=-1/2\alpha_{xx}E^2(x,z)$,其中 α_{xx} 是单位 SWNT 长度的横向极化度,$E(x,z)$为局部场,后者由未重构的原子台阶导出,通过本体 Mulliken 电荷求得库仑电势之和,沿 y 轴平均,并减去没有台阶的电势以校正边缘效应(蓝到红代表标尺 0~750 eV·nm^{-1})(摘自 A. Ismach et al. *Angew. Chem. Int. Ed.*, 43, 6140, 2004)

4.3.3 垂直排列的碳纳米管

如上所述,这些极好的技术能够控制单分散 SWNT 在可选择的方向上生长。然而,值得注意的是,所有已经报道过的方法只能将阵列控制在与基体的表面平行的方向上生长。为了能够成功地集成大面积的器件,如场效应晶体管、纳米探针、传感器、导线、场发射显示器,我们必须有效地解决碳纳米管阵列在与基体表面平行和垂直方向上的控制生长问题。

等离子体增强化学气相沉积法(PECVD)是一种众所周知的用来制备碳纳米管的方法,并且非常有利于控制单分散多壁碳纳米管在垂直方向上的生长[33-36]。虽然 PECVD 方法对于解决前述制备单分散 SWNT 的过程中遇到的问题有很大帮助(即独立的 SWNT 的垂直生长),但对纳米管的结构有严重损坏作用的高能离子在很大程度上限制了 PECVD 在碳纳米管生长的应用。为了把等离子体技术的这些优点应用于 SWNT 的工业应用上,有必要开发一种能够不损坏碳纳米管的等离子过程。从这个角度上出发,作者所在的研究组对于即使在等离子体鞘层的强电场中都对纳米管生长无明显损害的等离子扩散过程非常感兴趣。如图 4.13 所示,这种扩散等离子体可以由一种简单的平面型射频等离子体单元(RF,13.56MHz)产生。射频的能量(P_{RF})通过由发电机、匹配器(M.B.)、阻塞电容器(B.C.)组成的射频供电系统提供到上一层的平面型电极。一种啮合式栅网作为阳极,用于增强等离子体的扩散。在这一扩散区域,由于扩散距离的增大,电子的温度可以大幅度地降低(约为 0.1eV)。因为电子温度值与流入基底的离子能量是直接相关的,无损伤离子的等离子体过程可以通过这种 PECVD 扩散法予以实现。采用这种等离子体扩散过程,作者所在的课题组首次在 PECVD 方法的框架内成功地制备了 SWNT,并在等离子鞘层效应的基础上制备了单分散直立的单壁碳纳米管[37-41]。

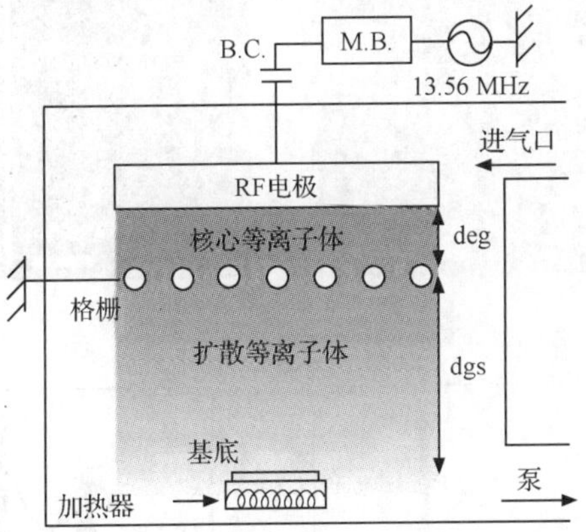

图 4.13 等离子扩散过程的实验装置示意图

图 4.14(a)是用 PECVD 扩散方法制备所得材料的低倍 SEM 图片。SEM 所观察到的细节表明,在基体的表面上生长出了大量的细丝状材料。令人惊讶的是,如图 4.14(b)所示,这些材料常是以单分散直立的形式生长。

通过细致而深入的 TEM 观察,我们发现,几乎所有生长出来的材料都是 SWNT。此外,如图 4.14(c)所示,单分散的直立 SWNT 常是可以观察到的。在 TEM 的观察前,因为样品进行了预处理(在基体表面轻轻地剥离,且无任何分散过程),从这些结果中,我们很难讨论所得到的材料的初始生长状态。然而,结合扫描电镜 SEM 和透射电镜的观察结果,我们可以得出这样的结论:垂直排列的(独立)SWNT 是可以用 PECVD 扩散方法制备的。

图 4.14(d)给出了一个典型的拉曼散射光谱。结果清楚地表明,切向拉伸(TS)模式明显地分裂成 G^+ 带($1590cm^{-1}$)和 G^- 带($1557cm^{-1}$)。这个结果也证实了所得到的材料是 SWNT。尽管切向拉伸(TS)模式非常尖锐,但在普通的径向呼吸模式(RBM)区域内($150\sim300cm^{-1}$),任何与纳米管直径相关的 RBM 都是观察不到的。如图 4.14(e)所示,透射电镜 TEM 的结果显示生成的 SWNT 的主要直径约为 3nm。根据这一结果,可以推论,在 $150\sim300cm^{-1}$ 的区域内没有出现 RBM 的原因是与这里生成的单分散直立的单壁碳纳米管的独特直径有关的。

如上所述,用我们发展的等离子体扩散方法可以在平坦的基体上生长出单分散的单壁碳纳米管,预计这将有助于在纳米电子器件领域构建新的三维架构。此外,这些极好的单壁碳纳米管非常适合于内壁和外壁的修饰,由此可以制备出具有极佳性质的单壁碳纳米管。

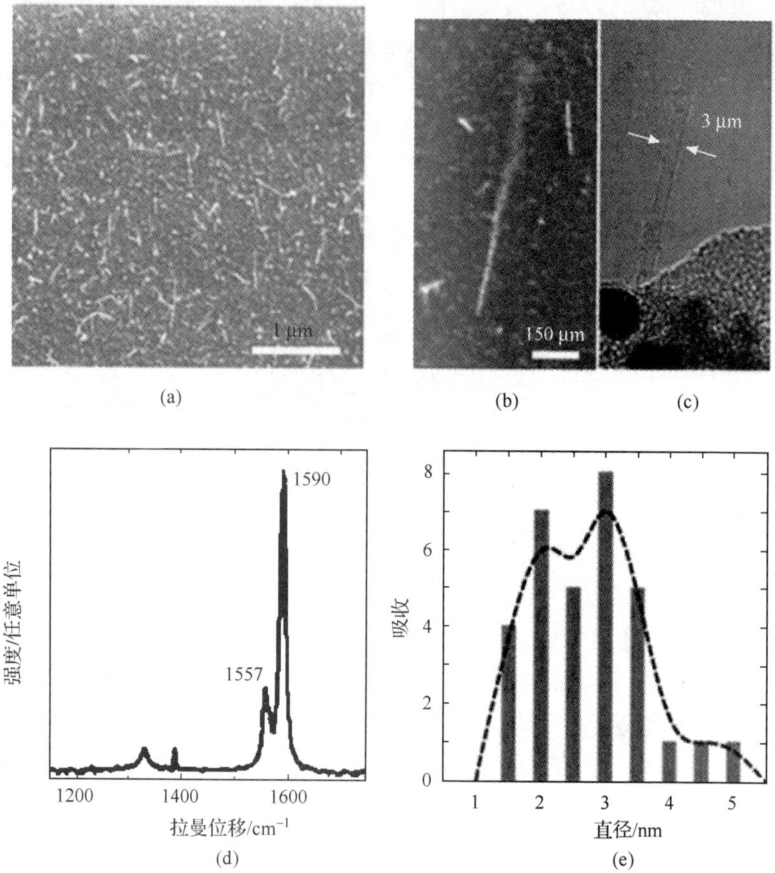

图 4.14 单分散垂直生长的单壁碳纳米管的(a)低倍率、(b)高倍率 SEM 图像和(c) TEM 图像;(d) 单壁碳纳米管的拉曼散射光谱;(e)TEM 测得的单壁碳纳米管的直径分布图

4.4 面向纳米电子技术的碳纳米管

4.4.1 原子/分子内嵌的碳纳米管

由于其新颖的结构、独特的导电性、优良的热稳定性，碳纳米管已经展现了用于制备纳米级电子器件和检测器的巨大潜力。近年来，通过与电子给体和电子受体的相互作用，用其他物质(分子)修饰的原生碳纳米管被认为是一种有效地用于改善碳纳米管电学性质的方法。迄今为止，人们尝试了各种方法，但与表面修饰如取代和附着相比，用其他原子或分子填充碳纳米管被认为是一种更吸引人的方法，因为这种方法能够更加准确地控制碳纳米管的物理性质。目前，各种碱金属原子[42]、磁性金属原子[43,44]、分子(如 Br_2、I_2)[45,46]和各种化合物[47,48]已经被填充入多壁碳纳米管、双壁碳纳米管和单壁碳纳米管。第一个掺杂反应是用电弧放射方法将 K 和 Rb 与多壁碳纳米管混合在一起[49]。第一个填充入单壁碳纳米管的分子是 C_{60} 分子[50]，是通过脉冲激光蒸气法实现的。此外，如图 4.10 中描述的等离子辐照技术是一种能够有效地把金属原子和分子填充入碳纳米管的方法。当碱金属-富勒烯离子体按照上述方法操作时，通过调节偏压(见 4.2.2 节，图 4.2)，不同极性的离子朝着覆盖有单壁碳纳米管或多壁碳纳米管的基底有选择性地加速。

具体地说，当一个主要为正的或负的偏压施加在基底上时，可以实现可控的离子辐照，如图 4.15 所示：对于 C_{60}^-，$\phi_{ap} \gg 0$；对于 A^+，$\phi_{ap} \ll 0$。首先，单壁碳纳米管

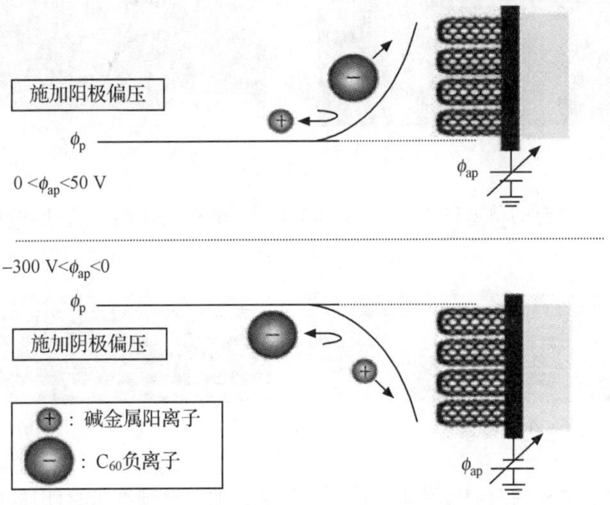

图 4.15 等离子体辐照过程

或者多壁碳纳米管开始趋向于沿等离子壳电场方向。接着,能观察到结构的改变,如碳管弯曲、碳管扭折、碳管的断裂、末端开口的形成,最终导致原子或分子填充到碳纳米管[51-54]。

图 4.16 为 C_{60} 填充单壁碳纳米管的透射电镜图(a)和 Cs 填充单壁碳纳米管的透射电镜图(b) [55]。这些观察结果明显地表明外来的物质已经成功地填充到了单壁碳纳米管内。对于双壁碳纳米管来说,由于其直径较大,在双壁碳纳米管之内只能看到无定形的 C_{60} 分子聚集体,如图 4.17(a)所示,它和线状排列在单壁碳纳米管内的 C_{60} 形成了鲜明的对比。对于填充 Cs 的情形,在双壁碳纳米管的内部能够看到蠕虫状的 Cs 原子簇,图 4.17(b) 展示了这一结构[56],它与单壁碳纳米管填充 Cs 的形貌有些相似。除 C_{60} 以外,金属富勒烯也被填充到单壁碳纳米管中,Sato 等成功地利用气相反应实现了这一目的[57]。图 4.18 给出了两个 Gd@C_{82} 分子排列在单壁碳纳米管中的透射电镜图,黑色箭头指示 Gd^{3+}。此外,通过气相反应,有机化合物也能成功地掺杂入单壁碳纳米管中,Takenobu 等已经研究了单壁碳纳米管和有机小分子的电荷转移相互作用[58]。图 4.19 给出了典型的原生单壁碳纳米管和填装有 TCNQ 的单壁碳纳米管的 X 射线衍射图谱。两者最明显的不同就是在 Q 约为 0.4Å^{-1} 处的峰值强度的减少,它表明有机小分子成功地被填充进入了单壁碳纳米管中。

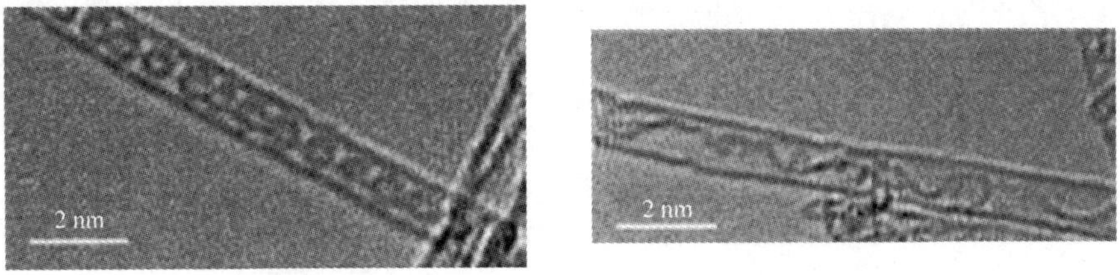

(a) (b)

图 4.16 C_{60} 填充的单壁碳纳米管(a)和 Cs 填充的单壁碳纳米管(b)的典型 TEM 图

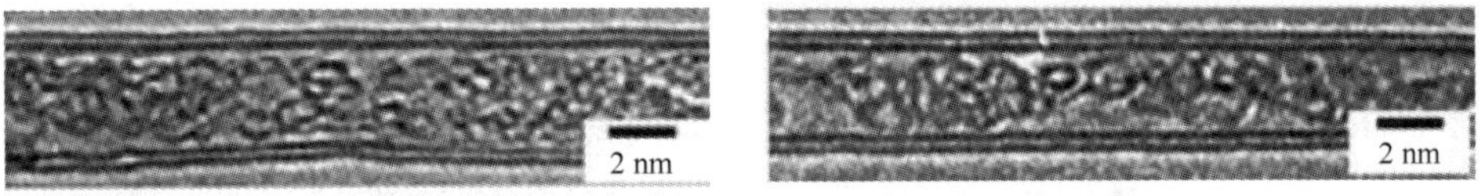

(a) (b)

图 4.17 C_{60} 填充的双壁碳纳米管(a)和 Cs 填充的双壁碳纳米管(b)的典型 TEM 图

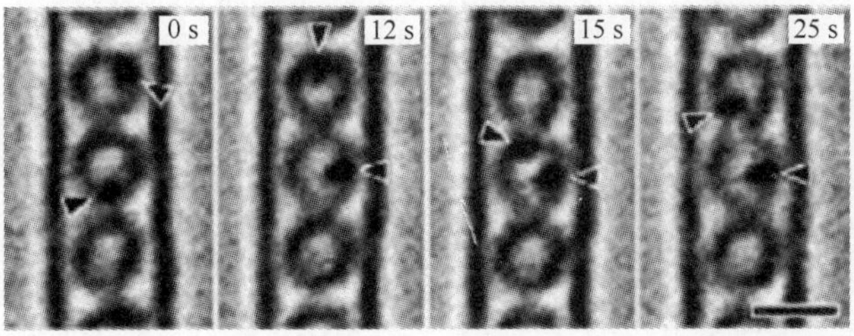

图 4.18 Gd@C_{82}填充的单壁碳纳米管典型 TEM 图，标尺为 1nm。
（摘自 Sato，Y. et al. *Phys. Rev. B*，73，233409，2006）

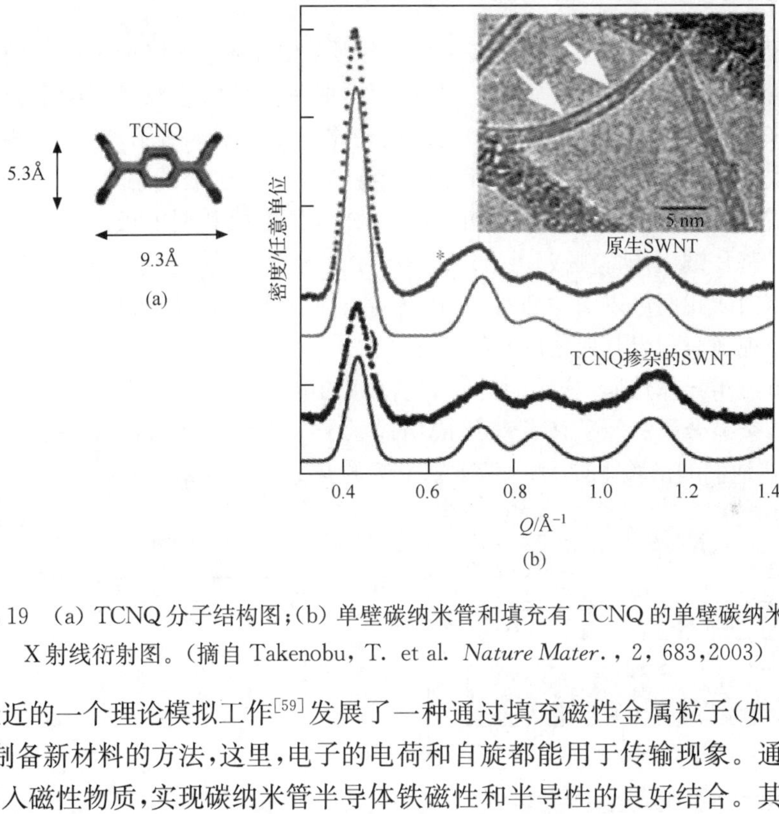

图 4.19 (a) TCNQ 分子结构图；(b) 单壁碳纳米管和填充有 TCNQ 的单壁碳纳米管的 X 射线衍射图。（摘自 Takenobu，T. et al. *Nature Mater.*，2，683，2003）

最近的一个理论模拟工作[59]发展了一种通过填充磁性金属粒子（如 Fe、Co、Ni）来制备新材料的方法，这里，电子的电荷和自旋都能用于传输现象。通过在碳管中引入磁性物质，实现碳纳米管半导体铁磁性和半导性的良好结合。其中一个非常有效的方法就是使用二茂铁作为开始物质来实现单壁或多壁碳管中磁性物质的填充。首先，通过蒸气反应的方法，将二茂铁分子填充到碳管中[60,61]。图 4.20 (a)为填充了二茂铁分子的单壁碳纳米管[61]的透射电镜图。为了将铁原子释放到碳管中，需要对其进行进一步的真空退火。在图 4.20(b)中，可以清楚地观测到一些分布于单壁碳纳米管结构中的黑点，这些黑点的直径为 0.5～0.7nm，它说明这些黑点仅含有数个铁原子[61]。这种合成包含铁的单壁（Fe@SWNT）或多壁碳纳米管(Fe@DWNT)的方法，简便易行，且便于大量制备。

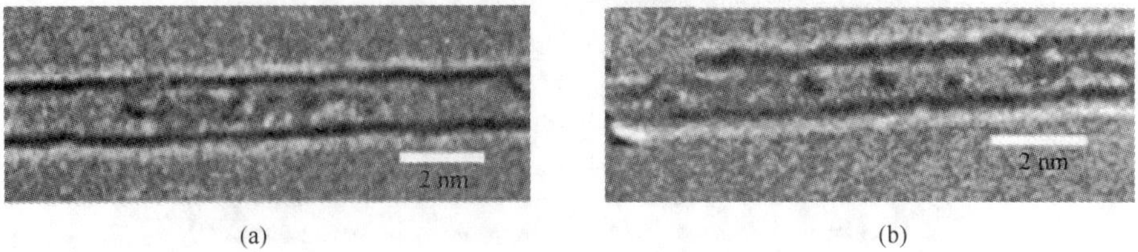

图 4.20 二茂铁填充的单壁碳纳米管(a)和铁填充的单壁碳纳米管(b)的典型 TEM 图

4.4.2 内嵌碳纳米管的电学性质

基于其理想的一维结构及独特的电子性质，人们对这些修饰过的单壁或双壁碳纳米管的传输性质进行了很多的研究工作，并利用单壁或双壁碳纳米管作为纳米器件来制作场效应晶体管(FET)的通道。如图 4.21(a) 所示，对于场效应晶体管的基底，目前一般由置于 500nm 厚的绝缘二氧化硅层上的两个厚 150nm 的金电极组成。这两个金电极相距 500nm，分别作为源电极和漏电极。铝蒸气法制备的掺杂硅基片被用作背栅极。图 4.21(b)为源-漏电流 I_{DS}与栅电压 V_G 的工作曲线。从该曲线我们可以清楚地看到，在室温条件下，原生的半导体单壁碳纳米管材料只能单纯地表现出其典型的 p 型半导体性质，而填充了 C_{60} 的单壁碳纳米管依然保持了 p 型半导体性质，这是因为 C_{60} 是良好的电子受体[62]。通过在单壁碳纳米管表面掺杂碱金属钾原子，Dai 小组成功地赋予了单壁碳纳米管 n 型半导体的性质[63]。在他们的试验中，n 型单壁碳纳米管的开关比大约是非双极性的 p 型导电材料的 10^6 倍。

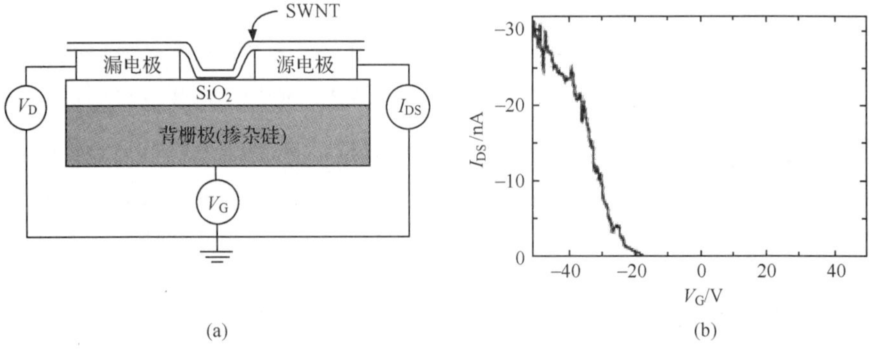

图 4.21 SWNT-FET 器件(a)及原生 SWNT 的 p 型半导体行为(b)

此外，若将碱金属原子封入原生的单壁或双壁碳纳米管中，它们的电子传输性质则可通过改变等离子辐照的掺杂时间来进行改变。图 4.22 给出了真空条件下填充了 Cs 的单壁碳纳米管的工作曲线，这里，图 4.22 给出了真空条件下 $V_{DS}=1V$ 时改变 Cs 辐照时间的 Cs@SWNT 的 I_{DS}-V_G 曲线，该图很好地揭示出填充 Cs 的单壁碳纳米管的电子性质随等离子辐射时间变化（从 15min 到 60min）。这些样品均是通过 Cs^+ 辐照来制备的，其中 Cs^+ 的浓度分别为 $2.2\times10^4/nm^2$、$4.3\times10^4/nm^2$、$6.5\times10^4/nm^2$ 和 $8.6\times10^4/nm^2$。

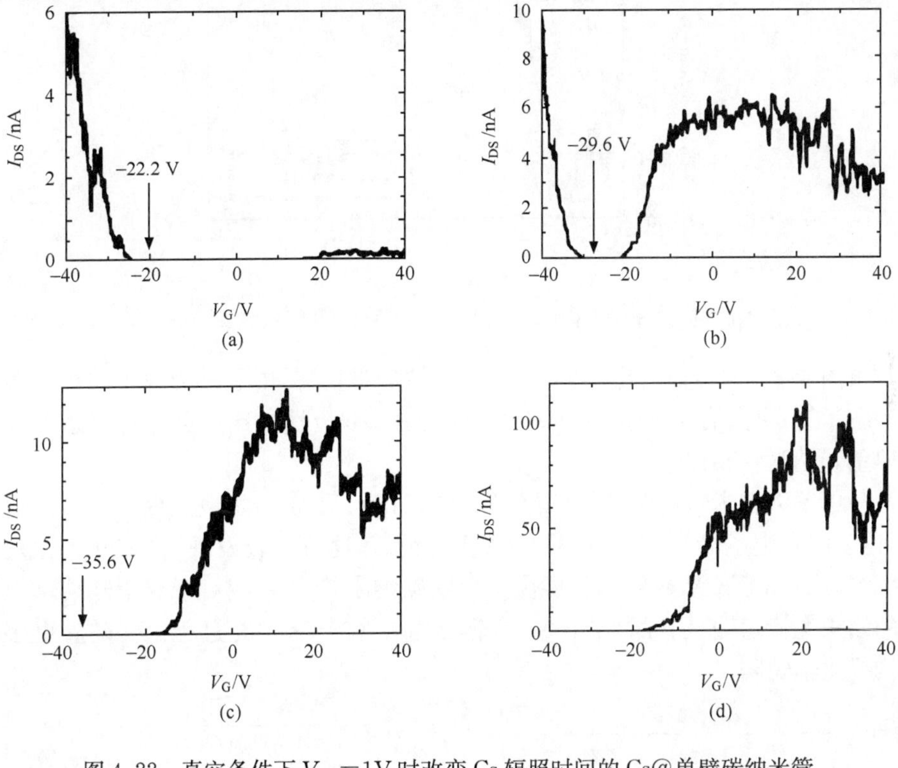

图 4.22　真空条件下 $V_{DS}=1V$ 时改变 Cs 辐照时间的 Cs@单壁碳纳米管的 I_{DS}-V_G 曲线：(a)p 型，(b)双极性，(c)和(d)为 n 型性质

最初为 p 型导电性，在低的掺杂范围开始出现双极性。随着填充的 Cs 增多，由−22.2V 到−35.6V，p 型电导的阈值门电压趋向于变得更负，同时，n 型的电导区域逐渐增大。最后，填充了 Cs 的单壁碳纳米管完全显现出 n 型性质，如图 4.22(d)所示。

一般来说，制备的纳米管场效应晶体管对空气的存在是非常敏感的。因此，如何实现其在空气中的稳定性是非常重要的。最近有报道指出，由聚合物功能化的 n 型场效应晶体管具有空气惰性[65]。同时，通过等离子方法填充 Cs 的 n 型半导体单壁碳纳米管也具有空气稳定性。图 4.23 给出了暴露于空气之前（实线）和之后（虚线）的 n 型单壁碳纳米管，Cs@SWNT 的 n 型行为在空气中仍然保持[64]。

由此可以看出，由于 Cs 填充于单壁碳纳米管中的缘故，因此避免了活泼 Cs 原子的氧化。

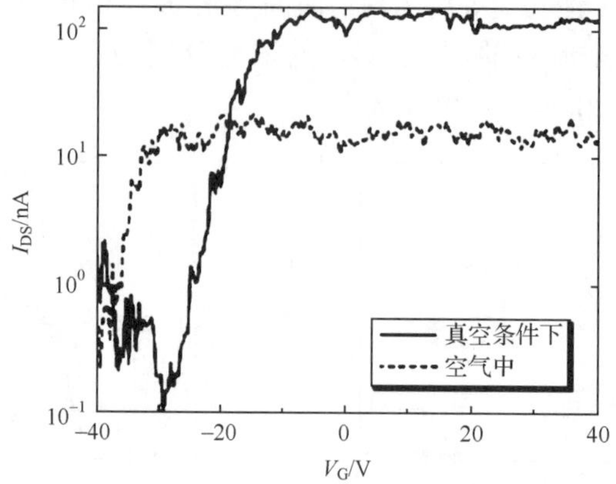

图 4.23 室温下测量的 Cs@单壁碳纳米管于真空(实线)和空气(虚线)中的 I_{DS}-V_G 特征图

由图 4.24(a)可以看出，与 p 型单壁碳纳米管相比，由于其为原生的半导体双壁碳纳米管，且具有窄的带隙(0.2 eV)而显示出双极性。这一点与直径超过 3nm 的单壁碳纳米管相似[66]。

与单壁碳纳米管类似，通过填充 Cs，Cs@DWNT 也清楚地表现出 n 型传输特性，这表明发生了电荷转移，如图 4.24(b)所示。通过比较发现，在如开关比及迁移率等方面，n 型双壁碳纳米管要优于单壁碳纳米管[56]。相对于双壁碳纳米管独特的结构优势，其差别可能在于，在单壁碳纳米管的 Cs 填充过程中伴随着更多的结构或化学缺陷。

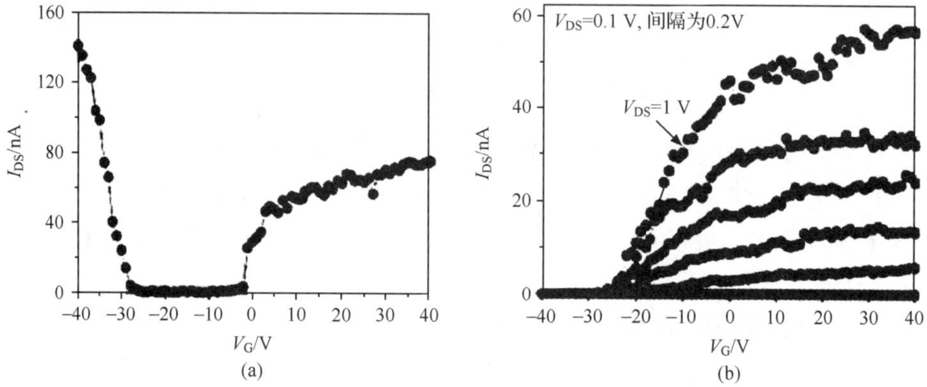

图 4.24 (a)未加修饰的双壁碳纳米管的双极行为；(b) n 型 Cs@DWNT 的电子传输性质

有趣的是，在 C_{60} 填充的金属性的 DWNT 中，发现存在强烈的共振隧道效应。

图 4.25(a)显示了一系列 I_{DS}-V_G 随着 V_{DS}从 0～0.6V 的变化曲线。数据表明，当 V_{DS}小于 3V 时，电流呈线性增加，并且当 V_{DS}大于 3V 时电流逐渐趋于不稳定，V_{DS}=6V 时电流突然减少并出现库仑阻塞现象。图 4.25(b)给出了在室温条件下利用 C_{60}@DWNT 作为晶体管的源-漏电流对电压的曲线。在栅电压 V_G=－20V 的测量曲线，在 6V 和－6V 的较高偏压处都显示出了独特的负向微分电阻(NDR)，也就是说，最初电流增加接着电流快速降低，而不是像欧姆定律所预测的那样，即电压逐渐增加。它表明这是一种典型的共振隧道器件特性。在室温条件下发现的独特的负向微分电阻特性，其峰谷电流比(PVCR=I_p/I_v)高达 1300，这为超共振隧道现象提供了充分的证据[67]。

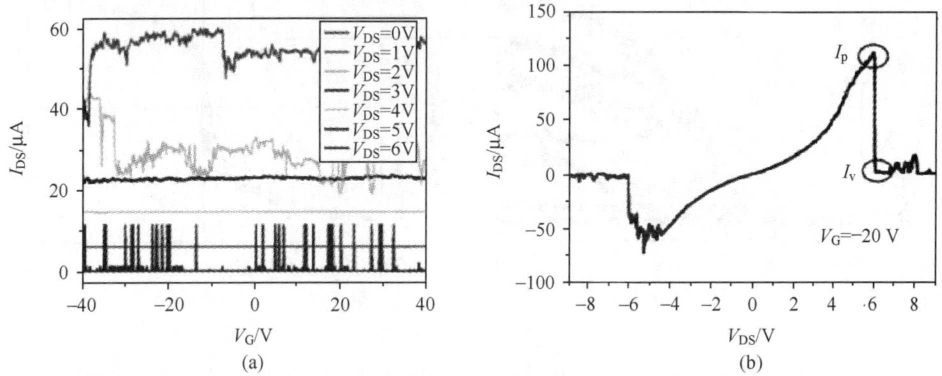

图 4.25 金属 C_{60}@DWNT 的负微分电阻性质：(a) 在 0～6V 范围内的 I_{DS}-V_G 曲线；(b) V_G=－20V 的 I_{DS}-V_G 曲线

此外，除了前面提到的以电荷为主导的现象以外，由于单壁碳纳米管的一维结构和弹道输运特性，其在电子自旋领域也有着重要的应用。单壁碳纳米管的自旋-极化传导性质，可以通过将其与两个铁磁性电极相连在磁场中进行测定[68]。通过向非铁磁性的单壁碳纳米管注入铁磁性的元素，如铁、钴或镍，使得电荷和自旋可以在单壁碳纳米管中得到应用。最近的研究表明，内嵌铁的单壁碳纳米管具有很好的单一极性的 n 型性质。图 4.26(a)给出了室温条件下 n 型 Fe@SWNT 电流电压 I_{DS}-V_G 的关系[69]，而图 4.26(b)给出了 Fe@SWNT 的磁性质，表明其具有良好的铁磁性[70]。由此可见，现有的测试表明，通过在单壁碳纳米管内填充铁，可以获得铁磁性的半导体单壁碳纳米管。

此外，金属富勒烯填充的单壁碳纳米管与未修饰的单壁碳纳米管相比，其电学性质具有明显的改变，如其费米能级发生了移动。Lee 等测定了 Gd@C_{82}填充的单壁碳纳米管的带隙变化[71]。他们利用扫描隧道显微镜(STM)证明，填充了金属富勒烯后其带隙会变窄。图 4.27(a)给出了填充 Gd@C_{82}后的单壁碳纳米管的带隙变化。填充之后,单壁碳纳米管的带隙由原来的 0.43eV 降为 0.17eV。它可能是由弹性受限和电子转移到金基底和 C_{82} 上而引起的。图 4.27(b)给出了不同形态下的导带变化。修饰后能带的各种变化反映了局域弹性应变和电荷转移或其他物理性质的变化。Shimada 等已经报道了采用 Gd@C_{82} 填充的单壁碳纳米管的相关电子学性质[72]。他们的工作(图 4.28)表明,金属富勒烯填充的碳纳米管具有独特的性质。不同于前面提到的填充有 C_{60} 的单壁碳纳米管具有单一的 p 型性质,它具有典型的双极性(p 型和 n 型)特性。这种传输行为的差异是因掺杂物的不同而导致的带隙改变。

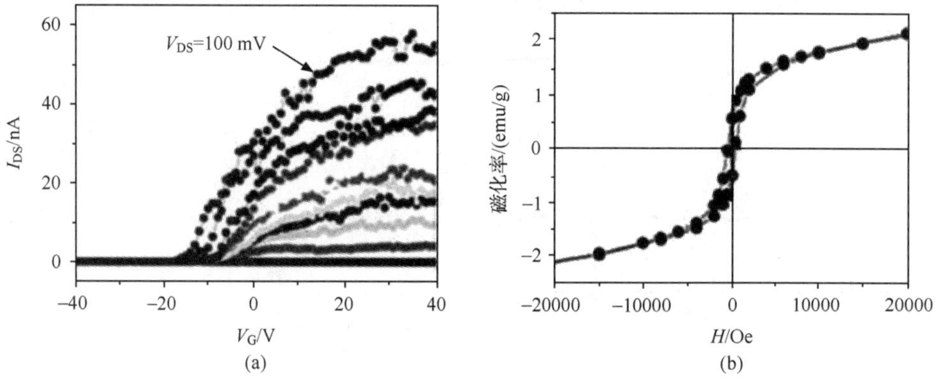

图 4.26 (见彩色插图)(a) n 型的 Fe@SWNT 的 I_{DS}-V_G 曲线,测量温度为室温;(b) Fe@SWNT 的磁性曲线,测量温度为 5K

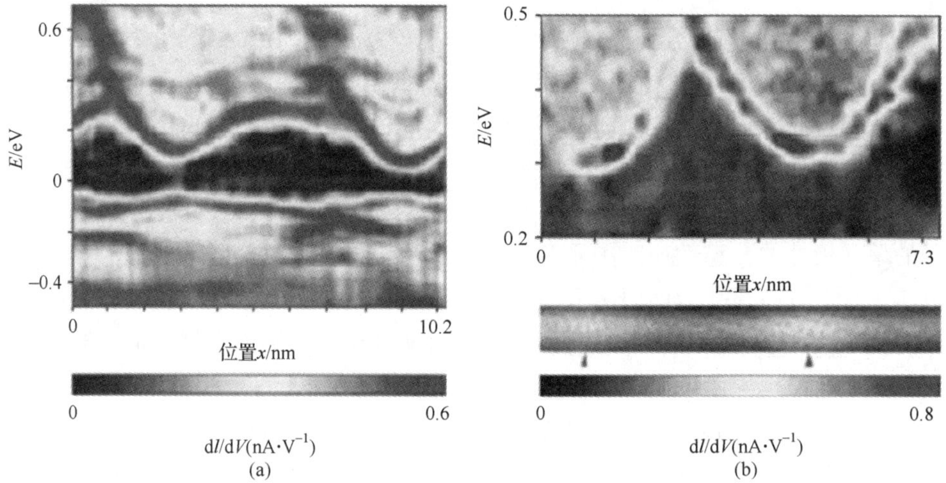

图 4.27 (见彩色插图)(a) 10.2nm 长的填充有 Gd@C_{82} 的单壁碳纳米管;(b) 7.3nm 长的填充有 Gd@C_{82} 的单壁碳纳米管的带隙变化。(摘自 Lee, J. et al. *Nature*, 415,1005,2002)

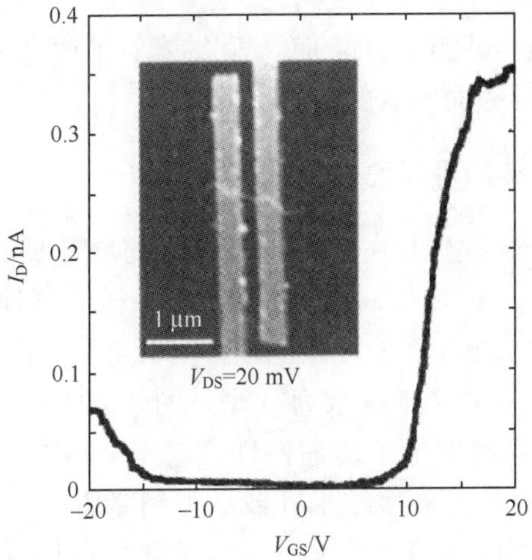

图 4.28 Gd@C_{82}填充的单壁碳纳米管的电子传输性质，并显示出双极特性
(摘自 Shimada, T. et al. *Appl. Phys. Lett*, 81, 4067, 2002)

由于单壁碳纳米管属于微观体系，在低温条件下，它们的导电性质很可能被抑制。这是由于一个单电子的电荷能量会导致一些特殊的现象，如低温条件下的库仑阻塞。因为可以利用库仑振动产生的能垒来估计量子点的大小，我们可以进一步得到有关填充有碱金属的单壁碳纳米管的信息。图 4.29(a)给出了在 V_{DS} = 10mV、温度为 11.5 K 条件下 Cs@SWNT 的 I_{DS}-V_G 性质[64]。

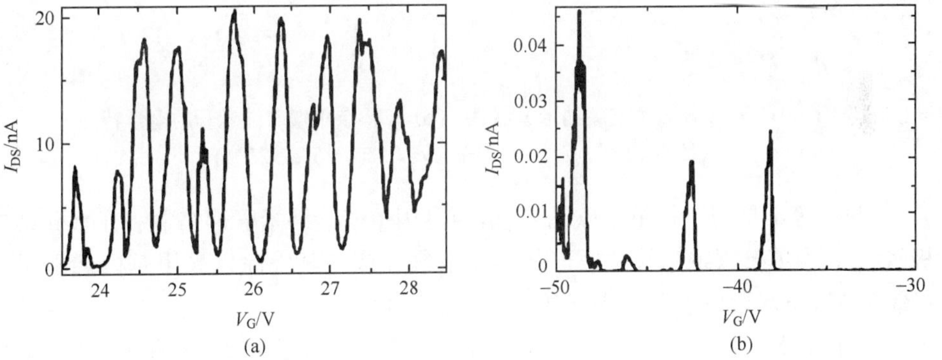

图 4.29 (a) Cs@SWNT 和(b) C_{60}@SWNT 的库仑振动特性，测定温度 11.5K

我们可以清楚地观察到库仑振动现象，这表明该体系明显地包含多重量子点。很显然，Cs^+的辐照会使单壁碳纳米管产生一些缺陷，并导致在能垒之间形成量子点。为了阐明哪种机理占有优势，对填充有 C_{60} 的单壁碳纳米管(C_{60}@SWNT)进行了相同的测量，如图 4.29(b)所示。在相同的条件下，离子辐照单壁碳纳米管产

生相同的缺陷，栅电压周期 ΔV_G 也会有明显的不同。Cs@SWNT 的 ΔV_G 比 C_{60}@SWNT小得多，它表明观察到的单壁碳纳米管的库仑振动传输可能是由单壁碳纳米管内部的填充行为而导致的。

4.4.3 形成纳米 p-n 结的可能性

正如前面已多次阐明过的，在室温环境中，半导体单壁碳纳米管一般表现出单极的 p 型特性。如图 4.30(a)所示，选择性地在一根半导体单壁碳纳米管的外表面进行掺杂，Dai 等在单根纳米管上制备出了 p-n 结[73]。在他们的研究中，纳米管的一半可以掺杂为 n 型，另一半掺杂为 p 型。图 4.30(b)给出了 p-n 结单壁碳纳米管的栅电压对源-漏电流的电子传输特性。它完全不同于随栅偏压的正向增加而减少或增加导电性的单一 p 型纳米管或 n 型纳米管[73]。他们观察到了明显的导电峰型，可以解释为由背栅极控制电子和空穴浓度而形成的 p-n 结的特性。

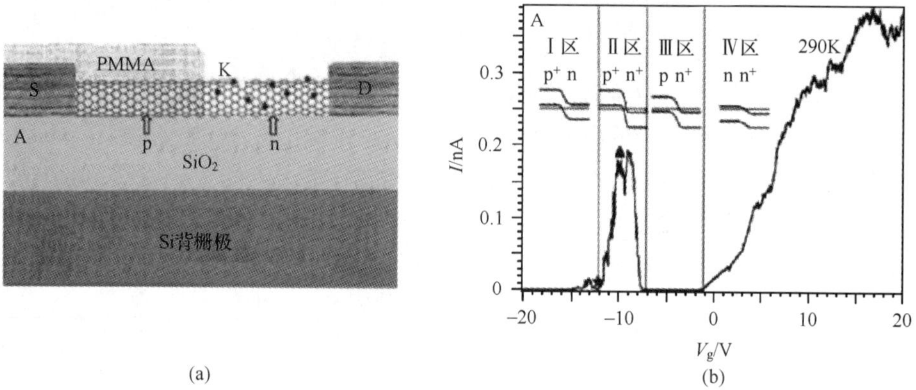

图 4.30 (a) p-n 结单壁碳纳米管器件；(b) K 掺杂单壁碳纳米管的电学特性。
(摘自 Zhou，C. et al. *Science*，290，1552，2000)

Zhou 等不是用单根单壁碳纳米管，而是用单壁碳纳米管网络制备了 p-n 结二极管[74]。当单壁碳纳米管的通道暴露在空气中或在其上涂以聚甲基丙烯酸甲酯(PMMA)，由此形成了 p 型半导体，而在通道区旋涂上聚乙烯亚胺(PEI)，就能形成 n 型半导体。如图 4.31(a)所示，将同一个通道暴露于 PMMA 和 PEI 中，就可以形成一个 p-n 结二极管。这种喷涂工艺流程，可以选择性地应用于一个简单器件通道的不同部分，从而可用于构建复杂的器件。图 4.31(b)展示了一个从初始为 p 型器件制备而来的 p-n 结二极管的输出特征。当 p 区一端施加一个正向电压，电流随电压的增加而快速增加。反之，当 p-n 结施加一反向电压时，一直到 9V 的击穿电压都没有反向电流产生。这种伏安特性可以定性地解释为 p-n 结的串联电阻效应。

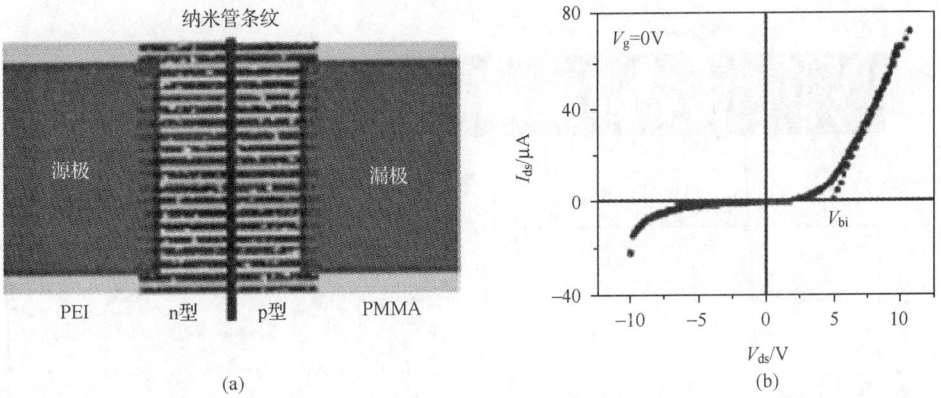

图 4.31 (a) 通道区的一半旋涂有 PEI 构成的 p-n 结二极管；(b) p-n 结二极管在 0V 门电压下的输出特征。(摘自 Zhou，C. et al. *Nano Lett.*，4，2031，2004)

此外，作者所在的研究组指出，p-n 结还可以用等离子辐照法在单壁碳纳米管内部分内嵌 Cs 原子来构建[53]。单壁碳纳米管内部的 Cs 原子可以用扫描透射电子显微镜(STEM) 中的原子序数衬度成像技术(*Z*-contrast)进行观察。图 4.32 给出了内嵌有碱金属的单壁碳纳米管，其中 Cs 原子(箭头所示)部分填充到单根纳米管内[53]。与韩国首尔大学的 Kuk 合作开展的 STM 研究，也证实了上述结果[图 4.33(a)]。从 STM 图像可以看到，亮和暗的区域分别对应于填充有 Cs 原子的区域和没有填充 Cs 原子的区域。没有填充 Cs 原子和部分填充 Cs 原子的区域的态密度(DOS) 可以通过扫描隧道谱(STS/STM)进行测量[图 4.33(b)]。纳米管内的态密度位移可用于构建一个内部掺杂的纳米管结，并预期可以用作纳米二极管。图 4.33(c)给出了计算的原生单壁碳纳米管(10，10)以及轻度掺杂、重度掺杂 Cs 原子的碳管的态密度。结果表明，在碳管的导带区域，轻度掺杂和重度掺杂的碳管分别形成了一个和两个几乎平直的带。

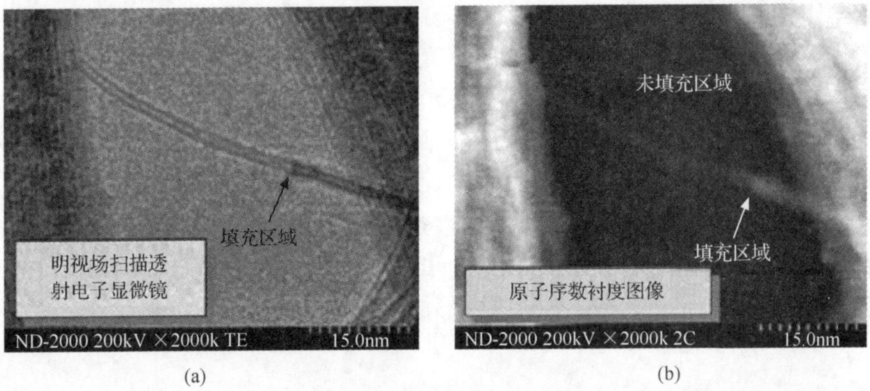

图 4.32 部分填充有 Cs 原子的单壁碳纳米管的 TEM 图像(a)和原子序数衬度图像(b)

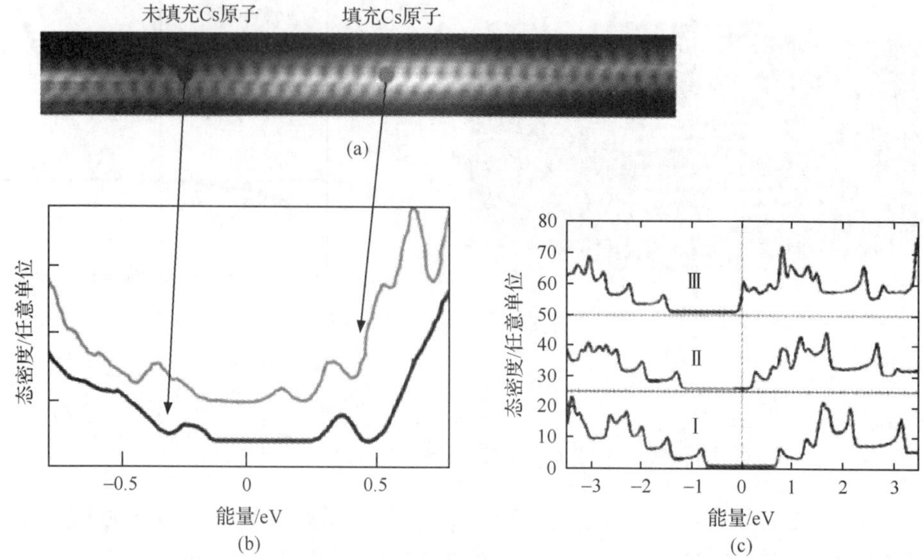

图 4.33 (a) 部分填充 Cs 原子的单壁碳纳米管的 TEM 图像;(b)没填充 Cs 原子和部分填充 Cs 原子的单壁碳纳米管的态密度(DOS);(c)模拟的单纯单壁碳纳米管(Ⅰ)以及轻度掺杂(Ⅱ)、重度掺杂 Cs 原子(Ⅲ)的单壁碳纳米管的态密度

与单壁碳纳米管仅内嵌一种掺杂相比,将电子给体和电子受体同时填充到纳米管中是制备 p-n 结的更好方法(图 4.34)。如 Cs 等碱金属是良好的电子给体[62],而 C_{60}和卤素原子(如碘)则是良好的电子受体。如图 4.34(a)所示,碱金属与 C_{60}组合,按图 4.15 所示,使用不同的极性,然后施加电压,预期能形成一个 p-n 结。此外,根据最近的理论模拟,当碱金属与卤素原子在单壁碳纳米管内具有良好的接触,获得的 p-n 结具有一定的整流特性[75]。基于此,人们发展了一种由碱金属正离子与卤素负离子组成的碱金属-卤素等离子体源[76],它可用于内嵌过程中的基体偏电压控制。如图 4.35 所示,碱金属-卤素等离子体由匀强磁场(B)中双阴极磁控管放电产生。由电阻加热的螺旋形和线形钨丝阴极被固定在接地气缸的中心轴上,并施加负电压以形成垂直于 B 磁场的电场 E。碱金属盐蒸气由加热炉引入并填入缸中。热电子在方位角($E\times B$)方向漂移,并且与碱金属盐发生碰撞,将碱金属盐解离并离子化。在此过程中,由此产生了碱金属阳离子、卤素阴离子与电子。在随后的过程中,电子可以由磁性过滤器除去。解离和离子化仅由稳定的 B 场中的 E 场控制。因此,通过先前的步骤,不同的离子可以选择性地填充到单壁碳纳米管内,从而在单壁碳纳米管中形成了 p-n 结。

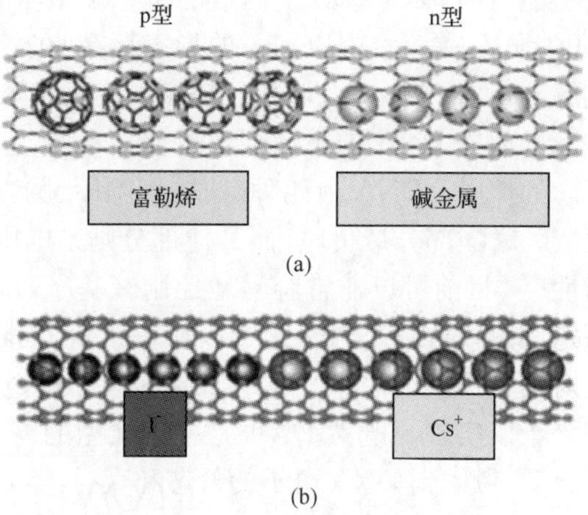

图 4.34 (a) 填充碱金属和 C_{60} 分子形成的单壁碳纳米管 p-n 结；(b) 填充碱金属和卤素原子形成的单壁碳纳米管 p-n 结

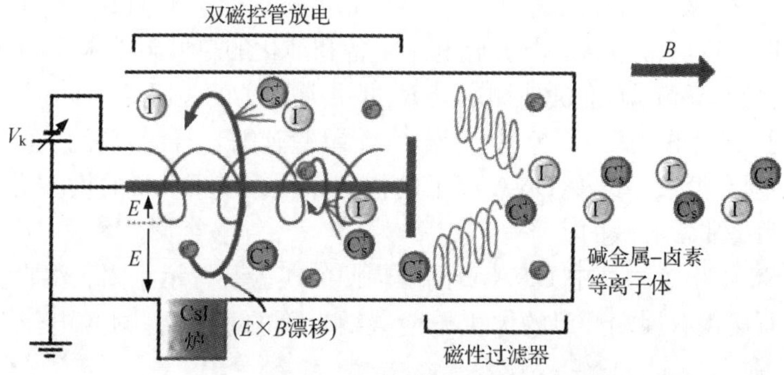

图 4.35 双阴极法产生的碱金属-卤素等离子体源

4.5 面向电子技术的碳纳米管

4.5.1 生物分子内嵌的碳纳米管

前面提到了单壁碳纳米管的内部修饰方法，其中主要介绍了热扩散法和等离子体辐照法，它们都是高产率制备单壁碳纳米管内嵌物的好方法。在这些制备步骤中，内嵌过程均在气相下进行。因此，内嵌的物质仅局限于具有很高热稳定性和具有升华性质的原子和简单的分子。结构复杂的分子(如生物分子)，与原子和一般意义上的简单分子相比，具有更多性质，从另一角度来说，具有更多功能。它们在气相下不能以结构稳定的形态存在。我们需要新的概念或方法，以获得与单壁碳纳米管相结合的功能材料，如生物分子内嵌的单壁碳纳米管。生物分子（包括DNA），在反离子的协助下，在溶液中以离子的形态存在（在最佳 pH、离子浓度与温度），形成一类电解液等离子体。因此，离子辐照法甚至在溶液相中也可能有效。

这里介绍一种新的内嵌 DNA 的单壁碳纳米管的方法。该方法是在气相中对等离子体辐射法概念的扩展。DNA 由四种碱基（腺嘌呤、胸腺嘧啶、胞嘧啶、鸟嘌呤）、核糖和磷酸组成。磷酸部分带负电，而其他部分则是电中性的。每一个碱基具有不同的电子特性[77]，目前可以非常容易地控制碱基序列。依据 DNA 分子能形成螺旋构型的假定，碱基对在 DNA 分子中以 0.34nm 的间隔排列，DNA 分子的长度可以通过碱基对的数目进行估算。因此，纳米尺度上的电子特性的控制，可以通过选择碱基序列来予以实现。既然 DNA 是一类典型的高分子电解质，并且能够形成带负电的长分子，考虑到 DNA 离子的价态和直径，类似于气相等离子体[78]的情形，DNA 负离子的行为可由 Debye 和 Hucke 的电解质等离子体理论来理解。一般情况下，由于布朗运动，线性分子呈现无规卷曲的构型。当应用离子辐照方法时，必须考虑溶液中离子的表观直径，这可由三维随机走动理论来估测。假设不考虑组分的体积，该理论可表达为 $R_N \propto N^{1/2}$，其中 R_N 是表观直径，N 是 DNA 分子中键的数目。目前常用的由电弧放电法制备和纯化的单壁碳纳米管的平均直径由 TEM 测定为 1.5nm，而准确地测定其 R_N 是非常困难的。因此，当一个 DNA 分子中包含多于 15 个碱基时，粗略估计，R_N 大于单壁碳纳米管的直径。在应用离子辐照法时，必须在溶液中改变 DNA 离子的构型。在改变 DNA 的构型方面，射频电场已被证明是非常有效的[80,81]。

图 4.36 给出了溶液中 DNA 负离子辐照的实验装置示意图。将直流电压 V_{DC} 施加在表面覆盖有尾端开口的原生单壁碳纳米管的基片上，射频电压 V_{RF} 叠加于

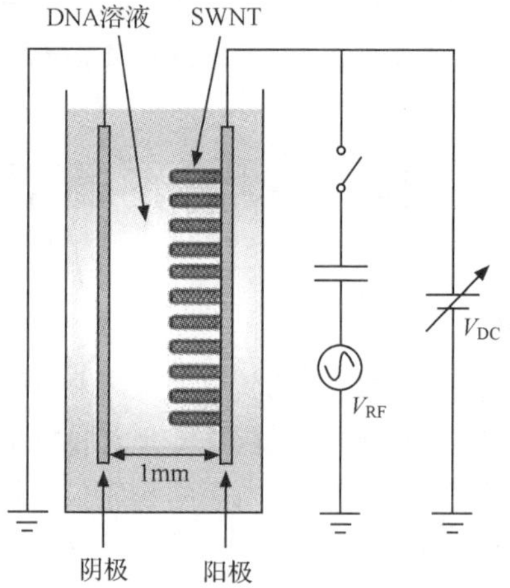

图 4.36 用于制备内嵌 DNA 的单壁碳纳米管的 DNA 负离子照射实验装置

V_{DC}上。在射频电场的作用下，DNA 负离子的构型可由从无规卷曲形状转变为伸展形状，并由直流电场移动到基片阴极，其中的直流电场由体系中位于基片对面的阳极电势 $V_{DC}>0$ 产生[82]。阴极和阳极的间距设定在 1mm 范围。

DNA 离子辐照后，用透射电镜（加速电压为 200 kV）详尽地观察单壁碳纳米管，以确定所内嵌的 DNA 的构型。将 DNA 照射后的单壁碳纳米管水洗后并在空气中干燥，然后在乙醇中超声数小时。将单壁碳纳米管悬乳液滴在铜网上，在空气中干燥，并将该铜网用于 TEM 观察。DNA 按以下方法标示：四类碱基分别用 A、C、T 和 G 代表。另外，碱基的数目用 A、C、T、G 的下标表示。例如，由 15 个腺嘌呤组成的 DNA 分子可表示为 A_{15}。图 4.37(a) 和(b) 所示为使用 A_{15} 在 $V_{DC}=10V$ 和 $V_{RF}=20V$ 的条件下经过 DNA 辐照的单壁碳纳米管的 TEM 图像。TEM 图像显示出单壁碳纳米管中内嵌有一维材料；底部图像是所内嵌的 DNA 分子的构型示意图。所内嵌的材料长度都约为 5nm，这与所用的 DNA 分子的长度相当，这也表明我们首次制备了 DNA 内嵌的单壁碳纳米管(DNA@SWNT)。然而，很难控制所内嵌的 DNA 分子的数目，迄今为止，即使在相同的条件下，所内嵌的 DNA 分子的数目也彼此不一样。如图 4.37(a)所示，只观察到一个 DNA 分子被内嵌，有时候则有多个 DNA 被插入到单壁碳纳米管中[图 4.37(b)]。我们相信，通过优化条件，如 DNA 和单壁碳纳米管的位置，能够获得更高产率的内嵌产物，并且在不远的将来，在某种程度上，利用单壁碳纳米管阵列能够精确地控制内嵌过程。采

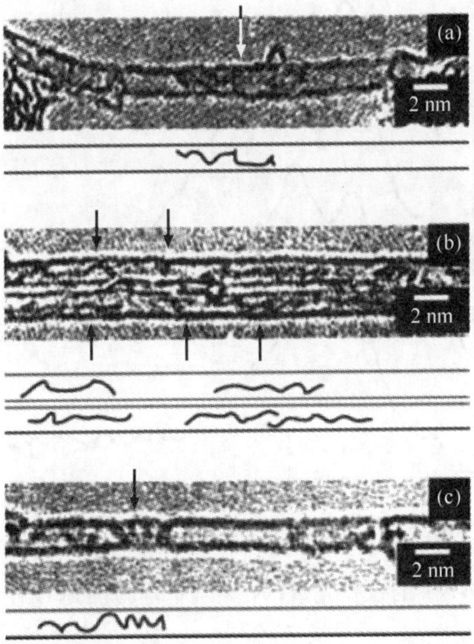

图 4.37　DNA 辐照后的单壁碳纳米管的 TEM 图像。(a) 和(b)：A_{15}，$V_{DC}=10V$，$V_{RF}=20V$，(c)：A_{30}，$V_{DC}=10V$，$V_{RF}=150V$；底部图像示意地标识了所内嵌的 DNA 分子

用扩散式电浆化学气相沉积法生长的单根垂直对齐的单壁碳纳米管，是非常具有代表性的高质量的原生单壁碳纳米管。当 DNA 为 A_{30}，DNA 离子照射条件为 $V_{DC}=10V$，$V_{RF}=150V$ 时，也可实现内嵌，其长度约为 10nm。此外，我们还发现，A_{30} 在单壁碳纳米管内形成螺旋形构型并吸附在内壁上。基于 TEM 观察，可能是占有一定 DNA 长度的碱基(DNA 中的疏水部分)趋向于吸附到单壁碳纳米管内壁上，并形成螺旋形构型[83,84]。

既然该 DNA 照射法利用的不是碱基序列，而是 DNA 分子的负电荷，那么 DNA 分子的伸展是由 DNA 的介电常数和外加射频电场的相互作用而引起的，这样，辐照和分子伸展的有效性并不受 DNA 分子的长度限制。因此，这种制备 DNA@SWNT 的方法不仅能应用于某一特定 DNA 碱基序列，如仅由腺嘧啶构成的碱基序列，同样也能应用于其他碱基序列。实际上，当含鸟嘌呤的 DNA 被内嵌时，拉曼光谱分析表明，在内嵌的 DNA 分子与周围的单壁碳纳米管间存在电荷转移，或者存在可以调节单壁碳纳米管带隙的可能性。图 4.38 给出了 DNA@SWNT 在环呼吸振动峰区间的拉曼光谱。与其他情况相比，DNA AG_{30}(AGAG…)的光谱形状是不一样的，尤其是 $160cm^{-1}$ 附近的峰(如箭头所示)，其强度有很大的降低。它也为单壁碳纳米管与含鸟嘌呤的 DNA 分子间的电子相互作用导致 DNA@SWNT 的共振吸收改变提供了间接的证据。

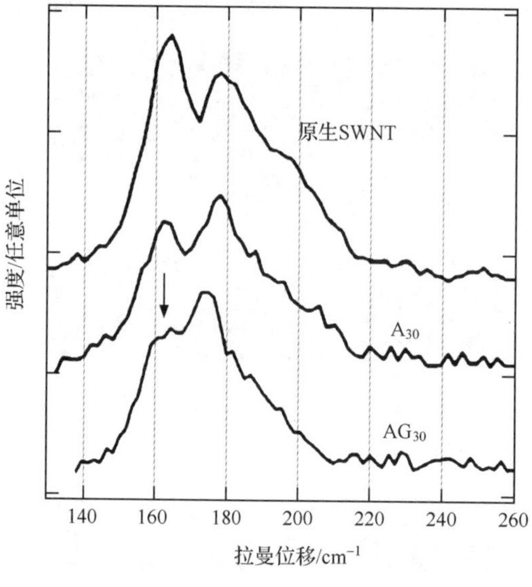

图 4.38 DNA@SWNT 的拉曼光谱；V_{DC} 和 V_{RF} 均施加到 DNA 溶液中的基片上

有关 DNA 插入单壁碳纳米管的模拟研究也有报道[85]。Gao 等在文中提到，当在水介质环境下，DNA 分子能自发地插入单壁碳纳米管中(图 4.39)。此外内嵌的 DNA 分子非常稳定,在插入过程中范德瓦尔斯相互作用起重要作用。类似的情形在所讨论的实验中也可能存在,射频电场影响的是 DNA 离子的伸展而不是其移动。也就是说,无论由于何种原因,当伸展的 DNA 离子位于开口单壁碳纳米管附近时,DNA 分子的一部分就会开始被吸入单壁碳纳米管内[82~84]。基于这两项研究,我们认为,无论 DNA 分子伸展到何种程度,在不施加特定的外作用力的情况下就能将其内嵌入单壁碳纳米管中。叠加外场,如伸展的射频电场和加速的直流电场,能够显著地增加 DNA 的插入概率。

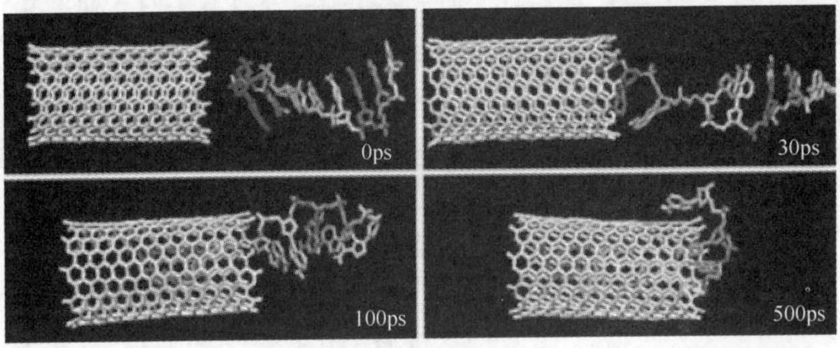

图 4.39 (见彩色插图)DNA 插入单壁碳纳米管的过程(0～500ps)的模拟快照;为清晰起见,水分子没有显示。(摘自 Gao,H. et al. *Nano Lett.*, 3, 471, 2003)

一般来说,生物分子(如氨基酸、多糖、蛋白质),由于其尺寸过大而不能内嵌入单壁碳纳米管中。因此,若想将这些分子内嵌入单壁碳纳米管中几乎是不可能的。然而,它们中的一维材料如类胡萝卜素(一种重要的天然色素),却有可能被包入单壁碳纳米管中。类胡萝卜素已经被广泛地用于 π 共轭多烯分子研究的模型化合物。Yanagi 等以 β-胡萝卜素作为内嵌材料进行研究,发现其在光学应用方面存在一定的可能性[86]。他们报道称,内嵌过程不是在水相而是在有机相中进行。虽然 β-胡萝卜素内嵌入单壁碳纳米管的过程需要花费数个小时,但他们能实现很高的内嵌产率,甚至不需要施加任何外场。

4.5.2 分子绕接的碳纳米管

由于存在非常强的范德瓦尔斯相互作用,基本上很难得到单根的单壁碳纳米管。如前所述,尽管可以采用等离子 CVD 法或其他方法制得单根的单壁碳纳米管,但仍然是复杂且困难的。事实上,当用电弧法或激光溅射法制备单壁碳纳米管时,尽管会产生高质量的碳纳米管,但很难获得单根的单壁碳纳米管。因此,需要寻找一种新的方法来制备单根的单壁碳纳米管。

人们通常采用修饰的方法来制备单根单壁碳纳米管,其中之一就是包覆法。由于具有非常强的范德瓦尔斯相互作用,各种不同手性的单壁碳纳米管很容易缠绕在一起，因此，很难研究其特定的物理、化学以及光学性质。这里，通过外壁功能化的方法，引入一种表面活性剂对单壁碳纳米管进行分散，也就是所谓的包覆法。据报道，表面活性剂经常用来制备分散的碳纳米管，例如，单壁碳纳米管可以溶解于十二烷基磺酸钠（SDS）的溶液里[87-89]，分散液经过超声离心，就可以得到分散的单壁碳纳米管，如图 4.40 所示，十二烷基磺酸钠（SDS）的疏水部分连接于单壁碳纳米管的外壁，亲水部分远离单壁碳纳米管。对于单壁碳纳米管束的非辐射光学跃迁过程，这种分散方法对于研究单壁碳纳米管的光学性质起到了很重要的作用。最终，对于这种分散法制备的半导体碳纳米管，如图 4.41所示，可以清楚地得到其电子吸收和发射的跃迁状态[87]。当 pH 小于 5 时，通过选择性质子化，吸收和发射光谱可以反映出带隙的变化。在加入碱或经紫外光照时，这种质子化是可逆的。当然，很多表面活性剂都被报道可以用于成功地分散单壁碳纳米管[90]。

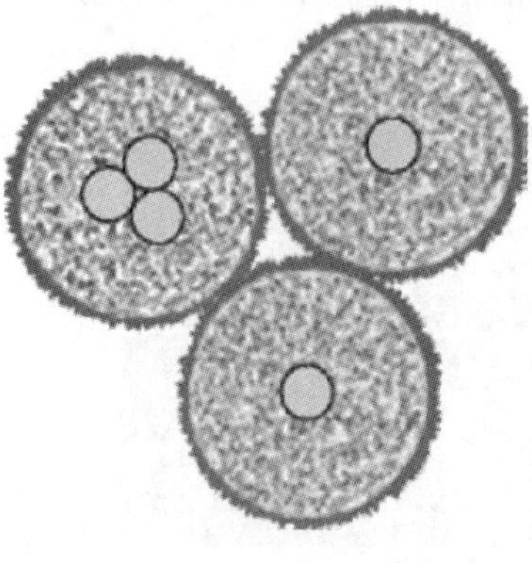

图 4.40　十二烷基磺酸钠（SDS）分散的单壁碳纳米管

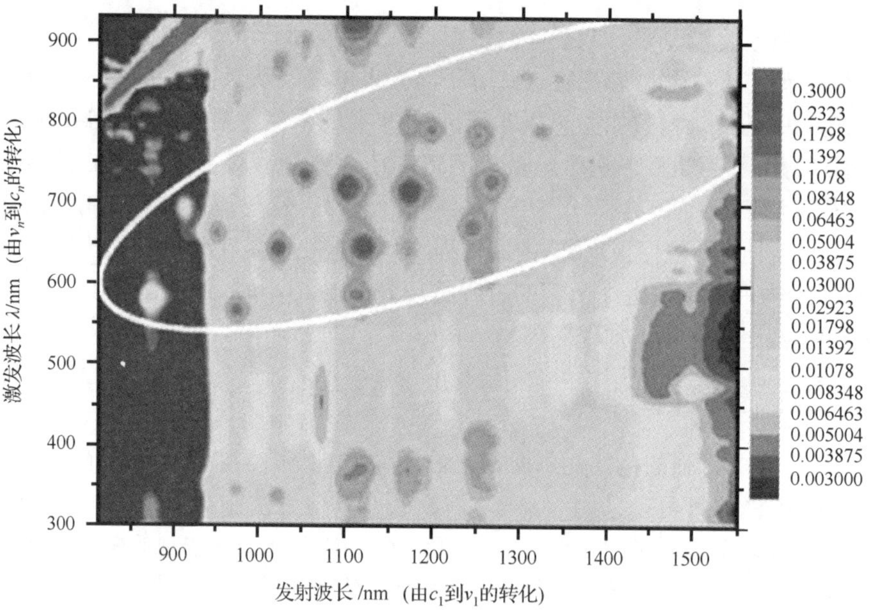

图 4.41　（见彩色插图）单壁碳纳米管的荧光光谱，分散于十二烷基磺酸钠（SDS）溶液。（摘自 Bachilo，S. M. et al. *Science*，298，2361，2002）

此外,Zheng 和 Nakashima 两个小组几乎同时报道了 DNA 也可用于有效地分散单壁碳纳米管[91,92]。DNA 结构同时具有亲水和疏水两部分,因此,可以像 SDS 一样在水里分散单壁碳纳米管。Zheng 等通过原子力显微镜(AFM)观测到了 DNA 包覆的单壁碳纳米管。在用同时具有鸟嘌呤和胸腺嘧啶的单链 DNA 分散时,通过 AFM 观测,可以发现 DNA-单壁碳纳米管复合物形成间距为 18nm 的周期性有序排列结构。此外,单壁碳纳米管的分散取决于 pH 及碱基对的排序。同时,可以用阴离子交换层析来分离金属性的和半导性的单壁碳纳米管[91-94]。

了解了单壁碳纳米管与 DNA 之间的作用,在新颖光电材料应用上,也使其具有更大的应用潜景。Lu 等构建了 DNA-单壁碳纳米管复合体系,计算得到了态密度。他们认为,体系中可能存在电子转移,可以应用于电子器件,也可用于超快 DNA 测序[95]。此外,对于 DNA-单壁碳纳米管复合体系,Strano 小组提出了一种可以用单壁碳纳米管的荧光变化来检测 DNA 的杂化的方法[96]。他们证实,通过荧光调控,可以在单壁碳纳米管界面上实现 DNA 杂化的光谱检测,如图 4.42 所示。荧光的能量移动可以通过单壁碳纳米管表面的 DNA 的包覆与激子结合能的关联来予以模拟。本书提出了一种用来分散碳纳米管的新技术,使用 UV-Vis 吸收光谱对其进行检测,并随后除去多余的 DNA。他们提出的对于特定 DNA 序列的光学检测方法,有望像寡聚核苷酸检测器一样应用于生命科学和医疗领域。

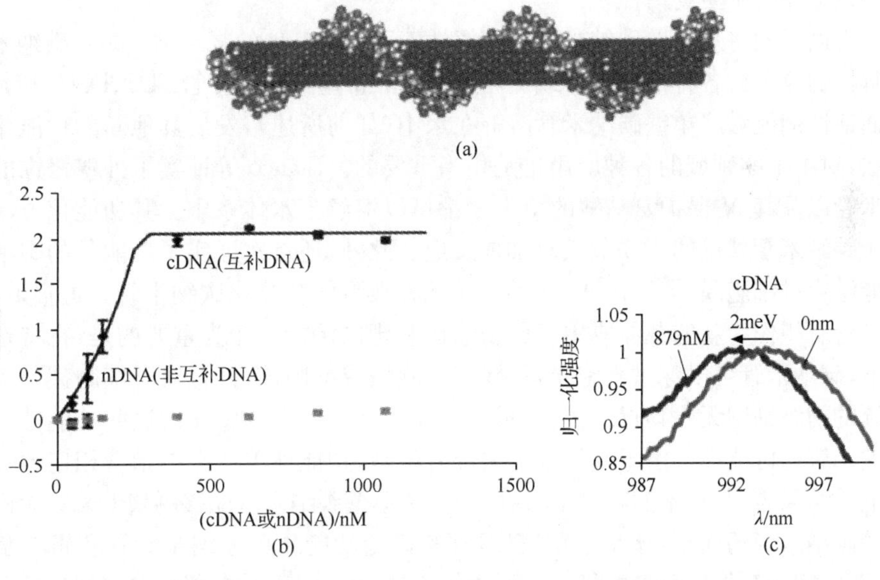

图 4.42 (见彩色插图)(a) ss-DNA 修饰的 SWNT,作为传感器选择性地检测 DNA 杂化;(b) 加入互补 DNA (cDNA)引起稳态(6,5)能量的增加,而加入非互补的 DNA(nDNA),基本不影响能量变化;(c) 加入互补 DNA(cDNA)引起荧光光谱的蓝移。(摘自 Jeng, E. S. et al. *Nano Lett.*, 6, 371, 2006)

4.5.3 分子连接的碳纳米管

由于单壁碳纳米管的外壁为石墨，有机化学合成技术可以应用于单壁碳纳米管的修饰。石墨边缘的反应活性非常高，用化学合成方法对单壁碳纳米管进行外部修饰，基本上都集中于其末端或缺陷部位。经过重氮化，Strano 等发现，相对于半导体纳米管而言，金属单壁碳纳米管具有高度化学反应选择性[97]，可以借此来实现它们的分离。能带结构的变化表明，电子转移的程度取决于电子态密度，也就是接近费米能级的电子密度。

Williams 等报道了用生物分子修饰单壁碳纳米管的侧壁[98]。肽核酸（PNA）共价地连接到单壁碳纳米管，形成的 DNA-单壁碳纳米管复合物能够识别 DNA 碱基序列。Dwyer 等报道过一种将 DNA 连接到单壁碳纳米管末端的合成方法。他们用氧化法打开单壁碳纳米管的末端，得到活性反应位点，使其易于和末端带氨基的 DNA 反应[99]。Baker 等报道了另一种合成方法，同样是先经过氧化反应，不同的是在末端和外壁均得到了反应活性点。经过几步反应后，通过末端的巯基，将 DNA 连接到了单壁碳纳米管的末端及外壁[100]。生物分子中的蛋白质也可用于连接到单壁碳纳米管上。Huang 等借助二酰亚胺-活化氨化法，制备了蛋白质功能化的 SWNT/MWNT [101]。值得注意的是，这些复合物均具有非常高的水溶性，且 90%以上保持了生物活性。

下面我们将从单壁碳纳米管的溶解性着手讨论其他的复合物。单壁碳纳米管溶解性的改善对各种液相操作或提高产率是非常重要的。尽管 SDS、DNA 和其他表面活性剂能够将单壁碳纳米管溶解在水中（如前所述），发展其他新的功能化的方法，对于生物领域的各种应用也是相当重要的。Bianco 等证实了外壁修饰的碳纳米管以及其 *N*-保护氨基酸的衍生物都可以溶解于水体系中。其功能化方法是基于碳纳米管外壁的 1,3-偶极环加成反应。此外，还首次证实了功能化的碳纳米管能够穿过细胞膜[102]。图 4.43 给出了几种典型的功能化碳纳米管。据报道，碳纳米管有望作为新的载体应用于药物输运和靶向治疗。尤为重要的是，在特定条件下，碳纳米管可以穿过细胞膜，积聚于细胞质或细胞核，并且对于细胞甚至免疫系统的初级细胞无生物毒性，它显示出了在基因运载系统中使用这些功能性单壁碳纳米管的可能性。由于其外壁末端带有氨基，功能性单壁碳纳米管相应地带有正电。结果表明，在不同程度上，这些阳离子单壁碳纳米管能够凝聚 DNA，无论是单壁碳纳米管的面积，还是电荷密度，都是确定功能化单壁纳米碳管和带有负电 DNA 之间相互作用和静电复合物形成的关键参数。所以，功能化单壁纳米碳管和 DNA 通过离子作用可以形成超分子复合物。此外，这种复合物同样也可以与细胞结合并进入细胞内[104,105]。

因此，从分子电子技术到纳米生物技术，分子连接碳纳米管衍生物具有广泛的应用前景。

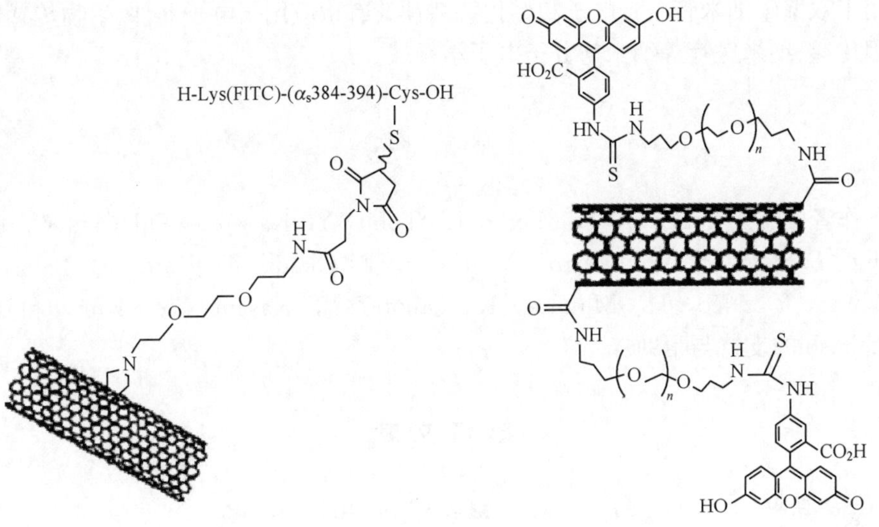

(a) (b)

图 4.43 肽-单壁碳纳米管复合物(a)及氧化复合物(b)的化学结构。(摘自 Pantarotto, D. et al. *Chem. Comm.*, 16, 2004; Dumortier, H. et al. *Nano Lett.*, 6, 1522, 2006)

4.6 总结和展望

在众多碳的同素异形体中,本章基于富勒烯和碳纳米管,从纳米电子技术和分子电子技术发展的角度出发,介绍了具有新颖结构以及新型功能的碳衍生物的发展,以及在该领域中所使用的先进的纳米等离子处理技术。

第一,挑战之一是如何大量地制备碱金属内嵌的富勒烯和氮原子内嵌的富勒烯,以促进基于内嵌富勒烯的纳米电子技术的发展。

第二,在平面基板上制备出单个分离、并垂直排列的单壁碳纳米管,并进一步地对纳米空间的内部进行控制。

第三,不仅制备出了碱金属、富勒烯和铁磁性原子内嵌的单壁碳纳米管,而且要制备同样内嵌的双壁碳纳米管,由于其独特的电子特性,因此,可以作为纳米电子元器件,用于空气稳定的高效 n 型半导体、磁性半导体纳米管、高性能共振隧穿纳米场效应晶体管等。此外,在制备纳米 p-n 结方面,如何使用“碱金属/富勒烯”和“碱金属/卤素原子”内嵌的单壁碳纳米管或双壁碳纳米管仍是我们面临的一大挑战。

第四,制备出了用生物分子如 DNA 和胡萝卜素包覆的单壁纳米碳管,这种碳纳米管修饰主要是外部包覆和通过化学反应连接各种分子。这样的修饰过程同样适用于双壁碳纳米管。其电子和生化特性预计有望应用于电子器件、生物传感器、基因传递、纳米医疗等纳米与分子电子学领域。

致 谢

作者要感谢 N. Sato, T. Mieno, K. Tohji, Y. Kawazoe, T. Hirata, G. -H. Jeong, T. Kaneko, W. Oohara, Y. F. Li, T. Okada, T. Kato, K. Baba, J. Shishido, Y. Neo, H. Mimura, K. Omote, Y. Kasama, Y. Kuk, 和 M. Takahashi的支持与帮助。

参考文献

[1] Kroto, H. W. et al., C_{60}: Buckminsterfullerene, Nature, 318, 162, 1985.

[2] Krätschmer, et al., Solid C_{60}: a new form of carbon, Nature, 347, 354, 1990.

[3] Iijima, S., Helical microtubules of graphitic carbon, Nature, 354, 56, 1991.

[4] Iijima, S. and Ichihashi, T., Single-shell carbon nanotubes of 1-nm diameter, Nature, 363, 603, 1993.

[5] Heath, J. R. et al., Lanthanum complexes of spheroidal carbon shells, Journal of American Chemical Society, 107, 7779, 1985.

[6] Shinohara, H. et al., Mass spectroscopic and ESR characterization of soluble yttrium-containing metallofullerenes YC_{82} and Y_2C_{82}, Journal of Physical Chemistry, 96, 3571, 1992.

[7] Wan, Z. et al., Collision of Li^+ and Na^+ with C_{60}: Insertion, fragmentation, and thermionic emission, Physical Review Letters, 69, 1352, 1992.

[8] Hirata, T. et al., Production and control of K-C_{60} plasma for material processing, Journal of Vacuum Science Technology A, 14, 615, 1996.

[9] Tellgram, R. et al., Endohedral fullerene production, Nature, 382, 407, 1996.

[10] Murphy, T. A. et al., Nitrogen in nitrogen-implanted solid C_{60}, Physical Review Letters, 77, 1075, 1996.

[11] Pietzak, B. et al., Buckminsterfullerene C_{60}: A chemical faraday cage for atomic nitrogen, Chemical Physics Letters, 279, 259, 1997.

[12] Harneit, W., Fullerene-based electron-spin quantum computer, Physical Review A, 65, 032322, 2002.

[13] Suter, D. and Lim, K., Scalable architecture for spin-based quantum computers with a single type of gate, Physical Review A, 65, 052309, 2002.

[14] Sato, N. et al., Production of C_{60} plasma, Physics of Plasmas, 1, 3480, 1994.

[15] Hirata, T. et al., Correlation between fullerene-plasma production using different alkali metals and endohedral metallofullerene generation, Proceedings of Plasma Science Symposium 2001/18th Symposium on Plasma Processing, 741, 2001.

[16] Ohno, K. et al., *Ab Initio* molecular dynamics simulations for collision between C_{60} and alkali-metal ions: A possibility of Li@C_{60}, Physical Review Letters, 76, 3590, 1996.

[17] Campbell, E. E. B. et al., Production and LDMS characterization of endohedral alkali-fullerene films, Journal of Physics and Chemical of Solids, 58, 1763, 1997.

[18] Wan, Z. et al., Collision of alkali ions with C_{60}/C_{70}: Insertion, thermionic emission, and fragmentation, Journal of Chemical Physics, 99, 5858, 1993.

[19] Huang, H. et al., $^{14}N@C_{60}$ formation in a nitrogen rf-plasma, Chemical Communication, 2076, 2002.

[20] Reuther, U. and Hirsh, A., Synthesis, properties and chemistry of Aza [60] fullerene, Carbon, 38, 1539, 2000.

[21] Abe, S. et al., Effects of ion energy control on production of nitrogen-C_{60} compounds by ion implantation, Japanese Journal of Applied Physics, 45, 8340, 2006.

[22] Heald, M. A. and Beringer, R., Hyperfine structure of nitrogen, Physical Review, 96, 645, 1954.

[23] Suetsuna, T. et al., Separation of $N_2@C_{60}$ and $N@C_{60}$, Chemistry—A European Journal, 22, 5079,2002.

[24] Cui, F. Z. et al., Atomistic simulation of radiation damage to C_{60}, Physical Review B., 49, 9962, 1994.

[25] Lips, K. et al., Atomic nitrogen encapsulated in fullerenes: realization of a chemical Faraday cage, Physical Status Solid, 177, 81, 2000.

[26] Cassell A. M. et al., Directed growth of free-standing single-walled carbon nanotubes, Journal of American Chemical Society, 121 ,7975, 1999.

[27] Zhang, Y. et al., Electric-field-directed growth of aligned single-walled carbon nanotubes, Applied Physics Letters, 79, 3155, 2001.

[28] Huang, S. et al.,Growth of millimeter-long and horizontally aligned single-walled carbon nanotubes on flat substrates, Journal of American Chemical Society, 125, 5636, 2003.

[29] Huang, S. et al., Ultralong, well-aligned single-walled carbon nanotube architectures on surface, Advanced Materials, 15, 1651, 2003.

[30] Ismach, A. et al., Atomic-step-templated formation of single-wall carbon nanotube patterns, Angewandte Chemie International Edition, 43, 6140, 2004.

[31] Han, S. et al., Template-free directional growth of single-walled carbon nanotubes on a- and r-plane sapphire, Journal of American Chemical Society, 127, 5294, 2005.

[32] Ago, H. et al., Aligned growth of isolated single-walled carbon nanotubes programmed by atomic arrangement of substrate surface, Chemical Physics Letters, 408, 433, 2005.

[33] Hirata, T. et al., Magnetron-type radio-frequency plasma control yielding vertically well-aligned carbon nanotube growth, Applied Physics Letters, 83, 1119, 2003.

[34] Jeong, G.-H. et al., Time evolution of nucleation and vertical growth of carbon nanotubes during plasma-enhanced chemical vapor deposition, Japanese Journal of Applied Physics, 42, L1340, 2003.

[35] Jeong, G.-H. et al., Simple methods for site-controlled carbon nanotube growth using radiofrequency plasma-enhanced chemical vapor deposition, Applied Physics A, 79, 85, 2004.

[36] Hatakeyama, R. et al., Effects of micro- and macro-plasma-sheath electric fields on carbon nanotube growth in a cross-field radio-frequency discharge, Journal of Applied Physics, 96, 6053, 2004.

[37] Kato, T. et al., Single-walled carbon nanotubes produced by plasma-enhanced chemical vapor deposition, Chemical Physics Letters, 381, 422, 2003.

[38] Kato, T. et al., Structure control of carbon nanotubes using radio-frequency plasma enhanced chemical

vapor deposition, Thin Sold Films, 457, 2, 2004.

[39] Kato, T. et al., Freestanding individual single-walled carbon nanotube synthesis based on plasma sheath effects, Japanese Journal of Applied Physics, 43, L1278, 2004.

[40] Kato, T. et al., Diffusion plasma chemical vapor deposition yielding freestanding individual singlewalled carbon nanotubes on a silicon-based flat substrate, Nanotechnology, 17, 2223, 2006.

[41] Kato, T. and Hatakeyama, R., Formation of freestanding single-walled carbon nanotubes by plasma enhanced chemical vapor deposition, Chemical Vapor Deposition, 12, 345, 2006.

[42] Grigorian, L. et al., Transport properties of alkali-metal-doped single-walled carbon nanotubes, Physical Review B, 58, R4195, 1998.

[43] Karmakar, S. et al., Magnetic behavior of ion-filled multiwalled carbon nanotubes, Journal of Applied Physics, 97, 054306, 2005.

[44] Grobert, N. et al., Enhanced magnetic coercivities in Fe nanowires, Applied Physics Letters, 75, 3363, 1999.

[45] Chen, G. et al., Chemically doped double-walled carbon nanotubes: cylindrical molecular capacitors, Physical Review Letters, 90, 257403, 2004.

[46] Rao, A. M. et al., Evidence for charge transfer in doped carbon nanotube bundles from Raman scattering, Nature, 388, 257, 1997.

[47] Costa, P. M. F. J. et al., Imaging lattices defects and distortions in alkali-metal iodides encapsulated within double-walled carbon nanotubes, Chemistry Materials, 17, 3122, 2005.

[48] Sloan, J., et al., Integral atomic layer architectures of 1D crystals inserted into single-walled carbon nanotubes, Chemical Communications, 1319, 2002.

[49] Zhou, O. et al., Defects in carbon nanostructures, Science, 263, 1744, 1994.

[50] Smith, B. W. et al., Encapsulated C_{60} in carbon naotubes, Nature, 396, 323, 1998.

[51] Jeong, G.-H. et al., Structural deformation of single-walled carbon nanotubes and fullerene encapsulation due to magnetized-plasma ion irradiation, Applied Physics Letters, 79, 4213, 2001.

[52] Jeong, G.-H. et al., Formation and structural observation of cesium encapsulated single-walled carbon nanotubes, Chemical Communications, 152, 2003.

[53] Jeong, G.-H., et al., Cesium encapsulation in single-walled carbon nanotubes via plasma ion irradiation: Application to junction formation and ab initio investigation, Physical Review B, 68, 075410, 2003.

[54] Li, Y. F. et al., Synthesis of Cs-filled double-walled carbon nanotubes by a plasma process, Carbon, 44 1586, 2006.

[55] Hatakeyama, R. et al., Creation of novel structured nanocarbons based onplasma technology, Journal of the Vacuum Society of Japan, 48, 142, 2005.

[56] Li, Y. F. et al., Electronic transport properties of Cs-encapsulated double-walled carbon nanotubes, Applied Physics Letters, 89, 093110, 2006.

[57] Sato, Y. et al., Correlation between atomic rearrangement in defective fullerenes and migration behavior of encaged metal ions, Physical Review B, 73, 233409, 2006.

[58] Takenobu, T. et al., Stable and controlled amphoteric doping by encapsulation of organic molecules inside carbon nanotubes, Nature Materials, 2, 683, 2003.

[59] Kang, Y. J. et al., Electronic and magnetic properties of single-walled carbon nanotubes filled with iron

atoms, Physical Review B, 71, 115441,2005.

[60] Li,Y. F. et al., Synthesis and electrical transport measurement of functionalized double-walled carbon nanotubes by ferrocene encapsulation, Nanotechnology, 17, 4143, 2006.

[61] Li, Y. F. et al., Nano-sized magnetic particles with diameter less than 1nm encapsulated in single-walled carbon nanotubes, Japanese Journal of Applied Physics, 45, L428, 2006.

[62] Izumida, T. et al., Measurement of electronic transport properties of single-walled carbon nanotubes encapsulating alkali-metals and C_{60} fullerene via plasma ion irradiation, Japanese Journal of Applied Physics, 44, 1606, 2005.

[63] Javey, A. et al., High performance n-type carbon nanotube field-effect transistor with chemically doped contacts, Nano Letters, 5, 345, 2005.

[64] Izumida, T. et al., Electronic transport properties of Cs encapsulated single-walled carbon nanotubes created by plasma ion irradiation, Applied Physics Letters, 89, 093121, 2006.

[65] Shim, M. et al., Polymer functionalization for air-stable n-type carbon nanotube field-effect transistors, Journal of America Chemical Society, 123, 11512, 2001.

[66] Javey, A. et al., Electrical properties and devices of large-diameter single-walled carbon nanotubes, Applied Physics Letters, 80, 1064, 2002.

[67] Li, Y. F. et al., Negative differential resistance in tunneling transport through C_{60} encapsulated double-walled carbon nanotubes, Applied Physics Letters, in press.

[68] Jensen, A. et al., Magnetoresistance in ferromagnetically contacted single-walled carbon nanotubes, Physical Review B, 72, 035419, 2005.

[69] Li, Y. F. et al., Electrical properties of ferromagnetic semiconducting single-walled carbon nanotubes, Applied Physics Letters, 89, 083117, 2006.

[70] Li, Y. F. et al., Magnetic characterization of Fe-nanoparticles encapsulated single-walled carbon nanotubes, Chemical Communications, 254, 2007.

[71] Lee, J. et al., Bandgap modulation of carbon nanotubes by encapsulated metallofullerenes, Nature, 415, 1005, 2002.

[72] Shimada, T. et al., Ambipolar field-effect transistor behavior of Gd@C_{82} metallofullerene peapods, Applied Physics Letters, 81, 4067, 2002.

[73] Zhou, C. et al., Modulated chemical doping of individual carbon nanotubes, Science, 290, 1552, 2000.

[74] Zhou, Y. et al., p-channel, n-channel thin film transistors and p-n diodes based on single wall carbon nanotube networks, Nano Letters, 4, 2031, 2004.

[75] Esfarjani, K. et al., Electronic and transport properties of N-P doped nanotubes, Applied Physics Letters, 74, 79, 1999.

[76] Oohara, W. et al., Alkali-halogen plasma generation by DC magnetron discharge, Applied Physics Letters, 88, 191501-1, 2006.

[77] Yoo, K.-H. et al., Electrical conduction through poly(dA)-poly(dT) and poly(dG)-poly(dC) DNA molecules, Physical Review Letters, 87, 198102, 2001.

[78] Debye, Von P. and Falkenhagen, H., Zur theorie der elektrolyte, Physikalische Zeitschrift, 29, 401, 1928.

[79] Tohji, K. et al., Purifying single-walled carbon nanotubes, Nature, 383, 679, 1996.

[80] Suzuki, S. et al., Quantitative analysis of DNA orientation in stationary AC electric fields using fluo-

rescence anisotropy, IEEE Transaction on Industry Application, 34, 75, 1998.

[81] Washizu, M. and Kurosawa, O., Electrostatic manipulation of DNA in microfabricated structures, IEEE Transaction on Industry Application, 26, 1165, 1990.

[82] Okada, T. et al., Electrically triggered insertion of single-stranded DNA into single-walled carbon nanotubes, Chemical Physics Letters, 417, 289, 2006.

[83] Okada, T. et al., DNA negative ion irradiation toward carbon nanotubes in micro electrolyte plasmas, Transaction of Material Research Society of Japan, 31, 459, 2006.

[84] Okada, T. et al., Single-stranded DNA insertion into single-walled carbon nanotubes by ion irradiation in an electrolyte plasma, Japanese Journal of Applied. Physics, 45, 8335, 2006.

[85] Gao, H. et al., Spontaneous insertion of DNA oligonucleotides into carbon nanotubes, Nano Letters, 3, 471, 2003.

[86] Yanagi, K. et al., Highly stabilized β-carotene in carbon nanotubes, Advanced Materials, 18, 437, 2006.

[87] O'Connell, M. J. et al., Band gap fluorescence from individual single-walled carbon nanotubes, Science, 297, 593, 2002.

[88] Bachilo, S. M. et al., Structure-assisted optical spectra of single-walled carbon nanotubes, Science, 298, 2361, 2002.

[89] Fantini, C. et al., Optical transition energies for carbon nanotubes from resonant Raman spectroscopy: environment and temperature effects, Physical Review Letters, 93, 147406, 2004.

[90] Moore, V. C. et al., Individually suspended single-walled carbon nanotubes in various surfactants, Nano Letters, 3, 1379, 2003.

[91] Zheng, M. et al., Structure-based carbon nanotube sorting by sequence-dependent DNA assembly, Science, 302, 545, 2003.

[92] Nakashima, N. et al., DNA dissolves single-walled carbon nanotubes in water, Chemistry Letters, 32,456, 2003.

[93] Strano, M. S. et al., Understanding the nature of the DNA-assisted separation of single-walled carbon nanotubes using fluorescence and Raman spectroscopy, Nano Letters, 4, 543, 2004.

[94] Chou, S. G. et al., Optical characterization of DNA-wrapped carbon nanotube hybrids, Chemical Physics Letters, 397, 296, 2004.

[95] Lu, G. et al., Carbon nanotube interaction with DNA, Nano Letters, 5, 897, 2005.

[96] Jeng, E. S. et al., Detection of DNA hybridization using the near-infrared band-gap fluorescence of single-walled carbon nanotubes, Nano Letters, 6, 371, 2006.

[97] Strano, M. S. et al., Electronic structure control of single-walled carbon nanotube functionalization, Science, 301, 519, 2003.

[98] Williams, K. A. et al., Carbon nanotubes with DNA recognition, Nature, 420, 761, 2002.

[99] Dwyer, C. et al., DNA-functionalized single-walled carbon nanotubes, Nanotechnology, 13, 601, 2002.

[100] Baker, S. E. et al., Covalently bonded adducts of deoxyribonucleic acid (DNA) oligonucleotides with single-walled carbon nanotubes: Synthesis and hybridization, Nano Letters, 2, 1413, 2002.

[101] Huang, W. et al., Attaching proteins to carbon nanotubes via diimide-activated amidation, Nano Letters, 2, 311, 2002.

[102] Pantarotto, D. et al., Translocation of bioactive peptides across cell membranes by carbon nanotubes, Chemical Communication, 16, 2004.

[103] Dumortier, H. et al., Functionalized carbon nanotubes are non-cytotoxic and preserve the functionality of primary immune cells, Nano Letters, 6, 1522, 2006.

[104] Singh, R. et al., Binding and condensation of plasmid DNA onto functionalized carbon nanotubes: Toward the construction of nanotube-based gene delivery vectors, Journal of American Chemical Society, 127, 4388, 2005.

[105] Pantarotto, D. et al., Functionalized carbon nanotubes for plasmid DNA gene delivery, Angewandte Chemie International Edition, 43, 5242, 2004.

5 纳米存储器与纳米处理器的系统级设计与模拟

Shamik Das，Carl A. Picconatto，Garrett S. Rose，
Matthew M. Ziegler，James C. Ellenbogen 著

王朝晖 郜 婧 译

摘要:

本章将详细介绍集成于分子尺度的纳米电子计算机的系统设计和模拟。在本章中,这些系统被认为主要由两个子系统构成,即纳米存储器和纳米处理器。我们列举在设计和开发这两类超高密度集成部件中所面临的挑战。为了应对这些挑

战,人们提出了各种系统级的设计和体系架构。此外,本章还将详细介绍基于交叉开关矩阵纳米导线阵列设计的纳米存储器和纳米处理器所要考虑的各种因素。在制造纳米存储器和纳米处理器之前,我们将首先进行系统模拟,以评估和优化预期的性能。在随后的交叉开关矩阵阵列纳米计算机系统开发的过程中,这些模拟将作为改善设计方案的重要组成部分,因为它们有助于缩减开发的时间和成本。

5.1 引　　言

近年来,人们在分子电子学领域取得了很大的进展,特别是在纳米电子器件和简单分子电路方面[1-11]获得了巨大的成功,这预示着在不久的将来我们就可以在分子尺度上设计和制造一台完整的超高密度纳米电子计算机。实际上,这类纳米电子计算机系统正在开发过程中。尽管面临诸多挑战,人们已经实现了功能化原型纳米存储器[12-14],并且在近几年内就有可能制造出原型纳米处理器[2, 8, 15-18]。

在本章中,我们将介绍一直应用于纳米电子系统硬件开发过程中的系统设计[16, 19, 20]和系统模拟[21, 22]。这类设计和模拟工作的重点将集中在开发新型超高密度纳米电子电路和系统,它们使用交叉开关矩阵纳米线阵列作为其电路结构[8, 23-25]。这类纳米线阵列可以通过模板技术[8,24,25]或自组装技术[23]来制备。可以预料,基于纳米线交叉阵列结构的纳米存储器和纳米处理器系统,能够在每平方厘米上实现拥有超过 10^{11} 个器件单元的集成密度[26]。对基于 CMOS 器件的传统微电子计算机系统来说,这样的超高集成密度是无法想象的。因此,在后 CMOS 时代,通过交叉纳米线阵列设计和制备的具有更高密度的纳米存储器和纳米处理器,也许有可能用于提高基于 CMOS 的电子技术。然而,在本章中,我们将主要集中于设计和模拟"纯的"或"真正的"纳米存储和处理器系统,它们仅包括纳米尺度的器件,如交叉纳米线和分子。

这类真正的纳米计算机系统的研发,为我们开创了全新的系统目标和问题前沿,它要求我们研究与开发并举,而不仅仅局限于目前大量进行的基于独立的纳米器件和小纳米电路的研究[28-32]。因此,除了详细地介绍有关交叉纳米线计算机系统的设计和模拟研究外,我们还将讨论在这一全新领域中遇到的更广泛的系统问题。此外,我们也将探讨一些其他的器件和系统设计方法[33-46],这些方法将有助于解决在构建完整的集成于分子尺度的纳米存储和纳米处理器系统中所遇到的问题。

要做到分子尺度的集成,我们必须确保在我们感兴趣的计算机系统中,基本的开关器件以及导线宽度和节距(即相邻导线间的距离)都只有数个纳米,它相当于小分子的尺度大小。仅需要在其基本器件中使用一个或数个分子,就可以使这样的系统实现一定的功能[4,5,8,10,12,14,47]。另外,该系统可能根本就不需要使用分子,而是使用固态量子点和/或如上所述的通过模板或自组装技术制备的纳米线[8,23,24,51,52]。

本章的主要研究内容包括：

在5.2节中，我们将探讨分子尺度器件必须具备的电学性质以开发扩展的纳米电子系统，并介绍现存的具备且能实现计算功能所需特性的纳米电子器件。

在5.3节中，我们将探讨基于交叉阵列的纳米存储器的预期性能，它们使用了在5.2节所涉及的一些纳米电子器件。概要介绍该系统的体系架构和操作原则。随后，进一步介绍系统性能评估的标准和模拟方法。这一独特的自下而上的模拟方法，有助于详细地预测整个分子系统的性能。同时，还将给出具体的系统模拟结果，以及讨论模拟结果在扩展纳米存储系统构建中的意义。

基于对纳米存储器的分析研究，5.4节将考虑更为复杂的纳米处理器设计问题。首先，概要介绍当前在纳米处理器体系架构设计中遇到的困难，回顾已有的各种系统架构方法。我们将详细介绍DeHon和Wilson[19]提出的交叉纳米线方案，它是最具发展前景的一种系统级设计方案。5.4节将介绍一种基于DeHon-Wilson方案而设计的概念纳米处理器中关键电路的详尽模拟过程，并作为这一章的结束。

这里所介绍的模拟，是为了以一种非常特别的方法从细节上阐明在构建和操控纳米计算机时遇到的各种问题。尤为重要的是，在构建和制备整个纳米系统之前，这些模拟工作就已能够、并很快地开展。当研究人员试图进一步地对一个纳米计算机进行细节设计时，系统模拟可以揭示架构设计方案选择和器件级限制所能产生的具体影响。此外，模拟结果还将为纳米器件和纳米制造的研究指出方向，以便我们能够充分利用这些技术的极限，并清楚在构建纳米计算机时哪些方面的努力是最卓有成效的。

5.2 纳米计算机设计中的分子器件

无论是否考虑整个计算机系统的设计、模拟还是制备，结构和功能的层次问题均无可回避。在现代电子工程的常用方法中，这一层次结构始于最高级别的抽象和架构级别，之后为部件电路级别，最后直到部件开关和互联器件级别[53]。在微处理器的设计和制备中，必须具备的条件是：器件的良好性能以及器件结构和性能的精确调控能力。广义地说，这一观点反映了微处理器设计和制备中采用的“自上而下”(top-down)的方法，这些器件性能的鲁棒性(robustness)以及这些器件的结构和性能的精准可控性被认为是理所当然的。体系架构经常被优化，以首先适合最高级别的系统目标，如计算延迟和处理能力，然后是电路，最后才是器件的性能(可以对其进行调节以适应体系架构的特定需求)。

而今，当我们需要设计、模拟或制造一个分子尺度的纳米计算机系统时，情况就不一样了。人们调控纳米器件性能的能力还非常有限，部分原因是因为这些分子器件太过新颖。了解、设计、制造和调控这些器件的实验[54-58]和理论[59-66]还处于研发过程中。此外，这些纳米器件的结构和性能的精确可控性也受其物理本质的限制，因为在如此小的尺度上，那些结构和性质中普遍存在的量子效应也会起一定的作用。

另外，纳米电子电路和系统的设计也会因为分子尺度开关所存在的尺度小、总电流小而受到限制。它会在各方面带来一些困难，例如，纳米器件和大尺度的结构和材料之间的相互接触，制备具有足够导电能力的材料以便为整个纳米计算机系统提供足够的电流和信号强度。这样一个系统的尺度至少在数十平方微米或数十平方毫米，它是分子尺度纳米器件的数百万倍。

不论这些局限性是暂时的，还是本质性的，在近期内，它们将限制电路和体系架构的设计和实现。此外，这些局限性促使我们必须从最底层即器件层来考虑纳米计算机的设计和模拟。

在以讨论电路和系统为目的的有关分子电学性质的实验[3,55,56,67,68]中，分子尺度器件的构建是：在两种金属或半导体表面之间形成一个结，将一个分子尺度的结构夹在其间，形成三明治结构。夹在中间的分子尺度结构，可能是一个或数个分子，如图 5.1 所示。或者，也可能是只有几个纳米厚度的一层分子或原子，如图 5.2(a)所示的纳米线结(junction)二极管。因为很多电学性质都非常重要(尤其是电容)，这类结(junction)纳米开关的电学特性可以通过电流 I 与外加电压 V 之间的响应，即所谓的 I-V 曲线来表征，如图 5.2(b)所示。

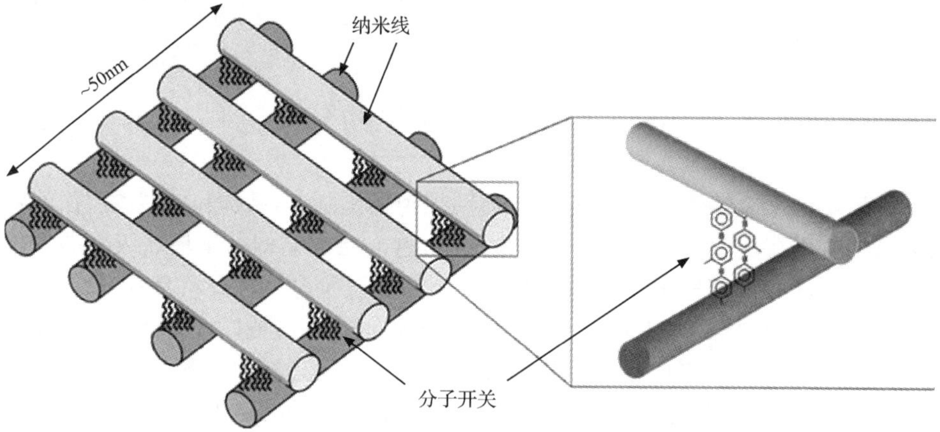

图 5.1 由分子器件连接的纳米线“交叉开关矩阵”阵列

这类结的 *I-V* 特性包括低电压下的简单电阻[69]、整流[57,70]、负微分电阻(NDR)[6]以及滞后(hysteresis)特性[69]。人们已经实现了各种各样的这类纳米结装置，它们可用于构建扩展的纳米电子系统。图 5.2 所示的滞后现象是非常有意义的，因为它允许将结"编程"到双态之一。这种双稳态开关是所有计算系统的基本部件。

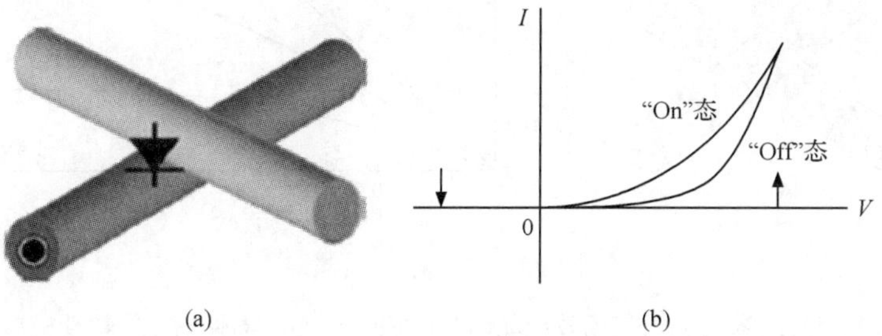

图 5.2　(a) 由交叉纳米线构成的整流结开关，它是由一个或数个分子或原子层形成的三明治结构；(b) 迟滞整流装置的典型 *I-V* 曲线；滞后现象是由多电导状态来表征的，图中给出了高电导时的"ON"状态和低电导时的"OFF"状态，ON 和 OFF 状态之间开关的电压阈值由箭头标出；整流现象是通过正和负电压之间的不同响应来实现的

开发具有合适 *I-V* 特性的分子尺度开关，对于构建计算机系统的功能电路是至关重要的。对于这种系统(即纳米处理器)的逻辑组件，纳米开关能够产生信号恢复和增益是尤为重要的。在通过逻辑多层传输时，这两种特性是维持电信号的基础。产生信号恢复和增益的纳米开关，也可使用纳米晶体管来实现。尽管电路很小，如包括分子二极管的锁存器，它也可以产生信号恢复[11]。人们已经使用碳纳米管(CNT)制造出了纳米晶体管[9,71-74]，尽管很难将其应用于构建扩展系统中。此外，人们也设想用小分子来制造晶体管[57,75]。目前，基于小分子，人们已经制造出了一些独立的晶体管，但仅在非常严格的低温条件下才能实现[76,77]。此外，基于交叉纳米线，鲁棒的纳米晶体管也已在实验室常温条件下实现[7]。图 5.3 给出了这类纳米线晶体管的示意图以及其 *I-V* 曲线。

除了获取增益和信号恢复外，其他 *I-V* 特性，如利用双端纳米器件进行整流，也是非常重要的。模拟结果表明，即使是使用具有良好增益的器件，整流也是必要的，以确保其信号按期望的路径通过电路，尤其是在交叉阵列中更是如此。一个可靠的整流器，可以确保电流在设计的工作电压下仅按一个方向通过。

在分子电子技术领域，人们已经成功地构建和运行了集成双端结(two-terminal junction)的纳米器件(如整流器)，以及三端(three-terminal)的纳米晶体管的扩展纳米计算机系统。它们构成了从器件到系统级的层次结构：①发展纳米制备方法，以制造大量的精确、规整、符合要求的纳米结器件；②开发互连和电路设计方

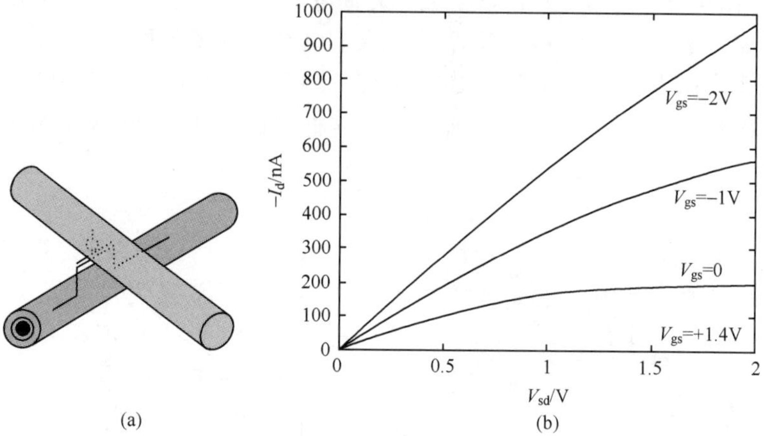

图 5.3 (a) 交叉纳米线 p 通道场效应晶体管(PFET)。(b) 器件的 I-V 特性模型。该模型基于 Huang 等[17]的实验结果。对于该晶体管,在零电流时器件处于"OFF"状态,观察到的相应阈值电压约为+1.4V

法,使得这类结结构可以纳入扩展的电路系统;③确立体系架构方法,包括前面提到的电路设计,符合当今分子电子器件中 I-V 特性的约束要求。

挑战存在于这一层级结构的各个层次。不过,我们可以分别考虑其两个主要子系统,即纳米存储器和纳米处理器,这样,纳米计算机系统的开发所面临的挑战将会有所减轻。由于其不太复杂的系统构架,目前,纳米存储系统所面临的挑战相对要小一些。此外,在 5.3 节我们将讨论纳米存储系统的设计与模拟所获得的知识,并为 5.4 节讨论纳米处理器设计与模拟所面临的大量严峻挑战打下基础。

5.3 基于交叉阵列设计的纳米存储系统

5.3.1 概述

交叉开关矩阵体系架构[10,12,14,16,25,69,78]是最为普遍的框架或方法,它应用于设计和制造分子尺度的纳米存储系统。基本的交叉开关矩阵体系架构由按正交方向布置的平行线平面叠合而成,如图 5.1 所示。纳米储存的基本器件为分子结开关,它由线的交叉点构成。这里,假定一个比特存储于每个这样的交叉点器件。

基于这一体系架构的纳米存储系统设计,由三个主要的子系统构成:一个纳米线交叉开关矩阵存储阵列和两个解码器(一个为阵列的行解码器,而另一个则为列解码器)。超高密集的纳米线交叉阵列,采用特殊的技术诸如纳米压印[8,24]和基于流动对齐[23]的技术来制备。通过使用这些技术,人们已经构建了相当大容量的存储阵列[12-14]。

图 5.4 给出了一个系统示意图及其相应的线路示意图，它是基于 DeHon[79] 提出的架构设计而制造的 10×10 概念纳米存储。在图 5.4 中，纳米线阵列构成交叉开关矩阵阵列，以细黑线表示，类似于解码器中的纳米线。该解码器还包含更长、更厚的常用于传统微电子技术中的微米级导线或“微米丝”，它们用粗灰线表示。

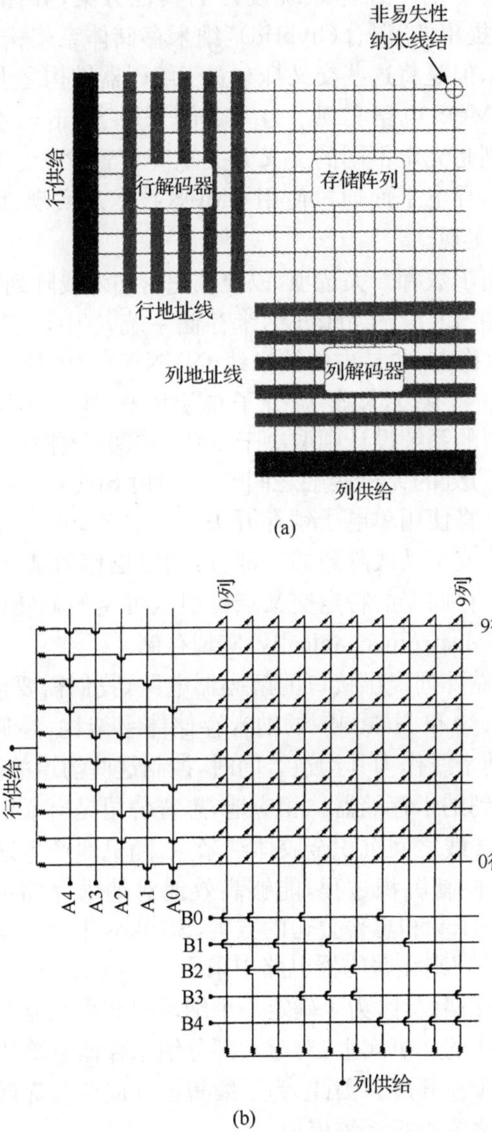

图 5.4　(a) 纳米存储器件的结构示意图；(b) 纳米存储器件的电路示意图；该设计包括一个由非易失性纳米二极管组成的交叉开关矩阵纳米线存储阵列，和两个由顶门控(top-gated)纳米线场效应晶体管构成的解码器

交叉开关矩阵阵列存储数据，而解码器则作为纳米存储阵列的接口。解码器允许外部微电子系统访问密集集成阵列的交叉开关矩阵结。此外，各解码器也连接到微米丝，为系统供电。这些供电导线由粗黑线表示。通过在其上施加电压，它们也可用于读取或写入一个比特到由解码器选择的各纳米线结。

人们同时也提出了纳米存储系统设计的其他方案，如图 5.4 所示。例如，Strukov 和 Likharev 提出的“混合(hybrid)”纳米存储体系架构[80]，它利用纳米线交叉杆作为存储装置，但是将这些交叉杆布置于解码器结构之上，而这些解码器结构则完全由传统的 CMOS 电路实现。另一个例子是 Nantero 公司提供的纳米存储器原型，它使用的则是完全不同的交叉开关矩阵布置[13,81]。在 Nantero 公司的交叉开关矩阵布置中，导电平面通过使用 CMOS 技术来实现，而另一个正交平面是由碳纳米管网格来实现。

此外，人们还提出了数种开关选项，以便在超密纳米线阵列的交叉点处来存储各存储比特。例如，在 Lieber-DeHon 纳米存储系统[78]中，交叉阵列中的各纳米线-纳米线交点形成双稳态、非易失的纳米线(NVNW)二极管，如图 5.2 所示。在 Heath 纳米存储系统[10]中，双稳轮烷分子单层则作为一个电子可重写存储比特[5]。同样，惠普公司的系统设计则取决于 100～1000 个有机分子的单层，这些分子夹在两个位于交叉点处的无机接触之间[82]。而由 Strukov 和 Likharev 提出的混合纳米存储系统，则将使用单电子锁存开关[83]。在 Nantero 公司的纳米存储体系架构中，碳纳米管构成交叉线阵列的一部分，同时也作为基本器件，即存储比特位，它们是通过在纳米存储器的特定交叉点处引入可逆的偏转(deflections)或“扭结”(kinks)来机电地(electromechanically)实现存储。

为了合成给此存储阵列提供接口的解码器电路，我们需要使用不同的分子器件[84]。Lieber-DeHon[85]和 Heath[86]的纳米存储体系架构，是通过使用晶体管来实现的，并以半导体纳米线作为其沟道。同时，控制这些沟道的微米级金属导线也用于从微观尺度连接到纳米存储器。相应地，惠普公司提出了另外一种方案，即通过在微米导线和纳米导线之间沉积金胶体纳米点，随机地产生纳米导线-微米导线界面[87]。通过适当地控制沉积过程，能够高效地对纳米存储中各纳米线进行解码。不同于 Lieber-DeHon 和惠普公司的方案，Strukov 和 Likharev[80]以及 Nantero 公司的混合系统[13,81]则在解码器电路中采用了传统的 CMOS 技术。

对所有这些纳米存储设计，为了确定一个纳米存储系统能否正常工作，是非常昂贵、费时、且难以操作的。事实上，对于大部分纳米存储系统架构，其制造和物理测试工作仍有待进一步地开展。因此，为了缩短设计周期和降低成本，有必要在制造这些纳米存储系统之前进行系统模拟。

5.3.2 纳米存储系统模拟示例

在本节中，我们将介绍基于 Lieber-DeHon[79]架构的概念纳米存储系统的模拟。纳米存储的基本器件[51,52,88]和小型原型电路[23,85]已有实验样品。这里,我们将利用计算机仿真来评估:如果同样使用这些器件,原型扩展系统的性能将如何。

在这里介绍的系统仿真中,纳米存储器的存储阵列由纳米线二极管构成。在解码器中,微米导线-纳米导线的交叉点构成场效应晶体管。这些晶体管负责处理存储器阵列中各行和列的选择或"寻址"。晶体管以一种"2-hot"编码方案[79]来布置。此方案要求,无论存储阵列大小如何,必须能够准确地规定解码器中两根特定微米导线之间的电压,以选择一个特定的纳米存储位置。这种编码方案不同于通常使用的CMOS电路的二进制编码方案[53]。二进制编码方案要求使用(asserting)$\log_2 N$根微米导线,以便从一组N根导线中挑选出特定的一根。"2-hot"寻址方案由于其额外的容错能力而被采用。采用2-hot寻址,因任何一根微米导线的故障而产生的影响要明显地低于二进制方案对应的影响[79]。此外,不论阵列的大小如何,"2-hot"编码方案要求,被选定的纳米导线正好遇到两个串联的晶体管,而二进制编码则要求串联$\log_2 N$个晶体管。减少串联电路的数量是有利的,因为它能够确保充足的供电电压到达选定的交叉杆结处,而不是被解码器耗散掉。

5.3.3 纳米存储系统评估标准

首先,我们使用强信号来评价一个纳米存储器是否能够准确地读取和写入数据,这样可使电路噪声或其他因素的影响降至最低。为了评价读操作,我们将集中在读逻辑"1"与读逻辑"0"之间的输出电流差值(ΔI_{out})。我们将在最坏情况的内存配置下来评估这个电流差值(即阵列中"1"和"0"的最坏情况模式),以确保对整个纳米存储阵列的各比特位均可以区分逻辑"1"和逻辑"0"。对于写操作,我们将考察施加到指定的交叉开关矩阵结处的电压,以确认是否施加了足够的电压。同时,我们还将确保其他结处没有接收足以改变其逻辑状态的电压。

此外,还将考虑纳米存储的速率和功耗。分析输出电流切换时间,并对如何提高速率、降低功耗提出建议。

5.3.4 模拟方法和器件建模

器件和复杂电路系统的模拟,可以在不同的设计抽象层次进行[53]。适当的抽象层次选择主要是由模拟的目标和仿真工具针对复杂性的处理能力来决定的。通常情况下,我们可以忽略具体的细节,以捕捉复杂体系的重要的总体特性。

电子设计抽象的三种类型为:器件层次、电路层次和体系架构层次。器件层次主要集中在单一器件(如一个二极管或晶体管)的具体细节。这一层次的模拟,将提供有关各器件的操作和物理的信息,但一般不考虑电路中各器件之间的相互关联。与此相反,体系架构层次则考虑非常大的系统,但通常不包括各器件的物理或特性方面。电路层次作为两者之间的桥梁,考虑相对较大的系统(约数万量级的器件),但仍然保留其到各器件的基本物理特性的联系。这里介绍的模拟也是在这个层次进行的。

在模拟纳米电子存储器时,我们可以借用传统微电子学中的许多概念和技术。例如,常用的 Cadence Spectre VLSI CAD 商业软件工具[89],是我们的首选仿真程序。使用现存的商业软件工具原因之一是可以明显地节省时间,且软件经过测试,可靠性高。这一软件还具有一些强大的功能,如模拟语言和图形界面,尤其适合于扩展电路的灵活模拟。最后,使用传统的 VLSI 工具,为设计和模拟纳米存储与外围微电子电路的操作和通信提供了无缝的解决方案[90,91]。

这里介绍的工作,与器件模型的传统微电子学概念密切相关,它反映了电路元件的基本性质和响应行为。对纳米存储中使用的所有器件,都需要使用实验观察到的特性模型。特别地,电流-电压传输特性(I-V 曲线)对于稳态特性的模拟是必要的,而电容-电压传输特性(C-V 曲线)则对随时间变化的或瞬态的模拟是必要的。

微电子器件的典型模型包括基于对这类器件的基本物理特性有充分了解后建立的紧致方程(compact equations)。但是,对于这类涉及分子器件的模拟,目前的基于物理的方法是不可行的,这是因为,对大多数的分子器件的基本物理特性,目前仍缺乏理解。因此,在本工作中,我们将采用基于实测的器件特性的经验模型。

将这些新型模型纳入传统的电路模拟器是困难的。增加新模型,往往要求对专有源代码进行修改。开放源代码的模拟器确实存在,如 SPICE3[92],但是,在这些模拟器中增加新的器件模型,仍然是非常麻烦的[93]。此外,这些开源模拟器的稳定性和仿真速率,还不足以用来仿真大规模的电路系统,而许多商业模拟器则能够做到。

因此,为了有效地开发和模拟分子器件模型,我们采用了商业 Cadence Spectre 模拟器。这一软件允许我们使用模拟硬件描述语言(模拟 HDL)Verilog-A,来描述器件的经验特性。这种模拟方法类似于其他文献中介绍的那样[94-96],不同之处在于,本工作中的经验公式是专门为 Lieber-DeHon 纳米存储系统设计的。将这些经验公式纳入 Spectre 电路仿真器,就使得它可以支持 Verilog-A 组件和传统的 SPICE 级器件的模拟。

交叉开关矩阵纳米存储系统的模拟,要求三种器件模型。前两种为纳米线器件模型:应用于存储阵列中的非易失性纳米线(NVNW)二极管,以及用于解码器的顶门控制(top-gated)纳米线场效应晶体管(TGNW-FET)。第三种则为纳米存储系统的纳米线互连模型。

5.3.4.1 非易失性纳米线二极管模型

图 5.5 给出了一个电路原理图,它用于模拟由哈佛大学开发的非易失性纳米

线(NVNW)二极管的特性[78]。模型包括两个与电容器(C_{jdiode})并联的常规非迟滞(non-hysteretic)二极管。通过对连接到电路的二极管进行切换,模型可以在高电流状态[开启状态(On 态)]和低电流状态[关闭状态(Off 态)]之间切换。它可以再现实验器件中观察到的 *I-V* 特性。实际的 NVNW 二极管测量得到的 *I-V* 曲线和相应的模型的模拟 *I-V* 曲线如图 5.6 所示。从测得的 *I-V* 曲线拟合出经验公式,以便得到模型。用于收集如图 5.6 所示的实验数据的装置,它仅限于测量 1000nA 以下的电流,这也是器件在偏置电压约 3V 下的极限。在模型中,偏置电压大于 3V 时,二极管的电流值是基于现有数据通过外推而得到的。

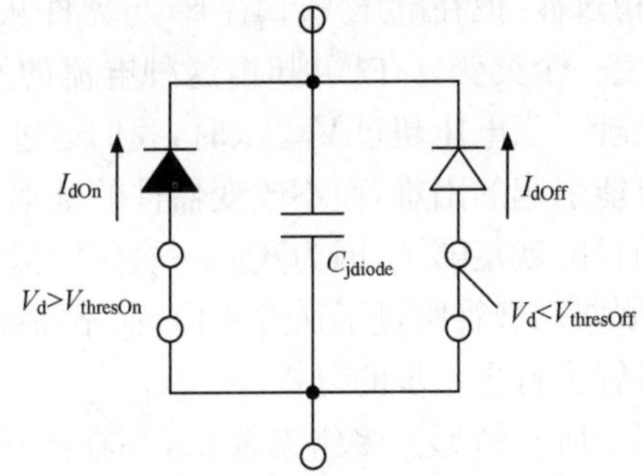

图 5.5 图 5.2(a)中给出的非易失性纳米线二极管的电路示意图。该器件模型包括与一个电容器并联的两个常规二极管。两个二极管分别用于模拟高电流状态(开启状态)和低电流状态(关闭状态)

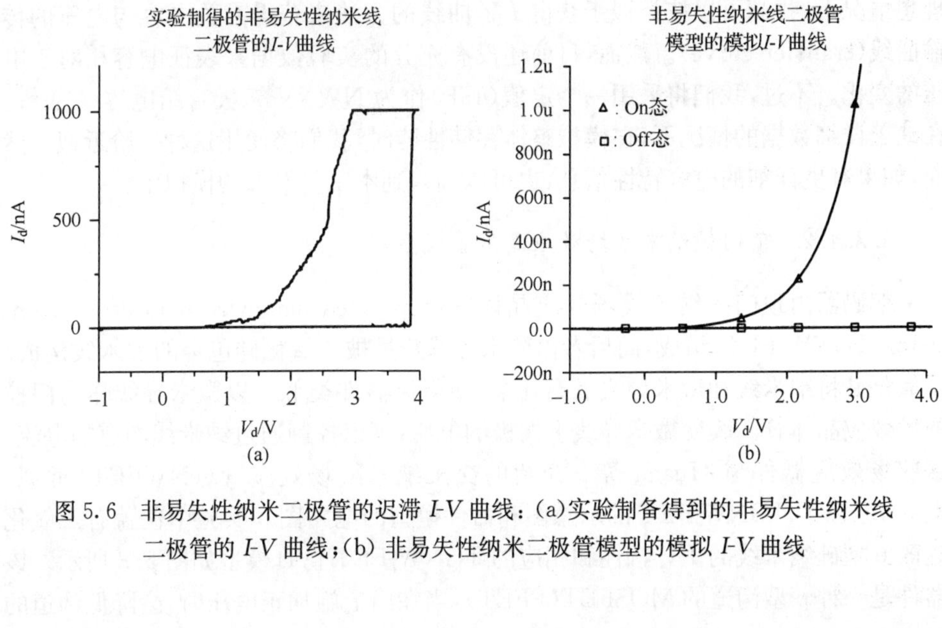

图 5.6 非易失性纳米二极管的迟滞 *I-V* 曲线:(a)实验制备得到的非易失性纳米线二极管的 *I-V* 曲线;(b) 非易失性纳米二极管模型的模拟 *I-V* 曲线

当反向偏置电压超过 V_{thresOFF}（即更负）时，NVNW 二极管从开启状态切换为关闭状态。同样，当偏置电压高于 V_{thresON}（即更正）时，装置由关闭状态切换为开启状态。实验二极管的器件阈值分别为 -2.75V（V_{thresOFF}）和 3.80V（V_{thresON}）。这类仿真研究的问题是，从设计和建立扩展的内存电路系统的角度看，器件特性（如阈值电压）是否最佳，以及器件的特性是否可以进一步地改善。这类问题将在 5.3.5 节中述及。

尽管这类二极管开关表现出相对简单的特性，但其迟滞 *I-V* 曲线为我们带来了一个复杂的器件建模任务。在电压 V_{thresOFF} 下，当从开启状态向关闭状态切换时，器件在曲线之间平稳过渡，但在电压 V_{thresON} 下，当器件从关闭状态切换到开启状态时，器件电流会产生一个突变。在模拟时，这种电流的不连续性，需要对现有的数学模型进行特殊处理。当电压超过 V_{thresON} 时，我们通过简单记录的办法，来避免这种电流不连续性可能引起的困难，而不改变器件的基本状态。但是，这对于我们这里所描述的工作的目的就足够了，因为我们一次仅模拟纳米阵列的一个构型。这样，我们只需要确定哪些二极管跨过了切换阈值，而不需要对纳米存储系统中处于开关切换状态的二极管进行进一步的分析。

这种技术并不适用于所有情形。多组态模拟，如在读-写组合下计算功耗，需要对二极管开启、关闭两种状态的过渡进行模拟。它不能通过这里介绍的方法进行模拟。不过，这里介绍的单配置模拟却足以确定由目前的器件构造的存储系统是否可运行。

对于随时间变化的模拟，除了 *I-V* 曲线外，还需要提供有关器件电容的信息。理想情况下，我们可以按类似于获得 *I-V* 曲线的方法来获得有关电容与电压的传输曲线（transfer curve）。然而，目前还没有充分的实验数据来表征电容相对于电压的变化。不过，我们将采用一个定值（1aF）作为 NWNV 二极管结电容（C_{j}）[78]。在缺乏详细数据的情况下，在模拟整体存储性能时，我们将使用这种一阶近似。然而，如果有更详细的电容特性信息，也可以加入到本工作发展的模拟中。

5.3.4.2 顶门控纳米线场效应晶体管模型

解码器由顶门控纳米线场效应晶体管（top-gated nanowire field effect transistor，TGNW-FET）组成，而后者由微米导线跨过被二氧化硅包裹的纳米线构成。二氧化硅将纳米线和微米导线隔离开来，使得该器件类似于以微米导线作为门控的场效应晶体管。改变微米导线上栅极的电压，可以控制通过纳米线沟道的电流。这些场效应器件与 Huang 等[7]介绍的交叉纳米线场效应管（cNWFET）类似。图 5.7给出了 TGNW-FET 的示意图和器件模型的电路图。实验中覆盖有二氧化硅的 p 型硅纳米线的 *I-V* 特性和相应的 TGNW-FET 仿真模型如图 5.8 所示。该器件是一种 p 型沟道的 MOSFET（PFET），当在门上施加正电压时，会降低沟道的导电性[5]。模型的 I-V 方程式是一种修正的一阶 MOSFET I-V 方程。对 MOSFET 公式的修正包括标度输入电压以及增加一个误差校正项。这些修正是经验性的，与基本物理没有直接的联系。但是，我们并不需要表征其基本的器件物理，仅需要能够模拟出实验结果即可。

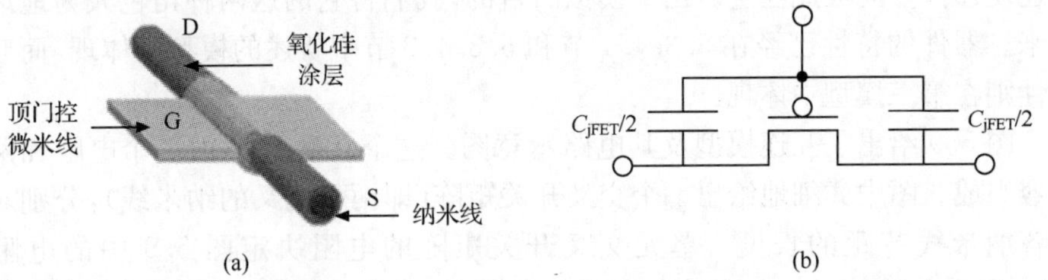

图 5.7 顶门控纳米线场效应晶体管的结构(a)和电路示意图(b)；它是通过将一根微米导线沉积到一根覆盖有二氧化硅涂层的纳米线上而形成的，器件模型包括一个 PFET 晶体管和两个电容器

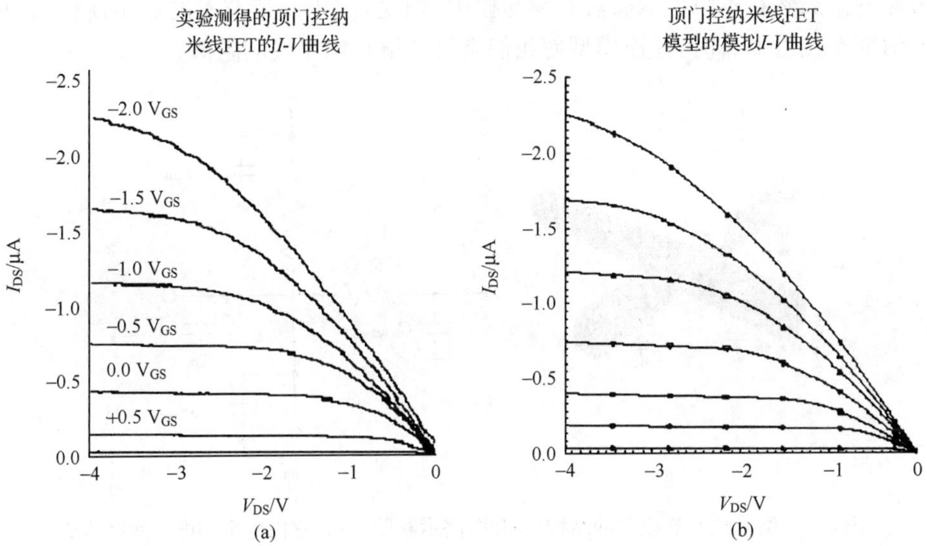

图 5.8 通过门电压控制的顶门控纳米线场效应晶体管的 I-V 曲线：(a) p 型顶门控硅纳米线 FET 的 I-V 曲线；(b) 顶门控纳米线场效应晶体管模型的模拟 I-V 曲线

此外，模型中还包括纳米线和微米导线之间的电容(C_{jFET})。我们假定这一电容类似于 NVNW 二极管结(即 $C_{jFET}=C_{jdiode}$)。这是一个可靠的假定，尤为适用于大型纳米存储阵列，因为在这些阵列中的 C_{jFET} 主要由 C_{jdiode} 决定的。

5.3.4.3 纳米线互连模型

在传统的微电子学中，可以清晰地区分器件与连接到器件的导线。在交叉开关矩阵纳米存储中，这种区分不再适用。在纳米存储中，纳米线不仅构成器件，而且还使器件之间彼此互连。出于模拟的目的，我们将它的这两种角色人为地区分开来。器件的特性已经在5.3.4.1节和5.3.4.2节中所述的模型中体现，而互连特性则在第三模型中体现。

图5.9给出了互连模型及其电路示意图。这个Π模型[53]由一个电阻和两个电容组成。图中详细地给出一个交叉开关矩阵（即两个交叉的纳米线），分别对应于各纳米线节距的长度。单元交叉开关矩阵的电阻决定图5.9中的电阻值（R_{NW}），而电容（C_{NWsub}）则仿真到基板的容抗。

图5.9所示的互连模型，也可以包括一个接触电阻 R_c。这一电阻将模拟微米导线供电线和纳米线之间的接触。在当前的器件中，其电阻约为1MΩ[52]。与纳米线电阻 R_{NW} 相比，R_c 的阻值占主导位置。因此，我们假定 R_{NW} 在模拟中是可以忽略的。虽然在本章中 R_{NW} 没有参与模拟，但是，由于制造技术的进步使得 R_c 的阻值降至接近 R_{NW} 时，互连模型使我们有可能解释纳米线的阻值。

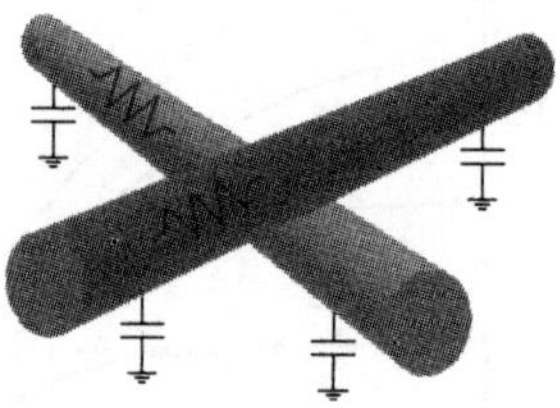

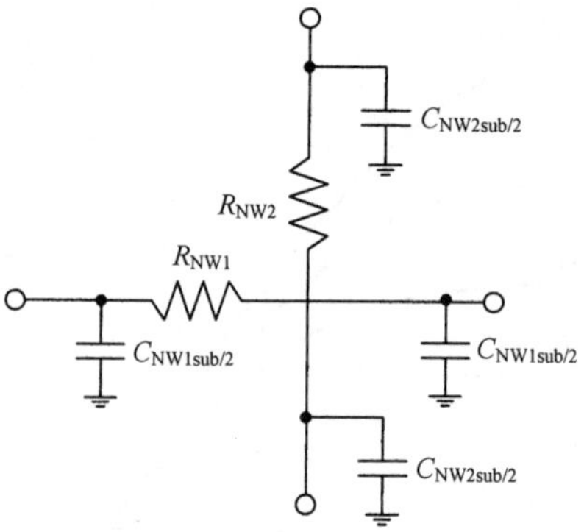

图5.9 纳米线互连模型的结构(a)和电路示意图(b)。它由电阻和电容网络构成

电容 C_{NWsub} 的实验值可以通过改变纳米存储阵列与基板之间的距离或者它们之间的绝缘介质来予以改变。这样，在模拟中，C_{NWsub} 被处理成一个可变参数，其值对系统性能有着重要的影响，如5.3.5节所示。

互连模型中没有包括下述两个额外的影响，但在纳米系统中可能会发挥一定的作用，即相邻导线间的串扰电容和沿导线的寄生电感。在较小线间距的系统或工作于高频狭长电线中时，可以观察到这两种影响。然而，这些因素不会对低速、低频的原型纳米存储的功能产生强烈的影响。也就是说，尽管这两个寄生效应可能会影响纳米存储的速度和能源效率，但不会影响系统的正常工作。

5.3.5　纳米存储模拟与分析

通过给行解码器和列解码器提供一个地址来访问纳米存储，随后调整供电电压，强制产生一个读或写操作。解码器在选定的行和列上开启 TGNW-FET 来维持一行和一列，同时，在各未被选定的行和列上关闭至少一个 TGNW-FET。此过程会在纳米存储阵列中隔离出一个独特的点或地址。

当这些 TGNW-FET 关闭时，它们会形成一个开放的电路，在缺乏强供电的情况下，未被选中的行和列上会产生一个“浮动的”(floating)电压，以这种方式来允许行和列的浮动。如果这些二极管受到阵列中其他地方的超过编程极限阈值的电压作用，会导致未被选择的二极管结产生不适当的编程。为了控制未被选择的行和列上的电压，我们将使用一个预充电的(precharge)信号方案。在评估前，预充电方案将一固定的电荷放置到所有未被选择的二极管上。这样，它可用来限制它们之间的电压差。

各操作都被因此划分为预充电阶段和评估阶段。图 5.10 给出了图 5.4 所示的 10nm×10nm 存储上一个读操作所对应的这些两相输入和输出信息波形。模拟首先读取二极管(8,8)——即在第 8 行和列 8 对应的二极管，随后是二极管(9,9)的读取。能够模拟二极管(9,9)的读取是非常重要的，它对应于读写操作的最坏情形，因为它距离供电导线最远。对二极管(8,8)的读取模拟，为我们提供了一个连续访问存储的预充电方案的例子。原则上，任何地址位置都是可行的。

预充电阶段选中(assert)所有的地址线，并在所有的行和列上施加电压。然后，在评估阶段，仅选中(assert)选择的行和列。非选择线上的结和寄生电容维持充电电压，同时，它们与电路其他部分隔离开来。在评估阶段，至少有一个 TGNW-FET 在各未被选择的行和列上处于关闭状态，使得行供给和列供给之间选择的二极管存在一个唯一的路径，这样允许一个比特的读或写。

当从存储中读取一个比特时，将电压施加到行和列供给，使得选择的二极管为正向偏置，这样允许纳米存储器输出的电流反映选定的二极管的电阻。在选定的二极管上，选择工作电压为正向偏置是尤为重要的。而未选择正向偏置的二极管，会对总的输出电流产生不利的影响。在读取逻辑“0”位的最坏情况(即选定的二极管处于关闭状态，而其余的二极管处于开启状态)下，即使是很小的正向偏置电压施加到非选择结，也会导致选定的二极管状态不可读。这一问题随着阵列大小的增加而变得更加严重，因为会有更多的未选中二极管对总电流有贡献。

为了避免这种未选择二极管的干扰，我们通过选择读取内存的预充电和赋值电压，使未被选择的二极管处于反向偏置或接近零偏压。这一策略有助于避免未被选择的二极管对输出电流的影响。图 5.10(a)给出了上述策略的模拟结果。它将内存配置设置为读取逻辑“0”位的最坏情形。最坏情况的二极管，即二极管(9,9)，设置为逻辑“0”，其余的二极管设置为逻辑“1”。前四个波形为读取操作时二极管和两个相邻的二极管上的电压偏置。模拟结果表明，在评估阶段，在未被选择的行和列上的二极管，存在一个反向偏置或一个非常小的正向偏置。

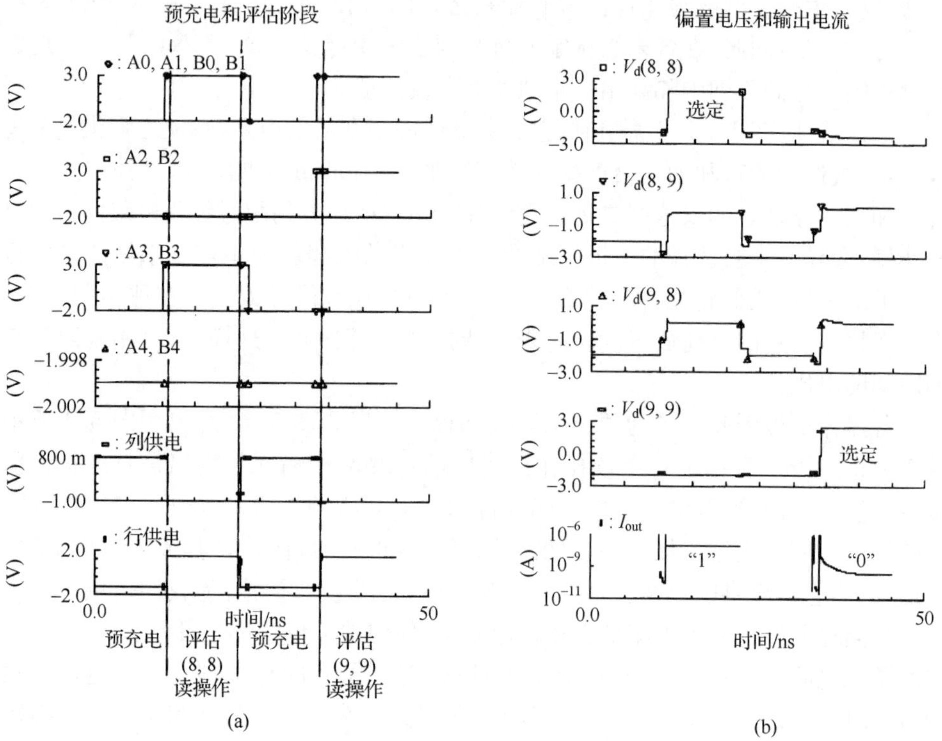

图 5.10 两个顺序读操作的预充电和评估阶段的输入输出波形：(a) 二极管(8,8)和紧随其后的二极管(9,9)读操作的输入信号；(b) 给出了在选定的二极管(8,8)和(9,9)及其邻近二极管(8,9)和(9,8)上的偏置电压和存储器的输出电流

虽然在未被选择的二极管上施加一反向偏压，可以有效地减少不必要的电流对输出电流的贡献，但如果反向偏压超过 V_{thresOFF}，这一方案存在着将工作状态从处于开启状态的二极管编程变为关闭状态的风险。因此，施加的供电电压必须足够小，且不会超过 V_{thresOFF}，它反过来又限制了可以施加在选定的二极管上的偏置电压。

然而，在模拟时，对各种不同的存储阵列，仍有可能获得很好的 ON/OFF 电流差，如图 5.11 所示。同样，表 5.1 给出了读逻辑“1”和读逻辑“0”的最坏情形的输出电流的细节，以及电流差 ΔI_{out} 和两者之间的 “1”/“0”电流比。这些差值可以成功地进行内存读取操作。此外，高的电流比意味着，可以使用更多的行和列的存储阵列来成功地进行读操作。

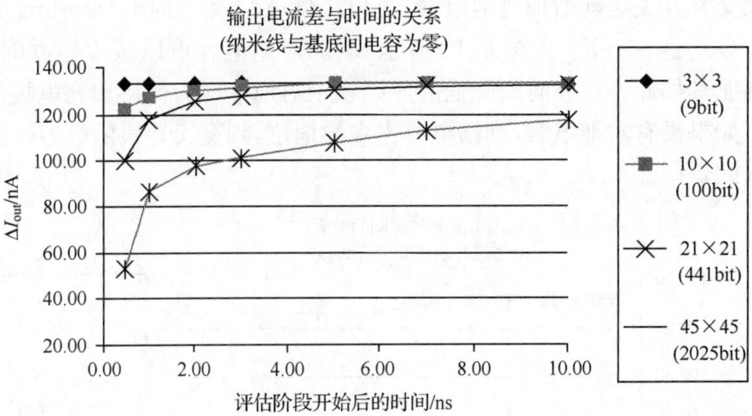

图 5.11 ΔI_{out}随时间的变化情况。$T=0$对应评估阶段的开始。ΔI_{out}达到最大值所需的时间与存储的速度有关。模拟时纳米线与基底之间电容为零

表 5.1 图 5.4 中所示的纳米存储器读操作的模拟结果

纳米存储阵列尺寸/(nm×nm)	I_{out}/nA 逻辑"1"	I_{out}/nA 逻辑"0"	ΔI_{out}/nA	"1"/"0"电流比
3×3	134	0.8	133	168
10×10	134	0.9	133	149
15×15	134	1.1	133	122
21×21	134	1.6	132	84
45×45	134	16.7	117	8

注：模拟时纳米线与衬底之间电容为 0，且表中所列的是评估时间开始 10ns 后的值(详见正文)。

通过对选定的二极管施加偏压并超过开关阈值，来实现将数据写入纳米存储器。正如 5.3.4.1 节中所讨论的那样，当 $V_{threshOFF}\approx-2.75$V 时，处于开(ON)状态的二极管切换到关(OFF)状态，而当 $V_{thresON}\approx3.8$V，处于关(OFF)状态的二极管切换到开(ON)状态。类似于读操作，我们必须小心地避免未被选择的二极管。不过，本工作中的模拟结果表明，我们可以将这两种逻辑值之一写入到存储器。总可以找出这样的操作条件，使得被选定的二极管正常工作，而未被选择的二极管电压不超过其阈值。

图 5.11 和表 5.1 所示的模拟，假定在纳米线和衬底之间的电容为零，即 $C_{NWsub1}=C_{NWsub2}=0$。这是一种合理的近似，它也可从实验上实现，即将交叉开关矩阵纳米存储器相对于基板提升到足够的高度，或者在纳米存储器和衬底之间使用低 K 电介质。同样，通过降低纳米存储器在基底上方的高度或使用其他电介质而增加一定的电容到纳米线也是可行的。最近的实验表明，存储器单元和衬底之间的电容估计约为 1 aF。这样，可以再现上面提到的模拟，通过对纳米互连模型

中各单元交叉开关矩阵增加对地电容，可以降低 ΔI_{out} 建立时间（settling time），即 $C_{NWsub1}=C_{NWsub2}=1aF$。如图 5.12 所示，增加对地电容可以减少建立时间，对较大的阵列尤其如此。建立时间降低的原因在于对地电容为保持预充电提供了更好的环境。如果没有对地电容，则结电容占主导地位，到交叉导线的电容性耦合将降低预充电的效率。

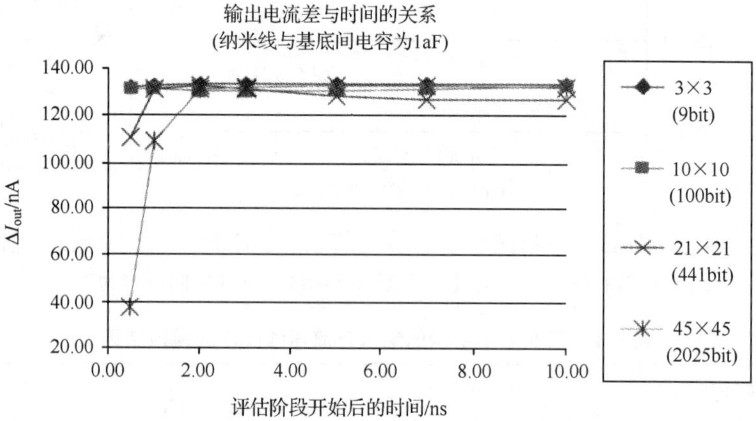

图 5.12 除了纳米线与基底之间的电容为 1aF 外，其他模拟条件与图 5.11 相同；这些模拟表明，少量的电容能够导致更短的 ΔI_{out} 建立时间

本工作中发展的模拟，也可以用于评估可变设计参量对纳米存储性能的影响，或评估传统上迥然不同的设计目标，如高速度与低功耗，并在两者之间取得平衡。例如，要提高输出电流差 ΔI_{out}，既可以通过降低 $V_{thresOFF}$，也可以通过升高 $V_{thresON}$。增加 ΔI_{out}，相应地需要增加速度和阵列大小。但是，在写操作中，改变编程阈值，则要求更多的能量，这当然会增加功耗。模拟可以以一种定量的方式来寻求一种平衡。对于具体的设计目标，它可用于寻找最佳的操作参数。迄今为止的所有模拟表明，输入信号的电压摆幅相对较大，要求寻址线变化 5V；而行供给和列供给分别变化为 2.75V 和 1.75V。这种大幅的电压摆幅会消耗大量的动态功率，需要使用电平移位电路（level shifting circuits），来提供到传统电子器件的接口。因此，降低信号摆幅应当是实验目标。它会降低功耗，且便于集成到传统电路中。不过，要实现这一目标，则可能需要更小的二极管阈值，它相应地可能会降低存储速度，并可能对功能产生影响。为了进一步地探讨这类问题，则要求我们加入外部 CMOS 电路的额外模拟。

不过，迄今为止的仿真结果都表明，如果使用 Lieber-DeHon 的体系架构和器件构建的 45×45 纳米存储器，它将可以正常工作。这些结果的大体趋势表明，使用更大的存储也是可行的。此外，如 5.3.6 节所介绍的那样，能够组装 45×45 纳米存储器的这种能力是非常有利的，因为它们在阵列（banked）拓扑中的应用，为实现更大的纳米存储提供了一条路径。

虽然迄今为止的模拟表明，存储器是可扩展的，并且在目前的设备和设计参数下也能正常工作，但在将来的模拟中仍应考虑其他因素。例如，随着纳米存储器阵列尺度的增加，行和列的电容和电阻也会增加，它们会影响存储器的性能。图5.11给出了4种不同存储器大小的模拟得到的ΔI_{out}随时间的变化。如图所示，存储器的大小在增加的同时，也会增加ΔI_{out}达到其最大值的时间。这一建立时间，可能会降低内存的速度。不过，为了正确地评估存储的速度，我们有必要知道纳米存储器到传统微型CMOS电路(在这种情况下，指信号放大器)连接的详细信息和模型。

5.3.6 Banking拓扑和面积估测

为了得到非常高的比特数存储，增加纳米存储器阵列的尺寸大小，可能并不是最有效的办法。随着存储阵列大小的增加，与阵列相关的电阻和电容也会随之增加，从而增加延迟和功耗。最终，可能会威胁到存储阵列的功能。

此外，大容量存储器阵列也更容易产生缺陷，在一条线上的某一处缺陷，可能会使沿线所有的存储元件变得不再可用。降低纳米存储对缺陷的敏感性也是非常重要的。这是因为，基于统计力学和热力学原理，可以预料，分子尺度电子电路的分层自组装策略，会产生相当数量的有缺陷的器件或使得器件定位不准确[97]。

为了增加容错性，而不是使用单一的大阵列来实现高的比特数，可能会采用大量较小的存储器。图5.13给出了如何将1kb存储器阵列表示为1个32×32阵列或4个16×16阵列。这一策略允许在相同容错水平上具有更小的冗余，这是因为，任何单一的缺陷仅影响少量的存储位。一般来说，随着聚积(banking)程度的增加，所需的冗余相应地减小，因为较小阵列中各缺陷影响范围更小。

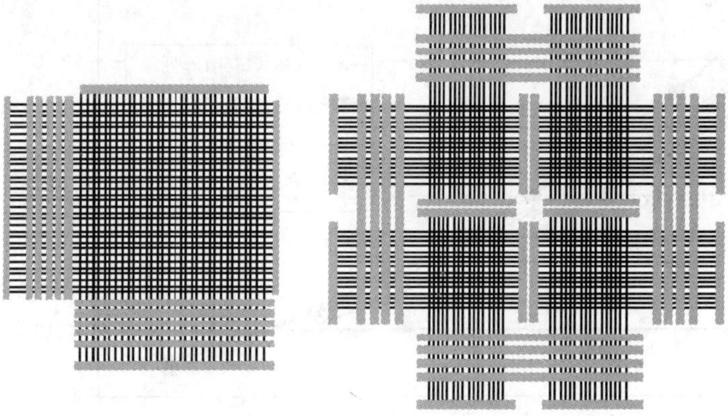

图5.13 实现1kb内存的两种不同拓扑结构示意图：(a)单一的阵列存储；(b)具有相同比特数的四阵列存储库(bank)

采用这一聚合(banking)策略,同时也增加了内存整体数据的吞吐量。首先,纳米线阵列越小,则纳米线越短,相应地电阻和电容也越小,存取时间则越快。其次,聚合(banked)阵列可以并行访问(即一个比特可以从各个库同时访问),这样,便可以显著地增加内存的性能。虽然聚合(banked)体系架构可以生成更为复杂的制备模式,库(bank)的规整性为纳米存储组装提供了一条可行的途径。例如,哈佛大学已经在以瓷砖模式(tiled pattern)并行制备多阵列方面取得显著的进展[17]。

与采用聚合策略相关的一个明显折中(trade-off)是,各可用比特对应的面积增加。这是因为,各额外的库(bank)都要求额外的导线来对存储阵列进行编码和解码。虽然有些导线可以在库之间共享(见图 5.13),但聚合方案总是导致地址线数量的增加。因此,一个最佳的聚合策略是采用适当大小的阵列,这样,不仅可以利用编码方案的优势增加密度,同时也可以实现要求的容错性、并行访问和其他设计目标。

为了得到特定的扩展纳米存储系统,尽管存在各种聚合拓扑可供选择,不过,一阶面积计算表明,对于各种拓扑,目标纳米线节距都应当是类似的。图 5.14 给出了三种不同聚合策略的估计位密度与纳米线节距的关系。对单一阵列的实现,我们同时还考虑了两种不同程度的冗余。为了对这些不同的策略进行比较,对这些面积的估计,都是基于提供 16kb 可寻址内存,而额外的内存位置则仅作为故障比特位的替代。换句话说,不论实际的比特数如何,各可用位所占的面积,是通过将各拓扑总面积除以 16 000 而得到的。对于所有的面积计算,微米导线的节距设定为 100nm。这四种内存布置的细节见表 5.2。

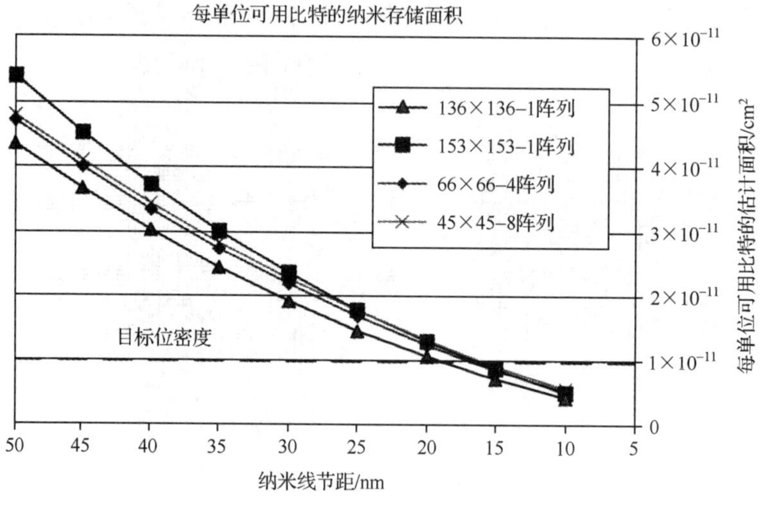

图 5.14 每单位可用比特的估计面积与纳米线节距关系的示意图。计算中假定,16kb 数据是可以访问的,其余的内存空间则作为冗余保留。所有四阵列存储的微米导线节距设定为 100nm

如图 5.14 和表 5.2 给出的四个不同的内存布置，当纳米线节距约为 15nm 时，都达到了位密度 10^{11} bit/cm^2。然而，在纳米存储制备所采用的纳米技术中，一个更为合适的方法是忽略微米导线占据的面积，而仅考虑纳米线占据的面积。在这种情况下，约 30nm 的纳米线节距就可以实现这一密度。显然，使用多种拓扑策略来制造功能化的扩展纳米存储系统是可行的。

表 5.2　一个 16kb 纳米存储器在四种不同内存布置下的估算面积

存储器布置	总存储单元	冗余率	总面积/μm^2		
			20nm 节距	15nm 节距	10nm 节距
136×136−1 阵列	18 496	15.6%	16.6	11.1	6.5
153×153−1 阵列	23 409	46.3%	20.4	13.5	7.8
66×66−4 阵列	17 424	8.9%	19.6	13.4	8.1
45×45−8 阵列	16 200	1.3%	20.9	14.4	8.8

5.3.7　纳米存储系统模拟概述

在 Lieber 和 DeHon[78,79]工作的基础上对交叉纳米存储系统的模拟表明，若上述系统能够建立，它将是可行的。模拟结果显示，如果由目前实验室制备的器件进行构造，则 45nm×45nm 的纳米存储阵列是可以正常运行的。此外，可以对这种存储阵列进行组合，以构建更大的扩展纳米存储系统，例如，一个位密度为 10^{11} bit/cm^2 的 16 kb 分子尺度电子纳米存储器。

这些模拟结果是令人鼓舞的，在制造和原型化 post-CMOS、交叉纳米线纳米存储系统方面，它激励我们做更多的尝试。此外，这些结果还表明，基于上述纳米存储器，使用交叉纳米线体系架构，我们也可以制造出更复杂的扩展纳米处理系统。因此，在本章的下一节中，我们将讨论在纳米处理器系统设计中必须面临的新的挑战。

5.4　纳米存储展望：在分子尺度集成纳米处理器的设计

5.4.1　开发纳米处理器面临的挑战

为了利用分子尺度器件和电路的新进展，以便构建扩展的纳米处理器系统，在这些系统的设计和制造的各个层次，我们都会面临许多挑战。首先，新型分子尺度器件的结构和超高的密度，使得这些器件难以在常规的微处理器体系架构下使用。这就迫使我们在系统体系架构的设计过程中另寻出路，它相应地要求开发新的电路、互连策略和制造方法。在下文中，我们将讨论在使用常规电子处理器架构中遇到的挑战以及在应用新型体系架构时出现的困难。

5.4.1.1 使用常规微型处理器架构引起的挑战

使用常规体系架构[98]开发纳米处理器系统的主要挑战是，这类体系架构存在太多的非均匀性和复杂性。常规处理器体系架构在分层设计的各个层次都是不相同的。首先，一个现代微型处理器通常由逻辑、高速缓冲存储器和输入/输出接口构成。在常规微处理器中，这三种结构可能是由不同类型的电路设计或不同的制造方式制造。逻辑部件本身由算术和控制子部件构成，它们两者都要求电路是组合(如 AND、OR、XOR 门)或顺序(即时钟部件，如寄存器)的。此外，上述组合逻辑门的合成要求使用多种器件，以达到最佳的性能[3]。这种对各种器件、电路和子系统的细分，是现代微制造技术的进步所提供的一个有利的结构特性。不过，这种差异化超出了现代纳米制造技术的范围。因此，纳米电子技术的目的是，开发可以提供类似功能的纳米处理器体系架构，并同时尽量地避免在硬件层次引入结构非均匀性。

5.4.1.2 开发新纳米处理架构面临的挑战

目前提出的大多数纳米处理器架构[19,35-44,46,83,97,99-101]，在硬件层次上基本上是均匀的，而在编程阶段则引入多样性。这样，我们能够在传统微处理器的制造中不增加任何复杂性。

许多这种纳米处理器体系架构继承了微米尺度可编程逻辑特性[102]，尤其是场可编程门阵列(FPGA)[103]和可编程逻辑阵列(PLA)等[104]。正如 5.4.3 节中将要详细介绍的那样，FPGA 和 PLA 的逻辑门是常规的阵列，这些逻辑门之间的导线是可以重新布置的。通过使用软件来配置 FPGA 和 PLA，以便计算特定的逻辑功能。相反，传统微处理器中的逻辑功能，是在制造时用物理导线连接的。因此，在 FPGA 和 PLA 中，使用软件来“完成”硬件构造，可以将硬件的设计简化为一种均匀的形式。

尽管这些物理上均匀的体系架构简化了制造过程，但同时也带来了新的挑战。对于纳米处理，我们可以通过考虑一个纳米尺度交叉开关矩阵开关阵列，来对其予以说明。如 5.3 节所讨论的那样，这一均匀的方法将高度可扩展性与一些目前最小的电路结构相结合[8,10]。目前，人们提出了许多纳米微处理体系架构，包括可编程制造的交叉开关矩阵子阵列嵌合(tiling)，如图 5.15[18,19,43,79]所示的设计。

为什么这些规整的交叉开关矩阵结构有如此大的吸引力，其原因之一在于，它可利用现有纳米加工技术进行组装。然而，结构的规整性有可能在几乎所有逻辑设计层次上增加复杂性。我们可能需要花费更多的精力和时间，以便将拓扑上不规整的逻辑电路编程到物理上均一的交叉开关矩阵体系架构。例如，与定制的异构解决方案相比，可编程微型电路(如 FPGA)包含大约 20～50 倍的面积惩罚

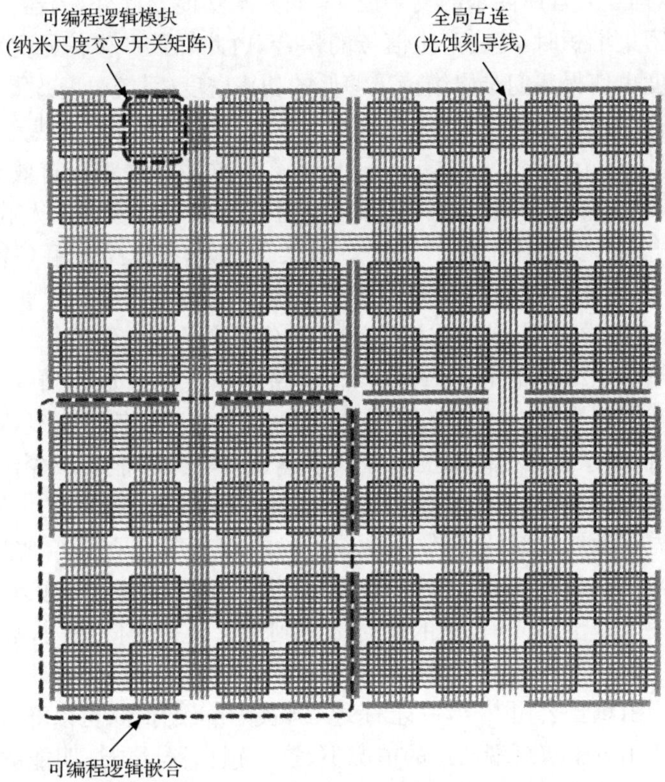

图 5.15 将分子尺度器件集成到交叉开关矩阵结构(见图 5.1)的可编程构造。由此可以构建扩展的分子结构或分子器件、交叉纳米线、微米导线等。它为实现纳米处理器提供了一种平台[79]

(area penalty)[105]和 15 倍的延误惩罚(delay penalty)[106]，因此,纳米微处理器面临的一个重大挑战在于开发编程算法,使我们可以使用相对均匀的规整结构,从面积和时间上有效地实现异构逻辑。

此外,微型 PLA 和 FPGA 的“大多数”是规整的,但为了更有效地利用物理资源[103],往往在最低的硬件层次引入一些不规整性。同样,在未来的纳米加工方法中,如果能够适当地引入一些有限的不规整性结构,它将对纳米微处理器的整体密度和性能有较大的有利影响。

除了先前提到的各种挑战,在电路和器件领域,纳米微处理器体系架构的设计和开发同样也面临一些其他困难。对于纳米存储的开发,同时也面临着类似的挑战,但对于纳米处理,这些问题则更为复杂。例如,在纳米存储器中,由于信号恢复的要求,在无增益下使用双终端器件,将会导致产生一些系统级的限制。在纳米微处理器中,信号恢复的要求则更为苛刻,因为在纳米微处理器中,信号需要在无微处理器放大电路的辅助下跨越纳米尺度的电路[107]。同样,导线及其携带的信号必须扇出，以构建处理所要求的复杂逻辑，如算术功能。此外，当器件和互连在纳米处理器中密集堆积时，将会产生信号的耦合，由此导致产生信号完整性的问题。器件的高密度也使得我们难以维持足够低的功率密度(系统温度)[108]。

在纳米存储中不会出现、但在纳米处理中将会遇到的一个挑战是，要求存在顺序(计时)部件[sequential (clocked) elements]。这些部件难以有效地使用(集成有分子电阻和整流的交叉开关矩阵中的)组合逻辑来予以实现。人们已经提出了专门的纳米电路作为顺序部件[44,109-112]。在实现时，这些电路使用 Goto-pair(Goto对)来操作[113]，它常出现在以往的固态纳米电子电路设计中[114,115]。在交叉开关矩阵电路中，这些电路则可以通过集成 NDR 分子来予以构建[6]。

对纳米电子系统使用基于 Goto-pair 电路的一个原因是，它们可以仅使用两个终端器件来实现恢复。实际上，这些电路可以提供逻辑信号恢复所要求的部分增益，从而降低了系统其他电路的增益要求。这种电路可能会减少甚至消除对纳米晶体管的需求。不过，一个潜在的缺点是，不同于基于晶体管的电路，Goto-pair 电路可能会需要额外的部件，以便在逻辑阶段之间实现电子隔离。这种隔离可以由单独的纳米器件(如整流器)来提供。然而，无论有或没有这种额外装置的隔离，局部插入和纳入基于 Goto-pair 的计时部件到交叉开关矩阵阵列，都可能会要求引入一定程度的非均匀性到规整性结构(regular nanofabric)。

通过使用由惠普公司[11,116]设计的交叉开关矩阵锁存器，可以降低这种异构性要求。在仅使用分子双终端器件的情况下，这一锁存器已被证明能够产生信号恢复和反转。它是一种时钟部件(clocked element)，在相同的均匀交叉纳米线分子电路系统(图 5.15)中，通过使用结分子器件(junction molecular devices)设计来制造，它已用于制造纳米存储器[10,16,69,117]。这种锁存器可以引入到基于交叉开关矩阵的纳米处理器的系统中，而不需要其他异质器件。此外，对于 Goto-pair 电路，在纳米电子系统中，使用这些交叉开关矩阵锁存器，可能会降低系统中其他电路的增益要求，甚至不需要使用纳米晶体管。基于这些锁存器的纳米处理器系统体系架构，目前正在开发过程中[118,119]。

众所周知，对于基于分子开关的所有纳米处理器系统，许多器件级的挑战也是必须解决的问题[15,97]。大块固体接触和分子尺度器件之间的阻抗匹配、器件特性的精确表征、可变性以及器件的产率等则是几个主要的例子。这些挑战将与纳米处理器的模拟一并在 5.4.4 节进行进一步的讨论。通过提高制造能力或引入容缺陷和容错能力到系统体系架构，我们可以解决这些挑战。

5.4.2 纳米处理器系统架构的简单回顾

5.4.1 节讨论了基于新型纳米器件和新纳米制造技术的未来纳米处理器在设计和制造方面所面临的一些挑战。在本节中，我们将介绍用于解决这些挑战的主要体系架构方案。部分解决方案依赖于新的架构范式(architectural paradigm),它们显著地不同于传统的微处理器所使用的范式;而其他部分方案则是大量地借鉴微处理器体系架构方案。不过,所有这些纳米级方案都试图利用分子或分子尺度结构来构建电子电路和系统。同样,这些方案和纳米电子体系也将相应地得到发展,并可能有效地利用纳米尺度下更高的器件密度。此外,因为它们利用了有可能是价格低廉的新型纳米制造技术,所以有可能解决目前以指数形式增长的、阻碍微电子产业发展的成本问题[120,121]。

基于 CMOS 的传统微处理器,也进一步地取得了实质性的进展。因此,部分纳米计算机专家提出,充分利用 CMOS 技术积累的大量知识和基础。不是制定新的或修正的体系架构,以便适应新的纳米器件的性能,而是试图利用它们来增强常规微处理器的 CMOS 器件。在大多数情况下,人们仍然试图保留常规微处理器的体系架构设计。

在后文中,我们将讨论传统体系架构的标度(scaling)和新方案的发展。首先,在第 5.4.2.1 节中,我们将介绍在分子尺度下对传统体系架构进行超小型化。其次,在第 5.4.2.2 节中,我们将详细地介绍新的纳米器件和纳米制造技术的发展,它使得替代传统体系架构的新架构成为可能。

5.4.2.1 传统处理器架构到分子尺度的迁移

几乎所有的传统微处理器体系架构,都使用了 CMOS 来实现基本的架构设计,它最初由冯·诺依曼(von Neumann)、莫奇利(Mauchly)和埃克特(Eckert)于 20 世纪 40 年代提出[122-124]。这一架构将计算机分成四个主要的“器官”(organ):算术、控制、存储以及输入/输出。基于 CMOS 的处理器包括著名的英特尔 Pentium® 4 和 AMD Opteron™芯片。图 5.16 给出了 AMD Opteron 处理器的示意图,其组织结构仍然是显而易见的。

由于对传统微处理器的长期的投资,即便是在纳米尺度上寻求实现超高密度集成的同时,工业界仍然非常重视维护这些体系架构。当今工业界构建纳米处理器最主要的做法是,将 CMOS 技术超标度(aggressive scaling)到纳米尺度。然而,许多年来,人们研究了 CMOS 技术[126-128,130,131]可能的局限性,以及将器件尺度缩小到几十纳米从成本上讲是不划算的这种可能性。这也正是纳米技术和分子电子技术导致产生新架构的原因之一。

作为 CMOS 技术简单的二维超标度的可选方案是,扩展硅技术到三维[130]。三维集成或 3D CMOS [132,133],是指采用常规方法,将“平面”的 CMOS 晶片,堆叠成互连的晶片[134-139]。对于微处理器,已经证明,3D 集成能够显著地提高性能,此外,随着器件与互联的维度减少,这一改善也会增加[140]。因此,在结合新型分子器件方面,3D 体系架构具有其独特的效用,如 3D 交叉开关矩阵阵列的实现等。

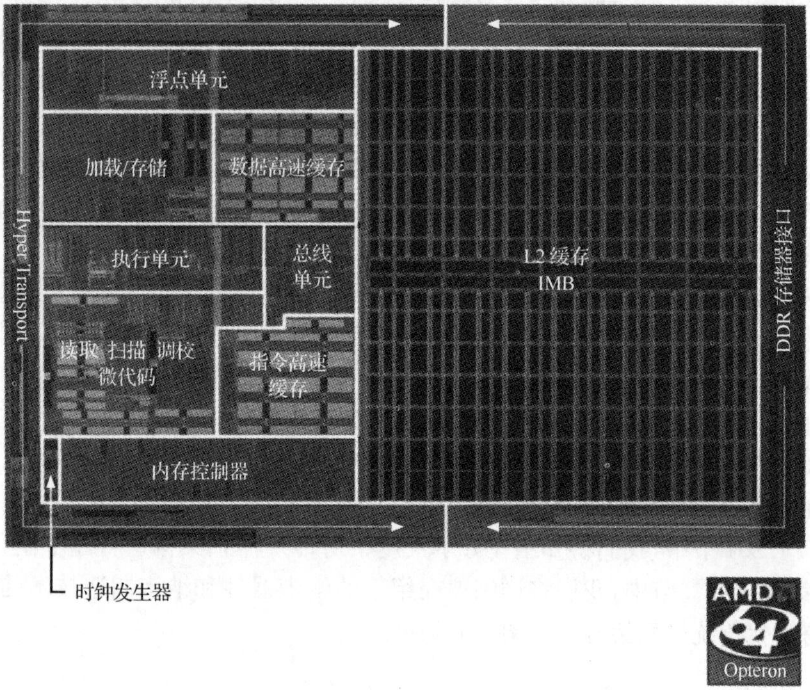

图 5.16 带注释块图结构的 AMD Opteron 模照片[125]

将新型纳米结构集成到 CMOS 器件的所谓“混合”(hybrid)方案，是将常规处理器体系架构迁移到分子尺度的第三条途径。主要的工业研究实验室已经开始研究：如何应用纳米线和碳纳米管来提高 CMOS 和类 CMOS 结构的性能。例如，英特尔公司的一些晶体管设计，使用了类纳米线的硅沟道，来提高电流密度和控制短沟道效应[141]。同样，IBM 也正在研究在场效应晶体管沟道中使用碳纳米管[73,142]来增加电流。

另一种混合方案包括使用氧化还原活性分子，利用自组装单分子层(SAM)来提高传统硅器件的功能。通过加入这些单分子层，则硅衬底的阈值和电导将会有所改变。此外，还可以使用一些新的或全新的器件。例如，SAM 中分子的氧化还原状态，可以用于形成多级比特(multilevel bits)(即 n 位数值)[33,34]。这种所谓的分子场效应管(FET)或 MoleFET，它使用 NDR 分子或在硅上存储电荷的卟啉分子，用来实现多层的存储器或逻辑。将分子和分子层插入到 CMOS 的生产工艺，则可以实现这一目的。例如，已经被证实，在一些混合器件中使用的卟啉分子，能够适应传统 CMOS 部件的 400℃处理温度[143]。此外，正如 5.3 节提到的那样，Nantero 公司已经成功地将基于新型纳米碳管的器件和电路加入到其 CMOS 生产线中[13,81,144]。

混合技术也可应用于体系架构层次。这种混合设计的一个例子是 CMOL 架构[83,145]。CMOL 电路是将 CMOS 与交叉纳米线和分子器件结合起来。具体地说，CMOL 电路被制造成双层，其中一层包括 CMOS 块或“单元”，另一层则为 CMOS 之间的用来做互联的纳米线阵列。对于许多交叉开关矩阵体系架构，设计的纳米线交叉点处包含有可编程分子器件。这些器件允许在 CMOS 单元之间的基于纳米线的连接的重组。因此，如果物理实验能够证实设计人们的初步分析[83,100,145]，则很有可能将 CMOL 应用于实现基于可编程互联的任何体系架构。迄今为止，CMOL 设计的定量分析表明是有希望的，但目前还没有完成这类构造实验，以建造和测试 CMOL 电路。

一般来说，器件、电路或架构层次的混合（hybridization），将会使半导体工业充分地利用常规 CMOS 和新型纳米架构。然而，这种结合也迎来了更多的挑战。一个潜在的困难在于设计 CMOS 和纳米部件之间的接口。对于由纯纳米器件构造的系统，仅在纳米电子电路系统外围相对较少的点需要这种接口。与此相反，混合架构则要求使用许多接口和有问题的接触，以便实现电路系统中许许多多单独的 CMOS 器件与纳米结构的更紧、更密的集成。

例如，CMOL 方案通过给出新的接口引脚，来完成这项任务[83]。但是，这类引脚必须采用更高的精度进行制造。此外，为了与这些引脚接触，则要求纳米线阵列准确地进行线性对齐和角度对准。

CMOS 与纳米结构的整合的一个更为根本的困难在于，总体可扩展性可能受限于 CMOS 技术的可扩展性。在进一步标度时，几乎可以肯定，这类技术将达到其物理极限。因此，我们必须设计仅能在新型纳米器件中工作的新型处理器体系架构。

5.4.2.2 纳米电子技术新型架构概要

支撑原型纳米存储和纳米处理器电路系统的一套聪明且意义深远的体系架构概念，已经开始形成[19,35,37,40,42,79,97]。这些体系架构的创新在于，利用新型纳米器件的强度（特别是高密度、非易失性、低功耗），以及改善的一些在 5.4.1 节所讨论的限制，例如，目前在纳米制造和组装中的技术方面的限制（如不能精确地定位纳米结构，或制造具有任意形状或复杂度的纳米结构）。在最高层次，我们可以将这些体系架构的改进分为两类，如下所述。

1. 显著地偏离微电子体系架构

人们设计了一大类这样的体系架构，利用可行的纳米器件，以及考虑如何将它们集成到电路或类电路的结构，并随后将它们加入到复杂的系统。这种自下而上的纳米处理器设计方法，导致产生了一系列与传统体系架构有明显差异的方案。这类新型方案（在其他地方将会予以详细地介绍）包括量子元胞自动机（QCA）[35-39]、纳米神经网络[40,83]、纳米元胞（nanocell）[41,42,47]和生物学电子体系架构［如病毒纳米块（VNB）］[146,147]。所有这些都包含了重要的思想，并能有助于制造或实现超低功耗。

QCA 方案[35-39]试图使用电场，而不是电流，来设置各比特，并通过量子点元胞的多量子点结构阵列中电荷分布的移动来传播信号。这一方案的主要优点是，它具有超低的功耗，这对密集排布的纳米结构是非常有意义的。此外，分子量子点的极小尺度，使得这一方案可在室温下操作，与此相反，固态 QCA 方案，则需要在低温下操作。然而，采用分子 QCA 方案的电路，目前尚未在实验上实现。

纳米元胞(nanocell)体系架构[41,42,47]利用一系列随机分布、且通过自组装分子随机连接的纳米粒子，通常具有负微分电阻以及与电压相关的开关特性。构成互连的分子的布置是无序的；相反，设计人员充分利用分子的开关特性，来对组装后的分子进行编程。输入和输出连接的制造，则是采用传统的光刻技术。它使得纳米元胞的制造相对容易，并允许将其连接，形成更为有序的电路。因此，高层次的设计也是可能的，它类似于目前的超大规模集成(VLSI)电路[41]。

纳米元胞体系架构可以避免在纳米尺度精确制造中所遇到的困难。相反，期望得到的连接，是通过大量的后加工测试和编程来建立的。由于其随机组装和后制造编程等特性，纳米元胞方案具有其固有的容缺陷能力和容错能力[41]。目前，已经从实验上制造出了这类纳米元胞存储器[47]，逻辑门也已经进行了模拟，但尚未得到实验证实。

在其操作和组织原理方面，这些体系架构显著地不同于目前的计算机，它对未来可能会作出重要的贡献。然而，与目前工业体系架构之间的显著差异意味着，它们不能轻易地利用现有电子产业的基础设施。因此，目前，仍然有许多困难需要克服，与下面将讨论的常规阵列结构相比，将它们应用于纳米处理器体系的制造，还为时过早。

2. 基于微电子技术的规整阵列体系架构

这种新型的第二类纳米电子架构，是通过对微电子 FPGA 和 PLA 进行调整和超缩微而得到的，因此可以通过利用新的纳米器件和新的纳米制造技术来予以实现。在开发和操作原型纳米处理器中，为了达到一定程度的短期成功，这些规整阵列体系架构(regular array architectures)，处于前面讨论的显著地偏离微电子的体系架构和传统微处理器中采用的非均匀体系架构之间。纳米阵列架构的优点在于结构简单，可以有效地利用新的纳米器件和纳米制造技术的强大优势。这样，通过大量的系统努力[8,10,17-19,25,69]，包括 5.4.4 节中涉及的详细模拟，扩展纳米阵列处理器的物理原型正在实现过程中。

对于使用 PLA 来制造纳米处理器，目前仍存在一定的争论。有些批评针对的是基于纳米 PLA 不能集成产生增益和产生恢复的纳米器件。不过，实际情形并非如此。例如，正像 5.4.3.2 节中所详细地介绍的那样，DeHon 与 Wilson 提出的纳米 PLA 体系架构，的确包括产生增益的基于纳米线的纳米晶体管。其他批评则集中在散热方面。由于电流器件的高密度，这种担忧是有道理的。不过，采用电路技术，如动态逻辑取代静态逻辑，则有可能会减轻这一问题[19]。

因此，实现这些新型纳米电子体系架构之路似乎已经越来越清晰了，在本章的后续部分，我们将集中地讨论其操作原理、优点以及 FPGA 和 PLA 纳米阵列处理器体系架构的取舍(trade-offs)。

5.4.3　基于 FPGA 和 PLA 的纳米处理器体系架构的原理

在介绍了纳米处理器的各种体系架构方案之后，现在我们将重点研究如FPGA与 PLA 等的规整阵列。迄今为止，在通用微计算中，人们更倾向于使用传统的异质体系架构，而不是这种规整阵列。因此，为了理解如何将规整阵列应用到纳米处理中，我们需要首先回顾它们在传统处理系统中的应用，并阐明其优点及挑战。随后，我们将探讨用于纳米处理器的具体的规整阵列体系架构，即 DeHon-Wilson PLA。

5.4.3.1　规整阵列 PFGA 及 PLA 介绍：优点及挑战

规整阵列(regular array)是一种均匀的二维或三维可重构逻辑部件(如四-输入逻辑表)的网格，使用导线与嵌入式可编程开关(如“可编程导线”)互连[103]。通过编程单个逻辑部件和开关来配置阵列，以定义所要求的逻辑功能的硬件实现方案。这样，规整阵列试图从硬件层次消除异构，而从软件层次引入异构。目前的纳米电子制造技术，依赖于自下而上的自组装方法来制备这种纳米结构的均一体系[8,17,25]。

在传统的微电子技术中，规整结构通常以 FPGA 和 PLA 电路的形式被用于特殊目的的应用。图 5.17(a)给出了 PLA 的示意图。基于 PLA 的扩展系统体系架构，则如图 5.17(b)所示。这一系统结构类似于 FPGA 所用的结构(见 5.4.1.2 有关 FPGA 的简介)。

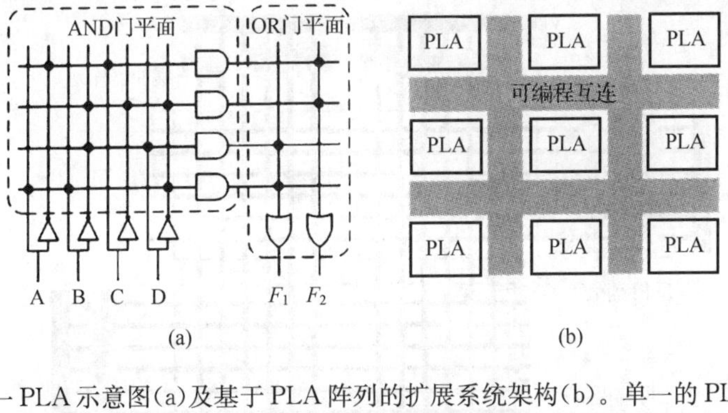

图 5.17　单一 PLA 示意图(a)及基于 PLA 阵列的扩展系统架构(b)。单一的 PLA 是由 AND 门平面及随后的 OR 门平面构成。这些门之间的互连在制造后是可重构的。在本例中，基于黑点标识的配置连接，编程输出 F1 用于计算[A AND B AND (NOT D)]OR[(NOT B) AND D]。更复杂的分层逻辑可以使用(b)所示的 PLA 阵列来构建。这里，(诸如)F_1 和 F_2 的输出也可以作为其他 PLA 阵列的输入

由于这类结构的内在均匀性，在通用计算中，它们优于经典微处理器体系架构。例如，对于给定的应用，可以编程 FPGA，使其优于通用微处理器。不过，通用微处理器的优点在于，它们能在不同应用之间进行快速切换。如果对 FPGA 进行配置，使其提供所谓的“上下文切换(context switching)”功能，则 FPGA 的实现方案在性能上处于劣势。

这是因为，常规处理器的通用计算功能是相当强大的，使用 FPGA 来实现所有这些功能的最佳方式是，将 FPGA 编程为一个传统处理器，但效率不高。不过，这种低效率并不是本质上的。通过向纳米尺度迁移，则有可能解决这一问题。在纳米尺度，可以想象，一个系统可以使用各处理器的成千上万个器件同时进行操作。由于存在如此众多的器件，因此我们可以同时实现所有要求的功能(构成一组程序)[148]。同样，可编程纳米互连的存在本身，也可以提高基于阵列实现的效率，因为各开关的面积开销会有所降低。

因此，由于大量可用的器件和多种纳米制造方法带来的固有规整性，阵列架构已经成为人们研究纳米计算的重点。在 5.4.3.2 节中，我们将介绍这样一种有前景的由 DeHon 和 Wilson 提出的体系架构[19]。

5.4.3.2　DeHon-Wilson PLA 体系架构

可以非常容易地在交叉开关矩阵结构中使用纳米线的一个纳米阵列架构的例子是 DeHon-Wilson PLA 体系架构[19,79,149,150]。图 5.15 和图 5.17(b)给出了这一体系架构的高层次示意图，而图 5.18 则给出详细的低层次的实现方案。正如基于 PLA 的微电子设计一样，这一纳米处理器的大规模体系架构，将大量的 PLA 组合成一个更大的阵列。

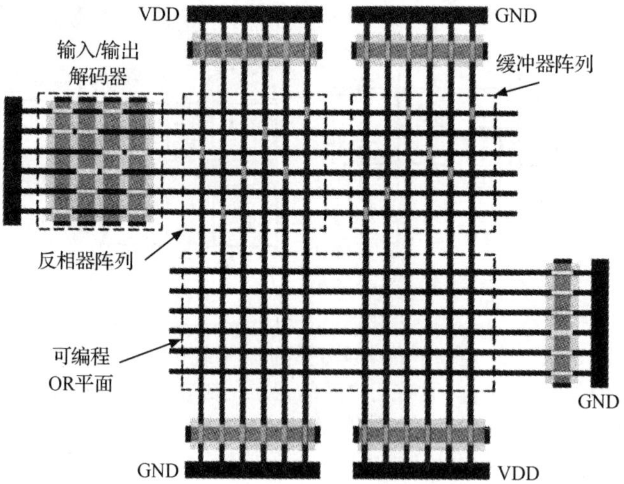

(a)

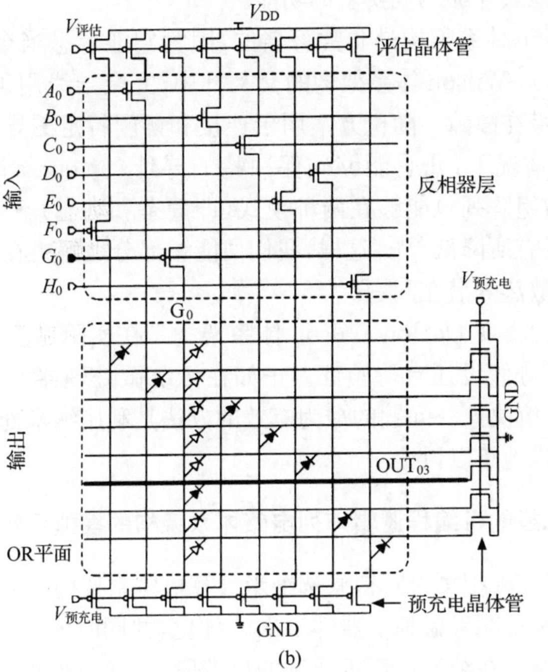

图 5.18　DeHon-Wilson 的 PLA 体系(a)和 8×8 反相块(b)示意图。(b)中所示的 8 条垂直导线大致对应于(a)中子阵列左侧的垂直导线

总的来说,PLA 由可编程 AND 平面(包括大量的平行 AND 门)和可编程 OR 平面(包括大量的 OR 门)构成,如图 5.17(a)所示。对所有的输入,也可使用反相器。因为任何的组合逻辑功能都能够写成一定数量 AND 项的 OR,假定 PLA 大到足以包含所有的逻辑项,则所有这些功能都可以使用 PLA 来进行合成[53]。

在 DeHon-Wilson 设计中,交叉开关矩阵子阵列被用于提供 PLA 的 AND 平面和 OR 平面的逻辑等价物,如图 5.18(a)所示。系统通过拼接交叉开关矩阵子阵列来进行扩展,如图 5.15 所示。图 5.18(a)给出了 DeHon-Wilson 实现方案的四种主要子系统:用作可编程 OR 平面的交叉纳米二极管阵列、交叉纳米线晶体管反相子阵列、一个类似的缓冲子阵列及输入/输出解码器。各反相和缓冲子阵列用于再生信号和维持它们的信号强度。

在这一 PLA 方案中,AND 平面则由逻辑上等价的反相子阵列和 OR 平面取代。图 5.18(b)给出了图 5.18(a)所示的位于系统左侧的更详细的电路级特性。在图 5.18(b)所示的子阵列的下半部中,所有的交叉导线结都包含有可开关或"可编程"的二极管。可编程意味着二极管可以在传导方向被设定为高("ON")或低("OFF")两种导电状态。在二极管没有显示的地方,则假定始终处于 OFF 状态,以便所介绍的功能块能够实现要求的功能。

DeHon-Wilson 体系架构是非常著名的，因为它能容忍当今纳米制造技术中的不足。在 DeHon-Wilson 体系架构的交叉杆中，冗余导线用于克服由于错排或物理缺陷引起的潜在故障。随机方案用于连接和访问特定的导线，在不需要选定和配置各导线的情况下，几乎能够确保独特的寻址（unique addressing）[149]。此外，反相和缓冲数组阵列也能够在两种模式（即静态和动态）下工作[19]。在动态模式下，静态功耗有所降低[53]。这样，我们便能够部分地解决在超高密度、基于电流设计情况下的散热等潜在问题[83]。

人们正在努力实现 DeHon-Wilson 体系架构。在实际制造之前，有些参数需要进行调整，且部分假设还有待验证。正如在传统微处理器[151]的发展过程当中已被证明的那样，解决这一问题的最为有效的方法是利用纳米处理器系统模拟，我们将在下面进一步地予以讨论。

5.4.4 基于纳米线的可编程逻辑阵列电路体系架构的模拟示例

如前所述，系统模拟可以获得候选纳米计算机体系架构性能的一个整体的、多层次的视图。这种视图考虑到了器件层次的优化，并同时考虑了电路和架构层次系统设计中的问题。在纳米计算机开发的早期阶段，通过模拟更小规模的部件电路和子系统，可以为器件设计人员和系统架构师提供有益的见解和指导。这里，我们将介绍 DeHon-Wilson PLA 这类系统的模拟和分析[19]。

5.4.4.1 DeHon-Wilson nanoPLA 系统模拟的器件模型

根据 DeHon-Wilson 基于纳米线的架构来构建一个纳米处理器，需要四类显著不同的纳米器件，在系统模拟中，各器件要求具有明显不同的 *I-V* 特性模型。所有这四种器件如图 5.18(b)所示。其中三种器件也被用于构建纳米存储的原型，它已在 5.3.4 节中进行了介绍。这三类器件是非易失性纳米线（NVNW）二极管、微米导线的顶门控场效应管（TGNW-FET）以及纳米线互连。

nanoPLA 要求的第四类器件和器件模型为交叉纳米线场效应管（cNW-FET）[17,23,51,52]，它担当作为恢复模块的输入晶体管功能。通过交叉一条纳米线到涂有二氧化硅的另一纳米线来构建 cNWFET，如图 5.3(a)所示[23]。氧化物将涂层纳米线隔离开来，并允许它作为场效应晶体管的沟道，而未被涂层覆盖的纳米线则作为门。图 5.3(b)给出了此器件的 *I-V* 特性模型，并将其集成到模拟中来。这一模型再现了实验中得到的 *I-V* 特性[7]，尽管对超出测量范围之外的结果有待进一步的研究。

通过 cNWFET 的 *I-V* 特性得到的一个重要结论是，p 型场效应管（PFET）的实验观察阈值电压（V_T）能够达到正值的范围。相反，传统的微电子电路则采用负值 PFET[53]。有些电路,包括我们这里提到的电路,能够在使用具有正值阈值电压的 PFET 情况下正常工作。不过,这种操作是有害的。在静态模式下,这些电路消耗了大量的能量,并且通常不能提供足够的信号恢复。因此,我们更倾向于使用动态模式操作。然而,通过研究动态运行的电路发现,PFET 的 V_T 阈值电压必须为负值。

最近的实验结果表明,通过适当地制备纳米线 p 型晶体管,可以保证要求的负值阈值电压[51],并且这一阈值是可控的[52]。根据这些实验结果,我们推断,cNWFET 模型应该具有适当的负 PFET 阈值电压。利用该模型,我们可以在动态模式下模拟这些电路。

如上所述,随着所有需求的器件模型的开发,系统模拟可以按照要求的体系架构和系统设计进行,如图 5.18 所示。纳米线阵列的寄生特性(如耦合电容)也可以一并考虑。

5.4.4.2 nanoPLA 的模拟与分析

这里介绍的模拟,主要考察了一个 64 位 PLA 的性能。它通过 8 个反相阶段驱动的 8×8 OR 平面表示,如图 5.18(b)所示。可以使用这里和 5.4.3.2 节中介绍的二极管模型,来对 PLA 进行编程。PLA 的输入向量则由表 5.3 给出。

表 5.3 PLA 输入向量

A_0	B_0	C_0	D_0	E_0	F_0	G_0	H_0	
1	1	1	1	1	1	0	1	高输出
0	0	0	0	0	0	1	0	低输出

确定电路系统可行性的通用方法是,在最不利的条件下评估其操作。因此,这里的分析是考察最坏情况下的高、低输出电压。图 5.18(b)中标识的信号 OUT_{03} 是 G_0 输入的反相,它可能产生最差的测量。这是因为,在给定的开关配置下,这一输出跨越的导线长度最大,由此可能导致产生最大的寄生电阻和电容。

电路的功能也可以通过提供的特定输入波形和编程功能来予以确定,并随后模拟输出波形,以便确定是否实现了这一功能。这一模拟结果如图 5.19 所示,它给出了当图 5.18(b)中的电流用于实现 G_0 反向时的 OUT_{03}输出波形。图 5.18 也给出了动态模式下操作反向模块的时钟方案(clocking scheme)(即预充电和评估信号)。为了理解这个方案,需要首先理解,它是通过储存电荷到导线和终端设备上,从而使电路在动态模式下运行。因此,预充电信号用于设置所有部件的充电状态(例如,产生低压的充电状态,相当于逻辑“ 0 ”)。随后,评估信号用来适当地改变部分导线和终端上充电状态(如那些正确的逻辑值应当为“1”)。

当预充电信号变高时，则开始运行动态预评估周期。它将起到打开图5.18右边的n型FET的作用，将反相模块的输出释放，变换到低电压状态。在预充电完成后，评估信号过渡到低电压状态，它打开图5.18(b)上方的评估PFET，在OUT_{03}上产生要求的输出信号。如图5.19所示，OUT_{03}波形将继续被拉升至高电压状态，直到评估信号回复到高状态。在评估晶体管关闭后，信号开始下降，这主要是由晶体管的渗漏所致。

基于这类模拟的分析，允许我们确定体系的特性和极限。例如，通过事先设定最低的逻辑"1"电压和最高逻辑"0"电压，通过显示在图5.19底部的信号衰减数据，我们可以计算出最低的运行频率。因此，这些模拟可以帮助我们了解晶体管渗漏是如何影响系统的性能的。

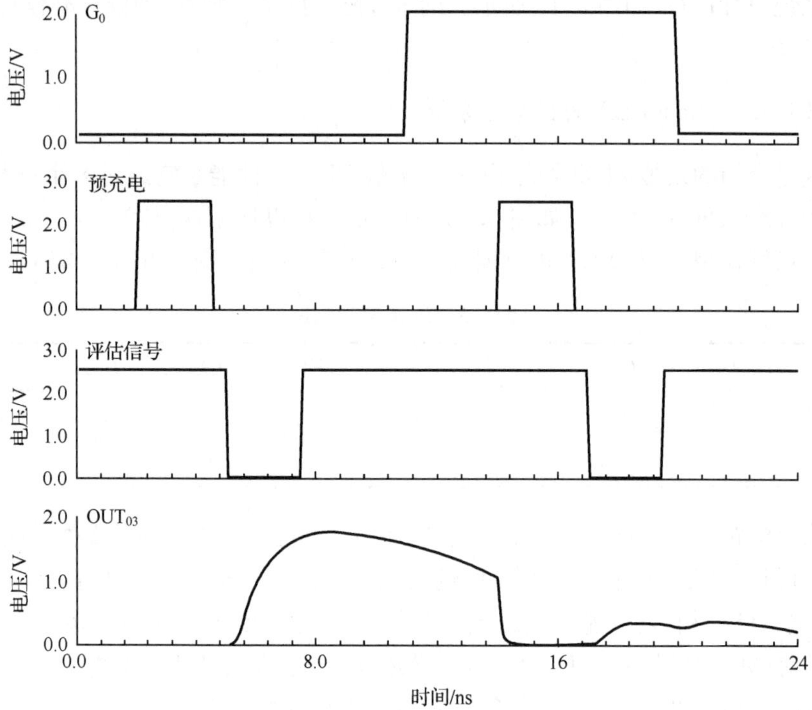

图5.19 波形描述了图5.18(b)中的电路如何反相输入信号G_0以产生输出信号OUT_{03}

其他模拟也可以用于探讨其他影响。例如，二极管负载可能会影响系统工作。模拟表明，能够同时工作的二极管的数量存在一个上限，并允许加载反转阶段的单一输入列。对于这类模拟，图5.20给出了沿G_0列[图5.18(b)]处于"ON"状态的二极管数目与输出电压的关系，它用于驱动OUT_{03}输出行。随着更多的二极管编程为"ON"状态并加载驱动列，将使高输出电压降低，并相应地减少电压摆幅

(voltage swing)。这是因为电流被分摊到多个输出的结果。

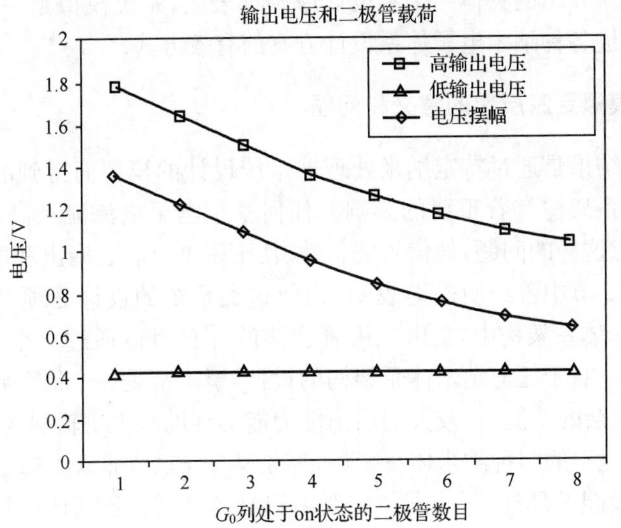

图 5.20 高、低输出电压和输出电压摆幅与 G_0 列处于"ON"状态的二极管数目的关系

另一模拟的结果则如图 5.20 底部曲线所示。可以看出，随着处于"ON"状态的二极管数量的增加，低或"0"输出电压信号仍保持相对恒定。这是因为，输入向量(表 5.3)在此模拟中被用于低输出，驱动除 OUT_{03} 外的所有导线到逻辑"1"。其效果相当于对 G_0 列二极管(连接到除 OUT_{03} 外的所有行)施加一反向偏压。这样，基本没有电流流经二极管到那些行。

尽管这些结果表明，电路可以正常工作，但同时也意味着，能够加载恢复列(restoring columns)处于"ON"状态的二极管数量仍存在一个上限。模拟表明，可以加载各列(即扇出)的二极管最大数量约为 5。否则，由于代表状态"1"和"0"的电压如此接近，将无法区分下游逻辑阶段的门。因此，能够使用相同输入的功能数(number of functions)存在一个上限。

这一上限可以通过多种方法来予以增加。一种方法是减少通过纳米线晶体管的渗漏。它要求我们采用更为困难的实验，以便适当地改善器件的性能。另一种方式是，增加各输出的电容，来提高这一上限。不过，由于增加了电容，因而需要花费更长的时间来放电，同样也需要花费更长的时间来充电。它降低了系统的最高运行速度。第三种方法则是引入复杂的重复列(duplicate columns)，输入晶体管由同一行纳米线来驱动。

此外，nanoPLA 阵列产生恢复的部分，可能对纳米器件的可变性(variability)尤为敏感。在模拟中，我们对缓冲子阵列进行的试验发现，如果其他逻辑子系统的控制信号的变化超出一个小的可接受范围，缓冲将无法适当地恢复信号。控制信号变化的一个可能来源是器件结构的变化。

上述例子所介绍的具体结果和设计原则都表明，系统模拟是一种通过器件实验来考察和改进各种纳米电子体系设计方案的有效方式。

5.4.5 系统模拟更深层次的意义和问题

尽管上述结果是通过特定纳米处理器系统设计的模拟而得到的，但对各种可能的设计和体系架构有着重要的影响。任何基于电子电流流经高密度电路的系统，都必须考虑这样的问题，如信号完整性、功率密度、扇入、扇出和增益等。例如，我们在 5.4.4.2 节中曾经明确地表明，为何这类系统的设计必须考虑扇出，它在 DeHon-Wilson 体系架构中，是由二极管连接的并且可以通过一个单一的反相列来驱动的行数。对于任何纳米体系架构的设计，扇出都是一个很重要的问题，这是因为，在实现复杂的功能时，较大的扇出能力能够帮助减少逻辑层次数和要求的面积。迄今为止提出的多种纳米体系架构，都是基于 PLA，非常类似于 DeHon-Wilson 体系架构设想的那样[19,43,79,97,99]。随着这种体系架构逐渐地得到实现，为了优化系统的鲁棒性，那么就需要器件和电路设计人员寻找其他途径，来解决如扇出等这类问题。

值得一提的是，这里给出的模拟仅是完全详细的模拟纳米计算机体系架构的开端。对于 DeHon-Wilson 体系架构和其他体系架构，许多问题仍有待探讨。这些问题包括：串扰、晶体管渗漏以及功率密度等对系统的影响。所谓串扰，即邻近导线间的耦合电容导致的信号损失，它会严重地影响包含密集堆垛导线的系统性能。对串扰程度的理解，并掌握控制它的方法，尽管可能会降低功率密度，但可以为我们提供一定的设计灵活性，以提高信号的完整性。渗漏电流是增加能耗和使信号衰减的另一因素。初步的实验结果表明，在这类体系架构中的许多器件，渗漏电流是相当严重的。它将导致产生更高的静态功耗，并且降低输出电压的稳定性。虽然减少渗漏也许是可行的，但仍需要我们进一步地进行实验研究。

5.5 结　　论

在这一章中，我们探讨了集成于分子尺度的扩展纳米计算系统的系统级设计和模拟。我们认为，这类系统是两个子系统的联合：纳米存储与纳米处理器。

对于各组成部件，我们将重点集中于超高密度、基于阵列的系统级设计策略或体系架构，它们将在短期内为制造和演示扩展系统原型提供了可能性。对于纳米存储系统，近期对纳米电子器件和纳米存储阵列原型[12,14]的研究，为交叉开关矩阵阵列体系架构的功效提供了依据。对于纳米处理器系统，我们考察了各种可能的体系架构方案。随后，重点集中探讨了基于交叉开关矩阵的体系架构，它处于传统的微电子体系架构与更为新颖的纳米电子体系架构之间。

为了探讨基于交叉开关矩阵体系架构的纳米计算机系统的性能，我们修改了大量应用于微电子工业的模拟工具和技术。这样，我们试图弥合纳米电子领域目前的纯理论研究与可用的实际系统创新应用之间的断层。

利用纳米存储器和纳米处理器系统体系架构中电路和子系统的详细模拟结果，我们探讨了影响基于分子器件的纳米电子系统体系构建的部分因素。许多这类因素适用于几乎所有纳米计算机体系架构，在这些体系架构中，我们有可能在超密集电子计算结构中使用分子或分子尺度器件。通过上面所介绍的系统模拟，我们可以知道，我们能够在何种程度上改进系统的性能。如果这些改进是显著的，则可以用于指导试验人员改进纳米器件设计和制造技术。

因此，这里介绍的工作，能够将基于纳米器件和小电路的艰难实验结果转化为洞察力，用于揭示纳米计算机系统开发的新前沿。开创性的系统设计和仿真策略，再辅以器件和系统的实验，可以加速分子尺度的超密集电子计算机的实现和性能优化。

致 谢

在此要感谢加州理工大学(California Institute of Technology)的 André DeHon教授和 James Heath 教授、哈佛大学的 Charles Lieber 教授以及惠普公司的 R. Stanley Williams、PhilKuekes、Duncan Stewart、Greg Snider，感谢他们的热情慷慨的讨论，以及提供有关纳米器件和系统设计的详细资料。还要感谢石溪大学(Stony Brook University)的 Konstantin Likharev 教授和 Brent Segal of Nantero 公司，感谢他们向我们提供了他们即将发表的论文复印件。这项研究得到了智能技术创新中心(Intelligence Technology Innovation Center，ITIC)和纳米技术计划(Nano-Enabled Technology Initiative，NETI)的资助。

参 考 文 献

[1] Ellenbogen, J. C. and Love, J. C., Architectures for molecular electronic computers: 1. logic structures and an adder designed from molecular electronic diodes, Proc. IEEE, 88(3):386-426, 2000.

[2] Kwok, K. S. and Ellenbogen, J. C., Moletronics: future electronics, Materials Today, 5(2):28-37, 2002.

[3] Reed, M. A., Zhou, C., Muller, C. J., et al., Conductance of a molecular junction, Science, 278 (5336):252-254, 1997.

[4] Collier, C. P., Wong, E. W., Belohradsky, M., et al., Electronically configurable molecular-based logic gates, Science, 285:391-394, 1999.

[5] Collier, C. P., Mattersteig, G., Wong, E. W., et al., A[2]catenane-based solid state electronically reconfigurable switch, Science, 289:1172-1175, 2000.

[6] Chen, J., Reed, M. A., Rawlett, A. M., et al., Large on-off ratios and negative differential resistance in a molecular electronic device, Science, 286:1550-1552, November 1999.

[7] Huang, Y., Duan, X., Cui, Y., et al., Logic gates and computation from assembled nanowire building blocks, Science, 294:1313-1317, November 2001.

[8] Melosh, N. A., Boukai, A., Diana, F., et al., Ultrahigh density nanowire lattices and circuits, Science, 300(5616):112-115, 2003.

[9] Bachtold, A., Hadley, P., Nakanishi, T., et al., Logic circuits with carbon nanotube transistors, Science, 294:1317-1320, 2001.

[10] Luo, Y., Collier, C. P., Jeppesen, J. O., et al., Two-dimensional molecular electronics circuits, Chem Phys Chem, 3:519-525, 2002.

[11] Kuekes, P. J., Stewart, D. R., and Williams, R. S., The crossbar latch: Logic value storage, restoration, and inversion in crossbar circuits, J. Appl. Phys., 97, 2005.

[12] Wu, W., Jung, G. Y., Olynick, D. L., et al., One-kilobit cross-bar molecular memory circuits at 30-nm half-pitch fabricated by nanoimprint lithography, Appl. Phys. A, 80:1173-1178, 2005.

[13] Brock, D. K., Ward, J. W., Bertin, C., et al., Fabrication and applications of single-walled carbon nanotube fabrics. In: Busnaina, A., Ed., CRC Nanomanufacturing Handbook, CRC Press, Boca Raton, FL, 2006, pp. 41-64.

[14] Green, J. E., Choi, J. W., Boukai, A., et al., A defect-tolerant molecular electronic memory, In press.

[15] Heath, J. R., Wires, switches, andwiring. Aroute toward a chemically assembled electronic nanocomputer, Pure Appl. Chem., 72(1-2):11-20, 2000.

[16] Kuekes, P. J., Heath, J. R., and Williams, R. S., Molecular wire crossbar memory, United States Patent 6,128,214, October 2000.

[17] Whang, D., Jin, S., Wu, Y., and Lieber, C. M., Large-scale hierarchical organization of nanowire arrays for integrated nanosystems, Nano Lett., 3(9):1255-1259, September 2003.

[18] Snider, G., Kuekes, P., and Williams, R. S., CMOS-like logic in defective, nanoscale crossbars, Nanotechnology, 15(8):881-891, August 2004.

[19] DeHon, A. and Wilson, M. J., Nanowire-based sublithographic programmable logic arrays, In Proc. ACM/SIGDA FPGA, pp. 123-132, ACM Press, Monterey, CA, 2004.

[20] Kuekes, P. J., Snider, G. S., and Williams, R. S., Crossbar nanocomputers, Scientific American, pp. 72-80, November 2005.

[21] Ziegler, M. M., Picconatto, C. A., Ellenbogen, J. C., et al., Scalability simulations for nanomemory systems integrated on the molecular scale, In: Molecular Electronics III, volume 1006 of Ann. N. Y. Acad. Sci., pp. 312-330. 2003.

[22] Das, S., Rose, G. S., Ziegler, M. M., et al., Architectures and simulations for nanoprocessor systems integrated on the molecular scale, Lect. Notes Phys., 680:479-513, 2005.

[23] Huang, Y., Duan, X., Wei, Q., et al., Directed assembly of one-dimensional nanostructures into functional networks, Science, 291:630-633, January 2001.

[24] Austin, M. D., Ge, H., Wu, W., et al., Fabrication of 5nm linewidth and 14nm pitch features by

nanoimprint lithography, Appl. Phys. Lett., 84(26):5299- 5301, June 2004.

[25] Jung, G. Y., Ganapathiappan, S., Ohlberg, D. A. A., et al., Fabrication of a 34×34 crossbar structure at 50nm half-pitch by UV-based nanoimprint lithography, Nano Lett., 4 (7): 1225-1229, 2004.

[26] DeHon, A., Goldstein, S. C., Kuekes, P. J., et al., Nonphotolithographic nanoscale memory density prospects, IEEE Trans. Nano., 4(2):215-228, March 2005.

[27] International technology roadmap for semiconductors, Technical report, Semiconductor Industry Association, 2005.

[28] Ratner, M. and Mujica, V., Molecular electronics from the bottom up. In: Lyshevski, S. E., Ed., CRC Handbook on Molecular and Nano Electronics, CRC Press, Boca Raton, FL, 2007.

[29] Wang, W., Lee, T., and Reed, M. A., Electrical characterization of self-assembled monolayers, In: Lyshevski, S. E., Ed., CRC Handbook on Molecular and Nano Electronics, CRC Press, Boca Raton, FL, 2007.

[30] Metzger, R., Unimolecular electronics: Results and prospects, In: Lyshevski, S. E., Ed., CRC Handbook on Molecular and Nano Electronics, CRC Press, Boca Raton, FL, 2007.

[31] Yu, B. and Meyyappan, M., Inorganic nanowires in electronics, In: Lyshevski, S. E., Ed., CRC Handbook on Molecular and Nano Electronics, CRC Press, Boca Raton, FL, 2007.

[32] Kanchibotla, B., Pramanik, S., and Bandyopadhyay, S., Self assembly of nanostructures using nanoporous alumina templates, In: Lyshevski, S. E., Ed., CRC Handbook on Molecular and Nano Electronics, CRC Press, Boca Raton, FL, 2007.

[33] Liu, Z. M., Yasser, A. A., Lindsey, J. S., et al., Molecular memories that survive silicon device processing and real-world operation, Science, 302(5650):1543-1545, 2003.

[34] Li, C., Fan, W., Lei, B., et al., Multilevel memory based on molecular devices, Appl. Phys. Lett., 84(11):1949-1951, March 2004.

[35] Lent, C. S. and Tougaw, P. D., Device architecture for computing with quantum dots, Proc. IEEE, 85(4):541-557, 1997.

[36] Snider, G. L., Orlov, A. O., Amlani, I., et al., Quantumdot cellular automata: Line and majority logic gate, Japanese J. Appl. Phys. Part 1, 38(12B):7227-7229, 1999.

[37] Roychowdhury, V. P., Janes, D. B., and Bandyopadhyay, S., Nanoelectronic architecture for Boolean logic, Proc. IEEE, 85(4):574-588, 1997.

[38] Porod, W., Lent, C. S., Bernstein, G. H., et al., Quantumdot cellular automata: computing with coupled quantum dots, Intl. J. Elect., 86(5):549-590, 1999.

[39] Toth, G., Lent, C. S., Tougaw, P. D., et al., Quantum cellular neural networks, Superlattices and Microstructures, 20(4):473-478, 1996.

[40] Turel, O., Lee, J. H., Ma, X., et al., Neuromorphic architectures for nanoelectronic circuits, Int. J. Circ. Theor. Appl., 32:277-302, 2004.

[41] Husband, C. P., Husband, S. M., Daniels, J. S., et al., Logic and memory with nanocell circuits, IEEE Trans. Elect. Dev., 50(9):1865-1875, 2003.

[42] Tour, J. M., van Zandt, W. L., Husband, C. P., et al., Nanocell logic gates for molecular computing, IEEE Trans. Nano., 1(2):100-109, 2002.

[43] Goldstein, S. C. and Budiu, M., Nanofabrics: Spatial computing using molecular electronics, In:

Proc. Intl. Symp. Comp. Arch., June 2001.

[44] Rose, G. S. and Stan, M. R., Programmable logic using molecular devices in a three-dimensional architecture, Presentation at the Engr. Intl. Conf. on Mol. Elect., San Diego, CA (unpublished), January 2005.

[45] Han, J. and Jonker, P., A defect- and fault-tolerant architecture for nanocomputers, Nanotechnology, 14(2):224-230, 2003.

[46] Beiu, V., From unreliable nanodevices to low power nanoarchitectures, In: S. E. Lyshevski, Ed., CRC Handbook on Molecular and Nano Electronics, CRC Press, Boca Raton, FL, 2007.

[47] Tour, J. M., Cheng, L., Nackashi, D. P., et al., Nanocell electronic memories, J. Am. Chem. Soc., 125(43):13279-13283, 2003.

[48] Fijany, A. and Toomarian, B. N., New design for quantum dots cellular automata to obtain fault tolerant logic gates, J. Nanop. Res., 3(1):27-37, 2001.

[49] Lent, C. S. and Isaksen, B., Clocked molecular quantum-dot cellular automata, IEEE Trans. Elect. Dev., 50(9):1890-1896, 2003.

[50] Lent, C. S., Isaksen, B., and Lieberman, M., Molecular quantum-dot cellular automata, J. Am. Chem. Soc., 125(4):1056-1063, 2003.

[51] Greytak, A. B., Lauhon, L. J., Gudiksen, M. S., et al., Growth and transport properties of complementary germanium nanowire field-effect transistors, Appl. Phys. Lett., 84(21):4176-4178, May 2004.

[52] Cui, Y., Zhong, Z., Wang, D., et al., High performance silicon nanowire field effect transistors, Nano Lett., 3(2):149-152, 2003.

[53] Rabaey, J. M., Chandrakasan, A. P., and Nikolic, B. Digital Integrated Circuits, 2nd ed. Prentice-Hall, Englewood Cliffs, NJ, 2002.

[54] van, J. Ruitenbeek, Scheer, E., and Weber, H. B., Contacting individual molecules using mechanically controllable break junctions, Lect. Notes Phys., 680:253-274, 2005.

[55] Wang, W., Lee, T., and Reed, M, Intrinsic electronic conduction mechanisms in self-assembled monolayers, Lect. Notes Phys., 680:275-300, 2005.

[56] Tomfohr, J., Ramachandran, G., Sankey, O. F., et al., Making contacts to single molecules: Are we there yet? Lect. Notes Phys., 680:301-312, 2005.

[57] Metzger, R. M., Six unimolecular rectifiers and what lies ahead, Lect. Notes Phys., 680: 313-350, 2005.

[58] Thune, E. and Strunk, C, Quantum transport in carbon nanotubes, Lect. Notes Phys., 680:351-380, 2005.

[59] Jortner, J., Nitzan, A., and Ratner, M. A., Foundation of molecular electronics—charge transport in molecular conduction junctions, Lect. Notes Phys., 680:13-54, 2005.

[60] Hanggi, P., Kohler, S., Lehmann, J., et al., AC-driven transport through molecular wires, Lect. Notes Phys., 680:55-76, 2005.

[61] DiFelice, R., Calzolari, A., Versano, D., et al., Electronic structure calculations for nanomolecular systems, Lect. Notes Phys., 680:77-116, 2005.

[62] Stokbro, K., Taylor, J., Brandbyge, M., et al., *Ab-initio* based nonequilibrium Green's function formalism for calculating electron transport in molecular devices. Lect. Notes Phys., 680: 117-

152, 2005.

[63] DiCaarlo, A., Pecchia, A., Latessa, L., et al., Tight-binding DFT for molecular electronics (gD-FTB), Lect. Notes Phys., 680:153-184, 2005.

[64] Bushong, N. and DiVentra, M., Current-induced effects in nanoscale conductors, Lect. Notes Phys., 680:185-206, 2005.

[65] Wegewijs, M., Hettler, M. H., Konig, J., et al., Single electron tunneling in small molecules, Lect. Notes Phys., 680:207-228, 2005.

[66] Thorwart, M., Grifoni, M., and Egger, R., Transport through intrinsic quantum dots in interacting carbon nanotubes. Lect. Notes Phys., 680:229-249, 2005.

[67] Bumm, L. A., Arnold, J. J., Cygan, M. T., et al., Are single molecular wires conducting? Science, 271(5256):1705-1707, 1996.

[68] Selzer, Y., Cabassi, M. A., Mayer, T. S., et al., Temperature effects on conduction through a molecular junction. Nanotechnology, 15(7):S483-S488, 2004.

[69] Chen, Y., Jung, G., Ohlberg, D. A. A., et al., Nanoscale molecular-switch crossbar circuits, Nanotechnology, 14:462-468, 2003.

[70] Metzger, R. M. All about (*N*-hexadecylquinolin-4-ium-1-yl) methylidenetricyanoquinodimethanide, a unimolecular rectifier of electrical current, J. Mater. Chem., 10:55-62, 2000.

[71] Tans, S. J., Verschueren, A. R. M., and Dekker, C., Room-temperature transistor based on a single carbon nanotube, Nature, 393:49-52, May 1998.

[72] Postma, H. W. Ch., Teepen, T., Yao, Z., Grifoni, M., and Dekker, C., Carbon nanotube single-electron transistors at room temperature, Science, 293:76-79, July 2001.

[73] Heinze, S., Tersoff, J., and Avouris, P., Carbon nanotube electronics and optoelectronics, Lect. Notes Phys., 680:381-410, 2005.

[74] Javey, A., Tu, R., Farmer, D. B., et al., High performance n-type carbon nanotube field-effect transistors with chemically doped contacts, Nano Lett., 5(2):345-348, 2005.

[75] Ellenbogen, J. C. Monomolecular electronic device, United States Patent 6,339,227, issued to the MITRE Corporation, 2002.

[76] Park, J., Pasupathy, A. N., Goldsmith, J. I., et al., Coulomb blockade and the Kondo effect in single-atom transistors, Nature, 417:722-725, June 2002.

[77] Liang, W., Shores, M. P., Bockrath, M., et al., Kondo resonance in a single-molecule transistor, Nature, 417:725-729, June 2002.

[78] Lieber, C. M., et al., Design and hierarchical assembly of nanowire-based moletronics. DARPA Moletronics PI Meeting, 2002.

[79] DeHon, A., Array-based architecture for FET-based, nanoscale electronics, IEEE Trans. Nano., 2(1):23-32, 2003.

[80] Strukov, D. B. and Likharev, K. K., Defect-tolerant architectures for nanoelectronic crossbar memories, J. Nanosci. and Nanotech., August 2006.

[81] Stix, G., Nanotubes in the clean room, Scientific American, pp. 82-85, February 2005.

[82] Stewart, D. R., Ohlberg, D. A. A., Beck, P. A., et al., Molecule-independent electrical switching in Pt/organic monolayer/Ti devices, Nano Lett., 4(1):133-136, 2004.

[83] Likharev, K. K. and Strukov, D. B., CMOL: Devices, circuits, and architectures, Lect. Notes

Phys., 680:447-478, 2005.

[84] Savage, J. E., Rachlin, E., DeHon, A., et al., Radial addressing of nanowires, ACM J. Emerg. Tech. in Comp. Sys., 2:129-154, 2006.

[85] Zhong, Z., Wang, D., Cui, Y., et al., Nanowire crossbar arrays as address decoders for integrated nanosystems, Science, 302(5649):1377-1379, November 2003.

[86] Beckman, R., Johnston-Halperin, E., Luo, Y., et al., Bridging dimensions: Demultiplexing ultra-high-density nanowire circuits. Science, 310:465-468, 2005.

[87] Hogg, T., Chen, Y., and Kuekes, P. J., Assembling nanoscale circuits with randomized connections, IEEE Trans. Nano., 5(2):110-122, March 2006.

[88] Cui, Y. and Lieber, C. M., Functional nanoscale electronic devices assembled using silicon nanowire building blocks, Science, 291:851-853, 2001.

[89] Cadence Design Framework II, Version IC 5.0.33, Cadence Design Systems, Inc., San Jose, CA, 2004.

[90] Ziegler, M. M. and Stan, M. R., A case for CMOS/nano co-design, In: Proc. IEEE/ACM Intl. Conf. Comp. Aid. Des., pp. 348-352, 2002.

[91] Ziegler, M. M. and Stan, M. R., The CMOS/nano interface from a circuits perspective, In: Proc. Int'l Symp. Circuits and Systems, volume 4, pp. 904-907, 2003.

[92] Pederson, D. O. and Sangiovanni-Vincentelli, A., SPICE 3 version 3F5 user's manual, Department of EECS, University of California, Berkeley, CA.

[93] Bhattacharya, M. and Mazumder, P., Augmentation of SPICE for simulation of circuits containing resonant tunneling diodes, IEEE Trans. Computer-Aided Design Integrated Circuits Systems, 20: 39-50, 2001.

[94] Ziegler, M. M. and Stan, M. R., Design and analysis of crossbar circuits for molecular nanoelectronics, In: Proc. IEEE Conf. on Nano., pp. 323-327, 2002.

[95] Rose, G. S., Ziegler, M. M., and Stan, M. R., Large-signal two-terminal device model for nanoelectronic circuit analysis, IEEE Trans. VLSI, 12(11):1201-1208, November 2004.

[96] Rose, G. S., Cabe, A. C., Gergel-Hackett, N., et al., Design approaches for hybrid CMOS/molecular memory based on experimental data, In Proc. Great Lakes Symp. on VLSI, pp. 2-7, Philadelphia, PA, May 2006.

[97] Heath, J. R., Kuekes, P. J., Snider, G. S., et al., A defect-tolerant computer architecture: Opportunities for nanotechnology, Science, 280(5370):1716-1721, 1998.

[98] Hennessy, J. L. and Patterson, D. A., Computer Architecture: A Quantitative Approach, 3rd ed, Morgan Kaufmann, San Mateo, CA, 2002.

[99] Stan, M. R., Franzon, P. D., Goldstein, S. C., et al., Molecular electronics: From devices and interconnect to circuits and architecture, Proc. IEEE, 91(11):1940-1957, 2003.

[100] Strukov, D. B. and Likharev, K. K., CMOL FPGA: A reconfigurable architecture for hybrid digital circuits with two-terminal nanodevices, Nanotechnology, 16:888-900, 2005.

[101] Han, J., Fault-Tolerant Architectures for Nanoelectronic and Quantum Devices, Ph. D. thesis, Delft University of Technology, Delft, The Netherlands, 2004.

[102] Barr, M., Programmable logic: What's it to ya? Embedded Systems Programming magazine, pp. 75-84, June 1999, Also available online at http://www.embedded.com/1999/9906/9906sr.htm.

[103] Trimberger, S. , Ed, Field Programmable Gate Array Technology, Kluwer Academic Publishers, Boston, 1994.

[104] Zeidman, B. , Designing with FPGAs and CPLDs, CMP Books, Lawrence, KS, 2002.

[105] DeHon, A. , Reconfigurable architectures for general-purpose computing, Technical Report AITR-1586, Massachusetts Institute of Technology, 1996.

[106] Zuchowski, P. S. , Reynolds, C. B. , Grupp, R. J. , et al. , A hybrid ASIC and FPGA architecture, In: Proc. Intl. Conf. Comp. Aid. Des. , pp. 187-194, 2002.

[107] Ziegler, M. M. and Stan, M. R. , CMOS/nano co-design for crossbar-based molecular electronic systems, IEEE Trans. Nano. , December 2003.

[108] Forshaw, M. , Stadler, R. , Crawley, D. , et al. , A short review of nanoelectronic architectures, Nanotechnology, 15(4):S220-S223, 2004.

[109] McConnell, R. P. , Diode-based power gain for molecular-scale electronic digital computers, Report MP 00W0000310, The MITRE Corporation, McLean, VA, 2000.

[110] McConnell, R. P. , Ellenbogen, J. C. , Mayer, T. S. , et al. , Requirements and designs for molecular computer architectures that incorporate gain-producing elements, Presentation at the Engr. Found. Conf. on Mol. Elect. , Kona, HI (unpublished), December 2000.

[111] Goldstein, S. C. and Rosewater, D. , Digital logic using molecular electronics, In: Proc. Intl. Sol. St. Circ. Conf. , 2002.

[112] Rose, G. S. and Stan, M. R. , Memory arrays based on molecular RTD devices, In: Proc. IEEE-NANO, pp. 453-456, 2003.

[113] Goto, E. , Murata, K. , Nakazawa, K. , et al. , Esaki diode high speed logical circuits, IRE Trans. Elect. Comp. , pp. 25-29, 1960.

[114] Liu, H. C. and Sollner, T. C. L. G. , High-frequency resonant-tunneling devices. In: Kiehl, R. A. and Sollner, T. C. L. G. , editors, Semiconductors and Semimetals, volume 41, pp. 359-418. Academic Press, Boston, 1994.

[115] Mathews, R. H. , Sage, J. P. , Sollner, T. C. L. G. , et al. , A new RTD-FET logic family, Proc. IEEE, 87(4):596-605, April 1999.

[116] Kuekes, P. J. , Molecular crossbar latch, United States Patent 6,586,965, 2003.

[117] Chen, Y. , Ohlberg, D. A. A. , Li, X. , et al. , Nanoscale molecular-switch devices fabricated by imprint lithography, Appl. Phys. Lett. , 82(10):1610-1612, March 2003.

[118] Snider, G. , Kuekes, P. , Hogg, T. , et al. , Nanoelectronic architectures, Appl. Phys. A, 80:1183-1195, 2005.

[119] Snider, G. S. and Kuekes, P. J. , Nano state machines using hysteretic resistors and diode crossbars, IEEE Trans. Nano. , 5:129-137, 2006.

[120] van den Brink, M. , Litho roadmap shows difficult terrain — part 2 — technology information, Electronic News, Jan. 17, 2000.

[121] Semi industry to reach $360 billion by 2010, says report, Silicon Strategies, Dec. 2, 2003.

[122] Burks A. W. , Goldstine H. H. , and von Neumann J. , Preliminary discussion of the logical design of an electronic computing instrument, In: Taub A. H. , Ed. , John von Neumann Collected Works, volume V, pp. 34-79. The Macmillan Co. , New York, 1963.

[123] Goldstine H. H. and von Neumann J. , On the principles of large scale computing machines, In:

Taub, A. H., Ed., John von Neumann Collected Works, volume V, pp. 1-32. The Macmillan Co., New York, 1963.

[124] von Neumann, J., First draft of a report on the EDVAC. In: Stern, N., Ed., From ENIAC to Univac: An Appraisal of the Eckert-Mauchly Computers, Digital Press, Bedford, MA, 1981.

[125] Reprinted from the AMD Virtual Pressroom at http://www.amd.com.

[126] Meindl, J. D., Chen, Q., and Davis, J. A., Limits on silicon nanoelectronics for terascale integration, Science, 293(5537):2044-2049, 2001.

[127] Zhirnov, V. V., Cavin, R. K., Hutchby, J. A., et al., Limits to binary logic switch scaling —a Gedanken model. Proc. IEEE, 91(11):1934-1939, November 2003.

[128] Frank, D. J., Dennard, R. H., Nowak, E., et al., Device scaling limits of Si MOSFETs and their application dependencies, Proc. IEEE, 89(3):259-288, 2001, This article is one of several that appeared in a Special Issue on Limits of Semiconductor Technology.

[129] Bohr, M. T., Nanotechnology goals and challenges for electronic applications, IEEE Trans. Nano., 1(1):56-62, March 2002.

[130] Davis, J. A., Venkatesan, R., Kaloyeros, A., et al., Interconnect limits on gigascale integration (GSI) in the 21st century. Proc. IEEE, 89(3):305-324, March 2001. This article is one of several that appeared in a Special Issue on Limits of Semiconductor Technology.

[131] Ieong, M., Doris, B., Kedzierski, J., et al., Silicon device scaling to the sub-10-nm regime. Science, 306:2057-2060, 2004.

[132] Rahman A, System-Level Performance Evaluation of Three-Dimensional Integrated Circuits, Ph. D. thesis, Massachusetts Institute of Technology, Cambridge, MA, 2001.

[133] Reif, R., Fan, A., Chen, K.-N., et al., Fabrication technologies for three-dimensional integrated circuits, In: Proc. Intl. Symp. Qual. Elect. Des., pp. 33-37, 2002.

[134] Al-Sarawi, S. F., Abbott, D., and Franzon, P. D., A review of 3-D packaging technology, IEEE Trans. CPMT B, 21(1):2-14, 1998.

[135] Fan, A., Rahman, A., and Reif, R., Copper wafer bonding, Elect. Sol. St. Lett., 2(10):534-536, 1999.

[136] Burns, J. A., Keast, C., Warner, K., et al., Fabrication of 3-dimensional integrated circuits by layer transfer of fully depleted SOI circuits, In: Proc. Mat. Res. Soc. Symp. G, volume 768, April 2003.

[137] Kwon, Y., Jindal, A., McMahon, J. J., et al., Dielectric glue wafer bonding for 3-D ICs, In: Proc. Mat. Res. Soc., Spring 2003.

[138] Xue, L., Liu, C. C., Kim, H. S., et al., Three-dimensional integration: Technology, use, and issues for mixed-signal applications, IEEE Trans. Elect. Dev., 50(3):601-609, 2003.

[139] Subramanian, V., Dankoski, P., Degertekin, L., et al., Controlled two-step solid-phase crystallization for high-performance polysilicon TFT's, IEEE Elect. Dev. Lett., 18(8):378-381, 1997.

[140] Das, S., Design Automation and Analysis of Three-Dimensional Integrated Circuits, Ph. D. thesis, Massachusetts Institute of Technology, Cambridge, MA, 2004.

[141] Chau, R., Boyanov, B., Doyle, B., et al., Silicon nanotransistors for logic applications, Physica E: Low-dimensional systems and nanostructures, 19(1-2):1-5, 2003.

[142] Wind, S. J., Appenzeller, J., Martel, R., et al., Vertical scaling of carbon nanotube field-effect

transistors using top gate electrodes, Appl. Phys. Lett., 80(20):3817-3819, 2002.

[143] Li, Q. L., Surthi, S., Mathur, G., et al., Multiple-bit storage properties of porphyrin monolayers on SiO_2, Appl Phys. Lett., 85(10):1829-1831, 2004.

[144] Feder, B. J., Nanotech memory chips might soon be a reality, New York Times, June 7, 2004.

[145] Strukov, D. B. and Likharev, K. K., A reconfigurable architecture for hybrid CMOS/nanodevice circuits, In: Proc. ACM/SIGDA FPGA, Monterey, CA, 2006. ACM Press.

[146] Blum, A. S., Soto, C. M., Wilson, C. D., et al., Cowpea mosaic virus as a scaffold for 3-D patterning of gold nanoparticles, Nano Lett., 4(5):867-870, 2004.

[147] Fang, J. Y., Soto, C. M., Lin, T. W., et al., Complex pattern formation by cowpea mosaic virus nanoparticles, Langmuir, 18(2):308-310, 2002.

[148] Beckett, P. and Jennings, A., Towards nanocomputer architecture, In: Proc. ACS Conf. Res. Prac. Inf. Tech., volume 6, pp. 141-150, 2002.

[149] DeHon, A., Lincoln, P., and Savage, J. E., Stochastic assembly of sublithographic nanoscale interfaces, IEEE Trans. Nano., 2(3):165-174, 2003.

[150] Naeimi, H. and DeHon, A., A greedy algorithm for tolerating defective crosspoints in nano PLA design, In: Proc. IEEE Intl. Conf. Field Prog. Tech., 2004.

[151] Weste, N. H. E. and Harris, D., CMOS VLSI Design: A Circuits and Systems Perspective, 3rd ed, Addison-Wesley, Reading, MA, 2004.

6 三维分子电子技术与用于信号和信息处理平台的集成电路

Sergey Edward Lyshevski 著

李启楷 帅志刚 译

摘要:

固态微电子技术与互补金属-氧化物-半导体(CMOS)技术已经接近其理论技术极限。此外,新的范式和技术不断涌现,由此导致的技术革命所产生的影响将远远超过半导体器件和微电子技术所产生的影响。这些具有深远意义的发展主要集中在以下几个方面:三维(3D)生物分子处理平台(^{BM}PP)、固态与射流分子电子技术。分子电子技术包括 3D-拓扑分子器件(^{M}device)、3D 组织、新的体系架构、自下而上(bottom-up)制造等。固态分子电子器件(^{ME}device)的尺度可以达到1nm×1nm×1nm 的数量级。同时,可以将这些多端^{ME}device 制造并聚集在一个神经超元胞($^{\aleph}$hypercell)内,形成可用的分子集成电路(^{M}IC)。除了维度外,分子与纳电子技术的最基本的特点是全新的器件物理、创新性的组织、新奇的架构和使能能力/功能。与半导体器件相比,固态与射流^{ME}device 则是基于全新的器件物理,具有独特的现象,提供全新的使能能力,并拥有独特的功能。从系统层面上看,^{M}IC 可以设计成具有新奇的 3D 组织和使能体系架构,并由此确保其卓越的性能。上述器件物理与系统的创新,为器件提供了空前绝后的优点与机遇。非同寻常的理论与技术挑战也同时出现于器件、模块和系统层面。尤其是在^{ME}device、^{M}gate(分子门)、$^{\aleph}$hypercell 和^{M}IC 的制造与设计过程中,将面临巨大的挑战与技术难点。对于^{M}device,大量与器件物理、各种现象和功能有关的基础问题、应用问题和实验问题有待解决。在系统层面上,设计、优化、聚合、检验等也是难点。从制造上说,我们虽然可以制造出3D拓扑固态^{ME}device及其聚集体,但是,技术上还没有成熟到允许我们评估和表征复杂的^{M}gate和$^{\aleph}$hypercell,更不用说^{M}IC。本章将涉及分子电子技术的一些基本问题,并对上述问题给出一些可能的解决方案。我们将首先讨论固态与射流^{M}device的器件物理,同时对^{M}device也有足够的涉及。此外,对设计分子处理平台(^{M}PP)过程中源于^{M}IC的一些创新性概念也将予以探讨,并将其应用于分子电子体系架构(^{M}architectronics)范式。利用分子处理和存储硬件的3D组织,在使能分层体系架构下,可以对这些^{M}PP[神经元,处理器和存储器,处理器整合存储器(fused memory-in-processor)等]进行设计。使用^{3D}networking-and-processing(三维联网与处理)范式,我们可以设计出可重构的神经形貌固态和射流^{M}PP。

6.1 引　　言

尽管已经存在大量纳米技术应用的报道,然而,这些进展主要是基于材料科学、生物学、化学及其他成熟领域的著名理论与成功技术。早在公元前440年,米利都的留基伯(Leucippus of Miletus)和德谟克利特(Democritus)就提出了原子概念与原子结构,原子理论由道尔顿(John Dalton)于1803年提出。元素周期表由门捷列夫(Dmitri Mendeleev)于1869年建立,而电子则由汤姆孙(Joseph Thomson)于1897年发现。原子的构成则由卢瑟福(Ernest Rutherford)于1910年发现,这一发现是基于在卢瑟福指导下由马斯登(Ernest Marsden)进行的α粒子散射实验。量子理论的建立主要归功于20世纪初的玻尔(Niles Bohr)、德布罗意(Louis de Broglie)、海森伯(Werner Heisenberg)、普朗克(Max Planck)以及其他科学家。随后,薛定谔(Erwin Schrödinger)于1926年将其更加向前推进了一步。几十年来,大量的化学与物理手册系统地报道了成千上万的有机和无机化合物、分子、环状系统、嘌呤、嘧啶、核苷酸、寡核苷酸、有机磁体、有机聚合物、原子配合物以及尺度在1nm数量级的分子。近50年来,人们已经发展了一些有效的方法,并能商业化地大规模制造带各种连接基团和隔离单元的核苷酸和寡核苷酸、生物共轭分子聚集体、改性核苷以及其他无机、有机和生物分子。上述有关基础、应用、实验与技术方面的成就,为众多领域,如生物化学、化学、物理和电子学等,奠定了坚实的基础。

微电子技术也取得了显著的成就。50多年来,微电子器件、集成电路(IC)和高效技术已经成熟并在不断发展,它为高性能的电子器件提供了保障。许多电子上游工艺和材料也取得了进步,并被充分利用,例如:

- 晶体生长、蚀刻、薄膜沉积、涂层、光刻和其他工艺已经被充分掌握,并使用几个世纪。

● 霍珀弗(Daniel Hopfer)从1493年到1534年开发并发展了蚀刻技术。

● 现代电镀(电沉积)由布鲁纳特利(Luigi Brugnatelli)于1805年发明。

● 光刻技术由涅普斯(Joseph Nicéphore Niépce)于1822年发明,并于1826年获得了第一张照片。

● 1837年,雅可比(Moritz Hermann von Jacobi)发明并演示了银、铜、镍和铬的电镀工艺。

● 1839年,莱特(John Wright)、埃尔金顿(George Elkington)和埃尔金顿(Henry Elkington)发现了氰化钾可以作为金和银电镀的电解质。1840年,他们为此工艺申请了英国专利(British Patient, 8447)。

在各种艺术品、珠宝产品以及圣诞节装饰品的制造过程中,这些发明和技术已经被使用了数百年。

由于微制造技术的进步,特征尺寸已经显著地减小。固态半导体器件的特征结构已经降到数十个纳米的尺度,薄膜的沉积厚度也可以小于1nm。外延生长制造工艺(1960年由Kleimack,Loar,Ross和Theuerer发明)能够逐层地生长单晶硅薄膜,并且与硅片的结构完全相同。随着外延技术的进一步发展,有可能沉积出高精度的均匀多层半导体层与绝缘层,以提高IC性能。分子束外延技术是在单晶基片上沉积一种或多种纯的材料,在高真空环境下,一次一层原子,由此形成单晶外延层。分子束外延技术最早由Arthur和Cho于1969年发现。场效应三极管(FET)的绝缘层(由二氧化硅、氮化硅、氧化铝、氧化锆或其他高k电介质构成)厚度由数十纳米逐渐地降低到小于1nm。

直到最近几年,人们才将上述内容及其他有关理论与技术的发展归类于纳米科学、纳米工程与纳米技术。实际上,最近将纳米(nano)与产品、领域、技术甚至理论相关联,已经是司空见惯的事情。而尽管涉及的原子理论使用了皮米和飞米长度的原子/亚原子尺度,并且运用了量子物理等,但起初人们关注原子结构、探测原子、探索亚原子粒子和研究分子等时,生物学、化学、物理学及其他科学中所使用的术语都是"微观的"(microscopic)。

德布罗意(De Broglie)假设为薛定谔理论奠定了基础,它描述了由原子构成的物质微观结构内微观粒子的状态。原子由原子核与电子构成,而原子核则由中子与质子构成。微观理论用于探讨微观系统(原子与基本粒子),如重子、轻子、μ子、介子、部分子、光子和夸克等。电子和π介子(pion)的质量分别为9.1×10^{-31}kg和2×10^{-28} kg,而其对应的半径则分别为2.8×10^{-15} m和2×10^{-15}m。对于这些亚原子粒子,通常使用术语"微观的"。亚原子的飞米尺度并不能保证使其归类于"飞观的"(femtoscopic)粒子或者将这些微观体系归类于"飞观的"。

分子电子技术主要集中于现有的科学与工程基础,而化学与生物技术的进步则可以用于实现自下而上(bottom-up)的制造工艺。对于成熟的理论和技术,人们试图发明更具吸引力的术语,有时会导致产生大量新的术语和修正定义。例如,对一些已为大家所熟悉的分子、聚合物、超分子等进行重新命名,会得到诸如定向纳米结构自组装、可控生物分子纳米组装等概念。设计控制自复制(尽管通过复杂的、但并没有完全理解的机制在生物系统中实现)是一个长期的目标,很多年后,也许我们可能通过利用生物化学和生物技术而最终实现。最近,许多具有吸引力的宣称与结果(分子构筑单元、分子组装单元、纳米结构合成等)非常类似于芳香化合物、配位化合物化学、现代材料以及其他数十年前本科教材(生物学、生物化学与化学)中早有涉及的科目。在那些课本中,对于不同的有机化合物、陶瓷、聚合物、晶体、化合物与其他材料以及一些独特的分子的合成工艺进行了讨论,而这些工艺已经被应用了数十年乃至数百年。

由于我们的重点是在电子技术,我们将主要着重分析此领域的主要趋势[1-4]以及如何定义微电子技术和纳电子技术。微电子技术早已完全建立,并且非常成熟,目前,其年度市场份额超过 1500 亿美元。由于微电子技术已经非常明了[1],纳电子技术的定义将主要着重于其相应的内涵。纳电子学的侧重点、目标及主题定义如下:在设计和实现新奇的高性能、增强功能性的原子/分子器件、模块和平台(系统)以及高效的、自下而上的制造过程中,纳电子技术将专注于基础/应用/实验方面的研究与技术进步。

纳米(分子)电子技术将以如下主题为中心:

(1) 基于新的器件物理发现新的器件;

(2) 利用现有的独特现象和能力;

(3) 设计使能组织与体系架构;

(4) 自下而上的制造。

器件、模块与系统层次的其他特点,则作为这四个主题的副产品。与固态半导体(微电子)器件相比,^{M}device 具有一些新的现象,提供独特的性能,并且可以将其应用于模块与系统层次。为了避免术语与定义上的讨论,在本章中,我们将主要使用术语“分子[的]”(molecular),而尽量不使用前缀“纳米[的]”(nano)。

在器件层面,IBM、Intel、HP 以及其他一些一流国际公司,已经在固态^{ME}device、分子线、分子互联等方面开展了一些开创性的研究,并且在工艺开发方面也进行了一些探索。目前已有固态分子电子技术方面的基础、应用与实验方面进展的报道[5-10]。这些新涌现的革命性高风险、高回报领域,需要时间、事先准备、参与、认同、投资、基础设施、创新和市场需求。最具潜力的领域当属以下几个方面的发明与设计,它将进一步地引起革命性的进步:

- 分子信号/数据处理平台
- 分子存储器平台

- 集成分子处理-存储器平台
- 分子信息处理平台

我们的最终目的是，开发出可行的^{M}architectronics 范式，以显著地提高处理(计算)和存储器平台的性能。分子电子技术将确保其信息处理的卓越性、计算的优越性以及存储的领先性。

总而言之，分子电子技术既包括新的器件物理，又包括制造技术，其范围从一些独特的现象/性能/功能到全新的组织与体系架构。在 3D ^{M}IC 设计中，我们将给出一个统一的合成分类，并将其应用于新一代阵列、处理器与计算机等的处理与存储平台中。^{M}IC 的设计将通过使用新的以技术为中心的概念(technology-centric concept)来实现，它是基于由^{M}gate 构成的$^{\aleph}$ hypercell。这些^{M}gate 由互联的多端^{M}device构成。我们将详细地分析一些具有潜在应用价值的^{M}device。同时，还将介绍^{M}PP(由^{M}IC 构成)设计过程中的一些创新性步骤。我们的目的是，进一步发展和应用坚实的基础理论，同时，通过可行的解决方案与技术提供有机的支持。进一步发展基础与应用研究，实现以技术为中心的、基于 CAD 的^{M}IC 设计理论与实践。新奇的、可行的解决方案为其发展与进步提供保障，同时，强调对超大规模集成(super-large-scale integration，SLSI)的需求。制造方面也将有所涉及。这里报道的结果将进一步拓展分子电子技术的理论与实践、信息技术、处理/存储器平台设计以及分子技术(纳米技术)的视野。

6.2 数据与信号处理平台

我们已经涉及了大量的挑战与困难。看起来，^{M}device 的设计、自下而上的制造、^{M}IC 的设计和以技术为中心的 CAD 开发，均是极为复杂的问题。不过，在讨论^{M}architectronics 及其应用之前，我们将首先对其历史给予回顾，并随后探论其未来与机遇。数据检索与处理工具的历史可以追溯到数千年以前。为了输入数据、将其保留并进行计算，人们使用了机械工具——算盘。早期的算盘，也被称作为计算板，是由木块、石头、或带有刻槽的金属或着色的线构成，而可移动的小珠、鹅卵石或木头/石头/金属盘则布置于这些刻槽或线之间。当移动这些小珠后，根据使用者记忆的“编程规则”，可以解决和存档一些记录和算术问题。在数的概念被发明以前，算盘已经用于计算、跟踪数据和记录事实。最早的计算板于 1899 年发现于萨拉米斯(Salamis)岛，在公元前 300 年由古巴比伦人使用。如图 6.1(a)所示，萨拉米斯算盘是一块标记有两组 11 根垂直线(10 列)的大理石，在两组之间留有空白，一根水平线横穿各组线，在顶端和底端标有希腊字符。同时代的另一个重要发明则为星盘，它用于导航。

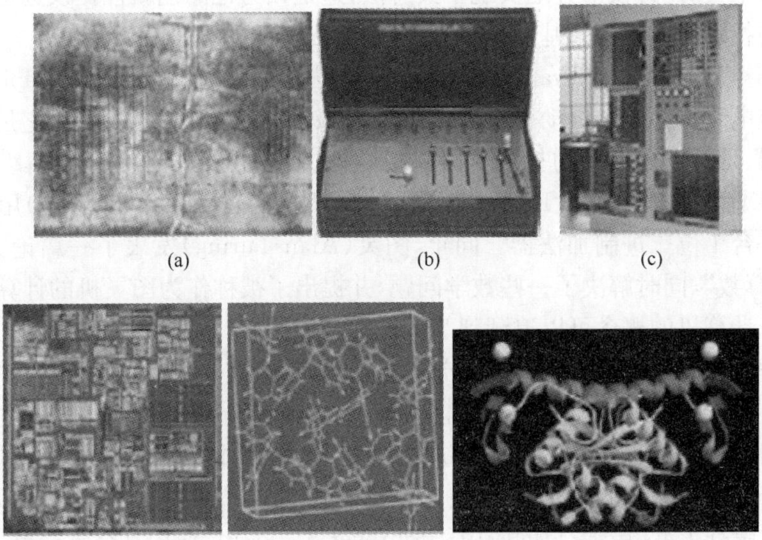

图 6.1　(见彩色插图)从算盘(公元前 300 年)到托马斯计算尺(1820 年),从电子数字积分器和计算机(1946 年)到具有 4200 万晶体管的 1.5cm×1.5cm 478 针英特尔奔腾 4 处理器(2002 年),进一步到下一代 3D 固态与射流分子电子技术与处理

1623 年,契克卡德(Wilhelm Schickard)制造了一台可以实现 6 位数以内加和减的机器——"计算钟",它在有溢出时会响铃。帕斯卡(Blaise Pascal)通常被认为是制造第一台数字计算机的人。他于 1640 年创造了该机器,当时,它主要是为帕斯卡身为税务员的父亲提供帮助。这台机器可以对拨盘输入的数进行相加操作。帕斯卡于 1644 年也设计和制造了一台名为"Pascaline"的机器。不过,与契克卡德的计算钟相比,这些 5 位和 6 位的机器使用了不同的概念,尤其是它们使用了升降块,而非齿轮传动。"帕斯卡型"("Pascalian")机器可以扩展到更多位,但它不能作减法运算。帕斯卡销售过 10 余台这种机器,有数台机器留传至今。1674 年,莱布尼茨(Gottfried Wilhelm von Leibniz)引入了"步进式计算器"(stepped reckoner),它使用了可移动的滑架,可以进行乘法运算。托马斯(Charles Xavier Thomas)以莱布尼茨的设计为基础,于 1820 年设计出了一台机械式计算器[图 6.1(b)]。1822 年,巴比奇(Charles Babbage)建造了一台 6 位计算器,它可使用齿轮进行数学运算。从 1834 年到 1871 年的许多年间,巴比奇开展了其分析机的项目。他的设计集成了存储编程(存储器)的概念,设想存储器可以保存超过 100 个数。建议的机器拥有一个只读存储器,它以打孔卡片形式存在。这些卡片被串联成链,各链的运动可以反向进行。这样,这一机器可以进行条件运算及集成编码。这些指令取决于带开槽的桶中金属栓的位置,它被称作为控制桶。在原型可编程计算器的

设计过程中，巴比奇仅部分地实现了其想法，这是因为他的创新性提议远远地超出了当时的技术能力与理论基础。不过，这些想法和目标却被保留下来。

1926 年，布什(Vannevar Bush)提出了乘法积分器(product integraph)，它是用于确定电路特性的半自动化机器。IBM 于 1935 年推出了 IBM 601，它是一台基于继电器、带有算术单元的打孔卡片式机器，它可以在一秒钟内完成高级乘法运算。IBM 总共生产了超过 1500 台。1937 年，斯蒂比兹(George Stibitz)用继电器制造了一台 1 位二进制加法器。同年，图灵(Alan Turing)发表了一篇论文，报道了“可计算数”，同时解决了一些数学问题，并提出了被称作为图灵机的计算数学模型。电子计算机的概念可以追溯到 20 世纪 20 年代末。主要的突破则是在稍后出现的。香农(Claude Shannon)在其 1937 年的硕士论文中，概述了继电器的应用，提出了“以二为基数的电动加法器”。同年，斯蒂比兹开发出了基于布尔代数的二进制电路，并最终于 1940 年制造并试验了提出的加法器。阿坦纳索夫(John Atanasoff)于 1939 年完成了使用真空二极管的 16 位加法器原型。同年，Zuse 和 Schreyer 考查了继电器逻辑的应用。Schreyer 于 1940 年使用真空管完成了 10 位加法器的原型，并使用氖灯建造了存储器。Zuse 于 1940 年演示了第一台可用的可编程计算器。此计算机的浮点数包括 7 位指数、14 位尾数和符号位，带 1400 只继电器的 64 字长存储器，由 1200 只继电器构成的算术与控制单元。随后，艾肯(Howard Aiken)提出了一个计算机器，它可以解决相对论物理中的一些问题，并建造了自动顺序控制计算器 Mark Ⅰ。此项目于 1944 年完成，Mark Ⅰ被用于计算弹道问题。这一机电设备长 15 m，质量为 5t，共有 750 000 个部件(72 个带算术单元和机械寄存器的累加器，可以计算 23 位+符号位)。四则运算采用定点数，有一个插板用于决定小数点位数。输入-输出单元包括读卡器、卡片打孔机、纸带阅读机及打字机。它总共包括有 60 组旋转开关，每一个都可以作为常量寄存器(如机械只读存储器)。程序通过纸带读入，数据可以从其他纸带、读卡器或常量寄存器读入。1934 年，美国政府与莫齐利(John Mauchly)和埃克特(Presper Eckert)签订合约，要求其设计电子数字积分器与计算机，它也许是最早建造的一台电子数字计算机。此计算机于 1946 年完成[图 6.1(c)]。它可以每秒执行 5000 次加法或 400 次乘法，这在当时可谓是性能超群。这一套电子数字积分器和计算机质量为 30t，功耗为 150kW，拥有 18 000 个真空二极管。冯·诺依曼(John von Neumann)及其同事于 1945 年建造了电子离散变量自动计算机，并使用所谓的“冯·诺依曼计算机体系架构”。

组合电路和存储器电路由微电子器件、逻辑门和模块构成。微电子学教科书系统地记录了从半导体器件的发现到 IC 设计的发展历程。其主要的发展过程将在下文予以介绍。布劳恩(Ferdinand Braun)于 1874 年发明了固态整流器。皮卡德(Pickard)于 1906 年发明并演示了单晶硅二极管。场效应管则在 1926 年和

1935 年分别由利林费尔德(von Julius Lilienfeld)和海尔(Oskar Heil)申请了专利。巴丁(John Bardeen)和布拉顿(Walter Brattain)于 1947 年 12 月 23 日制造并试验了可用的固体双极晶体管。蒂尔(Gordon Teal)于 1948 年制造了第一个单晶硅晶体管,而肖克利(William Shockley)则于 1952 年发明了单极型场效应晶体管。第一块集成电路(IC)则由基尔比(Kilby)和摩尔(Moore)于 1958 年设计。

微电子技术已经应用于信号处理与计算平台。第一代、第二代、第三代和第四代计算机的出现伴随着巨大的科技进步。英特尔奔腾 4[图 6.1(d)]和 Core™ 双核处理器采用了更高级 Intel 微架构制造。这些高性能处理器使用了 90nm 和 65nm CMOS 技术节点。CMOS 技术已经非常成熟,目前可以高效地在单一模上制造含有数十亿晶体器的高性能 IC。第五代计算机将会使用更小尺寸的微电子器件和更高级的体系架构。然而,我们同时也期待于技术的进一步发展。新的解决方案和更新的使能技术(enabling technology)正在形成。

拉特纳(M. Ratner)和阿维莱姆(A. Aviram)于 1974 年提出了使用分子作为分子二极管,它可以被认为是最简单的双端固态^{ME}device[11]。这一构想随着理论、应用和实验的发展而得到扩充[5-10]。文献[7]建议在一个 3D 组织中设计这些三维分子电子器件与^{M}IC。这些^{M}IC 可以设计成聚集$^{\aleph}$ hypercell,而后者则由使用 3D 拓扑多端^{ME}device 的^{M}gate 构成[图 6.1(e)]。

美国专利 6430511“分子计算机”于 2002 年授予了 J. M. Tour、M. A. Reed、J. M. Seminario、D. L. Allara 和 P. S. Weiss。他们设想,分子计算机将由输入和输出引线阵列、“注入分子件”(molware)和“使能分子件桥接输入和输出引线”构成。建议的分子件包括分子鳄夹轴承 2 端、3 端和分子 4 端或多端导线,碳纳米管导线,分子共振隧穿二极管,大量的基于单一纳米尺寸颗粒的互连站,由分子控制器/纳米颗粒或富勒烯混合物组成的动态和静态随机访问存储器(DRAM 或 SRAM)部件等构成。总之,从上述构想中,我们可以发现大量的有建设性的概念与思想,同时,我们希望,它在理论上是可靠的、技术上是可行的。

于是,便出现了有关分子电子器件和^{M}PP 可行性的问题。有关固态^{M}IC 部分的可靠性目前还没有定论,因为没有作为参照的固态分子电子器件和^{M}PP 可供比较。相对而言,^{BM}PP 本身存在于自然界中。我们可以通过简单地把注意力集中到最原始的生物系统。原核细胞(细菌)缺乏广泛的细胞内组织,没有胞质器,但它却有良好的核膜及多种细胞内结构与细胞器。然而,即使是 2μm 长的单细胞大肠杆菌(*E. coli*)、沙门菌和其他细菌也拥有^{BM}PP,它们还具有极好的信息与信号/数据处理能力。同时,这些细菌也拥有分子传感器约为 50nm×50nm×50nm 的马达,以及其他大量由蛋白质构成的生物分子器件与系统。尽管我们对细菌马达(最大的器件)研究了数十年,然而,迄今为止,其最基本的运行机制仍未明了[12]。同样,在器件与系统层面上,生物处理存储器的机制也没有弄清楚。即使是一个单细胞细菌，我们也没有完全弄清楚其生物处理、存储器与器件物理的基本过程。对信息的处理、存储器的存储和存储器的访问，它很有可能使用了生物物理机制，涉及离子(约 0.2nm)-生物分子(约 1nm)- 蛋白质(约 10nm)电化学机械相互作用以及响应于刺激的转变。用于仿真^{BM}PP 的射流分子处理与^{M}PP 最早出现于文献[7]中。图 6.1(f)示意地给出了离子-生物分子-蛋白质复合体。电化学机械相互作用与转变确立了一种可能的生物分子器件的器件物理，它可以确保合成的射流分子电子器件的可行性和可靠性。

在着重强调了当前的器件水平后，应该再强调一下，目前我们还没有完全了解这些超级分子 3D 组织和体系架构。我们假定，在原核细胞和神经细胞中，处理和存储器存储是通过生物分子的跃变，如折叠转变、诱导势、电荷变化、成键变化等来实现的。这些电化学-机械变化是通过离子和/或生物分子的成键/断键、酶的活动等来完成的。实验与分析结果表明，蛋白质的折叠过程约在纳秒级，并且需要约 $1\times10^{-19}\sim1\times10^{-18}$ J 的能量。实时 3D 成像过程，通常甚至可以由神经细胞少于 1 百万的原始的昆虫和脊椎动物来完成。完成这些工作及其他大量的处理任务，所消耗的能量却不到 1 μW。不过，即使利用我们所设想的拥有数万亿晶体管、器件开关速度约为 1 THz、电路速度约为 10 GHz、器件开关能量约为 1×10^{-16} J、写能量约为 1×10^{-16} J/bit、读时间约为 10 ns 的处理器，仍不能实现实时的 3D 图像处理。这些超级的生物处理能力，是我们之前设想的微电子技术发展和创新尚无法企及的。

注 术语“生物电子技术”还有待商榷，因为它可能并不能反映基本的物理本质与现象。因此，我们引入了术语^{BM}PP。基于射流的分子处理和^{M}PP 可以用来仿真^{BM}PP。我们的术语并不意味着，射流与分子平台仅基于/限于电子输运或仅与电子相关的跃迁。不过，这些合成的射流分子器件/模块具有电化学-机械跃变过程，因此，我们可以使用电子仪器来控制这些跃变。这也就是我们为什么使用这一术语的原因。

6.3 微电子学与纳电子学：回顾与展望

为了设计和制造平面 CMOS IC[其主要微电子器件通常为 FET 和 BJT(双极晶体管)]，我们必须首先制定处理与设计规则。根据拓扑布局，其物理尺寸与面积要求可按照设计规范来进行估计，主要侧集于：①从绝对尺寸的限制，考虑最小的特征尺寸与最小的允许分离；②λ 规则(使用长度单位 λ 定义)，它规定了布局的限制，并考虑非线性标度、几何限制及最小的允许尺寸(如宽度、间隔、分离、扩展、重叠、长宽比等)。一般来说，λ 是曝光波长、成像解析度、景深、工艺、材料、器件物理、拓扑等的函数。对于不同的技术节点，λ 为最小特征尺寸的 $\frac{1}{2}\sim 1$ 左右。对于目前最新的 65nm 技术，它于 2005 年引入并由一些大公司于 2006 年部署，其最小特征尺寸为 65nm。预期到 2018 年，特征尺寸会进一步降低到约 18nm。对于 n 通道 MOSFET（物理单元尺寸约为 $10\lambda\times10\lambda$）和 BJT（物理单元尺寸约为 $50\lambda\times50\lambda$），有效单元面积分别在数百和数千 λ^2。对于 MOSFET，门的长度是位于门下有源区与漏区之间的距离。它意味着，如果通道长度为 30nm，并不表示门的宽度或 λ 为 30nm。对于 FET，有效单元尺寸与最小特征尺寸之比仍保持约为 20。

我们不能仅通过尺寸（长度、面积或体积）或最小特征尺寸来定义和分类电子学、光学、电化学-机械及其他器件或 IC。器件尺寸主要是从制造角度看的一个重要特征。为了给器件和系统分类，我们应当考察器件物理、系统组织/体系架构和制造技术，评估所利用的特征、性能与现象。对于 CMOS 晶体管，即使是 FET 的尺寸到 2020 后期能够达到 100nm×100nm 有效单元尺寸，这些固体半导体器件仍不能认为是纳电子器件，这是因为它们使用了传统的现象与相关技术。这些微电子与固体半导体器件的基本极限已经众所周知[1]。尽管 IC 的制造技术取得了显著的进步，半导体器件的基本物理在近几十年基本上没有任何变化。经典教科书《半导体器件物理》(*Physics of Semiconductor Devices*)[13-15]的三个版本（1969、1981 和 2007）对器件物理进行了系统地阐述。技术的进步还会继续，很快会超越目前的 65nm 技术节点。45nm CMOS 技术节点预期会在 2007 年出现。如果 18nm 技术节点到 2018 年被部署，可以预料，FET 的 λ 约为 18nm 且有效通道长度为 7～8nm。相应地，互联 FET 的估计印痕面积约在数万平方纳米，这是因为有效面积至少应约为 $10\lambda\times10\lambda$。有时，我们也会遇到一些值得商榷的基于尺寸的纳米表面定义，例如，歧义性地使用 100nm 尺度。实际上，最终的尺寸是不确定的。同时，为什么宣称是 100nm 也是含混不清的。为什么不使用 1nm 或 999nm？此外，为什么不使用体积度量，如 100nm^3？

电流是带电粒子的流动。在导体、半导体和绝缘体中的电流是因为电子的运动。在水溶液中，电流是由于带电粒子（如离子、分子等）的运动。器件没有按带电载流子（电子、离子或分子）进行分类。不过，我们可以根据产生电流或引起跃变的粒子大小对器件尺寸进行比较。例如，对于作为生物分子器件核心器件的蛋白质，离子作为影响蛋白质跃变的带电载流子，器件/载流子尺寸比约为 100。经典电子半径 r_0，通常称为康普顿（Compton）半径，它是通过使电荷为 e、半径为 r_0 的球内静电势与电子的相对论静止能量（$m_e c^2$）相等而得到的。我们由此得到 $e^2/(4\pi\varepsilon_0 r_0)=m_e c^2$，这里 e 为电子电荷，$e=1.6022\times10^{-19}$ C，ε_0 是真空的介电常数，$\varepsilon_0=8.8542\times10^{-12}$ F/m，m_e 是电子的质量，$m_e=9.1095\times10^{-31}$ kg，c 是真空中的光速 299 792 458m/s。这样，$r_0=e^2/(4\pi\varepsilon_0 m_e c^2)=2.81794\times10^{-15}$ m。目前，能够达到的固态^{ME}device 的体积尺寸约为 1nm×1nm×1nm 数量级，因此，器件的尺寸要远远地大于载流子尺寸。在 1 mm^3 中，可以放置高达 1×10^{18} 个器件。由于制造的限制、技术的挑战、预期的不一致性、聚合/互联的复杂性以及其他的问题，目前还远远不能达到这一上限器件密度。在 IC 中，互联固态^{ME}device 的有效体积尺度预期约为 10nm×10nm×10nm。对于固态^{ME}device，必须使用量子力学来研究其过程、功能、性能与特性等。从根本上说，射流与固态^{M}device 的器件物理是不相同的。如果仅强调其主要的前提，纳电子学意味着我们需要使用：

（1）全新的高性能器件，全新的器件物理设计和制造，具有独特的现象和能力，专用于门级和系统级。

（2）使能(enabling)3D 组织与高级体系架构，确保极好的性能和优良的能力。这些发展取决于器件级的解决方案、基于技术的 SLSI 设计等。

（3）自下而上的制造。

为了设计由^{M}IC 构成的处理与存储平台，我们必须使用全新的范式和开拓性的技术，如使用 3D 拓扑^{M}device、使能组织/体系架构及可靠的自下而上制造等。在最近 60 年来，微电子技术取得了巨大的进步，例如，从固体晶体管的发明和演示，到在单一的模上集成数以千万亿晶体管的处理器制造。当前的高效 65nm CMOS 技术节点可以确保最小特征达到约 65nm，FET 通道长度小于 30nm。对于 SRAM 单元，如果使用这些技术，英特尔能够达到约为 500 000nm^2 的印痕面积。乐观的预测估计表明，在 15 年内，平面（二维）固体 CMOS 技术晶体管的最小特征尺寸可以达到约 10nm，FET 的有效单元尺寸可以达到约 $20\lambda\times20\lambda$ =200nm×200nm。不过，预期的标度趋势是基于一系列的假定及预期的技术进步[1]。尽管 FET 单元尺寸可以达到 200nm，但微电子技术的总体前景（技术进步、器件物理、器件/电路性能、设计复杂性、成本及其他特性）是令人担忧的[1-4]。基于 CMOS 微电子技术，到下一世纪将接近其绝对极限。其总体趋势、前景与预测在《国际半导体技术路线图》(*International Technology Roadmap for Semiconductors*)中进行了报道[1]。对于过去、目前（90nm 和 65nm）以及未来（45nm 和 32nm）的 CMOS 技术节点，摩尔第一假设的基于器件尺寸和开关能量的版本如图 6.2 所示。对于开关能量，我们使用 eV 或 J，$1eV=1.602176462\times10^{-19}$ J。英特尔预期将于 2007 年采用 45nm CMOS 技术。预想的 32nm 技术节点要到 2010 年才会出现。由于理论和技术方面的挑战与限制，期待的基本特性、关键性能的指标和标度能力的发展也将有所减缓。相应地，人们也在不断地探索和评估全新的解决方案和技术[1]。通过使用全新的现象、利用创新性的拓扑/组织/架构解决方案、改进器件功能、增加密度、改进利用率和增加开关速度等，器件、模块和系统级的性能与功能也将得到显著地提升和改进。分子电子技术（纳电子技术）将导致第一摩尔假设和第二摩尔假设的偏离。按照第二摩尔假设，为了确保预期的微电子标度趋势，到 2020 年，微电子设施的成本将高达数千亿美元。高产出、廉价的纳电子技术将确保其优越的性能。现存的生物处理/存储平台与进步证明了分子电子技术基础理论的可靠性以及分子电子技术与^{M}PP 的技术可行性。由于多种因素的影响，准确地预见基础理论的发展与技术的成熟性是困难的，因此，图 6.2 中所给出的一些数据和预期的发展，可能需要根据实际情况进行一些调整。不过，其总体趋势是明显的，并且是毋庸置疑的。虽然我们强调了新兴的分子(纳)电子技术，不过，固体微电子技术仍是 21 世纪的核心技术。在随后的数十年间，尽管微电子技术已经接近极限、预想的纳电子技术也将逐渐地成熟，CMOS 仍将是可行的技术。到 2030 年，超高性能处理(计算)平台的核心模块将采用^{M}IC。然而，在技术上，微电子技术与分子电子技术是互补的，^{M}IC 不会缩小 IC 的使用范围。在器件、系统、理论和技术层面上，分子电子技术与^{M}PP 将引起剧烈的革命性变化(而不是改良)。可以预料，由于采用^{M}device 而引起的根本性改变，有如从真空管到固体晶体管一样。

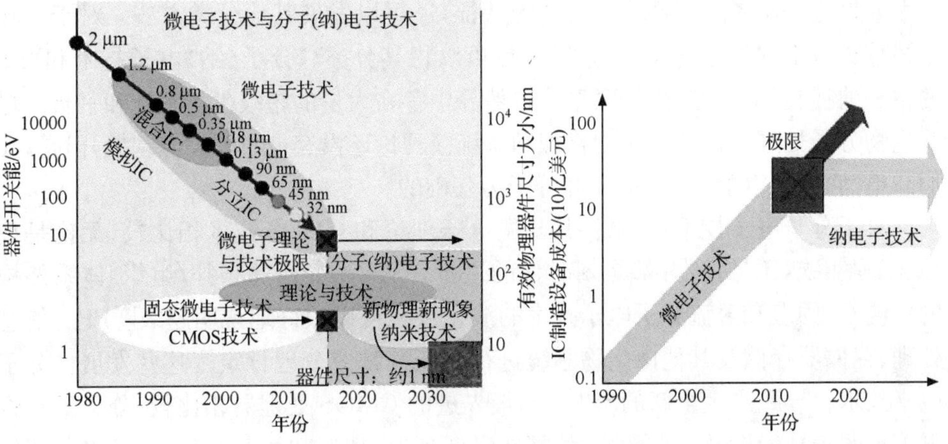

图 6.2　预期的分子(纳米)电子技术发展(a)和微电子趋势(b)

理论与技术上的限制，同样也适用于分子电子技术和^{M}PP。这些极限通常由器件物理、电路、系统、CAD 及合成限制来定义。在本章中，我们将涉及这些限制的一部分。不过，发展是没有极限的，甚至会超越分子电子技术与处理的进步。进一步的创新与前沿是什么？预期的答案将在下一章给出。1993 年，荷兰理论物理学家胡夫特(G. Hooft)提出了全息原理，即在空间某些区域中包括的信息可以表述成全息图，它给出了空间限定的区域，单位普朗克(Planck)面积最多包含一个自由度($\lambda_P = 1.616 \times 10^{-35}$ m)。在本章中，我们将使用所谓的标准模型(粒子被认为是在空间中运动的质点，通过质量、电荷、相互作用与自旋等描述)。标准理论是与量子力学和狭义相对论理论一致的。同时,也发展了一些其他概念,有些甚至使用了弦理论(string theory),如弦振动、独特力(distinct force)和多维性等。究竟哪些具有深远意义的范式会最终成为理论是很难预料的。因此,我们将重点放在可靠的和实用的范式上。

商业化高产出、高性能的分子电子技术预期要等到2015年才会出现,如图6.2所示。分子器件和^{M}IC是通过利用电子隧穿、离子传输、光子相互作用、生物分子相互作用以及状态跃迁来实现的。对于特殊的^{M}device,基本理论、所展示的现象、使用的效应和制造技术是显著不同的。

分子电子技术可以分为以下述四种主要类别:

- 固态有机/无机分子电子技术
- 射流分子电子技术
- 合成生物电子技术
- 混合分子电子技术

如果进一步考虑器件物理与系统特征,还可以发展其他分类方法。对于不在上述分类范围内的生物器件与平台,也可以将其分类。分子(纳)电子技术和^{M}PP的主要前提是具有固态生物联系。自然界中存在大量的超级生物系统和平台。尽管生物分子处理的器件级生物物理和系统级理论还没有被我们完全掌握,但是,我们知道,它们是以射流(fluidic)和分子为基础的。

对于分子电子技术,如果将其与微电子理论和CMOS技术相比较,无论是理论、工程实践,还是技术,都是划时代的进步。从基于3D的拓扑/组织/体系架构的角度看,固态和射流分子电子技术的演化过程可以很好地说明超级^{BM}PP。信息处理、存储器存储及其他由生物系统进行的任务都充分地肯定了这些发展。分子电子技术将导致产生全新的^{M}PP。与最先进的CMOS处理器相比较,分子平台将显著地改善功能性及处理性能,急剧地降低延迟、功耗和执行时间,以及极大地增加器件密度、利用率和存储容量。同时,许多器件级和系统级的棘手问题也需要考虑、研究和解决。例如,下述工作需要我们去完成:设计、分析、优化、聚合、重构、验证、评价等。在上述问题中,许多目前还完全没有涉及。由于所面临的巨大挑战,为了解决这些问题,我们必须付出极大的努力。对上述理论与应用问题,我们必须提出解决方案,并相应地建立一个^{M}architectronics范式。首先考察一些基本的问题,如从系统级到模块/器件级,或与此相反。考虑到任务的多样性和难度,我们不可能解决所有的挑战性问题。我们需要采取一步一个脚印的方法,而不是试图解决抽象的问题。我们应当促进发展,对于可行的现存理论和远景规划(强调近期、中期和长期前景、预测、问题、解决方案和技术)应当纳入到探索性的研究中去。

6.4　性能评估

组合和存储器^{M}IC可以设计成聚合$^{\aleph}$ hypercell，它由^{M}gate和分子存储器单元构成[16]。在器件级，我们考察其功能性，研究其特性，并评估其3D拓扑^{M}device的性能。器件级和系统级的性能评估具有重要的意义。实验结果表明，蛋白质折叠可以在$1\times10^{-6}\sim1\times10^{-12}$ s内完成，需要$1\times10^{-19}\sim1\times10^{-18}$ J的能量。这些转变时间与能量估计，也可以用于一些射流与合成^{M}device。为了分析蛋白质折叠能量、考察固态微电子器件的开关能量、估算固态^{ME}device的能量等，我们应用了一些独特的概念。对于固态微电子器件，逻辑信号能量预期在约1×10^{-16} J的范围，耗散的能量$E=Pt=IVt=I^2Rt=Q^2R/t$，式中P为耗散的功率，I和V为沿放电路径的电流和电压，R和Q为电阻和电荷。

k_BT项用于解决一些不同的问题。式中，k_B为玻尔兹曼常量，$k_B=1.3806\times10^{-23}$ J/K$=8.6174\times10^{-5}$ eV/K。例如，表示式γk_BT ($\gamma>0$)可用于能量估算，而$k_BT\ln2$则用于评估二进制开关的最低能量下限。我们必须对这些不同方程的适用性进行彻底的研究，并使用可靠的概念。在本章随后的一些内容中，统计力学和熵分析将系统地使用k_BT项，而对其他一些应用和问题，使用k_BT项则是不合适的。

熵及其应用。对于理想气体，动力学分子牛顿模型给出一个气体分子的平均平动动能，即$1/2m(v^2)_{av}=3/2\,k_BT$。因此，气体分子的平均平动动能仅依赖于温度。统计热力学中最为著名的公式是，熵仅作系统状态函数的玻尔兹曼公式，即：

$S=k_B\ln W$，其中W是系统中原子或分子的可能分布数。

不同于能量，熵是系统无序度的定量测度，S并不与各单一的原子或粒子相关。在高于绝对零度的任何温度下，原子获得能量，则有更多的可能分布。因为$W>1$，我们有$S>0$。熵和能量是显著不同的量。如果系统与环境的相互作用仅涉及可逆过程，则总熵为常量，且有$\Delta S=0$。如果发生了任何不可逆过程，则总熵增加，并且有$\Delta S>0$。当系统从含有w_1可能微观态的初始宏观态1变化到含有w_2可能微观态的最终宏观态2，我们可以得到这一热力学过程两个不同状态之间的熵差。熵的变化$\Delta S=S_2-S_1=k_B\ln w_2-k_B\ln w_1=k_B\ln(w_2/w_1)$。因此，两个宏观态之间的熵差取决于微观状态数之比。对于任何可逆等温过程，熵的变化由热ΔQ的无限小量给出。对于初态1和终态2，我们有$\Delta S=\int_1^2\frac{dQ}{T}$。

例 6.4.1

为了将1 ykg (1×10^{-24} kg)硅从0℃加热到100℃，如果在整个温度范围内使用常比热容$c=702$ J/(kg·K)，则熵的变化

$$\Delta S = S_2 - S_1 = \int_1^2 \frac{dQ}{T}$$

$$= \int_{T_1}^{T_2} mc\,\frac{dT}{T} = mc\,\ln\frac{T_2}{T_1} = 1\times 10^{-24}\mathrm{kg}\times 702\,\frac{\mathrm{J}}{\mathrm{kg\cdot K}}\times\ln\frac{373.15\mathrm{K}}{273.15\mathrm{K}}$$

$$= 2.19\times 10^{-22}\mathrm{J/K}。$$

从 $\Delta S=k_B\ln(w_2/w_1)$，得到微观状态之比为 w_2/w_1。对于所讨论的问题，$w_2/w_1=7.7078\times 10^6$。

如果 $w_2/w_1=1$，则总熵为常量，有 $\Delta S=0$。

加热 1×10^{-24} kg 硅到 $\Delta T=100$ ℃的能量 $Q=mc\Delta T=7.02\times 10^{-20}$ J。

为了将 1g 硅从 0℃加热到 100℃，$\Delta S=S_2-S_1=mc\ln(T_2/T_1)=0.219$ J/K，$Q=mc\Delta T=70.2$ J。

通过公式 $\Delta S=k_B\ln(w_2/w_1)$，我们不可能得到 w_2/w_1 的数字值。

对于硅原子，共价半径、原子半径和范德瓦尔斯(van der Waals)半径分别为 117pm、117pm 和 200pm。Si—Si 和 Si—O 的共价键长分别为 232pm 和 151 pm。使用硅在其固态和气态下的焓、吉布斯(Gibbs)函数、熵和热容量，我们可以考察其热力学性质。硅原子的原子重量 28.0855amu，这里 amu 表示原子质量单位，1amu $=1.660\ 54\times 10^{-27}$ kg。这样，单个硅原子的质量为 28.0855amu $\times 1.660\ 54\times 10^{-27}$ kg/amu $=4.6637\times 10^{-26}$ kg。因此，1×10^{-24} kg 硅中含有硅原子数为 $1\times 10^{-24}/4.6637\times 10^{-26}=21.44$。

考虑将两个硅原子从 0℃加热到 100℃。因为 $m=9.3274\times 10^{-26}$ kg，我们有 $\Delta S=S_2-S_1=mc\ln(T_2/T_1)=2.04\times 10^{-23}$ J/K。最终我们将得到一个晦涩难懂的结果 $w_2/w_1=4.39$。

这里需要再次强调的是，熵和宏观/微观状态的分析，是针对理想气体进行的，它假定动力学分子牛顿模型是准确的。一般来说，为了考察粒子和分子的能量，我们必须使用量子力学。

对于具体问题，基于给出的结果，我们可以对其他复杂原子体系进行类似的分析。例如，尽管碳没有广泛地应用于微电子技术，但有机分子电子技术则是以碳为基础的。对于碳原子，共价半径、原子半径和范德瓦尔斯半径分别为 77pm、77pm 和 185pm。碳可以处于固态(石墨或金刚石)和气态。使用碳原子的原子质量，即 12.0107amu，单个碳原子的质量为 12.0107amu $\times 1.660\ 54\times 10^{-27}$ kg/amu $=1.9944\times 10^{-26}$ kg。

例 6.4.2

如果 $w=2$，则熵 $S=k_B\ln 2=9.57\times 10^{-24}$ J/K $=5.97\times 10^{-5}$ eV/K。

得到了 S，我们并不能因此推论，确保两个微观态之间跃变(开关)或擦除一个信息位(能量耗散)所需要的最小能量为 $k_B T\ln 2$,若 $T=300$ K,则 $k_B T\ln 2=2.87\times 10^{-21}$ J $=0.0179$eV。实际上,它也意味着,我们必须假设平均动能分子牛顿模型成立,同时使用统计分布假定,且仅允许存在两个分立的微观系统状态。能量估计应当使用量子力学来进行。

6.4.1　分布统计

统计分析仅适用于存在大量粒子或能量状态的系统。统计力学的一个基本假设是,在热平衡时,所有具有相同总能量的分立状态都具有相同的出现概率。随机的热运动改变各粒子的能量,使其从一种能量形式变化到另一种能量形式(动量、转动能、振动能等),并遵循能量守恒原理。绝对温度 T 作为热平衡下系统总能量的度量。

在半导体器件中,通过使用化学势 $\mu(T)$ 来描述大量的粒子(电子)。当系统(器件)处于平衡温度 T 时,处于量子能态 E 的平均(可能)电子数由费米-狄拉克(Fermi-Dirac)分布函数 $f(E)=\dfrac{1}{1+e^{\frac{E-\mu(T)}{k_B T}}}$ 给出。

绝对零度的化学势为费米能 E_F,即 $\mu(0)=E_F$。一个具有特定能量的粒子的占有概率并不与量子不确定性相关。固体中的电子遵循费米-狄拉克统计分布。在热平衡时,在允许能级范围内的电子、轻子、重子(全同费米子)的分布由式 $f(E)=\dfrac{1}{1+e^{\frac{E-E_F}{k_B T}}}$ 给出,其中 T 为系统的平衡温度。因此,费米-狄拉克分布函数 $f(E)$ 给出了允许能态 E 在温度 T 下被一个电子占据的概率。

对于可别粒子(distinguishable particle),我们使用麦克斯韦-玻尔兹曼(Maxwell-Boltzmann)统计,其分布函数为 $f(E)=e^{-\frac{E-E_F}{k_B T}}$。

玻色-爱因斯坦(Bose-Einstein)统计适用于全同玻色子(光子、介子等)。玻色-爱因斯坦统计函数为 $f(E)=\dfrac{1}{e^{\frac{E-E_F}{k_B T}}-1}$。

正如上述已经强调过的那样,分布统计适用于由大量组元构成的电子器件,基于统计考虑,将粒子的相互作用予以简化,我们便可以推论系统的行为。取决于具体的器件物理,我们必须统一地运用相关的基本理论与概念。

例 6.4.3

对于 $T=100$ K 和 $T=300$ K,设 $E_F=5$eV,费米-狄拉克分布函数如图 6.3(a)所示。图 6.3(b)给出了麦克斯韦-玻尔兹曼分布函数 $f(E)$。

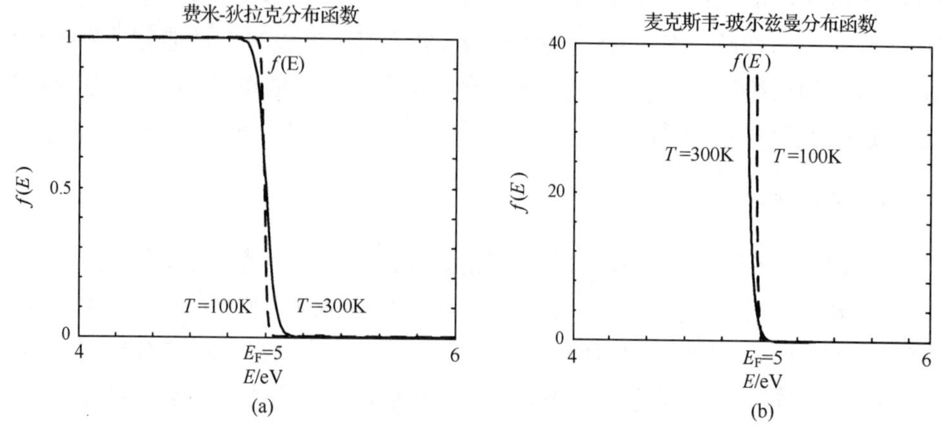

图 6.3 温度 $T=100$ K 和 $T=300$ K 时的费米-狄拉克分布函数和麦克斯韦-玻尔兹曼分布函数($E_F=5$eV)

6.4.2 能级

在^{M}device 中,允许能级是量子化的,我们可以计算激发一个电子所需要的能量。与此相反,固体则是通过反映电场特性的能带结构来表征的。在半导体中,由于能隙相对较小,通过热或光能,我们可以将电子从价带激发到导带。利用量子力学,可以得到量子化的能量表达式。

对于氢原子,我们有

$$E_n=-\frac{m_e e^4}{32\pi^2\varepsilon_0^2\hbar^2 n^2}$$

式中,$\hbar$ 为约化普朗克常量,

$$\hbar=h/2\pi=1.055\times10^{-34}\text{J}\cdot\text{s}=6.582\times10^{-16}\text{eV}\cdot\text{s}$$

能级取决于量子数 n。量子态的总能量随着 n 的增加而增加,当 $n\to\infty$ 时,$E_n\to0$。最低总能量对应的态为电子的最稳态,氢(单电子原子)的电子的正常态是 $n=1$ 的态。

这样,对于氢原子,在无磁场 B 的情况下,总能量 $E_n=-\frac{m_e e^4}{32\pi^2\varepsilon_0^2\hbar^2 n_2}$仅取决于主量子数。使用转换关系 1eV=6.021 764 62×10^{-19} J,我们有 $E_{n=1}=-2.17\times10^{-18}$ J=−13.6eV。对于 $n=2$,$n=3$ 和 $n=4$,我们分别有 $E_{n=2}=-5.45\times10^{-19}$ J,$E_{n=3}=-2.42\times10^{-19}$ J 和 $E_{n=4}=-1.36\times10^{-19}$ J。当电子与核分隔到无穷远($n\to\infty$)时,我们有 $E_{n\to\infty}\to0$。

量子态 n_1 和 n_2 之间的能量之差为 $\Delta E=E_{n1}-E_{n2}$,进一步有 $\Delta E=E_{n1}-$

$E_{n2}=\frac{m_\varepsilon e^4}{32\pi^2\varepsilon_0^2\hbar^2}\left(\frac{1}{n_2^2}-\frac{1}{n_1^2}\right)$，这里，$\frac{m_\varepsilon e^4}{32\pi^2\varepsilon_0^2\hbar^2}=2.17\times10^{-18}\mathrm{J}=13.6\mathrm{eV}$。

激发态 n 的激发能是高于基态对应的能量，例如，对于氢原子，则为($E_n-E_{n=1}$)。第一激发态($n=2$)对应的激发能 $E_{n=2}-E_{n=1}=-3.4+13.6=10.2\mathrm{eV}$。在原子中，轨道是通过量子数来表征的。

德布罗意假设将角频率 v 与能量 E 联系起来，即 $\nu=E/h$，这里 h 是普朗克常量，$h=6.626\times10^{-34}\mathrm{J\cdot s}=4.136\times10^{-15}\mathrm{eV\cdot s}$。电磁辐射光子的频率 $\nu=\Delta E/h$。

例 6.4.4

考察 $\Delta\hat{E}$ 的含义。能态之间的能量差 ΔE 并不是测量 E 时的能量不确定量，它在文献中通常也表示成 ΔE。在本章中，在叙述海森伯测不准原理时，为了保持一致性，我们使用符号 $\Delta\hat{E}$。特别地，在 13.2 节中，能量-时间测不准原理表述成 $\sigma_E\sigma_t\geqslant\frac{1}{2}\hbar$ 或 $\Delta t\geqslant\frac{1}{2}\hbar$，其中 σ_E 和 σ_t 为标准偏差，符号 $\Delta\hat{E}$ 和 Δt 用于定义作为不确定量的标准偏差 $\Delta\hat{E}=\sqrt{\langle\hat{E}^2\rangle-\langle\hat{E}\rangle^2}$。

对于多电子原子，处于正常(电中性)状态的原子具有 Z 个电子和 Z 个质子。这里，Z 为原子序号，对于硼、碳和氮，Z 分别为 5，6，7。原子的总电荷为零，这是因为，中子不带电荷，而质子和电子带等量电荷但符号相反。对于氢原子，电子与质子之间的距离记为 r，则库仑势可表示成 $\Pi(r)=-e^2/(4\pi\varepsilon_0 r)$。

对于具有 Ze 电荷的原子核，单一电子受到的径向库仑吸引势为

$$\Pi(r)=-Z(r)e^2/(4\pi\varepsilon_0 r),$$

式中，当 $r\to0$ 时，$Z(r)\to Z$，而当 $r\to\infty$ 时，则 $Z(r)\to1$。

通过对壳层半径进行平均，我们可以得到有效核电荷 Z_{eff}。计算电子处于在最外层壳层总能量的常用近似表示为 $E_n=-\frac{m_e Z_{\mathrm{eff}}^2 e^4}{32\pi^2\varepsilon_0^2\hbar^2 n_2}$，即 $E_n=-2.17\times10^{-18}\frac{Z_{\mathrm{eff}}^2}{n^2}\mathrm{J}$。

有效核电荷 Z_{eff}通过使用电子组态来得到。对于硼、碳、硅和磷，三种常用的 Slater、Clementi 和 Froese-Fischer Z_{eff}分别为 2.6、2.42 和 2.27(对 B)，3.25、3.14 和 2.87(对 C)，3.9、3.83 和 3.46(对 N)，4.13、4.29 和 4.48(对 Si)，4.8、4.89 和 5.28(对 P)。

对于上面提到原子的电子组态，我们得到 ΔE 的数量级为 $1\times10^{-19}\sim1\times10^{-18}$ J。如果供给电子的能量大于 E_n，则过剩的能量则作为自由电子的动量。跃迁能量正好用来激发电子。对于具有不同激发态的各种原子和分子，如果作为固态^{ME}device，转变(开关)能量估计应当在 $1\times10^{-18}\sim1\times10^{-19}$ J 的范围。这一能量估算同样也适用于生物和射流^{M}device。

电子轨道角动量的量子化导致电子总能量的量子化。空间量子化仅允许在某

些特定方向上的角动量分量存在分立的值。电子在绕其原子中心作轨道运动的角动量 L_μ 和 z 分量 L_z 分别为

$$L_\mu = \sqrt{l(l+1)}\hbar \text{ 和 } L_z = m_l\hbar,$$

式中，l 是轨道量子数，m_l 是磁量子数，其取值范围为 $-l,-l+1,\cdots,l-1,l$（例如 $|m_l|\leqslant l$）。如果存在磁场，则原子的能量取决于磁动量与外加磁场之间的取向关系。

如果存在磁场 B，则氢原子的能级为

$$E_n = -\frac{m_e e^4}{32\pi^2\varepsilon_0^2\hbar^2 n^2} - \mu_L \cdot B,$$

式中，μ_L 为轨道磁偶极动量，$\mu_L = -e/2m_e \mathrm{L}$，$\boldsymbol{L} = \boldsymbol{r}\times\boldsymbol{p}$。

设 $\boldsymbol{B} = \boldsymbol{B}_z\boldsymbol{z}$，则有

$$E_n = -\frac{m_e e^4}{32\pi^2\varepsilon_0^2\hbar^2 n^2} + \frac{e}{2m_e}\boldsymbol{L}\cdot\boldsymbol{B} = -\frac{m_e e^4}{32\pi^2\varepsilon_0^2\hbar^2 n^2} + \frac{e}{2m_e}B_z L_z = -\frac{m_e e^4}{32\pi^2\varepsilon_0^2\hbar^2 n^2} + \frac{e}{2m_e}B_z m_l\hbar。$$

如果电子处于 $l=1$ 轨道，则轨道偶极动量为 $\mu L = \frac{e\hbar}{2m_e} = 9.3\times10^{-24}\,\mathrm{J/T} = 5.8\times10^{-5}\,\mathrm{eV/T}$。因此，如果磁场改变 1 T，则原子能级约改变 10^{-4} eV。为了确保各分立微观状态之间跃迁所需要的开关能量，则可简单地通过利用波函数和允许分立能量来得到。

例 6.4.5

考虑 1,3-丁二烯分子

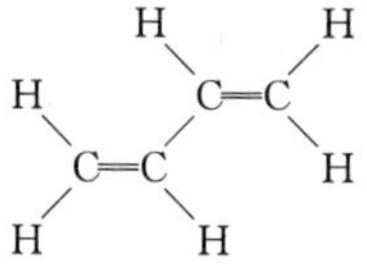

假定四个非局域的 π 电子可以自由地运动于四个碳原子骨架。如果忽略三维构型，则可简化为一个一维模型。对一个在无限方形势阱

$$\Pi(x) = \begin{cases} 0 & \text{对 } 0\leqslant x\leqslant L \\ \infty & \text{其他} \end{cases}$$

中的粒子解薛定谔方程 $-\frac{\hbar^2}{2m_e}\nabla^2\Psi(x) + \Pi(x)\Psi(x) = E\Psi(x)$，可以得到波函数 $\Psi_n(x)$ 和允许的分立能量[7]。具体地说，即 $\Psi_n(x) = \sqrt{\frac{2}{L}}\sin\left(\frac{n\pi}{L}x\right)$ 和 $E_n = \frac{\hbar^2\pi^2}{2m_e L^2}n^2$。最低能态通被称为基态。

$C_1=C_2$、C_2-C_3 和 $C_3=C_4$ 对应的键长分别为 0.1467nm、0.1349nm 和 0.1467nm。电子波函数可以扩展到终端碳原子以外。在各终端，我们加入 1/2 键长。因此，$L=0.575\text{nm}$。

π 电子密度主要集于 C_1 和 C_2 碳原子以及 C_3 和 C_4 碳原子之间，因为丁二烯的主要结构表现为 $C_1=C_2$ 和 $C_3=C_4$ 原子对间的双键。各双键由下方的一个 σ 键和一个 π 键构成。我们必须同时考虑 C_2 和 C_3 之间的过剩 π 电子密度。这样，丁二烯可以被认为是由两种结构—$CH_2=CH-CH=CH_2$（主导结构）和 $^{\circ}CH_2=CH-CH=CH_2^{\circ}$（次要结构）的共振杂化而成的。丁二烯的最低未占据分子轨道（LUMO）对应于上述盒中粒子 $n=3$ 的状态。如果忽略电子-电子之间的相互作用，则最大波长（最低能量）电子跃迁发生在 $n=2$，它对应于最高占据分子轨道（HOMO）。可以表示成

$n=3$ ———— LUMO —●—
$n=2$ —●●— HOMO —●—
$n=1$ —●●—　　—●●—

HOMO→LUMO 的跃迁对应于 $n\to(n+1)$。HOMO 和 LUMO 之间的能量差为 $\Delta E=E_3-E_2=\dfrac{\hbar^2\pi^2}{2m_eL^2}(3^2-2^2)=\dfrac{h^2}{8m_eL^2}(3^2-2^2)=9.11\times10^{-19}\text{J}$。由于 $\Delta E=hc/\lambda$，我们可以得到，康普顿波长 $\lambda=218\text{nm}$。实验发现，第一电子吸收带的最大值位于 210nm 处。因此，利用量子力学可以获得精确的结果。

为了提高精确度，考虑一个矩形 $L_x\times L_y\times L_z$ 的 3D 无限势阱盒

$$\Pi(x,y,z)=\begin{cases}0 & \text{对于 } 0\leqslant x\leqslant L_x, 0\leqslant y\leqslant L_y, 0\leqslant z\leqslant L_z\\ \infty & \text{其他}\end{cases}$$

我们来求解非含时的薛定谔方程

$$-\frac{\hbar^2}{2m_e}\nabla^2\Psi(x,y,z)+\Pi(x,y,z)\Psi(x,y,z)=E\Psi(x,y,z)$$

通过分离变量，将波函数表示成

$$\Psi(x,y,z)=X(x)Y(y)Z(z)\ \text{和}\ E=E_x+E_y+E_z$$

我们有 $-\dfrac{\hbar^2}{2m_e}\dfrac{d^2X}{dx^2}=E_xX$，$-\dfrac{\hbar^2}{2m_e}\dfrac{d^2Y}{dy^2}=E_yY$ 和 $-\dfrac{\hbar^2}{2m_e}\dfrac{d^2Z}{dz^2}=E_zZ$。通解为

$$X(x)=A_x\sin k_xx+B_x\cos k_xx,$$
$$Y(y)=A_y\sin k_yy+B_y\cos k_yy,$$
$$Z(z)=A_z\sin k_zz+B_z\cos k_zz。$$

式中，$k_x^2=\dfrac{2m_e}{\hbar^2}E_x$，$k_y^2=\dfrac{2m_e}{\hbar^2}E_y$，$k_z^2=\dfrac{2m_e}{\hbar^2}E_z$。

考虑边界条件，我们有 $B_x=B_y=B_z=0$，及 $k_xL_x=n_x\pi$，$k_yL_y=n_y\pi$，$k_zL_z=n_z\pi$。将波函数归一化，则三维本征波函数为

$$\Psi_{n_x,n_y,n_z}(x,y,z)=\sqrt{\frac{8}{L_xL_yL_z}}\sin\left(\frac{n_x\pi}{L_x}x\right)\sin\left(\frac{n_y\pi}{L_y}y\right)\sin\left(\frac{n_z\pi}{L_z}z\right),\quad n_x,n_y,n_z=1,2,3,\cdots$$

允许能量为

$$E_{n_x,n_y,n_z}=\frac{h^2}{8m_e}\left(\frac{n_x^2}{L_x^2}+\frac{n_y^2}{L_y^2}+\frac{n_z^2}{L_z^2}\right)=\frac{\hbar^2\pi^2}{2m_e}\left(\frac{n_x^2}{L_x^2}+\frac{n_y^2}{L_y^2}+\frac{n_z^2}{L_z^2}\right)=\frac{\hbar^2k^2}{2m_e},$$

式中，k 是波矢 $\boldsymbol{k}$ 的大小 $\boldsymbol{k}=(k_x,k_y,k_z)$，$k_x=n_x\pi/L_x$，$k_y=n_y\pi/L_y$，$k_z=n_z\pi/L_z$。

波矢量各状态占据 k 空间的体积为 $\pi^3/L_xL_yL_z=\pi^3/V$。

假设系统由 N 个原子构成，各原子贡献 M 个自由电子。电子为全同费米子，服从泡利不相容原理。因此，任一给定态只能被两个电子占据。此外，电子填充 k 空间一个球内的八面体，球半径为 $k_R=(3NM\pi^2/V)^{1/3}=(3\rho\pi^2)^{1/3}$。在导出 k_R 表达式的过程中，利用了关系式 $\frac{1}{8}\times\frac{4}{3}\pi k_R^3=\frac{1}{2}NM\frac{\pi^3}{V}$。其中，$\rho$ 是自由电子密度 $\rho=NM/V$（如 ρ 为单位体积中的自由电子数）。k 空间未占据态与占据态的分界通常被称为费米面。自由电子气的费米能 $E_F=\frac{\hbar^2}{2m_e}(3\rho\pi^2)^{2/3}$。自由电子气的总能量为

$$E_t=\frac{\hbar^2}{2m_e}\frac{V}{\pi^2}\int_0^{k_R}k^4\,dk=\frac{\hbar^2V}{10m_e\pi^2}k_R^5=\frac{\hbar^2(3\pi^2NM)^{5/3}}{10m_e\pi^2}V^{-2/3}。$$

E_t 的表达式可以通过考虑下述壳层中电子状态数

$$\frac{2(\frac{1}{2}\pi k^2\,dk)}{\pi^3/V}=\frac{V}{\pi^2}k^2\,dk$$

和壳层的能量（各状态含有能量$\frac{\hbar^2k^2}{2m_e}$）

$$dE=\frac{\hbar^2k^2}{2m_e}\frac{V}{\pi^2}k^2\,dk$$

来求得。

对于无限和某些有限的椭球形、球形和其他 3D 势阱，我们可以得到解析解。对于复杂的势阱和能垒，可以得到数值解，这将会在 6.20 节有所涉及。

6.4.3 器件开关速度

^{M}device 的跃迁（开关）速度在很大程度上取决于器件的物理、所利用的现象及其他因素。在考察动态演化和跃迁时，我们可以使用分子动力学理论、薛定谔方程、含时微扰理论、数值方法和其他概念。通过对状态跃迁和相互作用的分析，我们可以统一地研究可控器件的行为、系统的调优和动力学过程。简化的稳态分析也可作为初步的估计。对于电子输运，可以使用电子数来评估器件的特性。例如，对于 1 nA 电流，每秒通过分子的电子数为 $1\times10^{-9}/1.6022\times10^{-19}=6.24\times10^{9}$，它与器件状态跃迁有关。

最大载流子速度给出了半导体与分子器件频率响应的上限。状态跃迁可以由单光子或电子来实现。运用玻尔假设，光激发电子的平均速度为 $\nu=\dfrac{Ze^2}{4\pi\varepsilon_0\hbar n}$。对所有原子 $Z/n\approx1$s，光激发电子的轨道速度 $v=2.2\times10^6$ m/s，$v/c\approx0.01$。如果认为电子是非相对论粒子，利用 $E=mv^2/2$，可以得到粒子速度与能量的关系 $v(E)=\sqrt{\dfrac{2E}{m}}$。设 $E=0.1\text{eV}=0.16\times10^{-19}$ J，则有 $v=1.88\times10^5$ m/s。对于 1nm 的路径长度，跨越（输运）时间 $\tau=L/v=5.33\times10^{-15}$ s。因此，^{M}device 可以在高开关频率下操作。然而，考虑到器件的物理特性（如电子数、加热、干扰、位势、能量、噪声等）、系统级功能性和电路规范等，我们不能简单地认为，实际使用的器件开关频率为 $f=1/(2\pi\tau)$。

在估算了^{M}device 的 $v(E)$之后，将其与微电子器件进行比较是有意义的。对于硅，在高电场强度（1×10^5 V/cm）下，电子和空穴的速度可以高达 1×10^5 m/s。上面的估算表明，^{M}device 的粒子速度超过了半导体中载流子的饱和漂移速度。

6.4.4 光子吸收和跃迁能量学

以视紫质为例，它是在视杆细胞中检测光子的一种受体，是一种非常特别的蛋白偶联受体。当光子（光）照射到视杆细胞上时，单色影视感知过程中的第一事件是，生色团 11-*cis*-视网膜异构化到 all-*trans*-（全反式）视网膜。当一个原子或分子吸收一个光子时，其电子将运动到较高能量的轨道，同时，原子或分子跃迁到较高的能态。在视网膜中，一个光子的吸收将一个 π 电子激发到较高能量的轨道（如 π-π^* 激发）。这一激发破坏了双键的 π 单元，这样，它允许绕 C_{11}—C_{12} 键作自由旋转运动。这一异构化过程对应于开关过程，发生在皮秒的数量级。

一个单光子的能量 $E=hc/\lambda$，这里 λ 为波长。视紫质的最大吸收发生在 498nm。对于这一波长，可以得到 $E=4\times10^{-19}$ J。这一能量足够满足跃迁和功能的要求。

需要特别强调的是，光化学反应会改变视紫质的形状，引起视紫质蛋白质的构型变化。视紫质蛋白质是由 348 个氨基酸分子以共价键的形式连接在一起，并形成一个单一的链。视网膜的灵敏度为一个光子，单一光子的能量（$E=4\times10^{-19}$ J）可以确保一个约由 5000 原子（包括 348 个氨基酸分子）构成的复杂分子的功能性。由此得到的激发能（信号能）可以确保达到状态跃迁和处理的要求。它同时确切地表明，我们只需要 $4\times10^{-19}\sim4\times10^{-18}$ J 的能量，就能保证一个复杂分子聚合体的状态跃迁。

6.4.5 处理性能评估

对于性能估计，我们将集中于分子电子学、基本物理和预期的解决方案。可以预料，固态和射流器件和系统的 3D 拓扑/组织与^{BM}PP 的拓扑/组织相类似。聚合大脑神经可以进行极好的处理、感觉、学习、鲁棒的重构网络、存储器存储及其他功能。人脑的神经细胞数量估计约在 1 千亿，老鼠的神经细胞数量约在 1 千万，而蜜蜂和蚂蚁的神经细胞数量则约在 1 百万。蝙蝠利用回声定位系统进行导航，避开障碍物，并进而捕食。通过处理感应的数据，蝙蝠可以检测因多普照勒效应引起的 0.1%的频移。它们可以分辨约 100 μs 差别的回声。为了完成这些工作，同时进行频移补偿和实现与发射器/接收器的分离，实时信号/数据的处理应当至少在微秒内完成。由于其突出的反应时间和难以置信的视网膜阵列视觉系统，苍蝇可以完成实时的、精确的协调动作。从视觉系统和传感单元收集到的信息可以在纳秒内发射和处理，并且只需要微瓦的功率。大脑神经细胞的尺寸约在 10μm，神经细胞的密度约 100 000 神经细胞/mm^3。有关神经细胞电兴奋性的报道可以参见文献[17]。

生物分子信息和信号/数据处理的生物物理和机制目前还没有完成掌握。生物分子状态跃迁可以在不同的速度下完成。电化学-机械生物分子转变(生物分子的传播和离子通过突触缝隙，蛋白质折叠，成键/断键等)需要微秒的时间。相反，光子和电子诱导的跃迁可以飞秒内完成。能量估算表明，跃迁能量为 $4\times10^{-19}\sim4\times10^{-18}$ J。

人脑进行大量的信息处理，其处理性能远远超过目前预期的并行矢量处理器(进行信号/数据处理)，但人脑仅约消耗 20 W 能量。这些能量只有部分用于获取信息和进行信号/数据处理。这明显与在一些文献[18-21]中报道的一些假设，如缓慢的处理、大量的延迟、高的能量/功耗、低的开关速度等相反。人类的视网膜约有 1.25 亿个杆状细胞和 6 百万个锥状细胞，除了处理其他任务外，还要实时地处理大量的数据。实时 3D 成像处理，即使是原始的脊椎动物和昆虫也能完成(只需要消耗不到 1μW 的能量便可完成信息处理)，却不能由预期的拥有千亿个晶体管、器件开关速度达 1 THz、电路速度为 10 GHz、器件开关能量为 4×10^{-16} J、写能量为 1×10^{-16} J/位、读时间为 10 ns 的处理器完成。分子器件可以在 $4\times10^{-19}\sim4\times10^{-18}$ J 跃迁能量下工作，分立的能级(多值逻辑)和飞秒级跃迁动力学确保优良的器件性能。利用这些 3D 拓扑^{M}device，我们可以设计出具有超高性能且带有 3D 组织和使能体系架构的处理和存储器平台，同时还能确保其史无前例的能力，如大规模的并行化、鲁棒性、可重构性等。

采用独特的性能测度、估计和标度。对于完全不同的范式(分子电子技术相对于微电子技术，有其独特的拓扑、组织和体系统架构)，图 6.4 给出一些基本的性能估计,如跃迁(开关)能量、延迟时间、尺寸以及模块/门的数量。值得强调的是,与器件的尺寸或数量相比较,器件物理和系统组织/体系架构则是最为主要的特性。由于有限的理论/应用/实验结果,以及使用了四种不同的性能参量(图 6.4),一些性能测度和估计可能会有所变化。分子电子技术和^{M}IC 使用各种各样的分子基元和器件:①其操作取决于具体的物理因素,如电子输运、静电跃迁、光子辐射和构型变化等;②具有独特的现象和效应。因此,生物分子系统及射流和固态^{M}device 将表现出独特的性能。如图 6.4 所示,通过使用熟悉的固态微电子技术解决方案,技术的进步将偏离^{BM}PP,向 3D 固态分子电子技术靠近。在图 6.4 中,3D 拓扑神经细胞被表示为一个由^{M}device 构成的生物分子信息处理/存储器模块。

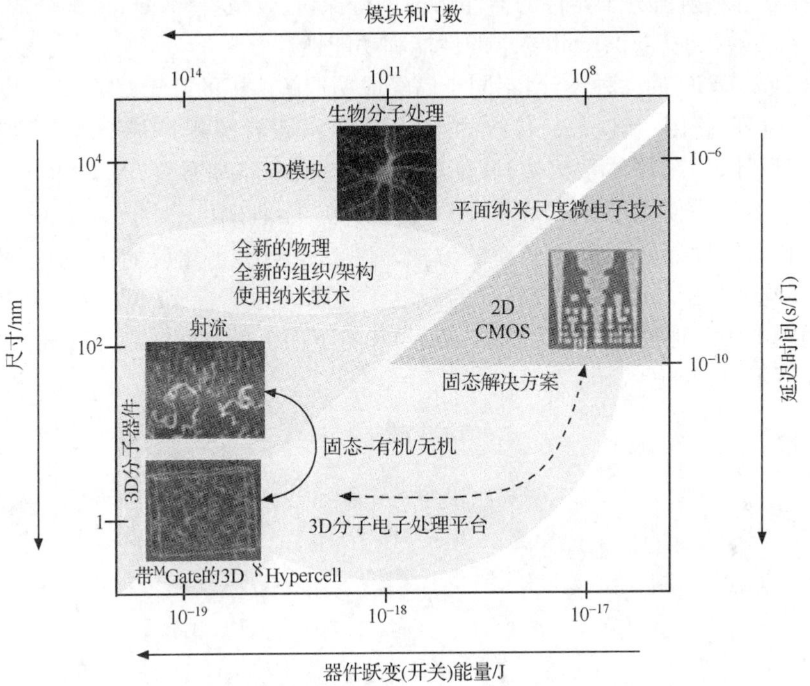

图 6.4 迈向分子电子学和处理/存储器平台:①革命性进步:从 2D 微电子技术到 3D 分子电子技术;②革命性进步:从^{BM}PP 到固态和射流分子电子技术和处理

6.5 ^{M}IC 与处理平台的合成方法

分子架构学(molecular architectronics)是一种用于设计和开发性能优异的^{M}IC 和^{M}PP 的范式,它基于:

- 发现新的拓扑/组织/架构解决方案,以及在系统和器件级使用 3D 分子电子技术的新现象和能力。

- 在进行自下而上制造的同时，开发和实施可行的方法、以技术为中心的 CAD 和 SLSI 设计。

在设计^{M}IC 时，我们将面临一系列的挑战，如分析、优化、聚合、验证、重构、确认、评估等。对超复杂^{M}IC 使用基于 CAD 的 SLSI 设计，对器件和系统级的技术密集型的制造和设计进行研究，并提出解决方案。在 3D 组织和使能体系统架构下，分子电子技术为我们实现信号/数据处理硬件提供了独特的能力。它确保大规模的并行分布式计算、可重构性和大规模的数据操作、超高性能的计算和处理。组合和存储器^{M}IC 可以设计成聚合$^{\aleph}$hypercell 和分子存储器[16]。在本章中，我们将对 3D 拓扑固态和射流分子器件的器件物理进行探讨。将这些^{M}device 聚合成^{M}gate，而^{M}gate 必须保证$^{\aleph}$hypercell 要求的性能和功能性。

针对 3D ^{M}IC 的各种设计，不同于已经成功地解决了的基于 CMOS 的设计、平面布置、排列、路由、互连等。传统的 VLSI/ULSI 设计流程是基于可靠的系统规范、功能设计、传统的体系架构、验证（功能、逻辑、电路和布置）及 CMOS 制造技术。CMOS 技术使用带有 FET 和 BJT 传统门的二维拓扑。对于^{M}IC，基于器件和系统级技术的设计必须采用全新的方法。图 6.4 给出了建议的 3D 分子电子技术，它不同于基于二维多层 CMOS 的微电子技术。为了合成^{M}IC，我们建议，在 x 域流程图中统一地使用自上而下（系统级）和自下而上（器件/门级）的合成方法，如图 6.5 所示。

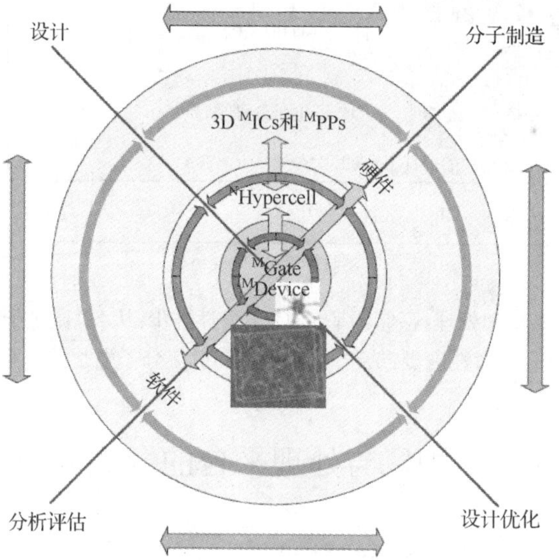

图 6.5　在 x 域流程图中的自上而下和自下而上的合成方法

核心的 3D 设计主题集中于四个领域：

- 验证中设计
- 分析-评估
- 设计-优化
- 分子制造

正如图 6.5 所示，3D^{M}IC 和^{M}PP 的合成和设计应当采用双向流程图。必须发展全新的设计、分析和评估方法。与 VLSI/ULSI 相比，3D 空间的设计有显著的不同，主要是因为其独特的 3D 拓扑/组织、使能体系统架构、新的现象、增强的功能性、使能能力、复杂性、技术依赖性等。通过发展创新性的解决方案，统一地使用自上而下/自下而上的合成方法，以完成一系列的主要任务，例如：

- 开发设计^{M}device、^{M}gate、$^{\aleph}$hypercell 以及网络$^{\aleph}$hypercell，并聚合形成^{M}IC
- 在设计和验证^{M}IC 中发展新的方法
- 分析和评估性能特性
- 发展以技术为中心的 CAD，在系统和器件/门级统一地支持设计

上述统一的合成方法包括：

- 自上而下合成：开发超高性能分子处理和存储器平台，在 3D 组织和使能体系架构下由设计的^{M}IC 实现。将这些 3D ^{M}IC 设计成聚合$^{\aleph}$hypercell、$^{\aleph}$hypercell 由^{M}gate 构成，而^{M}gate 则基于^{M}devic(图 6.6)。

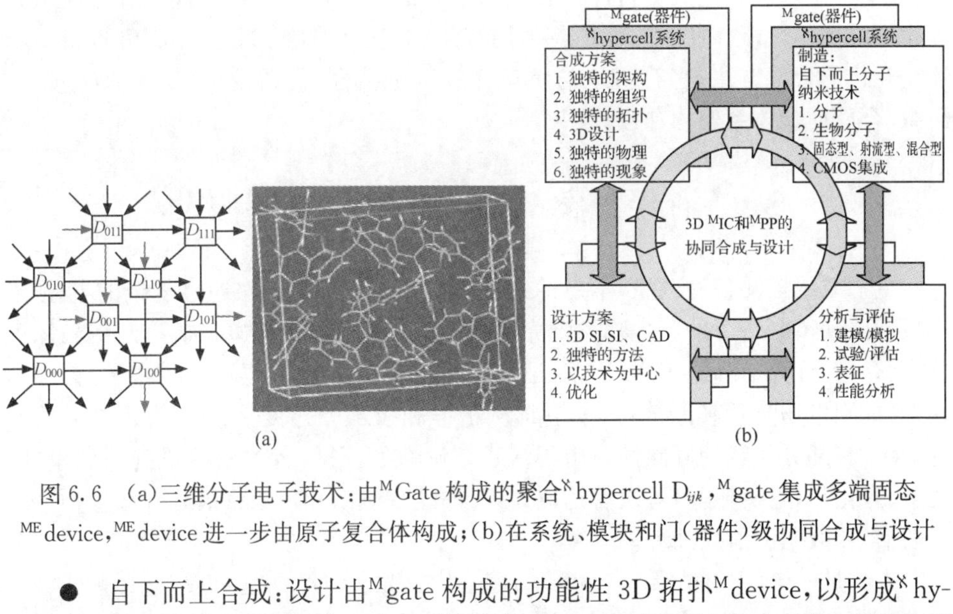

图 6.6 (a)三维分子电子技术：由^{M}Gate 构成的聚合$^{\aleph}$hypercell D_{ijk}，^{M}gate 集成多端固态^{ME}device，^{ME}device 进一步由原子复合体构成；(b)在系统、模块和门(器件)级协同合成与设计

- 自下而上合成：设计由^{M}gate 构成的功能性 3D 拓扑^{M}device，以形成$^{\aleph}$hypercell(例如，多端固态^{ME}device 可以设计成通过底层原子的排布来构成要求的分子)。

建议的合成方法将使用一系列系统级和器件级的革新性方案，特别的有：①在3D条件下，改进的体系架构、组织、拓扑、聚合和网络；②全新的增强功能性器件，这些器件由^{M}gate、${}^{\aleph}$hypercell和^{M}IC构成；③独特的现象、效应和解决方案（隧道效应、并行化等）；④自下而上制造；⑤CAD支撑、以技术为中心的SLSI设计。

超高性能分子处理与存储器平台可以在3D拓扑/组织的框架内使用${}^{\aleph}$hypercell D_{ijk}进行制造，它类似于生物分子及其聚合体的3D拓扑/组织。脊椎动物的大脑是令人感兴趣的。然而，不仅是脊椎动物，即便是单细胞的细菌，也具有超级的3D ^{BM}PP。由于对^{BM}PP的基本过程、效应、机制和功能的理解非常有限，我们将主要关注于固态分子电子技术。与固态^{ME}device相比，由于知识的局限性，我们基本上不可能理解这些使用不同现象和概念的生物分子器件，并进而制造出原型。分子的结构、聚合、成键、原子轨道、电负性、电离能、排布、顺序、组装、折叠、侧基团及其他特性，都将显著地影响固态^{ME}device的性能和基本特性。分子器件和^{M}gate必须确保要求的跃迁时间、开关时间、逻辑、电子特性和性能等。通过协调的设计，可以保证增强的功能性、高开关频率、高的密度、扩展的利用率、低的功耗、低的电压、要求的I-V特性、不受噪声的影响、鲁棒性、可集成性及其他特性。在^{M}device中，通过使用和控制一些独特的跃迁、状态和参数，我们可以改变和优化器件的性能和特性。对于固态^{ME}device，通过将分子设计成具有特定的原子序列、键和侧基团等，来调节和优化量子势阱/能垒的数量、宽度、能量剖面（energy profile）、隧道长度、介电常数以及其他关键特性。我们的最终的目的是，在器件、模块和系统级别上达到最优的性能。性能的评估应采用定量和定性的性能测度、指标和度规。上述交互式的合成方法，将有机地与所有任务紧密结合，包括设计^{M}device、发现3D组织、合成使能体系架构和设计^{M}IC等。

6.6 神经科学：信息处理与存储器假设

生物系统检测各种刺激，信息的处理是在分子和细胞层次通过复杂的电化学-机械现象和机制进行的。生物系统完成与信息处理有关的认知、学习、感觉、知识生产、存储、计算、编码、传送、通信、适应及其他任务。为了理解神经科学、神经生理学、细胞生物学及其他学科，本节将从工程和技术的角度涉及一些开放性的问题，并反映部分作者的倾向性。由于缺乏结论性的证据，有关基本机制和现象（电化学、光化学、电机械等）还没有达成共识，而这些机制和现象将最终导致生物系统中的信号/数据和信息处理。

人脑是一个复杂的网络，它由约1×10^{11}个聚合神经细胞组成，包括超过1×10^{14}个神经键。动作电位以及其他承载信息的信号，使用轴状和枝状结构，通过非常复杂的、尚未完全理解的轴-树、树-轴、轴-轴和树-树的相互作用。作者认为，作为一个复杂系统的神经细胞，它使用电化学-机械诱导的相互作用与跃迁，进行信息处理、存储器存储及其他任务。例如，生物分子（神经传递素和酶）和离子在突触间隙、膜通道和细胞质中传递。这一信息载体的受控传递将导致电荷分布、相互作用、释放、结合、分离、成键、开关、折叠及其他跃迁和事件。文献[22]中探讨了信息载体在静电、磁场、流体动力学、热和其他场（力）下的电化学-机械跃迁和相互作用。基于系统和器件级考虑，对于神经元聚合以及神经细胞及其细胞器中所观察、使用、嵌入和展现的现象，目前仍存在争议。关于神经细胞是否是一个器件（根据传统的神经科学假设）或一个系统，或信息是如何处理、编码、控制、发送、路由等，也还没有达成共识。与数据发送、路由、通信等相比较，信息的处理和存储则更为复杂。在这些限制条件下，出现了一些新的理论、范式和概念。

通过应用已有的知识，现在的问题是，是否可能实现一个系统的仿生学（生物原型）和设计（发现与设计）人造类生物或以生物为基础的处理与存储器平台。不幸的是，即使是对于信号/数据处理平台，在近期内，我们也不可能实现这些目标。此外，还有大量的基础和应用理论及技术问题有待解决。从某种程度上说，我们可以通过考察和利用不同的基于生物分子的处理假设、概念和解决方案，来处理一些问题。我们需要一些不依赖于各种假设的基本理论和基于应用的理论，以及一些取决于具体的技术、硬件和理论的专有解决方案。在本章中，由于还没有完全理解^{BM}PP 中的细胞现象和机制，我们将主要集中讨论有可能实现的以技术为中心的固态和射流分子电子技术。

解剖学家沃尔德耶-哈茨（Heinrich Wilhelm Gottfried Waldeyer-Hartz）发现，神经系统由神经细胞构成，但神经细胞之间无任何机械连接。1891 年，他使用了神经细胞（neuron）一词。一个典型的脊椎神经细胞的细胞体是由核子（体细胞）和其他细胞器构成。神经细胞分支投影（neuron branched projection）（轴突和树突）被封闭于一个直径约 25nm 的微管内，它在信号/数据传送、通信、处理和存储中处于非常重要的地位。各微管的柱状壁由 13 个微管蛋白（核苷酸）分子形成的纵向原丝状体构成。微管的横截面是一个由 13 个分立的子单元形成的环。大量的分支枝状结构被认为用于传运信息到细胞体。信息通过轴突结构从细胞体中传送出去。轴突起始于细胞体，终止于大量的终端分支。各轴突末梢分支拥有数以千计的突触轴突末梢。这些前突触轴突末梢和突触后枝状结构在神经细胞之间以及神经细胞与目标细胞之间建立了基于生物分子的接口。具体地讲，各神经传递素被释放到突触间隙并传播到后突触后膜。需要强调的是，核子微管分布于复杂的微管网络。

神经传递素分子方式有：①在突触后细胞中合成（再处理），并存储到囊中；②从突触后细胞释放、传送并附着于一个或多个突触后细胞上的受体；③去除和/或退化。尽管神经传递素的种类总数还不清楚，但目前已经研究了超过 100 种神经传递素。神经传递素可以分为小分子神经传递素和神经肽（由 3～36 个氨基酸组成)。已有报道称,小分子神经传递素负责快速突触后行为,而神经肽则倾向于负责较慢的持续突触后功能。例如,氨基酸(GABA)的结构与3D构型以及多巴胺神经传递素如图6.7(a)和(b)所示。

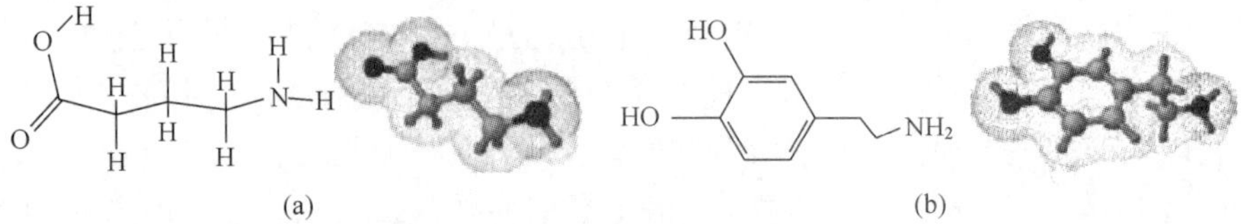

图6.7 (见彩色插图)氨基酸和多巴胺神经传递素

传统的神经科学理论假定,神经细胞中的信息是通过动作电位来传递的,通过离子通量,由复杂的细胞机制进行控制。离子通道的开与关是通过由囊泡(位于突触前轴突处)释放的神经传递素的结合与分离来实现的。神经传递素通过突触间隙传送到位于突触后枝状结构的受体,见图6.8。根据传统的理论,在多突触末梢处神经传递素的结合与分离将导致膜离子通道有选择性的开与关,离子通量导致产生相应的动作电位,它被认为是包含和携带信息。在细胞层次,大量的现象和机制还缺乏足够的研究或完全没有研究。例如,即使是已经研究了数十年,神经传递素的产生、触发、再处理、结合、分离和传送仍然还没有完全理解。除了动作电位外,对神经细胞中的信息传输和通信的了解也非常有限,可能还存在其他种类的刺激,对此我们应予以研究。不幸的是,对于信息处理、存储器存储和其他相关的任务,目前还没有可靠的解释、验证和证明。

由于电荷的变化、力的产生、力矩的变换、电位的改变、轨道重叠的变化、振动、共振、折叠及其他效应,神经传递素和离子的结合与分离将引起分子和细胞级的电化学-机械诱导的跃迁。对于神经细胞和预期的合成射流器件/模块,这些跃迁最终将导致信息处理(附带其他直接相关的任务)及存储器存储。例如,通过利用构型变化,生物分子(蛋白质)可以用作生物分子电化学-机械开关,或者通过使用电荷变化,用作生物分子电子开关。带微管的轴-树突和微管相关蛋白质(microtubule-associated protein,MAP)及突触中的传输离子和神经传递素如图6.8所示。同时,图中也给出了轴突和树突微管、MAP、突触关联蛋白质(synapse-associated protein,SAP)、胞内蛋白等。已经对一些突触前和突触后SAP进行了标识和研究。较大的多域支架蛋白,包括SAP和MAP族,构成突触前活化区(AZ)、突触后密度(PSD)、胞内区(EnZ)和胞外区(ExZ)结构框架。在AZ、PSD、EnZ和EnZ蛋白之间,会发生大量的蛋白相互作用。我们确信,在3D细胞间及细胞内的蛋白组组装结构中,这些都是与处理和存储相关的状态跃迁。

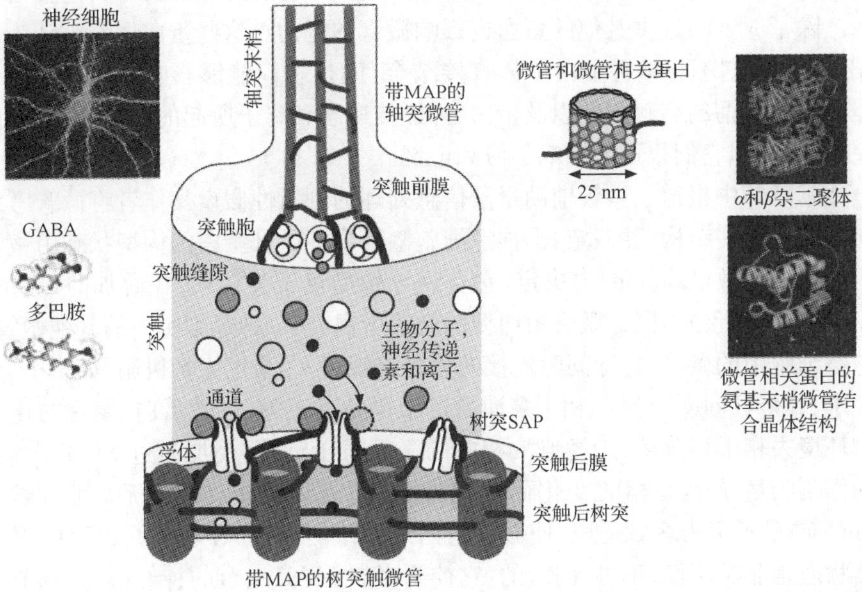

图 6.8 (见彩色插图)带 AZ 和 PSD 蛋白组装结构的轴-树突细胞器示意图。①信息载体(生物分子,神经传递素和离子)的结合与分离引起状态跃迁,最终导致信息处理和存储器存储;②SAP和带 MAP 的微管的 3D 拓扑晶体结构,采用路由载体,确保可重构的 3D 组织

在微管中,各微管蛋白偶体(tubulin dimer)(约 8nm×4nm×4nm)由带正电或负电的 α 微管蛋白和 β 微管蛋白构成(见图 6.8)。各异二聚体由约 450 个氨基酸分子组成,各氨基酸分子包括 15~20 个原子。微管蛋白分子具有不同的几何构型(状态)。微管蛋白偶体子单元布置成具有不同手性的六方晶格结构。相互作用的带负电的 C 末端从各单体向外扩展(与微管表面垂直地向外突出),吸收细胞质的正离子。微管蛋白内介电常数 $\varepsilon_r=2$,而在微管外 $\varepsilon_r=80$。MAP 是一种与细胞骨架微管发生相互作用的蛋白。大量的 MAP 已经被标识。这些 MAP 完成各种功能,如稳定微管或使微管失稳、引导微管到特定的细胞位置、微管和蛋白互接等。微管结合蛋白直接与各微管蛋白单体结合。通常,MAP 的羧基端—COOH(C 末端域)与微管蛋白发生相互作用,而胺末端—NH_2(N 末端域)则与细胞器、中间纤维和其他微管相结合。微管-MAP 结合通过磷酸化作用调节。它是通过微管结合调节激酶(microtubule affinity regulating kinase,MARK)功能来实现的。通过微管结合调节激酶来实现的 MAP 磷酸化将导致 MAP 与结合微管分离。与其他 MAP 不同,在轴突和树突中发现的 MAP1a 和 MAP1b,通过使用电荷诱导的相互作用与微管结合。MAP 的 C 末端与微管结合,而其 N 末端则与细胞骨架的其他部分或质膜结合。MAP2 的大部分出现于树突中,而 τ-MAP 则位于轴突中。这

些 MAP 具有 C 末端微管结合域和多种 N 末端域，它们向外突出与其他蛋白发生作用。除了 MAP，许多其他的蛋白也影响微管的行为。这些蛋白质不被认为属于 MAP，因此它们不与微管蛋白单体直接结合，但是它们能够影响微管和 MAP 的功能。这些所谓的突触塑性以及蛋白、神经传递素和离子所起的作用，其机理尚未被完全理解，但它们很可能影响学习和记忆。

文献[23]中报道了微管辅助量子信息处理的创新性假设。作者将微管考虑成定向的偶极组装结构，并假定：①神经细胞微管中各微管蛋白的构型状态由微管蛋白内的机械伦敦(London)力决定，它会诱导构型量子叠加；②在叠加时，通信/计算发生在微管蛋白与同一微管中纠缠的微管蛋白、同一神经细胞中的其他微管、近邻神经细胞中的微管、隧穿间隙连接的大脑宏观区；③通过生物机制，如量子分离、有序水、德拜(Debye)分层、相干泵浦及量子误差矫正等，微管蛋白/微管的量子状态与环境去相干相分离；④经典液相中的微管量子计算/叠加通过 MAP 微调，它随动作凝胶量子固态相的变化而变化；⑤在前意识量子计算之后，利用彭罗斯(Penrose)量子引力客观还原，使微管蛋白还原或坍缩；⑥客观还原过程中得到的输出状态是非算法性(不可计算)的，它控制诸如 MAP 结合的神经事件、调节突触和膜的功能；⑦调谐的客观还原模式中的还原或自我坍缩，是一种有意识的瞬间，它与彭罗斯量子引力机制相联系，将过程与基本的时空几何联系起来。文献[23]中报道的结果表明，微管蛋白可以存在于两个或更多可能状态的正电子叠加中，直到达到量子状态还原(客观还原引起的量子引力)阈值。根据文献[23]，由于能量大于热涨落，一个双阱势允许单一电子和自旋态在势阱内量子隧穿。关于这一概念的可靠性仍有争议，在研究微管蛋白单体中，使用量子效应是否可行，并且使用了相对较大的阱宽(分离约 1.6nm)、退相干和噪声等。

在神经细胞中，生物分子(神经传递素和酶)和离子可能是信息(处理)和路由载体。文献[22,24]曾经建议，信息和数据处理(计算、逻辑、编码等)、存储器存储、存储器检索和信息处理(也许)可以通过使用神经传递素和离子作为信息载体。存在不同类型的信息载体，如触发、调节和执行。

在某一特定的突触中，对释放的神经传递素的控制及其与受体的结合将会导致状态的跃迁，由此确保细胞级信号/数据/信息的处理与存储器机制。通过使用路由载体(它可以确保网络的运行)，可以对处理和存储器进行可靠的重构。因此，我们有必要阐述一下最初的基本假定：

- 某些生物分子和离子是触发、调节和执行信息的载体，它们与 SAP、MAP 和其他细胞蛋白相互作用。信息载体的受控结合/分离，将导致产生生物分子辅助电化学-机械状态跃迁(折叠、结合等)，影响蛋白质组装结构中的与过程和存储相关的跃迁。它最终会导致产生过程和存储器存储。典型的例子包括：①信息载体的结合/分离确保组合逻辑，它与基于 ON 和 OFF 的开关等价，类似于基于 AND 和

OR 的逻辑(图 6.20);②电荷变化则类似于分子存储电容器的功能(图 6.16)。

● 某些特定的生物分子和离子是路由载体,它们与 SAP、MAP 及其他蛋白发生相互作用。路由载体的结合与分离,导致电化学-机械状态的跃迁,由此确保可靠的重构、网络、适应性和互连。

● 在特定的神经蛋白复合体中,通过使用电化学诱导的跃迁/相互作用/事件,可以实现高基数的信息处理和存储。

● 在可重构的处理与存储神经体系架构中,突触前 AZ 和 PSD(由 SAP、MAP 和其他蛋白构成)及微管形成生物 3D-组装(组织)结构。

生物分子处理过程包括多种任务,如通信、信号生产、路由、重构、编码等。考虑使用轴-树突输入和树-轴突输出的神经细胞之间的生物处理过程。对可能包含信息的信号(动作电位、极化矢量、相移、折叠调制、振动、开关等)不做任何规定,由于复杂的分子相互作用和现象,它们可能带有相应的细胞机制。通过使用轴-树突输入矢量 x_i,对上述跃迁过程进行研究(图 6.9)。例如,假设到神经细胞 N_0 的输入为 $x_{0,1},\cdots,x_{0,m}$,即 $\boldsymbol{x}_0=[x_{0,1},\cdots,x_{0,m}]$。第一个神经细胞 N_0 有 m 个输入(矢量 $\boldsymbol{x}_0$)和 z 个输出(矢量 $\boldsymbol{y}_0$)。通过空间分布 $\boldsymbol{y}_0=[y_{0,1},\cdots,y_{0,z}]$,将输入分配到神经细胞 $N_1,N_2,\cdots,N_{n-1},N_n$。聚合神经细胞 $N_1,N_2,\cdots,N_{n-1},N_n$ 通过细胞跃迁机制来处理信息。输出矢量 $\boldsymbol{y}=f(x)$,这里 f 是一个非线性函数,例如,对于 IC 逻辑设计,f 为一个开关函数。为了确保其鲁棒性、可重构性和适应性,我们考虑反馈矢量 $\boldsymbol{u}$。神经细胞 N_0 的输出是输入矢量 $\boldsymbol{x}_0$ 和反馈矢量 $\boldsymbol{u}=[u_0,u_1,\cdots,u_{n-1},u_n]$的非线性函数,例如 $\boldsymbol{y}_0=f(\boldsymbol{x}_0,\boldsymbol{u})$。当信息被 N_0 处理后,它会被传递到神经细胞聚合体 $N_1,N_2,\cdots,N_{n-1},N_n$。神经传递素释放(由所有神经细胞共同完成)树-轴输入 $\boldsymbol{y}_i$。正如前面所强调的那样,神经细胞是一种带有轴-树突触末梢的分支树突树状结构。每一神经细胞扇出数(fan-out)高达 10 000。图 6.9 给出了带有输入-输出图 $\boldsymbol{y}_i=f(\boldsymbol{x}_i,\boldsymbol{u})$的$(n+1)$神经细胞的 3D 聚合。树突可以形成轴-树突互连,在轴-轴互连中,一个轴突可能终止于另一个轴突的末梢,并因此改变其神经传递素的释放。

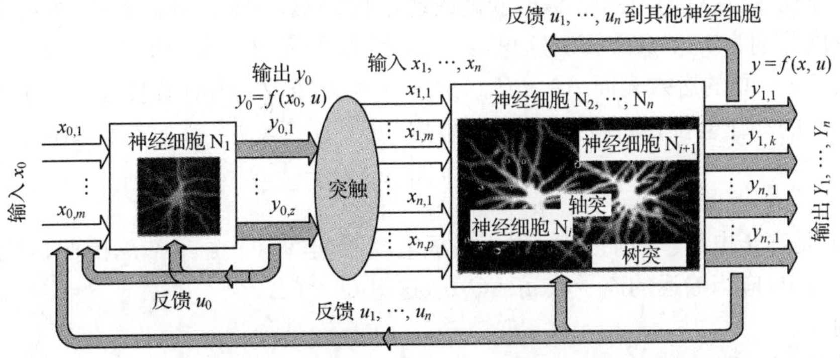

图 6.9 带轴-树突输入和树-轴突输出的$(n+1)$聚合神经细胞的输入-输出示意图

神经细胞执行多种处理和存储任务，通过设计神经细胞及集成处理器-存储器仿生^{M}PP，来对其进行研究。设轴-树输入矢量和树-轴输出矢量分别为 $\boldsymbol{x}$ 和 $\boldsymbol{y}$，则生物分子、射流和固态分子电子器件的输入-输出示意图如图 6.10 所示。注意反馈矢量 $\boldsymbol{u}$，它对鲁棒的、可重构的(可自适应的)处理是一种非常重要的特性，因此，我们有 $\boldsymbol{y}=f(\boldsymbol{x},\boldsymbol{u})$。

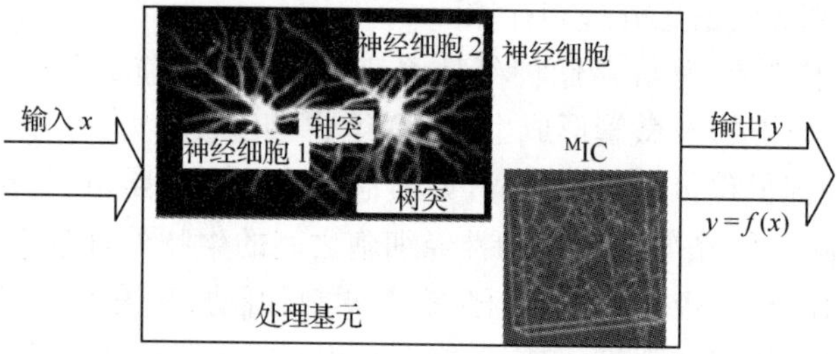

图 6.10 聚合神经细胞、分子处理基元和^{M}IC 的输入-输出示意图

6.7 生物分子和离子传输:通信能量学估计

动能是运动的能量，存储的能量则被称为势能。热能是与分子和离子的随机运动相关的能量，因此也可以用动量来进行表征。化学反应能的变化通常以卡(cal)为单位来表示，1cal＝4.184 J。在细胞中，生物分子和离子的定向运动，可以导致主动和被动输运。多年来，对神经细胞活动的分析通常集中于动作电位。

传统的神经科学假设，神经细胞的通信是通过动作电位来实现的。在轴突膜之间存在电位差，静电位 $V_0=-0.07$ V。电位控制的膜内钠和钾离子通道，可以导致动作电位的传递，其速度约为 100 m/s，膜电位可以从 $V_0=-0.07$ V 变化到 $V_A=+0.03$ V。ATP 驱动的泵浦，可以在 1×10^{-3} s 内将 Na^+ 和 K^+ 浓度恢复到其初始值，使得神经细胞可以开始下一次循环。神经细胞可以每秒循环使用1×10^3次。假设膜具有均匀的厚度 h，膜的跨越电位差 $\Delta V=V_A-V_0$，膜内/外的表面电荷密度分别为$\pm\rho_S$，$\rho_S=\varepsilon E$。这里，$\varepsilon=\varepsilon_0\varepsilon_r$ 为膜的介电常数，而 E 为电场强度，$\Delta E=\Delta V/h$。总的有效表面 $A=\pi d L_A$，式中 d 为直径，L_A 为有效长度。为了确保一个单一的动作电位，需要传输的离子总数

$$n_I=\frac{A\rho_s}{q_I}=\frac{\pi d L_A\varepsilon_0\varepsilon_r(V_A-V_0)}{q_I h}$$

式中，q_I 是离子电荷。我们知道，对于平板电容器，电容 $C=\varepsilon_0\varepsilon_r A/h$，因此，对于一个动作电位，应当输运的离子数 $n_I=Q/q_I$，这里 $Q=C\Delta V$。

例

设 $d=1\times10^{-5}$ m，$L_A=1\times10^{-4}$ m，$\varepsilon_r=2$，$V_A=0.03$ V，$V_0=-0.07$ V 及 $h=$

8×10^{-9}m。对于 Na^+，$q_{Na}=e$。因此，有 $n_{Na}=4.34\times10^5$。这样，共需要4.34×10^5个离子才能保证 $\Delta V=0.1$ V。突触分离约为 1μm，注意到单一钠离子泵浦的最大传输率约为 200 Na^+/s 和约 100 K^+/s，对于使用的 L_A，触发率约为 1 脉冲/s。

Na^+、Cl^-、K^+ 和 Ca^{2+} 对应的质量、离子半径和扩散系数(37℃)分别为 $m_{Na}=3.81\times10^{-26}$ kg，$m_{Cl}=5.89\times10^{-26}$ kg，$m_K=6.49\times10^{-26}$ kg，$m_{Ca}=6.66\times10^{-26}$ kg，$r_{Na}=0.95\times10^{-10}$ m，$r_{Cl}=1.81\times10^{-10}$ m，$r_K=1.33\times10^{-10}$ m，$r_{Ca}=1\times10^{-10}$ m，$D_{Na}=1.33\times10^{-9}$ m²/s，$D_{Cl}=2\times10^{-9}$ m²/s，$D_K=1.96\times10^{-9}$ m²/s，$D_{Ca}=0.71\times10^{-9}$ m²/s。

瞬间功率 $P=\mathrm{d}W/\mathrm{d}t$，如果用力 F 和线速度 v 表示，则有 $P=F\,v$。使用动能 $\Gamma=1/2mv^2$ 和 $W=\Delta\Gamma$，我们可以得到输出功率。

考虑一个半径为 r 的球形粒子，在黏度系数为 μ 的液体中运动。对层状流动，由斯托克斯(Stokes)定律得到黏性摩擦(拖曳)力 $F_v=\eta v$，这里 η 是黏性摩擦(拖曳)系数，$\eta=6\pi\mu r$。拖曳系数的倒数通常被称为迁移率，$\mu_B=1/\eta=1/(6\pi\mu r)$。

根据爱因斯坦涨落耗散理论，粒子的扩散系数 D 与迁移率和绝对温度相关，即 $D=k_BT\mu_B$。使用 Na^+ 和 K^+ 的离子半径，当温度为 37℃($T=310.15$ K)时，$\mu=9.5\times10^{-4}$ N s/m²，我们有 $D_{Na}=2.52\times10^{-9}$ m²/s 和 $D_K=1.8\times10^{-9}$ m²/s，与实验结果 $D_{Na}=1.33\times10^{-9}$ m²/s 和 $D_K=1.96\times10^{-9}$ m²/s 符合得很好。

为了调节离子通道，需要细胞控制跨越膜的离子输运。膜的电导率 g，可以利用公式 $I=gV$ 实验测量得到。我们发现，对于钠离子和钾离子的开放通道，电导率的范围为 $g=2\times10^{-11}$ A/V。通过通道的电流 $I=q_I\,J_I\,A_c$，这里，J_I 为离子通量，$J_I=cv$；c 为离子浓度；A_c 为通道横截面面积。

使用迁移率和力，离子在静电场下的平均速度估计为 $v=\mu_BF=\mu_Bq_IE=\mu_Bq_IV/x$。因此，我们有 $v=\dfrac{D}{k_BT}q_I\dfrac{V}{x}$。同样，我们可以得到速度、力和功率的值。为了输运一个离子，利用上面的数据，估计需要的功率约为 1×10^{-13} W。注意到为了触发 100 脉冲/s 需要产生和放大的动作电位所需要的离子数，并且假定瞬间神经细胞利用率为 1%，我们发现，仅是为了确保正常的通信，则需要约数百瓦的功率。同时需要强调的是，生物分子的结合/分离、产生(再处理)、受控传输及其他细胞机制也需要额外的能量。

有关神经细胞能量学在文献[25]中有所叙述。使用纵向电流，可以得到细胞间的纵向电阻率，其范围为 $1\times10^3\sim3\times10^3\,\Omega\cdot$mm。对于一个半径为 2$\mu$m、长为 100$\mu$m 的片段，其纵向电阻为 $8\times10^6\,\Omega$[25]。膜的电阻率为 $1\times10^6\,\Omega\cdot$mm²。为了通过离子通道，所要求的能量为 $q_I\,V$。考虑到为产生一个脉冲所要求的离子数，则一个神经细胞的开关能估计约为 1×10^{-14}J/脉冲。基于一些传统的考虑，我们对细胞能量学进行了报道。系统中存在运输电位、离子输运、脉冲产生及其他细胞机制，通过它们可以确保细胞过程的功能性和特殊性。当然，我们也可以从通信能量学及其他的角度来重新评估、并系统地研究一些现象、效应和机制的作用及其特殊性。目前，在突触塑性方面的研究，已经积累了相当多的结果，它明显地不同于过去的过于简化的分析。然而，这些过程和机制的复杂性同时也是巨大的。

6.8 应用信息理论和信息评估及对生物分子处理和通信的应用

将神经细胞当成一个开关器件，这也许是一个过于简化的假设，并认为互连的神经细胞仅通过协作电位 I_i 进行激发。我们可以将神经细胞考虑成一个聚合过程单元(神经细胞)组成的时空点阵，并通过二阶线性微分方程来描述[19,20]：

$$\frac{1}{ab}\left(\frac{\mathrm{d}^2x_i}{\mathrm{d}t^2}+(a+b)\frac{\mathrm{d}x_i}{\mathrm{d}t}+abx_i\right)=\sum_{j\neq i}^{N}[w_{1ij}Q(x_j,q_j)+w_{2ij}f_j(t,Q(x_j,q_j))]+I_i(t),$$
$$i=1,2,\cdots,N-1,N,$$

$$Q(x,q)=\begin{cases}q(1-\mathrm{e}^{-\frac{\mathrm{e}^x-1}{q}}) & x>\ln[1-q\ln(1+q^{-1})]\\ -1 & x<\ln[1-q\ln(1+q^{-1})]\end{cases},$$

式中，a,b,q 均为常量；w_1 和 w_2 为拓扑图。根据文献[19,20]，这一模型是文献[26,27]报道结果的扩展，它考虑了树突波密度的独立变化以及并行轴突动作的突触传递。

在考虑动作电位的同时，通过研究突触前和突触后神经细胞的活性[28-30]，对突触传递进行了研究，并试图研究通信、学习、认知、感觉、知识产生等过程。文献[31]提出了一个学习方程，突触自适应权重 $z(t)$ 与长时记忆可以表述为 $\frac{\mathrm{d}z}{\mathrm{d}t}=f(x)[-Az+g(y)]$，其中 x 是突触前(突触后)细胞的活性；y 是突触后(突触前)细胞的活性；$f(x)$ 和 $g(y)$ 为非线性函数；A 为矩阵。文献[28-30]建议，将突触前和突触后神经细胞的动作电位与突触效率动态变化的关联(Hebbian)学习结果条件相匹配。在匹配后，激发突触电位发生变化。神经细胞以其独特的频率无规地发射脉冲。由于赫布型(Hebbian)关联，导致突触连接的动态变化，进而引起激发突触后电位(通过无规突触后动作电位产生)时间结构产生明显的变化[25]。由于突触前和突触后的赫布型关联而引起的突触效率的变化，将显著地改变突触连接的动力学性质。突触效率的长时程变化(长时程增强与长时程抑制)，被认为是取决于激发突触后电位的开始相对时序，它由突触前和突触后动作电位产生[28-30]。上面的报道以及其他众多的概念仍然存在很大的争议。此外，诱导长时程增强与长时程抑制的细胞机制仍不清楚。

对一些独特细胞机制的分析，即使是还未经证实、但确有一定价值的假设，目前已经被直接应用于分子电子技术、预期的仿生过程等。例如，通过对器件和系统级基本理论的研究和掌握，使用原型或仿真细胞组织、现象和机制，可以进行过程和存储器平台的设计。基于一些内禀的现象和机制，可以对射流和固态电子技术中独特的网络和互连进行设计。不过，正如文献[32]中所报道的那样，这些互连的大部分仍无法采用基于半导体的接口。从器件级和系统级的角度看，生物分子^{M}PP与设想的固态/射流^{M}PP有巨大的差异。

在非高斯、非静态的快速变化动态环境中，智能生物系统具有目标导向行为、智能演化、学习、感知和知识产生等功能。对大量的关键性开放问题，还存在一些没有被普遍认可的概念，如基于生物的处理、存储和编码等。通过使用随机性和确定性的概念，对基于仿生的符号、模拟及数字(分立态和分时)与混合处理进行了大量的尝试。迄今为止，这些尝试还没有积累到形成可行的、且可靠的解决方案。在器件/模块级，使用生物分子作为信息载体，对于设想的射流分子电子技术，已经提出了一些独特的器件和模块[22,24]。目前，已经将这些结果应用于细胞质、突触缝隙、膜通道等的信息载体(细胞内和细胞间的离子和生物分子)控制。信息处理平台应该能够映射刺激、并捕获与目标相关的信息，进而到认知信息处理、感知、学习和知识生成[33]。例如，在仿生射流器件中，为了确保其处理过程，我们必须在活动状态、可供使用状态、再处理状态及其他状态之间，控制生物分子的传输、生产、触发、结合/分离。不幸的是，无论是在基础理论、应用理论和实验研究方面，还是在工程实践和技术方面都有很长的一段路要走。由于技术和基础理论的限制，这一差距不可能在短期内克服。

除了各种信息处理和存储任务外，人脑神经细胞还要编码和产生信号(刺激)，并传送到其他神经细胞槽轴突-突触-树突通道。遗憾的是，我们还不可能对一些基础问题给出明确的答案，例如，神经细胞是如何处理(计算、存储、编码、提取、过滤、执行、检索和交换等)信息的。即使是神经细胞的通信，也是一个有争议的议题。其基本假设是，信息是通过动作电位发送和处理的，即脉冲机制(spikes mechanism)。在其他方面，包括信息理论，也存在一些悬而未决的问题。考虑一串联的处理单元(^{ME}device、生物分子或蛋白分子)。设输入信号设为x，第一和第二处理单元的输出设为y_1和y_2。将数据处理简化为一个马尔可夫(Markov)链$x \rightarrow y_1(x) \rightarrow y_2(y_1(x))$，在通信理论中使用的信息测度仅适用于很少一部分的问题。在通信和编码问题之外，我们不能明确地、定量地或定性地研究信息-理论测度问题。此外，在假定已知大量相关数据的前提下，神经细胞与分子聚合体(图6.10)中的信息-理论评估方法，可以应用于基于通信的分析。在进行通信和编码分析时，我们可以考察变量x_i和y的熵，记为$H(x_i)$和$H(y)$。当然，概率分布函数、条件熵$H(y|x_i)$和$H(x_i|y)$、相对信息$I(y|x_i)$和$I(x_i|y)$、互信息以及联合熵$H(y,x_i)$同样也是值得研究。

在神经细胞及细胞内结构和细胞器中，其基本过程、机制和现象还没有被完全理解。由于不能可靠地研究和系统地解释其基本的现象和过程，从而导致产生了大量的假设。从信号/数据处理的角度看，神经细胞通常被当作开关器件进行研究，而当考虑网络神经细胞组装结构时，则假定存在刺激诱导、连接诱导、适应性及其他相关因素。传统的神经科学假定，网络神经细胞通过一系列的脉冲传输数据、进行数据处理、完成通信等，这些脉冲传播随时间变化的动作电位。在传统假设成立的前提条件下，我们来考虑网络神经细胞中通信与编码。神经细胞的功能取决于输入是否会产生脉冲（兴奋的或抑制的）以及神经细胞如何处理输入。兴奋的输入产生脉冲，而抑制的输入抑制脉冲。由于刺激的变化，脉冲率可能会产生变化。尽管脉冲波形（幅度、宽度和轮廓）会产生变化，这些变化通常被认为是不重要的。此外，脉冲之间间隔的概率分布函数也会发生变化。因此，输入刺激，在经过一系列复杂过程处理后产生输出，并编码为动作电位（脉冲）模式。脉冲的持续时间约为 1 ms，脉冲率从 1 到数千脉冲每秒。信息的编码是利用脉冲发生、时序、频率及其概率分布来进行的，人们对此进行了大量的研究。结果发现，相同的刺激并不产生相同的模式，对此仍存在争议，并提出了大量的假设。

我们再来讨论一下信息理论方法方面的相关问题。一般来说，我们无法决定一个信号（神经细胞脉冲、IC 中的电压脉冲、电磁波等）是否携带信息。除了基于通信和编码的分析，不存在统一的信息测度与概念。一个悬而未决的问题是，如何定量或定性地定义信息是什么。目前，我们还没有完全掌握神经细胞是如何进行信号/数据处理的，更不要说信息处理，然而，网络神经细胞并不等同于组合和存储器 IC。最重要的是，通过对信号进行检测，我们不可能确定它是否携带信息、并系统地评估信号/数据处理、信息处理、编码或通信特征。显然，信息理论有待于进一步的发展。如果成功，我们可将其应用到神经生理信号/数据和信息处理等领域。

作为信息的香农（Shannon）量，熵，用于测度一个集的复杂度。例如，较大的熵对应的集需要更多的位进行表征。对于 M 个物体（符号）X_i，相应的概率分布函数为 $p(X_i)$，则熵可表示为

$$H(X) = -\sum_{i=1}^{M} p(X_i)\log_2 p(X_i), \quad i = 1,2,\cdots,M-1,M$$

式中，$H \geqslant 0$，因此，根据信源编码理论，则所要求的位数为正。

对于模拟电位，同时考虑脉冲序列，我们可以应用微分熵来表示。对于一个连续的时间变量 X，微分熵为

$$H(X) = -\int p_X(x)\log_2 p_X(x)\mathrm{d}x$$

式中，$p_X(x)$ 为一维的概率分布函数，且有 $\int p_X(x)\mathrm{d}x = 1$。

然而，微分熵也可以为负。例如，高斯随机变量的微分熵 $H(X) =$

$0.5\ln(2\pi e\sigma^2)$，取决于偏差的具体值，它可以为负、正或零。此外，微分熵还取决于标度特性。例如，如果 $Z=kX$，则有 $H(Z)=H(X)+\log_2|k|$，式中 k 为标度系数。为了避免上述问题，从熵分析的角度看，连续信号被离散化。设 X_n 为离散的连续变量，其分辨率宽度（bindwidth）为 ΔT。这样，我们有 $\lim_{\Delta T\to 0}H(X_n)+\log_2\Delta T=H(X)$。因此，为了得到携带信息的信号，我们必须首先获得 ΔT。

可以使用文献[34]中给出的 a 阶 Renyi 熵测度

$$R^a(X)=\frac{1}{1-a}\log_2\int p_X^a(x)\mathrm{d}x$$

式中，a 为整数，$a\geqslant 1$。第一阶 Renyi 信息（$a=1$）给出信息的（香农）量。不过，香农量和 Renyi 量反映的是集的复杂度，即使是对于这一特定的问题，我们也应当首先获得未知的概率分布函数。

费歇尔（Fisher）信息 $I_{\mathrm{F}}=\int\frac{(\mathrm{d}p(x)/\mathrm{d}x)^2}{p(x)}\mathrm{d}x$ 作为估计与测度的衡量，特别地，I_{F} 可以测度知识的变化。

熵并不测度随机变量的复杂度。这些随机变量可以是 IC 中的电压脉冲、神经细胞输入或输出（响应）等，如脉动或其他信号。从统计上说，熵可以用于确定随机变量是否是独立的。设有一组随机变量 $X=\{X_1,X_2,\cdots,X_{M-1},X_M\}$，仅当其从统计上讲是独立的，其联合概率函数的熵才等于其单独的熵之合，即 $H(X)=\sum_{i=1}^{M}H(X_i)$。

为了测度输入与输出的相似程度，我们可以考察刺激与响应之间的互信息参量。我们有

$$I(X,Y)=H(X)+H(Y)-H(X,Y)$$

$$I(X,Y)=\int p_{X,Y}(x,y)\log_2\frac{p_{X,Y}(x,y)}{p_X(x)p_Y(y)}\mathrm{d}x\mathrm{d}y$$

$$=\int p_{Y|X}(y\mid x)p_X(x)\log_2\frac{p_{Y|X}(y\mid x)}{P_Y(y)}\mathrm{d}_x\mathrm{d}_y$$

这样，当 $p_{X,Y}(x,y)=p_X(x)p_Y(y)$ 或 $p_{Y|X}(y|x)=p_Y(y)$ 时，$I(X,Y)=0$。例如，从统计上说，当输入和输出是相互独立的随机变量时，$I(X,Y)=0$。当输出取决于输入时，我们有 $I(X,Y)>0$。输出中反映输入的程度越高，则互信息越大。当 $Y=X$ 时，则达到最大值（无穷）。从通信的角度看，互信息表示输出与输入的相似程度。对于离散的随机变量 $I(X,Y)=H(X)+H(Y)-H(X,Y)$ 或 $I(X,Y)=H(Y)-H(Y|X)$ 时，我们可以利用条件熵 $H(Y|X)=-\sum_{x,y}p_{X,Y}(x,y)\log_2 p_{Y|X}(y|x)$。这里，一般来说，当给定输入时，$H(Y|X)$ 用于测度输出的条件概率分布的随机程度。随机性越大，则熵越大，由于 $I(X,Y)\geqslant 0$，因而降低互信息和 $I(X,Y)\leqslant H(X)$。随机性越小，则熵越小；当 $Y=X$ 时，熵为零。互信息的最大值为输入（刺

激)的熵。通道的容量可以通过改变输入概率使互信息最大化来得到,如 $C=\max_{P_X(\cdot)} I(X,Y)$(比特/符号)。

这样,通过对互信息的分析,可以得到通道容量 C 的估计,而通道容量取决于 $P_{Y|X}(y|x)$,它定义输出是如何随输入变化的。一般来说,我们很难得到或估计概率分布函数。

使用传统的神经科学假设,从某种程度上说,神经细胞通信与点过程通道(point process channel)中的通信类似[35]。相对于放电率,瞬间脉动率不可能低于 $r_{\min}$ 或大于 $r_{\max}$。设平均的持续脉动率为 r_0,对于泊松(Poisson)过程,如果 $r_{\min}\leqslant r\leqslant r_{\max}$,则点过程的通道容量为[35]

$$C=r_{\min}\left[e^{-1}\left(1+\frac{r_{\max}-r_{\min}}{r_{\min}}\right)^{\frac{1+r_{\min}}{r_{\max}-r_{\min}}}-\left(1+\frac{r_{\min}}{r_{\max}-r_{\min}}\right)\ln\left(1+\frac{r_{\max}-r_{\min}}{r_{\min}}\right)\right],$$

它可表示为下述形式[36]:

$$C=\begin{cases}\dfrac{r_{\min}}{\ln 2}\left(e^{-1}\left(\dfrac{r_{\max}}{r_{\min}}\right)^{\frac{r_{\max}}{r_{\max}-r_{\min}}}-\ln\left(\dfrac{r_{\max}}{r_{\min}}\right)^{\frac{r_{\max}}{r_{\max}-r_{\min}}}\right), & r_0>e^{-1}r_{\min}\left(\dfrac{r_{\max}}{r_{\min}}\right)^{\frac{r_{\max}}{r_{\max}-r_{\min}}}\\[2ex] \dfrac{1}{\ln 2}\left((r_0-r_{\min})\ln\left(\dfrac{r_{\max}}{r_{\min}}\right)^{\frac{r_{\max}}{r_{\max}-r_{\min}}}-r_0\ln\left(\dfrac{r_0}{r_{\min}}\right)\right), & r_0<e^{-1}r_{\min}\left(\dfrac{r_{\max}}{r_{\min}}\right)^{\frac{r_{\max}}{r_{\max}-r_{\min}}}\end{cases}$$

假设最小脉动率为零。对于 $r_{\min}=0$,通道容量的表达式可以简化为

$$C=\begin{cases}\dfrac{r_{\max}}{e\ln 2}, r_0>\dfrac{r_{\max}}{e};\\[2ex] \dfrac{r_0}{\ln 2}\ln\left(\dfrac{r_{\max}}{r_0}\right), r_0<\dfrac{r_{\max}}{e}。\end{cases}$$

例

假设最大脉动率可以从 300 脉冲/s 变化到 1000 脉冲/s(或脉动/s),平均脉动率可以从 1 脉冲/s 变化到 100 脉冲/s。利用 $r_{\max}/e=0.3679r_{\max}$,我们有 $r_0<r_{\max}/e$,则有通道容量 $C=\frac{r_0}{\ln 2}\ln\left(\frac{r_{\max}}{r_0}\right)$。图 6.11 给出了相关的通道容量 $C(r_0,r_{\max})$。对于 $r_0=100$ 和 $r_{\max}=1000$,我们有 $C=332.2$ 比特或 $C=3.32$ 比特/脉动。

熵是窗口尺寸(window size)T 和时间分辨率宽度(bindwidth)ΔT 的函数。对 $\Delta T=3\times10^{-3}$s,$3\times10^{-3}<T<3\times10^{-3}$s,熵的极限值为 157±3bit/s[37]。对脉动率 $r_0=100$ 脉冲/s,$\Delta T=3\times10^{-3}$s 和 $T=0.1$s,熵为 17.8bit[38]。这一结果与上述的点过程通道的容量相符(图 6.11)。

对于 $r_0=100$ 和 $r_{\max}=1000$,我们有 $C=332.2$bit($C=3.32$ bit/脉冲)。然而,它并不意味着每一个脉冲(脉动)代表信息的 3.32bit 或其他比特数。实际上,容量是通过数值通信导出的。尤其是对于泊松过程,利用 $r_{\min}$、$r_{\max}$ 和 r_0,在不出现大量传输误差的情况下,我们可以得到通过点过程通道发送数值信号(数据)的速率。

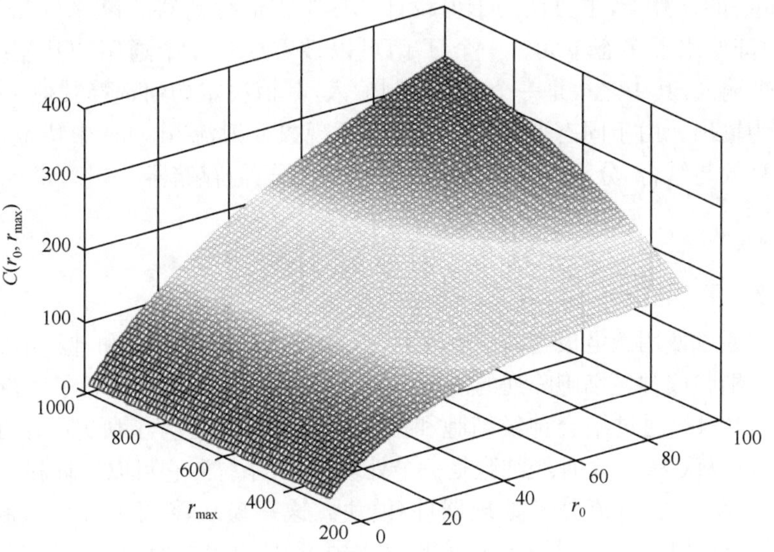

图 6.11 (见彩色插图)通道容量

对于模拟通道,通道容量为 $C=\lim_{T\to\infty}\dfrac{1}{T}\max_{PX(\cdot)}I(X,Y)$,式中 T 为进行通信的时间间隔。一般来说,我们不能通过一个噪声通道进行无误差的模拟通信。此外,为了进行上述分析,我们必须知道概率分布和失真函数。如果得不到概率分布和失真函数,则过程是非泊松的。相应地,我们只能使用大量的假设进行一些初步估计。因此,利用现有的一些可靠的理论与技术,我们的重点是仿生学的应用。

为了试图分析一些生物处理特性,我们仍然基于二进制假设。二进制逻辑是以 2 为基数,它意味着存在两个逻辑电位,如 0 或 1。如果使用 r 个状态(逻辑电位),则基数可以增加到 r。三值和四值逻辑被称为 ternary 和 quaternary [39]。对于 r 值逻辑,真值表的相异置换次数为 r^{r^2}。因此,对于二值、三值和四值逻辑,分别有 2^4(16)、3^9(19 683)和 4^{16}(4 294 967 296)次相异的置换。使用四值逻辑,我们可以显著地降低电路复杂性、器件数和功率消耗,并改进互连、效率、速度、延迟、封装及其他特性。不过,它同样会导致敏感性、鲁棒性、抗噪声及其他等方面的问题。对于 r 值系统,如果有 r 个可能的输入,则存在 r 个可能的输出,对于单一的 r 值变量,我们可以得到 r^r 个输出[39]。对于基数 $r=2$(二进制逻辑),可能的输出函数的数目为 $2^2=4$。特别地,对于 $x=0$ 或 $x=1$,输出函数 f 可以是 0 或 1,例如,输出与输入相同(恒等函数),相反(取补)或常数(为 0 或 1)。对于基数 $r=4$ 的四值逻辑,输出函数的数目为 $4^4=256$。对于两个 r 值变量,其函数的数目为 r^{r^2},因此,对于 2 值情形,$2^{2^2}=16$。基数越大,则用于表示一个给定量所需要的位数越少。基数也可以从最优化的角度进行推导而得到。例如,对于机械计算器,包括巴贝奇

(Babbage)的计算器,主要使用十值设计。尽管多值存储器的设计与二进制系统类似,但却使用了多态单元。一个T门可以被看成是一个通用的基元。它具有(r+1)个输入,其中之一是一个r值控制输入,其值决定如何选择其他r个(r值)输入作为输出。由于固态^{MD}device中的量子现象或射流^{M}device中特定信息载体的控制释放与结合/分离,有可能使用使能多值逻辑与存储器。

6.9 射流分子平台

人们通过使用微电极与微电极阵列,探测或试图影响人脑和神经细胞培养中单一神经细胞或神经细胞阵列的活动,对人脑神经细胞的活动进行了大量的研究。文献[32,40-42]通过结合神经细胞和微电子技术对此进行了研究。基于生物假设,我们可以认为,一个神经细胞是一个处理模块(系统),它可以处理和存储信息,因此,我们提出了射流分子处理器件/模块。这一模块将用于模拟人脑神经细胞[22],在3D处理和存储器平台的实现过程中,我们有可能使用人工培养的神经细胞。信号/数据处理和存储器存储可以通过分子的释放、传播及结合/分离来实现。分子和离子的结合,将导致可以利用的状态跃迁。由于其本征复杂性和技术限制,我们可能无法有效地模拟和原型化生物信息处理过程。因此,我们给出了模拟生物系统的3D拓扑和组织,并使用一些独特的分子,确保多值硬件的解决方案。这些开创性的工作,同时也意味着创新性的合成、设计、聚合、应用、功能化及其他特性。通过使用分子和离子作为信息和路由载体,我们提出的创新性解决方案,可以解决信号、甚至是信息处理方面的问题。我们将利用分子生物平台中固有的3D拓扑/组织,设计射流分子平台,并集成到处理-存储体系架构。将信息载体作为逻辑和存储器输入,可以导致状态跃迁。通过使用路由载体,可以实现稳健可靠的形态重构和可重构的网络。通过使用这些独特的、高选择性的通道膜和膜晶格,我们可以使用各种不同的载体。因此,我们能够以较高的基数来实现计算、处理和存储器存储。它确保了我们要求的多值逻辑和存储器。

通过操纵射流空腔中的多种路由载体到各结合部位,可以使路由载体与静态分子相互结合/分离。这些结合/分离事件将导致可重构的网络。我们不能通过预先设定的稳态条件逻辑、同步、定时协议或其他传统概念,来实现信息与路由载体的独立控制。因此,我们必须对载体释放、传播、结合/分离和其他事件的运动和动力学过程进行研究。

图6.12给出了3D拓扑合成的射流器件/模块。硅质的内封装可以是蛋白质、多孔硅或聚合物,它形成具有选择性的射流通道膜。信息和路由载体则封装于外层壳体内。其释放和操纵是通过控制装置来控制的。

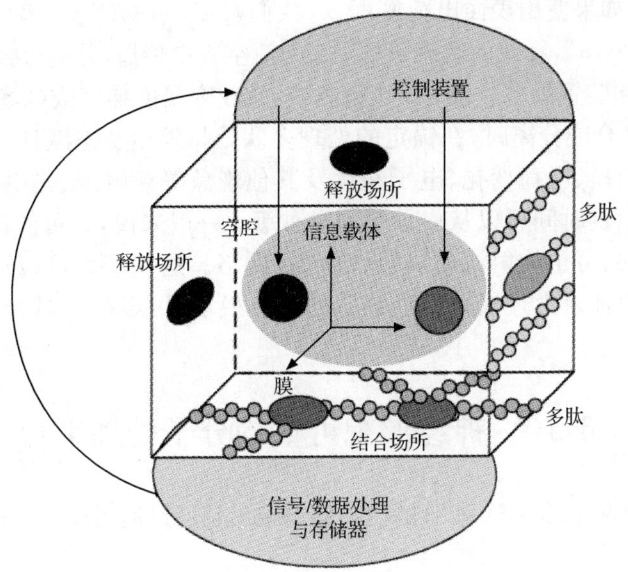

图 6.12　异步射流分子处理模块

给出的器件/模块可以作为带突触、膜、通道、细胞质和其他部件的神经细胞的原型。特定的离子、分子和酶可以通过这些多孔膜。通过的分子(信息和路由载体)与特定的受体位结合,而酶则将分子与结合位相分离。分子的结合与分离导致状态的跃迁。通过改变静电势或热梯度,我们可以控制通过选择性射流通道与空腔传播的载体。我们的目标是,载流子的受控布朗运动。存在各种不同的控制机制(静电、电磁、热、水力等),使得我们可以唯一性地使用选择性控制,确保器件的超高性能和使能功能性。

文献[22]中对射流空腔和通道中分子和离子的受控布朗动力学进行了研究。布朗粒子的非线性随机动力学,在细胞的输运、分子组装等中起着非常重要的作用。通过改变力 $F_n(t,\boldsymbol{r},\boldsymbol{u})$或非对称势 $V_k(\boldsymbol{r},\boldsymbol{u})$,有可能控制载流子的传播(运动)。高保真的数学模型由下式给出:

$$m_i\frac{\mathrm{d}^2\boldsymbol{r}_i}{\mathrm{d}t^2}=-F_{v_i}\left(\frac{\mathrm{d}\boldsymbol{r}_i}{\mathrm{d}t}\right)+\sum_{i,j,n}F_n(t,\boldsymbol{r}_{ij},\boldsymbol{u})+\sum_{i,k}q_i\frac{\partial V_k(\boldsymbol{r}_i,\boldsymbol{u})}{\partial\boldsymbol{r}_i}+\sum_{i,j,k}\frac{\partial V_k(\boldsymbol{r}_{ij},\boldsymbol{u})}{\partial\boldsymbol{r}_{ij}}+f_{\mathrm{r}}(t,\boldsymbol{r},\boldsymbol{q})+\xi_{ri},$$

$$\frac{\mathrm{d}\,\boldsymbol{q}_i}{\mathrm{d}t}=f_q(t,\boldsymbol{r},\boldsymbol{q})+\xi_{qi},\qquad i=1,2,\cdots,N-1,N$$

式中,$\boldsymbol{r}_i$ 和 $\boldsymbol{q}_i$ 为位移和扩展状态矢量;$\boldsymbol{u}$ 为控制矢量;$\xi_r(t)$和 $\xi_q(t)$为高斯白噪声矢量;F_{v} 为黏滞摩擦力;m_i 和 q_i 为质量和电荷;$f_r(t,\boldsymbol{r},\boldsymbol{q})$和 $f_q(t,\boldsymbol{r},\boldsymbol{q})$为非线性图。

布朗粒子的速度矢量 $\boldsymbol{v}=\mathrm{d}\boldsymbol{r}/\mathrm{d}t$。带电荷为 q 的布朗粒子,所受的洛仑兹力$\boldsymbol{F}=$

$q(\boldsymbol{E}+\boldsymbol{v}\times\boldsymbol{B})$，如果使用表面电荷密度 ρ_v，我们有 $\boldsymbol{F}=\rho_v(\boldsymbol{E}+\boldsymbol{v}\times\boldsymbol{B})$。通过改变 $F_n(t,\boldsymbol{r},\boldsymbol{u})$ 和 $V_k(\boldsymbol{r},\boldsymbol{u})$，释放的载流子可以在射流空腔中传播，并通过控制装置来进行控制[22]。控制装置由多肽或分子电路构成，它改变温度梯度或电场强度。当信息和路由载体结合或分离时，在锚定的处理多肽处将发生状态跃迁。例如，我们可以使用构型切换、电荷变化、电子输运及其他现象等。电子、光电和电磁机械的状态跃迁的稳定时间可以从皮秒级到微秒级。一般来说，有可能设计、甚至合成具有高性能的、可重构射流模块的聚合 3D 网络。这些模块可以通过输入/输出活动来进行表征。上述模拟神经细胞的射流模块，可以确保具有极好的协同设计特性。

6.10　神经形貌可重构分子处理平台

考虑带有两个输入 A 和 B 的门。假设输出是通过通用逻辑门产生的，我们有如下 16 个函数：

$0,1,A,B,\overline{A},\overline{B},A+B,A+\overline{B},\overline{A}+B,\overline{A}+\overline{B},AB,A\overline{B},\overline{A}B,\overline{A}\overline{B},A\overline{B}+\overline{A}\overline{B}$ 和 $AB+\overline{A}\overline{B}$。

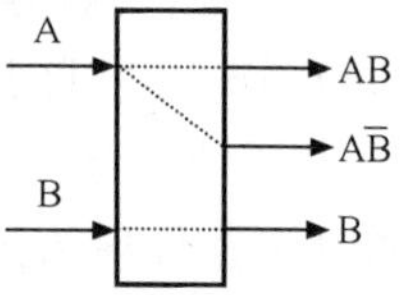

图 6.13　门的示意图

标准逻辑基元（AND、NAND、NOT、OR 等）可以通过使用条件置换的 Fredkin 门来实现。考虑一个带有开关输入 A 和控制输入 B 的门。如图 6.13 所示，输入 A 路由到两个输出之一，它取决于 B 的状态。路由事件改变输出开关函数，即 AB 或 $A\overline{B}$。

使用上述射流分子处理范式，我们可以设计和实现可路由的分子通用逻辑门（^{M}ULG）。我们定义^{M}ULG 为可重构的组合门，可以对其重构，以实现输入变量的特定函数。具体的多输入^{M}ULG 的使用，取决于技术的可靠性、要求及可达到的性能。这些^{M}ULG，可以通过使用多输入变量来实现逻辑功能，并且与双输入^{M}gate具有相同的延迟。使用^{M}ULG 可以对逻辑功能进行有效地分解。

图 6.14 示意地给出了一个可重构逻辑的路由概念。典型的 3D 拓扑可重构路由，可以通过将路由载体与静止的分子相结合/分离来实现。图 6.14 给出了 5 个^{M}gate 的重构情形，它用于描述 3D 环境下可重构的网络与处理。信息载体用信号 x_1,x_2,x_3,x_4,x_5 和 x_6 表示。路由载体可以确保^{M}gate 和^{M}hypercell（超元胞）可重构的路由和网络特性，并因此独特地增强和辅助$^{\aleph}$hypercell 设计。一般来说，我们不能随意地将某一个门/超单元/模块的输出，路由到其他的门/超单元/模块的任意输入。我们的设计，受合成限制、选择性制约、控制路由载体空间运动的复杂度和其他因素的制约。

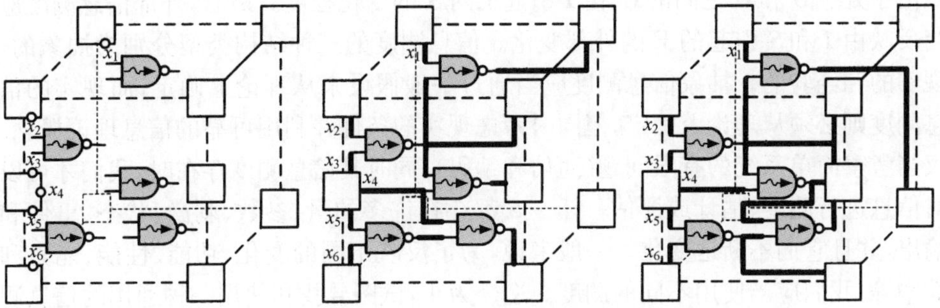

图 6.14 可重构的路由和网络

有报道称，上述射流模块可以进行计算、实现复杂的逻辑、确保存储器的存取等。条件聚合的顺序、载体的操纵、3D 定向路由和空间网络事件，构成了上述神经形态可重构射流^{M}PP 逻辑门和存储器存取的基础。在 6.7 节中，我们将介绍如何将布朗动力学用于性能分析和设计。信息和路由载体的渡越时间，取决于操纵机制、控制装置、所使用的粒子和尺寸特点等。从设计的角度看，我们可以运用处理与路由跃迁函数 F_p 和 F_r 的状态-空间范式，在$[t,t_+]$，$t_+>t$ 时刻，将以前时刻的状态映射到新状态。输出演化可表示为 $y(t_+)=F_i[\mathrm{t},\boldsymbol{x}(t),\boldsymbol{y}(t),\boldsymbol{u}(t)]$，这里 $\boldsymbol{x}$ 和 $\boldsymbol{u}$ 为状态矢量和控制矢量。例如，在随后的网络跃迁中，$\boldsymbol{u}$ 导致路由载体的释放和操纵。可重构的系统可以模型化为 $P\subset X\times Y\times Y$，这里 X、Y 和 U 为输入、输出和控制集。

上述神经形态可重构射流^{M}PP，从某种程度上说，是^{BM}PP 的原型，它可以用于模拟任何现存的 IC，其总体性能、功能和能力均超出预期的微电子解决方案。然而，神经形态可重构^{3D}网络-处理-存储器^{M}PP 的基本理论与技术仍有待进一步的发展和应用。

6.11 迈向认知信息处理平台

信息($\boldsymbol{I}$)引起接受信息的整个系统($\boldsymbol{S}$)的变化或此系统的信息处理逻辑子系统($\boldsymbol{S}_\mathrm{I}$)的变化。存在各种信息测度、评估和指标。例如，信息的可能测度是确定(反映)在 $\boldsymbol{S}$ 中由 $\boldsymbol{I}$ 所引起的变化，而信息的存在或同步测度则确定(反映)在接受 $\boldsymbol{I}$ 以后、固定的时间间隔内 $\boldsymbol{S}$ 所经受的变化。信息的实际或回溯测度则确定(反映)在 $\boldsymbol{S}$ 中由 $\boldsymbol{I}$ 实际引起的变化。例如，同步测度反映短期存储器的变化，而回溯测度代表长期存储器的变化。考虑系统映射元组($\boldsymbol{S},\boldsymbol{L},\boldsymbol{E}$)，这里 $\boldsymbol{E}$ 代表环境；$\boldsymbol{I}$ 代表 $\boldsymbol{S}$ 和 $\boldsymbol{E}$ 之间的联系。信息测度的三种结构类型分别为内部的、整体的和外部的。内部信息测度应当反映在 $\boldsymbol{S}$ 中、由 $\boldsymbol{I}$ 引起的内部变化的程度。整体的信息测度应当反

映由于处于 $\boldsymbol{S}$ 和 $\boldsymbol{E}$ 之间的 $\boldsymbol{L}$、由 $\boldsymbol{I}$ 引起的对 $\boldsymbol{S}$ 的变化程度。最后，外部信息测度应当反映由 $\boldsymbol{I}$ 和 $\boldsymbol{S}$ 引起的 E 的外部变化。信息测度的三种结构类型分别为抽象的、现实的和经验的。抽象信息测度应当通过一般假设来从理论上确定，而现实的信息测度则必须从理论上确定，但同时考虑现实的条件并利用可靠的信息理论概念。仅当考察简单系统的有限问题(通信和编码)、同时其信息测度存在时，我们才可以对信息进行测度、估计或评估。任一 $\boldsymbol{S}$ 都存在许多的量、参数、刺激、状态、事件和输出，并且它们不断地变化。一般来说，为了反映不同的变化、功能、性能、能力和效率等，我们应当使用不同的测度。迄今为止，试图寻找和使用一种通用的信息测度是不现实的。信息的结构-属性解释，并不代表信息本身，但却能将 $\boldsymbol{I}$ 与 $\boldsymbol{S}$ 中的信息测度(对某些问题)、事件、信息载体和通信相互关联。相应地，功能-控制论则着眼于从功能的角度隐式地或显式地考察信息、描述性地研究系统(包括信息处理逻辑子系统)中的状态跃迁。

预想中的认知系统，应当能够实现信息处理、集成知识产生、感知和学习等。通过集成交互式认知任务，有必要将信号/数据处理(主要着重于二进制计算、编码、操纵和挖掘等)扩充到信息处理中。我们必须进一步地发展信息理论，发展信息表征和处理的信息理论框架，使其能够确切地评估知识产生、感知和学习。通过使用认知测度，我们必须能够评估系统级和器件级的信息处理、评测系统是如何表示和处理信息的。我们知道，信息处理还取决于刺激和数据的统计和确定性结构。这些统计性质，也许可以用于实现统计知识的产生、学习、自适应性、鲁棒性和自我意识。我们必须寻找 $\boldsymbol{S}$ 中的信息理论测度、评估与认知范围、知识产生、感知与学习，并对它们进行研究，以达到其理论极限和标准。人们已经从人工智能的角度，对认知过程进行了大量的研究。然而，在基础理论、设计、应用和技术发展方面，仅取得了有限的进展。因此，有必要发展新的基本理论、软件和硬件，以支持认知系统的设计。由于其全新的功能、能力、测度和设计范式，计算能力和存储器容量的简单增加，并不能导致产生认知和/或智能。从基本理论、计算和技术的角度看，需要解决的问题远远地超出了传统的信息理论、信号/数据处理与存储器的解决方案。考虑一个数据信息集，它是一个带有 $\boldsymbol{\Sigma}$ 状态的全局知识。通过利用观察的数据 $\boldsymbol{D}$，系统获取和学习一些知识，但不是全部的 $\boldsymbol{\Sigma}$。在观察之前，系统拥有一些状态，它们具有分布 $p(\boldsymbol{\Sigma})$ 和信息测度 $M(\boldsymbol{\Sigma})$。这一 $M(\boldsymbol{\Sigma})$ 必须明确地定义，这是一个有待解决的问题。一旦系统观察到某些特定的数据 $\boldsymbol{D}$，$\boldsymbol{\Sigma}$ 的增强感知则通过倒移测度评估 $\boldsymbol{M}(\boldsymbol{\Sigma}|\boldsymbol{D})$ 和 $\boldsymbol{M}(\boldsymbol{\Sigma}|\boldsymbol{D})\leqslant \boldsymbol{M}(\boldsymbol{\Sigma})$ 来进行描述。通过观察、学习和感知等，$\boldsymbol{\Sigma}$ 的不确定性会有所降低。我们定义这一过程为信息获取，即系统了解 $\boldsymbol{\Sigma}$。部分数据 $\boldsymbol{D}<\in\boldsymbol{D}$ 将增加有关 $\boldsymbol{\Sigma}$ 的不确定性，它导致知识减少。对于这一不利 $\boldsymbol{D}_<$，我们有 $M(\boldsymbol{\Sigma}|\boldsymbol{D}_<)$，信息减少表示为 $\boldsymbol{I}_< = f[\boldsymbol{M}(\boldsymbol{\Sigma}),\boldsymbol{M}(\boldsymbol{\Sigma}|\boldsymbol{D}_<)]$。我们的目标是，通过获取信息(一般来说)$\boldsymbol{I}_{\boldsymbol{D}\to\boldsymbol{\Sigma}}$ 以实现认知和学习，通过使用信息测度和评估来导出 $\boldsymbol{I}$。

通过观察数据，系统并不能了解除了 $\boldsymbol{M}(\boldsymbol{\Sigma})$ 以外的全局知识。特别地，$\boldsymbol{M}(\boldsymbol{\Sigma})$ 也有可能代表可能的状态数，并且知识基于这些状态被映射。$\boldsymbol{M}(\boldsymbol{\Sigma})$ 表明由于 $\boldsymbol{\Sigma}$ 中概率不足时受限系统获取知识的能力。一般来说，$\boldsymbol{M}$ 定义数据 $\boldsymbol{D}$ 用于提供或传送信息的能力。系统获取信息的上限和下限由 $\boldsymbol{M}$ 的极限所决定，而 $\boldsymbol{M}$ 的极限则取决于可观测数据以及系统 $\boldsymbol{S}$ 能力的统计性质、结构和其他特性。考虑一个认知信息处理基元 $_{\mathrm{P}}\boldsymbol{S}$，它被作为一个多端分子实现。使用连续信息传输变量 $\boldsymbol{x}=[x_1,x_2,x_3,x_4]\in\boldsymbol{X}$，$_{\mathrm{P}}\boldsymbol{S}$ 生成连接输出 $y(t)$，$y\in\boldsymbol{Y}$、且具有分立的状态，如图 6.15 所示。因此，多值输入 $\boldsymbol{x}$ 由具有传递函数 $F(\boldsymbol{x},y)$ 的 $_{\mathrm{p}}\boldsymbol{S}$ 进行观察和处理。通过 $\boldsymbol{S}$ 感知、知识产生和可重构性，认知学习可以认为是信息测度的使用和优化过程。一般来说，$\boldsymbol{S}$ 集成子系统 $_{\mathrm{S}}\boldsymbol{S}$、模块 $_{\mathrm{M}}\boldsymbol{S}$ 和基元（门/器件级）$_{\mathrm{P}}\boldsymbol{S}$。基元 $_{\mathrm{P}}\boldsymbol{S}$ 统计模拟可以通过 $\boldsymbol{M}(\boldsymbol{x},\boldsymbol{y})$ 来描述，后者使用观察的 $\boldsymbol{x}=[x_1,x_2,\cdots,x_{n-1},x_n]\in\boldsymbol{X}$ 和 $\boldsymbol{y}=[y_1,y_2,\cdots,y_{m-1},y_m]\in\boldsymbol{Y}$，通过学习和感知而产生。

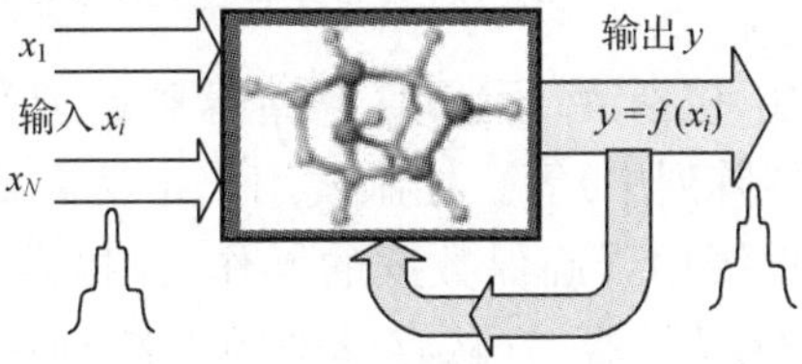

图 6.15　认知信息处理基元 $_{\mathrm{P}}$S Fredkin 门

6.12　分子电子技术与门：器件与电路展望

不同的 ^{M}gate 和 $^{\aleph}$hypercell 可用于实现逻辑功能。为了存储数据，我们将使用存储器单元。存储器单元和外围 ^{M}IC（为了寻址和将数据写入单元或删除存储于单元中的数据）有序排列共同构成存储器。^{M}device 可用于实现静态和动态随机存取存储器（RAM）以及可编程和可修改的只读存储器（ROM）。这里，RAM 是可读写的存储器，其中，各分子基元可以在任何时刻寻址，而 ROM 通常用于存储系统的操作系统指令。静态 RAM 可以由带有稳定状态（如 0 或 1）的基本触发 ^{M}device 构成。相反，动态 RAM 则通过对电容器充电来存储一个比特的信息，它是通过使用 ^{M}device 和存储电容器来实现的。例如，图 6.16 给出了一个动态 RAM 单元。二进制信息作为分子存储电容器 $^{M}C_{\mathrm{s}}$（逻辑 0 或 1）上电荷进行存储。这一 RAM 是通过世界线（worldline）信号来开启存取 ^{ME}device，它导致电荷通过数据线传进或导出 $^{M}C_{\mathrm{s}}$。当 ^{ME}device 为关闭状态时，电容器 $^{M}C_{\mathrm{s}}$ 与电路的其他部分相互隔离。然而，由于 ^{ME}device 的漏泄电流，我们可能需要重新刷新 RAM 单元，以恢复其原始信号。通过使用传送 ^{M}gate 和 ^{M}inverter，可以实现动态移位寄存器，通过交叉耦合 NOR ^{M}gate 对触发器进行同步，而延迟触发器则可以通过使用传送^{M}gate 和反馈^{M}inverter 来构造。

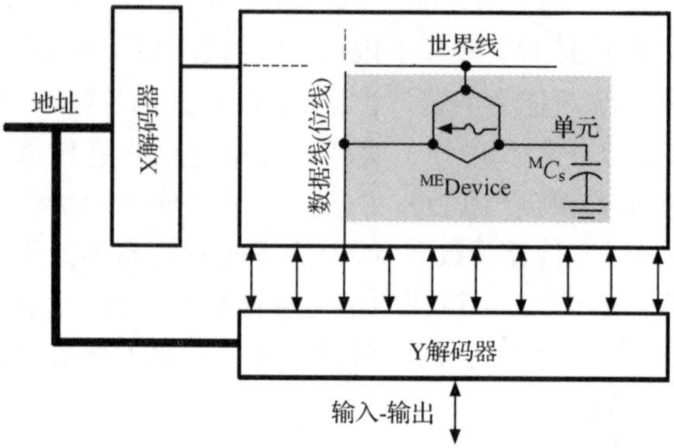

图 6.16 带^{ME}Device 和存储分子电容器$^{M}C_s$ 的动态 RAM 单元

我们需要考虑的特性，包括读/写速度、存储器密度、功率消耗、易失性(当断电后数据应当保持在存储器阵列中)等。控制线用于定义需要执行的功能或存储器系统的状态。地址和数据线用于确保数据的操作，并提供进、出存储器阵列的地址。地址线连接到地址行解码器，它从存储器单元阵列中选择一行单元。如图 6.16 所示，RAM 的组织由存储单元的阵列(矩阵)构成，它布置成 2^n 列(位线)和 2^m 行(字线)。为了读取存储于阵列中的数据，我们将一个行地址提供给行解码器，用于选择特定的字线。此字线上的所有单元将被激活，各单元的内容被放置于其对应的位线上。存储单元可以存储一个(多个)比特的信息。位线的信号将被导向解码器。如图 6.16 所示，一个二进制(或更高进制)的单元，通过使用字线和位线交叉处的^{ME}device 来存储二进制信息。ROM 的实现可以是：①并联分子 NOR (^{M}NOR) 单元阵列；②串联分子 NAND (^{M}NAND) 单元阵列，它要求每存储单元对应一个^{M}device。ROM 单元可以通过连接或断开到位线的^{M}device 输出(FET 的漏极)进行编程。并联^{M}NOR 阵列要快一些，不过串联^{M}NAND 阵列则更加紧凑、且更容易实现。

在图 6.16 中，多端^{ME} device 表示成。我们有必要设计具有如下特性的^{M}device，其准确可控的动力学，将导致一系列量子、量子诱导或非量子的跃迁，而这些跃迁则对应于一系列计算、逻辑或存储器状态。即使是量子^{M}device，其量子动力学也是确定性的，当器件与不可控的外部环境发生相互作用或泄漏信息到环境中时，则会出现量子力学的不确定性。在^{M}device 中，全局状态演化(状态跃迁)是确定性的、可预测的和可控的。海森伯测不准原理对可观察性进行了约束，但并没有对器件物理和器件性能施加任何限制。

逻辑器件物理定义了器件中逻辑状态物理编码的机制。随着量子计算概念的出现,人们提出使用电子或原子的量子自旋来存储信息。实际上,自旋是一种分立的、可以进行比特编码的双态组合。在光学器件中,我们可以利用电磁波和空腔振荡来编码信息。信息也可以利用 DNA 进行编码。各种状态编码概念的可行性,取决于我们在要求的期间内保持逻辑状态的能力。存储的信息必须是可靠的,例如,存储的逻辑状态自发地变化到另一种状态的概率应当非常小。对于编码逻辑状态的物理状态集,我们可以在可控的能量空间,通过使用能垒和势阱来实现。为了使器件改变逻辑状态,它必须跨越能垒。为了避免出现这种情况,我们应当使用高、且宽的势垒,尽量减小激发和降低噪声来抑制量子隧道效应。为了改变逻辑状态,我们可以通过改变能垒来实现,如图 6.17 所示。通过考察逻辑跃迁过程,我们知道,逻辑状态可以通过势能能垒来维持,势能能垒能够分离不同的物理状态。如图 6.17 所示,对于一维的情形,我们可以通过改变能量表面势垒来改变逻辑状态。由此可以导致位于稳态或亚稳态局域能量最低值处的逻辑状态之间的绝热跃迁。

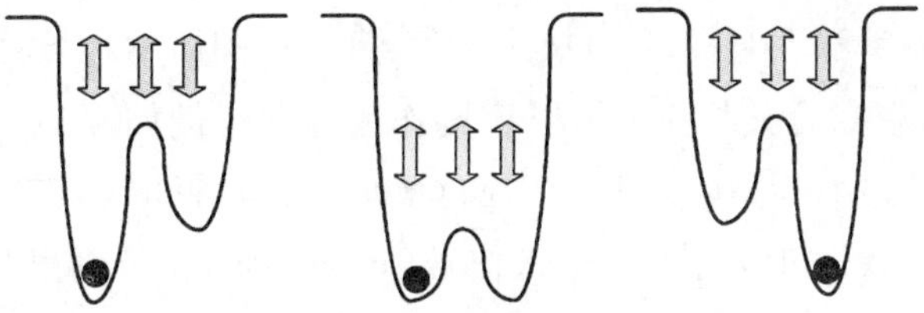

图 6.17　逻辑状态与能垒

在 VLSI 设计中,目前已经使用了电阻-晶体管逻辑(RTL)、二极管-晶体管逻辑(DTL)、晶体管-晶体管逻辑(TTL)、发射极耦合逻辑(ECL)、集成注入逻辑(IIL)、合并晶体管逻辑(MTL)和其他逻辑系列等。所有这些逻辑系列与子系列[包括肖特基(Schottky)、低功耗肖特基、高级肖特基等 TTL]都有其优点与不足。与微电子技术相比,分子电子技术提供了史无前例的能力。相应地,当使用^{M}device 时,为了确保其性能,有些逻辑系列使用了固态器件。图 6.18(a)给出了使用分子电阻-晶体管逻辑(^{M}RTL)而实现的^{M}NOR 门的示意图。在电子技术中,NAND 是最为重要的门之一。通过使用分子二极管-晶体管逻辑(^{M}DTL)而设计的^{M}NAND 门的示意图则如 6.18(b)所示。在图 6.18(a)和图 6.18(b)中,我们使用了不同的符号来标识分子电阻(^{M}r)、分子二极管(^{M}d)和分子晶体管(^{M}T)。由于分子和半导体器件具有显著不同的器件物理,对于术语^{M}T 的使用,我们必须特别小心。在下文中,我们将临时地使用这一未经统一的术语,这是因为,^{M}T 可以确保与 FET 和 BJT 相似的特性。不过,与固态^{ME}device 相比,传统的三端、四端和多端 FET 与 BJT 的器件物理则是完全不同的。因此,我们将不再使用传统的术语。即使是带有可控 I-V 特性的三端固态^{ME}device,我们也不将其称为三极管。在可预见的未来,人们也许会发明新的术语,以反映^{M}device 的器件物理特性。

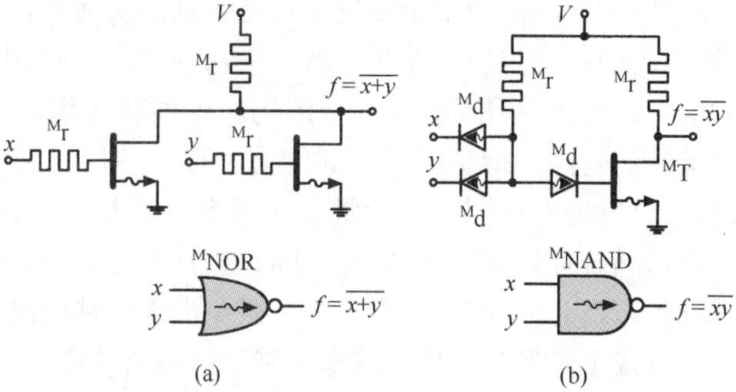

图 6.18 电路示意图:(a)一个双输入^{M}NOR 门;(b)双^{M}NAND 门

图 6.19(a)给出了由^{M}DTL 逻辑系列实现的^{M}NAND 及$^{\aleph}$hypercell 基元的示意图。对于分子电子器件,需要强调的是,有必要开发出新的符号。在器件中,我们可以独特地使用量子现象(量子相互作用、量子干涉、隧道效应和量子共振等)。在图 6.19(b)中,多端^{ME}device(^{ME}D)表示成。如图所示,上述^{ME}D 具有 6 个输入、控制和输出端(口),其相应的分子键则作为互联。例如,图 6.19(b)给出了一个实现逻辑函数 $f(x_1,x_2,x_3)$的 3D $^{\aleph}$hypercell 基元。同时,图中也给出了一个双端分子器件(^{M}d 和^{M}r)。输入信号(x_1,x_2 和 x_3)及输出开关函数 f 则如图 6.19(b)所示。有关合成、器件物理及所使用的现象等,将在 6.19 节、6.20 节和 6.21 节中介绍。我们必须进行统一的设计,以确保要求的性能、功能、特点、聚合、拓扑和其他特性。通过合成复杂的^{M}gate 以实现$^{\aleph}$hypercell,而$^{\aleph}$hypercell 进一步地构成^{M}IC。图 6.20 给出有关^{M}AND 和^{M}NAND 门的示意图,在 6.21 节中,我们将进一步地讲述多端^{ME}device 的器件物理。

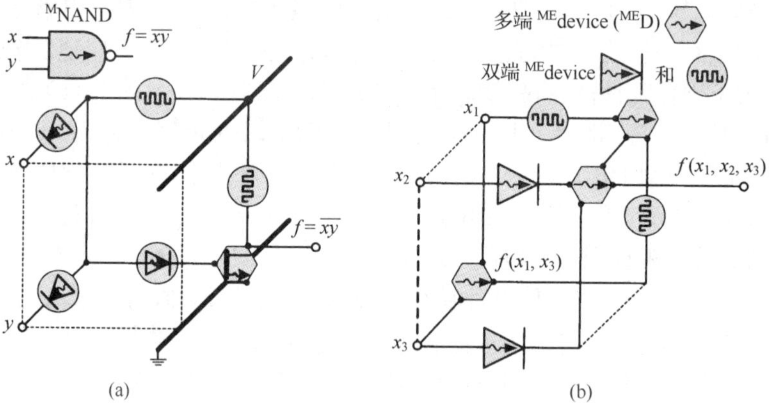

图 6.19 (a) ^{M}NAND 实现,由一个$^{\aleph}$hypercell 基元映射而成;
(b) 带双端和多端^{ME}device 的$^{\aleph}$hypercell基元

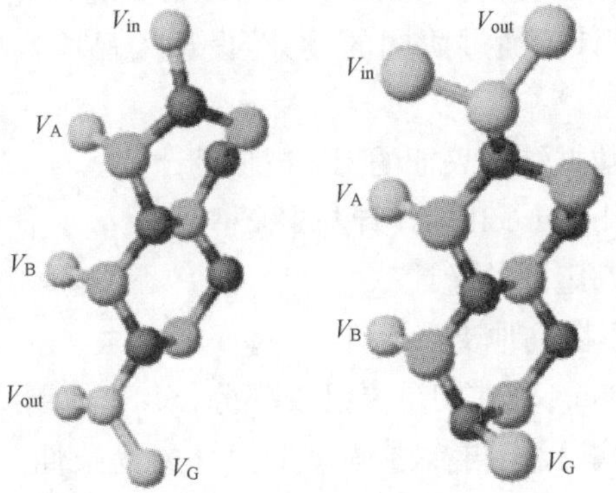

图 6.20 （见彩色插图）分子^{ME}D-^{ME}D 逻辑系列中设计的^{M}AND 和^{M}NAND 门

6.13 ^{M}IC 的设计图和逻辑设计

为了实现 3D ^{M}IC 的系统级逻辑设计，有必要开发出一些创新性的解决方案。我们必须摒弃 2D 逻辑设计（VLSI、ULSI 和 postULSI）及平面 IC 拓扑和组织设计。前面提到过的^{M}IC SLSI 设计，模仿了自然界中观察到的 3D 生物处理平台原型拓扑和组织，这一可靠的解决方案符合我们预期的器件级展望和制造技术要求。尤其是，当使用^{M}device 时，我们可能实现$^{\aleph}$ hypercell，而后者可以进一步地构成^{M}IC。在^{M}IC 设计及处理/存储器平台中，将$^{\aleph}$ hypercell 作为基本基元，将导致以技术为中心的解决方案。

对于 2D CMOS IC，通过使用拓扑操作算符，可以将决策图（特有的系综结构）简化为一个约化决策树。相应地，对于 3D IC，我们必须构建一类新的决策图，并发展新的设计方法，以处理增加的复杂性和 3D 特性。文献[43]中提出了一个通过 3D $^{\aleph}$hypercell 映射的线性决策图设计概念。一般来说，超元胞（立方体、金字塔形、六角形或其他 3D 拓扑聚集）是一种独特的系综结构，它是一种约化的决策树。超元胞可以通过使用拓扑算符（删除和分割节点）来进行合成。可以实现和分析复杂的开关函数，以达到最佳的或准最佳的以技术为中心的拓扑映射。主要的优化标准为：①决策图节点和电路终端的最小化；②拓扑结构的简化（线性算法导致简单的合成，并且可以将线性决策图嵌入 3D 拓扑）；③决策图中路径长度的最小化；④路由简化；⑤验证与评估。最佳拓扑映射可以降低功耗，简化评估，提高试验稳定性等。例如，开关能量不仅是器件/门/开关的函数，同样也作为电路拓扑、组织、设计方法、路由、动力学、开关活动及其他因素的函数，这些都是可以进行优化的。

总之，我们应当开发新型的基于 CAD 的 SLSI，以实现最优化的以技术为中心的高性能分子平台的设计。通过协同的设计，设计人员应当能够实现如下主要的任务：

- 采用独特的数据结构表征的^{M}IC 逻辑设计
- 功能^{M}IC 中$^{\aleph}$hypercell 的设计与聚合
- 多值与二叉判定图的设计
- CAD 开发，以协同地支持设计任务。

作为^{M}architectronics 范式的重要组成部分，SLSI 使用统一的自上而下/自下而上的合成方法。这里我们再次强调一下设计的复杂性。当前的基于 CAD 的 postULSI，并不允许我们设计超过 1 000 000 个门的 IC。对于^{M}IC，其设计复杂度将显著地增加，因此，我们必须寻求新的设计方法。在高级逻辑设计中，用于表示布尔函数的二叉判定图(BDD)使用了先进的设计技术[43]。降阶且经过优化的 BDD，确保大规模的数据操作，通过使用硬件技术语言，它们可以用于实现逻辑设计和电路映射。其设计过程可以表述为

功能(电路)↔BDD 模型↔优化↔映射↔实现。

判定图的维数(节点数)是变量数目和变量阶次的函数。一般来说，设计复杂度可以表述为 $O(n^3)$。这一巨大的设计复杂度，显著地限制了设计者们的能力。为了设计复杂的 IC，我们必须进行分割和分解。由于需要进行字级别格式的数据处理，常用的字级别判定图将进一步地增加其复杂度。因此，我们有必要开发出新型的、可靠的基于软件的设计方法。在数据结构表征和数据结构操作中，人们开发出了一些新型的方法以确保实现要求的设计规范和目标。通过利用线性字级别判定图(LWDD)合成 3D ^{M}IC，使得我们可以通过使用线性算术多项式(LP)，紧凑地表示逻辑电路[43,44]。这样，设计的复杂度变为 $O(n)$。与其他格式和方法相比，上述概念确保了电路的紧凑表征。

下述设计算法能够确保紧凑的电路表征：

功能(电路)↔BDD 模型↔LWDD 模型↔实现。

将 LWDD 嵌入$^{\aleph}$hypercell 中，而后者代表了 3D 空间的电路。逻辑函数的多项式表示，能够确保采用字级别格式对多输出函数进行描述。具有 n 个变量($x_1, x_2, \cdots, x_{n-1}, x_n$)的布尔函数 f 可表示为

$$LP = a_0 + a_1x_1 + a_2x_2 + \cdots + a_{n-1}x_{n-1} + a_nx_n = a_0 + \sum_{j=1}^{n} a_jx_j\text{。}$$

为了进行 3D 设计，我们将使用映射 LWDD($a_0, a_1, a_2, \cdots, a_{n-1}, a_n$)↔LP。LP 的节点对应于一个 Davio 展开。LWDD 用于表示任意带有 L_i 级别的 m 值电路，$i = 1, 2, \cdots, m-1, m$，并带有分子基元库的元素。利用 LP，我们以代数形式定义

两个数据结构

$$L=\begin{cases}L_1\text{:输入 }x_j\text{;输出 }y_{1k}\\L_2\text{:输入 }y_{1k}\text{;输出 }y_{2l}\\\cdots\cdots\cdots\cdots\cdots\cdots\\L_{m-1}\text{:输入 }y_{m-2,t}\text{;输出 }y_{m-1,w}\\L_m\text{:输入 }y_{m-1,w}\text{;输出 }y_{m,n}\end{cases}$$

它对应于 $\mathrm{LP}_1=a_0^1+\sum_{j=1}^{n_1}a_j^1x_j,\cdots,\mathrm{LP}_m=a_0^n+\sum_{j=1}^{n_m}a_j^ny_{m-1,j}$，或通过一组 LWDD 以图示的形式则为

$$\mathrm{LWDD}_1(a_0^1,\cdots,a_{n_1}^1)\leftrightarrow\mathrm{LP}_1,\cdots,\mathrm{LWDD}_m(a_0^n,\cdots,a_{n_m}^n)\leftrightarrow LP_m$$

LWDD 的使用，偏离了现有的逻辑设计工具。这一概念与现有的软件、算法和电路表示格式兼容。同样，我们也可实现电路变换、格式转换、模块化组织/体系架构、基于基元的库函数及其他特性等。所有组合电路可以通过 LWDD 来表示。格式的转换可以通过电子数据交换格式(EDIF)、伯克利逻辑交换格式(BLIF)、电路和系统国际会议格式(ISCAS)、Verilog 等进行。库函数可以是多值输入门的 LWDD 库、^{M}device 库或^{M}gate 库。一个重要的特征是，在$^{\aleph}$hypercell 中，这些基元是作为基元聚合体来实现(通过逻辑设计)和合成的。上述 LWDD 简化了分析、验证、评估和其他任务。

LWDD 设计对应的算术表示为逻辑函数的系综表示。它们可以是布尔函数的乘积之和、求和之积、里德-弥勒(Reed-Muller) 码及其他形式表示。线性字级别的决策图，可以通过映射 LP 来得到，这里，节点对应于 Davio 展开，而功能顶点则对应于 LP 的系数。设计算法可以表示成：

功能(电路)↔LP 模型↔LWDD 模型↔实现。

任何带有固定阶次元素的 m 级逻辑电路，可以通过一个 mLWDD 系统来唯一地表示。通过由超元胞表示的布尔功能的 3D IC 设计，可以对上述概念进行验证。用于逻辑设计的 CAD 工具，必须基于逻辑函数(带基元库)3D 实现的原理。通过将决策树嵌入超元胞结构中，我们可以进一步地扩展线性字级别决策图。对于双图 $G=(V,E)$ 和 $H=(W,F)$，我们将图 G 嵌入图 H。根据单元的特有结构性质和嵌入树类型，可以对$^{\aleph}$hypercell 中的信息进一步地细分。客图 G 到主图 H 的嵌入，是一种一对一的映射 $M_{GV}:V(G)\to V(H)$，同时，映射 M 将边 $(u;v)\in E(G)$ 映射到 H 中的 $M_{GV}(u)$ 和 $M_{GV}(v)$ 之间的路径。这样，将 G 嵌入 H 的过程，是一种 G 中节点到 H 中节点的一对一的映射。

在 SLSI 设计中，可以使用决策图和决策树，同时也可以进行信息评估[43]。决策树通过香农和 Davio 展开进行设计。对于信息评估，必须找出决策树所有节点

的最佳变量与展开，以最优化设计和合成最佳的^{M}IC。在设计标准方面，优化算法应当能够生成决策树的最佳路径。决策树可以通过任意选择变量来进行设计，它对节点使用香农(S)、正 Davio(pD)或负 Davio(nD)展开。决策树的设计过程同时也是开关函数的递归分解过程。这一递归分解过程对应于开关函数 f 对变量 x 的展开。变量 x 携带有能够影响 f 的信息。展开 $\sigma \in \{S, pD, nD\}$ 初态和终态可以通过性能评估来表征。通过对^{M}IC 设计的信息优化，以实现最佳化决策图的设计。决策树中的路径，起始于节点，结束于终端节点。各路径对应于 f 最终表示的一项。图 6.21 给出了基准 c17 电路，它使用了 3D NAND ^{M}gate 门(^{M}NAND)。与香农展开相比，Davio 展开能够确保最优化设计[43]。

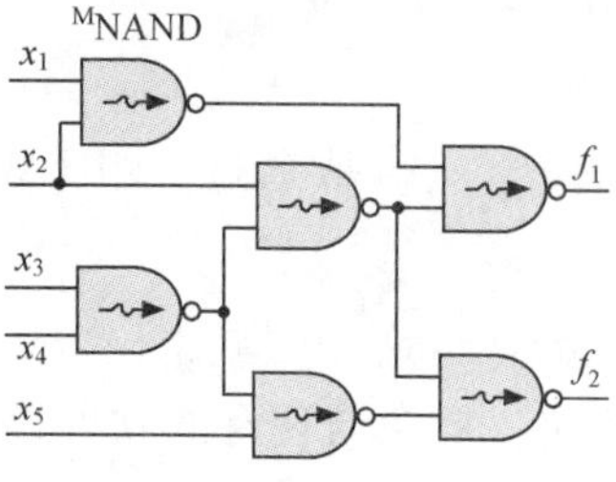

图 6.21　带^{M}NAND 门的 c17

对于复杂的基准 IC，人们已经成功地实现了基于软件的原型 3D ^{M}IC 逻辑设计，用于验证和考察所提出的方法[43]。对开 2D VLSI 设计，LWDD 的大小完全可以比拟于通过其他决策图包得到的最好结果。对报道的方法和软件算法进行了测度和验证。考察了设计 3D ^{M}IC 决策图所要求的节点数、层次数和 CPU 时间(s)。此外，还对体积大小、拓扑参数和其他性能变量进行了分析。我们假定：①无反馈正向神经网络拓扑；②门限^{M}gate 作为处理基元；③由^{M}gate 构成的聚合$^{\aleph}$hypercell；④基于 NAND、NOR 和 EXOR ^{M}gate 库，并使用多端^{ME}device 的多级组合电路。

人们对一系列 IC 进行了实验，部分结构列于表 6.1 [43]。空间尺寸由 X、Y 和 Z 给定，其体积 $V=X\times Y\times Z$。通过总共使用的终端节点数(N_T)和中间节点数(N_I)，分析了拓扑特性。例如，c880 是一种 8 位算术逻辑单元(ALU)。此电路的核心为一个 8 位 74 283 加法器，它具有 60 个输入和 26 个输出。由于其平面设计，共有 383 个门。与此相反，如果采用 3D 设计，则将拥有 294 个^{M}gate。使用 1413 个^{M}gate，可实现具有 178 个输入和 123 个输出的 3D 9 位 ALU(c5315)，而一个 c6288 乘法器(32 个输入和 32 个输出)则具有 2327 个^{M}gate。在 3D 环境下，分子门被聚合于$^{\aleph}$hypercell 聚合体中，并进行网络连接和分组。同时，将未完全规定的$^{\aleph}$hypercell 数目最小化。将第 i 层的$^{\aleph}$hypercell 连接到对应于第 $i-1$ 层和第 $i+1$ 层的$^{\aleph}$hypercell。对于 9 位 ALU，终端节点数和中间节点数分别为 3750 和 2813，而对于乘法器，则分别为 9248 和 6916 个节点。为了将所有层连接起来，总共需要生成超过 10 000 个互联。对于 9 位 ALU，3D 设计可以于 0.36 s 内完成。上述 9 位 ALU 可以同时对两个 9 位输入数据字进行算术和逻辑操作，并对结果进行奇偶计算。对于带有 178 个输入和 123 个输出的传统 2D 逻辑设计，需要使用 2406 个门。与此相反，通过使用原型 SLSI 软件，上述设计将使用 1413 个^{M}gate，并在 3D 环境下进行网络连接和聚合。除了传统的参数[直径、伸缩成本(dilation cost)、扩展、加载等]，我们在逻辑函数中还将对使用的$^{\aleph}$hypercell 变量数、连接数、中间节点扇出数、统计等进行评估。为了确保与 2D 设计的相似性，我们采用了二进制三端^{ME}device。由于使用了多值多端^{ME}device，它将具有优良的性能。

表 6.1 3D ^{M}IC 的设计结果

电路	I/O	空间大小				节点数和连接数		
		#G	#X	#Y	#Z	#N_T	#N_I	CPU 时间/s
c432	36/7	126	66	64	66	2022	1896	<0.032
8 位 ALU c880	60/26	294	70	72	70	612	482	<0.047
9 位 ALU c5315	178/123	1413	138	132	126	3750	2813	<0.36
16×16 乘法器 c6288	32/32	2327	248	248	244	9246	6916	<0.47

对于组合^{M}IC，人们已经开发出了原型 CAD 工具和软件解决方案，以演示 3D 设计的可行性。硬件描述语言的间容性也是另一个重要的方面。在原型 SLSI 软件中，使用和嵌入了三种 netlist 格式(EDIF、ISCAS 和 BLIF)[43]：

- 对于 3D ^{M}IC 使用全新的设计概念
- 针对给定函数或电路的合成与分解线性决策图
- 逻辑函数的谱表示
- 电路的可试验性与验证
- 紧凑的格式，确保鲁棒性和快速原型化
- 复杂^{M}IC 的压缩最佳化表示

对于 3D ^{M}IC，设计的结果如图 6.22 所示，它在命令窗口显示数据，即 c17 电路和 8 位 ALU(c880)设计。

3D 逻辑设计中的软件和 CAD 开发由 Yanushkevich 和 Shmerko 博士完成[43]，在此表示感谢。

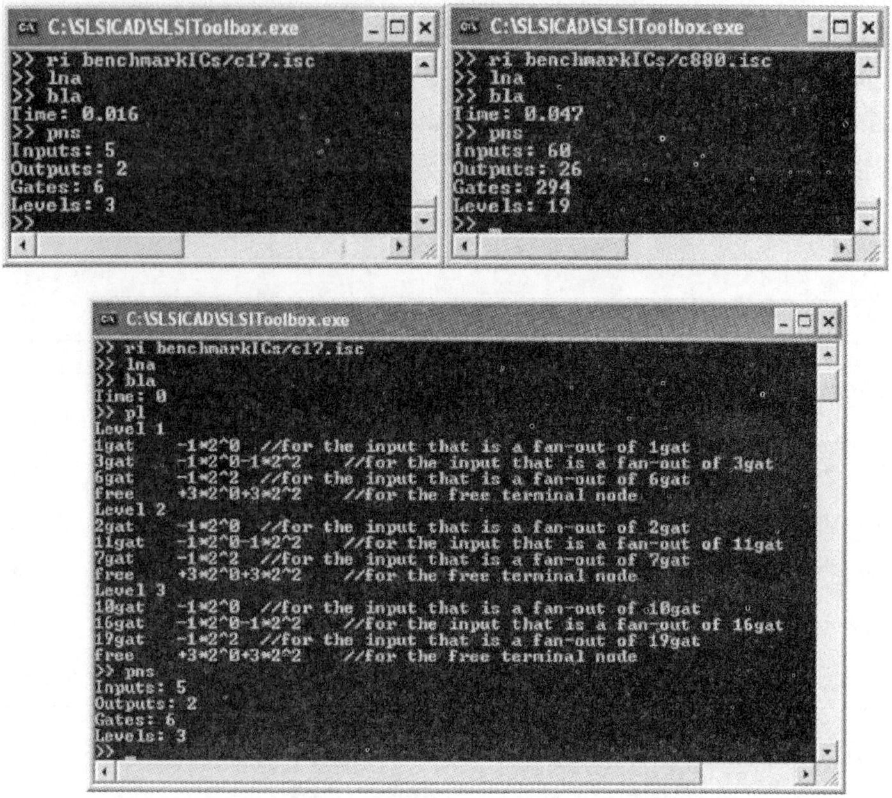

图 6.22 使用原型 SLSI 软件进行 3D ^{M}IC 设计

6.14 超元胞设计

二叉树是一种网络描述，它携带有关各节点的两端连接的信息，同时也携带有关逻辑电路和拓扑功能的信息。对于 3D 中的各变量和坐标，二叉树的节点与香农和 Davio 展开有关。二叉决策树中的节点实现香农分解，$f=x_i f_0 \oplus x_i f_1$，对于所有 f 中的变量，$f_0=f|_{x_i=0}$和 $f_1=f|_{x_i=1}$。因此，各节点可以实现香农展开，并且所有节点分布于各级中。经典的超立方包括 2^n 个节点，而$^{\aleph}$hypercell 具有 $2^n+\sum_{i=0}^{n}2^{n-1}C_i^m$ 节点，这样可以确保^{M}IC 的以技术为中心的设计。$^{\aleph}$hypercell 包括终端节点、中间节点及根(节点)。通过利用分子多路复用器，可以确保超元胞(hypercell)的简单实现。设计步骤为：

步骤 1：通过中间节点连接端节点。

步骤 2：使用对称地分布于相对面的两个中间节点连接到根(节点)。

步骤 3：模式化相对面上的端节点和中间节点，并通过根将其相互连接。

图 6.23(a)给出了通过使用“二到一”(two-to-one)分子多路复用器实现的 3D $^{\aleph}$hypercell。

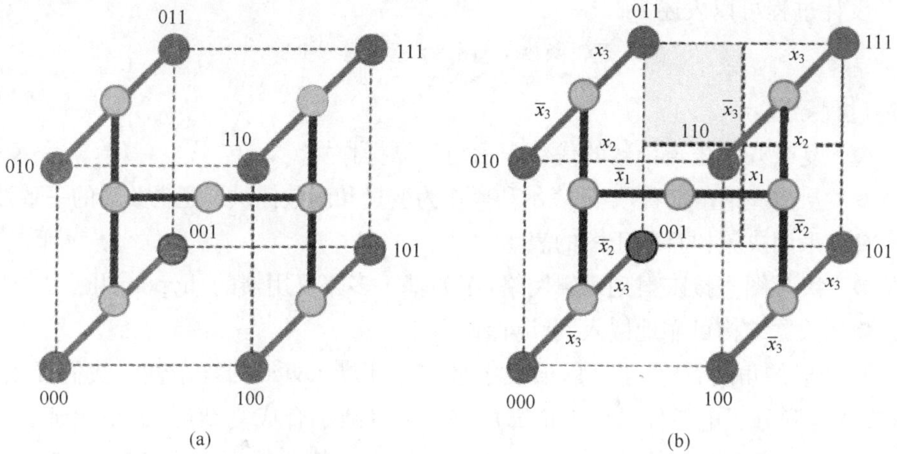

图 6.23 基于多路复用器的$^{\aleph}$hypercell：(a) 带分子多路复用器的$^{\aleph}$hypercell；(b) 一个开关函数 $f=\bar{x}_1 x_2 \vee x_1 \bar{x}_2 \vee x_1 x_2 x_3$ 的实现

我们使用了多种方法来表征逻辑函数，同时还使用了超元胞解决方案。一般来说，一个$^{\aleph}$hypercell 就是一个均匀聚合组装，它用于大型超高性能并行计算。我们将使用增强的开关理论，并配以全新的逻辑设计概念。在设计中，我们将使用基于图的数据结构和 3D 拓扑。在 n 维图中，$^{\aleph}$hypercell 是开关函数的一种拓扑表述。特别地，开关函数 f 由下式给出

$$f^{\text{开关函数}} \Rightarrow \underset{\text{操作}}{\underset{\uparrow}{\boldsymbol{L}_{i=0}^{2^n-1}}}\ \underset{K_i}{\underset{\Downarrow}{\text{系数}}}(x_1^{i_1}\cdots x_n^{i_n}) \Rightarrow f_{\boldsymbol{F}}^{\text{开关函数形式}}$$

使用给定函数 f 的真值矢量 $\boldsymbol{F}$ 及系数矢量 $\boldsymbol{K}$，数据结构以矩阵形式描述。逻辑操作通过 $\boldsymbol{L}$ 表示。通过$^{\aleph}$hypercell 计算 f，如图 6.23(b)给出了一个$^{\aleph}$hypercell 实现 $f=\bar{x}_1 x_2 \vee x_1 \bar{x}_2 \vee x_1 x_2 x_3$ 的示例。

从以技术为中心的角度看，我们提出的概念，通过使用$^{\aleph}$hypercell，利用^{M}gate 统一地映射器件/模块/系统级与数据结构的解决方案。空间尺度的逻辑设计则基于高级的方法及增强的数据结构，以满足 3D 拓扑要求。合适的逻辑函数数据结构以及将此结构嵌入到$^{\aleph}$hypercell 的方法正在开发过程中。用于从代数形式(逻辑方程)变化到超元胞结构的逻辑函数操作算法，由下述三个步骤构成：

步骤 1：逻辑函数变换到合适的代数形式[里德-弥勒(Reed-Muller)码，以矩

阵或代数表示的算术级或字级]。

步骤 2：得到的代数形式被转换到图的形式(决策树或决策图)。

步骤 3：得到的图形式被嵌入、并由$^{\aleph}$hypercell 从技术上实现。$^{\aleph}$hypercell 聚合构成^{M}IC。

设计过程可以表述为：

$$\text{逻辑函数} \underset{\text{步骤1}}{\Leftrightarrow} \text{图} \underset{\text{步骤2}}{\Leftrightarrow} \text{超元胞} \underset{\text{步骤3}}{/}{}^{M}\text{IC}$$

上述过程导致：

- 复杂开关逻辑函数的代数表示与可靠操作
- 从谱理论角度看，矩阵表示和操作为变量和函数提供了逻辑关系的一致性
- 采用决策树且基于图的表示
- 决策图直接映射到逻辑网络，正如基于多路复用器的$^{\aleph}$hypercell
- 数据结构可靠地嵌入到$^{\aleph}$hypercell

从合成的角度看，分子互联的复杂性对应于^{ME}device 的复杂性。我们提出的 3D 直接互联分子电子技术(^{3D}DIME)概念，可以减小合成复杂度、最小化延迟、确保鲁棒性、增强可靠性等。这一解决方案采用直接的器件—器件聚合，对于输入、控制和输出^{M}device 采用直接原子键联，使得互联降至最低。我们曾经报道过在碳框架下使用循环分子，设计和实现了^{ME}device 和^{M}gate，见图 6.20 和 6.12 节。例如，^{ME}device 的输出端直接连接到另一个^{ME}device 输入端。这样，可以确保合成的可行性、$^{\aleph}$hypercell 实现的紧凑性和^{M}primitive 的可应用性等。

6.15 三维分子信号/数据处理与存储器平台

可以设计和使用更高级的计算机体系架构(超越冯·诺依曼体系架构)[43,45,46]，以确保优良的处理、通信、可重构性、鲁棒性、网络连接性等。在冯·诺依曼计算机体系架构中，中央处理单元(CPU)执行一系列的指令和操作数，这些指令和操作数由程序控制单元(PCU)取出，数据处理单元(DPU)执行，并随后存放于存储器中。特别地，人们还使用了高速缓存(从随机存储器取得的数据存放到此高速存储器，这样通过降低平均存储器存取时间而改进总体性能)。指令和数据构成流进和流出处理器的指令和数据流。CPU 可能具有一个以上的处理器和协处理器，并带有各种执行单元、多级指令和数据高速缓存。这些处理器可以共享或拥有自己的高速缓存。数据通道(datapath)包含有 IC，以字为单位(如定点数或浮点数)进行算术和逻辑操作。CPU 的设计应考虑硬件、速度和成本几个方面。CPU 通常对控制和数据通道单元进行切分。控制单元选择和序列化数据处理操

作。核心接口单元(core interface unit,CIU)是一种开关单元,可以看成是自动高速缓存控制器,它能够在一个时钟周期内并发地控制和供给指定(64 或 128)字节数的数据。这一 CIU 连接所有的控制器到处理器的数据或指令高速缓存。其中的一个控制单元负责控制器之间的数据流,这样来调节进或出的信息流。提供到输入/输出器件的接口。此外,还必须集成芯片调试、错误检测、顺序逻辑、自检、监控及其他单元,以控制管线计算机。计算机的性能取决于体系架构与硬件,图 6.24 给出了传统的计算机体系统架构。

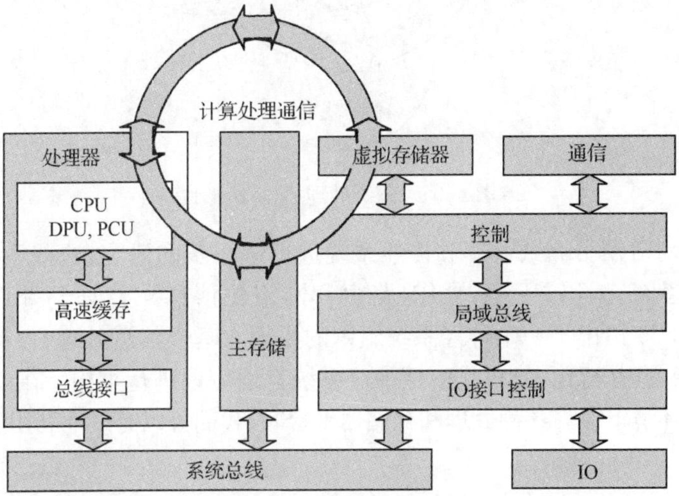

图 6.24　计算机体系架构

考虑神经细胞之间的信号/数据和信息处理。理解处理、存储、学习、智能、适应、控制、层次和其他系统级基本要素的关键,在于能够理解所展示的现象、所使用的组织、中枢神经系统、神经细胞及其细胞器所拥有的体系架构。不幸的是,许多问题还未得到解决。人脑中进行处理和存储的神经细胞具有成千上万的突触,这些突触中带有结合部位、膜通道、微管和突触相关蛋白等。信息载体完成跃迁过程,进行和传递各种信息的处理、存储、通信等。信息的处理与存储是可重构的,并不断地适应变化的要求。神经细胞的功能,是通过 3D 层次分布,利用鲁棒的、自适应的、并行网络化的组织来实现的。使用现有的知识,图 6.25 给出了一个 3D ^{M}PP。处理器执行指令和操作数序列,它们通过控制单元获取,并放置于存储器中。指令和数据构成进出处理器的指令和数据流。处理器还可以拥有带共享高速缓存的子处理器。核心接口单元并发地控制操作和数据存取。这一接口单元将所有控制器连接到数据或处理器指令高速缓存。一个控制单元负责控制数据流,调节进和出的信息流。用于完成处理任务的处理器-存储器集成体系架构如图 6.25 所示。

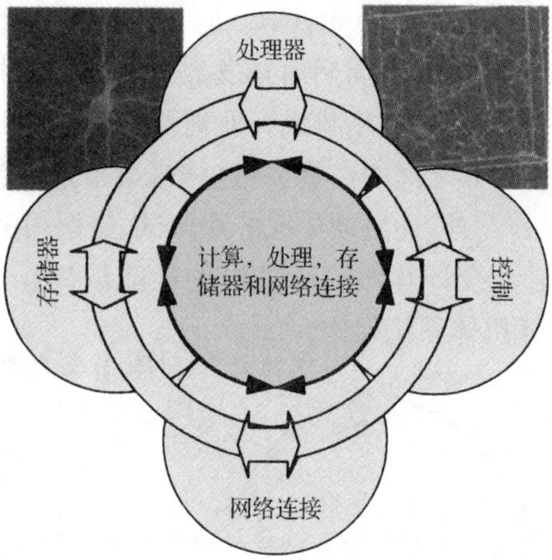

图 6.25 分子处理-存储器平台

有必要对分层分布式计算和神经系统进行进一步的研究，这些系统以最佳的方式处理、存储、编码、压缩、操作、路由和网络化信息。类似于图 6.25 中所示的^{M}PP，图 6.26 给出了一个神经系统组织的原理。基于信息处理、存储器存储、通信和控制(指令)并行化，分布式中枢神经系统自适应地进行重构。在 3D 组织和使能体系架构环境下设计各种处理和存储器平台时，我们可以有效地利用这一原理。

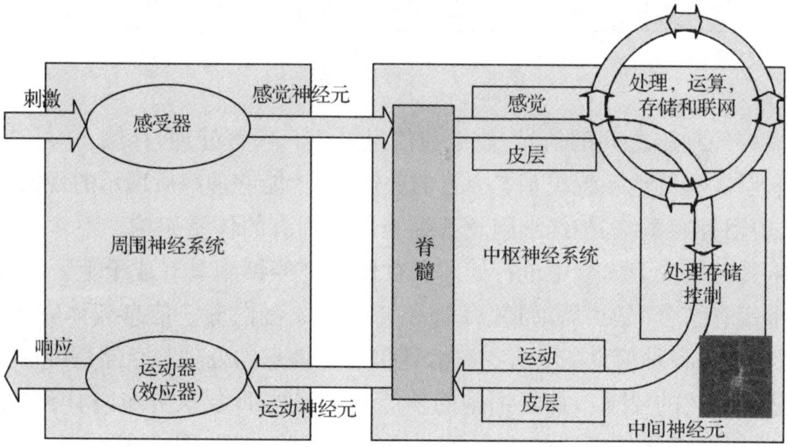

图 6-26 脊椎神经系统

对于预期的^{M}PP 实现，主要取决于器件物理、系统组织/体系架构、分子硬件和 SLSI 设计的发展。设计中的关键问题是硬件与软件的开发、优化和利用。目前的理论与技术发展现状是，^{M}PP 的设计可能会利用数字范式。对于二进制数字处理器，数据表示成一串的 0 或 1，电路进行布尔操作。算术操作基于简单的操作。计算方法和所用的算法是不同的。因此,速度、鲁棒性、精度等也有所不同。信息用一串的比特(0 和 1)来表示。位数取决于字的长度(即硬件能够进行操作的位数)。因此,操作可以对一串的比特进行。存在一些特定的规则,它们将数字值 X 与对应的比特串 $x=\{x_0,x_1,\cdots,x_{n-2},x_{n-1}\}$,$x_i\in(0,1)$联系起来。相关的字(比特串)具有 n 位长。如果对于任意值 X,存在且仅存在一个对应的比特串 x,则数字系统是非冗余的。如果存在多个 x 表示同一值 X,则数字系统为冗余的。如果使用一个加权数字系统,则一个数值与比特串 x 的关系为 $x=\sum_{i=0}^{n-1}x_iw_i$,$w_0=1,\cdots,w_i=(w_i-1)(r_i-1)$,这时 r_i 为基整数。利用指令和数据流的多重性,可以按如下所述进行分类:

(1) 单一指令流/单一数据流-传统的字序列体系架构,包括带并行算术逻辑单元(ALU)的管线计算平台。

(2) 单一指令流/多数据流-多 ALU 体系架构,例如,并行阵列处理器(ALU 可以是比特-串行或比特-并行)。

(3) 多指令流/单一数据流。

(4) 多指令流/多数据流-带多控制单元的多处理器系统。

在生物系统中,我们通常会观察到多指令流/多数据流。在短期的未来,目前的技术还无法合成生物分子处理器,更不用说生物计算机。因此,我们应当集中于使用固态分子电子技术的计算平台,它能确保其可靠性和技术可行性。在本章中,我们将介绍有关性能评估。三维拓扑与组织能够显著地改善计算平台的性能,例如,确保大规模的并行化和最佳应用。如果已知指令执行数(N)、每指令的周期数(C_{PI})与时钟频率(f_{clock}),则程序的执行时间 $T_{ex}=NC_{PI}/f_{clock}$。计算平台集成功能控制硬件单元和系统,后者进行处理、存储和执行等。^{M}PP 接受数字或模拟输入信息,根据内部存储的机器指令列表,对其进行处理和操作,并最终产生输出。通常称指令列表为程序,内部存储为内存。内存单元可以集成不同类型的内存。处理器从内存系统存取(读或加载)数据,进行计算,再将数据存储(写)回内存。内存系统是内存单元的集合。各内存单元(内存字)都拥有其地址。内存单元集构成地址空间。图 6.27 给出了数据流及其控制,它表示一个处理器如何通过地址、控制和数据接口连接到内存系统。高性能内存系统应当能够同时伺服于多请求,尤其是对矢量处理器。

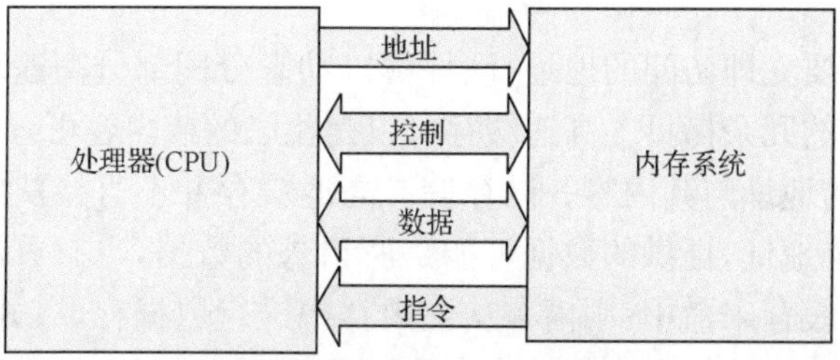

图 6.27 内存-处理器接口

当处理器试图从内存单元加载或读取数据时，它将首先发出一个请求，在请求返回前处理器停止(stall)。不过，^{M}PP 可以对重叠内存请求进行操作，如果存在较长的内存延迟，则数据不能进行最佳的操作。因此，设计中的一个关键性参数是有效内存速度。所有内存系统均存在下述限制：内存不能无限大，不能包括任意多的信息，和不能无限快地进行操作。因此，内存的主要特性是速度与容量。内存系统性能通过使用延迟(τ_l)和带宽(B_w)来进行表征。内存延迟是处理器最初发出字请求、到字到达处理器的延迟。带宽是内存系统能够传输信息的速率。如果已知内存能够并发地伺服的请求数为 $N_{request}$，则 $B_w = N_{request}/\tau_l$。使用 3D ^{M}IC，我们有可能设计和建造超级的内存系统，它们具有接近物理和技术极限的超大容量、低延迟和高带宽。此外，匹配内存和处理器的性能特性和能力将成为可能。

内存层次确保降低延迟和带宽要求，并行内存能够提供更好的带宽。^{M}PP 体系架构可以使用 3D 组织，它在相对较慢、但容量较大的内存之前，提供较快的存储。这样可以显著地提高速度，并增加存储容量。不过，这一解决方案要求在处理器单元中使用寄存器，而频繁存取的变量被分配到寄存器。通过使用一系列的技术，如硬件、软件或硬件与软件相结合，我们能够确保，最常访问的内存采用较快的内存。局部性原理基于这样的事实，即部分内存地址的访问要较其他内存地址的访问更为频繁。由于顺序访问，空间局部性的实现可以得到保证，对某一给定内存地址的访问，会增加其相邻地址的访问概率。如果已知程序循环行为的频度，则时间局域性可以确保到某一给定存储器地址的访问，因而增加再次访问同一地址的概率。在一段时间内，如果一个变量没有被访问，则在短期内同样也不会被访问。

能够定量考察不同内存系统的性能参数是有效延迟 τ_{ef}。我们有 $\tau_{ef} = \tau_{hit} R_{hit} + \tau_{miss}(1 - R_{hit})$，式中 τ_{hit} 和 τ_{miss} 为命中(hit)和未命中(miss)延迟；R_{hit} 为命中比例，$R_{hit} < 1$。如果要求的字位于层次中的某一层中，则称为一次命中。相应地，如果一个请求必须发送到下一较低的层次，则这一请求被称为未命中。未命中比率 $R_{miss} = (1 - R_{hit})$。R_{miss} 和 R_{hit} 受所执行的程序影响，同样也受高/低层次内存容量比率的影响。多层次内存($i-1$ 和 i)的存取效率 E_{ef} 可以通过使用存取时间、命中和未命中比例来得到。特别地，

$$E_{ef} = \left(\frac{t_{访问时间 i-1}}{t_{访问时间 i}} R_{miss} + R_{hit}\right)^{-1}$$

对于可能需要立即访问的地址，硬件可以动态分配部分高速缓存。高速缓存仅包括地址空间的冗余拷贝。高速缓存可以是相联的或内容可寻址的。在相联内存中，内存位置的地址与其内容一同存储。高速缓存并不直接从内存位置读取数据，而是提供一个地址，提供的数据可能是所请求的数据，也有可能不是所请求的数据。如果高速缓存未命中，则内存从主内存中进行数据存取，并刷新高速缓存，以包括新的数据。高速缓存中保持内存中最为活跃的部分，硬件动态地选择主内

存中的部分数据存储到高速缓存中。当高速缓存已满时，则部分数据必须传送到主内存中或将其删除。因此，我们需要一种用于高速缓存管理的策略。这些高速缓存管理策略均基于局域性原理。特别地，其中嵌入了空间(哪些部分放入高速缓存)和时间(选择哪些必须删除)局域性。如果高速缓存没有被命中，则硬件拷贝一段连续的内存内容到高速缓存中，它当然包括所请求的字。这一固定大小的内存块，可以很小、中等大小或很大。高速缓存要求所有固定尺寸内存必须对齐。当固定大小内存块内容导入高速缓存时，有可能另一块固定大小内存块内容被删除。固定大小内存块的删除与否，取决于能否捕获时间局域性。

高速缓存可以集成数据内存和标记内存(tag memory)。包括于数据内存中的各高速缓存线的地址存储于标记内存中。其状态可用于追踪哪一个高速缓存线已经被修改。包含于数据内存的各线，通过标记内存中对应的入口项来标示各线的完整地址。高速缓存要求必须是相联的(内容可寻址的)，使得设计复杂化，这是因为通过内容寻址数据要较通过其地址寻址更为复杂(所有标记必须并发地进行比较)。通过嵌入内存位置到高速缓存单元的映射，可以对高速缓存进行简化。这一映射限制了某一特定的高速缓存线可能驻留的单元数。我们无法控制高速缓存线驻留于何处，哪一高速缓存线必须被删除，从而导致较低的利用率。与此相反，两路组联高速缓存映射各内存位置到高速缓存中两个位置之一。因此，这种映射可以看成是两个全同的直接映射高速缓存。实际上，我们必须对两个高速缓存进行搜寻，选择合适的数据，并依据标记是否命中来进行多路复用。随后，选择替换两条可能的高速缓存线之一。对各高速缓存线保存一个 LRU(least recently used，最少最近使用)位以记忆最近访问的高速缓存线。这一 LRU 位可以随时根据当前状态进行翻转。最后，一个 M 路相联高速缓存可以映射内存位置到高速缓存中的 M 个内存位置。因此，这一高速缓存映射可以由 M 个全同直接映射高速缓存构建。维持 M 个高速缓存线 LRU 序列的主要问题是，存在 $M!$ 种可能的排序。实际上，我们需要至少 $\log_2 M!$ 位用来存储排序。总之，一个多相联高速缓存是可以实现的。

由 MIC 构成的多内存体可以集成在一起，形成并行主内存系统。由于一个内存体可以伺服一个请求，N_{mb} 个内存体的并行主内存系统可以同时服务 N_{mb} 个请求，因此增加内存系统带宽 N_{mb} 倍。内存体的数量为 2 的指数，即 $N_{mb}=2^p$。一个 n 位内存字地址可分解为两部分：一个 p 位内存体编号和一个位于内存体中字的 m 位地址。用于选择内存体的 p 位可以是 n 位字地址的任意 p 位。假设我们使用低位的 p 个地址位来选择内存体的序号。字地址的高 $m=(n-p)$ 位用于访问选择的内存体中的一个字。通过使用简单并行和复杂并行，可以将多存储体连接起来。图 6.28 给出了一个简单并行存储系统的体系架构，这里，m 个地址位同时提供给所有内存体。所有内存体连接到同一读/写控制线。对于读操作，内存体进行读操作,同时,在锁存器中累积数据。随后,通过适当地设置开关,数据可以逐一地从锁存器中读出。此外,也可以对内存体进行再次访问,以进行读/写操作。对于写操作,锁存器被逐一地加载。当所有锁存器被写入后,通过提供地址的 m 位,可以将其内容写入内存体中。在一个简单的并行内存中,所有内存体同时完成一个周期。各内存体同时开始或结束其相应的操作,当上一周期完成时,所有内存体开始一个新的内存周期。复杂的并行存储系统则如图 6.28 所示。各内存体独立地完成其操作,彼此之间并不相互关联。例如,第 i 个存储体对特定的内存地址进行读操作,而第$(i+1)$个内存体可以对不同的、不相关联的内存地址进行读操作。通过使用地址锁存器和各内存体的写/读命令线,可以实现复杂的并行存储。内存控制器负责复杂并行内存的操作。处理单元负责提交内存请求给内存控制器,后者决定哪一个内存体需要进入访问状态。通过监控各内存体的忙[碌]线,控制器随后决定内存体是否处于忙的状态。如果内存体处于忙的状态,控制器将保持当前的请求,当内存体可用时,提交并接收请求。当内存体响应于读请求时,控制器设置开关以接受内存体的请求,并转交给处理单元。可以预见,复杂并行主内存系统可以作为分子矢量处理器来实现。如果矢量的连续单元位于不同的内存体中,在一个时钟周期内,内存系统可以维持一个单元的带宽。MPP 中的内存系统,具有成千上万的带多内存控制器的内存体,允许在一个时钟周期内进行多次独立的内存请求。

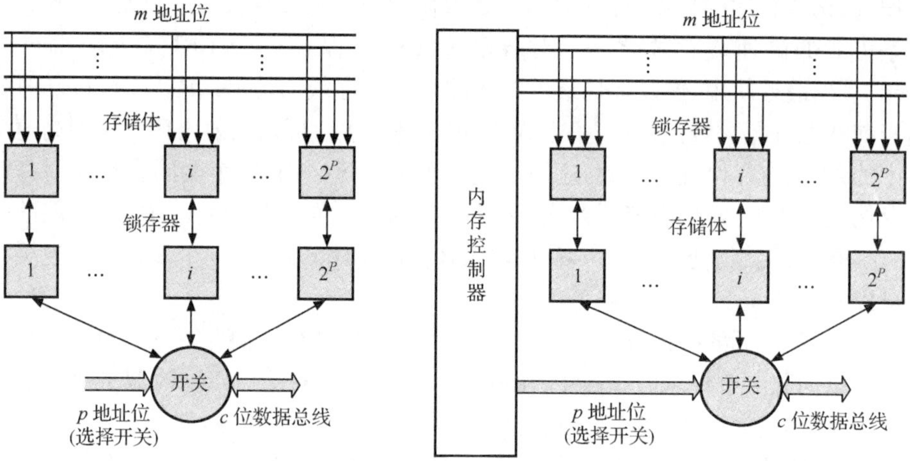

图 6.28 简单和复杂并行主内存系统

管线是一种使用有限的硬件增加处理器吞吐量的技术,以实现复杂的数据路径(数据处理)单元(多路复用器、浮点加法器等)。一般来说,管线处理器集成一系列 i 数据处理分子基元,对于通过它们的数据操作数流,协同地完成一个单一的操作。管线^{M}IC的设计,包括推导多级平衡串行算法,以完成给定的函数操作。在基元之间设置快速缓冲寄存器,以确保数据的转输,同时彼此之间不会出现干扰。缓冲器应当工作在最高时钟频率下,并仍能保证基元之间数据的可靠传输。如图6.29所示,^{M}PP的设计应能保证在使用管线技术的条件下重叠指令的可靠执行。我们需要利用四个基本步骤(读取F_i、解码D_i、操作O_i和写入W_i)和特定的硬件单元来完成这些任务。指令的执行可以是重叠的。当指令I_i的执行取决于还没有完成的上一指令I_{i-1}时,则指令I_i必须被延迟。这时,管线被称为stalled(阻塞)管线,等待指令I_{i-1}的完成。当不可能消除这种状况的发生时,我们应当尽量地减小其发生的概率。在指令集及编译器(将高级语言程序翻译成机器语言)设计时,这是一个需要重点考虑的因素。

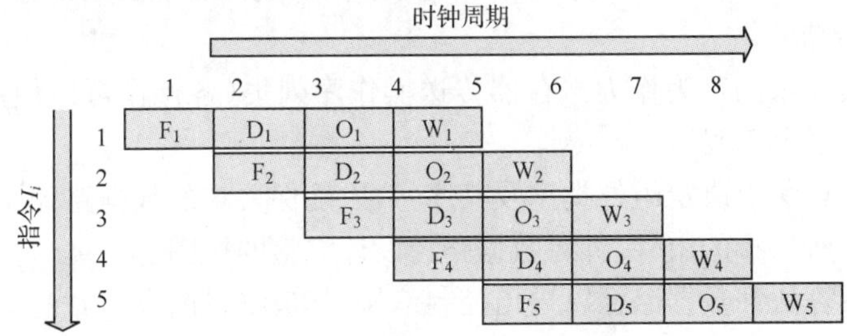

图6.29 指令执行的管线技术

当并行执行能力(称为超标量处理)加入各指令管线中时,它意味着,在每一基本步中可以执行多条指令。这样,我们可以提高执行效率。处理器执行基本步的效率R_T取决于处理器的时钟频率。通过并行执行子任务,使用多处理器,可以加速大型程序的执行。实现这一目标的主要困难是,将给定任务分解到并行子任务,随后将这些子任务分配到各处理器,并同时保证子任务之间的通信能够有效、可靠地进行。图6.30给出了一个多处理器系统的框图,同时,还包括需要在处理器P_i之间数据共享的互连网络。当需要访问全局内存空间时,则需要利用网络中并行路径,以在处理器中实现并行活动。

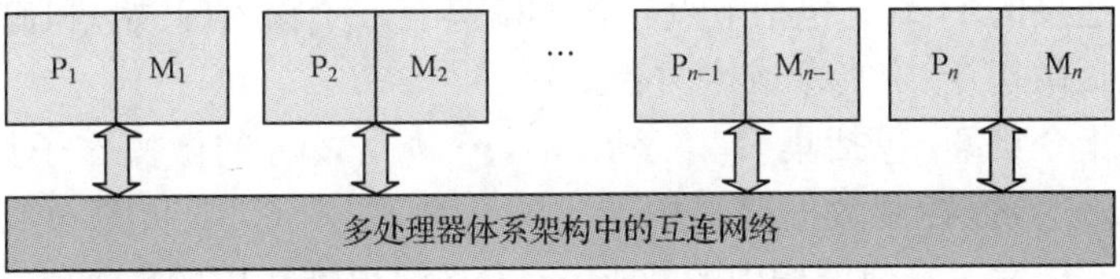

图6.30 多处理器体系架构

6.16 分层有限状态机器及其在硬件和软件设计中的应用

简单的寄存器级子系统进行单一的数据处理操作，例如，相加 $X := x_1 + x_2$，相减 $X := x_1 - x_2$等。为了实现复杂的数据处理操作，有必要设计多功能寄存器级子系统。这些寄存器级子系统可以划分为数据处理单元（数据路径，datapath）和控制单元（控制单元）。控制单元收集和控制数据路径的数据处理操作（动作）。为了设计寄存器级子系统，我们首先研究一下需要执行的一系列操作，并随后使用寄存器级组件来设计^{M}IC，以实现要求的功能。我们最终的目的是，在条件约束下实现最佳的性能。当使用布尔代数和传统门级设计时，我们很难对寄存器级的行为施加任何有意义的数学结构。考虑到这些困难因素，通常使用下述串行算法来进行启发式合成：

(1) 定义要求的行为作为寄存器传送操作序列集（各操作可以使用已有的组件实现），包括执行算法。

(2) 考察算法以决定组件类型及其序号，以确保要求的数据路径。

(3) 使用所选择的组件，针对数据路径设计完整的框图。

(4) 考察算法和数据路径以导出控制信号，其最终目的是，为找到的满足算法要求的数据路径合成控制单元。

(5) 通过分析和仿真，对设计进行试验、验证和评估。

假设我们现在打算准备设计虚拟控制单元，并要求确保可扩展性、灵活性、适应性、鲁棒性和可复用性。设计时，我们应当使用分层图（hierarchic graph，HG）。一个明显的问题是开发出简单的算法，这些算法能够确保实现（非启发性和递归调用）和使用分层技术规范。通过考察其行为，进行逻辑设计，以及实现可复用的控制单元，这些控制单元可以模型化为带虚拟状态的分层有限状态机。我们的目的是，获得自上而下的、清晰的顺序分解，以逐步地开发出复杂的、鲁棒的控制算法。现在我们来考察数据路径和控制单元。数据路径包括内存和组合单元。取决于数据路径单元的中间逻辑状态或中间状态，控制单元通过生成适当系列的微指令来完成这一系列指令。为了描述控制单元的演化过程，人们开发出了行为模型。我们使用直接连接的 HG，它包括节点。各 HG 具有一个输入（开始）和输出（结束）。矩形节点包括微指令、宏指令或这两者。

一个微指令集 U_i 包括集 $U = \{u_1, u_2, \cdots, u_{u-1}, u_u\}$的微操作子集。微操作$\{u_1, u_2, \cdots, u_{u-1}, u_u\}$控制数据路径中特定的行为，如图 6.31 和图 6.28 所示。例如，我们规定 u_1 发送本地堆栈中的数据，u_2 发送输出堆栈中的数据，u_3 形成地址，u_4 计算地址，u_5 从本地堆栈转发数据，u_6 存储本地堆栈中数据到寄存器，u_7 转发输出堆栈中的数据到外部输出等。微操作引起数据路径中动作的输出。任何宏指

令包括集 $M=\{m_1,m_2,\cdots,m_{m-1},m_m\}$ 中的宏指令。各宏操作由另一低级 HG 描述。各菱形节点包括集 $L\cup G$ 中的元素。这里,$L=\{l_1,l_2,\cdots,l_{l-1},l_l\}$ 为逻辑状态集,而 $G=\{g_1,g_2,\cdots,g_{g-1},g_g\}$ 为逻辑功能集。使用逻辑状态作为输入,这些输入是通过分析由低级 HG 描述的顺序步的预定义集而得到的。使用有向直线连接各节点的输入和输出。考虑集 $E=M\cup G$,$E=\{e_1,e_2,\cdots,e_{e-1},e_e\}$。所有元素 $e_i\in E$ 拥有 HG,各 e_i 拥有对应的 HG Q_i,它规定执行 e_i 的算法(若 $e_i\in M$)或计算 e_i 的算法(若 $e_i\in G$)。假设 $M(Q_i)$ 是宏操作的子集,$G(Q_i)$ 属于 HG Q_i 的逻辑功能的子集。若 $M(Q_i)\cup G(Q_i)=\varnothing$,由此导致著名的方案[45]。HG 的应用,允许我们逐渐地顺序合成复杂的控制算法,由于使用集 E 中特定的元素,我们将重点集中于各阶段的特定级别的抽象。集 E 中的各组件是简单的,并且可以独立地检查和试验。图 6.31 给出了 HG 的 $Q_1,Q_2,\cdots,Q_i$,它们用于描述控制算法。

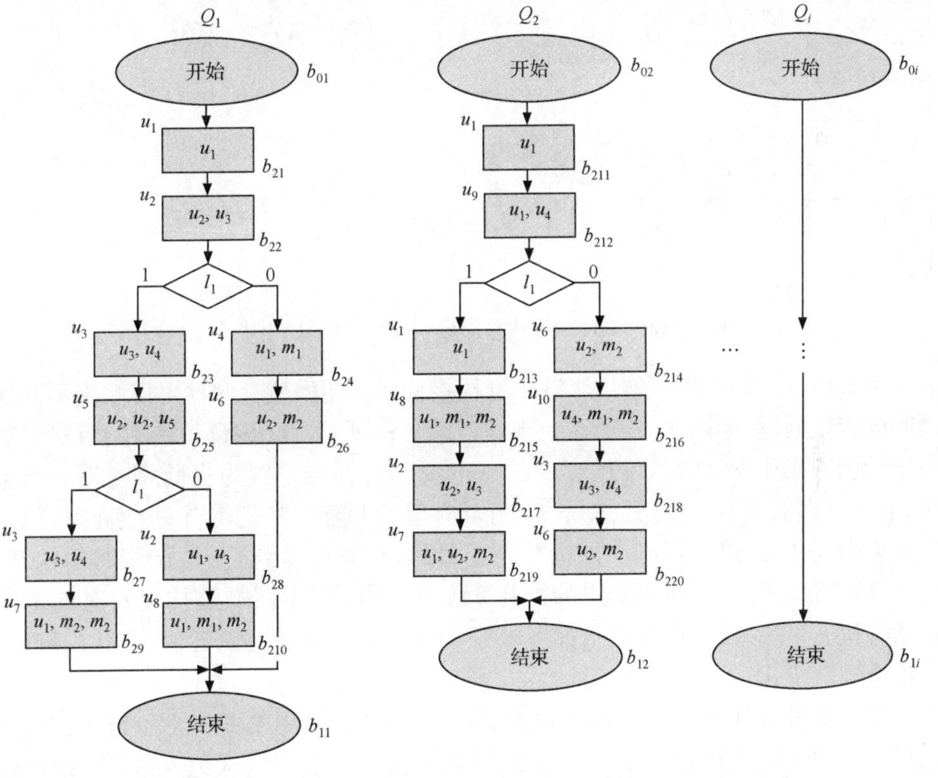

图 6.31 由 HG $Q_1,Q_2,\cdots,Q_{i-1},Q_i$ 表示的控制算法

通过研究复杂操作 $e_i=m_j\in M$ 和 $e_i=g_j\in G$,我们来考察 HG 的执行。由 HG Q_i 描述的各复杂操作 e_i 必须由新的操作符的子序列替换,后者产生的结果执行 Q_i。图 6.32 中给出的示例中,Q_1 是位于第一级 Q^1 的第一 HG,而第二级 Q^2 则

由 Q_2、Q_3 和 Q_4 等构成。我们考虑 HG 的下述分层序列 $Q^1_{(\text{level }1)} \Rightarrow Q^2_{(\text{level }2)} \Rightarrow \cdots \Rightarrow Q^{q-1}_{(\text{level}q-1)} \Rightarrow Q^q_{(\text{level}q)}$。所有 $Q^i_{(\text{level }i)}$ 拥有对应的 HG。例如，Q^2 为 HG 的子集，它用于描述集 $M(Q_1) \cup G(Q_1) = \varnothing$ 中的元素，而 Q^3 为 HG 的另一子集，它用于映射集 $\bigcup_{q\in Q^2} M(q)$ 和 $\bigcup_{q\in Q^2} G(q)$ 中元素。在图 6.32 中，$Q^1=\{Q_1\}$，$Q^2=\{Q_2, Q_3, Q_4\}$，$Q^3=\{Q_2, Q_4, Q_5\}$ 等。

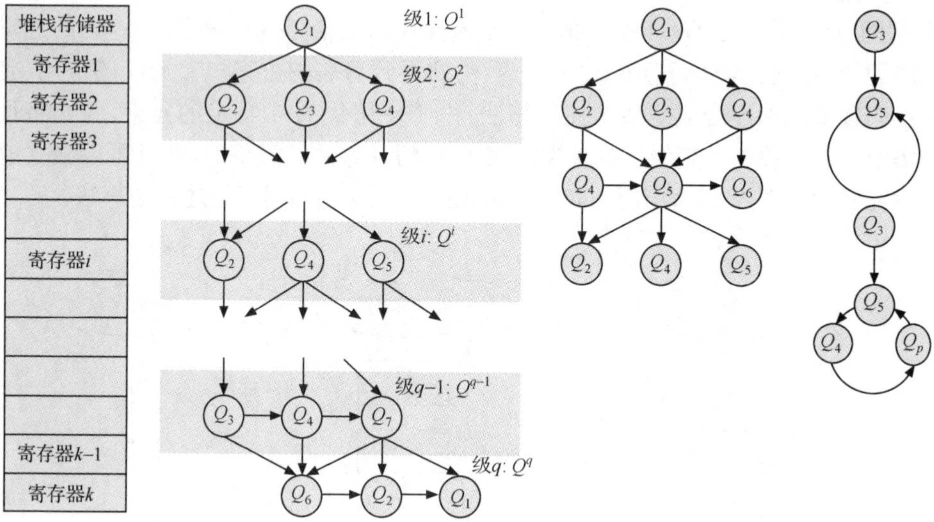

图 6.32 带多级顺序 HG 的堆栈存储器，同时示例地给出了一个递归调用

微操作 u^+ 和 u^- 用于增加和减小堆栈指针。使用堆栈存储器可以解决不同级之间的切换问题，如图 6.32 所示。现在考虑 $e_i \in M(Q_1) \cup G(Q_1) = \varnothing$ 的算法。堆栈指针由微操作 u^+ 增加，堆栈存储的一个新的寄存器设置为当前寄存器。结束时，前一寄存器恢复其状态。新的 Q_i 开始接管控制直到终止。当 Q_i 终止时，将产生一个微操作 u^- 以返回到中断的状态。最后，控制传递到 Q_f 被调用时的状态。设计算法可以表述成：对于给定的控制算法 A，它由集 HG 描述，构建实现 A 的有限状态机。一般来说，设计包括如下步骤：①HG 转换到状态跃迁表；②状态编码；③组合逻辑优化；④最终结构设计。

第一步可以分为 3 个任务：(t_1)为 HG 加上标记 b(图 6.31)；(t_2)记录扩展状态跃迁表中标记之间的跃迁；(t_3)将扩展表转换为普通表。标记 b_{01} 和 b_{02} 指派给 Q_1 的节点 Begin(开始)和节点 End(结束)。标记 $b_{02}, \cdots, b_{0i}$ 和 $b_{12}, \cdots, b_{1i}$ 分别指派给 $Q_2, \cdots, Q_i$ 的节点 Begin 和节点 End。标记 $b_{21}, b_{22}, \cdots, b_{2j}$ 指派给 HG 的其他节点以及带逻辑状态的节点的输入和输出。不允许出现重复标记。标记可以认为是状态。由于输入(逻辑状态)和逻辑功能会引起状态的演化，它导致状态从 $x(t)$ 变化到 $x(t+1)$，基于此可以设计出扩展状态跃迁表。记录状态矢量 $x(t)$ 的所有演化，状态 $x_k(t)$ 具有状态 k。这里需要强调的是，跃迁表可以从扩展表转换为普通表。为了给代码转换器(code converter)编写代码，如图 6.32 所示，我们记录从赋予 HG Q_1 的 Begin 节点的状态 x_1 出发的跃迁，如 $x_{01} \Rightarrow x_{21}(Q_1)$。不同 HG 之间的跃迁，记录为 $x_{ij} \Rightarrow x_{nm}(Q_j)$。对于所有跃迁，推导出数据转移指令。硬件示意图如图 6.33 所示。通过使用 HG，采用分层行为规范和自上而下的分解，我们可以得到鲁棒的控制算法。对于复杂的 IC 和 3D ^{M}IC，通过利用可重构的硬件和可重编程的软件，上述方法可以确保其优异的适应性和可复用性。

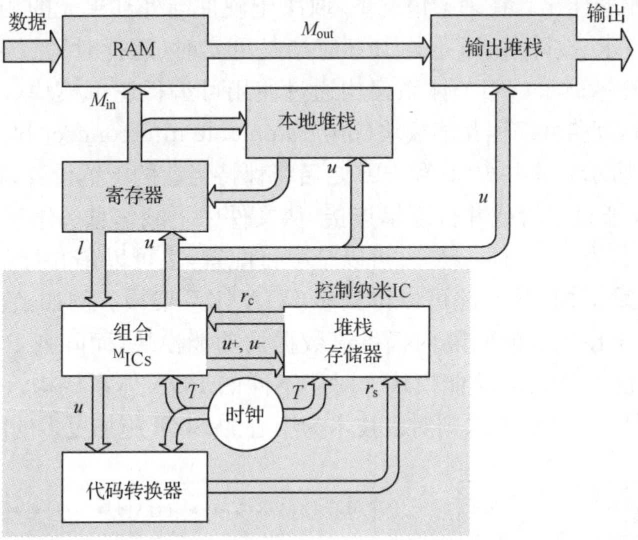

图 6.33　硬件示意图

6.17　自适应容错分子处理和存储平台

一些分子制造工艺，如有机合成、自组装等，被证明是非常有希望的[5-10,47,48]。不过，对于^{M}device 和^{M}IC，在短期内，我们不可能确保其达到要求的可重复性、买得起的高质量和收得率、满意的均匀性、要求的容错性、要求的可试验性以及其他的重要技术规范。因此，关键的一步是设计出鲁棒的、容错的、自适应(可重构)的体系架构(硬件)和软件，以解决失效、不一致性、起伏、非均匀性和缺陷等。

对于传统 IC，人们已经开发了可编程门阵列(programmable gate array, PGA)，并已投入使用。这些 PGA 使得我们可以使用片上可重构电路。这些可重构逻辑，可以在处理器的数据路径中作为功能单元，存取处理器寄存器文件和片上内存端口。另一种方法是，集成处理器的可重构部分作为协处理器。对于这一解决方案，可重构逻辑可以与处理器协同地操作。最佳的设计和内存端口分配，可以确保协处理器的可重构性与并发性。一般来说，可重构的体系架构强调的是，高层次设计、快速原型化和可重构性，以缩短时间和降低成本。我们的目的是，设计和制造买得起的高性能、高收得率的^{M}IC 和基于应用的^{M}IC。这些^{M}IC 应当是可以试验的，并且可以检测出其缺陷与故障。基于^{M}IC 的设计，包括映射应用要求到由^{M}IC 实现的技术规范。技术规范表现于抽象化过程中各个层次，包括系统、行为、结构、物理和过程等域。设计人员应当根据应用要求，有的放矢地利用^{M}IC。

可重构^{M}PP 应当使用可编程逻辑单元，如 PGA，来实现特殊的指令集和算术单元，以使性能最佳化。在理想情况下，取决于硬件与外部单元的相互作用、数据依赖性、算法要求、故障等，可重构^{M}PP 应当是可实时（运行时）重构的，并且允许复用现有硬件。基本的 PGA 体系架构通过使用可编程逻辑模块（programmable logic block，PLB）和可编程互连模块（programmable interconnect block，PIB）来构造，如图 6.34 所示。这些 PLB 和 PIB 之后将保持当前的配置设置，直到自适应过程完成。PGA 通过串行或并行逻辑连接，从文件中下载信息。用于配置 PGA 所要求的时间被称为配置时间，PGA 可以是串行配置，也可以是并行配置。图 6.34 给出基本的体系架构，基于此可以得到多 PGA 体系架构。例如，管线接口 PGA 体系架构适用于在规定的间隔内提供流数据的功能模块，而阵列 PGA 体系架构则适用于要求脉动阵列的功能模块。对于不同的 PGA 体系架构，可重构的层次有所不同，而^{M}IC 的具体要求则对以技术为中心的 SLSI 施加更多的限制。

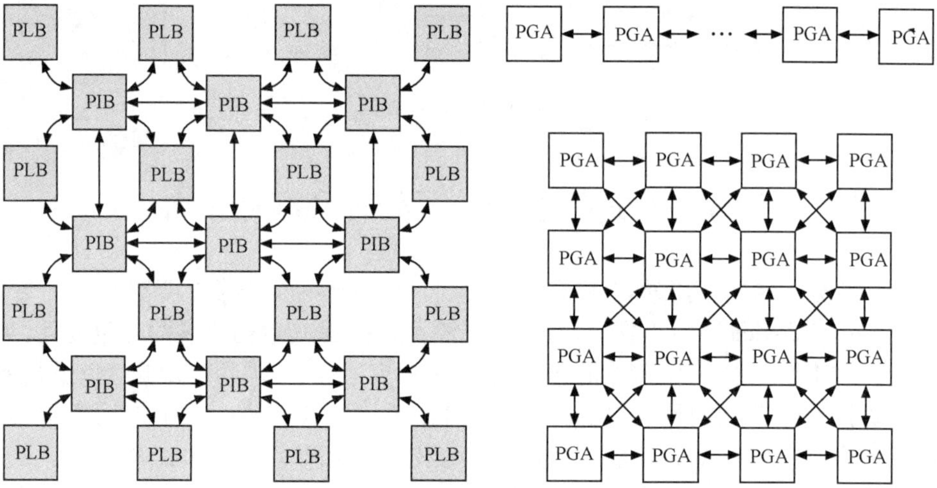

图 6.34 可编程门阵列和多 PGA 组织

人们的目的是，设计可重构的^{M}PP 体系架构，配合以相应的软件能够处理非完善的、完全或部分有缺陷和故障的^{M}device、^{M}gate 和^{M}IC，它们用于算术、逻辑、控制、输入-输出、存储器及其他单元。为了达到我们的目标，可以使用冗余的概念。

冗余级别取决于^{M}IC 的质量和软件能力。硬件和软件的演化学习能力、自适应性和可重构性可以通过软件的决策、诊断、分析和优化以及硬件的可重构性、管线技术、路由、交换技术、匹配、控制和网络技术等来实现。这样，我们需要设计、优化、构造、试验和配置^{M}PP。通过确保理想(C_I)的和制造(C_F)的分子平台及其子系统或其部件之间的演化(行为)匹配，我们可以实现所有的目标。对于制造的 C_{F2}，我们可以设计和实现分子补偿器(C_{F1})，这样，C_F 的响应将匹配 C_I 的演化过程(见图 6.35)。C_{F1} 和 C_{F2} 均代表^{M}IC 硬件。C_I 给出了参考的理想演化模型，它提供理想的输入-输出行为，而补偿器 C_{F1} 修正 C_{F2} 的演化，这样，$C_F=C_{F1}\cdot C_{F2}$(串行体系架构)匹配 C_I 的行为和功能。其概念由图 6.35 示意地给出。我们必须推导出基于 C_I 和 C_{F2} 的强、弱演化匹配的充分必要条件。

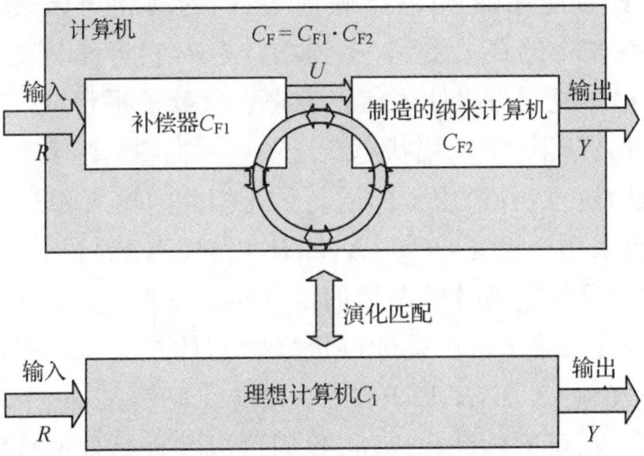

图 6.35 分子平台和演化匹配

为了解决分析、控制、诊断、优化和设计问题，我们必须开发和应用显式的分子平台或其单元(子系统)数学模型。在建模、仿真和分析的过程中，存在不同的抽象层次。通过考察器件的非线性瞬时行为和稳态特性，高级模型可以接受指令描述和内存访问流，而低级(器件/门级)模型可以通过利用输入和输出信号流来进行。子系统可以包括数十亿的^{M}device，也许不能简单地将其模型化为队列网络、差分方程、布尔模型、多项式、信息-理论模型等。存在各种数学建模概念，对于各级抽象，人们已经开发出了一些数学模型。在本节中，我们将集中在使用有限状态机的概念来实现高级、中级和低级系统的仿真。

分子处理器和内存都接受输入信息，根据内存中的指令将其处理，并产生输出。任何数学模型都基于抽象、简化和假设，最后数学理想化。由于其复杂性和不确定性，我们基本上不可能开发和应用完整的数学模型。通过利用一个 6 组元 $\boldsymbol{C}=\{\boldsymbol{X},\boldsymbol{E},\boldsymbol{R},\boldsymbol{Y},\boldsymbol{F},\boldsymbol{X}_0\}$，我们可以协同地仿真一个分子平台，这里 $\boldsymbol{X}$ 为状态的有限集，其初态 $\boldsymbol{x}_0\in\boldsymbol{X}$ 和终态 $\boldsymbol{x}_f\subseteq\boldsymbol{X}$；$\boldsymbol{E}$ 为事件的有限状态(事件的并集构成一串事件);$\boldsymbol{R}$ 和 $\boldsymbol{Y}$ 为输入和输出符号(字母表)的有限集;$\boldsymbol{F}$ 为跃迁函数,将 $\boldsymbol{X}\times\boldsymbol{E}\times\boldsymbol{R}\times\boldsymbol{Y}$ 映射到 $\boldsymbol{X}$(表示为 $\boldsymbol{F}_X$)再到 $\boldsymbol{E}$(表示为 $\boldsymbol{F}_E$),或者到 $\boldsymbol{Y}$(表示为 $\boldsymbol{F}_Y$),$\boldsymbol{F}\subseteq\boldsymbol{X}\times\boldsymbol{E}\times\boldsymbol{R}\times\boldsymbol{Y}$(我们假定 $\boldsymbol{F}=\boldsymbol{F}_X$,例如,跃迁函数为各四组元状态、事件、访问和输出定义一个新的状态,而 $\boldsymbol{F}$ 则由跃迁表来表示或由状态图来表示)。

由于输入、事件、状态演化、参数变化等导致分子平台的演化。一个词汇(或字母)$\boldsymbol{A}$ 表示符号(元素)的非空集。在 $\boldsymbol{A}$ 上的一个单词(或句子)表示一串有限长度的 A 元素。空(null)串是不包含任何符号的串。在 $\boldsymbol{A}$ 上的所有单词集表示为 $\boldsymbol{A}_\text{w}$。在 $\boldsymbol{A}$ 上的语言是 $\boldsymbol{A}_\text{w}$ 的子集。一个带输出 $\boldsymbol{C}_{FS}=\{\boldsymbol{X},\boldsymbol{A}_R,\boldsymbol{A}_Y,\boldsymbol{F}_R,\boldsymbol{F}_Y,\boldsymbol{X}_0\}$ 的有限状态机,包括状态 $\boldsymbol{S}$ 的有限集、有限输入字母 $\boldsymbol{A}_R$、有限输入输出字母 $\boldsymbol{A}_Y$、为各状态和输入对分配新的状态的跃迁函数 $\boldsymbol{F}_Y$、为各状态和输入对分配输出的输入函数 $\boldsymbol{F}_Y$ 以及初始状态 $\boldsymbol{X}_0$。若使用输入-输出映射表,$\boldsymbol{C}$ 的演化可以表示为 $\boldsymbol{E}_C\subseteq\boldsymbol{R}\times\boldsymbol{Y}$。即,若处于状态 $\boldsymbol{x}\in\boldsymbol{X}$ 中的 $\boldsymbol{C}$ 接受到一个输出 $\boldsymbol{r}\in\boldsymbol{R}$,它将移动到下一状态 $f(\boldsymbol{x},\boldsymbol{r})$,并产生输出 $y(\boldsymbol{x},\boldsymbol{r})$。我们可以使用状态表来表示分子平台,状态表用于描述状态和输出函数。此外,人们还常使用状态跃迁图(一种直接图,其顶点对应于状态,其边对应于状态跃迁,这里,各边用于标记与跃迁相关的输入和输出)。

量子分子平台采用 7 组元 $\boldsymbol{QC}=\{\boldsymbol{X},\boldsymbol{E},\boldsymbol{R},\boldsymbol{Y},\boldsymbol{H},\boldsymbol{U},\boldsymbol{X}_0\}$ 进行描述,这里,$\boldsymbol{H}$ 为希尔伯特空间,$\boldsymbol{U}$ 为满足特定条件的希尔伯特空间幺正算符。

我们应当使用参数集 $\boldsymbol{P}$。在设计可重构容错体系架构的过程中,将集成集 $\boldsymbol{P}$ 和 $\boldsymbol{P}_0$,并且我们有 $\boldsymbol{C}=\{\boldsymbol{X},\boldsymbol{E},\boldsymbol{R},\boldsymbol{Y},\boldsymbol{P},\boldsymbol{F},\boldsymbol{X}_0,\boldsymbol{P}_0\}$。显然,$\boldsymbol{C}$ 的演化取决于 $\boldsymbol{P}$ 和 $\boldsymbol{P}_0$。通过使用自适应合成、可重构性和诊断,我们可以实现最佳的性能。例如,可以通过变化 $\boldsymbol{F}$ 和变量参数 $\boldsymbol{P}_\text{v}$ 来获得最佳性能。状态、事件、输出和参数的演化可表示成

$$(x_0,e_0,y_0,p_0)\overset{\text{演化}1}{\Rightarrow}(x_1,e_1,y_1,p_1)\overset{\text{演化}2}{\Rightarrow}\cdots\overset{\text{演化}j-1}{\Rightarrow}(x_{j-1},e_{j-1},y_{j-1},p_{j-1})\overset{\text{演化}j}{\Rightarrow}(x_j,e_j,y_j,p_j)$$

可以聚合模型中的输入、状态、输出、事件和参数序列,并可将其表示成 $\boldsymbol{C}=\{\boldsymbol{X},\boldsymbol{E},\boldsymbol{R},\boldsymbol{Y},\boldsymbol{P},\boldsymbol{F},\boldsymbol{X}_0,\boldsymbol{P}_0\}$。上述概念允许我们找出、并应用分子处理和存储器平台的最小、但却是完整的功能描述。我们也可以使用状态、事件、输出和参数演化(跃迁)的最小集。即我们可以得到部分描述 $\boldsymbol{C}_\text{partial}\subset\boldsymbol{C}$,所有要素组元$(x_i,e_i,y_i,p_i)$通过$(x_i,e_i,y_i,p_i)_\text{partial}$进行映射。这样,可以显著地降低建模、仿真、分析和设计问题的复杂度。

假设函数 $\boldsymbol{F}$ 将 $\boldsymbol{X}\times\boldsymbol{E}\times\boldsymbol{R}\times\boldsymbol{Y}\times\boldsymbol{P}$ 映射到 $\boldsymbol{X}$,(如 $\boldsymbol{F}:\boldsymbol{X}\times\boldsymbol{E}\times\boldsymbol{R}\times\boldsymbol{Y}\times\boldsymbol{P}\rightarrow\boldsymbol{X}$,$\boldsymbol{F}\subseteq\boldsymbol{X}\times\boldsymbol{E}\times\boldsymbol{R}\times\boldsymbol{Y}\times\boldsymbol{P}$)。这样,转移函数 $\boldsymbol{F}$ 定义基于当前的状态 $\boldsymbol{x}(t)\in\boldsymbol{X}$、事件 $\boldsymbol{e}(t)\in\boldsymbol{E}$、参考 $\boldsymbol{r}(t)\in\boldsymbol{R}$、输出 $\boldsymbol{y}(t)\in\boldsymbol{Y}$ 和参数 $\boldsymbol{p}(t)\in\boldsymbol{P}$ 的下一状态 $\boldsymbol{x}(t+1)\in\boldsymbol{X}$。因此,对于 $\boldsymbol{x}_0(t)\in\boldsymbol{X}_0$ 和 $\boldsymbol{p}_0(t)\in\boldsymbol{P}_0$,$\boldsymbol{x}(t+1)=\boldsymbol{F}(\boldsymbol{x}(t),\boldsymbol{e}(t),\boldsymbol{r}(t),\boldsymbol{y}(t),\boldsymbol{p}(t))$。

我们必须开发出鲁棒的自适应算法。将控制矢量 $\boldsymbol{u}(t)\in\boldsymbol{U}$ 集成到模型,我们

有 $\boldsymbol{C}=\{\boldsymbol{X},\boldsymbol{E},\boldsymbol{R},\boldsymbol{Y},\boldsymbol{P},\boldsymbol{U},\boldsymbol{F},\boldsymbol{X}_0,\boldsymbol{P}_0\}$，现在的问题是设计补偿器。若 $E_{C_F}=E_{C_I}$，对于给定的 C_I 和 C_F，确保强演化匹配 $C_F=C_{F1}\circ C_{F2}=_B C_I$。这里，$C_F=_B C_I$ 意味着 C_I 和 C_F 的行为(演化)是等价的。若 $E_{C_F}\subseteq E_{C_I}$，对于给定的 C_I 和 C_F，确保弱演化匹配 $C_F=C_{F1}\circ C_{F2}\subseteq_B C_I$。这里，$C_F\subseteq_B C_I$ 意味着 C_F 的演化包括在行为 C_I 之中。现在的问题是设计补偿器 $C_{F1}=\{X_{F1},E_{F1},R_{F1},Y_{F1},F_{F1},X_{F1\,0}\}$，并且当 $C_I=\{X_I,E_I,R_I,Y_I,F_I,X_{I0}\}$和 $C_{F2}=\{X_{F2},E_{F2},R_{F2},Y_{F2},F_{F2},Y_{F20}\}$时，下述条件 $C_F=F_{F1}\circ C_{F2}=_B C_I$(强行为匹配)或 $C_F=C_{F1}\circ C_{F2}\subseteq_B C_I$(弱行为匹配)适用。我们假定:①由 C_I 产生的输出序列可以由 C_{F2}产生;②C_I 的输入匹配 C_{F1}的输入。

输出序列即状态、事件、输出和/或参数矢量，如(x,e,y,p)。若存在状态建模表征 $\gamma\subseteq X_I\times X_F$，且 $C_I^{-1}\subseteq_B^{\gamma}C_{F2}^{-1}$(若 $C_I^{-1}\subseteq_B^{\gamma}C_{F2}^{-1}$，则为 $C_I C_B^{\gamma} C_{F2}$)，则演化匹配问题是可解的。若存在状态建模表征 $\beta\subseteq X_I\times X_{F2}$，$(X_{I0},X_{F2\,0})\in\beta$ 和 $\alpha\subseteq X_{F1}\times\beta$，$(X_{F1\,0},(X_{I\,0},X_{F2\,0}))\in\alpha$，对于 $\beta\in\Gamma=\{\gamma\,|\,C_I^{-1}\subseteq_B^{\gamma}C_{F2}^{-1}\}$，我们有 $C_{F1}=_B^{\alpha}C_I^{\beta}$，则补偿器 C_{F1}求解强匹配问题 $C_F=C_{F1}\circ C_{F2}=_B C_I$。可以对 C 使用基于封闭配分晶格(closed partition lattice)的代数分解理论进行分解。例如，考虑合成的 C_{F2}，它表示为$C_{F2}=\{X_{F2},E_{F2},R_{F2},Y_{F2},X_{F2},X_{F20}\}$。$C_{F2}$的状态集的配分(partition)是状态集 X_{F2}(其并集为 X_{F2}，例如，对于 $i\neq j$，$\bigcup_{i=1}^{k}C_{F2\,i}=X_{F2}$和 $C_{F2\,i}\cap C_{F2\,j}=\varnothing$)的不相交的集$\{C_{F21},C_{F22},\cdots,C_{F2i},\cdots,C_{F2k-1},C_{F2K}\}$。因此，对于给定的 $C_{F2\,i}$，我们设计、并实现了补偿器 $C_{F1\,i}$。

6.18 硬件-软件设计

对于新型处理和存储器平台的合成，人们进行了大量的研究。上述的研究包括大量的硬件-软件协同设计，如以技术为中心的 CAD 开发等。^{M}architectronics 范式可以作为设计和分析新型的、有效的、鲁棒的、均匀的和冗余的^{M}PP 的基础。硬件和软件的协同设计、集成和验证是需要解决的非常重要的问题。并发体系架构及其组织(一系列功能硬件部件、模块、子系统以及软件可编程的、自适应可重构的系统)的合成同样也是极为重要的问题。显然，软件依赖于硬件，反之亦然。并行性意味着硬件和软件的依从性与相符性。我们不可能制造出高收得率、理想(完美)的复杂^{M}IC。同样，我们也不可能对没有严格定义的配置进行软件开发，它必须是自适应的、可重构的和可优化的。非完美的器件，使得我们通过软件来进行诊断、重构、评估、试验等变得更为重要。通过对硬件和软件应用的系统合成、分析、优化和验证(图 6.36)，可以进一步地完善器件的设计和合成。

只有当我们已经设计、合成并制造出了分子处理/存储器平台，我们才有可能进行性能分析、确认、评估和表征等工作。

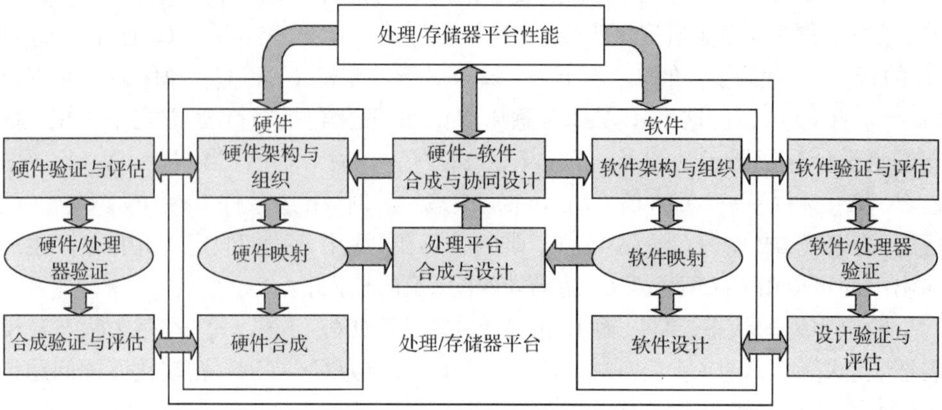

图 6.36 ^{M}PP 的硬件-软件协同设计

从高级、但明确定义的抽象域出发开始设计过程是非常重要的，它应当能够：

- 系统地反映所有层次的功能和性能。
- 考察与验证器件、模块、子系统和系统的特有功能、行为和操作。
- 描述不同组织和体系架构的技术规范，考察其适应性、可重构性和可优化性等。

系统级模型将处理和存储器平台描述成具有层次结构的模块、子系统和系统的集合。例如，我们打算研究门与模块的稳态和动态过程，以找出这些部件是如何运行和相互作用的。设计人员对状态、事件、输出和参数的演化感兴趣。不同的分立事件、过程网络、佩特里(Petri)网及其他方法已经被用于仿真计算机。基于同步和异步的有限状态机范式、且经过改进的模型，可以确保这些有意义的特性，并在不同的抽象域映射要素行为。混合控制、数据流、数据处理(加密、过滤、编码)和计算过程也都是可以进行模拟的。

程序是我们编写的一组指令，它定义计算机应当做什么。例如，假设 IC 由“开(ON)”和“关(OFF)”逻辑开关构成，我们可指派第一和第二个开关处于 OFF，而第三到第八个开关处于 ON，这样，我们接受到一个 8 位信号 00111111。程序可以命令数以百万计的开关，它以电路级的语言编写。对于 IC，软件的开发已经发展到了可以使用高级编程语言。高级编程语言允许我们使用名词术语，例如，read、write 或 do，而不是生成 ON-OFF 开关序列，来实现这些功能。所有高级语言都有其相应的句法，特定的词汇，并给出使用这些词汇的明确规则。编译器则用于将高级语言翻译为机器码。如果编程员错误地使用了编程语言，编译器将给出错误提示信息。这样允许我们在修正错误后再次编译，以继续进行其他的翻译。编程逻辑是一个非常重要的方面，因为它包括以正确的顺序执行各种语句和过程，以产生要求的结果。我们必须正确地使用句法，执行按照逻辑规则构造的可运行程序。

两种常用的编写计算机程序的方法是，过程编程和面向对象编程。通过使用过程编程，我们定义和执行计算机内存位置（变量）以保持其值，并且通过写顺序步(writes sequential steps)以操纵这些值。面向对象编程则是过程编程的扩展，因为它包括生成对象（程序部件）和建立使用这些对象的应用程序。对象由语句构成，这些语句描述对象的特性。对于 3D ^{M}IC，我们必须开发全新的软件环境，它们应当不依赖于组织/体系架构。我们不可能仅使用单一的软件工具箱，因为它不可能适用于所有的^{M}IC，而这些^{M}IC 使用不同的硬件解决方案，并具有一些独特的现象等。例如，模拟相对于数字，二进制相对于多值方案等。

我们必须开发和实现具体的硬件和软件解决方案。例如，IC 是通过使用硬件描述语言(hardware description language，HDL)，如非常高速集成电路硬件描述语言(very high speed integrated circuit hardware description language，VHDL)和 Verilog 来进行设计的。设计过程是从翻译应用要求到体系架构技术规范。当考察应用要求时，设计人员翻译体系架构技术规范到行为和结构域。行为表征意味着所要求的功能与操作排序以及在规定的时间内完成任务。结构描述包括一组^{M}device 及其互联。行为和结构可以用 HDL 进行规定和研究。这些语言能够有效地管理复杂的结构，可以是包括数以百万计的逻辑^{M}gate。另一个重要特性是，通过使用合成软件，可以将 HDL 翻译到库部件的网表。

结构或行为表征用于描述模型是非常有意义的。一般来说，HDL 可用于设计、验证、仿真、分析、优化和文档处理等。对于传统的 IC、VHDL 和 Verilog 是标准的设计工具。在 VHDL 中，通常将设计划分为块。使用图形捕捉方法(schematic capture approach)将这些块集成，以形成一个完整的设计。它通过使用块图编辑器或分层绘图来表示框图。在 VHDL 中，VHDL 设计中的任一部分都被认为是一个块。各块类似于一个现存的 IC，并被称为一个实体(entity)。此实体描述到块、示意图和操作的接口。一个完整的设计是互联框图的集合。假设我们考虑一个示例，即 VHDL 中一个实体的声明。第一行表明定义一个新的实体。最后一行表示定义的结束。其间的行，称为端口子句，描述到设计的接口。端口子句提供接口声明的列表。各接口声明包括名称列表、模式和类型。当接口声明完成后，则开始体系架构的声明。使用实体作为基本的构建模块，我们可以定义与其相关的体系架构，将其结合，以形成其他设计。一个设计的结构描述，是一个示意图的文本表述。部件及其连接的列表被称作为网表(netlist)。在数据流域，通过表明内置基本单元或纯组合块是如何连接在一起的，来对 IC 进行描述。这样，我们可以描述信号（数据）是如何流过 IC 的。体系架构部分描述设计的内部操作。在数据流域，我们规定数据是如何从输入流向输出的。在 VHDL 中，它是通过信号赋值语句来实现的。随后进行语句的赋值，在表达式中替换信号值，计算表达式中各操作符的值。用于模拟 VHDL 设计的示意图被称为一次分立事件时间模拟。当信号的值改变时，它意味着，相对于此信号产生了一次事件。仅当分立事件出现时，才会更新信号的值。由于一个事件可以引起另一个事件的发生，因此模拟循环地进行(in rounds)。模拟器维持一个需要处理的事件队列。在各轮循环中，队列中的所有事件将被处理，任何产生的新事件被放置于一个单独的(计划)列表中，它将在下一轮循环中处理。为了设计^{M}IC，各信号赋值仅当模拟开始后确定各信号的初值时执行一次。一般来说，我们需要开发以技术为中心的 HDL，它能统一地集成 3D 拓扑/组织、使能体系架构、器件物理、自下而上的制造和分子电子技术的其他独特的特性等。

6.19 分子电子器件的设计与合成：迈向分子集成电路

6.19.1 分子电子器件的合成

对于^{M}device，器件级的研究是一个非常重要的任务。^{M}device 的性能、能力和体系架构由其所展示的现象、所使用的效应等来定义。在 6.20 节中，我们将讨论^{M}device 的基本理论、高保真建模、异构仿真和数据密集型分析。特别地，我们利用量子力学，研究了原子化合物的电子输运过程，以评估^{ME}device 器件物理的可行性、评估器件的功能性以及分析性能特性。为了合成这些^{M}device，我们必须开发出可靠的、高收得率的、自下而上的制造工艺与技术。

需要强调的是，^{M}device 是由功能化聚合分子构成。所有材料由原子和分子组成。通过光刻术、沉积、蚀刻、掺杂等技术，人们制造出了增强的功能性材料，使用这些材料可以制造出蚀刻定义的微电子器件。在这些固态微电子器件中，单个的原子和分子还没有从器件物理的角度进行研究和利用。在器件级，分子器件和微电子器件的主要差别在于：所展示的现象、所利用的效应、拓扑以及制造工艺。对于使用不同化合物的固态器件，材料科学主要集中在自上而下的设计，以得到增强的功能性材料(自组装薄膜、模板、组装等)，其总的目的是，确保微电子器件要求的特性[15]。当微电子器件的尺度变小时，由于量子干涉、离散的杂质、非弹性散射、旋涡、共振等，将导致性能退化[3]。建议的^{ME}device 具有上面提到的现象，这些效应将被适当地利用，以确保器件的功能性。它相应地导致新的器件物理。

我们可以得到如下结论：

● 对于微电子器件，单一的分子和原子不能描述总的器件物理，且不能定义器件性能、功能性和能力。

● 对于^{M}device，单一的分子和原子可以描述总的器件物理，且能定义器件性能、功能性和能力。

如果集中于^{ME}device和研究新型器件的解决方案，我们有必要开发出高收得率的、价格适当的制造工艺。这些^{M}IC可以通过利用可控分子自组装和鲁棒的聚合技术等进行合成。环状分子可以实现这些器件物理，并提供要求的合成能力。芳香碳氢化合物是在环上带sp^2杂化原子的环状化合物。这一分子具有一个非局域的π电子系统，且具有自由的p轨道，因此可以确保π电子的传导。有些环状碳氢分子具有$(4n+2)$个π电子，但它们不是芳香的，这是因为，环上的碳原子中至少有一个不是sp^2杂化的。例如，环庚三烯具有6个π电子；然而，在7个碳原子中有一个是sp^3杂化，因而它不是平面环。必须确保环是平面的，这样环上π电子才可能是非局域的。平面结构可以确保其稳定性和刚性。苯是最常见的芳香碳氢化学物，它有6个π电子，并且6个碳原子是sp^2杂化的；因此，其环是平面的。特别地，苯的π系统是由6个重叠的p轨道(由6个π电子的π分子轨道构成)形成的。在环状分子中，也可以将碳原子替换。图6.37给出了吡啶、吡咯、呋喃和噻吩的结构及3D拓扑示意图。著名的杂环生物分子(嘌呤和嘧啶)包含有氮和氧(图6.37)。需要强调的是，嘌呤和嘧啶的衍生物也可用于合成改进的核苷酸。对应的颜色分别是：C，蓝色；N，棕色；O，橙色；S，金黄色。

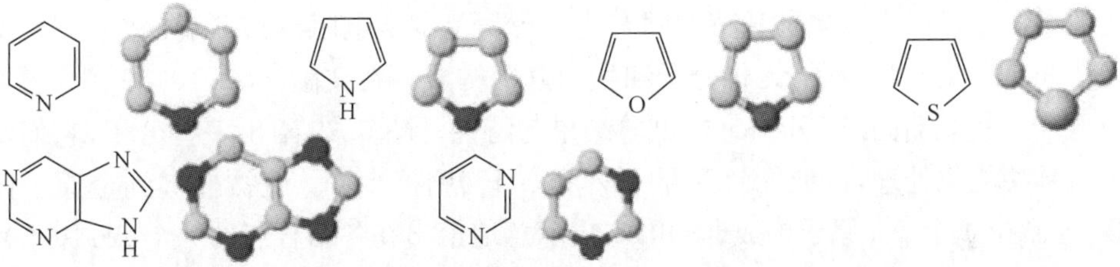

图6.37　(见彩色插图)吡啶、吡咯、呋喃、噻吩、嘌呤和嘧啶分子

有机合成是用于准备特定分子和分子聚合物的方法集合。在合成要求的分子时，必须首先选择前驱体。存在大量的商用和自然前驱体。我们可以按照逆合成法进行，即目标分子⇒前驱体，这里开放箭头⇒表示“由……制造”。可能要求多个合成步骤，例如，我们由目标分子⇒前驱体1⇒……⇒前驱体M⇒开始分子。线性合成是由需要进行的一系列顺序步骤构成，它适用于简单分子，这一方法导致产生合成中间体。对于希望的复杂分子，则要求使用汇聚合成(convergent synthesis)或分叉合成(divergent synthesis)。对于产生中间体的合成，存在各种方法。对于新的合成中间体，则相应地需要发现、开发、优化和实现等步骤。

例如，我们曾经报道过汉奇(Hantzsch)吡啶 (1,4-dihydropyridine dicarboxylate)的合成，它作为一个多组元[一个甲醛(CH_2O)]，一个乙酰酸乙酯(Et代表乙基C_2H_4)和一个作为氮受体的醋酸铵[(NH_4OAc)构成的两个分子]的有机反应。

初始反应产物为二氢吡啶，随后氧化形成吡啶。水作为反应溶剂，在第二反应步骤中，氯化铁($FeCl_3$)导致芳化，如图 6.38 所示。最后形成带侧基团的环状 1,4-二氢吡啶乙酸(1,4-dihydropyridine dicarboxylate)分子。

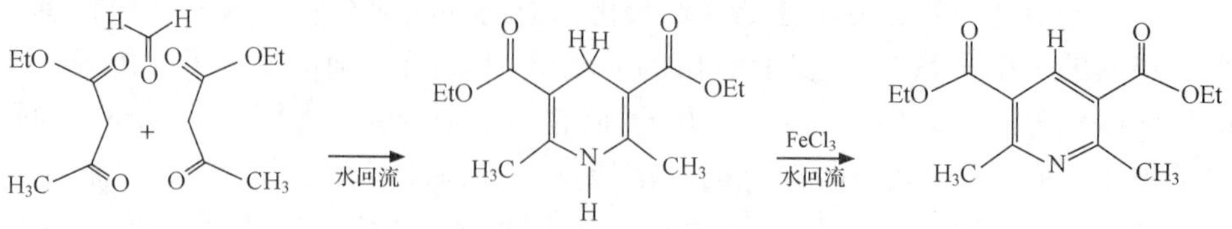

图 6.38 环状 1,4-二氢吡啶乙酸分子的合成

在文献[5-11]中，报道了两端分子二极管和开关。使用新的器件物理设计多端^{ME}device 具有非常重要的意义。在带有可控 *I-V* 和 *G-V* 特性的多端固态^{ME}device 中，有可能使用一些独特的量子现象，如量子相互作用、量子干涉、量子跃迁、振动、库仑效应、电子自旋等。基于这些现象的器件物理必须协同互补地、通过采用自下而上的方法合成这些具有上述现象的分子聚合物。我们来考虑一个双端和多端固态^{ME}device 的 3D 拓扑，对于这类器件，我们可以利用可控隧道效应、量子相互作用以及其他效应。

人们已经提出了多种独特的固态^{ME}device，范围从电阻器到多端器件[5-11]。这些^{ME}device，由有机分子、无机分子和生物分子构成。在文献[5,8,10,49]中，已经报道了一些双端固态^{ME}device 的试验结果与特性。图 6.39 给出一些分子，它们经过巯基功能化处理，以便能够测量 *I-V* 和 *G-V* 特性[5,8,10]。硫被捆绑到金原子团簇，通常由 4 个 Au 原子构成(图 6.39 仅示意地给出在各结合点的一个 Au 原子)。

文献[50]使用密度泛函理论，研究了巯基功能化分子到 Au(111)表面的构型、结合和能量。金电极由 4 个金原子团簇(与 S 共价结合)构成，通过能量最小化[50]得到的主要结构构型的示意图如图 6.40 所示。

在文献[50]中，研究的聚合分子为$^{2s+1}[Au_4\text{-}X\text{-}Au_4]^q$，这里 X 为分子 X=S—$C_8H_8$—S，X=S—$CH_2$—$C_6H_4$—$CH_2$—S(1,4-二硫代对二甲苯)，X=S—$C_6H_4$—S(1,4-phenyledithiol)，X=S—C_2H_4—S(1,2-dithioethane)，X=S—C_2H_2—S(1,2-dithioethylene)，X=S—C_2—S(dithoacetylene)；Au_4 为 4 原子团簇，它代表电极，并与以巯基为终端的分子 X 互联；*s* 为自旋量子数；*q* 为化合物的静电荷。这里，$s=1$ 和 $s=3$，$q=0$(中性合成物)；$s=2$，$q=+1$(阳离子)及 $q=-1$(阴离子)。文献[50]得到了不同类型的几何结构(几何构型)。得到的金团簇几何构型为平面的，它是由初始的 Au_4 四面体演化而来的，其中 S 原子位于三重轴上，并且与三个 Au 原子等间距。Au—S 单键和 Au═S 双键导致形成 Au_4—S 联合体。键长通常位于下述范围：Au—Au，2.6～3.1Å；Au—S，2.35～2.6Å；S—C，1.6～1.9Å。

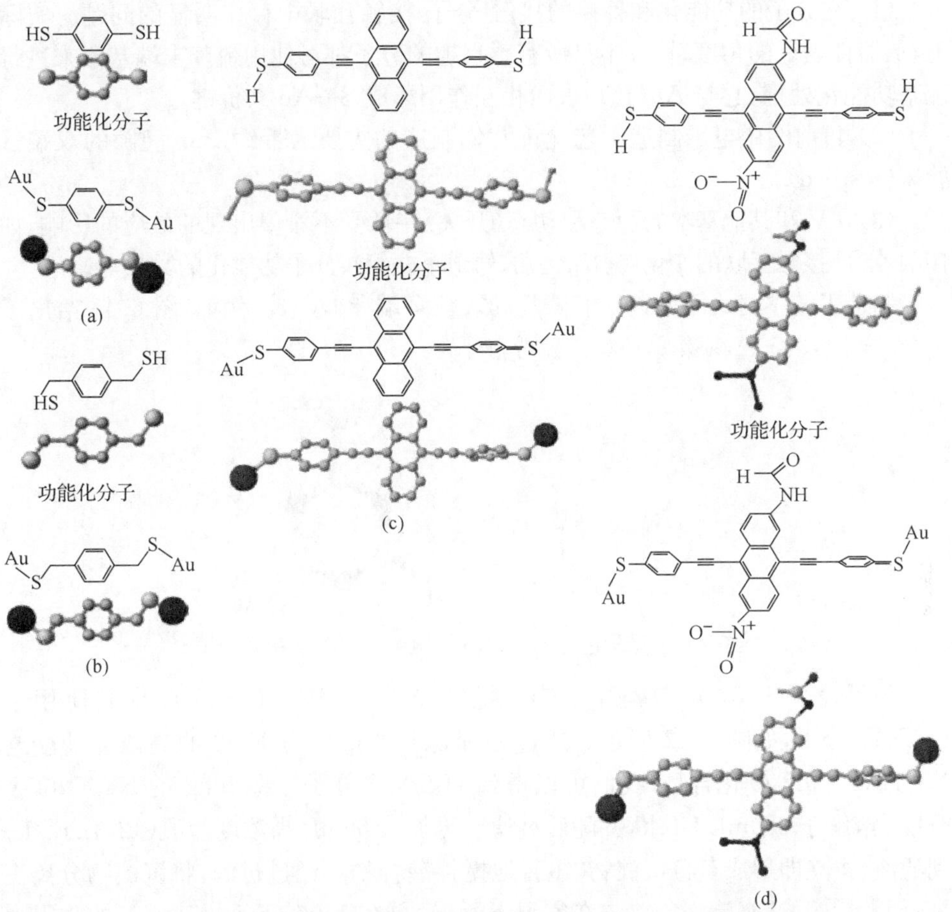

图 6.39　(见彩色插图)作为潜在的双端^{ME}device 的分子(原子颜色:H,绿色;C,蓝色;N,红色(小);S,黄色;Au,深红色)。(a) 1,4-苯二硫醇分子和功能化 1,4-苯二硫醇分子;(b) 1,4-亚苯基二甲硫醇分子;(c) 9,10-两([2′-对-氢硫基苯]-乙炔基-蒽)分子;(d) 1,4-二([2′-对-氢硫基苯]-乙炔基)-2-乙酰基-氨基-5-硝基-苯分子

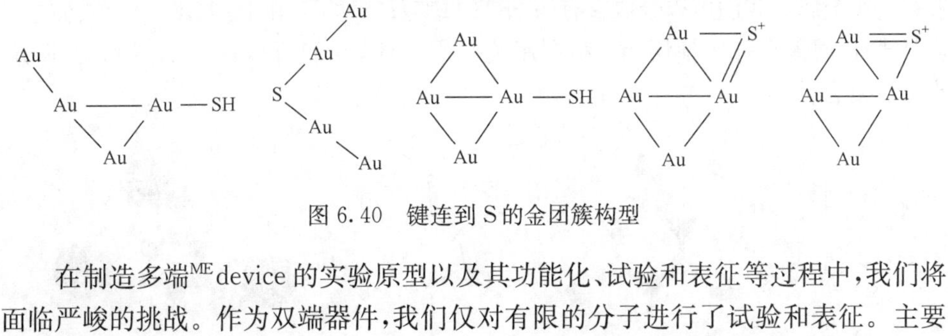

图 6.40　键连到 S 的金团簇构型

在制造多端^{ME}device 的实验原型以及其功能化、试验和表征等过程中,我们将面临严峻的挑战。作为双端器件,我们仅对有限的分子进行了试验和表征。主要的挑战是:

(1) 在分子的功能化和鲁棒的接触-分子-接触互联中存在明显的问题。实际上，从器件表征的角度看，并不是所有感兴趣的分子都可使用巯基末端基团来进行巯基功能化处理，它与 Au(111)表面相互作用形成 S—Au 共价键。

(2) 目前的微电子制造工艺允许我们制造的主要为带约 1nm 间隙的双端试验床(testbed)。

(3) *I-V* 和其他基本的稳态和动态(开关)特性受不希望出现的效应的影响，如接触-分子-接触互联的变化(键长、键角、轨道重叠等)、分子功能化的数量等。

制造工艺本身也不允许我们试验和表征多端^{ME}device。例如，图 6.41 给出了一个三端 1,3,5-三氮嗪-2,4,6-三硫醇分子。

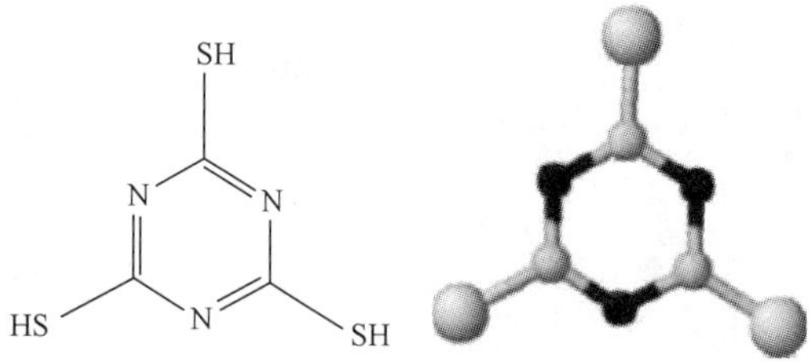

图 6.41 (见彩色插图)1,3,5-三氮嗪-2,4,6-三硫醇分子

为了表征 1,3,5-三嗪-2,4,6-三酮($C_3N_3S_3^{3-}$)分子(TMT)，我们使用了 H_3TMT 分子，如图 6.42 所示。通过处理物质的量比为 1∶3 的高浓度盐酸与 Na_3TMT·9H_2O 化合物，我们可以得到 H_3TMT 分子。将 100g 的 Na_3TMT·9H_2O 溶解于 350mL DI 水，并随后过滤。再加入 60mL 高浓度盐酸(12.1mol/L)到滤液，将立即形成黄色沉淀物，短暂地搅拌混合物。经过过滤，将沉淀物分离出来，用大量的 DI 水清洗。首先在室温下干燥，再在 110℃下干燥。典型的收得率约为 40g (91%)，(mp 230℃)。H_3TMT 分子可以通过 IR 光谱、元素分析和 XRD 谱等进行分析。由于合成的分子有可能作为^{ME}device，其电子特性的试验与表征具有重要意义。应当对分子进行功能化处理。TMT 分子能够确保稳定的合成物，并且带有过渡金属。我们可以合成含有诸如 TMT^{3-}、$HTMT^{2-}$ 和 H_2TMT^{-} 配位体的二阶分子-金属聚合体。使用 Au 和利用巯基端基团，我们可以得到如图 6.42 所示的分子复合体。

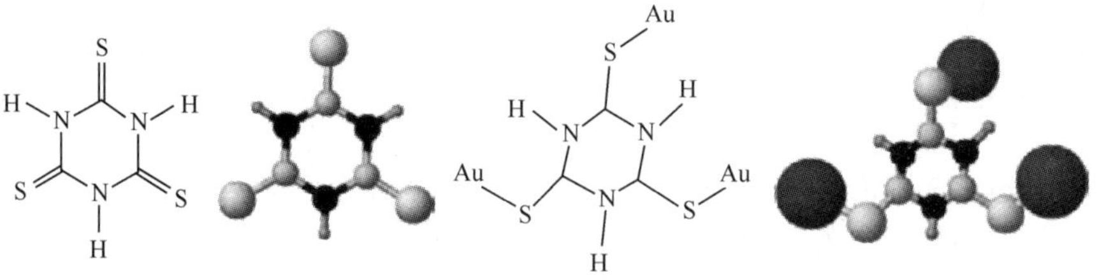

图 6.42 (见彩色插图)H_3TMT 分子和带三个 Au—S 键的 H_3TMT 分子

由于可控性不足，且具有对称的 *I-V* 特性，无期望的电流饱和区、动态热敏性等，许多有机分子的电子特性并不能完全满足要求的特性。通过在分子端施加电位，我们可以改变电子隧穿效应、相互作用、电荷分布以及其他重要的特性。然而，功能化单环 H_3TMT 分子的 *I-V* 特性基本上是对称的，没有期望的饱和区。因此，设计、制造和分析全新的功能^{ME}device 变得极为重要。我们不采用对称的有机^{ME}device，而是建议使用非对称的基于碳的多端^{ME}device，它包括 B、N、O、P、S、I 等原子。为了确保其可行性行和实用性，这些^{ME}device 将采用环状分子及其衍生物。分子门和^{X}hypercell 由这些^{ME}device 组成。我们将使用环状分子作为基本概念原型。这些^{ME}device 由带侧基团的环状分子组成，能够确保其器件物理和可聚合性。建议的概念原型如图 6.43 所示。上述分子可以确保要求的 *I-V* 特性以及饱和区的非对称性。

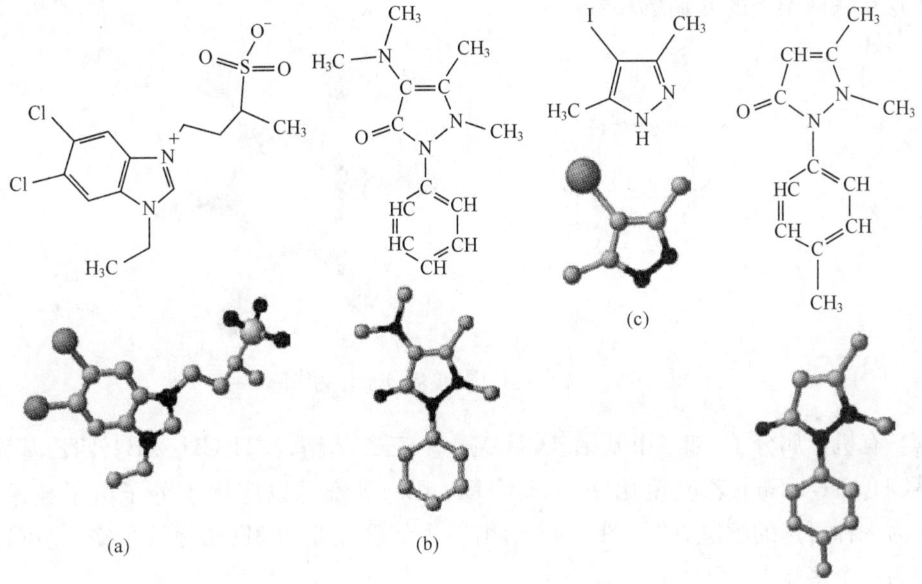

图 6.43　(见彩色插图)带输入、输出和控制终端的多端分子

(a) 2*S*-4-(5,6-二氯-1-乙基-1*H*-3,1-苯并咪唑-丁烷-2-硫酸盐分子；(b) 4-(二甲基-氨基)-1,5-二甲基-2-苯基-1,2-二氢-3*H*-砒唑-3-酮分子；(c) 4-碘-3,5-二甲基-1*H*-吡唑分子；(d) 1,5-二甲基-2-(4-甲苯)-1,2-二氢-3*H*-吡唑-3-酮分子

让我们来考虑一个带可控电子特性的多端固态^{ME}device。由于其独特的器件物理，我们发现，固态半导体晶体管的定义与术语将不再适用，这里源极-基极-漏极和发射极-基极-集电极用于 FET 和 BJT。为了规定输入、控制和输出，我们建议定义输入(input)、输出(output)和控制(control)分子端。通过在控制端施加电

压，我们可以改变电位，调节电荷和电磁场，改变相互作用，以及改变影响电子输运的隧穿效应。因此，输入-输出特性（*I-V* 和 *G-V*）是可控的。

带侧基团的单环多端分子如图 6.44 所示。这里，X_i 代表特定的原子（B、C、N、O、Al、Si、P、S、Co、Br 等）；R_i 表示输入/控制/输出端和/或侧基团。具体的原子和侧基团由器件物理、合成、可聚合性等决定。输入/控制/输出端的聚合和互联可以在碳框架内实现。上述^{M}device 具有基于分子的器件物理，展现并利用了量子现象和跃迁。例如，X_i 和 R_i 显著地影响电子输运；在外部电磁激励下，R_i 的原子结构可能会出现跃迁；侧基团 R_i 可以作为贡献电子和抽出电子的替换基团，以及相互作用或相互连接的基团等。通过使用侧基团，可以提高器件的聚合性和互联特性。上述^{M}device 可以用于固态、射流和混合分子电子技术。图 6.20 给出了在^{ME}D-^{ME}D 逻辑体系下使用三端单环分子设计^{M}gate 的示意图，而图 6.44 则给出在碳互联框架下的 6 端单环^{M}device。

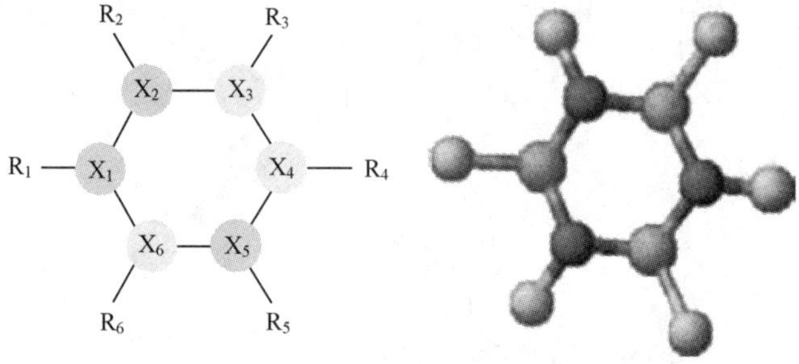

图 6.44　（见彩色插图）单环分子作为^{M}device

有机金属分子，如三甲基铝[$(CH_3)_3Al$]、三乙基硼[$(CH_3CH_2)_3B$]、四乙基锡[$(CH_3CH_2)_4Sn$]、乙基溴化镁[CH_3CH_2MgBr]等都可以应用于分子电子技术。作为一种可选的解决方案，图 6.45 给出一个带碳互联的 3D 拓扑分子笼，它可以作为一个多端^{M}device。

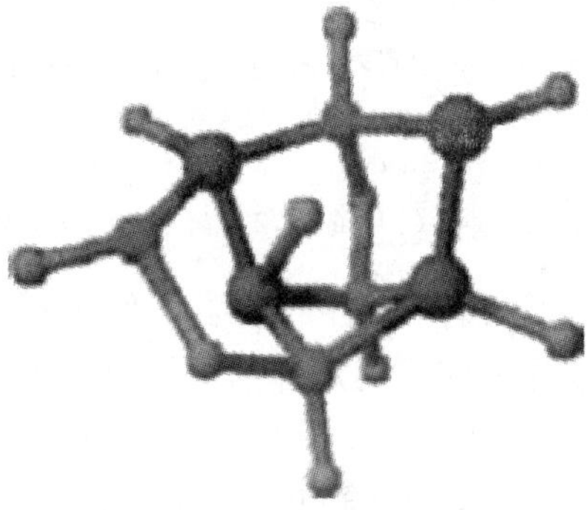

图 6.45　（见彩色插图）作为多端^{M}device 的分子笼

生物分子处理平台与分子电子技术，为我们提供了毋庸置疑的证据，它表明，这些超高性能和超级的基于 3D 的拓扑/组织远超任何预见的微电子解决方案。总之，与固态^{ME}device 和电路相比，射流^{M}device 和^{M}IC 为器件的利用提供了更为广泛的物理基础和现象。然而，从制造的角度看，考虑到当前和未来的工艺，固态分子电子技术能够确保在不远的未来具有更高的可行性。在生物系统中，^{BM}PP 通过使用鲁棒的可控分子组装，它远超我们展望的技术与合成能力。尽管在下一节中我们将集中探讨固态^{ME}device，但射流和分子解决方案仍具有重要的意义，因此，我们将同时考虑生物分子技术的不断进步和理论发展。

6.19.2　原型分子电子器件的试验与表征

迄今为止，已经对一些原型双端^{ME}device 进行了表征，并且测量了其 *I*-*V* 特性[5,8,10,49,51,52]。为了制造表征试验床，我们将使用传统的微电子制造技术、工艺和材料。接触之间的水平和纵向间隔采用光刻术、沉积、蚀刻及其他工艺制备，其范围在约 1nm 到数十纳米之间。高分辨光刻法定义平面(二维)图案和轮廓，因此，它允许我们在硅片上实现要求的绝缘体、金属和其他材料的图案。使用光刻术，可以将掩模图案转移到光刻胶上，它允许我们将图案转移到基底之上，以及使用诸如沉积和蚀刻的顺序工艺等再在其上制作一些多层结构。化学和物理沉积方法将被用于沉积各种绝缘体和半导体材料，而溅射和蒸发则用于沉积 Au、Pd、Ti、Cr、Al 以及其他金属。湿化学蚀刻和干蚀刻则用于蚀刻材料。不同的浸蚀剂确保期望的纵向和横向蚀刻。在有些材料(包括硅、氧化硅、氮化硅等)上，可以蚀刻出很深的沟道和坑。组合干蚀刻和湿蚀刻，并与材料相结合，可以确保蚀刻的选择性、纵向(平面)和横向(壁)轮廓控制、蚀刻率比率控制和均匀性等。各向异性蚀刻则是通过使用浸蚀剂[氢氧化钾，氢氧化钠，EDP(ethylene-diamine-pyrocatecol)等]来实现在不同的蚀刻晶向上具有不同的蚀刻率。与此相反，各向同性蚀刻则是在所有方向上都具有相同(或相近)的蚀刻率。人们使用了各种腐蚀终止材料，这些腐蚀终止层可以是牺牲性或是结构性的。我们可以控制形状、轮廓、厚度及其他特性。使用不同的材料，结合蚀刻和沉积工艺，使得我们有可能制造出基于应用的表征原型(testbed)。待研究的分子必须首先功能化，使用金属形成可靠的接触。

作为一个代表性示例，图 6.46 给出一个用于表征双端^{ME}device 的试验床的截面图。铬和金顺序地蒸镀到绝缘体上。带粘接层(Cr 或 Ti)的电子束(E-beam)金蒸镀，是一种完备的工艺，它用于沉积具有规定的厚度和均匀度的金层。通过对绝缘体 2 进行横向蚀刻，我们可以制备出纳米间隙。如果要求，不需要的 Cr(靠近纳米间隙)可以使用 Cr 腐蚀剂予以清除。图 6.46 中没有反映出绝缘体(氧化硅、二氧化硅、氮化硅、氧化铝、氧化锆或其他高 *k* 电介质材料)的尺寸或厚度，以及吸附(Cr 或 Ti)和接触/衬垫(Au)层。作为^{ME}device 进行表征的一些独特分子，可以使用巯基基团蒸发数层金或钛金属层进行功能化处理。图 6.46 给出了一个功能化的 1,4-苯二甲硫醇分子。间隙的间距可以通过改变工艺条件(沉积和蚀刻时间、浓度、密度、温度等)进行控制。Au 之间的间距必须匹配功能化分子几何构型和 Au—X—Au 长度。对于 1,4-苯二甲硫醇分子,其间距应当 ≤1.2nm,以形成接触-分子-接触组装。制造完成后,试验床应在 Ar/O_2 等离子体中清理,用乙醇冲洗,再存放于手套箱中,以避免 Au 的氧化。分子沉积(功能化处理)包括将试验床浸入 1,4-苯二甲硫醇溶液(1～10mmol/L 乙醇),浸泡 20～30h。在用乙醇冲洗后,测量 *I-V* 和 *G-V* 特性[51]。许多变量可以显著地影响电子的特性,例如,附着多个功能化分子到接触,接触—S 键的变化,以及隧穿效应、渗漏、静电现象等。分子通过巯基(—SH)基团进行附着,它吸附到金的晶格。巯基基团能够确保金属和分子之间的传导。尽管巯基是用于吸附分子到金属的最常见的端基团,但仍有可能不能形成要求的配合,以用于^{ME}device 的试验和表征。例如,S 轨道的几何构型有可能不能确保分子的共轭 π 轨道与金属的传导轨道发生强的相互作用。轨道的不匹配,使得在各键连端产生一个能垒,它将显著地影响电子的输运。同时,我们应当避免或尽量减少表面氧化和任何其他影响。

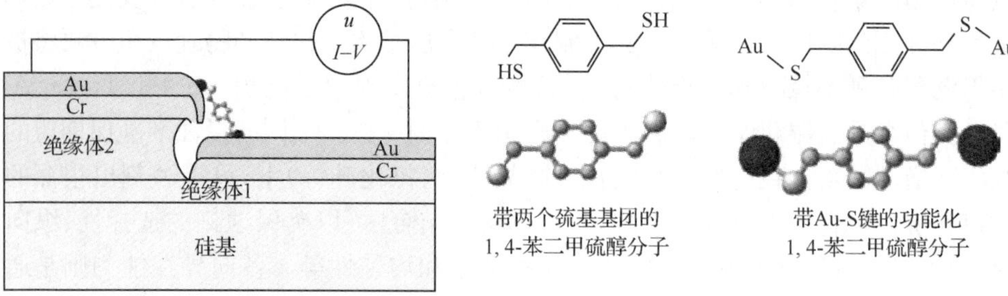

图 6.46 (见彩色插图)将 1,4-苯二甲硫醇分子功能化到 Au 接触的表征原型

文献[51]报道了合成所谓阶跃结(step junction)的其他工艺,其中使用了 AZ-1518 光刻胶,且具有正的斜率。铬作为牺牲层。电极为 Ti 和 Au。

电迁移-诱导机械与电气断裂产生的纳米间隙已经被利用。其他可选的解决方案为纳米孔洞,纳米压印和交叉线等。文献[51]中介绍了室温下的电迁移-诱导断裂-节(break-junction)技术。光刻定义的 Au 电极,蒸发到涂有氧化物层、且经(3-巯基丙基)三甲氧基硅烷处理过的硅基上。随后的电迁移过程则在室温下进行,以在两 Au 电极之间生成 1～2nm 的间隙。电迁移过程的影响因素,包括局域焦耳加热、熔化、表面张力、迁移离子和电子力等。单位体积耗散的功率可以估算为 $J^2\rho$,这里 J 为电流密度,它是横截面积的函数;ρ 为电阻率。结果表明,门槛电流密度为 1～2.5A/μm^2[52]。带电迁移-诱导断裂结的试验床在 Ar/O_2 等离子体中清理,用乙醇冲洗,以去除 Au 的氧化物。随后,将基板浸入 1mmol/L 的 1,4-苯二甲硫醇溶液的乙醇中。Au-分子接触，通过化学吸附 Au—S 偶合来形成，它在分子的两端形成接触。随后，测量 *I-V* 特性，结果见文献[52]。

文献[7,53,54]考察了不同的生物分子和改性的生物分子作为分子电子器件的应用。文献[55]报道了 DNA 的 *I-V* 特性。文献[55]同时考察了三种不同的短(～5.4nm)双链 DNS(dsDNA)，并且使用了短的低核苷酸连接基团和巯基端基团。特别地，在文献[55]中，对于 15 个碱基对(base-pair)单链带互补 X′的核苷酸 X 3′-(CCGCGCGCCCGCCCG)-5′、带 Y′的 Y 3′-(CCGCGTTTTTGCCCG)-5′、带 Z′的 Z 3′-(GCCTCTCAACTCGTA)-5′进行混合以形成 dsDNA 时，给出了实验结果。它们通过在其 3′和 5′端使用—$(CH_2)_3SH$ 和—$(CH_2)_6SH$ 低核苷酸连接基团，固定、并功能化到金电极。具有 10nm 间隙的电迁移-诱导断裂结的试验床，被用于试验经过功能化处理的 dsDNA。我们需要强调的是试验过程中的不确定性和表征。定量的结果表明，如果施加的电压±1.2V，则 X-X′ dsDNA 中电流为±0.35nA，而 Y-Y′dsDNA 中电流为±0.065nA。在随机成对 Z-Z′dsDNA 中，没有检测到电流。尽管我们很难得到明确的结论，但我们仍然可以通过^{M}device 设计来确保要求的特性。

6.19.3　分子集成电路

有关基于碳的多端^{ME}device 的合成，将在本节中予以介绍。自下而上的制造，不仅为我们提供了技术，用于设计独立的^{ME}device，还可用于设计^{M}gate 和^{M}IC。特别地，通过使用分子多路复用器或^{M}XOR 门，我们可以实现组合逻辑，而使用^{M}NAND门则可以实现存储器。实验表明，我们可以通过从^{M}gate 到$^{\aleph}$hypercell，来合成复杂的分子聚合体。通过使用可控的合成和组装，^{M}PP 是预期的能够制造的聚合分子基元($^{\aleph}$hypercell)。三维^{M}IC 可以作为交叉开关矩阵结构(cross-bar fabric)予以合成和实现，它可以确保要求的可重构性。人们已经开发出了非常有前途的分子互联和接口解决方案。为了确保 IC-^{M}IC-IC 的互联和接口以及试验和表征器件、模块和系统，分子电子技术与微电子技术的集成是至关重要的。不过，它并不意味着预期的^{M}IC 必须使用基于微电子技术的互联解决方案和工艺。正如在原型器件的试验、表征和评估中介绍的那样，使用巯基及其他端基团和/或连接基团以完成接触-分子-接触互联也不是必要的。对于期望的^{M}IC，处于模块和系统级的光学、电磁、量子和其他高端 I/O 接口范式和技术正在研发过程中。

分子化学允许我们基于共价键连接的原子合成各种各样的复杂分子。使用非共价和共价分子内相互作用以及精确地控制空间(结构)和时间(动态)特性，超分子化学为我们提供了合成更为复杂的原子聚合体的方法，最终我们可以实现$^{\aleph}$hypercell。分子识别是基于规定的相互作用模式(氢键阵列，给体和受体基团顺序，离子配置点等)。我们可设计预先设定的分子受体，它能够结合特定的基体，并且具有较高的效率和选择性。超分子非共价合成的主要特点是:①基于分子反应活性、催化作用和输运的分子识别;②模块作用;③鲁棒的可控自组装;④自适应分层自组装(通过自组装生成规定的、有序的和功能化的超分子);⑤自适应与演化;⑥准确的实体定位,并且通过形成共价键进行后组装修饰;⑦互锁分子聚合体的合成;⑧可编程预组织;⑨基于规定的相互作用模式的识别;⑩带自识别等的自选择和互补选择。一个自组织过程包括三个主要步骤:与基本部件的选择性结合相对应的分子识别;在正确的相对布置下,通过多组元的顺序和分层结合进行生长;以及通过内置特性导致过程结束。自组织过程对于干扰相互作用(金属配位、范德瓦尔斯堆叠等)应当是稳定的,同样,对于参数(组元的浓度和计量,其他组元的出现等)的改变也应当是鲁棒的。多模协同自组织可以提供额外的特性。如上所述,^{M}IC 和^{M}PP 可以使用自下而上的制造工艺进行合成。

6.20 分子电子器件的仿真与分析

6.20.1 仿真概念简介

人们已经合成并研究了大量的分子,它们主要应用于电子技术以外的领域。本节将主要集中于^{ME}device 中的电子输运的分析,它可以确保其功能性、要求的特性和规定的性能。这些^{ME}device 由原子聚合体组成,能够确保化学合成的可靠性,并且具有可以利用的量子现象。我们需要利用高保真的数学模型,来进行数据密集型分析和研究分子复合体中的电子输运过程。数据模型应当能够准确地描述基本的现象,在计算上易于驾驭,并且适合于异构仿真,便于进行数据密集型分析。电子器件的仿真和分析基于薛定谔方程、格林函数及其他方法[7,56-58]。我们将使用动能、势能、费米能 E_F、能级展宽 E_B、电荷密度,以及其他量、变量和参数等。图 6.47(a)示意地给出了多端和双端 3D 拓扑^{ME}device。

已经证明,通过使用量子力学,我们可以求得电子隧道的无量纲透射概率 $T(E)$,它是能量 E 的函数,且 $0 \leqslant T(E) \leqslant 1$。在文献[7,56-58]中,考察了分子线和一些双端^{ME}device 的导电性。通过使用所谓的 Landauer[59] 或 Landauer-Buttiker[60] 表达式 $g(E) = \frac{e^2}{\pi\hbar}T(E)$,我们可以估计在忽略热弛豫和其他效应后的线性电导率。这里,总的透射系数 $T(E)$对应于能量 E 处的值,它等于零偏压下的费米能量 E_F。所谓的量子电导率定义为 $g_0 = \frac{e^2}{\pi\hbar} = 7.75 \times 10^{-5}\,\Omega^{-1}$。电导率表达式中的常量 $\frac{e^2}{3\pi^2\hbar^2}$ 最早出现于文献[59]中,文中研究了电场下的电子输运过程。利用电子的加速度 $\frac{dk}{dt} = -\frac{eE}{\hbar}$,我们可以得到电导率的表达式。特别地,假定在平衡条件下，论文[59]阐述："对于我们的各向同性能带结构和各向同性背景散射，电导率……由 $\sigma_{\rm B}=\frac{\tau_{\rm B}}{3\pi^2}\frac{e^2}{\hbar^2}k^2\frac{{\rm d}U}{{\rm d}K}$ 给出。"其中，$\tau_{\rm B}$ 为弛豫时间，k 为波数。

假设费米-狄拉克分布适用，则双端[ME]device 的电流-电压(I-V)特性[图 6.47(b)]通常由下述方程得到[58]

$$I(E)=\frac{2e}{h}\int_{-\infty}^{+\infty}T(E)[f(E_{\rm V},V_{\rm FL})-f(E_{\rm V},V_{\rm FR})]{\rm d}E$$

这里，$f(E_{\rm V},V_{\rm FL})$ 和 $f(E_{\rm V},V_{\rm FR})$ 为费米-狄拉克分布函数，即 $f(E_{\rm V},V_{\rm FL})=\left(1+{\rm e}^{\frac{E_{\rm V}-V_{\rm FL}}{kT}}\right)^{-1}$ 和 $f(E_{\rm V},V_{\rm FR})=\left(1+{\rm e}^{\frac{E_{\rm V}-V_{\rm FR}}{kT}}\right)^{-1}$；$E_{\rm V}$ 为单能势，取决于电荷密度 $\rho(E)$ 或

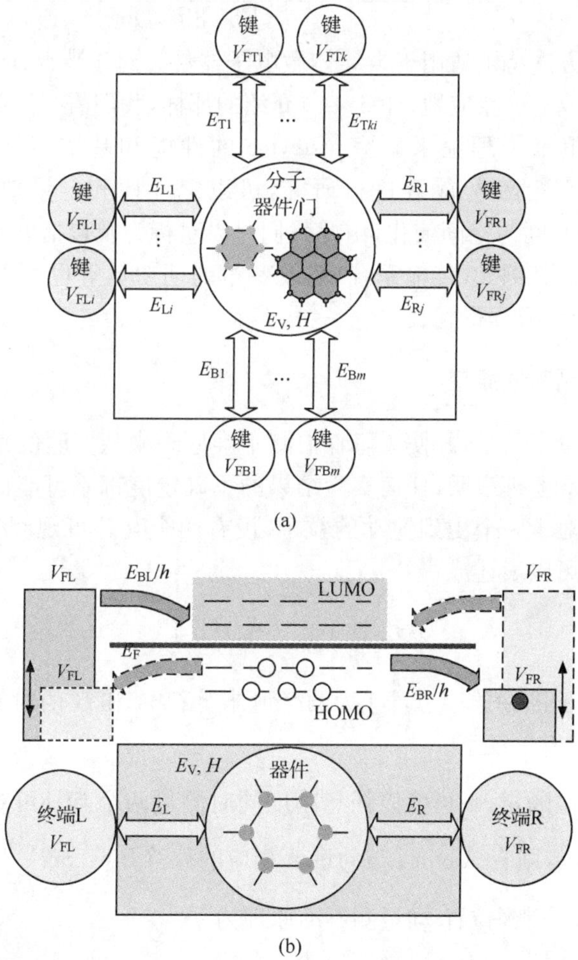

图 6.47　分子电子器件：(a) 一个多端[ME]device，左(L)、右(R)、顶(T)和底(B)端键形成输入、控制和输出端；(b) 一个双端[ME]device，带汉密顿 H、单势能 $E_{\rm V}$ 和可变的左/右势 $V_{\rm FL}$ 和 $V_{\rm FR}$

电子数 N，$E_V=E_{V0}+V_{SC}$；V_{SC} 为自洽势，它通过求解使用电荷密度的泊松方程得到，$V_{SC}=f_\rho(\rho)$ 或 $V_{SC}=V(N-N_0)$；N 为电子浓度；以及 V_{FL} 和 V_{FR} 分别为与费米能级相关的左化学势和右化学势。

化学势 V_{FL} 和 V_{FR} 是可变的，若 $V_{FL}=V_{FR}$，则不存在电子输运。图 6.47(b)给出了 HOMO 和 LUMO 轨道以及费米能级。取决于 HOMO 和 LUMO 能级以及 E_F，电子输运通过特定的轨道进行。电子输运率 E_{BL}/h 和 E_{BR}/h 为展宽能 E_{BL} 和 E_{BR} 的函数。可以利用下式对电子数和电流进行估算[58]：

$$N=2\frac{E_{BL}f(E_V,V_{FL})+E_{BR}f(E_V,V_{FR})}{E_{BL}+E_{BR}}$$

$$I=\frac{eNE_{BR}}{h}=\frac{2eE_{BL}E_{BR}[f(E_V,V_{FL})-f(E_V,V_{FR})]}{h(E_{BL}+E_{BR})}$$

前面介绍的方法特别适用于半导体微电子器件。对于^{ME}device，相反，许多假定和前提不一定成立。相应地，如 6.4 节介绍的那样，我们需要使用其他方法。在这里，我们将使用量子理论来研究^{ME}device 的性能和基本特性。利用波函数 $[\Psi(t,\mathrm{r})]$，通过对能量、势能等进行研究，可以定性地和定量地探讨量子系统(^{M}device)状态的时间与空间演化，由此我们可以对行为及包括电子输运在内的现象进行系统的分析。例如，传输系统、系统变量的期望值等也可以通过波函数导出，通过求解薛定谔方程得到。

6.20.2 海森伯测不准原理

我们将应用量子力学，并使用海森伯测不准原理来从实验的角度进行一些分析。海森伯测不准原理表明，任何实验结果的不确定度都不可能低于由测不准原理规定的下限。对于一个受到搅动的粒子，设有两个互补可观测变量 A 和 B，则广义测不准原理可以表述成

$$\sigma_A^2\sigma_B^2\geqslant\left(\frac{1}{2i}\langle[\hat{A},\hat{B}]\rangle\right)^2$$

式中，σ_A 和 σ_B 为标准偏差；$[\hat{A},\hat{B}]$ 为两个厄米算符 $\hat{A}$ 和 $\hat{B}$ 的对易子，$[\hat{A},\hat{B}]=\hat{A}\hat{B}-\hat{B}\hat{A}$。

由此我们可以断定，不可能以任意精度同时测量两个互补可观察变量。若可观察的量为位置 x，则有 $\hat{A}=x$，与动量 p 相应的算符 $\hat{B}=-i\hbar\frac{\partial}{\partial x}$。使用正则对易关系 $[\hat{x},\hat{p}]=i\hbar$，得到位置-动量测不准原理为

$$\sigma_x^2\sigma_p^2\geqslant\left(\frac{1}{2i}i\hbar\right)^2=\left(\frac{1}{2}\hbar\right)^2\quad 或\quad \sigma_x\sigma_p\geqslant\frac{1}{2}\hbar$$

相应地，能量-时间的测不准原理为

$$\sigma_E \sigma_t \geqslant \frac{1}{2}\hbar$$

符号 Δx、Δp、ΔE 和 Δt 通常用于定义不确定量的标准偏差。在 6.4 节及量子力学书籍中，ΔE 为量子能级之间的能量差。因此，在海森伯测不准原理中，我们使用的符号 Δ，并不表示能量差 ΔE。

在测量 A 和 B 时，通过其色散关系来定义不确定度 ΔA 和 ΔB，例如 $(\Delta A)^2 = \langle(\hat{A}-\langle\hat{A}\rangle)^2\rangle = \langle\hat{A}^2\rangle - \langle\hat{A}\rangle^2$ 和 $(\Delta B)^2 = \langle(\hat{B}-\langle\hat{B}\rangle)^2\rangle = \langle\hat{B}^2\rangle - \langle\hat{B}\rangle^2$，或

$$\Delta A = \sqrt{\langle\hat{A}^2\rangle - \langle\hat{A}\rangle^2} \quad 与 \quad \Delta B = \sqrt{\langle\hat{B}^2\rangle - \langle\hat{B}\rangle^2}。$$

相应地，测不准关系为 $\Delta A \Delta B \geqslant \frac{1}{2} |\langle[\hat{A},\hat{B}]\rangle|$。

同样，位置-动量及能量-时间的测不准原理可以改写为

$$\Delta x \Delta p_x \geqslant \frac{1}{2}\hbar, \quad \Delta y \Delta p_y \geqslant \frac{1}{2}\hbar, \quad \Delta z \Delta p_z \geqslant \frac{1}{2}\hbar$$

和

$$\Delta\hat{E}\Delta t \geqslant \frac{1}{2}\hbar。$$

例 6.20.1

详细地考察位置-动量测不准原理 $\Delta x \Delta p_x \geqslant \frac{1}{2}\hbar$。动量 p_x 的下标 x 表明 $\Delta x \Delta p_x \geqslant \frac{1}{2}\hbar$ 应用于给定方向粒子的运动，且仅考虑在此方向上的位置 x 和动量 p_x 的不确定性。$\Delta x \Delta p_x \geqslant \frac{1}{2}\hbar$ 给出任何实验所能得到的最小不确定度的估计(不可能更好)，对一个粒子的位置和动量进行测量，将给出不确定度 Δx 和 Δp_x。因此，海森伯测不准原理表明，若测量一个粒子动量的 x 分量，具有不确定度 Δp_x，则其 x 位置测量的精度不可能小于 $\Delta x \geqslant \frac{\hbar}{2\Delta p_x}$。这样，不可能同时测量两个可观测量到任意精度。

因此，测量精度是有上限的。不论使用何种测量硬件，我们进行的实验，不可以超过由 $\Delta x \Delta p_x \geqslant \frac{1}{2}\hbar$，$\Delta y \Delta p_y \geqslant \frac{1}{2}\hbar$，$\Delta z \Delta p_z \geqslant \frac{1}{2}\hbar$，以及 $\Delta\hat{E}\Delta\bar{t} \geqslant \frac{1}{2}\hbar$ 限定的条件。必须强调的是，在任意给定的时刻，粒子的位置、动量和能量为动态变量(系统或器件的可测量特性)。与此相反，时间是独立的变量，动态变量是时间的函数。即，在 $\Delta\hat{E}\Delta t \geqslant \frac{1}{2}\hbar$ 中，Δt 是系统发生显著变化所需的时间。例如，为了确保 E 的可观测性，Δt 表示 E 的期望值变化一个标准偏差所需要的时间量。

上述结果对包括^{M}device在内的量子系统的试验、评估和表征施加了一定的约束和限制。对于特定的器件，进行测量的能力取决于器件物理、功能性、现象和载流子(光子、电子或离子)等。然而，测不准原理并没有定义维度、开关时间、功率消耗、开关能量及其他器件特性。这些量必须使用本节中介绍的其他概念系统地得到。

例 6.20.2

对于能量为E的单一光子，动量为$p=E/c$。德布罗意公式将动量与波长λ联系起来，即$p=h/\lambda$。电子的静止能量$m_ec^2=5.1\times10^5\text{eV}$。对于具有动能$\Gamma$的电子，如果$\Gamma\ll m_ec^2$，则可以使用非相对论公式得到动量$p=\sqrt{2m_e\Gamma}$。若$\Gamma=1\text{eV}$，我们有$p=5.4\times10^{-25}\text{kg}\cdot\text{m/s}$，相应地$\lambda=1.2\text{nm}$。辐射频率$\nu=\dfrac{c}{\lambda}$。

例 6.20.3

对于一个$9.1\times10^{-31}\text{kg}$的电子(微观粒子)和一颗$9.1\times10^{-3}\text{kg}$子弹(宏观位子)，推导位置不确定度$\Delta x$。假设其速度均为1000m/s，测量的不确定度为0.001%。利用$p=mv$，有$\Delta p=m\Delta v$。因此，由

$$\Delta x\geqslant\frac{\hbar}{2\Delta p_x}$$

对于电子，我们得到$\Delta x\geqslant0.00577\text{m}$，而对于子弹，则有$\Delta x\geqslant5.77\times10^{-31}\text{m}$。考虑到硅原子的原子半径为117pm，得到位置的不确定度Δx为2.47×10^7，它大于Si原子的直径。与此相反，一个1cm的子弹的尺度为Δx的1.73×10^7倍，因此，它确保子弹测量时没有任何限制。

6.20.3 粒子速度

对于^{ME}device，重要的是，研究波包如何在时间和空间上的变化，这样，可以为量子粒子的空间运动提供解答。一组物质波的速度等于支配粒子运动的速度。对于沿x方向传播的波包，为了研究其时间演化，我们使用如下方程

$$\Psi(t,x)=\frac{1}{\sqrt{2\pi}}\int_{-\infty}^{\infty}\phi(k)\mathrm{e}^{\mathrm{i}(kx-\omega t)}\mathrm{d}k$$

式中，$\phi(k)$为波包振幅；k为波数；ω为角频率。

为了考察波包随时间的演化，其群速度和相速度为

$$v_{\mathrm{g}}=\frac{\mathrm{d}\omega(k)}{\mathrm{d}k}=v_{\mathrm{ph}}+k\frac{\mathrm{d}v_{\mathrm{ph}}}{\mathrm{d}k}=v_{\mathrm{ph}}+p\frac{\mathrm{d}v_{\mathrm{ph}}}{\mathrm{d}p}$$

和

$$v_{\mathrm{ph}}=\frac{\omega(k)}{k}。$$

群速度表示一组由波包构成的行波的运动速度。相速度则是第m个谐波$\mathrm{e}^{\mathrm{i}k_{\mathrm{m}}(x-v_{\mathrm{ph}}t)}$的相传播速度。波包以群速度传播。利用$E=\hbar\omega$和$p=\hbar k$，我们有

$$v_{gb} = \mathrm{d}E(p)/\mathrm{d}p \quad 和 \quad v_{ph} = E(p)/p。$$

由 $E=\dfrac{p^2}{2m}+\Pi$，假定 Π=常数，我们有

$$v_g = \mathrm{d}E(p)/\mathrm{d}p = p/m = v \quad 和 \quad v_{ph} = E(p)/p = p/2m + \Pi/p。$$

这样，波包的群速度等于粒子速度 v。

对于自由电子，能量为 $E=\dfrac{p^2}{2m}=\dfrac{\hbar^2k^2}{2m}=\hbar\omega$。因此，我们有 $\nu_g=\dfrac{\mathrm{d}\omega}{\mathrm{d}k}=\dfrac{\hbar k}{m}=\dfrac{p}{m}=v$。考虑在强度为 E_E 的电场中的自由电子。我们有

$$\mathrm{d}E = eE_E\mathrm{d}x = eE_E\frac{\mathrm{d}x}{\mathrm{d}t}\mathrm{d}t = eE_E v\mathrm{d}t \text{ 和 } \mathrm{d}E = \hbar\mathrm{d}\omega = \hbar\frac{\mathrm{d}\omega}{\mathrm{d}k}\mathrm{d}k = \hbar v\mathrm{d}k$$

这样，我们得到 $qE_E=\hbar\dfrac{\mathrm{d}k}{\mathrm{d}t}$。

电子速度 $v=\dfrac{\mathrm{d}\omega}{\mathrm{d}k}=\dfrac{1}{\hbar}\dfrac{\mathrm{d}E}{\mathrm{d}k}$ 的时间导数给出电子的加速度 $a=\dfrac{\mathrm{d}v}{\mathrm{d}t}=\dfrac{1}{\hbar}\dfrac{\mathrm{d}^2E}{\mathrm{d}k\mathrm{d}t}=\dfrac{1}{\hbar}\dfrac{\mathrm{d}^2E}{\mathrm{d}k^2}\dfrac{\mathrm{d}k}{\mathrm{d}t}=\dfrac{1}{\hbar^2}\dfrac{\mathrm{d}^2E}{\mathrm{d}k^2}eE_E$。作用于电子上的力 $F=\dfrac{\mathrm{d}p}{\mathrm{d}t}=\hbar\dfrac{\mathrm{d}k}{\mathrm{d}t}$ 或 $F=eE_E$。因此，我们有 $a=\dfrac{1}{\hbar^2}\dfrac{\mathrm{d}^2E}{\mathrm{d}k^2}F$。在固态半导体器件中，表达式 $F=\hbar^2\left(\dfrac{\mathrm{d}^2E}{\mathrm{d}k^2}\right)^{-1}\dfrac{\mathrm{d}v}{\mathrm{d}t}$ 常用于导出所谓的电子的有效质量，即 $m_{eff}=\hbar^2\left(\dfrac{\mathrm{d}^2E}{\mathrm{d}k^2}\right)^{-1}$。

在固态^{ME}device 中，器件物理与 3D 拓扑可以系统地集成在一起。推导的粒子速度表达式，可以用于获得 I-V 和 G-V 特性、估算传播延迟、分析开关速度、以及考察^{ME}device 的其他特性等。

例 6.20.4

考察一个对应于相对论粒子的波包。能量和动量分别为 $E=mc^2=\dfrac{m_0c^2}{\sqrt{1-v^2/c^2}}$ 和 $p=mv=\dfrac{m_0v}{\sqrt{1-v^2/c^2}}$，这里，$m_0$ 是粒子的静止质量。由 $E=c\sqrt{p^2+m_0^2c^2}$，我们得到

$$v_g = \frac{\mathrm{d}E}{\mathrm{d}p} = \frac{\mathrm{d}(c\sqrt{p^2+m_0^2c^2})}{\mathrm{d}p} = \frac{pc}{\sqrt{p^2+m_0^2c^2}} = v \quad 和 \quad v_{ph} = \frac{E}{p} = \frac{c^2}{v}。$$

例 6.20.5

考察一个非相对论的粒子，由 $E=mv^2/2$，我们有 $v=\sqrt{\dfrac{2E}{m}}$。若 $E=0.1\mathrm{eV}=0.160\ 217\ 646\ 2\times10^{-19}\mathrm{J}$。对于非相对论的电子，有 $v=1.88\times10^5\mathrm{m/s}$。因此，电子行走 1nm 距离所用的时间为

$$t = L/v = 5.33\times10^{-15}\mathrm{s}$$

粒子（电子）的跨越时间对分析器件的性能是非常有意义的[7,62]。对于一维的

情形，对于一个处于势阱 $\Pi(x)$ 中能量为 E 的粒子，我们有 $\tau(E)=\int_{x_0}^{x_f}\sqrt{\frac{m}{2[\Pi(x)-E]}}\mathrm{d}x$。对于具有 Π_0 和宽度 L 的一维方形势垒，则为 $\tau(E)=\sqrt{\frac{m}{2(\Pi_0-E)}}L$。通过使用具有两个粒子状态 $T_1(E)$ 和 $T_2(E)$ 的透射概率，我们有[63]

$$\tau(E)=\lim_{\lambda\to 0}\left(\frac{\hbar}{|\lambda|}\sqrt{\frac{T_2(E)}{T_1(E)}}\right)。$$

例 6.20.6

若 $(\Pi_0-E)=0.1\mathrm{eV}=0.16\times10^{-19}\mathrm{J}$，且 $L=1\mathrm{nm}$，我们有 $\tau=5.33\times10^{-15}\mathrm{s}$。估计的 τ 与文献[63]报道结果一致，这里，我们利用了透射概率。正如 6.13.5 节所介绍的那样，当使用波函数时，我们可以导出动量的期望值，以获得 $\tau(E)$。

6.20.4 粒子与势

考虑一个在有限一维势阱 $\Pi(x)$ 中的粒子，当 $x\to\pm\infty$ 时，$\Pi(-\infty)=\Pi_1$ 和 $\Pi(+\infty)=\Pi_2$，如图 6.48 所示。若势阱具有一个最小值 $\Pi_{\min}<\Pi_1<\Pi_2$，则存在束缚态(其波函数在 $x\to\pm\infty$ 时有限或为零)，这时，因为能量 $\Pi_{\min}<E<\Pi_1$ 的粒子不能运动到无穷处，例如，对于所有能量，粒子被限制(束缚)，只能在有限的范围内运动。例如，对于无限的方势阱和谐振子问题，薛定谔方程仅能得到分立的解。当粒子不受约束时，例如，粒子为自由的，则为非束缚态(连续谱)。特别地，若 $\Pi_1<E<\Pi_2$，粒子可以运动到 $-\infty$，例如，粒子可以在 x_1 和 $-\infty$ 之间运动。能量谱是连续的，并且能量本征值是非简并的。若 $E>\Pi_2$，能量谱为连续的，粒子可以在 $\pm\infty$ 间作无限的运动。这时，能量是双重简并的。需要强调的是，混合谱对应于仅对某些能量约束的粒子势垒，如库仑势垒和分子势垒。

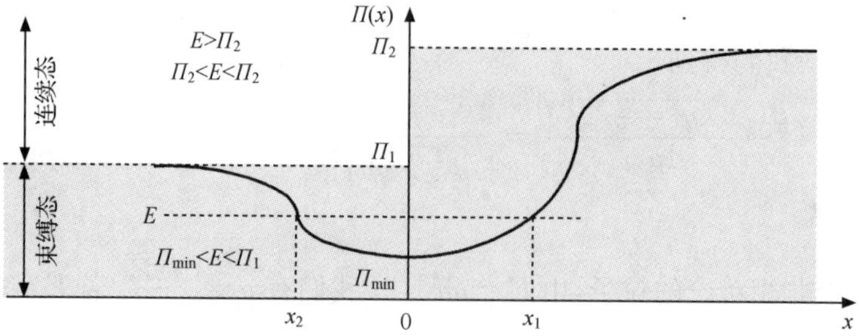

图 6.48 一维势与运动

假设一个粒子被俘获于一个亚稳的势阱[61]中，如图 6.49 所示。由于热涨落和电磁场的作用，粒子从环境或控制仪器获得能量可以逃逸、透射或隧穿势阱。文献中给出了各种详细的、甚至矛盾的结果。量子理论可以应用于ME device，它侧重于基于固态基础理论的工程解决方案。对于 $\Pi(x)$ 势垒，透射率 $T(E)$ 的 WKB (Wentzel-Kramers-Brillouin) 近似由下式给出

$$T(E) \approx \mathrm{e}^{-\frac{2}{\hbar}\int_{x_0}^{x_f}} \sqrt{2m[\Pi(x)-E]\mathrm{d}x}$$

有关量子力学的基本理论及其应用，将在随后的章节中予以介绍。

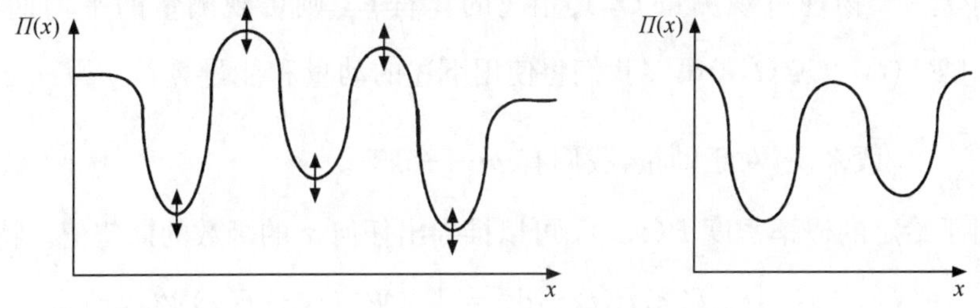

图 6.49 一维亚稳势

6.20.5 薛定谔方程

粒子在笛卡儿坐标系下与时间无关(不含时)的薛定谔方程可以表示为

$$-\frac{\hbar^2}{2m}\nabla^2\Psi(x,y,z)+\Pi(x,y,z)\Psi(x,y,z)=E(x,y,z)\Psi(x,y,z),$$

式中，∇^2 为拉普拉斯算子，$\nabla^2=\frac{\partial^2}{\partial x^2}+\frac{\partial^2}{\partial y^2}+\frac{\partial^2}{\partial z^2}$；$\Pi(x,y,z)$ 为势能函数；$E(x,y,z)$ 为总能量。哈密顿量为 $H=-\frac{\hbar^2}{2m}\nabla^2+\Pi$。

因此，$H(x,y,z)\Psi(x,y,z)=E(x,y,z)\Psi(x,y,z)$ 或 $H(r)\Psi(r)=E(r)\Psi(r)$ 含时的薛定谔方程为

$$-\frac{\hbar^2}{2m}\nabla^2\Psi(t,x,y,z)+\Pi(t,x,y,z)\Psi(t,x,y,z)=\mathrm{i}\hbar\frac{\partial\Psi(t,x,\gamma,z)}{\partial t}$$

或

$$-\frac{\hbar^2}{2m}\nabla^2\Psi(t,r)+\Pi(t,r)\Psi(t,r)=\mathrm{i}\hbar\frac{\partial\Psi(t,r)}{\partial t}。$$

薛定谔方程具有：与德布罗意-爱因斯坦假定 $p=h/\lambda$ 和 $v=E/h$ 相一致；与总能量、动量和势能，例如 $E=p^2/2m+\Pi$，相一致；以及 $\Psi(t,r)$ 为线性的。

为了得到波函数，薛定谔方程应当使用归一化、边界条件和连续性条件来求解。一般来说，$\Psi(t,r)$ 是能量、质量等的非线性函数。在某一体积内找到粒子的概率为 $\int_V \Psi^*(t,r)\Psi(t,r)\mathrm{d}V$，式中，$\Psi^*(t,r)$ 是 $\Psi(t,r)$ 的复共轭。波函数的归

一化条件为 $\int_{-\infty}^{\infty}\Psi^*(t,r)\Psi(t,r)\mathrm{d}V=1$，在笛卡儿坐标系下，$\mathrm{d}V=\mathrm{d}x\mathrm{d}y\mathrm{d}z$。

系统状态的时间演化由其波函数定义。$\Psi(t,r)$ 的性质与其相关的粒子的行为是通过概率密度 $P(t,r)$ 来相互联系的。例如，量 $P(t,r)$ 表示在时刻 t 于 x 附近单位长度内找到粒子的概率。这样

$$P(t,x)=\Psi^*(t,x)\Psi(t,x)$$

对于一个物理可观测量 C，其相应的算符 $\hat{C}$，则可观测量的平均期望值为 $\langle C\rangle=\int\Psi^*(t,r)\hat{C}\Psi(t,r)\mathrm{d}V$。我们将使用下述的动量和能量算符 $p\leftrightarrow-\mathrm{i}\hbar\frac{\partial}{\partial x}$ 和 $E\leftrightarrow\mathrm{i}\hbar\frac{\partial}{\partial t}$。一般来说，对于动量，我们有 $p\leftrightarrow-\mathrm{i}\hbar\nabla$。

对于给定的概率密度 $P(t,x)$，可以推导出任何 x 的函数的期望值。特别地

$$\langle f(x)\rangle=\int_{-\infty}^{\infty}f(x)P(t,x)\mathrm{d}x=\int_{-\infty}^{\infty}\Psi^*(t,x)f(x)\Psi(t,x)\mathrm{d}x$$

例如，x 和 x^2 的期望值为

$$\langle x\rangle=\int_{-\infty}^{\infty}xP(t,x)\mathrm{d}x=\int_{-\infty}^{\infty}\Psi^*(t,x)x\Psi(t,x)\mathrm{d}x$$

和

$$\langle x^2\rangle=\int_{-\infty}^{\infty}x^2P(t,x)\mathrm{d}x=\int_{-\infty}^{\infty}\Psi^*(t,x)x^2\Psi(t,x)\mathrm{d}x$$

对于一维的情形，动量和总能量的期望值为

$$\langle p\rangle=\int_{-\infty}^{\infty}\Psi^*(t,x)\left(-\mathrm{i}\hbar\frac{\partial}{\partial x}\right)\Psi(t,x)\mathrm{d}x=-\mathrm{i}\hbar\int_{-\infty}^{\infty}\Psi^*(t,x)\frac{\partial\Psi(t,x)}{\partial x}\mathrm{d}x$$

和

$$\begin{aligned}\langle E\rangle&=\int_{-\infty}^{\infty}\Psi^*(t,x)\left(\mathrm{i}\hbar\frac{\partial}{\partial t}\right)\Psi(t,x)\mathrm{d}x=\mathrm{i}\hbar\int_{-\infty}^{\infty}\Psi^*(t,x)\frac{\partial\Psi(t,x)}{\partial t}\mathrm{d}x\\&=\int_{-\infty}^{\infty}\Psi^*(t,x)\left(-\frac{\hbar^2}{2m}\frac{\partial^2}{\partial x^2}+\Pi(t,x)\right)\Psi(t,x)\mathrm{d}x\end{aligned}$$

对于 $f(p)$，我们有 $\langle f(p)\rangle=\int_{-\infty}^{\infty}\Psi^*(t,x)f\left(-\mathrm{i}\hbar\frac{\partial}{\partial x}\right)\Psi(t,x)\mathrm{d}x$

例如，$\langle p^2\rangle=\int_{-\infty}^{\infty}\Psi^*(t,x)\left(-\mathrm{i}\hbar\frac{\partial}{\partial x}\right)^2\Psi(t,x)\mathrm{d}x=-\hbar^2\int_{-\infty}^{\infty}\Psi^*(t,x)\times\frac{\partial^2\Psi(t,x)}{\partial x^2}\mathrm{d}x$

对于作为 x 和 p 的函数的任意量，例如，$f(t,x,p)$，其期望值为

$$\langle f(t,x,p)\rangle=\int_{-\infty}^{\infty}\Psi^*(t,x)f\left(t,x,-\mathrm{i}\hbar\frac{\partial}{\partial x}\right)\Psi(t,x)\mathrm{d}x$$

作为示例，对于势阱 $\Pi(t,x)$，我们有 $\langle\Pi(t,x)\rangle=\int_{-\infty}^{\infty}\Psi^*(t,x)\Pi(t,x)\Psi(t,x)\mathrm{d}x$

例 6.20.7

若一个自由粒子的最低能态的波函数为

$$\Psi(t,x)=\begin{cases}A\cos\dfrac{\pi x}{L}\mathrm{e}^{-\frac{\mathrm{i}E}{\hbar}t} & -\dfrac{1}{2}L<x<\dfrac{1}{2}L\\ 0 & x\leqslant-\dfrac{1}{2}L,x\geqslant\dfrac{1}{2}L\end{cases}$$

如随后介绍的那样,我们考虑一个处于一维势阱中的粒子,$-L/2<x<L/2$ 时,$\Pi(x)=0$,而其他情况下,$\Pi(x)=\infty$。

通过求解薛定谔方程,得到总能量 E,即

$$-\frac{\hbar^2}{2m}\frac{\partial^2\Psi}{\partial x^2}=\mathrm{i}\hbar\frac{\partial\Psi}{\partial t}\quad -L/2<x<L/2$$

空间和时间导数的表示式为

$$\frac{\partial\Psi}{\partial x}=-\frac{\pi}{L}A\sin\frac{\pi x}{L}\mathrm{e}^{-\frac{\mathrm{i}E}{\hbar}t}$$

$$\frac{\partial^2\Psi}{\partial x^2}=-\frac{\pi^2}{L^2}A\cos\frac{\pi x}{L}\mathrm{e}^{-\frac{\mathrm{i}E}{\hbar}t}=-\frac{\pi^2}{L^2}\Psi\quad 和\quad \frac{\partial\Psi}{\partial t}=-\frac{\mathrm{i}E}{\hbar}A\cos\frac{\pi x}{L}\mathrm{e}^{-\frac{\mathrm{i}E}{\hbar}t}=-\frac{\mathrm{i}E}{\hbar}\Psi$$

这样,由薛定谔方程得到

$$\frac{\hbar^2}{2m}\frac{\pi^2}{L^2}\Psi=-\mathrm{i}\hbar\frac{\mathrm{i}E}{\hbar}\Psi$$

因此,$E=\dfrac{\pi^2\hbar^2}{2mL^2}$。

x 和 x^2 的期望值可以通过下式得到

$$\langle x\rangle=\int_{-\infty}^{\infty}xP(t,x)\mathrm{d}x=\int_{-\infty}^{\infty}\Psi^*(t,x)x\Psi(t,x)\mathrm{d}x$$

$$\langle x^2\rangle=\int_{-\infty}^{\infty}x^2P(t,x)\mathrm{d}x=\int_{-\infty}^{\infty}\Psi^*(t,x)x^2\Psi(t,x)\mathrm{d}x$$

利用 $\Psi(t,x)$,我们有

$$\langle x\rangle=\int_{-\frac{1}{2}L}^{\frac{1}{2}L}A\cos\frac{\pi x}{L}\mathrm{e}^{\frac{\mathrm{i}E}{\hbar}t}xA\cos\frac{\pi x}{L}\mathrm{e}^{-\frac{\mathrm{i}E}{\hbar}t}\mathrm{d}x=A^2\int_{-\frac{1}{2}L}^{\frac{1}{2}L}x\cos^2\frac{\pi x}{L}\mathrm{d}x=0$$

和

$$\langle x^2\rangle=\int_{-\frac{1}{2}L}^{\frac{1}{2}L}A\cos\frac{\pi x}{L}\mathrm{e}^{\frac{\mathrm{i}E}{\hbar}t}x^2A\cos\frac{\pi x}{L}\mathrm{e}^{-\frac{\mathrm{i}E}{\hbar}t}\mathrm{d}x=A^2\int_{-\frac{1}{2}L}^{\frac{1}{2}L}x^2\cos^2\frac{\pi x}{L}\mathrm{d}x$$

$$=2A^2\int_{0}^{\frac{1}{2}L}x^2\cos^2\frac{\pi x}{L}\mathrm{d}x=2A^2\frac{L^3}{\pi^3}\int_{-\frac{1}{2}L}^{\frac{1}{2}\pi}\left(\frac{\pi x}{L}\right)^2\cos^2\frac{\pi x}{L}\mathrm{d}\frac{\pi x}{L}=A^2\frac{L^3}{24\pi^2}(\pi^2-6)$$

波函数应当是归一化的,由此可以得到振幅 A。我们有

$$\int_{-\infty}^{\infty}\Psi^*(t,x)\Psi(t,x)\mathrm{d}x=A^2\int_{-\frac{1}{2}L}^{\frac{1}{2}L}\cos^2\frac{\pi x}{L}\mathrm{d}x=2A^2\frac{L}{\pi}\int_{0}^{\frac{1}{2}\pi}\cos^2\frac{\pi x}{L}\mathrm{d}\frac{\pi x}{L}=2A^2\frac{L}{\pi}\frac{\pi}{4}$$

将波函数归一化,即 $\int_{-\infty}^{\infty}\Psi^*(t,x)\Psi(t,x)\mathrm{d}x=1$。我们得到 $A=\sqrt{\dfrac{2}{L}}$。这样,

$\langle x^2\rangle=\dfrac{2}{L}\dfrac{L^3}{24\pi^2}(\pi^2-6)=\dfrac{L^2}{12\pi^2}(\pi^2-6)$，它给出粒子在平均值附近的涨落，且均方根为 $\sqrt{\langle x^2\rangle}$。

根据 $\langle p^2\rangle=-\hbar^2\int_{-\infty}^{\infty}\Psi^*(t,x)\dfrac{\partial^2\Psi(t,x)}{\partial x^2}\mathrm{d}x$，我们有 $\langle p^2\rangle=\hbar^2\dfrac{\pi^2}{L^2}\int_{-\infty}^{\infty}\Psi^*(t,x)\dfrac{\partial\Psi^2(t,x)}{\partial x^2}\mathrm{d}x=\dfrac{\hbar^2\pi^2}{L^2}$。这样，均方根动量为 $\sqrt{\langle p^2\rangle}=\dfrac{\pi\hbar}{L}$，并且 $\sqrt{\langle p^2\rangle}$ 表示于平均值$\langle p\rangle=0$ 附近的平均动量。利用 $E=\dfrac{\pi^2\hbar^2}{2mL^2}$，由 $p=\pm\sqrt{2mE}$，我们最终得到动量的振幅为 $\dfrac{\pi\hbar}{L}$。

例 6.20.8

若

$$\Psi(x)=\begin{cases}2a\sqrt{a}x\mathrm{e}^{-ax} & x\geqslant 0\\ 0 & x<0\end{cases}$$

$P(x)=|\Psi(x)|^2$ 的峰值出现在 $\dfrac{\mathrm{d}P(x)}{\mathrm{d}x}=4a^3\dfrac{\mathrm{d}(x^2\mathrm{e}^{-2ax})}{\mathrm{d}x}=0$。利用 $x(1-ax)\mathrm{e}^{-2ax}=0$，我们有 $x=1/a$。x 和 x^2 的期望值分别为

$$\langle x\rangle=\int_0^{\infty}x(4a^3x^2\mathrm{e}^{-2ax})\,\mathrm{d}x=\frac{1}{4a}\int_0^{\infty}y^3\mathrm{e}^{-y}\mathrm{d}y=\frac{3!}{4a}=\frac{3}{2a}$$

和

$$\langle x\rangle^2=\int_0^{\infty}x^2(4a^3x^2\mathrm{e}^{-2ax})\mathrm{d}x=\frac{4!}{8a^2}=\frac{3}{a^2}$$

对于一维问题，概率流密度 $J(t,x)$ 由下式给出

$$J(t,x)=\frac{\mathrm{i}\hbar}{2m}\left(\Psi(t,x)\frac{\partial\Psi^*(t,x)}{\partial x}-\Psi^*(t,x)\frac{\partial\Psi(t,x)}{\partial x}\right)$$

在时刻 t 于区域 $a<x<b$ 找到一个粒子的概率为 $P_{ab}(t)=\int_a^b\Psi^*(t,x)\Psi(t,x)\mathrm{d}x$ 和 $\dfrac{\mathrm{d}P_{ab}}{\mathrm{d}t}=J(t,a)-J(t,b)$。对于概率密度 $P(t,x)=\Psi^*(t,x)\Psi(t,x)$，我们得到 $\dfrac{\partial P(t,x)}{\partial t}+\dfrac{\partial J(t,x)}{\partial x}=0$。假设薛定谔方程的解为 $\Psi(t,x)=\mathrm{e}^{-\mathrm{i}\frac{E}{\hbar}t}\Psi(x)$。概率密度与时间无关，即 $\mathrm{d}P_{ab}/\mathrm{d}t=0$ 和 $J(t,x)=$ 常数。例如，若 $\Psi(x)=A\mathrm{e}^{\mathrm{i}kx}$，我们有 $P_{ab}=|A|^2(b-a)$ 和 $P=|A|^2$。因此，有 $J=\dfrac{\hbar k}{m}|A|^2=\dfrac{\hbar k}{m}P$。

对于三维问题，则有 $\dfrac{\partial P(t,r)}{\partial t}+\nabla\cdot J(t,r)=0$，相应地，概率密度和概率流密度分别为 $P(t,\boldsymbol{r})=\Psi^*(t,\boldsymbol{r})\Psi(t,\boldsymbol{r})$ 和 $J(t,\boldsymbol{r})=\dfrac{\mathrm{i}\hbar}{2m}[\Psi(t,\boldsymbol{r})\nabla\Psi^*(t,\boldsymbol{r})-\Psi^*(t,\boldsymbol{r})\nabla\Psi(t,\boldsymbol{r})]$。

例 6.20.9　概率流密度和电流密度的含义

必须强调的是，概率流密度 $\boldsymbol{J}(t,\boldsymbol{r})$ 和电流密度 $\boldsymbol{j}$ 是完全不同的两个量。在半导体器件中，其基本方程之一为 $\boldsymbol{j}=Q\boldsymbol{v}$，其中 Q 为电荷密度；$\boldsymbol{v}$ 为电荷载流子(电子或空穴)的速度，它由施加的电势、电场等得到。利用体积电荷密度 ρv，我们有 $\boldsymbol{j}=\rho v\boldsymbol{v}$。运动中的电荷构成电流。当带电粒子在传输路径中从一个区域运动到另一个区域时，电势也将相应地改变。通过封闭表面的电流为 $I=\oint_S \boldsymbol{j}\cdot \mathrm{d}s$ 和 $I=\mathrm{d}Q/\mathrm{d}t$。电子器件中的电流密度，等于单位时间内通过单位面积的电子数 $N_s\bar{v}_x$ (N_s 的单位是[个电子/cm^2])乘以电子电荷。对于一维情形，$j_x=-eN\bar{v}_x$ 或 $j_x=-e\sum_i \bar{v}_{xi}$。这里，平均净速度是通过利用各电子的平均动量得到的，$\bar{v}_x=\bar{p}_x/m$。与此相反，在量子力学中，$\boldsymbol{J}(t,\boldsymbol{r})$ 代表概率变化率，它允许我们估算 $\langle p\rangle$，它是利用 $\Psi(t,\boldsymbol{r})$ 而得到的。

例 6.20.10

文献[15]细致地介绍了器件物理与基本定理的应用，并可简单地获得和研究FET、BJT 及其他固态电子器件的稳态和动态特性。偏差是简单的，并简要地介绍一些众所周知的基本知识。对于 FET，我们可以得到通道 Q 和转移时间 t 内(它给出电子在发射极和集电极之间跨越时所需要的时间)的总电荷。这样，集电极到发射极的电流为 $I_{\mathrm{DS}}=Q/t$。电子速度为 $\boldsymbol{v}=-\mu_{\mathrm{n}}\boldsymbol{E}_{\mathrm{E}}$，其中 μ_{n} 为电子迁移率；$\boldsymbol{E}_{\mathrm{E}}$ 为电场强度。同时，我们有 $\boldsymbol{v}=\mu_{\mathrm{p}}\boldsymbol{E}_{\mathrm{E}}$，这里 μ_{p} 为空穴迁移率。在室温下，对于内禀硅，μ_{n} 和 μ_{p} 分别达到约 $1400\mathrm{cm}^2/(\mathrm{V}\cdot\mathrm{s})$ 和 $450\mathrm{cm}^2/(\mathrm{V}\cdot\mathrm{s})$。需要指出的是，$\mu_{\mathrm{n}}$ 和 μ_{p} 是场强、电压等的函数，因此，我们将使用有效的迁移率 μ_{peff} 和 μ_{peff}。利用电场的 x 分量，我们有 $E_{\mathrm{E}x}=-V_{\mathrm{DS}}/L$，这里 L 为通道长度。这样，$v_x=-\mu_{\mathrm{n}}E_{\mathrm{E}x}$ 和 $t=L/v_x=L^2/\mu_{\mathrm{n}}V_{\mathrm{DS}}$。通道和栅极构成并行电容器，板间由绝缘材料(栅极氧化物)间隔。由 $Q=CV$，考虑到当栅极和通道 V_{GC} 之间的电压超过 n 型通道门槛电压 V_{t} 时，将出现电荷，我们有 $Q=C(V_{\mathrm{GC}}-V_{\mathrm{t}})$。使用平板电容器的公式，对于长度为 L，宽度为 W，板间距等于栅板氧化物厚度 T_{ox}，栅极电容为 $C=WL\varepsilon_{\mathrm{ox}}/T_{\mathrm{ox}}$，这里，$\varepsilon_{\mathrm{ox}}$ 为栅极氧化物的介电常数，对于二氧化硅(SiO_2)，$\varepsilon_{\mathrm{ox}}$ 约为 $3.5\times10^{-11}\mathrm{F/m}$。我们将简要地推导与尺度相关的量，如电流、电容、速度、渡越时间等的基本方程。此外，文献[15]简要地推导、并介绍了用于 FET 和 BJT 的 I-V 特性的解析方程。对于所谓的线性及饱和区下的一级 nFET，对应的公式为

$$I_{\mathrm{D}}=\mu_{\mathrm{n}}\frac{\varepsilon_{\mathrm{ox}}}{T_{\mathrm{ox}}}\frac{W_{\mathrm{C}}}{L_{\mathrm{C}}-2L_{\mathrm{GD}}}\left[(V_{\mathrm{GS}}-V_{\mathrm{t}})V_{\mathrm{DS}}-\frac{1}{2}V_{\mathrm{DS}}^2\right](1+\lambda V_{\mathrm{DS}})$$

$$V_{\mathrm{GS}}\geqslant V_{\mathrm{t}},\quad V_{\mathrm{DS}}<V_{\mathrm{GS}}-V_{\mathrm{t}}$$

和

$$I_{\mathrm{D}}=\frac{1}{2}\mu_{\mathrm{n}}\frac{\varepsilon_{\mathrm{ox}}}{T_{\mathrm{ox}}}\frac{W_{\mathrm{C}}}{L_{\mathrm{C}}-2L_{\mathrm{GD}}}(V_{\mathrm{GS}}-V_{\mathrm{t}})^2(1+\lambda V_{\mathrm{DS}})\quad V_{\mathrm{GS}}\geqslant V_{\mathrm{t}},\quad V_{\mathrm{DS}}\geqslant V_{\mathrm{GS}}-V_{\mathrm{t}}$$

式中，I_D 为集电极电流；V_{GS}和 V_{DS}为栅极源和集电极源电压；L_C 和 W_C 为通道长度和宽度；L_{GD}为栅极一集电极重叠长度；以及 L_{GD}为通道长度调制系统。对于pFET，与 I_D 对应的方程，我们使用 μ_p。计算 nFET 和 pFET 的特性所用的系统和参数是不相同的。对于^{MD}device，由于其独特的器件物理、现象和效应，半导体器件的基本理论将不再适用。例如，电子速度和 I-V 特性可以通过利用 $\Psi(t,\boldsymbol{r})$ 得到，如 6.13 节所介绍那样，它取决于三维的 $E(\boldsymbol{r})$。

例 6.20.11

若 $\Psi(x)=A\mathrm{e}^{\mathrm{i}kx}+B\mathrm{e}^{-\mathrm{i}kx}$，我们有 $\Psi^*(x)=A^*\mathrm{e}^{-\mathrm{i}kx}+B^*\mathrm{e}^{-\mathrm{i}kx}$ 和 $\dfrac{\mathrm{d}\Psi(x)}{\mathrm{d}x}=\mathrm{i}k(A\mathrm{e}^{\mathrm{i}kx}-B\mathrm{e}^{-\mathrm{i}kx})$。其中，$J(x)=\dfrac{\hbar k}{m}(|A|^2-|B|^2)=\dfrac{p}{m}(|A|^2-|B|^2)$。对 $\Psi(x)=A\mathrm{e}^{\frac{\mathrm{i}D(x)}{\hbar}}$，我们有 $J(x)=\dfrac{1}{m}A^2\dfrac{\mathrm{d}D(x)}{\mathrm{d}x}$。

对于如图 6.50(a)和 6.50(b)所示的势垒，我们将研究其隧穿问题，考察入射和反射波函数的振幅。如图所示，对 $\Psi(x)=A\mathrm{e}^{\mathrm{i}kx}+B\mathrm{e}^{-\mathrm{i}kx}$，我们有 $J=\dfrac{\hbar k}{m}(|A|^2-|B|^2)$，它可以定义为入射和反射概率流密度之差，$J=J_\mathrm{I}-J_\mathrm{R}$。反射系数定义为 $R=J_\mathrm{R}/J_\mathrm{I}=|B^2|/|A|^2$。由此可以得到入射、注入和逆向电子的速度与概率密度。外加的电压(偏压为 $\Delta V=V_\mathrm{L}-V_\mathrm{R}$)、电场以及跃迁和其他因素也可以引起势垒的变化。使用电位差 $\Delta\Pi$，分段连续能量势垒 $\Pi(x)$ 的变化如图 6.50(a)所示。对波函数和电流(如果 $E<\Pi$ 或 $E>\Pi$)的分析也是有意义的。考察电子从 x 的负值区运动到 x 的正值区。在 $x_{\mathrm{L}j}$ 和 $x_{\mathrm{R}j}$ 处，电子遇到位于中间的有限势垒 Π_{0j}，其宽度为 L_j[图 6.50(a)和(b)]。在此势垒的左侧和右侧(x_{L1} 和 x_{RN})，有限的势垒分别记为 $\Pi_{0\mathrm{L}}$ 和 $\Pi_{0\mathrm{R}}$。电子具有有限的透射和反射概率。在左侧占据能级 E_n 的电子可以隧穿能垒到右侧，并占据空的能级 E_n。电流是所有电子的贡献。

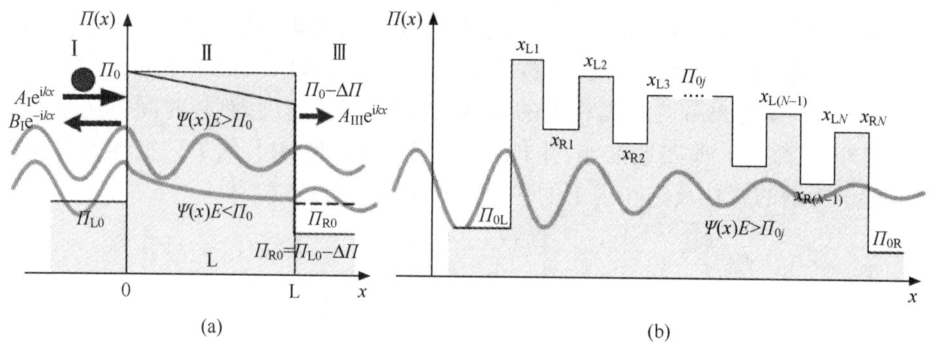

图 6.50　电子隧穿有限势垒：(a)单势垒；(b)多势垒

例 6.20.12

考虑在下述势阱中运动的粒子：

$$\Pi(x)=\begin{cases}0 & 0\leqslant x\leqslant L\\ \infty & x<0\ \text{或}\ x>L\end{cases}$$

非含时薛定谔方程的解

$$-\frac{\hbar^2}{2m}\frac{\partial^2\Psi(x)}{\partial x^2}+\Pi(x)\Psi(x)=E(x)\Psi(x)\quad 0\leqslant x\leqslant L$$

为一驻波 $\Psi(x)=A_1\mathrm{e}^{\mathrm{i}kx}+B_1\mathrm{e}^{-\mathrm{i}kx}$ 或 $\Psi(x)=A\sin kx+B\cos kx$，这里 $k^2=\dfrac{2mE}{\hbar^2}$。

在势阱内，波函数通过求解 $\dfrac{\mathrm{d}^2\Psi(x)}{\mathrm{d}x^2}+k^2\Psi(x)=0$ 得到。显然，当 $x=0$ 和 $x=L$ 时，$\Psi(x)=0$，即驻波节点位于势阱壁上。由 $\Psi(x)=0$，有 $B=0$。由 $\Psi(L)=0$，我们可以得到 $k_nL=n\pi, n=1,2,3,\cdots$ 时的归一化波函数，由 $1=\int_{-\infty}^{\infty}\Psi^*(x)\Psi(x)\mathrm{d}x=A^2\int_0^L\sin^2\dfrac{\pi x}{L}\mathrm{d}x=\dfrac{1}{2}A^2L$ 得到 $A=\sqrt{\dfrac{2}{L}}$。

这样，我们有 $\Psi_n(x)=\sqrt{\dfrac{2}{L}}\sin\dfrac{n\pi}{L}x=\dfrac{1}{\mathrm{i}\sqrt{2L}}(\mathrm{e}^{\mathrm{i}\frac{n\pi}{L}x}-\mathrm{e}^{-\mathrm{i}\frac{n\pi}{L}x}), 0\leqslant x\leqslant L$。

可见，能级是量子化的，且 $E_n=\dfrac{\hbar^2\pi^2}{2mL^2}n^2$。这里，整数 n 代表允许的能级（n 被称为量子数），$n=1,2,3,\cdots$

解 $\Psi_n(x)=\sqrt{\dfrac{2}{L}}\sin\dfrac{n\pi}{L}x$ 为实函数，我们有

$$\langle p\rangle=\int_{-\infty}^{\infty}\Psi_n^*(x)\left(-\mathrm{i}\hbar\frac{\partial}{\partial x}\right)\Psi_n(x)\mathrm{d}x=-\frac{\mathrm{i}\hbar}{2}\int_0^L\frac{\mathrm{d}[\Psi_n(x)]^2}{\mathrm{d}x}\mathrm{d}x$$
$$=-\frac{\mathrm{i}\hbar}{2}[\Psi_n^2(L)-\Psi_n^2(0)]=0$$

利用 $p^2=2mE$，对有限势阱中的粒子，我们有 $\langle p^2\rangle=2mE_n=\dfrac{\hbar^2\pi^2}{L^2}n^2$。基态（最低能量态）的能量为 $E_{n=1}=\dfrac{\hbar^2\pi^2}{2mL^2}$，它不同于处于静止状态（$p=0$）且 $\Pi(x)=0$ 的经典粒子，例如，动能和势能之和为零。

对于上述无限势阱，所讨论的势阱及由驻波条件得到的波函数并不能直接与电子输运问题联系起来。为了研究电子输运，我们必须研究与原子复合体中实际势相对应的有限势。不过，上述示例将绝缘性和抗扰性（immunity）问题联系起来，它对 ^{ME}device 是非常重要的。对于无限势阱，能级之差 (E_n-E_{n-1}) 正比于 $1/L^2$。即小的宽度 L 导致高的 (E_n-E_{n-1})，它可以用于区分分子（纳米）电子技术（其宽度在 Å 级范围）和微电子技术。

例 6.20.13

考虑一个宽度为 L 的有限方势阱，具有三个区域(I、II 和 III)，类似于图 6.50(a)所示的势垒。若

$$\Pi(x)=\begin{cases}0 & x<\frac{1}{2}L\\ -\Pi_0 & -\frac{1}{2}L\leqslant x\leqslant\frac{1}{2}L\\ 0 & x>\frac{1}{2}L\end{cases}$$

势阱允许存在束缚态($E<0$)和 $E>0$ 的散射态。

在量子势阱外(若 $|x|>\frac{1}{2}L$ 和内$\left(-\frac{1}{2}L\leqslant x\leqslant\frac{1}{2}L\right)$，薛定谔方程为

$$-\frac{\hbar^2}{2m}\frac{\mathrm{d}^2\Psi}{\mathrm{d}x^2}=E\Psi \quad 或 \quad \frac{\mathrm{d}^2\Psi}{\mathrm{d}x^2}+k^2\Psi=0,\ 式中\ k^2=\frac{2m}{\hbar}E,$$

和

$$-\frac{\hbar^2}{2m}\frac{\mathrm{d}^2\Psi}{\mathrm{d}x^2}-\Pi_0\Psi=E\Psi \quad 或 \quad \frac{\mathrm{d}^2\Psi}{\mathrm{d}x^2}+k^2\Psi=0,\ 式中\ k^2=\frac{2m}{\hbar^2}(E+\Pi_0)。$$

通解为

$$\Psi_{\mathrm{I}}(x)=A_{\mathrm{I}}\mathrm{e}^{ikx}+B_{\mathrm{I}}\mathrm{e}^{-ikx},\qquad x<-\frac{1}{2}L$$

$$\Psi_{\mathrm{II}}(x)=A_{\mathrm{II}}\mathrm{e}^{ikx}+B_{\mathrm{II}}\mathrm{e}^{-ikx},\qquad -\frac{1}{2}L\leqslant x\leqslant\frac{1}{2}L$$

$$\Psi_{\mathrm{III}}(x)=A_{\mathrm{III}}\mathrm{e}^{ikx}+B_{\mathrm{III}}\mathrm{e}^{-ikx},\qquad x>\frac{1}{2}L$$

式中，A_i 和 B_i 为由边界条件决定的常数，且 $B_{\mathrm{III}}=0$。

使用边界和连续性条件，我们可以得到未知的系数 A_j 和 B_j。薛定谔方程在所有三个区域都有效。为了简化方程的解，我们将利用特解，同时考虑 $\Psi(x)$ 的收敛性(衰减性)，例如，利用实指数函数，而不是利用复指数函数。

由 $\Psi_{\mathrm{II}}(x)=A_{\mathrm{II}}\sin(kx)+B_{\mathrm{II}}\cos(kx)$，$\Psi(x)$ 和 $\mathrm{d}\Psi(x)/\mathrm{d}x$ 在 $x=-L/2$ 处的连续性要求，给出

$$A_{\mathrm{I}}\mathrm{e}^{-\frac{1}{2}ikL}+B_{\mathrm{I}}\mathrm{e}^{\frac{1}{2}ikL}=-A_{\mathrm{II}}\sin\left(\frac{1}{2}kL\right)+B_{\mathrm{II}}\cos\left(\frac{1}{2}kL\right)$$

和

$$ik(A_{\mathrm{I}}\mathrm{e}^{-\frac{1}{2}ikL}-B_{\mathrm{I}}\mathrm{e}^{\frac{1}{2}ikL})=k\left[A_{\mathrm{II}}\cos\left(\frac{1}{2}kL\right)+B_{\mathrm{II}}\sin\left(\frac{1}{2}kL\right)\right]$$

而在 $x=L/2$ 处，我们有

$$A_{\mathrm{II}}\sin\left(\frac{1}{2}kL\right)+B_{\mathrm{II}}\cos\left(\frac{1}{2}kL\right)=A_{\mathrm{III}}\mathrm{e}^{\frac{1}{2}ikL}$$

和

$$k\left[A_{\mathrm{II}}\cos\left(\frac{1}{2}kL\right)-B_{\mathrm{II}}\sin\left(\frac{1}{2}kL\right)\right]=\mathrm{i}kA_{\mathrm{III}}\mathrm{e}^{\frac{1}{2}\mathrm{i}kL}$$

式中，A_{I}、B_{I} 和 A_{III}分别为入射、反射和透射振幅。我们最终目的是研究透射系统，我们有 $A_{\mathrm{III}}=\dfrac{\mathrm{e}^{-\mathrm{i}kL}}{\cos(kL)-\mathrm{i}\dfrac{k^2+\kappa^2}{2k\kappa}\sin(\kappa L)}A_{\mathrm{I}}$。相应地，透射系统为

$$T(E)=\frac{|A_{\mathrm{III}}|^2}{|A_{\mathrm{I}}|^2}=\left[1+\frac{\Pi_0^2}{4E(E+\Pi_0)}\sin^2\left(\frac{L}{\hbar}\sqrt{2m(E+\Pi_0)}\right)\right]^{-1}$$

可见透射系统为一周期性函数。例如，当 $\dfrac{L}{\hbar}\sqrt{2m(E_n+\Pi_0)}=n\pi, n=1,2,3,\cdots$ 时，为全透射 $T(E)=1$，由此得到最大透射率。

全透射对应的能量为 $E_n+\Pi_0=\dfrac{n^2\pi^2\hbar^2}{2mL^2}$。记 $K=\dfrac{1}{2}L\kappa$ 和 $K_0=\dfrac{L}{\sqrt{2}\hbar}\sqrt{m\Pi_0}$，定义 K 和 E 的超越方程可以表示为 $\tan K=\sqrt{\dfrac{K_0^2}{K^2}-1}$。这一方程可以解析地或数值地解出。

对于窄且浅的量子势阱，存在有限的束缚态。我们发现，总是存在至少一个束缚态，若 $K_0<\dfrac{1}{2}\pi$，则仅存在一个态。在求解了超越方程后，我们可以利用 E 来得到透射系统，它是能量的函数。势阱 $\Pi(x)$、质量和阱宽均可导致 $T(E)$的变化。

下面我们来讨论两种势阱。若 $\Pi_0=0.3\mathrm{eV}$，$L=14\mathrm{nm}$ 和 $L=0.14\mathrm{nm}$，有效质量分别为 $0.1m_{\mathrm{e}}$、$0.5m_{\mathrm{e}}$ 和 m_{e}（半导体异质结构），以及 $0.5\times10^4m_{\mathrm{e}}$ 和 $1\times10^4m_{\mathrm{e}}$（有机分子中的电子输运，键长 C—C 和 C—N 近似为 0.14nm）。图 6.51 给出了上述异质结构和原子复合体的数值解。

例 6.20.14

考虑一个质量为 m 的粒子的一维散射问题，它从左侧运动到势垒

$$\Pi(x)=\begin{cases}0 & x<0\\ \Pi_0 & 0\leqslant x\leqslant L\\ 0 & x>L。\end{cases}$$

如图 6.50(a)所示，我们考虑两种情况，即 $E>\Pi_0$ 和 $E<\Pi_0$。当 $\Pi(x)=0$ 或 $\Pi(x)=\Pi_0\neq0$ 时，对两种不同的区域，薛定谔方程将导致两种不同的微分方程。

考虑

$$-\frac{\hbar^2}{2m}\frac{\mathrm{d}^2\Psi(x)}{\mathrm{d}x^2}=E\Psi(x)\quad 或\quad \frac{\mathrm{d}^2\Psi(x)}{\mathrm{d}x^2}+k^2\Psi(x)=0,\quad 式中,\ k^2=\frac{2m}{\hbar^2}E,$$

和

$$-\frac{\hbar^2}{2m}\frac{\mathrm{d}^2\Psi(x)}{\mathrm{d}x^2}+\Pi_0\Psi(x)=E\Psi(x)\quad 或\quad \frac{\mathrm{d}^2\Psi(x)}{\mathrm{d}x^2}+\kappa_i^2\Psi(x)=0$$

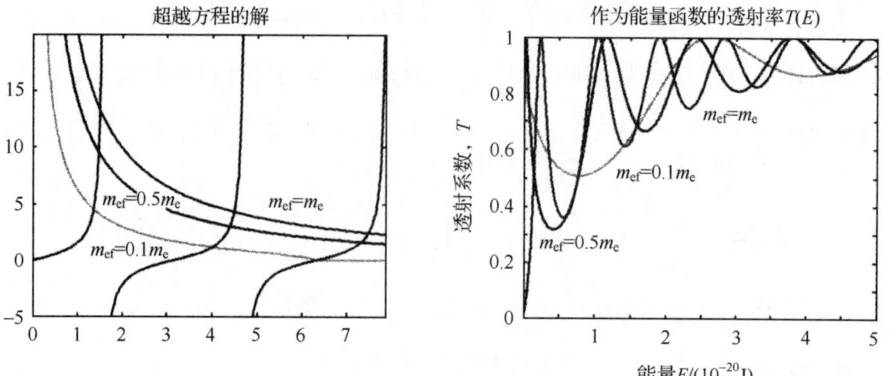

(a)

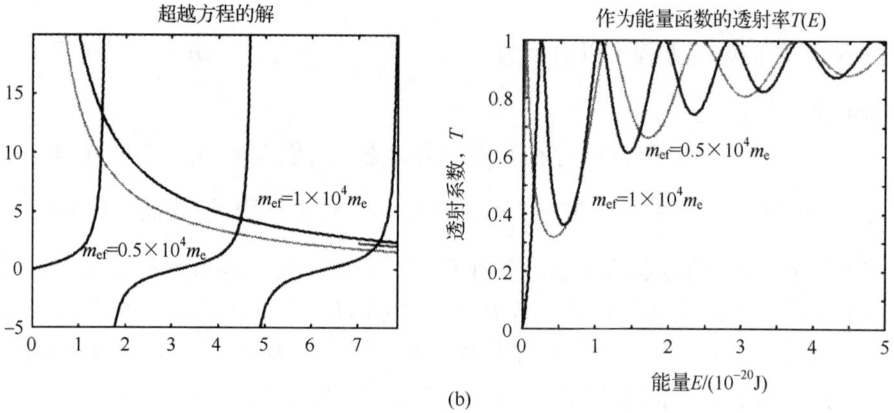

(b)

图 6.51 （见彩色插图）有限量子阱下超越方程的解和透射系统 $T(E)$：
(a) $\Pi_0=0.3\text{eV}$ 和 $L=14\text{nm}$；(b) $\Pi_0=0.3\text{eV}$ 和 $L=0.14\text{nm}$

式中，κ_i（κ_1 或 κ_2）取决于入射粒子能量 E 和势垒 Π_0 的振幅。

若 $E>\Pi_0$，则在三个区域的薛定谔方程通解为

$$\Psi_{\mathrm{I}}(x)=A_{\mathrm{I}}\mathrm{e}^{\mathrm{i}kx}+B_{\mathrm{I}}\mathrm{e}^{-\mathrm{i}kx}, \qquad x<0$$
$$\Psi_{\mathrm{II}}(x)=A_{\mathrm{II}}\mathrm{e}^{\mathrm{i}\kappa_1 x}+B_{\mathrm{II}}\mathrm{e}^{-\mathrm{i}k_1 x}, \quad 0\leqslant x\leqslant L$$
$$\Psi_{\mathrm{III}}(x)=A_{\mathrm{III}}\mathrm{e}^{\mathrm{i}kx}+B_{\mathrm{III}}\mathrm{e}^{-\mathrm{i}kx}, \quad x>L。$$

这里，$\kappa_1^2=\dfrac{2m}{\hbar^2}(E-\Pi_0)$。

对于 $E<\Pi_0$ 的情形，定义 $\kappa_2^2=\dfrac{2m}{\hbar^2}(\Pi_0-E)$，且

$$\Psi_{\mathrm{I}}(x) = A_{\mathrm{I}}\mathrm{e}^{\mathrm{i}kx} + B_{\mathrm{I}}\mathrm{e}^{-\mathrm{i}kx}, \quad x < 0$$
$$\Psi_{\mathrm{II}}(x) = A_{\mathrm{II}}\mathrm{e}^{-\kappa_2 x} + B_{\mathrm{II}}\mathrm{e}^{\kappa_2 x}, \quad 0 \leqslant x \leqslant L$$
$$\Psi_{\mathrm{III}}(x) = A_{\mathrm{III}}\mathrm{e}^{\mathrm{i}kx} + B_{\mathrm{III}}\mathrm{e}^{-\mathrm{i}kx}, \quad x > L。$$

若 $E > \Pi_0$，基于经典考虑，当粒子以动量 $p_1 = (2mE)^{1/2}$ 入射到势垒时，将降至动量 $p_2 = [2m(E-\Pi_0)]^{1/2}$，在 $x=L$ 时恢复到 p_1，并且当 $x>L$ 时保持 p_1。例如，在 $x<0$ 和 $x>L$ 的区域，将具有全透射。

使用量子力学，考虑三个不同的区域，我们便可以得到薛定谔方程的解。若 $E > \Pi_0$，我们有

$$T(E) = \frac{|A_{\mathrm{III}}|^2}{|A_{\mathrm{I}}|^2} = \left[1 + \frac{\Pi_0^2}{4E(E-\Pi_0)}\sin^2\left(\frac{L}{\hbar}\sqrt{2m(E-\Pi_0)}\right)\right]^{-1}$$

它通常写成

$$T(E) = \left[1 + \frac{1}{4\dfrac{E}{\Pi_0}\left(\dfrac{E}{\Pi_0}-1\right)}\sin^2\left(\frac{L}{\hbar}\sqrt{2m\Pi_0\left(\frac{E}{\Pi_0}-1\right)}\right)\right]^{-1}$$

当粒子的入射能量为 $E_n = \Pi_0 + \dfrac{n^2\pi^2\hbar^2}{2mL^2}, n = 1,2,3,\cdots$ 时，发生全透射。$T(E)$ 的极大值与无限方势阱的能量本征值相重合，它被称为共振，在经典物理情形下将不会出现这种情况。这一共振现象归因于入射波与反射波之间的相互干涉，在研究低能（E 约为 0.1eV）散射电子的原子结构中通常观察到这种现象，如拉姆绍尔-汤森（Ramsauer-Townsend）效应和其他效应。

若 $E \gg \Pi_0$，$T(E) \approx 1$，且 $R(E) \approx 0$。

隧穿问题主要集中于分析粒子能量小于势能时通过能垒区域的传播情况，如 $E < \Pi(x)$。对于隧穿情形，$E < \Pi_0$，我们有

$$T(E) = \left[1 + \frac{\Pi_0^2}{4E(\Pi_0-E)}\sinh^2\left(\frac{L}{\hbar}\sqrt{2m(\Pi_0-E)}\right)\right]^{-1}$$

和

$$R(E) = \frac{\Pi_0^2}{4E(\Pi_0-E)}\sinh^2\left(\frac{L}{\hbar}\sqrt{2m(\Pi_0-E)}\right)T(E)$$

对于 $E \ll \Pi_0$，利用 $\sinh(z) \approx \mathrm{e}^z/2$，我们有

$$T(E) \approx \frac{16E}{\Pi_0}\left(1-\frac{E}{\Pi_0}\right)\mathrm{e}^{-\frac{2L}{\hbar}\sqrt{2m(\Pi_0-E)}}$$

若 $E \approx \Pi_0$，则 $T(E) = \left(1+\dfrac{mL^2\Pi_0}{2\hbar^2}\right)^{-1}$ 和 $R(E) = \left(1+\dfrac{2\hbar^2}{mL^2\Pi_0}\right)^{-1}$

例 6.20.15

在分析时，我们也可以利用散射和传输矩阵。假设

$$\Pi(x) = \begin{cases} 0 & x < -L \\ \Pi_0 & -L \leqslant x \leqslant L \\ 0 & x > L \end{cases}$$

$\Pi(x)=0$ 时的薛定谔方程为

$$-\frac{\hbar^2}{2m}\frac{\mathrm{d}^2\Psi(x)}{\mathrm{d}x^2}=E\Psi(x) \quad 或 \quad \frac{\mathrm{d}^2\Psi(x)}{\mathrm{d}x^2}+k^2\Psi(x)=0,这里\ k^2=\frac{2m}{\hbar^2}E。$$

在 $\Pi(x)=\Pi_0\neq 0$ 的区域,我们有

$$-\frac{\hbar^2}{2m}\frac{\mathrm{d}^2\Psi(x)}{\mathrm{d}x^2}+\Pi_0\Psi(x)=E\Psi(x) \quad 或 \quad \frac{\mathrm{d}^2\Psi(x)}{\mathrm{d}x^2}+\kappa^2\Psi(x)=0$$

式中,$\kappa^2=\frac{2m}{\hbar^2}(\Pi_0-E)$ ($E<\Pi_0$ 时)

波函数可表示为

$$\Psi_{\mathrm{I}}(x)=A_{\mathrm{I}}\mathrm{e}^{\mathrm{i}kx}+B_{\mathrm{I}}\mathrm{e}^{-\mathrm{i}kx}, \quad x<-L$$

$$\Psi_{\mathrm{II}}(x)=A_{\mathrm{II}}\mathrm{e}^{-\kappa x}+B_{\mathrm{II}}\mathrm{e}^{\kappa x}, \quad -L\leqslant x\leqslant L$$

$$\Psi_{\mathrm{III}}(x)=A_{\mathrm{III}}\mathrm{e}^{\mathrm{i}kx}+B_{\mathrm{III}}\mathrm{e}^{-\mathrm{i}kx}, \quad x>L$$

利用 $x=-L$ 处 $\Psi(x)$ 的连续性条件,我们有 $A_{\mathrm{I}}\mathrm{e}^{-\mathrm{i}kL}+B_{\mathrm{I}}\mathrm{e}^{\mathrm{i}kL}=A_{\mathrm{II}}\mathrm{e}^{-\kappa L}+B_{\mathrm{II}}\mathrm{e}^{\kappa L}$,而 $x=-L$ 处 $\mathrm{d}\Psi/\mathrm{d}x$ 的连续性要求给出 $\mathrm{i}kA_{\mathrm{I}}\mathrm{e}^{-\mathrm{i}kL}-\mathrm{i}kB_{\mathrm{I}}\mathrm{e}^{\mathrm{i}kL}=-\kappa A_{\mathrm{II}}\mathrm{e}^{\kappa L}+\kappa B_{\mathrm{II}}\mathrm{e}^{-\kappa L}$。因此,有

$$\begin{bmatrix}A_{\mathrm{I}}\\B_{\mathrm{I}}\end{bmatrix}=M_1\begin{bmatrix}A_{\mathrm{II}}\\B_{\mathrm{II}}\end{bmatrix},$$

这里 $M_1\in\mathbb{R}^{2\times 2}$ 为矩阵,

$$M_1=\begin{bmatrix}\frac{\mathrm{i}k-\kappa}{2\mathrm{i}k}\mathrm{e}^{-(\mathrm{i}k+\kappa)L} & \frac{\mathrm{i}k+\kappa}{2\mathrm{i}k}\mathrm{e}^{-(\mathrm{i}k-\kappa)L}\\ \frac{\mathrm{i}k+\kappa}{2\mathrm{i}k}\mathrm{e}^{(\mathrm{i}k-\kappa)L} & \frac{\mathrm{i}k-\kappa}{2\mathrm{i}k}\mathrm{e}^{(\mathrm{i}k+\kappa)L}\end{bmatrix}$$

此外,由边界 $x=L$ 的 $\Psi(x)$ 和 $\mathrm{d}\Psi/\mathrm{d}x$ 的连续性条件得到

$$\begin{bmatrix}A_{\mathrm{II}}\\B_{\mathrm{II}}\end{bmatrix}=M_2\begin{bmatrix}A_{\mathrm{III}}\\B_{\mathrm{III}}\end{bmatrix}$$

这里 $M_2\in\mathbb{R}^{2\times 2}$ 为矩阵。将区域 I、II 和 III 的波函数振幅联系起来的传输矩阵为 $M=M_1M_2$。这一传输矩阵将入射、反射和透射波函数联系起来,可以非常简单地用于推导出 $T(E)$。

使用 WKB 近似,可以进一步地扩展推导 $T(E)$的方法。对于一个连续缓慢变化的势垒 $\Pi(x)$,我们有

$$T(E)\approx\mathrm{e}^{-\frac{2}{\hbar}\int_{x_0}^{x_f}\sqrt{2m[\Pi(x)-E]\mathrm{d}x}}$$

这一方程是通过利用薛定谔方程 $-\frac{\hbar^2}{2m}\frac{\mathrm{d}^2\Psi}{\mathrm{d}x^2}+\Pi(x)\Psi=E\Psi$ 而得到的,薛定谔方程可以改写为 $\frac{\mathrm{d}^2\Psi(x)}{\mathrm{d}x^2}+\frac{p^2(x)}{\hbar^2}\Psi(x)=0$,这里 $p^2(x)=2m[E-\Pi(x)]$。其近似通解为

$$\Psi(x)\approx\frac{A}{\sqrt{p(x)}}\mathrm{e}^{\pm\frac{\mathrm{i}}{\hbar}\int|p(x)|\mathrm{d}x} \quad 和 \quad |\Psi(x)|^2\approx\frac{|A|^2}{p(x)}。$$

对于 $E > \Pi(x)$ 的经典区，$p(x)$ 为实函数，而对于隧穿问题，$p(x)$ 则为虚函数，这是因为 $E < \Pi(x)$。$\Psi(x)$ 的振幅用于推导 $T(E)$ 的 WKB 近似表达式。作为一种选择方案，势垒 $\Pi(x)$ 也可以用一系列台阶函数 $\Pi_j(x)$ 来逼近。

例 6.20.16

考虑一个在不随时间变化的外电场 E_E 下运动的电子，质量为 m，能量为 E。对应于电子散射的势垒（金属的冷电子发射，功函数为 Π_0）为

$$\Pi(x) = \begin{cases} 0 & x \leqslant 0 \\ (\Pi_0 - eE_E x) = (\Pi_0 - fx) & x > 0 \end{cases}, \quad 式中\ f = eE_E。$$

我们得到隧穿的透射系数为 $T(E) \approx e^{-\frac{2}{\hbar}\int_0^{(\Pi_0-E)/f}} \sqrt{2m(\Pi_0 - ax - E)}\mathrm{d}x = e^{-\frac{4\sqrt{2m}}{3\hbar f}(\Pi_0-E)^{\frac{3}{2}}}$。这里，$x_f$ 是通过利用位于 x_f 处 $(\Pi_0 - fx) = E$ 的条件而得到的。

例 6.20.17

一个能量为 E 的质子从右侧入射到一个带电荷 Ze 的原子核。透射系统可以帮助我们理解一个质子是如何穿透原子核的。考虑原子核的库仑排斥力，径向库仑势垒可表示为或 $\Pi(r) = -Z(r)e^2/(4\pi\varepsilon_0 r)$ 或 $\Pi(r) = -Z_{\text{eff}}e^2/(4\pi\varepsilon_0 r)$。为了简化 $T(E)$ 的表达式，同时不失一般性，我们假设 $\Pi(r) = Ze^2/r$。利用 E，我们有 $E = \Pi(r)\mid_{b=r}$ 和 $b = Ze^2/E$。这样，有 $T(E) \propto e^{-\frac{2}{\hbar}\int_b^0\sqrt{2m\left(\frac{Ze^2}{r}-E\right)}\mathrm{d}r} = e^{-\frac{2\sqrt{2mE}}{\hbar}\int_{Ze^2/E}^0\sqrt{\frac{Ze^2}{Er}-1}\mathrm{d}r}$。利用变量 $y = E/(Ze^2 r)$，及积分 $\int_0^1\sqrt{\frac{1}{y}-1}\mathrm{d}y = \frac{1}{2}\pi$，我们有

$$\frac{2\sqrt{2mE}}{\hbar}\int_{Ze^2/E}^0\sqrt{\frac{Ze^2}{Er}-1}\mathrm{d}r = \frac{2Ze^2}{\hbar}\sqrt{\frac{2m}{E}}\int_0^1\sqrt{\frac{1}{y}-1}\mathrm{d}y = \frac{Ze^2\pi}{\hbar}\sqrt{\frac{2m}{E}}。$$

因此，我们最终得到 $T(E) \approx e^{-\frac{\sqrt{2m}Ze^2}{\hbar}\pi\frac{1}{\sqrt{E}}}$。

例 6.20.18

考虑一个粒子通过矩形双势垒的隧穿，它具有与上例相同的势 $(\Pi_0 = \Pi_{01} = \Pi_{02})$。假设 $E < \Pi_0$。记势垒宽度为 $L(L=L_1=L_2)$，势垒间距为 l。利用薛定谔方程得到解 $\Psi_i(x)$，透射系统的解析解为 $T(E) = \left|\frac{4A^2B^2}{C}\right|^2$，这里 $A = \sqrt{\frac{2m}{\hbar^2}(\Pi_0 - E)}$，$B = \sqrt{\frac{2m}{\hbar^2}E}$ 及

$$C = e^{iB(l+2L)}\{[e^{i^2 lB}(A^2+B^2)^2 - A^4 - B^4]\sinh^2 LA + A^2B^2(1+3\cosh^2 LA) + i^2 AB(A^2-B^2)\sinh^2 LA\}$$

假设 $m = m_e = 9.11\times10^{-31}\text{kg}$，$\Pi_0 = 7\text{eV} = 7\times1.6\times10^{-19}\text{J} = 1.12\times10^{-18}\text{J}$ 及 $L = 0.14\text{nm}$。对于两种不同的 $l(l = 4L = 0.56\text{nm}$，及 $l = 6L = 0.84\text{nm})$，图 6.52 给出了不同能量下共振三态和共振四态的 $T(E)$ 曲线。我们可以观察出 $T(E)$ 的明显变化。

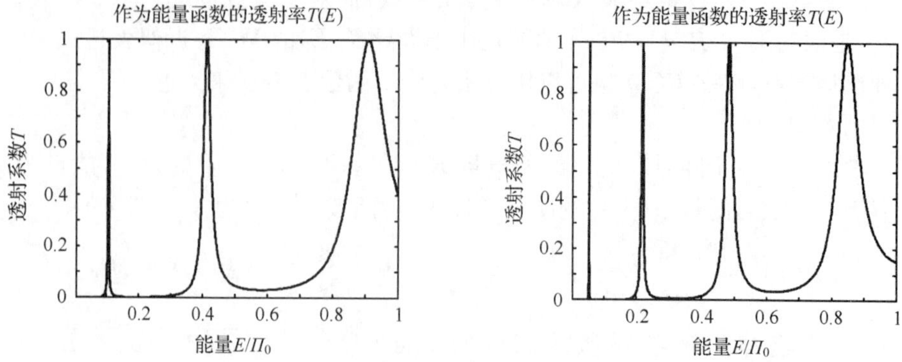

图 6.52 矩形双势垒隧穿与能量的关系，间距分别为 $l=4L$ 和 $l=6L$

考虑如图 6.50(b)的有限多势垒 $\Pi(x)$。对于所有区域，由薛定谔方程，我们得到一组$(2N+2)$阶微分方程

$$-\frac{\hbar^2}{2m}\frac{d^2\Psi_j}{dx^2}+\Pi_{0j}\Psi_j=E\Psi_j \quad 或 \quad \frac{d^2\Psi_j}{dx^2}+\kappa_{nj}^2\Psi_j=0, \quad j=0,1,\cdots,2N,2N+1,$$

式中，κ_{nj}（κ_{1j} 或 κ_{2j}）取决于粒子的能量和势 Π_{0L}，Π_{0j} 和 Π_{0R}。

对于 $E>\Pi_{0L}$，$E>\Pi_{0j}$，及 $E>\Pi_{0R}$，通解为

$$\Psi_{\mathrm{I}}(x)=A_{\mathrm{I}}e^{i\kappa_{10}x}+B_{\mathrm{I}}e^{-i\kappa_{10}x}, \quad x<x_{L1},$$

$$\Psi_{\mathrm{II}_j}(x)=A_{\mathrm{II}_j}e^{i\kappa_{1_j}x}+B_{\mathrm{II}_j}e^{-i\kappa_{1j}x}, \quad x_{L1}\leqslant x<x_{R1},\ x_{R1}\leqslant x<x_{L2},\cdots,$$

$$x_{R(N-1)}\leqslant x<x_{LN},\ x_{LN}\leqslant x\leqslant x_{RN} \quad j=1,2,\cdots,N-1,N,$$

$$\Psi_{\mathrm{III}}(x)=A_{\mathrm{III}}e^{i\kappa_{1_{2N+1}}x}+B_{\mathrm{III}}e^{-i\kappa_{12N+1}x}, \quad x>x_{RN}。$$

这里，$\kappa_{1_0}^2=\frac{2m}{\hbar^2}(E-\Pi_{0L})$，$\kappa_{1j}^2=\frac{2m}{\hbar^2}(E-\Pi_{0j})$ 及 $\kappa_{1_{2N+1}}^2=\frac{2m}{\hbar^2}(E-\Pi_{0R})$。

若 $E<\Pi_{0L}$，$E<\Pi_{0j}$ 和 $E<\Pi_{0R}$，我们有

$$\Psi_{\mathrm{I}}(x)=A_{\mathrm{I}}e^{-\kappa_{20}x}+B_{\mathrm{I}}e^{\kappa_{20}x}, \quad x<x_{L1},$$

$$\Psi_{\mathrm{II}_j}(x)=A_{\mathrm{II}_j}e^{-\kappa_{2_j}x}+B_{\mathrm{II}_j}e^{\kappa_{2_j}x}, \quad x_{L1}\leqslant x<x_{R1},\ x_{R1}\leqslant x<x_{L2},\cdots,$$

$$x_{R(N-1)}\leqslant x<x_{LN},\ x_{LN}\leqslant x\leqslant x_{RN}, \quad j=1,2,\cdots,N-1,N,$$

$$\Psi_{\mathrm{III}}(x)=A_{\mathrm{III}}e^{-\kappa_{2_{2N+1}}x}+B_{\mathrm{III}}e^{\kappa_{2_{2N+1}}x}, \quad x>x_{RN},$$

式中，$\kappa_{2_0}^2=\frac{2m}{\hbar^2}(\Pi_{0L}-E)$，$\kappa_{2j}^2=\frac{2m}{\hbar^2}(\Pi_{0j}-E)$，$\kappa_{2_{2N+1}}^2=\frac{2m}{\hbar^2}(\Pi_{0R}-E)$。

利用势(Π_{0L}，Π_{0j}和Π_{0R})与 E 之间的其他关系，我们可以简单地修正上述方程的解。由边界和连续性条件以及归一化条件等，我们可以得到波函数及未知系数 A_{I}，$A_{\mathrm{II}j}$，A_{III}，B_{I}，$B_{\mathrm{II}j}$和 B_{III}。在各种有机分子聚合体中，原子键长通常为 1～2Å。例如，对于富勒烯，C—C、C—N 和 C—B 原子键长分别为 1.4～1.45Å。若 $L(x_{Rj}-x_{Lj})$=常量，推导 $\Psi(x)$和 $T(E)$和过程可以进一步简化。

分子聚合体具有复杂的能量轮廓。薛定谔方程可以表示为

$$\left(\frac{\hbar^2}{2m_j}\frac{\mathrm{d}^2}{\mathrm{d}x^2}-\Pi_j(x)+E_j(x)+E_{aj}(x)\right)\Psi_j(x)=0$$

这里，$E_{aj}(x)$为施加的外场。相应的边界和连续性条件为

$$\Psi_j(x_j)=\Psi_{j+1}(x_j)\ \text{和}\ \frac{1}{m_j}\frac{\partial\Psi_j(x)}{\partial x}\Big|_{x=x_j}=\frac{1}{m_{j+1}}\frac{\partial\Psi_{j+1}(x)}{\partial x}\Big|_{x=x_j}$$

对于$E_{aj}=0$和$\Pi_j(x)=$常量的情形，我们已有通解。对于如图 6.53 所示的能量分布，使用艾里(Airy)函数A_i和B_i可以推导出解析解。特别地

$$\Psi_j(x)=A_j\mathrm{Ai}[C_j(x)]+B_j\mathrm{Ai}[C_j(x)],\quad C_j(x)=\frac{\hbar^2k_j^2-2m_jE_{aj}x}{(2m_jE_{aj})^{2/3}}$$

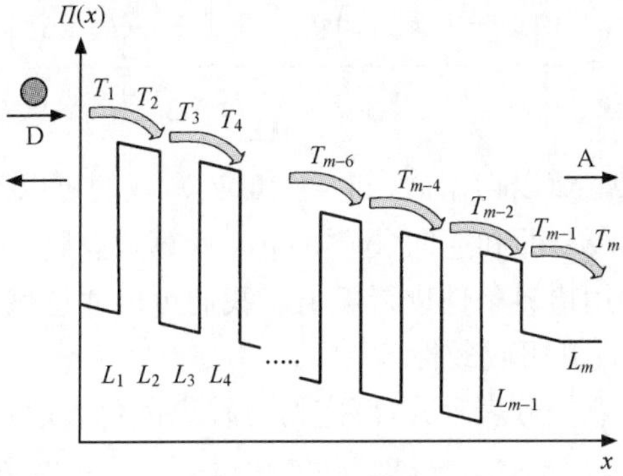

图 6.53　能量轮廓

对于散射态，我们有

$$M_j\begin{bmatrix}A_j\\B_j\end{bmatrix}=M_{j+1}\begin{bmatrix}A_{j+1}\\B_{j+1}\end{bmatrix}。$$

传递矩阵为$M_{1\to m}=M_{1\to 2}M_{2\to 3},\cdots,M_{(m-2)\to(m-1)}M_{(m-1)\to m}$

这里我们强调了薛定谔方程的解析解。对于特定的问题，包括电子输运等，我们需要利用一些假定和简化，以推导出解析解。尽管波函数、入射/反射/透射的振幅以及其他量的显式表达非常重要，但对于复杂的能量分布，通常很难得到这些结果。因此，我们有必要强调一下数值解、计算算法和数值方法的重要性。考虑薛定谔方程

$$-\frac{\hbar^2}{2m}\frac{\mathrm{d}^2\Psi(x)}{\mathrm{d}x^2}+\Pi(x)\Psi(x)=E\Psi(x),$$

作为一个二阶微分方程给出

$$\frac{\mathrm{d}^2\Psi(x)}{\mathrm{d}x^2}=-k^2(x)\Psi(x)$$

以便数值地解出。这里，$k^2(x)=\frac{2m}{\hbar^2}(E-\Pi(x))$。

欧拉(Euler)近似可用于表示作为一次差分的第一阶空间导数,例如

$$\frac{\mathrm{d}\Psi(x)}{\mathrm{d}x}\approx\frac{\Psi_{n+1}-\Psi_n}{\Delta_{\mathrm{h}}}$$

式中,Δ_{h} 表示空间离散间距。这样,薛定谔方程可通过离散化、使用高性能的软件来数值地解出。例如,MATLAB 提供了一些基于应用的微分方程求解器。我们可以利用各种离散化的公式和方法。

努梅罗夫(Numerov)三点差分表示式为 $\frac{\mathrm{d}^2\Psi(x)}{\mathrm{d}x^2}\approx\frac{\Psi_{n+1}-2\Psi_n+\Psi_{n-1}}{\Delta_{\mathrm{h}}^2}$。由 $\frac{\mathrm{d}^2\Psi(x)}{\mathrm{d}x^2}=-k^2(x)\Psi(x)$,我们得到一个简单的递归方程

$$\Psi_{n+1}=\frac{2\left(1-\frac{5}{12}k_n^2\Delta_{\mathrm{h}}^2\right)\Psi_n-\left(1+\frac{1}{12}k_{n-1}^2\Delta_{\mathrm{h}}^2\right)\Psi_{n-1}}{1+\frac{1}{12}k_{n+1}^2\Delta_{\mathrm{h}}^2}$$

通过给 Ψ_{n-1} 和 Ψ_n 赋以初始值(如 Ψ_0 和 Ψ_1),我们可以推导出 Ψ_{n+1} 的值。可以对 Ψ_i 进行前向(forward)和逆向(backward)计算,其精度为 $0(\Delta_{\mathrm{h}}^6)$。Ψ_{n-1} 和 Ψ_n 的初始值可以通过利用边界条件进行赋值。我们可以通过赋值并改善尝试性的能量 E_n,确保解的稳定性和可收敛性。

使用努梅罗夫三点差分表示式,薛定谔方程离散化表示式为

$$\frac{\hbar^2}{2m}\left(\frac{(\Psi_{n+1}-\Psi_n)-(\Psi_n-\Psi_{n-1})}{\Delta_{\mathrm{h}}^2}\right)-\Pi_n\Psi_n+E_n\Psi_n=0$$

使用哈密顿矩阵 $\boldsymbol{H}\in\mathbb{R}^{(N+1)\times(N+2)}$,矢量 $\boldsymbol{\Psi}\in\mathbb{R}^{N+2}$,它包括 Ψ_i 和源矢量 $\boldsymbol{Q}\in\mathbb{R}^{N+2}$,则问题转化为求解矩阵方程 $(E\boldsymbol{I}-\boldsymbol{H})\boldsymbol{\Psi}=\boldsymbol{Q}$ 的解。这里,$\boldsymbol{I}\in\mathbb{R}^{(N+2)\times(N+2)}$ 为单位矩阵。对于一个双端[ME] device,对角化矩阵 $\boldsymbol{H}$ 的元为 $H_{n,n}=-\frac{\hbar^2}{2m\Delta_{\mathrm{h}}^2}+\Pi_n$,除 $H_{0,0}$ 和 $H_{(N+1)(N+1)}$ 外,均取决于自能,它用于解释互联相互作用。利用入射波函数 $\Psi(x)=A\mathrm{e}^{\mathrm{i}k_{\mathrm{L}}x}+B\mathrm{e}^{-\mathrm{i}k_{\mathrm{L}}x}$,可以得到 $\Psi_{-1}=A\mathrm{e}^{-\mathrm{i}k_{\mathrm{L}}\Delta_{\mathrm{h}}}+B\mathrm{e}^{\mathrm{i}k_{\mathrm{L}}\Delta_{\mathrm{h}}}=\mathrm{A}e^{-\mathrm{i}k_{\mathrm{L}}\Delta_{\mathrm{h}}}+(\Psi_0-A)\times\mathrm{e}^{\mathrm{i}k_{\mathrm{L}}\Delta_{\mathrm{h}}}$ 和 $\Psi_{N+2}=\Psi_{N+1}\mathrm{e}^{\mathrm{i}k_{\mathrm{R}}\Delta_{\mathrm{h}}}$,我们有 $H_{0,0}=-\frac{\hbar^2}{m\Delta_{\mathrm{h}}^2}(1+\frac{1}{2}\mathrm{e}^{\mathrm{i}k_{\mathrm{L}}\Delta_{\mathrm{h}}})+\Pi_0$ 和 $H_{(N+1),(N+1)}=-\frac{\hbar^2}{m\Delta_{\mathrm{h}}^2}(1+\frac{1}{2}\mathrm{e}^{\mathrm{i}k_{\mathrm{R}}\Delta_{\mathrm{h}}})+\Pi_{N+}$。因此,薛定谔方程的解简化为求解一个线性代数方程。概率流密度为

$$J=\frac{\mathrm{i}\hbar}{2m}\left(\Psi_n\frac{\Psi_{n+1}^*-\Psi_n^*}{\Delta_{\mathrm{h}}}-\Psi_n^*\frac{\Psi_{n+1}-\Psi_n}{\Delta_{\mathrm{h}}}\right)$$

6.20.6 量子力学与分子电子器件:三维问题

我们必须使用量子力学在 3D 环境下研究[ME] device 中的电子输运过程。取决

于所考虑的问题，非含时薛定谔方程 $-\frac{\hbar^2}{2m}\nabla^2\Psi(\boldsymbol{r})+\Pi(\boldsymbol{r})\Psi(\boldsymbol{r})=E(\boldsymbol{r})\Psi(\boldsymbol{r})$ 可以在不同的坐标系下求解。在笛卡儿坐标系下，我们有

$$\nabla^2\Psi(\boldsymbol{r})=\nabla^2\Psi(x,y,z)=\frac{\partial^2\Psi}{\partial x^2}+\frac{\partial^2\Psi}{\partial y^2}+\frac{\partial^2\Psi}{\partial z^2},$$

而在柱面和球面坐标系中，我们可以推得

$$\nabla^2\Psi(\boldsymbol{r})=\nabla^2\Psi(r,\phi,z)=\frac{1}{r}\frac{\partial}{\partial r}\left(r\frac{\partial\Psi}{\partial r}\right)+\frac{1}{r^2}\frac{\partial^2\Psi}{\partial\phi^2}+\frac{\partial^2\Psi}{\partial z^2}$$

和

$$\nabla^2\Psi(\boldsymbol{r})=\nabla^2\Psi(r,\theta,\phi)=\frac{1}{r^2}\frac{\partial}{\partial r}\left(r^2\frac{\partial\Psi}{\partial r}\right)+\frac{1}{r^2\sin\theta}\frac{\partial}{\partial\theta}\left(\sin\theta\frac{\partial\Psi}{\partial\theta}\right)+\frac{1}{r^2\sin^2\theta}\frac{\partial^2\Psi}{\partial\phi^2}$$

薛定谔方程的解可以通过使用不同的解析和数值方法求解得到。通过分离变量法可以得到解析解。例如，若势可以写成 $\Pi(x,y,z)=\Pi_x(x)+\Pi_y(y)+\Pi_z(z)$，我们有

$$[H_x(x)+H_y(y)+H_z(z)]\Psi(x,y,z)=E\Psi(x,y,z),$$

式中，哈密顿量可表示为

$$H_x(x)=-\frac{\hbar^2}{2m}\frac{\partial^2}{\partial x^2}+\Pi_x(x),\quad H_y(y)=-\frac{\hbar^2}{2m}\frac{\partial^2}{\partial y^2}+\Pi_y(y)\ \text{和}\ H_z(z)=-\frac{\hbar^2}{2m}\frac{\partial^2}{\partial z^2}+\Pi_z(z)。$$

波函数作为三个函数的乘积给出，$\Psi(x,y,z)=X(x)Y(y)Z(z)$。它导致

$$\left[-\frac{\hbar^2}{2m}\frac{1}{X(x)}\frac{\mathrm{d}^2X(x)}{\mathrm{d}x^2}+\Pi_x(x)\right]+\left[-\frac{\hbar^2}{2m}\frac{1}{Y(y)}\frac{\mathrm{d}^2Y(y)}{\mathrm{d}y^2}+\Pi_y(y)\right]+\left[-\frac{\hbar^2}{2m}\frac{1}{Z(z)}\frac{\mathrm{d}^2Z(z)}{\mathrm{d}z^2}+\Pi_z(z)\right]=E,$$

式中，总能量表示为 $E=E_x+E_y+E_z$。变量分离技术将三维薛定谔方程简化为三个独立的一维方程，例如

$$\left[-\frac{\hbar^2}{2m}\frac{\mathrm{d}^2}{\mathrm{d}x^2}+\Pi_x(x)\right]X(x)=E_xX(x),\quad\left[-\frac{\hbar^2}{2m}\frac{\mathrm{d}^2}{\mathrm{d}y^2}+\Pi_y(y)\right]Y(y)=E_yY(y),$$

和

$$\left[-\frac{\hbar^2}{2m}\frac{\mathrm{d}^2}{\mathrm{d}z^2}+\Pi_z(z)\right]Z(z)=E_zZ(z)$$

使用柱坐标系和球坐标系，可以有效地降低复杂性，使得问题变得可解。在球坐标系中，我们利用 $\Psi(r,\theta,\phi)=R(r)Y(\theta,\phi)$。薛定谔偏微分方程可以通过利用连续性和边界条件来求解，而波函数的归一化条件则表示为 $\int_V\Psi^*(\boldsymbol{r})\Psi(\boldsymbol{r})\mathrm{d}V=1$。

例 6.20.19

对于无限球势阱，若

$$\Pi(r)=\begin{cases}0 & r\leqslant a\\ \infty & r>a\end{cases}$$

对于一个处于 $\Pi(r)$ 中的粒子(图 6.54),薛定谔方程为

$$-\frac{\hbar^2}{2m}\left[\frac{1}{r^2}\frac{\partial}{\partial r}\left(r^2\frac{\partial\Psi}{\partial r}\right)+\frac{1}{r^2\sin\theta}\frac{\partial}{\partial\theta}\left(\sin\theta\frac{\partial\Psi}{\partial\theta}\right)+\frac{1}{r^2\sin^2\theta}\frac{\partial^2\Psi}{\partial\phi^2}\right]$$
$$+\Pi(r,\theta,\phi)\Psi(r,\theta,\phi)=E\Psi(r,\theta,\phi)$$

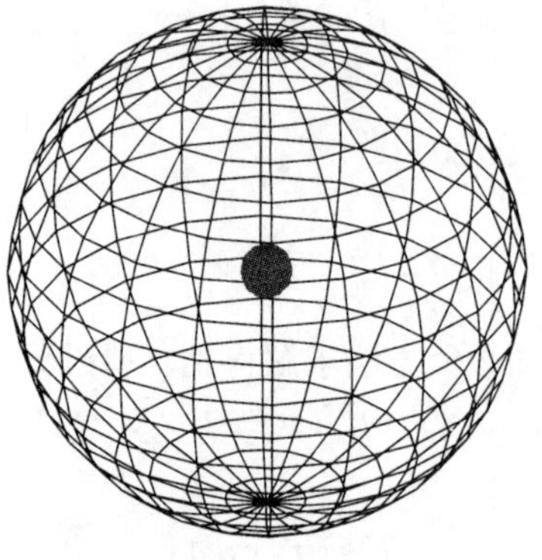

图 6.54 无限球势阱 $\Pi(r)$ 中的粒子

我们将利用分离变量法。波函数可表示成 $\Psi(r,\theta,\phi)=R(r)Y(\theta,\phi)$。在势阱外,当 $r>a$ 时,波函数为零。使用三个量子数 n,l 和 m_l 来对定态进行标记。我们的目标是推导出 $\Psi_{nlml}(r,\theta,\phi)$ 的表达式。能量仅取决于 n 和 l,即 E_{nl}。一般来说,$\Psi_{nlml}(r,\theta,\phi)=A_{nl}S_{\mathrm{BL}}(s_{nl}r/a)Y_l^{ml}(\theta,\phi)$,这里 A_{nl} 为常量,它通过波函数的归一化得到;S_{BL} 是阶次为 l 的球谐贝塞尔函数,$S_{\mathrm{BL}}(x)=(-x)^l\left(\frac{1}{x}\frac{\mathrm{d}}{\mathrm{d}x}\right)^l\frac{\sin x}{x}$,对于 $l=0$ 和 $l=1$,我们有 $S_{\mathrm{B0}}=\sin x/x$ 和 $S_{\mathrm{B1}}=\sin x/x^2-\cos x/x$;$S_{nl}$ 为 l 阶球贝塞尔函数的第 n 个零。

在势阱内,径向方程为

$$\frac{\mathrm{d}^2u}{\mathrm{d}r^2}=\left(\frac{l(l+1)}{r^2}-k^2\right)u,\quad k^2=\frac{2mE}{\hbar^2}$$

对于任意整数 l 的方程通解为

$$u(r)=Ar\,S_{\mathrm{BL}}(kr)+BrS_{\mathrm{N}l}(kr)$$

式中,S_{N} 是阶次为 l 的球诺伊曼(Neumann)函数,$S_{\mathrm{N}l}(x)=-(-x)^l\left(\frac{1}{x}\frac{\mathrm{d}}{\mathrm{d}x}\right)^l\frac{\cos x}{x}$,对于 $l=0$ 和 $l=1$,我们有 $S_{\mathrm{N0}}=-\cos x/x$ 和 $S_{\mathrm{N1}}=-\cos x/x^2-\sin x/x$。

径向函数可表示为 $R(r)=u(r)/r$。使用边界条件 $u(a)=0$。对于 $l=0$,由 $\frac{\mathrm{d}^2u}{\partial r^2}=-k^2u$,我们有 $u(r)=A\sin kr+B\cos kr$,这里 $B=0$。利用边界条件,由 $\sin ka=0$,我们得到 $ka=n\pi$。$u(r)$ 的归一化给出 $A=\sqrt{2/a}$。

角方程为

$$\sin\theta\frac{\partial}{\partial\theta}\left(\sin\theta\frac{\partial Y}{\partial\theta}\right)+\frac{\partial^2Y}{\partial\phi^2}=-l(l+1)\sin^2\theta Y$$

利用 $Y(\theta,\phi)=\Theta(\theta)\Phi(\phi)$,且归一化角波函数(球谐函数)已知为 $Y_l^{ml}(\theta,\phi)=$

$\gamma\sqrt{\frac{2l+1}{4\pi}\frac{(l-|m_l|)!}{(l+|m_l|)!}}e^{im_l\phi}L_l^{ml}(\cos\theta)$，这里 $m_l\geqslant 0$ 时 $\gamma=(-1)^{ml}$，$m_l\leqslant 0$ 时，$\gamma=1$；$L_l^{m_l}(x)$为勒让德(Legendre)函数，$L_l^{m_l}(x)=(1-x^2)^{\frac{1}{2}|m_l|}(\mathrm{d}/\mathrm{d}x)^{|m_l|}L_l(x)$；以及 $L_l(x)$为 l 阶勒让德多项式，$L_l(x)=\frac{1}{2^l l!}(\frac{\mathrm{d}}{\mathrm{d}x})^l(x^2-1)^l$。

这样，对 $l=0$ 和 $m_l=0$ 的波函数角分量可表示为 $Y_0^0(\theta,\phi)=\frac{1}{\sqrt{4\pi}}$。

因此，$\Psi_{n00}=\frac{1}{\sqrt{2\pi a}}\frac{1}{r}\sin\frac{n\pi r}{\mathrm{a}}$，允许能量为 $E_{n0}=\frac{\pi^2\hbar^2}{2ma^2}n^2, n=1,2,3,\cdots$ 使用 n 阶第 l 个球贝塞尔函数 $S_{B_{nl}}$，允许能量为 $E_{nl}=\frac{\pi^2\hbar^2}{2ma^2}S_{B_{nl}}^2$。对于规定的势、能量、势垒宽度和边界条件等，我们可以对所有区域地数值求解薛定谔微分方程。对于 3D 拓扑^{ME}device，使用势、隧穿路径、原子键长及其他数据，解出 $\boldsymbol{\Psi}(t,\boldsymbol{r})$，进而得到 $P(t,\boldsymbol{r})$、$T(t,E)$、变量的期望值等。例如，在确定了一个带电粒子的速度(或动量)后，它作为控制变量(随时间变化的外部电场或磁场)和参数(质量、原子键长及介电常数等)的函数，我们可以进一步地推导出电流。如上所述，粒子的动量、速度、透射系统、横越时间等将随外部电磁场的变化而变化。因此，取决于器件物理的变化因素，例如，$\boldsymbol{E}(tr)$或$\boldsymbol{B}(tr)$，我们由此可以控制电子的输运过程。下面我们将探讨各种动态和稳态特性。例如，我们将使用上述理论方法，推导出在 6.12 节中强调的稳态实验 I-V 和 G-V 特性。

对于平面固态半导体器件，为了推导出透射系统 $T(E)$，我们将使用格林(Green)函数 $G(E)$。特别地，我们有

$$T(E)=\mathrm{tr}[E_{\mathrm{BL}}G(E)E_{\mathrm{BR}}G^*(E)]$$

为了获得 I-V 特性，我们将自洽地求解耦合输运和泊松方程[7,58]。

泊松方程$\nabla\cdot[\varepsilon(\boldsymbol{r})\nabla V(\boldsymbol{r})]=-\rho(\boldsymbol{r})$用于得到电场强度和静电势。式中，$\rho(\boldsymbol{r})$为电荷密度，它并不代表概率流密度 $\rho(t,\boldsymbol{r})$；$\varepsilon(\boldsymbol{r})$为介电张量。

例如，假设 $\rho_x=\rho_0\,\mathrm{sech}\,\frac{x}{L}\tanh\frac{x}{L}$，通过求解$\nabla^2 V_x=-\frac{\rho_x}{\varepsilon}$，我们得到下列表达式：

$$E_x=-\frac{\rho_0}{\varepsilon}L\,\mathrm{sech}\,\frac{x}{L}\text{ 和 }V_x=2\frac{\rho_0}{\varepsilon}L^2(\tan^{-1}e^{\frac{x}{L}}-\frac{1}{4}\pi)$$

对于 3D 拓扑^{ME}device，泊松方程在求解自洽解时非常重要。薛定谔和泊松方程通过利用鲁棒的数值方法求解，例如使用拉普拉斯、积分-微分概念的差分形式等。对于给定的格点，可以通过利用有限差分方法来求解 3D 微分方程。如果将一维问题的结果推展到多维，对于拉普拉斯方程，我们有 $\frac{\partial^2 V(i,j,k)}{\partial^2 r}=$

$\dfrac{V(i+1,j,k)-2V(i,j,k)+V(i-1,j,k)}{\Delta_{\text{h}}^2}$，这里$(i,j,k)$为格点；$\Delta_{\text{h}}$ 为在 x,y 和 z 方向上空间离散间隔。

对于泊松方程，我们有

$$\nabla\cdot(\varepsilon(\boldsymbol{r})\nabla V(\boldsymbol{r}))=\frac{C_{i,j,k}^{i+1,j,k}(V_{i+1,j,k}-V_{i,j,k})-C_{i-1,j,k}^{i,j,k}(V_{i,j,k}-V_{i-1,j,k})}{\Delta_x^2}$$
$$+\frac{C_{i,j,k}^{i,j+1,k}(V_{i,j+1,k}-V_{i,j,k})-C_{i,j-1,k}^{i,j,k}(V_{i,j,k}-V_{i,j-1,k})}{\Delta_y^2}$$
$$+\frac{C_{i,j,k}^{i,j,k+1}(V_{i,j,k+1}-V_{i,j,k})-C_{i,j,k-1}^{i,j,k}(V_{i,j,k}-V_{i,j,k-1})}{\Delta_z^2},$$

$$C_{l,m,n}^{i,j,k}=\frac{2\varepsilon_{i,j,k}\varepsilon_{l,m,n}}{\varepsilon_{i,j,k}+\varepsilon_{l,m,n}}$$

这样，使用一定的格点数，将方程$\nabla\cdot(\varepsilon(\boldsymbol{r})\nabla V(\boldsymbol{r}))=-\rho(\boldsymbol{r})$表示成 $\boldsymbol{A}V=\boldsymbol{B}$，并对其进行求解，这里 $\boldsymbol{A}\in\mathbb{R}^{N\times N}$为矩阵；$\boldsymbol{B}\in\mathbb{R}^{N}$为边界条件矢量。通过积分求解薛定谔(给出波函数、能量等)方程的自洽问题，不断地更新相互作用势以及利用迭代得到的其他变量，而最终获得方程的解。通过使用鲁棒的数值方法，我们可以确保其收敛性和要求的精度。

6.20.7 电磁场和粒子运动的控制

对于笛卡儿坐标系下的一个自由粒子，$E(\boldsymbol{r})=\dfrac{p^2}{2m}$，$\boldsymbol{p}^2=p_x^2+P_y^2+p_z^2$。若存在势场，我们利用 $E(\boldsymbol{r})=\dfrac{p^2}{2m}+\Pi(\boldsymbol{r})$。在磁场中，磁矩 μ 与磁场$\boldsymbol{B}$ 相互作用引起能量变化$-\mu\cdot\boldsymbol{B}$。

考虑一个带电荷 q、质量 m 的粒子，它处于一维势场 $\Pi(x)$中。假设粒子在随时间变化的外场 $E_{\text{E}}(t\boldsymbol{r})$作用下传播，这里，粒子的哈密顿量可表示为 $H=\dfrac{1}{2m}p^2+\Pi(x)+qE_{\text{E}}(t)x$ 。例如，$E_{\text{E}}(t)=E_{\text{E0}}\sin\omega t$ ，这里，E_{E0}为静电场振幅。需要强调的是，在推导哈密顿量的表达式时，我们常使用算符，它可以是与时间无关的，也可以是与时间有关的。

可控的外部电磁场将影响哈密顿量。一般来说，对于一个在均匀外磁场 $\boldsymbol{B}$ 中带电荷 q 的粒子，我们有

$$H=\frac{1}{2\mu}\boldsymbol{p}^2+\Pi(\boldsymbol{r})-\frac{q}{2\mu c}\boldsymbol{B}\cdot\boldsymbol{L}+\frac{q^2}{8\mu c^2}[B^2r^2-(\boldsymbol{B}\cdot\boldsymbol{r})^2],$$

式中，μ 为质量①；L 为轨道角动量。

---

① 原文为 angular momentum，即角动量，似乎有误，应为质量。

在 H 中,项 $-\dfrac{q}{2\mu c}\boldsymbol{B}\cdot\boldsymbol{L}=-\mu_{\mathrm{L}}\cdot\boldsymbol{B}$ 表示粒子轨道磁矩 $\mu_{\mathrm{L}}=q\boldsymbol{L}/(2\mu c)$ 与磁场 $\boldsymbol{B}$ 相互作用的能量。若电荷 q 具有内禀的自旋 S,则自旋运动将产生磁偶极矩 $\mu_{\mathrm{S}}=q\boldsymbol{S}/(2\mu c)$,它与外磁场作用产生能量 $-\mu_{\mathrm{S}}\cdot\boldsymbol{B}$。这样,我们有

$$H=\frac{1}{2\mu}\boldsymbol{p}^2+\Pi(r)-\mu_{\mathrm{L}}\cdot\boldsymbol{B}-\mu_{\mathrm{S}}\cdot\boldsymbol{B}+\frac{q^2}{8\mu c^2}[B^2r^2-(\boldsymbol{B}\cdot\boldsymbol{r})^2]$$

考虑在均匀外磁场 $\boldsymbol{B}$ 下的氢原子,原子能级将发生移动,如 6.4 节所示。这一能量移动通常被称为塞曼效应(Zeeman effect)。对于正常塞曼效应,若忽略电子自旋(反常塞曼效应使用微扰理论考虑电子自旋),假定 $\boldsymbol{B}=B_z\boldsymbol{z}$,如 $\boldsymbol{B}=[0,0,B_z]$。

哈密顿量可表示为

$$H=\frac{1}{2\mu}\boldsymbol{p}^2-\frac{e^2}{4\pi\varepsilon_0 r}+\frac{e}{2\mu c}B_zL_z+\frac{e^2B_z^2}{8\mu c^2}(x^2+y^2)$$

式中,$H_0=\dfrac{1}{2\mu}\boldsymbol{p}^2-\dfrac{e^2}{4\pi\varepsilon_0 r}$ 为不存在磁场时的哈密顿量;L_z 为轨道角动量。

H 的第三项通常改写成 $\dfrac{e}{2\mu c}B_zL_z=\dfrac{\mu_{\mathrm{B}}}{\hbar}B_zL_z$,其中 μ_{B} 为玻尔磁子,$\mu_{\mathrm{B}}=\dfrac{e\hbar}{2\mu c}=\dfrac{e\hbar}{2m_{\mathrm{e}}}=9.274\times10^{-24}\,\mathrm{J/T}=5.7884\times10^{-5}\ \mathrm{eV/T}$。

电子的轨道磁偶极矩为 $\mu_{\mathrm{L}}=-e\boldsymbol{B}/(2\mu c)$,它是电子绕质子运动产生的轨道运动。

$\dfrac{e^2B_z^2}{8\mu c^2}(x^2+y^2)$ 项较小,通常忽略。球坐标和笛卡儿坐标之间的关系为 $x=r\sin\theta\cos\varphi$,$y=r\sin\theta\sin\varphi$ 及 $z=r\cos\theta$。

由此可以推论,我们可以通过改变^{ME}device 中电磁场来有效地控制电子的传播。控制变量可以是随时间变化的。这里,我们需要探讨含时薛定谔方程 $H(t,\boldsymbol{r})\Psi(t,\boldsymbol{r})=\mathrm{i}\hbar\dfrac{\partial\Psi(t,\boldsymbol{r})}{\partial t}$。

考虑一个随时间变化的一维势场 $\Pi(t,x)$,它由下式给出:$\Pi(t,x)=\Pi_t(t,x)+\Pi_0(x)$。若 $\Pi(t,x)=\Pi_0(x)$,则薛定谔方程的解为

$$\Psi_n(t,x)=\Psi_n(t)\Psi_n(x)=\mathrm{e}^{-\frac{\mathrm{i}E_n}{\hbar}t}\Psi_n(x)$$

这里,E_n 和 $\Psi_n(x)$ 为未扰动前的本征值和本征函数。

利用随时间变化的 $\Pi(t,x)$,方程的解为

$$\Psi(t,x)=\sum_n a_n(t)\Psi_n(t,x)$$

式中,$a_n(t)$ 为随时间变化的函数,取决于具体的问题,它通过解一组微分方程而得到。

跃迁概率与 $a_n(t)$ 的关系为 $P_m=\sum_{n,n\neq m}a_n^*(t)a_n(t)$。

我们的目的是，研究由 $\Psi(t)$ 给出的量子态如何随时间的演化。特别地，对于给定的初态 $\Psi(t_0)$，有意义的是，由薛定谔方程控制的系统的动态行为如何变化到下一中间态或最终态。我们有

$$\Psi(t)=U(t_0,t)\Psi(t_0),\quad t>t_0$$

式中，$U(t_0,t)$ 为幺正算符，它给出有限时间下的跃迁。

为了得到时间演化算符 $U(t_0,t)$，我们将 $\Psi(t)=U(t_0,t)\Psi(t_0)$ 代入含时薛定谔方程，得到 $\frac{\partial U(t_0,t)}{\partial t}=-\frac{\mathrm{i}}{\hbar}HU(t_0,t)$。若哈密顿量 H 与时间无关，使用单位初始条件 $U(t_0,t_0)=I$，我们有

$$U(t_0,t)=\mathrm{e}^{-\frac{\mathrm{i}H(t-t_0)}{\hbar}}$$

和

$$\Psi(t)=\Psi(t_0)\mathrm{e}^{-\frac{\mathrm{i}H(t-t_0)}{\hbar}}$$

为了得到随时间变化的势 $\Pi(t,x)=\Pi_t(t,x)+\Pi_0(x)$ 的解，若 $\Pi_0(x)\gg\Pi_t(t,x)$，

假定

$$\Pi(t)=\begin{cases}\Pi(t) & 0\leqslant t\leqslant\tau\\ 0 & t<0,t>\tau\end{cases}$$

在 $0\leqslant t\leqslant\tau$ 内薛定谔的解为 $\Psi(t)=U_H(t_0,t)\Psi(t_0)$，这里，$U_H(t_0,t)=\mathrm{e}^{\frac{\mathrm{i}H_0}{\hbar}t}U(t_0,t)\mathrm{e}^{-\frac{\mathrm{i}H_0}{\hbar}t}$；$H_0$ 为哈密顿量与时间无关的部分，$H_0>\Pi(t)$。由含时薛定谔方程，我们有

$$\mathrm{i}\hbar\frac{\partial U_{\mathrm{H}}(t_0,t)}{\partial t}=\mathrm{e}^{\frac{\mathrm{i}H_0}{\hbar}t}\Pi(t)\mathrm{e}^{-\frac{\mathrm{i}H_0}{\hbar}t}U_{\mathrm{H}}(t_0,t)$$

此方程的解为

$$U_H(t_0,t)=I-\frac{\mathrm{i}}{\hbar}\int_{t_0}^{t}\mathrm{e}^{\frac{\mathrm{i}H_0}{\hbar}t}\Pi(t)\mathrm{e}^{-\frac{\mathrm{i}H_0}{\hbar}t}U_{\mathrm{H}}(t_0,t)\mathrm{d}t$$

含时微扰理论可以提供一阶、二阶、三阶或更高阶的近似。通过代入 $U_{\mathrm{H}}(t_0,t)=I$，可以推导出一阶近似。这样，$U_{\mathrm{H}}^{(1)}(t_0,t)=I-\frac{\mathrm{i}}{\hbar}\int_{t_0}^{t}\mathrm{e}^{\frac{\mathrm{i}H_0}{\hbar}t}\Pi(t)\mathrm{e}^{-\frac{\mathrm{i}H_0}{\hbar}t}\mathrm{d}t$。得到由 Ψ_{i} 和 Ψ_{f} 表示的初态和终态后，跃迁概率可表示为 $P_{\mathrm{if}}(t)=|\Psi_{\mathrm{f}}U_{\mathrm{H}}(t_0,t)\Psi_{\mathrm{i}}|^2$，以及二阶近似为 $P_{\mathrm{if}}(t)=|-\frac{\mathrm{i}}{\hbar}\int_0^t\Psi_{\mathrm{f}}\Pi(t')\Psi_{\mathrm{i}}\mathrm{e}^{\mathrm{i}\omega_t t'}\mathrm{d}t'|^2$，这里，$\omega_{\mathrm{f}}$ 为初态和终态之间的跃迁频率 $\omega_{\mathrm{t}}=\frac{E_{\mathrm{f}}-E_{\mathrm{i}}}{\hbar}=\frac{\Psi_{\mathrm{f}}H_0\Psi_{\mathrm{f}}-\Psi_{\mathrm{i}}H_0\Psi_{\mathrm{i}}}{\hbar}$。

对于实际的工程问题，含时问题可以数值求解。一般来说，对于数值求解，我们可以适当地放宽分析结构的复杂性，它通常基于一系列的含时微扰理论的假设

和近似。

6.20.8　格林函数形式

电子器件也可以使用格林函数方法进行仿真[7,56-58]。

含时薛定谔方程 $-\dfrac{\hbar^2}{2m}\nabla^2\Psi(\boldsymbol{r})+\Pi(\boldsymbol{r})\Psi(\boldsymbol{r})=E(\boldsymbol{r})\Psi(\boldsymbol{r})$ 可以通过使用非齐次项 $Q(\boldsymbol{\Psi})$ 写成亥姆霍兹方程。特别地，我们有

$$(\nabla^2+k^2)\Psi=Q$$

式中，$k^2=\dfrac{2mE}{\hbar^2}$，$Q=\dfrac{2m}{\hbar^2}\Pi\Psi$。

我们的目的是，找出一个函数 $G(\boldsymbol{r})$，被称作为格林函数，它使用 δ 函数源来求解亥姆霍兹方程，即 $(\nabla^2+k^2)G(\boldsymbol{r})=\delta^3(\boldsymbol{r})$。波函数 $\Psi(\boldsymbol{r})=\int G(\boldsymbol{r}-\boldsymbol{r}_0)Q(\boldsymbol{r}_0)\mathrm{d}^3\boldsymbol{r}_0$ 满足薛定谔方程

$$\begin{aligned}(\nabla^2+k^2)\Psi(\boldsymbol{r})&=\int[(\nabla^2+k^2)G(\boldsymbol{r}-\boldsymbol{r}_0)]Q(\boldsymbol{r}_0)\mathrm{d}^3\boldsymbol{r}_0\\&=\int\delta^3(\boldsymbol{r}-\boldsymbol{r}_0)Q(\boldsymbol{r}_0)\mathrm{d}^3\boldsymbol{r}_0=Q(\boldsymbol{r})\end{aligned}$$

薛定谔方程的通解为

$$\Psi(\boldsymbol{r})=\Psi_0(\boldsymbol{r})-\frac{m}{2\pi\hbar^2}\int\frac{\mathrm{e}^{\mathrm{i}k|\boldsymbol{r}-\boldsymbol{r}_0|}}{|\boldsymbol{r}-\boldsymbol{r}_0|}\Pi(\boldsymbol{r}_0)\Psi(\boldsymbol{r}_0)\mathrm{d}^3\boldsymbol{r}_0$$

式中，$\Psi_0(\boldsymbol{r})$ 满足齐次方程 $(\nabla^2+k^2)\Psi_0=0$。

需要强调的是，为了求解推导的积分薛定谔方程，我们必须知道其解，这是因为 $\Psi_0(\boldsymbol{r})$ 位于积分符号下。

研究 π 共轭分子的电子-电子相互作用，我们也可以使用半经典哈密顿量[64-66]。对于一个分子，我们有

$$\begin{aligned}H_\mathrm{M}=&\sum_{i,\sigma}E_i a_{i\sigma}^{+}a_{i\sigma}-\sum_{\langle ij\rangle,\sigma}(t_{ij}a_{i\sigma}^{+}a_{j\sigma}+t_{ij}^{*}a_{j\sigma}^{+}a_{i\sigma})\\&+U\sum_i n_{i,\uparrow}n_{i,\downarrow}+\frac{1}{2}\sum_{i,j,i\neq j}U_{ij}\Big(\sum_\sigma a_{j\sigma}^{+}a_{j\sigma}-1\Big)\Big(\sum_\sigma a_{j\sigma}^{+}a_{j\sigma}-1\Big)\end{aligned}$$

式中，E_i 为轨道能量；$a_{i\sigma}^{+}$ 和 $a_{i\sigma}$ 为第 i 个原子的 π 电子[带自旋 $\sigma(\uparrow,\downarrow)$]的产生与湮灭算符；$t_{ij}$ 为最近邻原子 p_z 轨道的紧束缚跃迁(hopping)元；$\langle ij\rangle$ 表示最近邻点 i 和 j 的求和；U 为占据相同 p_z 轨道的两个电子间的在位(onsite)库仑排斥能；n_i 为格点 i 上 π 电子总数，$n_i=\sum_\sigma a_{i\sigma}^{+}a_{i\sigma}$；$U_{ij}$ 为格点间的库仑相互作用。

在 H_M 中，第三项和第四项表示电子-电子相互作用，它取决于距离。对于相互作用能，参数化方程为 $U_{ij}=\dfrac{U}{\sqrt{1+k_r r_{ij}^2}}$，式中 r_{ij} 为格点 i 和 j 之间的距离；k_r 为

屏蔽常量。由此,我们得到了所有参数。特别地,取决于原子构型、原子键(单键、双键或叁键),对于所有轨道,t_{ij} 为 2～3eV 变化,U 约为 10eV,及 k_r 约为 50(r_{ij} 以 nm 为单位)。

对于分子复合体,其哈密顿量可以通过使用分子 H_M、隧穿 H_T、端基 H_C 以及外部 H_E 来构造。因此,我们有

$$H = H_M + H_T + H_C + H_E$$

对于质量为 m、动量为 p、径向热振动的共振角频率为 ω_0 的振子,我们有 $H_0 = \dfrac{p^2}{2m} + \dfrac{1}{2}m\omega_0^2 x^2$。不过,$H_M$ 包括基于核能的单电子哈密顿和电子-电子相互作用哈密顿,例如,$H_M = \sum_i (\dfrac{1}{2m}\boldsymbol{p}_i^2 + \dfrac{1}{2}m\omega_{0i}^2\boldsymbol{r}_i^2) + \sum_{i,j} B_{ij} a_i^+ a_j$,式中,$B_{ij}(t)$为随时间变化的振幅;$a$ 和 a^+ 为电子湮灭与产生算符,电子的稳态数为 $N = \sum_{i,j} \langle a_i^+ a_j \rangle$;$i$ 和 j 遍历所有的分子。使用分子轨道指标 n 和 l,方程中 H_M 的最后一项可表示成 $\sum_{(in)(jl)} B_{(in)(jl)} a_{(in)}^+ a_{(jl)}$。电流可以由下式估计:$I = -e\dfrac{\mathrm{d}}{\mathrm{d}t}\sum_{i,j}\langle a_i^+(t) a_j(t)\rangle$,式中,$a(t)$和 $a^+(t)$的运动方程通过使用哈密顿量而得到。

隧穿哈密顿量描述分子间电子的输运,表示为 $H_T = -\sum_{i,j\in \text{末端}} \mathrm{e}^{-\frac{r}{\lambda_j}} (T_{ij} a_i^+ b_j + T_{ij}^* a_i^+ b_j)$,式中,$T_{ij}(t)$表示随时间变化的隧穿振幅;$b$ 和 b^+ 为位于输入(L)和输出(R)端的电子湮灭和产生算符;λ_j 表示分子的传导与末端原子的隧穿长度;T_{ijL} 和 T_{ijR} 为电子输运的振幅,例如,从第 j_L 占据轨道到分子的最低未占据轨道 $|i_{LUMO}\rangle$,以及到第 j_R 个未占据轨道;$|j_L\rangle$和$|j_R\rangle$为接触端的轨道;$|i_{LUMO}\rangle$为分子的最低未占据轨道。

终端的哈密顿量可以表示为 $H_C = \sum_{j\in L,R} C_j b_j^+ b_j$,式中,$C_j(t)$表示随时间变化的能量幅度。

如 6.13.7 节所介绍的那样,外部哈密顿量取决于器件物理。例如,$H_E = -\sum_{i,j} E_{ij} \cdot \boldsymbol{m}_{ij} a_i^+ a_j$,式中,$E_{ij}(t)$是一个函数,它是通过改变静电势来进行控制的;$\boldsymbol{m}_{ij}$ 为电子偶极矩矢量。

利用推导的哈密顿量,我们可以得到总的哈密顿量 H。为了考察^{ME}device 的功能和特性(输入/控制键-分子-输出键),波函数应当通过解薛定谔方程来得到。或者,使用凯尔迪什(Keldysh)非平衡格林函数的概念来求解。格林函数是一种能量波函数,它表示位于 $\boldsymbol{r}$ 处的能量由 $\boldsymbol{r}_E$ 处施加的激发而引起。我们将研究表征聚合分子行为的推迟格林函数 G,其方程为

$$(E - H)G(\boldsymbol{r}, \boldsymbol{r}_E) = \delta(\boldsymbol{r} - \boldsymbol{r}_E)$$

输运方程和泊松方程必须同时满足边界条件。

为了研究有限的分子复合体，我们将使用孤立系统的分子哈密顿量和复杂的自能函数，而不使用单能势和展宽能。若采用矩阵表示，使用重叠矩阵 S，我们有 $[G(E)]=(E[S]-[H]-[V_{SC}]-\sum_i[E_i])^{-1}$，式中，$[E_i]=[S_i][G_i][S_i^*]$；$S_i$ 为与几何构型相关的分子终端间的终端耦合矩阵。输入和输出电子库(electron reservior)的非厄米虚自能函数可表示为 $[E_L]=[S_L][G_L][S_L^*]$ 和 $[E_R]=[S_R][G_R][S_R^*]$，式中，G_L 和 G_R 为表面格林函数，它通过使用递归方法得到。

利用格林函数，状态密度 $D(E)$ 可以表示成 $D(E)=-\frac{1}{\pi}\mathrm{Im}\{G(E)\}$。谱函数 $A(E)$ 为格林函数的反厄米项，且 $A(E)=i[G(E)-G^*(E)]=-2Im[G(E)]$。由此，我们得到 $D(E)=\frac{1}{2\pi}\mathrm{tr}[A(E)S]$，式中 tr 为迹算符，$S$ 为正交基函数的重叠矩阵。使用展宽能量函数 E_{BL} 和 E_{ER}，我们可以得到谱函数

$[A_L(E)]=[G(E)][E_{BL}(E)][G^*(E)]$ 和 $[A_R(E)]=[G(E)][E_{BR}(E)][G^*(E)]$

多端^{ME}device 在费米能级处达到平衡，非平衡电荷密度矩阵为

$$[\rho(E)]=\frac{1}{2\pi}\int_{-\infty}^{\infty}\sum_{k,i\in L,j\in R}f(E_{Vk},V_{Fi,j})[A_{i,j}(E)]\mathrm{d}E$$
$$=\frac{1}{2\pi}\int_{-\infty}^{\infty}\sum_{k,i\in L,j\in R}f(E_{Vk},V_{Fi,j})[G(E)][E_{Bi,j}(E)][G^*(E)]\mathrm{d}E$$

这里，$V_{Fi,j}$ 为作用势；$f(E_V,V_{Fi,j})$ 为分布函数。

使用传输矩阵 $T(E)=\mathrm{tr}[E_{BL}G(E)E_{BR}G^*(E)]$，并利用展宽，则可以得到两端之间的电流为

$$I_k=\frac{2e}{h}\int_{-\infty}^{+\infty}\mathrm{tr}[E_{BL}G(E)E_{BR}G^*(E)]\sum_{k,i\in L,j\in R}f(E_{Vk},V_{Fi,j})\mathrm{d}E$$

对于一个双端^{ME}device，

$$\rho(E)=\frac{1}{2\pi}\int_{-\infty}^{\infty}[f(E_V,V_{FL})G(E)E_{BL}G^*(E)+f(E_V,V_{FR})G(E)E_{BR}G^*(E)]\mathrm{d}E$$

和

$$I=\frac{2e}{h}=\int_{-\infty}^{+\infty}\mathrm{tr}[E_{BL}G(E)E_{BR}G^*(E)][f(E_V,V_{FL})-f(E_V,V_{FR})]\mathrm{d}E$$

正如 6.13.1 节所强调的那样，对于所考虑的电子器件，如果统计力学的假定仍然适用，通过采用合适的分布函数，我们可以直接利用这些方程。

6.21　多端量子效应^{ME}device

人们发明了量子阱共振隧道二极管和 FET、肖特基栅共振隧穿、异质结双极型、共振隧穿双极型及其他晶体管等，以提高微电子器件的性能。隧穿势垒通过由

AlAs, AlGaAs, AlInAs, AlSb, GaAs, GaSb, GaAsSb, GaInAs, InP, InAs, InGaP 及其他合成物和分隔层构成，其厚度为 1～10 nm。CMOS 技术的高速双异质结双极型晶体管能够确保截断频率约为 300 GHz、击穿电压约为 5 V 和电流密度约为$1\times 10^5\ A/cm^2$。如图 6.55 所示的一维势能曲线，示意地描述了第一势垒(L_1, L_2)、阱区(L_2, L_3)和第二势垒(L_3, L_4)，它们分别具有准费米能级 E_{F1}、E_{F23} 和 E_{F2}。文献[15]对这些晶体管的器件物理进行了介绍。这些双势垒单量子阱中的电子输运过程可以通过使用自洽方法和数值求解一维或二维薛定谔方程和泊松方程来进行简单地探讨。

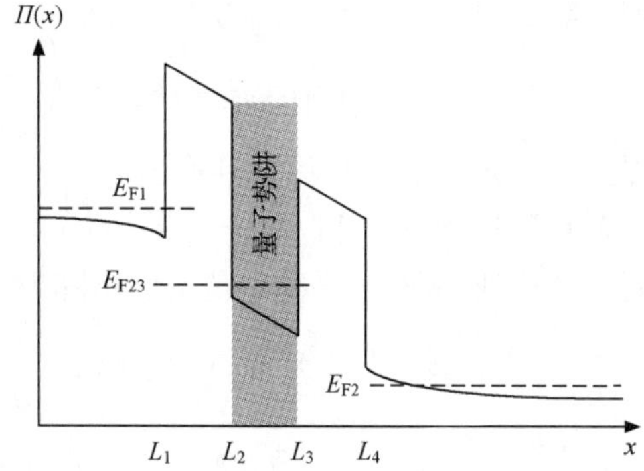

图 6.55 双势垒单阱异质结晶体管的一维势能曲线及准费米能级

图 6.16 给出了由多端^{ME}device 构成^{M}gate 的^{M}NAND 和^{M}AND。图 6.56 进一步地展示了通过使用环状分子的重叠分子轨道以实现这些^{M}gate 的原理。

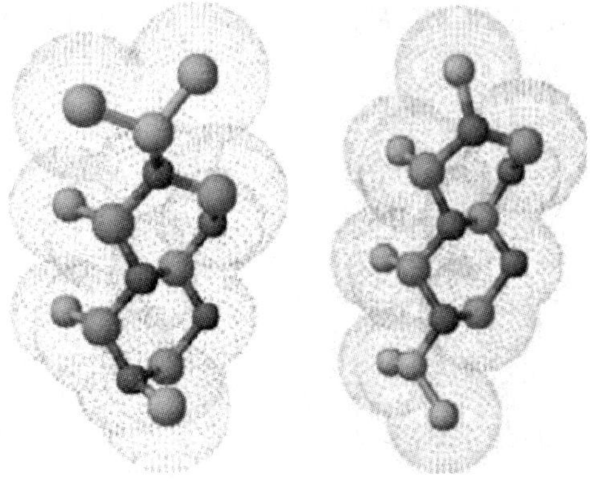

图 6.56 (见彩色插图)由环状分子构成的^{M}NAND 和^{M}AND

在 6.19 节中，我们介绍了 3D 拓扑多端^{ME}device，它是使用环状分子并通过碳互联框架构成的，如图 6.44 所示。在本节中，我们将考虑一个带输入端、控制端和输出端的三端^{ME}device，如图 6. 57 所示。上述^{ME}device 的器件物理是基于量子相互作用和可控的电子隧穿效应。外加 $V_{control}(t)$可以改变电荷分布 $\rho(t,\boldsymbol{r})$和 $E_E(t,\boldsymbol{r})$，并影响电子输运。由于量子相互作用，这一^{ME}device 工作于可控的、电子-可交换的环境。这样，我们可以实现可控的超快电势辅助隧穿。电子-可交换环境的相互作用可以定性地或定量地修改器件的行为及特性。让我们来考察一下在随时间和空间可变的准稳势 $\Pi(t,\boldsymbol{r})$下的电子输运。从量子理论的角度看，哈密顿量的变化将导致：①隧穿率 $T(E)$的变化；②由于 $\rho(t,\boldsymbol{r})$、$E_E(t,\boldsymbol{r})$和 $\Pi(t,\boldsymbol{r})$的变化引起的量子相互作用。通过改变 $V_{control}(t)$，我们可以影响器件的开关、I-V 特性等，进而确保器件的可控性。

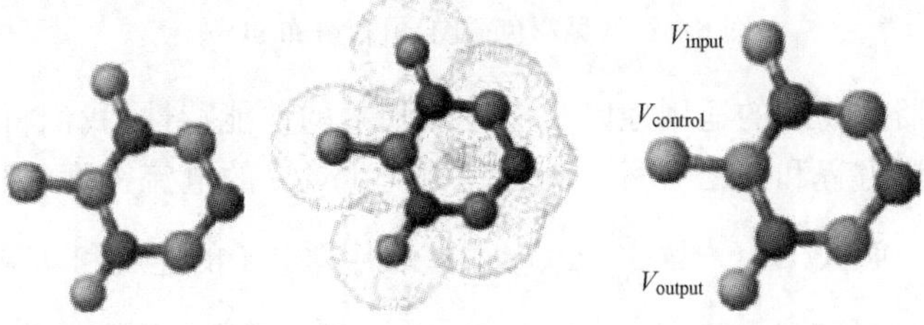

图 6. 57 （见彩色插图）一个三端^{ME}device，它由带碳互联框架的环状分子构成

对于上述^{ME}device，我们需要求解高保真仿真和数据密集型分析问题。对于异质结微电子器件，通常通过使用费米-狄拉克分布函数来求解一维薛定谔方程和泊松方程。与此相反，在设计的^{ME}device 中，求解与其对应的 3D 问题是不可避免的。此外，我们也不能简单地应用分布函数和统计力学假设。

对于上述形成互联^{ME}device 的环状分子，若我们考虑 9 个电荷为 q_i 的原子，并假定核是静止不动的。径向库仑势 $\Pi_i(r)=-\dfrac{Z_{\text{eff}\,i}q_i^2}{4\pi\varepsilon_0 r}$。对于碳，$Z_{\text{effC}}=3.14$。使用球坐标系，薛定谔方程可表述为

$$-\frac{\hbar^2}{2m}\left[\frac{1}{r^2}\frac{\partial}{\partial r}\left(r^2\frac{\partial\Psi}{\partial r}\right)+\frac{1}{r^2\sin\theta}\frac{\partial}{\partial\theta}\left(\sin\theta\frac{\partial\Psi}{\partial\theta}\right)+\frac{1}{r^2\sin^2\theta}\frac{\partial^2\Psi}{\partial\phi^2}\right]$$
$$+\Pi(r,\theta,\phi)\Psi(r,\theta,\phi)=E\Psi(r,\theta,\phi)$$

对于上述问题，我们不可能使用分离变量法来求解如例 6. 20. 21 中得到的解析解。我们可以将波函数写成 $\Psi(r,\theta,\phi)=R(r)Y(\theta,\phi)$以分别推导和求解径向方程和角方程。不同的是，我们将离散化薛定谔方程和泊松方程，正如本节中所介绍的那样，数值地求解这些微分方程。由于分子的热稳定性要求，即$|V_{control}|\leqslant V_{controlmax}$，因此，施加到控制端的随时间变化的势能分布是有限的。特别地，我们假设$|V_{control}|\leqslant 0.25\text{V}$。电荷分布也是令人感兴趣的问题。图 6. 58 给出了当 $V_{control}=0.1\text{V}$ 和 $V_{control}=0.2\text{V}$ 时分子中的三维电荷分布。通过对各单独的轨道密度求和，可以得

到总的分子电荷分布。

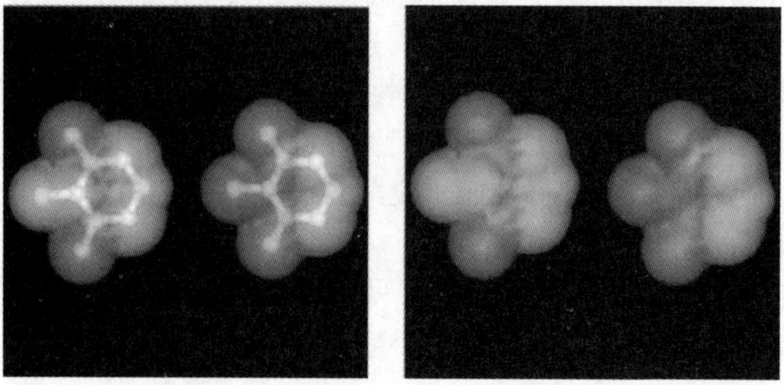

图 6.58 (见彩色插图)电荷分布 $\rho(r)$

为了验证器件物理的适用性以及探讨其基本的性能特性,我们将使用自洽算法来求解薛定谔方程和泊松方程。为了得到^{ME}device 的电流密度 j 和电流,我们使用 $\langle p\rangle=\int_{-\infty}^{\infty}\Psi^*(t,\boldsymbol{r})(-\mathrm{i}\hbar\frac{\partial}{\partial\boldsymbol{r}})\Psi(t,\boldsymbol{r})\mathrm{d}\boldsymbol{r}$ 来计算电子的速度和动量。对于不同的 V_{control} 值,求解波函数 $\Psi(t,\boldsymbol{r})$。图 6.59 给出了上述^{ME}device 的两种控制电流(0.1nA 和 0.2nA)下的 I-V 特性。结果表明,上述^{ME}device 可以有效地用作多值或符号^{M}primitive,以设计使能多值或符号逻辑器件或存储器件。

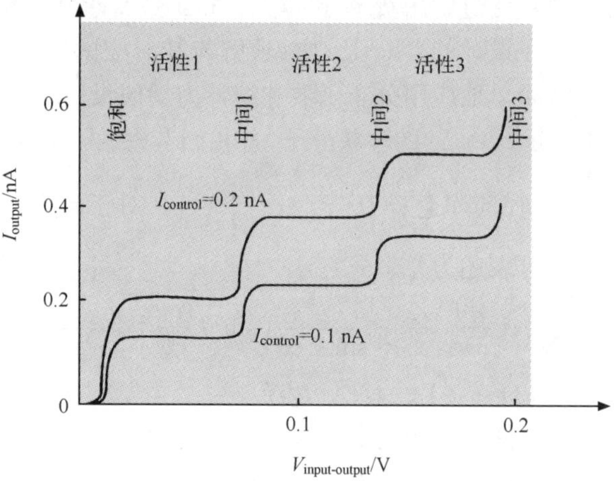

图 6.59 多值 I-V 曲线

电子隧穿的横越时间可以由表达式 $\tau(E)=\int_{r_0}^{r_f}\sqrt{\frac{m}{2[\Pi(\boldsymbol{r})-E]}}\mathrm{d}\boldsymbol{r}$ 计算得到。结果表明,τ 在 2.4×10^{-15} 到 5×10^{-15} s 的范围变化。因此,上述^{ME}device 可以确保超快的开关性能。

上述单环分子也可用作 6 端^{ME}device，如图 6.60 所示。一般来说，上述基于碳的分子硬件解决方案：

- 确保在器件、门、和模块级可靠的、自下而上的合成；
- 确保可聚合性以形成复杂的^{M}IC；
- 实现可实验表征的^{ME}device 和^{M}gate。

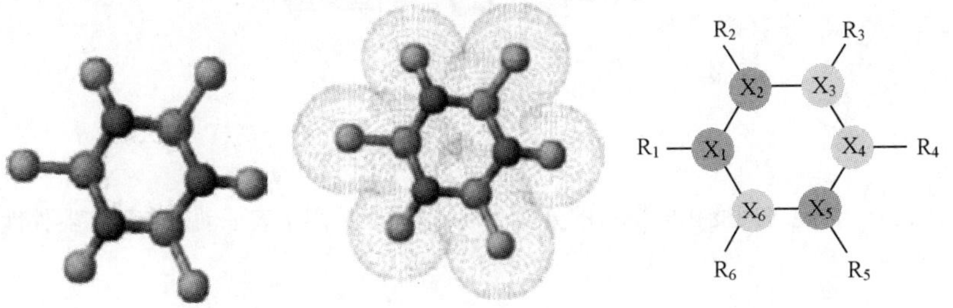

图 6.60　(见彩色插图) 6 端^{ME}device

侧基团 R_i 的使用(图 6.60)确保势垒和阱势表面 $\Pi(t,\boldsymbol{r})$的变化。它可以实现可控的电子输运和可调的量子相互作用。上述^{ME}device 可以用于组合和存储^{M}IC 器件。此外，这些器件也可以用作路由器。因此，正如 6.5 节有关射流平台中所介绍的那样，我们可以实现可重构的“网络－处理-与-存储”。由此，我们可以得出结论，我们可以设计可重构的神经构型固态^{M}PP。

随后我们将介绍有关范式(generic)仿真的概念。一个^{M}device 可以具有两个或更多的终端。互联的^{M}device 具有确定的随时间变化的变量，如输入 $\boldsymbol{r}(t)$、控制 $\boldsymbol{u}(t)$、输出 $\boldsymbol{y}(t)$、状态 $\boldsymbol{x}(t)$、扰动 $\boldsymbol{d}(t)$及噪声 $\boldsymbol{\xi}(t)$矢量。电场或磁场强度包括在 $\boldsymbol{u}(t)$中，而速度、位移、电流和电压可以是状态和/或输出变量。例如，对于上述的可控固态^{ME}device，相对于共同的数据节点(地)而言，任何端的电压都是完全确定的。图 6.61 给出一个带输入端、控制端和输出端，以及相应的含随时间变化的变量的多端^{M}device。图中同时也给出了扰动和噪声矢量。其所展示的现象、所利用的效应则在器件物理中予以定义。如上所述，上述^{ME}device 可以通过使用薛定谔方程和泊松方程来进行仿真。对于允许的输入和扰动，^{M}device 可以通过描述瞬态动力学和静态行为的微分方程本构关系来进行仿真。特别地，如果忽略扰动及未考虑的现象和噪声，^{M}device 可以由四组元$(\boldsymbol{r},\boldsymbol{x},\boldsymbol{y},\boldsymbol{u})$来进行描述，这里 $\boldsymbol{r}\in\mathbb{R}^b$，$\boldsymbol{x}\in\mathbb{R}^n$，$\boldsymbol{y}\in\mathbb{R}^k$及 $\boldsymbol{u}\in\mathbb{R}^m$。对于这些矢量变量，相应地，其可达到值的通用集记为 R，X，Y 和 U。这样，^{M}device 的响应(行为)四组元为$(\boldsymbol{r},\boldsymbol{x},\boldsymbol{y},\boldsymbol{u})\in R\times X\times Y\times V$。测量集表示成 $M=\{(\boldsymbol{r},\boldsymbol{x},\boldsymbol{y},\boldsymbol{u})\in R\times X\times Y\times U,\ \forall t\in T\}$。电化学机械状态跃迁(电子输运、构型等)通过改变 $\boldsymbol{u}$ 来进行控制，以达到最佳的瞬态性能，这样确保要求的稳态性能特性。

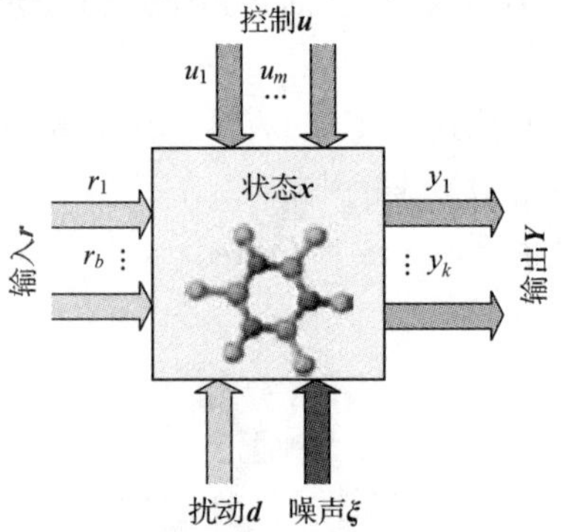

图 6.61 含随时间变化的变量的分子器件,这些变量用于表征动态和稳态器件性能

6.22 结 论

我们介绍了 3D 固态和射流分子电子技术的一些开创性工作,包括新的^{M}device、3D 组织、使能体系构架、自下而上的制造等。上述 3D 拓扑^{M}device 基于全新的器件物理。在模块级和系统级,使用了使能 3D 组织和全新的体系架构。同时,也对一系列的理论、应用和实验问题进行了探讨,包括器件物理、现象、功能、性能和能力等。因此,我们提出了^{M}architectronics 范式。结果表明,固态和射流^{M}device 展现了一些全新的现象,具有一些独特的功能性,并因此能够提供使能能力。这些^{M}device 可以在^{X}hypercell 内进行聚合,并最终构成^{M}IC。同时,还介绍了^{M}IC 和^{M}PP 的 SLSI 设计中一些原创性概念。上述^{M}PP 在 3D 组织和使能体系架构下设计,能够确保其优良的性能。在基于碳分子的电子技术中,涉及了自下而上的制备问题。同时,还探讨了生物分子处理平台,讨论了其基本理论、识别和信息处理。尽管仍然存在大量的问题有待解决,结果表明,上述基于 3D 的拓扑/组织和全新的体系架构能够确保其整体优越性。通过上述解决方案,我们可以预测未来的^{M}PP 和信息识别处理。通过使用^{3D}networking-and-processing(网络连接与处理)范式,我们设计了可重构的神经形貌固态和射流^{M}PP。上述器件级和系统级的设计和分析概念可以系统地通过大量的实例予以研究和展示。

致 谢

作者衷心地感谢美国国防部和空军部(空军研究实验室)下的“Microsystems and Nanotechnologies”(微系统和纳米技术)项目的部分支持,合同号为 8750024 和 8750058。声明:本章中的任何观点、发现、结论或建议均属于作者,并不代表美国国防部和空军部的观点。

衷心感谢 MathWorks 公司和 Accelrys Software 公司的软件支持。

参 考 文 献

[1] International Technology Roadmap for Semiconductors, 2005 ed., Semiconductor Industry Association, Austin, TX, 2006.

[2] Brewer, J. E. et al., Memory technology for the post CMOS era, IEEE Circuits and Devices Magazine, 21, 2, 13, 2005.

[3] Ferry, D. K. et al., Semiconductor device scaling: Physics, transport, and the role of nanowires, Proc. IEEE Conf. Nanotechnology, Cincinnati, OH, 2006.

[4] Zhirnov, V. V. et al., Emerging research memory and logic technologies, IEEE Circuits and Devices Magazine, 21, 3, 2005.

[5] Ellenbogen, J. C. and Love, J. C., Architectures for molecular electronic computers: Logic structures and an adder designed from molecular electronic diodes, Proc. IEEE, 88, 3, 2000.

[6] Heath, J. R., and Ratner, M. A., Molecular electronics, Physics Today, 1, 2003.

[7] Lyshevski, S. E. NEMS and MEMS: Fundamentals of Nano-and Microengineering, 2nd ed., CRC Press, Boca Raton, FL, 2005.

[8] Chen, J. et al., Molecular electronic devices, in Handbook Molecular Nanoelectronics, Reed, M. A. and Lee, L. Eds., American Science Publishers, 2003.

[9] Tour, J. M. and James, D. K., Molecular electronic computing architectures, in: Handbook of Nanoscience, Engineering and Technology, Goddard, W. A. et al., Eds., CRC Press, Boca Raton, FL, 2003.

[10] Wang, W. et al., Inelastic electron tunneling spectroscopy of an alkanedithiol self-assembled monolayer, Nano Lett., 4, 4, 2004.

[11] Aviram, A. and Ratner, M. A., Molecular rectifiers, Chem. Phys. Letters, 29, 1974.

[12] Berg, H. C., The rotary motor of bacterial flagella, J. Ann. Rev. Biochem., 72, pp. 19 - 54, 2003.

[13] Sze, S. M., Physics of Semiconductor Devices, Wiley, NJ, 1969.

[14] Sze, S. M., Physics of Semiconductor Devices, Wiley, NJ, 1981.

[15] Sze, S. M. and Ng, K. K., Physics of Semiconductor Devices, Wiley, NJ, 2007.

[16] Lyshevski, S. E., Design of three-dimensional molecular integrated circuits and molecular architectronics Proc. IEEE Conf. Nanotechnology, Cincinnati, OH, 2006.

[17] Kaupp, U. B. and Baumann, A., Neurons-the molecular basis of their electrical excitability, in: Handbook of Nanoelectronics and Information Technology, Waser, R., Ed., Wiley-VCH, Darmstadt, Germany, 2005.

[18] Churchland, P. S., and Sejnowski, T. J., The Computational Brain, MIT Press, Cambridge, MA, 1992.

[19] Freeman, W., Mass Action in the Nervous System, Academic, New York, 1975.

[20] Freeman, W., Tutorial on neurobiology from single neurons to brain chaos, Int. J. Biforcation Chaos, 2, 3, 1992.

[21] Laughlin, S. et al., The metabolic cost of neural computation, Nature Neurosci., 1, 1998.

[22] Lyshevski, M. A. and Lyshevski, S. A., Fluidic nanoelectronics and Brownian dynamics, Proc. NSTI Nanotechnology Conf., Boston, MA, 3, 2006.

[23] Hameroff, S. R. and Tuszynski, J., Search for quantum and classical modes of information processing in

microtubules: implications for the living atate, in Handbook on Bioenergetic Organization in Living Systems, Musumeci, F. and Ho, M. -W., Eds., World Scientific, Singapore, 2003.

[24] Lyshevski, M. A., Fluidic molecular electronics, Proc. IEEE Conf. Nanotechnology, Cincinnati, OH, 2006.

[25] Dayan, P. and Abbott, L. F., Theoretical Neuroscience: Computational and Mathematical Modeling of Neural Systems, MIT Press, Cambridge, MA, 2001.

[26] Grossberg, S., On the production and release of chemical transmitters and related topics in cellular control, J. Theoretical Biol., 22, 1969.

[27] Grossberg, S., Studies of Mind and Brain, Reidel, Amsterdam, The Netherlands, 1982.

[28] Abbott, L. F. and Regehr, W. G., Synaptic computation, Nature, 431, 2004.

[29] Markram, H. et al., Regulation of synaptic efficacy by coincidence of postsynaptic APs and EPSPs, Science, 275, 1997.

[30] Rumsey, C. C., and Abbott, L. F., Equalization of synaptic efficacy by activity-and timing-dependent synaptic plasticity J. Neurophysiol., 91, 5, 2004.

[31] Grossberg, S., Birth of a learning law, Neural Networks, 11, 1, 1968.

[32] Frantherz, F., Neuroelectronics interfacing: semiconductor chips wth ion channels, nerve cells, and brain, in: Handbook of Nanoelectronics and Information Technology, Waser, R., Ed., Wiley-VCH, Darmstadt, Germany, 2005.

[33] Lyshevski, S. E., Molecular cognitive information-processing and computing platforms, Proc. IEEE Conf. Nanotechnology, Cincinnati, OH, 2006.

[34] Renyi, A., On measure of entropy and information, Proc. Berkeley Symp. Math. Stat. Prob., 1, 1961.

[35] Kabanov, Yu. M., The capacity of a channel of the Poisson type, Theory Prob. Appl., 23, 1978.

[36] Johnson, D., Point process models of single-neuron discharges, J. Comp. Neurosci., 3, 1996.

[37] Strong, S. P. et al., Entropy and information in neuronal spike trains, Phys. Rev. Lett., 80, 1, 1998.

[38] Rieke, F. et al., Spikes: Exploring the Neural Code, MIT Press, Cambridge, MA, 1997.

[39] Smith, K. C., Multiple-valued logic: A tutorial and appreciation Computer, 21, 4, 1998.

[40] Buitenweg, J. R. et al., Modeled channel distributions explain extracellular recordings from cultured neurons sealed to microelectrodes, IEEE Trans. Biomed. Eng., 49, 11, 2002.

[41] Sigworth, F. J. and Klemic, K. G., Microchip technology in ion-channel research, IEEETrans. Nanobioscience, 4, 1, 2005.

[42] Suzuki, H. et al., Planar lipid membrane array for membrane protein chip, Proc. Conf. on MEMS, 2004.

[43] Yanushkevich, S., Logic Design of Nano ICs, CRC Press, Boca Raton, FL, 2005.

[44] Malyugin, V. D., Realization of corteges of Boolean functions by linear arithmetical polynomials, Automica and Telemekhica, 2, 1984.

[45] Lyshevski, S. E., Nanocomputers and nanoarchitectronics, in: Handbook of Nanoscience, Engineering and Technology, Goddard, W., Ed., CRC Press, Boca Raton, FL, 2002.

[46] Porod, W., Nanoelectronic circuit architectures, in: Handbook of Nanoscience, Engineering and Technology, Goddard, W. A., et al., Ed., 2003.

[47] Williams, S. R. and Kuekes, P. J., Molecular nanoelectronics, Proc. Int. Symp. Circuits and Systems, Geneva, Switzerland, 1, 2000.

[48] Kamins, T. I. et al., Ti-catalyzed Si nanowires by chemical vapor deposition: Microscopy and growth mechanism, J. Appl. Phys., 89, 2001.

[49] Reichert, J. et al., Driving current through single organic molecules, Phys. Rev. Lett., 88, 17, 2002.

[50] BaschH. and Ratner, M. A., Binding at molecule/gold transport interfaces. V. Comparisonof different metals and molecular bridges, J. Chem. Phys., 119, 22, 2003.

[51] Lee, K., Measurement of *I-V* characteristic of organic molecules using step junction, Proc. IEEE Conf. Nanotechnology, Munich, Germany, 2004.

[52] Mahapatro, A. K. et al., Nanometer scale electrode separation (nanogap) using electromigration at room temperature, Proc. IEEE Trans. Nanotechnology, 5, 3, 2006.

[53] Carbone, A. and Seeman, N. C., Circuits and programmable self-assembling DNA structures, Proc. Nat. Acad. Science, 99, 20, 2002.

[54] Porath, D. et al., Charge transport in DNA-based devices, Top. Curr. Chem., 237, 2004.

[55] Mahapatro, A. K. et al., Electrical behavior of nano-scale junctions with well engineered double stranded DNA molecules, Proc. IEEE Conf. Nanotechnology, Cincinnati, OH, 2006.

[56] Galperin. M. and Nitzan, A., NEGF-HF method in molecular junction property calculations, Ann. NY Acad. Sci., 1006, 2003.

[57] Galperin, M. et al., Resonant inelastic tunneling in molecular junctions, Phys. Rev., B, 73, 045314, 2006.

[58] Paulsson, M. et al., Resistance of a molecule, in Handbook of Nanoscience, Engineering and Technology, Goddard, W. Ed., CRC Press, Boca Raton, FL, 2002.

[59] Landauer, R., Spatial variation of current and fields due to localized scatterers in metallic conduction, IBM J., 1, 3, 1957. Reprinted in IBM J. Res. Develop., 44, 1/2, 2000.

[60] Büttiker, M., Quantuized transmission of a saddle-point constriction, Phys. Rev. B, 41, 11, 1990.

[61] Büttiker, M. and Landauer, R., Escape-energy distributionfor particles in an extremely underdamped potential well, Phys. Rev. B, 30, 3, 1984.

[62] Büttiker, M. and Landauer, R., Traversal time for tunneling, Phys. Rev. Lett., 49, 23, 1982.

[63] Galperin, M. and Nitzan, A., Traversal time for electron tunneling in water, J. Chem. Phys., 114, 21, 2001.

[64] Pariser, R., and Parr, R. G., A semiempirical theory of the electronic spectra and electronic structure of complex unsaturated molecules I, J. Chem. Phys., 21, 1953.

[65] Pariser, R., and Parr, R. G., A semiempirical theory of the electronic spectra and electronic structure of complex unsaturated molecules II, J. Chem. Phys., 21, 1953.

[66] Pople, J. A., Electron interaction in unsaturated hydrocarbons, Trans. Faraday Soc., 49, 1953.

第Ⅱ部分

纳米尺度电子技术

7　电子学中的无机纳米线

Bin Yu，M. Meyyappan　著

李永舫　译

7.1　引　　言

在范式改变和大规模经济方面,纳米技术产生重要影响的领域之一是纳电子学(nanoelectronics)。按照摩尔定律(Moore's law),硅 CMOS 尺度不断减小,它是否会存在终点,一直受到人们关注。目前,最后一代 CMOS 的尺度会是多少,人们还不清楚(也许是 10nm,甚至更小)。目前的推断是,这种尺度减小趋势可能会在约 10 年内结束。因此,人们对开发可能比最后一代硅 CMOS 器件具有更好性能和更高集成度的替代技术产生了极大的兴趣,它包括分子电子学技术、基于碳纳米管的纳电子技术、单电子晶体管、量子计算架构等,所有这些都是本书将要介绍的内容。电子技术的基于无机纳米线的解决方案实际上并不属于前面提到的革命性技术。这里的材料系统仍然是硅和锗,只不过是用一维纳米线替代了传统二维(2D)薄膜,它可能会提供一定的制造灵活性和性能方面的优势。当然,也存在制备垂直晶体管(而不是传统的平面 CMOS 器件)的可能性,它能够实现更高的器件密度,甚至能制备出 3D 架构的器件。对于电子技术中纳米线的研究,目前仍然处于起步阶段。实际上,迄今为止,相关文献中所报道的工作还远远少于基于分子和碳纳米管的电子技术方面的工作。

本章将对器件制备中使用半导体纳米线的研究情况做一回顾。首先,探讨使

用纳米线所产生的影响，然后讨论纳米线的生长技术，随后探讨纳米线的生长结果和性质，最后对迄今为止人们在器件制备方面所做的努力做总结。

7.2 为何使用纳米线？

在过去的 20～30 年里，各种半导体、金属、介电及其他材料（包括元素和化合物材料）的薄膜通过化学气相沉积（chemical vapor deposition，CVD）、金属有机化学气相沉积（metal organic chemical vapor deposition ，MOCVD）、分子束外延（molecular beam epitaxy，MBE）等技术都已经制备出来。这些材料覆盖了从紫外到近红外的光谱范围，对应的带隙从约为 3.6eV 到 0.4 eV。在生长层厚只有 1nm 的多量子势阱层中实现了非常高精度的尺度控制。在控制外延生长过程中取得的这些成就，催生了电子学（逻辑和存储）和光电子学（激光器、检测器等）的许多进展。在过去的几年里，对这些材料中的大多数，也都生长出了一维纳米线，这些纳米线是具有确定表面结构性质的单晶。这种纳米线的一维特性为最好的场效应晶体管（field effect transistor， FET）尺度控制提供了最低维度的传输通道。半导体纳米线的带隙与其尺度大小成反比，径向的一维量子限域效应和降低的声子散射，为逻辑器件提供了有趣的物理基础，并且电子性质可以通过掺杂来改变。所有这些使得纳米线成为电子学应用的一个令人关注的对象。

7.3 纳米线生长

文献中报道的生长纳米线的方法有很多种。早期的一种方法是使用纳米孔模板引导生长，通过在模版的开孔处使用选择性沉积的方法来制备纳米线[1]。最常用的模板是氧化刻蚀的氧化铝（anodized aluminum oxide，AAO）薄膜，这种模板稳定、绝缘，且具有适当的孔密度和孔均匀性。这种多孔膜是通过在适当的基底上氧化刻蚀 99.999% 的铝膜来制备，并自组织成高度有序的六边形垂直孔的平行阵列。到目前为止，已报道通过电沉积的方法制备了几种类型的纳米线（如 Cd、CdS、CdS_xSe_{1-x}和 $Zn_xCd_{1-x}S$ 等），这种方法面临的问题包括组装器件时模板的剥离和大面积上孔尺度的均一性。

制备纳米线最广泛使用的方法是由 Wagner 和 Ellis 最早使用的气-液-固（vapor-liquid-solid，VLS）方法[2]。这一技术使用一种金属催化剂膜，该催化剂膜在正常的生长温度下由处于熔融状态下的小液滴组成。针对欲制备的纳米线，由金属升华、目标金属的激光烧蚀或给料气体的化学反应产生的源蒸气溶入催化剂液滴中（图 7.1），当达到超饱和后，纳米线就会从催化剂颗粒中沉积出来。通常，催化剂颗粒会附着在生长的纳米线的一头。VLS 方法还可以用于在采用平版印刷蚀刻图案的基底上生长纳米线，也可以用于器件制备方案的集成。

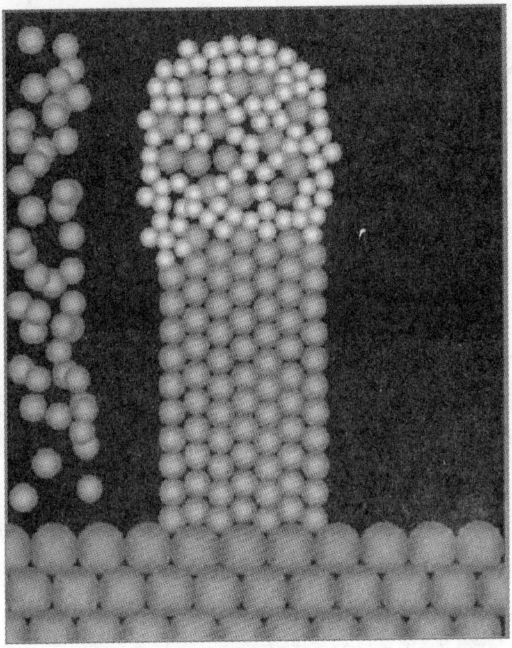

图 7.1 (见彩色插图)通过 VLS 方法的纳米线生长。下部较大的球为基底原子，生长在上面的灰色球代表源气体分子，顶部浅色球表示金属催化剂

对于硅纳米线的生长，四氢化硅或四氯化硅与氢气的混合可以用作源气体[3,4]，这种硅烷路线是一种低温过程(520℃，相对于 850℃)。研究用的反应器通常由插入两区高温炉中的一个石英管组成(图 7.2)。对于上气流部分，通过在该部分维持一个适当的温度来产生源气体，例如，将粉末、颗粒或金属箔之类的源材料放在一个舟皿中，通过升华产生源气体。又如，氧化锌粉末或氧化锌粉末与石墨粉混合，通过碳热还原来产生源气体[5]。不过，在硅纳米线的制备中，这种升华方法并不常用，而是采用在区域 1 使原料(如硅烷或四氯化硅)分解来供给源气体。在下气流部分，放置一个含有催化剂金属(通常是金)的薄片，并将温度控制在催化剂金属的熔点温度，由于这里使用的是非常薄的金属膜(约为 1nm)，其熔点低于金属的熔点。除了金之外，低熔点的镓或铟等也是可能的催化剂选择[6]。通过使用溅射或蒸镀形成催化剂薄膜(1～10nm)来形成液滴，有利于 VLS 生长，改变膜厚度，以匹配各种纳米线的厚度，不过，对于各层厚度，催化剂颗粒大小存在一定的分布，因而纳米线直径也会有一定分布。生长温度和给料组成也会影响纳米线的直径和形貌，目前还未能精确地控制整个薄片(任何尺寸)上的直径均一性，这种精确控制只有当各催化剂颗粒都固定在指定图案化位置且不与临近液滴合并时才有可能。

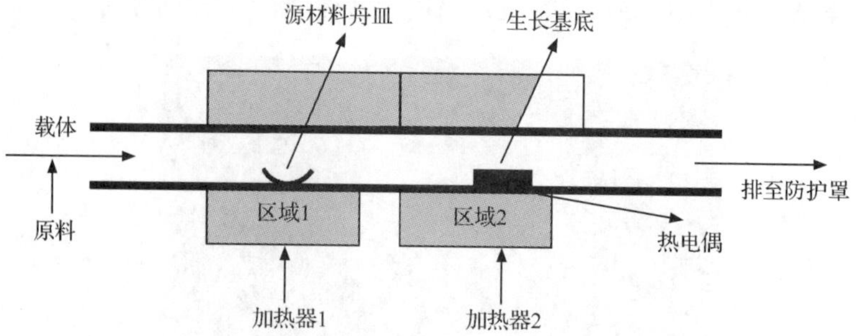

图 7.2 一种 VLS 生长反应装置图

虽然文献中已报道了各种氧化物、氮化物、金属和其他纳米线，但考虑到在电子学中的应用，下面仅讨论与硅和锗纳米线生长有关的文献。在 Wagner 和 Ellis[2] 有关 VLS 生长的早期工作报道之后，Westwater 等[3] 首次报道了硅纳米线的生长，他们的制备条件是以硅烷为原料、温度为 320～600℃、硅烷分压为 0.01～1 Torr①。他们发现，通过保持高分压和低温度，可以生长出细至 10nm 的纳米线。这些纳米线为单晶，但通常存在扭结和弯曲缺陷；降低分压使纳米线变粗，但同时会减少缺陷。最近 Mao 等[7] 使用四氯化硅和氢气系统进行了类似的研究，发现只有在一组有限的条件下才能得到垂直的纳米线。使用同样的四氯化硅与氢气系统和金胶体，Hochbaum 等[8] 生长了垂直的、平均直径为 39nm 且具有窄尺寸分布的硅纳米线，他们也能改变纳米线的密度，达每 $1\mu m^2$ 有 0.1～ 1.8 根纳米线。Sunkara 等[9] 使用氮气与氢气的微波等离子体，并用镓作催化剂，这样可避免得到含有前驱体气体的硅，他们使用氢等离子体刻蚀硅片来提供硅烷自由基。在他们的工作中，在低于 400℃下，VLS 生长得到直径为 6nm 的硅纳米线。在同样的等离子体条件下，也可以使用硅烷，通过使用各种反应前驱体，可以得到长度为 10～100μm 的纳米线[10]。总之，目前可以生长具有不同直径（从几纳米到 100μm）和长度（1～100μm）的硅和锗纳米线，纳米线的形貌也是可控的，并且可以在图案化的位置上获得垂直的纳米线。Tan 等[11] 的研究表明，通过 VLS 方法获得的最小尺度没有热力学限制，可以生长出任意小的纳米线，直到达到某种动力学限制。

图 7.3 给出使用前面描述的 VLS 方法在锗基底上生长的垂直锗纳米线[12]。这里的源材料包括 1∶1（质量比）的锗粉末和石墨粉末，后者起到增加锗蒸发的表面积和在一定气体流速下控制锗蒸气分压的作用。源温度为 1020℃，基底温度为 470℃，载气为氩和氢气的混合气体，得到的锗纳米线具有均匀的直径（42±10nm）和长度分布（1.0±0.2μm）。透射电镜（TEM）分析表明，纳米线在[111]方向上延

① $1Torr=1.33322\times10^2Pa$，下同

伸生长，图 7.3(b)的 TEM 图像显示，在纳米线的顶端有一个半球形的金催化剂头，高分辨 TEM（这里没有给出）揭示出在平滑的表面上具有完整的(111)和(11$\bar{1}$)平面晶格，晶格条纹为 3.26Å，与锗体材料的 X 射线粉末衍射数据吻合得很好。在纳米线上一般会观察到一个薄的氧化物外层（1～2nm），选区衍射图确认，这些纳米线由具有立方金刚石结构的高度结晶的锗组成，并且具有优先的[111]生长方向。

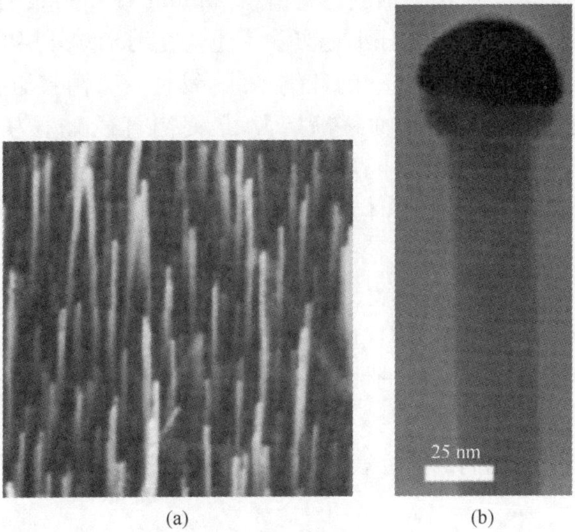

图 7.3 (a) 锗纳米线的 SEM 图像；(b) 顶端带有金催化剂的锗纳米线的 TEM 图像

图 7.4 为使用四氯化硅与氢气系统生长的垂直硅纳米线，生长温度为 925℃，在含 0.04% 的四氯化硅和 4%的氢气的氩气氛下生长。纳米线排列得很好，并且是高度结晶的，直径为 68～96nm，生长密度为每 1μm^2 有 4 根纳米线。TEM 图像

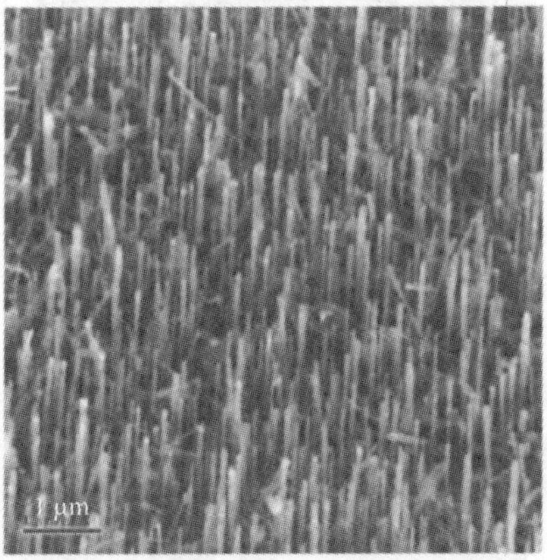

图 7.4 使用四氯化硅和氢气在氩气氛下生长的硅纳米线的 SEM 图像（图像由 A. Mao 提供）

(这里没有给出)显示,除了一个由天然氧化物组成的薄的外层外,整个纳米线都具有规则的晶格结构。

7.4 纳米线:形貌和性质

Ma 及其合作者[13]使用扫描隧道光谱(scanning tunneling spectroscopy)测量了硅纳米线的带隙。他们首先仔细地去除了包覆在纳米线外层的氧化层以获得可靠的测量结果。对于直径为 7nm 的硅纳米线,发现其带隙接近体材料的 1.1eV,其后这一带隙值随直径的减小而逐渐增大,最终当直径减小为 1.3nm 时增加到 3.5eV。根据实验测量和理论计算,纳米线的热导率也与其直径有关[14,15],一般地,纳米线的热导率远小于其本体热导率[14],对于硅纳米线,其数值会减少 2 个数量级,并且热导率随纳米线的直径的减小而减小,这种直径依赖性被归因于声子边界散射[14]。图 7.5 给出了计算得到的不同直径锗纳米线的热导率随温度的变化。一般情况下,锗纳米线的热导率比同尺寸的硅纳米线的热导率要低。

掺杂可以显著改变纳米线的性质。Lieber 研究组[16]对此进行了深入的研究,Cui 等合成了硼掺杂(p 型)和磷掺杂(n 型)硅纳米线,并根据与栅电压相关的传输测量估算了迁移率。他们的研究表明,重度掺杂的硅纳米线有可能具有接近金属的特性。

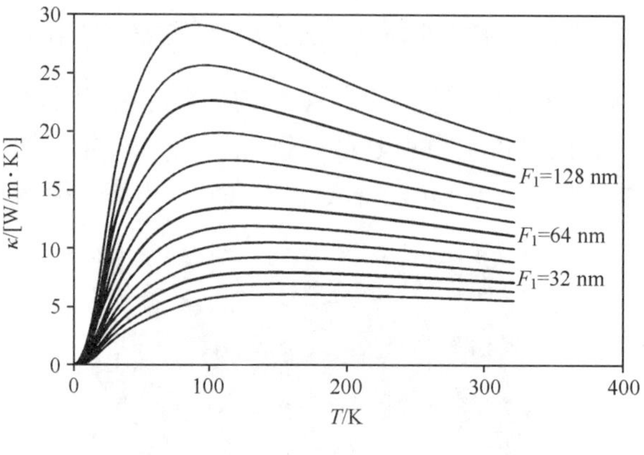

图 7.5 锗纳米线的热导率随直径和温度的变化(图像由 N. Mingo 提供)

7.5 器件制备

相对于人们对碳纳米管研究的投入,分子电子学和纳米线器件制备迄今为止所引起的关注要少一些。基于这种原因,在下面的讨论中,尽管基于摩尔定律或超越摩尔定律，这些器件被制成逻辑器件的机会是相对较少的，我们还是包括了使用除了硅和锗之外的纳米线材料制备的器件。

Kim 等[17]在单根 GaN 纳米线上制备了 Schottky 二极管，并研究了其传输性质。GaN 具有 3.4eV 的直接带隙，所以可以用于 UV 检测、发光和高温电子学。他们使用镍催化剂、镓金属和氮化镓粉末和氨气载气，在 1000℃下使用 VLS 法生长了纳米线，纳米线的直径分布为 30～70nm，并且具有单晶六边形纤锌矿形貌，铝与 GaN 纳米线之间形成 Schottky 结，钛/金形成欧姆接触。从 *I-V* 曲线上可以看到明显的整流特征，直到−0.5V 都没有出现逆向偏压击穿。Wang 等[18]在硼纳米线器件上观察到了整流效应。在他们的器件中，镍形成欧姆接触，钛与硼纳米线之间形成 Schottky 结，在逆向电压−20V 处发生器件击穿。Sun 和 Sirringhaus[19]报道了使用氧化锌纳米棒的高性能薄膜晶体管（TFT）。氧化锌也具有大带隙(3.37eV)，制备的纳米棒 10nm 宽、65nm 长，通过溶液旋涂制备 TFT。器件的迁移率在 230℃为 $0.61cm^2/(V \cdot s)$，开关比为 3×10^5。

文献中有几篇使用硅组装器件的报道[20～28]。Cui 和 Lieber[21]报道了、n^+-p-n 硅纳米线双极晶体管，这些早期的器件在基极宽度为 15μm 的情况下发射电流增益为 16。同一个研究小组[22]也报道了一类有可观增益的逻辑门结构(OR、AND、NOR 等)，并且这些逻辑门可以进行基本计算。用钛作源和漏电极也制备了硅纳米线场效应晶体管(FET)[23]，热退火之后器件性能有很大改善，跨导峰值达到 2000nS，迁移率达到 $1350cm^2/(V \cdot s)$。这些性能相对可比特征尺寸的平面硅器件有显著提高。

早期器件的制备是使用平面构型(与传统的硅 CMOS 处理一样)，只不过用纳米线取代两维外延层。Ng 等给出了底部向上组装的纳米线器件的一般过程图，并讨论了顶部栅电极[29]和周边栅电极[5]的结构，且其中使用了金属氧化物通道。图 7.6 是一个基于三氧化二铟的垂直场效应晶体管(FET)的图，器件的制备过程如图 7.7 所示。纳米线生长在一个蓝宝石基底上，在纳米线的底部，一层薄的连续的三氧化二铟层用作源电极，通过 VLS 方法生长的三氧化二铟纳米线作为导电通道，纳米线顶部的金催化剂提供了 VLS 机理的证据。随后用四乙氧基硅(TEOS)为原料通过化学气相沉积，将二氧化硅覆盖到前面制备的结构上。众所周知的 TEOS 过程提供了一个可以在纳米线上保持原纳米线形状的涂层，接下来的化学机械抛光(chemical mechanical polishing，CMP)步骤保证一个平滑的顶表面，并可去除金颗粒。下一步将涉及作为栅极氧化物的 HfO_2 介电层的选择图案化，之后再沉积一个光刻图案化的 15nm 厚铂电极作为漏电极。这一器件的开关比为 2.8×10^3，通道中的迁移率达到 $6.9\ cm^2/(V \cdot s)$。作者还制备了如图 7.8 所示的带垂直周边栅电极的晶体管。

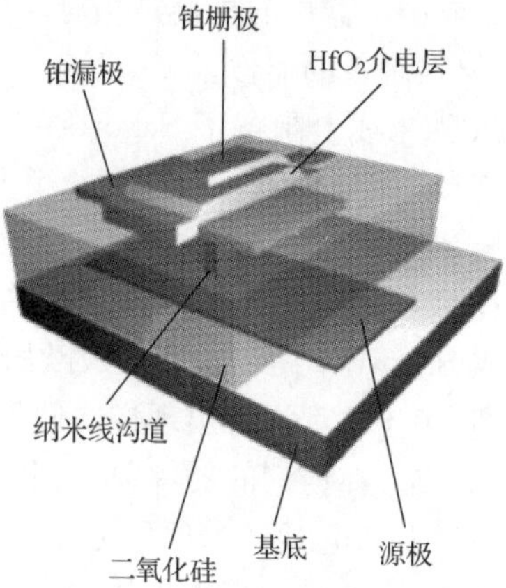

图 7.6 一个垂直的顶部栅电极纳米线晶体管的结构图(图由 H. T. Ng 提供)

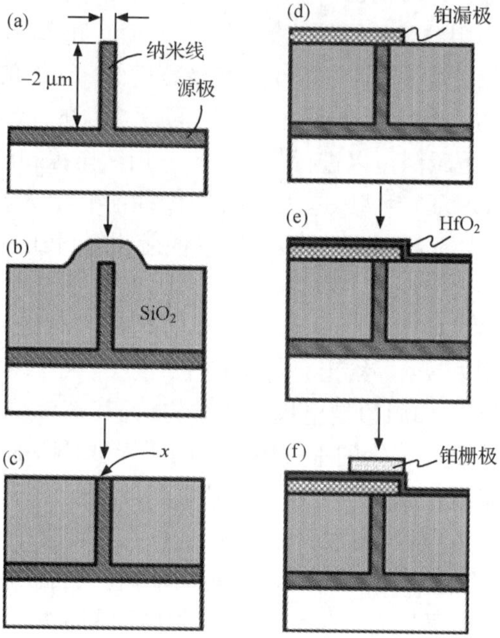

图 7.7 图 7.6 中器件的制备流程图[29]

垂直晶体管和周边栅电极的概念出现在半导体工业协会蓝图(Semiconductor Industry Association Roadmap)中已有一段时间。曾经有一些有关这方面晶体管制备的报道,但是它涉及从外延硅中蚀刻出纳米柱来产生活性通道,而等离子体蚀刻的表面质量太差而不能用于商业化的逻辑器件,也就不能满足摩尔定律的尺度曲线要求。使用具有确定表面性质的高品质单晶纳米线,完全有可能实现垂直晶

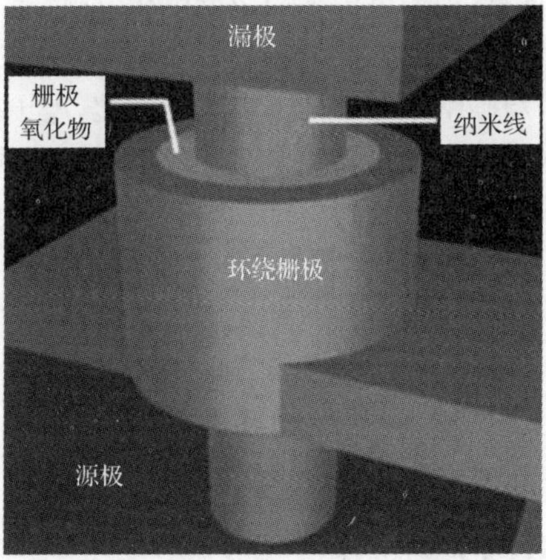

图 7.8 一个垂直周边栅电极纳米线晶体管结构图（图由 H. T. Ng 提供）

体管概念。垂直晶体管的最重要优点包括以下几点：①不用光刻就可以限定源-漏分离；②可增大器件密度；③具有三维结构。Ng 等[5,29]使用氧化锌和铟氧化物通道材料展示了垂直晶体管的早期工作之后，Schmidt 等[27]使用硅纳米线制备了类似的器件，不过金催化剂留在上面，在源电极处产生了一个 Schottky 接触，这一器件性能较差，开关比只有 6。Goldberger 等[28]报道了一个使用硅纳米线组装的实际且成功的器件，器件的开关比达到 10^4～10^6，归一化的跨导为 0.65～7.4μS/μm。通过连接到一个 200MΩ 的电阻到 p 型器件上，他们展示了一个反相逻辑电路(inverter logic)。

使用硅纳米线的其他器件构型包括 Koo 等[25]的双栅电极(一个顶栅电极和一个底栅电极)的场效应晶体管，在这种器件中，底栅电极积聚或使通道反向，而顶栅电极调节能带图，通过这种双重控制，开关比达到了 10^6，并且抑制了在纳米线和碳纳米管晶体管中常看到的双极(ambipolar)特性。

7.6 小 结

近年来，生长一维无机纳米线已成为一个非常活跃的研究领域。通过使用各种生长技术制备出来的金属、半导体、氧化物和氮化物纳米线已有报道，这些纳米结构材料的应用包括传感器、激光器和其他光电子器件、场发射器件、电子学和其他器件。这一章的综述主要集中在电子学的应用方面。目前可以成功地生长不同直径的硅和锗纳米线，对于小直径的纳米线，其带隙与线直径成反比。对于制备器件，精确控制直径的能力和其他关键要求(如位置控制和图案化生长)，还有待人们去实现。初期的器件制备工作表明，这些纳米结构有望用于将来的纳电子技术。

传统的平面晶体管和垂直(顶栅电极和周边栅电极)晶体管(使用纳米线)都已被成功地制备出来。半导体纳米线在电子技术中的应用还处在非常初期的阶段,相关文献也很有限。目前,与碳纳米管和分子电子学相比,电子技术中的纳米线在这方面的研究相形见绌,这种现象预计会在未来几年里得到改变,因为工业界更乐于接受仅将硅和锗的维度改变(从二维到一维)或者是结构改变(从薄膜到线)。

参考文献

[1] Routkevitch, D. et al., IEEE Trans. Elec. Dev., 43, 1646, 1996.
[2] Wagner, R. S. and Allis, W. C., Appl. Phys. Lett., 4, 89, 1964.
[3] Westwater, J. et al., Sci. Technol. B., 15, 554, 1997.
[4] Mao, A. et al., Nanotechnology, 5, 831, 2005.
[5] Ng, H. T. et al., Nano Lett., 4, 1247, 2004.
[6] Nguyen, P. et al., Adv. Mat., 17, 1773, 2005.
[7] Mao, A., M. S. thesis, San Jose State University, 2005.
[8] Hochbaum, A. I. et al., Nano Lett., 5, 457, 2005.
[9] Sunkara, M. K. et al., Appl. Phys. Lett., 79, 1546, 2001.
[10] Sharma, S. and Sunkara, M. K., Nanotechnology, 15, 130, 2004.
[11] Tan, T. Y. et al., Appl. Phys. Lett., 83, 1199, 2003.
[12] Nguyen, P. et al., Adv. Mat., 17, 549, 2005.
[13] Ma, D. D. D. et al., Science, 299, 1874, 2003.
[14] Li, D. et al., Appl. Phys. Lett., 83, 2934, 2003.
[15] Mingo, N. et al., Nano Lett., 3, 1713, 2003.
[16] Cui, Y. et al., J. Phys. Chem. B., 104, 5213, 2000.
[17] Kim, J. R. et al., Nanotechnology, 13, 701, 2002.
[18] Wang, D. et al., IEEE Trans. Nanotechnol., 3, 328, 2004.
[19] Sun, B. and Sirringhaus, H., Nano Lett., 5, 2408, 2005.
[20] Yu, J. Y. et al., J. Phys. Chem. B., 104, 11864, 2000.
[21] Cui, Y. and Lieber, C. M., Science, 291, 851, 2001.
[22] Huang, Y. et al., Science, 294, 1313, 2001.
[23] Cui, Y. et al., Nano Lett., 3, 149, 2003.
[24] Ecoffey, S. et al., IEDM Digest, 05—277, 2005.
[25] Koo, S. M. et al., Nano Lett., 5, 2519, 2005.
[26] Wang, D. et al., Nano Lett., 6, 1096, 2006.
[27] Schmidt, V. et al., Small, 2, 85, 2006.
[28] Goldberger, J. et al., Nano Lett., 6, 973, 2006.
[29] Nguyen, P. et al., Nano Lett., 4, 651, 2004.

8 纳电子器件中的量子点

Gregory L. Snider, Alexei O. Orlov, Craig S. Lent 著

李永舫 译

8.1 引 言

在过去的45年里，电子工业取得了前所未有的进步。然而，在CMOS尺寸减小到接近极限点时，却面临一些难题：是继续进行器件的研究，还是保持成熟的硅器件技术而将未来发展的责任推到电路设计人员的肩上？如果CMOS之后的器件发展是可能的，那么我们应该使用什么类型的器件？晶体管是否将成为历史？晶体管已经作为一种非常成功的范式应用于信息处理。在超越晶体管之后，在电路和架构方面是否需要根本的变化？电荷是否仍被用作状态变量（保持信息的量）或者是使用另外的如自旋等变量？新的器件是否容易与硅CMOS衔接，或者是否需要复杂的过渡结构来使二者匹配？

人们对其他器件也已经研究多年，在这些器件中，低维结构尤为引人注目。在这些低维结构中，载流子被限定在一维或多维的小尺寸上。在这种小尺度上，空穴和电子的量子力学特性开始发挥重要的作用。在MOSFET中，这种量子力学效

应会导致产生不利的影响，如由于隧穿而产生的门或源-漏极之间的漏电。在低维器件中，可以利用载流子的波动性来获得传统器件无法得到的性能。量子点是一种所有三维都受到限制的零维“点”结构。量子点的最常见例子是一个窄带隙的纳米粒子外包覆一层宽带隙的半导体。这样，载流子表现为众所周知的盒子中的粒子，其势垒由两种半导体的能带差决定。如果点的体积增大，则允许能态之间的间隙就会减小，随着体积的减小，则能隙就会增加，这种能隙的增加是一种非常重要的量。如果它较 k_BT(式中 k_B 为玻尔兹曼常量)大，则可以观察由电荷载流子的波动性质引起的效应，并可以对其逐一进行操纵。同样，如果添加一个电子需要的能量大于 k_BT，则也可以在小金属岛中观察到单电子效应。因此，在许多材料系统上都能够实现单电子器件。

即使器件的尺度可以减小到进行单电子操作，但它能成为有用的器件吗？它能解决功耗问题吗？由此将引出更为基本的问题：什么是计算的根本限制？本章将就这些问题进行探讨，首先简单地介绍单电子器件，接下来介绍解决功耗问题的二进制计算范式，最后讨论信息的特性和二进制逻辑的局限。

8.2 单电子器件

单电子操纵的器件代表器件尺度的最小化终点，这类器件从理论和实验上已经研究多年。理论研究很早以前[1,2]就已开展，人们发现，在一个很小的“孤岛”上，其上的电荷会影响进一步的充电。正如“单电子”这一名字所意味的那样，这类器件控制单个电子。从主观上讲，要实现这种器件的尺寸必须非常小，但是，要小到什么程度？我们必须怎样做才能控制和操纵单个电子？到 20 世纪 80 年代，器件制备技术已经发展到了这样的地步，即呈现单电子效应的器件在金属和半导体系统中都有可能产生单电子器件[3,4]，并且已发展了理解这些器件机理的理论框架[5,6]。单电子器件必须满足几个条件，但总的目标是设计一个结构，这种结构可以使电子分离，以至于它们不再表现为连续的电荷流(像 MOSFET 中那样)，而是表现为分立的粒子。要理解如何实现这一点，可以考虑一个电容器，当电荷添加到一个电容器中时，需要施加一定的电压来迫使电荷到达电容器的极板上，系统的能量可以使用下面大家熟知的等式来描述：

$$E=\frac{1}{2}CV^2=\frac{Q^2}{2C} \tag{8.1}$$

式中，E 为能量；C 为电容；V 为电压；Q 为电荷，$Q=CV$。现在考虑添加到电容器上的电荷只有一个电子的情况。这需要多少能量？将式(8.1)中的 Q 用一个电子的电荷 e 代入，得到的能量就是充电能(E_C)，也是添加一个单电子到电容器上需要的能量。当电容值在通常的电容器的电容范围内(如 1pF)时，添加一个电子需要的能量非常小:仅为 8×10^{-8} eV,远低于室温下的 k_BT。这意味着电子只需要利用其热能就可以进入或离开电容器,因此,我们不能确定电容器上电子的确切数目。施加的电压决定着电子的平均数,然而,在任意时刻的准确电子数将会在一定范围内波动,这是由于热能引起的电子的进入和离开。如果把电容做得很小,则充电能就会变大,如果充电能大到超过 k_BT,则电子将不再因热能而进入或离开电容器,这时,电容器上电子的数目就被定量化了。上面这种说法有些过于简单,因为电容器是通过导线连接到电压源上的,这使得电容器的起始和终止位置变得不确定。此外,导线增加了电容,从而会减小充电能。因此,我们必须在空间上确定电子被定量化的电容器范围。与宏观导线相关的问题是,存在许多开放的导电通道[7],电子可以连续地从一个地方运动到另一个地方。要使电子定域化,需要使电子处于一个位置或另一个位置,而这些位置之间没有连接的通道。这就意味着,我们必须减小导线直到没有开放的导电通道,即电子不能通过传统的方式运动,而只能通过隧穿运动。按照 Landauer 形式,每一个导电通道贡献 $2e^2/h$ 电导(包括自旋),对应的电阻为 $1/2R_Q$,其中 R_Q 为量子电阻(约为 25 kΩ)。如果电阻高于量子电阻,则电子传输都是通过隧穿进行的。

总而言之,要实现对单电子的控制,要求器件的电容足够小,以使充电能大于 k_BT,并且通过器件的传输是以隧穿方式进行的,这就要求电阻大于量子电阻。演示单电子效应的最简单的器件是单电子盒子,如图 8.1 所示[8]。这里,将一个单隧道结电容器(C_j)耦合到一个孤岛上,可以看作是隧道结的一个电极板的扩展,同时该孤岛也与一个非隧道电容器(C_s)相连接。要观察到单电子效应,该孤岛总电容 C_j+C_s 的充电能必须大于 k_BT。将电压 U 施加到 C_s 上,当电势足够高时,一个单电子就会隧穿到孤岛上。为了弄清这种单电子隧穿什么时候发生的,需要考虑施加到孤岛上的电势。当孤岛上有 n 个电子时,系统的自由能为

$$E(n)=\frac{(ne-Q)^2}{2(C_s+C_j)} \tag{8.2}$$

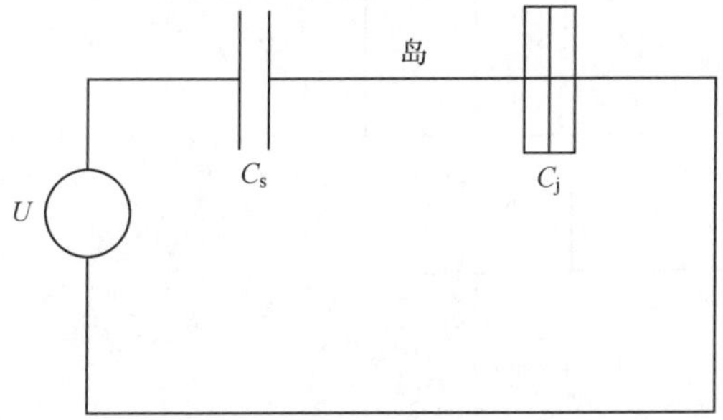

图 8.1 单电子盒子的示意图

其中 $Q=C_sU$ 为 C_s 上的电荷。当孤岛上有 $n+1$ 个电子时，其构型能可以通过将(8.2)式中的 n 换成 $n+1$ 来进行计算。作为电压 U 的函数，各构型的能量是一抛物线。假定在 $U=0$ 时孤岛上含有 n 个电子[图 8.2(a)]。在此电压下，构型 n 具有最低的能量，因而是基态。如果不对系统施加等于充电能的能量时，我们就不能增加或移除电子，这称为库仑阻塞。当电压 U 增加时，构型 n 的能量增加，而构型 $n+1$ 的能量则减少。当 $Q=1/2$ e 时，这两个构型的能量相同，如果 U 进一步增加，则构型 $n+1$ 成为最低能量构型。为了使系统保持处于基态，一个电子就会通过电容器 C_j 隧穿到孤岛上，从而使孤岛上的电子数达到 $n+1$。因此，当电压扫描时，不同电子数的构型会(在不同电压下)相应地变成基态，为了保持处于基态，就需要有电子隧穿通过 C_j。因此，孤岛上的电子数表现为电压 U 的阶梯函数，如图 8.2(b)所示。

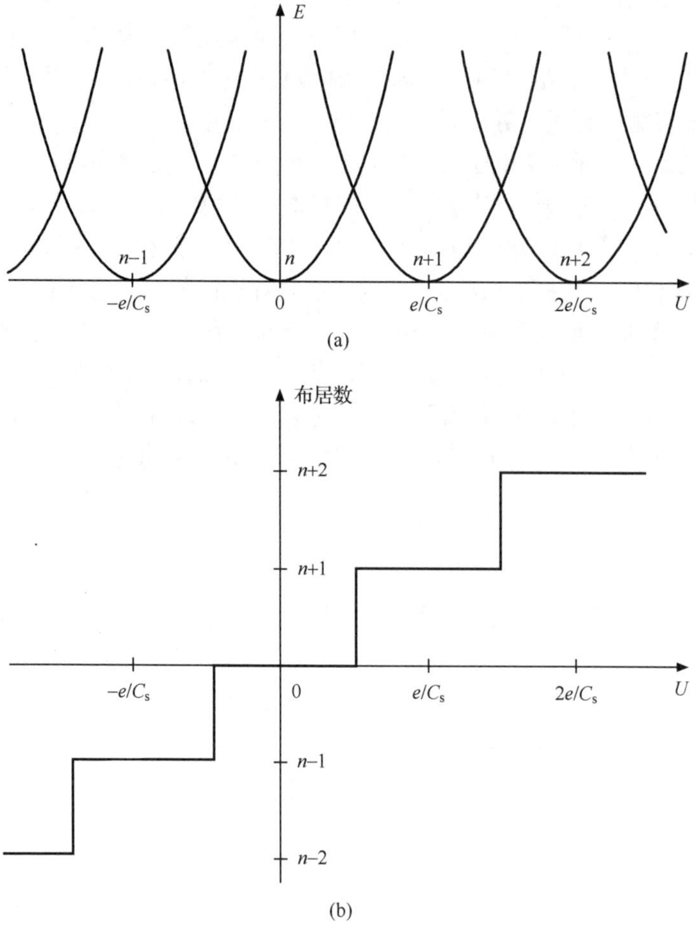

图 8.2 (a)不同电荷构型能量与施加电压 U 的关系；(b)孤岛上的电子布居数随电压 U 的变化

单电子盒子演示了对单个电子的控制,但它的应用范围有限。为了在实验上跟踪进入和离开盒子的隧穿事件,必须使用另一个装置(如静电计),并连接到该孤岛上。可以对这种单电子盒子的设想进行扩展,用于制造最基本的可用单电子器件:单电子晶体管(single-electron transistor,SET)。一个 SET 使用一个孤岛(如在盒子中的那样),但现在有第二个通道连接到该孤岛上,如图 8.3 所示。这种结构类似于一个具有两个电流引线、一个电压引线的情形,但其工作方式则不同于场效应晶体管。工作时,SET 必须处于库仑阻塞状态。这就要求其总电容 $C_l+C_r+C_g$ 必须满足充电能大于 k_BT 的条件。实际上,其充电能至少等于 $4k_BT$ 时才有可能获得可接受的性能。如在盒子中的那样,门电压 U 用于控制非隧穿电容 C_g 上的电荷,并将两个隧道结连接到电压源上。如图 8.3 所示,在器件上施加一个小的差分电压($V\ll E_C/e$),其中 V/2 加在 C_l 上,$-V/2$ 加在 C_r 上。对于盒子,孤岛上 n 个电子的构型可以表示为

$$E(n)=\frac{(ne-Q)^2}{2(C_g+C_l+C_r)} \tag{8.3}$$

式中,$Q=C_gU$ 为在 C_g 上的电荷。和前面一样,孤岛上各电子布居数的能量是一条抛物线。当电压增加时,构型 n 的能量增加,而构型 $n+1$ 的能量则减少。在它们相交的地方,两个构型具有相等的概率,这时会出现某种有趣的现象。对于盒子,孤岛上的布居数每增加一个电子,该电子通过连接有电势 $-V/2$ 的结 C_r 隧穿到孤岛上。然而,当两个构型具有相等的能量时,电子可以通过隧穿离开孤岛,而使其恢复到构型 n,这就是第二个结开始起作用的地方。由于结 C_l 连接到了电势 $V/2$ 上,从能量角度讲,这有利于电子通过结 C_l 隧穿,而不是通过 C_r 返回。一旦电子隧穿离开了孤岛,布居数又回到 n,而另一个电子就可以隧穿到孤岛上,这是因为构型 $n+1$ 具有同样的概率。电子通过 C_r 隧穿到孤岛上,再通过 C_l 隧穿离开孤岛,如此循环重复,就可以产生一个净电流。如果隧穿发生得非常快,电流就

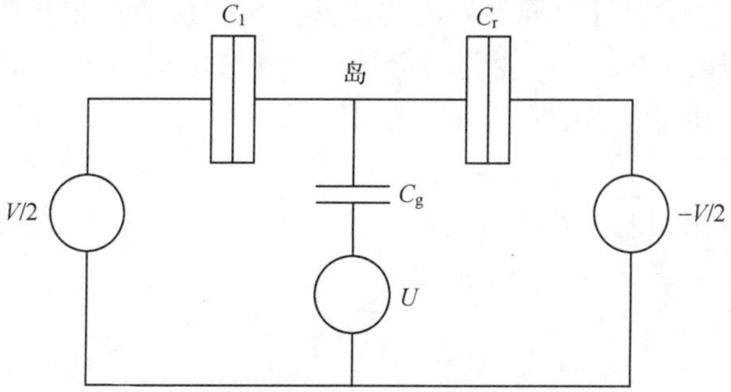

图 8.3 单电子晶体管(SET)器件电路图。当器件上施加的偏置电压位于库仑阻塞峰之间时,中心孤岛上将含有固定的电子数

可以被测量出来。这样，当电压扫描时，我们可以观察到一系列通过器件的电流峰，如图 8.4 所示。由于这些电流峰是在处于库仑阻塞的孤岛上观察到的，因而通常被称为"库仑阻塞峰"或"库仑阻塞振荡"(Coulomb blockade oscillation，CBO)。各电流峰都对应于一个门电压，这里，两种布居构型具有相同的概率。在电流峰之间，孤岛上的布居数是稳定的，且孤岛上的电子数是量子化的。需要注意的是，电流峰并不代表单一电子进入孤岛时产生的电流，而是许多电子同时流过孤岛时产生的电流。当门电压从峰值处移动到稳定区时，就会捕获到一个电子，并将其保留在孤岛上。

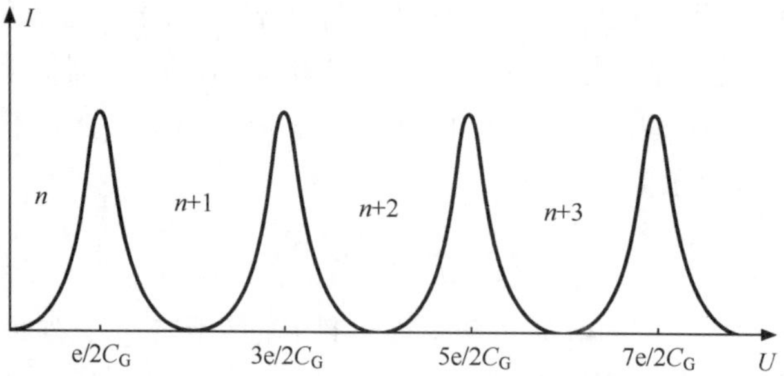

图 8.4 通过 SET 的电流特性，同时给出了库仑阻塞峰

SET 的一个重要应用是对电荷的检测[8]。实际上，SET 用于制造了已知最为灵敏的静电计，其灵敏度达到 3×10^{-6} 电子/$Hz^{1/2}$[9]。由于通过 SET 的电流受到孤岛上电势的强烈影响，因此，这种静电计非常灵敏。由邻近电势一个小的变化(如一个点获得或失去一个电子)引起的孤岛上电势的任何变化，都会产生通过 SET 的大的电流变化。图 8.5(a)给出了将一个点电容性地耦合到一个 SET 的示意图。为了说明静电计的工作方式，图 8.5(b)给出了一个库仑阻塞峰。在门电极上施加一个电压，使 SET 偏置到峰左侧的 P 点(这是大多数实验研究小组的习惯)，并保持恒定。静电计上静电环境的任何变化对应于门电压的变化。由于峰非常尖锐，门电压的一个小的变化将会导致产生较大的电流变化。例如，进入测量点的一个电子将降低其自身电势，同时降低 SET 通过电容 C_c 的电势，相应地减小到点 P' 的电流。计算电荷变化只需要测量静电计中的电流变化 ΔI，以及从库仑阻塞峰上找出对应的门电压变化 ΔU[图 8.5(b)]，则待测量点的电荷变化为

$$\Delta Q_{\text{dot}} = \frac{e\Delta U}{V_{\text{period}}}\frac{C_G}{C_c} \tag{8.4}$$

式中，V_{period} 为添加一个电子需要的电压变化；ΔU 为由点电势引起的等效门电压变化。一个尖峰会给出很高的灵敏度，因为在该点上一定量的电荷变化将产生较大的电流变化。

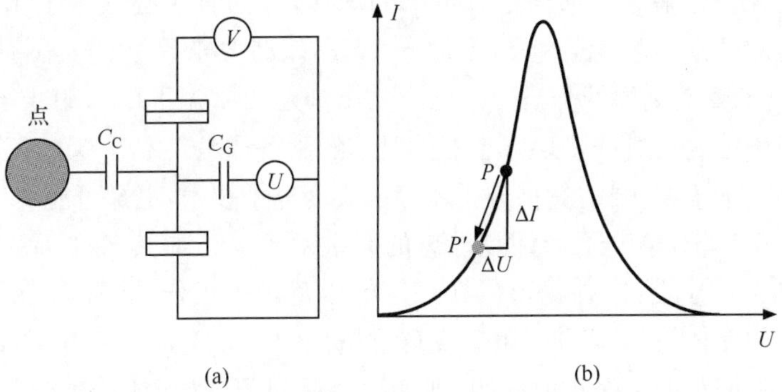

图 8.5　将一个点耦合到 SET 静电计的示意图(a)及静电计的工作方式(b)。将孤岛上的电势变化耦合到 SET 孤岛上，它相当于门电压 U 的变化。由于峰非常尖锐，一个小的电压变化会给出一个较大的电流变化

这里需要说明是，温度对库仑阻塞峰的影响。仅当存在能量上可达的(accessible)两个和多个布居构型时，电流才流过 SET 孤岛，所谓“可达的”即处于该构型的系统具有较大概率。由于占有概率与温度有关，所以占有概率以及通过 SET 的电流也依赖于温度。当 $T=0$ 时，可达的两个构型对应的电压位于交叉点处，它意味着电流峰类似于 δ 函数。当温度增加时，电流峰会变宽，只有当两个构型的能量互相之间仅相差几个 k_BT 时，它们才是可达的，较高能量构型对应的较低占有概率限制了电流的大小。因此，在构型能交叉点的电压处，电流最大，随后电流在两侧随较高构型的布居数的下降而下降。当温度增加时，峰会变得越来越宽，电流为零同时孤岛布居稳定的峰间区域减小。在某一温度下，两个峰将发生重叠，并且电流不为零。这意味着孤岛上的布居数将不会稳定。在此温度下，存在三个构型，而不是两个构型，电子是可达的，也不存在使电子不能从源电极隧穿到孤岛上并返回到漏电极上的门电压。当温度进一步地增加时，在 CBO 谷中的电流将增加，使得峰谷之比减小，同时使得 CBO 变得不明显。最后，当更多的布居构型可达时，则 CBO 完全消失。这突显了单电子器件的一个重要方面：为了控制和操纵单电子，必须存在一个电子布居数量子化的工作点。它意味着在该点仅有一个布居构型在能量上是可达的。如果构型之间的能量间隔较小，则必须降低温度。然而，如果需要在较高的温度下工作，就需要一个较大的能量间隔。如果要获得较大的布居构型能量间隔，则要求器件必须很小。单原子就是一个极端的例子，它能够在温度远高于室温时，将电子限定在非常小的尺寸上，从而控制单个电子。对于用传统方法(如电子束刻蚀)制备的器件，要实现在室温下工作是我们面临的一个挑战，这是因为需要的器件尺度太小。例如，对于一个室温下工作的 SET，要求孤岛的总电容在 1aF(E_C 约 $3\sim4k_BT$)的量级。如果仅考虑孤岛自身的电容，我们可以想象所需

要的器件尺寸。如果假定孤岛是真空下的球体，球的直径必须小于 18nm。将门和结的电容加到总电容上，这样，室温下 SET 孤岛要求尺寸的实际估计值约为 5nm，它超出了直接刻蚀的分辨率。已有文献演示了室温下的 SET[10-12]，不过，它们都依赖于刻蚀之后进一步地减小器件尺寸的制备技术。室温单电子器件是我们将要面临的一个重要挑战，凭借分子或分子尺度电子技术，也是可能实现的。

对于数字逻辑，单电子器件是理想的候选对象。正如其名称所意味的那样，SET 是一个三端子器件，并且可以在一定电压范围内工作，非常像一个普通的提供功率增益的晶体管。SET 可用于实现逻辑门[13,14]，然而，这些电路不能解决所有逻辑器件都面临的一个重要问题，即功率消耗问题。如前所述，在高电导区，许多电子流过器件。该电流是由一个供电电压产生，它会导致产生功率消耗，在一个高度集成的系统中，将会导致过度的消耗。通过简单的计算可以说明这一问题。单位单元面积上的功率消耗可以用式(8.5)表示：

$$P=\frac{N}{A}VQf \tag{8.5}$$

式中，V 为供电电压；Q 为在各周期内从供电电压移动到地的电荷；f 为频率；N 为器件的数目；A 为面积。下面来考察一种极端情况：V=0.25V，Q=1e，f=1THz，和 $N/A=5\times10^{11}$器件/cm^2。在 10 到 15 年间，电子工业中的时钟频率、供电电压和器件数密度的数值并非是不合理的，但是单一电子流过器件则是一个极端的情形。此时，功率消耗约为 20 000W/cm^2！作为参照，一个核反应堆产生的功率消耗为 200W/cm^2。而如今的芯片几乎已经达到了芯片封包的冷却极限，达到 100W/cm^2。

电子工业所面临的情况是非常令人悲观的。简单的计算表明，即便是采用单电子晶体管，也不能解决功耗问题。在传统开关模式下，任何使用的器件(从一个供电电压提取电荷并移动到地)，在终极尺寸密度下，全速运行时都会消耗太大的功率。现在，在每一个测量循环中，如果考虑到并非每个器件都传导电流，功耗可以比我们的估计值要小。通过使用超常规功率管理技术，可在不用时关闭芯片的某些区域来减小功率消耗。此外，可以将芯片的大部分面积用于消耗功率较少的高速缓冲存储器，或者在较低的时钟速率下实现多核处理器。然而，这些技术都未能充分利用芯片的真正能力。

功率消耗与发热是小型化的真正限制因素。如果使用传统的 FET 开关范式，使用何种拓扑来实现 FET(Fin FET，碳纳米管或纳米线)关系都不大。然而，这一结论仅适用于传统的电流开关范式。后面将会看到，这并不意味着，基于电荷的计算将面临基本的物理限制，如 Zhirnov 等建议的那样[15,16]。基于电荷的计算可以在非常低的功耗下进行，但却需要摒弃过去一直使用且非常成功的电流开关范式。

8.3 量子点元胞自动机

由 Lent 等首先提出的量子点元胞自动机(quantum-dot cellular automata, QCA)[17,18]是一种有望克服功耗限制的新范式。其关键是对信息在电荷构型中进行编码,而这些电荷构型的电荷不会从供电电压移动到接地。QCA 使用耦合量子点阵列执行布尔逻辑函数,其优点在于非常高的堆积密度,这可能是源于较小的量子点尺寸、简单的互连和非常低的功率-延迟乘积。

一个基本的 QCA 单元由通过隧穿能垒耦合的方形阵列中的四个量子点构成。这里的一个量子点能够定域一个电子的任何系统。电子可以在量子点之间隧穿,但不能够离开此单元。如果两个过剩的电子被放在一个单元中,库仑排斥就会迫使这两个电子位于量子点的对角上。因此,这就存在两个等价的基态极化,如图 8.6所示,分别将这两个基态极化标识为逻辑“0”和“1”。如果将两个 QCA 单元紧靠在一起,则电子之间的库仑相互作用会使这两个单元具有同样的极化。如果这两个单元之一的极化逐渐从一个态变化到了另一个态,则第二个单元就会显示出突变的极化双稳开关特性。

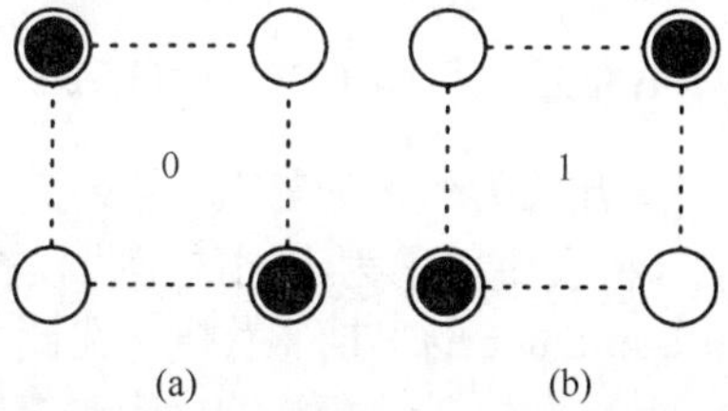

图 8.6 基本四量子点 QCA 单元,给出了两种可能的基态极化

最简单的 QCA 阵列是一单元线列,如图 8.7(a)所示,由于单元与相邻单元之间为电容地耦合,此线列的基态是所有单元具有同样的极化。在此状态下,电子被最大限度地分离开,并给出最低的能量。为了解释 QCA 器件的操作,我们将从最简单的突变开关开始,然后解释 QCA 时钟。在突变开关中,在线列的左端施加一输入,就破坏了第一个单元的基态简并,并迫使它处于极化状态。此时,由于第一和第二个单元具有相反的极化,且两个电子紧靠在一起,使得这一线列处于较高的能级上。此状态与基态之间的能级差称为扭结能,它是 QCA 系统的特征能量。简而言之,它代表了使两相邻单元处于相反极化所需要的能量。这种现象不仅在输入施加到线列上时会发生,而且当线列上出现错误时也会发生。如果外部能源(如热能)接近扭结能时,QCA 系统就会出现错误,因此,此扭结能必须大于 $k_B T$。由于扭结能小于充电能,所以,与同样技术实现的 SET 相比,QCA 系统需要的工作温度要低一些。现在回到 QCA 线列突变开关,在线列的第一个单元被打开以后,线列上所有后续的单元必须快速调整其极化,以达到新的线列基态。反相器,

又称为 NOT，则如图 8.7(b)所示，在这种反相器中，首先输入将被分裂到两条单元线列上，然后一起再返回到与前两条线列偏移 45°的一个单元上。单元的 45°布置将产生一个极化，它与前两条线列上极化相反，这是反相器所要求的。“与”(AND)和“或”(OR)门则使用图 8.7(c)所示的拓扑来实现，称为多数门(majority gate)。在这种门中，三个输入对中心单元的极化进行“选举”，多数者占优。随后，中心单元的极化作为输出进行传递。输入之一可以用作程序输入，用于挑选“与”或“或”功能。如果编程输入为逻辑 1，则门是一个“OR”；如果为 0，则门为“AND”。因此，使用多数门和反相器就可以实现所有逻辑功能的组合。

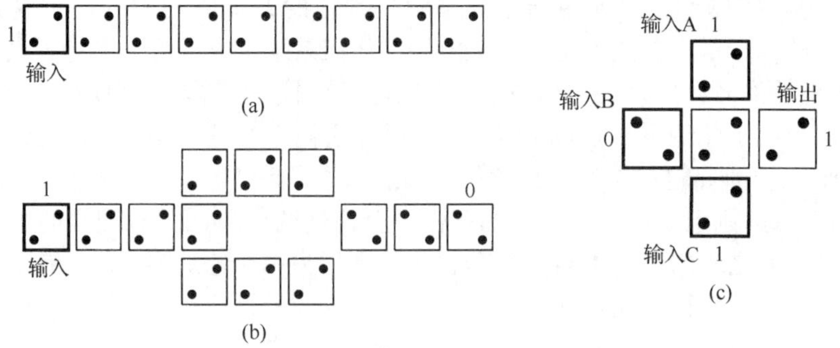

图 8.7 (a)QCA 单元线列；(b)QCA 反相器；(c)QCA 多数门

我们以 QCA 系统的突变开关为代表，是因为它对了解 QCA 操作具有指导作用。在实际的 QCA 系统中，将会使用稍为不同的操作模式：准绝热开关[18,19]. 准绝热开关是基于 Keyes 和 Landauer 的早期工作[20]，在此方案中，电子处于两势阱之一，而这两个势阱又被一个能垒分开，如图 8.8 所示。为了准绝热地将电子从一个势阱转移到另一个势阱，我们需要降低势阱之间的能垒，以便电子能够同时到达这两个势阱，这样施加的输入信号可以将电子从一个势阱推进到另一个势阱，最后，增加能垒，从而使电子进入所选择的势阱中去。随着能垒的升高，电子将被锁定在其势阱中，这时，我们可以去除输入。这样，器件就作为锁存器。通过缓慢地进行这些开关操作(相对于电子的建立时间)，开关能量可以降低到低于 $k_B T\ln 2$。有关准绝热开关的更详细的介绍将在本章的后面给出。

此外，调制能垒的电势也可以协助系统工作，并提供功率增益。在数字系统中，功率增益是非常重要的，这是因为，当一个信号通过系统时，我们需要功率增益来恢复逻辑电位。如果没有功率增益，在每一个基元处信号电位就会衰减，直到它消失在噪声中。在一个 QCA 单元中，通过时钟信号对能垒进行调制，输入可以来源于邻近单元。如果单元之间的耦合较弱，我们就可以获得功率增益，这是因为，输入仅仅把电子推进到适当的量子点，而时钟则迫使电子保持在那个量子点上。QCA 系统的时钟也允许我们控制信息在系统中的流动，实现锁存、存储和管道等。在半导体和金属 QCA 系统中，都可以实现时钟。

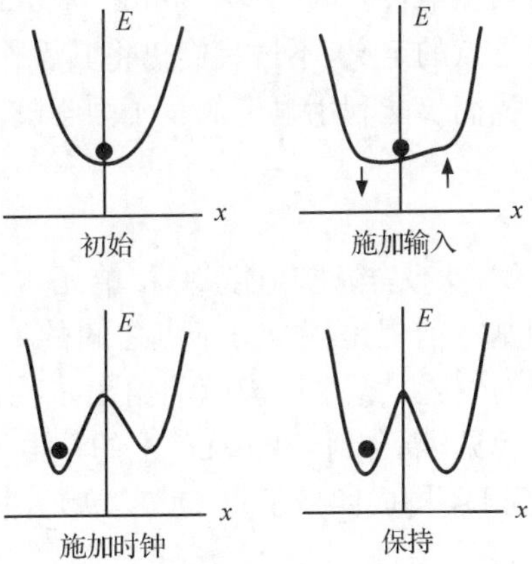

图 8.8 QCA 时钟方案的示意图。黑点代表一个电子，输入使对称破坏，施加时钟后，电子定域在输入要求的一侧。当时钟将能垒抬高时，电子将被保持在一侧

8.3.1 实验演示

QCA 单元可以以多种方式实现。迄今为止，演示的工作单元包括使用带氧化铝隧道结的铝孤岛[21]、分子[22]以及硅中掺杂的孤岛[23]。最广泛采用的实验是基于 QCA 单元，它使用构筑于氧化的硅晶片上的铝孤岛和氧化铝隧道结。构建 QCA 单元时，通常使用标准的电子束刻蚀方法以及双掩膜蒸镀，以形成孤岛和隧道结[3]。在图 8.9 的 SEM 图给出了一个完全的器件。隧道结的面积也是一个非常重要的量，因为它决定着孤岛的电容，从而决定孤岛的充电能，最终决定器件的

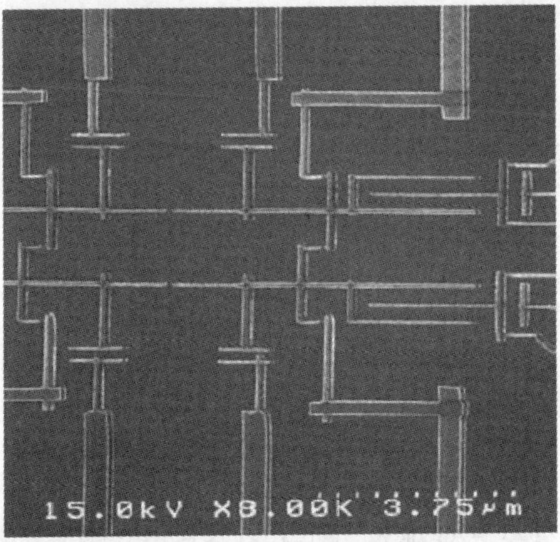

图 8.9 一个铝量子点 QCA 单元以及结合的静电计的扫描电子显微镜照片

操作温度。对于我们的典型器件，面积约为 60nm×60nm，结电容为 200～300aF。这些金属孤岛扩展了量子点的定义，不过我们仍将其看作量子点，由于孤岛的电子布居是量子化的，因此，我们仅能利用电子的量子力学隧穿来进行改变。

8.3.2 QCA 单元

建立 QCA 系统的第一步是构建功能 QCA 单元，这里我们可改变单元的极化。这样，QCA 模式的基本前提是耦合量子点之间的单电子转换，它可以控制单电子在另一组量子点中的位置[21]。图 8.10(a)给出了我们的最新 QCA 系统的一个简化方案图。为清楚起见，耦合到 D3 和 D4 上的单电子晶体管(SET)没有在图中标识。由量子点 D1 到 D4 构成四量子点 QCA 单元，并通过隧道结耦合到一个

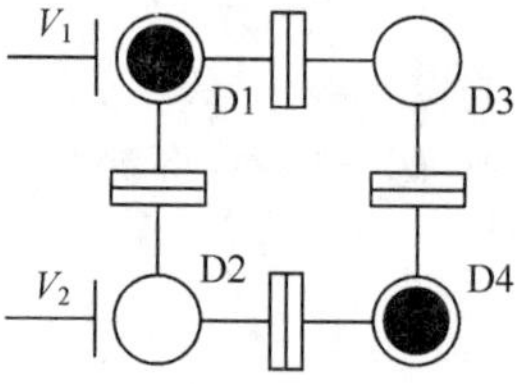

(a)

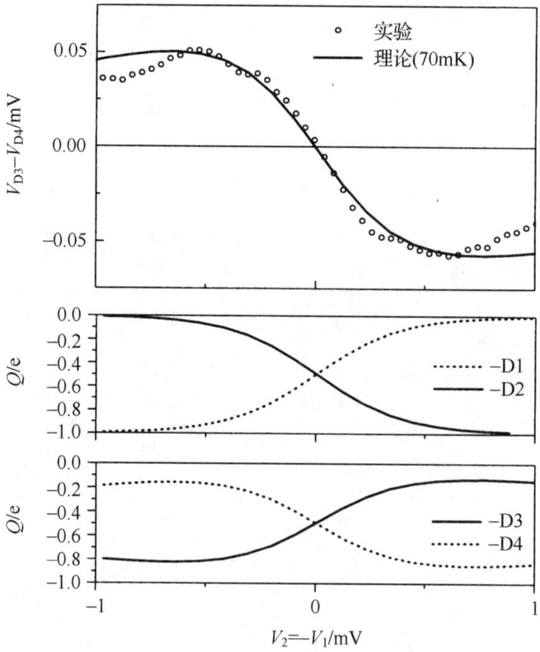

(b)

图 8.10 (a)单个 QCA 单元的简化示意图，图中没有给出耦合到 D3 和 D4 上的静电计；(b)单元的测量数据：上图给出了右半单元的差分电势，而下两图给出了计算的量子点电荷

环上。将隧道结源或漏电极连接到单元的各量子点上，该器件被安装在基本温度10mK的稀释制冷机的冷指上，使用标准的锁相技术，通过测量电路各分支的电导对其进行表征。通过施加一个1 T的磁场来抑制铝金属的超导特性，有关实验测量的细节请见文献[24]。

通过在单元上施加偏压可以演示QCA的操作，即通过使用一个门电压，它使得一个过剩电子处于量子点D1和D2的转换点，且第二个电子位于D3和D4之间的转换点。随后，将差分电压施加到输入门V_1和V_2($V_2=-V_1$)上，而所有其他门电压都保持恒定。当差分输入电压从负到正扫描时，电子最初位于D1上，然后从D1移动到D2。它迫使其他电子从D4移动到D3。实验测量也确认了这一行为。使用静电计信号，在输出半单元中，我们可以计算出作为输入差分电压函数的差分电势$V_{D3}-V_{D4}$，如图8.10(b)的上部所示，同时也给出了温度为70mK时的理论计算电势。虽然在0K电势变化非常突然，然而，观察到的电势仍显示出热破坏效应，70mK下的理论计算与实验结果符合得很好。图8.10(b)的中间和下部给出了70mK下输入和输出半单元各量子点上的理论过剩电荷。它表明QCA单元存在80%极化转变，并确认了QCA工作时所需要的极化变化。

8.3.3　QCA移位寄存器

任何数字系统中的同步(clocking)都带来许多优点，对QCA范式也是如此。同步允许我们大大减少功耗、控制信息流动和实现管道功能。在QCA器件中，通过调制量子点之间的能垒来完成同步。在半导体量子点系统中，很容易通过使用门来直接改变量子点之间的能垒来实现。然而，在我们使用的金属量子点QCA单元中，量子点间的能垒为氧化铝，因而不能进行调制。此时的可变能垒是通过在每个点上添加两个附加的点来实现的，如图8.11(a)所示。通过时钟线设置这些附加点的电位，可以控制单元左半部和右半部的顶部和底部量子点之间的电子隧穿。这样，我们有可能对每一组三量子点施加一个不同的时钟，以便这两个三点单元之间建立一个移位寄存器，如图8.11(a)所示。

QCA的操作如图8.11(b)所示。开始时，$t=0$ms，锁存器1(L1)和锁存器2(L2)都设置为单稳态或“null”态。首先，锁存器L1被激活(即，从null转换到双稳态)，而L2保持在null态。为了激活L1，首先，在50ms时，对输入施加一对应于逻辑“0”的较小差分信号V_{IN}。L1保持在null状态，直到在100ms时设置CLK1为“HIGH”(高)状态(注意时钟HIGH实际上是负电压)。当CLK1设为“HIGH”时，L1处于活动状态(active)，一个电子被传递到底部的量子点上。这时，隔离终端量子点的库仑能垒较高，因而电子被锁定在底量子点上。一旦L1被锁定，在150ms时撤去信号输入，这里，只要CLK1保持为“HIGH”状态，则L1的状态就不再依赖于输入信号。在L1上锁定一个电子所产生的偶极电矩，可以作

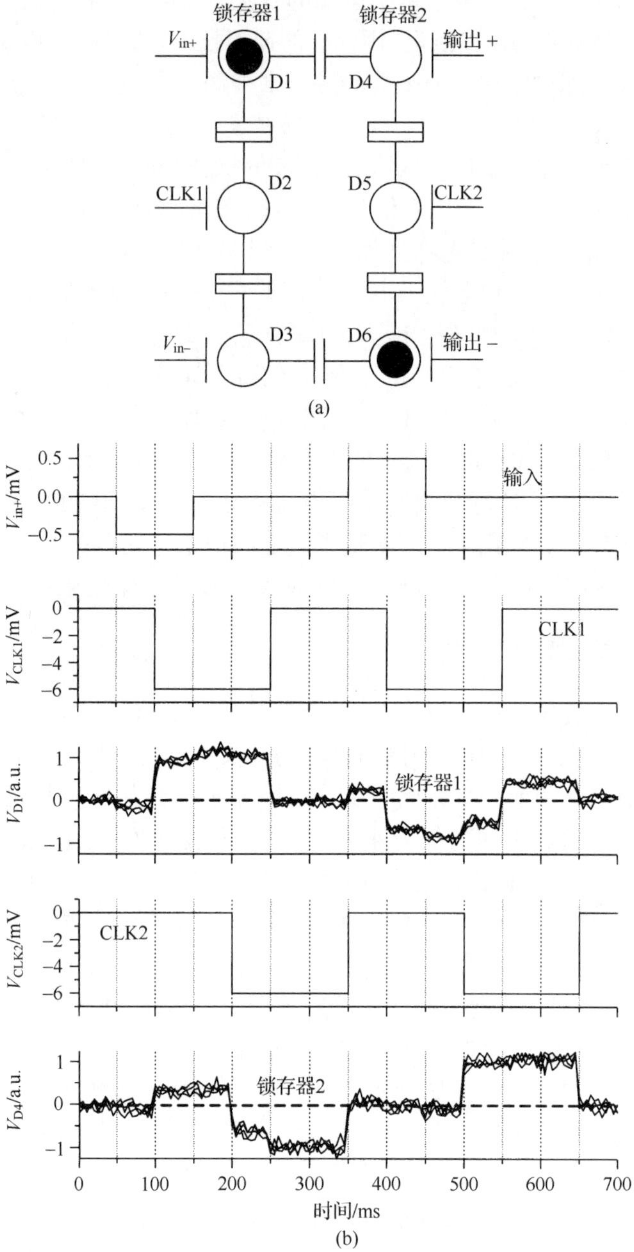

图 8.11 (a) 一个同步(clocked)QCA 单元的简化示意图,对两个半部施加不同的时钟,形成一个二级移位寄存器;(b) 二级移位寄存器的操作

为 L2 的输入信号,这是因为,相对于顶部量子点,L2 的底部量子点为负偏置。随后,在 200ms 时,L2 被处于活动状态 (CLK2 设为“HIGH”),结果 L2 上的一个电

子被转移到顶量子点上，在 250ms 时撤去 CLK1 信号后，只要 CLK2 处于高电位(直到 350ms)，L2 仍保持该比特。这时，移位寄存器回复到其初始的 null 状态，并准备接受新的二进制输入。从 $t=400$ms 开始，使用一相反的输入，可以重复该序列。在图 8.11(b)中锁存器 1 和 2 给出的输出数据中，显示了三个接连的轨迹，以演示实验的可重复性[25]。

所有逻辑器件的最重要参数之一是二元运算的开关速度。QCA 锁存器的操作速度主要由电子的隧穿时间所决定($t\approx R_J C_J\approx 10^{-10}$ s，其中结电阻 $R_J\approx 3\times 10^5\,\Omega$，结电容 $C_J\approx 3\times 10^{-16}$ F)。对于准绝热操作，Al/AlO_x原型器件的开关"速度限制"为 1ns 量级。对于未来的分子 QCA 单元器件，由于总电容非常低(C 约 10^{-19} F)，预期的开关速度约在皮秒量级。值得注意的是，在我们当前的实验中，时钟速度不受锁存器的开关速度所限，而是受电子测量仪电路带宽的限制。由于电子测量仪的读出时间精度约为 0.2ms，检测器不能分辨在更高速度发生的事件。

8.3.4 QCA 功率增益

功率增益是电子器件的一个重要指标，它允许逻辑单元恢复信号电位和克服系统中的噪声。如果没有功率增益，则输入到系统中的信号能量就会很快地耗散到环境。由于逻辑器件是饱和放大器，因此，数字逻辑器件中的功率增益不同于线性放大器中的功率增益。在饱和放大器系统中，仅当对输入施加一个弱信号时，才会有净的功率增益。如果施加一个强的信号，输出等于输入，则增益为 1。在传统的数字逻辑中，如果对一个门施加一个弱的信号，它会从电压供给中抽取一定的功率，并产生具有全逻辑电压的输出信号。在 QCA 单元中，在提供功率来恢复信号方面，时钟线起到电压供应的作用。在 QCA 系统中，一个弱的信号可能由多种原因所导致，如系统中的能量损失、反常的电容或低充电能的锁存器等。然而，一个小的输入信号就足以决定开关的方向，而时钟则提供这种开关转换所需的大部分能量。因此，当出现一个弱的输入时，时钟提供用于开关锁存器和恢复逻辑电位所需要的能量。值得注意的是，功率增益能力并不意味着大的功率消耗。仅当需要恢复逻辑电位时才消耗功率，在 QCA 中，仅消耗所需的这一点功率。因此，QCA 系统仅在需要时具有功率增益，而整体上仍具有较低的功耗。

在我们的 QCA 功率增益演示中，我们必须首先弄清楚功率增益的定义，它是一个单元给出的功率与施加到该单元上的功率之比，如式(8.6)所示。该公式同时也将功率增益与单位时钟周期内单元所做的功和消耗在该单元上的功之比关联起来。

$$\text{功率增益}=\frac{P_{\text{out}}}{P_{\text{in}}}=\frac{W_{\text{out}}/T}{W_{\text{in}}/T} \tag{8.6}$$

式中，P_{out} 为单元提供的功率；P_{in} 为施加到该单元上的功率；W_{out} 为单元做的功；

W_{in}为对该单元所做的功；T 为输入信号的周期。利用这一定义，我们将通过测量在一个时钟周期中信号对单元做的功，以及该单元对下一单元做的功，并对这两个功进行比较，由此来演示功率增益。单元所做的功由式(8.7)定义

$$W = \int V \mathrm{d}Q \tag{8.7}$$

式中，V 为单元引线上的电压；Q 为其连接处的电荷。实验中，功是通过测量引线上的电压来测量的，因为引线通过电容与单元相连，从电容两边的电压和电容值就可以计算电荷。在一个时钟循环，将电压与电荷关系绘制成图就形成一个闭环，其面积就是所做的功，而遍历环(traversing the loop)的方向代表是单元对外所做的功，还是对单元做的功，顺时针代表外界对单元所做的功，反时针则代表单元对外所做的功。

在测量中，将使用一个单一的锁存器单元 L2，并使用一个功率供给来模拟在左侧带有一个输入单元的移位锁存器(L1)，和在右侧带有一个输出单元的移位锁存器(L3)，如图 8.12(a)所示。电压 V_{L1+}、V_{L1-}、V_{L3+}和 V_{L3-}(简称为输入和输出)分别施加到电容 C_{L1}、C_{L3}、C_{R1}和 C_{R3}上，以模拟锁存器 L1 和 L3，如图 8.12(b)所示。为了确定 V_{L1}和 V_{L3}的大小，首先测量在锁存器 L2 上的点电势摆动，随后使用一个小的信号来模拟较弱的锁存器 L1，而用一个同样的信号来模拟正常的锁存器 L3。图 8.12(c)给出了在一个时钟周期内信号 V_{L1}和 V_{L3}的 Q-V 曲线，用于模拟锁存器中比特运动，如 8.2.2 节所介绍的那样。有关实验的细节请参见文献[26]。V_{L1}的 Q-V 曲线[图 8.12(c)顶部]表现为顺时针方向，说明锁存器 L1 对锁存器 L2 作功，而 V_{L3}的 Q-V 曲线[图 8.12(c)底部]表现为反时针方向，说明锁存器 L2 对锁存器 L3 做功。因此，当比特转移时，系统在同一方向做功。上图和下图包含的面积之比则给出了功率增益，由图 8.12(c)计算的面积之比为 2.07，表明同步(clocked)QCA 单元可以提供真正的功率增益。

8.3.5 分子 QCA

迄今为止的 QCA 器件的一个重要局限是较低的操作温度。为了提高操作温度，QCA 单元必须做得更小。不同于基于 FET 的传统逻辑器件，QCA 器件可以达到分子尺度，且其器件性能还能得到改善。

实现分子 QCA 的第一步是，在一个分子中，演示外电场诱导的单电子开关特性。为达到这一目的，我们构筑了一个两(量子)点单元集合体，它夹在两电极之间，存在一定的偏置，且垂直取向，并测量了平行板器件的电容(它作为施加在该平行板上的电压的函数)。图 8.13(a)给出了该实验的示意图。这些单元被共价地结合到单层膜中高度掺杂的硅基底上。在活化态，这里，分子中存在一个可移动电子，这时分子被充电，同时引入反离子(counter ion)到膜中，以进行电荷补偿。为

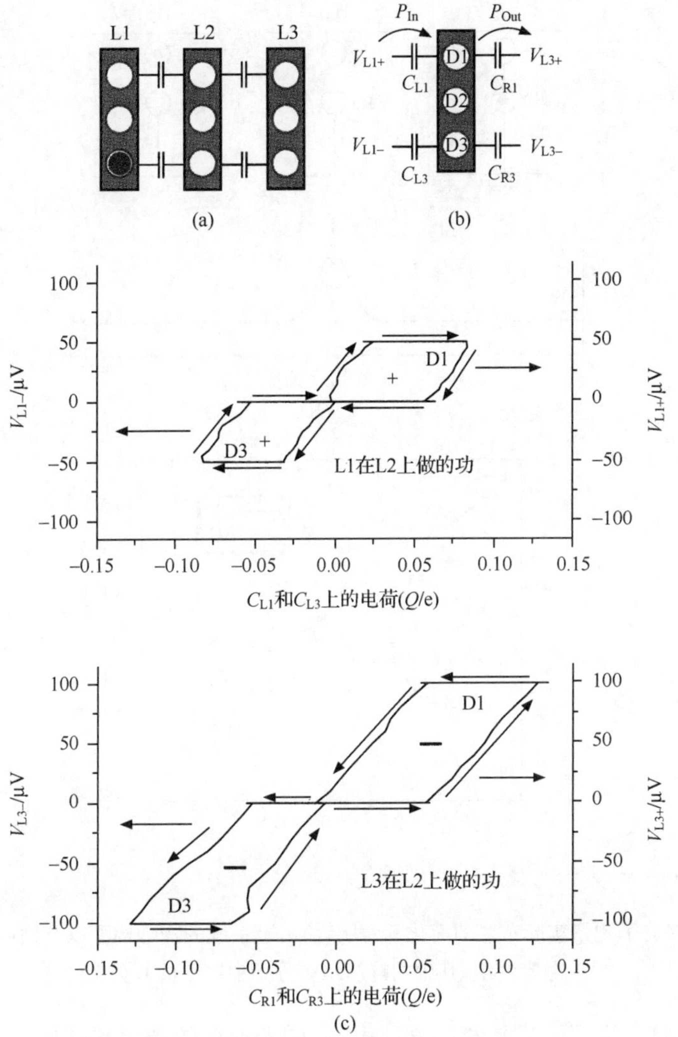

图 8.12　(a)QCA 移位寄存器的简化示意图;(b)说明功率增益实验的简化示意图;(c)锁存器 L2 对外所做的功和外界对锁存器 L2 所做的功的实验测量,给出的功率增益为 2.07

避免该两点单元的退化(degradation),顶电极采用元素汞[22]。汞电极非常灵活,对分子层几乎没有任何影响。使用一个传统高频电容计,对电容进行测量,该电容计由一个直流偏压与一个小振幅 1MHz 交流电压串联而成。

若分子中含有一个电子,在分子中,电子可以在一个钌原子和一个铁原子之间进行转换。如果没有偏置电压,电子应该被定域在电势较低的钌原子上,并且电容应该为常数。当直流偏压增加时,电场将铁原子的电势提升,当达到某一偏压后,从能量上讲,就有可能使电子从钌隧穿到铁原子上,在移动电子与静态反离子之间

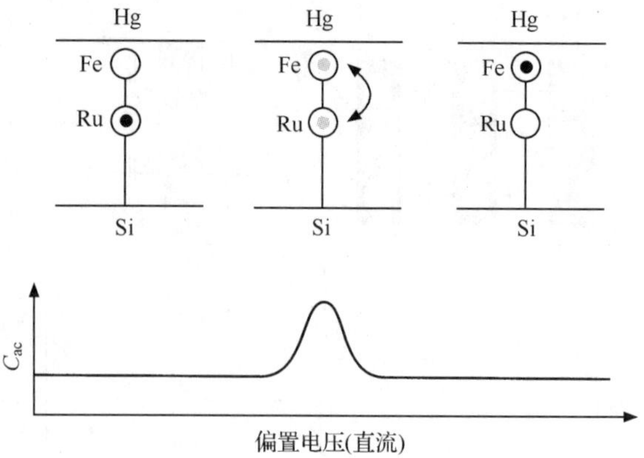

(a)

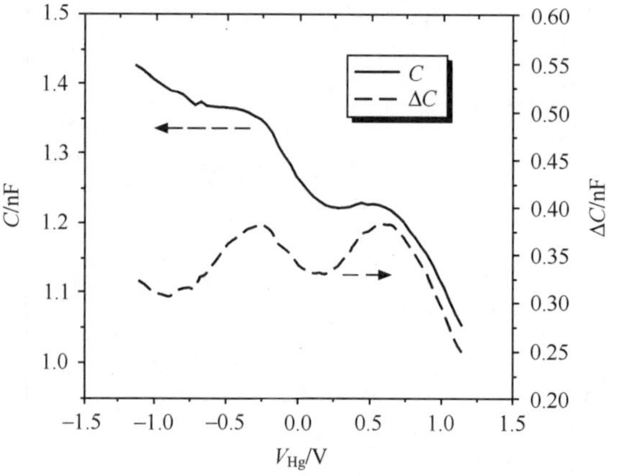

(b)

图 8.13 (a) 分子测量实验布置的简化示意图,给出了系统的物理构型以及预期的交流电容;(b) 电容测量,其中的峰演示了分子中电子的开关特性

产生一个偶极。为了响应较小的交流电压,随着偶极的产生和破坏,它将增加测量的电容。当外加直流电压进一步增加时,稳定的偶极不再对电容有贡献。这样,预期的响应就是一个作为电压函数的电容峰,该峰对应于电子从钌原子切换到铁原子的电压。图 8.13(b)给出了室温下的测量结果,顶部曲线为原始电容数据,下部曲线扣除了斜坡背景(在非活性分子的控制样品上测量得到),该斜坡背景是由于高度掺杂的 p 型硅基底的贫化引起的。在电容数据中,我们观察到了两个峰,而不是预期的一个峰。我们相信,这两个峰与膜中反离子的两种类型有关。在混合价态中,QCA 为+2 价,为实现电荷中性,就需要带负电荷的反离子来进行平衡。对于 QCA 膜,存在两种类型的反离子,一种是将 PF_6^- 加入到膜中,另一种是位于表面的 Si—O 络合键。靠近这两种反离子的 QCA 分子将在不同电压下切换,导致

在 C-V 信号上存在两个分立的峰。我们通过改变构筑工序，以变化两种反离子类型的比例，来对其进行确认。例如，用溶剂长时间地冲洗分子膜，除去 PF_6^-，同时增加 Si—O 络合键的数量。正如期望的那样，峰的相对高度发生了变化，有关这一实验的详细细节请参见文献[22]。

随后的实验证实了分子中电子的开关特性以及反离子的作用[27]。我们还合成了另一个分子，该分子在两个量子点之间有一个较长的连接（这时为两个钌原子），并采用了仅产生一种反离子的制备方法。正如所预期的那样，由于量子点之间的距离增大，电容信号有所增强，且仅观察到一个电容峰。它演示了分子中单电子的场控制开关特性。

8.4　二元计算的限制

由于 QCA 单元可以缩小到分子水平，器件密度可望达到 $10^{11}\sim10^{12}$ cm^{-2}，在此集成密度下，我们迫切地需要了解在什么地方和什么时候计算会发生耗散。信息是物理的[28]，在系统中，二进制信息可以从物理上用两个稳态来表示。一个孤立的两态系统的能量面如图 8.14 所示。两个能量谷代表系统的两个稳态，我们将其分别指定为比特值“1” 和 “0”。这里两个态之间的能垒起到重要的作用，它必须足够大，使得环境的热涨落不会导致状态的任意翻动。在合理的时间内，系统必须能够保持此比特信息，使我们能够区分 0 和 1。

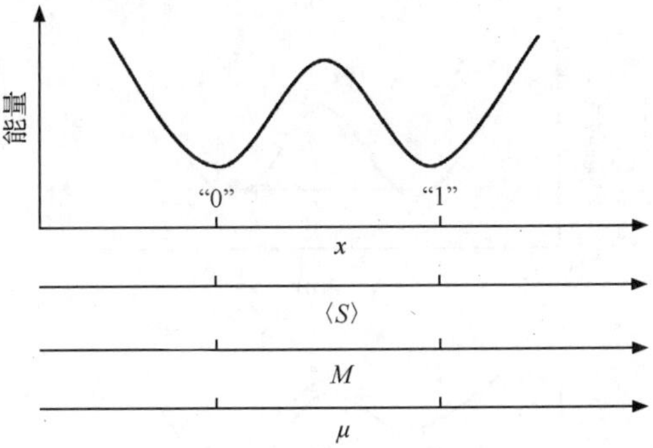

图 8.14　孤立物理系统的能量面，它带有用于表示二进制 1 或 0 的两个稳定状态。用于信息编码的动力学自由度无论是位置、自旋、磁化，还是偶极矩，有关能量的讨论都是一样的

二进制开关的基础能量学与代表比特的物理自由度无关。我们可以用电子电荷的空间位置来对信息进行编码，或者用单电子的自旋，带有核自旋或聚集核自旋（即磁化）的几个电子的聚集自旋或者是一个分子或分子聚集体的偶极矩来对信息进行编码。从原理上说，它们都会产生多势阱能量面，为了转换状态，我们必须能

够可控地改变这些能量面。自旋系统从本质上优于基于电荷的系统的这种观点是幼稚的[16,29]，并受到批判[30]。

图 8.15 给出了双稳态在能量面上从 0 翻转到 1 的三种方式。热涨落可以激发系统越过能垒，如图 8.15(a)所示。值得注意的是，始态和终态具有同样的能量，所以这类事件并不耗散能量。所谓耗散能量，它意味着从系统到环境(热力学上具有大量自由度)存在净的能量传递。能量从环境进入系统，由此激发系统达到能垒顶部，但随着系统弛豫到其新的局域能量最小值，能量由系统返回到环境中去。一个量子系统可以从能垒的一侧隧穿到另一侧，如图 8.15(b)所示。同样，这是我们不希望的结果(假定我们的目标是在原地保持这一比特信息)，它也不是一个耗散事件。图 8.15(c)给出了一个驱动开关事件，通过驱动势阱的一侧到更高能量，我们可以改变能量面。它将系统提升到高于基态的一个激发态 ΔE。随后系统通过热激发跨越降低的能垒或隧穿到较低的能态(这里左侧是 1 态)而退激。在这种情况下，系统必须以热的形式，将等于 ΔE 的能量耗散到环境中去。标准 CMOS 正是采用这一技术，在 CMOS 节点上储藏的电荷，通过一个晶体管通道释放到基态中。

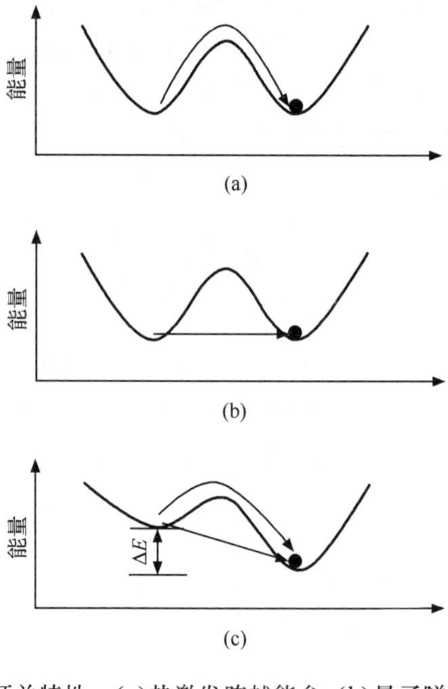

图 8.15 双稳态系统的开关特性。(a)热激发跨越能垒；(b)量子隧穿能垒，两者都不会耗散能量到环境中去；如(c)所示，与落入“下坡”不同，它耗散了能量 ΔE

Landauer 曾经指出，存在另外一种方式用来开关切换一比特信息，确保系统总是接近其瞬时能量极小值，因此，允许系统仅耗散无限小的热量[20,31]。如果连续改变能量面,就可以在最小的激发能下移动系统。这可以非常容易地通过采用第三"null"态(不是双稳态,而是单稳态)来予以说明。图 8.16(a)给出了改变 0 态到 null 态的过程:首先,提升右侧势阱的能量,随后,缓慢地降低能垒,直到系统达到单一能量极小值,如图的底部所示。为了装载一个 0,可以将过程简单地反向。图 8.16(b)给出了将一个 1 载入 null 单元过程。首先,提升左侧的能量,使能量面发生倾斜。随后,能垒被提高,系统移动到右侧的能量极小值,经对应于一位 1 比特。最后,当能垒高度足够高时,撤去偏置电压,以确保系统保持在一侧。这一过程称为"绝热"或准绝热开关,这是因为,系统保持在接近其瞬时(局域)最低的能态。

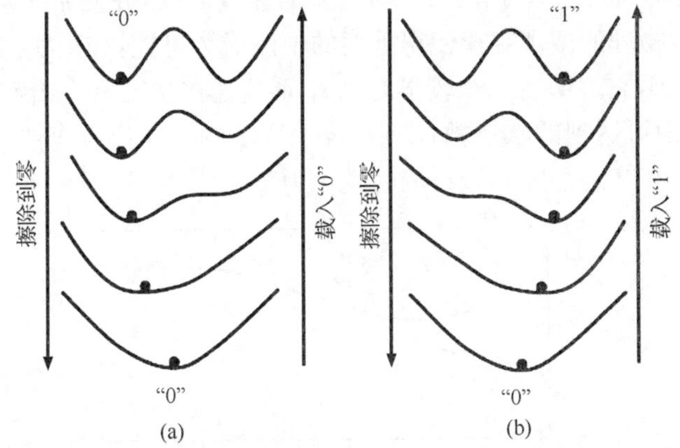

图 8.16 双稳态系统的绝热开关特性。双稳态系统可以从 0 态切换到 null 态,"擦除到零"(erase to null)操作如(a)所示。逆向操作是将 0 比特载入系统。1 比特的绝热擦除和装载则如(b)所示。尤为重要的是,为了绝热地擦除比特,在系统外必须存在该比特信息的一份拷贝,这样,系统才能初始偏置到现经状态,如(a)和(b)从上部开始的第二根曲线所示。如果没有这一拷贝,将不可避免地发生至少 $k_B T\lg(2)$ 的能量耗散,而有了这一拷贝,我们就可以从系统中擦除此比特,而无需任何能量耗散

储存一个 1 或 0 比特的过程不存在任何问题。开始时,系统处于 null 态,如图 8.16(a)和(b)的底部(曲线)所示。在适当的方向上对系统施加偏压,它对应于输入的信息,随后,通过充分地提升能垒,来抑制热效应和量子力学效应,由此将系统锁定。然后,撤去偏压电场,这样,此比特就被写入,如图 8.16(a)和 (b)的上部所示。"擦除到零"(erase to null)的操作则需要更精巧的考虑。

现在,我们来考察如图 8.16 所示的标识有"擦除到零"的擦除过程。为了绝热地执行这一过程,我们需要将系统偏置到其现存状态,如图 8.16(a)和(b)的第二条曲线所示。为了将系统偏置在此状态,在系统本身之外,必须存在该比特的一个拷贝。这可能是测量该比特的状态时导致的后果。测量意味着制造拷贝。这一简

单的结论极为重要，它意味着，为了绝热地擦除一比特，则必须存在该比特信息的一份拷贝。

比特擦除的热力学过程如图 8.17 和图 8.18 所示，它给出了系统的物理构型空间随时间的演变。值得注意的是，图中代表的是物理自由度，而非简单的逻辑空间。在开始时，系统存在两种可能的物理构型，我们将其指定为比特值 0 和 1。在图 8.17 中，构型数表明，在初态和终态，W 都具有值 2。依据微观上物理可逆的定律，它对应于简单的时间演变。物理可逆性是指这样的事实，即除了涉及弱核力的特殊情形外，物理的微观定律对于前向过程和逆向过程是相同的，这也就是说，如果我们把物理过程拍成电影，并反过来放映该电影，并不会违反物理定律。如果系统从状态 A 运动到状态 B，我们可以将所有的速度取反，并使系统从 B 运动到 A。换一种方式讲，物理的微观定律使得下面的说法成为可能：如果我们发现系统在时刻 t_2 处于状态 B，它表明在一个较早时刻 t_1 系统处在状态 A。熵定义为玻尔兹曼常数乘以系统中可达到的状态数，$S=k_B\lg(W)$（式中，lg 代表自然对数）。对于图 8.17，熵的初态和终态都为 $k_B\lg2$，熵的变化为零。

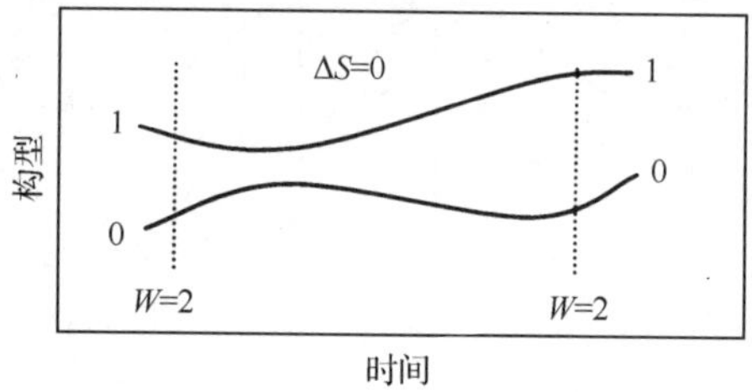

图 8.17　一个物理上可逆的过程。由于物理的微观定律是物理上可逆的，一个具有两种可能初始构型的系统，在一较晚的时刻具有两种可能的构型。类似这样的孤立系统的熵没有变化

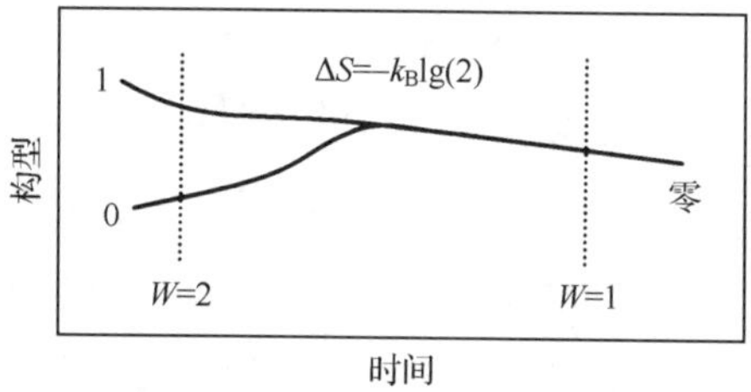

图 8.18　一个物理上不可逆的过程。具有两种可能初始构型的系统演变成一个单态。信息保留在系统中，但熵却减小了。它必定会发生下述两种情况之一：①信息被复制到另一个有限系统（其自由度在这里没有标出）。如果将两个系统的完整构型都显示，发现它不存在崩塌，状态保持是可逆的；②熵和自由能被从系统传递到热力学上具有大量态的环境中。这时，我们说能量被耗散，且一个比特被不可逆地擦除了

图 8.18 对应于“擦除到零”事件的情形。开始时，系统可以处于(物理的)1 或 0 状态，但两者的终态都是 null 态。这一崩塌导致产生熵变 $\Delta S = k_B \lg(1) - k_B \lg(2) = -k_B \lg(2)$。对于微观上可逆的物理定律作用下的时间演变，图 8.18 所示的情形不会发生。熵的变化意味着一定涉及了另一个系统。这存在两种可能性：

(1) 另一个有限系统耦合到该系统中，并且它有一个该信息的拷贝，即构型空间比上面显示的要大。如果在描述中包含第二个系统，终态的表观简并将被打破(例如，右边的线将分裂成在垂直平面中的两个分支)。微观的时间演变过程仍然是一对一的，这样，物理和逻辑上都是可逆的。

(2) 系统在温度 T 下被耦合到了一个热力学上具有许多自由度的大系统(环境或者热浴)。从该系统到环境发生了自由能($F = TS$)传递 $\Delta F = T\Delta S = k_B T \lg(2)$，它增加了环境熵 $\Delta S = +k_B \lg(2)$，却正好补偿了该系统的熵损失。这一过程导致了真正的信息损失(进入了环境态的多样性)，它以热的形式耗散掉了能量 $k_B T \lg(2)$。

它清楚地说明了为什么擦除操作与热产生是从本质上是相互关联的。在任何物理过程中，代表逻辑开关事件都会产生一定量的热。然而，当一个比特信息被擦除时，都会产生一个极小量的热 $k_B T \lg(2)$。绝热开关步骤(图 8.16)可以将逻辑可逆过程中产生的热量(不会引起信息损失)降低到一个任意小的水平（以牺牲速度为代价——参看下文)，但却不能改变能量以热的形式耗散和信息擦除之间的本质关联性。

为了绝热地擦除一个比特，我们需要该比特的一个拷贝，这样我们才能将系统偏置于现存状态，如图 8.16 所示。如果我们试图在无拷贝的情况下擦除该比特，会发生什么情形呢？要理解这一点，我们来考察一个非常简单的双势阱量子系统。图 8.19 给出了，当阱能垒缓慢降低时，对一个双势阱系统求解含时薛定谔方程的结果。这里，我们未施加偏压，所以电势总是对称的。降低能垒的结果是，开始时，定域于一个势阱的波函数开始出现振荡，如果没有能量耗散的途径(这里情况正是这样)，振荡将一直进行下去。图 8.20 给出的是一个完全相同的情形，但不同的是，存在一个场偏置，它使系统趋向于其初始状态。当能垒被降低时，系统能够平衡地弛豫到新的基态。需要强调的是，为了将系统偏置到其现存状态，在该系统之外，我们必须拥有一份该信息的拷贝。如果没有该份拷贝，我们就会失去对系统的控制，并导致产生振荡(该振荡实际上将随耗散过程而衰减)。Landauer 讨论了这种随着系统弛豫失去控制的经典情形[31]。

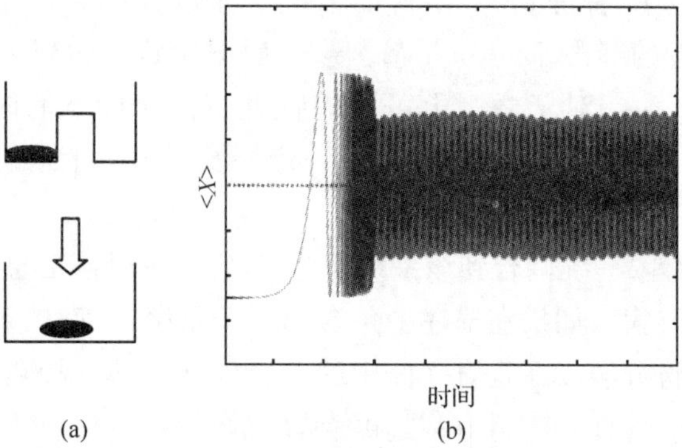

图 8.19 试图无拷贝地擦除。对一个双势阱系统，求解含时薛定谔方程。这时，虽然没有对系统施加任何的偏压，但两个势阱之间的能垒被缓慢地降低。系统的初态局限于左势阱，当势阱降低时出现振荡。这些振荡用于表征激发态，这些激发态将会耗散性地弛豫到新的基态

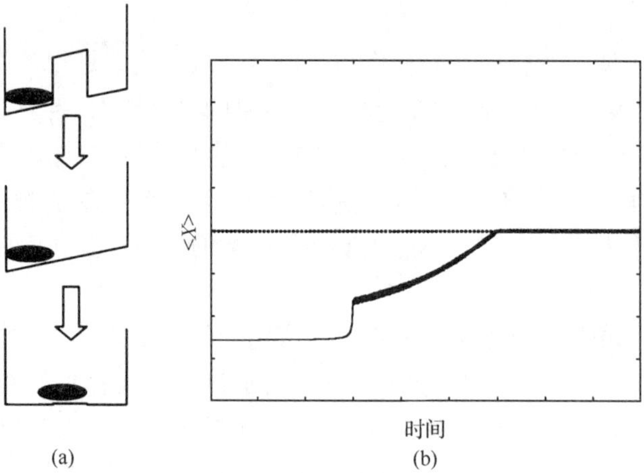

图 8.20 带拷贝的擦除。对一个双势阱系统，求解含时薛定谔方程。所不同的是，系统的初始态已知(存在一份拷贝)，因此，系统可以被偏置到其现存状态。结果是我们可平衡地擦除到其新的基态。通过缓慢地开关，可以使微小的振荡变得无限小

信息的擦除会导致产生不可避免的热耗散。然而，我们可以设计出绕过此问题的方案，这里将再次采用一些折中处理。Bennett[32-35]报道，只要保留所有中间结果，任何逻辑上不可逆的函数都可以镶嵌在一次可逆的计算中。随后，储存的结果用于“反计算”(decompute)该结果，最后，我们只有输入的一个拷贝以及要求的输出。它是以在计算过程中耗费至少双倍的时间(计算＋去计算)为代价的。此外，在大多数实现中，中间结果的数量将会呈几何级数的形式爆炸性的增长，并使得临时存储存在大量的开销。在 QCA 中，这种 Bennett 式的计算要容易得多，因

为中间结果只需要进行简单地现场储存，并作为 QCA 单元状态。QCA 的 Bennett 同步(clocking)[30]可以使用管道化技术，并且在热量平衡中提供调整耗散量的可能性，使得在处理能力和热产生之间真正可调取得了折中。

绝热开关必须"缓慢地"进行，以便系统始终保持在接近其瞬时基态。一个简单的类比可以是，在绳子末端悬挂有一物体，而人带着绳子的另一端行走。如果人缓慢地从房间的一侧走到另一侧，则物体几乎不会摆动；如果人快速地加速奔到另一侧，并突然停止，则重物就会振荡(激发态)，然后通过摩擦耗散能量，并逐渐地衰减到新的基态。那么缓慢地开关究竟意味着什么？它意味着，与系统的自然激发时间相比，它是缓慢的；对于 CMOS 电路，这意味着，与 RC 充电时间相比，它是缓慢的，这也可能是相当长的时间；对于分子 QCA[36]，它意味着，与电子从分子的一部分运动到另一部分的隧穿时间(可能是飞秒)相比，它是缓慢的。因此，只有在具有非常快的自然响应时间的系统中，绝热开关才是实用的。

最后，我们再次强调，开关特性的这些能量学上的考虑，与用于代表信息的物理自由度的本质完全无关。在其原始论点中，Landauer 使用了磁化。图 8.14 至图 8.20 同样也适用于自旋系统或电荷转移分子。不存在万能的系统(magic system)。信息处理的基本选择是模拟/数字与可逆/不可逆。量子计算代表了一种极端情形，即两者都是模拟的，因为量子自由度是连续的和不可逆的，而幺正算符总是可逆的。QCA 代表了数字信息的一个适度选择，通过电路设计等选择不可逆程度的能力，可以用来管理与系统有关的热耗散。

8.5 总　　结

当 CMOS 的尺度达到极限点时，就需要探讨与器件密度相关的功耗问题。尽管单电子器件不能提供大尺度计算需要的低功耗，但在传感与计量方面，单电子器件(如 SET 和泵)却非常适用。我们有必要突破基于 FET 的范式，虽然大部分传统单电子器件不能给出要求的性能，但有一部分却能够达到。基于 QCA 单元的器件范式，为我们提供了一种突破基于 SET 的逻辑、并探索小尺寸带来的量子效应的机遇。在这一新的范式中，基本逻辑单元不再是一个电流开关，而是一个小列量子点，并通过电子在量子点单元中的位置来对逻辑态进行编码。我们已经演示了一个 QCA 单元的操作，它是在一个带有氧化铝通道的铝孤岛中构筑的，这里，通过施加偏置电压，可以转换单元的极化，它同时具有一个 QCA 移位寄存器和真实的功率增益。QCA 单元可以缩小到分子尺度，由于器件性能随尺寸缩小而改善，一个分子 QCA 单元应该能够在室温下操作，并且开关能只有约几个 yJ。

当器件的尺寸缩小到分子大小时，功耗是如何发生的，不再是一个学术讨论的问题。为了实现 $10^{11}cm^{-2}$的集成密度，各器件的功耗必须非常微小。这就要求我们避开使用晶体管，这是因为晶体管的耗功是非常大的。然而，在高集成度下，每一个功耗源都必须予以考虑。因为每当信息被擦除时，功耗都会发生，未来的高性能计算系统对每一信息的使用都需要精打细算。可以通过使用诸如贝内特同步(Bennett-clocking)等可逆技术，来避免擦除操作，但是这需要一些系统开销。将来的系统很可能会被分割成管道块(pipelined block)，这里，在管道块内可使用可逆的方法，以避免耗散，而与耗散相关的某些擦除操作，则在管道块的边缘是允许的。这样，我们可以同时满足功耗和系统性能的要求。

参考文献

[1] Gorter, C. J., Physica, 17, 777, 1951.

[2] Neugebauer, C. A. and Webb, M. B., J. Appl. Phys., 33, 74, 1962.

[3] Fulton, T. A. and Dolan, G. H., Observation of single-electron charging effects in small tunnel junctions, Phys. Rev. Lett., 59, 109-112, 1987.

[4] Scott-Thomas, J. H. F. et al., Conductance oscillations periodic in the density of a one-dimensional electron-gas, Phys. Rev. Lett., 62, 583-586, 1989.

[5] Likharev, K. K., Correlated discrete transfer of single electrons in ultrasmall tunnel junctions, IBM J. Res. Dev., 32 (January), 144-158, 1988.

[6] Averin, D. V. and Odintsov, A. A., Macroscopic quantum tunneling of the electric charge in small tunnel junctions, Phys. Lett. A, 140, 251-257, 1989.

[7] Landauer, R., Electrical transport in open and closed systems, Z. Phys. B, 68, 217-228, 1987.

[8] Lafarge, P. et al., Direct observation of macroscopic charge quantization, Z. Phys. B, 85, 327-332, 1991.

[9] Aassime, A. et al., Radio-frequency single-electron transistor: Toward the shot-noise limit, Appl. Phys. Lett., 79, 4031-4033, 2001.

[10] Matsumoto, K., Room temperature-operated single electron transistor made by STM/AFM nanooxidation process, Phys. B, 227 (1-4), 92-4, 1996.

[11] Takahashi, Y. et al., Fabrication technique for Si single-electron transistor operating at room temperature, Electron. Lett., 31, 136-137, 1995.

[12] Saitoh, M. et al., Room-temperature demonstration of low-voltage and tunable static memory based on negative differential conductance in silicon single-electron transistors, Appl. Phys. Lett., 85, 6233-5, 2004.

[13] Chen, R. H. et al., Single-electron transistor logic, Appl. Phys. Lett., 68, 1954-1956, 1996.

[14] Gerousis, C. P. et al., Nanoelectronic single-electron transistor circuits and architectures, Intl. J. Circuit Theory Appl., 32, 323-338, 2004.

[15] Zhirnov, V. V. et al., Emerging research logic devices, IEEE Circuits & Devices, 21, 37-46, 2005.

[16] Zhirnov, V. V. et al., Limits to binary logic switch scaling - A Gedanken model, Proc. IEEE, 91, 1934-1939, 2003.

[17] Lent, C. S. et al., Quantum cellular automata, Nanotechnology, 4, 49-57, 1993.

[18] Lent, C. S. and Tougaw, P. D., A device architecture for computing with quantum dots, Proc. IEEE, 85, 541-557, 1997.

[19] Tougaw, P. D. and Lent, C. S., Dynamic behavior of quantum cellular automata, J. Appl. Phys., 80, 4722-4736, 1996. Quantum Dots in Nanoelectronic Devices 8-23.

[20] Keyes, R. W. and Landauer, R., Minimal energy dissipation in logic, IBM J. Res. Dev., 14, 152-157, 1970.

[21] Orlov, A. O. et al., Realization of a functional cell for quantum-dot cellular automata, Science, 277, 928-930, 1997.

[22] Qi, H. et al., Molecular quantum cellular automata cells. Electric field driven switching of a silicon surface bound array of vertically oriented two-dot molecular quantum cellular automata, J. Am. Chem. Soci., 125, 15250-15259, 2003.

[23] Mitic, M. et al., Demonstration of a silicon-based quantum cellular automata cell, Appl. Phys. Lett., 89, 13503-13, 2006.

[24] Amlani, I. et al., Demonstration of a six-dot quantum cellular automata system, Appl. Phys. Lett., 72, 2179-2181, 1998.

[25] Orlov, A. O. et al., Clocked quantum-dot cellular automata shift register, Surface Sci., 532-535, 1193-1198, 2003.

[26] Kummamuru, R. K. et al., Power gain in quantum-dot cellular automata, Appl. Phys. Lett., 81, 1331-1334, 2002.

[27] Qi, H. et al., Dependence of field switched ordered arrays of dinuclear mixed-valence complexes on the distance between the redox centers and the size of the counterions, J. Am. Chem. Soci., 127, 15218-15227, 2005.

[28] Landauer, R., The physical nature of information, Phys. Lett. A, 217, 188-193, 1996.

[29] Cavin, R. K. et al., Energy barriers, demons, and minimum energy operation of electronic devices, Fluctuation and Noise Lett., 5, C29-C38, 2005.

[30] Lent, C. S. et al., Bennett clocking of quantum-dot cellular automata and the limits to binary logic scaling, Nanotechnology, 17, 4240-4251, 2006.

[31] Landauer, R., Irreversibility and heat generation in the computing process, IBM J. Res. Dev., 14, 183-191, 1988.

[32] Bennett, C. H., Notes on the history of reversible computation, IBM J. Res. Dev., 32, 16-23, 1988.

[33] Bennett, C. H., Notes on Landauer's principle, reversible computation, and Maxwell's Demon, Studies in History and Philosophy of Modern Physics, 34, 501-510, 2003.

[34] Bennett, C. H., Logical reversibility of computation, IBM J. Res. Dev., 17, 525-532, 1973.

[35] Leff, H. and Rex, A., Maxwell's Demon 2, IOP, Bristol, 2003.

[36] Lent, C. S. et al., Molecular quantum-dot cellular automata, J. Am. Chem. Soc., 125, 1056-1063, 2003.

9 利用纳米级多孔氧化铝模板自组装纳米结构

Bhargava Kanchibotla, Sandipan Pramanik, Supriyo Bandyopadhyay 著

王朝晖 郜 婧 译

9.1 引　　言

纳米技术，作为纳米尺度物体的科学与技术，由于其可以为人类带来无限的可能和效益，引起了人们广泛的关注。与块体结构相比，纳米结构展现出独特的物理和化学性质，在医药、计算、通信、传感器、国防、国土安全、信息学和生命科学等各个领域，在发展尖端技术中都有重要的应用[1-5]。

制备或合成是产生纳米结构的第一步。近些年来，纳米制备技术得到了广泛的发展，其范围覆盖从非常昂贵的制备技术到廉价的制备技术。其中，自组装技术是纳米制备技术中的一种，由于其相对容易、廉价、可以大量制备、对设备要求不高等特点而在各个领域得到了广泛的应用。该过程是纳米结构在适当条件，适当介质中的自聚集行为，取决于介质和外部环境，这些纳米结构可以自发地排列成有序的纳米阵列。不同于串行的直写光刻技术(direct write lithography)，自组装具有一定的"并行"性；直写光刻技术在制备纳米结构时，一次只能制备一种纳米结构，因此效率非常低，而通过自组装可以同时完成多个纳米结构的制备，因此效率比较高，此外，自组装是一个非常温和的制备过程，对最终的纳米结构的规整性损害很小。而一些比较传统的制备技术，如自写光刻技术、X 射线光刻等，却很难避免在制备过程中对纳米结构的损害。这类损害对半导体纳米结构性能影响尤其明显，这是由于损害引起的表面态能够将半导体的费米能级钉扎于带隙的中间，进而耗尽整个体系中的载流子。

大量的自组装技术已报道，一些技术是通过"物理"途径进行的，例如，通过 Stranski-Krastanow 模型，利用纳米结构在晶格错配处应变(机械力)成核，进而在此基底上生长量子点。另外一些技术是通过"化学"途径进行的，即通过化学反应调整纳米结构自发成核过程。在本章中，我们将集中讨论通过"化学"途径进行自组装制备纳米结构。这类方法几乎可以在任意基底上制备准周期的纳米结构阵列；通过这类方法制备的多孔氧化铝膜具有准周期的孔阵列，其孔径大小均一，分别从低于 10nm 到几百纳米不等。这类纳米结构是在适合的酸度和电压下，通过阳极氧化铝制备的。由于电场辅助溶解(field-assisted dissolution)效应，孔的形成是自发的，因此，模板的形成是通过自组装形成的。在适当的条件下，这些孔可以排列成准周期的六角形密排阵列，每个孔都是一个规整的圆柱，其纵横比(长度与直径比)很大。在我们实验室中，可以使其长径比达到 200∶1。通过改变溶液的酸性及阳极电压，可以实现孔径在 8～200nm 的变化。利用电化学沉积，可以用金属、半导体、绝缘体甚至超导体选择性地对这些孔进行填充，形成一个垂直竖立的、准周期的纳米线或量子点阵列，最终自组装成一个空间有序的纳米结构阵列。

纳米多孔氧化铝膜也是一种很有用途的模板，用于在通用的基底上进行模板转移,而反应性离子刻蚀是进行模板转移的标准的刻蚀技术,我们也将在这一章进行讨论。

9.2　纳米多孔氧化铝膜

半个世纪以来,阳极氧化的多孔氧化铝膜一直是人们研究的一个重点之一,自从 20 世纪 90 年代以来,已经开发出多种制备这些薄膜的方法[6-8]。这些薄膜的一些显著特点包括:①高度有序的孔阵列;②可以在 8nm 到几百纳米之间调控孔的直径;③孔的密度介于 10^{10}～10^{12}个/cm^2;利用这种模板可以很方便地在陶瓷衬底上制备垂直于衬底生长、高度有序的纳米线,由于绝缘体氧化铝处于这些纳米线之间,因此,这些纳米线之间也是相互绝缘的。然而,在氧化铝衬底上加一金属薄片,通过在金属薄片上施加电压,降低相邻纳米线之间的能垒,进而使相互之间存在有弱的电耦合,这类纳米线可以在器件方面得到应用。同时,氧化铝的相对介电常数为 2.5～3.0,因此,它可以作为一种非常有效的手段来进行光分离[9]。例如,如果纳米线的材料相比于氧化铝具有更大的介电常数,将纳米线嵌入氧化铝中,可以制备出光波导管。大多数半导体材料的相对介电常数都超过了 3.0,因此,它们都可以作为光波导管。因此,如果光的波长小于纳米线的直径,将纳米线嵌入氧化铝中,可以制备出有效的光波导管。

9.2.1　电化学方法合成氧化铝膜:电解抛光铝箔

制备有序的多孔阵列的氧化铝膜包括几个重要的步骤。起始材料是高纯度的铝箔。我们采用的是纯度超过 99.998%的多晶铝箔(由于单晶铝要贵很多)。为了便于处理,首先将铝箔分割成 1in×1in 的小块。铝箔的表面状况是影响孔的有序度和孔径有序度的一个很重要的因素。工业生产的铝箔的表面粗糙度一般在几微米,为了使其粗糙度降低到纳米级别,我们首先将其在丙酮中除去油污,放入含有高氯酸、丁氧基乙醇、乙醇、去离子水的电解质溶液中,在 45V 直流电场作用下,放置 10s[10]。将抛光后的铝箔在原子力显微镜下观察发现,其表面出现一些周期性的隆起物,如图 9.1 所示。这是一个由化学动力学控制的复杂的过程,很多文献对这个过程都进行了深入的研究,虽然从基本的化学反应和动力学角度看,这些图案是非常有意思的,但在器件方面却没有很主要的应用,因此,我们就不再赘述了[11-14]。

一些研究小组研究了铝箔的多晶性对孔的有序度的影响。在氧化铝膜中,这些孔呈现周期性的六角形密堆阵列,但仅在约几微米的范围内出现。一些研究表明,在抛光之前进行淬火,可以增加多晶膜中晶粒的尺寸,相应地可以增加出现周期性孔的范围。然而,并不清楚晶粒尺寸是否与出现周期性孔的面积有关,迄今为

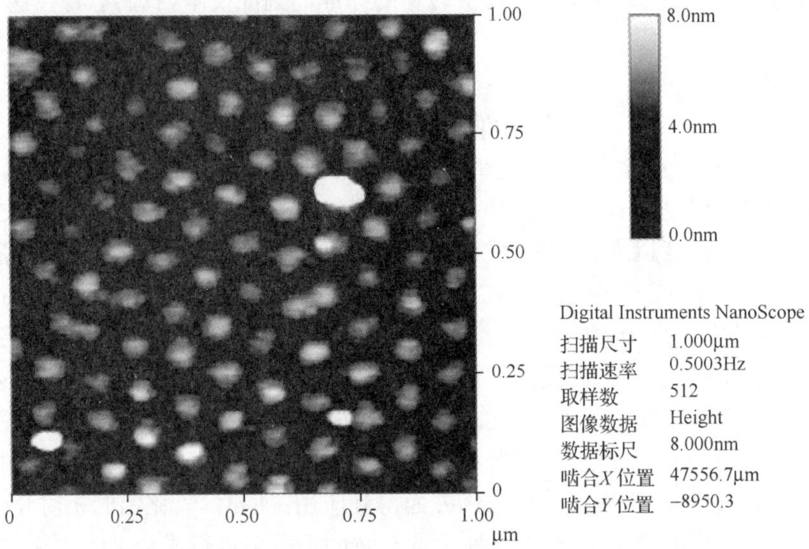

图 9.1 （见彩色插图）在 60 V 电压下将铝箔电抛光 30s 所形成的准周期隆起的原子力图像

止，在这个方面仍然没有得到一致的结论。

我们的研究小组使用 Electromet-4 型电抛光仪，Lee 电解质溶液作为刻蚀剂，铝箔在阳极与刻蚀剂之间是物理接触[10]。其中，1L 电解质溶液含有 93mL 全氯酸、150mL 丁氧基乙醇、1050mL 乙醇和 205mL 蒸馏水；全氯酸作为铝的刻蚀剂，而极性分子丁氧基乙醇、乙醇则主要覆盖在铝箔表面鞘层（突起）部位，因为这些部分的电场最强。这样，表面沟槽部分溶解相对较快，而突起部位的铝离子的质量输运则更为有效，最后在两者之间取得一种平衡。因此，这两种效应的结果是表面出现类似图 9.1 的突起。

9.2.2 阳极氧化铝箔

在合适的酸性条件下，对抛光过的铝箔进行阳极氧化，可以在铝箔的表面上制备多孔氧化铝膜。图 9.2 是整个氧化装置的结构示意图。电解池是商用平池，可调供电为阳极氧化提供高度稳定的直流电压，铝箔作为阳极，以不与电解质溶液发生反应的铂为阴极；电解质溶液通常为中等强度的酸（pH＜4），一般为 3％草酸，15％的硫酸，10％的磷酸；氧化过程一般使用直流电，而不是交流电，因为直流电在阳极上沿同一方向流动。图 9.3 是以 3％的草酸为电解质溶液，在 40V 的电压下制备的薄膜的原子力显微镜图像，其中较黑的部分代表孔，较亮的部位代表壁，孔的直径约为 50nm，孔与孔之间的间距为 100nm[8]。

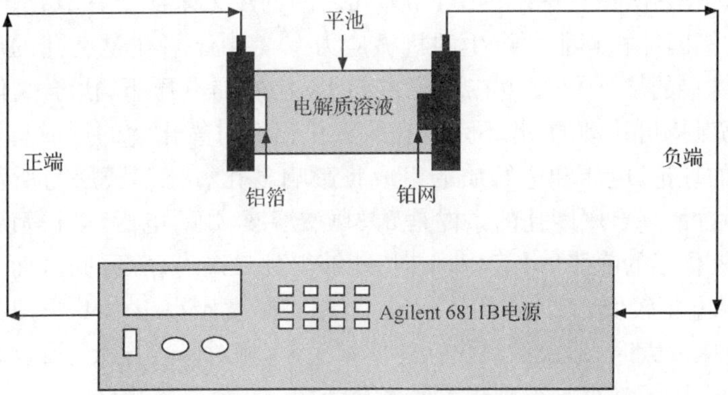

图 9.2　氧化实验布置示意图

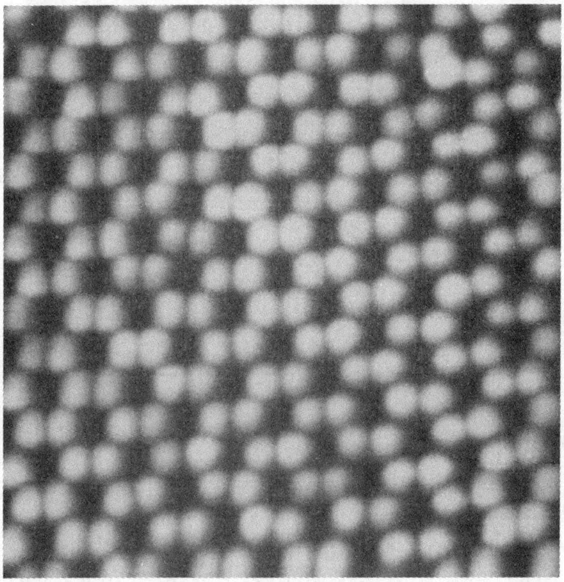

图 9.3　(见彩色插图)以 3%草酸为电解质溶液、40V 电压下制备的薄膜的 AFM 图像俯视图

9.2.3　纳米多孔氧化铝膜的生长动力学

人们提出了很多理论模型来解释膜的生长机理[15-19]。O'Sullivan 等基于孔顶端的非均匀电场分布及电场辅助溶解，解释孔生长的原因以及决定孔尺寸分布的因素[16]。孔是垂直于底面生长的。孔径、孔间距和稳态势垒的厚度等参数直接与电压成比例。Shershulsky 等从微观的角度解释了孔的参数与电压或电解质的关系[17]。随后，Jenssky 等提出了另外一种理论模型来说明在特殊氧化条件下所形

成的密堆六角形孔，在这些结构中，相邻孔之间的压力来源于在氧化过程中，由铝转变为氧化铝因体积膨胀而产生的机械应力[18]。由于氧化是在孔的底部同时发生的，因此材料的膨胀仅发生在垂直方向上；在外加电压下，由于氧化物中某些 Al^{3+} 离子仍保持可移动的，并不是所有的氧化铝都对氧化物的形成有贡献。根据 Jenssky 等的理论，电压和电解质的组成将影响多孔氧化铝膜层与所消耗铝的相对厚度。制备最高有序度孔的条件是 3%草酸溶液，40V 电压。Li 等认为，在氧化过程中，当氧化铝的膨胀体积为 1.4 时，能够得到最高有序度的孔，而与电解质无关[19]。如果电压较低，氧化铝的体积较小，相对厚度比小于 1.4，形成的孔则较为无序。当电压较大时，形成的氧化铝的体积太大，相对厚度比大于 1.4，因此，在较大或较小的电压下都很难得到规整的多孔结构。

图 9.4 给出了在室温下以 3%草酸为电解质溶液、40V 电压下的氧化电流-时间特性。在开始氧化的几秒钟内，电流快速减小，直到最小值，而后又逐渐增大，达到一个稳定状态。图 9.5 给出了这一过程包括的一系列步骤。

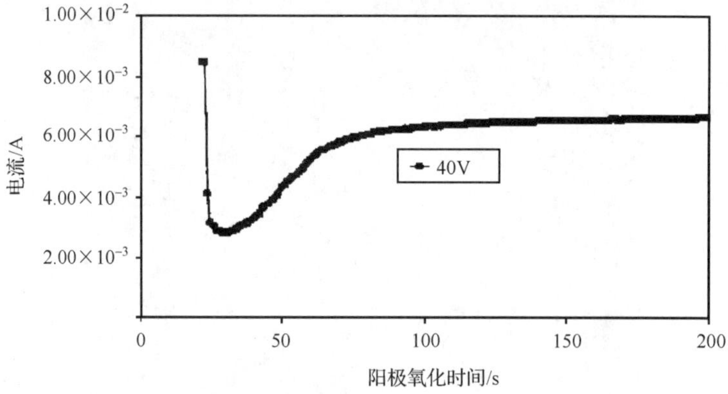

图 9.4 以 3%草酸为电解质溶液、40V 电压下的氧化电流-时间曲线

起初，当施加电压时，由于含氧离子的存在，铝箔首先被氧化并开始形成氧化铝[20]。在这一过程中，阳极的电流逐渐降低，如阳极电流曲线区域 A 所示；在氧化进行到 B 阶段时，由于酸中含氢离子的存在，氧化铝被溶解，精致结构孔开始形成。氧化铝的生成速率大于其溶解速率。随着时间的推移，孔的形成开始趋于稳定，它对应于电流曲线的区域 C(C 阶段)。最后，达到稳态区域 D(D 阶段)，这时，孔结构完全稳定，电流达到一个稳定值，氧化铝的生成速率与溶解速率达到平衡。在这一阶段，孔与孔之间相互平行，且垂直于衬底生长。在阳极与阴极上发生的化学反应如下：

阳极处

铝的氧化：$2Al+3H_2O═══Al_2O_3+6H^++6e^-$

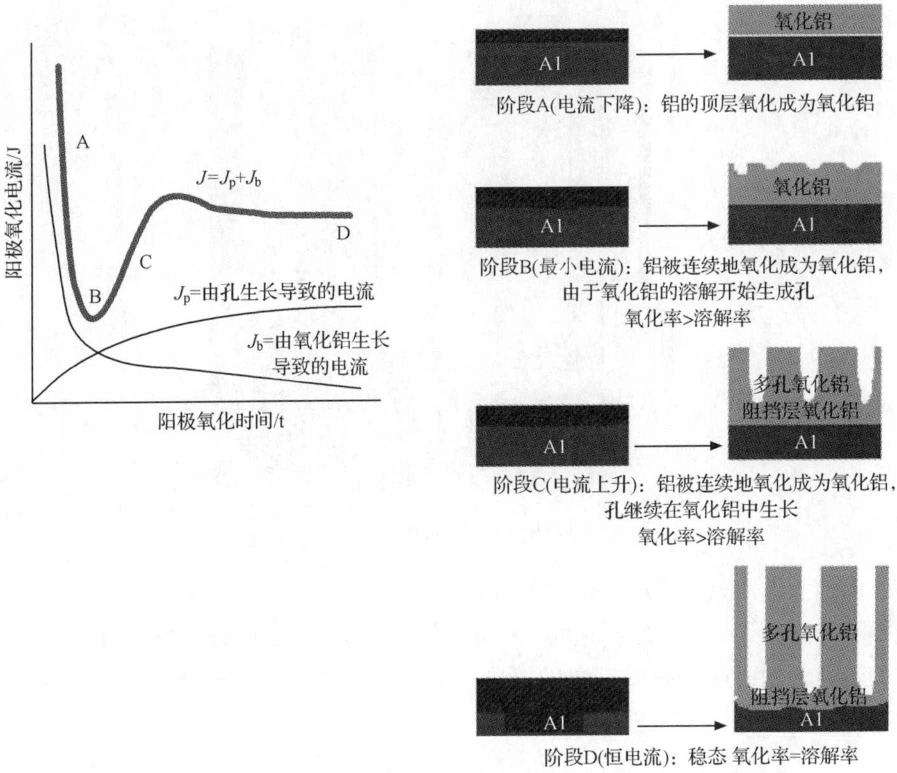

图 9.5 用于解释纳米多孔氧化铝膜的生长动力学过程的步骤系列

氧化铝的溶解：$Al_2O_3+6H^+ = 2Al^{3+}+3H_2O$

阴极处

氢气的产生：$6H^++6e^- = 3H_2$

正如 O'Sullivan 等所描述的那样，多孔氧化铝的形成是两种相互竞争的反应之间共同作用的结果：氧化铝的形成与部分氧化铝的溶解；氧化物的形成是由于 O^{2-}/OH^- 从电解质溶液中通过氧化层迁移到达孔的底部所致；而氧化物的溶解则是由于 Al^{3+} 从氧化层到达电解质溶液所致；因此，净电流密度应该是两种不同电流的加和，即阻挡层氧化铝生成的电流 J_b，孔生成的电流 J_p。

9.2.4 控制孔的自发有序性的因素

电解质、电压和电解时间是已知的影响孔结构的重要参数。一些文献指出，电解过程中的电解质的温度对孔的结构也有影响，但其对孔结构的影响较小[21]。

图 9.6 是电解后的多孔结构的截面示意图，顶层是相互平行的多孔结构，下面是 U 形的阻挡层，最下面是没有被氧化的铝层。

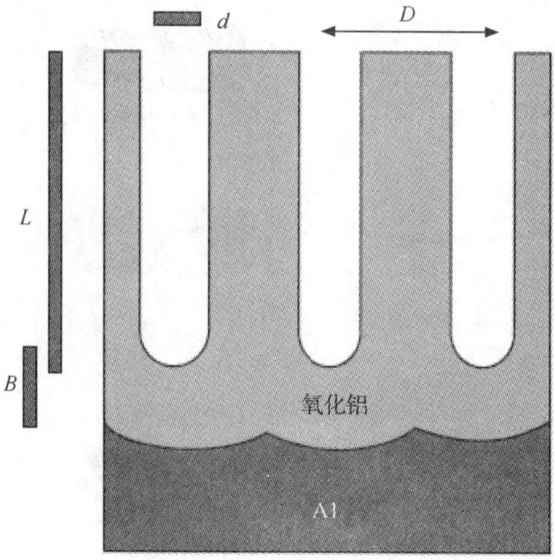

图 9.6　经过电解后的多孔结构的截面示意图

如图 9.6 所示，d 为孔的直径；L 为孔的长度，B 为阻挡层的厚度；D 为相邻孔中心的间距；A 为未被氧化的铝箔的厚度。d、D 和 B 依赖于电解质与电压；L 依赖于电解的时间与起始铝箔的厚度；随后，我们将逐一地讨论这些因素对孔的影响。

9.2.4.1　酸强度的影响

弱酸或偏中性的溶液(pH 5～7)不适合作为电解溶液，因为它容易生成扁平的、非孔状的氧化铝层，通常称之为阻挡型的氧化膜[22]。强酸(pH<4)可以制备多孔氧化铝膜；根据 Shershulsky 等所提出的理论模型，孔的半径和溶液的 pH 呈线性关系

$$R_e \sim (1 + C\Phi)$$

式中，R_e 为孔径；C 为常数；Φ 为 pH。

因此，在较高的电压下，使用 5%磷酸为溶液，可以得到最大的孔径；而使用 15%硫酸得到的孔径最小；最近，Ono 等的研究表明，使用有机酸，如丙二酸、酒石酸等，可以得到规整的多孔膜，其中孔径分别高达 300 nm 和 500 nm[23]。这些有机酸由于具有相对较高 pH，因此可以得到较大的孔径。

9.2.4.2　电压的影响

加在铝箔电极与铂电极之间的直流电压，也是影响孔结构的一个重要参数，然而，并非任意电压均可产生多孔结构。众所周知，孔的直径和阻挡层的厚度随电压的变化而变化。Shershulsky 等提出的模型认为，孔的直径与电压呈线性关系。以

3%草酸为电解质溶液，生成规整的六角形多孔结构的最合适电压为 40V，其中孔的直径为 50nm。以 15%硫酸为电解质溶液，生成规整的六角形多孔结构的最合适电压为 10V，其中孔的直径为 10nm。以 5%磷酸为电解质，在较高的电压下，可以制备的孔的直径高达 350nm。最近，一些研究小组报道了利用混合酸作为电解质溶液制备有序的孔阵列[24]。图 9.7 列出了迄今为止所有报道的自有序电压与相对应的孔直径的关系。

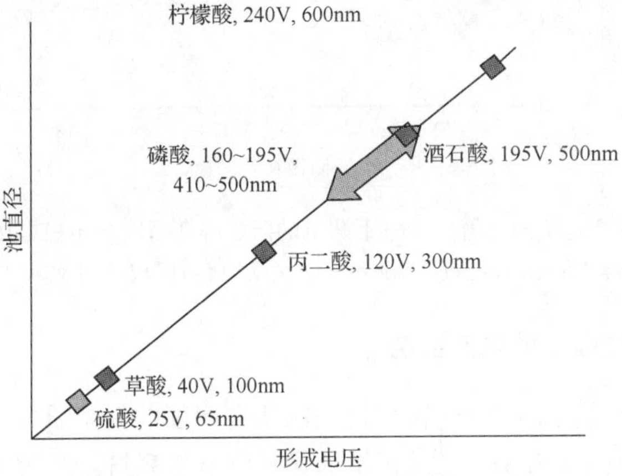

图 9.7　对于各种酸，单元直径(近邻孔的中心到中心的距离)与电解电压的关系
(经 Elsevier 授权摘自文献[23])

孔的密度与电压平方呈反比关系。Palibroda 等认为孔密度与电压呈指数关系[25]。Almawlawi 等认为孔密度 ρ 和阳极氧化电压 V 可以用下面的关系来表示：

$$\rho = \frac{\alpha}{(d + \beta V)^2}$$

式中，α 为一常数，约为 1.15；β 为与酸和温度有关的常数；d 为另外一个常数；以 3%草酸为电解质溶液，可以得到孔的密度约为 10^{10} 个/cm^2。使用 15%硫酸为电解质溶液，可以得到孔的密度为 10^{11} 个/cm^2。最近研究表明，孔的密度随电压的增加而变化[27]。图 9.8 显示了在不同电解质溶液下，孔密度与阳极氧化电压之间的关系。无论采用的是何种电解质溶液，孔密度随阳极氧化电压的增加而减少。

9.2.4.3　温度的影响

据文献报道，在一定电压与一定浓度的电解质溶液下，温度对孔的有序度有影响，而对孔的直径与相邻孔之间的距离并没有明显的影响[28]。与在室温下制备的多孔结构相比，在较低的温度下制备的多孔结构的规整度要差一些，这些多孔结构是弯曲的。Sang Li 等认为，温度影响多孔结构的有序性。多孔结构的有序度主要采用快速傅里叶变换和扫描电镜进行分析[29]。

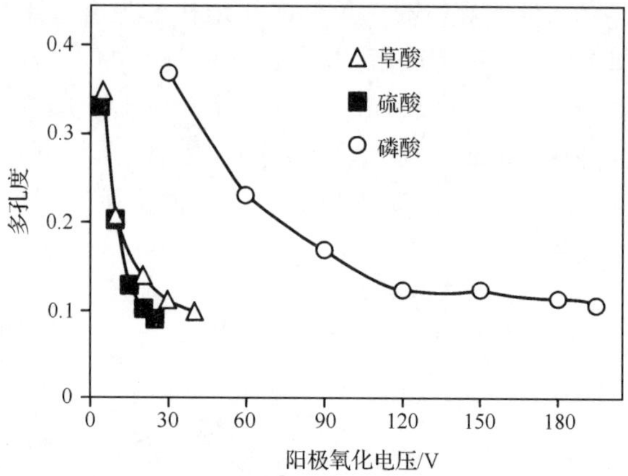

图 9.8 在 3 种不同电解质溶液下测量的阳极膜孔密度与阳极电压之间的关系（经 Electrochemical Society（电化学协会）授权摘自文献[27]）

9.2.5 孔生长过程中的电流密度

制备多孔膜过程中的电流密度是控制孔有序度的一个重要参数。基于电流的多孔生长的机理在 9.2.3 节已进行了描述。Ono 等系统地研究了在不同电解质溶液下，电流密度对孔生长所产生的影响。图 9.9 给出了以硫酸为电解质溶液获得的电压与时间的特征曲线。阳极氧化电压范围为 5～27V。当电压从 5～25V 时，获得的 *I-t* 曲线与 9.2.3 节中的类似，表明该过程是多孔膜生长过程；当电压为 27V 时，能够观察到较大的电流密度，并且有大量的气体在试样表面生成。有趣的是，在该过程中并没有孔的生成。这可能是因为在电解的过程中，阳极氧化电压超过了一定的临界值。

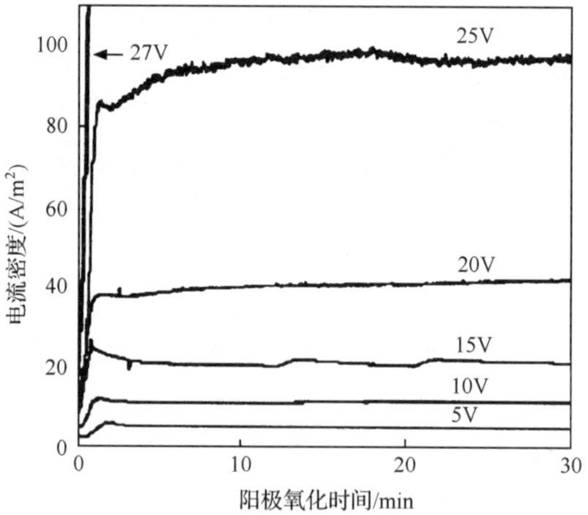

图 9.9 以硫酸为电解质溶液、电压范围在 5～27V 的阳极氧化的电流-时间曲线（经 Electrochemical Society（电化学协会）授权摘自文献[27]）

以草酸和磷酸为电解质溶液，也进行了类似的研究。图 9.10 给出了在 3 种不同电解质溶液中电压与电流密度的关系曲线。对于这 3 种电解质，当电压高于其相应的自有序化电压时，可以观察到极高的电流密度。因此，对于所用的电解质，当电压低于其临界电压时，可以得到规整的结构。当超过这一临界电压后，则不会出现膜的生长。

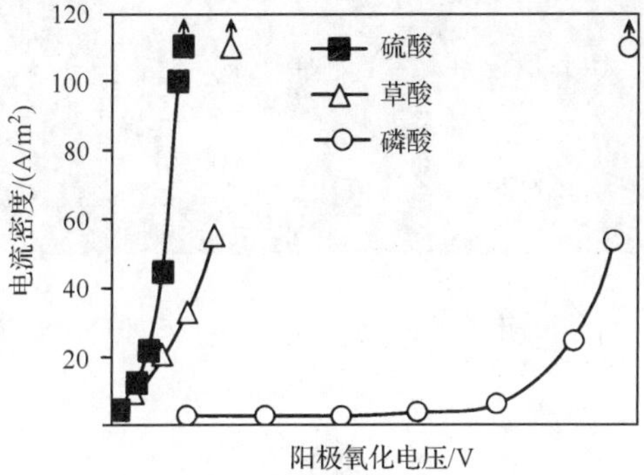

图 9.10 对于 3 种不同电解质溶液，阳极氧化电压与稳态电流密度值的变化曲线
(经 Electrochemical Society(电化学协会)授权摘自文献[27])

9.3 利用多步阳极氧化法制备高度有序的多孔模板

通过一步氧化制备的多孔膜并不是非常有序的，虽然其是短程有序的，但并不是长程有序的，因此限制了其作为多孔模板在纳米制造中的应用。在电抛光和氧化之前对铝箔进行淬火被作为一种补救方法，但实际上这种方法并不令人满意。在 1995 年，Masuda 等首次报道了一种被称为"多步阳极氧化法(multi step anodization)"的制备技术，在草酸和硫酸溶液中，它可以非常明显地提高多孔的周期性。通过这种技术，可以大面积制备高度有序的"蜂窝"状多孔结构[30]。

图 9.11 介绍了说明多步阳极氧化过程的系列步骤。首先，将电抛光的铝箔在阳极氧化 5～10min，使其表面形成一层氧化铝薄膜。随后，用 0.2mol/L 铬酸和 0.4mol/L 磷酸除去该氧化层，并将处理好的试样进行长时间阳极氧化(10～12h)，这种长时间阳极氧化可以明显地除去试样表面的缺陷和位错，这时膜的厚度为几个微米。之后，用 0.2mol/L 铬酸和 0.4mol/L 磷酸在 60℃进行刻蚀。这样，在铝的表面会形成六角形的有序扇形阵列。图 9.12 为铬酸与磷酸混合液刻蚀过的样品的 AFM 图像。扇形铝的存在对应于多孔底部的 U 形阻碍层。接着，将试样再电解几分钟，以得到所要求的孔长度。在这一阶段，扇形有序阵列作为核，

用于重新生长多孔氧化铝，由此可以得到有序的多孔材料。

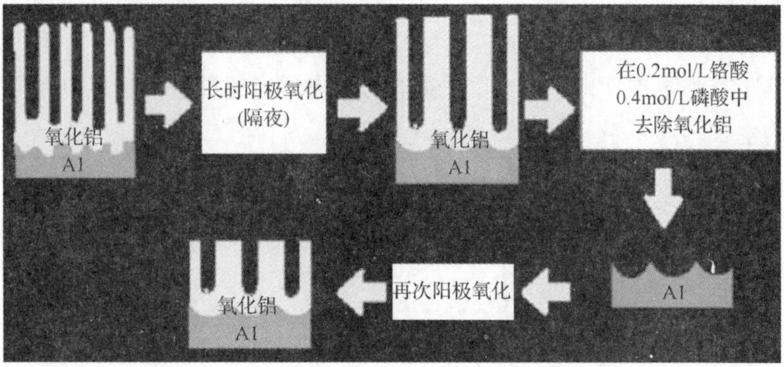

图 9.11 说明多步阳极氧化过程的系列步骤的示意图

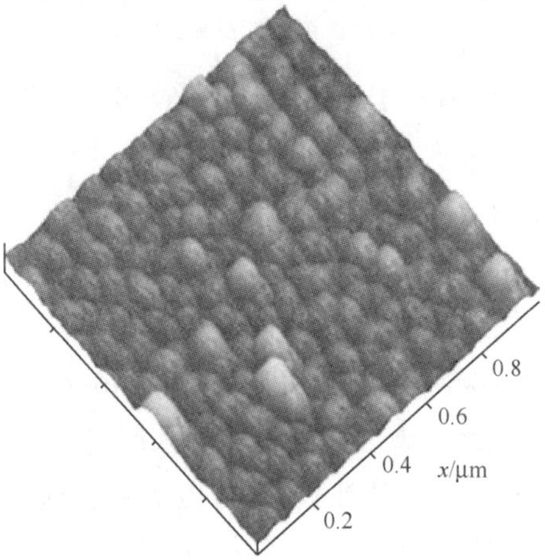

图 9.12 （见彩色插图）使用铬酸与硫酸混合液去除多孔膜后的铝扇状结构的俯视 AFM 图像

从图中可以明显地看出，通过该方法制备的多孔材料，其有序度得到了很大的提高。图 9.13(a)为第一步氧化后的多孔结构，表面含有一定的缺陷。图 9.13(b)为多步氧化后的高度有序的六角形多孔结构，表面没有任何缺陷。最近，Vrublevsky 等对该过程中的膜生长机理进行了详细的研究[31]，这部分内容超出了该章的范围，有兴趣的读者可以参考相关的书籍。

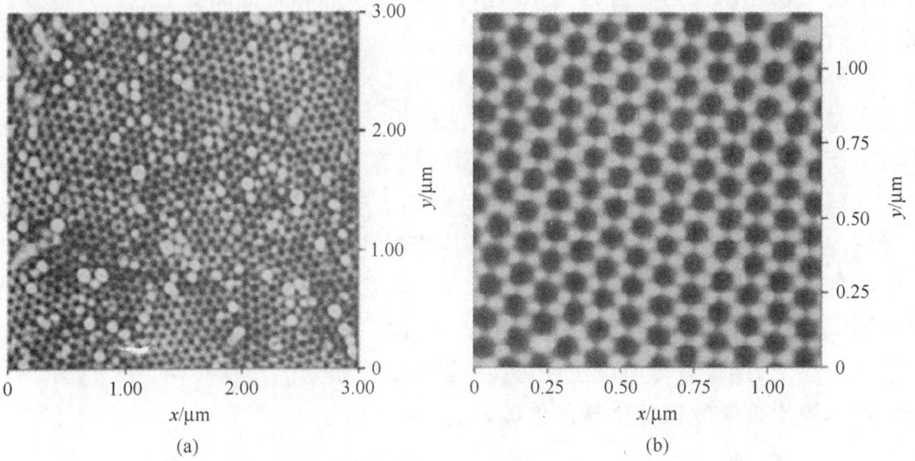

图 9.13 (见彩色插图)(a)第一步氧化后的多孔结构,表面含有一定的缺陷。(b)多步氧化后的高度有序的六角形多孔结构,表面没有任何缺陷

9.4 使用多孔氧化铝膜制备纳米结构

纳米多孔氧化铝膜是一类通常的模板,它们在制备各种材料(如金属、半导体、聚合物和合金等)的标准化纳米线阵列、量子点阵列方面具有很广泛的应用。在这些纳米孔中,通常通过选择性地电沉积要求的材料来制备这些结构。电沉积可以选择直流电压和交流电压。随后,我们将讨论通过电沉积来制备磁性和半导体纳米线。

多孔膜中形成的 U 形阻碍层的厚度为 10～30nm,这类厚度一般与使用的电解质与电压有关,阻碍层是有害的。该层本身并不导电,它阻碍沿孔方向上的传导电流,因此,如果该层不除去,是不能够使用直流电在孔中沉积材料的。不过,通过交流电沉积则是另外一种情况。在位移电流的作用下,一些原子种类与电导电流呈相反的方向移动,由于阻碍层并不能完全阻挡位移电流,因此,可以使用交流电来沉积材料。阻碍层存在的另外一个缺点是,它阻碍了材料在孔中的电接触。最近,人们报道了一些除去氧化层或使其变薄的技术。

9.4.1 利用磷酸溶解障碍层或使其变薄

Ansermet 等报道了一种使阻碍层变薄的方法:将氧化铝膜置入 5%磷酸溶液中,浸泡 50min;该过程可以使孔底部的阻碍层变薄,但由于磷酸刻蚀的具有一定程度的各向同性特性,因此同时也使孔径变大。一旦阻碍层变得足够薄,直流电或交流电均可以用来对材料进行沉积，通过在膜的顶部和底部加上触点，可以对电学性质进行测量[32]。

另外一种被广泛用于协助直流电沉积的技术是基于阻碍层的完全溶解。这种方法也常用来制备那些可进行模型转移的模板。图 9.14 给出的系列步骤，可以描述这一著名的技术。首先，在多孔膜的顶端覆盖一厚的有机层来为孔提供机械稳定性。然后，置入 3%$HgCl_2$ 溶液中从底部除去未反应的铝（步骤 C）以暴露底部的障碍层。接着，将其置入 5%磷酸溶液中以除去暴露的阻碍层。随后，通过在乙醇中处理样品，将其顶部的有机层蚀刻掉（步骤 E）。在这一阶段后，则仅剩下薄的多孔膜[一个“透明(see through)”薄膜]。将这一精致的薄膜用镊子小心取出并放在导电基底上，用于直流电电沉积（这一方法要求相当的操作技巧，由于操作不当会导致薄膜出现皱纹而使得样品作废）。

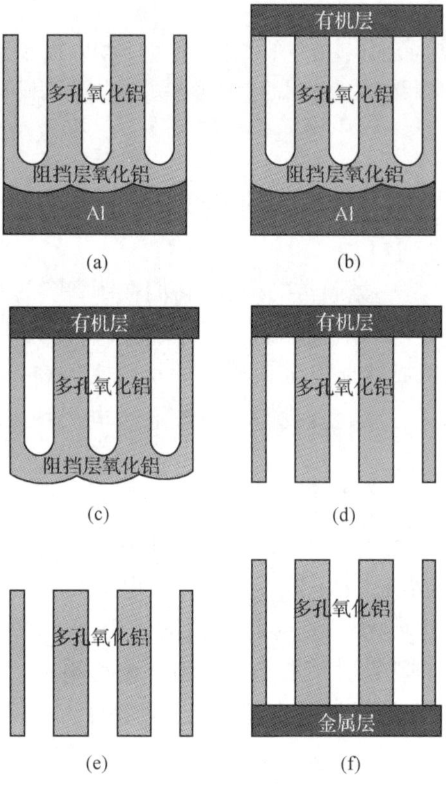

图 9.14　除去氧化层便于进行直流沉积的方法的系列步骤
（经 Marcel-Dekker 出版社授权摘自文献[7]）

9.4.2 利用“反极性刻蚀”除去阻碍层

Rabin 等[33]发明了一种除去阻碍层的方法:在 5%磷酸中将阻碍层进行刻蚀,该过程并不是采用简单的浸泡,而是使用一个负偏压(负端连接到 Al 箔)。通常采用 2.25V 负偏压。可以用稀的氯化钾溶液代替磷酸溶液,使刻蚀速度加快。在我们的实验中,使用 1%磷酸为溶液进行反极性刻蚀(reverse polarity etching)[34]。图 9.15(a)为 40V 下、3%草酸为溶液进行阳极氧化制备的多孔膜的俯视 SEM 照片;图 9.15(b)经过反极性刻蚀后的同一样品的底视 SEM 照片。从这一照片中可以清晰地看到这些通透的孔。

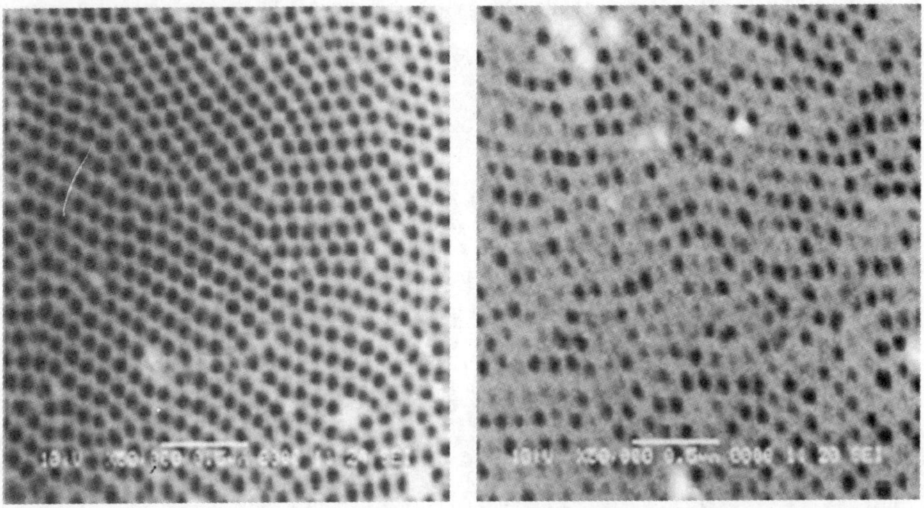

(a) (b)

图 9.15 (a)反极性蚀刻前在 40V 下、3%草酸为溶液进行阳极氧化制备的多孔膜的俯视 SEM 照片。(b)反极性蚀刻后显示透孔的底视 SEM 照片

(经 American Scientific Publishers(美国科学出版社)授权摘自文献[34])

9.5 交流电沉积

交流电沉积是在多孔膜中制备各种材料的一种标准的方法,它可以在保证障碍层完好的情况下在孔中沉积各种材料。如 Ni、Fe、Au、Cu、Co 等金属纳米线均可以使用这种方法制备,如 FeCo、FeNi、CoCu、CoNi 等合金和如 CdS、InP、ZnTe 等半导体纳米线也可以使用这种方法制备。

9.5.1 磁性纳米线

高密度的磁性纳米结构阵列在数据存储方面显示出极大的应用价值。据估计，使用这种有序的纳米阵列，在每平方英寸上可以存储 300Gb[6]。通过交流电沉积在氧化铝模板上沉积磁性材料，为制备高密度的磁性阵列提供了一种廉价和简单的制备方法。在我们的实验中，我们制备了各种磁性材料的有序纳米阵列。实验布置类似于 9.2 节图 9.2 所给出的那样。在多孔铝与铂网电极上加一交流电压，它们作为两个电极。所用的电解质溶液是待沉积材料的盐溶液。例如，为了制备铁纳米线，可以使用 0.1mol/L 硫酸亚铁为电解液。加入硼酸可以增加其导电性。交流电压和频率是经过优化的，对于在孔径为 50nm 的模板，在其内部沉积材料的电压为 40V，频率为 200Hz。在交流电的各负的半周期，溶液中的金属离子如 Fe^{2+}、Co^{2+} 向氧化铝膜移动。它们在多孔氧化铝处还原为 0 价原子，如 Fe(在与 $2e^-$ 结合后)，由于孔对位移电流的阻碍最小，因此，还原生成的铁主要聚集在孔的内部。在电沉积过程中将发生下述化学反应：

在阳极处

$Fe^{2+}+2e^- = Fe$

$2H^+ +2e^- = H_2$

在阴极处

$2H_2O = O_2+4H^+ +4e^-$

在正的半周期，0 价的原子并不能再被氧化成 +2 价离子，因为氧化铝是一种金属氧化物阀，它仅允许电流沿一个方向流动。

磁性纳米线的长度依赖于电解质种类、电解质的浓度和沉积的时间。图 9.16 给出了包括电沉积 Fe 纳米线的氧化铝模板的截面 SEM 图片。纳米线的直径为 50nm，相邻两个孔中心的间距为 100nm。为了防止 Fe 纳米线表面的氧化，将模板在沸水中浸泡 10min，它将密封孔的端口，因此可以阻止氧化。

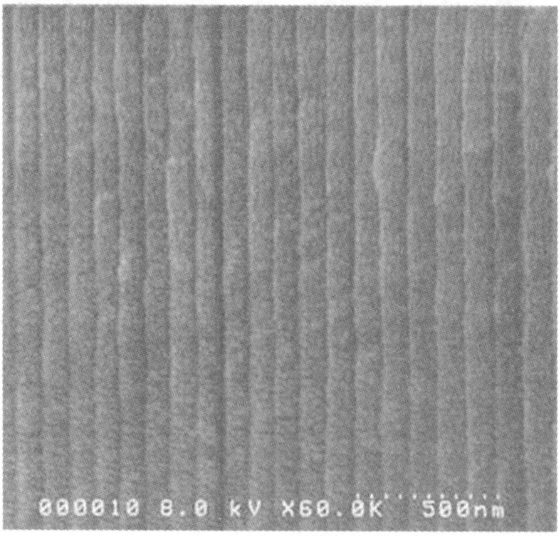

图 9.16 包括电沉积的 Fe 纳米线的氧化铝的截面 SEM 照片(Latika Menon 教授提供)

如上所述,影响纳米线长度的一个因素是沉积时间。对于一定的应用,孔不被填得过满是非常重要的。因此,控制电沉积时间显得尤为重要。图 9.17 给出了孔内 Fe 纳米线沉积的 *I-t* 曲线。

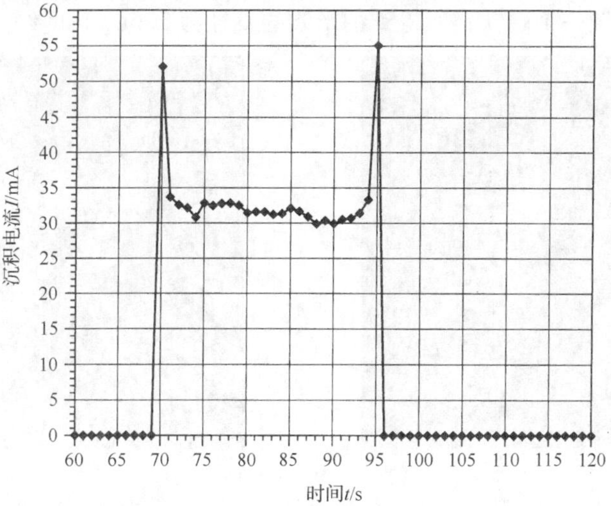

图 9.17 多孔膜内 Fe 纳米线的沉积电流与沉积时间关系

从图 9.17 可以看出,在沉积时间达到 95s 时,电流密度急剧增大,这表明孔已经过度填充。在两个转折点之间停止沉积,可以避免这种过度填充的情形,并可得到所需的纳米线。图 9.18(a)和(b)分别为是 Fe 纳米线的 AFM 图像和 MFM(磁力显微镜)图像,其中,氧化铝膜是在 3% 草酸溶液、40V 电压下制备的,而电沉积的条件是:交流电为 40 V,频率为 250 Hz,沉积时间为 50s。

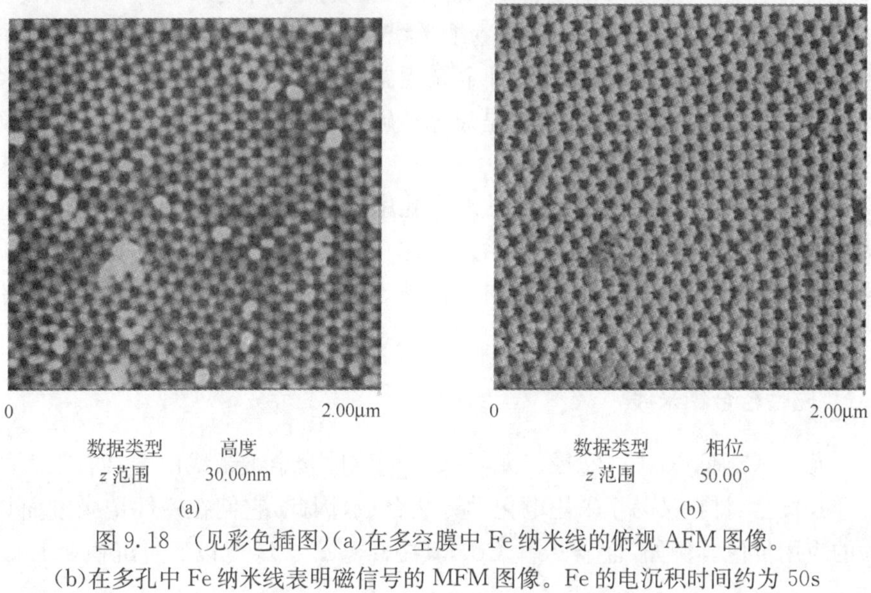

图 9.18 (见彩色插图)(a)在多空膜中 Fe 纳米线的俯视 AFM 图像。
(b)在多孔中 Fe 纳米线表明磁信号的 MFM 图像。Fe 的电沉积时间约为 50s

图 9.19 为从氧化铝模板中取出的铁纳米线的 AFM 图像(a)和 MFM 图像(b)。在 60℃,将试样放入 0.2mol/L 铬酸和 0.4mol/L 磷酸的混合溶液中,除去氧化铝,在底部放有衬底的容器中用蒸馏水将其冲洗。为了防止纳米线被冲走,在衬底的底部放置一个磁铁。所得到纳米线的直径为 50nm,长度约为 1μm。

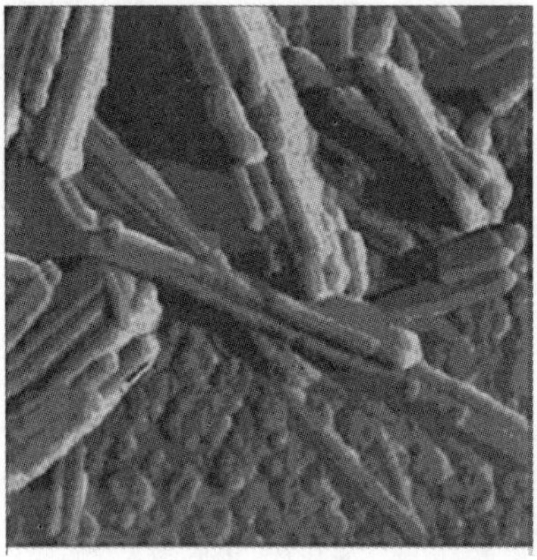

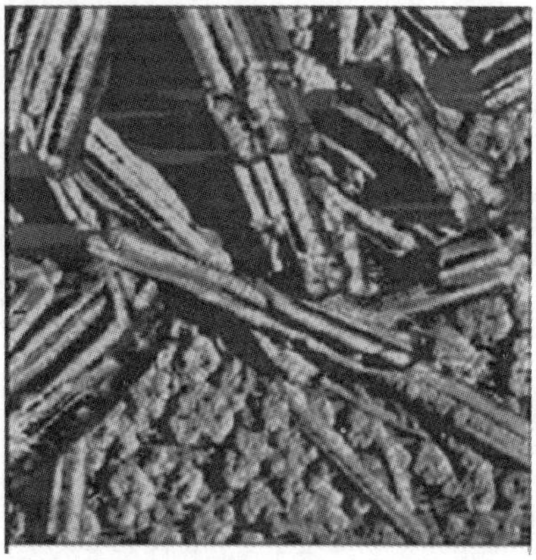

图 9.19 (见彩色插图)(a)从 AAO(氧化铝)模板中取出并放置到基底的 Fe 纳米线的 AFM 图像;(b)从 AAO 模板中取出并放置到基底的 Fe 纳米线的 MFM 图像

通过使用上述制备方法,选择合适的金属盐溶液,可以制备所需长度和直径的各种金属纳米线。例如,可以选择 0.1mol/L 硫酸镍为溶液来制备 Ni 纳米线;选择 0.1mol/L 硫酸钴为溶液来制备 Co 纳米线。一般来说,通常选择金属的硫酸盐为溶液来制备这种金属的纳米线,且金属通常为+2 价。图 9.20 给出了直径为 8nm 的 Co 纳米线的 TEM 图片,它是通过在硫酸电解质中制备的模板上沉积而制备的。

使用水溶液进行电沉积这种方法对在孔中沉积的材料选择有一定的限制。它通常要求所制备材料的金属盐能够溶解于水中。有时,一些金属的硫酸盐并不能溶解于水,如硫酸铅。不过,乙酸铅可以溶解于水,因此通过使用电沉积乙酸铅来制备铅纳米线。

9.5.2 磁性合金纳米线

二元[FeCo,CoNi,CoPt]或三元[FeCoNi]磁性合金纳米线由于具有很大的矫顽力,同时这类材料又易于采用电化学方法合成,因此,它们在磁性记录方面具有巨大的应用价值。例如,合金 $Fe_{1-x}Co_x$,其中 $0 \leqslant x \leqslant 1$,可以通过沉积 0.1mol/L

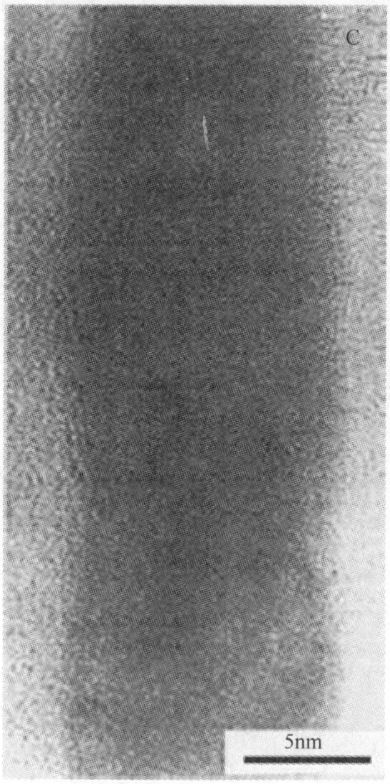

图 9.20 8nm Co 纳米线的 TEM 图片(Yi Liu 博士提供)

硫酸亚铁和 0.1mol/L 硫酸钴来制备。沉积条件是交流电压为 20V,频率为 250Hz[35]。通过改变添加到电解质溶液中的材料含量,可以得到不同晶相的铁和钴。有关合金纳米线的磁学性质的细节可以参考文献[6]。铁磁性金属-非铁磁性金属(FN-NM)多相合金纳米线也可以被制备出来。最近,Coey 等[36]在包含 $CrCl_3:6H_2O$、$CoCl_2:6H_2O$, H_3BO_3、$HCOONH_4$ 和 H_2NCH_2COOH 的水浴中制备了钴-铬合金。电沉积是在恒定的电压下使用传统的三电极模式进行的。Ni_xZn_{1-x}、钴-铜等其他多相合金也有报道[37]。

9.5.3 半导体纳米线

Ⅱ-Ⅳ族的半导体在量子器件、光学检测器、紫外光源等方面有潜在的应用价值。使用交流电镀技术,可以合成Ⅱ族到Ⅳ族的各种半导体纳米线[6]。在我们的实验室中,我们成功地沉积了 CdS、CdSe 和 CdTe,并且还制造了其他半导体纳米线,如 ZnS、ZnSe 和 ZnTe。将无水二甲基亚砜(DMSO)作为电解液,可以沉积 MX 类的复合物,其中,M 可以是 Cd 或 Zn,而 X 则代表 S、Se 或 Te。例如,为了电沉积 CdS,可将 10.5g 高氯酸镉、1g 硫粉和 250g 二甲基亚砜混合作为溶液。随后,再加入 2.5g 高氯酸锂以增加溶液的导电性。交流有效电压为 25V,沉积频率维持在 250Hz。沉积在 70℃温度下进行。多孔氧化铝薄膜和铂网作为电极，此时溶液中+2 价的镉离子在负极被还原成 0 价的镉单质，在加热的溶液中通过与硫反应在孔内选择性地沉积，而形成硫化镉纳米线。

9.6 直流电沉积

多层介质纳米线，如 Co/Cu、Co/Ni 或自旋阀结构，可很容易地通过直流电沉积来制备。一个自旋阀结构是由三层纳米线组成的，其中有一层顺磁层被两层铁磁层夹在中间。在我们的实验室中，我们成功地沉积了不同种类的金属(如 Ni，Co 等)，同时还制备了三层结构(Co-Ge-Ni 或 Co-Cu-Ni)的自旋阀结构。直流电沉积的主要好处是能够对孔内金属的沉积有很好的控制，而通过交流技术则很难达到。直流电镀的关键问题是要精确估计被沉积金属的沉积速率。孔的长度与孔填充时间的比值可以给出待沉积金属沉积速率的一个合理估计。例如，我们通过如下方法计算 Ni 的沉积速率。首先，在浓度为 3%草酸溶液中，合成长度为 1μm、直径为 50nm 的多孔模板。反极性刻蚀用于去除障碍层。用于制造 Ni 纳米线的电解质是待沉积材料的盐水溶液。直流电压为 3V。10s 后，沉积电流急剧上升，这预示着孔内已完全填满。电镀应当在此刻停止。基于前面的实验，Ni 的沉积速率约 100nm/s。同样的校准实验也用来确定孔直径已知的 Co、Fe 和 Cu 的沉积速率。最近，我们成功地在多孔氧化铝的内部沉积了 Ge 纳米线[38]。电解液是离子液体 $BMIPF_6$、GeI_4 晶体和 250mL 的二甲基亚砜组成的混合物。电沉积在合适的直流偏压下进行，沉积速率也可以大致地估计出来。对各种材料沉积速率的了解，可以帮助我们制造三层式结构(自旋阀结构)，它们可以起到自旋阀的作用。图 9.21 给出了基于纳米线的自旋阀结构示意图。

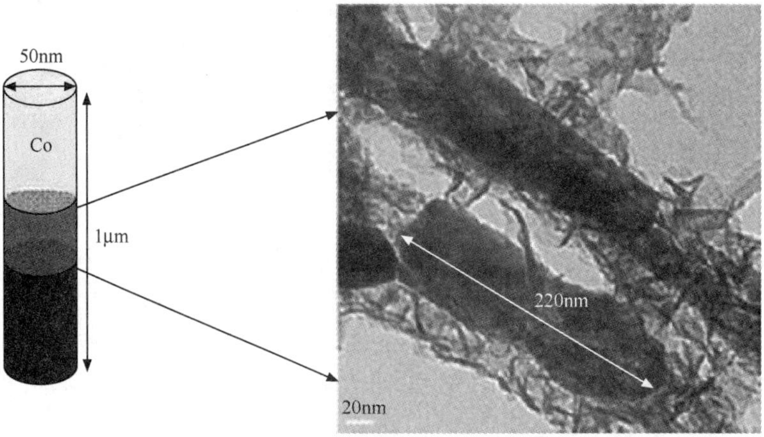

图 9.21 含有镍、铬和钴基于纳米线的自旋阀结构示意图。放大图为 220nm Ge 纳米线的 TEM 照片(右图经美国物理学会授权摘自文献[38])

用于直流电沉积的另一种技术是使多孔氧化铝模板有完全通透的孔，并使用9.4.2节中介绍的方法制备。将导电材料(如金等)包覆在模板的一侧(通常使用电阻式或电子束蒸镀)以利于DC电沉积。沉积是通过一个恒电位器和一个三端布置来实现的，这里，多孔氧化铝薄膜作为工作电极，铂网作为对电极，参考电极则作为第三端。多层纳米线可以通过在孔内使用单一或分离的电解液来电镀[39]或电沉积。第Ⅱ～Ⅵ族化合物半导体纳米线，如CdTe、CdS和CdSe，也可以利用直流电沉积来制备，但此时要求使用无水的电解液。图9.22(a)给出20nm CdS纳米线的TEM照片，而9.22(b)则为使用DC电沉积制备的CdTe纳米线的TEM照片[40]。

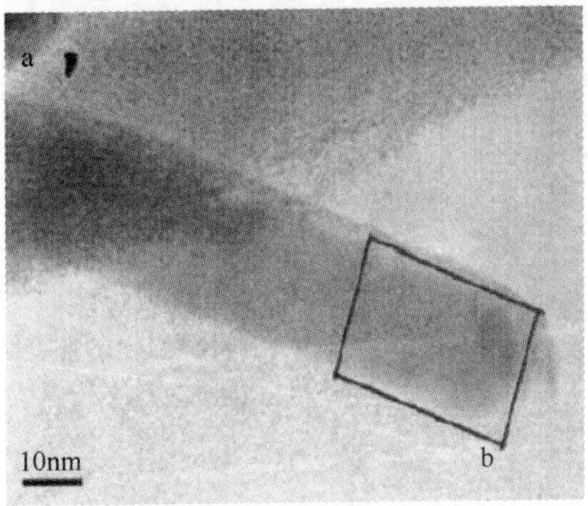

(a)

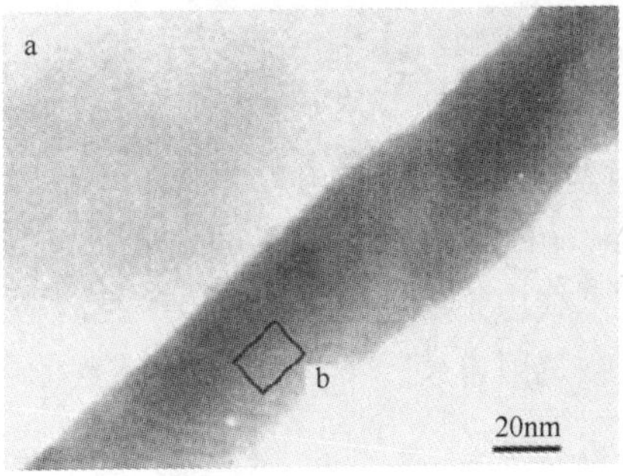

(b)

图9.22 (a) 使用DC沉积制备的20nm CdS纳米线的TEM照片(经国际理论和应用化学协会授权摘自文献[40])；(b) 使用DC沉积制备的20nm CdTe纳米线的TEM照片(经国际理论和应用化学协会授权摘自文献[40])

9.7 氧化物纳米线

由于这些纳米结构展现出许多新奇的性质，使得氧化物纳米线在光电子学上具有许多运用。多个研究组已报道合成了氧化物纳米线，如ZnO、In_2O_3、MnO_2等。阳极氧化铝(anodized aluminum oxide，AAO)模板也可以用来制备氧化物纳米线。

ZnO的能隙为3.2eV，在LED和波长在紫外区的二极管激光器等光电器件领域都有应用[41-43]。从AAO模板出发，除去未反应的铝层及障碍层，模板的底部用金覆盖以利于ZnO的沉积。Zn的直流电沉积是在一个标准的三端口单元中进行的，电压为1.25V，每1L电解液中包含80g$ZnSO_4 \cdot 7H_2O$和20gH_3BO_3。将Zn纳米线电沉积在孔内后，样品需在300℃空气中退火，这样，就可以逐渐地形成ZnO纳米线。图9.23给出了ZnO纳米线在多孔模板内的TEM照片。

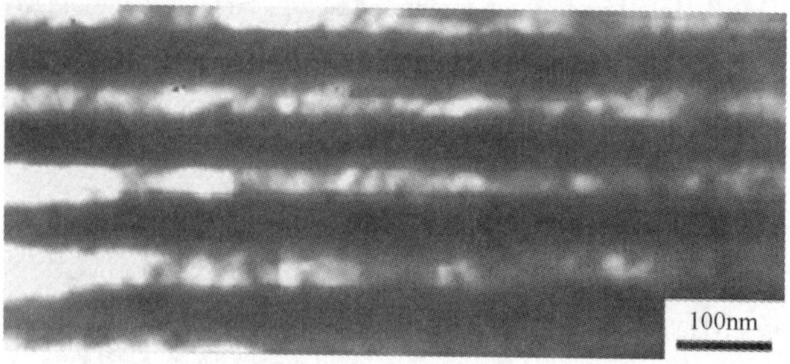

图 9.23 ZnO 纳米线在多孔模板内的 TEM 照片(经美国物理学会授权摘自文献[43])

ZnO 纳米线也可以通过交流电镀的方法来合成[44]。厚度约为 1μm 的多孔氧化铝模板通过使用浓度为 3%草酸溶液来制备。用于沉积 Zn 的溶液含有 250mL 二甲基亚砜和 10.5g$ZnClO_4$,其中还加入了 2.5g 高氯酸锂以增加溶液的导电性。有效交流电压为 25V,频率为 250Hz。随后,样品在双氧水中浸泡 5h,这样可以使 Zn 氧化,从而获得直径为 50nm 的 ZnO 纳米线。同样也可以合成直径为 10nm 或 25nm 的 ZnO 纳米线。通过光致发光测量的方法,可以探测到 25nm 直径的 ZnO 纳米线由于激子复合而发出的强烈荧光,图 9.24 给出了从阳极氧化铝模板上释放并被透射电镜(TEM)网格所捕获的单个 ZnO 纳米线的 TEM 照片。

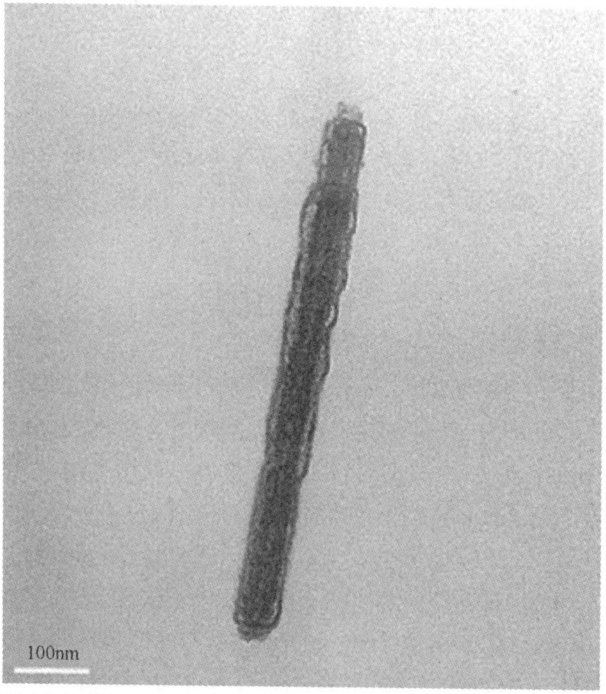

图 9.24 从阳极氧化铝模板上释放并被 TEM 网格所捕获的单个 ZnO 纳米线的 TEM 照片(经 Springer Science and Business Media(施普林格科学商业媒体)授权摘自文献[44])

最近,West 等[45]在多孔氧化铝薄膜内合成了无定形的 MnO_2 纳米线。它们可以应用于高能和高功率密度的锂离子电池。一般使用孔径为 200 nm 的商用多孔模板。通过使用恒电位的方法,在薄膜的一侧涂上一层金,从而便于材料在孔内沉积。在沉积纳米线时,通常采用两种不同的方法。第一种方法是使用电解液为 0.01mol/L $MnSO_4$ 和 0.03mol/L $(NH_4)_2SO_4$ 的混合水溶液。再加入少量硫酸以维持溶液的 pH≈8,电沉积采用恒电位,并且外加电压在 0.2～1.2 变化。第二种沉积方法是使用 1mol/L $MnSO_4$ 和 0.5mol/L H_2SO_4 水溶液,电镀采用恒电流,在室温下进行反应,并保持电流密度为 10mA/cm^2。电沉积完成后,使用 NaOH 溶液将氧化铝薄膜去除,并使样品在空气中干燥 24h,这样就可以形成 MnO_2 纳米线。图 9.25(a)为采用恒电位方法所沉积的无定形 MnO_2 纳米线的 SEM(扫描电子显微镜)照片,图 9.25(b)则为通过恒电流方法所制备的 MnO_2 纳米线的 SEM 照片。

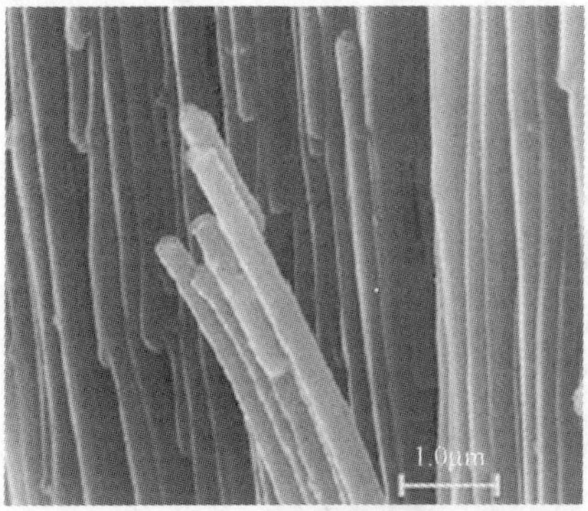

图 9.25 (a) 采用恒电位方法沉积得到的无定形 MnO_2 纳米线的截面 SEM 照片;(b) 通过恒电流方法沉积得到的 MnO_2 纳米线的 SEM 照片(经 Elsevier 授权摘自文献[45])

9.8 利用多孔氧化铝制备无机纳米线的半池法

最近,Yuanzhe Piao 及其同事[46]发展了一种新的简单技术,用于制备无机纳米线,并称之为“对池”(paired cell)方法。图 9.26 给出了该方法的示意图。

直径为 1.5cm、厚度为 40μm 的多孔薄膜将聚四氟乙烯分为两部分。将具有相同容积和适当浓度的溶液 A 和 B 倒入池中,并在室温下放置一段时间,这样就可以在多孔膜内部形成 A_mB_n 类的纳米线。通过这种方法,已合成了无机纳米线,如 AgI、CuS、Ag_2S 等。例如,在合成 AgI 纳米线时,将 0.01mol/L 的 $AgNO_3$ 和 0.01mol/L 的 KI 水溶液倒入反应单元中,并在室温下反应 48h。这时,在多孔膜的内部就会形成 AgI/Al_2O_3 纳米线,将阳极氧化铝薄膜刻蚀之后,就留下了纳米

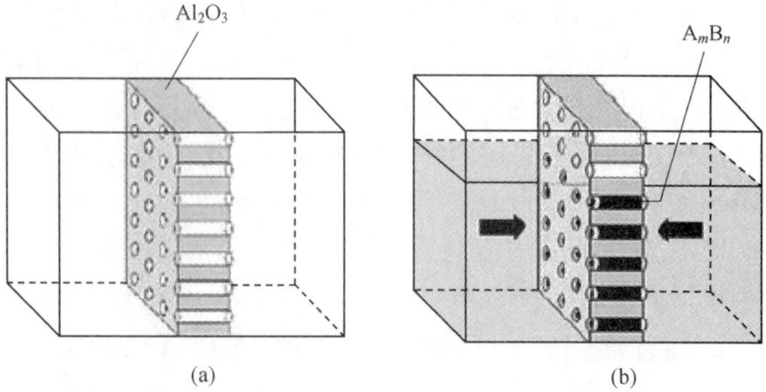

图 9.26 “对池”示意图(经 Elsevier 授权摘自文献[46])

线。随后,将其在去离子水中浸泡一段时间。图 9.27 给出了 AgI 纳米线从多孔薄膜上释放出来的 SEM 照片。图 9.28 和图 9.29 给出了 CuS 和 Ag_2S 纳米线的 SEM 照片,它们都是通过上述对池法合成的。

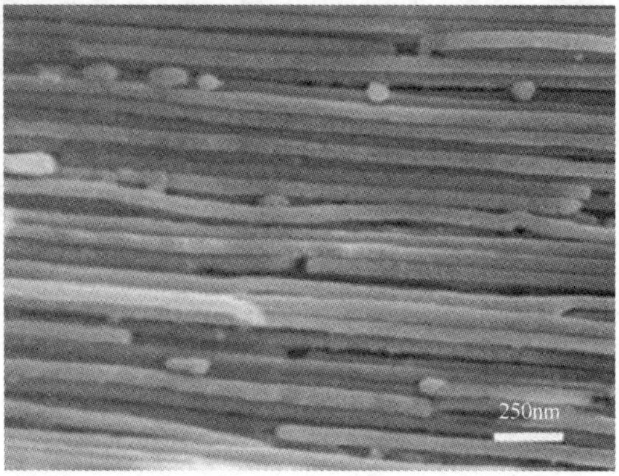

图 9.27 从多孔薄膜上释放出来后的 AgI 纳米线的 SEM 照片(经 Elsevier 授权摘自文献[46])

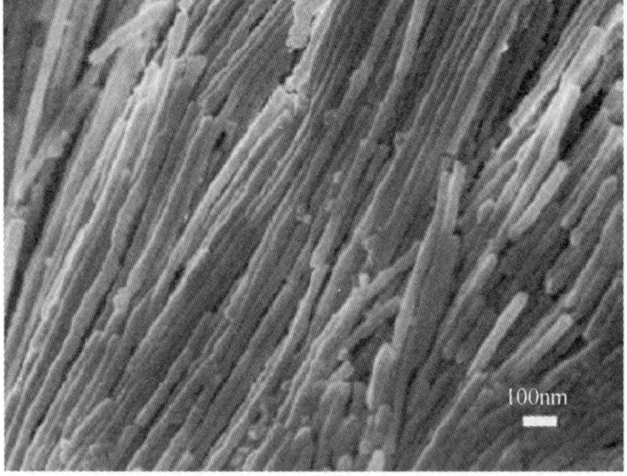

图 9.28 使用对池法合成的 CuS 纳米线的 SEM 照片(经 Elsevier 授权摘自文献[46])

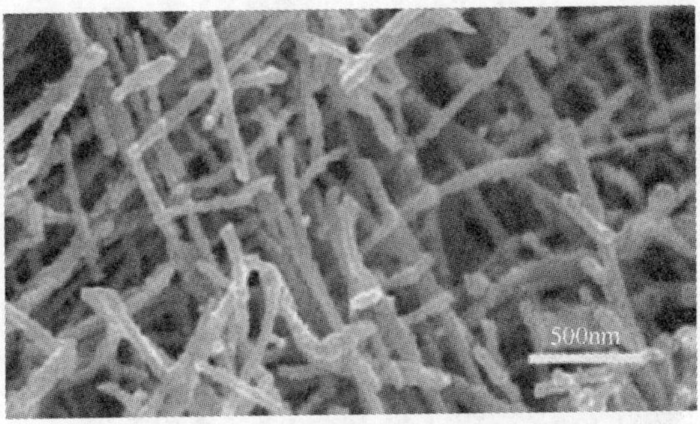

图 9.29　使用对池法合成的 Ag_2S 纳米线的 SEM 照片(经 Elsevier 授权摘自文献[46])

9.9　使用阳极氧化铝模板进行图案转移

尽管具有许多吸引人的特征,但在目前来说,仅使用氧化铝薄膜来实现具有独立功能的器件(尤其是三端器件)是不可能的。理想情况下,对于传统的半导体,如 Si、GaN 等,将它们设计成与多孔薄膜一样具有非常有序的纳米结构,这样便可以增强目前器件的性能,同时,它们也可能在器件制备技术中开创新的可能性。一个可能的应用是量子点闪存[47],它是通过利用氧化铝模板可在金属氧化物半导体晶体管中的栅极绝缘层中形成有序的、大小可控制的量子点,而这些晶体管则作为记忆单元。使用多孔氧化铝薄膜作为淀积掩模,我们可以在任何基底上通过最少的花费来获得任何材料的均一尺寸纳米点阵排列。在随后几段中,我们将对这一技术进行讨论。

首先,通过 9.3 节介绍的方法制备要求孔径的通透多孔薄膜[6]。随后,将这一模板物理地转移到一基底上并干燥。使用电子束蒸镀技术,将希望的材料蒸镀到模板内。该技术有很好的“直射”(line-of-sight)性质,因此,非常适合于将蒸气原子直接转移到孔内。这一过程应当选用优化好的沉积条件,例如,高真空环境(10^{-7} Torr 或更低)和良好控制的沉积速率。过快的沉积速率将会阻止材料进一步地在孔内的沉积,这是因为,材料容易形成团簇,从而堵塞孔的入口。在材料沉积完成后,氧化铝模板在氢氧化钠中被蚀刻去除。图 9.30 给出了在 Si 基底上直径为 70nm、高为 40nm 的 Co 纳米点阵的俯视 AFM 图像。其他各种金属点阵,如 Au、Fe 和 GaN 等,也可以通过这种方法沉积。这类有序纳米点阵排列的优点在于它们可以用作生长纳米线及纳米柱的催化剂。

Xu 等[48]使用 Au 纳米点阵作为生长种子合成了高度有序的 ZnO 纳米棒,其中的 Au 纳米点阵是使用 GaN 基底上的氧化铝模板制备的。Au 纳米点阵的直径为 50nm,中心距为 110nm。使用 VLS 生长方法制造的 ZnO 纳米棒的平均长度为

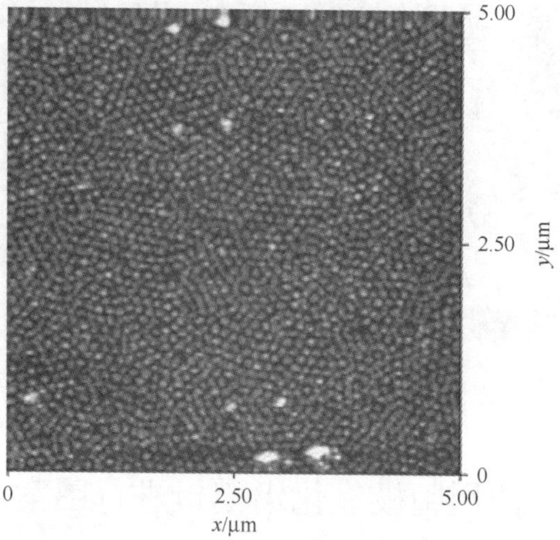

图 9.30 (见彩色插图)在 Si 基底上的直径为 70nm、高为 40nm 的 Co 纳米点阵的俯视 AFM 图像

400nm,平均直径为 60nm。图 9.31(a)给出了高度有序的 ZnO 纳米棒的俯视 SEM 照片,其顶部还残留有 Au,而图 9.31(b)则给出了准有序纳米棒排列的斜视 SEM 照片。

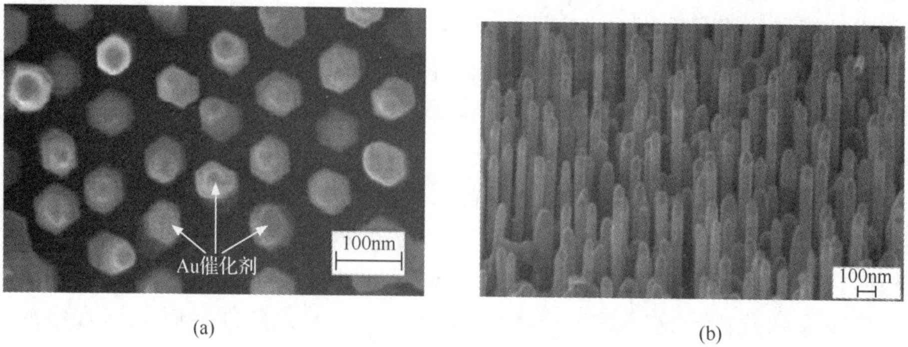

图 9.31 (a) 高度有序的 ZnO 纳米棒的俯视 SEM 照片,其顶部还残留有 Au。(b) 准有序纳米棒排列的斜视 SEM 照片(经 Elsevier 授权摘自文献[8])

9.10 半导体纳米多孔结构

将包括高度有序排列的多孔薄膜(厚度为 0.5～1μm)物理地转移到硅基板上并干燥,由于其表面张力,它将黏附在硅的表面。模板与基板的良好物理接触是非常重要的。图 9.32 给出了物理地转移到硅晶片上的模板的截面 SEM 照片。

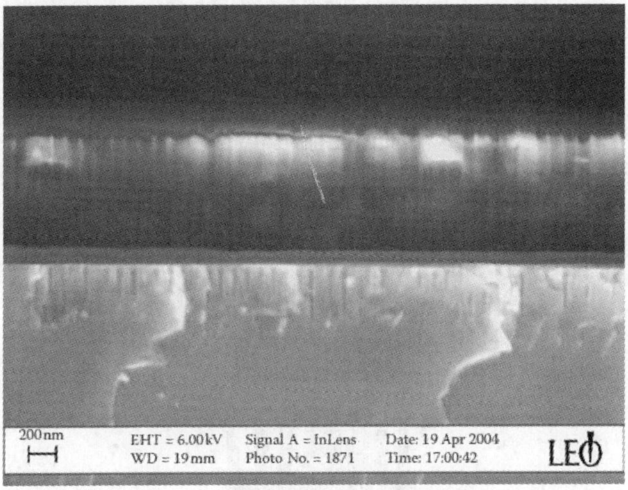

图 9.32　物理地转移到硅晶片上的模板的截面 SEM 图片

顶端带有模板的硅晶片经过等离子刻蚀，它是在电感耦合等离子体(ICP)系统中通过反应离子刻蚀来实现的[49]。采用等离子刻蚀是因为它不同于各向同性湿刻蚀工艺，具有高度的各向异性。利用使用氩气稀释过的氯气为蚀刻剂。它们的流动速率分别为 20sccm① 和 5sccm。阳极样品固定在反应器内的真空管里，并安装在石英晶片上。刻蚀是在下列优化条件下进行的：ICP 功率约 300W；RIE 功率约 200W；压力为 8～9 mTorr(毫托)。刻蚀持续时间约为 3min。这个持续的时间将决定所获得的孔的深度。蚀刻之后，模板的痕迹可以通过将晶片在 600℃的铬酸/磷酸的混合溶剂中处理来予以去除。将晶片在甲醇和去离子水中清洗，然后在空气中干燥。最后得到的是有序排列的多孔硅晶片。图 9.33(a)、(b)分别是硅的纳米孔阵列的俯视照片和截面照片。

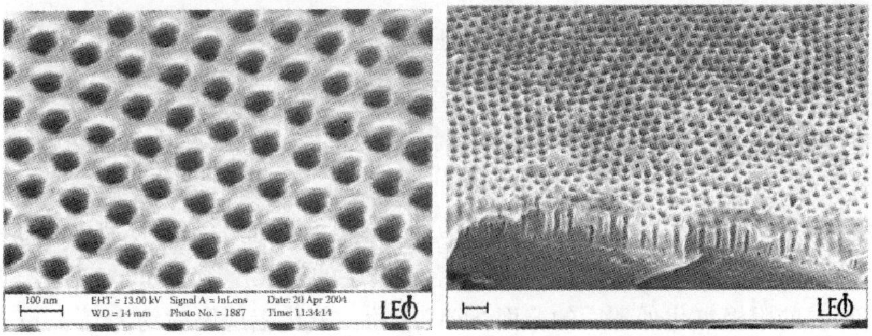

(a)　　(b)

图 9.33　硅的纳米多孔阵列的俯视 SEM 照片(a)和截面图像(b)

① 气体流量单位，sccm 表示标准状态毫升/分钟(standard cubic centimeter per minute)。

9.11 通用基板上的纳米多孔阵列

通过多孔薄膜的等离子体刻蚀直接地沉积在给定基板上，可以在给定的基板上制备纳米多孔[50]。图 9.34 给出了期望的材料的纳米孔和纳米柱的制造示意图。

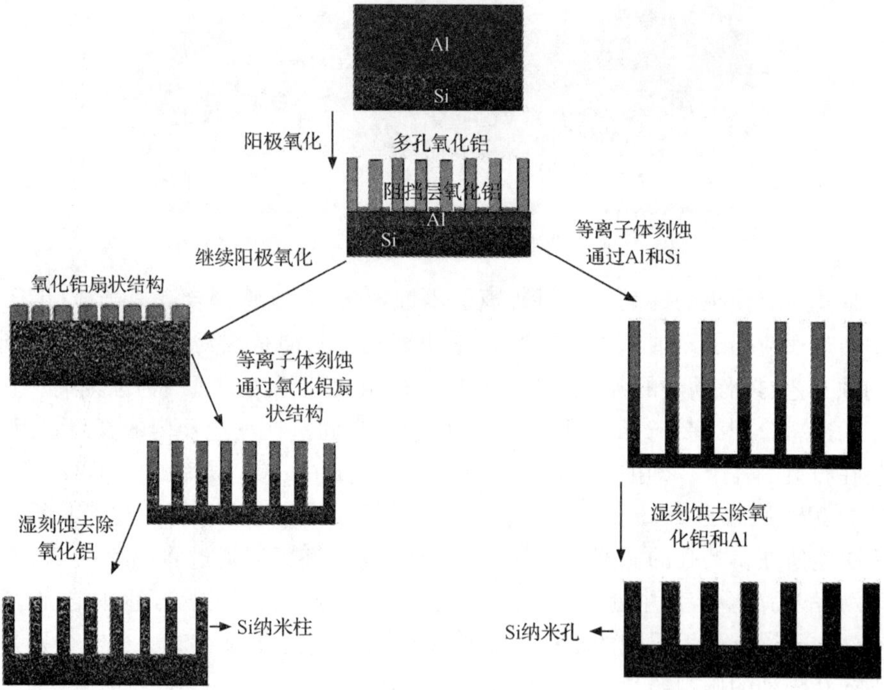

图 9.34 在通用基板上制备纳米孔和纳米柱的示意图

在这一方法中，纳米多孔氧化铝薄膜可以在任意的基板上直接地形成。最初的基板可以是在甲醇和去离子水中清洗过的硅晶片。0.5μm 厚的铝层是用热蒸发来沉积的。用于沉积的基本压力约为 10^{-7} Torr。在铝层沉积之后，试样在 3% 乙二酸和 40V 电压下进行阳极氧化处理。对硅晶片表面的铝薄层进行阳极化处理几分钟。它将导致铝表面的多孔氧化铝薄膜层的生长。图 9.35(a)给出了模板经过 2min 的阳极氧化处理后的截面 SEM 照片。氧化铝层厚度约为 0.6μm，孔的直径约为 50nm。在铝层下面还有一薄层 Ti 层。钛层的沉积是为了提高到硅表面的附着能力。从图 9.35(b)中可以看到 U 形阻挡层的放大图像。

等离子蚀刻可以通过蚀刻氧化铝和铝阻挡层用于转移多孔图案。将 Cl_2/Ar

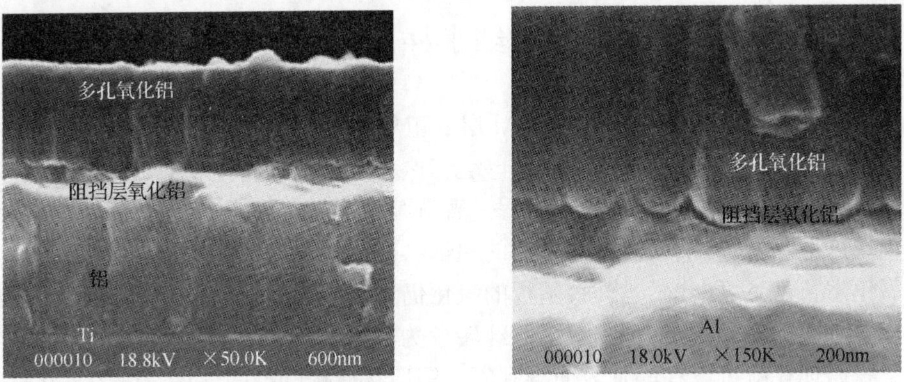

(a) (b)

图 9.35 (a) 给出了模板经过 2min 的阳极氧化处理后的截面 SEM 照片；(b) U 形阻挡层的放大图像(经电化学协会公司授权摘自文献[50])

气体作为蚀刻剂。蚀刻参数如下：ICP 功率约 300W；RIE 功率约 200W；Cl_2/Ar 流速约 20/5sccm；压力为 8～9 mTorr。蚀刻进行约 1min。图 9.36 (a)给出了试样在经过等离子蚀刻步骤后的 SEM 照片。我们可以清楚地看到顶部的纳米多孔层。在蚀刻完阻挡层以后，蚀刻已经渗入了铝(Al)层。因此，我们最后得到的是多孔氧化铝层以及紧跟其后的多孔铝层。可以通过使用湿蚀刻手段来将多孔氧化铝层去除，即将样品与 0.2mol/L 的铬/ 0.4mol/L 磷酸的混合物进行处理，导致如图 9.36(b)(显示纳米多孔 Al 膜的俯视 SEM 照片)所示的在 Al 层上的多孔图案。通过继续向 Si 内蚀刻，可以在 Si(硅)中制备出多孔阵列。

(a) (b)

图 9.36 (a) 试样在经过等离子蚀刻步骤后的截面 SEM 照片；(b) 纳米多孔 Al 膜的俯视 SEM 照片

9.12 纳米柱的制备

在 Si 基板顶端沉积 1μm 厚的 Al 层。正如 9.2.3 节所讨论的那样，一旦阳极氧化过程开始，电流开始下降，随后开始上升，并最终达到稳定状态，这表明氧化物的增长和微孔的形成。这种稳态过程一直持续到多孔薄膜与硅基板的界面相接触为止。这里，并没有铝层留下。所有的铝都已被消耗并变成氧化铝。因此，进一步的氧化生长是不可能的。然而，基板的氧化仍然是可能的。一旦到达界面区，阳极电流急剧地下降，说明整个铝层都已经转变为多孔氧化铝。阳极氧化过程因此结束。我们现在就可以在晶片表面得到氧化铝扇状结构(或柱)。这是因为氧化铝的溶解速率是非常缓慢的。事实上，正是氧化铝溶解的慢速率，而不是氧化铝被酸中的氢离子完全溶解，对氧化铝内的多孔生长起主要作用。

在这一阶段所获得的多孔膜的厚度约为 500nm。然后，试样在 Cl/Ar 中经过等离子蚀刻。氯气开始蚀刻扇状结构的氧化铝层。在氧化铝层最薄的扇状结构周围区域的蚀刻速度要比各扇状结构顶端的蚀刻速率快。因此，硅的界面将更快地到达扇状结构周围。一旦到达硅的界面，Si 的蚀刻速率就会变得非常快[20]。我们最终在柱的顶端上得到带有多孔薄膜痕迹的硅柱阵列。多孔薄膜的痕迹用铬/磷酸的混合物来予以去除。图 9.37(a)和 9.37(b)给出了经等离子蚀刻后的试样的横截面和俯视图的SEM 照片。

(a)

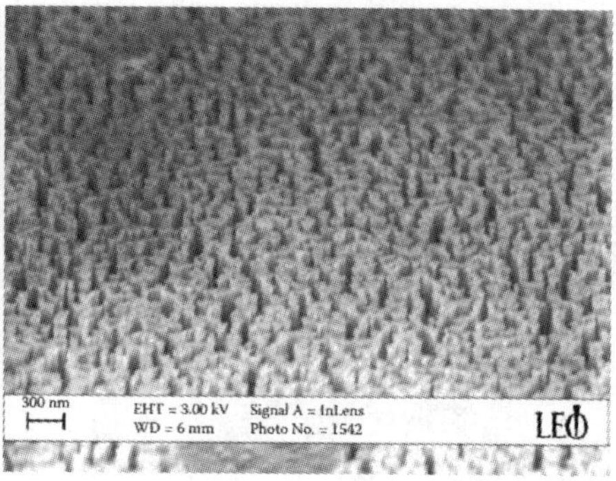

(b)

图 9.37 经等离子蚀刻后的纳米柱阵列的横截面 SEM 照片(a)和俯视 SEM 照片(b)

9.13 结　　论

在这一章中，我们介绍了各种不同的用氧化铝膜技术合成纳米结构的途径。

在我们的实验室和其他地方制备的许多这类纳米结构，显示出有趣的器件功能性[51]。因此，阳极氧化铝模板技术使得大量的研究人员可以非常容易地进入到纳米科学和纳米工程领域。

致 谢

本工作大部分都是在各种机构的资助下完成的，包括美国国家科学基金会、美国陆军研究办公室、美国空军科学研究办公室、美国海军研究办公室、民用研究与发展基金和美国国防高级研究计划局。作者非常感激许多过去的和现在的合作者：Latika Menon 教授、Yi Liu 教授、James Moore 先生、Sridhar Patibandla 先生以及 Nikolai Kouklin 教授。

参 考 文 献

[1] Duan, X. ,et al. , Single-nanowire electrically driven lasers, Nature, 421, 241, 2003.

[2] Alivisatos, P. , The use of nanocrystals in biological detection, Nature Biotechnology, 22, 47, 2004.

[3] Michalet, X. ,et al. , Quantum dots for live cells, *in vivo* imaging, and diagnostics, Science, 307, 538, 2005.

[4] Yeh, H. C. et al. , Quantum dot-mediated biosensing assays for specific nucleic acid detection, Nanomedicine: Nanotechnology, Biology, and Medicine, 1, 115, 2005.

[5] Mikulskas, I. ,et al. , Aluminum oxide photonic crystals grown by new hybrid method, Adv . Mater. , 13, 1574, 2001.

[6] Menon, L. , Synthesis of nanowires using porous alumina, in Quantum Dots and Nanowires, Bandyopadhyay, S. and Nalwa, H. S. , Eds. , American Scientific, Stevenson Ranch, CA, 2003, Chapter4, and references within Menon, L. , Nanoarrays from porous alumina, in Dekker Encyclopedia of Nanoscience and Nanotechnology, Schwarz, J. A et al. , Eds. , Marcel-Dekker Publishers, New York, 2004.

[7] See, for example, Thomson, G. E. ,et al. , Nature (London), 272, 433, 1978; Furneaux, R. C. et al. , Nature(London), 337, 147, 1989, Martini, C. R. , Science, 266, 1961, 1994.

[8] Chik, H. and Xu, J. M. , Nanometric superlattice: non-lithographic fabrication, materials, and prospects, Materials Science and Engineering , R 43, 103, 2004.

[9] Thompson, D. W. ,et al. , Optical characterization of porous alumina from vacuum ultraviolet to mid infrared, J. Appl. Phys. , 97, 113511, 2005.

[10] Bandyopadhyay, S. ,et al. , Electrochemically assembled quasi-periodic quantum dot arrays, Nanotechnology, 7, 360, 1996.

[11] Kolb, D. M. , Reconstruction phenomena at metal-electrolyte interfaces, Prog. Surf. Sci. , 51, 109, 1996.

[12] Thamida, S. and Chang, H. C. , Nanoscale pore formation dynamics during aluminum anodization, Chaos, 12, 240, 2002.

[13] Yuzhakov, V. V. , et al. , Pattern selection during electropolishing due to double-layer effects, Chaos, 9, 62, 1999.

[14] Yuzhakov, V. V. , et al. , Pattern formation during electropolishing, Phys. Rev. B. , 56, 12608, 1997.

[15] Siejka, J. and Ortega, C. , An O^{18} study of field-assisted pore formation in compact oxide films on aluminum, J. Electrochem. Soc. , 124, 883, 1977.

[16] O′Sullivan, J. P. and Wood, G. C. , The morphology and the mechanism of formation of porous anodic films on aluminum, Proc. Roy. Soc. London Ser A. , 317, 511, 1970.

[17] Shershulsky, V. I. and Parkhutik, V. P. , Theoretical modeling of porous oxide growth on aluminum, J. Phys. D. , 25, 1258, 1992.

[18] Jessensky, O. , et al. , Self-organized formation of hexagonal pore arrays in anodicalumina, Appl. Phys. Lett. , 72, 1173, 1998.

[19] Li, A. P. , et al. , Polycrystall ine and monocrystalline pore arrays with large interpore distance in anodic alumina, Electrochem Solid-State Lett. , 3, 131, 2000.

[20] Kanchibotla, B. , Magnetic properties of Iron nanostructures, Master's thesis, Texas Tech University, 2005.

[21] Csokan, P. , Structure deformation in the anodic oxide coating on aluminum caused by internal stress, Trans. Inst. Metal Finishing. , 52, 92, 1974.

[22] Lohrengel, M. M. , Thin anodic oxide layers on aluminium and other valve metals: high-field regime, Mater. Sci. Eng. , R11, 243, 1993.

[23] Ono, S. , et al. , Self-ordering of anodic porous alumina formed in organic acid electrolytes, Electrochimica Acta. , 51, 82, 2005.

[24] Shingubara, S. , et al. , Self-Organization of a porous alumina nanohole array using a sulfuric/oxalic acid mixture as electrolyte, Electrochemical and Solid State Lett. , 7, E15-E17, 2004.

[25] Palibroda, E. , Aluminum porous oxide growth —II. On the rate determining step, Electrochim. Acta. , 40, 1051, 1995.

[26] Almawlawi, D. , et al. , Magnetic properties of Fe deposited into anodic aluminum oxide pores as a function of particle size, J. Appl. Phys. , 70, 4421, 1991.

[27] Ono, S. , et al. , Controlling factor of self-ordering of anodic porous alumina, Electrochem. Soc. , 151, B473, 2004.

[28] Ramazani, A. , et al. , The effect of temperature and concentration on the self-organized pore formation in anodic alumina, J Phys D: Appl Phys. , 38, 2396, 2005.

[29] Li, W. S. , et al. , Influence of anodizing conditions on the ordered pore formation in anodic alumina, J Phys D: Appl Phys. , 33, 2527, 2000.

[30] Masuda, H. and Fukuda, K. , Ordered metal nanohole arrays made by a two-step replication of honeycomb structures of anodic alumina, Science, 268, 1466, 1995.

[31] Vrublevsky, V. , et al. , Study of chemical dissolution of the barrier oxide layer of porous alumina films formed in oxalic acid using a re-anodizing technique, Appl. Surf. Science, 236, 270, 2004.

[32] Ansermet, J. P. , et al. , Bridging the gap between template synthesis and microelectronics: spin- valves and multilayers in self-organized anodized aluminium nanopores, Nanotechnology, 14, 978, 2004.

[33] Rabin, O. , et al. , Nanofabrication using self assemble dalumina templates, Mat. Res. Soc. Symp. , 636, D. 4. 7. 1, 2001.

[34] Pramanik, S. , et al. , Spin transport in self-assembled all-metal nanowire spin valves: A study of the pure Elliott-Yafet mechanism, J. Nanosci. Nanotech. 6, 7, 2006.

[35] Menon, L. , et al. , Magnetic and structural properties of electrochemically self-assembled $Fe_{1-x}Co_x$

nanowires, J. Nanosci. Nanotech. ,1, 149, 2001.

[36] Chaure, N. B. and Coey, J. ,Fabrication and characterization of electrodeposited $Co_{1-x}Cr_x$ nanowires, J. Magnetism Magnetic Mater. , 303, 236, 2006.

[37] Wang, G. , et al. , Electrochemical fabrication and structure of Ni_xZn_{1-x} alloy nanowires, Nanotechnology, 17, 19, 2006.

[38] Patibandla, S. , et al. , Spin relaxation in a germanium nanowire J. Appl. Phys. , 100, 044303. 2006.

[39] Schwarzacher, W. , Metal Nanostructures: A New Class of Electronic Devices, Electrochem. Soc. Interface, 8, 20, 1999.

[40] Xu, D. , et al. , Preparation of II-VI group semiconductor nanowire arrays by DC electrochemical deposition in porous aluminum oxide templates, Pure Appl. Chem. , 72, 127, 2000.

[41] Meng, G. , et al. , Ordered Ni nanowire tip arrays sticking out of the anodic aluminum oxide template, J. Appl. Phys. , 97, 064303, 2005.

[42] Chik, H. , et al. , Periodic array of uniform ZnO nanorods by second-order self-assembly, Appl. Phys. Lett. , 84, 3376, 2004.

[43] Li, Y. , et al. , Ordered semiconductor ZnO nanowire arrays and their photoluminescence properties, Appl. Phys. Lett. , 76, 2011, 2000.

[44] Ramanathan, S. , et al. , Fluorescence and infrared spectroscopy of electrochemically self-assembled ZnO nanowires, J. Mat. Sci: Mater. Electron. 17, 651, 2006.

[45] West, W. C. , et al. , Electrodeposited amorphous manganese oxide nanowire arrays for high energy and power density electrodes, J. Power Sources, 126, 203, 2004.

[46] Piao, Y. , et al. , Nanostructured materials prepared by use of ordered porous a lumina membranes, Electrochimica Acta. , 50, 2997, 2005.

[47] Tiwari, S. , et al. , Asilicon nanocrystals based memory, Appl. Phys. Lett. , 68, 1377, 1996.

[48] Xu, J. M. , et al, Periodic array of uniform ZnO nanorods by second-order self-assembly, Appl. Phys. Lett. , 84, 3376, 2004.

[49] Tian, L. , et al. , Optical properties of a nanoporous array in silicon, J. App. Phys. , 97, 026101, 2005.

[50] Menon, L. , et al. , Anodization and plasma etching of nanoporous pattern on a generic substrate, J. Electrochem. Soc. , 151, C492, 2004.

[51] Bandyopadhyay, S. , et al. , in Quantum Dots and Nanowires, Bandyopadhyay, S. and Nalwa, H. S. , Eds. , American Scientific Publishers, Stevenson Ranch, CA, 2003.

10　尖峰神经元的神经形态网络

Giacomo Indiveri, Rodney Douglas　著

温泉山　王　树　译

最近的神经系统学进展揭示了哺乳动物神经计算的原理[7]，而模型研究则说明了由多样的且不可靠的计算单元(神经元和突触)组成的神经结构，是怎样使用模拟和数字特性的计算基元支持强大可靠的计算[10]。生物神经系统和目前计算机的运行机制存在根本上的不同。神经网络使用节能的非同步事件驱动方法来处理信息。它们能够自主构建、自主修复和自主调整，并且可以由简单的基元灵活地构建复杂的行为。这些生物学上的性能为新一代计算机技术的发展提供了极好的方向，并且对未来的人工信息处理和行为系统具有重大影响。

对设计和制造电子神经系统的探索可以认为是神经形态工程学[4,18]。这些电子神经系统可以由视网膜、耳蜗和神经元网络等组成，它们的结构和设计原理都是基于生物神经系统。在本章中，我们将描述神经形态系统的一般特性，以及神经元和突触如何应用于使用模拟/数字混合式超大规模集成电路(VLSI)技术的互补金属氧化物半导体(CMOS)电子介质。

10.1　神经形态 VLSI 与传统 VLSI 技术的应用

绝大多数 VLSI 芯片的主要特征都表现为纯数字：它们使用晶体管作为开关，

并且用二进制数的组合来表示数字。因为这些电路仅使用二进制编码，所以可以把它们的行为降低到仅能够可靠地决定一个比特。这些比特可以结合起来表达任意高精度的变量。正是简单性和可靠性这两个特性，再结合图灵机的概念，则可以通过简单的符号对算法进行编码，由此推动数字电子学持续卓著的发展。

这些成果也推动了 VLSI 制造技术的巨大发展。不过，这一行业几乎完全专注于生产与数字相容的电路——也就是图灵-冯·诺依曼的想法。其结果就是，在现代的计算机处理器中包含数以百万计的晶体管。这些晶体管被组织起来成为各种原型处理器、通信和存储架构，而这些架构通过串行算法(serial algorithm)可以操纵大量的固定长度的变量。因此，现代的计算机只能使用确定的高精度方法来处理现实生活中的任务。而这些任务通常都是异步的、随机的和并行的，并且具有非常低的精确性，因而可以用少量的比特来进行编码。对于许多诸如此类的问题，特别是在那些输入的数据是病态的且计算可以以一种相对的方式来定义的问题中，生物学的解决办法要比数字的方法在效率上要高出许多数量级。

因为数字计算要求组合许多二进制节点(binary node)来编码一个变量，所以，一个变量节点的操作以及它与其他变量相互作用的操作必须是小心地同步进行。同时，我们还需要考虑算法上的串行实现。以上两点意味着，数字系统要求精确的全局时钟进行全局协调。不同于这些数字电路，模拟电路的连续变量同时是实时和并发的。所以，如果能够合适的设置时间常数，它们的数据处理将固有地与真实世界同步。

数字的变量本身并没有任何的意义。为了表达一个函数，数字变量的二进制代码必须根据一个外加的编码方案来设定，并与算法结合起来才能得到要求的结果。这一结果还需要用同样的方案解码才能使用。例如，为了计算一个指数函数，我们需要首先将参变量的值加载到寄存器。然后，许多后续的二进制移位和相加必须用包括数百个晶体管的电路加载到多比特变量中。最终，这些结果还必须通过输出寄存器来读取。

相反，模拟处理要比数字处理更加简洁：单一的模拟变量是连续的，并且可以表示多个比特的信息；同时，计算基元可以以模拟器件的物理性质的形式直接表达。例如，如果使用模拟方法计算指数函数，我们只需要一个适当配置的、工作于亚阈值模拟域(sub-threshold analog domain)的晶体管[15]。这一晶体管将产生一个与门电位成指数关系的漏极电流。而且，漏极电流并不对这个指数结果进行编码，因为它本身就是结果，直接以一个可测量的物理量表达。不是所有的函数都可以如此高效地通过模拟电路进行计算。然而，利用硅的物理性质，可以非常直接地进行诸如取反、相加、微分、积分、相关等操作，还可以产生指数、对数、双曲、正切等操作。实际上，所有这些正是模拟神经元的电生理学行为所需要的操作和函数类型。

尽管原理非常简单,实际上,要实现模拟计算则是非常困难的,这是因为,在这一问题的解决方案中,构建这些器件所需材料的物理性质起着非常重要的作用。在实现生物模拟计算方面,生物学是非常成功的,因为它可以直接生长出自适应的结构。但是,我们仍不得不使用前馈(feed-forward)制造工艺过程来构建 VLSI 芯片。采用这种方案,很难通过控制微米级器件的物理性质来很好地匹配它们的模拟特征。受生物学的启发,在弥补因部件差异而导致的器件失配过程中,在神经形态 VLSI 设计中使用的自适应技术起到了非常巨大的作用。在基础电路层次应用的这些自适应技术,会自然地导致设计出在基础层次能进行环境学习的系统。

对于传统的技术,自适应也可以得到应用。这是因为,随着 VLSI 的发展,以及晶体管变得越来越小,单独的处理部分件相应地消耗更多的电能,同时可靠性也有所下降。对于一个部件数量不断增长的先进数字计算系统来说,可靠性是一非常重要的问题,这是因为,即使其中一个晶体管出了问题,整个的电路的功能就会受到影响。多数的神经形态电路被设计用来模拟尖峰神经元的总体(population),这样,它们包含大量的硅突触和神经元并行阵列。因此,这些电路能够通过利用冗余来实现容错性,以及补偿晶体管特性的较大变化。

10.2　模拟与仿真

神经系统由大量非线性元件组成,并且具有一较宽范围的时间常数。因此,很少能够解析地求解它们的数学行为,相反,必须用模拟方法获得它们的定量行为[13]。模拟是一种精确地检测这些神经元元件行为的强有力工具。然而,在这一问题当中,模拟速率的快慢取决于问题的最短时间常数;随着元件耦合的数量和程度的增加,其效率也会急剧的下降。混合 VLSI 提供了这样一种途径:神经网络可以直接在硬件上进行仿真,而不是在一个通用计算机上进行模拟。这里,硅神经元实时运转,且神经网络的速率与神经元的数量或它们的耦合无关。然而,模拟电路仅仅是为神经元的精确行为提供一个较好的定性近似。此外,专用硬件的设计是一笔巨大的投资,对模拟硬件更是如此,这是因为,模拟 VLSI(aVLSI)的设计在很大程度上可以看成一种艺术。设计强大新颖的电路,需要经验丰富的工程师,最好是工作在一个小组里,具有足够的知识来监督和评价其他人的设计和电路布局。所以,目前神经形态电路还不能替代定量模拟。此外,在研究神经系统和环境之间的实时相互作用中,电子神经电路的确具有优势,可以从诸如硅视网膜[14]或硅耳蜗[20]等神经形态传感器中接收感官输入。在研究算法和架构的关系、理解异步和基于事件的方法、以及理解如何通过大量不精确的可变元件进行计算等方面,仿真起到了重要的作用。

10.3 动作电位和地址-事件表达

生物神经元之间是通过点对点的轴突来实现交流的，这些轴突必须成网状分布，以便在源神经元和多个目标突触之间产生有效的联系。用这种方法将所有的VLSI神经元连接起来是不实际的，这是因为连接“导线”占用了太多的空间；同时也无法解决一般的路由问题；许多的神经元轴突线不能在芯片之间路由(routed)；同时，硬连接方案也无法通过使用和学习来进行修正。幸运的是，动作电位产生的事件驱动性质为VLSI仿真提供了方便的解决办法。神经元的处理速度非常缓慢：其最短时间常数在一毫秒的数量级，而动作电位也只是偶尔的产生，所以，可以将许多不同神经元的输出，多路复用到一条高速数据总线上。例如，使用一个10MHz的数据总线，以100Hz的频率激发神经元产生爆发，在神经元的峰电位间隔(inter-spike interval)内可以传输100万个额外的动作电位。

动作电位的二进制特性(1或0)(健壮)到足以对抗计算噪声和内禀噪声，并且允许多个芯片之间尖峰信号进行可靠的传输[16]。一个用于在神经形态芯片之间传输尖峰信号的通用通信协议就是地址-事件-表达协议(AER，address-event-representation)。在这一协议中，各发送器件上的各源节点(如一个硅神经元的胞体)都会赋予一个唯一地址。当一个神经元产生一个动作电位时，其地址就会用异步逻辑写入数据总线(图10.1)。AER是异步的，并且是实时的。这意味着，在连接

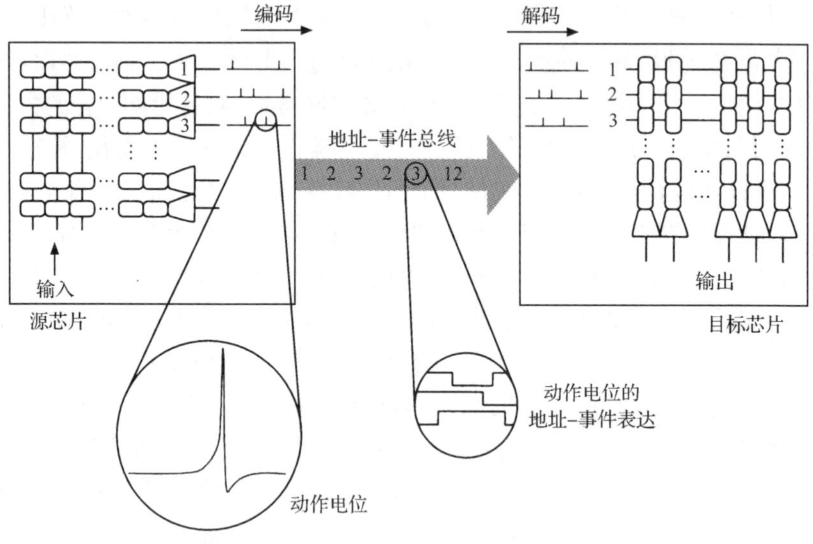

图10.1 在两个芯片之间使用地址-事件表达(AER)的异步通信方案；当一个源芯片的神经元产生一个动作电位时，它的地址将会被放置到一个公共数据总线上；接收芯片将解码这些地址事件，并将它们路由到合适的突触上

起来的神经元之间,分布处理在时间上是固有同步的,且可以用其连续动作电位的间隔对源体细胞的模拟信号进行编码。

对于这种单一发送/单一接收的情形,一个简单的握手(handshaking)机制可以保证所有发送一侧产生的事件全部到达接收端。发送单元的地址由足够长度的并行字来表达,而握手控制信号仅要求两行。事件"碰撞"[(多个)发送节点试图在同一时刻发送地址信息]由片上仲裁方案来实现。包含两个以上的 AER 芯片的系统,可以通过实现额外的专用片外仲裁方案来构造。由目标芯片检测到的地址-事件,被传递到局域神经突触,从而开始局域突触行为(图 10.1)。通过这种方式,每当源神经元出现尖峰信号时,连接到源神经元的目标突触就会被激活。正如生物神经网络一样,当神经网络很少激活时,这种多路重用策略是最优的。

AER 有利于网络的可重构性:通过一个可编程的查找表[它映射源神经元的地址到目标突触的地址(列表)],源地址事件可以从突触后总线转换到突触前总线。通过这种方式,我们可以编程任意的网络拓扑,并有可能构造大规模多芯片的可重构系统。

10.4 硅神经元

20 世纪的后半个世纪,大量对神经元数据处理的研究表明,突触、树突、胞体、轴突等具有丰富的生物物理学特性。然而,我们对于神经元及其网络的形式处理特性,还缺乏一个清楚的认识。也就是说,我们还没有找到一个复杂的抽象模型,它同时具有更丰富的生物物理学逼真性和清晰的计算规范,用来替代简化的莫克罗-彼特模型。这一新的神经模型将为理解由神经电路支持的基于尖峰信号计算的全局性质打下必要的基础。它不仅与神经系统科学有关,还与未来技术有关。在这一课题的探索中,在过去十年里,小型神经形态学工程团体逐渐地发展了用于研究类神经单元网络中事件驱动计算的鲁棒基础(robust infrastructure)。它们为神经元、树突、突触等开发了电路,并发展了分布于众多芯片的神经元之间由事件驱动通信的一般方法。目前,已经可以组装这类神经元构造的复杂系统[19]。

这些系统的基石是集成和触发(integrate-and-fire,I&F)神经元。I&F 神经元可以集成突触前输入电流,并且产生一个电压脉冲。当整合电压达到一定的阈值时,它类似于一个动作电位。在 20 世纪的 50 年代和 60 年代,通过使用分离的电子学部件,人们构建了许多这类电路的变种。最早的简化 VLSI 版本,可能是在 20 世纪 80 年代末由 Mead 构造的 Axon-Hillock 电路[18]。在这一电路中,一个代表神经膜电容的电容器,可以将输入电流集成到神经元。当电容器(膜)电位超过尖峰信号阈值时,就会通过正反馈回路产生一个脉冲,而膜电位被重设。这一电路实现了生物神经元操作的基本原理,但却不能完全再现真正神经元中的所有动力学行为。

人们也提出了更为精巧的神经元模型，它考虑到了真正神经元中与电压有关的电导和电流的生物物理学特性。最早且最有影响的基于电导的硅神经元，应该是由 Douglas 和 Mahowald 设计的[17]。这一硅神经元由相互连接的舱构成，分别通过模块化子电路组装，可以用于仿真特定的离子电导。类似于过去提出的基于电导的其他神经元，尽管其总体尺寸和电路复杂度都要比原来简单的 Axon-Hillock 电路大得多，但这一电路可以在细节上再现许多真正神经元中观察到的行为[1]。

基于上述两种方法的折中方案就是，通过更加精制的 I&F 神经元模型来构建网络，而这种 I&F 神经元包括额外的神经特性，如尖峰频率自适应性和不响应期(refractory period)机制[3]。图 10.2 给出了一个这样的电路示例。除了实现基本的集成电流行为以及产生速率正比于输入信号幅度的输出脉冲外，这一低功率的 I&F 神经元[11]实现一种泄漏机制(leak mechanism)(正如在泄漏 I&F 神经元模型里一样)；一个可调的尖峰阈值机制用于适应或调制神经元的尖峰阈值；一个不应期机制用来限制神经元的最大可能的激发率；一个尖峰频率自适应机制来模拟真实神经元中观察到的一些适应机制。

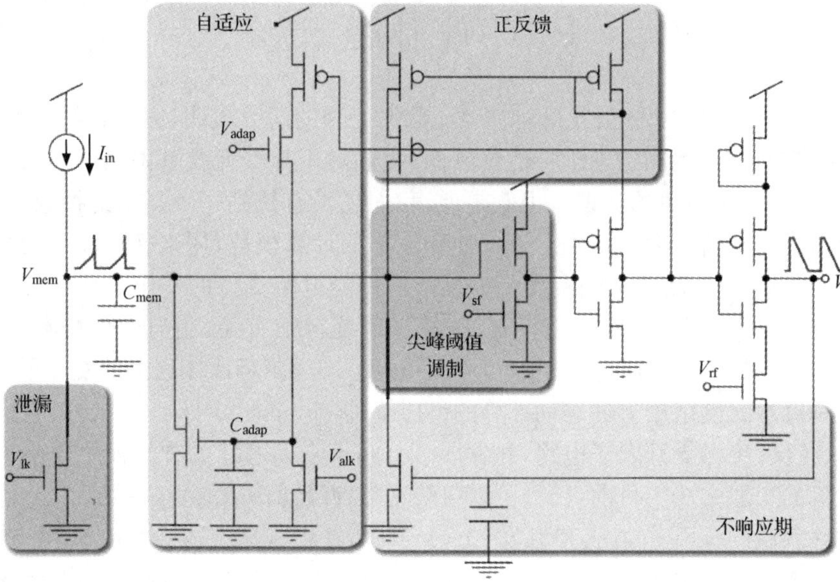

图 10.2 I&F(integrate-and-fire)神经元的示意图。输入电流 I_{in} 被集成到神经元膜电容 C_{mem} 上，直到达到尖峰阈值。此时，输出信号 V_{spk} 从 0 跳变到供电轨(power supply rail)，输出一个尖峰信号，而膜电容被重置到 0。“泄漏”模块在膜上产生一个电流泄漏。“尖峰阈值”模块控制神经元发出尖峰信号的电压。“自适应”模块从输入节点扣除与激发率有关的电流。这个电流的幅度随各输出尖峰信号的增加而增加，并随时间指数地减少。“不响应期”模块设定神经元的最大激发率。当神经元发出尖峰信号时，“正反馈”模块被激活，从而减少过渡期。在过渡期中，反相器改变极性，并极大地降低功率消耗。电路的偏压(V_{lk}、V_{adap}、V_{alk}、V_{sf} 和 V_{rf})均为亚阈值电压，它们决定神经元的特性

10.5 硅 突 触

突触是一类非常特别的结构，通过复杂的化学反应的方法，它们允许神经元将信号传递给目标神经元。当一个源神经元胞体产生的动作电位到达其突触前端，一系列的事件将会引起神经递质的释放，从而导致离子电流流进或流出突触后神经元膜。在可以持续数百毫秒的特征时间内，这些兴奋性的或抑制性的突触前电流(分别用 EPSC 或 IPSC 表示)具有时空动力学行为[12]。在大多数基于脉冲的神经模型模拟中，通常会将突触电流简化为瞬间电荷脉冲，从而降低计算负载。这种简化成为一非常关键的问题，这是因为，在理解神经元编码以及对尖峰信号的时空模式编码方面，精确的尖峰信号计时和神经元传输功能动力学起着非常重要的计算作用[9]。在神经形态芯片中，突触后电流的详细动力学，可以简单地用一个专用亚阈值模拟电路来进行仿真。图 10.3 给出了一个这种简单电路的示例，它能再现突触传输的时空特性，并能同时考虑突触后电流的线性叠加性质。这一电路实现了一个对数(log)域线性时空滤波功能，并支持各种各样的突触特性，从短时抑制，到基于电导的 EPSC 生成，再到突触可塑性。

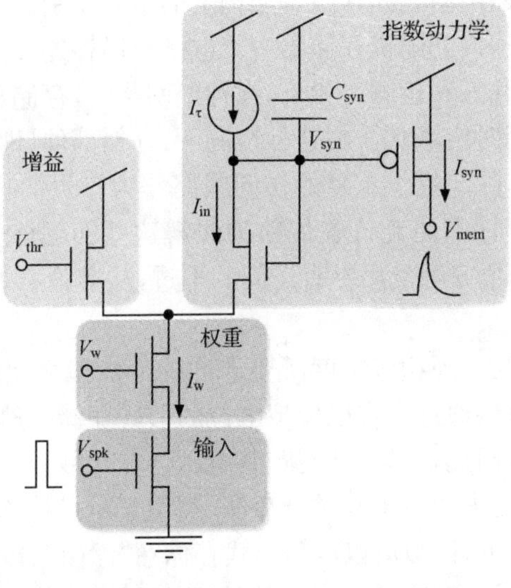

图 10.3 一个展示真实突触中观察到的指数动力学的紧凑突触电路。电路的模拟输出电流 I_{syn} 对输入尖峰信号的频率进行编码，以到达 V_{sp} 节点的数字电压脉冲表示。通过调整电流 I_τ 的值，设定电路的时间常数。在“增益”模块上的 V_{thr} 偏压，可以用来调节电路的增益：较低的值增加增益，而较高的值则减少增益。同样，突触效率由在“权重”模块中的 V_w 偏压来控制，这里，较高的 V_w 值会导致较高的输出电流。其他电路也可以连接到 V_w 节点上，以实现短期和长期的可塑性机制，同时局域地存储或刷新权重的值

10.5.1 可塑性与学习

生物突触的一个关键特性就是它们短期和长期可塑性的能力。仅根据输入尖峰信号的时间,短期可塑性可以实现突触强度的动力学调整;而长期可塑性则由前突触和后突触的尖峰信号过程的相关性诱导产生的突触强度的持续变化。人们已经开发了一种可以仿真短时突触抑制的电路[5]。实现突触长期可塑性的各种学习型电路,则使用尖峰信号时序信息和(或)比率信息[8,11]。尖峰信号驱动的可塑性机制特别适合于 VLSI 的实现。在这些机制中,由突触前神经元产生的尖峰信号的精确计时,以及在那些时刻的突触后神经元的状态,在塑造突触性能中起非常重要的作用。

通过对几个仿真的研究,人们已经发展了基于尖峰信号驱动可塑性的学习型算法,并且已演示系统是如何使用这类的算法,来执行复杂的信息处理任务。在过去的数年中,人们已经开发了若干可实现长期和短期可塑性的神经形态突触电路。这些电路目前正在被集成到 VLSI 技术的大型阵列中,以建立大规模的学习型神经网络。

10.5.2 存储和突触权重存储

传统计算机和神经网络之间存在着架构上的本质差别。传统的计算机具有一个或少数几个处理器连接到随机存储器中。这一全局存储(memory)意味着,机器的状态可以被方便地载入和检测。相反,在神经网络中,存储和处理器则为大规模分布型,并在突触中同时定域化。在这种情况下,存储部件(即突触权重)的直接加载和检测是不可能的,除非提供重复的访问线路作为昂贵的代价。通过自动地设置突触权重,长期可塑性电路允许我们略为缓解这些问题(对于生物和神经形态 VLSI),而不需要对单个突触使用专有访问。不过,从实验上观察和控制这些电路依然是相当困难的。

充分考虑精度和为实现相应精度所要求的硅片面积之间的关系,生物学上现实的低分辨率权重,可以通过电容以模拟电位的形式存储。然而不幸的是,CMOS 电容器容易导致泄漏,因此,如果不刷新,其电压会在几秒钟内衰退掉。此外,模拟值也可以通过采用非易失的技术来进行存储,类似于电可擦除可编程存储器(EEPROM)。在这种情况下,模拟值以电荷形式存储在“浮栅”(floating gate)[它作为场效应晶体管(FET)的栅极,孤立在两层(完全)氧化物绝缘层之间]上,通过 Fowler-Nordheim 隧穿和碰撞电离热电子注入(impact-ionized hot-electron injection),往浮栅中加入和去除电荷。浮栅中电荷的不可控衰减是可以忽略不计的,这样,学习后的突触权重(learned synaptic weight)可以被保持数十年,甚至在电路的电源被切断时也可以如此。这一激发技术目前仍在开发过程中,不过,人们已经演示了诸如单一晶体管突触这样的简单结构,以及以这些电路为基础执行学习型算法的网络的示例[6]。

如果仅要求存储一个二进制比特，而不是一个模拟值，则突触权重存储的问题将会被大量地简化。实际上，人们已经演示，对任何存储任务，足够大量的二进制突触网络足以胜任[8]。人们也已经提出了这种二进制突触电路。只要维持这个电路的供电，则不需要专门的结构，用于各突触中非易失性模拟存储。这些二进制突触电路，已经被成功运用到学习型电路中，而且运用它们的系统也能够对复杂的模式进行分类[2,11]。

10.6 多芯片神经网络

最近几年来，人们已经演示了几个多芯片的尖峰神经元网络的例子。通过使用目前的 CMOS 技术，我们能够在每平方毫米硅芯片中实现数百个神经元和上千个突触(图 10.4)。

图 10.4 多神经元芯片的布局，它包括连接到塑料突触上的硅神经元阵列。这一芯片采用标准的 0.35μm CMOS 技术制造，占用 12mm^2 的面积。它实现了由 32 个神经元和 8192 个突触组成的阵列。阵列中的 32 神经元分别连接到 256 个突触电路。叠加到电路布局之上的则是神经元和突触示意图，它类似于图 10.1 所示。使用 AER 通信协议，通过简单地路由输出尖峰信号到同一芯片或其他多神经元芯片，可以实现任意拓扑的神经网络

原则上，这类网络可以扩展到任意规模，不过，实际上，它的规模受到最大硅片面积和可用 AER 带宽的限制。当给定 AER 接口电路的当前发展和规范[3]以及目前所能获得的硅 VLSI 技术时，网络的规模至少可以增长两个数量级。对像新大脑皮层的神经网络这种大型神经网络，处于支配地位的是局域连通性，再加上相对少量的长距离连通性。在这种情况下，我们很有可能制造出类似的大规模 VLSI 网络，这里，具有相同地址空间的多区域 AER 总线负责局域事件通信，并通过局部域(local domain)之间的少量长程事件通信相互联系。然而，在试验这些连通性限制之前，对于多芯片网络系统，仍然存在很多急需解决的、且令人感兴趣的问题。例如，现有的方法可以用于开发复杂的基于尖峰信号的实时学习型算法。当考虑与神经形态 AER 传感器(如硅视网膜和硅耳蜗等)接口的神经网络系统中的适应性和学习性问题时，这些研究则变得更为引人注目。

致　谢

本工作得到 EU Grants ALAVLSI (IST-2001-38099) 和 DAISY (FP6-2005-015803)以及 Zurich ETH TH0-20174-04 的资助。

参 考 文 献

[1] Alvado, L. et al., Hardware computation of conductance-based neuron models, Neurocomputing, 58-60, 109-115, 2004.

[2] Arthur, J. and Boahen, K., Learning in silicon: Timing is everything, in: Weiss, Y. et al., Eds, Advances in Neural Information Processing Systems, 18, MIT Press, Cambridge, MA, 2006.

[3] Boahen, K. A., Communicating neuronal ensembles between neuromorphic chips, in: Lande, T. S., Ed., Neuromorphic Systems Engineering, Kluwer Academic, Norwell, MA, 1998.

[4] Boahen, K. A., Neuromorphic microchips, Scientific American, 2005.

[5] Boegerhausen, M. et al., Modeling short-term synaptic depression in silicon, Neural Computation, 15, 2, 2003.

[6] Cauwenberghs, G. and Bayoumi, M. A., Eds., Learning on Silicon: Adaptive VLSI Neural Systems, Kluwer, Boston, 1999.

[7] Douglas, R. J. and Martin, K. A. C., Neural circuits of the neocortex, Annual Review of Neuroscience, 27, 2004.

[8] Fusi, S. et al., Spike-driven synaptic plasticity: theory, simulation, VLSI implementation, Neural Computation, 12, 2000.

[9] R. Gütig, R. and Sompolinsky, H., The tempotron: a neuron that learns spike timing-based decisions, Nature Neuroscience, 9, 2006.

[10] Hahnloser, R. et al., Digital selection and analog amplification co-exist in an electronic circuit inspired by neocortex, Nature, 405, 6789, 2000.

[11] Indiveri, G. et al. ,AVLSI array of low-power spiking neurons and bistable synapses with spike-timing dependent plasticity, IEEE Transactions on Neural Networks, 17, 1, 2006.

[12] Koch, C. , Biophysics of Computation: Information Processing in Single Neurons, Oxford University Press, Oxford, 1999.

[13] Koch, C. and Segev, I. , Methods in Neural Modeling, 2nd ed. , MIT Press, Cambridge, MA, 2001.

[14] Lichtsteiner, P. et al. , A 128×128 120dB 30mW asynchronous vision sensor that responds to relative intensity change, in:2006 IEEE ISSCC Digest of Technical Papers, IEEE, 2006.

[15] Liu, S.-C. et al. , Analog VLSI: Circuits and Principles, MIT Press, Cambridge, MA, 2002.

[16] Mahowald, M. , An Analog VLSI System for Stereoscopic Vision, Kluwer, Boston, 1994.

[17] Mahowald, M. and Douglas, R. , A silicon neuron, Nature, 354, 1991.

[18] Mead, C. A. , Analog VLSI and Neural Systems, Addison-Wesley, Reading, MA, 1989.

[19] Serrano-Gotarredona, R. et al. ,AER building blocks for multi-layer multi-chip neuromorphic vision systems, in: Becker, S. et al. , Eds. , Advances in Neural Information Processing Systems, 15, MIT Press, Cambridge, MA, 2005.

[20] Van Schaik, A. and Liu, S.-C. , AER EAR: A matched silicon cochlea pair with address event representation interface, in IEEE International Symposium on Circuits and Systems, 5, 2005.

11 电子学迈向 TSI 时代——分子电子学及未来

G. F. Cerofolini 著

张 磊 刘洪涛 刘云圻 译

摘要:

如果固体表面单原子用于存储信息,表面化学成分固定,信息编码为给定表面原子的构型或电子态[费曼(Feynman)梦想],假设每个原子有两个可能的态,那么最大存储比特密度大约在 $10^{15}\,cm^{-2}$——千兆兆规模集成(PSI)。然而,操纵单个原子需要使用宏观装置,并且操作速度极其缓慢。利用电子对信息进行编码,尽管可能达到的最大比特密度仅为 $10^{12}\,cm^{-2}$(亿万规模集成,TSI),但信息的写入与读出,可以通过现存的千兆规模集成(GSI)水平的介观尺度装置来进行。尽管对于 TSI 器件性能的开发还没有开展,但这一存储密度已经是现有技术能力所能迄及的范围。TSI最终有可能实现的方案是通过引入混合体系架构,而不是单纯地对传统的硅基CMOS电路进行微型化,这里,硅基互补逻辑电路(CMOS)控制纳米交叉杆式结构,后者在各交叉点包括一些可再编程分子,它们用于模拟非易失性存储单元的行为。本章将对这一混合体系架构所面临的一些严峻问题提出解决方案。

11.1 引　　言

在硅基集成电路(IC)不断奔向更高集成度的过程中,总是会遇到一些所谓的"物理极限",但这些"极限"在过去并不能阻碍微电子集成度的指数增长(表11.1)。人们把集成度的指数增长更多地归功于生产技术和集成技术的日益成熟,而不是应用一些本征性能更好的新材料①。如果认真审视微电子发展过程中的主要突破[1](表11.2),我们可以发现,近年来的情况已经有所变化。

表11.1　半导体集成电路的发展历程

年	类	比特	尺寸	
			晶体管/μm	芯片/mm^2
1960～1968	SSI	2～128	>10	1～15
1965～1975	MSI	64～4k	10→3	10～25
1972～1983	LSI	2k～128k	14→1.5	15～50
1980～1988	VLSI	64k～4M	2→0.75	25～75
1985～1993	ULSI	2M～128M	1→0.5	50～200
1990～2006	GSI	64M～4G	0.5→0.09	100～1000

注:简写SSI, MSI, LSI, VLSI, ULSI和GSI分别指的是小,中,大,超大,特大,千兆(G)尺度的集成。

① IC集成的主要进展实际上是通过发明新技术而实现的,这些技术允许掩模与下面的模板自动对准。前面与微电子技术发展有关的主要变化的分析的确表明,从上一代到下一代的传承,并不与使用更高内禀性的材料或器件有关[1]。按照作者的观点,代表IC集成的主要进步的里程碑是硅门(silicon-gate)技术[2],硅的局域氧化(LOCAS)[3,4],和间隔模板(spacer-patterning)技术(SPT)[5]。

表 11.2 技术和物理性质随器件的变化

器件	制备技术	物理性质
电子管→晶体管	真空→固态	v_{sat}[cm/s] $3\times10^{10}\to10^{7}$
锗→硅	台面→平面	v_{sat}：未变的 $\mu_{Si}<\mu_{Ge}$
三极管→pMOS		l[μm] 0.1－1→10－100
pMOS	铝栅→硅栅	Q[Ωcm]： $10^{-6}\to10^{-3}$
pMOS→nMOS	离子注入； 选区硅氧化； (111)→(100)	μ[cm^2/Vs]： 300(p)→1000(n)
nMOS→CMOS		晶体管 功耗[μW/gate]： 300→10－100； μ[cm^2/Vs] 1000(n)→300(p)
	直接氧化→CVD	SiO_2→高介电材料 连接线： Al→Cu SiO_2→低介电材料

注：符号和简写：v_{at}，饱和速度；μ，迁移率；l，器件长度(基于双极性晶体管，MOS 晶体管栅极)；Q，电阻；P，耗散功率；低-κ，低介电常数（$\kappa<2$）的电介质；高-κ，高介电常数（$\kappa\gg10$）的电介质；CVD，化学气相沉积。

作为集成电路的基本组成单元，金属-氧化物-半导体场效应晶体管（MOS-FET）在微型化中遇到的最新问题包括：

(1) 作为绝缘栅的 SiO_2 层的厚度不能缩减到下一代电路所要求的值[6,7]。

(2) 如果电路中导线尺寸缩减到更大规模集成电路所要求的水平，则电路延迟时间中导线寄生电阻所占比重将超过晶体管的固有开关时间[8]。

通过应用新材料，人们试图攻克这两个问题：第一个问题可以用高介电常数的氧化物(HfO_2)(高 κ 绝缘体)代替 SiO_2，而对于第二个问题，起初只能通过使用越来越多的互连层来克服[9]可以用导电性能更好的铜代替铝(电阻将减小一半[10])，再就是使用低介电常数的材料代替二氧化硅[11](如果多孔材料能够成功地取代 SiO_2，寄生电容降低到约为 1/4)[12]。

当前的硅基微电子工艺可以达到的比特密度 ρ 约在 GSI 水平；尽管 10Gb 集

成电路已经被证明可以通过光刻技术制作，人们普遍认为，在目前的技术路线下，复杂度达到 100Gb 的集成电路是不可能生产出来的[13]。国际半导体技术蓝图已经清楚地给出了现有硅工艺的极限所在[14]。对于电路集成的实际极限，许多文章也对此有大量的讨论[15-21]。

这一蓝图是构建在这样的假设之上的，即 MOS 器件的微型化并未达到其基本的物理极限。如果要沿着蓝图继续前进，就必须弄清楚，哪些物理学原理可以用来构建有用的器件，而哪些物理规律则会最终阻碍器件的微型化。

近年来，大量工作致力于消除应用现有技术和器件对集成的限制：最近的量子信息处理实验表明，在超纳米尺度的凝聚态体系中，许多物理量都可以携带信息，例如，在一些宏观量子态体系中，超导电荷或通量，量子点电荷或自旋态，均可用来编码信息。通过使用新的范式，超越经典图灵机也是可能的，例如，具有内禀更高的并行性[量子计算机]，同时具有学习能力[神经网络]，或容错能力[生物计算机]①，这些新概念的计算机模式一旦成功，致力于更大规模集成的努力都会变成白费力气；然而，本工作仍将基于当前的计算范式的框架来进行讨论。

在这种保守的框架下(计算仍被看成是耗散的不可逆过程)，我的讨论将基于以下前提：

(1) 从实际应用的角度出发，考虑到器件是在室温下工作的。

(2) 具体性，本文讨论的器件虽然是高度理想化的，但其特点仍然非常类似于真实器件—非易失性存储单元。

(3) 基于技术-限于分析布置在一个平面构型的存储单元。

当然，如果去掉前面所提的一些先决条件(例如，器件在接近绝对零度下工作，存储单元可以在三维空间布置)，讨论将会得到不同的结果。

11.2 计算过程的物理学极限

平面存储器的品质因数是单位面积的翻转率 f，数值越高越好

$$f = \max$$

由于 $f = \nu\rho$，ν 为存储单元的开关频率，ρ 为存储单元的密度，增加 f 的问题就转变为设法为 ν 和 ρ 找到一最优组合，使之满足条件

$$\rho\nu = \max$$

不用说，计算必须满足基本的物理学定律，具体需要满足哪些物理定律，则需要根据单元的尺度、材料的结构和环境以及单元与环境是如何联系的。如果从动力学的角度来看，极限大体上是由量子力学的不确定原理和信息载流子的弹道运

① 有关这一主题的最近评述，请参见文献[22]。

动决定的；根据构成存储单元的材料，从而可以得知单元需满足材料的本征限制；如果存储单元是处在一个热库(T)中，那么，我们必须考虑退相干现象，以及最终以热力学第二定律形式出现的粒子随机行为，此外，支配半导体和超导体现象的众多宏观物理规律，也会支配基于这些材料制作的器件。在当前微电子的发展阶段，制约集成度提高的"极限"，主要由上述的最后一个因素决定的。由于这些约束条件都是基于某些具体的材料和工艺，因此，可以不予考虑：我们仅关注基本物理学原理给出的极限。

计算机可以被认为是一种能将自由能转化为数学计算并产生废热的机器。计算的热力学已经基本被创立，其结论受具体计算模式的影响也不大[23,24]。但热力学本身对于计算速度没有任何考虑，要想研究计算过程的速度问题，则必须从动力学的角度建立模型。

本书的分析将基于以下的基本假设，即所有存储单元都是由单个粒子构成的(称为信息载体)，这些粒子有固定的质量 m，它们的运动可以用双势阱薛定谔方程来描述。两个势阱的间隔表示高度为 $\Delta E_{\rm bit}$ 的势垒。此外，为了简化计算，假设所有的势能起伏都足够平缓，可以应用经典力学来描述信息载体的弹道运动(Ehrefest 原理)。量子力学计算得到的期望值，可以用相应的经典变量代表(在这种情况下，态间隧穿是不允许的)。

体系可以处于两个相互正交的态①($|1\rangle$态和$|0\rangle$态)之一，与此对应的是，信息载体位于两个势阱中的一个②。如果没有其他过程，随着波函数在整个存储单元中的传播，信息会逐渐地丢失。然而，在特定条件下，自发退相干现象会使量子位置本征态退变为经典状态，0 或 1，只要不与相邻单元发生相互作用，这种经典态是不随时间变化的，至少在短于信息载体在两个势阱之间热致迁移所需时间的前提下，信息态是稳定的。存储单元有两种可能的操作模式：编程(programming)(即确认原始态或切换到另一状态)与读取(sensing)(探测信息载体的实际状态)。从这方面，存储单元的行为类似非易失性存储器③。虽然这一模型非常简单和理想化，而真实的器件和电路则需要一些更为复杂的设计，不过，在基础研究时，这种模型还是会经常用到[25,26]。在这一章中，我没有对最终存储器单元的结构细节进行

---

① 实际上，即使是这一假设也是一种很强的限制。相对于单元(cell)密度，使用三个或更多的逻辑态本身也是一种更好的增加比特密度的方法。

② 仅当它们在坐标表像中不重叠时，状态$|0\rangle$或$|1\rangle$是正交的，这样定义可分辨的态；在粗粒描述中，它们可以当作是位置的本征值，在靠近各势阱极小值附近的所有点都几乎是等价的。

③ 当然，严格地说，不会存在这种相似性。在互补 MOS(CMOS)非易失性存储中，状态 0 和 1 为经典宏观态；编程的实现是通过从下方通道注入 $10^2 \sim 10^4$ 电子到浮栅($1\to 0$：WRITE)，或通过场隧穿到源极($0\to 1$：ERASE)。此外，尽管擦除是一种相对更为高效的过程，相应地涉及每电子约 1eV 耗散，而写的效率则取决于存储体系架构：对于 NOR 存储，写入是一种低效的过程(收得率在 0.1%的数量级)，它涉及"热"电子(动能为 3～4eV)，而对 NAND 存储，写入则是一种相对高效的过程，它是通过通道的场发射实现的。

详细的说明,但必须承认,存储器单元的操作模式与现有非易失性存储的操作模式完全相同,包括编程(PROGRAM)和读取(READ)。

编程(programming)是通过降低其中一个势阱的势能来实现的。势能的降低必须持续一段时间,以便粒子的动能可以以热的形式耗散掉。从这个角度说,任何写入过程都会伴有大约 ΔE_{bit}大小的能量损耗(图 11.1)。

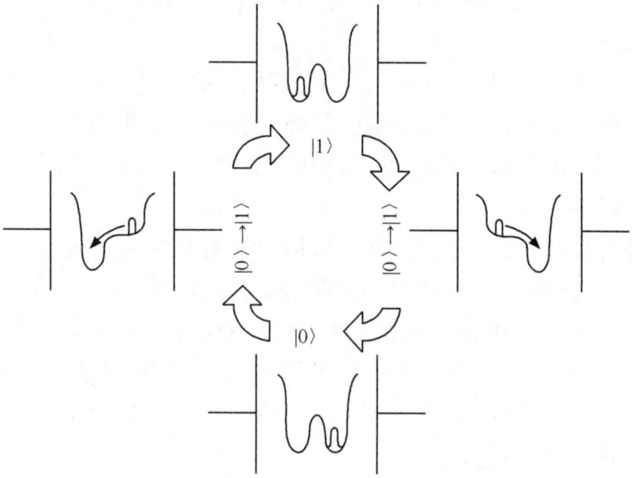

图 11.1 存储单元的编程:从|0⟩到|1⟩或与此相反

读取(sensing)就是探测信息载体所处状态的过程。读取的理论描述是一个难点,因为这种描述本质上涉及微观态的测量,这个问题直到现在也仅获得了部分、但并不令人满意的回答。然而,在一些特定情况下(见 11.2.1.2 的讨论),微观态可以当做经典态来处理,无须再陷入"测量问题"的麻烦之中。

11.2.1 编程

11.2.1.1 粒子动力学施加的限制

如果粒子局域在两个能量相等势阱之一,根据量子力学原理,位置本征态具有 ΔE 的能量分布。这种能量上的不确定,最终会导致信息的丢失。体系 $|1\rangle$ 态和 $|0\rangle$ 态之间转换所需要的最小时间由式(11.1)给出:

$$\Delta t \geqslant \hbar/\Delta E \tag{11.1}$$

式中,$\hbar$ 为约化普朗克常数($|1\rangle$ 态和 $|0\rangle$ 态彼此正交)[27]。ΔE 越大,转换时间 Δt 越小;此外,为了避免信息的自发丢失,ΔE 一定要比转换所需施加的能量 ΔE_{bit} 低。将条件 $\Delta E = \Delta E_{\text{bit}}$ 代入等式(11.1),得到的最小转换时间 $\Delta t_{\min}$

$$\Delta t_{\min} = \hbar/\Delta E_{\text{bit}}$$

两次转换 $|0\rangle\rightarrow|1\rangle\rightarrow|0\rangle$ 或 $|1\rangle\rightarrow|0\rangle\rightarrow|1\rangle$ 构成一个完整的转换循环。因此，单个存储单元的转换频率满足以下条件：

$$\begin{aligned}\nu &\leqslant 1/2\Delta t_{\min} \\ &= \Delta E_{\text{bit}}/2\hbar \end{aligned} \tag{11.2}$$

对于存储单元的最小尺寸，也可应用类似的讨论。令 Δq 为 $|0\rangle$ 态或 $|1\rangle$ 态波函数的测度，根据量子力学著名的原理[28]（见第 6 章），各态的动量色散 Δp 通过下式给出：

$$\Delta p\Delta q \geqslant \frac{1}{2}|\langle[p,q]\rangle| = \frac{1}{2}\hbar$$

电子的动量不能小于其分散；条件 $p\geqslant\Delta p$ 给出了信息载体在 $|0\rangle$ 态或 $|1\rangle$ 态的最小动能极限 E_{kin}

$$E_{\text{kin}} = p^2/2m \geqslant (\Delta p)^2/2m \geqslant \hbar^2/2m(\Delta p)^2 \tag{11.3}$$

电子定域于某一个态，需要 E_{kin} 小于 ΔE_{bit}，此条件与不等式(11.3)联立得到

$$\begin{aligned}\Delta q &\geqslant \hbar/\sqrt{2m\Delta E_{\text{bit}}} \\ &= \Delta q_{\min}\end{aligned} \tag{11.4}$$

仔细观察以上的推导过程可以发现，这些推导都基于这样一个假定，即态与态之间的转换不包括物质的任何位置变动。这一假定是不恰当的，这是因为，任何调控信息的过程（如氧化还原，构型改变、电子态改变等），本质上都与存储单元内部的一些物质运动相关（如氧化还原对应电子的转移、构型改变和电子态改变对应原子核的运动等）①。因此，我们在讨论态之间相互转换时，还需要考虑存储单元从一个态到另一个态时信息载体必须移动的距离 l。转换过程的可控性要求，态与态之间的热激活和隧穿必须要小到可以忽略不计。因此，可以用一个比 ΔE_{bit} 更大的能量来限制粒子的运动。按照经典的描述，电子的平均速度 $\bar{v}$ 由公式 $\bar{v}=\chi\sqrt{2\Delta E_{\text{bit}}/m}$ 给出，其中，χ 取决于信息载体的实际能量和阱内势能。假设信息载体通过动能的耗散，与体系达到热平衡，这就意味着每次转换所耗散的最大动能为 $\frac{1}{2}mv_{\max}^2$。如果要使这个能量尽可能得小，即达到略大于 ΔE_{bit} 的水平，则 $\chi\simeq\frac{1}{2}$。

根据测不准原理得到的最短转换时间与弹道运动所需时间 $l/\bar{v}$ 组合，可以得到一个新的最短转换时间项 Δt_*

$$\Delta t_* \geqslant \sqrt{(\Delta t_{\min})^2 + \left(\frac{l}{\bar{v}}\right)^2}$$

---

① 实际上，至少在原子尺度，我们可以假定存在没有明显运动对信息进行存储、传感和修改的情形。例如，通过激发、传感和退激发内部核自由度，可以实现这种情形。由于这些过程中涉及的能量高于热能很多个数量级，因此热化是非常不可能的，它意味着可以对非耗散计算使用这一方案。不过，对于这里提到的保守方案，由于缺乏利用这一方案的设想，我将其予以忽略。

$$= \frac{\hbar}{\Delta E_{\text{bit}}}\sqrt{1+\frac{s}{4\chi^2}\left(\frac{l}{a_0}\right)^2} \tag{11.5}$$

其中

$$s = \frac{m}{m_0}\frac{\Delta E_{\text{bit}}}{E_0} \tag{11.6}$$

式中，m_0，E_0，a_0 分别为单位原子的质量、能量和长度，其大小 $a_0 = 1$ bohr$=$ 0.53Å，$E_0 = 1$ rydberg$=$13.6eV，$m_0 = 9.1\times10^{-28}$g（电子质量）。

按照同样的方法，将 l 与不确定关系得到的最小单元尺寸相结合，得到一个新的最小尺寸 Δq_*

$$\begin{aligned}\Delta q_* &\geqslant \sqrt{(\Delta q_{\min})^2 + l^2}\\ &= \sqrt{\frac{\hbar^2}{2m\Delta E_{\text{bit}}} + l^2}\\ &= a_0\sqrt{\frac{1}{s}+\left(\frac{l}{a_0}\right)^2}\end{aligned} \tag{11.7}$$

采取平方和的形式并没有什么特别的理由，然而，基于其他同样任意的选择，例如，线性假设也会给出几乎相同的结果。

在这本手册的第 6 章（S. E. Lyshevski，"用于信号和信息处理平台的 3 维分子电子学和集成电路"）强调，海森堡测不准原理为测量、精度和实验器件表性提出了限制。测不准原理的基本公式，如位置动量测不准关系 $\Delta x \Delta p_x \geqslant \frac{1}{2}\hbar$，能量时间测不准关系 $\Delta\hat{E}\Delta t \geqslant \frac{1}{2}\hbar$，并不能直接用于器件物理、器件动态及静态的表征。特别是器件大小、开关速度、开关能量以及对其他一些对"极限"的估计，都难以从中直接得到。为了评估器件的特性，我们必须合理地应用和统一地使用其他一些概念。

11.2.1.2 热环境施加的限制

环境热扰动对信息处理过程有着截然相反的两种影响。一方面，热扰动给予电子能量，使之能够穿越势阱间的势垒；另一方面，热扰动会引起电子量子态的退相干。

第一种影响会导致信息的丢失，因而是有害的。事实上，电子从一个势阱跳到相邻势阱中所需要的时间，可以由式(11.8)给出：

$$\tau_T = \tau_\infty \exp(\Delta E_{\text{bit}}/k_B T) \tag{11.8}$$

式中，τ_∞ 为电子在基态的特征时间，数值为 $10^{-14}\sim10^{-12}$s；在 300K 时，0.8 eV 左右的 ΔE_{bit} 可以使信息状态的寿命满足动态存储的要求（动态存储的信息要求不断地刷新)，当 ΔE_{bit} 大于或等于 1.3eV，则存储单元的信息保留时间足以达到非易失性存储的水平

$$\Delta E_{\mathrm{bit}} = 0.8\mathrm{eV} \Rightarrow \tau_{\mathrm{t}} = 2\times10^{-1} \sim 2\times10^{1}\mathrm{s}$$
$$\Delta E_{\mathrm{bit}} = 1.3\mathrm{eV} \Rightarrow \tau_{\mathrm{t}} = 5\times10^{7} \sim 5\times10^{9}\mathrm{s}$$

第二种影响则是有利的。这是因为，退相干可以有效地阻止电子从一个阱隧穿到另一个阱中去。如果存储单元内的某一个量子态在存储单元内的传播时间 t_{spread}($t_{\mathrm{spread}} \approx 2ml^2/\hbar$) 远远地大于体系的退相干时间 t_{deco}，这个量子态就会退化为某个经典态，它被称为退相干过程，即

$$2ml^2/\hbar \gg t_{\mathrm{deco}} \tag{11.9}$$

对于为什么一些量子行为会表现出一定程度的经典性质，虽然现在还未有完全的解释，但通常认为，经典行为的出现与量子态和环境的相互作用有关[29,30]。按照这种解释，如果将退相干归结于信息载体(电子)与热库(T)中粒子的随机碰撞，那么随着 T 的升高，t_{deco} 将减小。因此，我们可以合理地假定

$$t_{\mathrm{deco}} \approx \tau_{\mathrm{vib}} \tag{11.10}$$

式中，τ_{vib} 与原子振动周期的量级相当。联立式(11.9)和式(11.10)

$$\left(\frac{m}{m_0}\right)\left(\frac{l}{a_0}\right)^2 \gg \frac{E_0\tau_{\mathrm{vib}}}{\hbar} \tag{11.11}$$

退相干长度 l 不仅决定了存储单元中编码为 0 的区域和编码为 1 的区域之间的距离，同时也决定了相邻单元的距离。事实上，如果相邻单元距离小于 l，信息将会由于相邻单元间的量子扩散而丢失。在平面布置的结构里，单位面积的最大比特密度 ρ 不大于 $1/(\Delta q_*)^2$；另外，考虑到存储单元的供电、寻址和读取还需要一些导线和接触，它将引入一个封装因子(packing factor) κ($\kappa<1$)，指的是沿 x 或 y 方向存储单元占用整个存储器的比例

$$\rho \leqslant (\kappa^2/\Delta q_*)^2$$

由等式(11.7)和式(11.5)，我们最终得到

$$\rho \leqslant \frac{1}{a_0^2}\frac{\kappa^2 s}{1+s(l/a_0)^2} \tag{11.12}$$

$$\nu \leqslant \frac{\Delta E_{\mathrm{bit}}}{2\hbar}\frac{1}{\sqrt{1+\dfrac{1}{4\chi^2}s(l/a_0)^2}} \tag{11.13}$$

$$f \leqslant \frac{\Delta E_{\mathrm{bit}}}{2\hbar a_0^2}\frac{\kappa^2 s}{\sqrt{1+\dfrac{1}{4\chi^2}s(l/a_0)^2}\,[1+s(l/a_0)^2]} \tag{11.14}$$

如果各循环耗散 $2\Delta E_{\mathrm{bit}}$ 的能量，那么单位面积最大功耗可以由式(11.15)给出

$$W \leqslant \frac{(\Delta E_{\text{bit}})^2}{\hbar a_0^2} \frac{\kappa^2 s}{\sqrt{1+\frac{1}{4\chi^2}s(l/a_0)^2[1+s(l/a_0)^2]}} \tag{11.15}$$

对于信息载流子是电子的情形($m=m_0$),$\tau_{\text{vib}} \approx 10^{-13}$s,等式(11.11)给出$l>$ 2.4nm;如果假定

(1) 存储单元拥有相应的最小尺寸($l/a_0=40 \sim 50$)。

(2) $\chi=0.5$(一个非常极端的封装因子)。

(3) $\kappa=0.5$。

(4) $\Delta E_{\text{bit}}=1\text{eV}$。

(5) 最大存储速率仅受存储单元态间转换时间限制。

由此得到的最大比特密度、转换频率、功耗分别为

$$\rho \leqslant 4.3 \times 10^{12}\,\text{cm}^{-2}$$
$$f \leqslant 1.7 \times 10^{26}\,\text{cm}^{-2}\text{s}^{-1}$$
$$W \leqslant 5.4 \times 10^{14}\,\text{erg} \cdot \text{cm}^{-2}\text{s}^{-1}$$

比特密度ρ的上限与目前已经达到的水平相差并不太远:目前报道的通过交叉杆结构得到的最大比特密度为$10^{10} \sim 10^{11}\,\text{cm}^{-2}$[30-36](这种技术将会在11.4.1节讨论)。但另一方面,功耗上限($5.4\times10^7\,\text{W}\cdot\text{cm}^{-2}$)与材料的物理性质严重不符。假定$W_{\max}$为最大可承载功耗,$W \leqslant W_{\max}$的条件可以通过限制转换频率的方式来满足。条件$\Delta E_{\text{bit}}=1\text{eV}$和$W_{\max}=1\text{W}\cdot\text{cm}^{-2}$(对于硅,在300K下这一数值是合适的)将最大翻转率限制在$3\times10^{18}\,\text{cm}^{-2}\text{s}^{-1}$,由此得到的最大并行度为$8\times10^4$。

11.2.2 读取

只要退相干过程破坏了状态的量子属性(将量子态$|1\rangle$和$|0\rangle$变为经典态0,1),确定存储单元的状态就不再涉及量子体系的测量问题。

11.2.2.1 信息载体与外部世界的耦合

信息载流子的经典属性,允许我们使用大多数传统物理属性来控制信息载流子。

不用考虑自旋(因为自旋是一种量子属性,在经典物理中没有对应物),我们可以把注意力集中在一些材料性质上,如质量、电荷、电偶极、磁偶极、折射率等,在所有这些性质中,最好的选择是,既易于触发$0 \leftrightarrows 1$的迁移(PROGRAM),又便于读取对应的态(READ)。

如果不用考虑质量(可以通过重力场来编程和传感,不过,通常情况下,与重力场相比,可以施加的场都太弱)。最佳选择是一些电磁属性,其中,电荷是最易操纵的一种物理量。

如果信息载体是携带电荷的，态的感测可以通过将存储单元的一个区域(如编码1区)嵌入到一个静电电位计中，然后连接到MOS晶体管的栅极上来实现。具体地讲，假设电子作为信息载体，当这一区域无电子时，晶体管处于OFF状态。当编码1区有电子时，晶体管切换到ON状态①。也就是说，当电子处于编码0区时(负责处于OFF状态的晶体管)，宏观的输出电势为零；当电子处于编码1区时(负责处于ON状态的晶体管)，宏观输出电势为正值。

当然，一个MOS晶体管的切换，需要不止一个电子电量(实际上，现有的技术水平需要$10^2 \sim 10^4$个电子)。然而，分子结导电性实验表明，有一些分子可以存储单个电子而处于亚稳态，且亚稳态的导电性要高于中性态[37]。对于这种材料，我们将在11.4.4节中给予详细的讨论。下面我们主要关注的是最大读取频率。

11.2.2.2 READ操作的物理极限

只要存储单元状态的电导测量是一个经典测量问题，那么，我们就可以通过一些非常基本的考虑予以处理。尤其当存储单元的传感元件可以被简单地当作可变电阻R^J时(R^J有两种可能值，即在OFF态时，$R^J = R^0$，而在ON态时，$R^J = R^1$，且$R^1 \ll R^0$)，则处理过程更为简单。

如图11.2所示，令驱动电压为V，输出电压为V_{out}^J，负载电阻为R_{load}。流过传感元件的电流为I^J，耗散功为W^J，我们有

$$I^J = \frac{V - V_{out}^J}{R^J} \tag{11.16}$$

$$V_{out}^J = \frac{(V - V_{out}^J)R_{load}}{R^J} \tag{11.17}$$

$$W^J = \frac{(V - V_{out}^J)^2 (R_{load} + R^J)}{(R^J)^2} \tag{11.18}$$

式中，e为正电荷。

读取存储单元状态所需要的最短时间，可以由式(11.16)直接得到，无论电阻处于哪个状态，通过电阻的电子数流ϕ^J可以由式(11.19)给出：

$$\phi^J = (V - V_{out}^J)/eR^J \tag{11.19}$$

首先，假设电阻处于ON状态，$J = 1$，当至少有一个电子通过时，测量才可以给出ON状态的信息，即$\phi^1 \Delta t > 1$才会发生，转换成式(11.20)：

$$\Delta t \geqslant eR^1/(V - V_{out}^1) \tag{11.20}$$

但另一方面，如果测量时间长于$eR^0/(V - V_{out}^0)$，即使体系处于OFF状态，系

---

① 对于假设的带有门电容的p通道MOS晶体管，会出现这种情况。当添加单一电荷时，会增加表面电势，它有可能使晶体管从累积到反相，对于硅，约为1V。

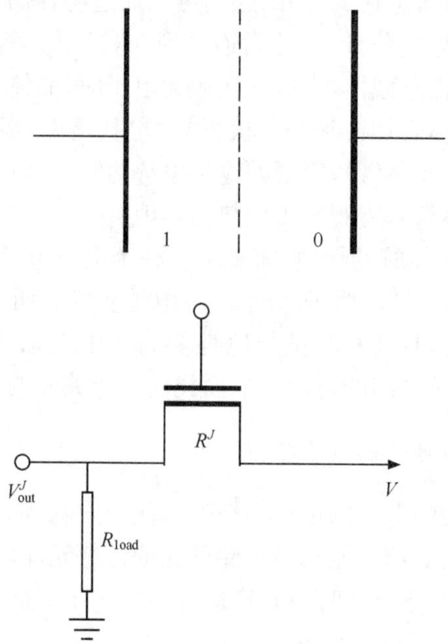

图 11.2　存储单元读取流经电阻的电流，其大小受一半存储单元内电荷状况的控制

统也可以检测到一个电子的通过。由于 $V_{out}^0 < V_{out}^1$，那么在时间间隔

$$\{\Delta t : eR^1/(V - V_{out}^1) \ll \Delta t \ll eR^0/(V - V_{out}^1)\} \tag{11.21}$$

之间，如果系统检测到一个或更多电子通过，就可以认为电阻是处于 ON 状态。相反，如果在这一时间间隔内没有电子通过，电阻就被认为处于 OFF 状态。

令

$$\Delta t^{READ} \approx eR^1/(V - V_{out}^1) \tag{11.22}$$

式中，Δt^{READ} 为检测存储单元 0 或 1 所需要的最小时间①。

通过增加 $V - V_{out}^J$（当然不能大于击穿电压），可以进一步地缩短读取时间。不过，如果该理论正确，根据式(11.18)，功耗会以 $V - V_{out}^J$ 的平方成比例地增加。许多人认为，集成电路最终的物理极限在于功耗[37-40]。按照这种思路，人们试图减少开关过程中的能量损耗 ΔE_{diss}。实际上，尽管人们已经提出了无耗散计算方案[41-46]，只要计算仍然作为一种不可逆的物理过程，就必然的包含着某种耗散。不过，如果说耗散从能量的角度是不利的，不可逆性本身却有利于计算结果与计算中间态之间的去耦合，从而使计算结果不受背景热噪声的干扰。在温度为 T 的热

① 实际上，假定电子流动为一泊松过程，Δt^{READ} 正是检测到的电子数的标准偏差与平均数相符的时间。仅当 $\Phi^1 \Delta t^{READ} > r\sqrt{\Phi^1 \Delta t^{READ}}$，且 $r \approx 3$ 时，才有统计意义。这一条件可以表示为 $\Phi^1 \Delta t^{READ} \geqslant 10$，即 $\Delta t^{READ} \geqslant 10eR^1/(V - V_{out}^1)$。

库中进行的计算过程所需要的最小耗散值，可以通过一个有名的公式给出

$$\Delta E_{\text{diss}} \geqslant k_{\text{B}} T\ln 2 \approx \Delta E_{\min} \tag{11.23}$$

式中，k_{B} 为 Boltzmann 常量。这一公式最初由 Neumann 提出，后来经 Landauer 分析得到证实[25]，同时也为 Meindl 和 Davis[39] 的讨论所完全支持。

随着总电阻 $(R_{\text{load}}+R^{J})$ 的增大，相应地功耗减小；对于处于 ON 状态的电阻，假定读取过程也受功耗限制，则 $V-V_{\text{out}}^{J}$ 必须尽可能地接近计算所要求的最小电压

$$e(V-V_{\text{out}}^{1}) \simeq k_{\text{B}} T\ln(2) \tag{11.24}$$

对于给定的 R^{1} 和 $V-V_{\text{out}}^{1}(=k_{\text{B}}T\ln 2/e)$，式(11.18)要求 R_{load} 尽可能的小。此外，如果我们需要 V_{out}^{1} 也可用于计算(即 $V_{\text{out}}^{1} \geqslant k_{\text{B}}T\ln 2/e$)，则式(11.17)给出 $R_{\text{load}} \geqslant R^{1}$。将这个限制条件与最小耗散要求联立，得到最佳组合

$$R_{\text{load}} = R^{1} \tag{11.25}$$

将式(11.24)代入式(11.20)，得到

$$\Delta t_{\min}^{\text{Read}} \approx \frac{e^{2}R^{1}}{k_{\text{B}}T\ln 2} \tag{11.26}$$

通过将式(11.24)代入式(11.18)，可以得到在最佳电路条件下读取一个存储单元所需要的最小功耗

$$W_{\min} = \frac{2e^{2}}{R^{1}(k_{\text{B}}T\ln 2)^{2}} \tag{11.27}$$

下面来讨论传感(sensing)电阻 R^{1}。鉴于电荷通过分子传输存在多种机制(隧穿，接触场发射，Poole 或 Poole-Frenkel 传导等)[46]，很难普适地给出一些数值。不过，如果将电子通过分子的传输看作是(通过经典禁带区的)接触与接触之间跨越势垒的电荷输运，则问题的讨论就得到大大的简化，那么：

$$\frac{1}{R^{J}} = \frac{e^{2}}{h}\tau^{J} \tag{11.28}$$

式中，$h=2\pi\hbar$，$h/(2e^{2})$ 为兰道尔(Landauer)量子电阻(一种与经典禁带区有关的最小接触电阻)，τ^{J} 是与两接触之间势垒透过率和电极接收区态密度有关的量。特别令人感兴趣的是，τ^{J} 很容易受到隧穿区附近电场的调控(这种电场可以通过其近邻电子的存在 $(J=1)$ 和消失 $(J=0)$ 来产生，因此，原则上可以很容易地实现，参见 11.4.4 节的讨论)。

将式(11.28)代入到式(11.26)和(11.27)，得到

$$\Delta t_{\min}^{\text{READ}} \simeq \frac{h}{k_{\text{B}}T\ln 2}\frac{1}{\tau^{1}} \tag{11.29}$$

和

$$W_{\min}^{J} = 4\,\frac{(k_{\text{B}}T\ln 2)^{2}}{h}\tau^{J} \tag{11.30}$$

式(11.29)和式(11.30)特别指出了环境和电阻的内在性质,是如何通过温度和 τ^J 影响 $\Delta t_{\min}^{\text{READ}}$ 和 $W_{\min}^J$ 的。

如前所述,我们很难指定一个值来代替 R^J。对于一些非常有希望获得应用的有机分子,开态电阻通常在 $10^9\,\Omega$ 左右[大大高于兰道尔电阻 $h/(2e^2)=12.9\text{k}\Omega$];如果假设电导被隧穿过程限制,则相应地给出 $\tau^1\approx10^{-5}$。对于 1V 的偏压,流经 ON 状态分子的电流约在 1nA 量级,而对于室温下允许的最小工作电压,对应的电流约在 10pA 量级。

在最小功耗条件下,对于 $\tau^1\approx10^{-5}$,由式(11.29)、式(11.30)给出的 $\Delta t_{\min}^{\text{READ}}$ 约为 2.4×10^{-8}s,$W_{\min}^1$ 约在 4.9×10^{-13}W。这意味着,如果存储器中的单元以最大的密度布置,然后,同时读取所有存储单元的信息,则所对应的能量损耗大约在 $1\text{W}\cdot\text{cm}^{-2}$。

迄今为止,我们仅假设 $\tau^{\text{OFF}}\ll\tau^{\text{ON}}$,完全没有考虑外加偏压大小。事实上,如图 11.2 指示,将晶体管从 OFF 切换到 ON 所需要的最小势能,必须大到足以使晶体管从累积区转变到反相区。对于硅来说,这个电势大约在 1V (E_g/e,E_g 为带隙),当 $\tau^1\approx10^{-5}$,式(11.26)和式(11.27)得到的时间和功率分别约为 10^{-9}s 和 10^{-10}W。后一数据表明,在 1Wcm^{-2} 的功耗限制下,仅有部分存储单元可以同时操作。

仍未考虑的另一个重要物理量是流经 ON 状态可变电阻的电流:当外加偏压 1V 时,约为 1nA;当外加偏压为 $k_BT\ln2/e$ 时,约为 20pA。可以很容易地测量这些电流,仅需要一个外置放大器。如果需要将它集成到控制电路(若需要并行地管理一系列单元,则是必须的),则这一电流值就可以降低到 1μA 量级[47]。有关这个技术限制的影响,将在 11.4.2 节中讨论。

我们还没有考虑 PROGRAM 信号和 READ 信号是如何施加到存储单元中去的。忽略了用来改变单元电势或测量流过电流大小的详细模式,相应地,所用的设备都是宏观的,尺寸通常远大于单元。如果必须将这些装置布置到平面构型中去的话,则只有那些允许应用较少测量装置来传感所有单元信息的体系架构,才有能够实现万亿级(terascale)集成。因此,将这类装置与最终的存储单元集成在一起,是纳米电子学的最终目标。

11.3 混合技术如何逼近物理学极限——分子电子学

令 N_{cell} 表示构成电路的存储单元数。用相对较少的测量装置读取它们的最简单的方法是，将这些单元组织到一个网络，网络中各单元由两根相互交叉的线定义①。自从这一设想被提出以后[48]，能够用于下一代电路的交叉杆式结构得到了系统的研究。实际上，交叉杆式结构已经被用于将可编程分子作为存储单元的探索性存储器中[49]；尽管将分子器件与现有 CMOS 技术相结合的设想，已经提出了许多年[50]，但是直到最近才得到更多的探索[50-54]。

在已经提出的用于复杂度超过 0.1Tb 电路的一些体系结构中[55]，我将着重地介绍一种体系架构，它结合了传统的基于硅的微电子控制单元，这一单元控制纳米尺度的交叉杆式结构，相应地，在纳米交叉杆的各交叉点处都连接有一个纳米器件作为存储单元[48]

TSIIC＝micro IC ∪
纳米交叉杆 ∪
纳米单元

这一体系架构将制作 TSI IC 的问题转化为制作纳米存储单元，并将它们插入到交叉杆式结构的交叉点上去。鉴于分子本身可以作为存储单元，它们已经被设计出来[55-60]，而且也可以将它们合成出来[49,61]，因此 它不再被当作是一种设想。这一事实直接开启了使用混合路线(hybrid route)实现 TSI IC 的可能性

混合 TSIIC＝micro IC ∪
纳米交叉杆 ∪
架接的(grafted)可重构分子

利用可重构分子电输运性质用于准备可外部访问的电路的方法，通常被称为分子电子技术。把纳米尺度核心单元(功能化交叉杆)连接到传统的亚微米控制单元上，就制成了混合分子非易失性存储。

混合体系架构的实现需要解决一系列问题，其主要的问题包括：

(1) 建立经济上可持续的技术②，用于准备密度达 $10^{11}\,cm^{-2}$ 的交叉点；

(2) 如何将寻址线与微电子电路连接，以便写入和传感；

(3) 可存储分子的设计、合成与电学表征；

(4) 如何大批量地将功能分子架接到交叉点上。

人们对所有这些问题都进行了尝试，并且已有希望能够获得最终的解决方案：

---

① 单元布置的维度 d 是非常关键的，它不仅表现在链接一个单元到其近邻的可能性(对于具有相同半径的球，对于 $d=1$，最大接触(kissing)数为 2；$d=2$，时，它为 6；$d=3$，时，则为 8)，同时也代表了外部可访问的单元数 N^*_{cell}，$N^*_{cell}\propto N_{cell}^{1-1/d}$。$d=1$,2 或 3 的存储示例为，移位寄存器 ($N^*_{cell}$ 与 N_{cell} 无关)，静态随机访问存储(RAM，$N^*_{cell}\propto N_{cell}^{1/2}$)，脑皮层 ($N^*_{cell}\propto N_{cell}^{2/3}$)。当需要同时管理大量的信息时，则显然需要三维(3D)的布置；交叉杆式存储为 2D 布置；动态 RAMs 和 NAND NVM 可以看成是以多重 1D 布置安排的。

② 这里，“经济上可持续的“表示”不需要大量地使用电子束蚀刻技术”(EBL)。当然，它并不排除可以利用 EBL 对层进行定义，而是将这一技术限于有限的选择层的定义。

(1) 存在能够制备简单形状(如线阵列)的方法,且节距为纳米长度尺度(NLS)[30-35]。

(2) 已经找到去复用(demultiplexing)问题的解决方案[61-69]。

(3) 文献中已经存在一些双导电态分子的报道[48,55-60]。

(4) 氢原子封端的硅表面,可以很容易地与末端存在烯基的分子反应,生成稳定的 Si—C 键,从而实现表面的功能化[34]。

11.4 突破传统光刻和电子束光刻的分辨极限

利用一些精巧的设计,在不大量地使用 EBL 技术的情况下,也可以制备出节距为纳米尺度(NLS)的线阵列。这些准备主要利用了:

(1) 能够将垂直方向的特征转化为水平方向的特征;

(2) 对于许多薄膜,可以在亚 NLS 上精确地控制垂直方向的特征(即厚度)。

例如,用于压印光刻(IL)的带有纳米尺度特征的接触掩模[70],可以通过以下步骤来制备[32]:

(1) 通过分子束外延技术,在衬底上生长量子阱;

(2) 垂直于表面切割样品;

(3) 抛光新暴露的表面;

(4) 选择性地刻蚀量子阱的不同条带。

另一种方法即所谓"多间隔图案化技术"(multi-spacer patterning technique)(S^nPT)。在这一技术中,由 n 个杆构成的阵列,直接通过一系列(n 次)保形沉积和各向异性刻蚀定义到衬底上[32-34]。SPT 技术的基本思路如图 11.3 的左侧所示:图的上半部分描述了 SPT 方法的具体过程,而下半部分则给出了通过这种方法得到的单一线的截面图。图 11.3 的右侧展示的是利用 S^nPT 技术制备线阵列的基本思路:上半部分是方法的示意图,下半部分给出了用这种方法得到的由 SiO_2 绝缘层间隔、亚光蚀节距(sub-lithographic pitch)35nm 的多晶硅纳米线阵列。

在压印光刻技术中,整个图案化过程只需一步;而 S^nPT 技术则需要重复 n 次保形沉积和各向异性刻蚀才能得到由 n 条线组成的线阵列(若衬底是一个沟槽结构,那就仅需要 $n/2$ 次,图 11.3)。这一事实意味着,当阵列由大量的线构成时,第一种方法要方便得多。相反,当在 NLS 上制备器件数目较少的试验结构时,则第二种方法更为有方便(见 11.4.2.2 节)。

对于这两种方法而言,尽管可以制作的几何形状都非常简单,但它们所能达到的节距(IL 约为 16nm[32],S^nPT 约为 20nm[71,72])要显著地优于现有最为先进的蚀刻技术(对于 EBL,约为 40nm[71]),这是因为,这两种技术都利用了已存在的线对下一条线的自对准作用(见注释 1)。能够制作节距 10nm 左右的线阵列,并不意味着单靠这种技术就可以制备具有同样特征尺寸的晶体管,这是因为晶体管的掩模

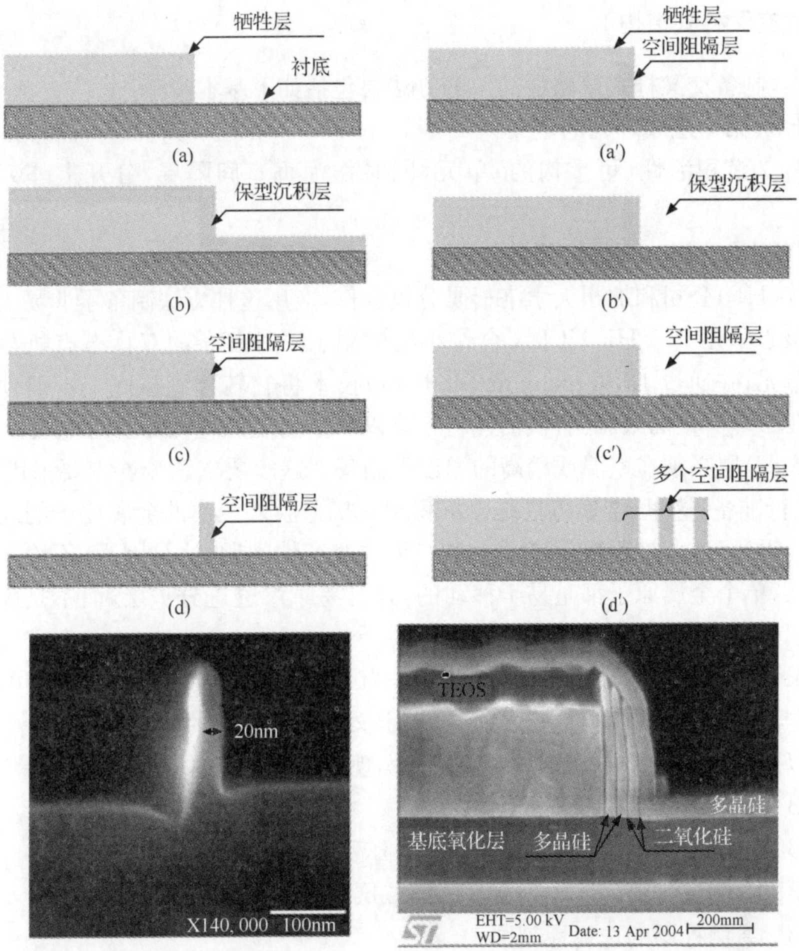

图 11.3 左侧上部：通过 SPT 方法获得亚刻蚀特征的流程：(a)沉积牺牲层，通过光刻和各向异性刻蚀得到垂直的台阶边沿；(b)保形层沉积；(c)各向异性刻蚀；(d)选择性的化学刻蚀牺牲层。左侧下部：通过 SPT 得到的结构(摘自 Choi，Y-K. et al，JPCB，107，3340，2003)。右侧上部，S^nPT 流程：(a′)通过 SPT 构建第一个间隔层；(b′)新型保形层沉积；(c′)各向异性刻蚀，制备另一种材料的第二阵列；(d′)重复(b′)-(c′)过程。右侧下部：S^3PT 多间隔(节距 35nm，由双层多晶硅和二氧化硅层构成)示例(摘自 Cerofolini，G. F. et al.，Nanotechnology，16，1040，2005)

包括有较简单阵列复杂得多的设计。此外，不同层间的掩模不仅具有精密的图案(definition)，而且还需要在 NLS 上对准(alignment)。这两个因素使 MOSFET 微型化难以达到单一模板的分辨力极限。不过，当使用交叉杆式结构(两个相互正交取向的阵列(取向并非关键)定义在两个不同的层上，在下阵列和上阵列之间的各交叉点是包括活性存储单元的场所)时，这两个限制因素失效。

11.4.1 交叉杆式结构

显然,制备交叉杆式电路最简单的方法要包括如下基本步骤:

(XB1) 第一层线阵列的定义

(XB2) 沉积活性(可重构的)单元,同时作为垂直间隔层,分开上阵列和下阵列

(XB3) 第二层阵列的沉积和定义

惠普(HP)公司和加州大学洛杉矶分校合作,应用这种方法制备了非易失性存储器的核心单元[49]。HP-UCLA 合作小组使用了一种复杂的双稳态有机分子作为活性单元,并通过 LB(Langmuir-Blodgett)技术将它转移到衬底上。但他们的方法存在一个严重的限制:有机活性材料难以承受高温处理,因此,对电极(counter-electrode)层必须在室温或稍高的温度下制备。这一要求意味着需要采用 PVD 法①来进行准备,这里,金属电极是由沉积到有机薄膜外表面的金属原子的凝聚而形成的。不过,这一过程也带来了一个严重的兼容性问题,这是因为,不论其化学属性如何,单个金属原子都是易于移动的,并且易于渗透进分子层,而不是固定在其最外层的位置[72-76]。

如果假定可重层部分由有机分子构成,为了解决 HP-UCLA 小组遇到的问题的唯一方法是,在插入有机单元之前,制备定义交叉杆矩阵的两个阵列[51,54]。

可以通过改变(XB1)-(XB3)的顺序来实现这个目标,具体如下:

(XB* 1) 制备第一层线阵列

(XB* 2) 沉积牺牲层,作为上阵列与下阵列的垂直间隔

(XB* 3) 制备与第一层阵列交叉的第二层阵列

(XB* 4) 牺牲层的选择性刻蚀

(XB* 5) 插入可编程分子,使之在各交叉点连接上和下导线

简化的示意图见图 11.4 的上部所示。

当然,定义一层与分子尺寸想当的牺牲层,然后,在沟槽区于纳米尺度上嫁接分子,这并不是一件容易的事情。不过,第一个问题似乎存在一个相对较为简单的解决方案,即使用多晶硅纳米线,生长一薄层 SiO_2(其厚度可以很容易地调节到与分子尺寸相匹配),构建第二层层线阵列(其取向与下一层相互正交)。最后,选择性地刻蚀掉中间的氧化层,并形成分子客体的结合位点。

对于通过 S^nPT 方法制备的阵列,为了使第二层 S^nPT 的各阶段具有相同厚度

① 实际上,可以设想其他的方法。例如,在易挥发的液体中,利用悬浮的金属纳米团簇(通过与中间体反应而稳定)形成上层,液体的蒸发将导致形成几乎密排的层。另一种方法是有机导体的自旋沉积(spin deposition)。目前,仍缺乏这种方法的探索。

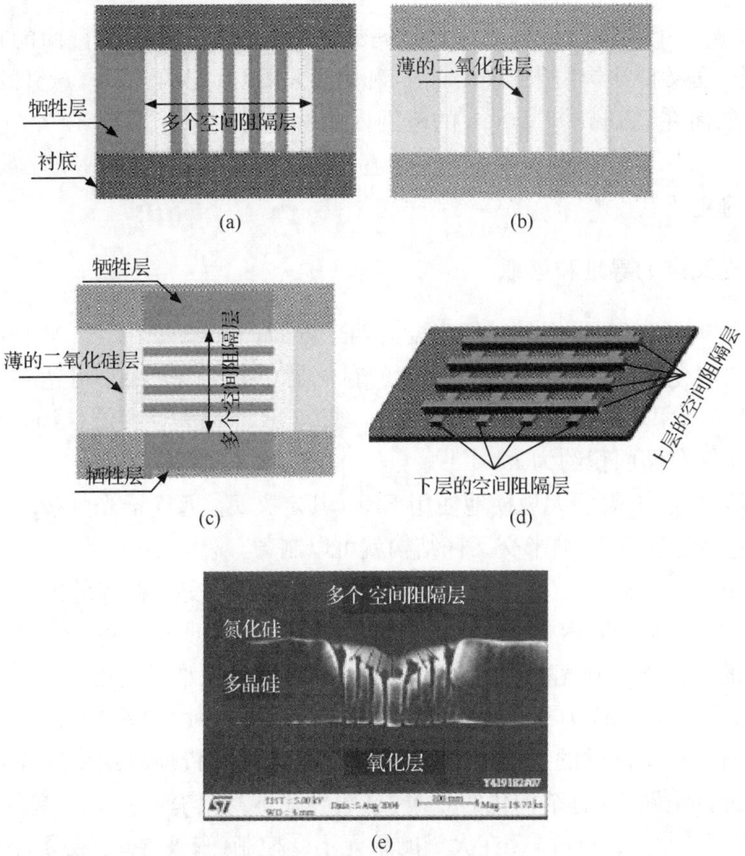

图 11.4　(a)～(d)交叉杆制备步骤：(a) 通过 S^nPT 制作第一层线阵列；(b) 热生长一薄层二氧化硅牺牲层；(c) 在第一层线阵列上方制备与之垂直的第二层阵列；(d) 选择性的刻蚀掉中间的二氧化硅。(e) 采用未掺杂多晶硅和热生长二氧化硅，由 S^nPT 工艺获得的七间隔交叉杆结构的截面扫描电镜图

的 SiO_2 层，制作过程必需按照如下步骤：令 D_X、E_Y 和 O 分别代表 X 层的保形沉积操作，Y 层的各向异性刻蚀，以及到一定厚度硅的氧化；B ∩ A 代表按照先 A 后 B 的顺序进行操作(操作 ∩ 是不可对称的：$B \cap A \neq A \cap B$)。这样，第一层和第二层的 S^nPT 可以用下述符号概括[33-35]：

$$S^nPT = S^1PT \cap S^{n-1}PT$$

$$S^1PT = E_{SiO_2} \cap D_{SiO_2} \cap E_{Si} \cap D_{Si}\text{，对于第一层} \tag{11.31}$$

$$S^1PT = E_{SiO_2} \cap D_{SiO_2} \cap E_{Si} \cap D_{Si} \cap O\text{，对于第二层或上层}$$

对于多晶硅线阵列的制备，这种方法还具有其他的优势，其最简单的实现即可以得到多晶硅阵列，其表面具有适中的活性，但仍然允许使用有机分子实现可控的功能化[53]。

图 11.4 的下半部分给出了 S^nPT 方法制备的交叉杆阵列横截面的扫描电镜图片，其中，交叉杆结构由未掺杂多晶硅和热生长 SiO_2 层构成。有意义的是，这一图表明了如何在 350nm×350nm 的范围内能够非常简单了布置 49 个交叉点，密度相当于 $4\times10^{10}\ cm^{-2}$。据文献[71]报道，这一技术允许制备密度高达 $1.2\times10^{11}\ cm^{-2}$的交叉点。

11.4.2 交叉点的寻址和读取

混合纳米 IC 工业发展的动机主要有两个方面：

(1) 它们允许制备具有最高集成度的存储器(用 F 代表最小可达到的特征尺寸，相对于 NAND(与非门逻辑)的 $4.5F^2$，或 NOR 非易失性存储(或非门逻辑)的 $10F^2$，交叉杆存储面积约为 F^2 [47]①。

(2) 原则上，不需要大规模地使用 EBL(其定义 F_X 远优于光刻技术允许的特征尺寸 F_{litho})的条件下，纳米交叉杆结构就可以制备。

对于 $F_X=0.3F_{光刻}$，那么，前述因素的结合给出的交叉杆存储的存储密度将达到现有的 NAND-NOR 存储的 40～100 倍。不过，由于难以将这些具有亚光刻水平节距的特征连接到光刻特征上去，因此，这一优点也难以实现。

目前，人们正在致力于开发在纳米尺度上可以寻址超高密度交叉点的方法[61-68]。解决这一问题的主要策略是，将纳米交叉杆随机地将纳米线连接到有寻址能力的外部电路[具有结构化的导线，这些导线本身具有寻址单一单元(cell)的能力]中去[62,63,65,67]。这样，存在大量的单元不受控制(未被寻址，或具有由独特的代码标识的不同单元)，因此，需要采用一特别的逻辑来处理这种情形，以消除不能寻址的单元或有可能利用其冗余性(TERAMAC 方法)[68,76]。显然，只有当不起作用的单元只占少数且用于管理随机性的电路不致过于复杂时，这种方法才有效。

在实际应用中，这些条件能否满足尚不清楚，尤其是当预期的交叉点密度 $10^{11}\ cm^{-2}$与 NAND 存储(其控制是确定性的)的目前可达到的密度($10^{10}\ cm^{-2}$)可以相比拟时，情形更是如此。

接下来要探讨的是，在全交叉点存储器中实现确定性访问的可能性。特别地，将对三种方法进行讨论：一个适用于所有交叉杆结构(无论其制备过程如何)，另两种则仅适用于 S^nPT 工艺制备的交叉杆。这三种方法的两种是基于导线的几何隔离，而另一种方法则是通过能量筛选来实现线与线的分离。

---

① 实际上，交叉杆和 NAND 的不同估计，基本上是由于这样一个事实，即刻蚀 F (原则上说，通过简单地过蚀刻，它可以降低到大大地低于光刻的极限)可以方便地设为 $F=0.5L$，L 代表节距，而在 SnPT 工艺中，节距非常接近于 F。

11.4.2.1 几何分离

水平斜角技术：第一种技术最初由 Likharev 提出来，当时被称为 CMOI 电路（最近评述见文献[69]）。这一技术类似于曾经与微切片、染色结合在一起用于测量结深度的斜角技术[最近，又与扩展(spreading)电阻技术结合用于获得载流子浓度分布]，因此，它也被称为水平斜角技术(HBT)。假设有一个沿 x 方向排列的阵列，它由 n 条平行导线构成，宽度 l_y，节距 L_y，且密集排布，它们不能通过 EBL 逐一访问，因此不能连接到主体微电子电路。我们可以通过下述过程进行硬件多路复用：在沉积一层绝缘保护帽层后，定义（例如，通过 EBL，但不一定非要如此，也可以使用 SPT）宽度为 b 的杆，相对 x 方向，其取向成一小角度 α，长度要足以跨越阵列中所有的线，并使用此图案蚀刻掉下一层绝缘保护帽。这一过程将导致暴露出 n 个长菱形，其节距为 Δx，沿 x 方向的长边 δx 由式(11.32)和式(11.33)给出

$$\Delta x = L_y/\tan\alpha \tag{11.32}$$

$$\delta x = b/\sin\alpha \tag{11.33}$$

这样，各开放接触的面积为 $bl_y/\sin\alpha$。取向的选择要保证 Δx 和 δx 都在光刻能力范围之内（不一定要用电子束）。考虑到式(11.32)和式(11.33)，采用足够小的 α 也是可能的。由于这一方法能够从节距 L_y 的阵列获得节距 Δx 的阵列（只需要准确地控制取向角 α，见式(11.32)，它可以看成是一种节距转换器，其种几何增益约为 α^{-1}。

S^nPT 中的融合相邻线：与其他的纳米交叉杆制作工艺相比，S^nPT 有一个突出的优点，就是它可以把相邻线“隔开”一定的距离，从而便于通过 EBL（电子束刻蚀）乃至普通光刻连接到微电子世界。实际上，设想定义牺牲层的掩模具如图 11.5(a)所示的形状，第 k 个沟槽分别通过长度 b^k（节距 B^k）和 a^k 的线段沿和垂直于线方向扩展（上指标 k 从 1 到 n，定义阵列中导线）。令这些量满足以下条件

$$b^k = 2t_{\mathrm{Si}} + 2(k-1)t_{\mathrm{sp}} \tag{11.34}$$

$$B^k = b_0 + b^k \tag{11.35}$$

$$a^k = (n-1)t_{\mathrm{sp}} + a_0 = a \quad (\text{与 } k \text{ 无关}) \tag{11.36}$$

式中，t_{Si} 为沉积的多晶硅厚度（由 SPT 转化为多晶硅的宽度）；t_{sp} 为各间隔双层的厚度；a_0 和 b_0 为区域中允许接触对准（由 EBL 定义）的尺寸（这个区域内会沉积上多晶硅）。由图 11.5(b)、(c)、(d)可以看出，只要式(11.1)至式(11.3)能够实际上得到满足，沉积间隔层 1、2、3 等后，结构是如何演化的；整个流程显示了在光刻分辨率水平实现单根纳米线连接的可能性。一旦定义了可刻蚀区，紧接着是在表面沉积一介电层，并在这些区域刻蚀绝缘层。

无论是 S^nPT 工艺，还是 HBT 工艺，下一步都是沉积一均匀的金属层，通过光刻定义导线，这些导线连接纳米线到传统微接触。

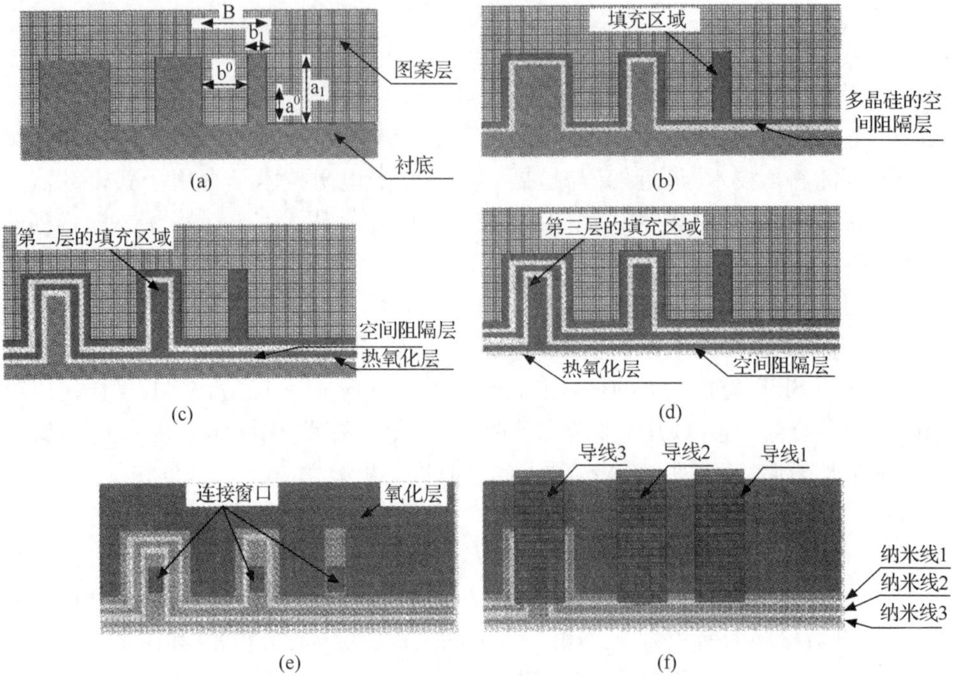

图 11.5　定义导线的掩模的平面视图，以及通过使用电子束刻蚀允许各线分别接触的技巧

即使 N 达到万亿(tera)量级，这一数值也是合理的(在 $10^6\,cm^{-2}$ 的量级)，但这种布置对存储单元的电流电压特性施加了极高的约束 ($I_{on}/I_{off} \gg 10^6$；其中 I_{ON} 和 I_{OFF} 分别为 ON 状态和 OFF 状态的电流)。

因此，TSI 器件的寻址不仅可以通过几何选择，还可以通过诸如能量筛选等来予以实现。

11.4.2.2　能量筛选

寻址线带来了严重的体系架构问题。例如，如果存储组织成由 $N_X \times N_Y$ 个存储单元 ($N_X \ll N_Y$) 的方形矩形阵列构成，那么，我们需要通过 $N_X + N_Y$ 个外部可访问的位(bit)和字(word)线来寻址，线的数目将按 $N_X(1 + N_{cell}/N_X^2)$ 增加，这里，N_{cell} 为单元数。当 $N_X = N_Y$ 时，这一数值达到最小值，这时，线数减少到 $2N$，这里，N 为 $\sqrt{N_{cell}}$。

为了寻址 $N+N$ 行和列的交叉杆中布置的 $N \times N$ 存储单元，要求我们同时允许一任意行和一任意列，并禁用所有其他的线。从原理上讲，允许或禁止(“控制”)一条线的最简单的方法是，将它作为一个 AND(或 NAND)门的输出，其输入是编码这条线的所有信号。由于 $2N$ 个输入的二进制编码要求 $\log_2(2N)$ 比特，那么，

寻址交叉杆的 N^2 单元，原则上需要 $2N$ 门，而每一个门需要 $\log_2(2N)$ 个输入。

仅当存储密度远高于现有水平(10^9 比特量级)时，混合硅-有机分子存储才会有实用价值。因此，我们以一个 2^{34} 比特的存储器(约 1.7×10^{10})为例来说明这一问题。控制具有 $N^2 = 2^{34}$ 个单元的交叉杆，需要 $2N = 2^{18}$ (约 2.6×10^5)个门，每个门需要 $\log_2(2N) = 18$ 个输入。很明显，现有技术还达不到如此大的扇入数；假设扇入数为二，单一的解码器需要每线拥有最大 $\log_2 N \approx 9$ 个双输入 AND(或 NAND)门，门的总数 $2N\log_2 N \approx 2.3\times10^6$。这一例子表明，原则上说，一个非常大的 TSI 交叉杆存储可以最多使用具有 GSI 复杂度的硅基电路来进行控制。

然而，这种假想的体系架构是实际上不可行的，理由如下：对于一根导线，宽度在纳米级，高度在 100nm 量级，而长度在厘米的量级。其电阻 R_{line} 将会非常大，以至于根本不可能通过它来确认交叉点上的分子是否处于 ON 或 OFF 状态(这一问题将随后予以讨论)。这一困难可以通过将整个存储分割成 k 个子存储来予以解决，各子存储具有 n^2 个交叉点，$N^2 = Kn^2 (n \ll N)$。假设这一布置与前述的整个存储具有相同的解决方案，编址整个存储需要至少 $2nK = 2N(N/n)$ 个扇入数为 $\log_2(2n)$ 的门，到最多 $2nK\log_2(2n) = 2N(N/n)\log_2(2n)$ 个双输入门。硅基电路的复杂度也因此而增加一个因子，范围从 N/n (扇入数为 $\log_2(2n)$ 时)，到 $(N/n)\log_2(2n)/\log_2(2N)$ (扇入数为 2 时)。为了理解这一布置导致的复杂性增加，考察一个 $n=25$(1024 比特)子存储的体系架构，当扇入数为 6 时，它要求 1.1×10^9 个门(扇入数为 2 时，则为 3.1×10^9 门)。这个简单的例子表明，1kb 子存储器的布置，要求硅电路的复杂度与分子部分几乎相等，这就使得交叉杆方案完全丧失了意义。寻址电路的复杂度随 n 的减小而降低。在之前的例子里，仅当满足以下条件时，才能以 GSI 复杂度由硅电路控制 TSI 交叉杆存储。

$$n \gg 30 \tag{11.37}$$

不过，这一要求与硅基控制电路中集成传感放大器的要求相冲突。实际上，最小交叉点面积是通过控制电路在传感流经存储单元电流的能力来予以控制的。

(1) 集成的传感放大器具有的电流灵敏度在 $1\mu A$ 量级(比目前使用的值低一个数量级[77,78]，但并非是一个不现实的估计[47])

(2) 当外加偏压为 1V 时，处于 ON 状态的各分子携带的电流为 1nA 量级，$I^{\text{ON}} \approx 1nA$ [59]。

如果这些条件能够满足，当交叉点处分子数达到 1000，在 ON 状态时流过的电流可以被集成放大器检测出来(假设具有可加和性)。如果各分子占据的面积为 1nm^2，且分子间紧密排列①，则交叉点面积约为 10^3nm^2，对应于边长为 30nm 的正

① 在 11.2.1 节中，不同存储单元之间的最小间隔估计大于 2nm。这里，我们假定分子间隔约为 1nm。这种不一致性是由于前面的估计适用于不同存储单元之间的距离，而现在的估计则适用于同一单元中的分子距离。

方形。如果相邻交叉点之间的介电层厚度可以忽视不计(正如图 11.3 右侧演示的情形)，n 个交叉点的阵列电阻 $R_{\text{line}}=R_{\square}n$。$R_{\square}$ 为多晶硅层的面电阻。对于重掺杂厚度为 100nm 的多晶硅，$R_{\square}$ 约在 $10^3\Omega/\square$ 的量级。为了检测出 ON 状态，必须有 $R_{\text{on}}\gg 2R_{\square}n$(否则，电流将会低于放大器的检出限；因子 2 是考虑到每一个交叉点由两条线控制)。以上条件给出

$$n\ll R_{\text{on}}/2R_{\square}\approx 5\times 10^2 \tag{11.38}$$

虽然可能存在一个 n 的取值范围，不等式(11.37)和不等式(11.38)能够同时满足，它们也表明，一个混合硅基-分子存储的鲁棒设计，要求一种更为成熟的寻址交叉点策略，而非一种简单的几何分离。

尽管在 IL(压印光刻)工艺中，所有线都是集体定义的，而在 S^nPT 工艺中，这些线则顺序制作的。从批量生产的角度看，采用压章光刻更为有利，除非 S^nPT 工艺能够利用顺序阵列沉积来实现单线的外部识别。

观察图 11.3 的右侧可以发现，采用多间隔图案得到的线，高度按制备顺序逐渐减小(这一减小量可以通过 S^nPT 条件的微小改变来予以控制)。

令 r_i 代表第 i 行，c_j 代表第 j 列，(i,j) 代表它们定义的交叉点。设想所有行 r_i(列 c_j)都通向一个独特的光刻定义的接触 $C_r(C_c)$，它位在一个光刻定义的电极 $GE_r(GE_c)$ 之下，并由固定厚度的绝缘层与其他介电地分离。图 11.6 给出了上述布置的平面视图以及两个截面图。

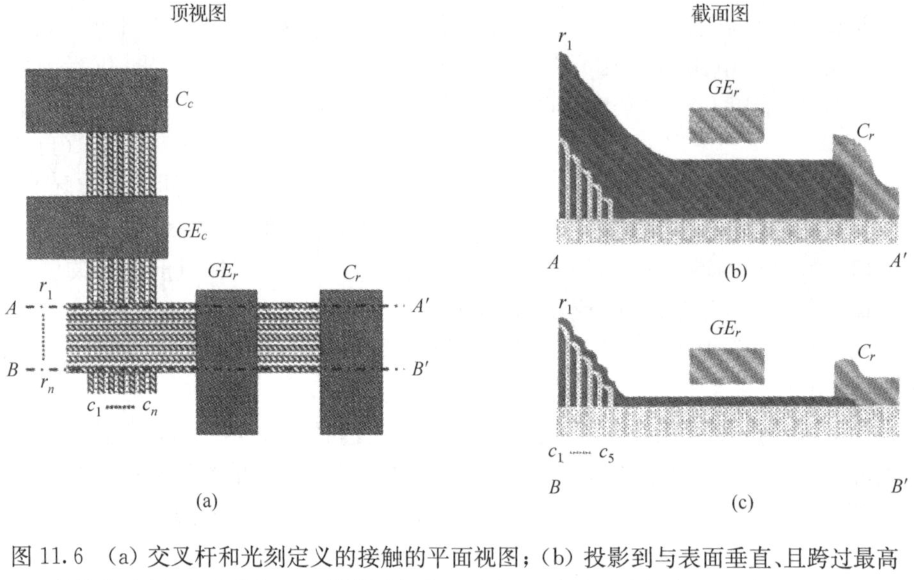

图 11.6 (a) 交叉杆和光刻定义的接触的平面视图；(b) 投影到与表面垂直、且跨过最高行线的 AA'平面视图；(c) 投影到与表面垂直、且跨过最小行线的 BB' 平面视图

考虑到导线由多晶硅构成，电极 GE_r，GE_c 可以作为下面导线的控制栅(control gate)。对于给定的硅掺杂浓度和绝缘层厚度，调节栅极 GE_r、GE_c 的电压，使得仅最高的线(tallest wire)没有完全耗尽。在这种情况下，从 C_r 到 C_c 的电流 $I_{(1,1)}$ 仅受到交叉点(1,1)的导电状态的影响。调节 GE_c，使得 C_2 允许：这样，从 C_r 到 C_c 的电流，是流经(1,1)结和(1,2)结的电流之和 $I_{(1,1)\cup(1,2)}$。如果 $I_{(1,1)}$ 的值被记忆，那么，流经(1,2)(给定其状态)的电流 $I_{(1,2)}$，可以通过差值 $I_{(1,1)\cup(1,2)}$-$I_{(1,1)}$ 得到。类似地，对所有交叉点按上述处理，只要所有(256 或 1024)交叉点都记忆在缓冲存储中，我们便可以确定它们的状态。这意味着，交叉杆中每次仅有一小部分可以并行读取(否则，硅电路必须具有至少与纳米存储相同的比特数)。

然而，如果分子作为存储分子能够像施密特(Schmitt)触发器一样工作，即仅在某一窄的电压区间表现出不可忽略的电导，这一问题就不存在了。实际上，在目前报道的可以应用于分子电子学的有机分子中，的确有一些具备这种性质[79-82]。

值得注意的是，S^nPT 工艺可以在洞穴(cave)中方便地操作，这是因为重复 n 次 SPT 过程会产生 $2n$ 条线，而不是 n 条。单个控制电极难以区分具有高度相同的两条线，这一困难可以通过下述方法来予以解决，即通过控制洞穴的宽度，仅能产生 $2n-1$ 条线(中间一条的线宽将会是普通线宽的 2 倍)，使用两个门控电极(对于每一线，GE_L^u 和 GE_L^d，其中 $L=r,c$)，每一个控制总共 $n-1$ 条外侧电极(outer electrode)和部分的中间电极(central electrode)。读取可以通过下述方法实现，首先，允许 GE_L^u，并禁止 GE_L^d (顺序地读取通过上导线的电流)，随后，允许 GE_L^d，并禁止 GE_L^u (读取通过下导线的电流)，最后，允许 GE_L^u 和 GE_L^d (读取通过中间导线的电流)。显然，也可以采用其他类似的解决方案。

11.4.3 嫁接可重构分子到多晶硅交叉点

把有机分子连接到硅的表面有许多种方法，包括：

(1) 含有烯炔官能团的分子环加成形成双键硅二聚体[83,84]；

(2) 利用格氏试剂，将卤原子[85]和氢原子[86]封端的硅表面烷基化或芳基化；

(3) 含有羟基的分子与带有硅羟基的硅表面发生缩合反应[87]；

(4) 氢原子封端[89]或者硅羟基封端[88]的硅表面，与氯硅烷反应实现硅烷化(副产物 HCl)；

(5) 氢原子封端的硅表面与烷基胺发生缩合反应实现硅烷化[89](副产物 NH_3)；

(6) 氢原子封端的硅表面与重氮盐反应芳基化，同时产生 HBF_4 和 N_2[90]；

(7) 烯与氢原子封端硅表面反应烷基化[83,84]。

如果与多晶硅的兼容性是一主要因素，环加成的方案可以立即放弃。实际上，环加成反应只发生在高度活泼、洁净的、2×1 重构的单晶硅(1 0 0)晶面，而很难发生在多晶硅表面，实际上，多晶硅表面多为(1 1 1)取向。

格氏试剂 XMgR (X 代表卤素，而 R 代表烷基或芳基)已知对卤素封接硅 SiX′ n 的衍生化非常有效[85]。然而，存在两方面的困难：一方面是由于在硅表面连接卤原子非常困难；另一方面是这一反应会产生一些小分子(MgXX′)。这两方面的因素，使得这个方法与硅器件制备工艺不相兼容。格氏试剂可以通过解理$(SiH)_2$二聚体中弱的 Si－Si 键，从而衍生硅表面。这一反应对于多孔硅[86]和单层氢原子封端的 2×1 重构的单晶硅(1 0 0)表面是有效的，但它并不适用于以(1 1 1)晶面为主的多晶硅表面①。

目前，还不能可控地制备硅羟基表面，因此，基于这种表面的缩合和硅烷化，似乎也难以实现(摈弃缩合路线另一个理由是，Si－O－C 键很不稳定，在空气中水汽的作用下会发生分解)。

与此相反，氢原子封端的硅表面，可以通过 HF 水溶液(HF_{aq})刻掉 Si 表面 SiO_2 层的方法进行制备[92]，而且经过氢气气氛中的中温退火(700～800℃[93])，或高温退火(850～1100℃)[94]，HF_{aq}刻蚀出的表面质量会有进一步的提高。这说明可以选用氢原子封端的硅表面来进行功能化。尤其当可编程分子中含有极性或离子性官能团时(如双吡啶及其衍生物)，这种高度均匀的非极性氢原子表面更为有利，这是因为，有机分子中的极性基团，将与极性表面如硅羟基表面发生强的相互作用，从而干扰功能化过程。

在所有上面提到的处理方法中，应用重氮盐和氯硅烷的方法，都不可取的。实际上，集成的问题在于定位流程的后端阶段的衍生化[33]，而这两种方法会产生具有侵蚀性的小分子(HCl 和 BF_3)，对电路中的金属产生破坏性影响。

由于相应功能分子前驱物比较容易得到，不饱和碳氢化合物在氢原子封端硅表面的硅烷化，成为硅交叉点功能化最有希望的选择。

利用不饱和碳氢化合物对氢原子封端硅表面进行功能化，还具有以下优点：相比于能在室温下进行的重氮盐功能化，基于不饱和键的硅烷化，只有在更高的温度下才能进行(如约 170℃)，虽然这一差别看似是它的缺点，但实际上是非常有利的。如果功能化分子首先在交叉点周围发生反应，这样，就会阻碍其他分子进入到交叉区，使交叉点的功能化难以发生；而利用不饱和碳氢化合物的硅氢功能化，可以分为两步进行：首先是在较低温度下(如小于 100℃)分子完全流动并填进交叉点区域，随后，施以高温(如约 170℃)，允许功能分子架接到多晶硅表面。

尽管功能化的主要应用是在氢原子封端的多晶硅表面，为了更好地理解其机

① 实际上，即使是氢封端的(111)表面和 1×1(111)SiH，在无任何催化剂的情况下，与格氏试剂发生反应形成 Si－C 键[91]，不过，实际的反应路径可能包括，首先，由于格氏试剂的 XR 污染，用卤素取代 H，作表面替代，(1 1 1)SiH＋XR ⟶(1 1 1)SiX ＋ HR，随后，形成的表面与格氏试剂发生反应，以得到硅衍生物，(1 1 1)SiX ＋ XMgR ⟶(1 1 1)SiR ＋ MgX_2。

制,相应的基础性研究仍是多以单晶硅表面为载体来进行。大多数的研究集中在氢化硅(1 1 1)表面或(1 0 0)表面的 1-烯基烷[94-100]或 1-炔基烷[101-107]功能化方面。

当然,研究多晶硅线表面硅氢化的最好模型表面是单晶硅的(1 1 1)表面。虽然现在已经有大量相关的研究工作,但对于 Si—C 界面的空气稳定性仍然知之甚少。相反,这一性质研究主要集中在(1 0 0)表面。基于 XPS 的大量研究,证实了(1 0 0)硅表面与 1-炔基烷可以形成非常稳定的硅烷化表面[102-108]。

11.4.4 交叉杆功能化

将间距固定的上阵列和下阵列,在一定的温度下,浸入到功能分子溶液里,如果功能分子的端基官能团合适(如端基为烯基),且长度与上下阵列间距相似,这些分子将优先地嫁接到硅的表面上(这里指氢化硅表面),从而连接上下阵列。

有关模仿闪存单元结构和功能的可编程有机分子的设想,则如下例所示。

考察一个分子连接两个重掺杂的 p 型多晶硅电极。这个分子由三部分组成:一根导线(wire)(如 π 共轭链),共价地连接其两端到硅电极;一个侧氧化还原中心(redox center)R,它的状态电荷可以通过电子转移到相邻电极或从相邻电极过来;一个臂(arm),物理地连接氧化还原中心到线。这一连接臂能够解除氧化还原中心和线之间的耦合,这样,前者的状态仅通过静电作用影响后者的状态。

图 11.7 给出了具备以上特征的假想分子。

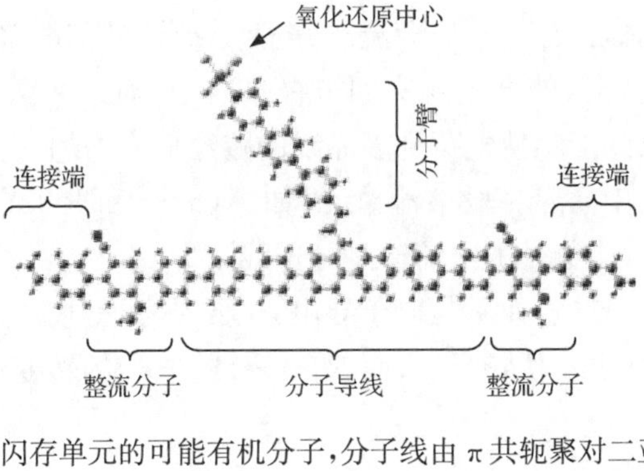

图 11.7 一种模仿闪存单元的可能有机分子,分子线由 π 共轭聚对二亚苯构成,连接臂是刚性的链,它通过断开 π 共轭的基团连接到分子线;氧化还原中心是 SbF_5,它具有较高的电子亲和能。分子链包括两个基团(位于同一苯环上的受体 CN 和给体 OCH_3 基团),使得它类似一个整流器

氧化还原中心有两种电子态:中性态 R^0 和还原态 R^-,考虑到电子亲和能为正值 $A_{el} > 0$,还原态要比中性态更为稳定

$$R^0 + e^- \longrightarrow R^- - A_{el}$$

R^- 的能级最好低于连接臂的最低未占据分子轨道能量 E^a_{LUMO}($A_{el} >$

$|E^a_{LUMO}|$)，在这种情况下，处在还原态的氧化还原中心是亚稳的。当电子隧穿真空到达电极，或隧穿连接臂到达分子线再到达电极时，还原态就会回到中性态（这种衰变不是一种热激活过程，若它是热激活过程，那么亚稳态寿命可以通过式 $\tau_0^- \exp[(A_{el}-|E^a_{LUMO}|)/(k_B T)]$ 给出，这里，τ_0^- 为 R^- 外层电子振荡周期)。

当氧化还原中心处于中性态时，因为（对于空穴传导）分子线的最高占据轨道位置低于硅的价带带边（$|E_{VB}|<|E^W_{HOMO}|$），分子线可以被视为绝缘体。当有电荷注入氧化还原中心之后，这个电荷增加了分子线的 HOMO 能级（单纯通过库仑相互作用）。如果连接臂足够短，且分子线本身能级位置合适，则非常有可能 E^W_{HOMO} 会变得高于价带带边 $|E_{VB}|>|E^W_{HOMO}|$，在这种情况下，空穴从电极向分子线的注入是允许的，最终导致分子线处于传导状态。因此，根据氧化还原中心的 0/一电荷态，分子线将相应地处于绝缘/导通态，这样，就允许我们应用上述分子来编码信息，并通过在多晶硅电极之间施加一弱电场来传感信息。由于电荷在氧化还原中心的分布是点状的，因此，条件 $|E_{VB}|>|E^W_{HOMO}|$ 很有可能只有在分子线靠近氧化还原中心的部分才能得到满足。在这种情况下，导电机制就由直接隧穿变为超交换协助隧穿，从而使电导率提高几个数量级。

仍需要解释的是，如何调控氧化还原中心的电荷状态。假设中性态是平衡态，而还原态需要在两个电极接触之间施加足够强的电势差才能得到，这一电势差要强到允许雪崩式地注入电子到包括 R^0 的区。一旦电子被氧化还原中心捕获，分子线转变为高电导态，大部分电流会流经分子线，允许外部电路关闭写入电压。擦除 R^- 态可以通过将俘获的电子隧穿回电极来实现，通过在两电极间施加一适当的反向电压（足够大到能够使电荷到多晶线的隧穿概率增加，而又不能大到产生雪崩式的注入）。在线中插入一段整流单元（如 Aviram 和 Ratner 提出的假设[56]），就能够避免擦除过程中额外的电流通过分子线。

之所以利用空穴导电，而不是电子导电，主要是考虑到 $R^0+e^- \longrightarrow R^-$ 的转变涉及的能量差大约在电子伏特量级，而 $R^0 \longrightarrow R^+ + e^-$ 的转变涉及的能量差在 10 电子伏特量级。

图 11.8 存储过程中分子电子能级变化示意图。

令 0 和 1 分别代表氧化还原中心的中性态和负电态。如前所述，0 态时，分子线处于低电导态，而 1 态时，分子线处于高电导态，这样，就可以通过在静态或准静态条件下对分子线电导的测量，得到氧化还原中心的电荷状态。对当前的仪器，这一个量似乎是可及的。

如果分子拥有导电性差别很大的两种电子状态（如同 HP-UCLA 合作小组所演示的那样），整体结构可以看成是一个混合分子 IC，存储比特密度可达 $10^{11}\,cm^{-2}$ 的量级。

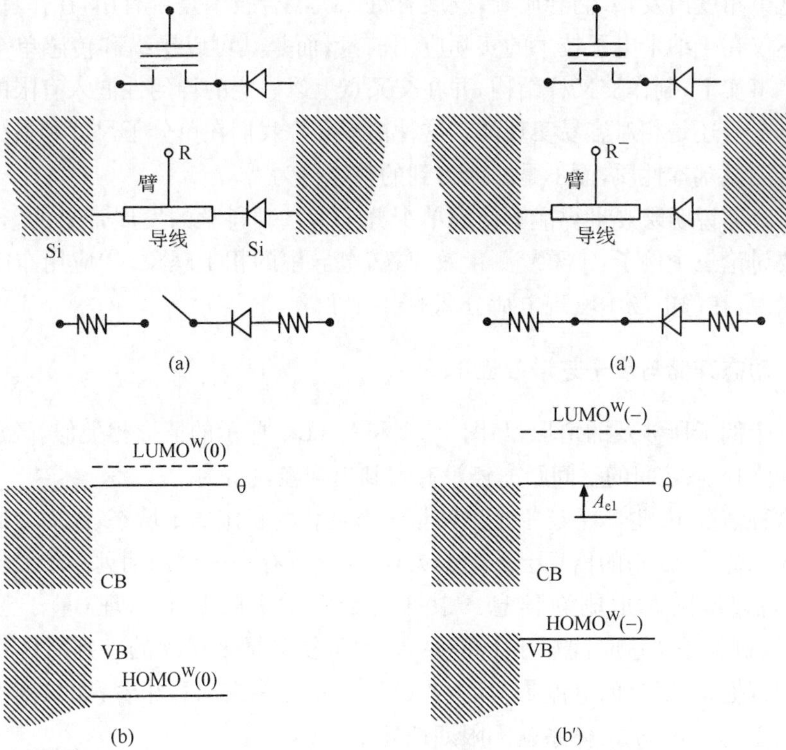

图 11.8 处于在中性态和充电态的分子能级及与闪存单元的类比

11.5 混合技术如何解决物理难题——分子电子学的科学意义

通过11.4.1节的分析可以确定，采用混合方案是实现纳米电子学一条非常有希望的途径。混合器件由下述部件构成：一个传统硅基电路；一个非光刻硅基交叉杆；提供非易失性存储单元功能的可编程有机分子。这种结构具有两个优点：首先，纳米技术问题（导线的定义及其去多路复用，留给硅技术）与非易失性存储单元设计和制备问题（留给有机化学）分开；其次，单个分子的激活和传感，可以通过可宏观访问的纳米结构装置进行，而不再借助于宏观装置（如STM）。

然而，混合结构需要在分子尺度的窄隙中插入有机分子。显然，这是一项非常困难的任务，只要存储单元本身是有机的，则是不可避免的。用无机存储材料取代有机分子，可能会使制作过程简化（可以先沉积一层无机存储材料，再制备第二层线阵列），而且可靠性会更高。既然从原则上说，这种替代是可行的，那么，预期在相当长时期内，纳米电子仍将是全无机的。

从这个角度出发，人们会质疑，发展有机无机混合技术是否有用，在作者看来，其价值不仅在于纳米电子技术的实际应用前景，而是其可以操纵和传感单个分子的潜力。事实上，制作交叉杆结构，并在交叉点上以一定的均匀性嵌入有限的(～1的量级)分子，还是相对容易实现的。这种情形允许我们在单分子尺度和最少的干扰下进行测试基本性质，而不是之前得到的整体行为[109]。

为了具体说明宏观世界能够访问单个分子为基础科学的发展带来的影响，我们将主要讨论三个例子：①重复测量效应；②电导中的相干现象；③应用布朗运动作为能量源，在静电场中实现电荷分离的可行性。

11.5.1 动态存储与量子芝诺效应

第一个例子所涉及的情形，与图 11.1 和图 11.2 所示的情形相类似，区别在于 $|0\rangle$ 态和 $|1\rangle$ 态之间的空间距离还没有大到出现经典行为。

在这种情况下，退相干还不足以使量子态退化为稳定的定域态，因而存储于量子态 ($|0\rangle$ 或 $|1\rangle$) 中的信息会逐渐丢失，除非外界存在一个周期远小于波函数传播时间的信号，随时地刷新信息。根据量子力学中的基本原理(量子芝诺效应[110-112])，刷新是通过时间短于 $\hbar/2m\Delta q_*^2$ 的重复测量来实现的。判断体系处于 $|1\rangle$ 态的判据是，通过的电流 I 满足，式(11.22)，这一判据意味着，如果测得的流过电量大于 $e\hbar/2m\Delta q_*^2$，体系就无限期地处于 $|1\rangle$ 态。

不过，上述讨论支持了一个未经证明的性质(图 11.2)：一个测量微观经典态的测量装置，实际上，也是一个测量量子态的测量装置。从动态的(而不公理的)角度看，对于上面讨论的情形，与流经传感电阻的空穴的库仑相互作用，可能起到稳定电子量子态 $|1\rangle$ 的作用。这种无规的(seldom and erratically acting)库仑相互作用实际上在成功地不断刷新位置本征值，不过，这种刷新极难直观演示，但可以从实验的角度来解决。实际上，如果我们所考虑的测量装置可以测量量子力学态，则大约仅需要 10μA 的电流，就可以足以使原本易丢失的信息稳定下来。这样，信息的存储密度甚至可以高于经典力学所设定的极限，而成为一种高密度的动态存储装置。

实际上，对于目前获得的分子系统，局域化量子态所需要的电流仍然过高(由于其电阻在 $10^9\Omega$，需要约 10^4V 的电压施加到几个纳米的区域)；如果一个分子的电阻可以降到兰道尔极限电阻 $3\times10^4\Omega$ 的水平，那么，则仅需要 0.3V 电压，它低到不会导致击穿。如果能够获得电阻接近兰道尔极限的分子，我们就可以用它来研究经典测量装置如何类似于一个量子测量装置①。

① 这种情形与教科书中研究的情形相反，它由埃伦费斯特定理定义，允许量子系统用经典术语描述。

11.5.2　分子线之间的干涉

研究分子在电子器件中的应用，一般假设，分子的集合性质是单个性质的线性叠加而得到的：

$$\text{电导} = \text{单个分子电导之和} \tag{11.39}$$

不过，这个条件忽视了沿分子线电导的相干现象。

假设有一个电子通过 n 个通道(其中，粒子可以从一个电极移向另一个电极)碰撞一个表面。如果运动是纯弹道式的，粒子波函数(认为是局域在某一通道中)则会横向扩展到周围的通道，从而导致产生干涉现象，它显然与式(11.39)中的经典物理量叠加假设相违背。当然，这一结论仅适用于有相干性的运动(如弹道运动)，不适用于不存在相位关系的粒子运动(由随机散射控制的分子电阻)。干涉效应的程度极大地依赖于两根线之间的距离。由于分子嫁接到表面的统计性质(以及它所包括的缺陷)，整体干涉效应应该是可以忽略的。

线间距均匀的分子线排列仅可以通过单个分子来实现，(例如，布置两个或更多的等价单元，从一个独特的原子出发，到达另一个独特的原子)。图 11.9 给出了这样一种布置。

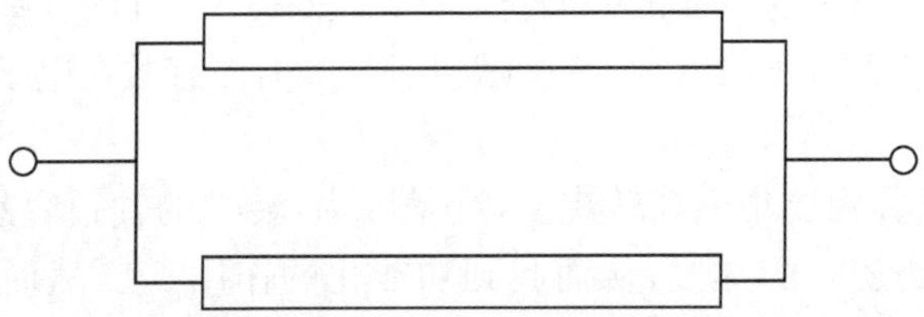

图 11.9　有可能出现干涉效应的三线分子二维平面示意图

然而，不同线的化学等价性，并不一定意味着，它们在分子构象上也等价。造成这种不等价性的一种可能(但并不唯一)原因是热库，它动态地修改各分子线的构象，这样，部分地破坏了干涉作用。一种解决方法是增加线的刚性(如 π 共轭线)，另外就是降低测量温度。理论推导(如 Magoga 和 Joachim 的工作)指出，不同线间的组合方式不是线性叠加的[113]。不过，这一预测的实验证明仍然遥遥无期。

现在仅考虑由两根线构成的系统，若这两根线中的一根带上电荷(图 11.7)，两根线的等价性就会被破坏(图 11.10)。这种情形与 Aharonov 和 Bohm 用于预言 Aharonov-Bohm 效应[114]时所用的假设非常类似。在这一布置下，多线分子和纳米接触的可用性，允许我们可以通过它来研究很小尺度范围内的 Aharonov-Bohm 效应[115]，而其他方法则是无法做到的。

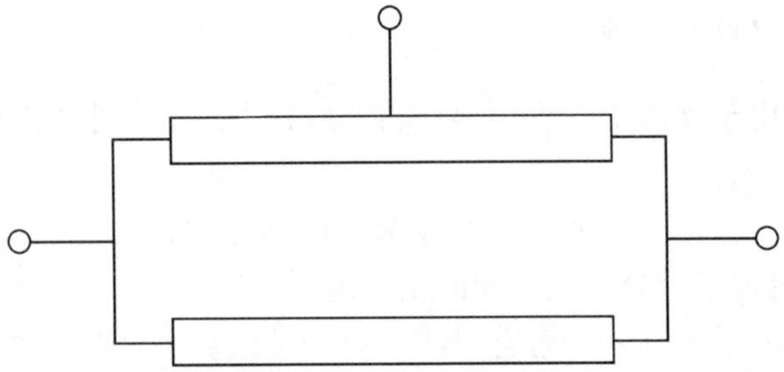

图 11.10　有可能呈现 Ahoronov-Bohm 效应的分子平面示意图

11.5.3　利用布朗运动的分子 Van de Graaff 机

在所有模拟宏观机械的分子体系中，转烷扮演着非常重要的角色。转烷(A, R)是由大环分子 R 和穿过大环的线型分子 A(“axlez”)构成的，为了防止大环脱落，线型分子两端各有一个位阻很大的帽。从化学的角度看，大环多为刚性，接近平面的芳烃(一个著名的例子是“paraquat”：两个带电荷的双吡啶单元，中间连有两个苯环，周围有四个 PF_6^- 保持分子电中性)，通常中间轴由 n 个部分(如苯)通过乙氧基基团连接。有关这方面的构型化学，参见文献[115-119]，有关超分子化学，参见文献[120]，有关分子机器，参见文献[121,122]，而有关在电子学中的应用，则参见文献[37,50,57,58]。

迄今为止，研究主要集中在转烷上，这是因为，转烷的轴很容易插入两段或更多段比大环结合力更强的片段，从而起到功能化的作用[37]。然而，还有一种潜在的可能性，虽然可以被利用，但仍未引起重视：大环的功能化(图 11.11)。假设：

(1) 轴 A 是无修饰的、几乎线性的、刚性绝缘线，连接在两个电极 C_1，C_f 之间。

(2) C_f 是浮动的，且几何地布置于 C_1 和另一个电极 C_2 之间。

(3) C_1 和 C_2 之间施加一个电势差，这样，C_f 的电势位于两者之间。

(4) 环的电子亲和能位于 C_1 和 C_f 的费米能级之间，因此，接近 C_1 时，R 发生自发离子化，而带负电的 R^- 将自发氧化，当环接近 C_f 时，将多余的电子交给 C_f。

(5) 其他反应均不被热力学所允许。

一种获得所需氧化还原中心的方法是，在环中共价地插入一个过渡金属 M，金属具有两个氧化状态 M^n 和 M^{n+1}，这里，M 分别共价地连接到第 n 和 $n+1$ 个原子上。当处于氧化态 $(n+1)$ 时，环 R 是整体中性的，金属价态饱和；当处于氧化态 (n) 时，环整体带负电，M 的未饱和价通过适当的配体配位稳定，在氧化还原反应后可能导致构象变化。

假设在 $t=0$ 时，环是中性的，并处于 C_1 和 C_f 之间。由于 R 是中性的，它感受不到两个电极之间的外加电场。由于气相分子对它的随机碰撞，大环 R 将发生布

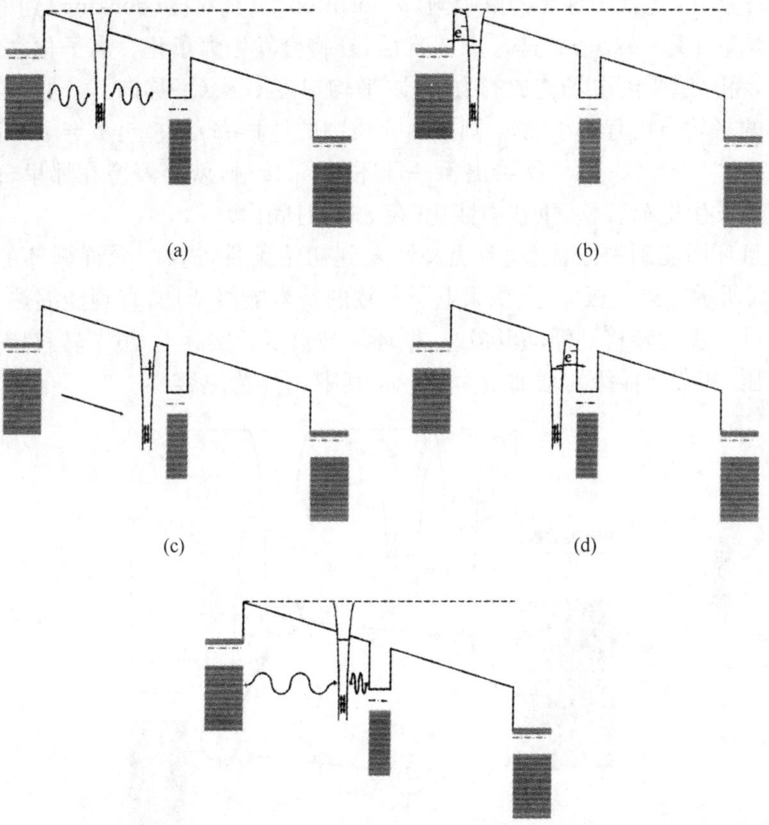

(a) (b) (c) (d) (e)

图 11.11 纳米尺度的 Van de Graaff 机的各种状态(从上到下):(a) 布朗运动中的中性环,不受外加电场的影响;(b) 一旦接近 C_1 时,环发生离子化;(c) 在电场作用下离子化的环移向 C_f;(d) 在电场作用下离子化的环接近 C_f,直至它把多余电荷转移到电极上,重新中性化;(e) 中性化的环不再感受到外加电场,仅受布朗运动的影响

朗运动。环从 C_1 和 C_f 中间到达 C_1 或 C_f 电极所需要的时间,大约在 $\Delta x^2/8D$。Δx 为 C_1 和 C_f 之间的距离,D 为环在轴上的扩散系数。令 τ_{s1} 和 τ_{sf} 分别为 R 在 C_1 与 C_f 附近的逗留时间(暂定 $\tau_{s1}=\tau_{sf}$)。首先,考虑环对接到 C_f。体系的热力学禁止其他反应的发生,因此,粒子会离开 C_f,最终将扩散到 C_1(大在时间量级在 $\Delta x^2/2$ 后)。令 $\tau_{0/-1}$ 和 $\tau_{-1/0}$ 分别为环的离子化和中性化所需的平均时间:

$$\tau_{0/-1}:\quad R+e\xrightarrow{c_1}R^-$$

$$\tau_{-1/0}:\quad R^{-1}\xrightarrow{C_F}R+e^-$$

一旦环与 C_1 接触,如果 R 的离子化是一个泊松过程,那么,其发生的概率为 $1-\exp(\tau_{s1}/\tau_{0/-1})$。在逗留时间内,如果在 C_1 和 R 之间没有发生电子转移,系统

将会顺序演化，包括中性环的解吸附(desorption)及其对接(docking)到电极，直至重复平均约 $[1-\exp(\tau_{s1}/\tau_{0/-1})]^{-1}$ 次后，环将会发生离子化。离子化之后带上电荷的环，将会感受到电场施加的力，并以平均速度 $\bar{v}$ 从 C_1 移向 C_f。如果在气相介质中环的平均自由程小于 Δx，则 $\bar{v}$ 由介质中的迁移率 μ 决定：$\bar{v}=\mu\varepsilon$，而 μ 由爱因斯坦公式 $\mu=(k_BT/e)D$ 给出。一旦环与 C_f 接触，就会停留在那里(由电场稳定)，直至发生电荷转移，重新中性化(在 $\tau_{-1/0}$ 时间内)。

一旦环回复到中性状态，系统又恢复到初始条件，这样，允许循环的重复，如图 11.12所示。当电极 C_f 上积累电子导致的费米能级增加，直到能够热力学地禁止电子进一步地转移到浮动电极时，循环才被重复。实际上，电子转移增加浮动电极的电压(和费米能级)，增加量为 e/C_{cf}，其中，C_{cf} 为电容。

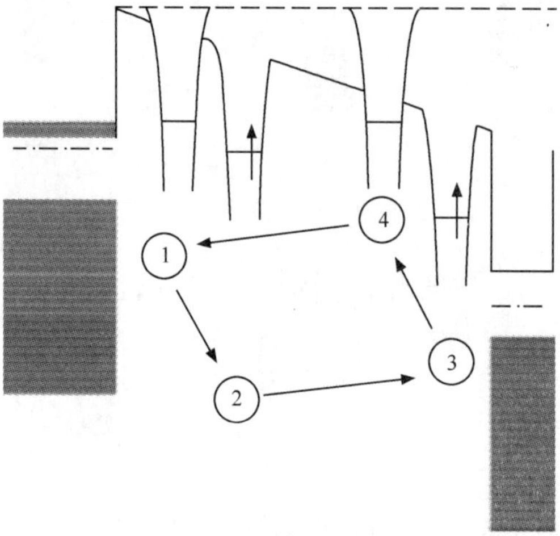

图 11.12　允许转烷作为 van de Graaff 机的循环

上述的器件，让人想起费曼在其著名的演讲中[123]提到的棘轮-掣子机器(ratchet-and-pawl machine)，掣子的作用是通过离子化和外加电场来实现的。与其试图利用这种器件从介质中抽取能量，不如将它仅当作一个纳米尺度的 Van de Graaff 机，这里，外加电压引起电荷的漂移，而布朗运动则使其返回到低压电极。

这种布置最有意义的地方在于，能够影响 C_f 的电压变化的许多量，都是可通过实验实现的(例如，Δx 为通过选择不同轴长度的分子；ε 为通过施加不同电压；D 为通过改变介质的气压)。因此，可以在少数(甚至一个)分子的尺度上对有关的现象(电子转移、布朗运动、漂移)进行研究。

11.6 结　论

通过利用电学上可编程分子与用于供电、寻址和传感的硅基电路相结合的方案，可以在一个平面上达到的最大存储密度为 0.1Tbcm^{-2}的量级。

提出了可以大规模生产 0.1Tb 集成度电路的混合体系架构。在这种混合体系架构下，各个有可能限制这种体系架构的公认技术难点[如交叉点制作、导线的多路复用(demultiplexing)、功能分子的选择以及表面功能化等]，都可以找到一些解决方法。所有这些都要求现存的技术适应提出的体系架构。

当然，这只是从 GSI 迈向 TSI 的一小步，不仅是因为所有的技术细节都还没有考虑，同时还因为布置的复杂性对存储体系架构的影响(容错性、随机统计行为等)也都没有考虑。

不过，硅基技术进一步微型化的可能性，仍是我们定位研究工作并最终使之面向 TSI 时代的基本一步。此外，分子电子学的技术建立，允许我们能够在原生尺度(分子尺度)下研究诸如量子芝诺效应或 Aharonov-Bohm 效应等现象，而不是要求在现行的使用宏观量子态的长度尺度下进行。

参考文献

[1] Cerofolini, G. F. et al., Substrates: The material bases of microelectronics and nanoelectronics, Progr. Quant. Electr., 17, 273, 1993.

[2] Vadasz, L. L. et al., Silicon-gate technology, IEEE Spectrum, 6, 28, 1969.

[3] Appels, J. A. and Paffen, M. M., Local oxidation of silicon; new technological aspects, Philips Res. Repts., 6, 157, 1971.

[4] Kooi, E. et al., LOCOS devices, Philips Res. Repts., 26, 166, 1971.

[5] Hunter, W. R. et al., New edge-defined approach for submicrometer MOSFET fabrication, IEEE Electron Device Lett., EDL 2, 4, 1981.

[6] Plummer, J. D. and Griffin, P. B., Material and process limits in silicon VLSI technology, Proc. IEEE, 89, 240, 2001.

[7] Kingon, A. I. et al., Alternative dielectrics to silicon dioxide for memory and logic devices, Nature, 406, 1032, 2000.

[8] Bohr, M. T., Interconnect scaling—the real limiter to high performance ULSI, Solid St. Technol., 39, 9, 105, 1996.

[9] Keyes, R. W., Electronics in large systems, in Molecular Electronics and Molecular Electronic Devices, Sienicki, K., Ed., CRC Press, Boca Raton, FL, 1993, chap. 1.

[10] Murarka, S. P., Multilevel interconnections for ULSI and GSI era, Mater. Sci. Eng. R, 19, 87, 1997.

[11] Homma, T., Low dielectric constant materials and methods for interlayer dielectric films in ultralarge-scale integrated circuit multilevel interconnections, Mater. Sci. Eng. R, 23, 243, 1998.

[12] Cerofolini, G. F., Strategies for low-κ dielectrics, Mater. Sci. Semicond. Process, 5, 265, 2003.

[13] Brewer, J. E. et al., Memory technology for the post CMOS era, IEEE Circuits & Devices Mag., 21, 2, 13, 2005.

[14] Semiconductor Industry Association (SIA), International Technology Roadmap for Semiconductors, 2005 ed.; available at http://public.itrs.net.

[15] Chiabrera, A. et al., Physical limits of integration and information processing in molecular systems, J. Phys. D: Appl. Phys., 22, 1571, 1989.

[16] Packan, P. A., Pushing the limits, Science, 285, 2079, 1999.

[17] Peercy, P. S., The drive to miniaturization, Nature, 406, 1023, 2000.

[18] Ito, T. and Okazaki, S., Pushing the limits of lithography, Nature, 406, 1027, 2000.

[19] Keyes, R. W., Fundamental limits of silicon technology, Proc. IEEE, 89, 227, 2001.

[20] Frank, D. J. et al., Device scaling limits of Si MOSFETs and their application dependencies, Proc. IEEE, 89, 259, 2001.

[21] Harriott, L. R., Limits of lithography, Proc. IEEE, 89, 366, 2001.

[22] Gramβ, T. et al., Non-Standard Computation, Wiley-VCH, Weinheim, 1998.

[23] Bennett, C. H., The thermodynamics of computation—a review, 21, 905, 1982.

[24] Zurek, W. H., Thermodynamic cost of computation, algorithmic complexity and the information metric, Nature, 341, 119, 1989.

[25] Landauer, R. W., Irreversibility and heat generation in the computing process, IBM J. Res. Develop., 5, 183, 1961.

[26] Feynman, R. P., Lectures on Computation, Hey, J. G. and Allen, R. W., Eds., Addison-Wesley, Reading, MA, 1995, chap. 5.

[27] Aharonov, Y. and Bohm, D., Time in quantum theory and the uncertainty relation for the time and energy domain, Phys. Rev., 122, 1649, 1961.

[28] Robertson, H. P., The uncertainty principle, Phys. Rev., 34, 163, 1929.

[29] Joos, E. and Zeh, H. D., The emergence of classical properties through interaction with the environment, Z. Phys. B-Condensed Matter, 59, 223, 1985.

[30] O'Connell, R. F., Decoherence in quantum systems, IEEE Trans. Nanotechnol., 4, 77, 2005.

[31] Natelson, D. et al., Fabrication of extremely narrow metal wires, Appl. Phys. Lett., 77, 1991, 2000.

[32] Melosh, N. A et al., Ultrahigh density nanowire lattices and circuits, Science, 300, 112, 2003.

[33] Cerofolini, G. F. et al., Strategies for nanoelectronics, Microelectr. Eng., 81, 405, 2005.

[34] Cerofolini, G. F. et al., A hybrid route for molecular electronics, Nanotechnology, 16, 1040, 2005.

[35] Cerofolini, G. F., An extension of microelectronic technology to nanoelectronics, Nanotechnol. E-Newslett., 7, 3, 5, 2005.

[36] Cerofolini, G. F. and Mascolo, D., A hybrid micro-nano-molecular route for nonvolatile memories, Semicond. Sci. Technol., 21, 1315, 2006.

[37] Mendes, P. M. et al., Nanoelectronic devices from self-organized molecular switches, Appl. Phys. A, 80, 1197, 2005.

[38] Keyes, R. W., Physical limits in semiconductor electronics, Science, 195, 1230, 1977.

[39] Meindl, J. D. and Davis, J. A., The fundamental limit on binary switching energy for terascale integration (TSI), IEEE J. Solid-St. Circuits, 35, 1515, 2000.

[40] Davis, J. A. et al., Interconnect limits on gigascale integration (GSI) in the 21st century, Proc. IEEE, 89, 305, 2001.

[41] Zhirnov, V. V. et al., Limits to binary logic switch scaling—a gedanken model, Proc. IEEE, 91, 1934, 2003.

[42] Bennett, C. H., Logical reversibility of computation, IBM J. Res. Develop., 17, 525, 1973.

[43] Fredkin, E. and Toffoli, T., Conservative logic, Int. J. Theor. Phys., 21, 219, 1982.

[44] Likharev, K. K., Classical and quantum limitations on energy consumption in computation, Int. J. Theor. Phys., 21, 311, 1982.

[45] Likharev, K. K. and Korotkov, A. N., Reversible computation in a system with discrete eigenstates, Science, 273, 763, 1996.

[46] McCreery, R. L., Molecular electronic junctions, Chem. Mater., 16, 4477, 2004.

[47] Bez, R. and Cappelletti, P., Flash memory and beyond, IEEE-VLSI-TSA Symposium on VLSI Technology, 84, 2005.

[48] Heath, J. R. et al., A defect-tolerant computer architecture: Opportunities for nanotechnology, Science, 280, 1716, 1998.

[49] Luo, Y. et al., Electronically configurable molecular-based logic gates, Chem. Phys. Chem., 3, 519, 2002.

[50] Tour, J. M., Molecular electronics. Synthesis and testing of components, Acc. Chem. Res., 33, 791, 2000.

[51] Cerofolini, G. F. and Ferla, G., Toward a hybrid micro-nanoelectronics, J. Nanoparticle Res., 4, 185, 2002.

[52] Cerofolini, G. F., Nano-mesoscopic interface: hybrid devices, in Encyclopedia of Nanoscience and Nanotechnology, Schwarz, Ed., Dekker, New York, 2004.

[53] Cerofolini, G. F. et al., The hydrosilation of 1-alkene and 1-alkyne at terraced, dihydrogen terminated, 1 ×1 (100) silicon, in Trends in Semiconductor Research, Elliot, T. B., Ed., Nova Science, Hauppauge, NY, 2005.

[54] Howell, S. W. et al., Mass-fabricated one-dimensional silicon nanogaps for hybrid organic/ nanoparticle arrays, Nanotechnology 16, 754, 2005.

[55] Stan, M. R. et al., Molecular electronics: From devices and interconnect to circuits and architecture, Proc. IEEE, 91, 1940, 2003.

[56] Aviram, A. and Ratner, M., Molecular rectifiers, Chem. Phys. Lett., 29, 277, 1974.

[57] Reed, M. A., Molecular-scale electronics, Proc. IEEE, 87, 652, 1999.

[58] Joachim, C. et al., Electronics using hybrid-molecular and mono-molecular devices, Nature, 408, 541, 2000.

[59] Joachim, C. and Ratner, M. A., Molecular electronics: Some views on transport junctions and beyond, Proc. Natl. Acad. Sci., 102, 8801, 2005.

[60] Elbing, M. et al., A single-molecule diode, Proc. Natl. Acad. Sci., 102, 8815, 2005.

[61] Ashwell, G. J. et al., Rectifying characteristics of Mg | ($C_{16}H_{33}$-Q3CNQLBfilm) | Ptstructures, J. Chem. Soc. Chem. Commun., 1374, 1990.

[62] Huang, Y. et al., Logic gates and computation from assembled nanowire building blocks, Science, 294, 1313, 2001.

[63] Zhong, Z. et al., Nanowire crossbar arrays as address decoders for integrated nanosystems, Science, 302, 1377, 2003.

[64] Ziegler, M. M. and Stan, M. R., CMOS/nano co-design for crossbar-based molecular electronic systems, IEEE Trans. Nanotechnol., 2, 217, 2003.

[65] DeHon, A., Array-based architecture for FET-based, nanoscale electronics, IEEETrans. Nanotechnol., 2, 23, 2003.

[66] Forshaw, M. et al., A short review of nanoelectronic architectures, Nanotechnology, 15, S220, 2004.

[67] Beckman, R. et al., Bridging dimensions: demultiplexing ultrahigh-density nanowire circuits, Science, 310, 465, 2005.

[68] Wu, W. et al., One-kilobit cross-bar molecular memory circuits at 30-nm half-pitch fabricated by nanoimprint lithography, Appl. Phys. A, 80, 1173, 2005.

[69] Likharev, K. and Strukov, D. B., CMOL: A silicon-based bottom-up approach to nanoelectronics, in Introducing Molecular Electronics, Cuniberti, G., Fagas, G., and Richter, K., Eds., Springer, Berlin, 2005, ch. 16.

[70] Guo, L. J., Recent progress in nanoimprint technology and its applications, J. Phys. D: Appl. Phys., 37, R123, 2004.

[71] Choi, Y.-K. et al., A spacer patterning technology for nanoscale CMOS, IEEE Trans. Electron Devices, 49, 436, 2002.

[72] Choi, Y.-K. et al., Fabrication of sub-10-nm silicon nanowire arrays by size reduction lithography, J. Phys. Chem. B, 107, 3340, 2003.

[73] Service, R. F., Next-generation technology hits an early midlife crisis, Science, 302, 556, 2003.

[74] Stewart, D. R. et al., Molecule-independent electrical switching in Pt/organic monolayer/Ti devices, Nano Lett., 4, 133, 2004.

[75] Lau, C. N. et al., Direct observation of nanoscale switching centers in metal/molecule/metal structures, Nano Lett., 4, 569, 2004.

[76] Snider, G. et al., Nanoelectronic architectures, Appl. Phys. A, 80, 1183, 2005.

[77] Seevinck, E. et al., Current-mode techniques for high-speed VLSI circuits with application to current sense amplifier for CMOS SRAM's, IEEE J. Solid St. Circuits, 26, 525, 1991.

[78] Torelli, G. et al., Charge-and-split sense amplifier for multilevel nonvolatile memories, Electronics Lett., 35, 796, 1999.

[79] Gittins, D. I. et al., A nanometre-scale electronic switch consisting of a metal cluster and redox-addressable groups, Nature, 408, 67, 2000.

[80] Chen, J. et al., Observation of a large on-off ratio and negative differential resistance in an electronic molecular switch, Science, 286, 1550, 1999.

[81] Galperin, M. et al., Hysteresis, switching, and negative differential resistance in molecular junctions: A polaron model, Nano Lett., 5, 125, 2005.

[82] Blum, A. S. et al., Molecularly inherent voltage-controlled conductance switching, Nature Mater., 4, 167, 2005.

[83] Bent, S. F., Organic functionalization of group IV semiconductor surfaces: Principles, examples, applications, and prospects, Surf. Sci., 500, 879, 2002.

[84] Buriak, J. M., Organometallic chemistry on silicon and germanium surfaces, Chem. Rev., 102, 1271, 2002.

[85] Bansal, A. et al., Alkylation of Si surfaces using a two-step halogenation/Grignard route, J. Am. Chem. Soc., 118, 7225, 1996.

[86] Kim, N. Y. and Laibinis, P. E., Derivatization of porous silicon by Grignard reagents at room temperature, J. Am. Chem. Soc., 120, 4516, 1998.

[87] Cleland, G. et al., Direct functionalization of silicon via the self-assembly of alcohols, J. Chem. Soc. Faraday Trans., 91, 4001, 1995.

[88] Ulman, A., Self-assembled monolayers of alkyltrichlorosilanes: Building block for future organic materials, Adv. Mater., 2, 573, 1990.

[89] Roth, C. A., Silylation of organic chemicals, Ind. Eng. Chem. Prod. Res. Develop., 11, 134, 1972.

[90] Stewart, M. P. et al., Direct covalent grafting of conjugated molecules onto Si, GaAs, and Pd surfaces from aryldiazonium salts, J. Am. Chem. Soc., 126, 370, 2004.

[91] Fellah, S. et al., Hidden electrochemistry in the thermal grafting of silicon surfaces from Grignard reagents, Langmuir, 20, 6359, 2004.

[92] Ubara, H. et al., Formation of Si-H bonds on the surface of microcrystalline silicon covered with SiO_x by HF treatment, Solid St. Comm., 50, 673, 1984.

[93] Aoyama, T. et al., Silicon (0 0 1) surface after annealing in hydrogen ambient, J. Vac. Sci. Technol. A, 14, 2909, 1996.

[94] Cerofolini, G. F. et al., The formation of terraced, nearly fiat, hydrogen terminated, (1 0 0) Si surfaces after high-temperature treatments in H_2 of single crystalline silicon, Phys. Rev. B, 72, 125431, 2005.

[95] Hovis, J. S. and Hamers, R. J., Structure and bonding of ordered organic monolayers of 1,5-cyclooctadiene on the silicon(1 0 0) surface, J. Phys. Chem. B, 101, 9581, 1997.

[96] Liu, H. and Hamers, R. J., An X-ray photoelectron spectroscopy study of the bonding of unsaturated organic molecules to the Si(1 0 0) surface, Surf. Sci., 416, 354, 1998.

[97] Terry, J. et al., Electronic structure of alkyl monolayers on Si(1 1 1), J. Appl. Phys., 85, 213, 1999.

[98] Lehner, A. et al., Hydrosilylation of crystalline silicon (1 1 1) and hydrogenated amorphous silicon surfaces: A comparative X-ray photoelectron spectroscopy study, J. Appl. Phys., 94, 2289, 2003.

[99] Sieval, A. B. et al., Highly stable Si-C linked functionalized monolayers on the silicon (1 0 0) surface, Langmuir, 14, 1759, 1998.

[100] Sieval, A. B. et al., An improved method for the preparation of organic monolayers of 1-alkenes on hydrogen-terminated silicon surfaces, Langmuir, 15, 8288, 1999.

[101] Kosuri, M. et al., Vapor-phase adsorption kinetics of 1-decene on H-terminated Si(1 0 0), Langmuir, 19, 9315, 2003.

[102] Sieval, A. B. et al., Monolayers of 1-alkynes on the H-terminated Si(1 0 0) surface, Langmuir, 16, 10359, 2000.

[103] Cerofolini, G. F. et al., Functionalization of the (1 0 0) surface of hydrogen-terminated silicon via hydrosilation of 1-alkyne, Mater. Sci. Eng. C, 23, 253, 2003.

[104] Cerofolini, G. F. et al., The addition of organic functional groups to silicon via hydrosilation of 1-alkynes to hydrogen-terminated, 1×1 reconstructed (1 0 0) silicon surfaces, Semicond. Sci. Technol, 18423, 2003.

[105] Cerofolini, G. F. et al., X-ray photoemission spectroscopy study at different takeoff angles of hydrosilation of 1-alkynes at hydrogen-terminated 1 × 1-reconstructed (1 0 0)-oriented silicon, Mater. Sci. Eng. C, 23, 989, 2003.

[106] Cerofolini, G. F. et al., Grafting of 1-alkynes to hydrogen-terminated (1 0 0) silicon surfaces, Appl. Phys. A, 80, 161, 2004.

[107] Cerofolini, G. F. et al., Hydrosilation of 1-alkyne at nearly fiat, terraced, homogeneously hydrogen-terminated (1 0 0) silicon surfaces, Surf. Interface Anal, 36, 71, 2004.

[108] Cerofolini, G. F. et al., Functionalization of atomically fiat, dihydrogen terminated, 1×1(100) silicon via reaction with 1-alkyne, Appl. Surf. Sci., 246, 52, 2005.

[109] Clemente-León, M. et al., Towards organization of molecular machines at interfaces: Langmuir films and Langmuir-Blodgettmultilayers of an acid-base switchable rotaxane, Adv. Mater., 18, 1291, 2006.

[110] Misra, B. and Sundarshan, E. G., The Zeno's paradox in quantum theory, J. Math. Phys., 18, 756, 1977.

[111] Peres, A., Zeno paradox in quantum theory, Am. J. Phys., 48, 931, 1980.

[112] Itano, W. M. et al., Quantum Zeno effect, Phys. Rev. A, 41, 2295, 1990.

[113] Magoga, M. and Joachim, C., Conductance of molecular wires connected or bonded in parallel, Phys. Rev. B, 59, 16011, 1999.

[114] Aharonov, Y. and Bohm, D., Significance of electromagnetic potentials in the quantum theory, Phys. Rev., 115, 485, 1959.

[115] Hamilton, J., Aharonov-Bohm and other Cyclic Phenomena, Springer, Berlin-Heidelberg, 1997.

[116] van Gulick, N., Theoretical aspects of the linked ring problem, New J. Chem., 17, 619, 1993; originally presented at the Reaction Mechanisms Conference held in Princeton, NJ, 1960.

[117] Frisch, H. L. and Wasserman, E., Chemical topology, J. Am. Chem. Soc., 83, 3789, 1961.

[118] Walba, D. M., Topological chemistry, Tetrahedron, 41, 3161, 1985.

[119] Sauvage, J. -P., Interlacing molecular threads on transition metals: Catenands, catenates, and knots, Acc. Chem. Res., 23, 319, 1990.

[120] Lehn, J. M. and Ball, P., Supramolecular chemistry, in The New Chemistry, Hall, N., Ed., Cambridge University Press, Cambridge, 2000, ch. 12.

[121] Credi, A. et al., Molecular logic. An XOR gate based on a mechanical molecular machine, J. Am. Chem. Soc., 119, 2679, 1997.

[122] Balzani, V. et al., Molecular machines, Acc. Chem. Res., 31, 405, 1998.

[123] Feynman, R. P. et al., The Feynman Lectures on Physics, Addison-Wesley, Reading, MA, 1989, ch. 46.

12 基于非可靠纳米器件的纳米架构的计算

Valeriu Beiu，Walid Ibrahim 著

刘洪涛 张 磊 刘云圻 译

摘要：

本章首先简要地介绍纳米电子学面临的挑战，主要集中在可靠性方面的挑战。我们目前急需解决的两个基本问题[1]是："当使用纳米或其他新技术时，系统可靠性的意义是什么？在实际应用中如何解释它？"本章运用实践方法（hands-on approach）来实施计算（逻辑）。读者将了解一系列基于 CMOS 的简单例子，从器件级（如晶体管）上至门级、电路级、模块级，最后到系统级。本章不涉及可靠存储器的设计，因为可行的解决方案（基于检测和纠错码，备用行和列，重构等）已经很早就应用于工业生产，并且被人们清楚地了解（仅有的问题是它们需要多少）。大多数的例子选择了 CMOS，原因在于其广泛的设计基础，不过，本章论述的思想同样

也适用于其他的纳米技术(如下面将提到的单电子技术的例子)。设计方法的最终目的是,在所有级别上尽可能地提高可靠性。出人意料地,尽管含有较多的冗余(在所有级别上),最终的解决方案却不是高功耗的,相反,是低功耗的。在一些神经运算(通信)文献中可以找到可能的解释,即,不可靠的“器件”(如神经元和突触)通过结合冗余和编码,可以实现可靠的计算(通信),同时最小化能量消耗。本章的主要结论如下:

(1) 可靠的设计不应仅注重其余度系数(如文献中经常如此),还应考虑功耗、能量和/或面积(VLSI 行业经常这样做)。

(2) 使用空间冗余,实施计算的可靠设计是可能的,甚至是低功耗的[备注:对于存储和通信,错误检测和纠错码——可能与新的数据编码技术结合——必定是可行的]。

(3) 缺陷和故障以不同的方式出现,其中之一可能是通过增加电流的方式(或者是功耗和热量)表现出来。因此,在一定的低级别上,可以设计出基于电流传感器(内建 I_{DD}检测)的自适应局部检测,它可以自动地触发更高级别上的重构(当超过预置的阈值电流时),从而实现系统自我修复。

(4) 我们必须努力发展快速、精确地评价系统级整体可靠性的 EDA(electronic design automation)工具,实现与目前用于评价面积、延迟和功耗的 EDA 工具的集成。在 IEEE/ACM 关于计算机辅助设计[2]的国际会议上,这一点已得到证实,与会设计者们声称,他们的困难在于处理有关可靠性、功耗、计时、统计计量,确认和模拟/混合信号设计等方面的问题,并提到“在集成电路设计流程上存在一些大问题,需要进一步地研究和开发予以解决”以及“可靠性设计需要帮助”。

12.1 引　　言

12.1.1 微型化面临的挑战

CMOS 微型化正如 Moore 定律[3]描述的那样,半导体工业已达到其前所未有的生产效率和性能。下一代(迅速减小到无穷小)微型化 CMOS 技术将增加晶体管的密度,提高性能,同时降低功耗。最近,据国际半导体技术蓝图(ITRS)报道[4],预计半导体工业下几代 CMOS 仍将持续微型化。它同时预测,微型化的 CMOS 器件和加工技术,到 16nm 技术节点(technology node)时(这不过是几代而已)将变得非常困难。随着微型化的继续,我们预计,纳米器件作为替代技术,将在硅平台上逐渐实现与 CMOS 的集成。作为替代的纳米器件,可以分为固态器件(例如,快单磁通量子 RSFQ,如纳米线和碳纳米管的一维结构、共振隧穿器件、单电子晶体管 SET、铁磁器件和自旋器件等)和分子器件。然而,在 CMOS 技术发展到纳米尺度时，有许多基本的和技术的问题需要解决[5-12]。面临的三个最大的挑战是：功耗和热量耗散、可靠性以及整体复杂性（制备、设计、检测等）[13,14]。面临的其他挑战包括：连通性和通信、确认以及逻辑编码和混合集成[13-16]。最大的困难是，上述所有的挑战错综地（希望不是难处理的）交织在一起。

较大的漏电流将严重地影响功耗（power dissipation）（及相应的热量）。随着100 nm以下CMOS技术的到来（如纳米时代），漏电流不能够再被忽视。在高介电常数的新介电材料和/或多栅的晶体管成为主流技术之前，静态功耗将随漏电流呈指数倍增加（在30℃时，每一代大约增加5倍）。预计漏电流需要减小到低于10%（多栅晶体管）甚至1%（高介电常数的新介电材料）。然而，如果每个芯片含10^{12}个器件[17,18]（人体内大约有10^{13}个细胞，而大脑约有10^{12}个神经元），即使是SET——声称是超低能耗技术，仍将受到功耗的制约[4,19]。

随着器件尺寸减小到65nm以下，器件的有效可靠性裕度（available reliability margin）将急剧地下降[13-16,20]。因此，为了确保器件的可靠性，研究人员必须弄清楚这些裕度具体是由什么决定的，以及能使最先进的技术获得新的可靠性空间而采用何种可靠性的评价方法[1,4,14-17]。在芯片设计者看来，可靠性更多地反映的是电学参数对时间依赖的不确定性。在65nm以下的时代，如果在不牺牲面积、延迟、功耗和能量的情况下，利用目前最盛行的最坏情形（worst-case）设计技术，这些器件级参数的不确定性将高得令人难以接受。此外，随着尺度的进一步减小，由于界面和晶界的散射，铜（Cu）的电阻开始急剧的增大，而超低κ的新介电材料并不像ITRS预期的那样，很快就会出现。除了由于互连的微型化引起的性能问题外，其他与互连可靠性相关的问题（电迁移、应力迁移和发热）也非常棘手，同时，同样重要的是，其他问题（弱图案化定义、直线边缘的粗糙、纳米尺寸的腐蚀、低κ电介质的断裂和化学、机械抛光后的残留物等）也会随尺度的减小而增加。总体来看，可靠性问题似乎是设计未来集成计算系统的最大威胁。对于新兴的纳米器件及其相关的互连[21-23]，由于较高的失效概率以及对噪声与变化较高的敏感性，因此未来的芯片变得极不可靠。这样，目前基于传统的、零缺陷的集成电路设计方法，将不再适用于未来的芯片设计。因此，在设计的最初阶段，将不得不考虑使用容故障和容缺陷的技术，以保证系统能够在制造缺陷与运算误差的故障中自我修复。

最后，复杂性（complexity）将必定是纳米电子学最显著的特征。微型化将增加器件的密度，这将进一步地增加设计和制造芯片的复杂性。将来的EDA工具将不得不考虑量子行为[24]，然而，目前，在含有千兆个器件的芯片中，对多级互联网络复杂性进行模拟，9～10个级别的金属堆积中，耦合电感和电容高达10^{17}[11]。这些将累积导致产生诸如检测、验证[25]以及集成和封装[11,17]等其他问题。

值得再次强调的是，以上枚举的所有这些挑战，都强烈地紧密交织在一起。一方面，增加设计的复杂性，将增加能耗和热量耗散，也会减小可靠性裕度。另一方面，为提高设计的可靠性而增加更多的器件(即空间冗余)，将会增加连通性，并因此导致产生更多的功耗和热量。此外，增加设计的复杂性，连线的总数和这些连线的总长度等都会加大，也就增加了连通的困难。

12.1.2 可靠性面临的挑战

芯片的可靠性成为一个主要问题的原因在于：一方面，是不断增加的内电场和电流密度；另一方面，是新材料和器件未知的可靠性行为——更不用说增加器件和互连的数目，使芯片的可靠性成为主要的问题。尽管微型化是大势所趋，但市场一直在需求更高的可靠性，所以，可靠性变得越来越重要。过去，技术上的可靠性裕度一直足够大，在技术层面也能得到保证(如基于加速应力的实验)。目前，半导体工业采用的方法是，大量测试并舍弃不能正常工作的产品。于 1994 年，英特尔公司第一次对价值达 475 000 000 美元的芯片进行召回，对于那些芯片，召回的原因仅是奔腾(Pentium)处理器在一些浮点运算中会出现微小的失误。将来，大量的器件将被应用于许多应用程序和嵌入系统中，在经济上可行的技术微型化过程中，可靠性将成为关键因素：类似的产品召回的代价将呈指数倍增加——尤其是在对故障敏感与注重节能的实时嵌入系统领域。因此，在预期寿命内，未来的纳米电子系统保证其无故障运行的压力是非常大的——即使不是完全没有缺陷和故障。

同时，令人担忧的是，直至纳米尺寸的 CMOS 器件的大量微型化，会在材料、器件和电路级别对静态和动态参数产生极大的影响[8,10,17,26]。参数的剧烈变化是实现可靠的、可预测系统实现的一个主要障碍[27]。在材料级别上，杂原子具体位置的随机性是参数涨落的一个来源[8,26]。尽管通过离子的注入和退火，可以很好地控制掺杂的平均浓度，在文献[17]中可看到，随着掺杂体积的减小，各器件中掺杂原子数目的标准差将不受限制地增大。随着器件尺寸的不断减小，器件的重要参数，包括阈值电压(V_{th})，将随器件的不同而出现浮动。由于 V_{th}的浮动，COMS 反相器的故障概率可用此公式计算：$p_{INV}=\exp[-2V_{DD}/\sigma(V_{th})]$(Mead 和 Conway 在 1980 年曾提到过该公式[28])，式中，$\sigma(V_{th})$为 V_{th}的方差；V_{DD}为电源电压。因此，一些器件将不能正常工作。除了制造公差的涨落之外，再加上温度的变化和电路级别 V_{DD}的变化，都会使得电路的性能不能达到额定的物理极限。在 45nm 这一代 CMOS 逻辑电路中，因这种涨落引起的传输延时和功耗，预期会超过额定值 30%到 50%[17]。

此外，例如，当芯片材料中的放射性原子衰变并放出 α 粒子时(含正电荷和动能)，同样会产生软误差。电磁干扰和静电放电也会引起类似的缺陷。与目前相比，未来技术中电容和电压都会显著地减小，所以，非常小的电荷就能使存储器、门输出或导线上的值发生比特翻转。尽管对单个器件而言这种事件是非常不可能的，但软误差正成为未来基于纳米器件系统可靠性的主要问题[29-33]，这是由于这种系统中含有大量的器件。例如,对 1 TB 的存储的未来设计,软误差的概率是,在 3.94s 中每个比特就会出现一次软误差。一般来说,存储器中的数据要经过纠错码保护(除备用行和列、离线重构外),或者甚至能够自检[34],最新的研究结果参见文献[35]。不过,保护锁存器和触发器(存储状态)的机理以及随机逻辑,直到最近才出现[30-33]。

根据经典的微型化理论,栅极绝缘层的厚度必须随晶体管其他尺寸的减小而减小,以使得其达到其父代的性能。减小栅极绝缘层的厚度就会指数倍增加栅极的漏电流和功耗。同时,当绝缘层数年受到高电场和高温作用时,很薄的绝缘层能否依然保持其绝缘性能,是令人担忧的。流经栅氧化层的电流会导致产生永久的参数漂移,并最终使栅被击穿,从而引起可靠性问题。Frank 等[8]认为,使用各种绝缘层厚度的各种器件设计(对于不同的用途),可能会缓解这个问题(但是,这将不会简化加工程序),尽管,ITRS 预测高 κ 的介电材料将始于 45nm 节点[4]。

互连(interconnect)微型化,将引起纳米器件的另一个问题。文献[11]中,Davis 等提到,与晶体管不同,互连的微型化不会提高其性能(也可参考文献[36])。由于增加了串扰和延迟,互连微型化会显著地影响电路的可靠性。在多级线堆中,电应力、热应力和机械应力也会对可靠性造成不利影响。Sakurai(最早提出该结论的人之一)在 2000 年提出:在未来的半导体工业中,互连——而不是晶体管——将成为决定成本、功耗、可靠性和周转时间(turn-around time)的主要因素[7]。

除了电应力和热应力及结构不确定性外(如直线边缘的粗糙、氧化层厚度),新材料的使用将会急剧地减小可靠性裕度。由于未能完全理解新材料的降解机理和相互间的作用,以及超小尺度的结构需要更高的可靠性裕度来维持置信度,“我们可能会碰到许多无故障(no-fault-found)的失效”[1]。这些相互冲突的趋势,使得技术人员不能实现其故障率目标,从而将可靠性的评定留给了设计者,后者使用基于合理可靠性模型的 EDA 工具来进行这一工作。

不幸的是,超越 CMOS 技术的可靠性问题[37,38]会更加严重,器件的失效率将高达 10%(如 SET 的背景电荷[21]),甚至 30%(如自组装 DNA[22,23])。显然,利用这种器件(及相关的互连),在系统级别实现 100%的正确率,将是非常昂贵的,甚至是不可能的。因此,降低系统对器件(互连)100%正确率的要求,将会大大地减少制造、确认和试检的成本[25]。不过,这样就会产生较多的瞬时和永久性故障,而大多数故障(而不是全部)将不得不借助体系结构/设计层次的技术来进行补偿[13-16,39-44]。

之前,容错性只是高性能、高成本设计的一个问题,不过,这里它似乎将成为任何未来设计的一部分[14,16,42,45-47]。从系统设计角度看,错误(error)可以分为以下三类:永久性的(也称为缺陷)、间歇性的和瞬时性的[20]。这些错误产生于制造过程[点缺陷,桥接故障,金属银(metal silver),裂纹,光刻和工艺变化,边界和条纹效应]，运行过程中的物理变化(电迁移和自加热，并被互联不均匀放大，软击穿，温度效应，热载流子，相对失配)，以及内部[串扰噪声、天线效应、趋肤效应、热点、IR降、接地反弹(ground bounce)、计时误差]和外部的噪声(辐射、电磁干扰、静电放电)。最原始也是最常用的模型是固定型故障模型(stuck-at fault model)。新兴的技术是否需要新的故障模型，目前仍不清楚[43,46]，不过，我们将不得不处理多种错误[32]。事实上，Kuo 在文献[1]中提到“我们不能确定，基于过去技术的知识是否仍能适用于可靠性分析”。

面对(永久的和瞬时的故障)不确定性，发展容错体系架构的最好做法是引入冗余[48-50]。冗余可以是静态的(在空间、时间或信息上)，也可以是动态的(需要故障检测、定位、遏制和恢复)。空间(硬件)冗余依赖于表决器(如一般的、非精确的、中值、中位值、加权平均、模拟、混合等)，并包含一些著名的诸如模冗余、级联冗余和多路复用[包括冯·诺依曼(von Neumann)多路复用[48]，增强冯·诺依曼复用[42,51,52]和并行恢复(parallel restitution)[53]]。时间冗余是以空间换取时间(如交替逻辑、用位移操作数再计算和交换操作数再计算等)，而信息冗余则是基于故障检测和纠错码。混合方法也被人们所知道，如分时三模冗余、利用表决三重再计算(recomputing with triplication with voting)、时间冗余硬件分区(hardware partitioning)、利用分区和表决再计算、四倍时间冗余以及其他新的方法[54-59]。对于动态容错，我们依赖于周期性检测，自检电路和看门狗(watchdog)计时器。故障检测的例子包括：带比较的复制、利用比较复制再计算、检错码、检验器等。故障恢复依赖于基于自动“重复请求”的重复计算，或者依赖于利用多余备用模块和重构。这里的例子包括：热备份和冷备份、待机备份、可重构复制、自清除(self-purging)系统、移出模块冗余(shift-out modular redundancy)、三重双联(triple-duplex)体系架构和可重构阵列[39]。

以上枚举的许多提高可靠性的方案，可以在不同的级别上实现：器件级、门级、电路级、模块级和系统级。所有方案的共同点是，增强的可靠性是以增加面积、更高的连通性、更高的功耗和/或较慢的计算速率为代价的[60]。作为纳米电子学的一个早期例子，Roychowdhury 等[61]给出了冗余系数 $R = 16$ (即相同复制分数)的量子点原胞自动机(QCA)电路可以在器件失效率高达 15%的情况下正常运行。不过，这样也造成了许多制造方面的困难[62]。这就是为什么人们坚定地认为：既然制造工艺不能用适当的成本生产出完美的器件，未来的设计将不得不是容缺陷和容错的、可重构的，尽管有缺陷但仍能运行的以及能动态诊断和修复故障的(根据非常早期的文献[63]及后续的文献[42,43,64]和现在大量的文献)。对于任何体系架构，要求所有器件和互连都是可靠的，将是不切实际的。

此外，容缺陷和容错的有效体系架构的实现，强烈地依赖于精确的故障模型，而器件和门级模型则已经被摈弃了。目前，还没有任何模型能够精确地评价(未来)纳米器件的制造缺陷和瞬时误码率[39,43,64]。在2003年,Fortes甚至提到,现存的故障模型需要进行重新评估,或者需要设计新的模型[45](同时参见文献[1,47])。当前,如果已知门故障率,我们可以估算系统可靠的运行需要的冗余。最近,这种方法的有效性甚至都受到了质疑[65-67],因为,有人表明,通过使用一个(有限的)常数来近似门的故障率,会引入不可忽略的误差。直到最近,人们才找到这种意外行为的解释[68]。人们有必要开发出创新性的EDA工具,它针对各种纳米器件引入新开发的故障模型[1,43,69]。除了功耗和延迟,未来的EDA工具还应该能够在器件层次相当快速和精确地评估出电路和体系架构的可靠性。使用这类EDA工具,允许设计人员评估各种容缺陷和容故障的纳米体系架构的有效性,并对具体的应用选择最为合适的方案。

迄今为止,VLSI设计人员都未考虑可靠性,它还只停留在技术层面上(即它被认为是技术/工艺工程师们需要考虑的问题)。在将来,仅靠材料、器件工程和逻辑设计还不能解决可靠性问题,相反,它应该成为所有层次应该考虑的关键性设计问题。不存在什么高明的办法可以解决纳米电路和系统的所有(新的)故障问题,必须融合多种技术才能解决问题。提高可靠性需要协同方案:较高级别的技术需要较低级别技术的支持。

下面我们将介绍一系列从器件级别到系统级别的例子,从中可以看出设计层面和技术层面的协同合作的重要性,以及定性和定量分析方法带来的好处。

12.2　可靠性模拟工具

通过模拟,可以确定较大的(即复杂的)逻辑电路的可靠性,不仅可以确认许多理论结果[48-53,70-85],而且还有助于设计或选择更好或最优的纳米体系架构。模拟随机系统的方法,可以分为实验模拟和数值模拟两类。实验方法就是通过观察许多实验的结果,间接地进行分析。最流行的实验方法是蒙特卡罗(Monte Carlo)模拟,它能够再现系统的行为。蒙特卡罗模拟利用随机数发生器,来模拟被分析系统的随机行为。模型一旦建立,计算机多次采样以得到对该模型的行为有意义的结论。由此可见,蒙特卡罗模拟是间接的分析方法,是基于对多次采样的观察。蒙特卡罗模拟最大的好处是直观性以及能够模拟不易得到确定性结论的系统。蒙特卡罗方法在VLSI行业内得到了广泛的应用。将来,它将应用于彻底分析(新)器件、门和小的子电路。由于(非常)耗时,它的应用受到一定的限制,不过,利用此方法得到的可靠性结果,应该收集起来并用于更高的设计级或电路级(如作为门的未来库的参数)。同一门的不同实现,可能会有不同的可靠性,因此,可以将其应用于优化电路的可靠性,类似于多V_{th}设计以减小功耗。

数值方法是指不引入随机行为来对随机模型进行分析。对于具有相同参数的模型,模拟的结果是相同的。这种方法通过描述系统内的概率流来实现的,通常是利用微分方程和数值方法解方程。可以用马尔可夫链(Markov chain)来描述和分析仅含指数分布的状态变化的模型。基于时域特性,马尔可夫链可以分为离散时间(DTMC)马尔可夫链和连续时间马尔可夫链(CTMC)。下面,我们将简要论述一些数值工具和技术,并将重点放在最近开发的工具和技术。感兴趣的读者可能会发现许多早期的方法:如 REL70、RELCOMP、CARE、CARSRA、CAST、CARE-Ⅲ、ARIES-82、SAVE、MARK、HARP、SHARPE、GRAMP、SURF、SURE、SUPER、ASSIST、SPADE、METASAN、METFAC、ARM 和 SUPER,具体参见 Johnson 和 Malek 的优秀综述[86]。随后是 ASSURE、CAREL、SIDECAR 和 MEASURE。

HARP(Hybrid Automated Reliability Predictor,混合自动可靠性预测器)工具最早是由杜克大学(www.ee.duke.edu/～kst/software packages.html)和 Clemson 大学于 1981 年开发的。HARP 利用无故障分析技术来描述复杂系统的故障行为。故障树形图(fault tree diagram)是用部件显示系统状态的逻辑框图。故障树的基本单元通常是一个系统不同组成部分出现的故障。这些故障的组合就是整个系统的故障。其进一步发展为 SHARPE(Symbolic Hierarchical Automated Reliability and Performance Evaluator,符号分层自动可靠性和性能评估器)工具[87](Duke 大学)和 MCI-HARP(Monte Carlo Integrated HARP,蒙特卡罗集成 HARP)工具[88](在 Northeastern 大学开发)。

20 世纪 90 年代早期,人们也开发了一些其他的数值分析工具。例如,柏林工业大学(Technical University of Berlin)的 TimeNET(pdv.cs.tu-berlin.de/～timenet/),伊利诺伊大学香槟分校(University of Illinois at Urbana-Champaign)的 UltraSUN(后来是 Möbius)(www.mobius.uiuc.edu/index.html)和加州大学河滨分校(University of California at Riverside)的 MART(www.cs.ucr.edu/～ciardo/SMART/)。到 90 年代中期,弗吉尼亚大学(University of Virginia)则开发出了 DIFTree(Dynamic Innovative Fault Tree)[89]和 Galileo[90]。(www.cs.virginia.edu/～ftree/)。Galileo 在早期的 HARP、MCI-HARP 和 DIFTree 工具上进行了扩展,结合了二元决策图(BDD)和马尔可夫方法。

在 1999 年,伯明翰大学的一个小组,开发出了 PRISM(Probabilistic Symbolic Model Checker,概率符号模型检查器)[91,92](www.cs.bham.ac.uk/～dxp/prism/)。PRISM 利用概率模型检测,以确定一个给定概率系统是否满足给定的概率要求。电路被看作是一个状态转换系统,概率附着于各转换之上。它运用算法技术分析状态空间,并计算与概率模型有关的性能测试。PRISM 支持三种概率模型分析:DTMC、CTMC 和马尔可夫决策过程(MDP)。

在 2002 年,作为替代模拟离散随机模型的基于 proxel 的方法被开发出来[93]。

为了获得更好的名称(phrase),我们借用了 pixel,proxel 是 probability element(概率元素)缩写。它用最简洁和最完全的方式,描述模型中的每一个概率组态(probabilistic configuration)。每一个 proxel 都携带有产生下一代 proxel 的足够信息,如概率性地确定模型的行为[94]。这样,我们就可以将一个非马尔可夫模型转换成了一个马尔可夫模型。这一方法用确定性的方式来分析模型,从而避免了蒙特卡罗模拟中常出现的问题(如寻求高质量的伪随机数发生器),还能避免求解微分方程(列出和求解方程都是困难的)。其底层的随机过程是 DTMC,它是通过检测模型所有可能的行为而实时构建的。

概率转移矩阵(probabilistic transfer matrices,PTM)框架最早是在 2003 年提出的[95],不过,其基本的思想可追溯到 20 世纪 60 年代[96]。通过结合基本的逻辑门或子电路的 PTM,PTM 可用于评价电路的总体可靠性[97,98]。它能够对所有可能的输入进行同时计算,并计算错误的精确概率。另一个优点(除精确外)是,能够非常容易地计算各门的不同故障概率[66]。不过,PTM 存在一个主要存储瓶颈:对于一个含 n 个输入和 m 个输出的电路,简单的 PTM 表达需要 $O(2^{n+m})$ 存储空间。这就限制了模拟电路的大小,而只能模拟 16 个 I/O 信号以下的电路。利用代数决策图压缩方法(algebraic decision diagrams compression method),可以减少所要求的存储空间,这样,就可以评价含 40 个 I/O 信号的电路[97]。

概率门模型(Probabilistic gate models,PGM)[99,100]是另一种估计电路可靠性的分析方法。这种方法可以用于各种类型门和故障。一个电路被分成许多小的模块(如门),并且,I/O 信号被认为是统计独立的(不相关的)。各输出可靠性相乘得到电路整体的可靠性。在包括扇出的电路中,信号是相关的,因此,PGM 通常得到近似的结果,它是 PGM 的较高的速率和较少的计算资源的一种折中。

最近,有人利用贝叶斯网络(Bayesian network,BN)来模拟信号的依赖性[101~103]。在概率计算中,可以看到电路信号和马尔可夫随机场之间的关系。在给定输入信号时,输出的条件概率决定了误差如何在电路中传递。在给定门误差时,利用此理论模型,可以估算出输出误差的概率。*IEEE Transactions on Reliability* 的总编辑 Kuo 在 2006 年 12 月的开篇文章[1]中提到:"我们预测,在纳米时代,基于新技术的产品生命周期会更短,使用贝叶斯方法的频率会更高,在新产品需要可靠性评估之前,得到足够的数据几乎是不可能的。"

通过长达 40 年的不懈努力,仅导致产生了几种商业化产品

(1) 前面已提到的 Exelix 公司的 Galileo(www. exelix. com);

(2) Reliasoft 公司的 Predict(www. reliasoft. com/predict /index. htm);

(3) Doble 公司的 ProTest(www. doble. com/products/protest. html);和

(4) Reliass 公司的产品(www. reliability-safety-software. com/),包括:PRISM®(完全不同于前面提到的伯明翰大学开发的 PRISM)。

12.3 更可靠的门

当真空电子管成为基本器件后[16,48-50]，如何设计更高可靠性的门，引起了人们很大的兴趣。在那时，阈值逻辑（包括多数逻辑和三值逻辑）是研究的热点，甚至用于早期的电脑制造。从 1957 年到 1958 年，Rosenblatt 和 Charles Wightman 和其他人一起构建了一个拥有 512 个可调权重的 Mark I Perceptron[104]。不久之后，Bernard 和他的学生开发出了 ADALINE（ADAptive LINear Element）[105]。后来的阈值逻辑电脑则是 DONUT[106]，紧随其后是 Setun[107,108]。由于真空电子管的可靠性较低，人们设计出基于小型铁氧体磁芯和半导体二极管的快速元件，来实施三值逻辑。Brousentsov 在文献[107]中提到："与二值逻辑相比，三阈值逻辑门可以提供更快的速度和更高的可靠性，且所需的设备和功率都更少。这就是设计三值计算机的原因。"

随着 MOS 和 CMOS 集成电路的出现，这类话题很快被人们遗忘了。然而，对某些特殊应用，仍然一直需要抗辐射[109]。在下面的各节中论述的一些设计，是属于所谓的抗辐射设计（rad-hard by design）一类的，而专用于超深亚微米技术的其他 CMOS 设计，直到现在才开始出现。这些设计既可以归类于布局级（如基于修改布局）又可归类于开关级（如基于晶体管级修改电路）技术，而混合技术甚至是自适应技术现在也已开始出现。

大多数电路设计者都曾经用过开关级的方法。基于使用 Berger 码编码电路输出的容错 CMOS 体系架构，需要引入额外的网络，以提供单一固定型故障的容错能力以及多故障的容错能力，并同时减少单向故障[110]。另一个方法是应用于组合 CMOS 门的四重法。两种方法都可同时应用在网络级（p-堆积和 n-堆积分别增大至 4 倍）和晶体管级（为保持网络互连的拓扑结构，各晶体管四倍化）[111]。一个可选的开关级解决方案则如图 12.1(a)所示。它加倍了 n 堆积和 p 堆积，并且增加了交叉耦合晶体管，在几乎不降低速度的情况下，实现了容错[112]。一个动态逻辑的低功耗软误差抑制技术如图 12.1(b)所示。它增加了通路晶体管器件作为隔离和弱保持器来规范多米诺逻辑（domino logic）[113]。优化保持器（布局级）的大小也是有利的。在这几个例子中，我们可以看出，开发的解决方案是相当复杂的。对于开关级的冗余，也可以包括有源偏压和隔离良好的晶体管[114][图 12.1(c)]。它们能够阻止达到输出节点的（组合逻辑中的）瞬变。这些方法补充了抗噪声设计（如，文献[115，116]中已经详细地介绍过），且还可以与硬线表决相结合（hard-wired voting）[图 12.1(d)]（如基于老式的输出-连线-反相器构想[117]）。

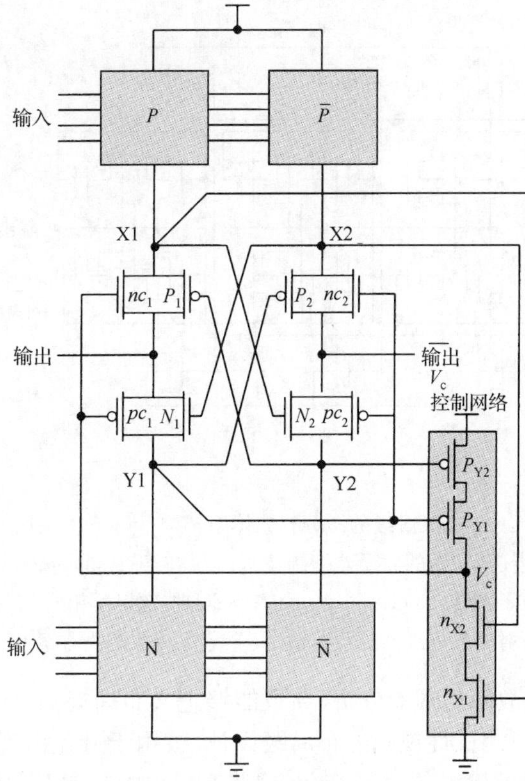
输入
P
$\bar{P}$
X1
X2
nc_1 P_1
P_2 nc_2
输出
$\overline{输出}$
V_c
控制网络
pc_1 N_1
N_2 pc_2
Y1
Y2
P_{Y2}
P_{Y1}
V_c
n_{X2}
n_{X1}
输入
N
$\bar{N}$

(a)

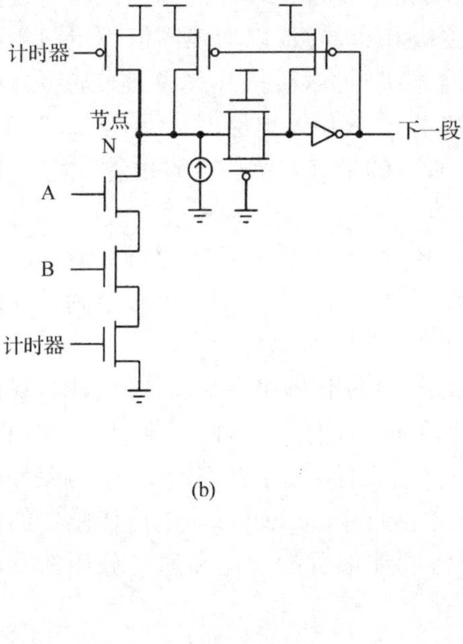
计时器
节点
N
A
B
计时器
下一段

(b)

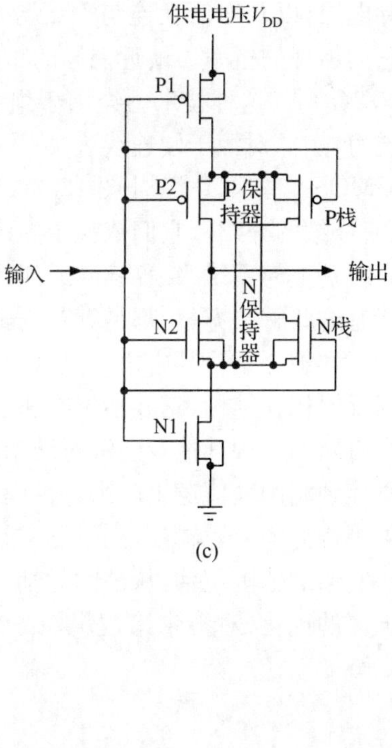
供电电压V_{DD}
P1
P2
P保持器
P栈
输入
输出
N保持器
N2
N栈
N1

(c)

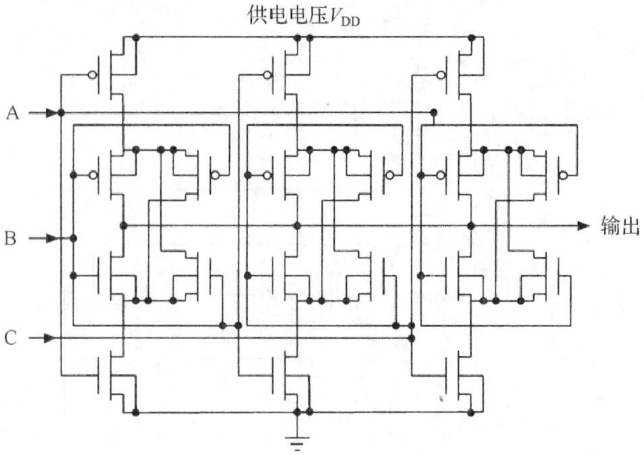

(d)

图 12.1 抗辐射设计:(a) CMOS级的微分容错体系架构[112];(b) 采用了隔离器件和双保持器的多米诺逻辑[113]的软误差抑制技术;(c) 在 SOI(silicon-on-insulator)上的单粒子翻转(single event upset, SEU)抗辐射反相器[114];(d) 抗辐射多数表决器的经典输出-连线-反相器解决方案[117]

同时,对集成电路故障机理的分析,导致能够定义布局规则,允许提高电路的可测试性[118]。随后,可测试性规则的布局级设计,被用于避免出现一些难以检测的故障,甚至是一些不可检测的故障[119]。这些布局规则包括:接触冗余、环形或闭环导电层,以及加倍互连与 I/O 导电路径。这些可以避免一些断路故障,或者减少它们出现的概率。最近倡导的布局技术,是借鉴模拟设计的高匹配布局设计[图 12.2(a)]。这种技术已经用于组合开关级和布局级,以增强阈值逻辑门的抗噪声能力[116]。对源于硬连线表决[117]的混合解决方案(桥接开关级和布局级),在有关 CMOS[120]、SET[69,52][图 12.2(c)]和纳米 PLA 纳米电路[121,122][图 12.2(d)]中,已有详细的介绍。它们依赖于内建晶体管级的带有冗余信号的冗余,并且可以在更高级别上与系统级表决和/或纠错码组合。

所有这些解决方案,都是针对逻辑门的,不过,针对锁存器情形对其最初的设计进行了详细介绍。其中之一是基于异步设计[123][图 12.3(a)],另一个则是针对抗辐射反馈拓扑结构,它并不影响速度,如图 12.3(b)所示[124,125]。

在有限的几种其他专门针对纳米器件的鲁棒的电路和系统设计方法中,我们在这里提到利用阈值逻辑门来评价模拟平均值的方法[126,127],而文献[128]却倡导实时可重构的阈值逻辑门(同时见文献[129])。最后,我们也应提到工艺偏差补偿技术。它们的范围包括,从试图对基于片上泄漏(on-die leakage)电流传感器的保持器强度的优化(对多米诺逻辑门)[130],到协同体偏置的使用和通过分压的瞬时噪声衰减[56]。

(a)

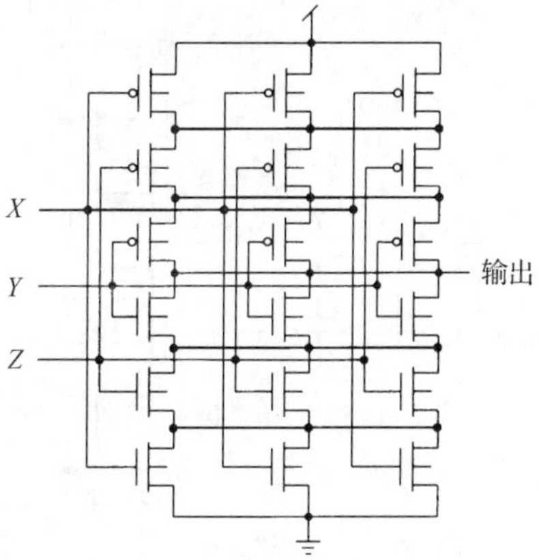

(b)

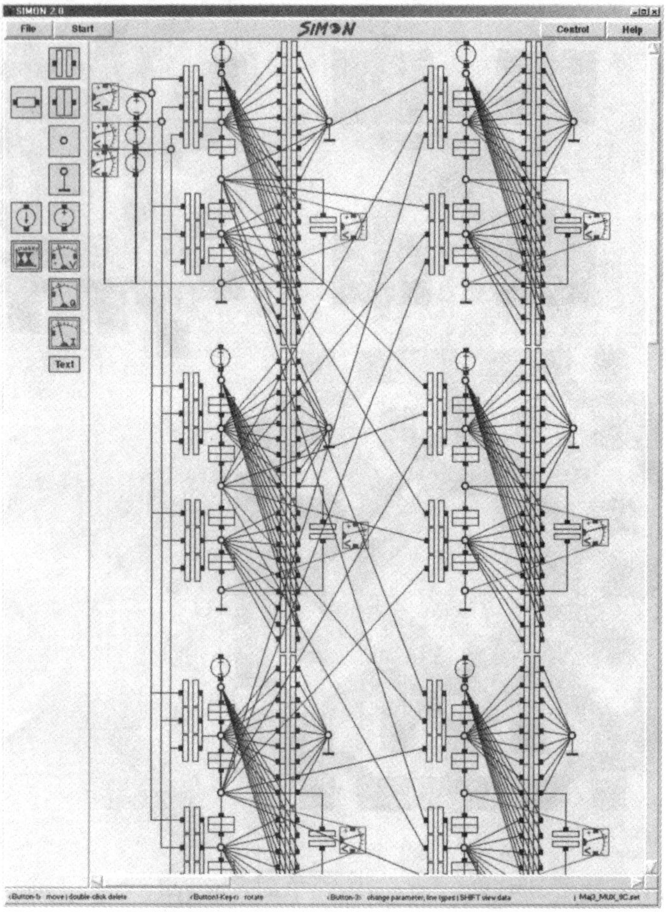

(c)

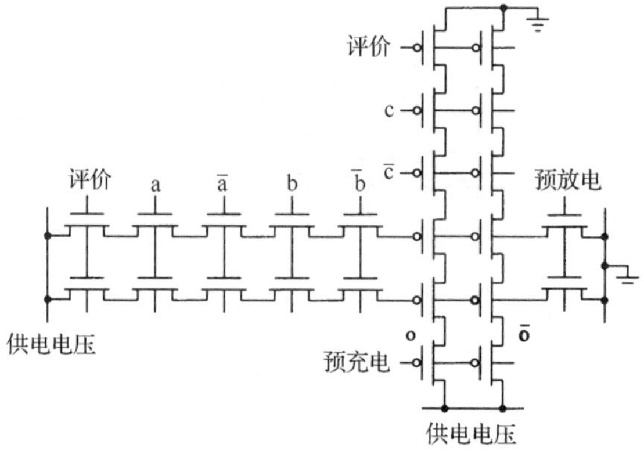

(d)

图 12.2　器件级的内置冗余

(a) 高匹配技术(用于模拟设计)应用于数字电路[116];(b) 输出-连线(反相器)原理[120]的一个扩展;(c) 高匹配技术应用到 SET 电路[69],[52];(d) PLA 型电路(NASIC 电路[121,122])

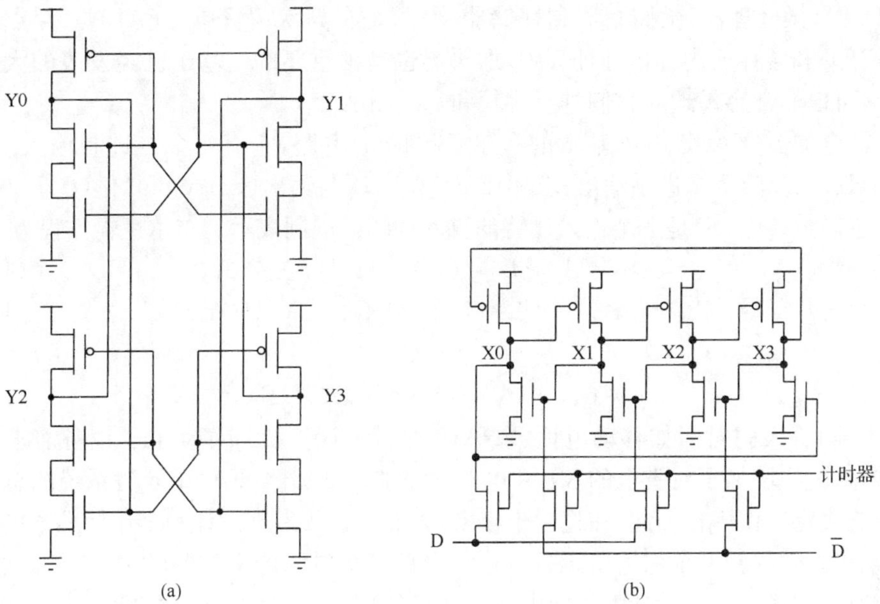

图 12.3　抗辐射锁存器

(a) 基于异步时序电路的抗单粒子锁存器结构[123]；(b) 利用局部冗余的容软误差率的锁存器[124](文献[125])，即类似于图 12.2 的设计

所有这些解决方案都是高度创新性的，这就有必要对这些非标准的设计进行比较。不过，CMOS 的基于详细的蒙特卡罗模拟的初步结果还非常有限(文献[131])，而超越 CMOS 的纳米技术的结果几乎没有(对 SET，可参考文献[69]、[65]和[67])。

我们给本节作一小结：已经有越来越多的文献报道开始处理这类问题了。这是可喜的，不过，却存在着一种过快地转向更高级别的趋势[29,32,56-58,132]。这应该以一种较缓的方式进行，这是因为，最高的可靠性来源于最低的级别，所以，我们应当首先充分利用所有“底层的结果”。这就意味着，我们应设计许多不同版本的相同的门，它们具有不同的可靠性，并随后进行测试。它们类似于相同门的多重 V_{th} 设计，它们一直用于确保低功耗。未来的 EDA 工具，应采用这类(系列的)门来优化电路的可靠性，同样，现在的 EDA 工具应当采用多重 V_{th} 和多重 V_{DD} 来减小功耗。这就是说，未来的 EDA 工具将不得不在四维上进行优化：计时(timing)，面积，功耗和可靠性。

12.4　可靠的全加器

12.4.1　全加器单元

到目前为止，加法是最为广泛的算术运算，其应用范围包括：数字信号处理器

(DSP),微处理器,微控制器和存储器[133,134]。在算术逻辑单元(ALU)、浮点单元(FPU)和缓存或内存地址计算中,加法器也是很重要的。基于已经发表的大量结果,可以非常容易地对它们进行比较和基准测试。

全加器(FA)是一种基本的布尔(Boolean)电路,它有三个二进制输入:A、B和C_{in},以及两个二进制输出:求和(Sum)位(S)与输出(Carry-out)位(C_{out})。2-位二进制数(C_{out},S)是三个输入比特的算术和的二进制表示。布尔逻辑方程为

$$S = A \oplus B \oplus C_{in} = (A \oplus B) \oplus C_{in} \tag{12.1}$$

$$C_{out} = A \cdot B + A \cdot C_{in} + B \cdot C_{in} = \mathrm{MAJ}(A,B,C) \tag{12.2}$$

或

$$C_{out} = A \cdot B + C_{in} \cdot (A \oplus B) \tag{12.3}$$

随着人们对诸如移动电话、PDA 和便携式计算机等移动电子设备需求的增加,这就需增加了对省电的 VLSI 电路的需求。全加器(FA)单元对系统的总体性能起决定性作用。因此,在过去十年来,人们一直致力于设计一个比标准全加器更快、更高效的新型全加器单元(FA),它也是许多研究论文的驱动力[135-145]。然而,所有的这些全加器设计都假定电路是在可靠门下工作的。因此,可靠性仍未作为全加器优化的一个标准。直到最近,纳米技术行业才开始重新关注可靠性这一问题[20,30,146,147]。

在本节,我们将利用 PTM 技术(在 12.2 节中提到过)来数值地评价四种不同全加器实现的可靠性。我们也试图将门级模拟与器件级模拟联系起来。对每一种全加器,都建立一个可靠性模型。利用这些模型来研究门(和器件)故障对全加器可靠性的影响。第一种全加器是通过七个 NAND-2 门和五个反相器(用作一个 PGM 示例[99])来实现的,它被称为 NANAD-FA[图 12.4(a)]。第二种全加器实现采用了三个 NANAD-2 门和两个异或 (XOR)门,被称为 XOR-FA[图 12.4(b)]。当用直接合成技术时,这种全加器是标准的实现方法(可参考文献[144])。第三种全加器用了五个多数决定门(majority gate)(MAJ-3)和三个反相器,被称为 MAJ-FA[图 12.4(c)]。这种解决方案是早期 QCA 设计所倡导的[148]。第四种全加器采用三个少数决定门(MIN-3)和两个反相器,被称为 MIN-FA[图 12.4(d)]。从 1961 年起,阈值逻辑行业倡导的最简单的解决方案是仅用三个 MAJ 门(和/或)两个反相器[149]。后来,许多 SET 设计采用了这种方案[150-152],最近,QCA 设计也采用了这种方案[153],然而,有些作者似乎并未注意到早期的阈值逻辑结果(有关阈值逻辑的综述,见文献[154,155])。

12.4.2 概率转移矩阵计算

在无误差操作中,组合逻辑电路或门的功能可以通过真值表来表示,逻辑“1”代表真(true),逻辑“0”代表假(false),它表明,在逻辑电路中,不同的输入组合是

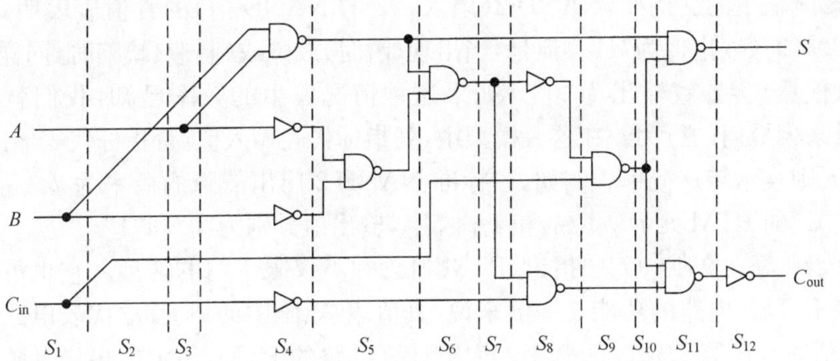

(a)

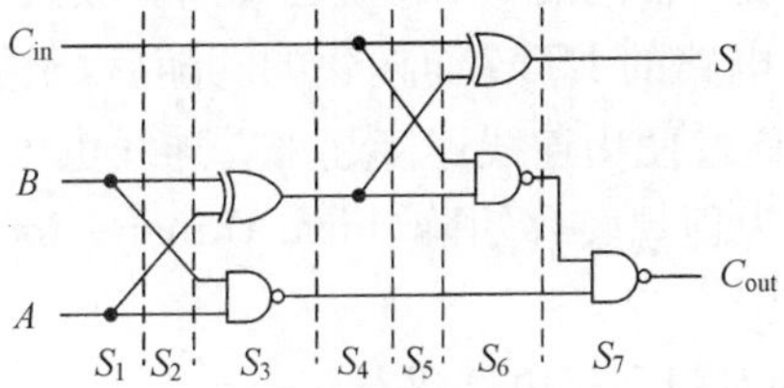

(b)

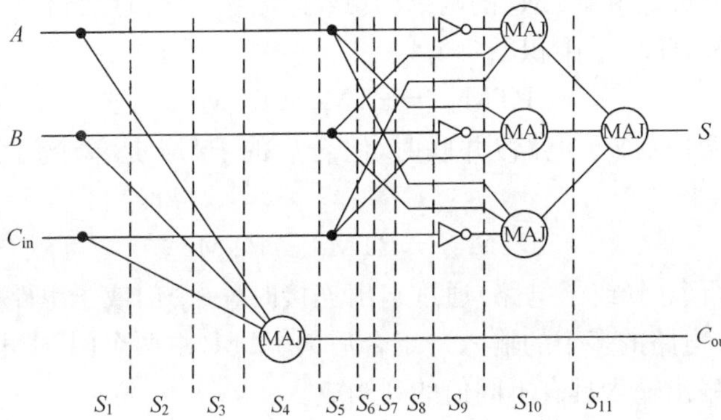

(c)

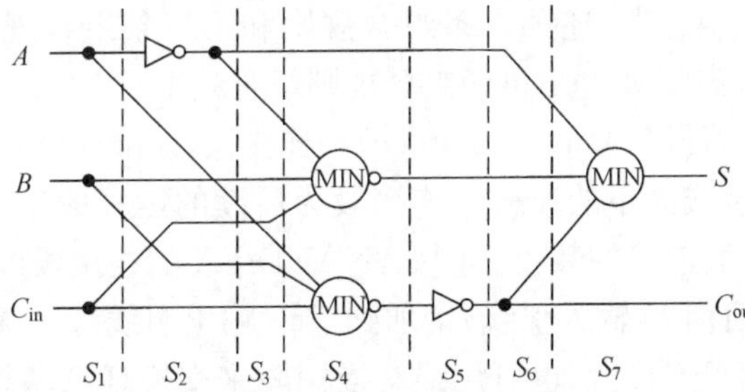

(d)

图 12.4 四种全加器(FA)实现

(a) NAND-FA;(b) XOR-FA;(c) MAJ-FA;(d) MIN-FA

如何影响输出的。例如，NAND-2(扇入＝2 的 NAND 门)的真值表表明，当输入值为“01”时，输出值为“1”。但是，当出现(瞬时)故障或(制造)缺陷时，同样的输入可能(偶然)会导致输出为“0”。如果这种情况发生的频率已知，我们就可以用 PTM 来模拟门的行为。在这一模型中，列指标代表输入值，行指标代表输出值，而矩阵元则表示转移概率。例如，一标准 NAND-2 门出故障的概率为 $p_{\text{NAND-2}}$，对应输入“01”的 PTM 元为 $p_{\text{NAND-2}}$ 和 1-$p_{\text{NAND-2}}$，输出值分别为“0”和“1”。

Patel 等在文献[95]中指出，PTM 概念并不仅限于门的情形。它也可以用来模拟(不可靠)电路的功能。一般来说，真值表/矩阵中的单元 a_{ij} 代表电路中输入第 j^{th} 值时输出第 i^{th} 值时的概率。为了计算电路的 PTM，假定门出错是独立发生的(即不相关的)，且电路中各门的 PTM 是已知的。较大电路的 PTM 是通过组合单个门的 PTM 构成子电路的 PTM 而构建的。随后，子电路的 PTM 组合成电路的 PTM。门和子电路通过使用连线连接起来。连线也可以认为是一种特殊的门，若无任何误差，则可作为理想转移矩阵(ideal transfer matrixes, ITM)，即它们等同于理想门。

使用下述三个规则对门和子电路进行组合：

(1) 如果 PTM_1 和 PTM_2 的两个门(或子电路)串联时，组合后的 PTM 是单个门(或子电路)PTM 的乘积

$$\text{PTM}_{12} = \text{PTM}_1 \times \text{PTM}_2 \tag{12.4}$$

(2) 如果两门(或子电路)并联时，组合后的 PTM 是单个门(或子电路)的张量积

$$\text{PTM}_{12} = \text{PTM}_1 \otimes \text{PTM}_2 \tag{12.5}$$

(3) 如果两个门(或子电路)通过扇出连接时(一个门或子电路的一个输出连接到下述门/子电路的多个的输入)，组合后的 PTM，由两个门/子电路的张量积、并去除所有对扇出输入具有不同值的列构成。

为了构建立与各全加器有关的 PTM，全加器被分成若干个串联的段(stages)/子电路(图 12.4)。上述第二条组合规则和第三条组合规则，适用于构建各段的 PTM。各段的 PTM 再用第一组合规则组合起来。

段可以分为运算段(computing stage)和连接段(connecting stage)。连接段仅包含一组连接导线(或简单的连接)，连接段为后续的运算段作输入准备。它可以第 3 按扇出规则增加连接的数目。例如，NAND-FA 的连接段 S_1 (图 12.4)按扇出规则，将连线的数目由 3(输入引线)增加到了 5(输出引线)。[备注：各段的引线总是从上向下数。]对于连接段，也可用线交换矩阵来交换任意两根引线(当需要时)(图 12.5)。例如，2-线交换矩阵用于交换第 2 和第 3 条引线，也可以用于交换 MAJ-FA S_7 段第 7 和第 8 引线[图 12.4(c)]。同时，3-线交换矩阵可以用于交换 MAJ-FA S_7 段第 4 和第 6 条引线(跳过第 5 根引线)[图 12.4(c)]。

$$\begin{bmatrix}1&0&0&0\\0&0&1&0\\0&1&0&0\\0&0&0&1\end{bmatrix}$$

(a)

$$\begin{bmatrix}1&0&0&0&0&0&0&0\\0&0&0&0&1&0&0&0\\0&0&1&0&0&0&0&0\\0&0&0&0&0&0&1&0\\0&1&0&0&0&0&0&0\\0&0&0&0&0&1&0&0\\0&0&0&1&0&0&0&0\\0&0&0&0&0&0&0&1\end{bmatrix}$$

(b)

图 12.5　引线交换矩阵

(a) 2-线交换矩阵；(b) 3-线交换矩阵

与连接段不同，运算段必须包含至少一个门。运算段也包含一组连接导线[如图 12.4(d)中 MIN-FA 的 S_2，S_4，S_5 和 S_7 段]。MAJ-FA[图 12.4(c)]包含四个运算段（S_4，S_9，S_{10} 和 S_{11}）和七个连接段（S_1，S_2，S_3，S_5，S_6，S_7 和 S_8）。开始的三个段（S_1，S_2 和 S_3）用于扇出相同的三组输入信号，且为输出 C_{out}（在 S_4 段）的运算准备连接。随后的连接段 S_5 到 S_8 段生成 3 份输入信号，并交换引线，为求和运算（S_9）的第一个运算段准备输入。三位的求和是通过运算段 S_9，S_{10} 和 S_{11} 来进行的。

对各段的 PTM 分别计算后，通过组合得到了总的 PTM。对所有的输入组合，各全加器的故障概率作为平均故障来进行计算。因为所有的段都是串联的，总的 PTM 可以通过以下第一组合规则来构建：

$$\mathrm{PTM}_{S_{1-2}} = \mathrm{PTM}_{S_2} \times \mathrm{PTM}_{S_1} \tag{12.6}$$

$$\mathrm{PTM}_{S_{1-3}} = \mathrm{PTM}_{S_3} \times \mathrm{PTM}_{S_{1-2}},\cdots \tag{12.7}$$

$$\mathrm{PTM}_{S_{1-n}} = \mathrm{PTM}_{S_n} \times \mathrm{PTM}_{S_{n-1}} = \mathrm{PTM}\text{ 的下标 } s_i \text{ 从 } i=1 \text{ 到 } n \text{ 的乘积(PI)} \tag{12.8}$$

12.4.3　全加器可靠性模拟

我们可以用数值模拟来对四种全加器的可靠性进行评价。在第一个实验，相对基本门的故障概率 p_{GATE}，测量各全加器的故障概率。对于各基本门，数值模拟时，假定仅有一种类型的门是不可靠的，而其他门都是理想的($p_{GATE}=0$)。这样，可以估算各门对全加器可靠性的影响。

在第二组模拟中，假定所有的基本门都不可靠，且具相同的概率 p_{GATE}，然后对各门的可靠性进行估计(正如通常做的那样，见文献[40，41，46-53，95-103])。图 12.6给出了所有这些模拟结果。可以看出，在四种全加器中，NAND-FA 的可靠性最小。当 $p_{NAND\text{-}2}=p_{INV}=0.06$ 时，$p_{NAND\text{-}FA}$几乎达到了 0.4[图 12.6(a)]。在相同的条件下，$p_{XOR\text{-}FA}$ 和 $p_{MAJ\text{-}FE}$ 略低于 0.25[图 12.6(b)]，而 $p_{MIN\text{-}FA}\approx 0.225$[图 12.6(d)]。这些模拟结果同时表明，全加器的可靠性受到基本门的影响。例如，用理想的 MAJ-3 门($p_{MAJ-3}=0$)和不可靠的反相器($p_{INV}=0.06$)，得到 $p_{MAJ-FA}=0.09$。然而，用不可靠的 MAJ-3 门($p_{MAJ-3}=0.06$)和理想的反相器($P_{INV}=0$)，却得到不同的结果，即 $p_{MAJ-FA}\approx 0.19$[图 12.6(c)]。这些结果意味着，与反相器相比，MAJ-3 门对 MAJ-FA 的故障率影响更大。因此，我们需要首先增加 MAJ-3 门的可靠性。此外，模拟结果还表明，基本门对电路可靠性的影响强烈地依赖于电路的设计。尽管 MIN-FA 和 MAJ-FA 在设计上拥有不同数目的反相器(分别为 2 和 3)，用不可靠的反相器 $p_{INV}=0.06$，全加器的故障率却是相同的($p_{MAJ-FA}=p_{MIN-FA}=0.09$)。由于门是用类似的纳米器件一起实现的，假定一种门是不可靠的，而其他都是理想的，这是不现实的。然而，这一假设用于前面实验的目的，仅是研究各种不同的门对全加器可靠性的影响。

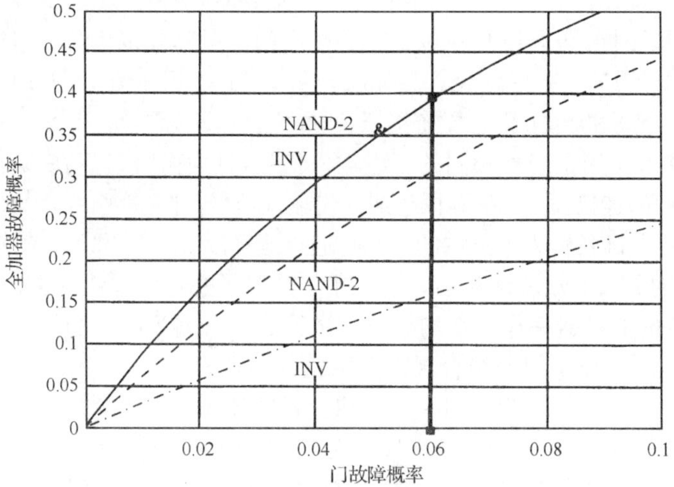

(a)

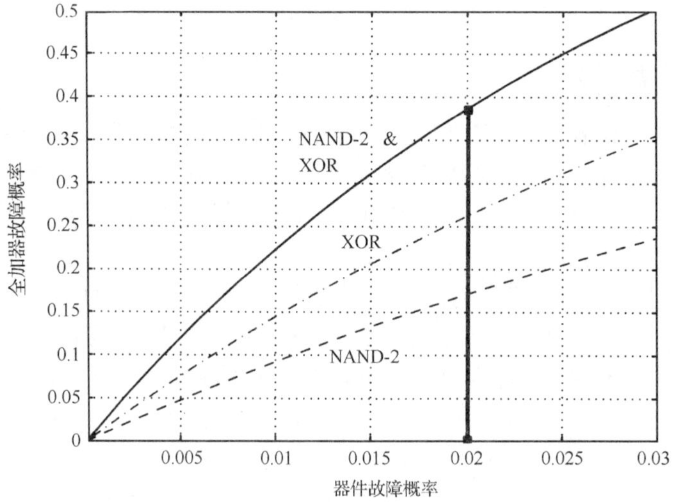

(b)

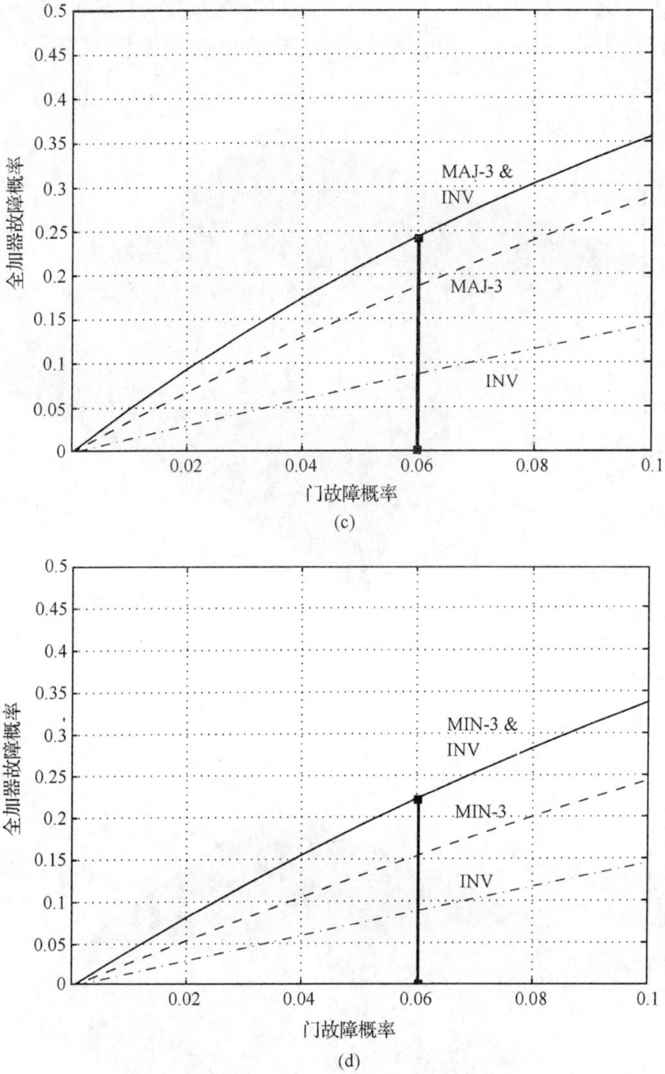

图 12.6 四种全加器(FA)故障概率与其基本门的故障概率的关系
(a) NAND-FA;(b) XOR-FA;(c) MAJ-FA 和 (d) MIN-FA

在第三组实验中,假定门的故障概率是不同的,然后对每种全加器的故障概率进行计算。这些实验的模拟结果(图 12.7 和图 12.8)可用于确定对应于 p_{GATE} 值的任意组合的全加器的故障概率。例如,如果 NAND-FA 的实现包括有不可靠的门,且 $p_{INV}=0.2$,$p_{NAND\text{-}2}=0.08$,如图 12.8(a)所示,$p_{NAND\text{-}FA}=0.4$。这些模拟结果也可用于确定各类门的最大允许 p_{GATE} 值,以确保预定的允许 p_{FA}。例如,为了使

NAND-FA 的实现满足 $p_{\text{NAND-FA}} \leqslant 0.1$，基本门必须分别不超过 $p_{\text{INV}} \leqslant 0.035$，$p_{\text{NAND-2}} \leqslant 0.018$[图 12.8(a)]。更多的模拟结果请见参考文献[156]。

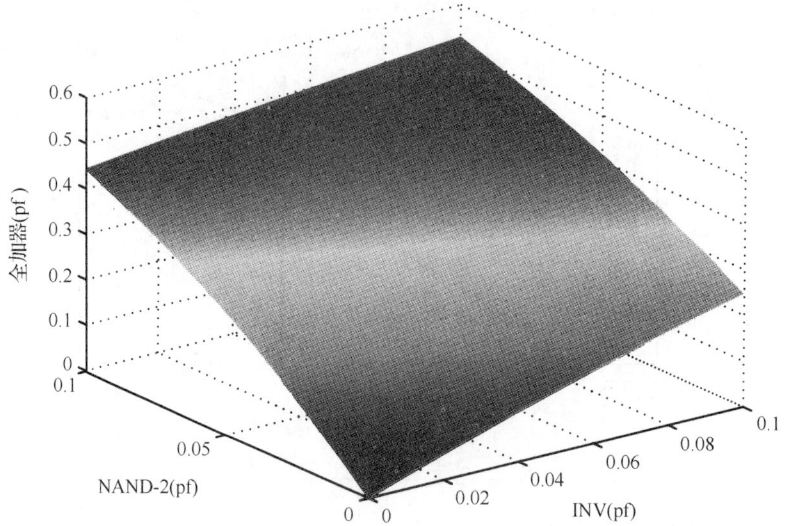

(a)

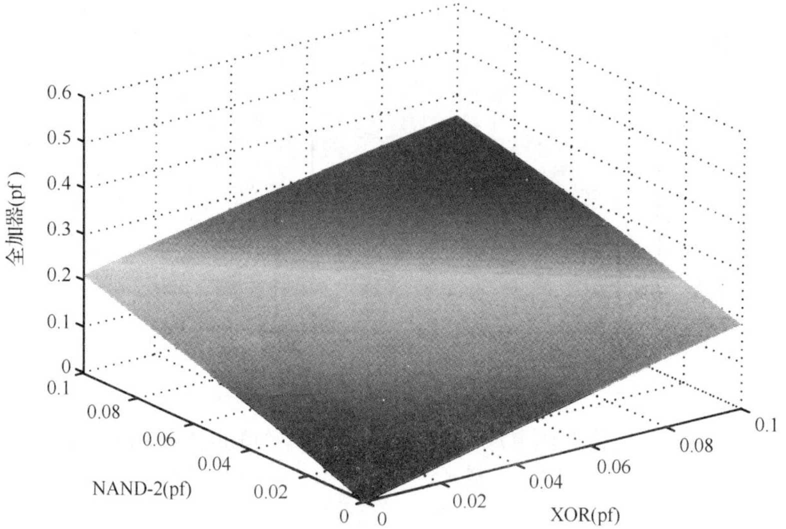

(b)

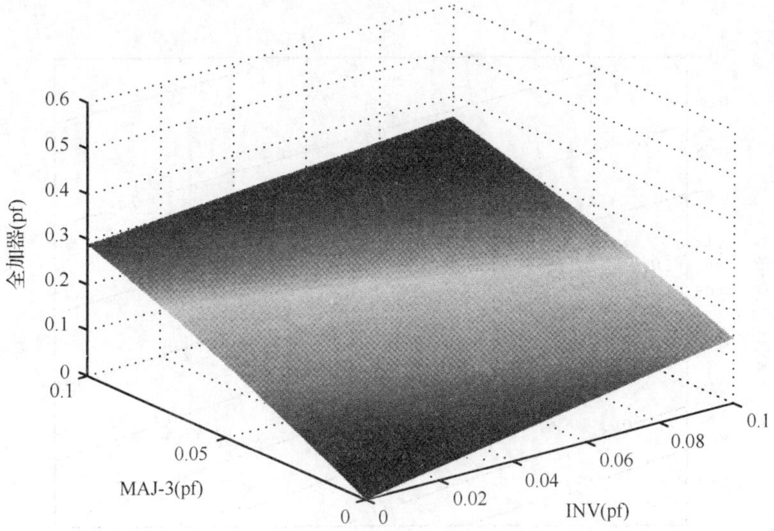

(c)

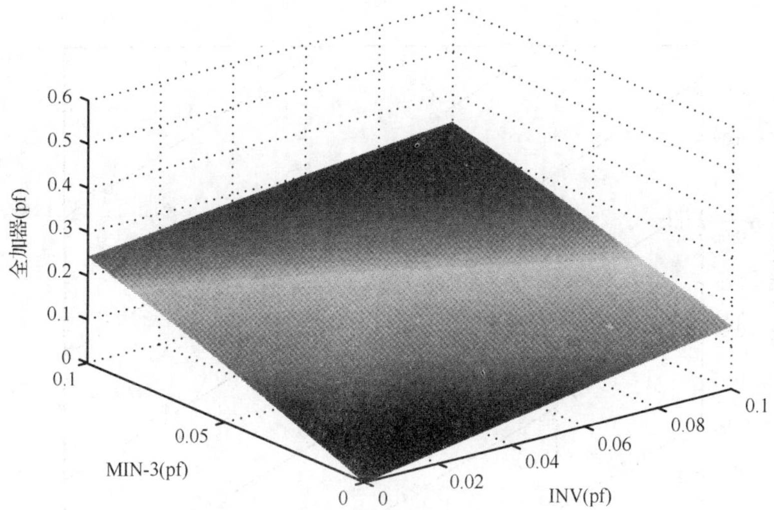

(d)

图 12.7 全加器(FA)的故障概率与其对应的基本门故障概率的 3D 图

(a)NAND-FA;(b) XOR-FA;(c) MAJ-FA;(d) MIN-FA

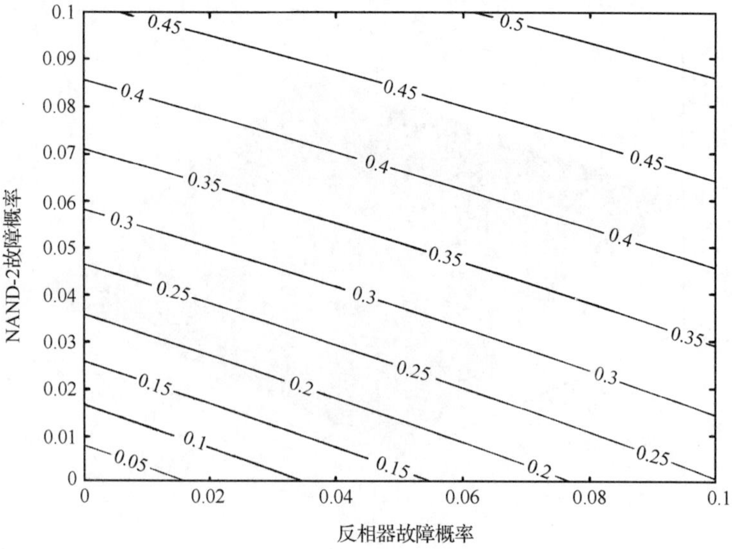

NAND-2故障概率
反相器故障概率
0.05
0.1
0.15
0.2
0.25
0.3
0.35
0.4
0.45
0.5

(a)

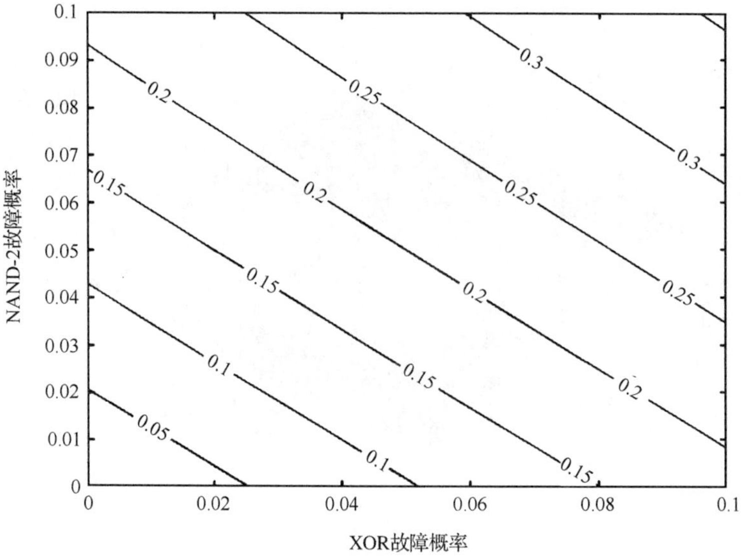

NAND-2故障概率
XOR故障概率
0.05
0.1
0.15
0.2
0.25
0.3

(b)

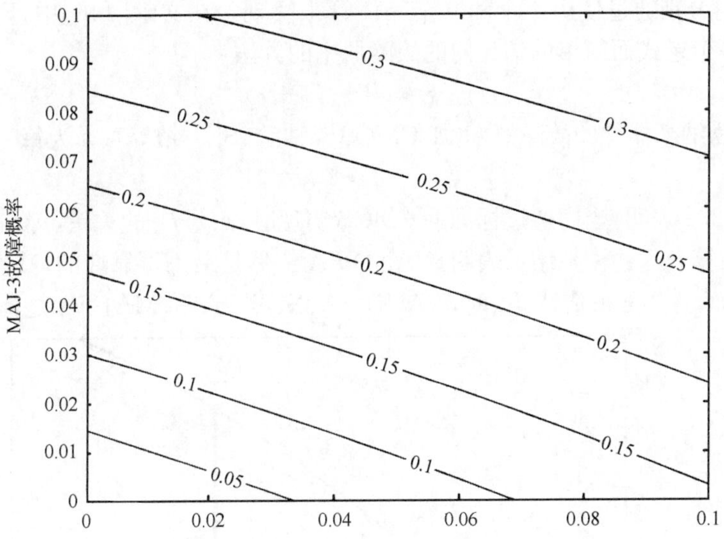

(c)

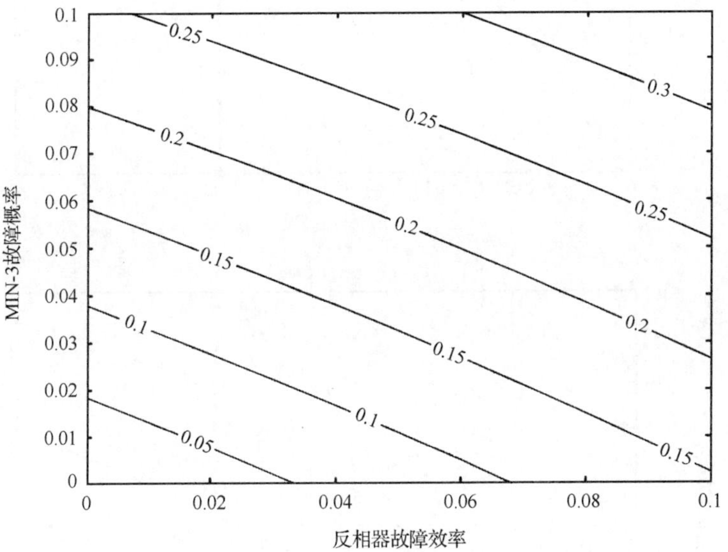

(d)

图 12.8 全加器(FA)故障概率与其基本门故障概率的等值线图

(a) NAND-FA;(b) XOR-FA;(c) MAJ-FA;(d) MIN-FA

如前所述,不同类型的门是采用类似的纳米器件一起实现的。然而,各门是由不同数量的器件组成的,更不用提不同的逻辑类型或非典型的材料。标准的CMOS反相器是通过使用两种晶体管实现的,在标准的 CMOS 中,NAND-2 和

MAJ-3 门分别通过使用 4 个和 6 个晶体管来实现。在文献[146]中，Forshaw 等提出了一个老式而简单的估计门的故障概率的方法

$$p_{\mathrm{GATE}} \approx 1-(1-\varepsilon)^n \tag{12.9}$$

式中，ε 为纳米器件的故障概率(如 CMOS 晶体管、SET 结等)；n 为每一个门的器件数。

图 12.9 表明，当门通过标准的 CMOS 实现时，p_{FA} 与 ε 的关系，p_{GATE} 使用方程(12.9)估算。这些模拟结果表明，NAND-FA 依然是最不可靠性的，其次是 XOR-FA。然而，当用 ε 来估计 p_{FA} 时，NAND-FA、XOR-FA 和 MAJ-FA 之间的区别变

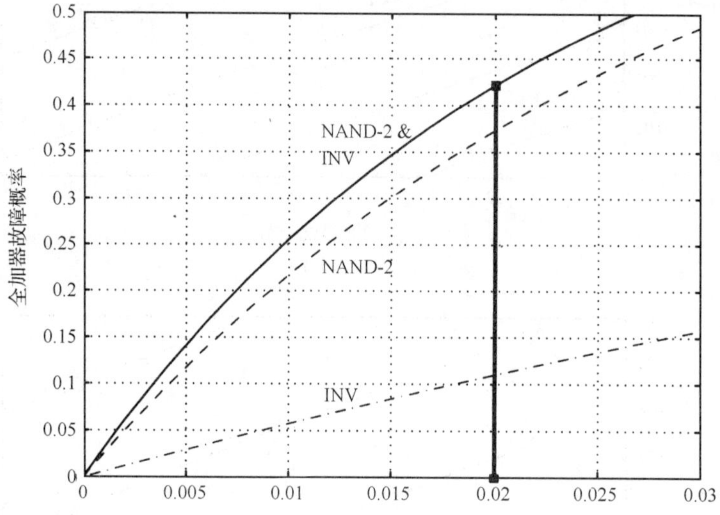

(a)

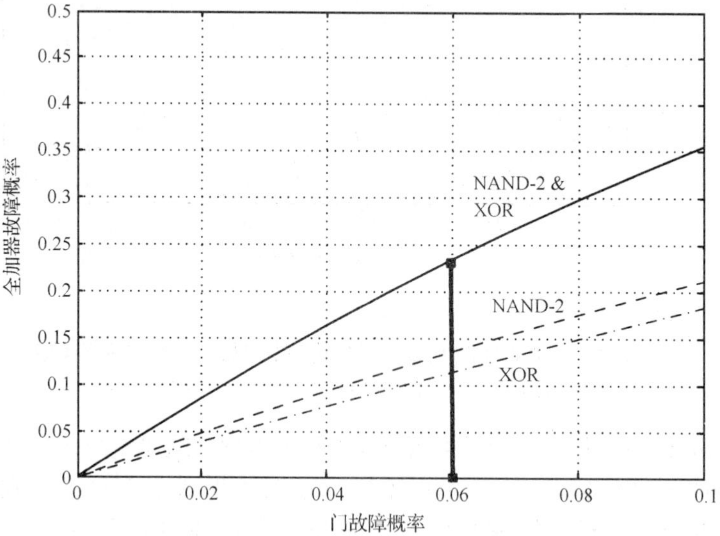

(b)

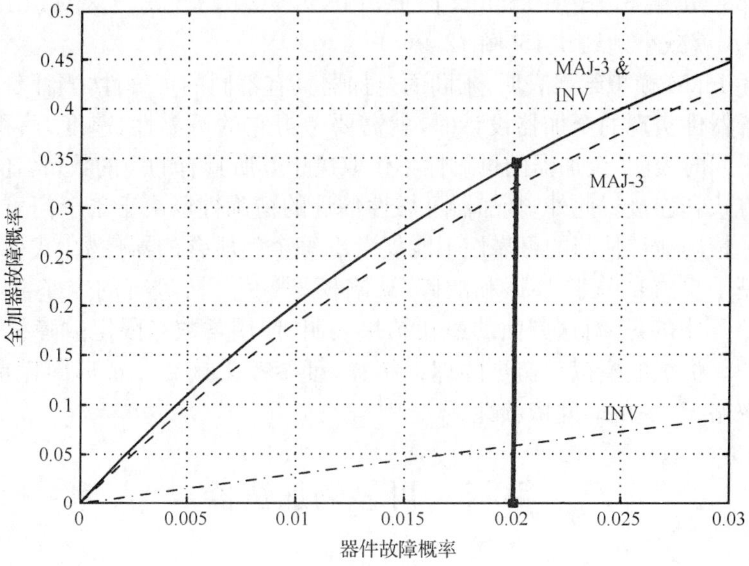

(c)

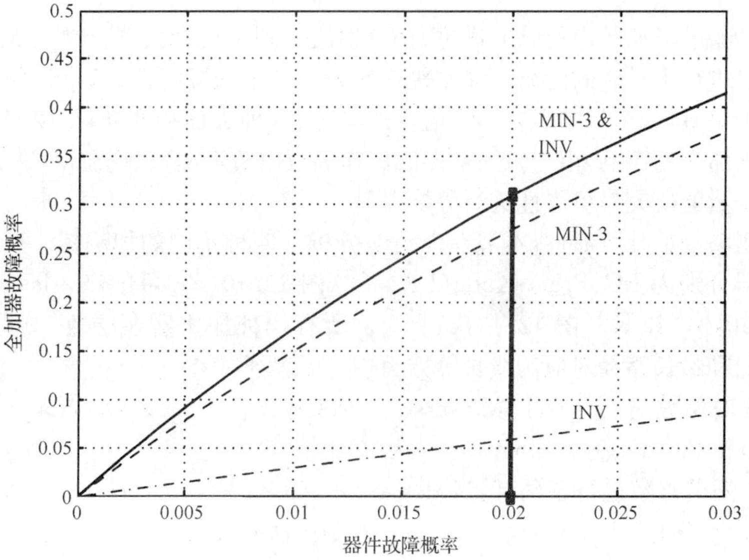

(d)

图 12.9　四种全加器的故障概率与故障的器件概率关系

(a) NAND-FA；(b) XOR-FA；(c) MAJ-FA；(d) MIN-FA

小(比较图 12.9 和图 12.6)。模拟结果也说明，当用式(12.9)来估计 p_{GATE}时，反相器的故障对全加器的影响变小。例如，若 $p_{GATE}=0.04$，则 MAJ-FA 在 $p_{MAJ\text{-}FA}=0.175$ 时将会出故障[图 12.6(c)]。不过，使用 $p_{GATE}=0.04$ 的 MAJ-3 门，意味着，

$\varepsilon \approx 0.0068$[$n=6$，式(12.9)]。因此，PINV≈0.0135[$n=2$，式(12.9)]，且PMAJ-FA 就减小到约 0.15[图 12.9(c)]。

上述 PTM 模拟结果表明，不同的全加器具有不同的可靠性，当评价使用新型纳米电子器件实现的全加器设计时，就需要考虑它的可靠性、速度、面积和功耗。模拟结果同时表明，全加器的可靠性不仅取决于其所具有的门的数目，还取决于门实现的方式和连接。此外，全加器可靠性估计的精确性取决于单个门可靠性估计的精度。精确地评估门的可靠性不能仅考虑每个门所含的器件数[式(12.9)]，还应依靠基于更好的实验数据和故障/缺陷模型[157,159]所进行的穷举蒙特卡罗模拟[65,67]。不幸的是，对这方面的最初结果表明，使用常数来限定故障概率是不够好的[65-69]。更细的模拟和初步的理论解释，可参考文献[68]。最后同样重要的是，不应该忽略 P_{GATE}的时间依赖性。

12.5 可靠的加法器

12.5.1 理论分析

从开始的经典的串行脉冲进位(RC)加法器到并行加法器[160-164]，人们对二进制加法已进行了广泛的研究。大家普遍认为，RC 是最慢的，而 Kogge-Stone (KS)在理论上是最快的，但却需要约 5 倍多的晶体管(即大面积和功耗，由于体用较长的引线因而是动态的，由于采用更多的门而导致电流渗漏)。现在，对这类加法器，仅存在少量的研究对可靠性进行分析[165-170]。

为粗略地估计可靠性，本节在理论上分析了四种不同的加法器。所研究的四种加法器分别为 RC、Brent-Kung(BK)[163][图 12.10(a)]、Han-Carlson(HC)[164][图 12.10(b)]和 KS[图 12.10(c)][161]。所有四种加法器在层数、节点数(即块数)、门数和最长路径对应的线长等方面进行了表征[171]。

(1) 对层数进行了估计：$\text{Layers}_{RC}=n$，$\text{Layers}_{BK}=2\log_2(n)$，$\text{Layers}_{HC}=3+n\log_2(n)$和 $\text{Layers}_{KS}=2+\log_2 n$。

(2) 对节点数进行了估计：$\text{Nodes}_{RC}=n$，$\text{Nodes}_{BK}=4n-\log_2(n)-2$，$\text{Nodes}_{HC}=2n+n\log_2(n)/2$ 和 $\text{Nodes}_{KS}=2n+n\log_2(n)-(n-1)$。

(3) 对门数进行了估计：$\text{Gates}_{RC}=3n$，$\text{Gates}_{BK}=4n+3[2n-\log_2(n)-2]$，$\text{Gates}_{HC}=4n+3n\log_2(n)/2$ 和 $\text{Gates}_{KS}=4n+3[n\log_2(n)-(n-1)]$。

(4) 对关键路径上的线长进行了估计：$\text{Length}_{RC}=n$，$\text{Length}_{BK}=n+2\text{Layers}_{BK}$，$\text{Length}_{HC}=n+2\text{Layers}_{HC}$和 $\text{Length}_{KS}=n+2\text{Layers}_{KS}$。

式中，因子 2(用于估计 BK、HC 和 KS 的长度)是常数，用于代表单元的高度和相邻层之间的路由空间的影响。为了便于理解，我们比较了 64 位 KS 加法器的布局图[图 12.10(d)](其他一些布局可以参考文献[172-175])和 16 位 KS 加法器的示意图[图 12.10(c)],两图尺度基本相同[176]。[备注:在必要时对所有上述方程使用上限和下限(using ceilings and floor)进行了重新定义,尽管使用更精确的估算也是可能的[177,178]]。

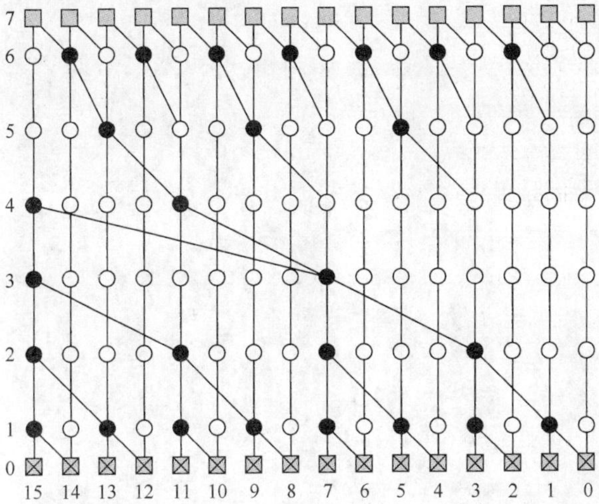

(a)

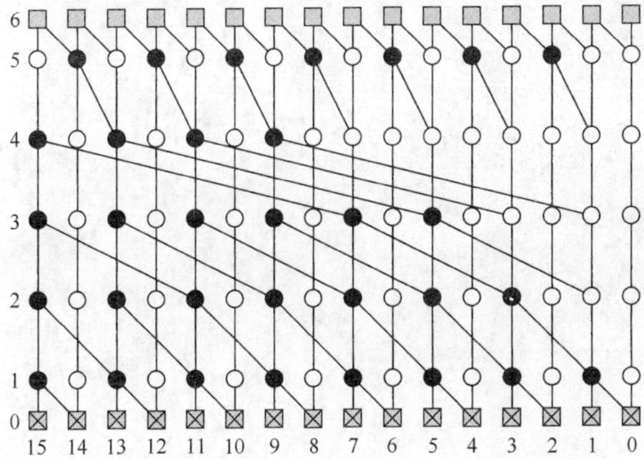

(b)

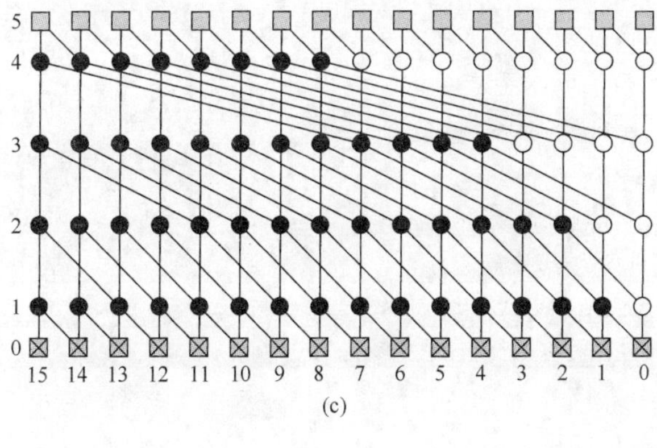

(c)

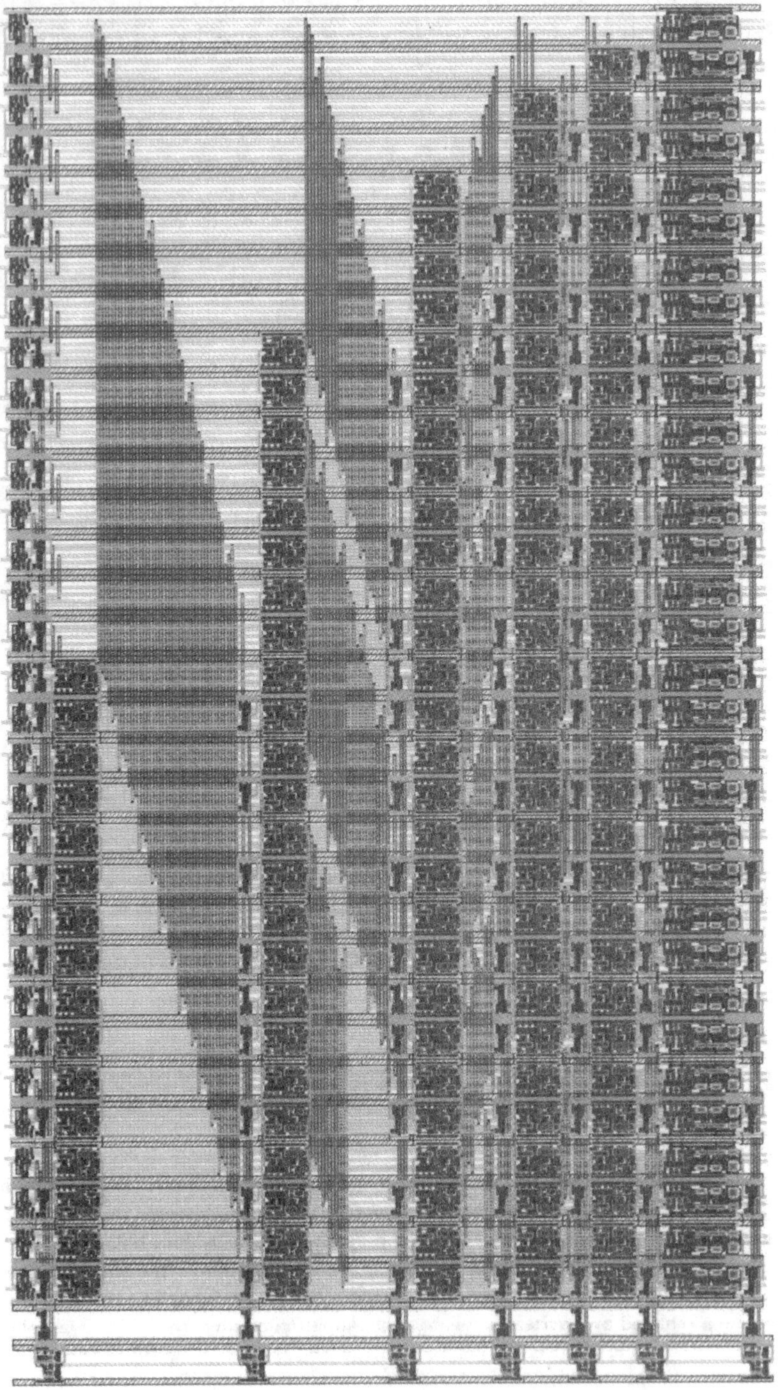

(d)

图 12.10 并行加法器互连模式：(a)Brent 和 Kung(BK)；(b)Han 和 Carlson(HC)；(c)Kogge 和 Stone(KS)和(d)64 位 Kogge-Stone 加法器布局

这四种加法器的可靠性可以基于门数很快地(但不准确地)进行估计：$p_{ADDER}=1-(1-p_{GATE})^{门数}$[即，在门级使用式(12.9)][备注：另一可选的估计方法是，从器件故障概率 ε(正如上节那样)和总器件数进行估算]。这些模拟的结果如图 12.11 所示，并支持我们的直觉，即结构越简单，可靠性越高。记得爱因斯坦曾说过："任何事不是更简单就行，而是要尽可能最简单(Everything should be made as simple as possible but not simpler)。"有兴趣的读者可以在文献[166]和[167]中发现一些其他的对 RC、BK 和 KS 的概率模拟结果，及一些有关 RC 的理论模拟结果[170]。此外，与并行加法器相比，RC 更容易与任何冗余框架集成[179,180]。事实上，这一结论对任何局部互连的体系架构(如原胞自动机、脉动阵列、细胞神经网络、和量子点原胞自动机等)都是适用的。

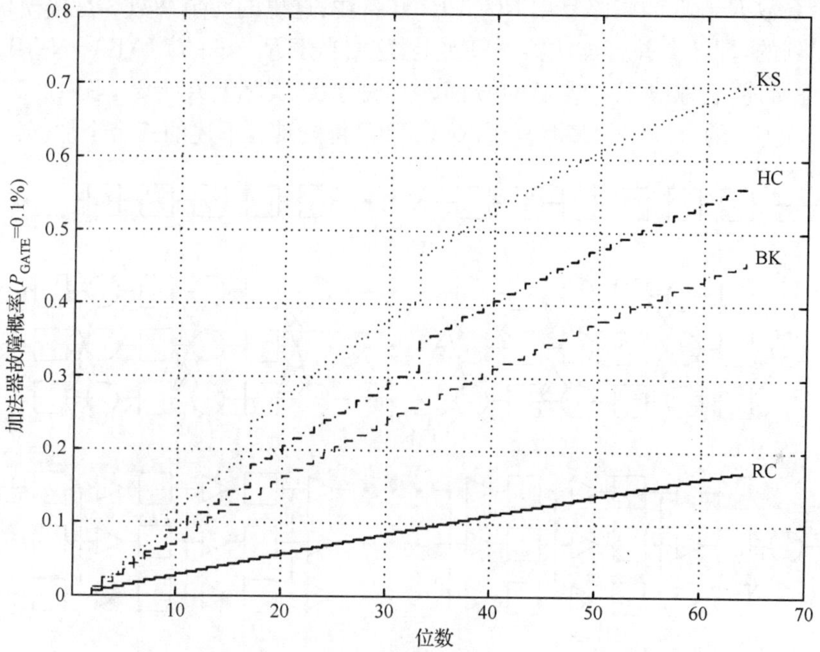

图 12.11 四种不同加法器的估算的故障概率与输入位数的关系：RC，BK，HC 和 KS，门故障概率 $p_{GATE}=0.1\%$

12.5.2 可靠性增强

多路复用(multiplexing)被认为是提高可靠性的一种强大的解决方案，不幸的是，它需要较大的冗余因子[48,53,146]。文献[51]和[52]报道了有关多路复用方案(UMX)的精确的性能评价，详细的模拟结果请参考文献[67]、[69]、[65]和[68]。所有这些证实，p_{GATE}存在一最大阈值，在此最大阈值范围内，复用方案可用于提高单个门的可靠性。对于 SET，当 $R = 6$ 时，蒙特卡罗模拟得到的值约为 0.13(对于 NAND-2)和 0.225(对于 MAJ-3 MUX)(当使用用电容式 SET 实现时)。如果门的故障概率增大到超过这一阈值时，多路复用方案就不能再能够用于提高其可靠性了，实际上，却会导致可靠性的降低。一个非常简单的解决方案是增加冗余因子到 $R = 10$ (即使用 MAJ-5 门)，其他更有效的方法似乎也是可能的。

有关 MAJ-3 MUX 与 KS 的集成(作为并行加法器的例子)，可参考文献[179]，并可以得到这样的结论，互连模式是非常重要的(更大的线长导致增加延迟和开关功耗)。基于上面所有的影响因素和文献[181]的模拟结果，我们决定将重点放在多路复用 RC 上(图 12.12)。RC 的主要模块是著名的全加器，这里提到的全加器是通过标准 CMOS 实现的，并用一个方块来代表。为了提高可靠性，使用一冗余系数 $R = 3$ 的多路复用 RC(3-RC)[备注：这里的冗余系数 3 是按模块层次计数得到的，即 3 个并行加法器。事实上，这相当于 $R = 6$ 的 MAJ-3 vN-MUX，然而，如下所述，它取决于一些 MAJ-3 门的实现方式，实际上 $R = 3$]。图 12.12(a)给出了标准 RC 的方框图。多路复用 RC(3-RC)每段具有下述的三个全加器：

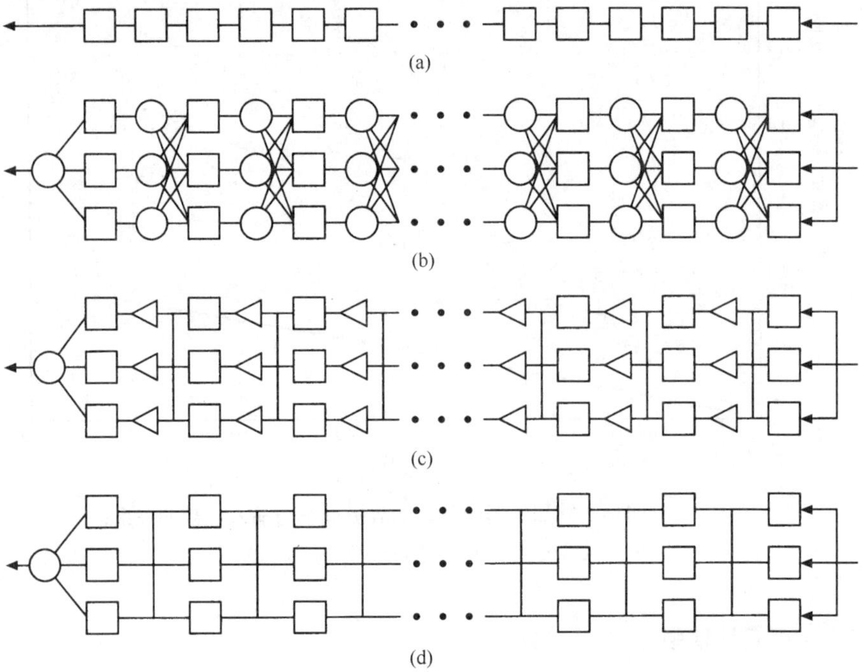

图 12.12 (a) 经典脉冲进位加法器(RC)，方块代表全加器。三种不同的多路复用 RC；(b) 在全加器之间使用 MAJ-3 门(圆圈)；(c) 短路三个全加器的输出，并用三个反相器(三角形)来恢复电位；(d) 短路三个全加器的输出(随后的三个全加器用于恢复电位)

(1) 三个 RC(并行使用)；

(2) 对来自于三个全加器(位于 i 位置)的 C_{out}，三个 MAJ-3 门(圆圈)进行“表决”；

(3) 三个 MAJ-3 的输出用于驱动随后的三个全加器(位于 $i+1$ 比特位置)的三个 C_{in}。

这些想法可以通过许多不同的结构来实现，这里仅介绍 3 种结构，后者结构比前者结构更简单[图 12.12(b)、(c)、(d)]。第一种结构[图 12.12(b)]能够为恢复段(圆圈)适当地实现三 MAJ-3 门。这一解决方案使延迟加倍，并增加了功耗。第二种解决方案要简单一些，全加器的输出直接输入到恢复反相器[图 12.12(c)中的三角形]。MAJ-3 门被反相器取代(类似于输出-连接-反相器[117])。只要不存在故障/缺陷，这种解决方案将更快，与前者相比功耗更低。而在有故障/缺陷时，会存在冲突(fighting)，这将增加功耗，而反相器试图恢复逻辑电位。最简单的结构[图 12.12(d)]甚至都省去了恢复反相器，依靠下一段的全加器来提供所要求的信号恢复。MAJ-3 门则完全被省去了[180]。只要不存在故障/缺陷，这种解决方案将是最快的。而在有故障/缺陷时，输出短路(shorting of the outputs)就导致冲突，并增加电流和信号传播延迟。这三种结构都对固定型(stuck-at)故障进行了测试，这是一种简化的情形，实际上，故障/缺陷可能会作为模拟/非确定性的值的形式表现出来[46,126,127,179-181]。

图 12.13 比较了多路复用 RC(3-RC)加法器和标准 RC、BK、HC 和 KS 加法器的结果(图 12.13 和图 12.11)。在图 12.13(a)中，我们使用了 $p_{GATE}=0.01$，图 12.13(b)中使用了 $p_{GATE}=0.1$，即分别为 1%和 10%。对于 RC、BK、HC 和 KS，这两个值用于方程 $p_{ADDER}=1-(1-p_{GATE})^{\#Gates}$，对于 3-RC，我们使用了混合方法。我们采用 PTM 来计算多路复用模块的故障概率，使用方程 $p_{3-RC}=1-(1-p_{BLOCK})^{\#Blocks}$ (#Blocks 等于比特数 n) 来估计 3-RC 的总的故障概率。当 $p_{GATE}=0.01$ 时，对 PTM 计算得到 $p_{BLOCK}=0.000298$，而当 $p_{GATE}=0.1$ 时，对 PTM 计算得到 $p_{BLOCK}=0.028$[65,66,68]。这些模拟结果表明，多路复用(甚至是在最小冗余因子时)可以很明显地提高可靠性。图 12.13(a)为 $p_{GATE}=0.01$(即 1%)时对应的情况。对于 16 位的加法器，多路复用方案可以降低 RC 的加法器的故障概率，从 0.35 降到约 0.01(3-RC)，即 35 倍。$p_{GATE}=0.01$ 的模拟结果表明，没有一个加法器能够正常工作，而 3-RC 是唯一可以工作的全加器，但也仅仅是对于小长度的加法。当 $p_{GATE}=0.1$ (即 10%偏差)时，图 12.13(b)中的模拟结果表明，即使是 3-RC 加法器，可靠性也不再足够的高。这意味着，我们需要使用更多的冗余。一个解决方案是增加 R(很早就被 von Neumann 倡导过[48])，见图 12.13(b)中 5-RC、7-RC、9-RC 和 11-RC。我们主张另一种解决方案，即在设计基本全加器时，保持 R=3，并使用更可靠的门(如 12.3 节所介绍的那样)，或者设计新型的高度可靠

的全加器。这种方法可能会减小 p_{BLOCK}，因此，需要采用组合的方法，可靠的门设计和低冗余的多路复用，类似于图 12.13(a)中的 3-RC。不幸的是，这些模拟结果

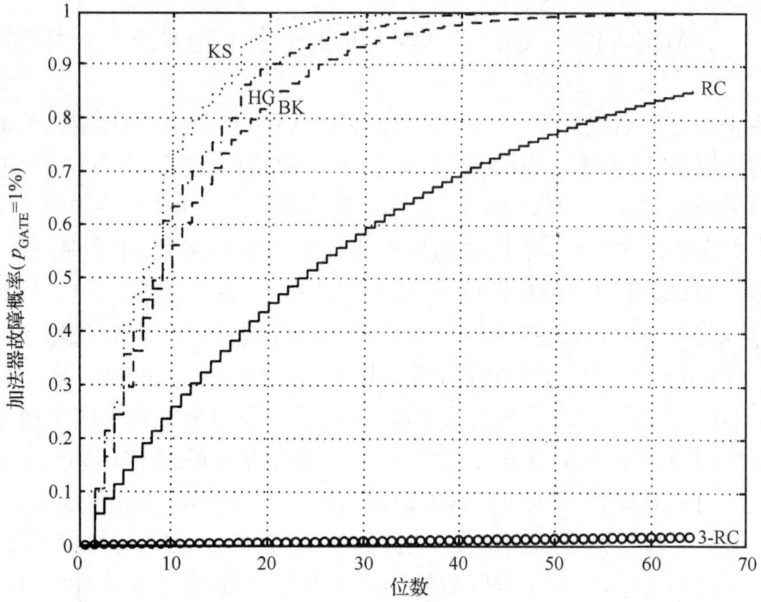

(a)

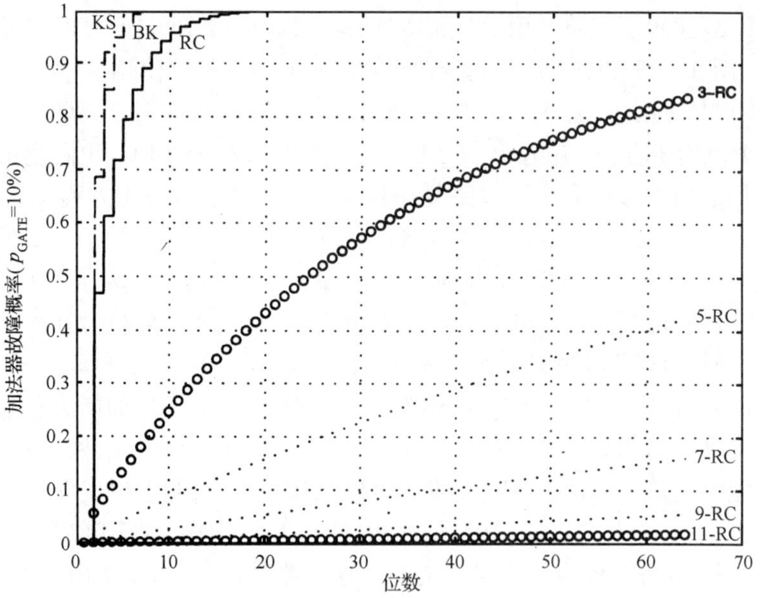

(b)

图 12.13 四种不同的加法器和多路复用 RC 的估计故障概率与输入位数的关系。对应于(a)门故障概率为 1%；(b)门故障概率为 10%下的 3-RC，RC，BK，HC 和 KS

需要对带抗辐射门的多路复用进行大量的蒙特卡罗模拟。这需要超级计算或网格计算，仅是 MAJ-11 的 p_{BLOCK} 模拟，就需要 6h（英特尔至强处理器，3.73 GHz，16 GB RAM），而对于 MAJ-19，将耗时 9d。此外，初步的结果[16]表明，这种混合方法是非常有意义的，它证实，当在尽量低的级别，即器件级/部件级，使用时，冗余更为有效。

后两种解决方案[图 12.12(c)和(d)]，还具有另一个优点，即错误(error)会导致冲突(fighting)。显然，这似乎是一个缺点，这是因为，它将导致电流和功耗的增大。的确如此，有关一些技术节点的更详尽的模拟，可参考文献[180]。这些模拟清楚地表明，每个错误（缺陷或故障）都会反映为电流的增加。瞬时故障导致电流增加，但当故障消失后，电流就会恢复到额定值。当存在缺陷时，电流会一直保持较高。这意味着，我们可以非常容易地检测错误：通过检测局部电流[130,180,182]。这样，我们就能够记录故障，并能识别故障转变成缺陷的情形。我们知道，电路能够容忍一些缺陷，这样，我们就可以给局部电流传感器设定一个阈值（内置 I_{DD} 检测）。当电流超过阈值时，局部传感电路就会自动向更高的级别发送一个请求。更高级别的控制方案就会自动地重构 I/O 连接，启动备用单元，关闭缺陷电路（热交换）。这种方法包含了多种可靠性方案：

(1) 处于最低级别的高可靠的门（可能在器件层次包括多路复用）；

(2) 在门/电路层次的低冗余设计；

(3) 在模块级的自动（基于局部电流）检测；

(4) 在模块级/系统级的重构。

这不仅包括所有的设计级，而且还包括为了提高可靠性的三种不同的方案，构成一个自我修复系统。最后值得一提的是，这种方法不适用于图 12.12(b)中的经典解决方案，它包含了 MAJ-3 门（圆圈），因为它不能够导致冲突(fighting)，所以，I_{DD} 电流不能用于传感（即不能通过监测电流来检测故障和缺陷；模拟结果可参考文献[180]）。

12.6 功耗-性能考虑

可靠性本身不能作为设计的唯一目标，同时，还需要考虑诸如著名的速度-功耗或能量-延迟折中(trade-offs)等一些其他的性能。多年来，人们已报道了许多有关加法器的结果，包括近来的模拟及测量结果[176-178,183-185]。此外，许多其他结果使用了阈值逻辑，而不是布尔逻辑[155]或布尔-阈值混合逻辑（参考文献[186]），甚至是电容式 SET 阈值逻辑[19]。最初，速度才是最终的目标，速度-功耗和能量-延迟优化是后来才逐渐出现的[178,187]。

减小功耗的一个方法是减小 V_{DD}，显然，它是减小所有功耗元素（动态，静态和漏)的一种非常有效的方法[188]。急剧地减小 V_{DD} 到小于 V_{th}(被认为是亚阈值工作),已经被人们了解并用于超低功耗设计[189-197]。不过,其最大的缺点是速度很慢。因此,亚阈值工作被认为是一种较差的方法,这里,为了超低的功耗而牺牲了所要求的速度(因而限制了其应用范围)。不幸的是,减小电压会减小功耗,但对可靠性有不利的影响。这是因为,在亚阈值范围时,噪声具有重要影响[191,29,30,188],更不用说它对变化非常敏感[26]。尽管如此,近年来,人们也报道了许多亚阈值的结果[198-203](同时可参考文献[188])。因此,文献[181]比较了 RC 和 KS 在亚阈值下的操作。主要的结论如下:

(1) 连线降低了 KS 相对于 RC 的近一半的速度优势(从 4.5×到 2.2×);其他结果表明,并行加法器中的线延迟非常明显,见文献[178];

(2) 在给定 V_{DD} 下,KS 的速度可以与 V_{DD} 增加 10%到 20%时的 RC 的速度相当(在亚阈值范围);

(3) 在相同的速度时,RC 仍保持其功耗和能量优势。

显然,在亚阈值范围时,连线的作用非常重要,它不仅影响延迟,还会影响动态功耗。文献[181]报道的模拟结果,可用于对我们上一节分析的四种加法器延迟的模拟结果进行微调。通过考虑最长路径上的门数(对于 KS、HC 和 BK, $\text{Gates}_{\text{Longest\_path}}=2\times\text{Layers-2}$,而对于 RC, $\text{Gates}_{\text{Longest\_path}}=\text{Layers}$)和线长,可以对加法器的延迟进行评价

$$\text{Delay} = \text{Gates}_{\text{Longest\_path}} + \alpha \times \text{Length} \tag{12.10}$$

当 $\alpha=0$ 时,仅门对延迟有贡献,而连线则无贡献。当增加 α 时,连线(Length)开始越来越大地影响延迟。通过拟合文献[181]中 RC 和 KS 的模拟结果,可以确定 α 值约为 0.25(即在亚阈值范围工作)。

为了估计功耗,需要考虑最长路径的长度(Length)和总门数(Gates)。它们仅代表了开关电容(Length)的一部分,因此,并行加法器(BK、HC 和 KS)的动态功耗和总的漏电功耗被低估了。因子 β 可用于间接地指定动态功耗和漏电功耗的比例关系,即

$$\text{Power} = (1-\beta) \times \text{Length} + \beta \times \text{Gates} \tag{12.11}$$

更进一步的功率估计也是可能的(参考文献[177,178,183])。最初的估计表明,这些不会导致产生太大的改变。

最后,功耗-延迟积(power-delay-product,PDP)和能量-延迟积(energy-delay-product,EDP)可以使用更简单的方式进行估计

$$\text{PDP} = \text{Power} \times \text{Delay} = \text{Energy} \tag{12.12}$$

$$\text{EDP} = \text{PDP} \times \text{Delay} \tag{12.13}$$

这些模拟结果如图 12.14 所示,这里,Delay、PDP 和 EDP 分两种情况给出

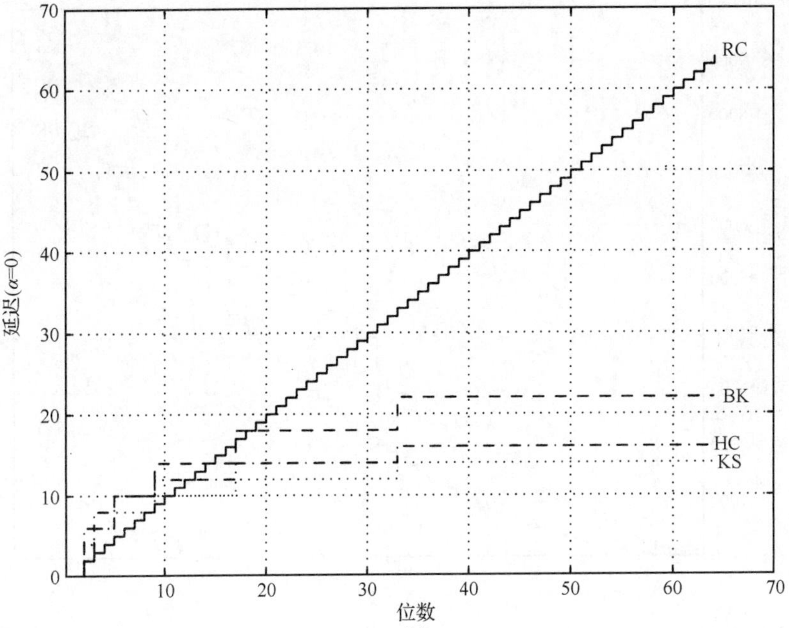

70
60
50
40
30
20
10
0
延迟(α=0)
10
20
30
40
50
60
70
位数
RC
BK
HC
KS

(a)

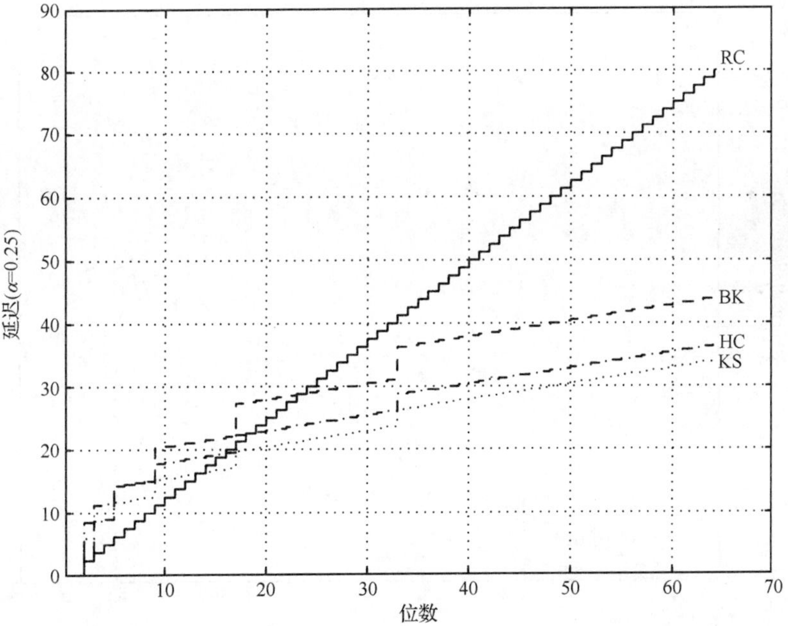

90
80
70
60
50
40
30
20
10
0
延迟(α=0.25)
10
20
30
40
50
60
70
位数
RC
BK
HC
KS

(b)

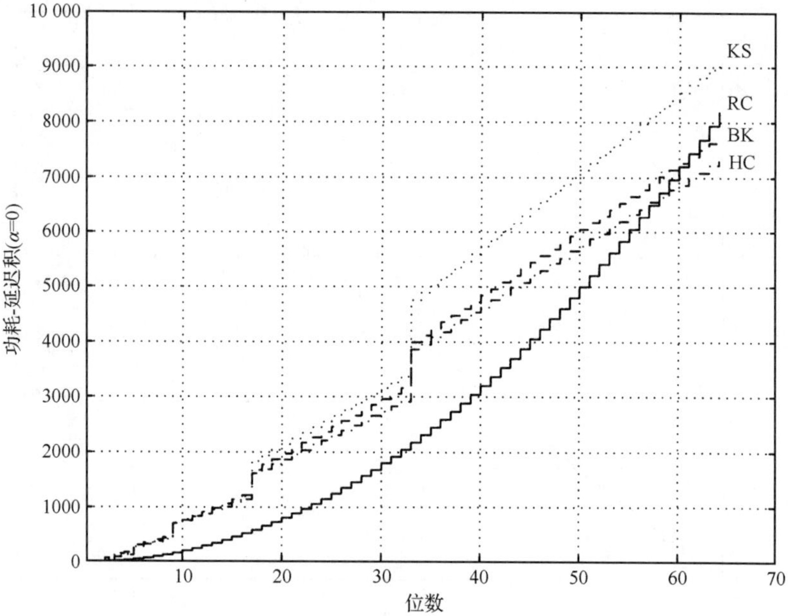

功耗-延迟积(α=0)
位数
KS
RC
BK
HC
10 000
9000
8000
7000
6000
5000
4000
3000
2000
1000
0
10
20
30
40
50
60
70

(c)

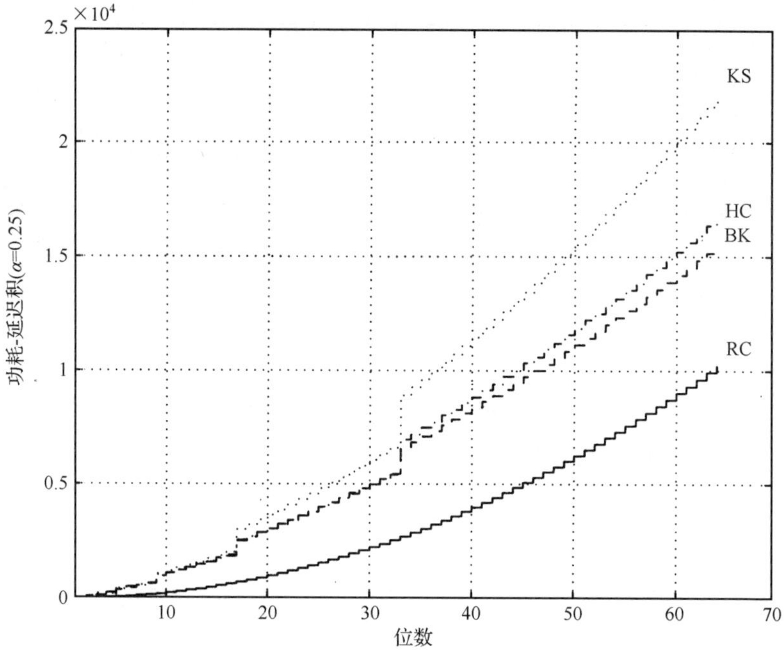

×10⁴
功耗-延迟积(α=0.25)
位数
KS
HC
BK
RC
2.5
2
1.5
1
0.5
0
10
20
30
40
50
60
70

(d)

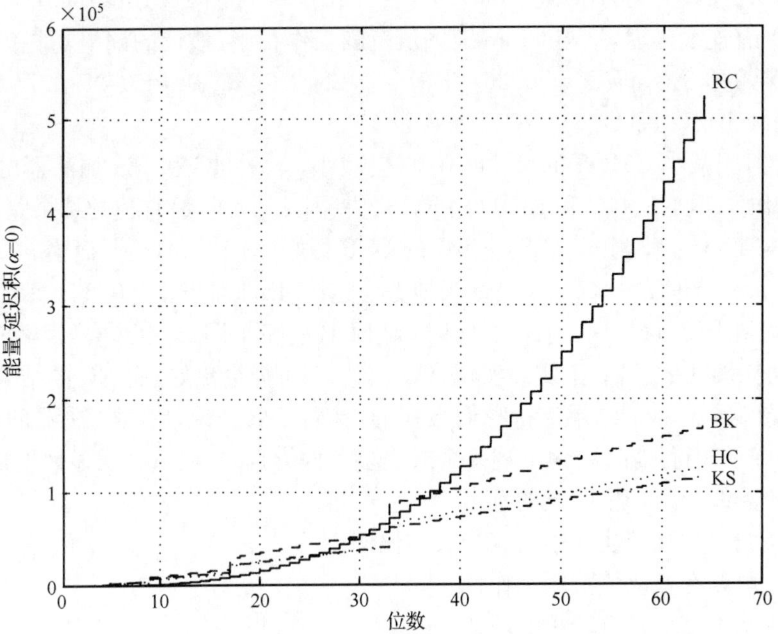

(e)

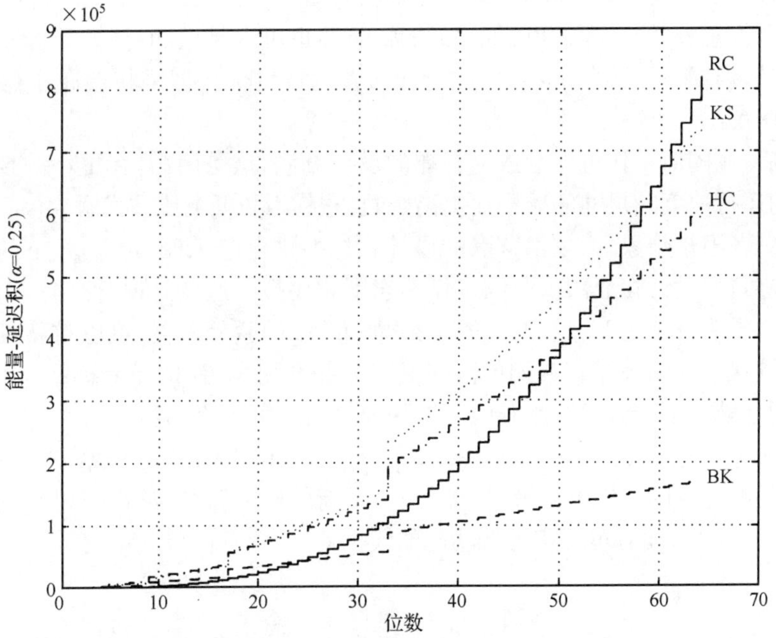

(f)

图 12.14 四种不同的加法器(RC、BK、HC 和 KS)的延迟[(a)和(b)]、PDP[(c)和(d)]和 EDP[(e)和(f)]的估计。(a)、(c)和(e)包含连线,(b)、(d)和(f)不包含连线

(1) 无连线延迟,无漏电功耗,即 $\alpha=0$ 和 $\beta=0$[图 12.14(a)、(c)、(e)]。

(2) 有连线延迟,且与 65nm 亚阈值范围工作相当,估计的漏电功耗为估计的动态功耗的 33%,即 $\alpha=0.25$ 和 $\beta=0.25[\beta/(1-\beta)=0.25/0.75=1/3]$[图 12.14(b)、(d)、(f)]。

显然,当减小 CMOS 的尺寸时,α 将会减小, KS、HC 和 BK 加法器的延迟将同时会增加,但 KS、HC 和 BK 总比 RC 要快(因 $\alpha<1$)。最有趣的结果是 PDP 和 EDP。对于 $\alpha=0$,当 $n<58$ 时,RC 的 PDP 最好[图 12.14(c)],而当 $n<26$ 时,则 EDP 最好[图 12.14(e)]。当适当地考虑连线时(即对于 $\alpha=0.25$),RC 的 PDP 总是最好[图 12.14(e)],当 $n<24$ 时,则 EDP 最好[图 12.14(f)]。因 KS、HC 和 BK 的功耗被低估了,对于实际实现,这些结果都可能会更好,而 RC 的结果则基本正确。图 12.14 中的结果支持我们最初的论断:一般来说,串联加法器的 PDP 和 EDP 要好于并行加法器,但下述一个或更多条件为真时,权重会明显地增加

(1) 连线导致产生明显的延迟;

(2) 漏电功耗在功耗中占相当大的比例;

(3) 电路在亚阈值范围工作;

(4) 基本器件具有较小的增益。

当正常工作或存在故障时,这四种不同的加法器表现出十分不同的功耗-延迟折中。令人意外的是,非常可靠的加法器(RC)也可以是低功耗的,但却不是最快的。此外,当增益变得非常小时,并行加法器的速度优势似乎将会减小(如 SET、分子、DNA)。

最后,亚阈值工作可能会成为有趣的设计方法,这是因为,在更小的技术节点时,它的运行速度随尺寸的减小而提高,而且它易于与低电压技术融合(SET、分子和 DNA)。不难想象,旧技术节点的设计在标准供电电压(额定 V_{DD})下的速度可以与先进技术设计在亚阈值范围工作的速度相比拟。这就是说,使用 0.18μm(或 0.13μm)技术在额定 V_{DD} 下工作的主频为 1GHz 的微处理器,可以重新设计为使用 32nm(或 22nm)技术在亚阈值范围工作的主频为 1GHz 的微处理器。主要的优点是,功耗减小了一到两个数量级。即使是结合空间冗余,这种解决方案(1GHz,22nm,亚阈值范围)也会比前一方案(1GHz、0.18μm、额定 V_{DD})显著地降低功耗,而且是足够可靠的。它为便携式应用开辟了新的研究路径,从而可以享受更长的操作时间[188,204],同时也可实现低功耗的模拟计算[179,205-208]。

12.7 结　论

尽管我们没有讨论存储和通信,可以想象,它们是非易失性的,并且分别是(至少部分是)光学的和异步的。未来的计算机是如何实现的,目前仍不清楚。如果不

考虑技术，可靠性将是所有级别都需要考虑的问题。基于本章的上述内容，我们可以预料：

（1）优化将变得越来越困难，因为存在许多选择性的因素，可以用功耗和速度来换取可靠性（“复杂性又出现了”）。

（2）从功耗-可靠性，以及制备和制造角度看，串行解决方案（或更一般的的方案，如原胞自动机、脉动阵列、细胞神经网络和量子点原胞自动机等）将会是一个很好的选择[181]。

（3）故障概率将会是函数的形式[65,157]，而不是一些限定常数（正如目前是这样），新型的EDA工具将会对它们予以利用。

（4）快速、准确估计较大（复杂）系统可靠性的算法将被开发出来。估计可靠性的系统方法将会利用更低级别的结果，例如，在器件和门级的实验与蒙特卡罗模拟结果，应当加入到更高级别的可靠性工具中去。

（5）亚阈值范围工作将会是检测新型可靠性思想的一个简单而实用的方式，这是因为，在额定 V_{DD} 下，使用65nm技术的亚阈值设计将会与使用22nm技术的CMOS（或者是分子、SET）“同样敏感”。

（6）冗余设计不应只注重它们的冗余因子（文献中经常这样做），还需要考虑功耗、能量和面积，正如VLSI行业所做的那样。同时，这也意味着，我们必须在四维来优化电路：计时（timing）、面积（area）、功耗（power）和可靠性（reliability）。

（7）实现计算的可靠的设计，可以是低能耗的。在低功耗预算下的特别（Ad hoc）可靠设计已有文献报道[123,130,209-212]。对此，还没有一个简单的解释，但较高级别的方法则表明，在可靠性的极限条件下工作，如大脑那样，可以优化能量消耗[14,213-221]。此外，通过编码，也可增加通信的可靠性和减小功耗。

（8）对于具体的设计，缺陷和故障会通过精确定义的电流台跃表现出来。如果的确如此，电流传感器（对于极限，见文献[222]）会自动地触发更高级别的重构[180]。

（9）在系统级别快速、准确地估计可靠性的EDA工具，并实现与现有EDA工具的集成（用于估计面积、延迟和功耗），还需要我们投入大量的精力[1]。

最后，值得我们寄予关注的一点是，本章中没有讨论是异步或自计时（self-timed）电路。由于C-Muller部件只不过是一个带有反馈的MAJ门，因此，这里，我们不得不再次提到MAJ门。需要这类设计的两个原因是：延迟的变化需要得到补偿（用自计时电路要比硬线冗余更便宜，而人们似乎还不知道这种折中的明确答案），以及时钟分布（clock distribution）所需的功耗过大。不幸的是，对于异步设计，我们不清楚最佳的能量-延迟组织，而时钟分布已经对最大频率进行了限制。因此，有大量项目需要纳入本已繁忙的可靠性研究议程。

参考文献

[1] Kuo, W., Challenges related to reliability in nano electronics, IEEE Trans. Reliability, vol. 55, no. 4, Dec. 2006, pp. 569-570.

[2] Proc. IEEE/ACM Intl. Conf. Computer-Aided Design ICCAD'06, San Jose, CA, USA, Nov. 2006.

[3] Moore, G. E., Cramming more components onto integrated circuits, Electronics, vol. 38, no. 8, Apr. 19, 1965, pp. 114-117.

[4] Semiconductor Industry Association (SIA), International Technology Roadmap for Semiconductors (ITRS), 2005 Edition and 2006 Update, Intl. SEMATECH, Austin, TX, USA. Available at: http://public.itrs.net/

[5] Goser, K. F., Pacha, C., Kanstein, A., et al., Aspects of systems and circuits for nanoelectronics, Proc. IEEE, vol. 85, Apr. 1997, pp. 558-573.

[6] Borkar, S., Design challenges of technology scaling, IEEE Micro, vol. 19, Jul.-Aug. 1999, pp. 23-29.

[7] Sakurai, T., Design challenges for 0.1μm and beyond, Proc. Asia & South Pacific Design Autom. Conf. ASP-DAC'00, Tokyo, Japan, Jan. 2000, pp. 553-558.

[8] Frank, D. J., Dennard, R. H., Nowak, E., et al., Device scaling limits of Si MOSFETs and their application dependencies, Proc. IEEE, vol. 89, Mar. 2001, pp. 259-288.

[9] Keyes, R. W., Fundamental limits of silicon technology, Proc. IEEE, vol. 89, Mar. 2001, pp. 227-239.

[10] Bryant, R. E., Cheng K.-T., Kahng A. B., et al., Limitations and challenges for computer-aided design technology for CMOS VLSI, Proc. IEEE, vol. 89, Mar. 2001, pp. 341-365.

[11] Davis, J. A., Venkatesan, R., Kaloyeros, A., et al., Interconnect limits on Gigascale integration (GSI) in the 21st century, Proc. IEEE, vol. 89, Mar. 2001, pp. 305-324.

[12] Chen, Q., and Meindl, J. D., Nanoscale metal-oxide-semiconductor field-effect transistors: Scaling limits and opportunities, Nanotechnology, vol. 15, Jul. 2004, pp. S549-S555.

[13] Beiu, V., Rückert, U., Roy, S., et al., On nanoelectronic architectural challenges and solutions, Proc. IEEE Conf. Nanotech. IEEE-NANO'04, Munich, Germany, Aug. 2004, pp. 628-631.

[14] Beiu, V., Limits, challenges, and issues in nano-scale and bio-inspired computing, in: Eshaghian-Wilner, M. M. (Ed.), Bio-inspired and Nano-scale Integrated Computing, John Wiley & Sons, 2007/8 (in progress).

[15] Tiwari, S., Kumar, A., C. C. Liu, et al., Electronics at nanoscale: Fundamental and practical challenges, and emerging directions, Proc. Intl. Conf. Emerging Tech. - Nanolelectr. NanoSingapore'06, Singapore, Jan. 2006, pp. 481-486.

[16] Beiu, V., and Rückert U., (Eds.), Emerging Brain Inspired Nano Architectures, World Scientific Press, Singapore, 2007/8 (in progress).

[17] Meindl, J. D., Chen, Q., and Davis, J. A., Limits on silicon nanoelectronics for Terascale integration, Science, vol. 293, 14 Sep. 2001, pp. 2044-2049.

[18] Lyshevski, S. E., Nanotechnology and super high-density three-dimensional nanoelectronics and nanoICs, Proc. IEEE Conf. Nanotech. IEEE NANO'03, San Francisco, CA, USA, Aug. 2003, pp. 655-658. [For more details see Chapter 6 in this book.]

[19] Sulieman, M. H., Beiu, V., Characterization of a 16-bit threshold logic single electron adder, Proc. In-

tl. Symp. Circ. & Sys. ISCAS'04, Vancouver, Canada, May 2004, pp. 681-684.

[20] Constantinescu, C., Trends and challenges in VLSI circuit reliability, IEEE Micro, vol. 23, Jul.-Aug. 2003, pp. 14-19.

[21] Likharev, K. K., Single-electron devices and their applications, Proc. IEEE, vol. 87, Apr. 1999, pp. 606-632.

[22] Feldkamp, U., and Niemeyer, C. M., Rational design of DNA nanoarchitectures, Angew. Chem. Intl. Ed., vol. 45, 13 Mar. 2006, pp. 1856-1876.

[23] Lin, C., Liu, Y., Rinker, S., et al., DNA tile based self-assembly: Building complex nanoarchitectures, Chem Phys Chem, vol. 7, 11 Aug. 2006, pp. 1641-1647.

[24] Sverdlov, V., Kosina H., and Selberherr S., Current transport in nanoelectronic semiconductor devices, Proc. Intl. Conf. Emerging Tech. - Nanolelectr. NanoSingapore'06, Singapore, Jan. 2006, pp. 490-495.

[25] Shukla, S. K., Karri, R., Goldstein, S. C., et al., Nano, quantum, and molecular computing: Are we ready for the validation and test challenges?, Proc. Intl. High-Level Design Validation & Test Workshop HLDVT'03, San Francisco, CA, USA, Nov. 2003, pp. 3-7.

[26] Brown, A. R., Asenov, A., and Watling, J. R., Intrinsic fluctuation in sub 10-nm double-gate MOSFETs introduced by discreteness of charge and matter, IEEE Trans. Nanotech., vol. 1, Dec. 2002, pp. 195-200.

[27] Borkar, S., Designing reliable systems from unreliable components: The challenges of transistor variability and degradation, IEEE Micro, vol. 25, no. 6, Nov.-Dec. 2005, pp. 10-16.

[28] Mead, C., and Conway L., Introduction to VLSI Systems, Addison-Wesley, 1980.

[29] Degalahal, V., Ramanarayanan, R., Vijaykrishnan, N., et al., The effect of threshold voltages on the soft error rate, Proc. Intl. Symp. Quality Electr. Design ISQED'04, San Jose, CA, USA, Mar. 2004, 503-508.

[30] Sivakumar, P., Kistler, M., Keckler, S. W., et al., Modeling the effect of technology trends on soft error rate of combinatorial logic, Proc. Intl. Conf. Dependable Sys. & Networks DSN'02, Washington DC, USA, Jun. 2002, pp. 389-398.

[31] Nicolaidis, M., Design for soft error mitigation, IEEE Trans. Dev. &Material Reliability, vol. 5, Sep. 2005, pp. 405-418.

[32] Rossi, D., Omaña, M., Toma, F., et al., Multiple transient faults in logic: An issue for next generation ICs?, Proc. Intl. Symp. Defect & Fault Tolerant VLSI Sys. DFT'05, Monterey, CA, USA, Oct. 2005, pp. 352-360.

[33] Constantinides, K., Plaza, S., Blome, J., et al., Assessing SEU vulnerability via circuit-level timing analysis, Proc. Workshop Arch. Reliability WAR-1, Barcelona, Spain, Nov. 2005. Available at: http://cccp.eecs.umich.edu/papers/kyproswar05.pdf

[34] Beiu, V., VLSI implementation of self-testable real content addressable memory, Proc. Intl. Conf. Control Sys. & Comp. Sci. CSCS'84, Bucharest, Romania, May 1984, pp. 400-405.

[35] Anghel, L., Achouri, N., and Nicolaidis, M., Evaluation of memory built-in self repair techniques for high defect density technologies, Proc. Pacific Rim Intl. Symp. Dependable Comp. PRDC'04, Papeete, Tahiti, French Polynesia, Mar. 2004, pp. 315-320.

[36] Burleson, W., and Maheshwari, A., VLSI Interconnects: A Design Perspective, Elsevier/Morgan Kaufman, San Francisco, CA, USA, 2007, in press.

[37] Hutchby, J. A. , Bourianoff, G. I. , Zhirnov, V. V. , et al. , Extending the road beyond CMOS, IEEE Circ. & Dev. Mag. , vol. 18, Mar. 2002, pp. 28-41.

[38] Waser (Ed.), R. , Nanoelectronics and Information Technology, 2nd Edition, Wiley-VCH, 2005.

[39] Heath, J. R. , Kuekes, P. J. , Snider, G. S. , et al. , A defect-tolerant computer architecture: Opportunities for nanotechnology, Science, vol. 280, 12 Jun. 1998, pp. 1716-1721.

[40] Nikolić, K. , Sadek, A. , and Forshaw, M. , Architectures for reliable computing with unreliable nanodevices, Proc. IEEE Conf. Nanotech. IEEE-NANO'01, Maui, HI, USA, Oct. 2001, pp. 254-259.

[41] Nikolić, K. , Sadek, A. , and Forshaw, M. , Fault-tolerant techniques for nanocomputers, Nanotechnology, vol. 13, May 2002, pp. 357-362.

[42] Beiu, V. , Neural inspired architectures for nanoelectronics: Highly reliable, ultra low-power, reconfigurable, asynchronous, Special Session, Neural Information Processing Systems NIPS'03, Whistler, Canada, Dec. 2003. Available at: http://www. eecs. wsu. edu/~vbeiu/workshop nips03/

[43] Forshaw, M. , Stadler, R. , Crawley, D. , et al. , A short review of nanoelectronic architectures, Nanotechnology, vol. 15, Feb. 2004, pp. S220-S223.

[44] Forshaw, M. , Crawley, D. , Jonker, P. , et al. A review of the status of research and training into architectures for nanoelectronic and nanophotonic systems in the European research area, Tech. Rep. FP6/2002/IST/1 Contract #507519, Jul. 2004. Available at: http://www. ph. tn. tudelft. nl/People/albert/papers/NanoArchRev finalV2. pdf

[45] Fortes, J. A. B. , Future challenges in VLSI system design, Proc. Intl. Symp. VLSI ISVLSI'03, Tampa, FL, USA, Feb. 2003, pp. 5-7.

[46] Lehtonen, T. , Plosila, J. , and Isoaho, J. , On fault tolerance techniques towards nanoscale circuits and systems, Turku Center for CS (TUCS) Tech. Rep. No. 708, Univ. of Turku, Dept. of IT, Turku, Finland, Aug. 2005. Available at http://www. tucs. fi/publications/attachnet. php? fname=TR708. pdf.

[47] Niemeir, M. T. , Crocker, M. , Sharon Hu, X. , et al. , Using CAD to shape experiments in molecular QCA, Proc. Intl. Conf. Comp. -Aided Design ICCAD'06, San Jose, CA, USA, Nov. 2006, pp. 907-914.

[48] von Neumann, J. , Probabilistic logics and the synthesis of reliable organisms from unreliable components, in Shannon, C. E. , and McCarthy, J. , (Eds.): Automata Studies, Princeton Univ. Press, Princeton, NJ, USA, 1956, pp. 43-98.

[49] Moore, E. F. , and Shannon, C. E. , Reliable circuits using less reliable relays, J. Franklin Inst. , vol. 262, 1956, pp. 191-208.

[50] Winograd, S. , and Cowan, J. D. , Reliable Computation in the Presence of Noise, MIT Press, Cambridge, MA, USA, 1963.

[51] Roy, S. , and Beiu, V. , Multiplexing schemes for cost-effective fault-tolerance, Proc. IEEE Conf. Nanotech. IEEE-NANO'04, Munich, Germany, Aug. 2004, pp. 589-592.

[52] Roy, S. , and Beiu, V. , Majority multiplexing—economical redundant fault-tolerant designs for nanoarchitectures, IEEE Trans. Nanotech. , vol. 4, no. 4, Jul. 2005, pp. 441-451.

[53] Sadek, A. S. , Nikolić, K. , and Forshaw, M. , Parallel information and computation with restitution for noise-tolerant nanoscale logic networks, Nanotechnology, vol. 15, Jan. 2004, pp. 192-210.

[54] KleinOsowski, A. J. , and Lilja, D. J. , The NanoBox project: Exploring fabrics of self-correcting logic blocks for high defect rate molecular device technologies, Proc. IEEE Annual Symp. VLSI ISVLSI'04,

Lafayette, LA, USA, Feb. 2004, pp. 19-24.

[55] KleinOsowski, A. J., KleinOsowski, K., Rangarajan, V., et al., The recursive NanoBox processor grid: A reliable system architecture for unreliable nanotechnology devices, Proc. Intl. Conf. Dependable Sys. & Networks DSN'04, Florence, Italy, Jun. 2004, pp. 167-176.

[56] Zhang, M., and Shanbhag, N. R., A CMOS design style for logic circuit hardening, Proc. Intl. Reliability Physics Symp. IRPS'05, San Jose, CA, USA, Apr. 2005, pp. 223-229.

[57] Constantinides, K., Plaza, S., Blome, J., et al., BulletProof: A defect-tolerant CMP switch architecture, Proc. Intl. Symp. High-Perf. Comp. Arch. HPCA'06, Austin, TX, USA, Feb. 2006, pp. 5-16.

[58] Shyam, S., Constantinides, K., Phadke, S., et al., Ultra low-cost defect protection for microprocessor pipelines, Proc. Intl. Conf. Arch. Support Prog. Lang. & Op. Sys. ASPLOS'06, San Jose, CA, USA, Oct. 2006, pp. 73-82.

[59] Mitra, S., Zhang, M., Seifert, N., et al., Soft error resilient system design through error correction, Proc. IFIP Intl. Conf. VLSI VLSI-SoC'06, Nice, France, Oct. 2006, pp. 332-337. Available at: www.gigascale.org/pubs/893/ifip06%5B1%5D.final.v7.pdf

[60] Beiu, V., The quest for practical redundant computations (Invited Plenary Talk), Proc. Intl. Conf. Microelectronics ICM'05, Islamabad, Pakistan, Dec. 2005, p. xix.

[61] Roychowdhury, V. P., Janes, D. B., and Bandyopadhyay, S., Nanoelectronic architectures for Boolean logic, Proc. IEEE, vol. 85, Apr. 1997, pp. 574-588.

[62] Macucci, M., Iannaccone, G., Governale, M., et al., Critical assessment of the QCA architecture as a viable alternative to large scale integration, in H. Nakashima (Ed.): Mesoscopic Tunneling Devices, Research Signpost, Kerala, India, 2004, pp. 161-202.

[63] Beiu, V., Self-testable and self-repairable units: A must for VLSI structures, Proc. Annual Conf. Electr. Telecom. Autom. Ctrl. CNETAC'84, Bucharest, Romania, Nov. 1984 (in Romanian).

[64] Harlow III, J. E., Toward design technology in 2020: Trends, issues, and challenges, Proc. Intl. Symp. VLSI ISVLSI'03, Tampa, FL, USA, Feb. 2003, pp. 3-4.

[65] Beiu, V., Ibrahim, W., Alkhawwar, Y. A., et al., Gate failures effectively shape multiplexing, Proc. Intl. Symp. Defect & Fault Tolerance VLSI Sys. DFT'06, Arlington/Washington DC, USA, Oct. 2006, pp. 29-40.

[66] Ibrahim, W., Beiu, V., and Alkhawwar, Y. A., On the reliability of four full adder cells, Proc. Intl. Design & Test Workshop IDT'06, Dubai, UAE, Nov. 2006, in press.

[67] Beiu, V., and Sulieman, M. H., On practical multiplexing issues, Proc. IEEE Conf. Nanotech. IEEENANO'06, Cincinnati, OH, USA, Jul. 2006, pp. 310-313.

[68] Beiu, V., Ibrahim, W., and Lazarova-Molnar, S., What von Neumann did not say about multiplexing: Beyond gate failures-The gory details, Intl. Work-conf. Artif. Neural Networks IWANN'07, San Sebastián, Spain, Jun. 2007, in press.

[69] Sulieman, M. H., and Beiu, V., Design and analysis of SET circuits: Using MATLAB modules and Simon, Proc. IEEE Conf. Nanotech. IEEE-NANO'04, Munich, Germany, Aug. 2004, pp. 618-621.

[70] Haus, H. A., and Adler, R. B., Circuit Theory of Linear Noisy Networks, MIT Press, Cambridge, MA, USA, 1959.

[71] Kirienko, G. I., On self-correcting schemes from functional elements, Prob. Kibern., vol. 12, 1964, pp. 29-37.

[72] Pierce, W. H., Failure-Tolerant Computer Design, Academic Press, New York, NY, USA, 1965.

[73] Cowan, J. D., Synthesis of reliable automata from unreliable components, in Caianello, E. R. (Ed.), Automata Theory, Academic Press, New York, NY, USA, 1966, pp. 131-145.

[74] Kirienko, G. I., Synthesis of self-correcting schemes from functional elements for the case of growing number of faults in the scheme, Diskret. Anal., vol. 16, 1970, pp. 38-43.

[75] Uhlig, D., On the synthesis of self-correcting schemes from functional elements with a small number of reliable elements, Math. Notes Acad. Sci. USSR, vol. 15, 1974, pp. 558-562.

[76] Dobrushin, R. L., and Ortyukov, S. I., Lower bound for the redundancy of self-correcting arrangements of unreliable functional elements, Prob. Inform. Transm., vol. 13, no. 1, Jan.-Mar. 1977, pp. 59-65.

[77] Dobrushin, R. L., and Ortyukov, S. I., Upper bound for the redundancy of self-correcting arrangements of unreliable functional elements, Prob. Inform. Transm., vol. 13, no. 3, Jul.-Sep. 1977, pp. 203-218.

[78] Pippenger, N., On networks of noisy gates, Proc. Intl. Symp. Foundations Comp. Sci. FOCS'85, Portland, OR, USA, Oct. 1985, pp. 30-38.

[79] Uhlig, D., Reliable networks from unreliable gates with almost minimal complexity, Proc. Fundamentals Comp. Theory, Springer LNCS, vol. 278, 1987, pp. 462-469.

[80] Reischuk, R., and Schmeltz, B., Area efficient methods to increase the reliability of combinatorial circuits, Proc. Intl. Symp. Theoretical Aspects of Comp. Sci. STACS'89, Paderbon, Germany, Feb. 1989, Springer, LNCS, vol. 349, pp. 314-326.

[81] Pippenger, N., Reliable computation by formulas in the presence of noise, IEEE Trans. Info. Theory, vol. 34, no. 2, Mar. 1988, pp. 194-197.

[82] Feder, T., Reliable computation by networks in the presence of noise, IEEE Trans. Info. Theory, vol. 35, no. 3, May 1989, pp. 596-571.

[83] Pippenger, N., Developments in "The synthesis of reliable organism from unreliable components", Proc. Intl. Symp. Pure Maths., vol. 50, 1990, pp. 311-324.

[84] Pippenger, N., Stamoulis, G. D., and Tsitsiklis, J. N., On a lower bound for the redundancy of reliable networks with noisy gates, IEEE Trans. Info. Theory, vol. 37, no. 3, May 1991, pp. 639- 643.

[85] Han, J., and Jonker, P., A system architecture solution for unreliable nanoelectronic devices, IEEE Trans. Nanotech., vol. 1, no. 4, Dec. 2002, pp. 201-208.

[86] Johnson Jr, A. M., and Malek, M., Survey of software tools for evaluating reliability, availability, and serviceability, ACM Comp. Surveys, vol. 20, no. 4, Dec. 1988, pp. 227-269.

[87] Sahner, R. A., and Trivedi, K. S., Reliability modeling using SHARPE, IEEE Trans. Reliability, vol. 36, no. 2, Jun. 1987, pp. 186-193.

[88] Boyd, M. A., and Bavuso, S. J., Simulation modeling for long duration spacecraft control systems, Proc. Annual Reliability & Maintainability Symp. RAMS'93, Atlanta, GA, USA, Jan. 1993, pp. 106-113.

[89] Dugan, J. B., Venkataraman, B., and Gulati, R., DIF Tree: A software package for the analysis of dynamic fault tree models, Proc. Annual Reliability & Maintainability Symp. RAMS'97, Philadelphia, PA, USA, Jan. 1997, pp. 64-70.

[90] Coppit, D., and Sullivan, K. J., Galileo: A tool built for mass-market applications, Proc. Intl. Conf. Software Eng., Limerick, Ireland, Jun. 2000, pp. 273-282.

[91] Kwiatkowska, M., Norman, G., Parker, D., et al., Symbolic model checking of concurrent probabilis-

tic systemsusing MTBDD sand simplex, Tech. Rep. CSR-99-01, School of Comp. Sci. , Univ. of Birmingham, Birmingham, UK, Jan. 22, 1999. Available at: http://www. cs. bham. ac. uk/~dxp/ papers/CSR-99-01. pdf

[92] Kwiatkowska, M. , Norman, G. , and Parker, D. , Verifying randomized distributed algorithms with PRISM, Proc. Workshop Adv. Verif. WAVe'00, Chicago, IL, USA, Jul. 2000. Available at: http://www. cs. bham. ac. uk/~dxp/ papers/wave00-prism. pdf

[93] Horton, G. , A new paradigmfor the numerical simulation of stochastic Petri nets with general firing times, Proc. European Simulation Symp. ESS'02, Dresden, Germany, Verlag, Oct. 2002. Available at: http://www. scs-europe. net/conf/ess2002/meth-20. pdf

[94] Lazarova-Molnar, S. , The proxel-based method: Formalisation, analysis and applications, PhD dissertation, Faculty of Informatics, Otto-von-Guericke-Universit¨at, Magdeburg, Germany, Nov. 2005. Available at: http://diglib. uni-magdeburg. de/Dissertationen/2005/sanlazarova. pdf

[95] Patel, K. N. , Markov, I. L. , and Hayes, J. P. , Evaluating circuit reliability under probabilistic gate-level fault models, Proc. Intl. Workshop Logic Synthesis IWLS'03, Laguna Beach, CA, USA, May 2003, pp. 59-64.

[96] Levin, V. L. , Probability analysis of combination systems and their reliability, Eng. Cyber. , vol. 6, Nov-Dec. 1964, pp. 78-84.

[97] Krishnaswamy, S. , Viamontes, G. F. , Markov, I. L. , and Hayes, J. P. , Accurate reliability evaluation and enhancements via probabilistic transfer matrices, Proc. Design Autom. & Test Europe DATE'05, Munich, Germany, Mar. 2005, pp. 282-287.

[98] Krishnaswamy, S. , Markov, I. L. , and Hayes, J. P. , Logic circuit testing and transient faults, Proc. European Test Symp. ETS'05, Tallin, Estonia, May 2005, pp. 102-107.

[99] Han, J. , Taylor, E. R. , Gao, J. B. , et al. , Faults, error bounds and reliability of nanoelectronic circuits, Proc. Intl. Conf. Appl. -Specific Sys. , Arch. & Processors ASAP'05, Samos, Greece, Jul. 2005, pp. 247-253.

[100] Taylor, E. R. , Han, J. , and Fortes, J. A. B. , Towards accurate and efficient reliability modeling of nanoelectronic circuits, Proc. IEEE Conf. Nanotech. IEEE-NANO'06, Cincinnati, OH, USA, Jul. 2006, pp. 395-398.

[101] Rejimon, T. , and Bhanja, S. , An accurate probabilistic model for error detection, Proc. Intl. Conf. VLSI Design VLSID'05, Kolkata, India, Jan. 2005, pp. 717-722.

[102] Rejimon, T. , and Bhanja, S. , Time and space efficient method for accurate computation of error detection probabilities in VLSI circuits, IEE Proc. Comp. & Digital Tech. , vol. 152, Sep. 2005, pp. 679-685.

[103] Rejimon, T. , and Bhanja, S. , Probabilistic error model for unreliable nano-logic gates, Proc. Intl. Conf. Nanotech. IEEE-NANO'06, Cincinnati, OH, USA, Jul. 2006, pp. 47-50.

[104] Nilsson, N. J. , Leraning Machines, McGraw-Hill, New York, NY, USA, 1965.

[105] Widrow, B. , and Hoff, M. E. , Adaptive switching circuits, IRE Wescon Conv. , Rec. 4, 1960, pp. 96-104.

[106] Coates, C. , and Lewis, P. , DONUT: A threshold gate computer, IRE Trans. Electr. Comput. , vol. 13, 1964, pp. 240-247.

[107] Brousentsov, N. P. , Computing machine"Setun" of Moscow State University (in Russian), New De-

velop. on Comp. Tech., 1960, pp. 226-234 [see http://www. computer-museum. ru/english/setun. htm].

[108] Brousentsov, N. P., Threshold realization of three-valued logic on electromagnetic elements (in Russian), Comp. Pbls. Cyber., vol. 9, 1972, pp. 3-35.

[109] Hughes, H. L., and Benedetto, J. M., Radiation effects and hardening of MOS technology: Devices and circuits, IEEE Trans. Nuclear Sci., vol. 50, no. 3, Jun. 2003, pp. 500-521.

[110] Bolchini, C., Buonanno, G., Sciuto, D., et al., A CMOS fault tolerant architecture for switch-level faults, Proc. Intl. Workshop Defect & Fault Tolerance VLSI Sys. DFT'94, Montreal, Canada, Oct. 1994, pp. 10-18.

[111] Bolchini, C., Buonanno, G., Sciuto, D., et al., Static redundancy techniques for CMOS gates, Proc. Intl. Symp. Circ. & Sys. ISCAS'96, Atlanta, GA, USA, vol. 4, May 1996, pp. 576-579.

[112] Bolchini, C., Buonanno, G., Sciuto, D., et al., An improved fault tolerant architecture at CMOS level, Proc. Intl. Symp. Circ. & Sys. ISCAS'97, Kowloon, Hong Kong, Jun. 1997, pp. 2737-2740.

[113] Kumar, J., and Tahoori, M. B., A low power soft error suppression technique for dynamic logic, Proc. Intl. Symp. Defect & Fault Tolerant VLSI Sys. DFT'05, Monterey, CA, USA, Oct. 2005, pp. 454-462.

[114] Baze, M. P., Buchner, S. P., and McMorrow, D., A digital CMOS design technique for SEU hardening, IEEE Trans. Nuclear Sci., vol. 47, no. 6, Dec. 2000, pp. 2603-2608.

[115] Beiu, V., Ultra-fast noise immune CMOS threshold gates, Proc. Intl. Midwest Symp. Circ. & Sys. MWSCAS'00, Lansing, MI, USA, Aug. 2000, pp. 1310-1313.

[116] Tatapudi, S., and Beiu, V., Split-precharge differential noise-immune threshold logic gate (SPDNTL), Proc. Intl. Work-conf. Artif. Neural Networks IWANN'03, Menorca, Spain, Springer, LNCS vol. 2687, Jun. 2003, pp. 49-56.

[117] Lerch, J. B., Threshold gate circuits employing field-effect transistors, U. S. Patent 3715603, Feb. 6, 1973.

[118] Galiay, J., Crouzet, Y., and Vergniault, M., Physical versus logical fault models MOS LSI circuits: Impact on their testability, IEEE Trans. Comp., vol. C-29, Jun. 1980, pp. 527-531.

[119] Blom, F. C., Oliver, J., Rullán, M., and Ferrer, C., Layout level design for testability strategy applied to a CMOS cell library, Proc. Intl. Workshop Defect & Fault Tolerance VLSI Sys. DFT'93, Venice, Italy, Oct 1993, pp. 199-206.

[120] Aunet, S., Berg, Y., and Beiu, V., Ultra low power redundant logic based on majority-3 gates, Proc. IFIP Intl. Conf. VLSI Sys.-on-Chip VLSI-SoC'05, Perth, Australia, Oct. 2005, pp. 553-558.

[121] Moritz, C. A., and Wang, T., Towards defect-tolerant nanoscale architectures, Proc. IEEE Conf. Nanotech. IEEE-NANO'06, Cincinnati, OH, USA, Jul. 2006, pp. 331-334.

[122] Wang, T., Bennaser, M., Guo, Y., et al., Combining circuit level and system level techniques for defect-tolerant architectures, Intl. Workshop on Defect and Fault Tolerant Nanoscale Arch. NanoArch'06, Boston, MA, USA, Jun. 2006. Available at: http://www. ecs. umass. edu/ece/ ssa/papers/NanoArch06. pdf

[123] Gambles, J., Miles, L., Hass, J., et al., An ultra-low-power, radiation-tolerant Reed Solomon encoder for space applications, Proc. Custom IC Conf. CICC'03, San Jose, CA, USA, Sep. 2003, pp. 631-634.

[124] Calin, T., Nicolaidis, M., and Velazco, R., Upset hardned memory design for submicron CMOS technology, IEEE Trans. Nuclear Sci., vol. 43, Dec. 1996, pp. 2874-2878.

[125] Hazucha, P., Karnik, T., Walstra, S., et al., Measurements and analysis of SER-tolerant latch in a 90-nm dual-VT CMOS process, IEEE J. Solid-State Circ., vol. 39, Sep. 2004, pp. 1356-1543.

[126] Schmid, A., and Leblebici, Y., Robust circuit and system design methodologies for nanometer-scale devices and single-electron transistors, IEEE Trans. VLSI Sys., vol. 12, Nov. 2004, 1156-1166.

[127] Schmid, A., and Leblebici, Y., Robust circuit and system design methodologies for nanometer-scale devices and single-electron transistors, Proc. IEEE Conf. Nanotech. IEEE-NANO'03, San Francisco, CA, USA, Aug. 2003, vol. 2, 516-519.

[128] Aunet, S., and Hartmann, M., Real-time reconfigurable linear threshold elements and some applications to neural hardware, Proc. Intl. Conf. Evolvable Sys. ICES'03, Trondheim, Norway, Mar. 2003, pp. 365-376.

[129] Aunet, S., and Beiu, V., Ultra low power fault tolerant neural inspired CMOS logic, Proc. Intl. Joint Conf. Neural Networks IJCNN'05, Montreal, Canada, Aug. 2005, pp. 2843-2848.

[130] Kim, C. H., Roy, K., Hsu, S., et al., A process variation compensation technique with an on-die leakage current sensor for nanometer scale dynamic circuits, IEEE Trans. VLSI Sys., vol. 14, Jun. 2005, pp. 646-649.

[131] Granhaug, K., and Aunet, S., Improving yield and defect tolerance in multifunction subthreshold CMOS gates, Proc. Intl. Symp. Defect & Fault-Tolerance VLSI Sys. DFT'06, Arlington/Washington, DC, USA, Oct. 2006, pp. 20-28.

[132] Cao, Y., Qin, H., Wang, R., et al., Yield optimization with energy-delay constraints in low-power digital circuits, Proc. Intl. Conf. Electron Dev. & Solid-State Circ. EDSSC'03, Kowloon, Hong Kong, Dec. 2003, 285-288.

[133] Ercegovac, M. D., and Lang, T., Digital Arithmetic, Morgan Kaufmann, San Francisco, CA, USA, 2004.

[134] Koren, I., Computer Arithmetic Algorithms, A. K. Peters, Ltd., Natick, MA, USA, 2002.

[135] Shams, A. M., and Bayoumi, M. A., A new full adder cell for low-power applications, Proc. Great Lakes Symp. VLSI GLSVLSI'98, Lafayette, LA, USA, Feb. 1998, pp. 45-49.

[136] Shams, A. M., and Bayoumi, M. A., A framework for fair performance evaluation of 1-bit full adder cells, Proc. Midwest Symp. Circ. & Sys. MWSCAS'99, Las Cruces, NM, USA, Aug. 1999, pp. 6-9.

[137] Shams, A. M., and Bayoumi, M. A., A novel high-performance CMOS 1-bit full-adder cell, IEEE Trans. Circ. & Syst. II, vol. 47, May 2000, pp. 478-481.

[138] Quintana, J. M., Avedillo, M. J., Jiménez, R., et al., Low-power logic style for full adder circuits, Proc. Intl. Conf. Electr. Circ. & Sys. ICECS'01, Malta, Sep. 2001, pp. 1417-1420.

[139] Shams, A. M., Darwish, T. K., and Bayoumi, M. A., Performance analysis of low-power 1-bit CMOS full adder cells, IEEE Trans. VLSI Sys., vol. 10, Feb. 2002, pp. 20-29.

[140] Berg, Y. Aunet, S., Nass, Ø., et al., A novel floating-gate multiple-valued CMOS full-adder, Proc. Intl. Conf. Circ. & Sys. ISCAS'02, Scottsdale, AZ, USA, May 2002, pp. 877-880.

[141] Alioto, M., and Palumbo, G., Analysis and comparison on full adder block in submicron technology, IEEE Trans. VLSI Sys., vol. 10, Dec. 2002, pp. 806-823.

[142] Aunet, S., Oelmann, B., Lande, T. S., et al., Multifunction subthreshold gate used for a low power

full adder, Proc. Norchip Conf., Oslo, Norway, Nov. 2004, pp. 44-47.

[143] Aunet, S., and Berg, Y., Three sub-fJ power-delay-product subthreshold CMOS gates, Proc. IFIP Intl. Conf. VLSI Sys.-on-Chip VLSI-SoC'05, Perth, Australia, Oct. 2005, pp. 465-470.

[144] Granhaug, K., and Aunet, S., Six subthreshold full adder cells characterized in 90 nm CMOS technology, Proc. Intl. Workshop Design & Diagnostics Electr. Circ. & Sys. DDECS'06, Prague, Czech Republic, Apr. 2006, pp. 25-30.

[145] Vigneswaran, T., Mukundhan, B., and Subbarami Reddy, P. S., A novel low power, high speed 14 transistor CMOS full adder cell with 50% improvement in threshold loss problem, Enformatika Trans. Eng. Comp. & Tech., vol. 13, May 2006, pp. 81-85.

[146] Forshaw, M., Nikolić, K., and Sadek, A. S., ANSWERS: Autonomous Nanoelectronic Systems With Extended Replication and Signaling, MEL-ARI #28667, 3rd Year Report, 2001, pp. 1-32. Available at: http://ipga.phys.ucl.ac.uk/research/answers/reports/3rd year U CL.pdf

[147] Shivakumar, P., Keckler, S. W., Moore, C. R., et al., Exploiting microarchitectural redundancy for defect tolerance, Proc. Intl. Conf. Comp. Design ICCD'03, San Jose, CA, USA, Oct. 2003, pp. 481-488.

[148] Lent, C. S., Tougaw, P. D., Porod, W., et al., Quantum cellular automata, Nanotechnology, vol. 4, no. 1, Jan. 1993, pp. 49-57.

[149] Curry, W. S., Jr., Transistor majority logic adder, U. S. Patent 2999637, Sep. 12, 1961.

[150] Ono, Y., Inokawa, H., and Takahashi, Y., Binary adders of multi-gate single electron transistor: Specific design using pass-transistor logic, IEEE Trans. Nanotech., vol. 1, Jun. 2002, pp. 93-99.

[151] Oya, T., Asai, T., Fukui, T., et al., A majority logic device using an irreversible single electron box, IEEE Trans. Nanotech., vol. 2, Mar. 2003, pp. 15-22.

[152] Sulieman, M. H., and Beiu, V., On single-electron technology full adders, IEEE Trans. Nanotech., vol. 4, Nov. 2005, pp. 669-680.

[153] Zhang, R., Walus, K., Wang, W., et al., A method of majority logic reduction for quantum cellular automata, IEEE Trans. Nanotech., vol. 3, Dec. 2004, pp. 443-450.

[154] Beiu, V., Quintana, J. M., Avedillo, M. J., VLSI implementations of threshold logic: A comprehensive survey, IEEE Trans. Neural Networks, no. 14, Sep. 2003, pp. 1217-1243.

[155] Beiu, V., Constructive threshold logic addition: Asynopsis of the last decade, Proc. Intl. Conf. Neural Networks ICANN'03, Istanbul, Turkey, Jul. 2003, pp. 745-752.

[156] Ibrahim, W., Beiu V., and Sulieman M. H. On the reliability of majority gates full adders, under review. Available at http://facultx.uaeu.ac.ae/walidibr/publications.htm

[157] Srinivasan, J., Adve, S. V., Bose, P., et al., The impact of technology scaling on lifetime reliability, Proc. Intl. Conf. Dependable Sys. & Networks DSN'04, Florence, Italy, Jun. 2004, pp. 177-186.

[158] Srinivasan, J., Adve, S. V., Bose, P., et al., Lifetime reliability: Toward and architectural solution, IEEE Micro, vol. 25, May-Jun. 2005, pp. 2-12.

[159] Srinivasan, J., Lifetime reliability aware microprocessors, PhD dissertation, Dept. CS, Univ. Illinois at Urbana-Champaign, USA, May 2006. Available at: http://rsim.cs.uiuc.edu/Pubs/srinivsn-phdthesis.pdf

[160] Weinberger, A., and Smith, J. L., A logic for high-speed addition, Natl. Bur. Stand. Circ. 591, 1958, pp. 3-12.

[161] Kogge,P. M. , and Stone,H. , A parallel algorithm for the efficient solution of a general class of recurrence equations, IEEE Trans. Comp. , vol. 22, Aug. 1973, pp. 786-793.

[162] Ladner,R. E. , and Fischer,M. J. , Parallel prefix computations, J. ACM, vol. 27, Oct. 1980, pp. 831-838.

[163] Brent,R. P. , and Kung,H. T. , A regular layout for parallel adders, IEEE Trans. Comp. , vol. 31, Mar. 1982, pp. 260-264.

[164] Han,T. , and Carlson,D. A. , Fast area-efficient VLSI adders, Proc. Intl. Symp. Comp. Arithmetic ARITH'87, Como, Italy, May 1987, pp. 49-56.

[165] Nicolaidis,M. , Carry checking/parity prediction adders and ALUs, IEEE Trans. VLSI Sys. , vol. 11, no. 1, Feb. 2003, pp. 121-128.

[166] Ramanarayanan,R. , Vijaykrishnan,N. Xie,Y. et al. , Soft errors in adder circuits, Proc. Military & Aerospace Appls. of Programable Logic Devs. & Tech. MAPLD'04, Washington, DC, USA, Sep. 2004. Available at: http://klabs. org/mapld04/abstracts/ramanarayanan a. pdf

[167] Tosun,S. , Ozturk,O. , Mansouri,N. , et al. , An ILP formulation for reliability-oriented high-level synthesis, Proc. Intl. Symp. Quality Electr. Design ISQED'05, San Jose, CA, USA, Mar. 2005, pp. 364-369.

[168] Peng,S. , and Manohar,R. , Fault tolerant asynchronous adder through dynamic self-reconfiguration, Proc. Intl. Conf. Comp. Design: VLSI in Computers & Processors ICCD'05, San Jose, CA, USA, Oct. 2005, pp. 171-178.

[169] Worm,F. , Thiran,P. , and Ienne,P. , Designing robust checkers in the presence of massive timing errors, Proc. Intl. On-Line Test Symp. IOLTS'06, Como, Italy, Jul. 2006, pp. 281-286.

[170] Hayes,J. P. , Polian,I. , and Becker,B. , A model for transient faults in logic circuits, Proc. Intl. Design & Test Workshop IDT'06, Dubai, UAE, Nov. 2006, in press. Available at: http://www. eecs. umich. edu/~jhayes/JPH DubaiPaperV3 Nov7-06. pdf

[171] Zimmermann,R. , Binary adder architectures for cell-based VLSI and their synthesis, PhD dissertation, Diss. ETH No. 12480, Swiss Federal Inst. Tech. , Zurich, Switzerland, 1997. Available at: http://www. iis. ee. ethz. ch/~zimmi/publications/adder arch. pdf

[172] Glodovsky,A. , Srinivas,H. R. , Kolagotla,R. , et al. , A folded 32-bit prefix tree adder in 0. 16-μm static CMOS, Proc. Midwest Symp. Circ. & Sys. MWSCAS'00, Lansing, MI, USA, Aug. 2000, pp. 238-373.

[173] Shimazaki,Y. , Zlatanovici,R. , and Nikolić,B. , A shared-well dual-supply-voltage 64-bit ALU, Proc. Intl. Solid-State Circ. Conf. ISSCC'03, San Francisco, CA, USA, Feb. 2003, pp. 104-105. [Also in IEEE J. Solid-State Circ. , vol. 39, no. 3, Mar. 2004, pp. 494-500.]

[174] Kuo,Q. -W. , Sharma,V. , and Chen,C. C. -P. , Substrate-bias optimized 0. 18μm 2. 5GHz 32-bit adder with post-manufacture tunable clock, Proc. Intl. Symp. VLSI Design, Autom. & Test VLSI-TSA-DAT' 05, Hsinchu, Taiwan, Apr. 2005, pp. 341-344.

[175] Yang,G. , Jung,S. -O. , Baek,K. -H. , et al. , A 32-bit carry lookahead adder using dual-path all-N logic, IEEE Trans. VLSI Sys. , vol. 13, no. 8, Aug. 2005, pp. 992-996.

[176] Ziegler,M. , and Stan,M. R. , Optimal logarithmic adder structures with a fan-out of two for minimizing the area-delay product, Proc. Intl. Symp. Circ. &Sys. ISCAS'01, Sydney, Australia, May 2001, pp. 657-660.

[177] Freking, R. A., and Parhi, K. K., Theoretical estimation of power consumption in binary adders, Proc. Intl. Symp. Circ. & Sys. ISCAS'98, Monterey, CA, USA, Jun. 1998, pp. 453-457.

[178] Oklobdzija, V. G., and Krishnamurthy, R., Design of power efficient VLSI arithmetic: Speed and power trade-offs, Proc. Intl. Symp. Comp. Arithmetic ARITH'03, Santiago de Compostela, Spain, Jun. 2003, pp. 280 (tutorial). Available at: http://www.acsel-lab.com/Presentations/ARITH-Tutorial-Vojin.pps

[179] Beiu, V., A novel highly reliable low-power nano architecture: When von Neumann augments Kolmogorov, Proc. Intl. Conf. App.-specific Sys., Arch. & Processors ASAP'04, Galveston, TX, USA, Sep. 2004, 167-177.

[180] Beiu, V., Aunet, S., Rydberg III, R. R., et al., The vanishing majority gate: Trading power and speed for reliability, Intl. Workshop Defect & Fault Tolerant Nanoscale Architectures. NanoArch'05, Palm Springs, CA, USA, May 2005. Available at: http://www.eecs.wsu.edu/~vbeiu/Publications/2005%20NanoArch.pdf

[181] Beiu, V., Djupdal, A., and Aunet, S., Ultra lowpower neural inspired addition: When serial might outperform parallel architectures, Proc. Intl. Work-conf. Artif. Neural Networks IWANN'05, Barcelona, Spain, Jun. 2005, pp. 486-493.

[182] Hepner, D. F., and Walls, A. D., Predictive failure analysis and failure isolation using current sensing, U. S. Patent 7003409, Feb. 21, 2006.

[183] Johansson, K., Gustafsson, O., and Wanhammar, L., Power estimation for ripple-carry adders with correlated input data, Proc. Intl. Workshop Power & Timing Modeling, Optimization & Simulation PATMOS'04, Springer, LNCS vol. 3254, Santorini, Greece, Sep. 2004, pp. 662-674.

[184] Kao, S., Zlatanovici, R., Nikolić, B., A 240ps 64b carry-lookahead adder in 90nm CMOS, Proc. Intl. Solid-State Circ. Conf. ISSCC'06, San Francisco, CA, USA, Feb. 2006, pp. 1735-1744.

[185] Markovic, D. M., A power/area optimal approach to VLSI signal processing, Tech. Rep. UCB/EECS-2006-65, EE&CS, Berkeley, May 18, 2006. Available at: http://www.eecs.berkeley.edu/Pubs/TechRpts/2006/EECS-2006-65.html

[186] Celinski, P., Al-Sarawi, S. F., Abbott, D., et al., Logical effort based design exploration of 64-bit adders using a mixed dynamic-CMOS/threshold-logic approach, Proc. Annual Symp. VLSI ISVLSI'04, Lafayette, LA, USA, Feb. 2004, pp. 127-132.

[187] Ishibashi, K., Yamashita, T., Arima, Y., et al., A 9μW 50MHz 32b adder using a self-adjusted forward body bias in SoCs, Proc. Intl. Solid-State Circ. Conf. ISSCC'03, San Francisco, CA, USA, Feb. 2003, pp. 116-117.

[188] Beiu, V., Nyathi, J., Aunet, S., et al., Femto Joule switching for nano electronics (Tutorial), Proc. ACS/IEEE Intl. Conf. Comp. Sys. & Appls. AICCSA'06, Sharjah, UAE, Mar. 2006, pp. 415-423.

[189] Swanson, R. M., and Meindl, J. D., Ion-implanted complementary MOS transistors in low-voltage circuits, IEEE J. Solid-State Circ., vol. 7, Apr. 1972, pp. 146-153 (preliminary version in Proc. Intl. Solid-State Circ. Conf. ISSCC'72, San Francisco, CA, USA, Feb. 1972, pp. 192-193).

[190] Vittoz, E. A., and Fellrath, J., CMOS analog integrated circuits based on weak inversion operation, IEEE J. Solid-State Circ., vol. 12, Jun. 1977, pp. 224-231.

[191] Mead, C. A., Neuromorphic electronic systems, Proc. IEEE, vol. 78, Oct. 1990, pp. 1629-1636.

[192] Vittoz, E. A., Very low power circuit design: Fundamentals and limits, Proc. Intl. Symp. Circ. & Sys.

ISCAS'93, Chicago, IL, USA, May 1993, vol. 2, pp. 1439-1442.

[193] Vittoz, E. A., Low-power design: Ways to approach the limits (Invited Plenary Talk), Proc. Intl. Solid-State Circ. Conf. ISSCC'94, San Francisco, CA, USA, vol. 1, Feb. 1994, pp. 14-18.

[194] Burr, J. B., and Shott, J., A200mVself-testing encoder/decoder using Stanford ultra lowpower CMOS, Proc. Intl. Solid-State Circ. Conf. ISSCC'94, San Francisco, CA, USA, Feb. 1994, pp. 84-85.

[195] Schrom, G., and Selberherr, S.. Ultra low-power CMOS technologies, Proc. Intl. Annual Semicond. Conf. CAS'96, Sinaia, Romania, Oct. 1996, vol. 1, pp. 237-246.

[196] Lande, T. S., Wisland, D. T., Soether, T., et al., FLOGIC - Floating-gate logic for low-power operation, Proc. Intl. Conf. Electr., Circ. &Sys. ICECS' 96, Rhodes, Greece, Oct. 1996, vol. 2, pp. 1041-1044.

[197] Kim, C. H., Soeleman, H., and Roy, K., Ultra-low-power DLMS adaptive filter for hearing aid applications, IEEE Trans. VLSI Sys., vol. 11, Dec. 2003, pp. 1058-1067.

[198] Chandrakasan, A. P., Sheng, S., and Brodersen, R. W.. Low-power CMOS digital design, IEEE J. Solid-State Circ., vol. 27, Apr. 1992, pp. 473-484.

[199] Soeleman, H., Roy, K., and Paul, B., Robust subthreshold logic for ultra-low power operation, IEEE Trans. VLSI Sys., no. 9, Feb. 2001, pp. 90-99.

[200] Wang, A., Chandrakasan, A. P., and Kosonocky, S. V., Optimal supply and threshold scaling for subthreshold CMOS circuits, Proc. Annual Symp. VLSI ISVLSI'02, Pittsburgh, PA, USA, Apr. 2002, pp. 5-9.

[201] Wentzloff, D. D., Calhoun, B. H., Min, R., et al., Design considerations for next generation wireless power-aware microsensor nodes, Proc. Intl. Conf. VLSI Design VLSID'04, Mumbai, India, Jan. 2004, pp. 361-367.

[202] Aunet, S., Oelmann, B., Abdalla, S., et al., Reconfigurable subthreshold CMOS perceptron, Proc. Intl. Joint Conf. Neural Networks IJCNN'04, Budapest, Hungary, Jul. 2004, pp. 1983-1988.

[203] Calhoun, B. H., Wang, A., and Chandrakasan, A. P., Device sizing for minimum energy operation in subthreshold circuits, Proc. Custom IC Conf. CICC'04, Orlando, FL, USA, Oct. 2004, 95-98.

[204] Beiu, V., Nyathi, J., and Aunet, S., Sub-pico Joule switching: High-speed reliable CMOS circuits are feasible, Proc. Innovations in Info. Tech. IIT' 05, Dubai, UAE, Sep. 2005. Available at: http://www.itinnovations.ae/iit05/proceedings/articles/E 5 IIT05 Beiu.pdf

[205] Sarpeshkar, R., Analog versus digital: Extrapolating from electronics to neurobiology, Neural Computation, vol. 10, 1998, 1601-1638.

[206] Sarpeshkar, R., Brain power: Borrowing from biology makes for low-power computing, IEEE Spectrum, vol. 43, no. 5, May 2006, pp. 24-29.

[207] Cowan, G. E. R., A VLSI analog computer/math co-processor for a digital computer, PhD dissertation, Columbia University, Nov. 2005. Available at: http://digitalcommons.libraries.columbia.edu/dissertations/AAI3174769/

[208] Cowan, G. E. R., Melville, R. C., and Tsividis, Y. P., A VLSI analog computer/digital computer accelerator, IEEE J. Solid-State Circ., vol. 41, Jan. 2006, pp. 42-53.

[209] Donald, J., and Martonosi, M., Power efficiency for variation-tolerant multicore processors, Proc. Intl. Symp. Low Power Electr. & Design ISPLED'06, Tegernsee, Germany, Oct. 2006, pp. 304-309.

[210] Datta, A., Bhunia, S., Mukhopadhyay, S., et al., Delay modeling and statistical design of pipelined

circuit under process variation, IEEE Trans. CAD of IC & Sys., vol. 25, Nov. 2006, pp. 2427-2436.

[211] McIver, J. K., III, and Clark, L. T., Reducing radiation-hardened digital circuit power consumption, IEEE Trans. Nuclear Sci., vol. 52, Dec. 2005, pp. 2503-2509.

[212] Ishibashi, K., Fujimoto, T., Yamashita, T., et al., Low-voltage and lowpower logic, memory, and analog circuit techniques for SoCs using 90 nm technology and beyond, IEICE Trans. Electron., vol. E89-C, Mar. 2006, pp. 250-262.

[213] Bialek, W., and Rieke, F., Reliability and information transmission in spiking neurons, Trends Neurosci., vol. 15, 1992, pp. 428-434.

[214] Stevens, C. F., Cooperativity of unreliable neurons, Curr. Biol., vol. 4, 1994, pp. 268-269.

[215] Smetters, D. K., and Zador, A., Synaptic transmission: Noisy synapses and noisy neurons, Curr. Biol., vol. 6, no. 10, Oct. 1996, pp. 1217-1218.

[216] Lisman, J. E., Bursts as a unit of neural information: Making unreliable synapses reliable, Trends Neurosci., vol. 20, 1997, pp. 38-43.

[217] Zador, A., Impact of synaptic unreliability on the information transmitted by spiking neurons, J. Neurophysiol., vol. 79, 1998, pp. 1219-1229.

[218] Manwani, A., and Koh, C., Detecting and estimating signals over noisy and unreliable synapses: Information-theoretic analysis, Neural Computation, vol. 13, Jan. 2001, pp. 1-33.

[219] Levy, W. B., and Baxter, R. A., Energy-efficient neuronal computation via quantal synaptic failures, J. Neurosci., vol. 22, Jun. 1, 2002, pp. 4746-4755.

[220] Chklovskii, D. B., Exact solution for the optimal neuronal layout problem, Neural Computation, vol. 16, no. 10, Oct. 2004, pp. 2067-2078.

[221] Wen, Q., and Chklovskii, D. B., Segregation of the brain into gray and white matter: A design minimizing conduction delays, PLoS Comp. Biol., vol. 1, no. 7 (e78), Dec. 2005, pp. 617-630.

[222] Linares-Barrancom, B., Serrano-Gotarredona, T., Serrano-Gotarredona, R., et al., Current mode techniques for sub-pico-ampere circuit design, Analog Integr. Circ. & Signal Proc., vol. 38, no. 2-3, Feb.-Mar. 2004, pp. 103-119.

第Ⅲ部分

生物分子电子技术与处理

13 “G 线”DNA 的性质

Thomas Marsh，James Vesenka 著

朱春雷　王　树　译

摘要：

本章对实验观察到的鸟嘌呤四链“G 线”DNA 的性质进行了总结，包括其生长动力学的评价以及自组装干燥 $G_4T_2G_4$ 聚合物的结构性质和电子性质。在研究过程中，主要使用到的工具是扫描探针显微镜。生长动力学研究表明，自组装过程是由扩散控制的，并且在达到平衡时 G 线的长度符合类 Poisson 分布。这一事实表明，自组装过程是由热力学驱动的。生长 24h 后，分子的平均长度约为 100nm。生长数月后，可以得到更长的 G 线 DNA 分子（微米级），并且它们以柔性链和结晶体的形式存在，其晶体结构极有可能发展成为优良的分子模板。

在湿度可控的条件下，利用水化层扫描隧道显微镜（HLSTM）对云母上的 G 线进行了观测。HLSTM 图像与在干燥空气中原子力显微镜（AFM）的测试图像相类似。随着湿度的增加，云母基底上 G 线的高度（也称为四联体直径）和宽度均略微降低。虽然大部分的横向展宽很有可能是由于残余阳离子的屏蔽以及 HLSTM 的较低分辨率所致，但 DNA 高度和宽度对湿度的依赖性意味着可以通过水化层来进行简单的解释。此外，实验上也观察到了水化层厚度可以高达 0.6nm 这一现象。

在硅荫罩板的辅助下，测试了吸附到云母表面上 G 线 DNA 的电导率。四点探针罩板是在硅板上利用光刻成像及干反应离子刻蚀技术而制得的。硅模板专门设计用于在原子级平整的云母表面上吸附 G 线 DNA，进而形成阴影沉积的金属接点。在这些实验中，使用了两种类型的金属接触：利用高真空体系进行电子束蒸

发镀金，以及利用低真空扫描电子显微镜样品镀膜设备进行氩气喷金。金属电极的图案是利用 AFM 成像技术进行表征的。G 线 DNA 的电导率则是利用高阻抗万用表进行测量的。测定的 G 线 DNA 网络的电阻下限超过了 1GΩ(10^5GΩ/m^2 的薄层电阻)，这表明"干燥"G 线 DNA 是一个绝缘体。

13.1 引　　言

人们对双链 DNA 的电导率曾进行过广泛地表征。利用光诱导和快速淬灭技术[1]实现了短序列 DNA(约 15 bp，bp-碱基对)的电传导。单链 DNA 的实验表明，短片段 DNA(约 30bp，约 10nm)是导电的[2-6]。然而，对于相对较长的链(>100nm)而言，大多数实验表明，双链 DNA 则是一个绝缘体[7-10]。对于成束的 DNA 导电性的实验研究表明，传导机理可能与通过水合样品的电荷迁移有关[9]。在本文中，我们主要利用扫描探针显微镜，对四链"G 线"DNA 的生长动力学、结构及其电学性质进行了研究。

G 线属于四链螺旋核酸多态性家族中的一种，它们共同被称作 G-DNA。G-DNA 的共有结构单元是 G-四联体(G-quartet)[11,12]，其中 4 个鸟嘌呤碱基在一个环状平面阵列内以氢键相互连接[图 13.1(a)]。+1 价和/或+2 价金属离子的配位作用，可以在很大程度上促进 G-DNA 的形成，并维持其稳定性[13-17]。在活细胞的基因组内，G-DNA 的形成被认为是具有许多功能的[18-24]。鸟嘌呤自识别这一重要的生物学功能，对于发展自组装超分子结构来说，具有非常巨大的价值。在适宜的条件下，富含鸟嘌呤的寡核苷酸(GRO)会自发地形成 G-DNA[12,25,26]。许多 GRO 均可以从单一序列的组分形成自组装的超分子 G-DNA 结构[27-30]。人们已经通过扫描探针显微镜(SPM)对一种特殊的 G-DNA(G 线)进行了大量的表征[31,32]。G 线的基本构筑基元是一条由 10 个碱基组成的寡核苷酸，且该寡核苷酸具有类似于端粒 DNA 的序列 d(GGGGTTGGGG)，而该序列被标记为"Tet1.5"[图 13.1(b)]。在很宽的温度范围内，当存在Ⅰ族和Ⅱ族金属阳离子时，它们就会形成 G-DNA 超分子。SPM 的测试结果表明，该 G-DNA 以刚性的线性纤维形式存在[图 13.1(c)]。双链 DNA 在云母的表面倾向于塌陷，而 G 线 DNA 则仍能保持其圆筒状的外形(图 13.2 和图 13.3)[33]。本章将总结 G 线 DNA 生长以及底物沉积的基本条件，并且给出多聚体平衡常数的计算公式。这里提及的以及今后将开展的工作，可以用于定义"超结构"(微米级)的可控生长与调控界定条件。

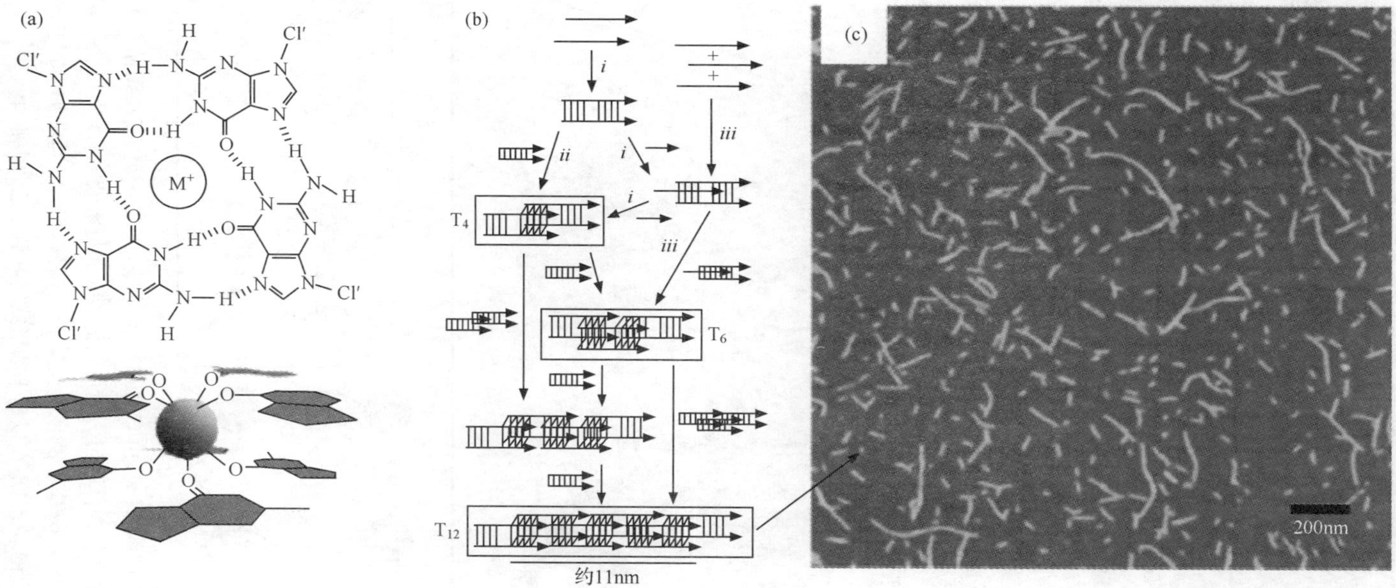

图 13.1 具有阳离子配位的 G-四联体结构。如(a)中的结构所示,阳离子如 K^+、Na^+ 或 Mg^{2+},可以在碱基堆积的中心起到稳定 G-DNA 的作用。胸腺嘧啶对于 G-DNA 在溶液中聚集成束或者随后吸附到基底上,可以起到柔性连接的作用。(b)G-DNA 自组装的假定途径。细箭头表示 $d(G_4T_2G_4)$序列,平行四边形表示 4 个鸟嘌呤。可以通过多种途径形成 G-DNA 的成核结构:斜体的 *i*,*ii* 和 *iii* 分别表示序列步进式自组装、二聚化以及三联体歧化,作为起始 G-DNA 形成的可能模型[40]。(c)在 Na^+/Mg^{2+} 缓冲溶液中,沉积在云母基质上 G 线的 TMAFM 图像

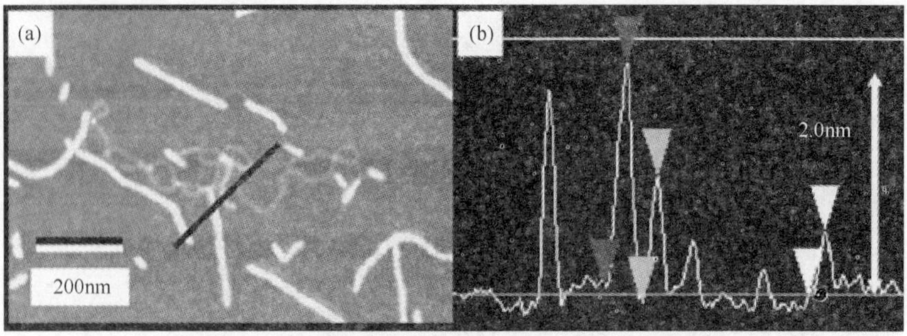

图 13.2 (a) 共吸附到相同基底上的双链和四链 G 线 DNA 的形貌对比。(b)双链 DNA 在云母表面发生塌陷,距离表面高度为 0.5nm。即使是双链 DNA 的超螺旋片段,也仅高于云母基底 1.0nm,约为溶液中以 Watson-Crick 方式配对的双链 DNA 直径预期值的 1/2。不过,四链 DNA 的直径均一,约为 2.2nm,与 G-四联体 DNA 的 NMR 和 X-ray 分析结果(直径 2.4nm)非常接近。由黑到白代表的垂直高度范围为 10nm

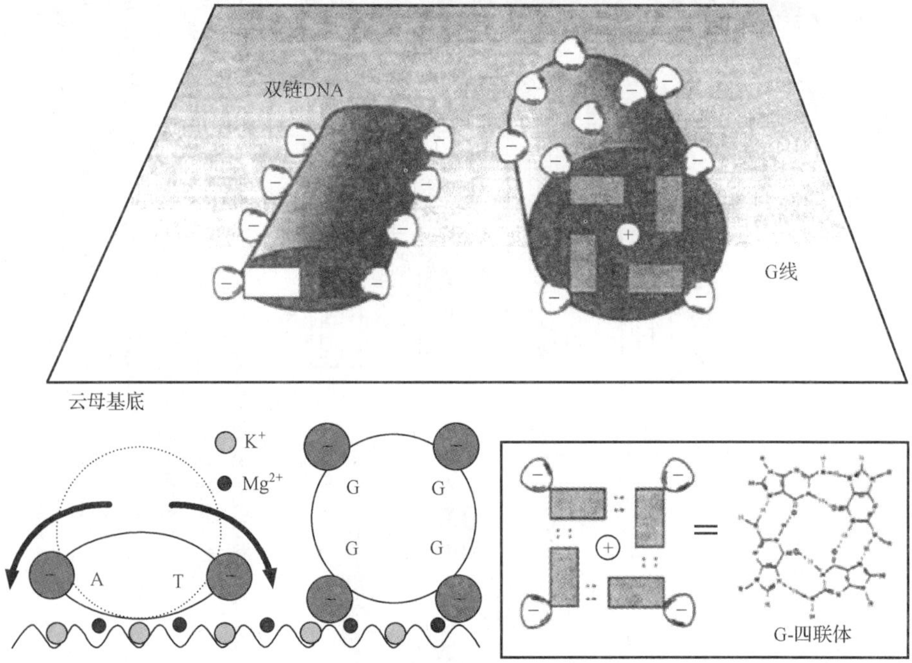

图 13.3 “钉扎模型”表明,当 G 线 DNA(由 G-四联体构筑基元组成)暴露于束缚阳离子(这里显示的为镁离子)中时,其更大的内部吸引力使得它仍能够保持溶液中的结构状态。然而,对于双链 DNA(这里用 A-T 碱基对表示)上无支撑的磷酸骨架而言,施加于其上的较强束缚力,使得双链 DNA 以扁平的形式钉扎到了云母基底上

Tapping Mode^{TM}(轻敲模式)原子力显微镜(TMAFM)和水化层扫描隧道显微镜(HLSTM)[34,35],以及高分辨近场三维成像技术,可以用于表征在不同生长介质中制得的G线DNA,并在湿度可控的条件下对其进行成像。HLSTM表明,G线DNA具有半导体特性[36]。导电机理可能源自于G-四联体的碱基堆积以及笼内的+1价阳离子[37][图13.1(a)和(b)]。HLSTM的测量结果表明,在适宜的相对湿度下,G线DNA能够在隧道电流大于1pA的条件下重复成像(图13.4)[36]。对于绝缘分子而言,HLSTM成像的对比机理则部分地源自于吸湿底物顶端的水化层(如潮湿空气中的云母),且仅取决于外加偏压。在低偏压下,高分辨成像是通过水化层的电传导来维持的。在高偏压下,于空气间隙和水化层之间会产生弹道隧穿效应,由此降低分辨率。HLSTM的观测结果是非常有趣的,这是由于与双链DNA相比,在存在G线DNA时,隧道电流增加10~100倍。这意味着底物上的G线DNA可以辅助导电。嵌入水合G线分子内的金属阳离子也可能具有一定的迁移率。此外,金属离子彼此间充分接近(估计在0.3~0.7nm)以助于电子隧穿。邻近G-四联体的π轨道可以充分地相互交叠,进而可以增强电子的“跳跃”(hopping)。G线DNA固有的稳定性、均质性以及较大的长度,使得它们有可能发展成为优良的分子导线[38,39]。本书将报道G线DNA的HLSTM图像对湿度的依赖性,并估算了水化层的厚度。同时,我们也将总结在干燥条件下直接测量G线DNA电导率的一些研究成果。

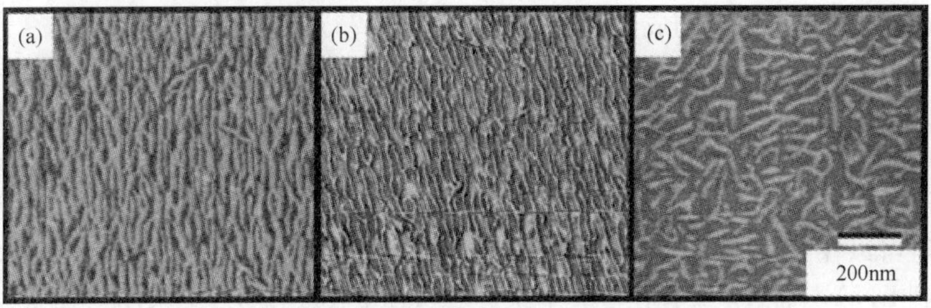

图13.4 利用轻敲模式AFM采集得到的新鲜吸附到云母上的G线DNA图像(a)和在37℃的烘箱中干燥24h后利用相同的针尖对相同的样品采集所得的图像(b)。值得注意的是,优势取向并不是在样品制备过程中的人为因素造成的,如漂洗等。G线的走向沿着新切割云母基底上可能的钾离子空位,排列成直线。G线DNA的展宽是由于残余缓冲液中的水合无机盐所致。在烘箱中干燥后,G线变得更细,并且缓冲液中的无机盐在DNA链间分布。新制备的G线DNA水合形式,利用水合层扫描隧道显微镜(HLSTM)进行成像表征,图像见(c)。新鲜吸附到云母上的G线DNA的HLCSTM图像是在1pA隧道电流、-7V偏压以及80%相对湿度条件下,在一个密封成像箱内记录而得到的。对于新制备的样品,往往可以采集得到比较成功的G线图像,它们具有很高的G线密度[但不是如(a)和(b)所示的“网络”]以及高浓度的残余缓冲液阳离子。注意,在该成像样品中,隧道电流的传导路径无需经过G线,不过,对于从偏置电压源提供的电子传导而言,这些路径是非常重要的。由黑到白代表的垂直高度范围为10nm

13.2 材料与方法

四联体 G 线 DNA 根据 Marsh 等[31]描述的步骤制备。$G_4T_2G_4$ 单体(Tet1.5)的解链状态是由 PCR 热循环仪(Thermo Hybaid, U.K.)来维持的,即将生长混合物和 Tet1.5 升温到 95℃并维持 10min,进而促进不规则的 G-4 结构解链(目的是为了确保 G 线的单体浓度)。利用由 10mmol/L Tris(pH 7.6)和 1mmol/L MCl_x(其中 M=Na、K、Mg、Zn)组成的缓冲液,将 G 线的浓缩样品(单体浓度为 1.0mmol/L)稀释 10~100 倍。G 线网络:寡核苷酸 Tet1.5 d(GGGGTTGGGG)从 integrated DNA technologies(Corralville, IA)公司购买。将纯净的寡核苷酸样品溶解在缓冲液(缓冲液组成:50mmol/L NaCl,10mmol/L $MgCl_2$,10mmol/L Tris-HCl 以及 1μmol/L 的亚精胺)中,并达到最终浓度 100μmol/L,然后在 37℃的条件下孵育 3 天。在室温下,可以用 Parafilm®膜将样品封口,并保持 10min,让其吸附到新解理的云母片上,然后,将样品在云母上孵育 0~10min,用 1mL 去离子水冲洗,氮气流干燥,成像前在 37℃的烘箱中保存。利用带有 125μm×20μm 氮化硅探针的 Nanoscope E 型控制器(Digital Instruments: Santa Barbara, CA),在干燥的空气中以接触模式采集图像。在环境湿度下,利用带有 75 μm 长轻敲探针的 Nanoscope Ⅲa 型控制器以轻敲模式,对新鲜样品进行成像。对于新制备的 G 线 DNA,也可以利用 PicoSPM 型(Molecular Imaging: Tempe, AZ)低电流 STM 进行成像。G 线 DNA 的成像是在相对湿度 RH75%~85%、偏压为-5~-10V 以及隧道电流 1~3.0pA 下进行的。利用 Nanoscope Ⅲa 型控制器和以轻敲模式工作的多模式 AFM,对新制备的干燥样品进行成像。硅荫罩板,或者称作硅模板,是利用光刻成像及干反应离子刻蚀技术制得的。硅模板的图案共产生四个金属接触,并以 600μm 分隔开来。利用四点探针测量,便可以确定薄膜的薄层电阻。金属接触可以在高真空条件(temescal,10^{-9} Torr)下利用热电子束蒸发的技术将金涂敷到 DNA 样品上,或者在低真空条件(Polaron,10^{-1} Torr)下采用氩气喷金的方法而制得。Nanoscope Ⅲa 型控制器和以轻敲模式工作的多模式 AFM 用于 G 线 DNA 网络和集成金属化接触成像。对于电导率测量,则同时利用了两点探针和四点探针,以及一台 HP 3258A 万用表(该万用表在电势为 500V 时,达到最大电阻 1.2GΩ,通过样品的最大电流容量为 500nA)。

13.3 结果与讨论

图 13.4 显示的是一个 G 线的网络结构,该网络结构是通过将浓缩了 24h 的 G 线溶液沉积在新解理的云母上而获得的。样品经漂洗后,立即用轻敲模式成像,结果显示,在云母表面上的 G 线链排列成具有一定取向的网状结构,如图 13.4(a)

所示。取向效应是由于 G 线在新切割云母表面上的走向与钾离子空位排列成直线而产生的[32]。G 线 DNA 的密度依赖于云母表面的局部变化，例如，当成像区域偏离云母表面 1 mm 时，便可以得到类似于图 13.4(c)的结果，其中，G 线是明显被分隔开的。在图 13.4(b)中，所示的样品[与图 13.4(a)所示的样品相同]被干燥了 24h，此时，G 线 DNA 变得更细，这是由于表面水化层的脱水所致。对于低电流扫描隧道显微镜(LCSTM)成像，水化层是非常必要的，如图 13.4(c)所示。

+1 价阳离子(Na^+ 和 K^+)存在于 G-四联体的 4 个 O6 基团所组成的配位凹槽中[图 13.1(a)]，因而可以从内部来稳定 G 线。然而，如果要自组装成相对较长的超分子结构[图 13.1(c)]，则需要 Mg^{2+} 的参与[27]。与 Na^+、K^+ 等+1 价离子相比，Mg^{2+} 是已知的可以使核酸结构稳定 100 倍或更多的离子，其主要功能是作为核酸骨架中带负电荷的磷酸基团的抗衡离子。+2 价阳离子与 G-DNA 通过相互作用来稳定四联体的方式则更加复杂。+2 价阳离子对不同 G-DNA 的稳定作用的总体趋势为：在较低浓度(M^{2+} 低于 10mmol/L)下，+2 价阳离子可以稳定 G-DNA，而在较高的 M^{2+} 浓度下，+2 价阳离子反而使其变得不稳定[40,41]。不过，对于寡核苷酸 d(GGGGTTGGGG)[27] 和 d(GGGGTTTTGGGG)，却显然不符合这一趋势。对于由 $dG_4T_4G_4$ 形成的发夹二聚体，增加 Ca^{2+} 浓度可以诱导 $d(G_4T_4G_4)$ 发生构象转变，从反平行的发夹二聚体转化为平行的四聚体 G-DNA，进而产生了一种类似于 Tet1.5 寡核苷酸的超分子组装结构[42]。图 13.1(b)中所示的模型表明，一旦一个稳定的 G-DNA 形成，滑移或错位链(slipped or out of register strand)可以促进 G 线的进一步生长。在该实验中，与+1 价和+2 价阳离子(可分别使 G-DNA 稳定和不稳定)效应物的结合，可以促进较长 G 线的形成，因为这样可以降低暴露于溶剂中的 G-DNA 中间体的数目。滑链(slipped strand)G-DNA 的初始组装可以通过如图 13.1(b)中所示的几种途径发生。前驱体 G-DNA 的分子动力学模拟预测结果表明，由 Na^+ 和 K^+ 所稳定的滑链可以通过几种可能的组装途径形成[43,44]，进而支持了该模型。在 G-DNA 组装体中，甚至是在 G 线自组装体中，+2 价阳离子所扮演的确切角色现在仍是未知的。

基于由错位 G 线形成 G4-DNA 的双链二聚化模型[45]，本研究总结了一个简单的模型。通过光谱学方法[42]探寻 G-DNA 组装动力学的研究表明，这一过程起初是一个慢过程，而+1 价阳离子的存在能显著地促进该过程，一旦形成了初始组装体，在接下来的时间周期内，反应保持稳定[20]。此步骤是利用 SPM 对 G 线的形成速率进行追踪的，并且反映的是 G 线形成的总速率。两个单体结合，形成梯状结构 L_1 或者是交错结构 L_1'，解离平衡常数分别为 K_1 或 K_1'。G 线生长过程中，决定速率的步骤是 L_2 的形成。对于 G-四链体多聚结构的延伸生长而言，它是一个必要的结构。当 L_2 构筑完成以后，才有可能形成更长的线。起初，L_2 浓度的增加是由热力学驱动的。

$$\Delta G = \Delta G^0 + RT\ln Q \tag{13.1}$$

式中,反应系数 Q 被定义为

$$Q = a_{L_2}/a_{L_1}^2 \approx [L_2]/[L_1]^2 \tag{13.2}$$

式中,a_{L_2} 为二聚体的活度;a_{L_1} 为单体的活度。活度比接近于相应的浓度比。

开始时,二聚体的形成受自由能驱动,由于 L_2 的浓度为 0,因此 Q 也为 0。所以,ΔG 很大,且为负值(自发组装)。在二聚体与单体之间,体系很快会力求达到平衡。最终,当 L_2 浓度达到足够大时,体系达到平衡。接下来,形成更长 G 线的反应是由热力学过程驱动的,通过将二聚体组装为浓度更低的多聚体(图 13.5)。

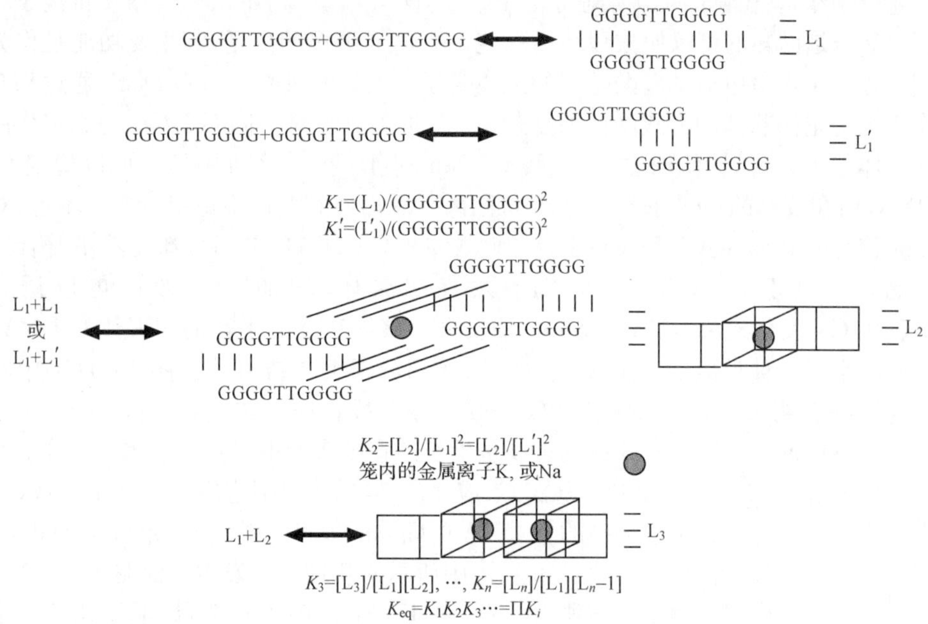

图 13.5 开始时,自组装过程是由过量的梯状单体 L_1 和 L_1' 在热力学上驱动的。当二聚体(L_2)与单体的浓度达到平衡时,相较于浓度较小的多聚体(L_n),更长 G 线结构的过程是由过量的二聚体和单体驱动形成的。不同长度分子平衡常数的表征与不同长度多聚体的平衡常数之(乘)积有关。笼内的金属离子,如 Na^+ 或 K^+,使得生长过程变得更加复杂。钾离子配位使得较短 G-DNA 的扩散更加均匀,而钠离子配位则会使 G 线的长度分布于一更大的范围

由于二聚体聚合成多聚体与分解成 L_1 或 L_1' 的过程之间存在一个相互竞争,故二聚体的形成总是自发的。对于一个给定长度的 G 线多聚体 L_n,都存在一个平衡常数,而总的自组装平衡常数 K_{eq} 可以用这些平衡常数之积来表示:

$$K_{eq} = \prod K_n = [L_n]/[G_4T_2G_4]^2[L_1]^{n-1} \approx [L_n]/[G_4T_2G_4]^{n+1} \tag{13.3}$$

式中,最后一步的近似是在假定 Tet1.5 和 L_1 的浓度近似相等的条件下得出的。

如果该模型准确,我们预期能够观察到 G 线长度的类 Poisson 分布,即与较长

结构的G线相比,较短长度G线在数量上更占优势。而且,如果该过程由与多聚体相互作用的单体浓度的扩散控制的话,那么通过对比长度与时间的关系,我们期望能够看到长度分布与时间的平方根之间的函数关系,这些特征在图13.6中均可看到。由生长速率决定的平均长度$\langle L\rangle$(单位nm)的经验公式为

$$\langle L\rangle = 28\text{nm} + [11(\text{nm/d})^{\frac{1}{2}}](t)^{\frac{1}{2}} \tag{13.4}$$

式中,t为时间,单位为d。在本研究中,一旦加入浓缩物−1.0 mmol/L Tet1.5单体[图13.6(a)],就立即有短线出现。在较短的时间尺度(秒)内,试图计算平均长度通常会得到长度较短的G-DNA。使用我们最好的SPM探针,分辨率可以达到5~10nm,最初测量的平均值28nm正好处于分辨极限范围内。正如之前在样品制备步骤中所提及的那样,对于最初的加热过程,对于不规则的G-四联体结构的解链,并不会出现“消逝时间为0,G线长度为0”的情况。我们推测,在各种生长条件下,多聚体的生长会以极快的速度进行。通过SPM成像发现,在解链温度下,Tet1.5单体样品并没有形成G线结构。

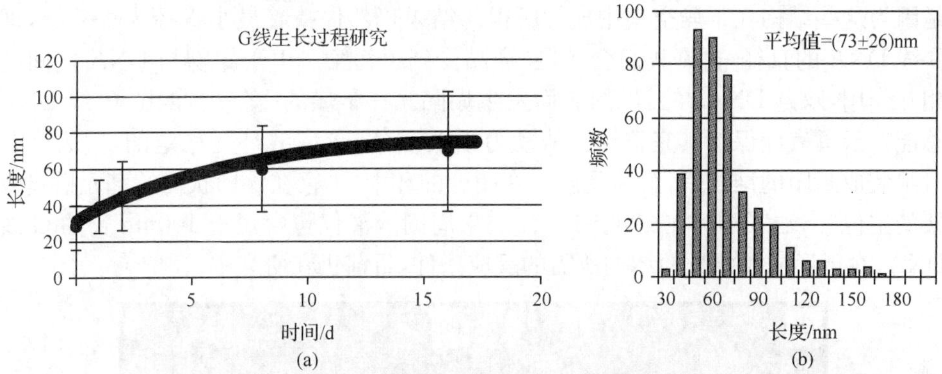

图13.6 G线平均长度分布的测量结果表明,与较长的G线相比,较短(平衡中值约为50 nm)的G线占多数,见图(a)。图像取自生长超过一个月的G线样品,$N=400$。误差棒表示标准差。需要注意的是,即使在生长一个月(b)以后,仍然存在30nm的G线。即使在生长过程中的最初测量阶段,这些短线就是存在的。增加浓度,生长时间减少,两者几乎呈线性关系

从图13.6(b)中,我们可以发现,当样品自组装数星期后,G线长度符合常见的类Poisson分布。在这种测量条件下,在富含钾的混合物中,G线的平均长度约为73nm。如果各L_2的半长按1.5nm的近似值计算,则它对应于$n = 47$多聚体L_n的长度。取决于生长条件,混合物中仍然存在有多达25%的Tet1.5寡核苷酸。各Tet1.5寡核苷酸的分子量为3180 g/mole。从图13.6(b)中G线长度的频数分布可以看出,均值G线长度的相对浓度为23%。假设这一浓度反映了束缚在平均长度多聚体中单体的相对数量,那么,我们可以估算出$n = 47$的L_n的浓度为

$$[L_{47}] = (0.23)(0.75\text{mmol/L})/(3180\text{g/mol})/(286200\text{g/mol}) = 0.0019\text{mmol/L} \tag{13.5}$$

因此平衡常数为

$$K_{eq} = [L_{47}]/[G_4T_2G_4]^{48} \approx 10^{26} \tag{13.6}$$

估算的平衡常数表明,反应朝着有利于G线生长的方向进行。

对于确定其宏观电子学特征而言,G线自组装成较短的平均长度这一事实,是一个很大的挑战。换句话说,长线有利于宏观电子学表征。奇怪的是,利用生长缓冲液或者成像缓冲液稀释G-DNA,并不会明显影响分子的平均长度。从热力学生长角度来看,稀释本应该导致G线的解体。然而,将样品稀释到初始浓度的1/1000,仅降低其在云母表面上分布的密度。这一行为的原因仍在研究中。

G线超结构

偶尔也可以观察到如图13.7至图13.10所示的G线超结构。它们以螺旋状,条带状以及管状(G线DNA)三种不同的形式出现,并且相互交联。图13.7显示了两个柔性G线环的例子,它们在形状和尺寸上均与质粒DNA类似。如果不是因为这些结构在干燥空气中成像所得的结果仍然保持着最小直径为2.2nm,即G线DNA的直径,也许我们会怀疑,样品受到了污染。由于底物与DNA之间的相互作用,双链DNA在云母的表面发生塌陷。在干燥的空气中,四链G线DNA总能在云母表面保持其完整性。从动力学上说,也许G线环是稳定的,因为当其自组装成封闭的结构后,解体受阻。在闭合的环中,不存在供梯状构筑基元搭建骨架的空位"末端"(不存在交联剂时)。如果周围溶液仅包含短于100nm长的G线DNA,对于形成如此长的结构所需的反应条件,目前仍在研究中。

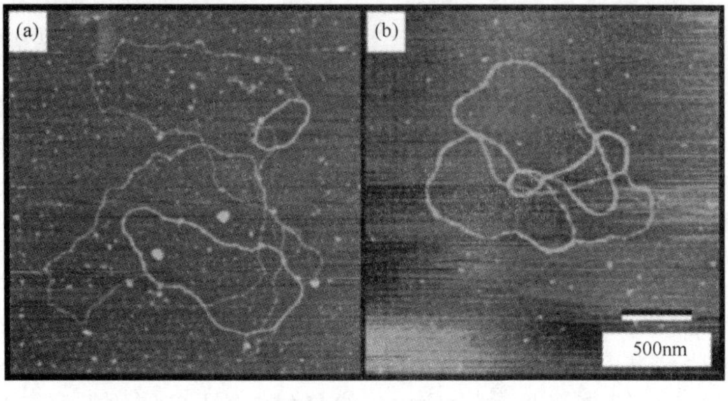

图13.7　有时会出现有趣的结构,当然也包括这里的单链或多链G线组成的环状结构。在这些结构的附近,会发现大量较短的G线,如图中的两个例子所示。我们推测,稀释和漂洗后,由于其结构的连续性,成环的G线是稳定的且不易解体的。G线倾向于维持一个比这里所示的环的伸直长度短很多的平均长度。正如图13.8以及图13.9所示,多链G-DNA是非常普遍的。然而,这一结果却是出人意料的,因为在每一条G线上的四条链均含有磷酸骨架,而它们之间存在着很强的静电排斥。由黑到白代表的垂直高度范围为10nm

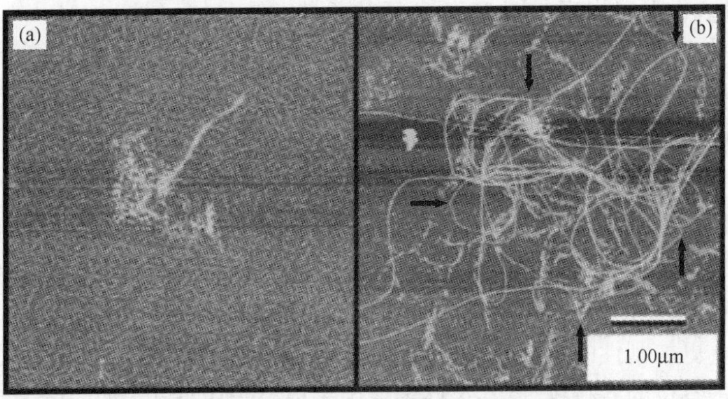

图 13.8 同一样品的两张连续图像。左图显示的为典型的 200nm 长的裸露 G 线，右图则为具有相当长(几百微米)的形似意大利面条结构的 G 线。需要注意的是，右图中的箭头标明了形似意大利面条结构的缠绕区，同时，所有的直线片段均以相同的方向排列。这种取向效应是 G-DNA 的普遍特征。这些长线结构的直径(通过测量表面上的高度)为 2.2nm 的整数倍。后者是通过 SPM 和 NMR，以及 X 射线晶体学实验所测得的 G-DNA 的直径。所有这些证据可以证明，G-DNA 在适当条件下可以形成一维晶体

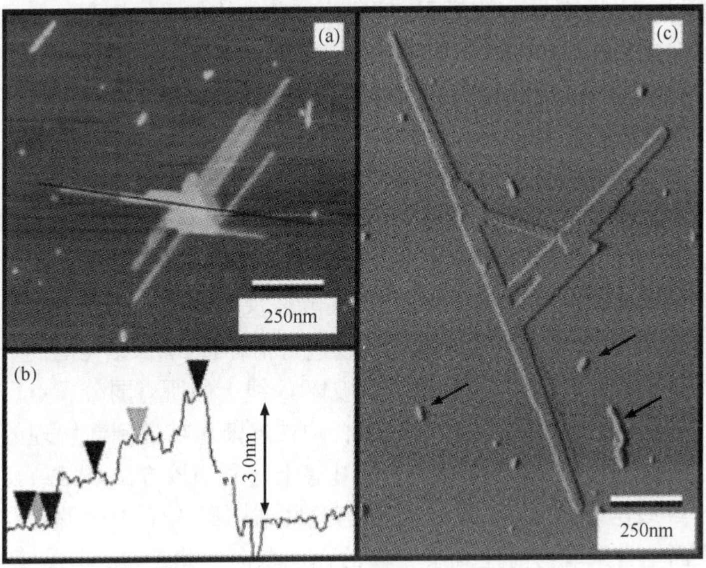

图 13.9 以取向间隔 60°观察到的一维晶体(a)(它随云母表面上可能的钾离子空位的取向；该图是在干燥的空气中以接触模式 AFM 进行测量的，从暗到亮代表的垂直高度范围为 10nm)、沿图(a)中晶体的黑线所截的剖面(b)[该剖面图表明，晶体具有不同的高度，并且形成三个明显的高度层——(1.4±0.2)nm，(2.2±0.2)nm，(3.6±0.2)nm，递增台阶正好为 G-DNA 直径的 $\frac{1}{2}$]及可能的 G 线晶体的偏转图像(deflection image)(c)。图(c)表明这些结构可以达到微米级的长度。注意图(c)中箭头所指的柔性 G-DNA 片段以及它们相对于晶体的取向，结果表明，晶体与云母表面上可能的钾离子空位匹配，同时间接地证明，在相同的表面上，晶体与同一表面上柔性结构具有类似的性质

偶然地，也可以发现如图 13.8 所示的柔性一维晶体。图 13.8(a)给出了在一个典型的云母表面上覆盖有约 100nm 长的 G 线。如图所示，中心附近的亮斑意味着存在更长的结构，它位于同一表面上数几百微米远处。这些形似意大利面条的结构长度可以达到微米级别，正好是电子学表征所感兴趣的长度。G 线存在的两种证据：一个是 G 线的直径超过 2.2 nm 或更长(由于 G 线的多重缠绕，因此推测长度会更长)，另一个是一些 G 线的结构片段在云母基底上成直线排列[图 13.8(b)中箭头所指区域]。这一走向与云母基底上的钾离子空位相关。这些结构中的陡弯(箭头指示区)证明了柔性一维晶体的存在。

结构上更加刚性的例证则如图 13.9(a)和图 13.9(c)所示。G 线在云母基底上与钾离子空位的并行排列，在这些图像中表现得非常明显。如图所示，钾离子空位的六方排列要求以 60°的间隔进行取向。与图 13.8 不同，图 13.9 中的结构是刚性的，而且从截面图可以看出，它们是以多层的形式出现的[图 13.9(b)]。这些层(间隔)是 G 线半直径(约 1.1nm)的整数倍。而这些结构可能是如图 13.5 所示的梯状 G-DNA(L_1)晶体。由于这些结构要较由有限针尖几何方法生成的人为展宽要宽很多，因此，这些较大的宽度可以解释为梯状结构的平行堆积。云母基底上的梯状结构和钾离子空位(1.04nm)的晶格匹配，可以产生一个能够吸附梯状 DNA 的表面，即产生梯状 G-DNA 的多层结构。在图 13.9(c)中，G 线 DNA 的柔性链也观察到与晶态结构具有相同的取向。

最后，人们也观察到了由自组装混合物组成的样品直接沉积在新解理的云母基底上的 G 线网络结构。利用凝胶电泳对 G 线自组装体的分析表明，即使在极低的凝胶密度下，或仍然吸附在凝胶的起点处[27,31]，这些材料的迁移率也是有限的。更高阶的聚集或者形成网络，也许可以用来解释这一现象。利用 SPM 对 G 线进行分析的标准方法，需要将自组装体混合物进行稀释，以确保结构的高分辨率。这一过程目的在于破坏聚集体，同时也可以破坏 G 线上的所有弱分叉点。在缓冲液的作用下，小部分(0.5μL 或更少)G 线混合物被逐渐地扩散到新解理的云母表面上，并且可以在漂洗与干燥前吸附在云母基底上。利用该方法，可以得到随机的、高度分支的 G 线网络[图 13.10(a)]。所有这些结构都具有均一的高度与宽度，并且在云母表面上常采取与前述观察一样的择优取向。此外，在 G 线扩散后，样品的快速干燥会导致浓缩的 G 线在基底上的不规则堆积。溶剂的快速挥发可以再现地得到 G 线网络，它沿着图像的整个扫描范围($>$2.5μm)的连续路径。图 13.10(b)显示的是云母表面上 G 线网络的一个示例。G 线沉积的这一快速方法允许我们在器件的构筑中使用更大范围的基底材料。图 13.11 为针尖与样品间导电的截面示意图。

图 13.12 所示的图像，对比了几组不同 G 线对湿度的依赖性。最显著的特点是，随着成像箱内湿度的增加(即使是很小范围的增加)，G 线宽度也会出现明显的

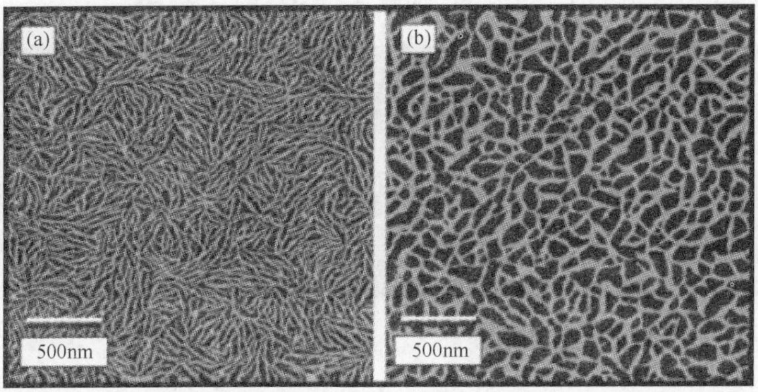

图 13.10 通过慢速沉积(a)和快速沉积(b)的方式，自组装 Tet1.5 在云母表面上形成 G 线网络。在利用水对样品进行漂洗和氮气流对样品进行干燥前，慢速沉积过程涉及一个 5min 的吸附阶段。快速沉积在样品生长后，立即对其进行干燥，然后用水漂洗、干燥。注意，在慢速沉积时，高浓缩的 G 线可能会发生自团聚

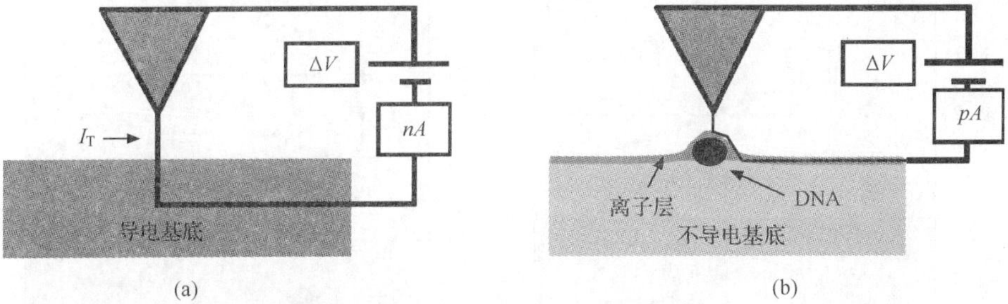

图 13.11 针尖与样品间导电的截面示意图。传统的 STM 隧道电流(a)要比水化层扫描隧道显微镜(HLSTM)的电流(b)大 1000 倍。HLSTM 电流之所以降低如此大，是因为其传导路径具有相对较大的电阻。在高湿度的条件下，吸湿的云母表面被残存的缓冲液离子所涂覆，而电流正是通过在云母表面的一薄层水化层而进行传导的。在 STM 中，典型的隧道电流在纳安范围内，而在 HLSTM 中，隧道电流在皮安范围内

下降。图 13.13 反映了图 13.12 中的图像的定量测量结果，其结果直观地表明了这种下降的趋势线。在平均宽度的测量中，尽管宽度的下降是显著的，但由于误差如此之大，而相对湿度范围又如此之小，因此，很难确定二者之间的确切关系类型。相同样品的高度信息表明，随着湿度的增加，其高度减少 0.6nm。但由于测量的误差范围过大，以至于我们不能够确定该降低是否是显著的。在间歇性地采集图像的实验中，相对湿度为 65%～90%，而湿度为 75%～80%时则可以达到稳定的成像。随着湿度的增加，则会经常出现针尖破碎这种情况，并且所有这些实验均涉及不同的针尖。与常规 STM 相比，由于 HLSTM 涉及一个略微不同的对比机理(即弹道隧穿效应)，因此，趋势线可以解释为不规则针尖的展宽。在弹道隧穿中，

许多顶层原子对隧道电流有贡献，因而降低了图像的分辨率。

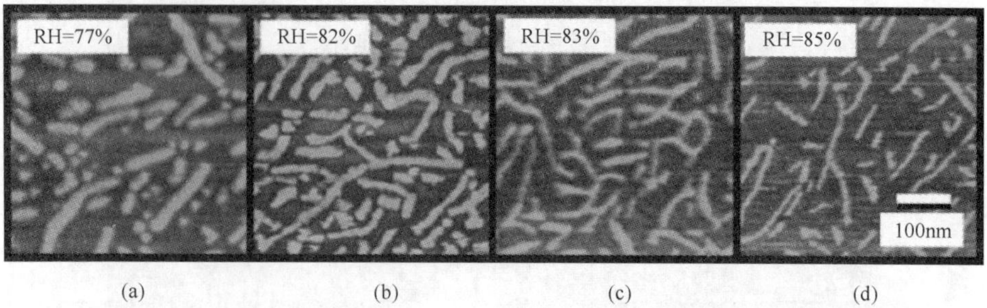

图 13.12　在密封腔中利用 4 种不同的 Pt-Ir 针尖，在 3pA 隧道电流，−7V 偏压以及 4 种不同的相对湿度下，利用 HLSTM 测得的新制备的 G 线图像。注意：随着湿度的增加，G 线宽度明显降低。由黑到白代表的垂直高度为 5nm

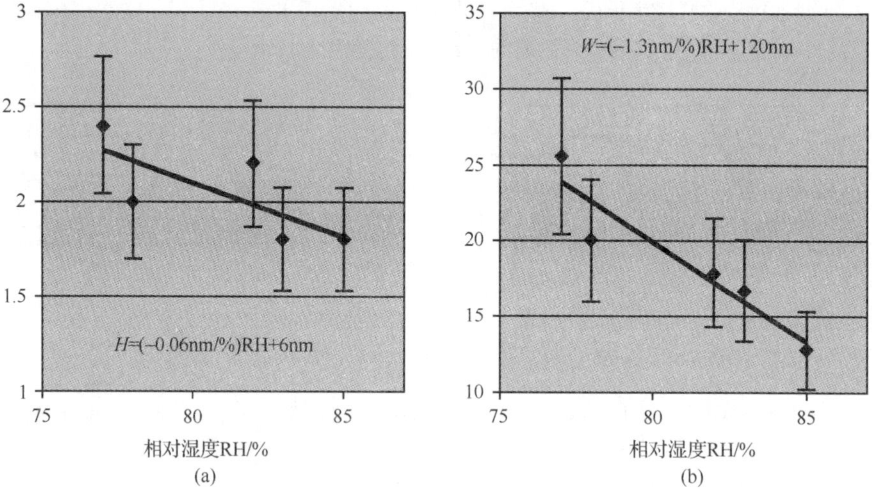

图 13.13　高度和宽度与相对湿度间的函数关系。随着湿度的增加，两者的趋势线均降低，但由于较大的误差以及有限的湿度测量范围，因此，与相对湿度间的确切关系无法确定。不同于宽度的降低，高度的略微下降（随着湿度增加，降低约 0.6nm）则在测量的误差范围内，因而不能证明是显著的

图 13.14 给出了一个可能的对比机理，该机理能够解释图 13.13 中的数据，即随着成像箱内湿度的增加，G 线 DNA 的高度与宽度均降低。在样品表面，随着湿度的增加，会有更多的水吸附到吸湿水化层上。如果 DNA 紧紧地锚定在云母的表面，那么增加的水化层将会逐渐地浸没 DNA。因此，DNA 高度的减少，反映了水化层厚度的增加，在相对湿度测试范围内，这一厚度增量约 0.6nm。实际上，这一厚度要比利用扫描极化显微镜测得的云母表面水层的厚度大[46]。不过，后者的结果是对于溶液中不存在任何离子的纯水而言的。

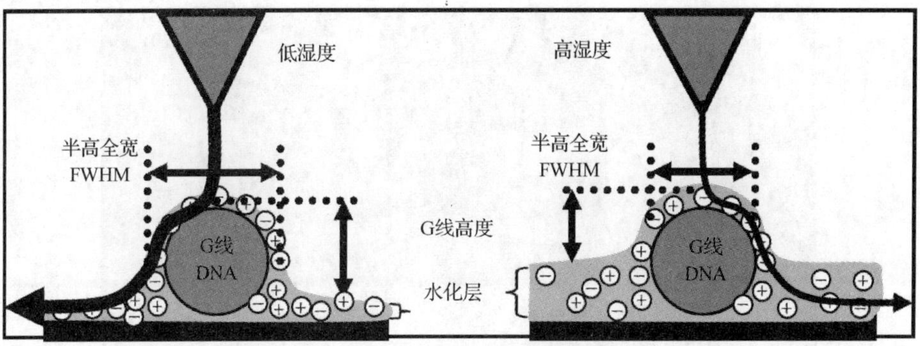

图 13.14　横截面示意图推测出图 13.13 中观察到的可能的对比机制。由于水化层在低湿度时比高湿度时更薄，因此在低湿度下成像所测得的 G 线 DNA 的半高全宽(FWHM)要比高湿度时的大。随着水化层的升高，DNA 的高度也变得更小(假定它紧紧地锚定在基底)。电导可能是通过来自于缓冲介质中的溶解离子(如上面显示的正负电荷)或是通过电子跃迁来完成的

金属化接触是利用荫罩板通过蒸发镀金或喷金的方式而形成的，如图 13.15(a)和(b)所示。这些接触被沉积[150nm 厚，图 13.16(a)]在多种导电性和非导电性表面，包括 G 线 DNA 网络[图 13.16(b)]。在镀膜过程中，为了确保不产生因加热而导致的分解，样品放置在非常接近室温的条件下。对于在真空条件下因样品的过度脱水所产生的影响并没有研究。表 13.1 详细地给出了 3 类样品的平均电导率的测量结果，分别对应于 3 种不同类型的导电薄膜、可控表面(云母、利用成像缓冲液漂洗和干燥后的云母)以及 6 种不同的 G 线网络。薄膜厚度是利用轻敲模式 AFM 进行测量的。在云母表面以及缓冲液处理过的云母表面，均没有观察到可见的表面沉积物。结果发现，G 线 DNA 网络与金镀层之间具有极好的接触[图 13.16(b)]。电阻的计算值与利用万用表测量的值在相同的范围内。与预期一致的是，在云母和缓冲液处理过的云母表面，并没有发现可检测的电导率。对于干燥态和水合态的 G 线 DNA 网络，也没有发现可测量的电导率。将样品暴露于由氯化钾饱和盐溶液所形成的潮湿空气(20℃时的相对湿度为 85%)中超过 1h 后，对 G 线进行再水合。之后，利用已连接的探针，在封闭的潮湿箱内测量其电阻。该实验所用的时间不足以使 G 线完全地恢复到生物分子的原始溶液状态。这些实验结果与 HLCSTM 的结果不一致，不过，其差异很有可能是由于干燥态与水合态 DNA 结构上的不同所致。总之，在干燥条件下，G 线电阻的下限超过 1GΩ($10^5\Omega/m^2$)。

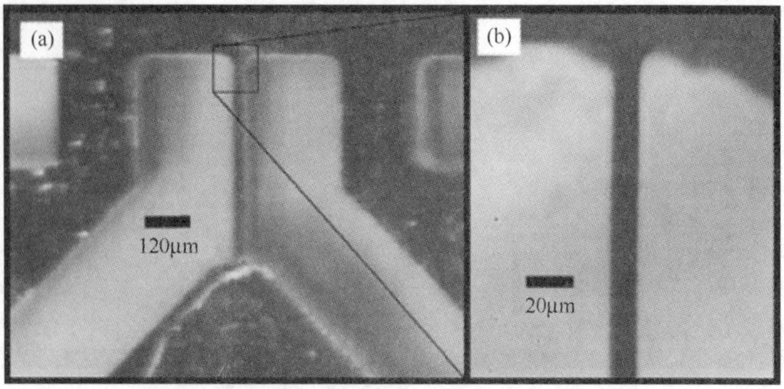

图 13.15　(a) 四点探针构型的低分辨明视场光学图像。翼上的两个臂用于导电样品在高压时产生强大的电流。(b) 金接触的高分辨光学图像，它是利用左面的荫罩板通过蒸发镀金而形成的。两个中心探针间的间隙约为 15μm，因此可以用于传统的两点探针实验。注意：金接触的右上角的阴影是由于在干法刻蚀的过程中没有完全除去二氧化硅层而使镀金层变薄

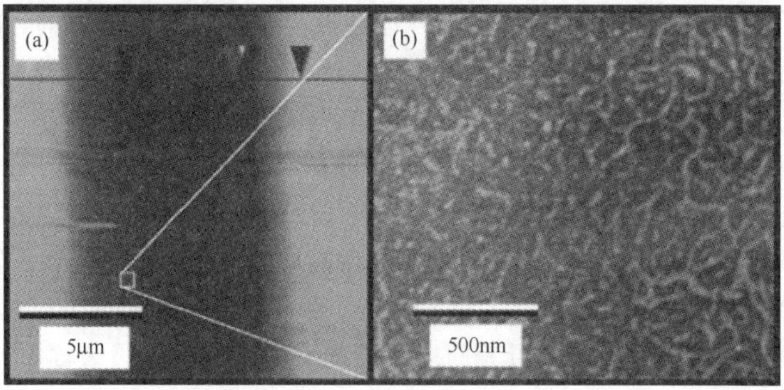

图 13.16　图(a)所示图像两侧的金接触均高于图(b)观察到的 G 线 DNA 网络背景 150nm。金接触与 G 线 DNA 网络间的过渡区则如(b)所示，其中由暗到亮代表的高度范围为 10nm

表 13.1　样品电导率

样品	厚度 D/nm	ρ/($\Omega\cdot m^2$)	$R_{计算}/\Omega$	$R_{测量}/\Omega$
金	13 ± 1	2.5×10^{-9}	1.8	18 ± 5
铬	13 ± 1	1.3×10^{-8}	10	40 ± 5
碳	12 ± 1	10×10^{-5}	8300	8700 ± 1000
新解理的云母	—	10^9	$>1.2\times10^9$	$>1.2\times10^9$
经缓冲液和水漂洗、干燥后的云母	—	—	$>1.2\times10^9$	$>1.2\times10^9$
潮湿或干燥空气中的 G 线 DNA	2.0 ± 0.1	$>10^5$	?	$>1.2\times10^9$

尽管在干燥条件下 G 线 DNA 是绝缘体，但由于它具有较长的长度以及较窄

的尺寸，它仍然是一种令人瞩目的分子模板候选材料。在 Rinaldi 等[38]的实验研究中，带状鸟嘌呤结构(图 13.8)是金属-半导体-金属光电监测器的组成部分。*I-V* 曲线反映出其“显著的”半导体行为。随后，Calzolari 等[39]首次进行了有关管状 G 线 DNA 具有类似半导体行为的理论计算。这些结果假定了它们具有理想化的构型，而这些理想化的构型在干燥条件下则是不可能实现的。我们实验室今后的研究重点将放在水合 G 线的电学性质上。

致 谢

作者衷心感谢本科生 Tamieka Armstrong，David Bagg，Geoffrey Champagne，Nicholas Demers，Kristin Eccleston，Matthew Fletcher，Brandon Goblirsch，Mellissa Holden，Peter Hulsey，Marci Luhrs，Bethany Rioux，Joe Skaja，以及研究生 Robert Baron，Robert Kretschmer，Patrick Spinney 和 Matthias Urban 对本研究的贡献。Joe Brom 和 Rosemary Smith 博士在手稿准备过程中提出了非常有价值的意见。同时，我们感谢 University of New England，Research Corporation Cottrel College Science Award，以及 David and Lucille Packard Foundation Interdisciplinary Science 提供的经费支持。本工作得到了 MRSEC Program of the National Science Foundation(DMR-0212302)以及 NSF Major Research Instrumentation Initiative (DMR-0116398)的部分支持。

参 考 文 献

[1] Meade，T. J. and Kayyem，J. F.，Angew. Chem. Int. Engl.，34，352-354，1995.
[2] Fink，H. -W. and Schönenberger，C.，Nature，398，407-410，1999.
[3] Porath，D. et al.，Nature，43，635-638，2000.
[4] Yoo，K. -H. et al.，Phys. Rev. Lett.，87，198102-1-198102-4，2001.
[5] Cohen，H. et al.，Proc. Nat. Acad. Sci. U. S. A.，102，11589-11593，2005.
[6] Mahapatro，A. K. et al.，IEEE 2006—Nano Conference Proceedings，1-4244-0078，2006.
[7] Zhou，Y. X. et al.，Nano Lett.，3，1371，2000.
[8] de Pablo，P. J. et al.，Adv. Mater.，12，573-576，2000.
[9] de Pablo，P. J. et al.，Phys. Rev. Lett.，85，4992-4995，2000.
[10] Storm，A. J. et al.，Appl. Phys. Lett.，79，3881，2001.
[11] Williamson，J. R. et al.，Cell. 59:871-880，1989.
[12] Williamson，J. R.，Proc. Natl. Acad. Sci. U. S. A.，90，3124-3124，1993.
[13] Sen D. and Gilbert，W.，Nature，344，410-414，1990.
[14] Hardin，C. et al.，Biochemistry，30，4460-4472，1991.
[15] Balagurumoorthy，P. and Brahmachari，S. K.，J. Biol. Chem.，269，21858-21869，1994.

[16] Keniry, M. A., Biopolymers, 56, 123-146, 2001.
[17] Parkinson, G. N. et al., Nature, 417, 876-880, 2002.
[18] Henderson, E. et al., Cell, 51, 899-908, 1987.
[19] Sen, D. and Gilbert, W., Nature, 334, 364-366, 1988.
[20] Williamson, J. R., Annu. Rev. Biophys. Biomol. Struct., 23, 703-730, 1994.
[21] Siddiqui-Jain, A. et al., Proc. Natl. Acad. Sci., 99, 11593-11598, 2002.
[22] Huppert, J. L. and Balasubramanian, S., Nucleic Acids Res., 33, 2908-2916, 2005.
[23] Todd, A. K. et al., Nucleic Acids Res., 33, 2901-2907, 2005.
[24] Rawal, P. et al., Genome Research, 16, 644-655, 2006.
[25] Sen, D. and Gilbert, W., Nature, 344, 410-414, 1990.
[26] Smith, F. W. et al., Structure, 3, 997-1008, 1995.
[27] Marsh, T. C. and Henderson, E., Biochem., 33, 10718-1072, 1994.
[28] Sen, D. and Gilbert, W., Biochem., 31, 65-70, 1992.
[29] Dai, T. Y. et al., Biochem., 34, 3655-3662, 1995.
[30] Protozanova E., and Macgregor Jr., R. B., Biochem., 35,16638-16645, 1996.
[31] Marsh, T. C., et al., Nucleic Acids Res., 23, 696-700, 1995.
[32] Vesenka, J. et al., AIP Conference Proceedings, 640, 109-122, 2002.
[33] Muir, T. et al.,J. Vac. Sci. Technol. A., 16, 1172-1177, 1998.
[34] Heim, M. et al., Vac. Sci. Technol. B., 14, 1498, 1996.
[35] Heim, M. et al., J. Structural Bio., 119, 212-221, 1997.
[36] Armstrong, T. et al., AIP Conference Proceedings, 725, 59-64, 2004.
[37] Gottarelli, G. et al., in:Comprehensive Supramolecular Chemistry, Atwood, J. L. et al., Eds. Pergamon, New York, 9, 1996.
[38] Rinaldi, R. et al., App. Phys. Lett., 78, 3541-3543, 2001.
[39] Calzolari, A. R. et al., Appl. Phys. Letters, 80, 3331-3334, 2002.
[40] Hardin, C. C. et al., Biochemistry, 32, 5870-5880, 1993.
[41] Hardin, C. C. et al., Biopolymers, 56, 147-194, 2001.
[42] Miyoshi, D. et al., Nucleic Acids Res., 31, 1156-1163, 2003.
[43] Spackova, N. et al., J. Am. Chem. Soc., 121:5519-5553, 1999.
[44] Stefl, R. et al., Biophys J., 85, 1787-1804, 2003.
[45] Wyatt, J. R. et al., Biochemistry, 35, 8002-8008, 1996.
[46] Hu, J. et al., Surf. Sci., 355, 255, 1996.

14 金属蛋白电子技术

Andrea Alessandrini, Paolo Facci 著

江 雷 译

14.1 金属蛋白电子技术导论

金属蛋白电子技术是分子电子学的一个特定的分支,其目标是利用氧化还原金属蛋白独特的电子转移性质制备混合电子器件。金属蛋白电子学与分子电子学均以自下而上方式来实现器件的组装,并同样利用固有功能单位。在这两种情况下,器件的功能本质上已经包含在分子中,而不是为了制造器件去执行特殊的设计或研发特定的材料。

这种特征为我们确定装置中的分子提供了可能，这也正是生物电子学（不仅仅是器件的微型化）如此引人瞩目的缘由。此外，与有机和合成分子不同，特定的生物分子（如氧化还原金属蛋白，见14.2节）具有许多潜在的优势。正如我们所看到的那样，氧化还原金属蛋白是经过生物分子数十亿年的演变，来实现在分子之间电子转移的过程。因此，它们的效率通常都非常高，几乎是不可能再通过分子生物学方法（如蛋白质工程）来进一步地提高。此外，蛋白质的化学特性赋予它拥有丰富的化学外表面，可以用来在需要的位点锚定分子。蛋白质的表面化学，同样也影响其（可能的）自组装能力（在复杂超分子构筑中自组织的可能性，如二维晶体）。通过改变氧化态（14.3节）实现电子转移的能力，也可能与特殊的蛋白质功能特性有关（即一般的催化），这有望打开新型功能器件的大门，而这些功能是传统电子器件无法实现的。

蛋白质技术的应用范围受限于这些分子的另一个与其产量有关的重要特点，即它们在适当的体系（如细菌、酵母、其他真核细胞）中重组和大规模表达的可能性。这在需要获得大量高纯度的某种原生或特别变异的蛋白时是至关重要的。当然，高产量的表达程度一般都能够实现，即通过在选定表达载体水平下优化表达过程和在表达系统中（如一种特殊的菌株）以及在该系统的蛋白质的纯化下来实现。尽管在提高天然蛋白的人工电子传输性能方面存在前述的困难，蛋白质工程仍然是用于生物电子学的蛋白质的重要来源。事实上，直接的位点变异已经能被用来在蛋白表面加入特殊的功能团，实现特定分子在表面的固定。此外，类似的方法也可以通过引入化学功能来促进蛋白质的纯化（如 Hys 标记）。

在最广泛的以蛋白为基础的电子器件中，人们应当知道用于检测不同种类的生物相互作用的混合结构。这些通常是电子器件（如固态场效应晶体管）加上赋予器件生物特性和生物识别能力的生物分子层（如一层抗体或自组装单层的功能单链 DNA）[1]。这类装置的许多例子已有文献报道，它们都具有共同的特征：将电子器件的作用局限于传感器；利用生物分子层的特定性质来感应相互作用（如免疫相互作用、杂交等）。

直到最近，出现了利用原始生物分子自组装而成的电子器件。事实上，氧化还原金属蛋白的生物分子可以用来组装成一个电子器件的功能部分（如场效应生物晶体管通道）。当然，实现这种器件装置，需要充分地了解单个的金属蛋白中电子转移的机理，以及在强电场下生物分子间的电子流动过程。二极和三极蛋白混合平面器件已经制成，并进行了表征，对于器件功能化的模型也已有报道（见14.9.2节）。

每一种金属蛋白所展示出来的固有功能表明，单分子器件能够被实现，但还需解决一些技术和生物物理学问题。在最相关的这些问题中，我们最终运用光刻技术制备 1nm 尺度的间隙，放置一个单金属蛋白，以及采取有效的途径来开关通过分子的电流。最近，有人提出了有关这些问题的解决方法，并首次实现在液体环境下操作具有电化学开关的单分子金属蛋白晶体管。最近的研究成果表明，蛋白生物电子学的概念与那些典型的固态电子学不同。也就是说，生物电子学的观念不是传统的电子学，它能够更充分地用来实现新的功能和制备在特殊环境下工作的装置，从而为该领域带来了充满希望的潜力。

14.2 蛋白质和氧化还原金属蛋白

蛋白质是生命系统中代表主要功能单位的生物大分子。因此，在每一个生物相关的活动中，均以它们为代表执行非常广泛的任务。特别是生物大分子的电子转移，意味着与此相关的一些复杂功能被部分或全部完成[2]。一些重要的现象，如呼吸作用、光合作用、催化反应，涉及了单个或多个关键步骤，在分子之间沿着自由能级链的单个或多个电子转移。氧化还原金属蛋白是在生物电子转移中具有独特作用的一类特殊生物分子。

含有一种或多种金属离子的生物分子、蛋白质组分占 25%～30%的团簇，都属于金属蛋白的大家族[3]。通常来说，生物金属（即那些对生物功能有重要作用的金属）包括钒、镁、锰、铁、钴、镍、铜、锌、钼、钨[4]。这些金属及其配体形成辅基，辅基通常是由氨基酸侧链引起的内在配体与多肽骨架共价键相连而构成的。氧化还原或电子转移金属蛋白的特点是在它们的活性中心有一个或多个金属离子，其氧化态能够可逆性地变化，这是它们具备电子交换能力的基础。这些金属蛋白通常可以分为三类：铜蓝蛋白、细胞色素（含血红素基团）和铁硫配合物，可以对它们添加叶绿素的光合复合物（如反应中心），这是一种光致电离触发电子转移的氧化还原金属蛋白[5]。

氧化还原金属蛋白，由于其特有的功能行为和不同寻常的生物相关性，一直是计算（理论）和实验方法研究的重点对象[6]。这些不同的方法涉及了从经验和半经验（QM/MM）的分子动力学到光谱（紫外-可见光谱和红外吸收光谱、拉曼光谱、X射线精细结构吸收光谱，中子谱，荧光光谱，核磁共振谱，电子顺磁共振谱，X 射线光电子能谱）、衍射（X 射线，电子）、脉冲辐解、电化学以及最近的扫描探针显微技术（扫描隧道显微镜、电化学扫描隧道显微镜、原子力显微镜）等多个方面，通常将这些研究方法与蛋白质工程相结合，解开蛋白的精细结构和具体功能的特定突变位点。

金属蛋白特性的科学研究促进了对一些氧化还原金属蛋白的结构和功能的深入了解，在多种情况下，这有助于很好地理解这些生物分子之间的电子转移机理。

当然，上述的后一方面，随着金属蛋白电子转移的技术利用受到重视，也变得非常重要。

纳米技术的最新发展提高了获得控制氧化还原金属蛋白（单分子）功能活动的

电子转移机理的可能性，目前这个机理还未完全被理解。事实上，在这个水平上，就可以摆脱由统计平均带来对不同电子转移机理所固有的具体特点的掩盖，希望能够获得定量的力学描述。

氧化还原金属蛋白所表现的转移电子的效率和其固有的纳米尺寸，经过了数十亿年的时间自然演变的优化，已成为实现目标的理想研究对象[7]，这一目标是将其制备成生物电子器件。

当然，要全部地获得那些结果，仍然有很长的路要走，因为许多数据和技术方法仍然非常缺乏。例如，还必须依靠非常强大的实验工具，才能够直接地进行空间研究，当然，也能达到分子或亚分子的尺度。此外，(单个)氧化还原金属蛋白的技术开发，需要发展强有力的方法把这些分子牢固地固定在表面(如金属电极、氧化物)指定位置上，并全面表征它们在这样的特定环境中的行为。

对于混合生物电子器件的实现和表征，在液体中或类似生理的环境下的终极光刻技术并辅以对电流敏感的扫描探针技术是我们最需要的实验手段。

14.3 生物电子转移

人们对氧化还原金属蛋白的兴趣源于它们独有的电子转移反应(即作为许多不同生物过程的关键步骤，为在这些分子之间的电子穿梭)的能力。

电子转移反应是许多生物过程的基本特征，包括能量代谢(光合作用、呼吸作用、固氮作用)、激素的合成和异体排毒。对这些过程中的大多数蛋白质来说，活性位点是一个中心金属离子，虽然有机辅助因子(如醌类、核黄素)也可能完成这一功能。不论单个电子转移反应有何具体特点，决定电子传输速率的基本原则在任何反应中都是相同的。为了深入理解这一现象的基础，并确定有关生物电子转移反应的力学问题，很有必要参考从开创性的无机化学研究到当前的生物研究对其带来的影响。

20 世纪 40 年代末，具有放射性过渡金属标记的配合物被用于研究无机电子转移反应[8]。这些早期的研究首次确定了配位化合物由还原态到氧化态的电子转移速率常数(自交换速率常数)。对于与电子转移反应的化学简单性(没有化学键的形成和破坏，在反应中无自由能的变化)相结合的自交换反应，可靠的实验信息吸引实验科学家和理论科学家的注意。

我们可以把无机电子转移划分为两个不同的一般类型。最简单的机理就是所谓的外层电子转移，在这个过程中，反应物的配位层保持完整。它包括三个步骤

$$A + D \rightleftharpoons A\|D \tag{14.1}$$

$$A\|D \longrightarrow A^-\|D^+ \tag{14.2}$$

$$A^-\|D^+ \longleftrightarrow A^- + D^+ \tag{14.3}$$

步骤(1)对应形成所谓的前驱体配合物(A‖D),其中电子受体(A)和电子给体(D)通过配体相互作用配位到中央金属原子。步骤(2)中,伴随着前驱体的形成,电子从给体转移到受体,具有速率常数 k_{et},形成后续复合物(A^-‖D^+)。在步骤(3)中,当后续复合物分解为反应产物时,反应完成。在这里,只有影响 k_{et} 的因素才会影响分子内电子转移的速率,而分子间反应还要受到反应物相互作用的因素(促使前驱物形成的扩散,反应物之间的静电相互作用)的影响。

另一种类型描述的是内层电子转移。这里,反应中间体瞬间形成,这个中间体的特点是具有分享金属离子的共同配体的给体和受体的内配位层。

一般来说,配体取代较惰性的配合物更趋向于采用外层电子转移机理,而那些配体易分解的配合物则更容易进行内层电子转移。配体桥接中间体的形成先于电子转移发生,表明生成过渡态的能垒在内层电子转移过程中更大。两种机理之间的活化能垒的差异反映了 Franck-Condon 原理,该原理指出原子核重排慢于电子重排。

相对简单的外层电子转移反应机理促进了预测电子转移速率常数的理论发展。下面,我们将仅回顾这一基本概念来引起读者的兴趣,更多的研究工作发表在相关的文献中[8-12]。

首先,让我们在过渡态理论的框架(图 14.1)内研究一下反应式(14.2)。在这一方面,前驱物(A‖D)和后续物(A^-‖D^+)的势能采用二维描述,是核坐标的函数,代表了核的运动。Franck-Condon 原理指出,相对于原子核发生显著移动所需要的时间,电子跃迁发生在非常短的时间内。这意味着,电子跃迁发生在交叉点 R_{cp}。在A‖D复合物中,受体和给体中心的相互接近会导致中心之间电子相互作用,在它们相互交汇的区域(交叉点 R_{cp})产生两个势能面的混合与分裂。电子耦合(H_{AD})越大,图 14.1 中的上下两条曲线的分离就越大,反应物在 R_{cp} 处从A‖D曲线转移到A^-‖D^+曲线的概率也越大。具有强电子耦合的反应被称为"绝热的"(即没有电子发生量子跳跃);在这种情况下,活化的复合物将转变为产物的可能性几乎是 100%。对于缺乏耦合的复合物(如分离中心距离非常大)来说,上下两条曲线的分离是很小的,而在 R_{cp}点,反应物不转化为产物的可能性有所增加。这类反应被称为是"非绝热的"。氧化还原蛋白的活性中心在本质上是相当绝缘的,它们的金属离子通常是相距较远的。其结果是,蛋白质中电子转移事实上通常是非绝热的,对这些反应的力学分析涉及量子力学的电子隧穿。

为了比较"非绝热"反应的电子转移速率常数的实验值与理论值,需要考虑以下的贡献:

(1) 受体和给体之间电子耦合的大小,即矩阵元 H_{AD}(在交叉点A‖D 和A^-‖D^+曲线的分离);

(2) Franck-Condon 因子(FC)的贡献。

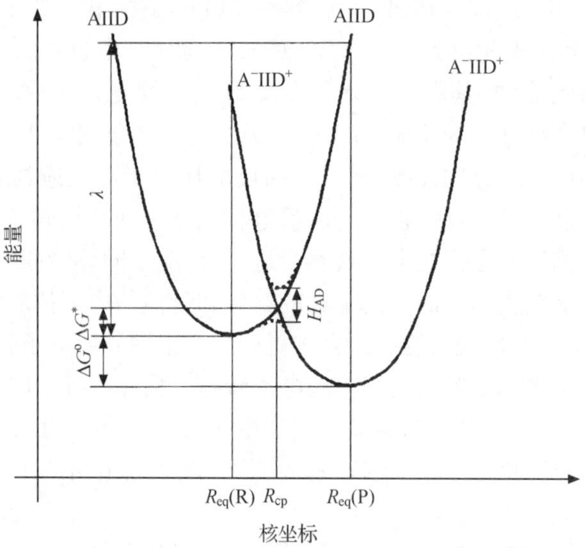

图 14.1 在 A 和 D 之间的电子转移过程的能量示意图。对反应物和产物的核势能由两平行线表示(A‖D 和A^-‖D^+),具有平衡构型 R_{eq}(R)和 R_{eq}(P)。从一个抛物线到另一个的过渡代表的电子转移过程,可以发生在交叉点 R_{cp}的附近。这一化学反应的活化能是 ΔG^*,ΔG^0 定义为热力学驱动力。重组能 λ 是用来识别所有的原子从反应物状态下的平衡位置到产物状态的平衡位置,并且没有电子转移(停留在反应曲线上)的能量。在这种给体和受体强烈相互作用的情况下,在交叉点处,两个抛物线分裂,使得两条曲线被 H_{AD} 分开。它被称为绝热转变,具有从反应物到产物物的平滑过渡(无量子跳跃)

根据费米黄金定律,所有的这些方面都被非绝热电子转移理论的基本方程所证明。

$$\kappa_{et} = (2\pi\hbar)\,|H_{DA}|^2\text{FC} \tag{14.4}$$

式(14.4)强调了分离电子和原子核对电子转移速率贡献的可能。这是因为,相对于核的位置改变来说,电子转移发生在很短的时间内。

矩阵元 H_{AD}的大小依赖于给体和受体中心的性质以及它们之间的距离。其值可通过 Gamow 关系描述:

$$|H_{DA}|^2 = |H_M|^2\exp(-\beta R) \tag{14.5}$$

式中,R 为中心之间的距离;β 为与 R 耦合的电子的衰减长度;H_M 是最大耦合的矩阵元值。

Marcus[13]认为,式(14.4)中的 FC 因子取决于:

(1) 与反应物的原子核在产物构型中的重组相联系的能量 λ;

(2) 反应的热力学驱动力 $-\Delta G^0$,来自于给体和受体的中点氧化还原电位的不同。

根据 Marcus 理论,FC 因子的经典表达式为

$$\mathrm{FC} = (4\pi\lambda k_{\mathrm{B}}T)^{\frac{1}{2}}\exp[-(\lambda+\Delta G^{0})^{2}/4\lambda k_{\mathrm{B}}T] \tag{14.6}$$

式中,λ 为重组能;k_{B} 为玻尔兹曼常数;$-\Delta G^{0}$ 为反应的热力学驱动力。$\ln k_{\mathrm{et}}$ 随 $-\Delta G^{0}$ 变化呈抛物线变化,k_{et} 随驱动力的增加而增加,直到 $-\Delta G^{0}=\lambda$。如果驱动力增加超过这一点,k_{et} 减小(若 λ 是一常数)。这一临界点就是所谓的 Marcus 反转区。

因此,对电子转移速率有贡献的两个主要因素就是反应的给体和受体之间的距离和反应的热力学驱动力。Marcus 首先注意到了这些因素,发现两个取代惰性复合物(即 λ 几乎为常数)之间的电子转移交叉反应速率常数(k_{12})是各反应物自交换速率常数(k_{11} 和 k_{22})的函数,也是反应平衡常数(K_{12})(K_{12} 与它们的还原电位(即反应的热力学驱动力)差异相关的函数[式(14.7)]。

$$k_{12} = (k_{11}k_{22}K_{12}f)^{\frac{1}{2}} \tag{14.7}$$

$$\lg f = (\lg K_{12})^{2}/4\lg(k_{11}k_{22}/z^{2}) \tag{14.8}$$

式中,z 为中性分子在水溶液中的碰撞频率。

Marcus 理论的简单性,加上自 20 世纪 50~60 年代早期以来获得的许多无机复合物的自交换速率常数,可以很容易地将其修正到与实验吻合。特别是通过从一对配合物的自交换速率常数和交叉反应的热力学驱动力就能够预测交叉反应的速率常数。日渐增多的实验结果对这一个理论的有效性提供了确凿的证据。

电子转移蛋白质的活性点为金属中心,它们与简单配位物有许多共同特点。由于氧化态的不同,在电子转移反应中独立工作的金属蛋白,具有随着其氧化态变化有微小改变的金属中心。此外,金属蛋白进行着作为催化循环一部分的电子转移反应,随着其氧化态的改变,可以表现出更为广泛的结构重组。一般情况下,蛋白质内的金属中心位置及其对氧化还原物质的可接近性(accessibility),允许我们可以根据 Marcus 理论对这些分子的电子转移行为进行分析。特别地,通过测量许多氧化还原金属蛋白的电子转移速率常数发现,快速、长程电子转移发生的距离长达 14Å,且反转电子转移衰减长度达到大约 1Å^{-1}[14]。

无论如何,Marcus 理论是任何进一步完善的起点,而且它仍然是用来解释实验数据(包括蛋白质电子转移)最为合适的理论框架。

14.4　两种经验模型:途径和平均堆积密度

为了解释电子在插入的蛋白矩阵的两个氧化还原中心之间的转移速率,人们已经提出了两个经验模型。

为了更好地估算金属蛋白分子间的电子转移的 k_{et},单一的 β 平均值可能不太

适合描述中间介质，而中间介质被认为可以显著地调控电子转移现象。在合成系统（β 约为 0.9Å^{-1}）中通过共价桥接的氧化还原中心的电子隧穿，被证实要比真空（$2.8\text{Å}^{-1}<\beta<3.5\text{Å}^{-1}$）中的隧穿快得多。这就是为什么最近这些年来，越来越多的理论被成功地运用于蛋白质二级结构、三级结构 k_{et} 的预测[15]。1991 年，Beratan 和合作者提出了一个被称为"估算 H_{AD} 的方法"的经验模型[16]。考虑给体与受体之间传输链的不连续步骤，这一模型将中间介质看作各自具有其自身衰减系数的不同部分组成（即将决定耦合的因素分为成键、非键和氢键）。按照这一方法，得到：

$$|H_{DA}|^2 = A^2\Big(\prod_i \varepsilon_{\text{bond}}(i)\Big)^2\Big(\prod_j \varepsilon_{\text{space}}(j)\Big)^2\Big(\prod_k \varepsilon_{\text{H-bond}}(k)\Big)^2 \tag{14.9}$$

式中，A 为与最大耦合对应的值。这样，途径模型反映了通过键和空间的电子转移有着巨大的差异。对应于不同的连接方式的无单位衰减因子则被定义为

$$\varepsilon_{\text{bond}} = 0.6 \tag{14.10a}$$

$$\varepsilon_{\text{space}} = 0.5\varepsilon_{\text{bond}}\exp[-1.7(R_{DA}-1.4)] \tag{14.10b}$$

$$\varepsilon_{\text{H-bond}} = \varepsilon_{\text{bond}}^2\exp[-1.7(R_{DA}-2.8)] \tag{14.10c}$$

式中，R_{DA} 为受体和给体的距离。另一经验模型是由 Dutton 及其合作者提出来的，即所谓的"平均堆积密度隧穿模型"[14]。在他们公式中，同样平衡了蛋白中跨键（through-bond）和跨空间（through-space）的电子相互作用的衰减。模型方程为

$$|H_{DA}|^2 = A^2\exp\{-[0.9\rho+2.8(1-\rho)][R_{DA}-3.6]\} \tag{14.11}$$

在这种模型中，将氧化还原中心之间蛋白原子的总堆积密度 ρ，而不是通路连接，定义为耦合。ρ 被定义为在氧化还原辅助因子之间的体积（在插入原子的范德瓦尔斯半径之内）百分比。原则上，ρ 的取值范围可以从 1（对应于完全堆积的中间媒介）到 0。Dutton 调查了很多已知的具有电子转移反应结构的蛋白，并最终确认，虽然长程电子耦合依赖于蛋白结构，但如果蛋白质的氧化还原中心之间的距离是在临界值（1.4nm）以内，就没有必要改进两个氧化还原中心之间优化路线，从而否定了首选途径模型在其所伴随的蛋白介导的电子转移作用。蛋白结构在决定电子耦合中的关键作用方面，仍然是文献中争论的一个话题。然而，考虑到数学的同构和模型的简单性，当跨键的相互作用在耦合中占主导地位时，平均堆积密度和途径方法的预测结果的差异通常不显著。

14.5 铜蓝蛋白

在电子转移金属蛋白中，铜蓝蛋白是很重要的一类。这类蛋白是由其活性中心含有一个铜离子的氧化还原生物分子组成的，活性中心的扭曲几何配位使它们能够发出很强的蓝光。人们能在细菌和植物中发现它们，它们也通常涉及呼吸和

光合作用的先期步骤[17]。这一类通常由阿苏林,质体蓝素,氧化亚铁硫杆菌,铜蓝蛋白,血浆铜蓝蛋白等组成。特别是铜蓝蛋白,由于某些特殊原因人们已通过电化学扫描探针技术对它进行了详细的研究。

来自于假单胞菌的铜蓝蛋白,是一种参与表达细菌的氧化磷酸化的可溶性蛋白(相对分子质量为 14 600)。人们认为,正是它实现了电子穿梭于两分子(细胞色素 c551 和亚硝酸盐还原酶)之间的功能,以上两个分子分别作为主要的给体和受体[18]。其功能行为来自于 Cu^{+} 到 Cu^{2+} 的可逆氧化。这一分子特殊的电学性质与它的氧化还原活性位点的特殊结构特征相关。实际上,根据特殊配体场的对称性,它包含了与 5 个氨基酸(与铜键合很强的 2 个组氨酸和 1 个半胱氨酸、2 个较弱的轴向配体:1 个蛋氨酸和 1 个主链羰基氧)配合的铜离子[19],它为中心提供了不寻常的光谱性质和电化学性能。其中包括很强的电子吸收带 628nm[由于 S(Cys)—Cu 从成键到反键转变]、较小的超精细分裂的电子顺谱[20]和一个[与水偶合的 Cu(Ⅱ/Ⅰ)(−89 mV vs. SCE)[22]相比]特大的标准电势(+116 mV vs. SCE)[21]。

其结构的特点是球形形状,主要为 β-桶状构型(图 14.2)。氧化还原的活性位点位于球表面以下大约 8Å 处,在 Cys3 和 Cys26 侧链巯基之间有一个暴露的 S—S 桥键。

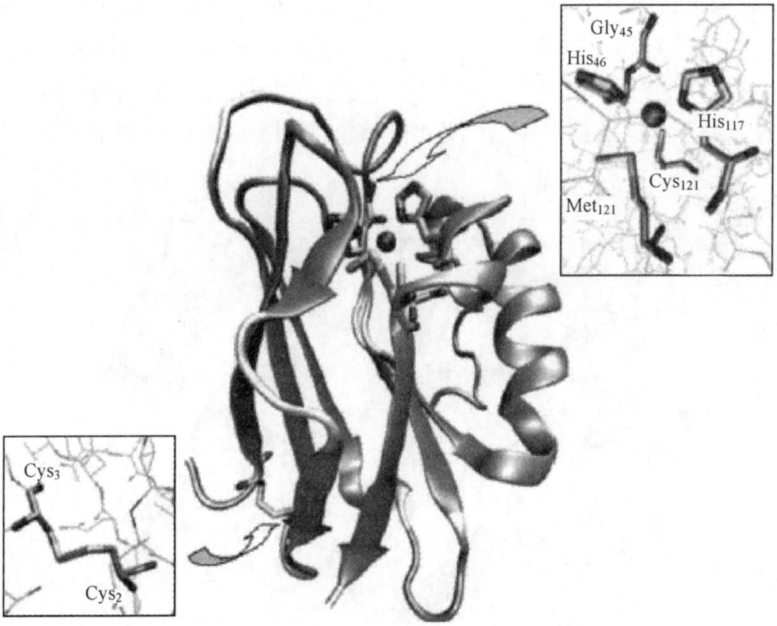

图 14.2 铜蓝蛋白示意图。在插图中,活性位点和二硫桥进行了突出显示

这两个特点使得铜蓝蛋白成为扫描探针技术理想的单分子研究对象。特别是

上述暴露的二硫键的存在，能够形成1个或2个S—Me键[23]，它为将这一分子固定到导电的软金属（金、铂、银、铜等）表面提供了一个非常方便的手段，它的β-桶状构型同时赋予了蛋白很强的耐久性，可以用来实现探针的反复扫描。

许多不同的表征手段（ATR构型的FTIR、QCM、SFM、XPS、CV等）证实了铜蓝蛋白可以化学吸附到金上，一旦排列成亚单原子层，它将保留其氧化还原活性。

14.6 细胞色素c

细胞色素c是一个小单体水溶性蛋白质，属于血蛋白类。它位于线粒体膜间的空间内，它的作用是控制电子在还原泛醌/细胞色素c氧化还原酶（QCR，细胞色素bc1复合物）和细胞色素c氧化酶之间穿梭[25,26]。

细胞色素c(Cyt c)是人们作为研究对象的最为广泛的蛋白之一，因为它在生物有机体中的电子转移中具有中心地位。自20世纪70年代初以来，其多种多样的功能和已有的高分辨率晶体数据，使得这一蛋白成为研究电子转移过程[27]的一个示例。

细胞色素c具有一个与多肽链共价结合的c型血红素，它通过2个硫醚键与侧链的2个半胱氨酸结合，Cys 14和Cys 17 (horse heart numbering)(图14.3)。血红素包含一个通过His 18的Nε1和一个通过Met80的Sγ，并通过4个吡咯氮与铁原子配位[28,29]。铁具有两个与生理有关的氧化态：Fe(Ⅱ)和Fe(Ⅲ)[28]。

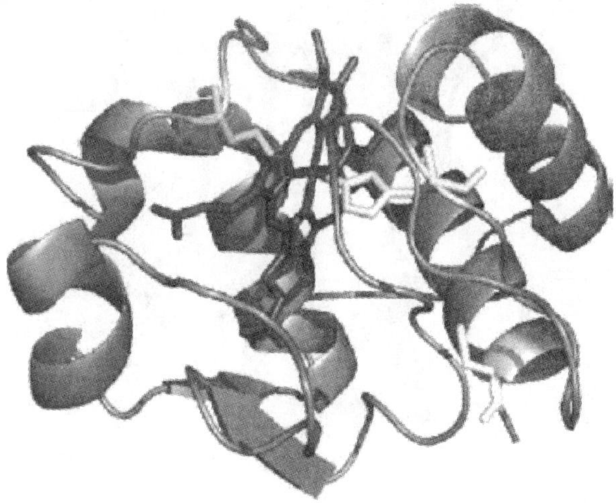

图14.3 酵母中iso-1-Cyt c的三维折叠。血红素在蛋白内是与轴向配体His 18和Met 80一起着重显示。Cys 102在结构的右下方着重显示

来自不同的真核生物的线粒体细胞色素 c 序列表明，在进化过程中主要序列保存完好，保存得最好的区域是围绕轴向的 Met80 配体[29]。肽链包裹非朊基团，这样，只有 7%～10%（根据不同的细胞色素 c）的血红素表面暴露在分子表面[30]。

当然，大多数的疏水残基被包埋。与血红素大环存在范德瓦尔斯接触的所有内部残基则构成疏水基团，这有助于稳定蛋白结构。原始结构的进一步稳定是由一系列的氢键来完成的。大多数带电基团主要以一种高度不对称的方式分布在蛋白质表面[31]。赖氨酸聚集主要围绕在暴露的血红素的边缘和左右两侧，而羧酸则主要位于分子的上面和背面。对比分析 100 多个线粒体细胞色素 c 的酸性氨基酸序列表明，暴露的残基变比包埋的残基明显多变，这是因为包埋的残基被限制以提供一个稳定的折叠蛋白结构。

因此，特定的暴露氨基酸的高度保留，意味它在分子间的识别和电子转移中具有重要的功能作用。事实上，在静电补偿框架下的特定残基的相互作用，对细胞色素 c 在电子转移中的生物作用是非常重要的。

在细胞色素 c 这一类蛋白质中，酵母中的 iso-1-Cyt c 是独特的，因为它包含一个暴露半胱氨酸的表面，这可用于化学吸附到金上或其他软金属上。

14.7 研究氧化还原金属蛋白功能行为的方法

生物电子方法必须依赖于许多手段来将生物分子与循环电路相连接。生物分子和无机结构之间形成界面后，就需要能够定性地检测耦合作用的实验技术。下面对有关用于研究金属蛋白的这一基本问题的主要技术做一简短总结。

14.7.1 蛋白膜伏安法

一旦蛋白质转移到表面，就必须研究其功能行为是否保留，这是实现功能混合器件过程中最关键的步骤。对于固态基底上的氧化还原蛋白质，将其成功地组装到表面而又没有失活的标志是仍然保留其在溶液中的原有电化学氧化还原特性。以细胞色素 c 为例，当它完成吸附在表面后，牺牲了原有构象，改变了与血红素的结合，或增加了氧化还原位点对溶剂的暴露，这些都可能显著地改变氧化还原电位。

氧化还原膜伏安法是其中一种用来研究固定在基底的氧化还原蛋白质功能特性的方法[32,33]。伏安技术是动态的电化学方法，通过控制电极的电位，诱导产生电子转移反应，并通过电流的响应进行测量。图 14.4 为蛋白膜伏安法的装置示意图。在这一图中，电活性分子被限于三电极电化学电池中的工作电极表面，电池中电子转移到或离开蛋白质是通过电极电势改变造成的。与传统的溶液伏安法相比，蛋白膜伏安法的优点之一是扩散效应并没有使对伏安信号的解释复杂化。

图 14.5为一个典型的循环伏安信号图(电压在一个循环回路中以恒定速率连续改变),这是蛋白膜在电压扫描下进行可逆氧化还原循环的情况下获得的。在这种情况下,还原波和氧化波是对称的,相对于电势轴成镜像关系,而式(14.12)的还原电位 E° 对应于两个波线的最大位置。

$$\text{Protein}^{\text{Ox}} + ne^{-} \rightleftharpoons \text{Protein}^{\text{Red}} \tag{14.12}$$

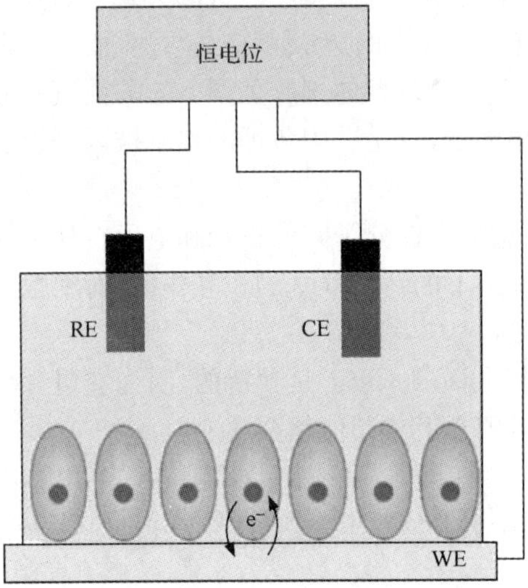

图 14.4 蛋白膜伏安装置示意图。蛋白质是(直接或通过"软"自组装单层膜)放置在导电基底上。基底代表电化学电池的工作电极,包含具有恒电位的参比电极和对电极。电子在蛋白的氧化还原活性中心和工作电极之间交换

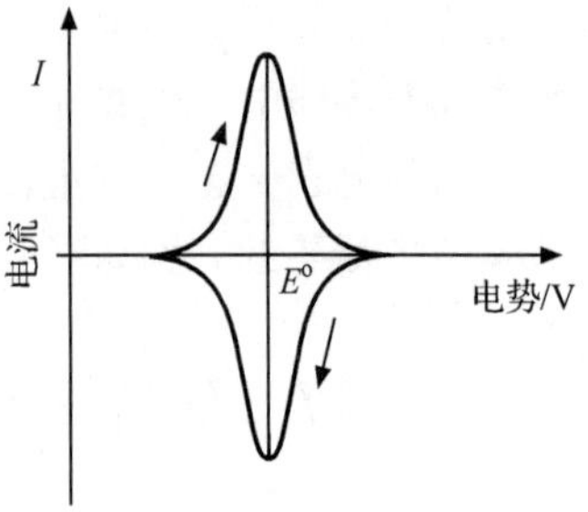

图 14.5 吸附蛋白单分子层的理想循环伏安响应示意图。电流的依赖性,作为显示的工作电极的一个参数。还原和氧化波线是对称的,电流在表面的还原电位 E° 达到最大值

氧化波或还原波下的面积积分使我们能够估算电子交换数目,从而得到表面电活性分子的数量。实际上,减去基准电容对总电流的贡献后的峰值电流为

$$i_p = \frac{n^2 F^2 \nu A \Gamma}{RT} \tag{14.13}$$

式中,n 为交换电子数;F 为法拉第常数;ν 为扫描率;A 为电极面积;Γ 为表面覆盖度。对比从蛋白伏安分析获得的表面覆盖度与从其他实验技术(如扫描探针显微技术,见 14.7.2 节)获得的数据(它并不直接地与基底之间的电荷交换敏感),允许我们建立一定数量的蛋白,这些蛋白一旦吸附在电极上,将保持其功能行为。

蛋白膜伏安法提供了一个简单的方式,用来确定获得电化学信号是否真的来自于所固定的蛋白质层。由于峰值电流和电压扫描速率之间的联系,在扫描速率与电流最大值之间应该具有一线性关系,而不是通常由于扩散效应而在体相实验

中观察到的平方根关系[32]。

在理想的可逆电子转移中，其半峰宽预期为 3.53 $RT/(nF)$（90.6mV，25℃时 $n=1$）。数值的偏离可能是由氧化还原电位的展宽所致，这说明分子与电极作用模式是非均匀分布的[34]。如果电子转移过程伴随着导致物种形成更稳定的电活性构型或变成与电极具有不同耦合作用的物种的化学反应，伏安信号将会是高度不对称的。然而，通过采用不同的电位扫描速率，我们可以进行这种“门”的氧化还原反应的研究[35]。

蛋白膜循环伏安法使人们能够测量氧化还原位点与电极之间的电子转移速率。在这种情况下，标准的电子转移速率可以从扫描速率增加时的阳极和阴极峰位的性质得到。增加电压扫描速度，如果电子转移是一个缓慢的过程，氧化和还原峰的分离是可以观察到的。通过适当地将电子转移反应动力学的分析拟合模型与作为电压扫描速率函数的实验峰值位置进行拟合，可以预测作为一个拟合参数的标准电子转移速率[36]，它代表了在零自由能反应中的电子转移速率。通常情况下，人们采用不同于 Butler-Volmer 模型的关系，用于解释在金属电极中必须考虑所有低于费米能的能级，以及势能沿反应坐标呈抛物线变化。当辅以蛋白工程实验后，通过改变固定方法来寻找电子耦合的最佳效率时，这一技术在建立氧化还原活性位点与金属电极的耦合程度方面特别有用。此外，当采用自组装单分子层(SAM)来固定这些生物分子时，同样的技术也可以用来研究蛋白质和电极之间的电子耦合（见 14.8 节）。采用具有不同长度的分子自组装单层膜，电子耦合的程度会有所变化。例如，人们研究了固定在终端为羧酸头基的硫醇所形成的自组装单分子层上的细胞色素 c 的行为与亚甲基数目(n)的关系[37]。研究发现，在反应物与电极的距离较大时($n>9$)，电子转移速率与距离成指数关系，其衰减常数大约为 $1Å^{-1}$ 每亚甲基，类似于通过饱和的烃链发生隧穿转移。降低细胞色素 c 与电极的距离($n<9$)，电子转移速率达到一个稳定平台，这说明在蛋白质和金属电极之间出现了不同的电子转移机理。这种行为被解释为从较弱的电子耦合机理($n>9$，非绝热区)向较强的电子耦合机理($n<9$，绝热区)的过渡[37]，或者被解释为由于构型改变门控的电子转移过程，当电子转移很快时($n<9$)，可观察到电子转移速率开始受到限制[38]。

14.7.2　扫描探针显微镜

扫描探针显微技术包括各种技术，它允许我们研究从吸附在固体基底上的分子直到单分子水平。采用这些技术可以获得单分子行为的信息，它不同于研究分子集体行为的伏安法。扫描探针显微技术是以测量微小探针和样品之间接近时的相互作用为基础。微型探针扫描测量样品表面的局部相互作用；因此，它可以获得所感应到的物理量的二维画像。通常情况下，待测量的物理量对探针和样品的相互距离具有很强的依赖性，反馈系统用于在扫描过程中保持相互作用恒定不变。

对针尖的"垂直距离"进行反馈操作,将电压信号传递给压电换能器,以维持设定值处的相互作用,由此扩展探针对样品的 2D 扫描到第三维。相互作用对探头/样品距离的强烈依赖性是这些显微镜获得高空间分辨率性能的基础。组成扫描探针显微镜的主要部分是探针(它能局部探测样品的某种性质),一个能够实现对相互作用进行测量的系统,一个反馈电路和一个能对样品进行二维扫描和垂直移动的压电换能器。扫描探针技术带来的重大突破不仅在于其超过光学衍射限制的高空间分辨率,而且它还能在各种不同条件下工作,包括水溶液。这一点对于蛋白质的研究尤其重要,因为通常需要在生理环境中对蛋白质从功能的角度进行研究。此外,除了可以获得传统的表面形貌信息外,还可能使些技术设备具有光谱能力。下面我们将主要集中介绍于两种技术,原子力显微镜(AFM)和电化学扫描隧道显微镜(EC-STM)。显然,除了对分子吸附物形貌的表征外,扫描探针技术更是用来在两电极之间形成金属蛋白的分子连接的最佳工具。当所使用的技术对电流很敏感时,它们可以直接地表征流过单个金属蛋白质分子的电流。

14.7.2.1 原子力显微镜

原子力显微镜[39]通过扫描安在一个灵活的悬臂上的微小针尖与样品的接触,生成样品表面的三维图像(图 14.6)。有关 AFM 的仪器方面,已有大量文献综述进行了报道和介绍[40,41]。简而言之,当与样品表面接触的针尖扫描时,样品形貌的变化转化为悬臂的垂直偏转。悬臂的弹性常数非常小(约 0.01N/m),这样对样品的损害最小。在金属蛋白的框架内,从形态学的角度原子力显微镜借助于表面形貌表征表面的分子,使我们能够在保持分子功能的条件下估算其表面覆盖度。下面我们将讨论一些涉及操作原理和图像模式的基本问题。

悬臂偏转是通过高精度的光学方法测量的[42]。激光束聚焦在悬臂的背面,并反射到位置敏感探测器(PSD)上。悬臂偏转被光学系统放大,并转化为电压信号。在恒力操作模式下,反馈系统通过控制针尖与样品的距离,以保持悬臂偏转(直接对应于尖端-样品的力)为恒定来进行工作。人们开发多种成像技术,主要可以分为三类:接触模式;非接触模式;间歇性接触模式。它们之间的区别取决于获得图像时所依据的针尖与样品的力-距离曲线。在接触模式下,针尖在扫描过程中与样品表面轻轻接触。在非接触模式下,针尖在扫描过程中从不与样品的表面接触,并利用长程引力来绘制样品表面形貌。在间歇性接触模式下,悬臂不停地在样品表面振动,使针尖可以行走在力-距离曲线的排斥和吸引区域[43]。尖端接触表面仅为间歇式的,并伴随着很强的拖曳力衰减,它会由于样品的高变形性和软结合,而限制分辨率。

如果 AFM 探针与基底两者都导电,可以将这两个表面作为两个金属电极接触样品,并测量通过的电流。这种方法就是导电原子力显微镜(C-AFM)[44,45],它

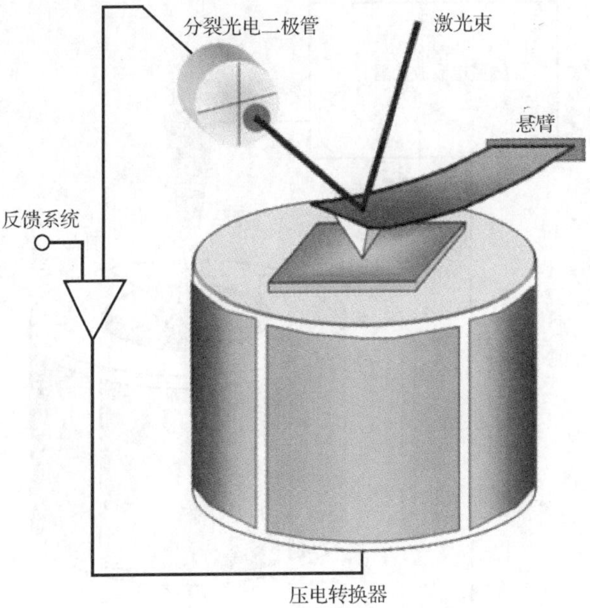

图 14.6 原子力显微镜(AFM)示意图,仅包括主要部分

有可能通过施加一个偏压,在得到形貌图像同时测量通过样品的电流。在金属蛋白输运表征框架下 C-AFM 应用的 Holy Grail,可以将这一技术扩展并使用类生理环境,通过普通 AFM 装置控制探针-样品之间的距离来测试通过金属蛋白的电流。

14.7.2.2 电化学扫描隧道显微镜

电化学扫描隧道显微镜(EC-STM)是所有扫描探针显微镜的始祖——扫描隧道显微镜(STM)的一个特别应用[46]。STM 包括一个导电探针,它被移动到靠近导电样品或放置于导电基底上的样品。当存在一个很小的偏置电压(数量级在数百毫伏)时,电子可以在两个电极之间隧穿(图 14.7)。人们实现了各种不同的操作模式。在恒电流操作模式下,通过改变在测量点处尖端与样品之间的垂直距离,保持电流常数。由于隧道电流对尖端/样品距离具有很强的依赖性,我们可以获得高分辨率的图像。因为只有顶端的原子才会对测量的隧道电流有贡献,所以通常 STM 能获得原子级的分辨率。

与扫描探针显微镜(SPM)家族中的其他成员一样,扫描隧道显微镜(STM)是对显微镜领域的一个扩展,运用 STM 既能得到较高的横向分辨率图像,又能得到多种高横向分辨率的谱图。因此,分析得到的信息可以添加到显微镜的成像能力中。在 STM 中,扫描隧道谱(STS)[47]可以得到一个样品的局域电子结构。STS

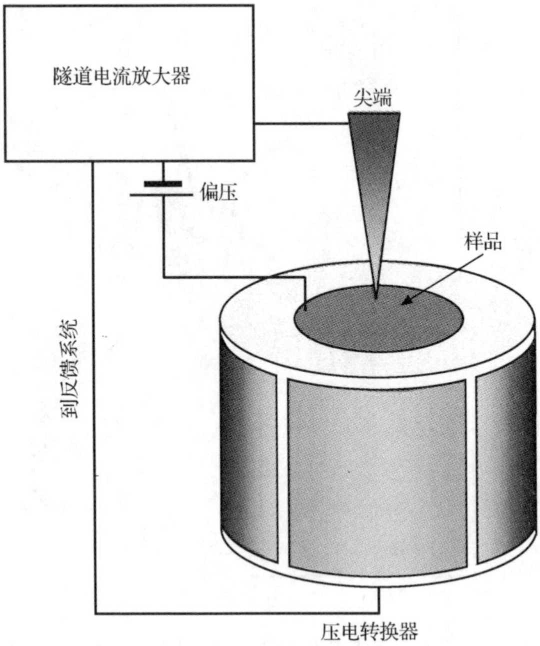

图 14.7 扫描隧道显微镜装置的示意图,仅包括主要部分

可以用不同的方法得到,分别为比较在样品的同一个位置施加不同的偏压所得到的图像;固定样品和针尖的相对位置,在斜坡偏压下测量隧道电流(*I*-*V* 曲线);固定针尖的横向位置,调节针尖与样品之间的垂直距离测量隧道电流(*I*-*z* 曲线)。非常值得一提的是,STM 并不是给出样品的真实形貌,因为它对样品局域电子结构的敏感性,实际上它给出的是表面的恒定隧穿概率。[48]因此,表面的形貌信息不能从 STM 的图像中直接得出。

电化学扫描隧道显微镜(EC-STM)是 STM 的一个延伸,它可以在液相中和电化学池中工作。只要进入反馈电路中的电流主要起源于针尖与样品之间的隧穿区域,则表明 STM 也可以在液相下工作[49]。导电基底可以作为包含有参比电极和对电极的电化学池中的工作电极[50,51]。与传统的三电极体系的电化学池相比,可以认为,导电的 STM 针尖作为一个可极化的电极,可以组成一个四电极体系(两个工作电极:基底和针尖)[52](图 14.8)。这一四电极结构可以使我们在利用隧穿电流成像的过程中保持针尖与样品之间的恒电位。非隧穿电流必须减小到仅占隧穿设定点电流的很小的百分比,这可以通过减小暴露的针尖与电解质之间的界面面积和控制针尖与样品之间的电化学电势来实现。针尖需要镀上电绝缘材料,如真空树脂[53]或者可以发生电聚合的涂料[54],仅留下经过电化学打磨过的针尖最顶端部分暴露在溶液中。在针尖与样品的分离距离比较大时,进入反馈控制的电流可以在电化学池中针尖和样品电势的函数，并允许其建立一个电势窗口，在这一窗口中，非隧穿电流可以保持非常小的贡献，以至于不会影响其成像能力[55]。在EC-STM实验中，通常将溶液中Ag线作为参比电极，而这一"准参比"可以通过其他标准电极进行测量，如饱和甘汞电极或Ag/AgCl电极。电化学池中有电流流过的对电极，通常使用Pt，它相当于起到一个牺牲电极(sacrificial electrode)的作用。利用这种双恒电位的方法，在溶液中针尖和样品的电势可以通过参比电极分别控制，它们之间的差异即代表了隧穿偏压。

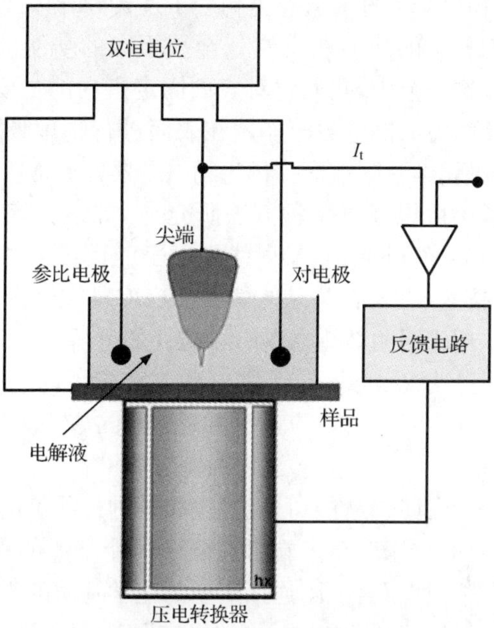

图 14.8　双恒电位控制的EC-STM示意图。I_t 代表在恒电流成像的条件下流入反馈系统的隧穿电流

对于固定在导电基底上的金属蛋白的电子传输性质，EC-STM提供了一种非常好的研究手段。在EC-STM中，导电基底必须满足两个要求：能够固定蛋白(不影响蛋白的功能)；原子级平坦。第一个要求通常可以通过利用蛋白表面的化学功能基团直接结合在电极上(如将半胱氨酸修饰在金基底上)或在电极上修饰末端含有可以与蛋白结合的化学基团自组装单层膜(如在金上修饰末端官能化的烷基硫醇)来实现。第二个要求是在SPM实验中得到高空间分辨率的必须条件。如果使用SPM观察很小的吸附物，则基底表面的粗糙度要求尽可能的低，并且要低于样品的尺寸。通常采用高取向热解石墨(HOPG)或取向完好的结晶金属表面作为EC-STM的研究基底。在第二种基底中，由于Au(111)制备简单[56]，具有抗氧化性，以及可以结合巯基而固定蛋白的特点，因此，它是最为常用的基底之一。

在针对生物分子电子学应用而进行的金属蛋白研究中，EC-STM 允许我们研究修饰有蛋白质分子的电极表面电势的电子转移分子的行为[57]。一般来说，在解释 EC-STM 的实验时，我们必须考虑 EC-STM 数据中包含的水以及针尖与样品之间的分子的电子结构。

14.8 蛋白在表面固定的方法

一般情况下，生物电子器件要求将生物分子连接到导体或半导体的基底上，关键的问题是维持生物分子的功能性质[58]。金属蛋白的功能性质包括与基底进行电子交换的能力。在这一节中，我们将对表面固定蛋白的主要方法进行介绍。尽管生物分子可以靠疏水力或静电力等作用在表面进行物理吸附，但这里仅介绍化学吸附，因为只有通过化学吸附才能提供生物电子器件通常所需要的表面稳定性。

组装的蛋白分子层可以通过多种方法研究[59]，如表面等离子体共振(SPR)、扫描探针显微镜(SPM)、红外光谱、X 射线光电子能谱(XPS)、椭圆光度法、紫外-可见光谱、表面增强拉曼光谱、石英晶体微天平(QCM)以及电化学方法。这些技术中的一部分还可以用于对组装蛋白进行功能性的分析。

固定的方法可以分为两大类：①通过异性双官能团的连接剂进行共价连接；②蛋白分子直接在表面固定。具体应用哪一种，则取决于表面材料以及最后蛋白层的具体需求。

图 14.9 为蛋白分子通过异性双官能团连接剂进行共价键连接的方法示意图。暴露有反应基团的表面，用来结合末端含有两个功能基团的小分子的一端。在有些情况下，表面基团对异性双官能团连接剂中的化学基团的吸引，也可以用来结合蛋白分子。我们将这第一步称为"表面化学修饰"。两种不同的功能基团的存在，保证了仅其中之一可以以共价键的形式在表面结合。然而，在一些特殊的情况下，也可以使用末端含有两个相同官能团的连接剂，前提是它们不会同时在表面结合，而是平躺在表面。这一吸附层提供了可以和蛋白中氨基酸的化学基团进行共价键结合的官能团。显然，在这一方案中，最后吸附层的结构则完全取决于暴露在外且可以和预先组装好的表面发生化学反应的蛋白质中侧链的官能团数目。它将影响固定的生物分子的取向和均匀性。

我们主要讨论两种表面修饰的方法：一个是基于单层硅氧烷的形成；另一个是基于巯基的反应活性。

第一种方法用于表面含有羟基的基底。例如，金属氧化物[60]、云母[61]、玻璃[62]以及硅氧化物都可以通过空气氧化(固有氧化层)、化学氧化或热氧化的方法得到[63]。表面羟基的密度可以通过氧等离子体、强氧化剂或者电化学氧化的方法来控制。然后，含有羟基的表面与有机硅烷接触。有机硅烷中 4 个硅原子中的 3

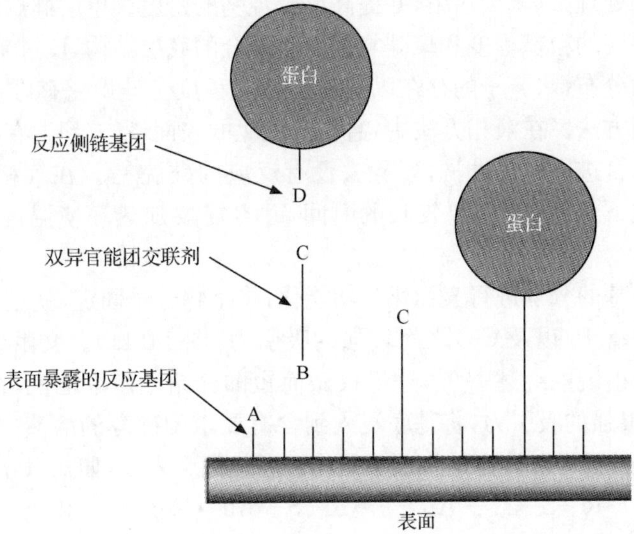

图 14.9 蛋白固定方法示意图。它利用异性双官能团连接剂自组装单层进行表面化学修饰。表面暴露的反应性基团(A)与作为连接剂的一端(B)发生反应(C 为连接剂的另一端)，它随后用于固定蛋白功能基团(D)

个与表面上 3 个相同的可水解的基团连接，而另外一个则通过亚甲基链与 1 个非水解基团连接，形成四面体结构。通常使用氯硅烷以及烷基硅氧烷。表面功能化的驱动力是通过 Si—O—Si 键与表面相连接的单层硅氧烷的形成，如图 14.10所示。这一组装层具有热稳定性以及交联聚合性质，因此，提供了一个非常合适的研究体系。

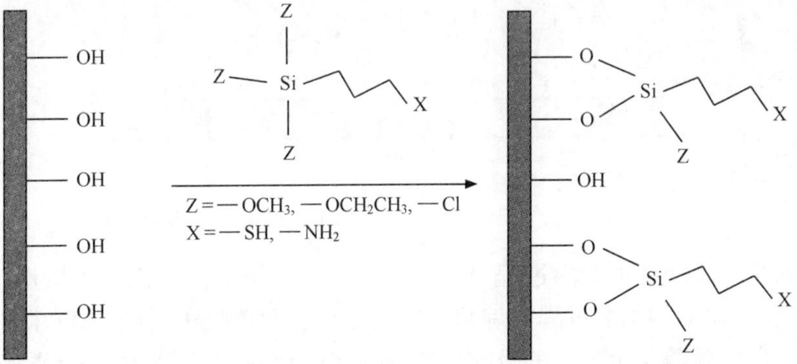

图 14.10 含羟基表面基于硅烷化方法固定蛋白的示意图

形成单层硅烷的难点在于反应环境中水的存在，它能导致烷氧基的水解，与硅烷分子在结合到表面之前发生聚合反应[64,65]。在硅烷化之前，需要对表面进行非常小心的前期处理，以减少污染，并提高反应羟基的密度。单层硅烷的规整程度取决于功能化基底的粗糙程度和聚硅氧烷交联聚合的底层结构，反过来，两者又取决于表面羟基的分布、水分子的存在以及表面污染程度。硅烷化存在基于液相和气相的多种不同方法。在液相方法中，需要硅烷化的表面，浸入到含有硅烷分子的有机溶剂中，然后，进行大量冲洗，以除去没有反应的硅烷[66]。在气相方法中，反应则在真空条件下进行，但需要较长的时间，并且需要加热环境温度，以实现硅烷气化[67,68]。

利用含巯基的分子进行表面化学功能化，将生物分子固定，就是利用了巯基与金属(如 Au、Ag、Pt 以及 Cu)之间较强的吸引力(图 14.11)。文献中存在大量的有关硫醇盐自组装的综述[69,70]，这里仅做简短的介绍。简单地说，在过渡金属表面，巯基具有很强的吸引力，将基底浸入到含有要求的硫醇的溶液中时，可以形成硫-金键，反应过程可以认为是将巯基氧化而添加到金表面，如式(14.14)所示。

$$R—S—H + Au^0 \longrightarrow R—S—Au^+ \cdot Au^0 + 1/2H_2 \tag{14.14}$$

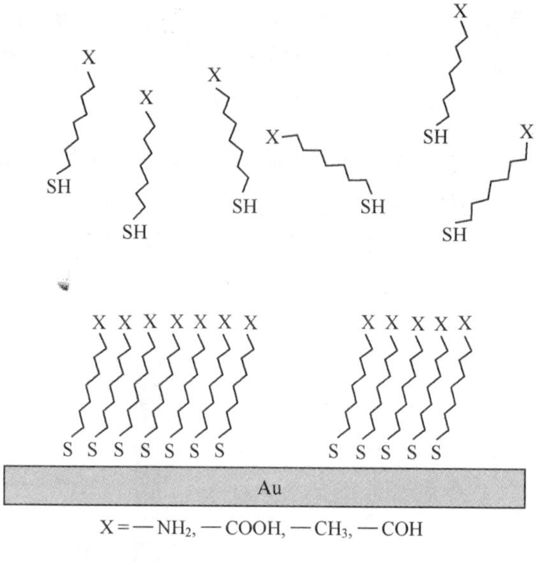

图 14.11 基于烷基硫醇单分子层固定蛋白分子的示意图

最初是一个快速的吸附过程，然后，则是一个缓慢的由范德瓦尔斯作用力(分子间作用力)驱动的组装过程。烷基链的长度是表面单分子层(SAM)性质的主要因素。之所以硫醇与金表面的吸附是研究最多的体系，是因为金及金薄膜比较容易得到。它具有一个相对简单的单晶表面，因此，在标准环境下呈现惰性。此外，S—Au 之间的吸引力非常强，即使是待官能化的金表面存在物理吸附层，也会被硫醇分子取代。在这一过程中，可以使用硫醇和含有二硫键的分子，使用二硫键的分子可以得到 2 个 S—Au 键[71]。不管是直链的烷烃硫醇，还是含有芳香环的硫醇，都可以得到排列规整的单分子层。

利用不同末端官能化的硫醇分子，可以使功能化的表面具有固定生物分子的化学官能团。最常用的末端功能化基团为—SH、—COOH、—NH_2 和—CHO。单分子层还可以利用亲核取代、酯化反应和亲核加成反应而结合其他化学基团进行修饰。不过，对于最后一种方法，由于合成上的困难，化学基团不能引入到烷基硫醇链中。

一旦利用硅烷分子或烷基硫醇分子，为功能化表面赋予化学反应基团，就可以在其表面固定要求的生物分子[72]。在蛋白质分子中，典型的侧链官能团为赖氨酸中的—NH_2、半胱氨酸中的—SH、天冬氨酸和谷氨酸中的—COOH [73]。图 14.12 给出了单分子层上固定蛋白质分子最常见的反应。值得注意的是，对于蛋白质分子中的其他氨基酸残基，可能会有副反应发生。

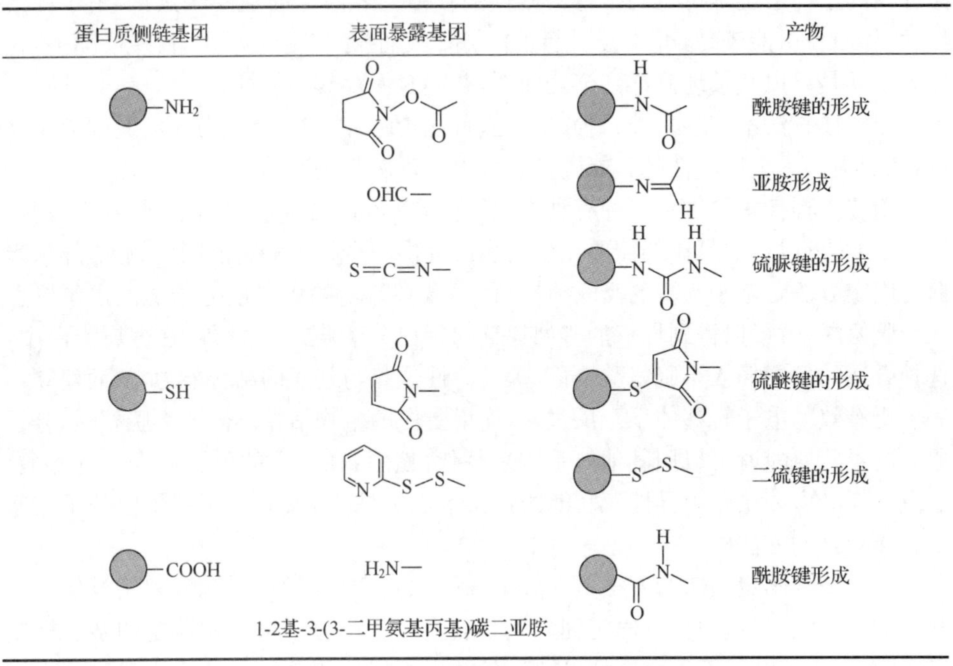

图 14.12　利用不同侧基的蛋白固定方法

如果蛋白分子的表面含有赖氨酸的氨基基团，表面可以利用如 *N*-羟基琥珀酰亚胺等活性酯来与氨基结合。另一种固定末端含有氨基的蛋白分子的方法是将氨基与醛基反应生成亚胺（希夫碱）。此外，在碱性条件下，表面的异硫氰酸酯可以与氨基反应生成硫脲。多数的蛋白表面都含有多个氨基，因此，在其表面能形成多个化学键。它将提高固定蛋白的各向异性。

如果蛋白表面暴露有—SH，就可以和马来酰亚胺反应生成硫醚键。此外，—SH还可以与二硫吡啶发生二硫键交换反应，生成1个新的二硫键。通过胱氨酸还原也可以得到巯基。胱氨酸由2个半胱氨酸通过二硫键形成，它能够提高蛋白的稳定性，在一些条件下，它还可以还原成两个巯基而与基底结合，并不影响蛋白的完整性。与赖氨酸相比，半胱氨酸比较少见，如果蛋白分子中存在有一个游离的半胱氨酸，则会发生更为可控的固定反应。

天冬氨酸和谷氨酸中的羧基可以与1-乙基-3-(3-二甲氨基丙基)碳二亚胺(EDC)反应，生成活性的中间体。这一中间体很容易被表面的氨基进攻而生成一个酰胺键。

有些情况下，蛋白分子可以直接修饰在基底上，而不需要借助于一个软的单分子层。其中的一个例子是，半胱氨酸可以直接地修饰到金基底上，这种方法在胱氨酸存在的条件下也是可行的。将蛋白直接修饰到表面上的主要缺点是，由于固气界面/界面自由能较高，可能会引起蛋白分子变性[74]。尽管如此，有些情况下，蛋白分子还是可以直接地修饰到金表面上，并同时保存其功能性。

与上述方法不同的另外一种方法是，首先，在溶液中将蛋白分子与其他分子结合，从而提供一个反应性的官能团，然后，再将蛋白与基底结合。

遗传工程技术提供了一种有利方法，它可以将蛋白有效地固定到表面。利用定点诱变，可以根据具体的需要在蛋白表面提供一个特定的官能团。例如，如果蛋白的固定方法是基于巯基的反应活性，在不含有巯基的蛋白质分子的固定位置引入半胱氨酸，就可以得到均一的排列规整的蛋白分子膜[75]。此外，在金属蛋白中，选择合适的位置插入半胱氨酸，可以提高活性位点与基底的结合能力，从而建立了一个更有效的电子转移体系。反过来，如果蛋白的生物活性不需要半胱氨酸，分子原有的半胱氨酸就可以用其他氨基酸来替代，然后，在合适的位置插入半胱氨酸。定点诱变既可以用在由异性双官能团连接剂的方法中，又可以用在蛋白分子与基底直接结合的方法中。

另外一种固定蛋白的方法是在分子中引入一个聚组氨酸的链，利用类似于亲和色谱的方法，将蛋白分子固定到金属基底上。蛋白分子可以用特定的亲和标签(包括有利于提纯的组氨酸序列)进行表达，也可以应用这种方法将蛋白质固定到基底上[76]。这种固定是通过组氨酸与 Zn^{2+}、Cu^{2+}、Ni^{2+} 和 Co^{2+} 之间较强的吸引力来实现的。

一个控制良好的固定方法，应该能够避免在表面上形成多分子层和团状聚集，此外，如果控制好蛋白的固定方向，溶液中的蛋白分子与固定蛋白分子之间的蛋白-蛋白相互作用也可以得到很好的控制。表面固定的蛋白的密度也可以通过合适的方法进行控制。不同的固定方法可以导致不同的蛋白功能，如果希望构筑图案化的蛋白薄膜，就可能通过控制固定的分子的结构来控制固定的蛋白分子的功能。

在分子生物电子学中，能够控制固定的蛋白分子的空间分辨率，以及能够对蛋白进行动态固定和释放，具有重要意义。对这些方面的控制，将允许我们仅在特定的电极上固定蛋白分子。基于表面化学修饰的两种方法，即利用具有氧化还原活性的分子，如醌类分子[77-81]，以及还原脱附技术都可以实现上述目的。第一种方法是基于醌类分子只有在氧化态时才能与巯基或伯胺发生反应。这样，就可以通过电化学的方法来控制生物分子在表面的结合，从而达到在多个电极阵列中修饰一个电极的目的。第二种方法则是基于通过电化学方法控制预先在金基底上组装的单分子层的脱附，从而可以使单个电极暴露在含有待固定分子的溶液中。

金属蛋白在表面的固定

在金属蛋白生物电子学中，不同的方法可以用于在不同的表面得到排列整齐的蛋白薄膜。大部分这类的工作都集中在两种金属蛋白上，一种是血红素金属蛋白，如细胞色素 c；另一种则是铜蓝蛋白。

细胞色素 c 是一种血红素蛋白，是生物电子学领域中的明星分子。在自然界中存在多种不同的细胞色素 c，其中，由于其在表面固定方面的优越性质，酿酒酵母中的细胞色素 c(YCC)引起了人们广泛的兴趣。实际上，在 102 位点上，细胞色素 c 存在一个可以用来固定在表面上的半胱氨酸。从理论上说，利用硫醇和金之间的亲和力，细胞色素 c 可以直接地修饰在金表面，不过，由于其可接触部分的限制[82]，只有在特定的情况下，才能将其直接地修饰在金表面，而不引起蛋白的变性。将这一分子修饰到其他表面，主要是基于分子与经过化学修饰过的表面之间的二硫键[83-85]。根据固定蛋白的基底的性质，可以应用硅烷化学法(在玻璃或者二氧化硅表面)或者两步化学法(在金表面)来实现蛋白分子的固定。在第一种方法中，首先将 11-三氯甲基硅烷十一烷基硫代乙酸酯或者 3-巯基丙基-(三甲氧基硅烷)(3-MPTS)[85]组装到基底表面，然后，将细胞色素 c 分子通过与基底暴露的巯基反应生成二硫键而固定在基底上。具体的方法如图 14.13 所示。

为了演示蛋白的固定是通过 Cys102 有效地进行，将 Cys102 用苏氨酸取代得到变异的蛋白。一般来说，变异的蛋白将不与基底的巯基反应，这一结果通过单分子层的 AFM 图像得到了证明。比较它们在云母上的 AFM 图像(云母可以硅烷化，并且具有极低的粗糙度，适合做小形貌分析，如蛋白质分子的形貌分析)，对于未变异的细胞色素 c，基底与蛋白分子之间会发生撞击(图 14.14)，但变异的细胞色素 c 则不会发生撞击。通过光吸收谱，研究人员还对未变异和变异的蛋白分子的单分子层进行了表征。利用 3-MPTS 进行硅烷化的方法，将酵母中的细胞色素 c 化学

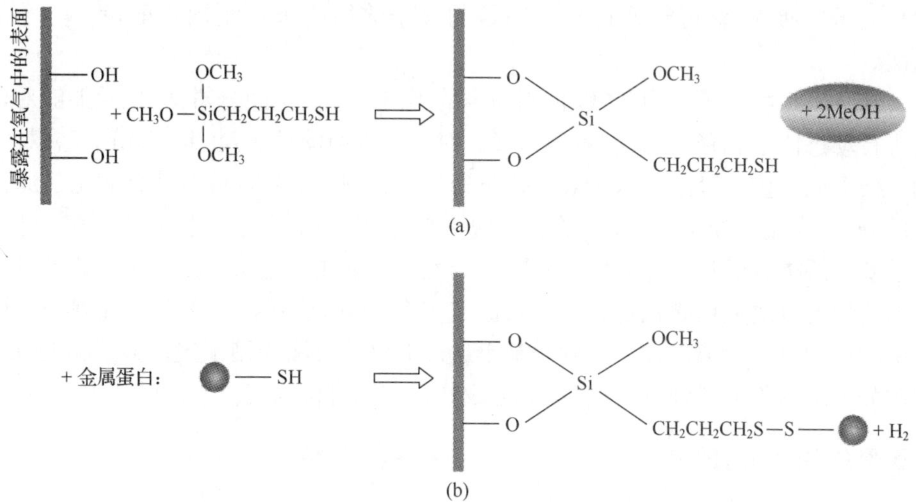

图 14.13　(a) 含羟基表面利用硅烷化方法固定蛋白的方案；
(b) 在硅烷末端巯基与蛋白分子巯基之间形成二硫键

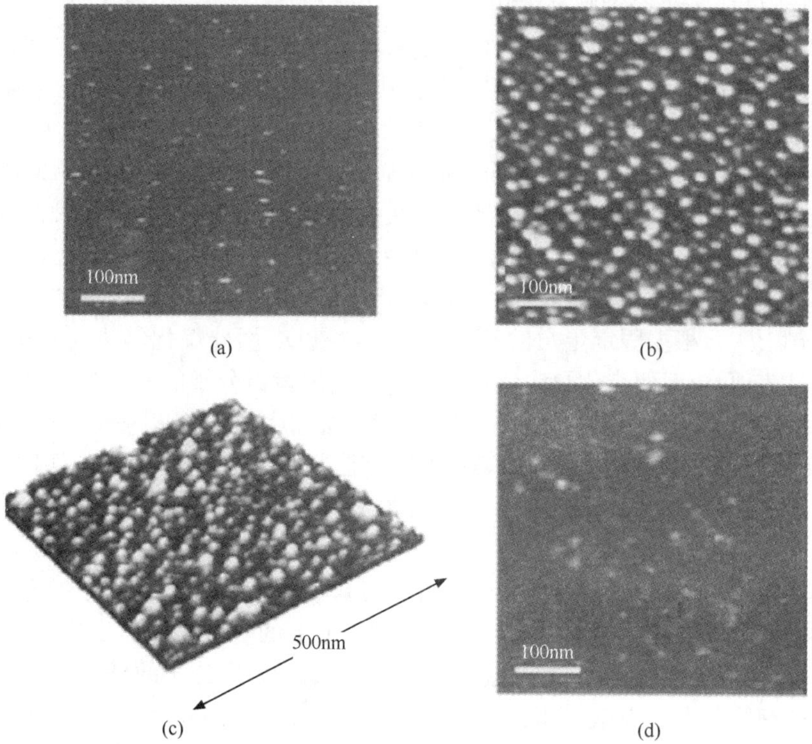

图 14.14　(a) 经过 3-MPTS 硅烷化的云母表面 AFM 图像；(b) 与细胞色素 c 接触后，硅烷化后的云母；(c) (b) 的 3D 图像；(d) 与变异的细胞色素 c 接触后，硅烷化的云母。所有图像的 z 轴范围均为 7nm(摘自 Gerunda，M. et al.，*Langmuir*，20，8812，2004)

地吸附到玻璃片上,得到的吸收光谱存在明显的蛋白吸收峰,而变异的蛋白分子则无蛋白特征峰。为了确定利用这种方法固定后的蛋白仍然能保持其氧化还原性,利用ITO作为工作电极和基底,研究了其伏安特性。利用线性扫描伏安法,测得的未变异细胞色素c的单分子层表现出明显的法拉第电流,从这一数据中可以得出固定蛋白的表面覆盖度为1.8×10^{-11} mol/cm^2,与吸收光谱法得到的数值一致,它说明由于化学吸附而导致功能丧失的蛋白是可以忽略的。细胞色素c的氧化峰为168mV,还原电位要低于溶液中自由扩散的蛋白质分子。由于吸收光谱没有呈现出血红素铁的多种自旋状态,因此,这一电位的移动不是由于蛋白变性而导致的配体脱附产生的。相反,这一位移可能是由于蛋白的不同溶剂化性质以及在化学吸附过程中分子间和分子内的静电和疏水作用力而导致的。

基于基底暴露的巯基形成的二硫键的蛋白固定方法,理论上是可以形成均匀排列的蛋白分子层的。由吸收线性二向性的方法测定血红素平面相对于基底的排列,可以确定蛋白分子的排列分布[84,86]。结果表明,组装的蛋白单分子层排列具有一定的规律性,如果细胞色素的特征吸收能够保持在极低水平,则血红素蛋白平面在平均值附近的整体角度分布就可以变得更窄。

如果蛋白固定处于还原状态,可以通过C102直接地将YCC固定在金基底上[87,88]。在这种情况下,固定的蛋白层仍然具有电化学活性,与基底之间存在一个非常迅速的电子转移过程。与利用异性双官能团连接剂进行蛋白固定的方法相比,直接在金表面固定的蛋白的内核距离金电极更近(图14.15)。这就是直接固定蛋白与金基底之间具有较高的电子转移速率的原因,而利用其他方法固定的蛋白,由于与金电极表面存在一定的距离,电子转移速率受到了极大的限制。在金属蛋白生物电子技术中,与其他修饰方法相比,直接在金表面进行蛋白修饰,除了在电子转移速率方面具有优势外,在其他方面还有很多的优点。特别地,一些金属蛋白随环境(如pH)的变化也会发生构型的变化,它反映在氧化还原中点的改变。在蛋白固定过程中,单分子层的使用可以避免由于单分子层对不同pH的稳定性问题而要求使用合适的pH来进行检测的限制。例如,直接在金表面进行修饰,可以很低的pH范围内研究细胞色素c,而在自由扩散电化学的实验中则不能使用,这是由于其促进层表面的脱附作用[88]。

另一种在金表面固定细胞色素c蛋白的可能方法是两步化学表面修饰法。首先,在金表面组装一层半胱胺(2-巯基乙胺),随后,再耦合一层戊二醛。戊二醛是一个对称性的分子,其末端有两个醛基,其中一端可以与半胱胺的氨基结合,另一端则与赖氨酸的氨基结合。

在固定铜蓝蛋白分子方面,人们进行了大量研究。例如,假单胞菌的铜蓝蛋白,它在Cys3和Cys26之间存在一个二硫键,可以用来将其直接地修饰到金的表面。利用不同的方法,可以实现化学还原铜蓝蛋白的二硫键,而将其化学吸附在金

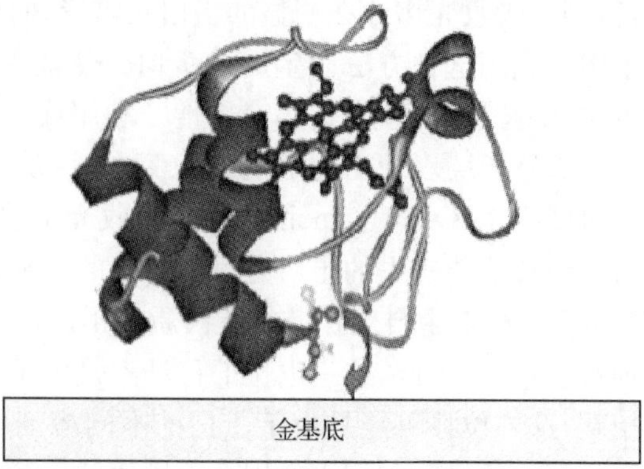

图 14.15　利用 C102 将细胞色素 c 直接固定在金基底上示意图。C102 上的巯基最初埋置在蛋白的疏水核内，与金结合的时候展开并形成硫-金键

基底上[89]。其中，还原脱附方法最为常用。在负电位下，S 从金基底脱附，并产生一个法拉第信号。每个硫原子都会对整个法拉第峰贡献一个负电荷，可以通过传统的线性或循环伏安法来进行表征。一般来说，实验要在一个较高的 pH 下进行，目的是降低可以掩盖脱附峰的析氢起始电位。单层铜蓝蛋白的还原脱附峰为(−900±30)mV(相对于饱和甘汞电极)，它对应于 S 的脱附[89]。由脱附峰的电流时间曲线可以得出蛋白在表面呈现一个近似的单层密堆积。另一种能够得到固定蛋白详细信息的方法是 X 射线光电子能谱(XPS)。从 S(2p)的结合能数据可以辨别出金硫键，另一个贡献则是归因于蛋白中的其他 S 原子。

利用二硫键直接地固定在金表面的铜蓝蛋白，具有很稳定的电化学活性(图 14.16)[90-93]。由于氧化还原中心距离表面较远(3nm)，电子转移速率为300～$400s^{-1}$。此外，固定的铜蓝蛋白膜的氧化还原电位，与溶液中扩散实验的氧化还原电位一致，说明蛋白固定引起的构型变化是可以忽略的。

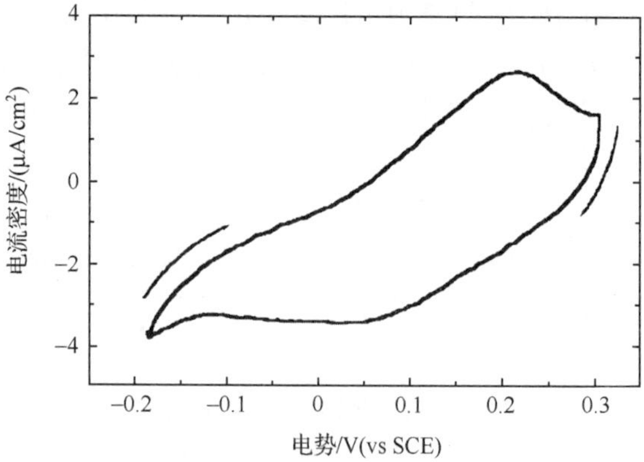

图 14.16　吸附在金电极上的单层铜蓝蛋白的循环伏安曲线。电解质为 50mmol/L NH_4Ac，pH4.6，扫描速度 5mV/s。氧化还原中点相对于 SCE 为 +120mV，分离峰为 160mV

为了得到不同排列的固定蛋白，在特定位置插入了半胱氨酸，得到了变异的铜蓝蛋白。在118位置的丝氨酸用一个半胱氨酸取代，得到变异蛋白S118C，将其修饰在金电极表面，利用STM成像和循环伏安法对得到的蛋白膜进行了表征[94]。插入的半胱氨酸临近117位置，这一位置被认为是铜离子和蛋白中另一电子转移伴侣的电子转移通道。在多次重复扫描以后，蛋白质层的电化学响应性非常稳定，由此可以证明，固定后的蛋白仍能保持其结构不变。另外一种变异的铜蓝蛋白K27C，即27位的赖氨酸，被半胱氨酸取代，将其固定在金表面后，同样利用循环伏安法对其电化学活性进行了表征[93]。

还可以利用不同的方法，将铜蓝蛋白分子固定在含氧的表面(SiO_2、云母、玻璃等)。在含氧表面，通过共价键固定蛋白的方法是基于硅烷化方法[24,95]。利用3-氨基丙基三乙氧基硅烷(3-APTS)，将暴露有伯胺的硅烷层组装到硅、玻璃和云母表面。将硅烷化的表面与戊二醛(GD)结合，形成了一个亚胺键，在表面暴露一个醛基。经过上述修饰的表面，放入含有铜蓝分子的溶液中，蛋白质分子通过基底的醛基和蛋白表面伯胺基反应，生成的亚胺键化学将吸附在基底表面。具体步骤如图14.17所示。为了测定吸附层的平均厚度，修饰的每一步都利用XPS和椭圆光度法进行了表征。这两种表征方法得到的结果是一致的。通过X射线结晶学的分析表明，在蛋白的表面，存在12个氨基(包含末端氨基在内)，因此，固定的蛋白分子层没有表现出特定的均匀取向。此外，还利用液相的原子力显微镜对蛋白薄膜进行了表征。由图像可以看出，在横向10 nm的范围内存在隆起(bump)，这一现象是由单个蛋白分子导致的(图14.18)。

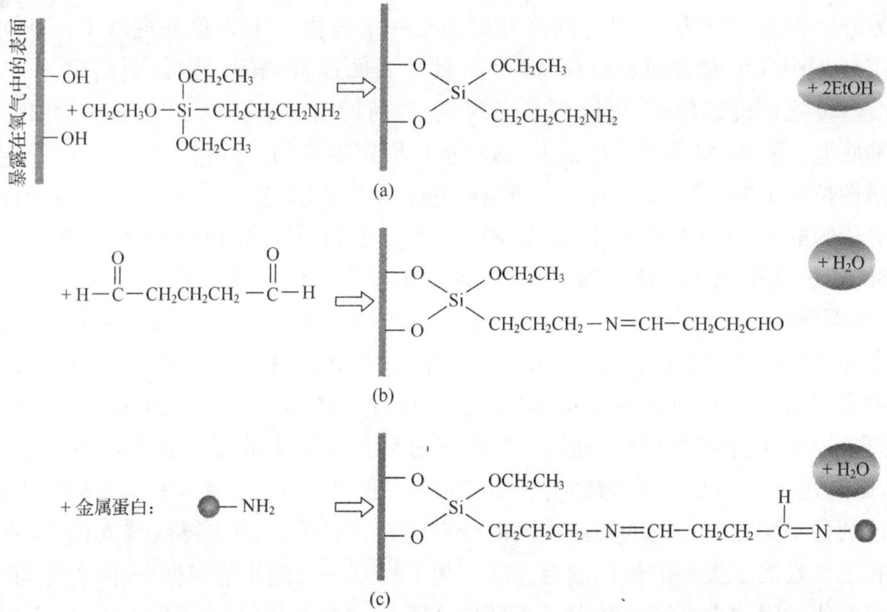

图14.17 利用3-APTS和GD (a,b) 两步化学法，将末端含有氨基蛋白固定在基底的示意图

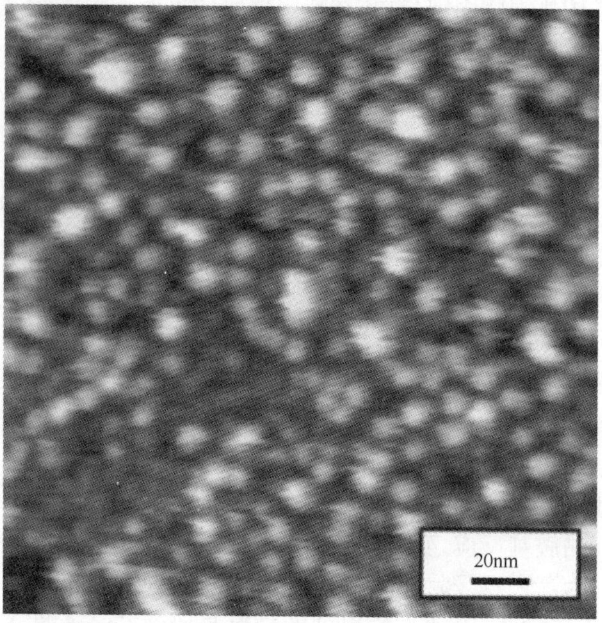

图 14.18 功能化云母表面的铜蓝蛋白单分子层的原子力显微镜图像。图像是在 NH_4Ac 的缓冲溶液中用接触模式测得的。Z 轴范围为 3.9nm

在含氢氧根基团的表面和金基底上调节固定铜蓝蛋白的取向，已有报道[96]。尽管由于蛋白表面共含有 12 个氨基，利用它们得到的蛋白膜排列不够均一，但基于另外一种新的方法，可以得到排列更为均一的表面。用 3-巯基丙基-(三甲氧基硅烷)(3-MPTS)对表面进行修饰，可以赋予表面巯基基团。铜蓝蛋白中的 Cys3 和 Cys26 之间的二硫键，可以与基底的巯基进行交换反应，从而将铜蓝蛋白修饰到基底上。利用 XPS 和循环伏安法，对蛋白固定的均匀性进行了研究。在固定蛋白活性位点上的 Cu2p3/2 的 XPS 数据，表现出强度上的差异。这是由铜离子在蛋白分子内的位置不对称性引起的(图 14.2)。实际上，Cu 包埋在蛋白小球下的 0.8nm 处，几乎位于二硫键的对位，二者的距离为 3nm。由于蛋白中铜离子的存在，从而导致对应的 XPS 信号衰减。如果铜蓝分子通过二硫键固定在表面上，在不存在非特异性吸附的情况下，可以得到排列均匀的蛋白分子，铜离子与基底的平均距离要高于蛋白随机排列的固定方法所对应的数值。由此可以预测，与 3-APTS+GD 化学吸附相比，利用 3-MPTS 进行化学吸附的表面具有更高的 Cu/N 比，因为用 3-APTS+GD 修饰的表面与基底的距离更大。同样，利用循环伏安法，对这两种不同方法得到的蛋白排列的分布进行了研究。为了得到伏安信号，在金基底上也发展了类似的蛋白固定方法。为了得到一个随机的取向分布，首先，在金基底上化学吸附上一层 2-巯基乙基胺(2-MEA)，然后，修饰一层 GD。为了得到均匀排列的蛋白分子层,则在金基底上修饰一层 1,4-苯二甲硫醇。两端都含有巯基的分子,倾向于在金基底上形成一个平躺的分子层。不过,如果将短链分子或刚性分子(如 1,4-苯二甲硫醇)修饰到金基底上时,则得到可以发生进一步反应的巯基[97]。利用这种方法得到的表面蛋白的均匀性,与用 3-MPTS 得到的类似。利用上述的两种方法,我们可以得到稳定的电化学信号,且比较了两个氧化峰的半高宽(FWHM)(图 14.19)。排列均匀的 FWHM 为 0.17V,随机排列的 FWHM 为 0.26V。由于 FWHM 反映了式电位(formal potential)的分布,因此,可以看出,因其随机排列,用 2-MEA+GD 的方法固定的蛋白具有一个比较大的式电位分布。

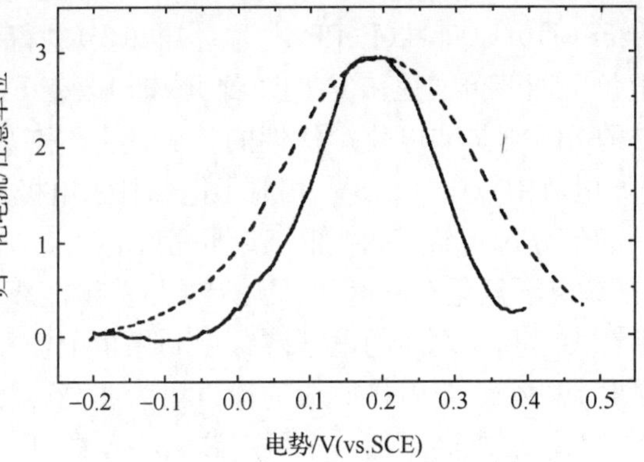

图 14.19 2-MEA+GD+铜蓝蛋白(虚线)与 1,4-苯二甲硫醇+铜蓝蛋白(实线)在金表面时通过线性伏安法测得的氧化峰比较

14.9 固定金属蛋白输运性质的表征

在分子生物电子学中,研究金属蛋白的传输性质有两种方法:一种是将金属蛋白置于两个平板电极之间,也可能会用到第三个电极来修饰分子的能级;另一种方法则是将其夹在扫描探针技术中的探针和基底的两个电极之间。这两种方法将在下面分别予以介绍。

14.9.1 扫描探针技术在金属蛋白输运性质表征中的应用

扫描探针技术是在单分子水平的真实空间内表征蛋白与无机基底之间相互作用的最合适的方法。特别地,在金属蛋白生物电子学中最重要的两种方法是 STM(运用 EC-STM)和 C-AFM。这里我们对这两种技术的研究成果做一个总结。

EC-STM 使我们能够表征吸附在基底上的金属蛋白单层膜,且为在单分子范围内研究长距离的电子转移指明了方向。从表征针尖与基底金属蛋白的隧穿电流开始，在本章节的最后，我们将介绍 EC-STM 如何能成为一个在生理环境下应用的单分子晶体管器件。此外，在利用 EC-STM 研究电子转移机理的研究过程中，在根据已经发展的模型做出理论解释的同时，我们还将进一步地补充实验结果。

EC-STM 可以用于研究氧化还原吸附物态密度的分子光谱分析，早在 20 世纪 90 年代，这种可能性就已经由 Schmickler 进行了理论探讨[98,99]，当时是为了解释氧化还原吸附物的导电性。后来，随着第一批实验数据出现后，人们越来越多地将工作集中在可以解释所观察到的现象的理论模型上。

尽管不是用生物分子作为吸附物，但 Tao 对铁-原卟啉采用 EC-STM 得到的实验结果，也值得一提[57]。在这一工作中，Tao 利用高取向热解石墨电极(HOPG)对吸附的 Fe(Ⅲ)-原卟啉(FePP)与原卟啉(PP)进行了对比研究。利用 EC-STM 在基底电位下能够可逆地从 Fe(Ⅱ)到 Fe(Ⅲ)改变 FePP 的氧化态，而对于不存在金属中心的 PP，则是非电化学活性的。从 FePP 和 PP 的混合物在接近于 FePP 的氧化还原电势中点(－0.48V，相对于饱和甘汞电极)的基底电势的成像可以看出，含有 Fe 的部分比不含 Fe 的部分要明亮(图 14.20)。这种电活性分子增强的对比，来源于铁离子氧化态密度和针尖及样品费米能级的耦合。这些分子轨道的存在支持了针尖与基底之间的电子隧穿。利用恒电流模式成像可以看出，能够产生较高隧穿电流的分子吸附物所成的像也更为明亮，对应于实际的位置也比较高。利用在针尖与基底之间施加一个恒定偏压的方法，Tao 测量比较了 FePP 和 PP 的作为基底电势的函数的表观高度增量，在接近于 FePP 氧化还原电势的基底电势处(－0.42V，相对于饱和甘汞电极)，可以得到了一个类似的共振峰。

对隧穿电流作为基底电势的函数的一个可能的解释是共振隧穿理论，这个理论认为，针尖和基底间的电子转移没有被它们之间的分子捕获。一般来说，所有用于解释基于氧化还原吸附物的 EC-STM 对比机理所提出的可能理论，都需要外推到电流作为施加偏压和基底电势(包含与分子以及分子-环境相互作用有关的微观量)函数的表达式。在共振隧穿模型中，通过分子的空氧化还原能级，电子实现从针尖到基底的隧穿。从电子的能量角度来看，共振隧穿机理意味着，针尖占用起始能级，分子占用中间能级，基底的最终的空能级具有相同的能量。即使电子从不占有分子吸附物的轨道，氧化还原分子的重组能 λ 也对电流的产生起很大的作用。这一能量可以理解为由氧化态密度的高斯分布中心与来源于标准还原电位的分子氧化还原能级之间的差别产生的[100]。对于 EC-STM 装置的特定配置，在由纳米尺度间隙中的带电针尖和基底产生的静电势的影响下，我们必须对后者予以考虑。在共振隧穿转移机理的假设下，当最大的氧化态密度处于针尖电势与基底电势的中间时，预期隧穿电流达到极大值。隧穿电流的共振宽度取决于分子的重组能。由此可以估计，当分子的重组能为 0.2eV 时，基底相对于饱和甘汞电极的电势为－0.73V，而不是实验得到的－0.42V，这时可以达到最大的隧穿电流。为了预测

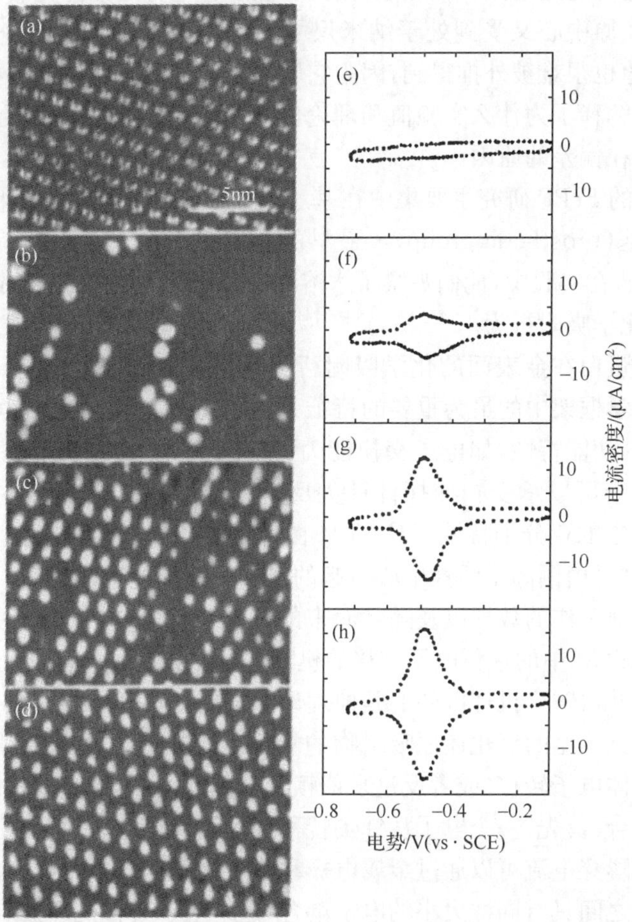

图 14.20　FePP/PP 吸附在 HOPG 基底上的 EC-STM 图像。FePP/PP 在溶液中的比例为 0∶1 (a)，1∶4 (b)，4∶1 (c)，1∶0 (d)。图像的扫描条件为基底电势－0.41V(相对于 SCE)，隧穿电流 30pA，针尖与基底的偏压－0.1V。从(a)到(d)的亮点增加说明 FePP 含量增加。从(e)到(h)为各基底对应的循环伏安曲线，显然，氧化还原峰随着 FePP 含量的增加而增大

达到最大隧穿电流的电位值，必须定量地确定这些数值。这些数值包括重组能和 EC-STM 中的氧化还原能级。在确定重组能时，值得注意的是，这一数值并不对应溶液中均匀电子转移反应得到的值，而是对应于特定 EC-STM 实验中电子转移反应得到的值。在这些实验中，氧化还原活性的分子既暴露于较少溶剂，又受到电极之间存在的静电势的影响。这就使得定量计算重组能变得极为困难。这些考虑也说明为什么通过 EC-STM 实验单独地测量重组能是困难的。理论计算也表明，要得到溶液下 EC-STM 实验的重组能并非一件容易的事情。不过，在通常情况下，重组能随着针尖与基底之间的距离增大而增大。另一个则是 EC-STM 中的氧

化还原能级，它与隧穿电流和基底电势有关，它解释电势是如何受氧化还原中心影响的，而氧化还原中心又受到处于纳米尺寸的针尖与基底之间的静电场的影响。同样，这一数值也很难被外推得到，因为它取决于间隙之间电压降的特定行为。所有这些原因都解释了为什么实验值和理论值很难吻合，同时也解释了 Tao 的实验与理论计算存在偏差的原因。

Tao 进行的 FePP 研究主要集中在基于血红素的金属蛋白（如细胞色素 c、血红蛋白）的辅基（prosthetic group）。最早的金属蛋白的 EC-STM 实验之一是由 Friis 等完成的，在实验中，他们观察了水溶液中，双恒电位控制下的铜蓝蛋白在金(111)面上的化学吸附行为。

有关铜蓝蛋白在金表面的化学吸附行为及其表征在 14.8.1 节中已有讨论。分子生物电子学框架中的最为重要的特征是，铜蓝蛋白在金的表面发生化学吸附后，仍然保持其功能特性，如电子交换能力。Friis 等[102]指出，铜蓝蛋白分子在金表面形成了一个可以承受扫描探针针尖反复扫描的亚单层。此外，它还能识别 EC-STM 图像中的亚分子特性，EC-STM 图像的特点是，图中的每一个分子中都有一个亮点，这是由铜离子活性中心引起的电子转移加速造成的。

在获得这项工作的数据以及随之而来的其他数据的同时，为了更好地理解金属蛋白在 EC-STM 中的远程电子转移的机理，人们也进行理论研究。这些努力促进了包括前述共振隧穿机理以外的其他理论的发展。

电子转移比典型的氧化还原吸附物的氧化还原能量波动要慢得多，在针尖和基底之间的整体电子转移（或者反过来依赖于偏压的符号）可以被看作是以下两个步骤的有序结合：首先，一个电子从针尖转移到分子；然后，另一个电子从分子转移到基底。整体隧穿电流可以通过金属电极和分子之间的电子转移速率描述。基底和针尖与分子之间具有同样大小的电子耦合，这个电子转移机理被定义为“顺序两步模型”（sequential two-step model）[103]。在这种情况下，第一个电子转移过程发生后，分子回到还原平衡构型；第二个热激发的过程将电子转移到第二个电极。在这个模型中，隧穿电流的最大值出现在分子的氧化还原能级处在针尖与基底的费米能级之间时[103]。“顺序两步模型”之外的另一理论模型则是“振动相干模型”（vibrationally coherent model）。在这个模型中，第二个电子转移过程发生在分子完全弛豫之前[104]。在这种情况下，第二步转移过程不可能是热激发的，这是因为，电子转移过程发生时，分子能级的能量要比第二个电极的费米能级高。与共振隧穿相似，即使是在这种情况下，电子也不会在分子的氧化还原能级上被捕获。最大隧穿电流的基底电势与分子的最大氧化态（或还原态）相对应。当分子-电极耦合作用很强，并在全绝热情况下配置系统时，则适用于另一种情况。在这种情况下，一个最初被氧化的分子，从电势较低的电极获得一个电子之后，开始弛豫，并回到还原平衡构型，在两个电极之间打开大量的电子转移通道[103,105]。这种现象将引起电子电流放大,其最大值出现在基底电势与顺序两步过程的值相当时。

从前面对电子转移机理的讨论可以清晰地看到,所有这些理论都提到了 EC-STM 实验中氧化还原吸附物的隧穿电流对基底电势值的依赖性。在 Tao 的实验中和金属蛋白质中都观察到了这种依赖性。Facci 等首次在金属蛋白的 EC-STM 实验中进行了基底电势依赖性的对比研究[90]。在实验中,Facci 和合作者们集中研究了固定于金表面(111)的铜蓝蛋白分子。将新制备的基底置于含有 10^{-4}mol/L的铜蓝蛋白的 50 mmol/L NH_4Ac 缓冲溶液(pH=4.6)中培养,这一 pH 与铜蓝蛋白的等电点相当。在循环伏安法表征中,基底的培养时间会持续 3 天;而对于 EC-STM 表征来说,20~40min 就能使铜蓝蛋白变得有序。这使得 CV 实验具有较强的信号,因此,可以在 EC-STM 图像中聚焦到单分子。他们采用了循环伏安法来判断化学吸附到表面的铜蓝蛋白分子是否仍具有原来的功能。

伏安法强调的是溶液中的对应值(116mV 相对于饱和甘汞电极)与氧化还原中间点并无显著的不同,它说明,尽管在 Cys3 和 Cys26 之间拥有与铜蓝蛋白结构有关的二硫键,随着化学吸附的进行,但却并没有产生显著的构型变化。这一实验最令人吃惊的结果是,铜蓝蛋白分子在金表面上对基底电势的反依赖性。在 −225mV和 −125mV(vs. SCE)下成像时,铜蓝蛋白分子在金表面几乎是不可见的;然而,在 −25mV 和 +75mV(相对于饱和甘汞电极)下成像时,铜蓝蛋白分子就会在金表面留下一些亮点(图 14.21)。需要强调的是,在基底静电控制下,采用仅对形貌特征敏感的 AFM 成像技术在类似的样品上所做的实验结果表明,与采用相同电势值的 EC-STM 实验结果并没有明显的差异。这说明在 EC-STM 实验中观察到的相对差异归咎于铜蓝蛋白分子在不同基底电势下的不同行为,而不是由于 STM 针尖对样品的移除。通过使用基底电势控制前后移动并相应地实现可见光点的开关的可能性(图 14.22),这进一步证实了最后一方面。

因此,能够对基底电势进行调整的这种可能性说明,存在一种铜蓝蛋白可以控制隧穿电流的机理,可以调高或降低电流值。隧穿电流的趋势表明不存在谐振样行为,即电流先升高,随后又在恒偏压下随着基底电势的变化而降低,在前述的理论基础上,这一过程是可以理解的。隧穿电流的一个显著的特征是,先出现一个上升台阶,随后达到平稳状态。这一特征可通过试验所用的特定的条件来理解。正如前面所强调的那样,电子转移机理的细节取决于不同数量的吸附物,以及它们与电极之间的(通过改变实验条件来进行调制的)耦合作用。在这项工作中,Facci 和合作者们[90]用较高的隧穿电流值(2nA)来测定较低的针尖-样品距离。降低针尖与样品间的距离,会降低固定在表面的铜蓝蛋白分子的识别能量[101]。这样,系统可能会处于一个偏压 (e 的倍数)高于分子识别能量两倍的构型。按照两步电子转移模型,这一情况说明,一旦电子从第一个电极转移到分子,后者就弛豫到它的平衡还原构型,但此时分子构型的能级仍然要比第二个电极的费米能级高

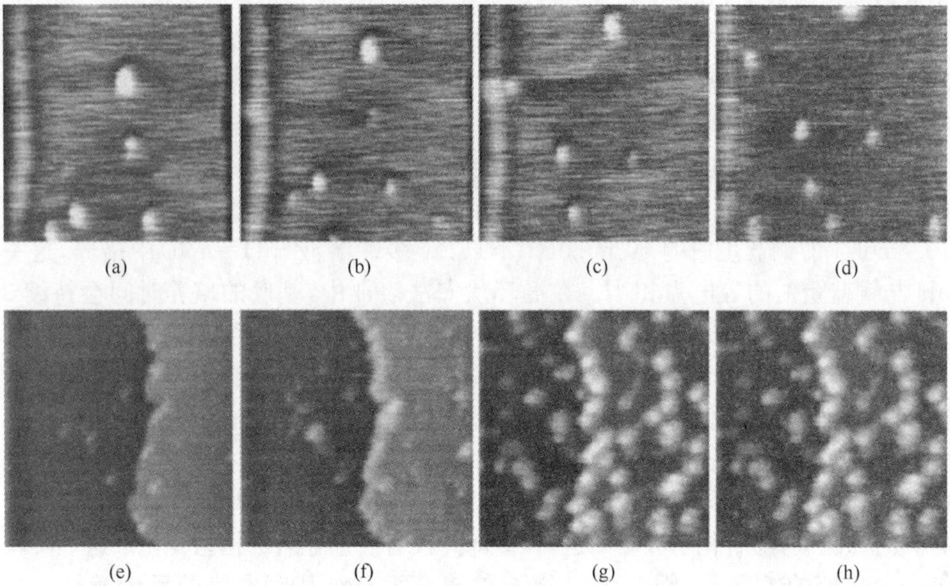

图 14.21 上一组:不同基底电势(相对于饱和甘汞电极)、接触模式 EC-SFM 图像,－225mV (a),－125mV(b),－25mV(c),＋75mV(d)。扫描面积为 200nm×200nm。垂直范围 1nm。下一组:在与 EC-SFM 相同的基底电势下,相同样品的 EC-STM 图像,－225mV(e),－125mV (f),－25mV(g),＋75mV(h)。成像条件:隧穿电流为 2 nA;偏压为 400mV,针尖为正;扫描面积为 70nm×70nm。(经授权摘自 Facci, P., Alliata, D., and Cannistraro, S., *Ultramicroscopy*, 189, 291, 2000)

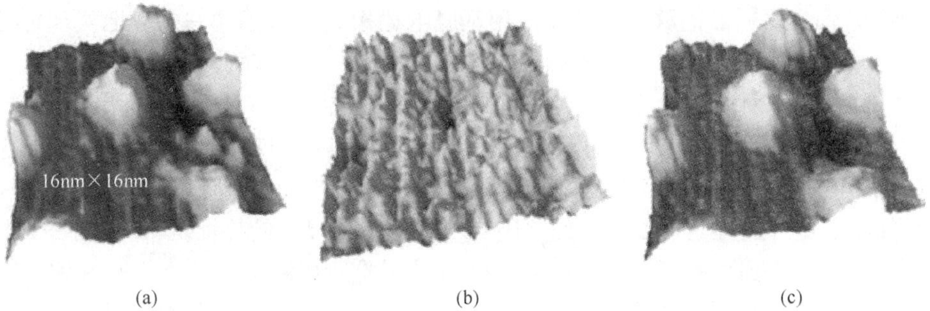

图 14.22 不同基底电势值(相对于饱和甘汞电极)条件下在相同样品区域获得的连续 EC-STM 图:－25mV(a),－125mV(b),－25mV(c)。(其他成像条件:隧穿电流设定值 2nA;偏压 400mV,针尖为正)。铜蓝蛋白分子只有在－25mV 时才清晰可见。即使在－125mV,分子看起来仍是黑色的点,如果基底电势回到－25mV,则再次出现,说明这些分子没有被针尖去除

(图 14.23)。这就是说,第二个电子转移的发生不需要热激发。氧化还原吸附物的两个能级之差是分子识别能量的两倍,直到这两个能级都处于电极之间的费米能

级范围内时,基底电势条件下的隧穿电流才会有明显变化。此外,当针尖与表面的距离减小时,分子氧化还原能级与电极之间的静电耦合增强,有效过电势随之降低。这也说明,我们必须施加一个更大的过电势,以降低电流,并获得持续时间更长的平稳状态。

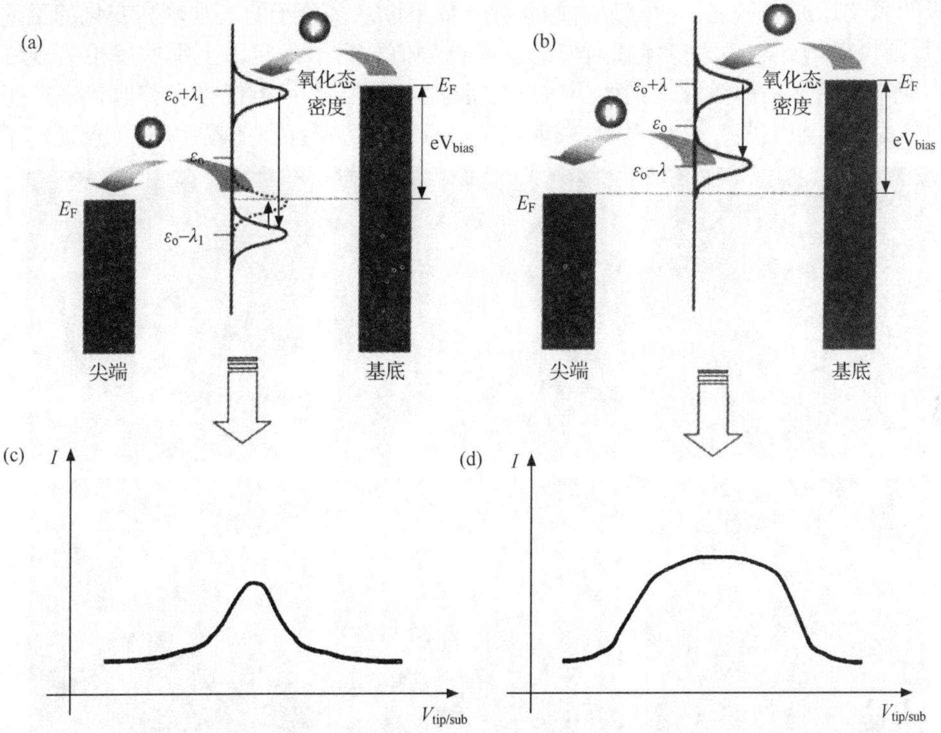

图 14.23 在相对识别能量较小偏压 ($2\lambda > eV_{bias}$) 下(a),和较大偏压下 ($2\lambda < eV_{bias}$) 的两步顺序转移机制的能级图。隧道电流的预期行为,它是相对于参比电极的针尖或基底电势的函数,(c)和(d)分别对应于(a)和(b)

基于这些考虑,如果保持相同的偏压,并降低设定电流,则分子构型可能转变,并使隧穿电流表现出一种类似共振的行为。在较低的设定电流值(1nA)条件下,这一点在对铜蓝蛋白分子进行的 EC-STM 实验中得到了充分的验证[91]。这一项工作的着重点在于,理解氧化还原活性点对在铜蓝蛋白的 EC-STM 实验中观察到的隧穿电流的作用。这是通过比较铜蓝蛋白与锌取代铜蓝蛋白的行为来实现的。锌取代铜蓝蛋白在结构上与铜蓝蛋白很相似,但它在以金为基底的 EC-STM 实验的电化学窗口中却不具有电活性。在−250mV(相对于饱和甘汞电极)的基底电势下,在对特定的铜蓝蛋白和锌取代铜蓝蛋白混合物的 EC-STM 成像中,存在亮度不同的点,且表观峰高(apparent peak-height)具有双峰分布的特点。这与实验中存在两类在激发隧穿电流时具有不同效率的吸附物是一致的。在不同基底电势下的混合物成像实验结果表明，图像中的一些点以一种类似共振的方式改变其强度，而有些点则保持强度不变(图 14.24)。如果集中观察其中一个点(它随基底电势改变其强度)[图 14.24(h)]，则有可能获得与隧穿电流最大值对应的电势。所获得的电势值为－210mV 相对于饱和甘汞电极，它与 120mV 相对于饱和甘汞电极的氧化还原电势之间存在显著的差异。如果取众多分子的表观峰高变化的平均值，则可以得到与最大电流相对应的基底电势值。为了确定图上那些发生表观峰高变化的点不是由锌取代铜蓝蛋白引起的，他们进行了一组仅含有锌取代铜蓝蛋白样品的对照实验。分析表明，表观峰高对基底电势不存在依赖性，这一点证实了

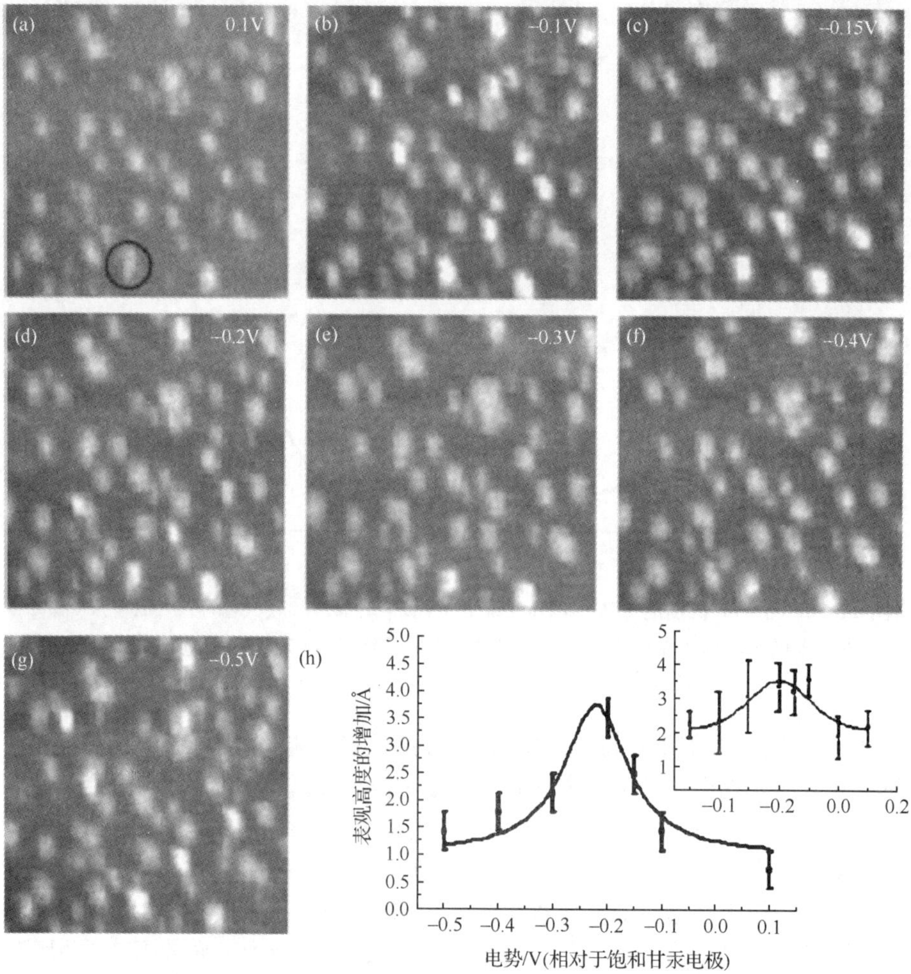

图 14.24 (a)～(g)吸附在金(111)基底上的铜蓝蛋白和锌取代铜蓝蛋白混合物的 EC-STM 图。每一幅图中都标明了相对于饱和甘汞电极的基底电势值。一些分子不随着基底电势改变其表面高度，而另一些则相反。在(h)中，有一个点[(a)中的黑色圆圈]相对于其他点的表面高度增加。(h)中的插图为 6 个分子的表观高度增加平均值。(其他成像条件：隧穿电流设定值 1nA；偏压 400mV；扫描范围 130nm×130nm。)

前面对混合物样品实验结果的分析。最大电流的位置从原理上提供了一种方法，用于确定这些实验数据符合哪一种电子转移机理。如果知道铜蓝蛋白在这个特定构型中的识别能量和氧化还原活性点的局部静电势，我们就能充分利用这一点。理论估算表明，铜蓝蛋白在 EC-STM 设置中的重组能量约为 430MeV，可见对这一过程来说，两步电子转移机理比共振隧穿貌似更为可信。

14.9.2 平面生物分子器件

从表面吸附氧化还原金属蛋白样品在电化学环境下的扫描探针实验所获得的数据清晰地表明，这些分子类似于分子开关，可以根据在针尖和基底的费米能级之间的分子电子能级来控制电子的流动。在最佳情况下，这个特性要求匹配分子电子学的总体要求，它需要具有内禀功能的基本单元(结构单元)。通过控制流过的电子流，可以实现一个物体(如一个分子或半导体簇)的导电开关功能，它的确代表了分子(纳米)晶体管的基本特征。因此，这就自然地产生了通过利用金属蛋白(如铜蓝蛋白)导电性质来试图制备单个(或少量)分子的晶体管的想法[7]。

因此，将氧化还原金属蛋白放置到单分子层(甚至单分子)中，可用作限定于一对平面电极间隙中的场效应三极器件的通道。当然，制备这样的器件面临的问题很多。其中，最为主要的两点是：①完成金属蛋白与电极之间有效电接触，以及对其进行理论的描述；②理解和优化金属蛋白二维整体分子间的电子转移条件与机理。尽管这些问题还没能最终解决，但器件的制备却是可行的，而且也已经成功地实现。

制备像蛋白质器件一样的场效应晶体管(或单粒子晶体管)，很可能需要利用最先进的光刻技术来制备平面(纳米)电极。图 14.25 描述了单分子金属蛋白平面晶体管的工作原理。氧化还原金属蛋白位于两个平面电极之间的纳米间隙处，并与一个门电极静电耦合。这一耦合作用引起分子的电子能级相对于金属端费米能级的漂移，这样，在电子隧穿的过程中它促进或阻碍流过前述能级的电子流。

有趣的是，单分子晶体管的工作原理与固定在表面的铜蓝蛋白的 EC-STM 实验中电流的电化学控制相同。然而，在后一种情况下，门在一定程度上是扩散的，其本质上是电化学的。

到目前为止，人们已经实现了少量不同的平面纳米电子器件。它们都采用了氧化还原金属蛋白，这些蛋白具有最好的抗强电场性能，在强电场下不会变性，在混合电子器件的表面等非生理、无水环境下也能够生存。

迄今为止所报道的已实现的器件都为两极和三极器件。主要用于演示这种混合器件的可行性，特别是用来表征那些特殊系统，并试图解释分子组织和特殊金属离子在蛋白质中的作用。

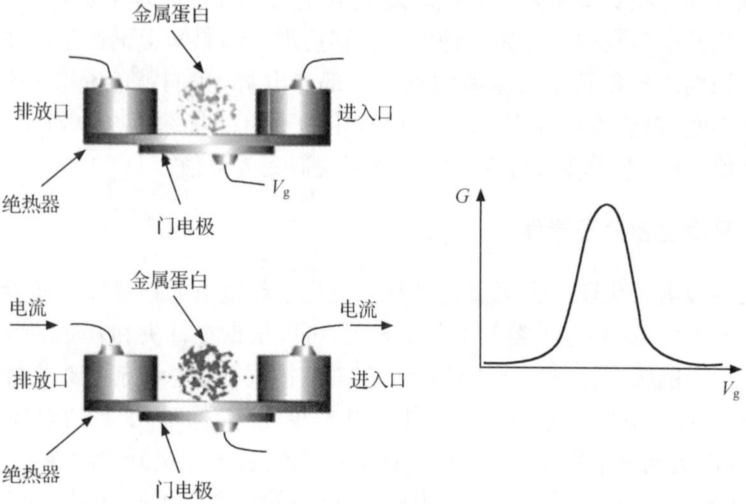

图 14.25　单分子金属蛋白平面纳米晶体管的可能方案。门电极对由蛋白质引起的电子能级起作用。当这些能级被调整至样品的费米能级，分子的导电性就实现了

第一个混合纳米电子器件的实现是基于(亚)单分子层铜蓝蛋白的固态分子整流器[106]。单层金属蛋白被吸附在两个由电子束光刻(EBL)制成的金纳米电极(Cr-Au)之间通过热生长形成的 SiO_2 表面上。金属蛋白吸附的化学原理为硅烷基化学。特别地，利用 3-MPTS 对 SiO_2 表面的功能化(见 14.8 节)，可得到具有活性硫醇的表面。因此，利用铜蓝蛋白表面的二硫键(见 14.8.1 节)，通过硫醇-二硫键交换反应，在铜蓝蛋白和 3-MPTS 之间形成分子间二硫键。由于只有前述的二硫化物能发生这一反应，这种结构确保了分子和表面之间的共价连接，同时也保证了蛋白在表面的确定、一致的取向。如 14.8.1 节所述，利用蛋白表面的氨基，采用 3-APTS 和戊二醛，也进行了关于非均匀定向铜蓝蛋白混合器件的对照实验。在两个纳米电极之间，制备具有一致取向的蛋白质薄膜对混合器件的性能非常重要，主要有两大类原因：①实现更高的表面覆盖率，这有利于相邻金属蛋白之间的分子间电子转移；②对于一给定的蛋白覆盖率，它赋予分子层在氧化还原活性点的位置和方向上的均一性，提高了电子转移的概率。此外，一旦考虑蛋白质的取向，则还要考虑另一因素：蛋白质静电学。蛋白质是复杂的两性分子，在它们的表面具有多种带电的极性基团，这些基团的整体效应被称为分子静电势(MEP)。众所周知，分子静电势在溶液中蛋白相互作用和生物识别中起着主要作用，并驱动着表面自组装现象和吸附动力学。通过计算，获得了一系列不同条件下(不同蛋白氧化态、溶液 pH、离子强度)的铜蓝蛋白的分子静电势(图 14.26)。计算表明，在这项工作所采用的实验条件下，铜蓝蛋白具有强的偶极矩(150D)，这是通过定向的二维分子组装共同作用而引起的，并影响着由流过单分子层的电子所测定的整体场。

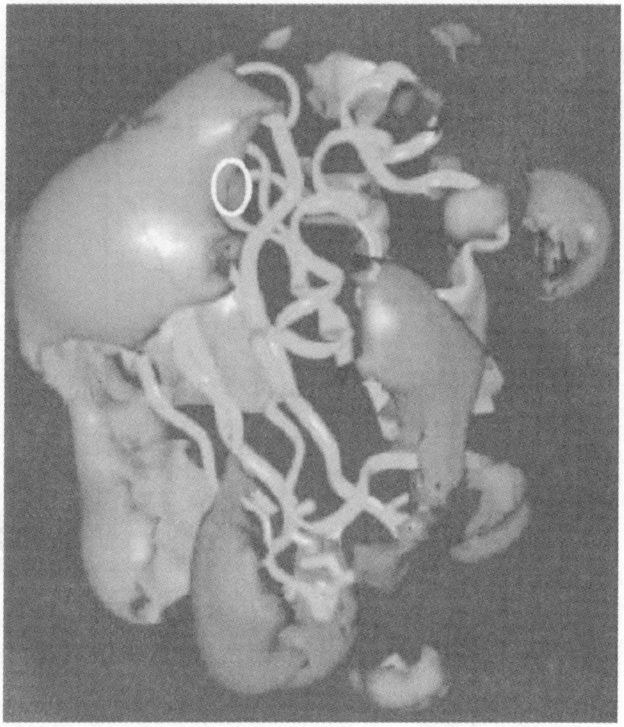

图 14.26　氧化态铜蓝蛋白的分子静电势(MEP)。白色圆圈是活性中心的 Cu^{2+}，突出表示了与－0.5 kcal/mol/e(黑灰)和 0.5 kcal/mol/e(亮灰)对应的等电位面

图 14.27 给出了在一个具有 60nm 间隙的两电极器件中具有一致取向和随机定向蛋白质分子的电学特性。可以发现一些重要特征和差别：①具有一致取向的样品表现出明显的整流行为(1.5V 时的整流效率为 175，而对于随机取向的样品，这个数值仅有 10)；②一致取向样品的电流是随机取向样品电流的 10 倍；这种效应与整流效应一起，可被归结为自组装体系中的分子偶极加和，并提供一个叠加到偏置外场的静电场；③I-V 曲线的显著的步进可以暂时归结为蛋白质的氧化还原能级参与到了导电机理中；在两个样品中都出现了这一现象，只是在强度有所不同。在抗老化方面和 STP 环境下，第一个金属蛋白分子整流器表现出较差的稳定性，它意味着观察到的现象是生物分子所固有的。

另一项工作则集中在几个与蛋白质样品纯度和铜离子在铜蓝蛋白活性点中的作用相关的问题上。在 50～100nm 宽的纳米间隙中，原来的铜蓝蛋白重组体表现得更好，其在 10V 的整流率达到了 500。此外，为了理解特定金属离子在活性点中的作用，我们采用了与前面的单分子水平 EC-STM 研究一样的方式，将不同的分子(铜蓝蛋白，锌取代铜蓝蛋白，无铜铜蓝蛋白——不含有金属离子)一致取向并固定在基底表面上进行研究。

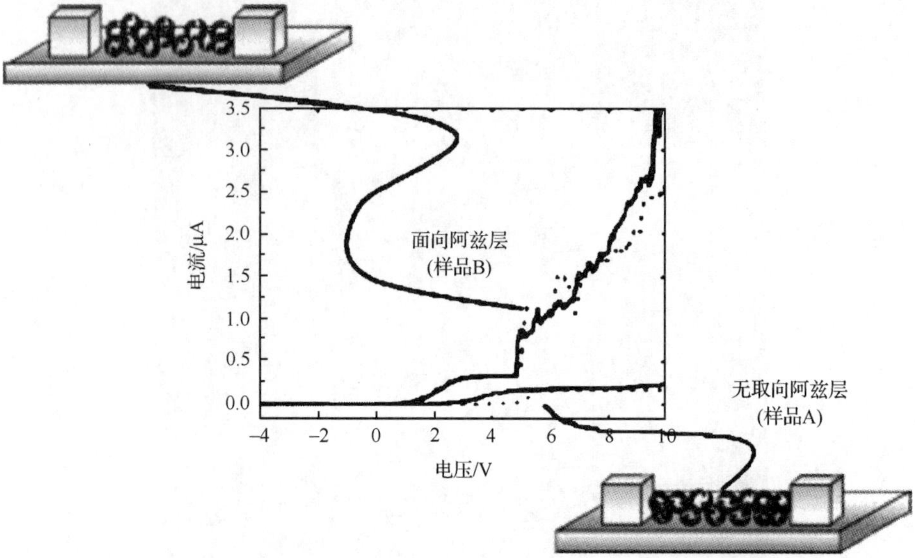

图 14.27 60 nm 间隙带中随机取向的铜蓝蛋白样品(样品 A)和具有统一取定的铜蓝蛋白样品(样品 B)的电流-电压曲线。给出了铜蓝蛋白在两种构型下的可能取向

图 14.28 给出了 3 个样品的 *I-V* 曲线。这些结果确认了 Cu^{2+} 的关键作用，同时也证明了它在协助电流通过分子层时所导致的电子能级的重要作用。事实上，尽管在分子结构上锌取代铜蓝蛋白和无铜铜蓝蛋白与铜蓝蛋白几乎相同，但却不能让可观的电流流进器件。最后，还指出了相对湿度在保持混合器件性能方面的重要作用，对器件的性能和寿命来说，我们发现，50%左右的相对湿度是最佳的。

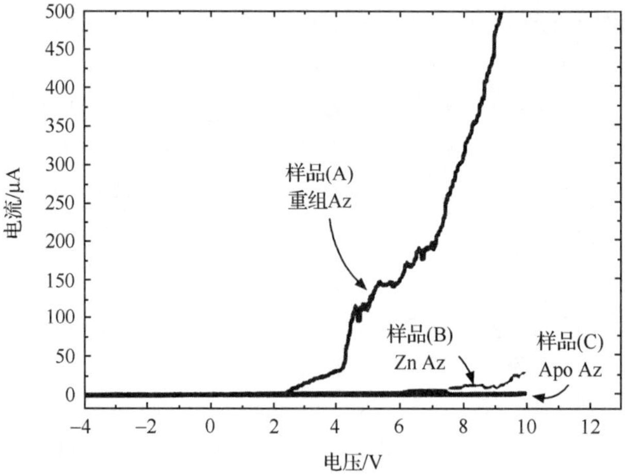

图 14.28 重组铜蓝蛋白样品(样品 A)、锌取代铜蓝蛋白(样品 B)和无铜铜蓝蛋白(样品 C)的电流-电压曲线，金电极之间的间隙为 60nm(经授权摘自 Rinaldi，R. et al.，*Appl. Phys. Lett.*，82，472，2003)

进一步地,人们也实现了三电极器件[108]——例如,在一个类似于场效应晶体管,通过门电极控制流过分子层电流的装置。这一器件的实验数据与两电极器件(位于距离 Si/SiO_2 基底 100nm,电子束刻蚀制备的箭头形 Cr-Au 纳米电极)非常相似。然而,主要的差异在于在这个结构的背后存在一个银电极,它造成与 P 型掺杂硅基底的欧姆接触。在场效应晶体管配置中,这一电极被用作门电极。这一工作的主要结论是,在测量的透射性质中存在显著的共振(图 14.29),在 $V_g=1.25V$ 时,峰谷比为 2。只有由铜蓝蛋白的器件表现出这样的特征,不同于锌取代铜蓝蛋白和无铜铜蓝蛋白。在抗老化方面,这一器件不能坚持到超过 12 个循环。其老化过程可以归结为在强电场下金属离子的降解,而不是蛋白质在自体荧光检测实验中的失活,这个实验的目的在于估计强电场(大约 $10^4 \sim 10^5$ V/cm)对铜蓝蛋白结构的影响。

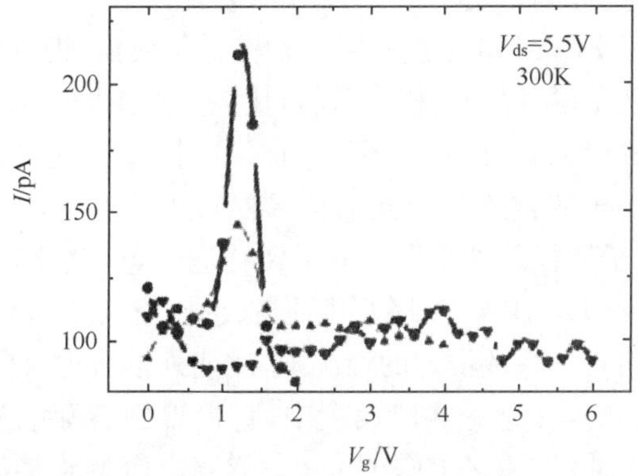

图 14.29　在铜蓝蛋白均匀定向吸附的 100nm 间隙上,依次获得的 3 条转移曲线(黑灰圆圈,亮灰三角和黑色倒三角)。在共振区域,跨导由正变为负,共振特点逐步消失

(经授权摘自 Maruccio, G. et al., *Adv. Mat.*, 17, 816, 2005)

有趣的是,这一基于蛋白质的场效应晶体管的开关特性也是通过运用分子间电子转移的跳跃机理、在交替出现还原态和氧化态的分子蛋白链简化框架下来进行模拟的。在这一框架下,可以说明在器件实现过程出现的主要实验特点:①在透射特性中(transcharacteristic)出现上述的共振;②在 *I-V* 曲线中的显著变化,如在两电极器件中已经描述的那样。

14.9.3　在潮湿环境下的单分子蛋白晶体管

在促进金属电极间的电流方面,前述的平面器件通过单层金属蛋白具有积极作用。被吸附的蛋白层的特殊构型也能够影响电流性质,当实现分子一致取向组装时赋予其方向性。然而,目前实现的平面器件利用了无水蛋白层,以及它们在空气中所展示出来的电学性质。尽管对暴露在高电场下的活性蛋白构型进行了保护，但利用蛋白在生理性环境中的功能的可能性，有必要对蛋白质性质进行更进一步的探索，而这些性质已经在自然界进化和选择了上百万年。此外，在金属蛋白生物电子学的框架下，可以在电化学环境中工作的可能性，允许我们通过参比电极，将电极电压与蛋白质的氧化还原中间点联系起来。参比电压的存在，允许我们能够在生物电子器件和生物分子的电化学性质之间建立起联系，而在无水器件中建立起这一联系则是非常困难的。例如，电流发生突变的偏压或 *I-V* 曲线中与共振出现相对应的门电压都难以与蛋白氧化还原中间点相关联。此外，由于定义纳米间隙的困难性，在平面器件中探索单分子性质也是非常困难的。因此，在探针与扫描探针显微镜的基底之间自然形成的纳米间隙，似乎是一个制备单生物分子电子器件的非常有价值的平台。此外，在生理性环境中，甚至是在电化学电池中，扫描探针技术都能够很容易地操作。所有这些因素都促进了实现单分子金属蛋白潮湿晶体管这一想法，并充分利用基于 EC-STM 的装置。

我们已经讨论了 EC-STM 通过采用一种光谱类成像、提供氧化还原吸附物的态密度的能力。这就是说，对同一样品区域，比较了在不同基底电势和偏压所得到的不同图像。在这种情况下，在溶液环境中被偏压扫过时，基于将针尖置于一个三维固定位置并产生偏压的常规隧穿光谱技术能够阻止产生的横向偏移和电容电流。此外，所有的电子转移理论都采用电子转移速率（即电流）进行表述。当在恒电流模式下进行 EC-STM 成像时，隧穿电流的变化，标志着针尖-样品之间距离的不同。只有在电流的衰减系数恒定的情况下，才能外推得出对应的隧穿电流变化。估算这一数值是困难的，在这一实验设置中，直接得到隧穿电流的变化是不可能的。Alessandrini[109]研究了所有的这些问题（隧穿电流的直接测量和测量的稳定性）。他通过一个反向方法，将金属蛋白固定在 EC-STM 针尖上，并将其置于导电基底的隧穿距离内。图 14.30 为这个实验的整体布置。在这一工作中，对金针尖进行了电化学尖化，并使用了熔融的阿匹松蜡绝缘，以降低感应电流，随后，将其浸泡于含有 10^{-4}mol/L 的铜蓝蛋白的 50mmol/L NH_4Ac 缓冲溶液（pH＝4.6）中。铜蓝蛋白分子对针尖的功能化，可以通过高分辨率透射电镜来进行表征，它强调了从针尖表面突出的与铜蓝蛋白分子大小相当的点［图 14.31(a)］。在未绝缘的针尖上，通过循环伏安法确认了固定后的蛋白质的功能［图 14.31(b)］。

在双恒电位控制（dipotentiostatic control）下，将金属蛋白覆盖的针尖引入到处于电化学电池中的金(111)表面的隧穿距离内。设定值不超过几十皮安的隧穿电流强度，以达到足够大的隧穿间隙来保证铜蓝蛋白的完整性。在达到电流设定值后，系统会停下来稳定数分钟。这时，反馈系统关闭，扫描针尖电势（保持偏压恒定），记录隧穿电流。在每一扫描循环电压结束时，反馈系统再次建立。在这个布置中，按照隧穿电流与距离呈指数关系，电流能够流过单分子铜蓝蛋白，是因为，总会存在一个最为靠近基底的分子。

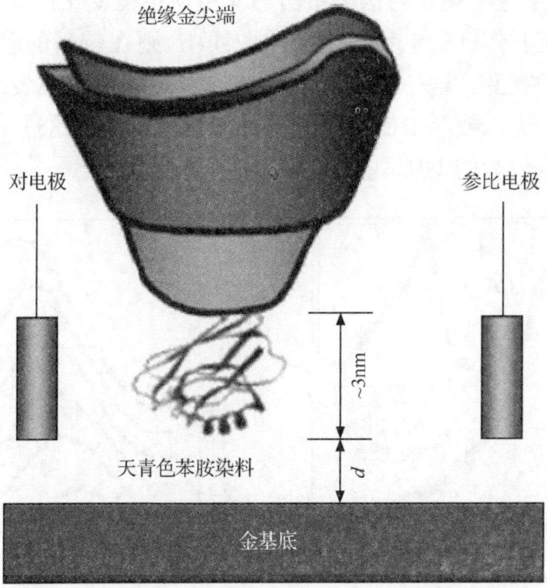

图 14.30 用以制备单分子金属蛋白潮湿晶体管的装置示意图。在一个具有参比电极和对电极的电化学电池中,铜蓝蛋白分子被固定在金针尖上,且面向金基底(经授权摘自 Alessandrini, A. et al., *Appl. Phys. Lett.*, 86, 133902, 2005)

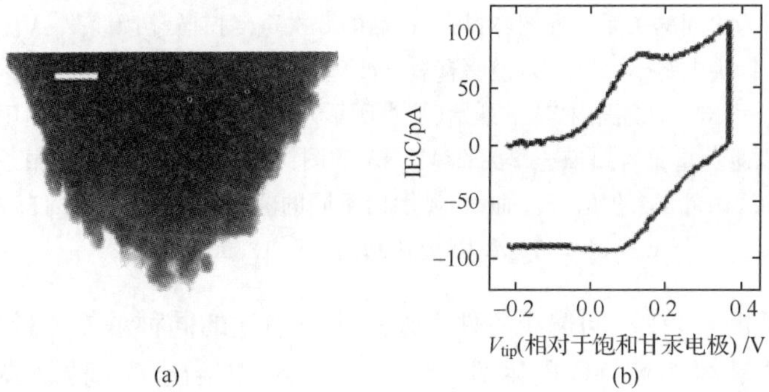

图 14.31 铜蓝蛋白功能化针尖的表征。(a) 铜蓝蛋白覆盖的金针尖的 TEM 图像。标尺为 20nm。每一个从针尖突出的斑点代表一个蛋白质分子;(b) 循环伏安法得到的铜蓝蛋白覆盖针尖的曲线。氧化峰和还原峰同时存在,表明固定的铜蓝蛋白仍保留电子转移特性(经授权摘自 Alessandrini, A. et al., *Appl. Phys. Lett.*, 86, 133902, 2005)

重复针尖电势扫描导致隧穿电流表现出类共振行为,如图 14.32(a)所示。在针尖被锌蓝蛋白(而不是铜蓝蛋白)功能化修饰时,或当针尖与基底的距离在隧穿距离之外扫描时,则观察不到这种趋势。此外,隧道电流所测的性质是可重复的且是可逆的，这确保了这个现象与铜蓝蛋白的非可逆结构变化没有关系。有趣的是，在一些将隧穿电流看作针尖电势的函数的曲线中，则在较高的电势下可以观察到相对电流最大值的突变。这一特征可以归结为由固定在针尖表面、在隧穿距离之外的铜蓝蛋白分子进入隧穿电流电路而出现的感应电流。这进一步地证实了所观察到的类似于共振行为的本质，它不同于感应效应。

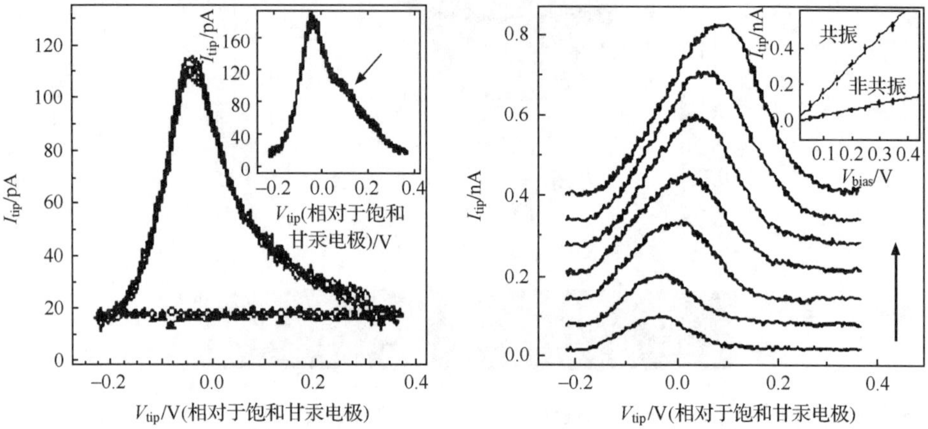

(a) (b)

图 14.32 (a) 6 次重复针尖电势的扫描(初始条件：V_{bias} +100mV，隧道电流 15pA。针尖电势 −225mV)，给出了隧穿电流峰值与绝缘金针尖(空心圆圈)和锌取代铜蓝蛋白覆盖的针尖(实心三角形)的行为之间的关系。插图：对另一样品的 8 次重复扫描(初始条件：V_{bias} +100mV，隧道电流 20pA。针尖电势 −225mV)，说明有氧化波(箭头所示)的出现。(b) 隧穿特性与偏压的关系。在 0.05～0.35 V 范围内，从下开始(箭头所示)以 0.05V 步进的不同偏压下的曲线(选择偏移 50pA 以避免重叠)，扫描速率为 2.4V/s。插图：在 V_{tip} −0.2V(非共振条件下)和在最大电流位置(共振条件下)的 I_{tip}-V_{bias} 曲线，显示出不同的隧穿壁垒(经授权摘自 Alessandrini, A. et al., *Appl. Phys. Lett.*, 86, 133902, 2005)

在这种情况下，在不同偏压条件下通过进行前述的同种重复测量，可以避开在水溶液环境中获得 *I-V* 特征的困难。图 14.32(b)中给出了这种趋势曲线。随着偏压的增加，共振强度和宽度增加，而与最大值对应的针尖电势也向正向移动。这种行为进一步揭示了电子转移的内在机理。实际上，实验电流曲线(V_{tip})与两步电子转移机理吻合得很好，然而，如果考虑电子在蛋白质上的平均停留时间，显然，理论共振隧穿机理似乎不太可能。

从获得的数据可以估计共振和非共振两个限制条件之间的隧穿阻力。它是通过测量与每一个外加偏压对应的最大值隧穿电流和远离共振的点上测定的隧穿电流而得到的。在共振条件下，隧穿阻抗为(660±30)MΩ，而非共振条件下的隧穿阻抗则为(3.28±0.25)GΩ。共振条件下隧穿障碍降低到非共振条件下的 1/5，这是由来自氧化还原活性点、并与金电极的费米能级对齐的铜蓝蛋白氧化还原态的临时聚集而造成的。

这一实验首次表明,金属蛋白的氧化还原性质可以用来改变潮湿生物无机结的电子隧穿率,这些结甚至可以由位于两个金属电极之间的单分子构成。这一结果的重要意义在于,在生理条件下我们可以利用金属蛋白在分子电子学框架下的电子转移性质。所描述的装置可以被认为是配置了一个基于单分子金属蛋白的潮湿晶体管,其开关效应则通过溶液电势的电化学控制提供。

14.9.4 基于 SPM 的进一步实现

利用导电原子力显微镜(C-AFM),有可能同时探测样品的导电性和形貌。如果将金属蛋白固定在导电表面,且相对于导电针尖施加一偏压,则可以研究处于两个电极之间的蛋白质分子的导电性(图 14.33)。现在,这种检测技术的主要缺点是不能实现,而只有在水溶液环境下金属蛋白的所有功能才能得以保留。这一局限性主要是起因于感应电流,正如 EC-STM 针尖的情形,我们无法容易地对其进行限制。高感应电流会使得仅来源于从一个电极通过蛋白质传向另一个电极的电流信号变得模糊。原则上,如果仪器的发展使我们能够在水溶液环境中使用 C-AFM,我们就能拥有相对于 EC-STM 实验而言更具潜力的实验技术。实际上,在 EC-STM 实验以及目标在于从整体上研究分子转移的 STM 实验中,隧穿针尖相对于蛋白质的位置是未知的。对外加力的独立控制将提供一种非常有价值的、与确定的电极-分子接触协同工作的方式。到目前为止,利用非导电溶剂中的 C-AFM 技术,在烷基硫醇和其他有机分子的单分子级别的导电性质方面,使我们获得了非常卓越的成果[45,110,111]。

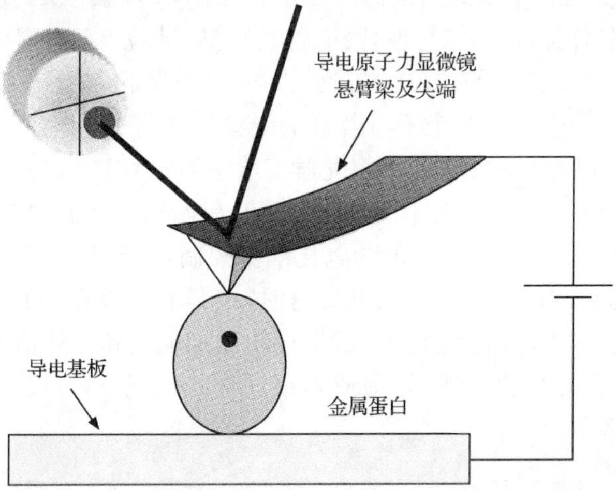

图 14.33 测定单分子金属蛋白的导电性质的导电原子力显微镜实验操作示意图

尽管如此，利用空气环境下的C-AFM，通过对金属蛋白的转移性质进行研究，仍然可以获得重要的信息。通过将铜蓝蛋白分子固定在金基底或与导电基底(通常是 HOPG)相对的金包覆针尖上，Davis 等测量了夹在导电基底和 C-AFM 针尖之间的铜蓝蛋白分子的隧穿壁垒与外力的关系[112-114]。他们发现，在较弱外力条件下(<2～3nN)，铜蓝蛋白分子是高度绝缘的，这是由于蛋白质与 AFM 针尖缺少持续的电接触。当外力增加(>3nN)时，在一较低的偏差范围内，通过铜蓝蛋白的电流随着偏压增加而线性地增加，采用 Simmons 隧穿模型或改良的模型可以很好地描述整个范围内的电流-电压特性[115]。在这一模型中，蛋白质类似一个由特定宽度和平均高度表征的隧穿壁垒。数据的高度可重复性表明，我们测量的是单个分子的转移特性。这一条件下，零偏压电阻大约为(45～60)GΩ，这要比文献[103]中实验报道的在金属电极静电控制下的非共振状态中获得的隧穿电阻高出一个数量级。随着外力的进一步增加(5～50nN)，电流继续增加直至崩溃，说明这是简单的直接隧穿，或者甚至是针尖与样品之间的直接接触。电流的提高是由于原子堆积密度增加的结果，原子堆积密度的增加将导到 β 隧穿系数和壁垒高度的降低。然而，这些实验通常缺乏测量的可重复性。当外力增加到突破极限的循环之后，随着外力的撤去，电子转移并不回到其初始值。有趣的是，随着外力的变化，转移电流可被简单地分解为由壁垒高度和隧穿距离的变化所引起的。在所有前述的实验中，蛋白阵列被看作是一层绝缘薄膜。氧化还原活性中心的存在性和氧化还原性质的可实现性对于通过较弱外力和高偏压(±3～4 V)C-AFM 实验观察负微分电阻(NDR)是密切相关的[116]。NDR 特征的存在在分子电子学框架下从整体上看是有意义的，因为它勾画出了获得二电极开关器件的可能性。在文献中，人们已经建立了 NDR 特征与所观察的纳米交结处分子的电活性之间的相互关系[117]。这一相关性与观察到的铜蓝蛋白分子的 NDR 现象有关。实际上，这种行为与 Cu^{2+} 的存在有关，这一点锌取代铜蓝蛋白对照试验中已经得到证实，且在对照实验中没有观察到这样的现象。在较强的外力条件下，未曾观察到 NDR 效应的实验表明，它与结中存在两个不可忽视的隧穿壁垒有关。然而，目前仍未建立 NDR 现象出现的电压与在铜蓝蛋白电化学实验中的典型电压之间的相关性，对这一现象还缺乏理解。此外，与通常的 NDR 效应一样，这个特征的出现要求外加一较高的偏压。最近[118]，通过对电极的电化学势控制，对于基于 STM 的结的单分子 *I-V* 曲线，人们观察到了 NDR 效应。这时，在非常低的偏压条件(相对于无静电控制的常规实验)下，人们观察到了随着偏压增加电流降低的情形，它归罪于分子氧化态的偏压诱导变化。然而，即使是在这样的情况下，有关 NDR 机理的细节，仍然存在很多争论。

14.10 金属蛋白电子学的发展趋势

在研究金属蛋白表征的最初15年里，人们试图将其运用于混合电子器件，并取得了一定的成就，由此吸引了活跃在这个领域的科学家们，同时人们也在思考这个方案是否值得进行深入。金属蛋白的独有特点，如可以在潮湿环境下操作，以及其内禀电子转移机理的相对缓慢，说明生物分子电子学将很难替代传统固态电子学。

与将这些看成负面的评论相反，这些思考促使科学家去寻找替代路线，以使生物分子电子学成为技术现实。

实际上，对潮湿环境的需求，以及这些分子所展示功能的丰富性和多样性，其发展已经成为了最先进和最具有创新性观点的基础。这就是说，科学家们现在更倾向于寻求这些分子系统的特点，利用它们实现具有独特功能的器件，而不是企图将一个生物分子系统加到他们的方案中去模仿固态电子学。

这些可能性都是与生物分子特异识别和结合等特点相联系的。总之，这些特性将取决于氧化还原生物分子的氧化态。因此，可以预见，一定会出现依赖于氧化还原态的分子黏结剂和释放剂，对这些氧化态可通过外部电子源进行调节。这一整体框架将打开一条新的通路，它预期可以实现与通过电源在分子水平上调制生物现象有关的一系列无与伦比的应用。此外，我们甚至可能设想，通过外加电位源，功能性地调控一些重要的关键生物分子，如基因表达中的转录因子。

此外，通过能够改变生物单分子结的电子隧穿率这一可能性的整体演示，从本质上说明，我们可以利用固态电子学的无机世界与生物体系相结合的这一有效实现的范式。

在这一方向上，金属蛋白电子学还存在另外一种未来发展趋势，即利用特定的酶来制备氢。以最佳的有效方式，将属于氢化酶类的酶(可能是通过工程设计)与固态金属电极结合的这一可能性，表明了可以利用特定金属蛋白的功能特性和这些年在金属蛋白电子学这一复杂领域积累起来的知识的可能性。

上述这些有限的例子，为这个迷人且充满希望的学科制定了一个未来的标准。

参考文献

[1] Grattarola, M., and Massobrio, G., Bioelectronics Handbook: MOSFETs, Biosensors, and Neurons, McGraw-Hill, Columbus, 1998.

[2] Gray, H. B. and Ellis, W., in: Electron Transport Metalloproteins in Bioinorganic Chemistry, Bertini, I. et al., Eds., University Science Books, Sausalito, CA, 1994.

[3] Cowan, J. A., Inorganic Biochemistry: An Introduction, Wiley-VCH, New York, 1997.

[4] Holm, R. H. et al., Structural and functional aspects of metal sites in biology, Chem. Rev., 96, 2239, 1996.

[5] Devault, D., Quantum Mechanical Tunnelling in Biological Systems, 2nd ed., Cambridge University Press, Cambridge, 1984.

[6] Harrison, P. M., Metalloproteins Parts I and II, Academic Press, New York, 1985.

[7] Facci, P., Single metalloprotein at work: towards a single-protein transistor, in Nano-Physics & Bio-Electronics: A New Odyssey, Chakraborty, T. et al., Eds., Elsevier, Amsterdam, 2002, 323.

[8] Marcus, R. A., Electron transfer reactions in chemistry and biology. Theory and experiments, in: Protein Electron Transfer, Bendall, D. S., Ed., BIOS Scientific Publishers, Oxford, 1996, 249.

[9] Marcus, R. A., and Sutin, N, Electron transfer in chemistry and biology, Biochim. Biophys. Acta, 811, 265, 1985.

[10] Devault D., Quantum Mechanical Tunnelling in Biological Systems, Cambridge University Press, Cambridge, 1984.

[11] Moser, C. C. et al., Nature of biological electron transfer, Nature, 335, 796, 1992.

[12] Moser, C. C. and Dutton, P. L., Outline of theory of protein electron transfer, in: Protein Electron Transfer, Bendall, D. S., Ed., BIOS Scientific Publisher, Oxford, 1996.

[13] Marcus, R. A., On the theory of oxidation-reduction reactions involving electron transfer: I, J. Chem. Phys., 24, 966, 1956.

[14] Page, C. C. et al., Natural engineering principles of electron tunnelling in biological oxidation-reduction, Nature, 402, 47, 1999.

[15] Jones, M. L. et al., The nature of tunneling pathway and average packing density models for protein mediated electron transfer, J. Phys. Chem. A, 106, 2002, 2002.

[16] Beratan, D. N. et al., Protein electron-transfer rates set by the bridging secondary and tertiary structure, Science, 252, 1285, 1991.

[17] Adman, E. T., Copper protein structures, Adv. Protein Chem., 42, 145, 1991.

[18] Bendall, D. S., Interprotein electron transfer, in: Protein Electron Transfer, Bendall D. S., Ed., BIOS Scientific Publisher, Oxford, 1996.

[19] Nar, H. et al., Crystal structure analysis of oxidized *Pseudomonas aeruginosa* azurin at pH 5.5 and pH 9.0. A pH-induced conformational transition involves a peptide bond flip, J. Mol. Biol., 221, 765, 1991.

[20] Brill, A. S., Transition Metals in Biochemistry, Springer, Berlin, 1977.

[21] Chi, Q. et al., Electrochemistry of self-assembled monolayers of the blue copper protein *Pseudomonas aeruginosa* azurin on Au(111), Electrochem. Commun., 1, 91, 1999.

[22] Lide, D. R., Ed., CRC Handbook of Chemistry and Physics, 74th ed., CRC Press, Boca Raton, FL, 1993.

[23] Di Felice, R. et al., DFT study of cysteine adsorption on Au(111), J. Phys. Chem. B, 107, 1151, 2003.

[24] Schnyder, B. et al., Comparison of the self-chemisorption of azurin on gold and on functionalized oxide surfaces, Surf. Interface Anal., 34, 40, 2002.

[25] Lange, C. and Hunte, C., Crystal structure of the yeast cytochrome bc(1) complex with its bound substrate cytochrome *c*, Proc. Natl. Acad. Sci. USA, 99, 2800, 2002.

[26] Saraste, M., Oxidative phosphorylation at the fin de siecle, Science, 283, 1488, 1999.

[27] Pascher, T. et al., Protein folding triggered by electron transfer, Science, 271, 1558, 1996.

[28] Banci, L. and Assfalg, M., in: Handbook of Metalloproteins, vol. 1, Messerschmidt, A. et al., Eds., Wiley, Chichester, 2001.

[29] Banci, L. et al., Mitochondrial cytochromes *c*: a comparative analysis, J. Biol. Inorg. Chem., 4, 824,1999.

[30] Brayer, G. D. and Murphy, M. E. P., in: Cytochrome *c*: A Multidisciplinary Approach, Scott, R. A., and Mauk, A. G., Eds., University Science Book, Sausalito, CA, 1996; part II, 103.

[31] Koppenol, W. H. and Margoliash, E., The asymmetric distribution of charges on the surface of horse cytochrome c. Functional implications, J. Biol. Chem., 257, 4426, 1982.

[32] Bard, A. J. and Faulkner, L. R., Electrochemical Methods—Fundamentals and Applications, 2nd ed., JohnWiley & Sons, New York, 2000.

[33] Armstrong, F. A. et al., Reactions of complex metalloproteins studied by protein-film voltammetry, Chem. Soc. Rev., 26, 169, 1997.

[34] Nahir, T. M., and Bowden, E. F., The distribution of standard rate constants for electron transfer between thiol-modified gold electrodes and adsorbed cytochrome *c*, J. Electroanal. Chem., 410, 9,1996.

[35] Brunschwig, B. S. and Sutin., N., Directional electron transfer: conformational interconversions and their effects on observed electron-transfer rate constants, J. Am. Chem. Soc., 111, 7454, 1989.

[36] Weber, K., and Creager, S. E., Voltammetry of redox-active groups irreversibly adsorbed onto electrodes. Treatment using the Marcus relation between rate and over potential, Anal. Chem., 66, 3164,1994.

[37] Khoshtariya, D. E. et al., Charge-transfer mechanism for cytochrome *c* adsorbed on nanometer thick films. Distinguishing frictional control from conformational gating, J. Am. Chem. Soc., 125, 7704,2003.

[38] Avila, A. et al., An electrochemical approach to investigate gated electron transfer using a physiological model system: Cytochrome *c* immobilized on carboxylic acid-terminated alkanethiol selfassembled monolayers on gold electrodes, J. Phys. Chem. B, 104, 2759, 2000.

[39] Binnig, G. et al., Atomic force microscope, Phys. Rev. Lett., 56, 930, 1986.

[40] Colton, R. J. et al., Eds., Procedures in Scanning Probe Microscopy, Wiley, New York, 1998.

[41] Giessibl, F. J., Advances in atomic force microscopy, Rev. Mod. Phys., 75, 949, 2003.

[42] Meyer, G. and Amer, N. M., Novel optical approach to atomic force microscopy, Appl. Phys. Lett., 53, 1045, 1988.

[43] Zhong, Q. et al., Fractured polymer/silica fiber surface studied by tapping mode atomic force microscope, Surf. Sci. Lett., 290, L688, 1993.

[44] De Wolf, P. et al., Two-dimensional carrier profiling of InP structures using scanning spreading resistance microscopy, App. Phys. Lett., 73, 2155, 1998.

[45] Cui, X. D. et al., Reproducible measurement of single-molecule conductivity, Science, 294, 571,2001.

[46] Binnig, G. et al., Surface studies by scanning tunneling microscopy, Phys. Rev. Lett., 49, 57, 1982.

[47] Bonnell, D. A., Ed., Scanning Tunneling Microscopy and Spectroscopy: Theory, Techniques, and Applications, Weinheim, VCH, Verlagsgesellschaft, 1993.

[48] Chen, C. J, Introduction to Scanning Tunneling Microscopy, Oxford University Press, Oxford,1993.

[49] Sonnenfeld, R. and Hansma, P. K., Atomic-resolution microscopy in water, Science, 232, 211, 1986.

[50] Lustenberger, P. et al., Scanning tunneling microscopy at potential controlled electrode surfaces in electrolytic environment, J. Electroanal. Chem., 248, 451, 1988.

[51] Itaya, K. and Tomita, E., Scanning tunneling microscope for electrochemistry—a new concept for the in situ scanning tunneling microscope in electrolyte solutions, Surf. Sci., 201, L507, 1988.

[52] Siegenthaler, H. and Christoph, R., in Scanning Tunneling Microscopy and Related Methods, Behm, R. J. et al., Eds., NATO ASI Series E, Vol 184, Kluwer, Dordrecht, 1990.

[53] Thundat, T. et al., Modification of tantalum surfaces by scanning tunneling microscopy in an electrochemical cell, J. Vac. Sci. Technol. A, 8, 3537, 1990.

[54] Bach, C. E. et al., Effective insulation of scanning-tunneling-microscopy tips for electrochemical studies using an electropainting method, J. Electrochem. Soc., 140, 1281, 1993.

[55] Christoph, R. et al., *In situ* scanning tunneling microscopy at potential controlled Ag(100) substrates, Electrochim. Acta, 34, 1011, 1989.

[56] Kolb, D. M., Reconstruction phenomena at metal-electrolyte interfaces, Prog. Surf. Sci., 51, 109,1996.

[57] Tao, N. J., Probing potential-tuned resonant tunneling through redox molecules with scanning tunneling microscopy, Phys. Rev. Lett., 76, 4066, 1996.

[58] Willner, I. and Katz., E., Integration of layered redox proteins and conductive supports for bioelectronic applications, Angew. Chem. Int. Ed., 39, 1180, 2000.

[59] Lösche, M., Protein monolayers at interfaces, Curr. Opin. Solid State Mater. Sci., 2, 546, 1997.

[60] Gun, J. et al., On the formation and structure of self-assembling monolayers: II. A comparative study of Langmuir-Blodgett and adsorbed films using ellipsometry and IR reflection-absorption spectroscopy, J. Colloid Interface Sci., 101, 201, 1984.

[61] Kessel, C. R. and Granick, S., Formation and characterization of a highly ordered and well anchored alkylsilane monolayer on mica by self-assembly, Langmuir, 7, 532, 1991.

[62] Gun, J. and Sagiv, J., On the formation and structure of self-assembling monolayers: III. Time of formation, solvent retention, and release, J. Colloid Interface Sci., 112, 457, 1986.

[63] Sagiv, J., Organized monolayers by adsorption: Formation and structure of oleophobic mixed monolayers on solid surfaces, J. Am. Chem. Soc., 102, 92, 1980.

[64] Angst, D. L. and Simmons, G. W., Moisture absorption characteristics of organosiloxane selfassembled monolayers, Langmuir, 7, 2236, 1991.

[65] Le Grange, J. D. et al., Effects of surface hydration on the deposition of silane monolayers on silica, Langmuir, 9, 1749, 1993.

[66] Cras, J. J. et al., Comparison of chemical cleaning methods of glass in preparation for silanization, Biosens. Bioelectron., 14, 683, 1999.

[67] Hong, H. G. et al., Cysteine-specific surface tethering of genetically engineered cytochromes for fabrication of metalloprotein nanostructures, Langmuir, 10, 153, 1994.

[68] Ledung, G. et al., A novel method for preparation of disulfides on silicon, Langmuir, 17, 6056, 2001.

[69] Love, J. C. et al., Self-assembled monolayers of thiolates on metals as a form of nanotechnology, Chem. Rev., 105, 1103, 2005.

[70] Ulman, A., Formation and structure of self-assembled monolayers, Chem. Rev., 96, 1533, 1996.

[71] Biebuyck, H. A. et al., Comparison of organic monolayers on polycrystalline gold spontaneously assem-

bled from solutions containing dialkyl disulfides or alkanethiols, Langmuir, 10, 1825, 1994.

[72] Rao, S. V. et al., Oriented immobilization of proteins, Mikrochim. Acta, 128, 127, 1998.

[73] Ferretti, S. et al., Self-assembled monolayers: a versatile tool for the formulation of bio-surfaces, Trends Anal. Chem., 19, 530, 2000.

[74] Gaines Jr, G. L., Insoluble Monolayers at Liquid-Gas Interfaces, John Wiley & Sons, New York, 1966.

[75] Stayton, P. S. et al., Genetic engineering of surface attachment sites yields oriented protein monolayers, J. Am. Chem. Soc., 114, 9298, 1992.

[76] Johnson, D. L. and Martin, L. L., Controlling protein orientation at interfaces using histidine tags: An alternative to Ni/NTA, J. Am. Chem. Soc., 127, 2018, 2005.

[77] Kim, K. et al., Electrochemically induced and controlled one-step covalent coupling reaction on self-assembled monolayers, Langmuir, 20, 3821, 2004.

[78] Bunimovich, Y. L. et al., Electrochemically programmed, spatially selective biofunctionalization of silicon wires, Langmuir, 20, 10630, 2004.

[79] Kim, K. H. et al., Protein patterning based on electrochemical activation of bioinactive surfaces with hydroquinone-caged biotin, J. Am. Chem. Soc., 126, 15368, 2004.

[80] Yeo, W.-S. and Mrksich, M., Electroactive substrates that reveal aldehyde groups for bioimmobilization, Adv. Mater., 16, 1352, 2004.

[81] Devaraj, N. K. et al., Selective functionalization of independently addressed microelectrodes by electrochemical activation and deactivation of a coupling catalyst, J. Am. Chem. Soc., 128, 1794, 2006.

[82] Scott, R. A. and Mauk, A. G., Cytochrome *c*: A Multidisciplinary Approach, University Science Book, Sausalito, CA, 1995.

[83] Amador, S. M. et al., Use of self-assembled monolayers to covalently tether protein monolayers to the surface of solid substrates, Langmuir, 9, 812, 1993.

[84] Wood, L. L. et al., Molecular orientation distributions in protein films: Site-directed immobilization of yeast cytochrome *c* on thiol-capped self-assembled monolayers, J. Am. Chem. Soc., 119, 571, 1997.

[85] Gerunda, M. et al., Grabbing yeast iso-1-cytochrome *c* by Cys102: An effective approach for the assembly of functionally active metalloprotein carpets, Langmuir, 20, 8812, 2004.

[86] Stayton, P. S. et al., Genetic engineering of surface attachment sites yields oriented protein monolayers, J. Am. Chem. Soc., 114, 9298, 1992.

[87] Heering, H. A. et al., Direct immobilization of native yeast iso-1-cytochrome *c* on bare gold: Fast electron relay to redox enzymes and zeptomole protein-film voltammetry, J. Am. Chem. Soc., 126, 11103, 2004.

[88] Bortolotti, C. A., et al., The redox chemistry of the covalently immobilized native and low-pH forms of yeast iso-1-cytochrome *c*, J. Am. Chem. Soc., 128, 5444, 2006.

[89] Chi, Q. et al., Molecular monolayers and interfacial electron transfer of *Pseudomonas aeruginosa* azurin on Au(111), J. Am. Chem. Soc., 122, 4047, 2000.

[90] Facci, P. et al., Potential-induced resonant tunneling through a redox metalloprotein investigated by electrochemical scanning probe microscopy, Ultramicroscopy, 189, 291, 2000.

[91] Alessandrini, A. et al., Electron tunnelling through azurin is mediated by the active site Cu ion, Chem. Phys. Lett., 376, 625, 2003.

[92] Andolfi, L. et al. , The electrochemical characteristics of blue copper protein monolayers on gold, J. Electroanal. Chem. , 565, 21, 2004.

[93] Davis, J. J. et al. , Genetic modulation of metalloprotein electron transfer at bare gold, Chem. Commun. ,5, 576, 2003.

[94] Davis, J. J. et al. , Protein adsorption at a gold electrode studied by *in situ* scanning tunneling microscopy, New J. Chem. , 1119, 1998.

[95] Facci, P. et al. , Formation and characterization of protein monolayers on oxygen-exposing surfaces by multiple-step self-chemisorption, Surf. Sci. , 504, 282, 2002.

[96] Alessandrini, A. et al. , Tuning molecular orientation in protein films, Surf. Sci. , 542, 64, 2003.

[97] Rieley, H. et al. , X-ray studies of self-assembled monolayers on coinage metals: Alignment and photooxidation in 1,8-octanedithiol and 1-octanethiol on Au, Langmuir, 14, 5147, 1998.

[98] Schmickler, W. , Investigation of electrochemical electron-transfer reactions with a scanning tunneling microscope—A theoretical study, Surf. Sci. , 295, 43, 1993.

[99] Schmickler, W. and Widrig, C. , The investigation of redox reactions with a scanning tunneling microscope—Experimental and theoretical aspects, J. Electroanal. Chem. , 336, 213, 1992.

[100] Gerischer, H. , Uber den Ablauf von Redoxreaktionen an Metallen und an Halbleitern II. Metall-Elektroden, Z. Phys. Chem. NF, 26, 325, 1960.

[101] Corni, S. , The reorganization energy of azurin in bulk solution and in the electrochemical scanning tunneling microscopy setup, J. Phys. Chem. B, 109, 3423, 2005.

[102] Friis, E. P. et al. , An approach to long-range electron transfer mechanisms in metalloproteins: In situ scanning tunneling microscopy with submolecular resolution, Proc. Natl. Acad Sci. USA, 96, 1379,1999.

[103] Zhang, J. et al. , Electronic properties of functional biomolecules at metal/aqueous solution interfaces, J. Phys. Chem. B, 106, 1131, 2002.

[104] Friis, E. P. et al. ,*In situ* scanning tunneling microscopy of a redox molecule as a vibrationally coherent electronic three-level process, J. Phys. Chem. A, 102, 7851, 1998.

[105] Zhang, J. et al. , Electrochemistry and bioelectrochemistry towards the single-molecule level: Theoretical notions and systems, Electrochim. Acta, 50, 3143, 2005.

[106] Rinaldi, R. et al. , Solid-state molecular rectifier based on self-organized metalloproteins, Adv. Mater. , 14, 1449, 2002.

[107] Rinaldi, R. et al. , Electronic rectification in protein devices, Appl. Phys. Lett. , 82, 472, 2003.

[108] Maruccio, G. et al. , Towards protein field-effect transistors: Report and model of a prototype, Adv. Mat. , 17, 816, 2005.

[109] Alessandrini, A. et al. , Single-metalloprotein wet biotransistor, Appl. Phys. Lett. , 86, 133902, 2005.

[110] Wold, D. J. and Frisbie, C. D. , Formation of metal-molecule-metal tunnel junctions: Microcontacts to alkanethiol monolayers with a conducting AFM tip, J. Am. Chem. Soc. , 122, 2970, 2000.

[111] Xu, B. et al. ,Measurements of single-molecule electromechanical properties, J. Am. Chem. Soc. , 125, 16164, 2003.

[112] Zhao, J. and Davis, J. J. , Force dependent metalloprotein conductance by conducting atomic force microscopy, Nanotechnology, 14, 1023, 2003.

[113] Zhao, J. et al., Exploring the electronic and mechanical properties of protein using conducting atomic force microscopy, J. Am. Chem. Soc., 126, 5601, 2004.

[114] Zhao, J. and Davis, J. J., Molecular electron transfer of protein junctions characterised by conducting atomic force microscopy, Colloids Surf. B, 40, 189, 2005.

[115] Simmons, J. G., Generalized formula for the electric tunnel effectbetweensimilar electrodes separated by a thin insulating film, J. Appl. Phys., 34, 1793, 1963.

[116] Davis, J. J. et al., Metalloprotein tunnel junctions: Compressional modulation of barrier height and transport mechanism, Faraday Discuss., 131, 167, 2006.

[117] Gorman, C. B. et al., Negative differential resistance in patterned electroactive self-assembled monolayers, Langmuir, 17, 6923-6930, 2001

[118] Chen, F. et al., A molecular switch based on potential-induced changes of oxidation state, Nano Lett., 5, 503, 2005.

15 生物分子与半导体纳米环中非线性和空间离散导致的电荷输运与局域化·中性激子的 Aharonov-Bohm 效应

F. Palmero，J. Cuevas，F. R. Romero，
J. C. Eilbeck，R. A. Römer，J. Dorignac 著

解士杰 译

摘要：

在本章中，我们描述了近期对有关空间离散系统中振动能与电荷的非线性局域化的一些研究工作。介绍了DNA分子中的极化子电荷输运机理，以及Peyrard-Bishop-Holstein模型中的极化呼吸子解的存在和稳定性。此外，还综述了纳米环结构中的电中性激子（电子空穴对的耦合态）的一个晶格模型，展示了当体系处于磁场环境中时，这种电中性的载流子存在Aharonov-Bohm振荡行为。这些结果将有助于在实验中证实激子的A-B效应。

15.1 引　言

近年来，空间离散体系中的晶格振动能、电荷和磁通的非线性局域性被广泛关注（有关理论、实验及其潜在应用价值的相关综述见引文[1-5]）。

在本章中，我们总结了在此领域的一些研究成果，尤其是在DNA分子中关于极化子电荷输运机理、Peyrard-Bishop-Holstein模型中极化呼吸子的存在及稳定性以及二维相互吸引费密子Hubbard模型中纳米环内电子空穴对性质等方面的研究工作。特别地，我们证实了在这个模型中存在电子-空穴对激子束缚态，研究了它对磁通变化的敏感性。这些结果有助于在实验中证实激子的A-B效应。

本章的主要内容安排如下：在15.2节中，采用非线性三维半经典的紧束缚模型，介绍了DNA分子中极化子传输机理。在15.3节中，讨论了Peyrard-Bishop-Holstein模型中极化呼吸子的存在及稳定性。最后，在15.4节中，我们采用二维相互吸引费密子Hubbard模型，揭示了纳米环中的激子存在Aharonov-Bohm振荡行为。

15.2 DNA分子中的极化子电荷输运

自1953年James Watson和Francis Crick发现DNA分子的双螺旋结构以来，人们掀起了对DNA分子及其基因密码的研究热潮，这使得生命科学与生物技术中的很多潜在应用成为可能。作为基因信息的表达形式DNA分子存储了功能性蛋白质的编码，最近科学家对于这之外的一些潜在应用价值产生了越来越浓厚的兴趣。这些潜在应用暗示了高交叉性新型学科的产生，涵盖了生物学、物理学、工程学、化学、数学以及计算机科学等。本章中，我们将着重介绍纳米结构的构建、DNA计算机、DNA存储器和DNA电子学。

DNA分子一个非常有趣的应用是作为构建复杂结构的纳米元件，如将这种具有药理性意义的生物分子周期性地排列起来，形成“晶格”，然后对其采用规范的晶体学方法进行研究，或将其制成“纳米电路板”，并可根据需求增加不同的纳米元器部件。DNA 分子的精密结构可被用来制作传感器件或不同性能的纳米器件[6]。据我们所知，目前的技术已经可以实现小于 20nm 间距的二维阵列[7]、三维结构[8]，折叠长的单链 DNA 分子，构成任意的二维结构[9]，以及其他一些具有广泛应用价值的分子器件结构。

DNA 分子的其他可能的技术应用涉及 DNA 计算机和 DNA 计算。DNA 分子与图灵机(一种处理和储存信息的理论器件)工作原理的相似性表明，我们可以实现 DNA 分子的计算功能。通常来说，DNA 计算机的运行类似于并行计算机的运行，其优点在于可以利用不同的 DNA 分子同时进行不同的计算。在此领域，Adleman 等开始着手于解决所谓的哈密顿路径问题[10]，以实现演化过程中的信息处理和可控环境下的信息复制。他们通过实验可以构建出图灵机，甚至开发出具有治疗疾病功能的具有不同输入输出单元的 DNA 计算机[11]。此外，分子逻辑门对纳米计算机的发展有至关重要的作用。DNA 分子在制造逻辑门执行逻辑命令(与、非、或)方面非常具有利用价值[12,13]。关于 DNA 计算机方面的综述文章，请参见参考文献[14,15]。

另外，DNA 是由四种碱基对(核苷酸)腺嘌呤 (A)、鸟嘌呤 (G)、胞嘧啶 (C)和胸腺嘧啶(T) 以 0.35nm 等间距排列而成的分子链，信息密度可达 1 字节/nm^3 或 10^{18}字节/[g(DNA 分子)][16]。因此，DNA 分子的这些特征可以使其用于制造经济、长效的信息存储介质。实际上，它已经在编码 DNA 分子链中得以实现，隐藏在打印文件的圆点之后，密封并通过美国邮政局邮寄，并最终可以恢复[17]。最新基因工程的发展，允许我们将外来的 DNA 分子注入生命体细胞内，并且可以将信息编码到人工合成的 DNA 序列中，安全有效地将信息存储在生命本体中。这种生命有机体可以生长和繁殖，并最终可以将信息从有机体中重新检索出来[18]。目前，基于 DNA 的有机分子信息存储技术尚在研发过程中，这是一项非常具有挑战性的工作。

在纳米技术领域，基于生物分子电荷输运的分子电子学正引起广泛的关注。材料科学家指出，由于 DNA 分子具有理想的分子结构和自识别特性，可以使其自组装成具有明确构型的分子器件，因此，DNA 分子对分子技术的发展具有非常重要的意义[19]。同时，DNA 分子稳定的软性一维结构可以用来设计电子器件[20-25]，根据其不同的电荷输运性质，可以制造分子线、晶体管开关或整流器等[23,26,27]。例如，一些序列的分子具有 p 型半导体特征，而另外一些分子具有 n 型半导体特征[28]。短链 DNA 序列可以形成所有复合式的 p-n 特征，因此，将这些序列进行组合，可以制造出高效的逻辑元件。DNA 分子的导电特性可以使其制造出相对半导体更加快速、轻便、节能的电子器件，是分子电子学的优选材料。

此外，电荷输运对 DNA 分子的生物学功能也有重要作用，如生物合成和辐射损伤后的DNA修复。此外，它还对生命体变异和自由基迁移引起的癌变研究具有至关重要的作用，对损伤预防和修复都具有重要意义[29-31]。同时，电荷输运已经被证实存在于希拉(HeLa)细胞核[32]和类核核芯粒子中，它对已知基因序列的遗传病筛选提供了一种实际的方法，并同时也为杂交阵列提供了一种变通的方法[33]。

目前，DNA分子的电荷输运性质仍缺乏明确的图像。实验结果也存在争议，不同的碱基对序列、排列甚至外部环境都有可能影响它的导电性质[20,34]。DNA分子可以是良好的一维分子导线[21,22]、绝缘体[24]或半导体[25]。通常电荷载流子在DNA分子链中的跃迁距离至少为若干纳米，但是目前还没有发现更长距离电荷输运的相关报道。

有研究指出，DNA分子中的电荷是在相邻碱基对的 π 轨道交叠形成的一维通道中进行传递[35]，它可被看作“分子线”，即由碱基对堆垛缠绕形成的一维软结构链[36]。为了解释不同的实验结果，人们研究了各种不同的导电机理，如相干隧穿[35]、声子辅助的非相干性跃迁[37]、热涨落下的经典扩散理论[38]、局域态间的变程跃迁[39]、带电孤子和极化子的跃迁[41,42]。

本章中，我们将基于简单的紧束缚模型，着重介绍近期一些关于DNA分子中电荷输运的极化子跃迁机理的相关研究成果。

15.2.1 DNA链的类极化子输运模型

为了描述DNA分子的动力学性质，我们考虑一个改进的开端螺旋模型[43,45]，这个模型是对Peyrard-Bishop模型修正的结果，充分考虑了分子的螺旋结构和碱基对距离变化引起的扭转形变。各核苷酸和碱基被看作一个单一不可形变的实体，质量为 m，是各种碱基质量的平均值。我们的研究重点在于碱基对的振动，而非声学运动，因此我们固定碱基对的质心不动(即限制碱基对内的两个碱基只能相对轴向作对称运动)。DNA分子轴向上的结构相对于碱基对平面内的结构更加不会产生形变，因此，相邻碱基对平面间的垂直距离可以设定为固定不变[43]。

在这个模型中，所有键的势能均考虑为简谐形式。这一假定是合理的，因为电荷输运是与双链结构的微小形变关联在一起。此外，由于角度扭转和径向振动是在两个不同的时间尺度上运动，在简谐近似中，这两者可以看作相互独立的运动自由度[46]。因此，第 n 个碱基对的位置坐标可以表示为 (r_n, ϕ_n)，其中，r_n 为碱基对径向偏离平衡值 R_0 的位移，ϕ_n 为角度偏离平衡值的位移。模型示意图如图15.1所示。

系统的哈密顿量由三部分组成：$\hat{H} = \hat{H}_{el} + \hat{H}_{rad} + \hat{H}_{twist}$。式中，$\hat{H}_{el}$ 为用紧束缚模型描述的电子项；$\hat{H}_{el} = \sum_n E_n \mid n\rangle\langle n \mid - V_{n-1,n} \mid n-1\rangle\langle n \mid - V_{n+1,n} \mid n+1\rangle$

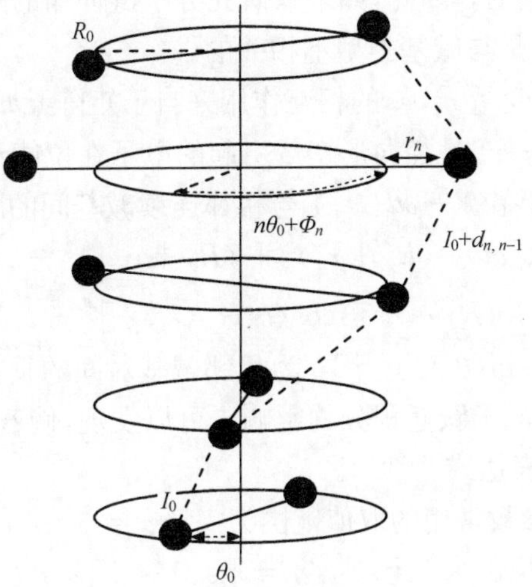

图 15.1 模型示意图。实心圆圈代表碱基。文中提及的变量如图所示

$\langle n|$,$|n\rangle$ 为第 n 个碱基对上的电荷载流子定域态；参量 $\{V_{n,n-1}\}$ 为相邻碱基对之间的电子跃迁积分，$\{E_n\}$ 为在位能量矩阵元(energy onsite matrix element)。电子态由 $|\Psi\rangle=\sum_n c_n(t)|n\rangle$ 给出，$c_n(t)$ 为在 $|n\rangle$ 上发现电子的概率振幅。$\{c_n(t)\}$ 的含时演化通过薛定谔方程 $i\hbar(\partial\Psi/\partial t)=\hat{H}_{\mathrm{el}}|\Psi\rangle$ 得到。

核苷酸(碱基)是大分子，相对带电粒子而言其运动较慢；因此，晶格振动可以做经典处理，经典的 $\hat{H}_{\mathrm{rad}}$ 和 $\hat{H}_{\mathrm{twist}}$ 描述了哈密顿量中晶格径向和扭转运动部分。形式如下(省略顶标)：

$$H_{\mathrm{rad}}=\sum_n\left[\frac{1}{2M}(p_n^r)^2+\frac{1}{2}M\Omega_r^2\right] \tag{15.1}$$

$$H_{\mathrm{twist}}=\sum_n\left[\frac{1}{2J}(p_n^{\varphi})^2+\frac{J\Omega_\phi^2}{2}(\phi_n-\phi_{n-1})^2\right] \tag{15.2}$$

式中，p_n^r 和 p_n^ϕ 分别为径向和角度坐标的共轭动量；M 和 J 分别为碱基对的约化质量和惯性力矩；m 为核苷酸的平均质量；Ω_r 为线性幅向振动频率，与氢键的强度成正比。

本章研究的电荷输运性质，主要是限于仅有一种碱基对的均匀 DNA 分子链中，或者在均匀 DNA 分子中的某一位置处存在一个不同类型的碱基对。由于 G—C 和 A—T 碱基对中分别存在三条氢键和两条氢键，可以假设两种碱基对的弹性系数比例为 3/2。对 C—G 和 A—T 碱基对，分别选取 $b_n=1.2$ 和 $b_n=0.8$[47]。线性扭转频率为 Ω_ϕ，相邻碱基对之间的偏离平衡值 θ_0 的角度表示为 $\theta_{n,n-1}=\phi_n-\phi_{n-1}$。

通常，不同核苷酸的电离势是不同的，为 0.2～1.0eV[48]，这意味着各碱基对

的在位能 E_n^0 是不相同的。因此，如果只研究分子链伸缩的几何作用对电荷输运的影响，则可以认为 E_n^0 是与碱基类型不相关的。

电荷变量与结构变量 r_n，ϕ_n 的相互作用来自于矩阵元 E_n 和 $V_{n,n-1}$ 对结构变量的依赖性。$E_n = E_n^0 + kr_n$ 是径向形变量引起的电子在位能 $\{E_n^0\}$ 的变化[49]。电子跃迁矩阵元 $V_{n,n-1} = V_0(1-\alpha d_{n,n-1})$ 与相邻连续碱基间的距离 $d_{n,n-1}$ 有关

$$d_{n,n-1} = [a^2 + (R_0 + r_n)^2 + (R_0 + r_{n-1})^2 - 2(R_0 + r_n)(R_0 + r_{n-1})\cos(\theta_0 + \theta_{n,n-1})]^{\frac{1}{2}} - l_0 \tag{15.3}$$

式中，$l_0 = [a^2 + 4R_0^2\sin(\theta_0/2)]^{1/2}$，$a$ 为相邻碱基对间的垂直距离。参数 α 描述了核苷酸之间的距离对电子跃迁积分的影响。可以发现，倘若扰动足够小，则可以得到一个线性的 $d_{n,n-1}$ 表达式[42,50,51]。

DNA 分子各个参数常用的取值范围为[44,52] $a = 3.4\text{Å}$，$M = 4.982\times10^{-25}\text{kg}$，$R_0 = 10\text{Å}$，$\Omega_r = [6\sim8]\times10^{12}\text{s}^{-1}$，$\Omega_\phi = [0.5\sim1]\times10^{10}\text{s}^{-1}$ 和 $\theta_0 = 36°$。这里，我们假设 $V_0 = 0.1\text{eV}$，它被广泛采用并可再现 *ab initio* 计算结果和实验结果[36,53]。

参数 α 和 k 的取值没有可靠的数据支持，根据一些相关研究，参数 k 的取值可以固定不变，而参数 α 可认为是一个可调参数。最近，我们做了一些量子化学计算来确定参数 α 和 k 的取值[54]，估算出的耦合参数不同于先前的结果。采用固定参数 k 和可调参数 α 的计算结果将在接下来的三个分节中介绍，采用最新计算出的可靠耦合参数 α 和 k 的计算结果则将在最后一个分节中介绍。

将时间无量纲化 $\tilde{t}\to\Omega_r t$，同时引入无量纲参数 $\tilde{r}_n\to r_n(M\Omega_r^2/V_0)^{1/2}$，$\tilde{k}_n\to k_n/(M\Omega_r^2V_0)^{1/2}$，$\tilde{E}_n = E_n/V_0$，$\tilde{\Omega} = \Omega_\phi/\Omega_r$，$\tilde{V} = V_0/(J\Omega_r^2)$，$\tilde{\alpha} = \alpha(V_0/M\Omega_r^2)^{1/2}$，$\tilde{R}_0 = R_0(M\Omega_r^2/V_0)^{1/2}$。去掉波浪标号，则系统的运动方程为

$$\mathrm{i}\tau\dot{c}_n = (E_n + kr_n)c_n - (1-\alpha d_{n+1,n})c_{n+1} - (1-\alpha d_{n,n-1})c_{n-1} \tag{15.4}$$

$$\ddot{r}_n = -b_nr_n - k|c_n|^2 - \alpha\left[\frac{\partial d_{n,n-1}}{\partial r_n}(c_n^*c_{n-1} + c_nc_{n-1}^*) + \frac{\partial d_{n+1,n}}{\partial r_n}(c_{n+1}^*c_n + c_{n+1}c_n^*)\right] \tag{15.5}$$

$$\ddot{\phi}_n = -\Omega^2(2\phi_n - \phi_{n-1} - \phi_{n+1}) - \alpha V\left[\frac{\partial d_{n,n-1}}{\partial\phi_n}(c_n^*c_{n-1} + c_nc_{n-1}^*) + \frac{\partial d_{n+1,n}}{\partial\phi_n}(c_{n+1}^*c_n + c_{n+1}c_n^*)\right] \tag{15.6}$$

式中，$\tau = \hbar\Omega_r/V_0$ 描述了电子的快速运动与键的缓慢运动之间的时间分离尺度。特别地，若 $\alpha = 0$ 且 $E_n = E_0$，则耦合的运动方程描述的是被广泛研究的极化子运动的一维 Holstein 体系；若 $\alpha = k = 0$ 且将 E_n 无序取值，则得到 Anderson 模型。在所有情况下，E_0c_n 可以通过变化公式 $c_n\to\exp(\mathrm{i}E_0l/\tau)c_n$ 得以消除。

使用哈密顿量中电子分布的期望值，新的哈密顿量 $\overline{H} = \langle \phi \mid \overline{H} \mid \rangle / V_0$ 可以表示为

$$\overline{H} = \sum_n \left\{ \frac{1}{2}(\dot{r}_n^2 + b_n r_n^2) + \frac{R_0^2}{2}[\dot{\phi}_n^2 + \Omega^2(\phi_n - \phi_{n-1})^2] + (E_n^0 + kr_n)|c_n|^2 - (1 - \alpha d_{n,n-1})(c_n^* c_{n-1} + c_n c_{n-1}^*) \right\} \tag{15.7}$$

15.2.2 类极化子的静态解

对这个 DNA 模型的非线性电荷输运的研究，我们需要关注式(15.4)至(15.6)中局域的静态解。由于绝热系数 τ 较小，变化最快的变量是 $\{c_n\}$，其特征频率（非耦合系统的线性频率）在 $1/\tau \sim 19$ 量级；其次是 $\{r_n\}$，特征频率为 1；最后是 $\{\phi_n\}$，特征频率为 $\Omega_\phi \sim 0.11$。在玻恩-奥本海默近似下，为了得到静态局域解，可以初步假设 r_n 和 ϕ_n 是常数。为了这一目的，我们有必要采用文献[49,55]中改进的数值方法。将 $c_n = \Phi_n \mathrm{e}^{-\mathrm{i}Et/\tau}$ 代入公式(15.4)，其中 Φ_n 与时间无关，由此得到一个非线性差分系统 $E\Phi = \hat{A}\Phi$，其中 $\Phi = (\Phi_1, \cdots, \Phi_N)$，从中可以建立一个映射 $\Phi' = \hat{A}\Phi / \|\hat{A}\Phi\|$，其中 $\|\cdot\|$ 是平方归一化。

所以，利用式(15.4)至式(15.6)，静态解必须是此映射的收缩解

$$r'_n = -\frac{k}{b_n}|c_n|^2 \tag{15.8}$$

$$-\frac{\alpha}{b_n}\left[\frac{\partial d_{n,n-1}}{\partial r_n}(c_n^* c_{n-1} + c_n c_{n-1}^*) + \frac{\partial d_{n+1,n}}{\partial r_n}(c_{n+1}^* c_n + c_{n+1} c_n^*)\right] \tag{15.9}$$

$$\phi'_n = \frac{1}{2}(\phi_{n+1} + \phi_{n-1}) - \frac{\alpha V}{2\Omega^2}\left[\frac{\partial d_{n,n-1}}{\partial \phi_n}(c_n^* c_{n-1} + c_n c_{n-1}^*) + \frac{\partial d_{n+1,n}}{\partial \phi_n}(c_{n+1}^* c_n + c_{n+1} c_n^*)\right] \tag{15.10}$$

$$c'_n = \frac{[(E_n + kr'_n)c_n - (1 - \alpha d'_{n+1,n})c_{n+1} - (1 - \alpha d'_{n,n-1})c_{n-1}]}{\|\{(E_n + kr'_n)c_n - (1 - \alpha d'_{n+1,n})c_{n+1} - (1 - \alpha d'_{n,n-1})c_{n-1}\}\|} \tag{15.11}$$

式中，$d' = d(r', \phi')$。起点是由 $c_n = \delta_{n,0}$，$r_n = 0$ 和 $\phi_n = 0$ 给出的完全局域态。反复应用这个映射直到收敛。这样，用此方法可以得到静态解及其能量 E。

我们研究了均匀情况 ($E_n^0 = E_0$) 和随机情况，随机分布满足 $E_n^0 \in [-\Delta E, \Delta E]$。不同大小的 ΔE 意味着不同程度的在位能无序度。图 15.2 给出了一个典型的基态，可以看出，电荷只局域在少数格点上，幅度随着与中心区域距离增大而减小。在随机情况下，只要 ΔE 不是太大，结果不会有定性上的改变。

15.2.3 电荷输运

极化子在扰动下应该可以移动。为了使极化子移动，离散梯度法[56]可以作为一种较容易的方法来替代更为系统的钉扎模式方法[57]。通过离散梯度方法，沿矢

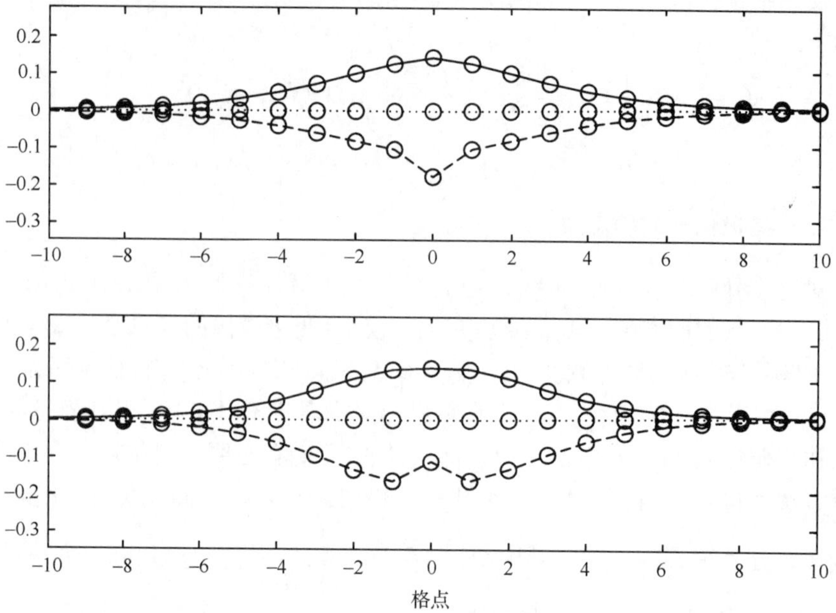

图 15.2　在格点 0 位置上采用不同碱基对的一条均匀 DNA 链的基态。$a=3.4\text{Å}$，$M=4.982\times10^{-25}\text{kg}$，$R_0=10\text{Å}$，$\Omega_r=8\times10^{12}\ \text{s}^{-1}$，$\Omega_\varphi=9\times10^{11}\text{s}^{-1}$，$\theta_0=36°$，$V_0=0.1\text{eV}$，$E_n^0=0$，$k=1$ 和 $\alpha=0.05$。一个 A—T 碱基对的均匀 C—G 链(上图)和一个 C—G 碱基对的 A—T 均匀链(下图)。连续线代表波函数幅度 $|c_n|^2$，虚线代表静态径向位移 r_n，点线代表螺旋延展 $\theta_n=\varphi_n-\varphi_{n-1}$

量 $(\nabla r)_n=(r_{n+1}-r_{n-1})$ 和/或 $(\nabla\phi)_n=(\varphi_{n+1}-\varphi_{n-1})$ 方向，我们扰动静态下的(零)速度 $\{\dot{r}_n(0)\}$ 和 $\{\dot{\phi}_n(0)\}$。图 15.3 给出了一个典型的运动极化子。

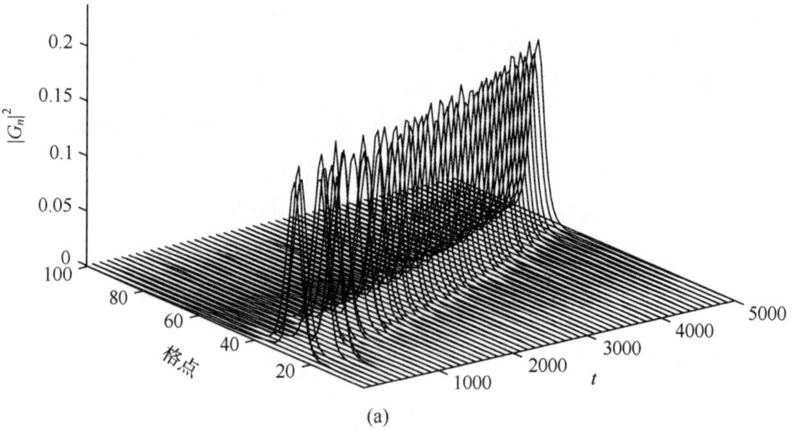

(a)

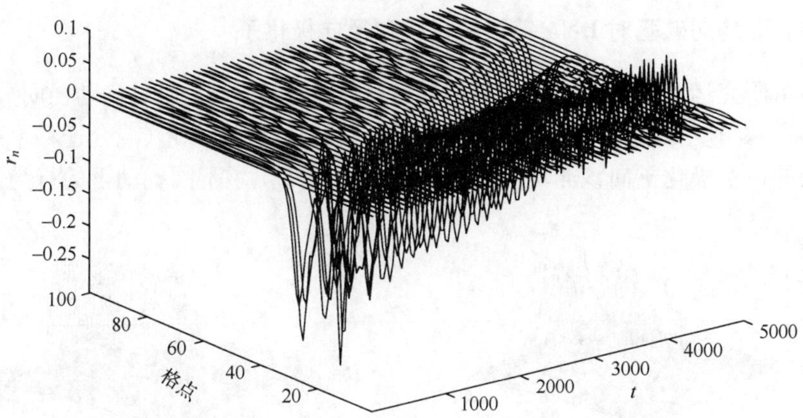

(b)

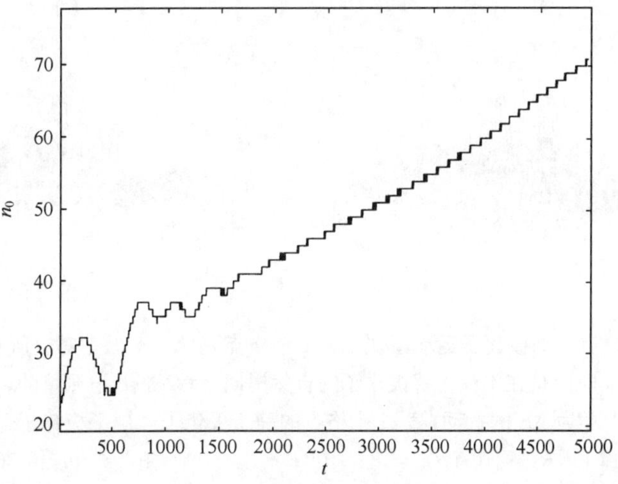

(c)

图 15.3 极化子沿着均匀 A—T 链运动。所有数值都是无量纲的，时间是在无干扰极化子的自然周期 $T=2\pi\tau/E$ 下测量的，E 为无干扰系统的能量。通过径向扰动位于第 21 个格点的静态极化子，使其发生运动，扰动幅度 $\Delta E=0.002$，$a=3.4\text{Å}$，$b_n=0.8$，$M=4.982\times10^{-25}\,\text{kg}$，$R_0=10\text{Å}$，$\Omega_r=8\times10^{12}\,\text{s}^{-1}$，$\Omega_\phi=9\times10^{11}\,\text{s}^{-1}$，$\theta_0=36°$，$V_0=0.1\text{eV}$，$E_n^0=0$，$k=1$ 和 $\alpha=0.01$。三个图分别为电子呼吸子(a)、径向振动呼吸子(b)和电子呼吸子中心的位置 n_0(c)

如果考虑在位能 E_n^0 的无序性，我们发现，极化子的运动存在一个临界值 ΔE_{crit}。大于这一临界值，极化子是静止的。一般来讲，与参数无序相比，角度激活导致的迁移率更为可靠，极化子具有较低的速度，激活能要较径向迁移率区的能量高。

15.2.4 非均匀碱基对 DNA 链中的扭转和径向极化子

为了研究运动极化子与单个非均匀碱基对的相互作用，通过扰动径向分量(径向迁移率)，角度分量(角度迁移率)，或者同时扰动这两个分量(混合迁移率)，可以使远处的一个极化子向该非均匀处运动，图 15.4 给出了不同扰动下的行为。

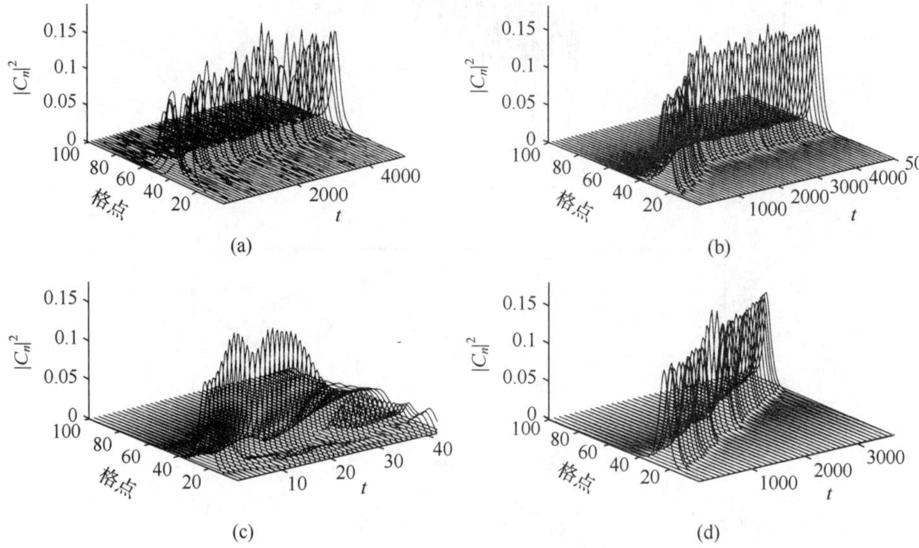

图 15.4 在 C—G 链上的极化子运动，其中第 51 个格点是 A—T 碱基对。所有的尺度都是无量纲的，$\alpha=0.01$，时间是在不受干扰极化子的自然周期 $T=2\pi\tau/E$ 下测量的，E 为未受干扰系统的能量。通过大小为 ΔE 的扰动，第 21 个格点的静态极化子产生了极化子运动。$a=3.4\text{Å}$，$M=4.982\times10^{-25}\ \text{kg}$，$R_0=10\text{Å}$，$\Omega_r=8\times10^{12}\ \text{s}^{-1}$，$\Omega_\phi=9\times10^{11}\ \text{s}^{-1}$，$\theta_0=36°$，$V_0=0.1\text{eV}$，$E_n^0=0$，$k=1$。(a) 由于极化子的径向运动和 A—T 碱基对的相互作用而引起的捕获现象。极化子的运动是由幅度为 $\Delta E=0.002$ 的径向扰动静态的极化子产生的。(b) 由于扭转极化子和 A—T 碱基对的相互作用而引起的捕获现象。极化子的运动是通过幅度 $\Delta E=0.002$ 的角度扰动静态极化子而产生的。(c) 由于幅度为 $\Delta E=0.10$ 的径向扰动导致静态极化子的破坏。(d) 通过扭转运动极化子杂质的透射现象。通过幅度为 $\Delta E=0.10$ 的角度方向扰动静态极化子，可以得到运动极化子

在径向迁移率方面，我们没有观测到电荷穿过非均匀区。对一条 G—C 链中有一个 A—T 碱基对的情形，当极化子到达 A—T 碱基对时，它被俘陷于其中。这是由于极化子与中心处在非均匀处的定态产生共振引起的。对一条 A—T 链中存在一个 G—C 碱基对的情形，当极化子到达非均匀处时，它将被反射回来。这是由于共振发生的可能性很低，极化子的径向模式和中心处在非均匀处的基态形状是不同的。人们在很多状态下都发现了这种捕获或反射的现象，如在一条 Klein-

Gordon 链中运动的呼吸子和杂质的相互作用[58]。有关这些现象的详细研究可参阅文献[59]。

最近的关于电子在 DNA 分子中传递的实验表明[60]，电子可以在一些 A—T 碱基对隔开的 3 个 G—C 碱基对和 1 个 G—C 碱基对之间进行长距离传递。3 个 G—C 碱基对对于空穴在链中起到了陷阱的作用。在我们的模型中，通过略微地减少 G—C 碱基对的电离能，正如真正的 DNA 中可能出现的那样，我们便能(定性地)再现实验结果。

15.2.5 DNA 聚合物中电荷输运的电子模式耦合参数计算研究

对于单一类型碱基对合成的 DNA 聚合物，其极化子电荷输运可以通过对前面的模型进行简化来进行研究。假设除了横向振动外，其他振动自由度的影响都可以忽略不计。

在这一简单模型中，对一些对称二聚体进行的量子化学计算，可以让我们对电子模式耦合强度 k 和 α 进行合理的计算[42,54]。

对 DNA 链，取参数值 $a=3.4\text{Å}$，$M=4.982\times10^{-25}\text{kg}$，$R_0=10\text{Å}$，$\Omega_r=6.25\times10^{12}\text{s}^{-1}$，$\theta_0=36°$。对于 poly(dA)—poly(dT) DNA 聚合物，取 $V_0=0.1\text{eV}$，我们发现，$k=0.0778917\text{eV/Å}$，$\alpha=0.053835\text{Å}^{-1}$。对于 poly(dG)—poly(dC)，相应的值为 $k=-0.090325\text{eV/Å}$，$\alpha=0.383333\text{Å}^{-1}$。在这个简单模型中，对耦合参数的量化计算结果不同于以前的结果。一般情况下，模型的简化和不同的耦合参数可能意味着极化子迁移率呈现不同的行为。

利用前面几节介绍的方法，我们研究了极化子的存在性及其迁移率，我们发现，在 poly(dG)-poly(dC)中非受限电子可以保持一定的速率进行传递；而在 poly(dA)-poly(dT)中电子则以较小的速率运动，甚至在经过了一些格点后最终停顿下来。

15.2.6 实验结果

模型中一个未解决的问题是，极化子在周围温度的影响下是否能够保存下来。虽然径向变量的值很小，但是跃迁积分要大于 k_BT，这意味着极化子能够保存下来。事实上，我们的结果和实验数据是一致的[61]，即与 poly(dA)-poly(dT)相比，poly(dG)-poly(dC) DNA 聚合物是更好的导体。

例如，在这些实验工作中，通过 poly(dG)-poly(dC)和 poly(dA)-poly (dT) DNA 分子电荷输运的直接测量已经开展。一些结果也在图 15.5 中给出，其中电导已通过 I-V 曲线计算出来。可以看出，poly(dG)-poly(dC) DNA 导电性较 poly (dA)-poly(dT)好。

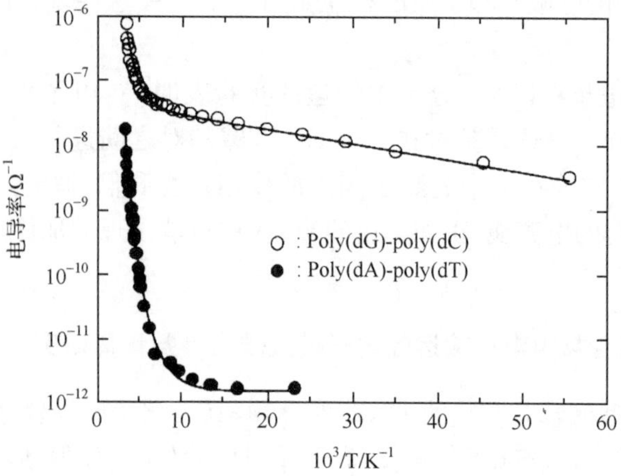

图 15.5 电导率随温度的变化。poly(dA)-poly(dT)(•),poly(dG)-poly(dC)(◦)。(翻印得到了 K.-H. Yoo, D. H. Ha, J.-O. Lee, J. W. Park, Jinhee Kim, J. J. Kim, H.-Y. Lee, T. Kawai, and Han Yong Choi 的授权。*Phys. Rev. Lett.*. 87, 19810, 2001。美国物理学会版权(2001))

15.3 Peyrard-Bishop-Holstein 模型中的极化呼吸子

在一些非线性系统中,如 Holstein 模型,对相互作用自由度引起的内禀局域态存在条件的研究,即使在线性范围内,也是非常有意义的[49,62]。

许多非线性系统具有单峰或多峰的极化子或激子解[63]。在激子与振动自由度的耦合处理上,有效非线性度是 Davydov 关于生物分子中孤子激发的一个重要概念[64,65]。同时也引出了新的问题[66,67],即考虑线性自陷与一个类 Morse 势的软非线性势的相互作用。对许多软物质的处理,它被认为是一个更为普适的模型。

以前工作[66]得到的静态解(即单格点极化子),在其存在区域内是动力学稳定的。此外,一些在时间上真正"呼吸"的其他类型的解被命名为极化呼吸子。这种解是在研究 Holstein 模型[49,68]时首先得到并予以讨论的。利用 Floquet 谱分析,也得到了这类解的存在范围和稳定性。在本节中,我们将给出有关这类模型的直接相关的一些结果(更详细的研究见文献[69])。

15.3.1 模型

在文献[66]中给出的耦合电荷/激发态-晶格模型,描述了线性的极化子自陷效应与软非线性势的自聚效应的竞争。其哈密顿为

$$H = \sum_n \left[\frac{1}{2} m \dot{u}_n^2 + V(u_n) + \frac{k}{2}(u_n - u_{n+1})^2 \right] - \sum_n [\chi(|\Psi_n|^2 u_n) + J(\Psi_n \Psi_{n+1}^* + c.c.)] \tag{15.12}$$

式中,点代表对时间的导数;格点指标 n 为 $1 \sim N$(N 是总的格点数);$\Psi_n(t)$ 为"电子"自由度;u_n 为晶格位移(即"振动"自由度);参数 J, k, χ 分别为跃迁积分、晶格弹性常数和相互作用场的耦合常数;$V(u_n)$ 为 Morse 格点势。

$$V(u_n) = D[\exp(-bu) - 1]^2 \tag{15.13}$$

晶格参数取值与文献[70]一致,即 $D=0.04\text{eV}, b=4.45\text{Å}, m=300\text{a.m.u}$。我们选取 $J=0.4\text{meV}, k=0.21\text{eV/Å}^2$。$\chi$ 为可变参数。

为了使晶格与电子以相同的频率振动,我们采用如下变换:

$$\Xi_n(t) = \Psi_n(t) e^{-iE_0 t/\hbar} \tag{15.14}$$

那么,动力学方程有如下形式:

$$i\dot{\Xi}_n - \frac{E_0}{\hbar}\Xi_n + J(\Xi_{n+1} + \Xi_{n-1}) + \chi u_n \Xi_n = 0 \tag{15.15}$$

$$\ddot{u}_n + V'(u_n) - \chi |\Xi_n|^2 - k(u_{n+1} - 2u_n + u_{n-1}) = 0 \tag{15.16}$$

当式(15.15)与式(15.16)中关于时间的导数项都取 0 时,我们可以得到定态解。利用电子波函数 Ξ_n 和晶格位移 u_n 具有振动频率 v_b(或者周期 $T_b = 2\pi/v_b$)的时间依赖性,可以得到时间周期性的解。我们的目标就是研究这些定态或振荡的呼吸极化子解的存在性和稳定性;用文献[49,68]的术语,我们将呼吸极化子解称为"极化呼吸子"。在下面的计算中,我们将固定跃迁积分和晶格弹性常数,而让耦合常数 χ 和极化呼吸子的频率 v_b 变化。

为了找到式(15.15)和式(15.16)的定态解或者时间周期性的解,我们采用了基于反连续极限的方法[71-73]。在得到了数值精确解之后,我们可以进行线性稳定度分析来检测解的动力学稳定性。在定态解的情况下,我们采用正则模式分析方法来进行研究[67]。对(周期性)极化呼吸子解,我们也进行了 Floquet 分析[68]。

15.3.2 数值结果

除了静态的极化子,我们还在此模型框架下分析了稳定的时间周期性和空间局域的解。图 15.6 给出了这些解中一个例子以及与其相关的 Floquet 谱。只要满足 MacKay-Aubry 定理,极化呼吸子就一定存在[72]。一个必要的条件是,极化呼吸子频率中的简谐部分不与线性模式发生共振。依据这个条件,对于线性模式的分析,可以得出极化呼吸子存在的频率范围。图 15.7 给出了正则模式频率的实部,可以看出,存在(扩展)线性模式的连续带与数个局域模式。

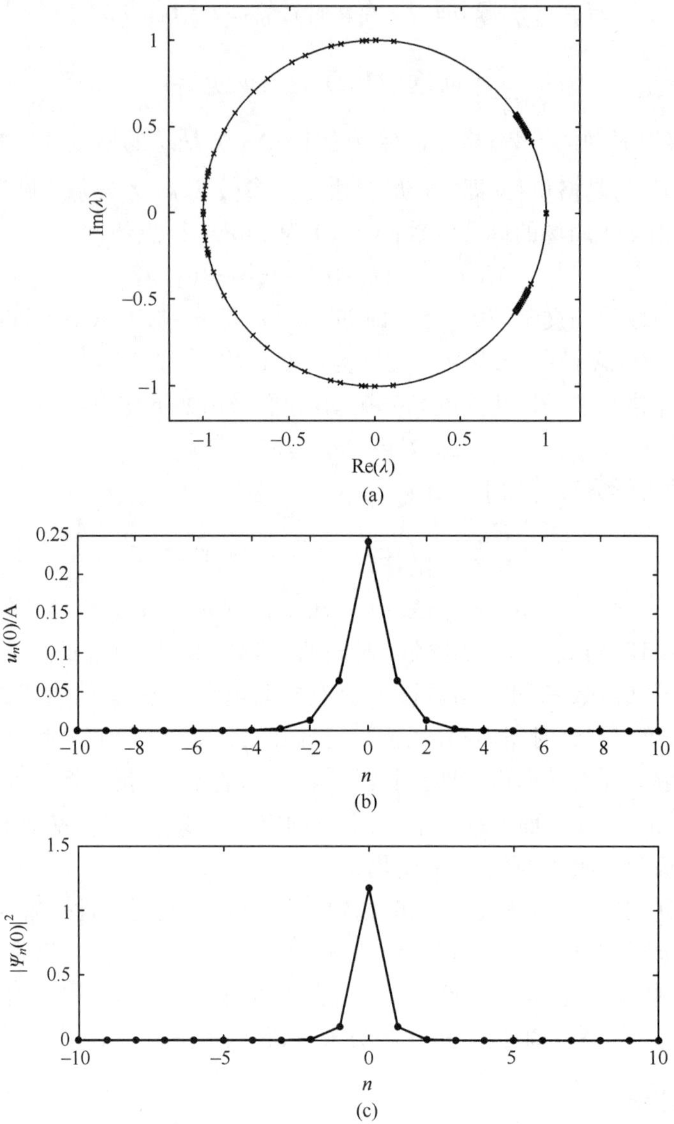

图 15.6　1-格点极化呼吸子的 Floquet 谱，v_b＝0.91THz，χ＝0.53 eV/Å^2(a)。对应此解的晶格位形［u_n，(b)］和电子波函数［$|\Psi_n|^2$，(c)］

因为系统采用格点软势，极化呼吸子必须由在扩展模式带底的线性模式产生。所以极化呼吸子的频率必须小于局域模式的频率。图 15.7(a)给出了这种情形。可以看出，分歧点对应的 χ 值，其局域模式的频率与极化呼吸子分支的频率一致。极化呼吸子的存在也受限于二级简谐振荡。

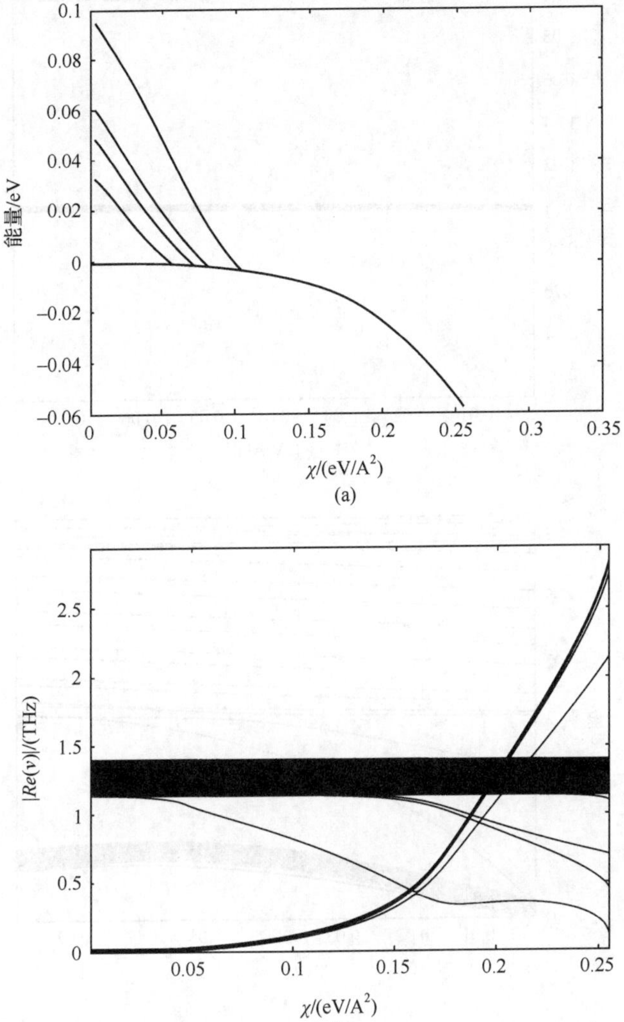

图 15.7 (a)给出了不同频率下极化呼吸子能量随 χ 的变化(从左到右)：v_b=1.02，0.95，0.91，0.79THz。底部的线对应于定态极化子。(b)给出了线性模式谱的实部

图 15.8 是对极化呼吸子稳定性的分析。可以看出，对选定的分支，所有的解都是线性稳定的。值得注意的是，对于每个极化呼吸子，都存在两对相位/增长模式。

除了单格点(以格点为中心)极化子，我们还研究了双格点(键中心)的静态极化子和极化呼吸子的存在性及其稳定性。单格点极化子是稳定的，反之双格点极

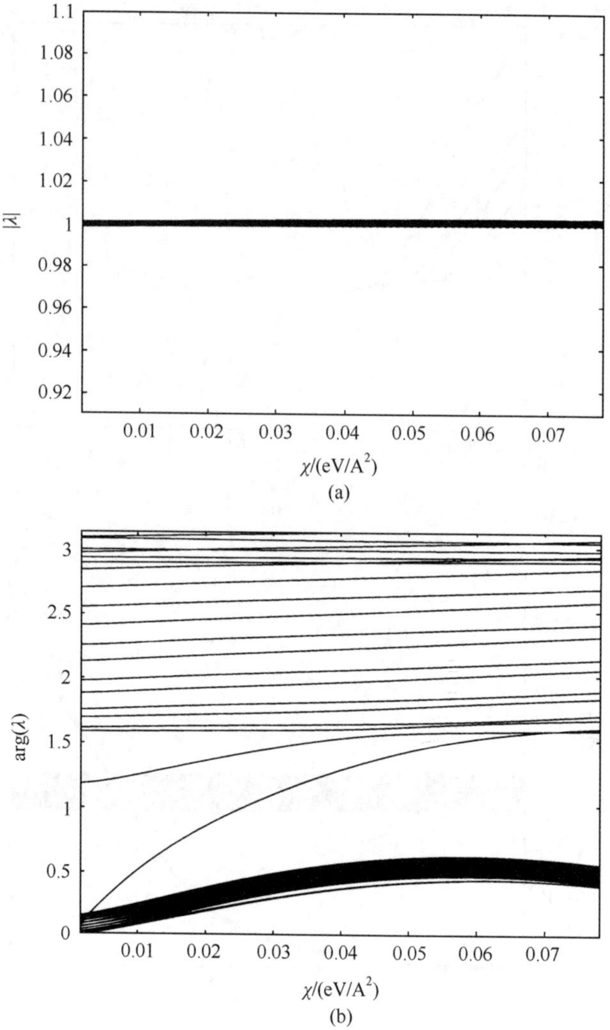

图 15.8 单格点极化呼吸子 Floquet 本征态的模(a)和幅角(b)随耦合常数 χ 的变化

化子是不稳定的。图 15.9 给出了一个例子,它表明了双格点极化子线性模式谱的实部和虚部。

与其对应的静态解相反,双格点极化呼吸子是不稳定的。这种不稳定性是指数性的,如不稳定性相关的 Floquet 本征态为 0 相位。图 15.10 给出了双格点极化呼吸子与其 Floquet 谱的一个例子。图 15.11 给出了其中一个完整解的稳定性分析。

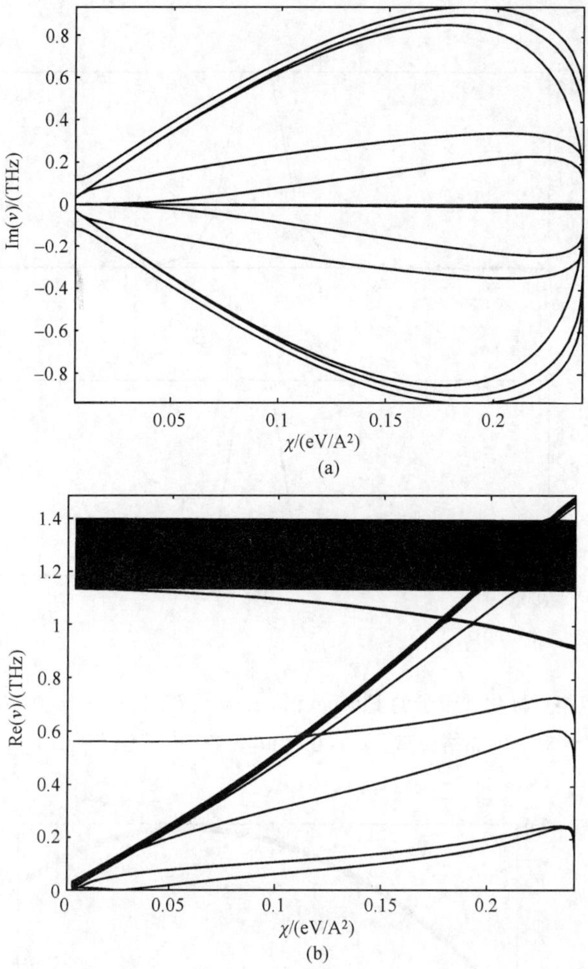

图 15.9　双格点极化子的线性模式谱的虚部(a)和实部(b)随着耦合常数 χ 的变化

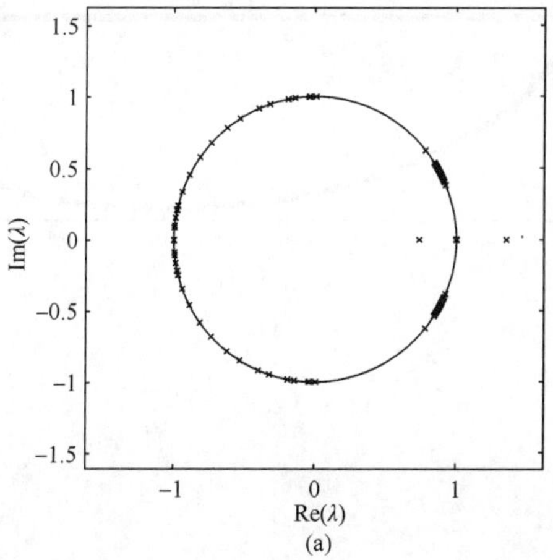

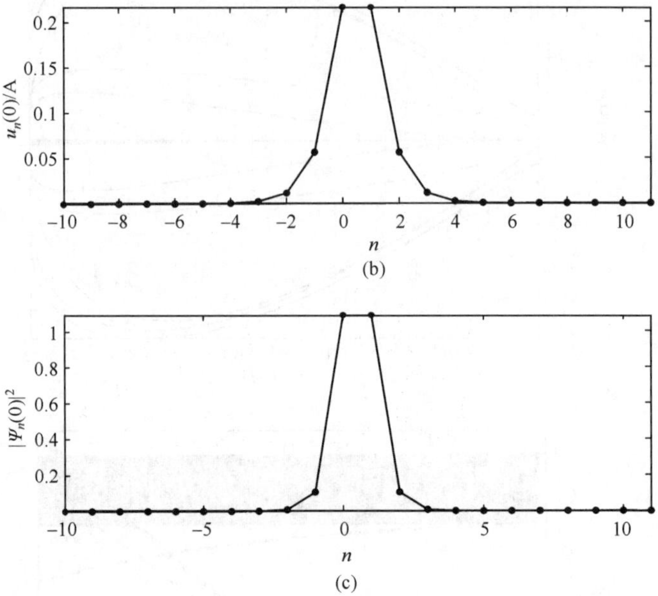

图 15.10　双格点极化呼吸子的 Floquet 谱，$v_b = 0.91$ THz，$\chi = 0.053$ eV/Å^2(a)。对应的晶格位型［u_n ,(b)］和电子分布［$|\Psi_n|^2$,(c)］

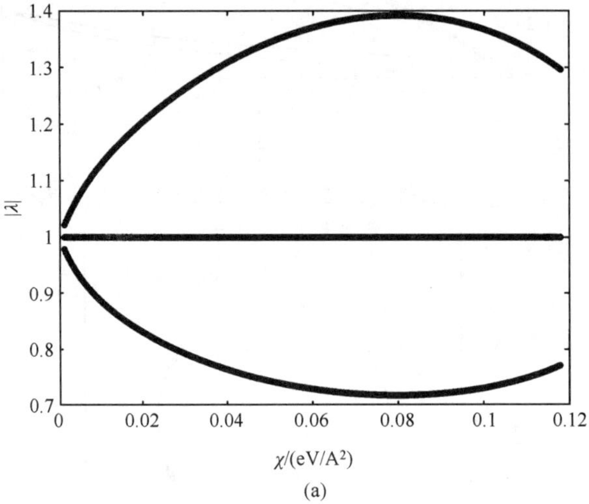

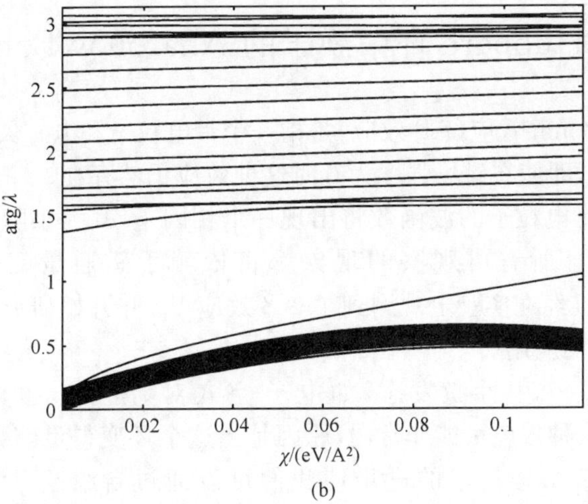

图 15.11 双格点极化呼吸子 Floquet 本征值的模(a)和辐角(b)随耦合常数 χ 的变化

固定 J 和 k 值,双格点极化呼吸子可以作为 χ 的函数进行求解。与单格点情况一样,固定频率下的分支可以与一个静态解的分支合并在一起。图 15.12 中给出了单格点和双格点极化呼吸子的存在范围。特别地,与定态情形类似[66],单格点(图 15.12 中的灰色部分)与双格点极化呼吸子(图 15.12 中的灰色和黑色部分)相比,前者具有更窄的存在范围。如果在与其静态分支解碰撞后出现这些分支的终止,在现有条件下可以很自然地得到这种特性。在存在相互竞争的吸引和排斥相互作用的模型中,双格点极化呼吸子的存在范围变宽[74]。

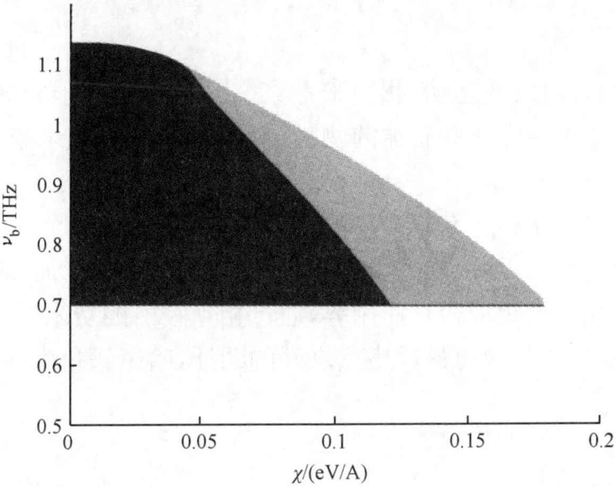

图 15.12 χ-ν_b 参数平面中单格点(黑色)和双格点(黑色和灰色)极化呼吸子的存在区域

15.4 Hubbard 环中激子的 Aharonov-Bohm 效应

Aharonov-Bohm 效应(AB 效应)是指一个带电粒子和电磁矢势相作用而产生的一种量子效应,即使在磁场强度为 0 时这种效应仍然存在[75]。在磁场作用下的一个环中[76,77],带电粒子的波函数将出现一个相因子,其大小随穿过环的磁通量变化而变化,并且所有可观察的现象都将依赖于磁通量变化的周期 $\Phi_0 = hc/e$[77-80]。人们已经在实验上观测到了 AB 效应[80],并开始研究这种效应在不同的材料和器件中的应用[77,78,81-84]。

结果表明,一个中性激发态,如电子-空穴对(激子),也可以出现 AB 效应[85-88]。然而,这种效应可能非常弱,原因是当这个环变得足够大时,这种效应将被抑制。此外,微结构技术的进步使我们可以通过自组装[89-91]或刻蚀印刷技术[92,93]制造纳米尺寸的 InGaAs 环。类似地,在溶液中通过定向接触纳米构筑基元,可以合成出 PbSe 基的纳米晶块[94]。在这些体系中,电子和空穴可以做相干运动,因此可以观察到 AB 效应。人们已经在量子环[93]的光学实验中观测到带电激子的 AB 效应,并在Ⅱ型量子点中探测到了中性激子的 AB 振荡[95]。

我们来介绍纳米环的晶格模型的主要结果。电子和空穴受到一个垂直且均匀的磁通量作用。该模型允许有限数量的输运通道,这些通道或环状布置(耦合环按照它们直径的大小依次放置于一个二维平面内)或垂直堆叠。因此,当一个环被平面的或者垂直的加入时,我们可以以一种可控的方式来研究激子的 AB 振荡演化过程。

15.4.1 模型

为了描述电子/空穴的运动,我们来考察一个无自旋粒子的简单双带模型,这种模型非常适合用来研究一些有趣的物理问题,如激子在纳米半导体结构中的运动[96]。

将电子和空穴置于一个包含 N 个环的非谐晶格中,每个环包括 M 个格点。整个体系处于均匀磁场 B 中,磁场与晶格垂直,磁通量为 Φ,如图 15.13 所示。

我们假定存在一个短程相互作用势,通过相互吸引的费米子 Hubbard 模型来描述这个体系,模型中只考虑最近格点之间的跃迁,哈密顿量为

$$\begin{aligned}\hat{H} =& -\gamma\sum_{n=1}^{N}\sum_{m=1}^{M} a_{n,m}^{\dagger}a_{n,m}b_{n,m}^{\dagger}b_{n,m} \\ & -\sum_{n=1}^{N-1}\sum_{m=1}^{M} t_n^{\perp}\left[a_{n,m}^{\dagger}a_{n+1,m}+a_{n+1,m}^{\dagger}a_{n,m}+\mu(b_{n,m}^{\dagger}b_{n+1,m}+b_{n+1,m}^{\dagger}b_{n,m})\right]\end{aligned} \tag{15.17}$$

$$- \sum_{n=1}^{N}\sum_{m=1}^{M} t_n^{\parallel}\left[e^{2\pi i \varphi_n/M}(a_{n,m}^{\dagger}a_{n,m+1} + \mu b_{n,m+1}^{\dagger}b_{n,m}) + e^{-2\pi i\varphi_n/M}(a_{n,m+1}^{\dagger}a_{n,m} + \mu b_{n,m}^{\dagger}b_{n,m+1})\right]$$

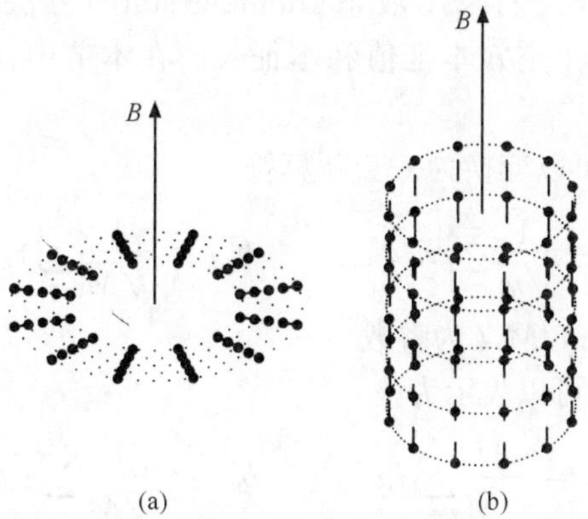

图 15.13　模型示意图。(a)一个二维体系的晶格，包含 N 个环，每个环有 M 个格点。(b)一个由 N 个环堆叠起来的体系，每个环有 M 个格点。每个体系受到磁场 B 的作用，磁场与晶格垂直，磁通量为 Φ

式中，$a_{n,m}^{\dagger}(a_{n,m})$ 为电子在导带中位于环 n 和格点 m 的产生(湮灭)算符；$b_{n,m}^{\dagger}(b_{n,m})$ 为空穴在价带中位于环 n 和格点 m 的产生(湮灭)算符，它们都服从标准的费米反对易关系。采用周期性边界条件($M+1=1$)。参数 $t_n^{\parallel}$ 为沿第 n 个环的近邻格点的跃迁系数；$t_n^{\perp}$ 为近邻格点之间的跃迁系数，一个对应于第 n 个环，另一个对应于第 $n+1$ 个环。一般来说，它们是格点间距离的函数。在一个无相互作用的环中，导带和价带中电子和空穴的有效质量与格点距离的平方的倒数成正比[96]。因此，我们考虑如下环内和环间的跃迁系数与格点距离的关系。

$$t_n^{\perp} = \frac{\epsilon}{(r_{n+1} - r_n)^2}, \qquad t_n^{\parallel} = \frac{\epsilon}{4r_n^2\sin^2(\pi/M)} \tag{15.18}$$

式中，r_n 为第 n 个环的半径；$d_n = 2r_n\sin(\pi/M)$ 为第 n 个环中两格点的弦距。此外，如果令距离趋于 0，可以得到模型的连续极限形式。假定环间距离 $\Delta r = r_{n+1} - r_n$ 保持为常数，则有 $t_n^{\perp} = t^{\perp}$，它与环无关；参数 γ 表示电子和空穴之间的短程相互作用，γ/ϵ 为非谐性与最近邻跃迁能之比；参数 μ 为导带底和价带顶的电子和空穴有效质量之比；$\varphi_n = \Phi_n/\Phi_0$，$\Phi_n$ 为通过第 n 个环的磁通量，Φ_0 为磁通量子。一般来说，依据文献[97]，我们设定 $\epsilon = 1$ 和 $\mu = 0.2$。

对沿着磁场方向将相同半径的环堆叠起来的情形，我们有 $t_n^{\parallel} = t^{\parallel}$ 和 $\varphi_n = \varphi$。

人们对 Hubbard 模型已经进行了广泛的研究。对于仅考虑最近邻的一维 Hubbard 模型，Lieb 和 Wu 给出了严格的解[98]；对于磁场作用下的情形，Shastry 和 Sutherland 也给出严格的解[99,100]。近期的研究结果见综述[101]。对于该模型的扩展形式，很少能够得到严格的解。对 Hubbard 模型能谱，人们进行了一些近似计算[102]，包括对长程跃迁 Hubbard 链的精确谱和热动力学性质的计算。另外，对于双电子情形，人们已经得到了 d 维 Hubbard 模型的严格解[103]。

在最近的工作中，我们采用数态（number-state）方法[104]计算了哈密顿量式(15.17)的单电子和单空穴本征值和本征矢。在本节中，我们将采用不同的方法[105]。

标准的产生算符可以变换为一套新算符

$$a_{n,l}^{\dagger}=\frac{1}{\sqrt{m}}\sum_{r=1}^{M}\tau_l^{-r}a_{n,r}^{\dagger},\qquad b_{n,l}^{\dagger}=\frac{1}{\sqrt{M}}\sum_{r=1}^{M}\tau_l^{-r}b_{n,r}^{\dagger}\tag{15.19}$$

式中，$\tau_l=\mathrm{e}^{ikl}$；$k_l=2\pi l/M$，l 为整数。

因此，最初的算符可以表示为

$$a_{n,r}^{\dagger}=\frac{1}{\sqrt{M}}\sum_{l=1}^{M}\tau_l^{r}a_{n,l}^{\dagger}\qquad b_{n,r}^{\dagger}=\frac{1}{\sqrt{M}}\sum_{l=1}^{M}\tau_l^{r}b_{n,l}^{\dagger}\tag{15.20}$$

类似地，可以定义湮灭算符，它们满足标准的反对易关系。根据这些算符，原始的哈密顿量式(15.17)变为

$$\begin{aligned}\hat{H}=&-\frac{\gamma}{M}\sum_{n=1}^{N}\sum_{r=1}^{M}\sum_{r'=1}^{M}\sum_{t=1}^{M}\sum_{t'=1}^{M}\delta_r+pt,r'+t'a_{n,r}^{\dagger}a_{n,r'}b_{n,t}^{\dagger}b_{n,t'}\\&-2\sum_{n=1}^{N}\sum_{l=1}^{M}t_n^{\parallel}\cos(k_l-2\pi\varphi_n/M)a_{n,l}^{\dagger}a_{n,l}-t^{\perp}\sum_{n=1}^{N-1}\sum_{l=1}^{M}(a_{n,l}^{\dagger}a_{n+1,l}+a_{n+1,l}^{\dagger}a_{n,l})\\&-2\mu\sum_{n=1}^{N}\sum_{l=1}^{M}t_n^{\parallel}\cos(k_l+2\pi\varphi_n/M)b_{n,l}^{\dagger}b_{n,l}-\mu t^{\perp}\sum_{n=1}^{N-1}\sum_{l=1}^{M}(b_{n,l}^{\dagger}b_{n+1,l}+b_{n+1,l}^{\dagger}b_{n,l})\end{aligned}\tag{15.21}$$

15.4.2 单电子或空穴

首先，我们考虑这种情形：导带中有一个电子，价带是满的。周期平移（或旋转）算符定义为 $\hat{T}a_{n,m}^{\dagger}=a_{n,m+1}^{\dagger}\hat{T}$，采用这种算符的本征函数，可以对哈密顿算符块对角化。在各块中，本征函数有确定的动量 k_l，$\tau_l=\exp(ik_l)$，是 $\hat{T}$ 的本征值，其中 $k_l=2l\pi/M$，l 为整数（$l=1,\cdots,M$）。

对于一个给定的动量值 k_l，相关子空间的基为

$$|a_{n,l}^{\dagger}\rangle=a_{n,l}^{\dagger}|0\rangle(n=1,\cdots,N)\tag{15.22}$$

式中，$|0\rangle$ 为价带填满、导带全空的状态。这种状态满足条件。

$a_{n,l}\mid 0\rangle=b_{n,l}\mid 0\rangle=0$ 其共轭基表示为

$$\langle a_{n,l}^{\dagger}=\langle 0\mid a_{n,l}\tag{15.23}$$

对于单电子情况，可以表示为

$$\hat{H}\mid a_{n,l}^{\dagger}\rangle=-2t_n^{\parallel}\cos(k_l-2\pi\varphi_n/M)\mid a_{n,l}^{\dagger}\rangle-t^{\perp}(\mid a_{n-1,l}^{\dagger}\rangle+\mid a_{n+1,l}^{\dagger}\rangle)$$

在每个动量子空间中，$N\times N$ 三对角哈密顿矩阵为

$$H_l^e=-\begin{bmatrix} q_1 & t^{\perp} & 0 & . & . & 0 \\ t^{\perp} & q_2 & t^{\perp} & 0 & . & 0 \\ 0 & . & . & . & . & . \\ . & . & . & . & . & t^{\perp} \\ 0 & . & . & 0 & t^{\perp} & q_N \end{bmatrix} \tag{15.24}$$

式中，$q_n=2t_n^{\parallel}\cos(k_l-2\pi\varphi_n/M)$。

对于每个 k_l，矩阵的 N 个本征值用 $E_l^e(p)(p=1,\cdots,N)$ 表示，对应的归一化的本征矢为 $|\phi_l^e(p)\rangle$，它可以写为 N 个基 $|a_{n,l}^{\dagger}\rangle(n=1,\cdots,N)$ 的线性组合。由于自由动量为 k_l 的态有贡献，所以本征矢可以表示为

$$|\phi_l^e(p)\rangle=\sum_{n=1}^{N}c_{n,l}^e(p)\mid a_{n,l}^{\dagger}\rangle \tag{15.25}$$

式中，$c_{n,l}^e(p)=\langle a_{n,l}^{\dagger}\mid\phi_l^e(p)\rangle$。把 $|\phi_l^e(p)\rangle$ 的共轭表示为 $\langle\phi_l^e(p)|$。

同样地，在单空穴的情况下，哈密顿量矩阵也可以这样计算：$H_l^h=\mu H_l^e$，此时 $q_n=2t_n^{\parallel}\cos(k_l+2\pi\varphi_n/M)$。

我们将矩阵的 N 个本征值和本征态分别表示为 $E_l^h(p)(p=1,\cdots,N)$ 和 $|b_{n,l}^{\dagger}\rangle$。另外，这些本征矢可以表示为相应 N 个基的线性组合

$$|\phi_l^h(p)\rangle=\sum_{n=1}^{N}c_{n,l}^h(p)\mid b_{n,l}^{\dagger}\rangle \tag{15.26}$$

式中，$c_{n,l}^h(p)=\langle b_{n,l}^{\dagger}\mid\phi_l^h(p)\rangle$。把 $|\phi_l^h(p)\rangle$ 的共轭表示为 $\langle\phi_l^h(p)|$。

15.4.3 电子和空穴同时存在

对电子和空穴无相互作用的简单情形($\gamma=0$)，$\hat{H}$ 的本征态为

$$|\phi_l^e(p)\phi_{l'}^h(p')\rangle=\sum_{n=1}^{N}\sum_{n'=1}^{N}c_{n,l}^e(p)c_{n',l'}^h(q)\mid a_{n,l}^{\dagger}b_{n',l'}^{\dagger}\rangle \tag{15.27}$$

式中，$(l,l')\in\{1,\cdots,M\}$，$(p,p')\in 1,\cdots,N$，$|a_{n,l}^{\dagger},b_{n',l'}^{\dagger}\rangle=a_{n',l}^{\dagger},b_{n',l'}^{\dagger}\mid 0\rangle$。体系的能量由 $E_l^e(p)+E_{l'}^h(p')$ 给出。

对于最简单的单环($N=1$)情形，能量为

$$E_l^e(1)+E_{l'}^h(1)=-2t_1^{\parallel}\cos(k_l-2\pi\varphi_1/M)-2\mu t_1^{\parallel}\cos(k^l+2\pi\varphi_1/M) \tag{15.28}$$

式中，各电子的动量为 $k_l=2\pi l/M$；各空穴的动量为 $k_l'=2\pi l'/M$。在无磁场的情况下，这些动量是单粒子的波矢[96]。环的半径一定时，当 $M\to\infty$，$d\to 0$ 时得到连续极限结果。若将无磁场时的电子和空穴的基态能量设为 0，当电荷处于在无相互作用且有磁通量穿过环时，则式(15.28)可以简化为标准抛物线形式[86]。

对电子和空穴存在相互作用的情形($\gamma \neq 0$)，上述态不再是 $\hat{H}$ 的本征态，但可以将它们当作基。对于一个给定的系统总动量 $K_Q = k_l + k'_l, Q \in \{1, \cdots, M\}$ 由于存在平移(转动)不变性，我们可以对哈密顿量进行块对角化，能量 E 对应的本征态 $|\psi^Q\rangle$ 为

$$|\psi^Q\rangle = \sum_l \sum_p \sum_{p'} g_l(p, p') \mid \phi_l^e(p) \phi_{Q-l}^h(p')\rangle \tag{15.29}$$

方程 $(\hat{H} - E) \mid \psi^Q\rangle = 0$ 的本征值可以表示为

$$\sum_l \sum_p \sum_{p'} g_l(p, p') [W^e + E_l^e(p) + E_{Q-l}^h(p') - E] \mid \phi_l^e(p) \phi_{Q-l}^h(p')\rangle = 0 \tag{15.30}$$

其中

$$W = -\frac{\gamma}{M} \sum_{n=1}^{N} \sum_{r=1}^{M} \sum_{r'=1}^{M} \sum_{t=1}^{M} \sum_{t'=1} \delta_{r+t, r'+t'} a_{n,r}^{\dagger} a_{n,r'} b_{n,t}^{\dagger} a_{n,t'} \tag{15.31}$$

式(15.31)乘以两基元 $\langle \phi_{l''}^e(p'') \phi_{Q-l''}^h(p''') \mid$，考虑到无相互作用的电子-空穴体系的本征态正交的特点，可以得到

$$\left[\sum_l \sum_p \sum_{p'} g_l(p, p') \langle \phi_{l''}^e(p'') \phi_{Q-l''}^h(p''') \mid W \mid \phi_l^e(p) \phi_{Q-l}^h(p')\rangle \right] \tag{15.32}$$
$$+ \{E_l^e(p) + E_{Q-l}^h(p') - E\} g_{l'', Q-l''}(p'', p''') = 0$$

$W = -(\gamma/M) \sum_{n=1}^{N} V_n$，其中

$$V_n = \sum_{r=1}^{M} \sum_{r'=1}^{M} \sum_{t=1}^{M} \sum_{t'=1}^{M} \delta_{r+t, r'+t'} a_{n,r}^{\dagger} a_{n,r'} b_{n,t}^{\dagger} b_{n,t'} \tag{15.33}$$

V_n 的矩阵元为

$$\langle \phi_{l''}^e(p'') \phi_{Q-l''}^h(p''') \mid V_n \mid \phi_l^e(p) \phi_{Q-l}^h(p')\rangle =$$
$$\sum_{r=1}^{M} \sum_{r'=1}^{M} \sum_{t=1}^{M} \sum_{t'=1}^{M} \delta_{r+t, r'+t'} \langle \phi_{l''}^e(p'') \phi_{Q-l''}^h(p''') \mid a_{n,r}^{\dagger} a_{n,r'} b_{n,t}^{\dagger} b_{n,r'} \mid \phi_l^e(p) \phi_{Q-l}^h(p')\rangle =$$
$$\sum_{r=1}^{M} \sum_{r'=1}^{M} \sum_{t=1}^{M} \sum_{t'=1}^{M} \delta_{r+t, r'+t'} \langle \phi_{l''}^e(p'') \phi_{Q-l''}^h(p''') \mid b_{n,t}^{\dagger} a_{n,r}^{\dagger} a_{n,r'} b_{n,t'} \mid \phi_l^e(p) \phi_{Q-l}^h(p')\rangle =$$
$$\langle \phi_{l''}^e(p'') \mid a_{n,l''}^{\dagger}\rangle \langle \phi_{Q-l''}^h(p''') \mid b_{n,Q-l''}^{\dagger}\rangle \langle a_{n,l} \mid \phi_l^e(p)\rangle \langle b_{n,Q-l} \mid \phi_{Q-l}^h(p')\rangle =$$
$$c_{n,l}^e(p) c_{n,Q-l}^h(p') c_{n,l''}^{e*}(p'') c_{n,Q-l''}^{h*}(p''') \tag{15.34}$$

式中，星号代表复共轭。于是式(15.33)变为

$$-\gamma M^{-1} \sum_{n=1}^{N} c_{n,l''}^{e*}(p'') c_{n,Q-l''}^{h*}(p''') \sum_l \sum_p \sum_{p'} g_l(p, p') c_{n,l}^e(p) c_{n,Q-l}^h(p') \tag{15.35}$$
$$+ \{E_{l''}^e(p'') + E_{Q-l''}^h(p''') - E\} g_{l''}(p'', p''') = 0$$

定义

$$G_n = \sum_l \sum_p \sum_{p'} g_l(p, p') c_{n,l}^e(p) c_{n,Q-l}^h(p') \tag{15.36}$$

有

$$g_{l''}(p'',p''') = \gamma M^{-1}\frac{\sum_{n=1}^{N} c_{n,l''}^{e*}(p'')c_{n,Q-l''}^{h*}(p''')G_n}{E_{l''}^{e}(p'')+E_{Q-l''}^{h}(p''')-E} \tag{15.37}$$

将其代入方程(15.36)有

$$\begin{aligned} G_n &= \gamma M^{-1}\sum_l\sum_p\sum_{p'} c_{n,l}^{e}(p)c_{n,Q-l}^{h}(p')\frac{\sum_{n'=1}^{N} c_{n',l}^{e*}(p)c_{n',Q-l}^{h*}(p')G_{n'}}{E_l^e(p)+E_{Q-l}^h(p')-E} \\ &= \gamma M^{-1}\sum_{n'=1}^{N}F_{n,n'}(E)G_{n'} \end{aligned} \tag{15.38}$$

式中，

$$F_{n,n'}(E) = \sum_l\sum_p\sum_{p'}\frac{c_{n,l}^{e}(p)c_{n',l}^{e*}(p)c_{n,Q-l}^{h}(p')c_{n',Q-l}^{h*}(p')}{E_l^e(p)+E_{Q-l}^h(p')-E} \tag{15.39}$$

有非平凡解的条件是

$$\det[I-\gamma M^{-1}F(E)] = 0 \tag{15.40}$$

式中，$F(E)$为一个 $N\times N$ 矩阵；$F_{ij}(E)$ 为矩阵元。通过该方程，体系的本征值就可以得到。

15.4.4 单环

对于单环情形($N=1$)，可以得到一些解析解。式(15.40)与连续状态下的表达式相似[88]，可以写为

$$1+\frac{\gamma}{2M|q|}\sum_{l=1}^{M}\frac{1}{\cos(2\pi l/M+\theta)-\cos\nu} = 0 \tag{15.41}$$

式中

$$q = t_l^{\parallel}\,\mathrm{e}^{2\pi\mathrm{i}\varphi/M}(\mu+\mathrm{e}^{-\mathrm{i}K_Q}),\quad \theta = \arg(q),\cos(\nu) = -E/2|q|$$

上式中的求和可以精确计算，特征方程转化为

$$\frac{\tan(M\nu)}{\sin(\nu)} = \frac{2|q|}{\gamma}\left[1-\frac{\cos(M\theta)}{\cos(M\nu)}\right] \tag{15.42}$$

上式的解给出能谱。本征波矢由下式给出

$$|\psi^Q> = \sum_l g_l(1,1)\,|\,\phi_l^e(1)\phi_{Q-L}^h(1)> \tag{15.43}$$

式中

$$g_l(1,1) = \frac{C}{E_l^e(1)+E_{Q-l}^h(1)-E} \tag{15.44}$$

C 为归一化常数。

式(15.42)在实空间的解($\nu\in\mathbf{R}$)代表扩展态，同时在一个格点上出现电子和空穴的概率很小。如果在虚数空间存在独特的解，它们表示成键束缚态，在这些态上，在相同格点上同时找到电子和空穴的概率较大。成键态存在的条件为

$$\gamma > \frac{2|q|}{M}(1-\cos M\theta) \tag{15.45}$$

这些解对应着成键的电子-空穴对，即激子。图 15.14 给出了一个典型的能带结构，连续能带下面包含一个孤立的能带，对应于成键态。由于体系的转动不变性，在同一处发现电子或空穴的概率是相同的。

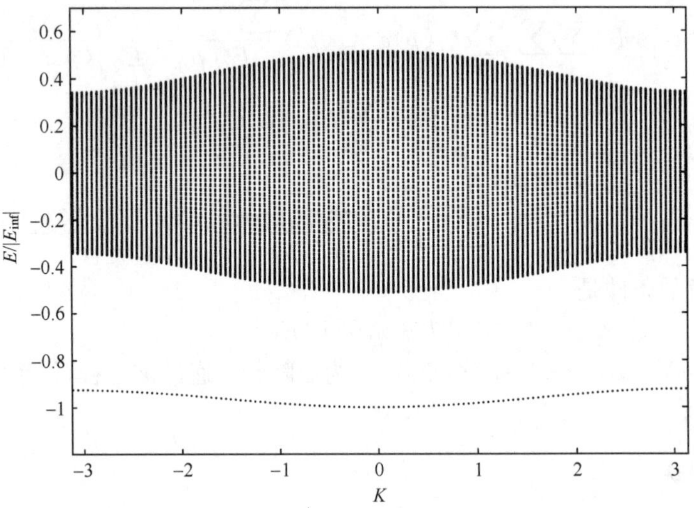

图 15.14 能带结构，对应于总波矢 $\boldsymbol{K}$ 的能量本征值 E（单位 $|E_{\text{inf}}|$）。计算参数：$M=125$，$N=1$，$\gamma=4$，$\phi_1=0$，$d_1=1$，$\varepsilon=1$，$\mu=0.2$

在 $M\to\infty$、d 为常数的极限情况下，激子的能量简化为 $E_\infty=-\sqrt{\gamma^2+4|q|^2}$，它与磁场无关。这是直线系统中激子的束缚能[86]。此外，非谐参量 γ 必须以 $1/d$ 为量纲，以保证束缚态的存在，正如在点近似 δ 函数相互作用的系统中一样[106]。

如果 M 值较大，我们可以仿照连续模型处理大半径环时推导微扰激发能进行处理[86]，给出成键态能量的近似表达式

$$E=E_\infty\left[1+\frac{2\gamma^2}{E_\infty^2}\cos(M\theta)\mathrm{e}^{-M\operatorname{arcsinh}\left(\frac{\gamma}{2|q|}\right)}\right] \tag{15.46}$$

同样，如果 d 足够小，式(15.45)可以近似写成 $2\pi r\beta>1-\cos(2\pi\Phi/\Phi_0)$，式中，$\beta=\operatorname{arcsinh}(\gamma/2|q|)/d$ 为由式(15.46)给出的能量振荡的衰减长度的倒数。

一般来说，本征态的能量取决于磁通量。如图 15.15 所示，在不存在净电荷的成键态上，尽管发现电子和空穴的概率很高，如果分析基态能量对磁通量的依赖关系，仍然有可能观察到 AB 效应。振幅的最大值对应于 Φ/Φ_0 为整数或半整数的值，而且随着环半径的增大振幅迅速减小。而且在非成键态上，在不同格点处发现电子和空穴的概率增加，其能量对磁通量的变化更为敏感，AB 效应并不随环半径的增加而减小。

一般来说，对于成键态，AB 振荡的振幅随环长度的增加指数减小，如图 15.16(a)所示。同时，特征衰减长度是相互作用常量 γ 的递减函数，如图 15.16(b)所示。

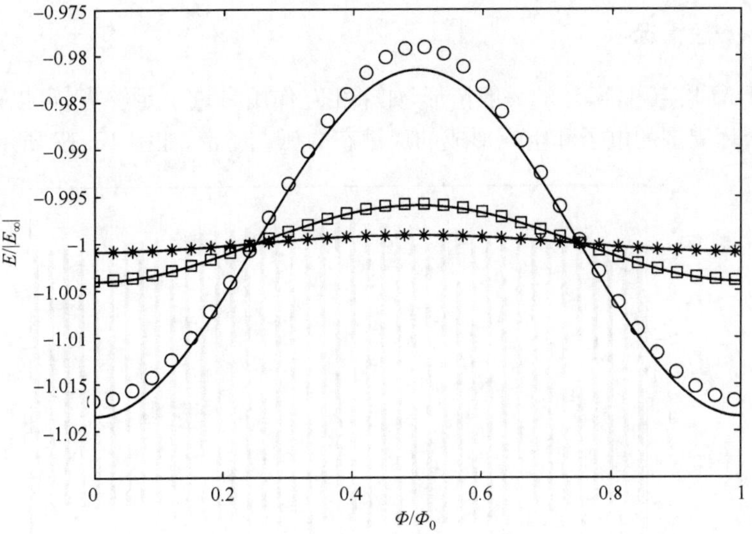

图 15.15　对应于 3 个(单)环周长 ρ(单位为 d)，数值求解方程(15.42)得到的激子能量(单位为 $|E_{\text{inf}}|$)的 Aharonov-Bohm 振荡。计算参数为 $\gamma=2,d=1,\varepsilon=1,\mu=0.2,k=0$。(○)$M=5(\rho=5.34)$，(□)$M=7(\rho=7.24)$，(∗)$M=9(\rho=9.19)$。图中实线为式(15.46)给出的近似解

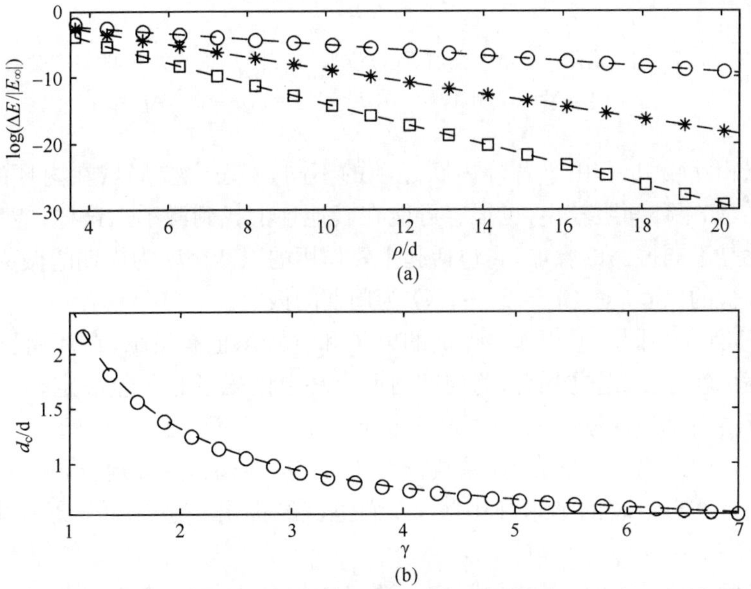

图 15.16　(a)以(单)环周长 ρ(单位为圆环格子间距 d)为函数时，数值求解式(15.42)得到的 AB 振荡能量振幅(单位为 $|E_\infty|$，标度为半对数)。计算参数 $\gamma=1$，对应于弱成键态(○)，$\gamma=2.5$，典型的成键态(∗)，$\gamma=5$，对应于强成键态(□)。$\varepsilon=1,\mu=0.2,k=0$。图中的点划线对应于式(15.46)给出的近似解。(b)单环 AB 振荡的衰减长度 d_c(单位为圆环格子间距 d)与非谐参量 γ 的对应关系。它由式(15.42)数值解出，参数为 $\varepsilon=1,\mu=0.2,k=0$(∗)。点划线为式(15.46)给出的近似解

15.4.5 一般情况

对于 M 格点和 N 环的一般情形，如果相互作用参量 γ 足够大，可以观察到对应于每个环周围的电子和空穴形成的成键态的孤立能带，如图 15.17 所示。

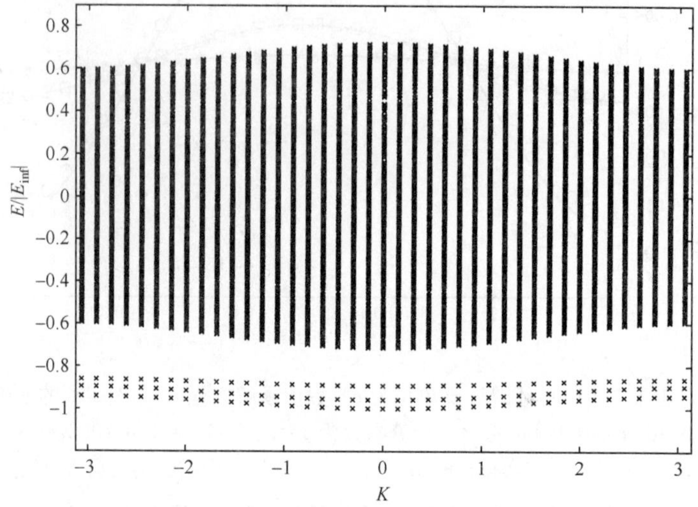

图 15.17 能带结构，能量本征值 E(单位为 $|E_{inf}|$)与总波矢 K 的对应关系。$M=41, N=3, \gamma=4, \phi_1=0, d_1=1, \varepsilon=1, \mu=0.2, \Delta r=1$

在强相互吸引下，由于各环内跃迁项的不同，基态主要局域在内环的束缚态上。但是，如果环间距较小，也很有可能在其他环上找到激子。这样，能量随磁通量的变化是不同振荡的叠加，它包括起主要作用的以 Φ_1/Φ_0 为周期的振荡，以及其他贡献较少的以 $\Phi_n/\Phi_0(n=2,\cdots,N)$ 为周期的振荡。

此外，处于不同环上相邻格点上的电子和空穴态也有贡献，在环周长增大时，这些振荡仍然存在。主要的振荡周期由两个环上的磁场相位差决定。一般来说，周期为 $T=2M/(\Phi_2/\Phi_1-1)=2M/(r_2/r_1-1)=2Mr_2/\Delta r$，对应于 $\gamma=0$ 时的相位差。在环间距离小(环间跃迁系数较大)时，这些振荡占主导地位，并同时随环周长而减小。在自组装的纳米环中[91]，人们也已经提出了空穴更靠近环中心的模型[107]。

当环间距比较小时，系统的基态主要是内层环上的成键态，而且存在周期为 Φ_1/Φ_0 的 AB 振荡。第一激发态是位于每个环上的成键态，振荡周期为 $\Phi_n/\Phi_0(n=2,\cdots,N)$。当环间距减小，环间跃迁系数增大，不同环上的非局域部分将引发附加的振荡。

一般来讲,能量的振荡幅度微弱地依赖于环数,如图 15.18 所示。当环数增大到一定程度时(距离足够大时环数是相同的),这种依赖性可以忽略不计。因而,除了环间距非常小的情形,AB 振荡本质上是一维现象。

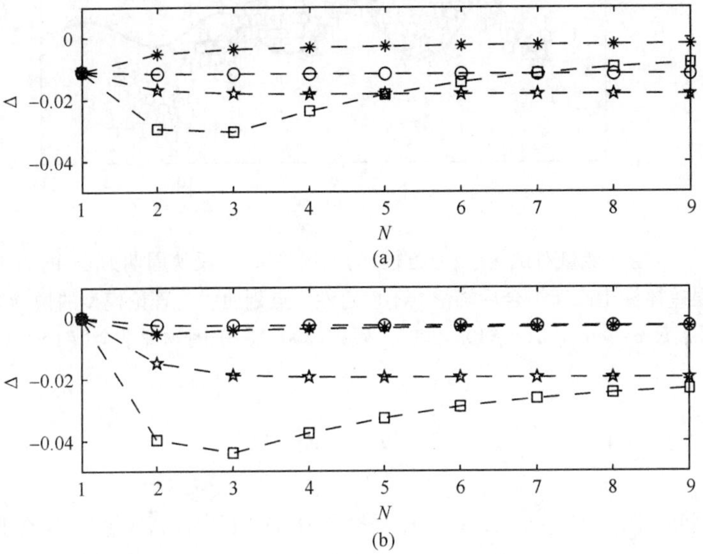

图 15.18 基态能量的振荡与环数 N 的对应关系。$\Delta=(E_{max}-E_{min})/(2E)$,其中 E 是 $B=0$ 时的激发能量。$f=5,\rho_1=5.34$(a),$f=11,\rho_1=11.15$(b)。(∗)$\Delta r=0.1$,(□)$\Delta r=0.7$,(☆)$\Delta r=1.0$,(○)$\Delta r=1.5$。$\gamma=2.5,d_1=1,\varepsilon=1,\mu=0.2$

15.4.6 堆垛环构成的体系

由堆垛环构成的系统,如图 15.13 所示,所有环都通过相同的磁通量 Φ_0,可以观察到类似于在单环系统中出现的行为,但仅能观察到周期为 $T=\Phi/\Phi_0$ 的振荡。

分析振幅随环尺寸的变化,可以得到近似指数形式的衰减,由此可以计算出衰减长度 d_c。如果 Δr 较大,则与单环的情况相似;但是如果距离减少,则衰减长度增大。它表明当增大磁通量时,激子利用附加环上的通道发生隧穿。对于中性激发,这种效应为实验上探测 AB 效应增大了可能性。

15.4.7 实验结果

如前所述,人们已经在中性激发的Ⅱ型量子点体系中探测到了 AB 振荡[95]。图 15.19 给出了实验上观测到的中性激子的 AB 振荡,其周期为 Φ_0。

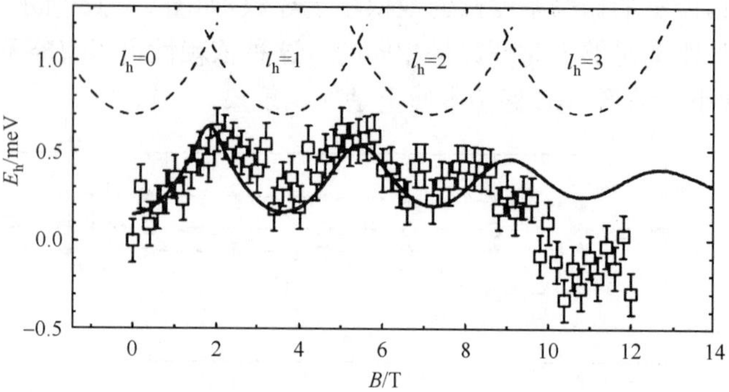

图 15.19 空穴能量对磁场(空心方框)的依赖关系,它反映周期为 Φ_0 的 AB 振荡。误差棒标出高斯拟合后峰位的不确定性。点划曲线为理论模型的抛物线(*Phys. Rev. Lett.* ,92,126402,2004。版权(2004)归美国物理学会(APS)所有)。

致　谢

非常感谢同事 Oliver Penrose 在研究有限宽的环中 AB 振荡存在与性质时给予的建议和讨论。Palmer 感谢 Heriot-Watt 大学的支持,以及由结构化欧洲研究领域(Structuring the European Research Area)项目中的欧洲委员会研究基础(European Commission's Research Infrastructures)活动资助的 HPC-Europa 项目(项目编号:RII3-CT-2003-506079)的财政支持。这项研究也得到了 MECD-FEDER 项目(项目编号:FIS2004-01183)的支持。

参 考 文 献

[1] Flach, S. and Willis, C. R. , Discrete breathers, Phys. Rep. , 295, 181, 1998; Physica D, 119, special volume, Flach, S. and Mackay, R. S. , Eds. , 1999: Kevrekidis, P. G. , et al. , The discrete nonlinear Schrödinger equation, Int. J. Mod. Phys. B, 15, 2833, 2001; focus issued, Kivshar, Y. S. and Flach, S. , Eds. , Chaos, 13, 586, 2003; Localization and Energy Transfer in Nonlinear Systems, Vázquez, L. , et al. , Eds. World Scientific, Singapore, 2003.

[2] Scott, A. C. , et al. , Quantum lattice solitons, Physica D, 78, 194, 1994.

[3] Fleurov, V. , Discrete quantum breathers: What do we know about them?, Chaos, 13, 676, 2003;MacKay, R. S. , Discrete breathers: classical and quantum, Physica A, 288, 174, 2000.

[4] Fillaux, F. et al. , Inelastic-neutron-scattering study of the sine-Gordon breather interactions in isotopic mixtures of 4-methyl-pyridine, Phys. Rev. B, 58, 11416, 1998; Swanson, B. I. et al. , Observation of intrinsically localized modes in a discrete low-dimensional material, Phys. Rev. Lett. , 82, 3288, 1999; Asano, T. et al. , ESR investigation on the breather mode and the Spinon-Breather dynamical crossover

in Cu Benzoate, Phys. Rev. Lett., 84, 5880, 2000; Schulman, L. S. et. al., Slow relaxation, confinement, and solitons, Phys. Rev. Lett., 8, 224101, 2002.

[5] Hamm, P. and Edler, J., Quantum vibrational polarons: Crystalline acetanilide revisited, Phys. Rev. B, 73, 094302, 2006.

[6] Seeman, N. C., Nanotechnology and the double helix. Scientific American, June, 2004.

[7] Seeman, N. C., Nucleic-acid junctions and lattices. J. Theor. Biol., 99, 237, 1982; Seeman, N. C. and Lukeman, P. S., Nucleic acid nanostructures: Bottom-up control of geometry on the nanoscale, Rep. Prog. Phys., 68, 237, 2005; Chworos, A. et al., Building programmable jugsaw puzzles with RNA, Science, 306, 2068, 2004.; Park, S. H. et al. Finite-Size, fully-addressable DNA tile lattices formed by hierarchical assembly procedures, Angew. Chem., 118, 749, 2006.

[8] Chen, J. and Seeman, N. C., The synthesis from DNA of a molecule with the connectivity of a cube. Nature, 350, 631, 1991; Zhang, Y. and Seeman, N. C., The construction of a DNA truncated octahedron, J. Am. Chem. Soc., 116, 1661, 1994.

[9] Rothemund, P. W. K., Folding DNA to create nanoscale shapes and patterns, Nature, 440, 297, 2006.

[10] Adleman, L., Molecular computation of solutions to combinatorial problems, Science, 266, 1021, 1994.

[11] Benenson et al., An autonomous molecular computer for logical control of gene expression, Nature, 429, 423, 2004.

[12] Okamoto, A. et al., DNA logic gates, J. Am. Chem. Soc., 126, 9458, 2004.

[13] Chen, X. et al., Construction of molecular logic gates with a DNA-cleaving deoxyribozyme, Angew. Chem. Int. Ed., 45, 1759, 2006.

[14] Amos, M., Theoretical and Experimental DNA Computation, Springer, 2005.

[15] Ezziane, Z., DNA computing: applications and challenges, Nanotechnology, 17, R27, 2006.

[16] Chen, J. et al., Large-scale genomic monitoring of profiling using a DNA-based memory and microarrays, 24th Army Science Conf. Orlando FL, 2004.

[17] Clelland Taylor, C. et al., Hiding messages in DNA microdots, Nature, 399, 533, 1999.

[18] Wong, P. C. et al., Organic data memory, Commun. ACM, 46, 95, 2003.

[19] Mao, C. et al., Logical computation using algorithmic self-assembly of DNA triple-crossover molecules, Nature, 407, 493, 2000.

[20] Ratner, M., Photochemistry: Electronic motion in DNA, Nature, 397, 480, 1999.

[21] Fink, H. W. and Schönenberger, C., Electrical conduction through DNA molecules, Nature, 398, 407, 1999.

[22] Tran, P. et al., Charge transport along the λ-DNA double helix, Phys. Rev. Lett., 85, 1564, 2000.

[23] Bhalla, V. et al., DNA electronics, Eur. Mol. Biol. Rep., 4, 442, 2003.

[24] Braun, E. et al., DNA templated assembly and electrode attachment of conducting silver wire, Nature, 391, 775, 1998.

[25] Porath, D. et al., Direct measurements of electrical transport through DNA molecules, Nature, 403, 635, 2000.

[26] Endres, R. G. et al., The quest for high-conductance DNA, Rev. Mod. Phys., 76, 195, 2004.

[27] Porath, D. et al., Charge transport in DNA-based devices, Top. Curr. Chem., 237, 183, 2004.

[28] Lee, H. Y. et al., Control of electrical conduction in DNA using oxygen hole doping, Appl. Phys. Lett., 80, 1670, 2002.

[29] Boiteux，S. et al.，Free Radical Biol. Med.，32，1244，2002. Localization and Transport of Charge by Nonlinearity and Spatial Discreteness 15-29

[30] Burrows，C. J. and Muller，J. G.，Oxidative nucleobase modifications leading to strand scission，Chem. Rev.，98，1109，1998.

[31] Friedman，K. A. and Heller，A.，On the non-uniform distribution of guanine in introns of human genes: Possible protection of exons against oxidation by proximal intron poly-G sequences，J. Phys. Chem. B，105，11859，2001.

[32] Núñez，M. E. et al.，Dendritic cells transduced with HIV nef express normal levels of HLA-A and HLA-B class I molecules，Biochem.，40，12465，2001.

[33] Boon，E. M.，Electrochemical sensors based on DNA-mediated charge transport，PhD thesis，California Institute of Technology，Pasadena，1998.

[34] Klotsa，D. et al.，Electronic transport in DNA，Biophys. J.，89，2187，2005; Wang，H. et al.，Electronic transport and localization in short and long DNA，in Biopolymers，Starikov，J. Ed.，Elsevier，Amsterdam，2006 (to appear).

[35] Eley，D. D. and Spivey，D. I.，Semiconductivity of organic substances，Part 9，Nucleic acid in the dry state，Trans. Faraday Soc.，58，411，1962.

[36] Berlin，Y. B. et al.，DNA as a molecular wire，Superlattices Microstruct，28，241，2000.

[37] Jortner，J. et al.，Charge transfer and transport in DNA，Proc. Nat. Acad. Sci. USA，95，12759，1998.

[38] Bruinsma，R. et al.，Fluctuation-facilitated charge migration along DNA，Phys. Rev. Lett.，85，4393，2000.

[39] Yu，Z. G. and Song，X. Variable range hopping and electrical conductivity along the DNA double helix，Phys. Rev. Lett.，86，6018，2001.

[40] Hermon，Z. et al.，Prediction of charge and dipole solitons in DNA molecules based on the behaviour of phosphate bridges as tunnel elements，Europhys. Lett.，43，482，1998.

[41] Conwell，E. and Rakhmanova，S. V.，Polarons in DNA，Proc. Nat. Acad. Sci.，97，4556，2000; Rakhmanova，S. V. and Conwell，E.，Polaron motion in DNA，J. Phys. Chem. B，105，2056，2001; Ly，D. et al.，Mechanism of charge transport in DNA: Internally linked anthraquinone conjugates support phonon-assisted polaron hopping，J. Am. Chem. Soc.，121，9400，1999; Komineas，S. et al.，Effects of intrinsic base-pair fluctuations on charge transport in DNA，Phys. Rev. E，65，061905，2002.

[42] Hennig，D. and Archilla，J. F. R.，Recent Developments in Biopolymers，Elsevier，Amsterdam，2006 (to appear).

[43] Barbi，M. Localized Solutions in a Model of DNA Helicoidal Structure，PhD thesis，Universitát degli Studi di Firenze，Italy，1998.

[44] Barbi，M. et al.，Helicoidal model for DNA opening，Phys. Lett. A，253，358，1999.

[45] Barbi，M. et al.，A twist opening model for DNA，J. Biol. Phys.，24，97，1999.

[46] Cocco，S. and Monasson，R.，Theoretical study of collective modes in DNA at ambient temperature，J. Chem. Phys.，112，10017，2000.

[47] Salerno，M.，Discrete model for DNA-promoter dynamics，Phys. Rev. A，44，5292，1991.

[48] Brunaud G. et al.，An effective Hamiltonian for hole transfer along B-DNA double strands，Phys. Chem. Chem. Phys.，4，6072，2002.

[49] Kalosakas，G. et al.，Polaron solutions and normal-mode analysis in the semiclassical Holstein model，

Phys. Rev. B, 58, 3094, 1998.

[50] Hennig, D. et al., Nonlinear charge transport mechanism in periodic and disordered DNA, Physica D, 180, 256, 2003.

[51] Archilla, J. F. R. et al., in Localization and Energy Transfer in Nonlinear Systems, Vázquez, L. et al., Eds., World Scientific, 2003.

[52] Stryer, L., Biochemistry, Freeman, New York, 1995.

[53] Cuniberti G. et al., Backbone-induced semiconducting behavior in short DNA wires, Phys. Rev. B, 65, 241314, 2002.

[54] D. Hennig, E. B. et al., Charge transport in poly(dG)-poly(dC) and poly(dA)-poly(dT) DNA polymers, J. Biol. Phys., 30, 227, 2004. 15-30 Nano and Molecular Electronics Handbook

[55] Voulgarakis, N. K. and Tsironis, G. P., Stationary and dynamical properties of polarons in the anharmonic Holstein model, Phys. Rev. B, 63, 14302, 2001.

[56] Ibañes, M. et al., Dynamical properties of discrete breathers in curved chains with first and second neighbor interactions, Phys. Rev. E, 65, 041902, 2002.

[57] Chen, D. et al., Breather mobility in discrete φ 4 lattices, Phys. Rev. Lett., 112, 4776, 1996.

[58] Cuevas, J. et al., Moving discrete breathers in a Klein-Gordon chain with an impurity, J. Phys. A: Math. Gen., 35, 10519, 2002.

[59] Palmero, F. et al., Effect of base-pair inhomogeneities on charge transport along the DNA molecule, medited by twist and radial polarons, New J. Phys., 6, 13, 2004.

[60] Giese, B. et al., Direct observation of hole transfer through DNA by hopping between adenine bases and by tunnelling, Nature, 412, 318, 2001.

[61] Cai, L. et al., Self-assembled DNA networks and their electrical conductivity, Appl. Phys. Lett, 77, 3105, 2000; Yoo, K. H. et al., Electrical conduction through poly(dA)-poly(dT) and poly(dG)-poly (dC) DNA molecules, Phys. Rev. Lett, 87, 198102, 2001; Lee, H. Y. et al., Control of electrical conduction in DNA using oxygen hole doping, Appl. Phys. Lett, 80, 1670, 2002.

[62] Holstein, T., Studies of polaron motion, Ann. Phys. (N. Y.), 8, 325, 1959.

[63] Aubry, S. et al., Chaotic polaronic and bipolaronic states in the adiabatic Holstein model, J. Stat. Phys, 67, 675, 1992.

[64] Davydov, A. S., The theory of contraction of proteins under their excitation, J. Theor. Bio., 38, 559, 1973; Davydov, A. S., Solitons and energy transfer along protein molecules, J. Theor. Bio., 66, 379, 1977.

[65] Scott, A. C., Davydov's soliton, Phys. Rep, 217, 1, 1992.

[66] Fuentes, M. A. et al., Multipeaked polarons in soft potentials, Phys. Rev. E, 70, 025601(R), 2004.

[67] Maniadis, P. et al., Polaron normal modes in the Peyrard-Bishop-Holstein model, Phys. Rev. B, 68, 174304, 2003.

[68] Aubry, S., Breathers in nonlinear lattices: Existence, linear stability and quantization, Physica D, 103, 201, 1997.

[69] Cuevas, J. et al., ArXiv: cond-mat/0512695.

[70] Dauxois, T. et al., Dynamics and thermodynamics of a nonlinear model for DNA denaturation, Phys. Rev. E, 47, 684, 1993.

[71] Eilbeck, J. C. et al., Soliton structure in crystalline acetanilide, Phys. Rev. B, 30, 4703, 1984.

[72] MacKay, R. S. and Aubry, S. , Proof of existence of breathers for time-reversible or Hamiltonian networks of weakly coupled oscillators, Nonlinearity, 7, 1623, 1994.

[73] Marín, J. L. and Aubry, S. , Breathers in nonlinear lattices: Numerical calculation from the anticontinuous limit, Nonlinearity, 9, 1501, 1996.

[74] Cuevas, J. et al. ,Moving breathers in a DNA model with competing short and long range dispersive interactions, Physica D, 163, 106, 2002.

[75] Aharonov Y. and Bohm, D. , Significance of electromagnetic potentials in the quantum theory, Phys. Rev. , 115, 485, 1959.

[76] Berry, M. V. , Quantal phase factor accompanying adiabatic interaction, Proc. R. Soc. London, Ser. A, 392, 45, 1984.

[77] Byers, N. and Yang, C. N. , Theoretical considerations concerning quantized magnetic flux in superconducting cylinders, Phys. Rev. Lett. , 7, 46, 1961.

[78] Bloch, F. , Simple interpretation of the Josephson effect, Phys. Rev. Lett. , 21, 1241, 1968.

[79] Büttiker, M. et al. , Josephson behavior in small normal one-dimensional rings, Phys. Lett. A, 96,365, 1983.

[80] Peshkin M. and Tonomura, A. , The Aharonov-Bohm Effect, in:Lecture Notes in Physics, Vol. 340. Springer Verlag, Berlin, 1989.

[81] Washburn S. and Webb, R. A. , Quantum transport in small disordered samples from the diffusive to the ballistic regime, Rep. Prog. Phys. , 55, 1311, 1992.

[82] Parks, R. D. and Little, W. A. , Fluxoid quantization in a multiply-connected superconductor, Phys. Rev. , 133, A97, 1964.

[83] Hod, O. et al. , Feasible nanometric magnetoresistance devices, J. Phys. Chem. B, 108, 14807, 2004.

[84] Shen, J. Q. and He, S. , Geometric phases of electrons due to spin-rotation coupling in rotating C_{60} molecules, Phys. Rev. B, 68, 195421, 2003; Shen, J. Q. et al. , Aharonov-Carmi effect and energy shift of valence electrons in rotating C_{60} molecules, Eur. Phys. J. D, 33, 35, 2005.

[85] Chaplik, A. ,Magnetoexcitons in quantum rings and in antidots, Pis'ma Zh. Eksp. Teor. Fiz. , 62, 885, 1995 [JETP Lett. 62, 900, 1995].

[86] Römer, R. A. and Raikh, M. E. , Aharonov-Bohm effect for an exciton, Phys. Rev. B, 62, 7045, 2000.

[87] Ando, T. , Excitons in carbon nanotubes revisited: Dependence on diameter, Aharonov-Bohm flux, and strain, J. Phys. Soc. Jpn. , 73, 3351, 2004.

[88] Palmero, F. et al. , Aharonov-Bohm effect for an exciton in a finite width nano-ring, Phys. Rev. B, 72, 075343, 2005.

[89] Lorke, A. et al. , Spectroscopy of nanoscopic semiconductor rings, Phys. Rev. Lett. , 84, 2223 2000.

[90] Emperador,A. et al. ,Far-infrared spectroscopy of nanoscopic InAs rings,Phys. Rev. B,62,4573,2000.

[91] Lorke, A. et al. , Electronic structure of nanometer-size quantum dots and quantum rings, Microelectronic Eng. , 47, 95, 1999.

[92] Bayer, M. et al. , Hidden symmetries in the energy levels of excitonic 'artificial atoms', Nature, 405, 923, 2000.

[93] Bayer, M. et al. , Optical detection of the Aharonov-Bohm effect on a charged particle in a nanoscale quantum ring, Phys. Rev. Lett. , 90, 186801, 2003.

[94] Cho, K. S. et al. , Designing PbSe nanowires and nanorings through oriented attachment of nanoparti-

cles,J. Am. Chem. Soc., 127, 7140, 2005.

[95] Ribeiro, E. et al., Aharonov-Bohm signature for neutral polarized excitons in type-II quantum dot ensembles, Phys. Rev. Lett., 92, 126402, 2004.

[96] K. Maschke et al., Coherent dynamics of magnetoexcitons in semiconductor nanorings, Eur. Phys. J. B, 19, 599, 2001.

[97] Hu, H. et al., Aharonov-Bohm effect of excitons in nanorings, Phys. Rev. B, 63, 195307, 2001.

[98] Lieb, E. H. and Wu, F. Y., Absence of mott transition in an exact solution of the short-range, one-band model in one dimension, Phys. Rev. Lett., 20, 1445, 1968.

[99] B. S. Shastry and B. Sutherland, Phys. Rev. Lett., 65, 243, 1990.

[100] Sutherland,B. and Shastry,B. S.,Twisted boundary conditions and effective mass in Heisenberg-Ising and Hubbard rings, Phys. Rev. Lett., 65, 1833, 1990.

[101] Essler,F. et al.,The One-Dimensional Hubbard Model,Cambridge University Press,Cambridge,2005.

[102] Gebhard F., and Ruckenstein, A. E., Exact results for a Hubbard chain with long-range hopping, Phys. Rev. Lett., 68, 244, 1992.

[103] Caffarel M. and Mosseri R., Hubbard model on *d*-dimensional hypercubes: Exact solution for the two-electron case, Phys. Rev. B, 57, R12651, 1998.

[104] Scott, A. C. Nonlinear Science, 2nd ed., OUP, Oxford, 2003.

[105] Penrose, O., Private communication.

[106] Göhmann, F. and Korepin, V. E., Universal correlations of one-dimensional interacting electrons in the gas phase, Phys. Lett. A, 260, 516, 1999.

[107] Govorov, A. O. et al., Excitons in nanorings and the optical Aharonov-Bohm effect, Phys. Rev. B, 66, 081309R, 2002.

16 蛋白质光存储

Jeffrey A. Stuart，Robert R. Birge，Mark P. Krebs，Bangwei Xi，
William Tetley，Duane L. Marcy，Jeremy F. Koscielecki，
Jason R. Hillebrecht 著

李新奇 译

16.1 序 言

纳米技术已经迅速进入生物学领域,并且重新定义了我们对细胞及细胞以下水平的生物机制的理解。处理分子系统的技术已经被应用到探查细胞分子的问题上,从而有利于从分子尺度上理解基本的生物过程。生物纳米技术的核心目标就是在分子尺度上理解生物运作机制以及我们如何在这个尺度上操纵生物事件。

生物分子电子学可以看作是生物纳米学的分支。大体上说,这个领域被定义为以人工应用为目的的生物性分子的评估和利用。这种新颖技术的许多应用正在发展中,包括化学和生物传感器的体系构架、蛋白质光存储器和全息介质、生物分

子整合到微电子器件中以及 DNA 计算技术。那么,我们会自然想到在探测设备中利用这种生物性分子会增加哪些优势呢?

我们可以在各种各样的反应和行为中发现答案,那就是,进化过程允许大自然解决地球上生物在其生命历程中所面临的许多的问题。生物分子如此独特,是因为它们已经在一代又一代的生物自然选择和进化中获益,获得了一系列高度优化的适应于具体生物功能的性能,这个由生物分子提供的"工具箱",能远远地超出人造手段且完美地执行它的生物功能。自然已经对生物问题形成了独特的解决方式,例如,解决构架和支持的是骨头和结缔组织;解决新陈代谢的是合成代谢、分解代谢、氧化磷酸化作用和光合作用;解决信息处理的是感官、认知力、记忆力和染色体。定义生命(具体地说,是特定的酶、蛋白质和 DNA/RNA)的复杂分子促进了这些能力。对环境条件的广泛适应,使功能生物分子具备非生物或人造的方法所不可比拟的效率。此外,许多由生物分子所促进的功能,都不能通过其他方式复制。显而易见,如果自然已经成功地创造了高度复杂、多样化且有效的分子,并且这些分子具有广泛的功能,那么,研究人员应该能够利用现存的自然功能,或者面向某一应用去改变它们。

因此,生物电子学的目标就是,利用这一系列源于生命的分子的独特的性质来促进人造技术。研究人员的智能选择,可以将它们新颖的能力引入到器件应用中去。通常情况下,与传统方法相比,这些性质对器件的设计和构造具有相对的优势。事实上,对于尺寸与功能关系的问题,蛋白质和其他生物分子提供了其独特的解决方案,因为它们代表着一类极其复杂的分子,而且这些分子可以在相当广泛的环境条件下执行特定的功能。使用 DNA 或 RNA 的传感器,可以比传统实验室技术能够更快更准地探测病源生物。生化酶可以促进一些可能有工业价值的化学反应,或者可以用到检测方案中。例如,利用葡糖氧化酶的传感器,可以协助监控糖尿病患者的葡萄糖水平。这一章的重点是,对光感应的蛋白质可以作为器件体系架构的基础,如光电子储存器和全息记录介质。

在许多设备结构中利用生物分子的关键就是询问(interroage)分子的能力,决定生物分子状态的能力是当今生物分子电子学的最大挑战之一。正因为如此,光敏蛋白质具有特殊的吸引力。所有的光敏蛋白质有两点共同之处:以可再生的方式对光做出感应和存在调节光吸收的内部生色团。生色团(chromophore)常常用于探测蛋白质的结构和功能,通常是高度共轭分子,它对光的反应或者是通过双键附近的异构化作用(视网膜紫质、光敏黄蛋白[PYP]、光敏色素),或者是通过引起电子转移的氧化还原作用(光合作用中心、黄素蛋白)进行的。在任何情况下,内部生色团使光能够容易地转换为化学能量,并且它是询问分子的最便利的工具,因此,光或电压能被用来监控蛋白质的状态。从各方面来说,光致色变蛋白质都非常适合于器件构建。在这一类里,众多蛋白质的共性是在暴露于光线时存在多态,在通常情况下，可以通过光和电学方法询问这些状态，因此，它提供了一种直接读取功能活动的方式。此外，通过暴露在光或电压下，可以引发很多光敏蛋白的响应，并且这些光敏蛋白都是可再生的。在这一章的随后部分，我们将重点放在菌紫质，一种在光和全息计算机存储体系架构方面具有潜力的光敏蛋白，以及为了实现这个特定的目标改变蛋白质所做的努力。接下来我们将要讨论的是，对于蛋白质的实用性，能够改变菌紫质（以及一般蛋白质）的这种能力已被证明是至关重要的。

生物分子电子学领域的核心问题就是效率。尽管自然选择和进化的进程已经产生了生物分子，并且针对其自然功能进行了高度优化，然而，这些分子能否以其原生形式被应用到非自然条件中，目前仍不清楚。事实上，人们对蛋白质分子进行优化已经数十年，对工业过程或商业产品（如洗衣粉）有益的酶，并针对其热稳定性、化学稳定性及基底选择性进行了优化[1-5]。一般来说，人们从大量随机产生的突变体蛋白质中筛选出感兴趣的特征。负责产生改良蛋白质的有机体被当作产生下一个随机子代的母体。这一过程迭代地进行，直到产生针对特定应用的一类高度优化的蛋白质为止。然而，在这类例子中，这种优化是针对预先存在的性质，即在非原生环境中都会趋向于更高的效能。现在的问题是，研究人员能否提高非原生的功能，尤其是对于器件应用来说。嵌入器件的蛋白质，可能会经历显著不同的环境，包括缺水环境和较大的温度起伏。如前所述，蛋白质可能会被要求展现一种非自然的功能。在过去十年来，分子生物学和基因/蛋白质工程取得了巨大进步，将蛋白质作为器件体系架构的活性元素的这种潜力正在成为可能，其中的两种进步是随机突变诱变和定向演化。

16.2　菌紫质生物化学和生物物理

在蛋白质的应用历史上，菌紫质（bacteriorhodopsin，BR）占据了一个独一无二的位置，不仅是因为其结构和功能已经被彻底地研究过，而且也作为许多器件体系架构被评估过。早期的例子包括将它作为可重复利用的全息材料中的一种活性部件[6-16]。最后，作为随机存储器、非易失电脑存储器、光电二极管和微电子线路应用[9,17-34]中的活性部件的体系架构也人们被设计出来。菌紫质作为一种光子材料受到持续的关注，是因为其稳定性、可靠性以及它与光相互作用的方式。

菌紫质（图 16.1）是由嗜盐杆菌（*Halobacterium salinarum*）等嗜盐古生菌（*Halophilic archaea*）产生的一种主要的集成膜蛋白。这种有机体能够在超过60℃和氯化钠浓度达 4mol/L（大约是海水的 6 倍）的盐地沼泽兴旺地繁殖。BR 由248 种氨基酸组成，分子质量达 26kDa，与 G-蛋白耦合受体（GPCR）有共同的结构模体（structural motif），它具有七环透膜阿尔法螺旋束。这种相似性可能出于偶然，不过，由于 BR 作为一种光合蛋白，GPCR 在细胞间通信中扮演十分重要的角色。将一种全反式(all-*trans*)视网膜辅助因子偶合到BR脱辅基蛋白上,通过一种质子化的席夫基键(Schiff base),绑定到赖氨酸-216上。这一视网膜假体基团可以介导可见光的吸收,并且使蛋白质呈现出深紫色的特性。此外,这个视网膜发色团(retinal chromophore)使蛋白质能够将光能转化为化学能。

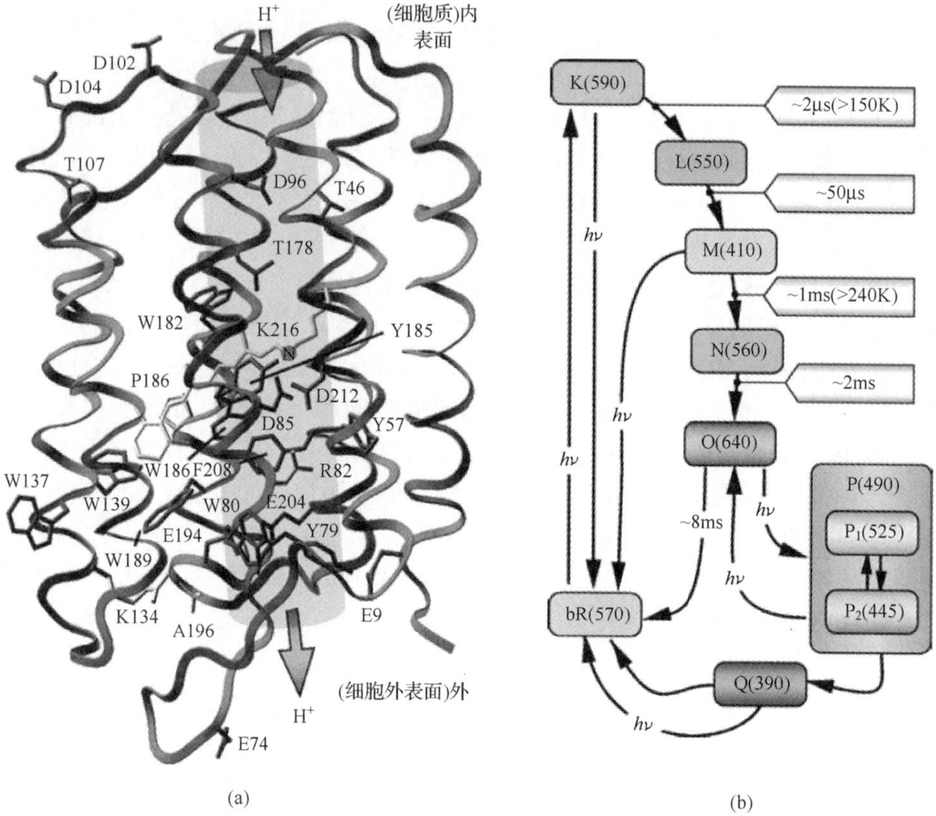

图 16.1 (见彩色插图)(a) 菌紫质的原理图,它阐明了某种关键的氨基酸和质子泵可能的路径。全反式视网膜发色团横穿过结合袋,大体上垂直于薄膜法向和阿尔法螺旋线。(b) 菌紫质的光循环,包括源于O态的分频光循环。对于各中间态,以纳米(nm)为单位的吸收极值点用圆括号标出

细胞膜中包含菌紫质的区域具有独特的性质,它以由约75%的BR和25%的脂质构成的离散膜斑(discrete membrane patch)形式出现。它通常被称为紫膜,这些斑在水悬浮液中是稳定的,并且具有非常高的组织(organization)特性。正如高分辨率的AFM图像所显示的那样,蛋白质单体是以一种六角形三聚体格子的方式排列,由此导致这些花斑是半晶质的[35,36]。视网膜发色团与三聚体的排列成

镜像关系,这些单体之间被以 60°夹角的方式布置。这种布列能够确保紫膜以相等的效率捕获所有光极化。一旦将 BR 从紫膜上移走,它的稳定性就会由几年衰短到几天。因此,研究者们很少利用溶解的蛋白质,尽管它容易隔离,且能够形成不同的形状。紫膜斑可靠的稳定性使它几乎成为器件应用的理想材料。

菌紫质光循环

在原生的机体里,BR 的行为就像一个光驱动的质子泵;利用这一蛋白,质子通过细胞膜的迁移就变得十分容易,由此形成的电化学梯度($\Delta pH \approx 1$)被细胞用来做功。通过一种标准 F_0F_1ATP 酶,这一质子梯度能够促进 ATP 的合成,这也是最早的化学渗透的例子[37-39]。如前所述,视网膜发色团介导促使光能通过蛋白质向化学能转化。光诱导的生色团异构化引发蛋白质中的一列事件,并最终导致质子通过细胞膜的迁移。这个过程是用蛋白质的光循环来描述的,它是由一系列的光谱上分隔的中间态组成(图 16.2),它表征了质子通过细胞膜的步进式过程。中间态是顺序产生的,表示为 K、L、M、N 和 O 态(图 16.1)。通过 O 态的分枝访问 P 态和 Q 态,将随后讨论。历史上,这些观察到的中间态是用热俘获来定义的[40]。每一个中间态都是用一组系数来刻画的,包括最大吸收波长、寿命、生色团构型(异构态和总构型)、结合位点的电子环境、视网膜希夫基的质子化状态和在质子通道中关键氨基酸的质子状态和取向(反映了质子穿过细胞膜的状态)。光诱导的生色团从全反式到 13-*cis* 的异构化,通常被称为是主要事件,在 K 态的形成过程中,它导致电子密度朝质子化的希夫基移动,该 K 态是原生的光循环中唯一由光化学作用产生的态。由 bR 到 K 的转变,是以显著的约 65%的量子效率进行的。电荷的重新分布改变了结合位点的静电性质,并提供形成热中间态(即 L,M,N 及 O 态)的动力,最终导致质子的转移。O 态分枝具有 P 与 Q 2 个附加中间态。蓝移的 M 和 Q 态对光器件应用具有很大的价值。蛋白质平均可进行超过 10^6 次[它被认为是循环基准(benchmark)]的这种循环。有关质子泵的原理,文献[41-52]进行了详细的介绍。

16.3 作为光致变色材料的菌紫质

人们不断致力于将菌紫质纳入到各种光学技术之中,使其具有前所未有的重要性。人们早期便发现,可以通过添加对 M 态寿命产生影响的化学药剂,实现对 BR 光循环过程调控[10,11,53]:任何抑制质子移动性的条件都可以延长 M 态的寿命,不过,人们发现添加一些胺类化合物尤为有效。bR-M 二进偶(binary pair)可以作为光学开关:照射光波长 570nm 可以驱动蛋白质到 M 态,而照射光波长 410nm 可驱动 M 态返回 bR 态。由这两个态构成的 bR-M 二进偶,成为包括二元光学和全息存储与处理以及空间光调制等许多体系架构的基础[6,8,12,15,54-60]。不过这一方法有两个缺陷:促进M态形成的化学试剂的添加将不可避免地降低循环,也就不可能产生真正长久存在的双稳系统(即M态不会持久)。因此,用bR-M进行光编码的信息存储的寿命与M的寿命相当。不过,这两个态之间较宽的光谱间隔,使其成为光学晶体管或全息存储操作的理想偶(ideal pair)。多年来,人们一直致力于这些方面的研究,尤其引人注目的是前苏联的一项军事研究项目——视紫红质计划(Projiect Rhodopsin),其目的在于研制含有菌紫质的可应用于光存储和光处理的聚合薄膜。人们研制了大量的用于延长M态寿命的化学试剂,由此使得基于BR材料被称为生物色素(biochrome)。这种实时的光致变色和全息材料,可以通过照射适当波长的光,来实现读、写和擦除操作[11]。不过,室温下M态不能长期保存,因而使其无法在实际中得到应用。尽管如此,基于M光致变色性质,人们已经提出了的几种体系架构,包括刚研制的唯一可商业化的基于BR的技术,它利用了基因工程的BR的变体D96N。德国马尔堡的MIB生化公司,向市场推出了一款实时干涉仪——Fringemaker-Plus™。这一系统主要的应用是通过微观形变和干涉分析对加工部件进行无损检测[61]。可以将BR D96N薄膜记录的全息干涉图像转为数字形式,供计算机处理。此技术可检测仅凭目检无法识别的微观缺陷。这项技术可使制造业的质量监控达到不可想象的地步,可以对每一个产品进行实时缺陷检测。对全息媒介中的菌紫质变体D96N的研究,仍然是一个非常活跃的领域[62]。

如果没有两项进展,那么,基于BR的器件应用前景就不会如此乐观。尽管人们已经努力了20年,不论是化学手段,还是基因手段,都没能研发出具有永久性M态的基于BR的材料。虽然基因工程为我们提供了大量有关蛋白质结构和功能的信息,可要把M态的寿命延长超过几分钟则难以做到。多年来,我们距离用于光存储和处理操作的永久双态的这一目标仍很遥远。

不过,在1993年,发现一个主光循环的分支可以导致产生一对态,其中一个强烈地蓝移,并可以通过对O态进行红光照射来进行访问[63]。在正常的菌紫质光循环中,O态是最后一个中间态,是重置BR静息态(resting state)的最后一步,它因此再次启动质子泵。虽然生色团回到了全反式(all-*rans*),但是结合位点的静息态电子环境没有完全复原(D85仍没有去质子化)。在这种态下激发蛋白质产生P态(约490nm处吸收),然后,通过热弛豫过程进入蓝移的Q态(380nm)。对这些态的生色团萃取和分谱学研究表明,这两种态都具有9-顺式(9-*cis*)生色团,这就是此态具有不寻常性质的原因,结合位点的模型显示9-顺式生色团不易被容纳[64]。P态的形成导致产生一个只有通过水解希夫碱基才能缓解应力的应变结合位点,一旦这个键破裂了,生色团便可以重组成一个有更少应力的布置,这样就形成了Q态。Q态是真正意义上的长期态,其中9-顺式生色团是非结合的,但被限制在结合位点处。只有通过吸收蓝光，通过使 9-顺式视黄醛恢复到全反式来复位 bR 静息态，同时伴随着希夫碱基的自发重构。

尽管我们介绍了 BR 的永久的双稳系统，但它仍存在着量子效率低的问题（约 10^{-3}）。这是因为与生成 9-顺式有关的大部分应变都归因于 C13 位上的甲基群，所以有人研究了包括 13-甲基生色团的 BR 变体[65]．它比原先的蛋白质更容易产生 9-顺式光产物。然而，C13 位甲基的缺乏阻止了 Q 态的形成，此外，由于 9-顺式与全反式视黄醛构造之间的势垒降低，允许在两者之间非常容易地发生互转化。从本质上说，C13 位甲基不仅是 Q 态量子效应低的原因所在，而且还是 Q 态保持长久的主要因素。

因此，基于 BR 光存储的体系架构面临一种两难的境地：M 态具有较高的量子效率(0.65)，但存储时间短。Q 态虽然可以持久，但量子效率低。尽管需要作出取舍(trade-off)，但光循环分支已经被证实对基于 BR 的光存储研究具有重要意义。Q 态寿命已经被证明至少为 7～10 年[22,64]（室内观测）。由于在 570nm 的 bR 态和 380nm 的 Q 态之间具有更宽的光谱间隔(图 16.2)，它也具有比 M 态略高的衍射功率(8.5%对 6.4%)。因此，M 态是短期全息技术(如 Fringemaker-Plus)的最佳选择，而 Q 态则适应于长期光数据存储系统。

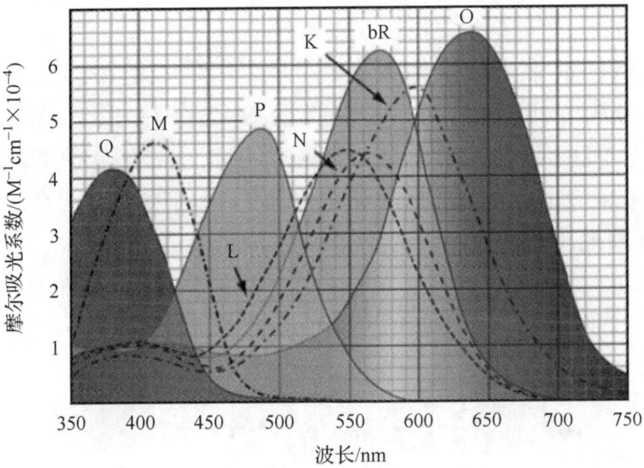

图 16.2　(见彩色插图)与菌紫质光循环有关的各种中间态吸收谱。bR、M、O 和 Q 态对基于 BR 的存储操作有特殊意义。

Q 态的发现与表征是第一个使基于 BR 的器件应用再现生机的研究成果。另一个成果是分子生物学和基因工程的进步，它们引起了生物分子电子学的革命。如随机和半随机的变异、定向演化等技术，使得将高度优化蛋白质用于特定应用的发展成为可能。对于菌紫质，这些方法已经为获得更高收得率、更高效率的 Q 态的变体铺平了道路。16.4 节中我们将介绍这些方向的研究成果。

16.4 基于菌紫质的光学存储的进展

与传统的键盘-磁盘的体系架构相比，光学计算机的存储能够在储存密度、速度，机械简洁性和数据吞吐量方面拥有更多的相对优势。不幸的是，能够满足这种体系架构的材料是罕见的，而且常被不必要的光化学反应和需要大功率的激光器(如双光子体系架构[66,67])所困扰。此外，许多建议的(非生物)材料不能重复利用。自从20世纪70年代苏联启动了视紫红质计划开始，基于细菌紫质的存储应用就成了一个目标。30年过去后，基于BR的光学存储仍然是一个追寻的目标，毫无疑问，这都归因于BR的显著的生物物理特性和基于蛋白质的计算机存储的新概念。分支光循环(branched photocycle)的发现和表征，使研究人员距离目标更近了一步。在本节中，我们将讨论目前的两种光存储体系架构，随后，介绍先进的基因工程技术，它对这一领域的复兴起重要的作用。

16.4.1 二进制光分支光循环体系架构

在过去10年里，人们探索过许多种有关基于BR的存储体系架构的办法，所有的这些方法都利用了蛋白质的光致变色能力。最早的设计是基于M态的，但只能在较低的温度下工作，这里M态可以被俘获(<240K)。尽管存在一个依赖于双光子跃迁来以便三维操作的体系架构[6,17,19,26,68,69]，但大多数组件都是盘片型的。在这两种办法中，bR态作为二进制0，而M态作为一个二进制1。不过，这种低温的架构是不实用的，因此将这些方法被舍弃。分支光循环允许使用Q态的新的体系架构。在二进制光学方法(即非全息)中，蛋白质被悬浮在一个三维聚合物基体中的1cm凹地中，而数据记录/读取则采用正交激光辐照[22]。

bR态和Q态分别被定义成二进制的0和1，如图16.3所示。写入是由顺序双光子技术在三维完成，一个“分页”(paging)操作启动光循环，它位于基于BR的

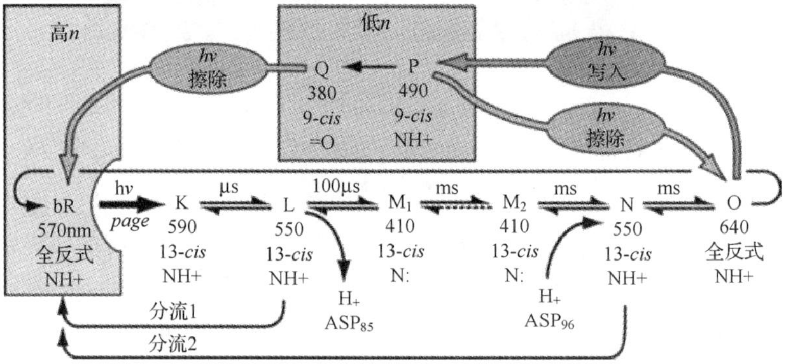

图16.3 基于BR的全息存储操作，它使用依赖于Q和BR态的不同衍射效率造成的衍射率的差异。在二进制光子体系架构下，BR态被定义成二进制“0”，而Q态被定义成二进制“1”

存储块的由光学定义的切片(页)内。由于分支光循环从 O 态访问,写入操作必须等待状态,直到细菌紫质在分页区域(paged region)达到了 O 态(约 2ms)。在这一点上,数据被空间地编码到带有空间光调制器的写入(光化性)激光器中,之前被照亮的页面受到辐照,这是因为,写入激光器的位置与分页激光(paging laser)正交布置,由页面(page)定义的整个平面可以同时被照明,这样允许并行的写入操作。值得注意的是,分支光化学 (形成 Q 态)仅发生在页(三维像素)的双辐照区。

并行读取操作也可作同样的处理,先用分页操作(a paging operation)启动光化学反应,接着是通过写入光束使页面曝光,但曝光的强度要低得多,且没有空间编码数据。这样,即使光被 O 态吸收,也不会造成明显的光化学反应。光被页面的 O 态(二进制 0)区域吸收,但在分页区(这里 Q 态在之前产生)传导。该传导光可以通过 CCD 阵列成像,从而作为二进制 1 记录(若阵列中无成像光则被解释为 0)。这个过程如图 16.4 所示。理想的情况是,若不是与 P 状态重叠,分页

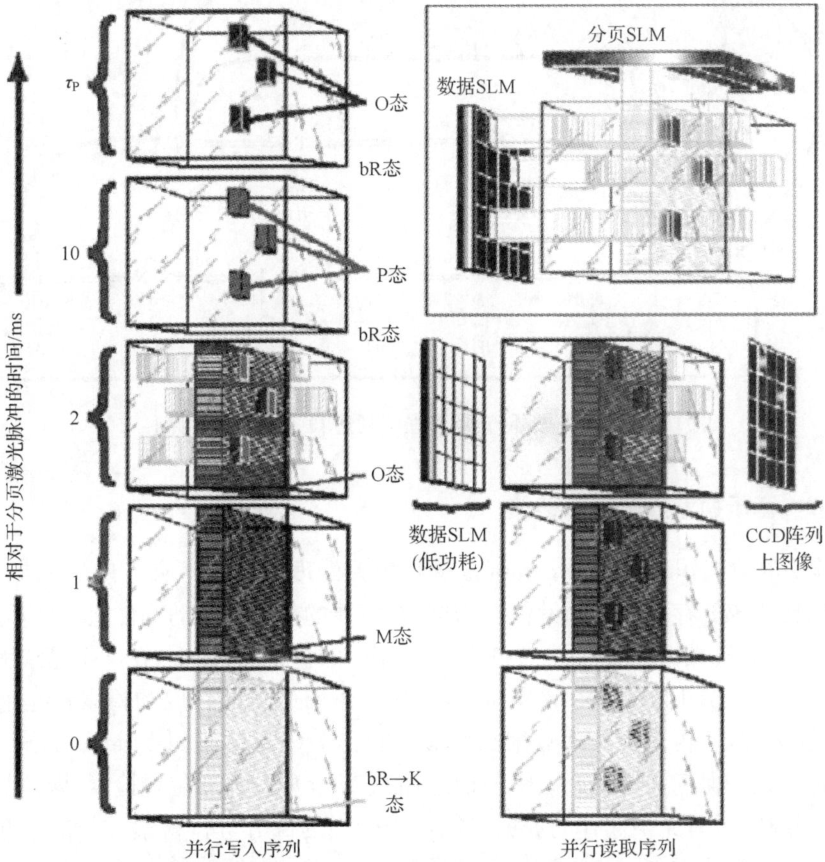

图 16.4　(见彩色插图)假想的在一个使用分支光循环体系架构的存储分页中存储和检索 3 个二进制 1(22 个二进制 0)的并行写入序列(左)和平行读取序列(右)(见文)。插图详细地介绍了正交访问的概念,在这种方法中,可以在三维介质中访问任意的体积

(paging)波长应是 570nm(在照明时恢复到的 O 态)。因此,实际上,无论是分页波长,还是写入的波长,都是用红光来完成。这一办法的一个缺点是,体系架构是与路径相关的;它取决于通过特定路径的 Q 态产生,使用特定波长的光,驱动 bR → O 和 O → Q 的转换,以便在三维空间内操作。然而,当存在多个到达 Q 态的竞争路径时,它会降低这种体系架构的效率[64];这些路径导致不必要的光化学产生,并使二进制 0(bR)与二进制 1(Q)之间更难以区分(图 16.5)。对于基于 BR 的存储,全息方案则是一个更好的可选方案,因为它仅取决于从 bR 到 Q 的光转换,而不用考虑路径。因此,它与路径无关,并能利用 Q 态的所有路径的光产生(photo-generation)。

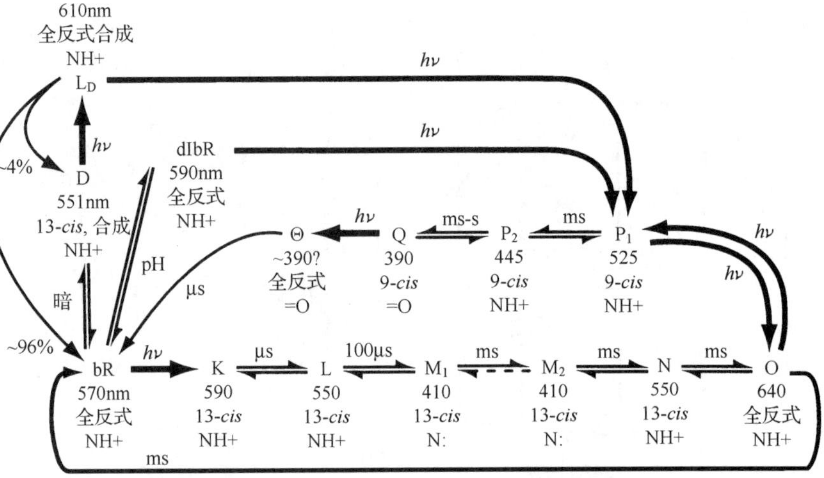

图 16.5 BR 光循环,其重点在于到达 Q 态的竞争性路径[64]

16.4.2 基于菌紫质的全息存储

全息存储(holographic memory)及其相关处理器的技术有着广泛的应用,它能提供比传统储存介质更高的储存密度,只需要的很少的运动部件,且具有更好的抗损坏性(如机械损坏等)。一个被经常引用的数据是,理论上,在一个糖块大小的介质内可以存储 1TB(兆兆字节)的信息量。由于信息的存取和检索都是通过光实现的,因此,不再需要处理数据的机械(读写)头(mechanical head)。此外,全息图的特性允许保存在均匀介质中的信息,能够从介质的任意位置检索,即使是其中一部分损坏,所有原来储存的数据仍能从未受损的部分进行检索。与前面介绍的二进制光学系统类似,数据可以读和写并行,因此,具有更高的吞吐量(through-out)。全息关联存储(associative memory)还提供了一种可以模拟人脑识别目标过程的方法,这样可以通过关联(association)并行检索信息,而不是通过文件名或者位置来检索。目标识别可以作为全息关联存储有效地处理任务的一个极好例子,而传统的计算机存储则不是那么有效。产生这种差异的根源在于,全息存储能像人脑那样并行地处理信息。一个输入对象能够与保存在存储体(memory bank)上所有条目同时进行比较,吻合程度最高的一项被检索出来。传统技术只能串行地完成这一任务,这样,就使得这个工作成为一个耗时的计算密集型的过程。全息关联循环(holographic associative loop)的概念最早是由 Paek 和 Psaltis 在 1987 年首先提出来的,随后被推广到神经网络、自适应光学网络和自适应图像相关器等方面。具体的例子包括指纹识别、假币识别、自动通用模式识别、情报、气象卫星(如数据筛选)以及人工智能体系架构。改良的包括基于 BR 的全息介质的 Paek 和 Psaltis 设计示意图如图 16.6 所示[70]。

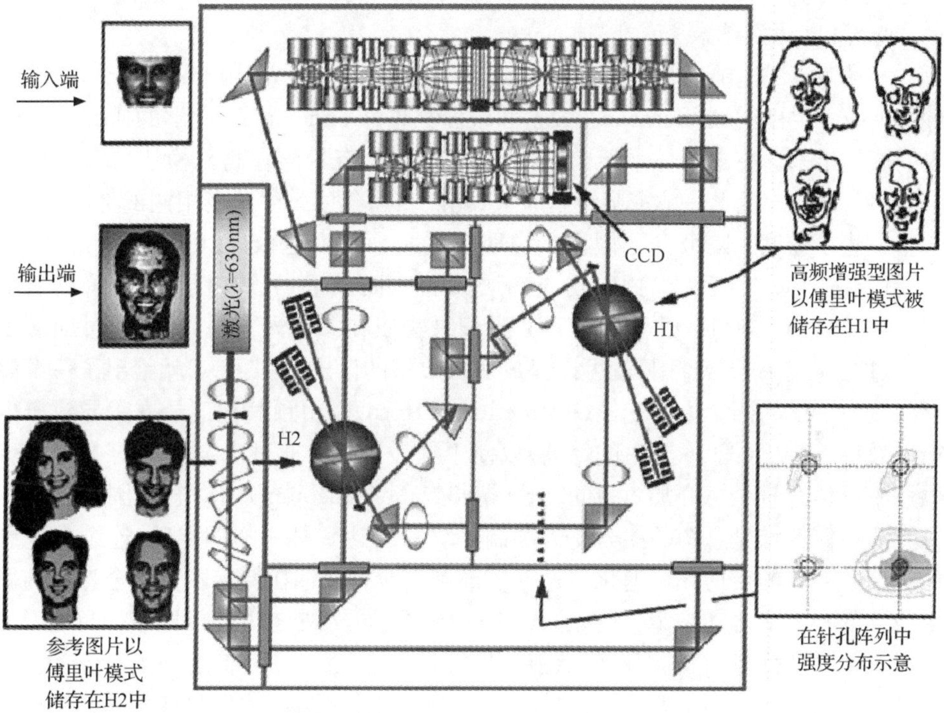

图 16.6 (见彩色插图)傅里叶变换的全息关联存储,利用一薄层 BR 作为实时全息存储介质。这一器件能同时从数千张图像中选择,仅要求部分输入图像,以便从存储全息图中选择和重新恢复整个图像

16.4.3 作为全息材料的菌紫质

当然,前面所介绍的那些技术并不仅限于基于 BR 的全息介质。不过,目前还

没有找到一个商业上可行的技术。其根本原因在于缺乏实时的读-写-可擦除的全息介质。目前存在一种被普遍看好的材料 $LiNbO_3$，但它的生产成本高，且不具有实时可擦除的功能。另有一类光折射聚合物也正在研发过程中，并具有一定的潜力，不过，目前尚不清楚它是否完全可重复的。总之，大多数这类材料都需要经过电学或者热学的处理使之半永久化和防止其衍射效率的时效退化（如 $LiNbO_3$），因此，实时全息本质上是不可能的！可以设想到的应用包括要求对大型数据库进行搜索的任何技术。BR 已经被证实是可重复使用的，也有可能在其他材料都相继以失败告终时而得到成功的应用，这是因为它不仅具有不需要任何处理步骤的实时读-写-可擦除的能力，而且还具备动态的容量、高循环性、增强的光敏感性以及光子分辨率>500 线/mm 等特点。不仅如此，它具有制造方便、成本低等特性，还能被加工成各种各样的形状。人们已经制备出了一种利用 BR 的基本关联储存，即全息自动关联器[58]。

一种基于 BR 的角度多路复用全息存储（angularly multiplexed holographic memory）已经由雪城（Syracuse）大学和康涅狄格（Connecticut）大学的研究人员向人们展示出来。在这一体系架构中，他们将一只装有悬浮在高聚模块（记忆材料）中的 BR 的试管置于一精密旋转基座上，允许多幅全息图存储在相同的体积内，并通过一些小角度间隔分开。假设蛋白质在凝胶中自由地取向，则从各个角度（方向）就能访问大致上独立的 BR 分子布居。用两束红色激光同时曝光，这样就启动光循环，驱动 Q 态的形成（图 16.7）。当记录物质在参考光下曝光时，通过回转试管经过之前记录的全息图，就可以完成一次典型的读出。图 16.8 就给出了一个储存间隔为 1 度的四个衍射花样（diffraction pattern）。由预编程记录方案导致产生衍射效率的变化（图 16.8 中的峰高）以使干扰最小化。通过确定材料的 M/#，可以用来评估容量全息介质（volumetric holographic medium）的动态范围；同时，记录介质存储三维全息图的能力受到限制，此外，当达到某一临界点后，连续的记录使得原先存储的衍射花样退化。这一标准是由所有储存在特定容量内全息图的衍射效率的平方根之和来定义的，这样有利于在不同材料之间进行比较。总之，BR 具有其他哪些优点，它的哪些优点能与传统材料相比拟，还有待进一步研究。

一个需要解决的主要问题是效率。尽管人们已经对前述的两种分支光循环技术开发出了演示原型，但原生蛋白质（wild-type protein）中 Q 态的形成效率仍然过低。此外，对于二进制光子光学存储，光转换要求强的光照强度和长时间的曝光。这两个问题都限制了该技术的商业应用。全息体系架构也面临着同样的问题，由于写入过程是由两束激光同时曝光而实现的，这一问题就变得不太明显。为了调节光循环以使其效率最优化，可以用以下 3 种方法来对菌紫质进行改进：化学修饰、人造生色团和基因工程。使用前两种方法改进的例子，已在前文中有详细的介绍，通常用胺来提高 M 态的寿命，利用 13-去甲基视黄醛生色团来提高 Q 态的

(a)

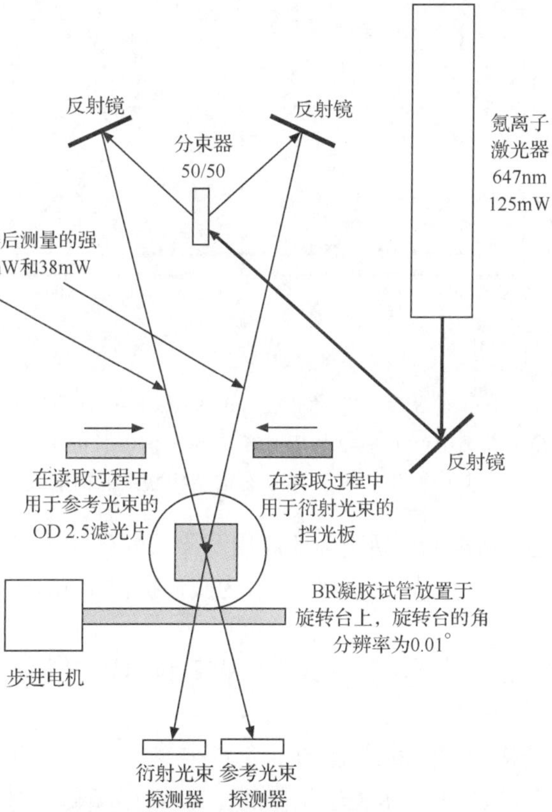

(b)

图 16.7 (a)用于确定 M/# 和角度多路复用(angular multiplexing)的光路示意图；(b) 处于旋转台的 BR 样品照片，平台中央放置的是装有 BR 样品的试管

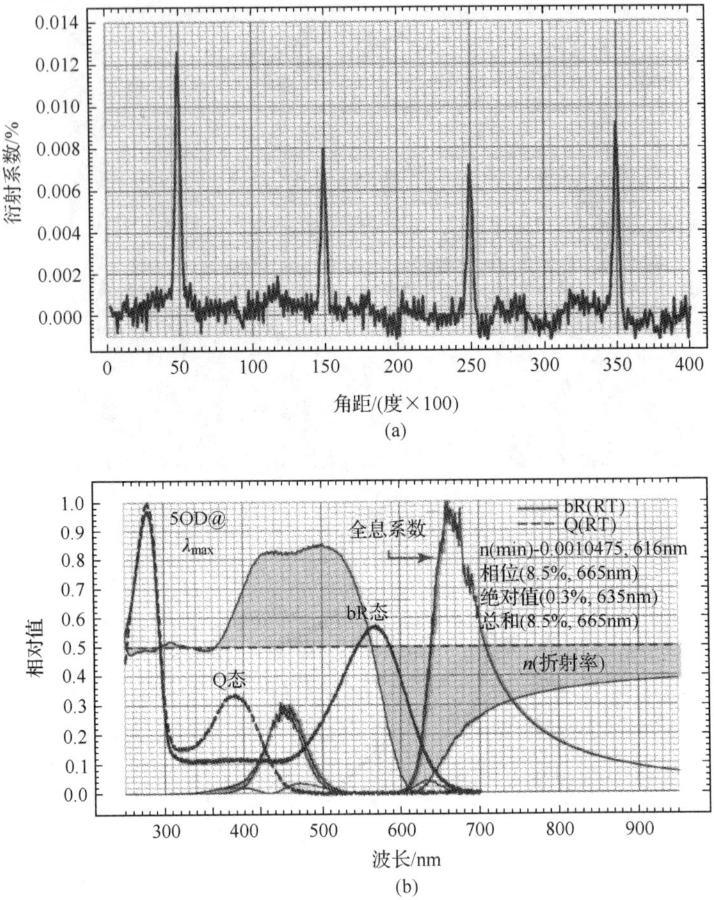

图 16.8 (a)从边长 1cm、光密度 1.5、角距(angular separation)1°的 BR 聚乙烯(乙烯酰胺)立方体的衍射图案中产生的 Q 基衍射峰；(b)光波波长的 Kramers-Kronig 分析，其中波长依赖于与 Q 态构型相联系的衍射效率

形成。不过，这些方法都无法达到商业应用所要求的最优化程度，这意味着需要更多的尖端技术。第三种方法，即基因工程，为我们提供了最有力的解决方案。

16.5 通过基因工程实现 BR 最优化

对于 BR 的结构和功能的认知方面，定点突变技术(site-directed mutagenesis，SDM)产生的冲击，是其他技术无法相比的。SDM 是类似于基因工程的一种经典分析方法，它被证明是用来说明 BR 的生物属性，尤其是质子泵的机制的一种非常有效的技术。此外，为了研究光循环的中间态，蛋白质的晶体研究也取决于基因工程变体[49,51]。通过允许个别特定的氨基酸的取代，定点突变(SDM)提供了在基因层次控制蛋白质的方法。通过分析合成的变体蛋白质的新性质，在结构与功能的研究中，我们能获得极为深刻的理解。对于BR来说，所研究的大多数变体是那些已知的对结构与功能具有重要影响的蛋白质。将氨基酸从生色团的结合位点或质子通道中移走，则很少研究，这是由于除了结构上的作用外，它们对蛋白质的功能没有直接的影响。对于在大多数蛋白质中存在的经常性协同相互作用(often-synergistic interaction)，这些假设是缺乏依据的。尽管具备大量有关菌紫质的知识，但当从我们熟知的蛋白质中移走的任何一个给定的氨基酸时，研究人员仍无法预测其实际的积极作用。因此，研究人员针对特定的目标进行蛋白质设计的能力仍然非常有限。迄今为止，D96N是唯一的一种BR变体，它既能为我们理解蛋白质的工作方式提供有价值的洞察力，又能在器件体系架构中得到应用。

在已知大量的各种可能的变体蛋白质中，我们仅对其中一小部分进行了研究。菌紫质具有248个氨基酸，在每个位置以具有19种可能的取代方式，总共有近4700种可能的单一突变。这个数值还没有将复合突变考虑在内，因此，蛋白质突变的种类数目大得惊人。采用SDM全面研究突变结构，是明显不切实际的。此外，研究人员有关蛋白质的一些先验性知识有可能使研究方向偏离极有潜力的领域。幸运的是，在分子生物学中出现的先进技术，为我们提供了开创了新的可能性，研究人员目前能够使用具有高吞吐量筛选的全局多样化技术(global diversification technique)来鉴别具有特定性质的候选蛋白[77]。

随机突变和定向进化以一种没有偏向的方式来对突变构象进行表征，这些技术的成功与否则取决于以完全随机的方法产生的基因工程变体，否则，可能会得不到设计的变体。然而，定点突变则允许研究人员根据设计要求，对蛋白质做特定的改变，随机和半随机方法能够对基因组施加不可预知的改变，这会导致生成一个具有广泛性质范围的表达蛋白的菌株库。根据研究人员所关注的性质(增长效率等)，对合成的蛋白质进行分离和筛选。半随机突变是一个折中的方法，它能对人为限定范围内的特定蛋白质进行更直接的研究。各种各样的在试管内进行基因重组的方法也被开发出来，这些方法通过重排多基因或单基因的多重变体，来达到增加变异蛋白库的多样性的目的；这类方法的例子包括DNA重排技术，交错延伸过程(staggered extension process，StEP)和随机引物重组(randomly primed recombination)[1,78-82]。这些方法合在一起提供了一种将蛋白质最优化的手段，使其具有特定、明确的性质。实际上，这种新能力对竞争中的蛋白质技术的发展有决定性影响。研究人员面临的一个主要挑战是，这些方法的效果太好了，以至于合成的蛋白质太多，不能高效地筛选出具有特定性质的蛋白。

16.5.1 半随机突变，随机突变和定向演化

目前，蛋白质工程师的基因武器库中的最强有力的工具是定向进化，它是通过迭代地进行随机或半随机突变（SRM）来改进蛋白质性质的一种技术。随机突变通过向基因中引入一个随机突变因素，来探测蛋白质的全部突变构型（landscape），在合成蛋白质的过程中，每个基因产生突变的概率相等。一种引入随机突变到基因的方法是通过易错聚合酶链式反应（error-prone polymerase chain reaction，PCR）产生随机突变，该反应通过使用具有高出错率的聚合酶来准确地复制DNA。引入错误的频率是每1kb具有1～20个突变[83]。我们已经讨论过随机突变方法的优点，如不存在基于蛋白感知知识造成的偏置（bias）。其缺点是，大量生成的各种蛋白质需要按照性质进行筛选，而这是一项既繁琐又费时的工作。对于蛋白的性质如改进的热稳定性或者酶活性，鉴别起来要相对容易一些，但对于蛋白的更复杂的感光性或非自然性性质，鉴别起来要因难得多。

半随机突变是通过对蛋白质的特定区段进行基因改造来实现的，并常通过以前的结构-功能的研究来进行鉴别。这个区段的每个氨基酸残基都可能等概率地发生变异，而蛋白质的其余部分保持不变。因此，这是研究蛋白特定区段基因贡献的一种非常有效方法。例如，科学家已经证实，从BR194到F208的基因序列在质子释放和O态寿命中发挥了重要作用。用SRM法探测那个区段，能够导致产生改性的BR变体，它有助于我们洞察质子泵机制。就器件应用而言，O态是通往分支光循环的门户，因此，任何能够提高O态产率的变异，对取决于Q态形成的体系架构都是有利的。半随机突变（SRM）要优于纯粹的随机突变，因为它减少了工作量，尤其当现存的蛋白知识能够以高概率成功地定义基因片段时更是如此。

定向进化（DE）是一种基于迭代的随机突变操作的基因策略，在随机突变方法中，一次筛选被用于鉴别最可能发生的变异，该变异又作为下一轮随机突变的基因起点。二次筛选用于鉴别改进的蛋白，这个过程反复地进行。迭代进行的基因操作和差异筛选被用来为蛋白引入最优化的性能。通过这种方法，每个改进后的蛋白质成为下一代随机子代的亲代，从而逐渐地改进，直到出现符合要求的蛋白[78,85-88]（图16.9）。定向进化在实验室环境中模拟了自然选择的过程，但是时间尺度要短得多，此外，它也是产生与目标蛋白最为接近的蛋白的一种最为有效的方法。定向进化技术已在工业中被广泛地用来最优化蛋白和酶的热稳定性、底物特异性、酶动力学以及化学稳定性，以使其在非自然的环境中执行自然的功能[1-5]。如前所述，这种技术的局限性在于只能通过定义一系列适当的筛选系统，不断地评估所生成的基因工程蛋白库的性质，而体内试验的方法则是提供了一条面向有效高效系统的最佳途径[84,89,90]。

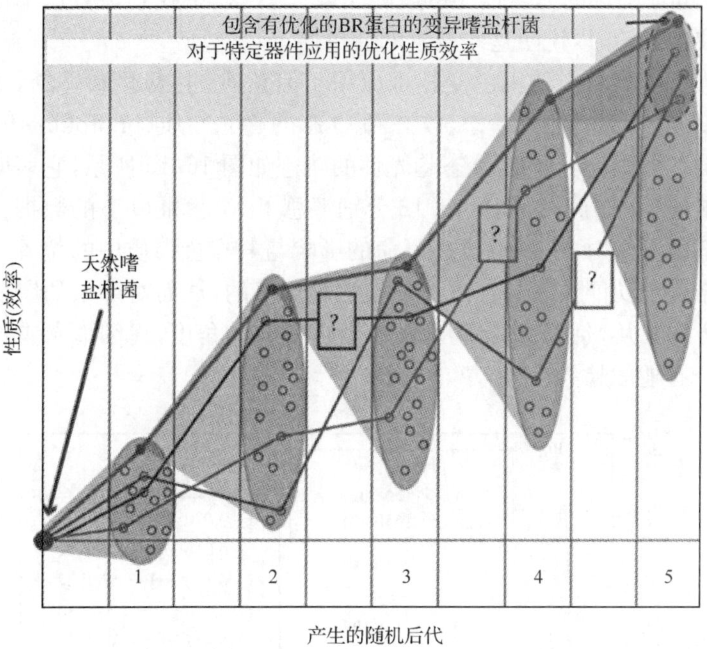

图 16.9　细菌蛋白朝预定目标的定向进化的示意图。粗线显示研究人员筛选的路径，各代最有效的变异产生的蛋白进化链被选为下一代的亲代。不过，正如图中问号所标示的那样，其他协同的路径也是可能的，但却永远不会被发现

通过定向进化的方法来优化用于器件应用的菌紫质，对研究者来说是一种独特的挑战。尽管所有以前提到的关于定向进化成功应用的实例，都对蛋白的天然功能(非天然条件下的自然功能)有增强作用，但用于器件应用的菌紫质的优化则需要对非自然功能进行改性——只有通过自然选择进化的蛋白，才有可能作为更有效的全息和光存储介质。为了提高菌紫质的功能以实现永久的数据存储，必须提高 Q 态生成的产量和效率。目前，还没有具体的证据能够支持菌紫质光循环的支链部分存在生理作用——在 BR 作为质子泵的自然作用中，并没有表现出其相对的优势，然而，能够改进性能的这种能力是独特的，这可能正是定向演化的真实力量。

提高 Q 态的产率的最好方法是从优化 O 态的收得率和优化 O 态到 P 态的转化效率两个方面同时着手进行。如果在主光循环过程中有更多的 O 态形成，很自然地就能产生更多的 Q 态。O 态的形成过程已经被相当充分地理解，这使得对这一方面的优化至少容易一些。然而，优化分支光循环的量子效率却要复杂一些，仅基于 P 态和 Q 态形成的当前理解，还不能完成这一优化过程[63, 64]。此外，对 Q 态产生的筛查是复杂的，因为它不是主 BR 光循环过程的一部分。有关基因工程和

产生 BR 变异体筛选的完整描述可以在文献[77,84,89-92]中找到，不过，下面我们将给出一些重要的结论，以说明这些技术的通用性。

最初人们尝试将半随机诱变技术应用于菌紫质，生成了 800 多个变异体[89]，所有这些变异体都是针对 M 态、O 态和 Q 态的趋光性质(photokinetic property)进行筛选的。各类变异体的 O 态趋光性的轨迹如图 16.10 所示，它表明存在各种各样可能响应。图 16.11 和图 16.12 分别汇总了 M 态和 O 态的数据，可以看出，某一特定的氨基酸对 M 态和 O 态寿命的影响与其在蛋白质中的位置有关。映射这两态的结构与功能关系的直方图是非常有价值的，从而对未来的突变研究提供了努力的方向。从蛋白质生物物理学和器件研究的角度，仔细地考查这些数据可以揭示几个有趣的趋势。

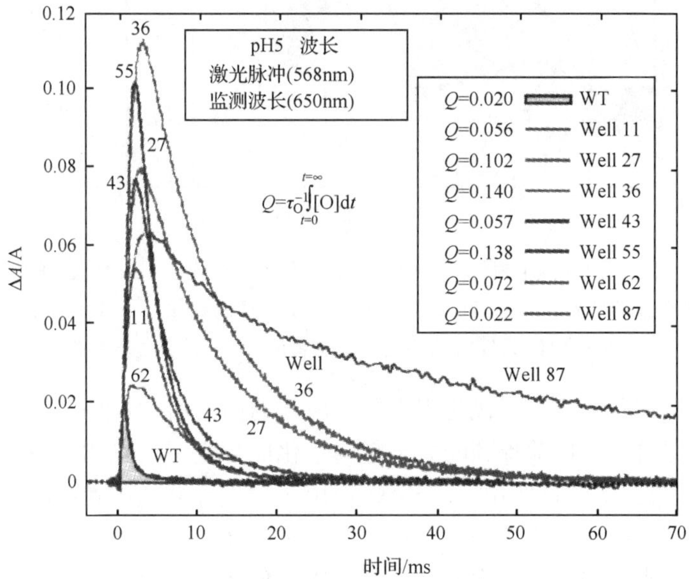

图 16.10 选择的 BR 蛋白突变的 O 态的趋光性轨迹，并与原生型比较(最小轨迹)。在 O 态的生物物理过程中，发挥作用的大部分突变都集中在 F 和 G 螺旋构型

和预期的一样，绝大多数的突变不能促进 M 态或 O 态的产生；自然选择与进化的过程已经提供了有效的蛋白，但绝大多数的变化并不会导致其性质发生显著的改变，这一事实本质上可以看成是一种保护机制，它允许在自然发生突变的情况下，继续维持其功能。然而，在 M 态和 O 态的直方图中，与野生的蛋白质相比，一些选定的突变体表现出延长的寿命。对 M 态来说(自然寿命大约为 15ms)，在大部分情况下大多数突变的寿命没有明显的变化(同野生类型没有显著的差别)，对于寿命低于 35ms 的 M 态，也没有观察到明显的趋势。不过，对于寿命长于 200ms 的 M 态来说，显然，能够延长寿命的大多数突变仅限于 F 和 G 螺旋构型。O 态的

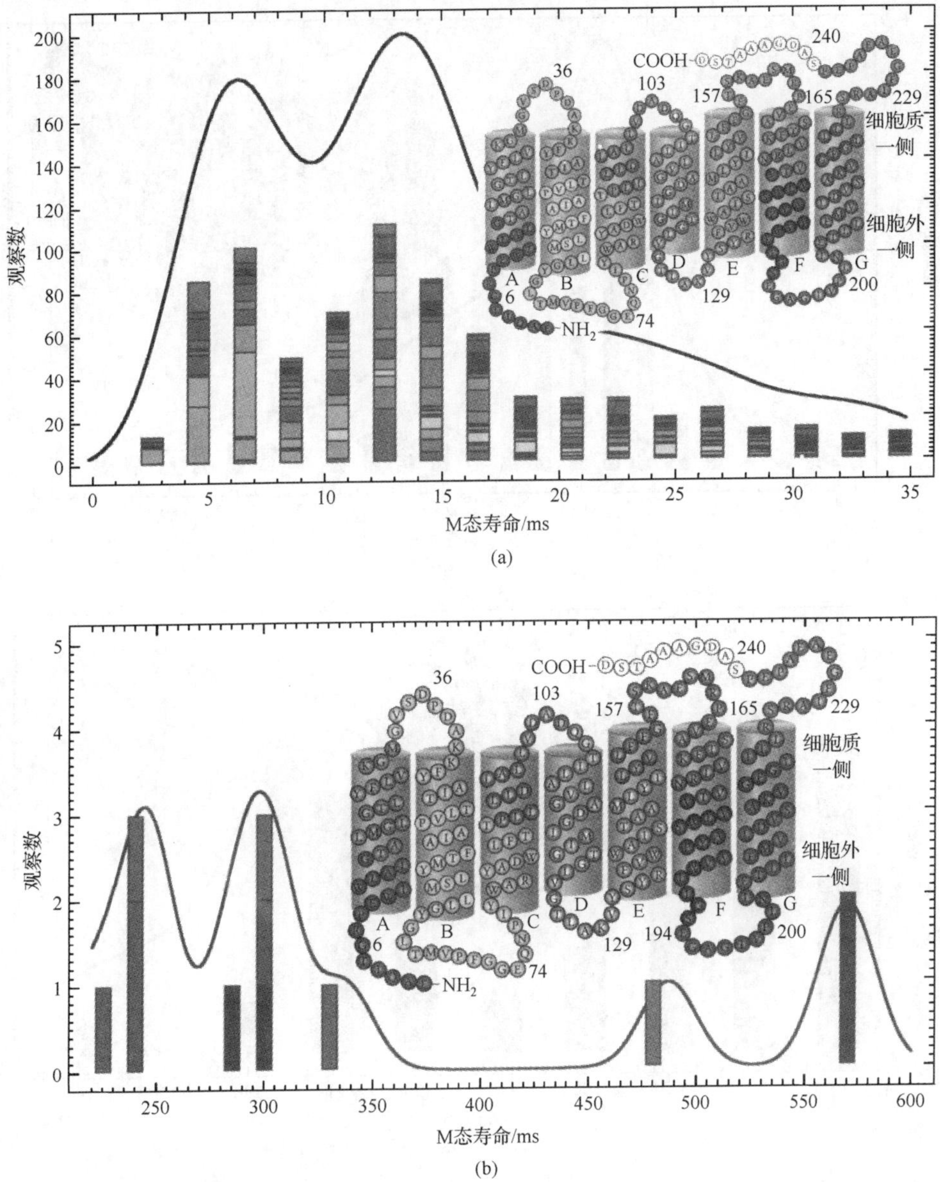

图 16.11 (见彩色插图)柱状图显示了突变残基位置与 M 态寿命的相关性。柱状图中的颜色对应于插入的 BR 的二次结构模型中的相似颜色区域(见插图)

趋势与其相类似,对于寿命小于 50ms 的 O 态,突变随机地分布于整个蛋白。对于相对较长寿命的 O 态来说,突变仅限于螺旋 E、F 和 G 构型,对残基 E194 和 F208[90]之间的情形尤为如此。通过第一轮诱变,与野生 BR 相比,Q 态的形成提高了高达 2 个数量级。

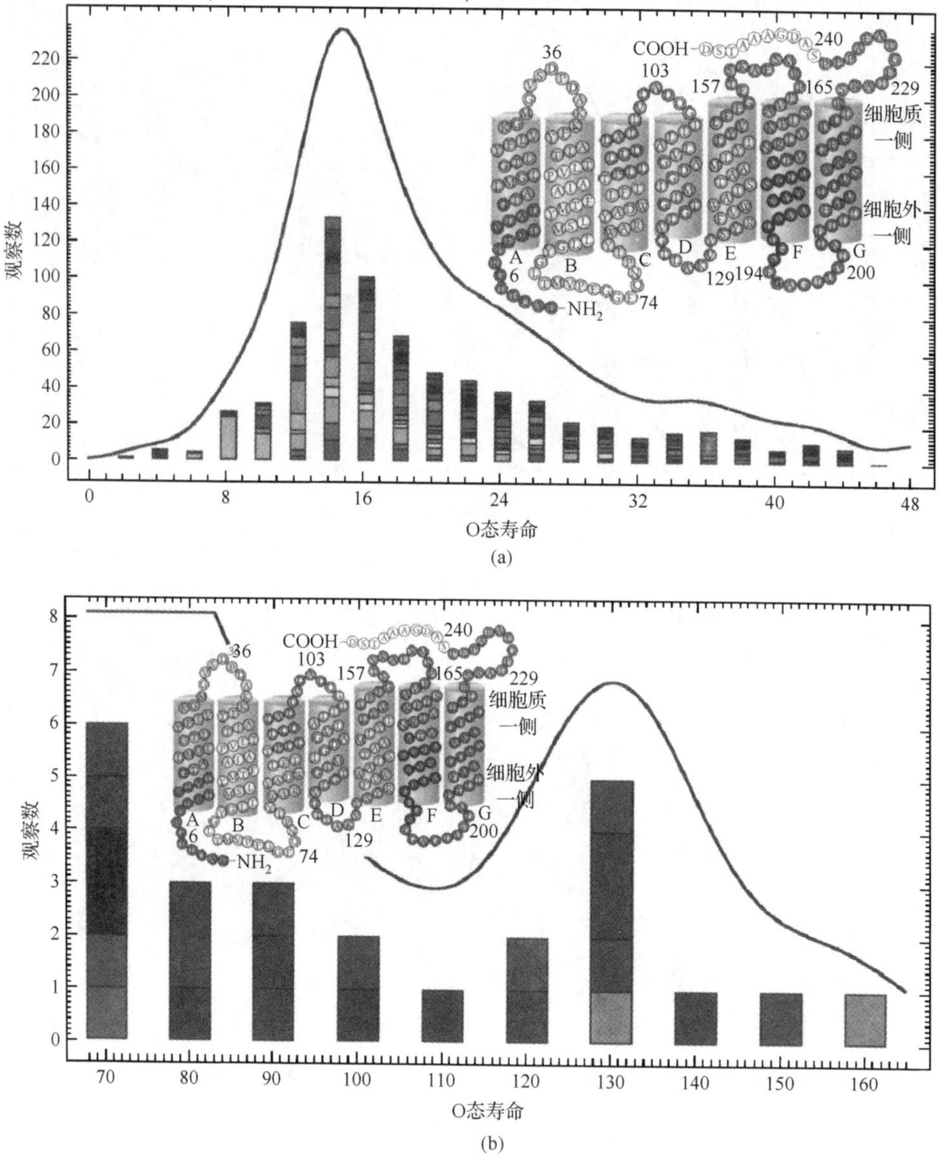

图 16.12 (见彩色插图)突变的 O 态寿命的柱状图分析。颜色方案与图 16.11 相同

16.6 讨论和未来方向

自从 30 年前菌紫质被发现以来,由于其具有非常优良的特性,一直作为器件应用设计的强有力的候选者。完全可读-可写-可擦的光存储介质可能最终会被人

们实现。不过,基于野生型蛋白,只有极少数技术是可行的,它同传统材料相比缺乏竞争性。遗传工程和定向演化是优化蛋白用于器件体系架构的唯一切实可行的途径。利用这种先进的方法,使研究人员可以针对特定的目标定制生物材料。

有关菌紫质努力的关键是O态产率的优化,它或者通过更好地产生O态,或者通过提高O→P转变的量子效率。尽管这一技术本身非常强大,但人们对BR的生物物理过程仍缺乏全面的了解,定点突变因此受到限制。随机和半随机诱变的方法为我们研究特定体氨基酸或蛋白的确定区域所起的作用提供了更好的可选方案。这些技术的一个尤为突出的方面是能够生产多重突变(两重突变、三重突变、四重突变等),由于协同增效作用,这种突变会出现一些不可预见的性能。例如,使用具有数秒寿命的O态,第一轮随机诱变可能会产生六重突变。基于六重突变,可以构造一对三重突变,并对产生的蛋白O态寿命进行检测,没有发现与父体六重突变寿命一样长的O态,并且2个三重突变的O态寿命之和仍低于六重突变,它表明这一效应不具备可加性(未发表的数据),基于这些研究,我们还发现了几个类似的例子。

根据文献,人们已经确定了一些控制O态寿命和产量的氨基酸残基(如前所述),主要是在F和G环区(残基194～208)。两个最关键残基似乎是Glu194和Glu204[93-99],针对具有饱和突变(在两个点上产生19个可能的突变)的残基正在努力过程中。E194Q是最有希望的一种残基,与目前已研究过的残基相比,它能够产生更多的O态。目前正在开展的半随机突变研究,正是使用它作为模板进行进一步的优化。但是,在找到一个切实可行的光存储候选方案之前,我们可能需要追加5～6轮的优化。

筛选仍然是一个问题,它要求对每个突变找出所需的最低蛋白质数量。活体内突变的方法将大大地简化这一流程,初步的结果表明,Q态的产生可以通过监测一个细胞群[77]在光照下产生的O态来进行间接的追踪;随着Q态数量的增加,O态的总数将会而减少。人们已经提出了一种三阶段细胞分选系统的设计,它可以用来识别活体内通过连续光照而改良的蛋白质[84]。三阶段分别为细胞基于蛋白表达进行筛选(阶段1);O→P转换效率(阶段2);Q→BR转换效率(阶段3)。

借助于基因工程,越来越多的突变被生产出来,它们被评估用于光解动力学以及最终的全息基准参数。后者包括衍射效率和多路复用参数M/#。人们正在同时致力于优化M态的寿命,以用于长期数据存储。此外,目前人们研究一条与菌紫质接近的同源染色体,即一种海洋蛋白变形菌视紫质(marine protein proteorhodopsin)。这种蛋白质是在2000年首次被介绍的[100],并且已经证明,这种蛋白具有瞬态全息的能力(尚未发表结果;正在准备手稿)。

16.7 结　　论

利用蛋白和其他生物分子，对于在现存的传统技术上引入新颖的功能以及协助新的体系架构方面，具得巨大的潜力。生物分子受益于自然选择和进化的严格过程，使蛋白针对特定的功能实现了高度的优化。应用科学家们所面临的挑战是，如何更好地开发和利用蛋白分子和其他生物分子的性质，将其应用到器件运用中。菌紫质正是这样的蛋白，它能够以极高的效率实现自然功能。尽管人们很早就考虑将 BR 应用到各种不同的器件体系架构中，但是它仍然缺乏二进制光子和全息光计算机存储所要求的效率。幸运的是，人们开发了解决这一问题的分子生物学和基因工程技术，由此出现了各种高度改性的蛋白分子。随机诱变技术和定向进化技术正在实现基因工程菌紫质变体，这种变体针对二进制光存储和全息光存储进行了优化。在基因尺度上能够操控生物大分子的结构和功能的这种能力，允许研究人员能够面向特定的功能而定制生物材料，这对基于蛋白的光存储技术的发展以及在生物纳米技术的最终成功都是至关重要的。

致　　谢

作者特别要感谢下列单位和组织，对于我们工作的慷慨支持：The Syracuse University Keck Center for Molecular Electronics, The New York State Center for Excellence in Infotonics(UC-004-0007), Nation Science Foundation grants(# NSF-0432151)，包括 REU support (JAS, RRB)和[# NSF-0412387 (RRB)]以及美国国家卫生研究院[NIH-GM34548 (RRB)]。

参 考 文 献

[1] Dalby, P. A., Optimising enzyme function by directed evolution, Curr. Opin. Struct. Biol., 13(4):500-505, 2003.

[2] Kirk, O., Borchert, T. V. and Fuglsang, C. C., Industrial enzyme applications, Cur. Op. Biotech., 13: 345-351, 2002.

[3] Morawski, B., Quan, S. and Arnold, F., Functional expression and stabilization of horseradish peroxidase by directed evolution in Saccharomyces cerevisiae, Biotechnol. Bioeng., 76(2): 99-107, 2001.

[4] Sterner, R. and Liebl, W. Thermophillic adaptation of proteins, Cri. Rev. Biochem. Mol. Bio., 2001. 36 (1): 39-106.

[5] Whaley, S. R., English, D. S. Hu, E. L. et al., Selection of peptides with semiconductor binding specificity for directed nanocrystal assembly. Nature, 2000. 405(6787): 665-668.

[6] Birge, R. R., Fleitz, P. A. Gross, R. B. et al., Spatial light modulators and optical associative memories

based on bacteriorhodopsin. Proc. IEEE EMBS, 1990. 12: 1788-1789.

[7] Birge, R. R., Izgi, K. C. Stuart, J. A. et al., Wavelength dependence of the photorefractive and photodiffractive properties of holographic thin films based on bacteriorhodopsin. Proc. Matl. Res. Soc., 1991. 218: 131-140.

[8] Hampp, N., Popp, A. Bräuchle, C. et al., Diffraction efficiency of bacteriorhodopsin films for holography containing bacteriorhodopsin wild type BRWT and its variants BRD85E and BRD96N. J. Phys. Chem., 1992. 96(11): 4679-4685.

[9] Birge, B., Fleitz, P. Gross, R. et al., Spatial light modulators and optical associative memories based on bacteriorhodopsin. In: Materials Research Society. Boston, MA, 1990.

[10] Vsevolodov, N. N., Druzhko, A. B. and Djukova, T. V., Actual possibilities of bacteriorhodopsin application in optoelectronics. In: Molecular Electronics: Biosensors and Biocomputers, Hong, F. T. Ed., Plenum Press, New York, 1989, 381-384.

[11] Vsevolodov, N. N. and Poltoratskii, V. A., Holograms in biochrome, a biological photochromic material. Sov. Phys. Tech. Phys., 1985. 30: 1235.

[12] Hampp, N., Bräuchle, C. and Oesterhelt, D., Bacteriorhodopsin wildtype and variant aspartate-96ϕ asparagine as reversible holographic media. Biophys J., 1990. 58: 83-93.

[13] Hampp, N., Bräuchle, C. and Oesterhelt, D., Mutated bacteriorhodopsins: competitive materials foopti-cal information processing? MRS Bulletin, 1992. XVII(11): 56-60.

[14] Hampp, N., Bräuchle, C. and Oesterhelt, D., Mutated bacteriorhodopsins: new materials for optical storage and information processing. In 4th International Symposium on Bioelectronic and Molecular Electronic Devices. 1992. Miyazaki, Japan: R&D Association for Future Electron Devices.

[15] Oesterhelt, D., Bräuchle, C. and Hampp, N. Bacteriorhodopsin: a biological material for information processing. Quart. Rev. Biophys., 1991. 24: 425-478.

[16] Druzhko, A. B. and Zharmukhamedov, S. K., Biochrome film based on some analogues of bacteriorhodopsin, in Photosensitive Biological Complexes and Optical Recording of Information, Ivanitskiy, G. R. and Vsevolodov, N. N. Eds., USSR Academy of Sciences, Biological Research Center, Institute of Biological Physics, Pushchino, 1985, 119-125.

[17] Birge, R. R., Protein based optical computing and memories. IEEE Comp., 1992. 25(November): 56-67.

[18] Birge, R. R., Three-dimensional optical memories. Am. Sci., 1994. 82: 349-355.

[19] Birge, R. R., Protein-based three-dimensional memory. Am. Sci., 1994. 82(July-August): 348- 355.

[20] Birge, R. R., Protein-based computers. Sci. Am., 1995. 272(3): pp. 90-95.

[21] Birge, R. R., Chen, Z. Gross, R. B. et al., Biomolecular photonics based on bacteriorhodopsin. In CRC Handbook of Organic Photochemistry and Photobiology, W. M. Horspool, Ed., CRC Press: Boca Raton, FL, 1995, 1568-1585.

[22] Birge, R. R., Gillespie, N. B. Izaguirre, E. W. et al., Biomolecular Electronics: Protein-based associative processors and volumetric memories. J. Phys. Chem. B, 1999. 103: 10746-10766.

[23] Birge, R. R. and Gross, R. B. Biomolecular optoelectronics. In Introduction to Molecular Electronics, Petty, M. C. Bryce, M. R. and Bloor, D. Eds. Edward Arnold, London, 1995, 315-344.

[24] Birge, R. R., Govender, D. S. K. Gross, R. B. et al., Bioelectronics, three-dimensional memories and hybrid computers. IEEE IEDM Tech. Dig., 1994. 94: 3-6.

[25] Birge, R. R. , Parsons, B. Song, Q. W. et al. , Protein-based three-dimensional memories and associative processors. In Molecular Electronics, Ratner, M. A. and Jortner, J. Eds. , Blackweel Science Ltd. , Oxford, 1997, 439-471.

[26] Birge, R. R. , Zhang, C. and Lawrence, A. F. Optical random access memory based on bacteriorhodopsin. In Molecular Electronics: Biosensors and Biocomputers, Hong, F. T. , Ed. , Plenum Press, New York, 1989, 369-379.

[27] Stuart, J. A. , Marcy, D. L. and Birge, R. R. Photonic and optoelectronic applications of bacteriorhodopsin. in Bioelectronic Applications of Photochromic Pigments. IOS Press, Szeged, Hungary: 2000.

[28] Stuart, J. A. , Marcy, D. L. and Birge, R. R. , Bacteriorhodopsin-based three-dimensional optical memory. in Bioelectronic Applications of Photochromic Pigments. IOS Press, Szeged, Hungary: 2000.

[29] Stuart, J. A. , Marcy, D. L. , Wise, K. J. , et al. , Volumetric optical memory based on bacteriorhodopsin. Synth. Met. , 2002. 127: pp. 3-15.

[30] Stuart, J. A. , Marcy, D. L. Wise, K. J. et al. , Biomolecular electronic device applications of bacteriorhodopsin. In Molecular Electronics: Bio-Sensors and Bio-Computers, Barasanti, L. E. A. Ed. , Kluwer Academic Publishers, 2003, 265-299.

[31] Stuart, J. A. , Tallent, J. R. Tan, E. H. L. et al. , Protein-based volumetric memory. Proc. IEEE Nonvol. Mem. Tech. (INVMTC), 1996. 6: 45-51.

[32] Bhattacharya, P. , Xu, J. Váró, G. et al. , Monolithically integrated bacteriorhodopsin-GaAs field-effect transistor photoreciever. Opt. Lett. , 2002. 27(10): 839-841.

[33] Xu, J. , Bhattacharya, P. and Váró G. , Photo-induced anisotropic photoelectric response in oriented bacteriorhodopsin films. Optic. Mater. , 2003. 22: 321-326.

[34] Rayfield, G. , Ultra high speed bacteriorhodopsin photodetectors. In: Molecular Electronics, Hong, F. T. , Ed. , Plenum, New York, 1989, 361-368.

[35] Müller, D. J. , Schabert, F. A. , Büldt, G. et al. , Imaging purple membranes in aqueous solutions at subnanometer resolution by atomic force microscopy. Biophys. J. , 1995. 68(May): 1681-1686.

[36] Müller, D. J. , Fotiadis, D. Scheuring, S. et al. , Electrostatically balanced subnanometer imaging of biological specimens by atomic force microscope. Biophys. J. , , 1999. 76: 1101-1111.

[37] Danon, A. and Stoeckenius, W. Photophosphorylation in Halobacterium halobium. Proc. Natl. Acad. Sci. USA, 1974. 71(No. 4): 1234-1238.

[38] Stoeckenius, W. , Purple membrane of halobacteria: A new light-energy converter. Acc. Chem. Res. , 1980. 13: 337-344.

[39] Oesterhelt, D. and Stoeckenius, W. , Functions of a new photoreceptor membrane. Proc. Natl. Acad. Sci. USA, 1973. 70(No. 10): 2853-2857.

[40] Balashov, S. and Ebrey, T. , Trapping and spectroscopic identification of the photointermediates of bacteriorhodopsin at low temperatures. Photochem. Photobiol. , 2001. 73(5): 453-462.

[41] Ebrey, T. G. , Light energy transduction in bacteriorhodopsin. In Thermodynamics of Membrane Receptors and Channels, Jackson, M. B. , Ed. , CRC Press, Boca Raton, 1993, 353-387.

[42] Stuart, J. A. and Birge, R. R. , Characterization of the primary photochemical events in bacteriorhodopsin and rhodopsin. In Biomembranes, Lee, A. G. , Ed. JAI Press, London, 1996, 33-140.

[43] Birge, R. R. , Nature of the primary photochemical events in rhodopsin and bacteriorhodopsin. Biochim. Biophys. Acta, 1990. 1016: 293-327.

[44] Lanyi, J. K., Bacteriorhodopsin. Intl. Rev. Cytol., 1999. 187: 161-202.

[45] Lanyi, J. K. and Luecke, H., Bacteriorhodopsin. Curr. Opin. Struct. Biol., 2001. 11(4): 415-9.

[46] Lanyi, J. K. and Váró, G., The photocycles of bacteriorhodopsin. Isr. J. Chem., 1995. 35: 365-385.

[47] Lanyi, J., Bacteriorhodopsin: a paradigm for proton pumps? Biophys. Chem., 1995. 56: 143-151.

[48] Luecke, H., Richter, H. T. and Lanyi, J. K., Proton transfer pathways in bacteriorhodopsin at 2. 3 angstrom resolution. Science, 1998. 280(5371): 1934-7.

[49] Luecke, H., Schobert, B. Richter, H.-T. et al., Structural changes in bacteriorhodopsin during ion transport at 2 angstrom resolution. Science, 1999. 286: 255-260.

[50] Luecke, H., Schobert, B. Richter, H.-T. et al., Structure of bacteriorhodopsin at 1. 55 Å resolution. J. Mol. Biol., 1999. 291: 899-911.

[51] Luecke, H., Schobert, B., Cartailler, J.-P., et al., Coupling photoisomerization of retinal to directional transport in bacteriorhodopsin. J. Mol. Biol., 2000. 300: 1237-1255.

[52] Spassov, V. Z., Luecke, H. Gerwert, K. et al., pK_a calculations suggest storage of an excess proton in a hydrogen-bonded water network in bacteriorhodopsin. J. Mol. Biol., 2001. 312: 203-219.

[53] Yoshida, M., Ohno, K. Takeuchi, Y. et al., Prolonged lifetime of the 410-nm intermediate of bacteriorhodopsin in the presence of guanidine hydrochloride. Biochem. Biophys. Res. Comm., 1977. 75(4): 1111-1116.

[54] Renner, T. and Hampp, N., Bacteriorhodopsin-films for dynamic time averaging interferometry. Optics Comm., 1993. 96: 142-149.

[55] Thoma, R., Hampp, N. Bräuchle, C. et al., Bacteriorhodopsin films as spatial light modulators for nonlinear-optical filtering. Opt. Lett., 1991. 16(9): 651-653.

[56] Thoma, R. and Hampp, N., Real-time holographic correlation of two video signals by using bacteriorhodopsin films. Opt. Lett., 1992. 17(16): 1158-1160.

[57] Wolperdinger, M. and Hampp, N., Bacteriorhodopsin variants as versatile media in optical processing. Biophys. Chem., 1995. 56: 189-192.

[58] Gross, R. B., Izgi, K. C. and Birge, R. R., Holographic thin films, spatial light modulators and optical associative memories based on bacteriorhodopsin. Proc. SPIE, 1992. 1662: 186-196.

[59] Gross, R. B., Chen, Z. and Birge, R. R., Observtion and analysis of self-diffraction in bacteriorhodopsin films. Mat. Res. Soc. Symp. Proc., 1994. 330: 251-256.

[60] Song, Q. W., Zhang, C. Blumer, R., et al., Chemically enhanced bacteriorhodopsin thin-film spatial light modulator. Opt. Lett., 1993. 18(16): 1373-1375.

[61] Hampp, N. and Juchem, T. Fringemaker—the first technical system based on bacteriorhodopsin. *In*: Bioelectronic Applications of Photochromic Pigments. IOS Press, Szeged, Hungary, 2000.

[62] Yao, B., Ren, Z. Menke, N. et al., Polarization holographic high-density optical data storage in bacteriorhodopsin film. Appl. Opt., 2005. 44(34): 7344-8.

[63] Popp, A., Wolperdinger, M. Hampp, N. et al., Photochemical conversion of the O-intermediate to 9-cis-retinal-containing products in bacteriorhodopsin films. Biophys. J., 1993. 65 (October): 1449-1459.

[64] Gillespie, N. B., Wise, K. J. Ren, L. et al., Characterization of the branched-photocycle intermediates P and Q of bacteriorhodopsin. J. Phy. Chem. B, 2002. 106: 13352-13361.

[65] Gillespie, N. B., Ren, L., Ramos, L., et al., Characterization and photochemistry of 13-desmethyl bac-

teriorhodopsin. J. Phys. Chem. B,2005. 109(33): 16142-52.

[66] Liang, Y. C. ,Dvornikov, A. S. and Rentzepis, P. M. , Nonvolatile read-out molecular memory. Proc. Natl. Acad. Sci. USA, 2003. 100(14): 8109-8112.

[67] Dvornikov, A. S. and Rentzepis, P. M. ,3D optical memory devices. System and materials characteristics. Proc. IEEE Nonvol. Mem. Tech. (INVMTC), 1996. 6: 40-44.

[68] Birge, R. R. ,Gross, R. B. Masthay, M. B. et al. , Nonlinear optical properties of bacteriorhodopsin and protein based two-photon three-dimensional memories. Mol. Cryst. Liq. Cryst. Sci. Technol. Sec. B. Nonlinear Opt. , 1992. 3: 133-147.

[69] Birge, R. R. and Govender, D. S. K. , Three-Dimensional Optical Memory. Syracuse University Press, Ithaca, NY, 1993.

[70] Paek, E. G. and Psaltis, D. ,Optical associative memory using Fourier transform holograms. Opt. Eng. , 1987. 26: 428-433.

[71] Psaltis, D. ,Brady, D. ,Guang, X. ,et al. , Holography in artificial neural networks. Science, 1990. 343: 325-330.

[72] Psaltis, D. , Brady, D. ,and Wagner, K. ,Adaptive optical networks using photorefractive crystals. Appl. Opt. , 1988. 27(9): 1752-9.

[73] Psaltis, D. ,Neifeld, M. A. ,Yamamura, A. ,Image correlators using optical memory disks. Opt. Lett. , 1989. 14(9): 429-431.

[74] Psaltis, D. ,Neifeld, M. A. ,Yamamura A. ,et al. , Optical memory disks in optical information processing, Appl. Opt. , 1990. 29(14): 2038-2057.

[75] Psaltis, D. and Burr, G. W. ,Holographic data storage, in Computer. 1998. 52-60.

[76] Burr, G. W. and Psaltis, D. ,System metric for holographic memory systems. Opt. Lett. , 1996. 21(12): 896-898.

[77] Hillebrecht, J. R. ,Koscielecki, J. F. ,Wise, K. J. ,et al. , Optimizing photoactive proteins for optoelectronic environments by using directedevolution, in Smart Biosensor Technology. 2006 (in press).

[78] Arnold, F. ,Wintrode, P. L. ,Miyazaki, K. ,et al. , How enzymes adapt: lessons from directed evolution. Trends Biochem. Sci. , 2001. 26(2): 100-106.

[79] Crameri, A. , Raillart, S. ,Bermudez, E. ,et al. , DNA shuffling of a family of genes from diverse species accelerates directed evolution. Nature, 1998. 391: 288-291.

[80] Graddis, T. J. ,Remmele, R. L. J. ,and McGrew, J. T. ,Designing proteins that work using recombinant technologies. Cur. Pharm. Biotechnol. , 2002. 3(4): 285-297.

[81] Georgescu, R. , Bandara, G. ,and Sun, L. ,Saturation mutagenesis. Meth. Mol. Biol. , 2003. 231:75-83.

[82] Zhao, H. ,Giver, L. ,Shao, Z. ,et al. , Molecular evolution by staggered extention process (StEP) *in vitro* recombination. Nature Biotech. , 1998. 16: 258-261.

[83] Arnold, F. H. and Georgiou, G. ,eds. Directed Evolution Library Creation. Meth. Mol. Biol. , 2003. 231.

[84] Hillebrecht, J. R. ,Koscielecki, J. F. Wise, K. J. ,et al. ,Optimization of protein-based volumetric optical memories and associative processors using directed evolution. Nanobiotechnology, 2005. 1(2): 141-152.

[85] Kuchner, O. and Arnold, F. , Directed evolution of enzyme catalysts. Trends Biotech. , 1997. 15: 523-530.

[86] Arnold, F. and Moore, J. C. ,Optimizing industrial enzymes by directed evolution. Adv. Biochem. Eng. , 1997. 58: 1-14.

[87] Arnold, F. H., Design by directed evolution. Acc. Chem. Res., 1998. 31: 125-131.

[88] Arnold, F. H. and Volkov, A. A., Directed evolution of biocatalysts. Curr. Opin. Chem. Biol., 1999. 3 (1): 54-9.

[89] Wise, K. J., Gillespie, N. B., Stuart, J. A., et al., Optimization of bacteriorhodopsin for bioelectronic devices. Trends Biotechnol., 2002. 20(9): 387-394.

[90] Koscielecki, J. F., Hillebrecht, J. R., and Birge, R. R., Directed evolution of proteins for device applications. The Biomedical Engineering Handbook, 3rd ed., Bronzino, J. D., Ed., Taylor & Francis, Boca Raton, FL, 21: 1-5.

[91] Wise, K. J., Hillebrecht, J. R., Koscielecki, J. F., et al., Optimization of proteins for molecular and biomolecular electronic devices, in Encyclopedia of Molecular Cell Biology and Molecular Medicine, Meyers, R. A., Ed., JohnWiley & Sons, New York, 2005.

[92] Hillebrecht, J. R., Wise, K. J., Koscielecki, J. F., et al., Directed evolution of bacteriorhodopsin for device applications. Meth. Enzymol., 2004. 388: 333-47.

[93] Brown, L. S., Sasaki, J., Kandori, H., et al., Glutamic acid 204 is the terminal proton release group at the extracellular surface of bacteriorhodopsin. J. Biol. Chem., 1995. 270(45): 27122-27126.

[94] Kandori, H., Yamazaki, Y., Hatanaka, M., et al., Time-resolved Fourier transform infrared study of structural changes in the last steps of the photocycles of Glu-204 and Leu-93 mutants of bacteriorhodopsin. Biochemistry, 1997. 36(17): 5134-5141.

[95] Misra, S., Govindjee, R., Ebrey, T. G. et al., Proton uptake and release are rate-limiting steps in the photocycle of the bacteriorhodopsin mutant E204Q. Biochemistry, 1997. 36(16): 4875-4883.

[96] Sampogna, R. and Honig, B., Electrostatic coupling between retinal isomerization and the ionization state of Glu-204: A general mechanism for proton release in bacteriorhodopsin. Biophys. J., 1996. 71: 1165-1171.

[97] Lazarova, T., Sanz, C., Querol, E., et al., Fourier transform infrared evidence for early deprotonation of Asp(85) at alkaline pH in the photocycle of bacterior hodopsin mutants containing E194Q. Biophys. J., 2000. 78(4): 2022-30.

[98] Zscherp, C., Schlesinger, R., and Heberle, J., Time-resolved FT-IR spectroscopic investigation of the pH-dependent proton transfer reactions in the E194Q mutant of bacteriorhodopsin. Biochem. Biophys. Res. Commun., 2001. 283: 57-63.

[99] Balashov, S., Imasheva, E., Ebrey, T., et al., Glutamate 194 to cysteine mutation inhibits fast light-induced proton release in bacteriorhodopsin. Biochemistry, 1997. 36: 8671-8676.

[100] Beja, O., Spudich, E. N., Spudich, J. L., et al., Proteorhodopsin phototrophy in the ocean. Nature, 2001. 411(6839): 786-9.

17 通过孤立波和随机过程进行的亚神经元信息处理

Danko D. Georgiev，James F. Glazebrook 著

严大东 译

摘要：

利用基于孤立波动力学和随机过程之上的生物物理学原理，我们讨论了描述亚神经元信息处理过程的理论框架。着重考察了电磁孤子在神经元内的传播，它源于细胞质中的电偶极场与跨膜的神经元电流所导致的量子化电磁场之间的相互作用。证明了孤子的碰撞或许能够看作是一种逻辑门应用，其输出结果由孤子与从细胞支架微管伸出的 C 端尾(CTT)之间的相互作用来保证。由振动辅助隧穿导致的 CTT 的能量释放作用，可能会通过释放能量并提高神经元突触分叉、突触发生以及膜融合的效率，来影响神经元细胞支架蛋白网络的构象动力学。有关纳米分子神经生物学的讨论，可以利用如分子过程中的量子隧穿之类的量子力学效应来进行，并且可与非线性光学网络以及量子纠缠中的若干特点进行类比。神经元突触类似于“三明治”的排列(源于约瑟夫森结模型)，其功能与应用与纳米电子学和量子计算机中的纳米分子器件非常相似。本章所讨论的生物过程，可以看作是神经元细胞支架中的神经信息网络或控制网络的基础。

17.1 引 言

本章探讨了一些可以用孤子型(孤立的并可以传播的)波和某些随机过程描述的生物能量学机理。这些模型与神经元细胞支架中发生的各种基本的神经生物学或生理学现象有关,而它们起到相当于控制论系统中的调节器的作用。本章研究的基础首先涉及转能酶,这是一种能够催化非共价化学键产生或断裂的酶。发生在两种蛋白质之间的相互作用都可以看作是一种酶过程,在这种过程中,每种蛋白质都起到转能酶的作用[41,87],它使另一种蛋白质的相关化学组分发生构象变化。其次要考虑振动辅助的量子隧穿现象,这是影响蛋白质构象动力学和在酶促作用中的质子转移过程的一个因素[50,75,103-106]。我们从生物学角度描述了这种现象的外在表现:对于神经元细胞支架中的神经元微管的构象动力学而言,这将导致一种包括膜融合和小泡融合的协同过程(如胞吐作用)的激活。对于微管的研究其显著的特点是按它们表面的C端微管蛋白尾(CTT)来进行考虑的,这也是近年来从实验上广泛研究的一个课题。对于CTT的生物学结构,我们给出了说明,并且描述了它们的动力学行为如何受到由神经元微管周围的局域电磁场引发的孤子效应的影响。这样,在一个由水构成的电偶极场的影响下,以Klein-Gordon型系统(如正弦/双曲正弦-Gordon方程及它们的双势阱模型)描述的CTT动力学,可以对附着位点和动力蛋白的功能产生影响。我们认为,这些过程与最近有关树突 Ca^{2+} 信号及膜上离子通道的模型有关[22,23]。

这里讨论的机理与某些具有随机性质的神经生理学过程存在协同效应,对于后者,我们也将在下文进行说明。最终,我们希望能够理解各种构象动力学协同其他生物能量学过程在思维和记忆行为的神经生理学基础中的贡献,这些构象动力学涉及通过蛋白质(酶)的微管隧穿过程、胞吐作用的有效运行、有关突触前端活性区的神经元塑性以及SNARE复合物。我们认为,细胞支架环境中的孤立波和随机共振,对于隧穿势垒是必需的,而这些势垒隧穿促进了突触开孔和膜融合过程。

受时间和篇幅所限,在此我们无法涉及所有的相关文献资料(包括专门的和交叉学科的)。生物电学传感器、酶催化及分子过程中的电子隧穿,仅是当今有关生物物理和生物医学工程的纳米分子研究的几个方面(见文献[88])。然而,我们可以来讨论其“信息”层面。当然,这并不意味着我们要在此学习如何利用条件熵和自动机来量化信息,关于这方面已有很多论述。一个神经元包含三个部分,即树突、胞体和轴突,它们以特定顺序形成一个以胞体为中央处理器的输入一输出系统(见文献[55])。广义上说,这已进入了信息学的范畴,正如关于构成神经网络的感觉接受器的研究一样。我们的特殊方法,包含多种(生物)动力学过程,不仅局限于那些通过树突信号、锁相等实现的通信过程(对于神经网络),也将更多的问题,如蛋白质催化、孤子效应以及细胞质中的电化学过程等，纳入到一个统一的框架中，从而可以产生有助于这种信息模式的过渡态。总之，我们可以开发一种面向方程的经验模型，这个模型基于选择的神经生物物理学现象，而这些现象经过最近的研究并被那些普遍认同的假设所支持。

17.2 孤子和生物能量体系

17.2.1 孤子简介

孤子可以看作是孤立的脉冲型波，其在碰撞前后保持自身的波形和波速。它们是非耗散波，其理论和应用是非线性科学领域的基础，涉及量子物理、统计力学、大气学、海洋学、电子通信、元胞自动机及分子生物系统等。在以往的这方面的文献中，一些著名的例子包括 Korteweg-de Vries 方程、Boussinesq 方程、Klein-Gordon 方程和非线性薛定谔方程，以及如 Lax 系统、Toda 格子和 KP 分级结构等相关的数学模型[1,17,27,35,95]。由于孤子这种鲁棒的(robust)钟形波以脉冲方式传播，经历碰撞后也能保持波形和波速，因此，在某种意义上它们可以类比于相互作用的粒子系统。作为一种非线性现象，孤子的普适性表明，它们对于在统一框架下理解生物学和生理学的信息处理过程是必需的。

存在一类非常重要的孤子，它们的主方程是一个可积(或“可解”)系统的分级结构的一部分。这些系统具有高度的对称性，经常使用谱方法和逆散射技术来对它们进行处理[1,17,35]。对于适当的函数 $u \equiv u(x,t)$，本章考虑的模型包括非线性薛定谔方程(NLS)

$$t\frac{\partial u}{\partial t}+\frac{\partial^2 u}{\partial x^2}+2u|u|^2=0 \tag{17.1}$$

和正弦-Gordon 方程(SG)

$$\frac{\partial^2 u}{\partial t^2}-\frac{\partial^2 u}{\partial x^2}=\pm\sin u \tag{17.2}$$

NLS 方程和 SG 方程在理论物理学中扮演着重要的角色。SG 方程可以描述自旋传播、等离子体内的电磁场、动力学介质中的波包、共振光脉冲以及约瑟夫森结内的磁通量子的传播。一个满足一般的非线性 Klein-Gordon 方程的行为的重要系统，可以用特征坐标 $\xi=(x+t)/2$、$\tau=(x-t)/2$ 和适当的函数 Φ 来表达：

$$\frac{\partial^2 u}{\partial\xi\partial\tau}=\Phi(u) \tag{17.3}$$

由式(17.3)可导出 SG 以及其他一些描述各种现象的模型系统方程。我们随后将简要地介绍其中几个。

作为非线性波动方程的解，孤子一般不遵从叠加原理，以至于两个解的组合会形成更复杂的波动。但最终可以认为，这两个孤立波能够相互穿过对方，这种不寻常的性质具有广泛的应用价值。这里特别感兴趣的是扭结和反扭结解，它们常见于许多给定边界条件的可解系统中，这些系统具有局域的空间导数，最终的波动在某种渐进性质下以螺旋模式振动。除了扭结和反扭结，还可能存在被称为呼吸子的振荡解，由于这种波自身内部的振荡以及无能量激发下的演化，与通常的行波相比，它们具有更多的结构，从而可以为思想创新提供帮助。关于 SG 系统的详细分析和求解方法，可以参考文献 [2,34,35,81]。

17.2.2　生物能量学和分子链

有一大类非线性方程对于生物学非常重要，它们可由 NLS 方程、SG 方程或其他孤立波形的方程导出。对应的模型在分子理论、非线性光学、生物能量学和神经生理学的很多方面具有重要应用，正如在其他领域的作用一样，如准周期分子链的量子激发、电子输运、ATP(三磷酸腺苷)水解、细胞膜内的质子泵以及神经肌肉的收缩等。这些现象中的相当一部分，已由 Davydov 给出了合理的生物物理学处理[26,27]。我们将 Scott 的一篇文章[95]推荐给读者，其中对 Davydov 的思想进行了巧妙的说明。

孤子在 α 螺旋蛋白质分子中的作用，引起了人们特别的关注。Davydov 模型中传播于蛋白质骨架上的孤子，对构象转变起到媒介作用，它不仅用于特殊的生物功能，如肌动蛋白-肌球蛋白收缩[28]、酶催化，而且，对于蛋白质向天然态的折叠也是必需的[18]。因此，不应将孤子简单地看作是关于特定生物功能的奇特现象，而应认为它们是定义生命状态时所不可缺少的东西，这是因为，它们积极地参与了天然蛋白质结构的维持。

对于细胞支架的蛋白质结构，蛋白质分子(如肌球蛋白-肌动蛋白复合物、微管蛋白等)一旦形成，就将引起能量转移和细胞联合，从而辅助并决定 ATP 分子和 GTP(三磷酸鸟苷)分子水解的能量释放过程，同时，分子的激发态将引发不同分子链上多肽基团的共振作用。根据 Davydov 的研究[26,27]，有一类孤子产生于每条分子链的起始端，从而可以在 α 螺旋蛋白质的短区间上生成。这种孤子经常被归为极化子，它具有诸如正确的连续极限近似等特性。这种孤子具有“声学”特性，因为它们的自局域化是由与相应的晶格的声学模相互作用所引起的；它们是弱耦合的，因为非简谐量能小于声子带隙[95]。随后，我们还将进一步讨论 Davydov 孤子对于分子链、酰胺-Ⅰ基团的激发的作用以及它们与麻醉之间的关系。

17.3 Klein-Gordon 方程

17.3.1 缓变包络和缓变相近似

我们首先回顾一下有关电磁相互作用和偶极场的基本理论框架。以 $E(x,t)$ 代表电场、$P(x,t)$代表偶极场，n 是一个(小的)“原子”数密度，则(1+1)维的约化麦克斯韦-布洛赫(RMB)方程可写为

$$\frac{\partial E(x,t)}{\partial x}+\frac{1}{c}\frac{\partial E(x,t)}{\partial t}=-\frac{2\pi n}{c}\frac{\partial P(x,t)}{\partial x} \tag{17.4}$$

正如对自旋－1/2 磁矩推导得到的麦克斯韦方程(经典的)和布洛赫方程(量子的)的一样，RMB 方程是半经典的，并且描述了一个完全可积的系统。通过一系列的缓变包络和相位近似(SVEPAs)可以得知，这种可积性，连同 SG 方程和 NLS 方程，导致了自感应透明(SIT)现象。SIT 现象通过短相干光脉冲(10^{-9}量级)引发，光脉冲被射入一种共振介质，并在透射前无能耗地变为“sech”(双曲正割)波形[16]。

SVEPA 由共振光脉冲、10^{15} Hz 的纳秒包络载体支配、时间尺度为 $10^{-15}\sim10^{-9}$s 的占用率(exploits ratio)所决定。在 SIT 现象中，电场具有如下形式：

$$E(x,t)=\varepsilon(x,t)\cos[kx-\omega t+p(x,t)] \tag{17.5}$$

式中，$\varepsilon(x,t)$ 为包络函数；$p(x,t)$为相位函数；k 为波矢；ω 为圆频率。对于完全共振时的“锐线”情形，SIT 方程退化为以下形式：

$$\begin{aligned}&\frac{\partial\varepsilon}{\partial x}+c^{-1}\frac{\partial\varepsilon}{\partial t}=\alpha P\\&\frac{\partial P}{\partial t}=\varepsilon N,\quad\frac{\partial N}{\partial t}=-\varepsilon P\end{aligned} \tag{17.6}$$

式中，$N=N(x,t,\omega_0)$，$\alpha=2\pi np^2\omega\hbar^{-1}c^{-1}$。解这个方程组时需用到函数

$$\bar{u}=\int_{-\infty}^{t}\varepsilon(x,\tau)\mathrm{d}\tau \tag{17.7}$$

以及 $P=\sin\bar{u}$，$N=\cos\bar{u}$。再从前面的方程可以得到

$$\frac{\partial^2\bar{u}}{\partial x\partial t}+\frac{1}{c}\frac{\partial^2\bar{u}}{\partial t^2}=\alpha\sin\bar{u} \tag{17.8}$$

这样，令 $c=1$、$\alpha=m^2$，并改变一下独立变量，我们就得到了 SG 方程：

$$\frac{\partial^2u}{\partial x^2}-\frac{\partial^2u}{\partial t^2}=m^2\sin u \tag{17.9}$$

由式(17.9)可以得到扭结和反扭结，其形式为

$$u(x,t)=4\tan^{-1}\exp\left[\frac{\pm m(x-vt)}{\sqrt{1-v^2}}\right] \tag{17.10}$$

在式(17.10)中,"+"对应于一个 2π-扭结,当 $x\to\infty$时,$u(x,t)=0$;当 $x\to\infty$时,$u(x,t)=2\pi$。"−"对应于一个 2π-反扭结:当 $x\to\infty$时,$u(x,t)=0$;当 $x\to\infty$时,$u(x,t)=-2\pi$。

呼吸子的形式为

$$u(x,t)=4\tan^{-1}[\tan\mu\sin\Theta_I\sin\Theta_R] \tag{17.11}$$

当 $0<\mu<\frac{\pi}{2}$ 时,令

$$\begin{aligned}\Theta_R &= (m\sin\mu)(x-vt)(1-v^2)^{-\frac{1}{2}}\\ \Theta_I &= (m\cos\mu)(x-vt)(1-v^2)^{-\frac{1}{2}}\end{aligned} \tag{17.12}$$

2π 扭结的"双曲正割脉冲"方程为

$$\frac{\partial u}{\partial x}=\frac{2m}{\sqrt{1-v^2}}\text{sech}\left[\frac{m(x-vt)}{\sqrt{1-v^2}}\right] \tag{17.13}$$

式(17.13)描述了一个类似于电信号在光纤中传播时的电场分布。在不存在任何共振频率时,通过 SVEPA,SG 方程中的(非线性)"正弦"项可用 u^3 代替,这使得 u 成为一个复数场。进一步的推导可以得到完全可积的 NLS 方程:

$$-\mathrm{i}\frac{\partial u}{\partial t}=\frac{\partial^2 u}{\partial x^2}-2c|u|^2u \tag{17.14}$$

因为含有包络调制的振荡项,在 $c<0$ 时,式(17.14)描述的系统有呼吸子型的解,这可由 SG 方程的呼吸子通过适当的 SVEPA 得到。这些呼吸子的形式为

$$u=|c|^{\frac{1}{2}}q\text{sech}[q(x-vt)]\exp\left\{\mathrm{i}\left[\left(q^2-\frac{1}{4}v^2\right)t+\frac{1}{2}vx\right]\right\} \tag{17.15}$$

当 $x\to\pm\infty$且 $q,v\in\mathbb{R}$ 时,$u\to 0,\frac{\partial u}{\partial x}\to 0$(参考文献[16]及其中的引文)。

17.3.2 正弦-Gordon 方程和偶正弦-Gordon 方程

我们在上文中介绍了如何从麦克斯韦-布洛赫方程簇的光学孤子得到描述完全可积哈密顿系统的 SG 方程和 NLS 方程。对于适当的函数 $u\equiv u(x,t)$,式(17.9)中的 SG 方程在实验室坐标系中表示为(对于 $m=1$ 时)

$$\frac{\partial^2 u}{\partial t^2}-\frac{\partial^2 u}{\partial x^2}=\sin u \tag{17.16}$$

利用反变换方法可以将 SG 方程积分,方程对应的哈密顿量为

$$H[u]\equiv\gamma_0^{-1}\int\left\{\frac{1}{2}\left(\frac{\partial u}{\partial t}\right)^2+\frac{1}{2}\left(\frac{\partial u}{\partial x}\right)^2+(1-\cos u)\right\} \tag{17.17}$$

式中,$\gamma_0>0$,是与空间维数有关的常数。

在经典极限下的配分函数(泛函积分)为

$$Z=\int D\Pi Du\exp\{-\nu H[u]\} \tag{17.18}$$

式中，$\Pi = \gamma_0^{-1} u_t$；ν^{-1} 对应于温度。这个系统的经典可积性，使得作用-角度(action-angle)变量具有形如 $\{\Pi(x,t), u(x',t)\} = \delta(x-x')$ 的泊松括号关系，这使得哈密顿量可以变为更加适合于量子化的形式，相应的泛函积分为

$$Z = \int D\mu \exp\{-\nu H[u]\} \tag{17.19}$$

式中，$D\mu$ 为某种测度。

利用谱变换传递系数的解析性质，文献［108］中的结果表明，对于作用-角度变量存在扭结 Δ_k（反扭结 $\Delta_{\bar{k}}$）的声子相移：

$$\Delta(k,k') = \frac{1}{4}\gamma_0[k\omega(k') - k'\omega(k)] \quad [\text{玻色相移}]$$

$$\Delta(k,p) = 2\tan^{-1}\left\{\frac{1}{\gamma}[k - \nu\omega(k)]\right\} \quad [\text{费米相移}] \tag{17.20}$$

式中，$\omega(k)$为相位参量 k 的振荡函数；$\gamma \equiv (1-\nu^2)^{-\frac{1}{2}}$；$\Delta_{\bar{k}}(k,p) = \Delta_k(k,p)$。玻色相移 $\Delta_b(k,k')$ 和 Fermi 相移 $\Delta_f(k,k')$ 满足玻色-费米对应关系

$$\frac{d\Delta_b}{dk} = \frac{d\Delta_f}{dk} - 2\pi\delta(k-k') \tag{17.21}$$

详细过程可以参考文献[108](为方便起见，我们这里令 $m=1$)。

上述处理过程中之所以包含作用一角度变量和泛函积分方法，是为了引入量子参量，从而将 SG 方程转化为可以描述玻色系统的(1+1)维量子正弦-Gordon 方程(QSG)。在文献［108］中，相关的扭结和反扭结被假定为“经典费米子”。在严格的数学体系下，Bethe 假说(ansatz)连同 QSG 一起，给出了诸类可解格子模型的(双射)对应，如量子自旋 1/2 的 XYZ 模型、统计力学中的 Baxter 八顶角模型(包含了二维伊辛模型[9])，以及量子巨 Thirring 模型(见文献［16，77］)。广义上说，文献［82］中讨论的孤子的准相对论效应和超声传播连同 SG 模型证实了它与声学和光学系统的相似性，关于这一点，我们将在下文中进一步讨论。

偶正弦-Gordon 方程(DSG)的形式为

$$\frac{\partial^2 u}{\partial x^2} - \frac{\partial^2 u}{\partial t^2} = \pm\left(\sin u + \frac{1}{2}\lambda \sin\frac{1}{2}u\right) \tag{17.22}$$

与 SG 方程(可积的)相比，式(17.22)描述了不可积系统。与此相关的是，当式(17.22)取“+”号且右边的正数 λ 足够小时，DSG 可以看作 SG 方程外加一项微扰。DSG 方程可用于研究间歇式光脉冲的传播、聚合物链的电荷密度以及有机体线性传导的凝聚理论。由于 DSG 描述的是不可积系统，因此，关于扭结-反扭结和辐射状呼吸子振荡的判据也有所不同(见文献［15］)。

另一种微扰 SG 方程

$$\frac{\partial^2 u}{\partial x^2} - \frac{\partial^2 u}{\partial t^2} = \sin u + a_1\frac{\partial u}{\partial t} - a_2\frac{\partial^3 u}{\partial x^2 \partial t} - a_3 \tag{17.23}$$

描述了约瑟夫森结[35]。其中 a_1 代表一个耗散项，a_2 是由于表面阻抗效应产生的阻尼项，a_3 是系统中偏置电流的驱动项。这些项使扭结减慢（耗散）或加速（驱动），从而表现出约瑟夫森效应中的“束状磁通量子”(bunched fluxon)模式的性质，我们还将在 17.8 节中对此进行讨论。

17.3.3 双曲正弦-Gordon 方程和偶双曲正弦-Gordon 方程

双曲正弦-Gordon 方程(SHG)的表达式是

$$\frac{\partial^2 u}{\partial x^2}-\frac{\partial^2 u}{\partial t^2}=\sinh u \tag{17.24}$$

和 SG 方程一样，SHG 方程也用于描述可积系统，可以使用逆散射（谱变换）方法来求解。SG 方程和 SHG 方程均是哈密顿系统，但性质有所不同：在 $-\infty< x <\infty$ 的范围内，SG 方程可以产生孤子型扭结、反扭结和呼吸子，而 SHG 方程则一般没有孤子型的解。

显然，SHG 方程可以通过变换 $u\to -\mathrm{i}u$ 转化为 SG 方程。SHG 哈密顿量为

$$H[u]\equiv \gamma_0^{-1}\int\left[\frac{1}{2}\gamma_0^2\Pi^2+\frac{1}{2}\left(\frac{\partial u}{\partial t}\right)^2+(\cosh u-1)\right] \tag{17.25}$$

式中，$\Pi=\gamma_0^{-1}\dfrac{\partial u}{\partial t}$。SHG 的量子化和统计力学与 SG 方程类似[14, 15]。这里，仍然存在 Bose-Fermi 相移，Bose 相移 Δ_b 代表一个任意相位声子的传播子（但本质上不是严格意义下的孤子）。

由文献 [53] 可知，偶双曲正弦-Gordon 方程(DSHG)描述了一个准可解系统，且必含有双势阱 SHG 势

$$V(u)=(\zeta\cosh 2u-n)^2 \tag{17.26}$$

式中，正数 ζ 是一个参量；n 取自然数。这种势的一个重要性质是可以解出它的 n 个最小本征值和相应的波函数。DSHG-哈密顿量写为

$$H[u]=\int\frac{\mathrm{d}x}{l}\left[\frac{m}{2}\left(\frac{\partial u}{\partial t}\right)^2+V(u)+\frac{mc_0^2}{2}\left(\frac{\partial u}{\partial x}\right)^2\right] \tag{17.27}$$

式中，l 为晶格间距；m 为粒子（离子）质量；c_0 为低幅声波的波速。DSHG 方程可以表示为

$$m\frac{\partial^2 u}{\partial t^2}-\frac{\partial^2 u}{\partial x^2}+2\zeta(\zeta\sinh 4u-2n\sinh 2u)=0 \tag{17.28}$$

即

$$m\frac{\partial^2 u}{\partial t^2}-\frac{\partial^2 u}{\partial x^2}=V'(u) \tag{17.29}$$

这个方程可以描述高能和低能声子，以及在极小值点 $\pm u_0$ 附近的声子色散。因为包含了双阱势，因此，在某些温度范围内，存在有意义的类似于扭结和反扭结型的

(晶格)解。其中一种单扭结型解是下面下述方程的解

$$\frac{1}{2}g\left(\frac{\partial u}{\partial x}\right)^2=V(u),\quad g=mc_0^2 \tag{17.30}$$

要得到运动的扭结,可以通过引入速度 v 来实现,即

$$x\mapsto(1-v^2)^{-\frac{1}{2}}(x-vt) \tag{17.31}$$

17.3.4 ϕ^4 方程

ϕ^4 方程的表达式是

$$m\frac{\partial^2 u}{\partial t^2}-\frac{\partial^2 u}{\partial x^2}=V_4'(u) \tag{17.32}$$

当取双阱势,即 $V_4(u)=[(n+\zeta)u^2-(n-\zeta)]^2$ 时,式(17.32)经变换 $u\mapsto\tanh u$ 可转变为DSHG方程,经变换 $u\mapsto\tan u$ 可转变为DSG方程。在文献[53]中,对于扭结的统计力学进行了数值分析,利用连带朗之万方程的模拟来计算扭结密度和输运。令 η 代表黏度,$\hat{F}(x,t)$ 代表高斯型白噪声,DSHG的朗之万方程写为

$$\frac{\partial^2 u}{\partial t^2}=\frac{\partial^2 u}{\partial x^2}-\eta\frac{\partial u}{\partial t}-4\zeta(\zeta\cosh 2u-n)\sinh 2u+\hat{F}(x,t) \tag{17.33}$$

噪声项满足涨落-耗散定理

$$\langle\hat{F}(x,t),\hat{F}(x',t')\rangle=2nB^{-1}\delta(x-x')\delta(t-t') \tag{17.34}$$

B 是与温度有关的参数。由朗之万动力学计算得到的概率分布函数对应于 $|\psi|^2$,这里 ψ 是薛定谔波函数。

在通常的(以及更基本的)ϕ^4 型双阱势

$$V_4(x)=\frac{1}{2}ax^2+\frac{1}{4}bx^4\quad(-\infty<x<\infty,a,b\text{ 是常数}) \tag{17.35}$$

中的布朗运动,可以用来描述许多(生物)物理和化学系统模型中的噪声驱动的运动。位置处于 $x=x(t)$ 的粒子在式(17.35)描述的势阱中的一维平移布朗运动,遵从下述朗之万方程:

$$m\frac{\partial^2 x}{\partial t^2}+\eta\frac{\partial x}{\partial t}+ax+bx^3=F(t) \tag{17.36}$$

与前面一样,$\eta\frac{\partial x}{\partial t}$ 代表黏滞阻力,$F(t)$ 是白噪声驱动力,它满足

$$\langle F(t)\rangle=0,\quad\langle F(t),F(\tau)\rangle=2kT\eta\delta(t-\tau) \tag{17.37}$$

当粒子质量可以忽略时,式(17.36)简化为

$$\eta\frac{\partial x}{\partial t}+ax+bx^3=F(t) \tag{17.38}$$

粒子位置的概率密度函数 $W=W(x,t)$ 满足相应的Fokker-Planck方程(见

文献[21])

$$\eta \frac{\partial W}{\partial t}=\frac{\partial}{\partial x}[(ax+bx^3)W]+kT\frac{\partial^2 W}{\partial x^2} \tag{17.39}$$

评注 17.1 关于 Klein-Gordon 系统,还可以讨论更多的内容,例如,描述分子系统的激光诱导振荡理论中的刘维尔方程:

$$\frac{\partial^2 u}{\partial x \partial t}=\mathrm{e}^{u}-\mathrm{e}^{-2u} \tag{17.40}$$

值得一提的是,前面提到的几个模型都可以作为研究光学孤子的手段[16],因而与 Pribram 提出的脑模型的研究也有一定的关系[85],这是由于 Pribram 提出的脑模型是基于某些量子光学和全息技术原理的[66]。

评注 17.2 如上所述,我们考察的很多方程都可以通过微扰或适当变换转化为其他形式,这与细胞质中的环境效应类似,实际中的微扰包括热涨落、共振(或混沌)能级等。将这些变换和微扰纳入适当的数学框架中,就可以来描述对应的神经生物学和生理学过程。

17.3.5 Fröhlich 介电理论

除了 Davydov 的工作(其中部分内容将在 17.9 节讨论)外,还有许多关于生物物理中的孤子动力学的研究。特别值得一提的是 Fröhlich 的工作[38,39],其中考虑了生物现象中的一维电子系统。当这些系统中出现某种空穴时,电子-空穴对可能导致细胞间孤子的产生,它们的运动会实现无耗散的能量转移。Fröhlich 认为,细胞膜和某些酶中存在着特别的蛋白质偶极矩和波频,这些介电系统可以在周围环境中产生纵向电波振荡,并在适当水平上能量子会变为有序的单模,从而维持相干电波。这揭示了一种类似于玻色-爱因斯坦凝聚的长程量子关联导致的有序化,在这一过程中,粒子凝聚为以单一波函数表示的状态,凝聚体外部的粒子表现出反常色散。

随后的研究表明,细胞膜下的分子具有偶极振荡行为,它们在具有生物超导性的薄层中产生频率介于量级 $10^{11}\sim10^{12}\,\mathrm{s}^{-1}$ 的 Fröhlich 型波动[51]。文献 [91] 中考虑了位于微管(见下文说明)内的相邻原丝间的微小相互作用,原丝上的偶极组成了一个类扭摆系统,而每根原丝上的偶极的非线性动力学行为可以用 ϕ^4 势[式(17.35)]和方程[式(17.32)]来描述。结果表明,蛋白质偶极在普通电磁场中吸收能量后会产生振荡效应。这种偶极振荡产生的波动,由蛋白质分子上的疏水区内的氢键和离域电子维持下去。不过,文献 [109] 的计算表明,微管格子的反铁磁模型对于外电场并不敏感,除非电场强度大于 $10^4\sim10^5\,\mathrm{V/m}$,而使得所有微管蛋白偶极完全有序化则需要高达 $10^7\,\mathrm{V/m}$ 的场强。然而,神经元细胞质内的场强仅有 10V/m 的量级[47]。为了使外场产生有效的影响,它必须克服偶极间的相互作用能[109]，如此看来，反铁磁模型并不适合于处理亚神经元运算。最近，我们的研究表明，微管利用它们的C端尾可以敏感地感应(细胞内的)外电场[4-43, 47]，这是由于单个尾部之间的耦合小于热运动能量。实际上，近来发表于文献［43］中的模拟结果表明，尾-尾之间的耦合要较热能小8个量级。

17.4 微管和C端微管蛋白尾

17.4.1 微管的神经生物学背景

决定神经元外形和极性的主要内部结构是神经元细胞支架，它还负责承载细胞质以保证生命体的新陈代谢活动。细胞支架的组成包括微管、间丝、肌动蛋白、微管相关蛋白(MAP)、动力蛋白、交联蛋白(如血小板溶素)、细胞骨架蛋白以及多种束缚于细胞支架上的磷酯脂和磷酸根转移酶。

细胞支架的主要成分是微管，它由微管蛋白构成，这种蛋白质是由两种分子质量为50 kDa的子单元(α型和β型)组成的二聚体。微管壁是这种微管蛋白二聚体生成的二维聚合物，每个聚合单元上都连有两种化学键。纵向的键将二聚体连成原丝(PF)，而横向的键将二聚体连到相邻的原丝上。原丝由α型和β型单元交替排列而成，间距为4.0～4.2nm。在活体内，组装的微管包含13根原丝，呈柱状结构，壁厚4nm，直径为24nm。

微管支撑着细胞的外形，这对于神经元突触(树突或轴突)的稳定是必不可少的；它们为多种酶(如糖酵解过程中的酶、不同的磷脂酶和磷酸根转移酶)的区室化(compartmentalization)提供铆接点。微管还为动力蛋白功能的调节提供了途径，而这些驱动蛋白负责驱动运载小泡输送多种蛋白质和神经元质膜的结构组分。

让我们来简单地介绍一下有关α/β型微管蛋白二聚体组装的基本原理。进行组装前，α型和β型微管蛋白都需要连接到核苷酸GTP上，与α型微管蛋白相连的GTP从不水解，而与β型微管蛋白相连的GTP在二聚体长入微管格子后不久就会水解为GDP(二磷酸鸟苷)。在形成原丝时出现的不稳定中间态

—α—tubulin—GTP—β—tubulin—GTP—α—tubulin
—GTP—β—tubulin—GTP—

则转化为

—α—tubulin—GTP—β—tubulin—GDP—α—tubulin
—GTP—β—tubulin—GDP—

GTP水解释放的能量，以弹性形变的形式储存于微管壁中，而与β型微管蛋白相连的GDP不能再进一步地磷酸化或被GTP置换，这是由于原丝上连续的α型微管蛋白将β型微管蛋白核苷酸束缚住了[60]。在微管末端存在一个β型微管蛋

白束缚的 GTP 单分子层,它是微管的“安全帽”。这里一旦水解,整个微管就会很快地解体。

17.4.2　C 端微管蛋白尾

部分微管功能的实现有赖于从每个微管蛋白质探出的细小的 C 端微管蛋白尾。Sackett [90] 指出,微管并非光滑的圆柱体,它的表面存在有细小的发状衍生物,这些衍生物从每个微管蛋白质探出,长度为 4～5nm(图 17.1)。由于这些衍生物具有高度的柔性,其 PDB 结构不久前才被揭示出来。在文献［68］中,各 α 型(404～451)或 β 型(394～445)微管蛋白 C 端重组肽的螺旋性都是通过核磁共振(NMR)测定的。结果表明,微管蛋白质的 C 端区具有不同的长度和结构。一般地说,C 端区包含一个 C 端 H12 螺旋和一个呈无规卷曲状的 C 端微管蛋白尾。在 α 型微管蛋白分子中,氨基酸残基 418～432 形成 C 端 H12 螺旋,而氨基酸残基 433～451 则形成 α 型微管蛋白尾。α 型微管蛋白尾包含 19 个氨基酸和 10 个带负电的残基。β 型微管蛋白的 C 端区则更为有趣。文献[68]中的结果表明,与之前的 PDB 模型相比(见文献[83]),β 型微管蛋白的 H12 螺旋多了 9 个氨基酸。这表明这种蛋白质更加伸展,支持了在 C 端区发生功能性的卷曲-螺旋转变(coil-to-helix transition)的可能性。

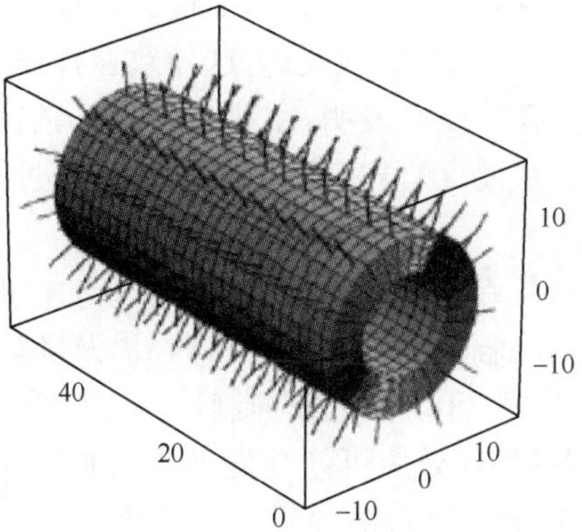

图 17.1　含有 13 根原丝的左旋“发状”微管片段的计算机模拟图。外径为 24nm,内径为 14nm,管壁厚 5nm,CTT 长 5nm。图中可以看到从原丝探出的发状 CTT

β 型微管蛋白的 C 端 H12 螺旋由氨基酸残基 408～431 构成,不过,似乎最后的 9 个氨基酸残基 423～431 在卷曲构象和螺旋构象之间的可逆转变,可以使 H12 螺旋的长度减小或增大,同时,相应地增大或减小 β 型微管蛋白尾的长度。β 型微管蛋白尾包含 14 个氨基酸和 9 个带负电的残基,但随着残基 423～431 的构象的改变,β 型微管蛋白尾的无规卷曲可以最多扩展到 23 个氨基酸和 11 个带负电的残基。对于 α 型和 β 型的 C 端 H12 螺旋，两种微管蛋白尾上的 C 端残基在 NMR 下均表现为无序状态。这是一种动态无序，它表明微管蛋白尾对环境条件和局部电场极为敏感，从而会产生众多的亚稳构象[47]。

17.4.3 动力蛋白质的动力学

在树突和轴突中，微管是后高尔基体小泡(post-Golgi vesicles)在微管动力蛋白作用下进行输运的途径。然而，在小泡输运过程中，微管并不是被动的，实验结果表明，微管蛋白 C 端尾调节着动力蛋白的功能。文献［96］中的结果显示，β 型微管蛋白尾与动力蛋白转换Ⅱ区存在相互作用；而 α 型微管蛋白尾可能与动力蛋白的 $\alpha 7$ 型螺旋发生以下作用：当连接在动力蛋白上的 ATP 水解后，动力蛋白就沿着微管表面滑移。具有微管蛋白尾的天然微管不能通过 ADP-动力蛋白复合物分子来进行修饰，这是因为它们之间的作用力很弱；而采用枯草杆菌蛋白酶处理后的微管则不含微管蛋白尾，这使得 ADP-动力蛋白束缚在微管上而难以移动。由这个实验我们可以知道，微管蛋白尾端会促使 ADP-动力蛋白复合物脱离微管表面，从而使动力蛋白二聚体能够在微管原丝上“步进”。

微管不仅能够调节动力蛋白的功能，还可以在它们的 C 端微管蛋白尾上连接不同的微管相关蛋白、蛋白质激酶和磷酸酶，从而组织神经元间的空间。这些蛋白质的适当的附着和脱附，能够调节它们的酶活性。在精神分裂症的病例研究中发现，患者的 MAP2 和 MAP5 呈变异性表达，这导致在神经元细胞结构中产生奇异性[6]。对于阿尔茨海默病的研究表明，主要的变化是轴突的 MAP-tau 的磷酸化状态，而微管束缚蛋白磷酸酶 2A(PP2A)的活性正是通过与微管之间的附着和脱附过程来调节的[98]。

我们认为，微管蛋白尾端酶促作用的机理源于振动辅助隧穿，这是在过去几年中得到了实验证实的重要概念(见文献［103，104］以及随后的讨论)。在微管蛋白尾端的驻(standing)呼吸子，可以促进或抑制连接在微管蛋白尾端上的分子的构象隧穿。混合型隧穿中的振荡效应可能会促进或抑制隧穿过程，这取决于边界条件[105,106]。形式上，微管蛋白尾端的呼吸行为的机理，可以看成是一种酶促能量转换作用。这种想法的依据是，转能酶自身并不提供能量来源，而是诱导分子的构象转变，而后者在一个中间的高能构象状态上累积了能量[87]。这种累积的能量由 ATP 或 GTP 经初始的生物化学步骤水解而得到，因此，这种能量通常被称为“初始”(primed)能量，而“初始化”(priming)则指能量在蛋白质亚稳态中积累的过程。

微管可能是亚神经元信息处理的媒介，这种思想最初是由 Hameroff 和 Watt 提出的[58]。在文献［54］中，假定计算所需的能量可以从束缚在微管蛋白上的 GTP 分子得到。在稳定的微管中，已经观察到束缚于微管蛋白上的核苷酸不可能环化,因此,我们认为,微管蛋白尾端的能量转换作用释放了积累在驱动蛋白、动力蛋白及磷酸化微管相关蛋白的亚稳构象态中的能量。这些蛋白质的亚稳态是通过在之前的初始化阶段的 ATP 水解产生的。关于 GTP 水解、反铁磁相以及 CTT 作为信息传递的媒介的思想,也已经有所报道[43, 44, 47, 92]。

17.5 水的电偶极场的动力学

17.5.1 水的电偶极场

对于特定的神经生物学过程的组织体系,细胞支架是提供水分子附着表面的主要结构,并因此促进(水分子)有序化。值得注意的是,这里提到的“水”并不是普通意义上的水,而是指一种蛋白质状的饱和的混合物。有序化的(相邻)水分子作为微观的偶极子,彼此间通过氢键相互作用,从而导致了相对较高的黏度、表面张力和介电常数。这些水分子在脑细胞的各侧都将产生水分子电偶极(WEDP)场。在细胞内部,这些水分子在细胞支架周围产生 WEDP 场;而在细胞外部这些分子形成的细胞间流体充满了相邻细胞的间隙。这里,既有静电相互作用,也有表现为蛋白质表面与水之间的强烈相互作用的范德瓦尔斯力(见文献[75]等)。在 Del Giudice等的系列文章[30-32]中,他们认为,由细胞支架体中的 WEDP 场产生的电磁波,发射了尺寸可与微管内径相比的电信号。随后,Jibu 等对此进行了进一步的发展,从某种程度上说,本节的内容是依据他们的观点展开的。

令$\mathbb{V}$代表细胞支架微管附近的膜周(空间)区域,在$\mathbb{V}$的一个圆柱形邻域内的 WEDP 场可以表示为二分量旋量场

$$\psi(\boldsymbol{x},t)=\begin{bmatrix}\psi^{+}(\boldsymbol{x},t)\\ \psi^{-}(\boldsymbol{x},t)\end{bmatrix} \tag{17.41}$$

式中,$\psi^{+}(\boldsymbol{x},t)$ 和 $\psi^{-}(\boldsymbol{x},t)$ 为旋量分量。电偶极矩表示为

$$\mu=\psi(\boldsymbol{x},t)^{*}\ \frac{\hbar}{2}\boldsymbol{\sigma}\psi(\boldsymbol{x},t) \tag{17.42}$$

这里,$\boldsymbol{\sigma}=[\sigma_1,\sigma_2,\sigma_3]$ 是一个三分量矢量,它的每个分量都由 Pauli 自旋矩阵构成。偶极矩 μ 的存在,表明水分子具有量子力学自旋的性质。换言之,水分子通过 μ 与 $\mathbb{V}$ 中的量子化电磁场发生动态相互作用。若以 m_p 和 e_p 分别代表质子的质量和电荷,则水分子的平均惯量矩可表示为 $I=2m_\text{p}d^2$,$d\approx0.82\text{Å}$;而 $\mu=2e_\text{p}P$,$P\approx0.2\text{Å}$。给定的 $\psi(\boldsymbol{x},t)$仅在第 k 个局域化表象的每个 $\boldsymbol{x}=\boldsymbol{x}_k$ 的位置上才不为零,于是,具有 N 个局域化(localizations)的 WEDP 场可由 N 个自旋变量表示,即

$$s^k(t)=\psi(\boldsymbol{x}_k,t)^{*}\sigma\psi(\boldsymbol{x}_k,t)\quad 1\leqslant k\leqslant N \tag{17.43}$$

能级差为 ε 的 N 个水分子的 WEDP 场的哈密顿量为

$$H_{\mathrm{WM}}=\varepsilon\sum_{k=1}^{N}s_3^k(t) \tag{17.44}$$

对于给定的波矢 k_0，为了方便可以定义一个正则模式，此模式的角频率 ω_{k0} 取为对应于两个主本征态能级差的共振频率，即 $\varepsilon=\hbar\omega_{k0}$（$\varepsilon\approx24.8\mathrm{meV}$），这也是最可几的能量交换[32]。$\mathbb{V}$ 的辐射场由标量电场算符 $E=E(\boldsymbol{x},t)$ 给出，相应的哈密顿量为

$$H_{\mathrm{EM}}=\frac{1}{2}\int_V E^2\mathrm{d}^3\boldsymbol{x} \tag{17.45}$$

文献［65］中的一个主要假定是，WEDP 场和量子化电磁（EM）场的动力学，是通过光子产生和湮灭算符的能量交换过程。为了看清这一点，可以考虑将电场算符分为正频部分和负频部分之和，即 $E=E^+ + E^-$。那么，WEDP 场和电磁场之间的相互作用的哈密顿量为

$$H_I=-\mu\sum_{i=1}^{N}\left[E^-(r^k,t)s_-^k+s_+^k E^+(r^k,t)\right] \tag{17.46}$$

式中 $s_\pm^k=s_1^k\pm is_2^k$。总哈密顿量 H_{QM}描述了电磁场和水分子振动偶极场在它们的相互作用下的量子动力学行为，H_{QM}的表达式为

$$H_{\mathrm{QM}}=H_{\mathrm{EM}}+H_{\mathrm{WM}}+H_I \tag{17.47}$$

由于细胞支架邻域内的区域$\mathbb{V}$ 的某些部分可以看作是电磁波的谐振腔，我们可引入 E 的正则模式展开

$$E^{\pm}(\boldsymbol{x},t)=\sum_{\lambda}E_{\lambda}^{\pm}(t)\exp[\pm\mathrm{i}(\lambda\cdot\boldsymbol{x}-\omega_{\lambda}t)] \tag{17.48}$$

17.5.2 生物学动机

这里，我们将从生物学的角度讨论几个例子，读者将会看到，它们可以与传播中的光学或声学孤子的机理进行类比。文献［75］中的工作发现是，位于蛋白质附近或有相互作用的蛋白质表面之间的水的介观有序化，有利于分子间的电子隧穿。这个发表于文献［75］中的意外现象，被称为电子转移动力学中的水致隧穿效应。第二个例子是，突触内的信号响应过程受某些类型的细胞黏着分子（CAM）的影响，其肌动蛋白细胞支架为同化信号输入提供了适当的结构。轴突生长锥上的功能型突触的形成，涉及与适当的伴随细胞的接触的识别和初始化[12]。最近的研究表明，突触的形成需要两种类型的 CAM，即 β 型轴突蛋白和神经连接蛋白，它们之间的独特相互作用可以作为突触形成的双向触发器[29]。β 型轴突蛋白-神经连接蛋白的跨膜蛋白质结一旦形成，就会在接触点处触发突触分化。β 型轴突蛋白位于轴突中，它在突触前端与 CASK 发生相互作用（CASK 是一种多区域支架蛋白，它负责组织突触前端间隙，并通过蛋白质 **4.1** 向肌动蛋白细胞支架发射信号）。β 型轴突蛋白还直接与突触小泡蛋白中的突触结合蛋白-1 发生相互作用，因此调节着胞吐作用和神经递质的释放（见 17.11 节）。在高 Ca^{2+} 浓度时，在突触前

端，突触结合蛋白-1 本身可以像 MAP 分子那样，附着到 β 型微管蛋白尾端和稳定微管上。神经连接蛋白（神经连接蛋白-1 为兴奋性突触所特有，神经连接蛋白-2 为抑制性突触所特有）位于树突中，负责向突触后部密度蛋白（PSD-95）传递信息（PSD-95 是一种多区域支架蛋白，负责锚定突触后膜活性区域的不同离子通道）。PSD-95 通过另一种蛋白质 CRIPT 锚定在突触后部微管上。神经连接蛋白连同突触前端的 β 型轴突蛋白构成一个黏合系统，以促进学习过程（表现为突触的形态重组）。由于这些性质，式(17.48)表示的辐射场可以用于描述被有序的水分子包覆的这一结区，从而可以帮助我们理解相邻神经元之间的信号传递机理[45, 46]。

关于这些在突触前部和后部形成细胞支架的多种蛋白的描述似乎有些冗长，然而，这对于真正理解神经元内的突触通信是必不可少的。在经典的计算方法中，突触只是被看作一个具有一定延迟（在 1 ms 的量级）的电开关；不过，目前人们普遍地认同，活体中的神经元通信实际上要复杂得多。例如，神经传递素分子通过胞吐作用在突触前端的释放（参见下文），其发生概率变化范围很宽，为 0.15～0.75，这表明，每个突触前端的释放概率的精细调节由亚神经元事件控制，但这还不是全部。神经递质释放后，它会连到突触后膜的受体上，并引发突触后部电流。在兴奋性谷氨酸突触中，最重要的是 NMDA（*N*- 甲基 -*D*- 天冬氨酸）受体，它负责使 Ca^{2+} 进入神经元。Ca^{2+} 不仅影响连接在 PSD-95 上的 NMDA 受体和其他骨架蛋白，而且通过一种特殊的蛋白质（与树突形成有关的肌联脑蛋白）调节连接在肌动蛋白上的 NMDA 受体。突触后部的 Ca^{2+} 流，导致产生一种以肌动蛋白为主的收缩以及脊颈直径的变化，这已被特殊微成像技术所证实[37, 79]。因此，任何合理的计算方法都应该反映出活体神经元活动中的高度非线性特性。这种非线性可根据以下事实看出：树突脊收缩时（长度也有变化），它们的脊颈直径的变化时间在毫秒量级（阻抗也同时变化），并在树突上产生分布式的提升（boosting）"热点"以加强突触后部的势场（PSP）。结合前面的有关胞吐作用发生概率的精细调节，显然，要对神经元活动中这些高度非线性的随机和混沌的行为作出合理的解释，我们必须通过它们与近邻水和辐射电磁场的相互作用来对细胞支架蛋白进行研究[45, 46, 64, 65]。

对于电场算符 $E=E(x,\ t)$，我们提出一个恰当的生物学动机，由此导出式(17.48)中的哈密顿量 H_{EM}。这里把细胞液简单地看作是电解质溶液，其中的离子流由通过树突和轴突的电流引发。正如文献［43］中提出的那样，这种细胞液电流（以及伴随的电磁场）可以产生沿 CTT 传播的构象波。细胞液的离子流可以传递到微管的 CTT 上，从而在微管负电表面上的 CTT 的主导排斥效应之间产生了一种动态的相互作用。

神经元细胞液中的点 x 处的电势 φ 随时间变化，这是细胞膜上的配位体或电位控制型离子通道以及相应的离子流不断打开和关闭的结果。通过配位体离子通

道的离子流产生的单个 PSP 的时空演化可由被动电缆方程解出

$$\varphi(x,t)=\varphi_0\exp\left(-\frac{x}{\lambda}-\frac{t}{\tau}\right) \tag{17.49}$$

式中，λ 为空间常数；τ 为时间常数；$\varphi(x, t)$为 t 时刻在点 x 处的电势；φ_0 为 PSP 生成处的细胞液电势。由于附近的电位控制型离子通道快速打开而导致电势升高时，沿神经元径向的电势动力学方程取非线性形式，正如 Hodgkin-Huxley 模型和 Baer-Rinzel 模型那样[7, 22]。

不过，在所有的情形中，细胞液中的电场都依赖于电势梯度，即 $\boldsymbol{E}=-\nabla\varphi$，它也是离子浓度梯度的表现。这可以由浓度为 c_i、化合价为 z_i 的 i 型正离子的 Nernst 方程证明，其电场为

$$E=-\frac{\partial\varphi}{\partial x}=-\frac{RT}{z_iF}\frac{1}{c_i}\frac{\partial c_i}{\partial x} \tag{17.50}$$

式中，R 为摩尔气体常量(=8.314J/mol・K)；T 为温度；F 为法拉第常量(=96 500C/mol)；φ 为电势。

尽管细胞液中的点 x 处的电势不仅依赖于细胞内的可扩散离子梯度，而且还依赖于周围环境中的带电生物分子的屏蔽静电场，不过，为外部事件提供信息的却只是离子浓度梯度的动力学行为。因此，如果发生了亚神经元信息处理过程，它必然只依赖于细胞液中的带电分子产生的内电场。不过，在某种程度上说，细胞液中不同点间的电势差及其伴随的电场(源于可扩散离子的浓度梯度)本身就可以确定对应于外部事件的信息成分。由于神经递质也可以引发 G 蛋白偶合的受体，于是部分外部信息会传入细胞支架上，其传递形式有附着/脱附、各种细胞支架上的激酶或磷酸酶的激活/抑制、被 G 蛋白或二级信使活化的其他骨架蛋白等。

跨膜电流在细胞液中能够产生可扩散离子的浓度梯度，并直接导致产生细胞液的电磁场，因此，电势差的电场强度原则上可由 Nernst 方程[式(17.50)]计算得到。实际上，是离子浓度梯度在起作用，它激发出与 WEDP 场及微管的 CTT 发生相互作用的电场 $E=E(x, t)$。

17.5.3 胞质水的集体动力学变量

依据文献[65]，我们引入水分子的集体动力学变量(collective dynamical variables) $S_\lambda^\pm$：

$$S_\lambda^\pm(t)=\sum_{k=1}^{N}s_\pm^k(t)\exp[\pm\mathrm{i}(\boldsymbol{\lambda}\cdot\boldsymbol{x}-\omega_\lambda t)] \tag{17.51}$$

令 $S\equiv\sum_k s_3^k$，我们可以将(17.47)写为

$$H_{\mathrm{QM}}=H_{\mathrm{EM}}+\varepsilon S-\mu\sum_\lambda(E_\lambda^- S_\lambda^- + E_\lambda^+ S_\lambda^+) \tag{17.52}$$

式(17.52)与激光辐射过程的哈密顿量[33]类似，因此，只要能量能够维护在大

于某一阈值，它表明𝕍中的水分子具有激光型的相干光学性质[式(17.57)]。水分子的动态有序区域和量子化电磁场，仅在 50μm 的相干长度内才开始予以考虑。原因在于，当微管表面的水的有序度增强时，会发生自发对称破缺(见下文)，并因此生成 Nambu-Goldstone(NG)玻色子，这种有序电偶极的长程关联波的量子被称为偶极波量子，以 DWQ 表示 [65, 112, 113]。

哈密顿量 H_{EM}还可以用正则算符 $P_\lambda(t)$和 $Q_\lambda(t)$来表达，这两个算符的定义是

$$
\begin{aligned}
P_\lambda(t) &= \sqrt{\frac{\hbar\omega_\lambda}{2}}\mathrm{i}(E_\lambda^- - E_\lambda^+) \\
Q_\lambda(t) &= \sqrt{\frac{\hbar\omega_\lambda}{2}}(E_\lambda^- + E_\lambda^+)
\end{aligned}
\tag{17.53}
$$

由文献 [65] 可知，它们满足熟知的海森堡代数的对易关系。将式(17.52)经过合适的变换和代换后，可以得到

$$
\begin{aligned}
H_{QM} = &\frac{1}{2}\sum_\lambda[P_\lambda^*(t)P_\lambda(t) + \omega_\lambda^2 Q_\lambda^*(t)Q_\lambda(t)] + \varepsilon\sum_{k=1}^N s_3^k(t) \\
&- \sqrt{\frac{2}{\hbar}}\mu\sum_{k=1}^N\sum_\lambda\left[\sqrt{\omega_\lambda}Q_\lambda(t)s_1^k - \frac{1}{\sqrt{\omega_\lambda}}P_\lambda(t)s_2^k\right]
\end{aligned}
\tag{17.54}
$$

17.5.4　自发对称性破缺

假定我们考虑的系统具有某种对称性，在这种对称变换下，主要的真空态不具有不变性。拉氏量的对称性并不依赖真空解，而真空态可能被转化为某些简并态。换言之，哈密顿量在对称变换下保持不变，但真空态(或最低能级)却不是。那么自发对称性破缺(SSB)就会发生，这将导致满足 BE 统计的无质量量子的产生，以修复破缺的对称。NG 玻色子是由真空态诱导产生的长程相干量子，它违反初始的动力学对称性。特别地，两种有质量的场由于 SSB 而变为一个有质量的场和一个无质量的场，在这种情形中，后者就是一个 NG 玻色子；在文献[65]中，对这一点进行了解释。在这篇文献中，对应于式(17.54)的海森堡方程，被用于研究相应的自旋变量按照长程排列的 WED 场的动力学有序态。在正则变量的一个 SO(2)变换下，哈密顿量 H_{QM}是不变的，而含时的解则不是不变的。

17.6　朗之万抽运和能量转换作用

17.6.1　相干脉冲发射和水激光效应

WEDP 的水激光效应已经在文献[32]中进行了考虑。在此我们进一步地提出，为了使光子的相干发射呈现必要的生物学影响，需要考察 10～15ps 的时间尺

度，这种时间尺度是与蛋白质(酶)的活动相当的。对于无序的热力学系统，热涨落、噪声和耗散也需要考虑。不过，在这种情况下，只要蛋白质分子能够得到足够的能量来参与 WEDP 场的抽运效应，也可以观察到相干光子的类激光发射。这时，与“超辐射”这种“快现象”(动态时间尺度为 10^{-14} s)相比，包含水激光效应的“慢现象”(动态时间尺度为 10^{-11}s)更有可能发生(见文献[63])。在文献[65]中，Jibu 和 Yasue 考察了描述空间区域$\mathbb{V}$ 中量子化电磁场的集体动力学海森堡-朗之万方程系统；在取定某个相干态表象后，海森堡-朗之万方程就退化为随机朗之万方程：

$$\frac{\mathrm{d}Z}{\mathrm{d}t}=\alpha_1 Z-\alpha_2\bar{Z}Z^2+B \tag{17.55}$$

式中，$Z=Z(t)$为对应的电磁场算符在$\mathbb{C}$ 中的马可夫过程；$B=B(t)$为量子化电磁场的热涨落的(复数)高斯白噪声；特定常数 α_1、α_2 取决于区域体积 V、电磁场和 WEDP 场的热涨落、WEDP 场的阻尼系数(γ 和 γ_0)，以及源于 WEDP 场与运动的微管蛋白分子的相互作用的抽运速率参数(S_∞)。这些参数反过来用于定义扩散常数 D，再结合 $Z(t)$的概率密度函数 $f=f(z,\bar{x},t)$，式(17.55)被等价地转化为相应的福克尔-普朗克方程：

$$\frac{\partial f}{\partial t}=-\frac{\partial}{\partial z}\left[(\alpha_1 z-\alpha_2\bar{z}z^2)f\right]+D\frac{\partial^2 f}{\partial z\partial\bar{z}} \tag{17.56}$$

若抽运速率 S_∞满足

$$S_\infty>\frac{\hbar^2 V\gamma_0\gamma}{4\pi\varepsilon f^2} \tag{17.57}$$

可以得到量子化电磁场激发所需要的能量级别，也就是被新陈代谢能量引发的光子发射。这样，在微管外表面 4～5nm 的邻域内，水的相干脉冲发射的能量的获得方式有：微管蛋白电偶极振荡、沿着微管壁的振动、C 端微管蛋白尾端的能量转换作用中由游移在微管表面的亚稳 ADP-驱动蛋白复合物释放的能量，以及与微管相连的磷酸酶(如 PP2A)和其他 MAP 的磷酸化作用。脉冲模式相干光子的传输，由麦克斯韦-布洛赫方程所决定，这一方程可以从总哈密顿量 H_{QM}导出。对于 $E=E(z,t)$，其量子动力学运动方程[4, 63, 65]为

$$\frac{\partial E^\pm}{\partial z}+\frac{1}{c}\frac{\partial E^\pm}{\partial t}=\mp i\frac{2\pi\varepsilon\mu}{\hbar V}S^\pm \tag{17.58}$$

利用量子平均(表示为$\langle\rangle_q$)，电场的表达式为

$$\theta^\pm(z,t)=\frac{2\mu}{\hbar}\int_{-\infty}^{t}\langle E^\pm(z,u)\rangle_q\mathrm{d}u \tag{17.59}$$

由此又可以得到洛伦兹坐标下的 SG 方程

$$\frac{\partial^2}{\partial t\partial\sigma}\theta^\pm=-2A\sin\theta^\pm \tag{17.60}$$

式中，$A=\dfrac{2\pi\varepsilon\mu^2 N}{\hbar^2 V}$，$\dfrac{N}{V}$为单位体积中的水分子偶极数目；$\sigma=t+\dfrac{z}{c}$；上标“±”代表电场的横向方向，这里假定没有纵向传播。式(17.60)具有之前讨论过的非线性光学中的SIT特点，如上所述，这里表明了WEDP场的累积效应是如何引发无耗散波动形式的能量传播的。

将式(17.59)对时间求导，可得

$$E=\frac{\hbar}{\mu}\sqrt{A\rho}\,\mathrm{sech}\left[\sqrt{A\rho}\left(t-\frac{z}{c}\right)\right],\quad 其中\ \rho=\frac{v_0}{c-v_0} \tag{17.61}$$

文献[4]中用前面的方程考察了由孤子相互作用和处于激发态的DWQ引发的信息构型之间的通信。从SG方程[式(17.60)]的形式，我们可以看出，它包含了WEDP场的累积效应，它们表现为动力学机理中有利于神经控制过程的传播能量。

17.6.2　呼吸子和能量转换作用

文献[41, 42, 47]描述了微管蛋白尾端水合壳层(微管表面外厚度为4～5nm的薄层)上的水分子偶极，是如何与局部电磁场进行强烈相互作用的，从而影响细小的C端微管蛋白尾端的构象态。这个模型基于水分子偶极和NG玻色子的长程相互作用，它导致产生了通过隧穿传播的光子脉冲的相干发射。这样产生的孤子，可以被看作是微管蛋白尾中的构象行波，且在热涨落下不耗散，但是，当阈值不等式[式(17.57)]满足时，它可以被水激光抽走。在给定必要的动力学后，这个模型也可以用于考察SG方程的解。为了便于理解，我们将洛仑兹坐标(如前所述)变为实验室坐标，则得到形如式(17.16)的方程

$$\frac{\partial^2 u}{\partial t^2}-\frac{\partial^2 u}{\partial x^2}=\pm\sin u,\quad u\equiv u(x,t) \tag{17.62}$$

根据文献[34]，在某个解$u=u(x,t)$中的扭结孤子包含一种形变，将$u=0$的解移动到相邻的$u=2\pi$的解。真空态作为零级常解，对应于$u=0(\mathrm{mod}2\pi)$。在这方面，文献[65, 67]中的行进孤子(traveling soliton)可以看作与微管蛋白尾水合壳层耦合的隧穿(渐弱的)光子。这一初步假设提出了一种合理的生物学相干时间尺度，在10～15ps。

式(17.62)的扭结(K)解u_{K}为

$$u_{\mathrm{K}}=4\tan^{-1}\exp[\gamma_{\mathrm{K}}(x-v_{\mathrm{K}}t-x_{\mathrm{K}})] \tag{17.63}$$

式中，$0\leqslant v_{\mathrm{K}}<1$，为扭结速度；$x_{\mathrm{K}}$为扭结在$t=0$时的位置，扭结宽度

$$\gamma_{\mathrm{K}}^{-1}=(1-v_{\mathrm{K}}^2)^{\frac{1}{2}} \tag{17.64}$$

扭结能量$E_{\mathrm{K}}=8\gamma_{\mathrm{K}}$。

令$G=\gamma_{\mathrm{K}}(x-v_{\mathrm{K}}t-x_{\mathrm{K}})$，则可以得到式(17.65)(见文献[35])

$$\frac{\partial u}{\partial x} = 2\gamma_K \operatorname{sech} G \quad (\text{磁场})$$

$$\frac{\partial u}{\partial t} = -2\gamma_K v_K \operatorname{sech} G \quad (\text{电场}) \tag{17.65}$$

$$\sin \frac{1}{2} u = \operatorname{sech} G$$

反扭结可以由速度反演 $v \mapsto -v$ 并在式(17.64)中取负方根得到。

随后,我们将提到呼吸子的作用,这是一种明显的局域振荡型波,源于扭结和反扭结的叠加态。与普通的行波相比,呼吸子可以有更多的结构,因为它的内部振荡无需能量激发。实际上,它们被看作可被热涨落激发的线性声子模[89]。早期的研究表明,有些运动的光学孤子会影响微管蛋白尾的构象态。因此,在文献[41,42,47]中提出了包括 SG 扭结-反扭结-呼吸子的碰撞在内的几种可能,例如,一个静止的呼吸子可以通过振动辅助隧穿与微管蛋白尾端的能量转换作用相耦合。进一步地,我们还应回顾一下 β 型微管蛋白尾端是如何与驱动蛋白开关进行相互作用的,以及 α 型微管蛋白尾在激发驱动蛋白移动中的作用[96]。

正如文献[35]中所提到,Bäcklund 变换方案可以用来从双孤子解求得三孤子解。对于式(17.63)中的扭结 u_K,我们在文献[42]发展了文献[34]中的方法,以便描述代表扭结和呼吸子间弹性碰撞(没有能量或动量交换)的一个三孤子解 u_{KB},它可以表示为和式

$$u_{KB} = u_K + w_B \tag{17.66}$$

式中,w_B 项的意义如下。首先,若以 ω 代表呼吸子频率,$0 \leqslant \omega < 1$,且令 $\eta = (1-\omega^2)^{1/2}$。那么

$$\tan \frac{w_B}{4} = \left[\frac{2\omega\eta(\sinh D - \cos C \sinh G) + 2\eta\gamma_K\gamma_B(v_K - v_B)\sin C \cosh G}{2\omega\eta(\cos C + \sinh D \sinh G) - 2\omega\gamma_K\gamma_B(1 - v_K v_B)\cosh D \cosh G}\right] \tag{17.67}$$

这里,我们令 $C = -\omega\gamma_B[t - v_B(x - x_B)] + 2\pi m$,$m$ 是整数,$D = \eta\gamma_B(x - x_B - v_B t)$,扭结宽度 $\gamma_B^{-1} = (1 - v_B^2)^{\frac{1}{2}}$,$v_B$ 是呼吸子速度,且 $0 \leqslant v_B < 1$,x_B 是呼吸子在 $t = 0$ 时的位置。在连续化极限下,呼吸子的波长 λ 和周期 T 之间有以下关系:

$$|v_B| = \frac{\lambda}{T}, \quad \lambda = 2\pi\gamma_B |v_B| \frac{1}{\omega} \tag{17.68}$$

而振幅 A 和能量 E_B 为 $A = 4\tan^{-1}\left(\frac{\eta}{\omega}\right)$,$E_B = 16\eta\gamma_B$。

静止孤子($v_B=0$)与行进的扭结发生碰撞后,速度和形状会恢复,最终的结果是使得在新位置振荡的呼吸子的相位发生移动。正如文献[42]中依据文献[34]给出的那样,呼吸子的位移 ΔB 的表达式是

$$\Delta_B = \frac{2\tanh^{-1}\sqrt{(1-\omega^2)(1-\nu_K^2)}}{\sqrt{1-\omega^2}} \tag{17.69}$$

式中，ν_K 为扭结速度。如果初始位置在 x_0，那么碰撞后的新位置为 $x=x_0+\Delta_B$。

总之，我们推断，经过随后相移的呼吸子，会使微管蛋白尾端变形，从而影响驱动蛋白在微管表面的移动。在微管表面，扭结或反扭结与微管静止呼吸子间的碰撞，可以看成一种计算门应用，呼吸子作为一种记忆了这些转变的催化剂，通过隧穿和能量转换作用影响着 MAP 和主导(prevailing)动力蛋白的功能。在单摆或离散模型[81]或者运动的呼吸子构型[89]中，扭结-反扭结-呼吸子的碰撞也可能具有其他的组合和对移形式。

评注 17.3 实际上，为了进一步的研究，我们需要指出的是，CTT 和负电微管表面之间的屏蔽库仑相互作用，将 CTT 的运动限制在一个热锥(thermal cone)中，使其主要受热涨落影响[43]。综上所述，这种由库仑作用和热涨落引发的混沌效应的确可能引起对 SG 模型的扰动，使其变为 DSG 方程[式(17.22)]。这种由 WEDP 场引发的向双阱势模型的转变，似乎非常重要，它可能与蛋白质(酶)隧穿的底层物理有惊人的联系。

需要注意的是，在其他可解或孤立波系统中，也可能存在扭结相似体，它们虽然不是通常意义上的孤子，但也可以作为调节门或运算门，对包括微管蛋白构象在内的细胞支架过程产生影响，不过，相应的动力学则有所不同。例如，在文献 [20] 中，GTP 水解的能量释放效应可以产生某种扭结和脉冲，它们通过二聚体的弹性伸缩沿着微管传播。在文献 [92] 中，相对于通过 GTP 水解进行的扭结"移动"(当存在多余的 Ca^{2+} 时，它的速率可能提高)，在考虑扭结运动、聚合反应和微管端部可能存在的障碍的同时，对微管的液晶性质进行了考虑。不过，这些模型研究的是发生在动态微管中的组装或解体过程，而没有解决稳定的微管(如神经元)对应的情形。另一个模型涉及孤子相互作用，正如文献 [80] 中所考虑的那样，它考虑了位于微管蛋白二聚体管壁上的 DWQ 的可能量子相干态，在二聚体的疏水环境中，DWQ 通过 Rabi 场耦合与电子配对；虽然不同于我们给出的关于 CTT 的呼吸子-转能酶动力学方程，但这个模型却可以用于对下一节的内容进行简要的讨论。

17.6.3 振动辅助隧穿

Sutcliffe 和 Scrutton 研究的酶催化的氢转移反应，包含了发生于黄素蛋白和醌蛋白中的与酶动力学耦合的氢隧穿过程[103,104]。(量子)氢隧穿本身是由酶的热致动力学所驱动的。建立在气相反应上的经典过渡态理论，不足以解释多数酶促反应，而通过电子或质子的转移进行的隧穿以及波粒二象性可以预言这种行为。根据文献 [103]，蛋白质分子中的动态涨落(被称为"热呼吸")短暂地压缩了蛋白质能垒的宽度，并拉平了催化中的生化反应的反应物和产物的振动能级。能垒宽度的压缩减小了隧穿距离并增大了转移概率，而振动能级的拉平是隧穿进行的前提。一旦质子完成转移，隧穿所要求的几何构形弛豫，就会通过阻止向能垒的反应物一侧的量子泄漏来俘获氢核。

对于色胺、多巴胺和苄胺，人们分析了在酶的氢隧穿过程中的势垒形状，从而揭示了酶通过经典禁止区的动态运动，这只有在量子隧穿的帮助下才有可能进行。换言之，远离活性区的分子单元的振动激发，实际上促进了酶的运动和催化作用(不同酶中的隧穿效应参见文献 [71])。

17.7 与量子光学孤子和纠缠的类比

17.7.1 微管作为空腔

ATP 水解时产生的辐射连同孤子的单一高度极化模式的相干激发，是前文讨论的 Fröhlich 理论预言的现象。当这种系统产生某种类型的空穴时，我们可以推测，电子-空穴对会导致细胞间孤子结构的存在，从而通过扭结引发无耗散的信息传递。在文献 [80] 中，微管被看作是量子力学意义上的孤立的量子电动力学(QED)空腔，它应该具有与电磁谐振腔类似的性质，因为电磁谐振腔就是属于量子光学领域的。因此，我们可以推测，鉴于微管构型的反铁磁性质，信息的传递是在下述假设下的结果:QED 空腔可以束缚电磁辐射，正如量子光学中的情形。在空腔内，有序化的水分子电偶极矩与电磁辐射之间存在相互作用，因此导致了集体相干模式，即偶极量子。它同时又伴随着由微管蛋白二聚体与微管空腔内的有序水环境之间的相互作用导致的电偶极的有序化。因此，我们可以认为，信息处理是由沿微管原丝链的相互作用调节的。类似的还有基于反铁磁性的其他机理，将三角格子上的 Ising 自旋链的处理方法作为一种描述微管的统计力学框架[13, 110]。我们可以将其与前面提到的 QSG 和八顶角模型(包括二维伊辛模型)之间的对应做一比较。更进一步地，可以将其与之前提到的作为量子(光学)孤子的 NLS 的“双曲正割”型呼吸子能够由通过 SVEPA 变换的 SG 得到这一事实做一比较。注意到 NLS 方程[式(17.14)]存在“双曲正割”型呼吸子解[式(17.15)]

$$u = |c|^{\frac{1}{2}} q\operatorname{sech}[q(x-vt)]\exp\left\{\mathrm{i}\left[\left(q^2-\frac{1}{4}v^2\right)t+\frac{1}{2}vx\right]\right\} \tag{17.70}$$

这是一类量子孤子。更具体地说，它们构成了(1+1)维量子 NLS 的解，且满足 Bose 对易关系 $[u,u^+]=\hbar\delta(x-x')$ (见文献 [16])。

二聚体与水环境的耦合，在文献[80]中有所涉及，这类似于在量子光学谐振腔中经由 Rabi 场分裂原子是如何与电磁辐射的相干模式相互作用的，这里，每个

QED空腔性质可以决定对应的微管性质。为了演示扭结孤子是如何产生的，首先考虑一个微管链。令 u_n 代表链上第 n 个二聚体的位移场，并考虑代换 $u_n \mapsto u(x,t)$，其中 x 代表沿微管纵向对称轴的空间坐标。附近的水具有黏滞性 $F \sim \frac{\partial u}{\partial t}$，但是由于 $u(x,t)$ 应该是一个孤子，因此不会有能量耗散。令 $\xi = x - vt$，相应的方程为

$$\frac{\partial^2 u}{\partial \xi^2} + \rho \frac{\partial u}{\partial \xi} = P(u) \tag{17.71}$$

式中，ρ 为常数；$P(u)$为依赖于微管作用势的多项式。式(17.71)的解中包含扭结孤子[80]，其形式为

$$u(x,t) \sim c_1 \{\tanh[c_2(x - vt)] + c_3\} \tag{17.72}$$

式中，c_1、c_2、c_3 为常数。在某种程序上与量子孤子相类似，一个可能的结论是，如果两个微管A和B都和第三个微管C缠结，那么在A和B之间就会存在相干态的传递，同时也将传递由扭结沿着二聚体链产生的无损耗的信息。

尽管后面的这一模型在某种意义上类似于我们得到的孤子(扭结、反扭结或呼吸子)，但可以说，我们并没有事先假定孤子与疏水区内的电子有所耦合，而是描述了光学型孤子与CTT构象之间是如何耦合的。二者的不同之处在于，电子在疏水区的跳迁会要求较高的能量，这可能无法从神经元电流得到；而依据文献[43]中的计算，CTT应该对神经元电流非常敏感。

17.7.2　与纠缠的类比

某些量子光学信息系统有可能用量子孤子作为模型，这里，一个NLS孤子可以看成承载了一个量子比特信息的量子孤子[16]。因此，与其他量子比特载体相比，光学孤子作为量子比特的可能载体，为实验验证提供了希望。在正在讨论的生物学体系中，如果已知(D)SG方程的量子化给出的可能基态，我们有可能与这种类型的信息过程进行更进一步的类比。依据文献[16]的尝试性讨论如下所述。

一种典型的量子比特，对应于一个二能级原子/自旋-$\frac{1}{2}$系统的量子态。以 $|g\rangle$和$|e\rangle$分别代表基态和激发态，那么态$|\psi\rangle$可以表示为

$$|\psi\rangle = a|g\rangle + b|e\rangle \tag{17.73}$$

式中，a、$b \in \mathbb{C}$ 且 $|a|^2 + |b|^2 = 1$。现在让我们回到自感应透明(SIT)的情形。此时，一个 2π 脉冲使处于$|g\rangle$态的原子通过中间态$|e\rangle$返回到$|g\rangle$态，而一般地说，一个 θ 脉冲使得$|g\rangle$态变为

$$|\psi\rangle = \cos\frac{1}{2}\theta\,|g\rangle - \mathrm{i}\sin\frac{1}{2}\theta\,|e\rangle \tag{17.74}$$

这表明两个量子比特也对应于Hilbert空间的量子态，态空间的基矢为

$$|g_1\rangle|g_2\rangle,\quad |g_1\rangle|e_2\rangle,\quad |e_1\rangle|g_2\rangle,\quad |e_1\rangle|e_2\rangle \tag{17.75}$$

从而态$|\psi\rangle$可以表示为态空间基矢的线性组合：

$$|\psi\rangle = a|g_1\rangle|g_2\rangle + b|g_1\rangle|e_2\rangle + c|e_1\rangle|g_2\rangle + d|e_1\rangle|e_2\rangle \tag{17.76}$$

对这个态进行一系列测量，可能依次得到这些态中的某一个，相应的概率为$|a|^2$、$|b|^2$等。可以看到$|\psi\rangle$包含了所有基矢态。当一个光脉冲作用于每个原子，例如，对于一个$\theta=\pi$脉冲，我们有

$$-\mathrm{i}a|e_1\rangle|g_2\rangle - \mathrm{i}b|e_1\rangle|e_2\rangle + \mathrm{i}c|g_1\rangle|g_2\rangle + \mathrm{i}d|g_1\rangle|e_2\rangle \tag{17.77}$$

因为有可能对 Hilbert 空间的四个基矢态进行操作，那么一旦给定N个量子比特，可以进行的操作数有2^N。在文献[59]中，讨论了一种由一个二能级原子和一个光子比特之间的结合体，它具有二元比特的功能。这时使用了二态基矢$|e\rangle|0\rangle$、$|g\rangle|1\rangle$（注意，右边是直积态）。对于一个θ脉冲，我们有

$$|\psi\rangle = \cos\frac{1}{2}\theta|g\rangle|1\rangle - \mathrm{i}\sin\frac{1}{2}\theta|e\rangle|0\rangle \tag{17.78}$$

特别地

(1) $\theta=\pi$时，我们有$|\psi\rangle=|g\rangle|1\rangle\leftrightarrow|e\rangle|0\rangle$。

(2) $\theta=\frac{\pi}{2}$时，我们有$|\psi\rangle=\frac{1}{\sqrt{2}}[|g\rangle|1\rangle-\mathrm{i}|e\rangle|0\rangle]$，这是光子和原子的量子纠缠态（因为$|\psi\rangle$并不是单一的直积态形式）。

对于式(17.78)表示的光子/原子纠缠态，可以认为，原子携带了一个比特的二元信息，即$|e\rangle\leftrightarrow1$，$|g\rangle\leftrightarrow0$；光子也携带了一个量子比特，如$|1\rangle$或$|0\rangle$。

评注 17.4 这些与量子光学孤子和纠缠的相似性，体现在我们对于几种特定的神经生物学过程的孤子型方程的讨论中，在更微观的分子和原子水平上，量子力学效应会表现出来。至少在本章考虑的范围内，这种相似性似乎明显地背离了 Hameroff 和 Penrose 的 Orch OR(orchestrated objective reduction)假设[57]，为何量子比特要伴随着微管蛋白构象态的转换呢？在文献[57]中，这些构象态的量子叠加态，由于量子引力效应而塌缩为经典输出态，这反过来又影响了轴丘势和轴突作用蛋白的产生。然而，这个模型的适用性尚无定论，因为它不能很好地用于生物学模型，此外，由于采用的方法不同，在本章中我们将不再进行进一步的讨论。特别地，我们不需要肌动蛋白凝胶一溶胶体的孤立环化（在这一过程中，微管会保持相干约 25ms），也不需要将思维和记忆活动的生理学仅限制为树突事件。我们的模型的时间尺度为 10～15ps（酶催化的特征动力学时间尺度），此外，我们将整个细胞支架网络作为统一的自动化器件来考虑。亚神经元运算的输出，通过量子振动辅助隧穿直接地影响神经递质在突触前端的释放，这个过程实际上是与 Tegmark 的退相干假说一致的[107]。

17.7.3 薛定谔算符的共振态

因为本章的主要部分中暗含了共振现象，因此，在本节结束前我们来进一步地给出薛定谔方程的数学处理。考虑以下方程：

$$\mathrm{i}h\frac{\partial\psi}{\partial t}=(-h^2\Delta+V)\psi \tag{17.79}$$

式中，V 为一个适当的势场。特别地，对应于式(17.79)的薛定谔算符为

$$P(h)=(-h^2\Delta+V) \tag{17.80}$$

从数学上说，式(17.80)可以看成复 Hilbert 空间 $\mathscr{H}$ 上的封闭线性算符。它的谱 $\sigma(P)$ 包含了所有使矩阵 $\lambda I-P$ 不可逆的复数 λ，λ 为本征值，补集 $\mathbb{C}\setminus\sigma(P)$ 称为预解集(resolvent set)。考虑一个态 ψ，它满足

$$P\psi=(-h^2\Delta_V)\psi=\mathbb{E}\psi \tag{17.81}$$

于是有两种情况：首先，在区间 $[0,\pi]$ 上，P 的全部本征值的集合是离散的，且能级可以量子化。但是当扩展到所有实线 $\mathbb{R}$ 上时，隧穿会阻止 ψ 变为真正的波函数(从数学上说，方程可能不存在平方可积解)——粒子会像我们提到的那样在势阱中振荡。然而，如果不存在阻尼效应，而是提供到无穷远的逃逸路径，那么共振就会发生。这时，谱问题就转变为散射问题。本征值就成为 P 的预解算符 $R(z)$ 的极点，这里

$$\mathscr{R}(z)=(P-z)^{-1} \tag{17.82}$$

作为 $\mathscr{H}$ 上的算符，$\mathscr{R}(z)$ 被限制在 $z\in\mathbb{C}\setminus\mathbb{R}$ 上。令 $\mathscr{H}_c\subset\mathscr{H}$ 为在某个紧集外为零的元素子集，并令 $\mathscr{H}_{loc}$ 代表局限于 $\mathscr{H}$ 内的函数空间。那么作为一个算符

$$\mathscr{R}(z)=(P-z)^{-1}:\mathscr{H}_c\rightarrow\mathscr{H}_{loc} \tag{17.83}$$

$\mathscr{R}(z)$ 从 $\mathrm{Im}z>0$ 有理地连续到 $\mathbb{C}$。在这一严格的数学意义下，共振态显然是有理地连续的预解算符的极点(见文献[117])。

17.8 神经元内部的量子相干性

我们已经讨论了神经元细胞质中的能量供给如何维持时间尺度为 10～15ps 的水激光，这是蛋白质(酶)活动的一个特点。然而，我们没有考虑量子相干态在相邻神经元间可能发生的扩展。尽管对于电突触的情形，通信中的神经元的细胞质之间有缝隙连接，但电突触的存在其本身并不能解释神经元之间已有的长程关联。在 Sperry 和 Gazzaniga 所做的先驱性工作[100]中发现，经历了胼胝体切开术(一种针对连接脑半球轴突的外科处理手段)的患者，表现出了明显的 Jeckyll-Hyde 型症状——他们的大脑产生了两种思维，每种思维都意识不到另一种的存在。似乎每个失去连接的半球都有自己的独立感知区域，以及独立的知觉、学习和记忆能

力，并且对另一个半球对应的部分没有影响[99]。临床试验表明，单个右半球(作为一种独立的思维能力)仍然可以从一组选定的肖像照片中认出自己，在这个认知过程中，产生了多种情绪反应且伴随着明显的社会学意义上的心理活动[101]。虽然这项研究表明，胼胝体切开术是可以导致精神分裂的一种危险的手术，但是这些研究中最重要的结论是，轴突之间和轴突与树突之间的通信是统一的思维存在的关键。

17.8.1 约瑟夫森结效应

在 2002 年，Georgiev 详细地阐述了 Jibu 和 Yasue 的工作[65]并提出，穿过突触的渐弱(隧穿)光子的宏观量子干涉，可能在突触两端与蛋白质构象动力学耦合，这是一种可能解释意识过程的统一性的方法[46]。有证据表明，CAM(cellular adhesive molecule)可以调节突触间隙的宽度，并在突触前端和后部的细胞支架间传递信号[48]。此外，信息也可以从突触后部向前端活性区进行反向传递，允许通过神经连接蛋白-1、β 型轴突蛋白、突触结合蛋白-1 来有效地控制胞吐作用和神经递质的释放，并利用高温约瑟夫森结(JJ)的活动来辅助其功能；在突触前端和后部的细胞质中，JJ 使细胞膜周围的水激光与突触间隙中的水的基团模式耦合起来。

为了处理可能的 JJ 现象，我们首先要说明，突触膜外部的磷脂层和突触膜内部的磷脂层都与渐弱(隧穿)光子水有接触，表现为宏观的 BE 凝聚。由于我们讨论的是一个有能量供给的激光过程，显然，即使在神经元的外部环境中存在电流和电磁场(二者方向相反)，在热涨落的时间尺度之外，那里的水也不能维持相干，因为在神经元外部没有能量供给。因此，我们不同意文献 [64] 的观点，原因是他们宣称相关的过程发生在神经元外部或胶质细胞中。

正如文献 [48] 中所提到的，突触间隙是一个被胶质细胞围绕的孤立的空腔，其中主要包含多种高电子密度的蛋白多糖分子，如多配体蛋白聚糖、CAT-301、磷酸蛋白聚糖、α 型肌萎缩蛋白聚糖等(图 17.2)。在突触间隙内，离子浓度与神经元外部环境不同。此外，由于存在离子抽运、为过量的神经递质的回流服务的蛋白质运输体，以及酶催化过量的神经递质分解所释放的能量，存在强烈的代谢能量供给。由此可见，水的有序化和水在突触间隙中的 BE 基团动力学，对于突触前端和后部之间的信息传递是必不可少的。对于突触膜内侧和外侧的磷脂双分子层，这种情形都有利于与渐弱水的接触，并能够辅助高温 JJ 的形成，以便与 CAM 分子相协调。

17.8.2 突触约瑟夫森振荡电流和等离基元模

这里，我们回顾一下 JJ 模型的一些基本性质，它们最初发表于文献 [64～66]。让我们将重点放在一个尺寸小于相干长度 l_c 的突触膜区域，这时，在膜周围

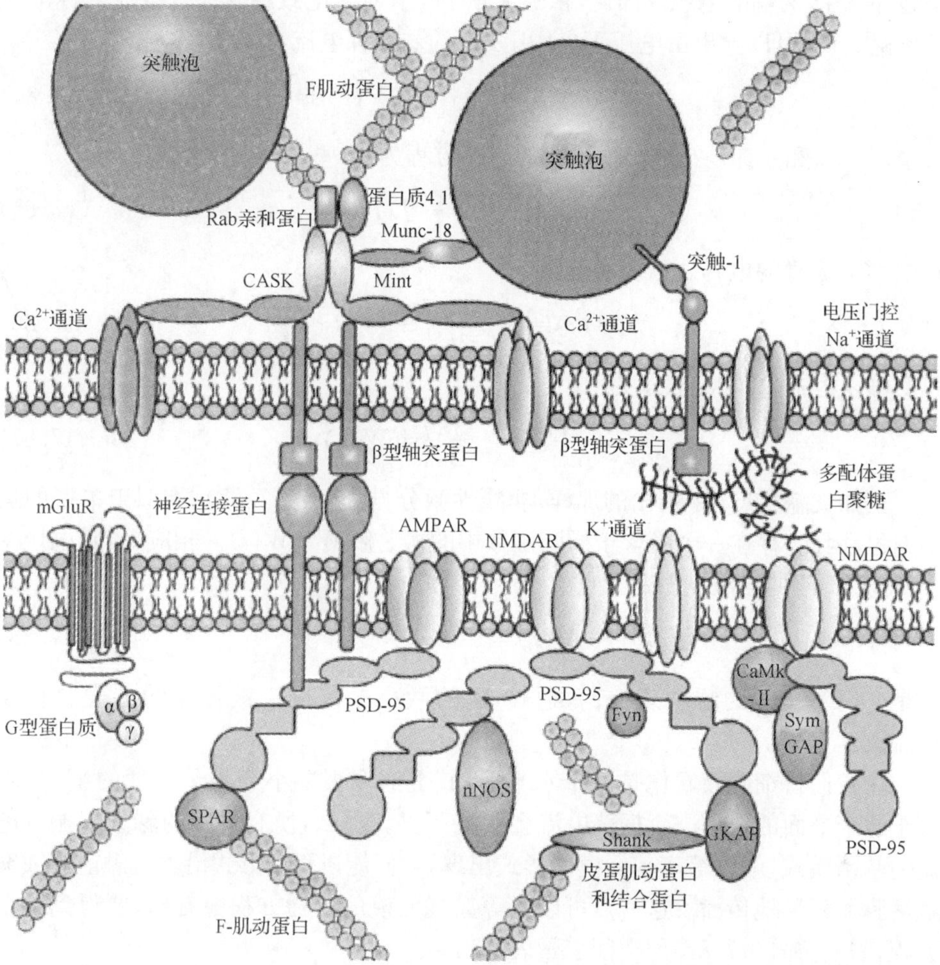

图 17.2 突触和突触间隙示意图。β型轴突蛋白与神经连接蛋白的黏合体是功能性突触的中心结构。突触前端的β型轴突蛋白与骨架蛋白(CASK、Mint、Munc-18)存在相互作用,多数发生在突触小泡的对接和融合过程中。突触前膜通过蛋白质锚定点(蛋白质 4.1、Rab 亲和蛋白)与肌动蛋白细胞支架相连接。突触间隙中存在多种蛋白质聚糖(如多配体蛋白聚糖)。在突触后膜中存在有离子型受体,如 NMDA、AMPA(α-氨基-3-羟基-5-甲基-4-异唑-丙酸酯)受体,或者与 G 型蛋白质耦合的代谢型受体(如 mGluR)。PSD-95 包括突触后膜蛋白(synGAP、GKAP、Shank)、多种驱动蛋白(如调节 NMDAR 反应的 Fyn),以及神经元 NO-合成酶(nNOS)。SPAR 和皮层肌动蛋白负责向突触后部的肌动蛋白细胞支架传递信号

(内部和外部)的区域内,利用渐弱光子的宏观凝聚形成"三明治"结构的 JJ。值得注意的是,原则上说,中间的"三明治"层应该足够薄,以使量子隧穿有可能发生[35],这一点正合我们的意图。膜的内、外表面间的电势差 $V = V(t)$,可被看成

是施加在 JJ 两端的电压。因此，依据文献 [65]，对于电致约瑟夫森效应的标准量子场论处理，可以导出由电压 $V(t)$ 引发的约瑟夫森电流，其表达式为

$$J(t)=J_0\sin\left[\theta_0+\frac{q}{\hbar}\int_0^t V(s)\mathrm{d}s\right] \tag{17.84}$$

式中，J_0、θ_0 和 q 都是常数[114]。JJ 的电路方程为

$$C_0\frac{\mathrm{d}V(t)}{\mathrm{d}t}=-J(t) \tag{17.85}$$

式中，C_0 为膜的电容。引入新变量

$$W(t)\equiv\theta_0+\frac{q}{\hbar}\int_0^t V(s)\mathrm{d}s \tag{17.86}$$

我们可以将式(17.85)表示为

$$\frac{\mathrm{d}^2W(t)}{\mathrm{d}t^2}=-\frac{J_0q}{C_0\hbar}\sin W(t) \tag{17.87}$$

正如文献 [66] 中指出的那样，非线性微分方程[式(17.87)]类似于单摆的运动方程，因此，存在一个隐含于椭圆函数中的振荡解 $W=W(t)$。相应地，膜电压 $V(t)$表现出 JJ 的自激发振荡特点

$$V(t)=\frac{\hbar}{q}\frac{\mathrm{d}W(t)}{\mathrm{d}t} \tag{17.88}$$

这是人们熟知的约瑟夫森振荡，通过 JJ 的微小振荡电流被称作约瑟夫森振荡电流。

让我们将细胞膜看作是一个水平面，其上嵌有很多小于相干长度的 JJ，且垂直于这个平面的约瑟夫森振荡电流会维持下去。那么，所有这些约瑟夫森振荡电流的基团模式，就以等离基元模的形式出现，它们能以孤子形式沿着突触前膜或突触后膜无阻尼地传播。这一点可以从等离基元模的传播方程中看出，要得到这个方程，需要将式(17.87)用空间变量表达出来

$$\frac{\partial^2W(x,t)}{\partial t^2}-v^2\frac{\partial^2W(x,t)}{\partial x^2}=-\frac{J_0q}{C_0\hbar}\sin W(x,t) \tag{17.89}$$

式中，v 为等离基元模的特征速度；x 为沿着膜的空间方向。特别地，我们可以发现这个方程是 SG 型的(微扰 SG 方程[17, 23])。

17.9 α 螺旋蛋白质分子中的孤子

17.9.1 Davydov 模型

正如我们在引言中提到的那样，Davydov 的工作为将非线性系统的理论应用于分子链、DNA、膜弯曲等现象奠定了基础[26, 27]。下面我们将回顾一些基本原理，包括蛋白质如何将化学能转化为机械能，以及蛋白质如何在脂分子的帮助下驱

动细胞膜内和细胞膜周围的离子与分子的运输。如上所述,蛋白质链可以盘绕成螺旋状,这显然是蛋白质分子内通过氢键连接的多肽基团的结构。组成细胞支架的蛋白质分子产生的转换能量和细胞内耦合,辅助并决定了经由 ATP 分子水解的能量释放,同时部分螺旋结构也成为细胞支架的一部分。另外,蛋白质分子的激发态与不同链上的多肽基团之间的共振相互作用相关。根据文献 [26, 27, 95],有一类孤子起源于每条链的始端,从而可以在 α 螺旋蛋白质的短区间内产生。局域在螺旋上的酰胺-Ⅰ振子的振动能级,通过光子耦合效应进行活动,从而导致了螺旋结构的扭曲;反过来,这种扭曲又将酰胺-Ⅰ的能量集中起来,使得其无法分散,这种效应被称为自局域(self-localization)或自陷(self-trapping)。这些效应与随后将提到的麻痹行为有关。

孤子在 α 螺旋蛋白质分子中的传播,可以是对称的或反对称的。其中,反对称孤子更稳定,其辐射寿命不依赖于速度,并随着螺旋轴和振动偶极矩之间的夹角的减小而快速增大。这也解释了为何反对称孤子有利于沿着 α 螺旋蛋白质链无损耗地长程转移 ATP 水解的能量。在文献 [68] 中预言了 C 端区的一种螺旋结构,而对于 β 型 C 端重组肽,这种螺旋结构是在 CTT 基础上由功能性卷曲向螺旋的转变中形成的。由文献 [5] 可知,每个微管蛋白的重复单元都包含 12 个 α 螺旋(标记为 H1 到 H12),因此,利用短程局域化,上述的反对称孤子传播似乎可以得到应用。

为了演示相应的解是如何产生的,考虑一个蛋白质分子集体激发态的哈密顿量 H_{PM},其形式为(见文献[26])

$$
\begin{aligned}
H_{\mathrm{PM}} = \sum_{n,\alpha} [(\varepsilon + D_{n\alpha}) B_{n\alpha}^{*} B_{n\alpha} + J_{n,\alpha;n+1,\alpha} (B_{n\alpha}^{*} B_{n+1,\alpha} + B_{n+1,\alpha}^{*} B_{n\alpha}) \\
+ J_{n,\alpha;n,\alpha+1} (B_{n\alpha}^{*} B_{n,\alpha+1} + B_{n+1,\alpha+1}^{*} B_{n\alpha})] + H_{ph}
\end{aligned}
\tag{17.90}
$$

式中,$B_{n\alpha}^{*}$ 和 $B_{n\alpha}$ 是多肽基团 $n\alpha$ 的激发 ε 的产生和湮灭算符;$J_{n\alpha;m\beta}$ 代表多肽基团 $n\alpha$ 和 $m\beta$ 之间的偶极间共振耦合的能量;$D_{n\alpha}$ 代表形变能,它源于在基团 $n\alpha$ 的激发中相邻官能团之间的相互作用;H_{ph} 为各基团沿氢键方向偏离平衡位置的位移算符,它的形式是

$$
H_{ph} = \frac{1}{2} \sum_{n\alpha} \left[\frac{1}{M} P_{n\alpha}^{2} + w (U_{n\alpha} - U_{n+1,\alpha})^{2} \right] \tag{17.91}
$$

式中,M 代表多肽基团的有效质量;w 为沿着氢键方向的链弹性常数;$P_{n\alpha}$ 为与多肽基团的位移算符 $U_{n\alpha}$ 耦合的动量算符,且沿 $U_{n\alpha}$ 的方向。

对应于哈密顿量 H_{PM} 的波函数描述系统的集体振动,波函数的形式为

$$
|\psi(t)\rangle = \sum_{n\alpha} a_{n\alpha}(t) \mathrm{e}^{\sigma(t)} B_{n\alpha}^{*} |0\rangle \tag{17.92}
$$

式中,$|0\rangle$ 是基态波函数,表示各基团偏离平衡的无振动激发,$\sigma(t)$ 的表达式是

$$\sigma(t) = -\frac{i}{\hbar}\sum_{n\alpha}[\beta_{n\alpha}(t)P_{n\alpha} - \pi_{n\alpha}(t)U_{n\alpha}] \tag{17.93}$$

式中，函数 $\beta_{n\alpha}(t)$ 和 $\pi_{n\alpha}(t)$ 依赖于基团 $n\alpha$ 在之前状态的位移和动量的平均值。式(17.92)中的系数 $a_{n\alpha}(t)$ 满足 $\sum|a_{n\alpha}(t)|^2=1$，求和遍及处于集体激发态的基团 $n\alpha$。复函数 $a_{n\alpha}(t)$ 和实函数 $\beta_{n\alpha}(t)$ 和 $\pi_{n\alpha}(t)$ 可以从以下泛函的极小化得到：

$$\langle\Psi(t)|H|\psi(t)\rangle \tag{17.94}$$

再应用一些近似，可以得到下面的方程系统。首先，函数 $a_{n\alpha}(t)$、$\beta_{n\alpha}(t)$ 可看作对于 n 是连续变化的，将它们分别写为 $a_\alpha(\xi,t)$、$\beta_\alpha(\xi,t)$。于是，所要考虑的方程系统就是

$$\left\{i\hbar\frac{\partial}{\partial t} - [\varepsilon_0 + W - 2J] - 2\chi\frac{\partial\beta_\alpha}{\partial\xi}\right\}a_\alpha + J\frac{\partial^2 a_\alpha}{\partial\xi^2} - L(a_{\alpha+1}+a_{\alpha-1}) = 0$$

$$\left[\frac{\partial^2}{\partial t^2} - v_\alpha\frac{\partial^2}{\partial\xi^2}\right]\beta_\alpha = \frac{2\chi}{M}\frac{\partial}{\partial\xi}|a_\alpha|^2 \tag{17.95}$$

式中，χ 为多肽基团的内部激发与它们偏离平衡位置的位移之间的耦合参数；J 为同一条链上的相邻基团的偶极间的相互作用的共振能量；L 为不同链上的相邻基团的偶极间的相互作用的共振能量（$J\approx967\mu\text{eV}$，$L\approx1537\mu\text{eV}$）。此外，$v^2=w/M$，W 是分子偏离平衡位置的位移的平均密度，ε_0 是多肽基团相对于形变势的激发能量。由这个方程组可以得到对称和反对称孤子(见文献[26])。

17.9.2 α 螺旋中的 H—N—C=O 官能团及氢键的弱化

众所周知，ATP 水解为多种蛋白质相互作用提供能量来源，借此可以通过与蛋白质畴区内的振动激发的共振耦合将这种能量转化。正如我们已经注意到的那样，文献 [26, 27]中提出，对于 α 螺旋蛋白质(图 17.3)，在以氢键结合的多肽系统中，酰胺-Ⅰ能级存在相互影响，这导致一类孤子(声子)保持着特定形状沿着链进行传播。那么，分子振动可以作为沿着链的能量转移的载体，如 α 螺旋蛋白质的脊中(“脊”是以氢键连接的多肽基团链)。这样一来，当沿着螺旋脊拉伸氢键时，酰胺-Ⅰ的振动可以与纵向声波耦合(见文献[76])。

包含 H—N—C=O 试剂(如巴比妥酸盐、乙内酰脲、琥珀酰亚胺和氨基甲酸乙酯)的静脉注射全身麻醉，可以改变蛋白质内部的局域结构。例如，当一个巴比妥酸盐分子黏附到一个蛋白质上时，邻近肽基间的氢键就被切断了。文献 [73, 74] 中的“微扰蛋白质假设”提出，这种麻醉剂分子导致的普通蛋白质动力学的变化，实际上是聚肽链上的孤子传播导致的扰动的结果，这是因为，螺旋上新形成的氢键，会扭曲并将蛋白质内维持普通螺旋形状的键切断。

17.9.3 Davydov-NLS 方程的修正

要得到酰胺-Ⅰ能级的方程，需要对原始的 Davydov-NLS 方程做一些修正。

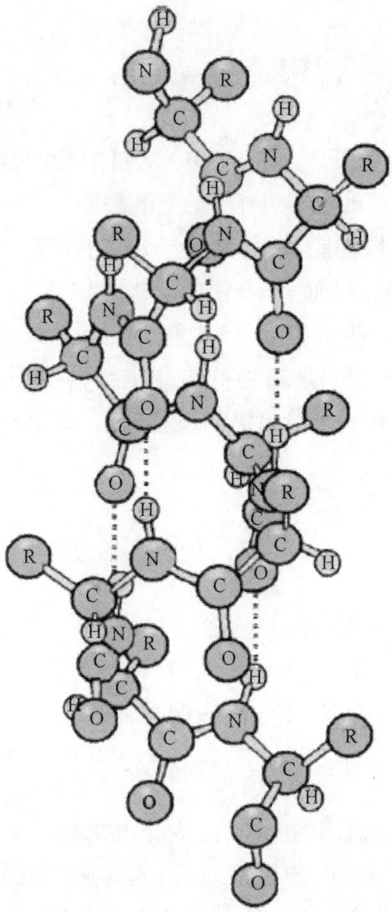

图 17.3 蛋白质 α 螺旋的结构。氢键由虚线表示，C 是碳原子，N 是氮原子，O 是氧原子，H 是氢原子，R 是氨基酸原子团

考虑下面的 NLS 方程

$$i\hbar\frac{\partial\Psi}{\partial t}+\frac{\partial^2\Psi}{\partial x^2}+G_0|\Psi|^2\Psi=0 \tag{17.96}$$

式中，Ψ 为波幅；$G_0=4\chi^2(Jw)^{-1}$，χ 为激子-声子相互作用参数，J 为纵向的偶极-偶极耦合能，w 为氢键的纵向弹性系数。因为一个麻醉剂分子在蛋白质内部造成了扭曲，从而扰动了耦合作用，G_0 就会发生变化。因此，根据文献［74］，G_0 变为 $G(x)=G_0+\varepsilon G_1(x)$，这样平缓的变化允许孤子做一微小的扰动来适应环境的变化。否则，对于突然介入的变化，孤子就不能抵消，那么就会通过辐射产生累进的能量损耗。

在文献［94］中提出的是原始 Davydov 方程的下述修正形式：

$$i\hbar\frac{\mathrm{d}a_{n\alpha}}{\mathrm{d}t}=[\varepsilon_0+\chi_1(\beta_{n+1,\alpha}-\beta_{n-1,\alpha})]-J(a_{n+1,\alpha}+a_{n-1,\alpha})$$
$$+\chi_2[a_{n+1,\alpha}(\beta_{n+1,\alpha}-\beta_{n,\alpha})+a_{n-1,\alpha}(\beta_{n,\alpha}-\beta_{n-1,\alpha})]+\mathrm{LF}_L+\mathrm{NF}_N+\cdots+\mathrm{ZF}_Z \tag{17.97}$$

指标 n 对应于特定的单胞，在 H—N—C═O 基团中沿着螺旋纵向计数；$\alpha=1,2,3$，分别对应螺旋的三个脊。$a_{n\alpha}$ 是位于脊 $n\alpha$ 上的酰胺-Ⅰ基团的振动激发态的概率振幅；ε_0 是酰胺-Ⅰ的量子振动能量；$\beta_{n\alpha}$ 是位于 $n\alpha$ 的残基的纵向位移；w 是氢键的线性弹性常数；J 是一个特定酰胺-Ⅰ基团的偶极-偶极耦合能；χ_1 使激子和光子相互作用间的耦合有序化；χ_2 使由单胞 $n+1$ 和 n 之间的螺旋结构拉伸导致的 J 的改变有序化；LF_L、NF_N、…、ZF_Z 是附加的与螺旋结构相关的偶极耦合项，它们使这个机理更加有效率。还有一个给出纵向位移的第二变分的伴随方程

$$M\frac{\mathrm{d}^2\beta_{n\alpha}}{\mathrm{d}t^2}=w(\beta_{n+1,\alpha}-2\beta_{n\alpha}+\beta_{n-1,\alpha})$$
$$=\chi_1(|a_{n+1,\alpha}|^2-|a_{n-1,\alpha}|^2)+\chi_2[a^*_{n\alpha}(a_{n+1,\alpha}-a_{n-1,\alpha})+(a^*_{n+1,\alpha}-a^*_{n-1,\alpha})a_{n\alpha}] \tag{17.98}$$

式中，M 为一个单胞的分子质量的三分之一。

当存在麻醉剂分子时，式(17.97)和式(17.98)需要进行修正，这体现在 J、w 和 χ_1 的取值中。例如，相邻的酰胺-Ⅰ偶极间存在共振相互作用时，J 近似为

$$J\approx\frac{\boldsymbol{d}^2}{4\pi\varepsilon_0 r^3}(3\cos^2\theta-1) \tag{17.99}$$

式中，$\boldsymbol{d}$ 代表偶极矩；r 为偶极间的距离；ε_0 为介电常数；θ 为偶极间的夹角。因此，当一个麻醉剂分子切断 α 螺旋中的氢键时，引起螺旋的展开，r 会增加，从而 J 会减少。与此相伴的螺旋卷曲的扭曲，会引起这些额外的耦合项 NF_N、…、ZF_Z 的增量式移动。式(17.97)、式(17.98)的解可用计算机数值解法求出，结果表现为双曲正割脉冲型的可移动孤子，参见文献[74]。

一个基本的观测结论是，蛋白质构象据说能够受弱的范德瓦尔斯量子力即伦敦色散力(London dispersion force)的影响，它使疏水区中的麻醉气体溶解。简言之，蛋白质上的氨基酸与这些麻醉剂分子之间存在相互影响，它通过电子位置的移动来避免排斥以及使电子和正电原子核之间的吸引达到最大。这种图像只是“微扰蛋白质假设”的一个版本，文献［56］对此进行了更深入的讨论，在文献[56]中，还讨论了微管蛋白构象态是如何实现量子比特的功能的，这已超出了本章的范畴。

关于麻醉剂分子如何扰动蛋白质构象，虽然上面讨论了这个问题的生物物理学内容，但还不能完全解释特定的麻醉行为(即为何麻醉剂分子仅选择性地连接到几种“靶”蛋白上)。对于静脉注射麻醉，主要的靶体是 $\mathrm{GABA_A}$ 离子通道(GABA 是 γ-氨基丁酸的缩写)或 NMDA 受体。相反，用于吸入麻醉的分子可以连接到多

个靶上,包括 Na^+ 型或 Ca^{2+} 型电压门离子通道、双孔区 K^+ 通道以及我们更感兴趣的驱动突触小泡出胞的 SNARE 复合体的 4-α-螺旋束(见 17.11.5 节)。此外,这些观测结果与"SNARE 链合"的概念有关,我们会在 17.11.5 节讨论。

17.10 神经网络中的随机共振

在一定程度上,本节的主题考虑了神经元信号如何像通过峰值的间歇式脉冲(相对于作用势)一样沿着神经轴突推进,从而在突触后部神经元内引发势场。突触后部的势场(PSP)在每个神经元的树突中经历空间和时间上的累加,并且当轴丘上的跨膜电压达到某一阈值时,会引发一种轴突作用势,这个势传递到突触前的小体上,以便之后的神经递质释放。从生理学角度说,信息处理主要是基于这种与 Hodgkin-Huxley 模型相关的尖峰网络的动力学。到达轴突末端的作用势触发神经递质向突触间隙中的分泌。神经递质越过突触间隙到达突触后膜,激活受配体控制的离子通道受体,它允许带电的跨膜离子流,这改变了跨膜电势并产生突触后部的电流。如果放电率增大,这种输入就被称为退极化(depolarizing)或兴奋(excitatory);反之,若放电率减小,则称其为超极化(hyperpolarizing)或抑制(inhibitory)。在一个尖峰序列中,可以存在不同的行为:规则放电、快速放电或者爆裂(bursting)。尖峰数以一种基本的方式影响该速率编码(rate coding),并且在某些情况下可以利用刺激重组来识别(见文献 [49])。

当存在周期性驱动力时,通过如前面考虑的双阱势(如 ϕ^4 方程的相关内容)的粒子,可能会前后摆动。当这种在势场的极小值点之间的摆动与弱周期力同步时,随机共振(SR)就会发生(即系统内的普通噪声使本来较弱的相干输入信号增幅)。通常,这可以看作是在普通的(常也是最优的)噪声水平上增加了对于微小扰动的敏感性(见文献 [40])。

正如文献 [40] 中指出的那样,传播中的动作电位的形状和幅度都很稳定。当没有神经递质参与时,突触后膜的所谓休止电位(resting potential)由静态的离子流决定。突触后部的受体(如 AMPA、kainate 及 NMDA 受体)产生 Na^+ 流或 Ca^{2+} 流,从而导致产生兴奋型的 PSP。这个 PSP 沿着胞体逐步扩散,同时降幅约为 80%。当到达轴丘的 PSP 总和超过某个阈值时(量级约为 −55mV),放电的可能性达到最大。锁相(phase-locking)可以看作是神经元放电率与刺激的时间依赖之间的一种关联。这经常体现在听觉神经对声学信息的编码过程中,这方面的证据表明,SR 是由受到周期性刺激的神经元的活动导致的。由于这些似乎都发生在有噪声的环境中,因此,与此相关的系统有可能利用周围的噪声来辅助神经元过程的进行。

另一个例子是视觉皮层,这里,信息量子不是由个体细胞编码的,而是由各细胞的通信完成的。通常位置细胞负责环境参考系中的信息编码，一定数量的细胞一同响应某一位置的需求。假定这种响应被在某一平均值附近涨落的噪声分解(神经元也可以有特征噪声，反过来也可以产生噪声型的突触信号来终止信息传播)，从而对放电序列产生贡献，进而在周期性刺激下完成信息编码。最终，这将导致针对环境刺激的累积响应(包含运动方向、颜色、形状、形态等)，而这些都被编码到视觉皮层的适当区域中。有些类型的计算过程可能部分地归于布居编码，但却由 SR 效应进一步地增强。鉴于最可几方法可以包含大量的数据积累，一种可行的选择是：为预言矢量(predicting vector)建立一个“选举系统”，将每个细胞的活动都看作是一择优取向的“选票”[86]。尽管周期性刺激产生了尖峰序列，但对于保持动作电位而进行的阈值翻越行为，SR 似乎是完全可以接受的假设。

对于突触发生所必需的 NMDA 受体而言，SR 显得额外重要。一个 NMDA 通道的打开，允许 Ca^{2+} 通过，这触发并引起了复杂的链式反应，从而影响着突触的实际功能以及接下来的神经和精神事件的运行效率。更确切地说，Ca^{2+} 流导致产生以肌动蛋白为基础的树突脊的快速塑化(短时间记忆行为)，同时也涉及记忆的稳定化(长时间记忆行为)，后者是通过与 Ca^{2+} 或钙调蛋白有关的激酶Ⅱ(CAM-KⅡ)和随后的细胞支架重组、离子通道调制以及基因激活来实现的。由于相对较长的周期，NMDA 受体可以利用某些形式的 SR，在长周期内受体保持着开放式的构象(≈200ms)并利用 Mg^{2+} 棒逐步去除抑制。特别地，有证据表明，向后传播的动作电位可以向突触后的 NMDA 受体传递足够的退极化，以便释放 Mg^{2+} 块(block)，而且如果突触前端谷氨酸酯释放的时机可以与突触后部的激发进一步的同步，向后传播的动作电位向活性 NMDA 受体传递兴奋的能力还会增强[70]。这种机理提供了一种可能，那就是 NMDA 受体的激活可以利用与 SR 相伴随的环境噪声。

17.11 突触传递的分子基础

17.11.1 导论

突触连接(synaptic connections)被看作是记忆和环境相关功能产生的基本方法。先前存在的突触中的操作性变化，影响着突触的可塑性和认知能力，这表现在新突触连接、神经递质和信号分子类的重新出现中[36]。

在中枢神经系统(CNS)中存在两种主要的突触类型：化学型和电型。约 90% 的突触是化学型的，它们传递生物信息的方式是在突触间隙中的神经递质的释放及递质与位于突触后部的神经元的离子型或代谢型受体的结合。化学突触从发展的角度说更年轻，也就是说，它们传递信息的能力比电突触更强。通常认为，化学突触传递信息是从突触前膜向突触后膜单向进行的。然而，这仅当只考虑电势时才成立，若考虑突触前后的神经元蛋白质间的耦合，这一点就不再适用。另外，少量的电突触通过蛋白质通道在两个神经元之间建立了直接的细胞质联系[称为间隙连接(gap junction)]，从而允许小分子和营养素的自由交换。由于电流的通过不受阻碍，电位就扩展到相邻的神经元上，扩展过程中没有时间延迟，但存在空间上的减弱，这可由电缆方程[式(17.49)]得出。对于轴突间的间隙连接，电位可能超过临界值，并在相邻轴突上引发动作电位。这将导致产生快达 200Hz 的轴突耦合。在树突间的信号传递中，由于树突脊中受电位控制的离子通道的存在可以产生动作电位，电突触将导致 Ca^{2+} 波的产生和传播。

17.11.2 Beck-Eccles 假设

突触小泡的胞吐作用是化学突触的高频信号的快速释放中的一个基本过程，而效率决定了突触的有效性。在每个突触小体中都存在很多小泡，每个小泡都包含 500～1000 个神经递质分子(如谷氨酸酯、天冬氨酸、GABA 等)。谷氨酸酯的神经递质性质引起突触后膜的跨膜电势瞬间减小，于是产生树突的兴奋型突触后部势场(EPSP)。这种神经递质难以释放，或者释放效率显著减小，从而产生了所谓的"沉默"(silent)突触。因此，突触可塑性的概念是突触在沉默和激活这二者间涨落的结果。

CNS 神经元中的轴突端部小体是一种球根状结构，包含 30～50 个突触小泡(SV)，这些小泡位于一个复合的蛋白质骨架上(这一骨架被称为突触前端小泡网格(PVG)或活性区细胞基质(CAZ)，后一称谓常见于最近的文献中[115])。只有那些在突触前膜对接的小泡，才有可能在 Ca^{2+} 入口处的神经递质释放时经历快速融合。对接小泡的数目在 3～13 变化，这通常被称为可快速释放的小泡区。通过突触蛋白Ⅰ连接到肌动蛋白或微管上的 SV，代表了一大类只能通过某些激活才能够移动的小泡，它们构成了所谓的预备小泡区。具有类晶结体结构的 CAZ 适用于胞吐作用的有序化和调节，可以想象，这种最初由 Beck 和 Eccles 提出的有序化[11]有益于长程相互作用，从而为固有的量子事件提供了可靠的前提保证，并最终通过增大胞吐作用的概率对神经网络施加影响。随后的过程可能会引发多个概率幅的组合，并因此导致产生一种相干作用。

实际的概率性事件起源于量子力学过程，其引发机理包含微观物质结构内的 Ca^{2+} 相互作用。实际上，当一个神经冲动到达突触小体上时，退极化会使 Ca^{2+} 入口打开，并与突触结合蛋白-1 一起引发随后的胞吐作用。这种引发机理可以用单一自由度的准粒子的量子隧穿来部分地模型化。这种准粒子以变量 q 代表，其势能为 $V(q)$。最终的波函数 $\psi=\psi(q, t)$满足 NLS 方程：

$$\mathrm{i}\hbar \frac{\partial \psi}{\partial t}+\frac{\hbar}{2M}\frac{\partial^2 \psi}{\partial q^2}-V(q)\cdot \psi=0 \tag{17.100}$$

随后，令 $p_1(t)$为胞吐作用发生的概率，$p_2(t)$为胞吐作用不发生的概率。波包既可以位于(被能量隧穿的)势垒的“左边”，也可以位于“右边”。因此，我们可以得到

$$p_1(t)=\int_{\text{left}}\psi^*(q,t)\psi(q,t)\mathrm{d}q$$

$$p_2(t)=\int_{\text{right}}\psi(q,t)\psi^*(q,t)\mathrm{d}q \tag{17.101}$$

式中，$p_1(t)+p_2(t)=1$。意识过程可以看成是帮助这些概率的耦合，以便使突触的胞吐作用的可能性达到最大，并随后形成 EPSP。

考虑到能垒高度和实验上测得的胞吐作用发生的概率，可以计算出隧穿的准粒子质量为质子质量的 6 倍或更小。超过这个临界质量后，准粒子的运动就变为经典的，从而就无法穿过势垒。此外，在文献 [11] 中提出，胞吐作用可能依赖于小泡膜和突触前膜之间的电子隧穿。在最初的想法中仅包含纯隧穿，于是对温度不敏感。因为胞吐作用的温度依赖性已经得到了实验证实，因此，我们认为，纯隧穿的思想是不可行的。相反，文献 [47, 48] 中认为，胞吐作用经历了振动辅助隧穿(VAT)，因此，蛋白质的热呼吸必然会加速这个过程。这一新颖的 VAT 模型，得到了在脱氢酶系统中进行的氢原子隧穿实验的支持[103, 104]，并且与文献 [11] 中计算出的隧穿准粒子的质量非常一致。

评注 17.5：Beck-Eccles 假设经常与思维和意识的神经物理学的量子论基础联系在一起[11, 36, 84]。有关的基本方程是 von Neumann-Wigner 的 Stapp 理论[102]，这个理论处理的时间尺度为 10^{-23} s，似乎不适于生物过程(我们认为，这些过程的特征时间为 10～15ps)。从数学角度说，如文献[102]中提到的那样，在一个 Hilbert(态)空间中的投影值概率密度(projection-valued probability density)的可能作用，不失为这个问题的一种可能机理。然而，正如我们已经指出的那样，由于细胞质的环境有利于 SR 和混沌效应的发生，因此，我们提出操作性概率这一概念(如关于那些之前有关胞吐作用的提法)，这种半经典/半量子的随机过程表现为“模糊的”而非“明显的”特性(如投影算符的情况)。文献[52]中采用精确的数学语言对这些操作性过程之间的区别进行了解释。

17.11.3 活性区

活性区(AZ)是处于突触前端的区域，在这里发生小泡对接和融合，并向突触间隙释放神经递质。AZ 的特征性质包括以下几点[115]：

(1) 突触小泡在 AZ 中成簇、束缚并融合。

(2) 活性区的原生质膜在电镜下非常致密(暗示膜周围存在蛋白质骨架)。

(3) AZ 与突触后膜致密区密切相关，AZ 的展宽与 PSD 及两膜间的细胞外间

隙相同。

(4) AZ 具有两个供神经传导的门:一个是 Ca^{2+} 入口(受电位控制的 Ca^{2+} 通道);另一个是神经递质出口,这是突触小泡的融合点。

小泡融合点专用于产生蛋白质融合孔(5～8 个突触融合蛋白做环状排列),并允许突触小泡的磷脂双分子层和 AZ 原生质膜进行联结。在这种方式中,当神经递质释放时,在 AZ 中的原生质膜的主要作用是,在突触小泡与退极化引发的突触前端 Ca^{2+} 区进行相互作用时,调节突触小泡的融合。多区域支架蛋白在突触前膜和突触后膜构成大型蛋白质复合体,而预组装的致密核运输小泡则负责传送 CAZ 所需的蛋白质组分。尽管被冠以乐器的名称,实际上,Piccolo 和 Bassoon 是指 PTV(Piccolo-Bassoon 运输小泡)中两种类型的支架蛋白,它们负责运输 CAZ 的组分。它们的小泡性质暗示着,3～5 个 PTV 就足以形成功能性的突触前端[72]。

17.11.4　突触前端的钙离子微区

通过受电位控制的 Ca^{2+} 通道的 Ca^{2+} (简写为 VGCC),导致膜附近的 Ca^{2+} 的高度非均匀分布。实验数据表明,在 Ca^{2+} 入口内数十纳米的地方,出现了微摩级的 Ca^{2+} 浓度,而在距离入口不到 350nm 的地方,Ca^{2+} 浓度就回到了基本水平[10]。当突触前端的 Ca^{2+} 浓度增加到 50～150μmol/L 时,胞吐作用就有可能发生。分泌速率对 Ca^{2+} 有强烈的非线性依赖关系,这表明至少需要 4 个 Ca^{2+} 与 1 个靶体进行积极的协作,以便引发快速的分泌活动[116]。微区中 Ca^{2+} 的空间受限的结果是,在兴奋性刺激下,仅有少部分的突触前端小泡能够与 Ca^{2+} 接触。文献 [10] 中的结果表明,Ca^{2+} 微区与对接小泡的接近程度,才是影响递质释放的主要因素,而不是绝对 Ca^{2+} 浓度。此外,有证据表明,小泡与 Ca^{2+} 微区的间距大于 300nm 时,它们之间是非耦合的,由此可以得出几点推论:首先,对于当前的兴奋型刺激,仅有约一半的形态对接的近膜小泡能够到达 Ca^{2+} 微区;其次,在这些小泡中,大约 10% 可以在触发时立即释放,这表明额外的固有因素负责触发小泡融合[10]。

17.11.5　SNARE 复合体

随后,我们将介绍有关蛋白质给体(如突触蛋白-1 和突触结合蛋白-1)的两类重要机理。文献 [61] 指出,在依赖 Ca^{2+} 激酶的磷酸化作用下,通过从肌动蛋白纤维中释放突触小泡(SV),突触蛋白 1 可以加速 SV 通过突触前膜。因此,Ca^{2+} 入口可以刺激储备区中 SV 的结合,使它们在活性区成束和对接,以得到快速释放。文献 [62] 中的工作表明,细胞支架蛋白微管直接地与突触结合蛋白-1 的结合,促进了微管蛋白的自组装;同时,在高浓度 Ca^{2+} 环境中,突触结合蛋白-1 将突触小泡连接到微管上。

Hirokawa 等[61]给出了一种快速冻结、深度蚀刻的电磁图像,这里,可以偶尔见到微管在突触前膜附近运动。因此，突触前微管可能与已对接的 SV 直接相连，或者通过 CAZ 支架蛋白与 SV 交叉相连。尽管胞吐作用本身由突触结合蛋白-1 的 C2 区域（有 Ca^{2+} 存在时，连接在突触前膜磷脂上）辅助的核心 SNARE 蛋白复合体①驱动，我们需要指出的是，局域孤子型控制可能是为了突触孔开放和膜融合所进行的势垒隧穿的必要条件。

SNARE 复合体的一个重要特征是自组装，它有利于 SV 和突触前膜磷脂双分子层的融合。对于神经元而言，SNARE 复合体由小泡蛋白和突触前膜蛋白（突触融合蛋白-1 和 SNAP-25）组成。细胞质的蛋白区域自组织形成四个 α 螺旋束，并联结小泡和突触前膜。作为 Ca^{2+} 探测器的突触结合蛋白-1 及其他辅助蛋白，被认为与 SNARE 复合体在突触处共同作用，以形成紧致有序的突触小泡融合。突触小泡上的突触泡蛋白和突触结合蛋白，与锚定在质膜（突触融合蛋白、SNAP-25 及 β 轴突蛋白）上的其同源目标相结合，由此形成所谓的“SNARE 引脚”（SNARE-pins）。实验观测到的 SNARE 复合体核心由四个 α 螺旋结构链接而成，这里，每个突触泡蛋白和突触融合蛋白贡献一个 α 螺旋，而 SNAP-5 贡献两个 α 螺旋。突触融合蛋白和 SNAP-25 被局限于突触前质膜，其蛋白与 Ca^{2+} 通道发生相互作用。这就是突触前退极化产生的 Ca^{2+} 微区近邻融合机理[19]。在发生终端结退极化之前，SNARE 复合体核心是半链接的。泡融合的继续发生需要全链接，这时，附加偶极耦合或偶极距导致的 Davydov 孤子起到了辅助作用。事实上，根据 Beck-Eccles 的估计，隧穿准粒子的质量可达 6 倍的质子质量。考虑到 Davydov 孤子的计算质量大约是质子质量的 5%，并且融合孔一般由 5～8 个 SNARE 复合体构成，通常，可以假定 Davydov 孤子的振动量子隧穿可以触发 SNARE 复合体在融合孔处的链接。

小泡系绳复合体包含蛋白质亚单位，它们的内部结构促进 SNARE 复合体的自组织，同时捕获较大的多区域蛋白质。α 螺旋的一些复合体内含有的多肽，对小泡的系绳长度具有影响，因此，能够限制小泡的运动。突触融合蛋白在核心复合体形成前就与 n-Sec1 连接，一般认为，n-Sec1 和突触融合蛋白之间的分离，是由 Rab 蛋白质辅助完成的，并且可以导致神经元 SNARE：突触融合蛋白、SNAP-25 和突触泡蛋白的晶核绑定（图 17.4）。在融合过程中，α-SNAP 和 NSF 来源于细胞质，产生的 ATP 经过 NSF 水解，导致 SNARE 复合体的分离。最后，突触融合蛋白、SNAP-25 和突触泡蛋白可以经神经介质释放而被循环利用。

挥发性麻醉剂（VAs）可以调节神经介质释放，从而干涉 SNARE 复合体，因为突触融合蛋白 1 和 SNAP-25 对挥发性麻醉剂十分敏感（见文献[24,25,111]）。就挥发性麻醉剂而言，三氟溴氯乙烷已被证明可以和一个 4-α-螺旋束一起绑定到疏

① 可溶的附有 NSF 的蛋白质受体，NSF 全称为 *N*- 乙基-马来酰亚胺-敏感性融合蛋白。

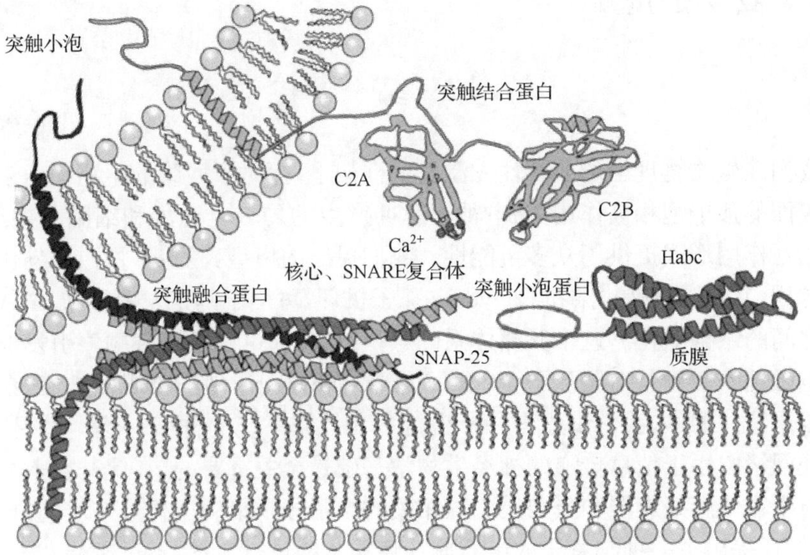

图 17.4 膜融合和胞吐作用的纳米分子机理。核心 SNARE 复合体由四个 α 螺旋链接而成，α 螺旋由突触小泡蛋白、突触融合蛋白和 SNAP-25 构成。SNARE 的链接是由突触结合蛋白分子的构象变化触发的 Davydov 孤子运动诱导的，其中，突触结合蛋白分子与四个 Ca^{2+} 结合后，在 CAZ 支架下受到长程量子关联的影响。突触 C2A 和 C2B 区域也浸入到质膜中，扰动磷脂双分子层，并且对已经对接的突触小泡施加附加的牵引力。在不活动态，突触融合蛋白分子没有与 SNARE 复合体发生作用，而是用自身的 Habc 区域构成一个 4-α-螺旋束

水囊泡中[69]，这说明疏水的核心 SNARE 复合体是挥发性麻醉剂的理想靶目标。绑定到突触融合蛋白/ SNAP-25/突触泡蛋白三体核心复合体上的尿甾，可以直接被自旋-自旋弛豫^{19}F-NMR 测量 [24]，此外，研究表明，尿甾被绑定到了三体复合体上，而不是仅绑定到一个受污染的单体上。由于临床使用浓度下的绝大多数挥发性麻醉剂(如三氟溴氯乙烷、尿甾、安氟醚等)极大地减弱了大脑皮层谷氨酸酯的释放，我们认为，阻断大脑皮层的胞吐作用本身可能是导致感觉缺失(无意识)的原因之一。

当 SNARE 复合体起到融合机理的作用时，能够接受突触结合蛋白与 Ca^{2+} 绑定输送的 Ca^{2+} 信号，致使突触小泡与突触前膜融合。这与我们讨论的扭结(反扭结)孤子存在一定关系：既然含有 Ca^{2+} 本身不足以避免胞吐作用的失效，扭结、反扭结以及起源于 CAZ 支架呼吸子的输运就有可能是胞吐作用的必要中介。因此，我们已经讨论过的各种类孤子体系，可以用来模拟确保 SNARE 复合体的 Ca^{2+} 触发全链接所要求的附加能量供给过程。这一模型与文献[19]中的猜测也是一致的，即胞吐作用是由 SNARE 和突触结合蛋白-1 共同完成的，在我们模型中，我们

包括了 CAZ 支架的运动。

17.12 结　　论

我们在生物物理学的非线性元激发的框架下，探讨了微管的生物动力学机理。微管表面的孤子型相互作用，为电神经脉冲产生的局域电磁场和细胞支架结构之间的相互作用形式提供了众多可能性。我们提出的模型，涵盖了蛋白质催化、能量转换作用、VAT、随机共振和 Davydow 孤子机理，可用于确定 α 螺旋和 SNARE 复合物之间的结构变化。这个共振体系的累积效应，通过以下事件顺序引发电磁场：

电磁场⇒微管蛋白尾孤子⇒CAZ 和 SNARE 孤子⇒胞吐作用⇒电磁场

根据这一顺序，我们设想出一个支持一元控制系统的框架。这一设想对理解在神经网络中用于信息传递的神经生物学基础是至关重要的，在此基础上，人们可以对与生物传感处理器和蛋白质工程相关的纳米分子结构进行进一步的研究。此外，我们还提出了一种与量子或半经典计算相关的可行方案，不过有待在未来工作中评估。

参 考 文 献

[1] Ablowitz MJ and Clarkson PA. Solitons, Nonlinear Evolution Equations and Inverse Scattering. Cambridge University Press, Cambridge, U. K. 1991.

[2] Ablowitz MJ, Herbst BM, and Schober C. On the numerical solution of the sine-Gordon equation. J. Comp. Phys. 126: 299-314, 1996.

[3] Al-Bassam J, Ozer RS, Safer D, et al. MAP2 and tau binding longitudinally along the outer ridges of microtubule protofilaments. J. Cell Biol. 157: 1187-1196, 2002.

[4] Abdalla E, Marouff B, Melgar BC, et al. Information transport by sine-Gordon solitons in microtubules. Physica A 301: 169-173, 2001.

[5] Amos LA. Focusing on microtubules. Curr. Opin. Struct. Biol. 10: 236-241, 2000.

[6] Arnold SE, Lee VM, Gur RE, and Trojanowski JQ. Abnormal expression of two microtubuleassociated proteins (MAP2 and MAP5) in specific subfields of the hippocampal formation in schizophrenia. Proc. Natl. Acad. Sci. USA 88: 10850-10854, 1991.

[7] Baer SM and Rinzel J. Propagation of dendritic spikes mediated by excitable synapses: A continuum theory. J. Neurophysiol. 65: 874-890, 1991.

[8] Bai J and Chapman ER. The C2 domains of synaptotagmin—partners in exocytosis. Trends Biochem. Sci. 29: 143-151, 2004.

[9] Baxter RJ. Exactly Solved Models in Statistical Mechanics. Academic Press, New York, 1982.

[10] Becherer U, Moser T, StuhmerW, et al. Calcium regulates exocytosis at the level of single vesicles. Nat. Neurosci. 6: 846-853, 2003.

[11] Beck F and Eccles JC. Quantum aspects of brain activity and the role of consciousness. Proc. Natl. Acad.

Sci. USA 89：11357-11361，1992.

[12] Brose N. Synaptic cell adhesion proteins and synaptogenesis in the mammalian central nervous system. Naturwissenschaften 86：516-524，1999.

[13] Brown J and Tuszynski JA. A review of the ferroelectric model of microtubules. Ferroelectrics 220：141-156，1999.

[14] Bullough RK，Pilling DJ，and Timonen J. Quantum and classical statistical mechanics of the sinh-Gordon equation. J. Phys. A：Math. Gen. 19：955-960，1986.

[15] Bullough RK，Pilling DJ，and Timonen J. Statistical mechanics of the sine-Gordon field. In Claro F，editor，Nonlinear Phenomena in Physics，pages 70-128. Springer，Berlin，1985.

[16] Bullough RK. Optical solitons：Twenty-seven years of the last millennium and three more years of the new? In：Ashour AA and Obada A-SF，editors，Mathematics and the 21st Century，pages 69-121. World Scientific，Singapore，2001.

[17] Calogero F and Degasperis A. Spectral Transform and Solitons：Tools to Solve and Investigate Nonlinear Evolution Equations. North Holland，New York，1982.

[18] Caspi S and Ben-Jacob E. Conformation change and folding of proteins mediated by Davydov's soliton. Phys. Letts. A 272：124-129，2000.

[19] Chapman ER. Synaptotagmin：A Ca^{2+} sensor that triggers exocytosis? Nat. Rev. Mol. Cell Biol. 3：498-508，2002.

[20] Chou KC，Zhang CT，and Maggiora GM. Solitary wave dynamics as a mechanism for explaining the internal mechanism during microtubule growth. Biopolymers 34：143-153，1994.

[21] Coffey WT，Kalmykov YP，and Waldron JT. The Langevin Equation. World Scientific，Singapore，2004.

[22] Coombes S and Bressloff PC. Solitary waves in a model of dendritic cable with active spines. SIAM J. Appl. Math. 61：432-453，2000.

[23] Coombes S and Timofeeva Y. Sparks and waves in a stochastic fire-diffuse-fire model of calcium release，Phys. Rev. E. 68：021915，2003.

[24] Crowder CM，Nagele P，and Mendel B. Block of isoflurane binding to syntaxin by addition of N-terminal amino acids. ASA Annual Meeting Abstracts A-885，2004.

[25] Crowder CM and Berilgen J. Isoflurane binds the rat synaptic protein SNAP-5 at clinical concentration. ASA Annual Meeting Abstracts A-806，2000.

[26] Davydov AS. Biology and Quantum Mechanics. Pergamon Press，Oxford，U. K. 1982.

[27] Davydov AS. Solitons in Molecular Systems. Kluwer，Dordrecht，1991.

[28] Davydov AS. The theory of contraction of proteins under their excitation. J. Theor. Biol. 38：559-569，1973.

[29] Dean C and Dresbach T. Neuroligins and neurexins：Linking cell adhesion，synapse formation，and cognitive function. Trends Neurosci. 29：21-29，2006.

[30] Del Giudice E，Doglia S，and Milani M. Self-focusing and ponderomotive forces of coherent electric waves-a mechanism for cytoskeleton formation and dynamics. In：Fröhlich H and Kremer F，editors，Coherent Excitations in Biological Systems. Springer-Verlag，Berlin，1983.

[31] DelGiudice E，Doglia S，Milani M，et al. Electromagnetic field and spontaneous symmetry breaking in biological matter. Nucl. Phys. B 275：185-199，1986.

[32] Del Giudice E，Preparata G，and Vitiello，G. Water as a free electric dipole laser. Phys. Rev. Lett. 61：

1085-1088，1988.

[33] Dicke RH. Coherence in spontaneous radiation processes. Phys. Rev. 93：99-110，1954.

[34] Dmitriev SV，Shigenari T，Vasiliev AA，et al. Effect of discreteness on a sine—Gordon three soliton solution. Phys. Lett. A 246：129-134，1998.

[35] Dodd RK，Eilbeck JC，Gibbon JD，et al. Solitons and Nonlinear Wave Equations. Academic Press，New York，1982.

[36] Eccles JC. How the Self Controls Its Brain. Springer-Verlag，Berlin，1994.

[37] Fischer M，Kaech S，Knutti D，et al. Rapid actin-based plasticity in dendritic spines. Neuron 20：847-854，1998.

[38] Fröhlich H. The extraordinary dielectric properties of biological materials and the action of enzymes. Proc. Natl. Acad. Sci. USA 72：4211-4215，1975.

[39] Fröhlich H. Long-range coherence and energy storage in biological systems. Int. J. Quant. Chem. 2：641-649，1968.

[40] Gammaitoni L，Hanggi P，Jung P，and Marchesoni F. Stochastic resonance. Rev. Mod. Phys. 70：223-287，1988.

[41] Georgiev DD，Papaioanou SN，and Glazebrook JF. Neuronic system inside neurons：Molecular biology and biophysics of neuronal microtubules. Biomed. Rev. 15：67-75，2004.

[42] Georgiev DD and Glazebrook JF. Dissipationless waves for information transfer in neurobiology-some implications. Informatica 30：221-232，2006.

[43] Georgiev DD and Glazebrook JF. Conformational dynamics and thermal cones of C-terminal tubulin tails in microtubules. Neuroquantology 5(1)：62-84，2007.

[44] Georgiev DD. Electric and magnetic fields inside neurons and their impact upon the cytoskeletal microtubules. (2003) http://cogprints. org/3190/

[45] Georgiev DD. The β- neurexin/neuroligin-1 interneuronal intrasynaptic adhesion is essential for quantum brain dynamics. (2003) http://arXiv. org/abs/quant-ph/0207093

[46] Georgiev DD. On the dynamic timescale of mind-brain interaction. In Proceedings of Quantum Mind II：Consciousness，Quantum Physics and the Brain. The Leo Rich Theater，Tucson，AZ，2003. http://cogprints. org/4463/

[47] Georgiev DD. Solitonic effects of the local electromagnetic field on neuronal microtubules-tubulin tail sine-Gordon solitons could control MAP attachment sites and microtubule motor protein function. (2004) http://cogprints. org/3894/

[48] Georgiev DD. Solving the binding problem：Cellular adhesive molecules and their control of the cortical quantum entangled network. (2003) http://cogprints. org/2923/

[49] Gerstner W and Kistler W. Spiking Neuron Models. Cambridge University Press，Cambridge，U. K.，2002.

[50] Gray HB and Winkler JR. Electron tunneling through proteins. Q. Rev. Biophys. 36：341-372，2001.

[51] Grundler W and Keilmann F. Sharp resonances in yeast growth proved nonthermal sensitivity to microwaves. Phys. Rev. Lett. 51：1214-1216，1983.

[52] Gudder S. Noncommutative probability and applications. In：Rao MM，editor，Real and Stochastic Analysis-New Perspectives，pages 199-238. Birkhauser，Boston，2004.

[53] Habib S，Khare A，and Saxena A. Statistical mechanics of double sinh-Gordon kinks. Physica D 123：

341-356, 1998.

[54] Hagan S, Hameroff SR, and Tuszynski JA. Quantum computation in brain microtubules? Decoherence and biological feasibility. Phys. Rev. E 65: 061901, 1-11, 2002.

[55] Hall ZW. Introduction to Molecular Neurobiology. Sinauer Assoc. , Sunderland, MA 1992.

[56] Hameroff SR. Anesthesia, consciouness, and hydrophobic pockets-a unitary quantum hypothesis of anesthetic action. Toxicol. Lett. 101-101: 31-39, 1998.

[57] Hameroff SR and Penrose R. Conscious events as orchestrated space-time selections. J. Consc. Stud. 3: 36-53, 1996.

[58] Hameroff SR and Watt RC. Information processing in microtubules. J. Theor. Biol. 98: 549-561, 1982.

[59] Haroche S, Nogues G, Rauschenbeutel A, et al. Quantum knitting in cavity QED. In Blatt et al. , editors, Laser Spectroscopy XIV International Conference, pages 140-149. World Scientific, Singapore, 1999.

[60] Heald R and Nogales E. Microtubule dynamics. J. Cell Sci. 115: 3-4, 2002.

[61] Hirokawa N, Sobue K, Kanda K, et al. The cytoskeletal architecture of the presynaptic terminal and molecular structure of synapsin-1. J. Cell Biol. 108: 111-126, 1989.

[62] Honda A, Yamada M, Saisu H, et al. Direct Ca^{2+}-dependent interaction between tubulin and synaptotagmin-1. A possible mechanism for attaching synaptic vesicles to microtubules. J. Biol. Chem. 277: 20234-20242, 2002.

[63] Jibu M, Hagan S, Hameroff SR, et al. Quantumoptical coherence in cytoskeletal microtubules : Implications for brain function. Biosystems 32: 195-209, 1994.

[64] Jibu M and Yasue K. Quantum Brain Dynamics and Consciousness: An Introduction. Advances in Consciousness Research, vol. 3, John Benjamins, Amsterdam, 1995.

[65] Jibu M and Yasue K. What is mind? - Quantum theory of evanescent photons in brain as quantum theory of consciousness. Informatica 21: 471-490, 1997.

[66] Jibu M, Yasue K, and Pribram KH. From conscious experience to memory storage and retrieval: The role of quantum brain dynamics and boson condensation of evanescent photons. Int. J. Mod. Phys. B 10: 1735-1754, 1996.

[67] Jibu M, Yasue K, and Hagan S. Evanescent (tunneling) photon and cellular vision Biosystems 42: 65-73, 1997.

[68] Jiminez MA, Evangelio JA, Aranda C, et al. Helicity of α (404-451) and β (394-445) tubulin C-terminal recombinant peptides. Protein Sci. 8: 788-799, 1999.

[69] Johansson JS, Scharf D, Davies LA, et al. A designed four-α-helix bundle that binds the volatile general anesthetic halothane with high affinity. Biophys J. 78: 982-983, 2000.

[70] Kampa BM and Stuart GJ. NMDA receptor kinetics are tuned for spike-timing dependent synaptic plasticity. Physiol. News 58: 29-30, 2005.

[71] Knapp MJ and Klinman JP. Environmentally coupled hydrogen tunneling—Linking catalysis to dynamics. Eur. J. Biochem. 269: 3113-3121, 2002.

[72] Kreinenkamp H-J and Dityatev A. The magic of synaptogenesis. EMBO Reports 5: 1125-1129, 2004.

[73] Layne SP. The modification of Davydov solitons in the extrinsic H-N-C=O group. In Nonlinear Electrodynamics in Biological Systems, pages 531-548. Plenum Press, New York, 1984.

[74] Layne SP. A possible mechanism for general anesthesia. Los Alamos Science, 23-26, Spring 1984.

[75] Lin J, Balabin IA, and Beratan DN. The nature of aqueous pathways between electron-transfer proteins. Science 310: 1311-1313, 2005.

[76] Lomdahl PS, Layne SP, and Bigio IJ. Solitons in biology. Los Alamos Science, 11-22, Spring 1984.

[77] Luther A. Quantum solitons in statistical physics. In: Bullough RK and Caudrey PJ, editors, Solitons, Topics in Current Physics 17, pages 355-371. Springer, Berlin, 1980.

[78] Marcus RA and Sutin N. Electron transfer in chemistry and biology. Biochim. Biophys. Acta 811: 265-322, 1985.

[79] Matus A. Actin-based plasticity in dendritic spines. Science 290: 754-758, 2000.

[80] Mavromatos NE, Mershin A, and Nanopoulos DV. QED-cavity model of microtubules implies dissipationless energy transfer and biological quantum teleportation (2002). Int. J. Mod. Phys. B 16: 3623-3642, 2002.

[81] Miroshnichenko AE, Dmitriev SV, Vasiliev AA, et al. Inelastic three-soliton collisions in a weakly discrete sine-Gordon system. Nonlinearity 13: 837-848, 2000.

[82] Musienko AI and Menevich LI, Classical mechanical analogs of relativistic effects. Phys. Uspekhi 47: 797-820, 2004.

[83] Nogales E, Wolf SG, and Downing KH. Structure of the α/β tubulin dimer by electron crystallography. Nature 391: 199-203, 1998.

[84] Penrose R. Shadows of the Mind—A Search for the Missing Science of Consciousness. Oxford University Press, Oxford, 1994.

[85] Pribram KH. Brain and Perception. Lawrence Erlbaum NJ, 1991.

[86] Pouget A, Dayan P, and Zemel R. Information processing within population codes. Nat. Rev. Neurosci. 1: 125-132, 2000.

[87] Purich DL. Enzyme catalysis: A new definition accounting for noncovalent substrate- and productlike states. Trends Biochem. Sci. 26: 417-421, 2001.

[88] Reitman ET. Molecular Engineering of Nanosystems. American Institute of Physics, 2001.

[89] Russell FM, Zolotaryuk Y, and Eilbeck JC. Moving breathers in a chain of magnetic pendulums. Phys. Rev. B 55: 6304-6308, 1997.

[90] Sackett DL. Structure and function in the tubulin dimer and the role of the acid carboxyl termini. Subcellular Biochemistry-Proteins: Structure, function and engineering 24: 255-302, 1995.

[91] Sataric MV, Zakula RB, and Tuszynski JA. A model of the energy transfer mechanism in microtubules involving a single soliton. Nanobiology 1: 445-456, 1992.

[92] Sataric MV and Tuszynski JA. Relationship between the nonlinear ferroelectric and liquid crystal models for microtubules. Phys. Rev. E 67: 011901, 1-11, 2003.

[93] Sataric MV, Zakula R, Ivic Z, et al. Influence of a solitonic mechanism on the process of chemical analysis. J. Mol. Electron. 7: 39-46, 1991.

[94] Scott AC. Dynamics of Davydov solitons. Phy. Rev. A 26: 578-595, 1982.

[95] Scott AC. Davydov's soliton. Phys. Rev. Lett. 217: 1-67, 1992.

[96] Skiniotis G, Cochran JC, Mueller J, et al. Modulation of kinesin binding by the C-termini of tubulin. EMBO J. 23: 989-999, 2004.

[97] Söllner TH. Vesicle tethers promoting fusion machinery assembly. Developmental Cell 2: 377-378, 2002.

[98] Sontag E, Nunbhakdi-Craig V, Lee G, et al. Molecular interactions among protein phosphatase 2A, tau, and microtubules: Implications for the regulation of tau phosphorylation and the development of tauopathies. J. Biol. Chem. 274: 25490-25498, 1999.

[99] Sperry RW. Some effects of disconnecting the cerebral hemispheres. Nobel Lecture: December 1981.

[100] Sperry RW and Gazzaniga MS. Language following disconnection of the hemispheres. In: Millikan CH and Darley FL, editors, Brain Mechanisms Underlying Speech and Language, pages 177-184. Grune and Stratton Inc., New York, 1967.

[101] Sperry RW, Zaidel E, and Zaidel D. Self recognition and social awareness in the deconnected minor hemisphere. Neuropsychologia 17: 153-166, 1979.

[102] Stapp HP. Attention, intention and will in quantum physics. J. Consc. Stud. 6: 143-164, 1999.

[103] Sutcliffe MJ and Scrutton NS. Enzyme catalysis: Over-the-barrier or through-the-barrier? Trends Biochem. Sci. 25: 405-408, 2000.

[104] Sutcliffe MJ and Scrutton NS. A new conceptual framework for enzyme catalysis—Hydrogen tunneling coupled to enzyme dynamics in flavoprotein and quinoprotein enzymes. Eur. J. Biochem. 269: 3096-3102, 2002.

[105] Takada S and Nakamura H. Wentzel-Kramer-Brillouin theory of multi-dimensional tunneling: General theory for energy splitting. J. Chem. Phys. 100: 98-113, 1994.

[106] Takada S and Nakamura H. Effects of vibrational excitation on multi-dimensional tunneling: General study and proton tunneling in tropolone. J. Chem. Phys. 102: 3977-3992, 1995.

[107] Tegmark M. Importance of quantum decoherence in brain processes. Phys. Rev. E 61: 4194-4206, 2001.

[108] Timonen J, Stirland M, Pilling DJ, et al. Statistical mechanics of the sine-Gordon equation. Phys. Rev. Lett. 56: 2233-2236, 1986.

[109] Tripisova B and Brown JA. Ordering of dipoles in different types of microtubule lattice. Int. J. Mod. Phys. B 12: 543-578, 1998.

[110] Tuszynski JA, Hameroff SR, Sataric MV, et al. Ferroelectric behavior in microtubule dipole lattices: Implications for information processing, signalling and assembly/disassembly. J. Theor. Biol. 174: 371-380, 1995.

[111] van Swinderen B, Saifee O, Shebester L, et al. A neomorphic syntaxin mutation blocks volatile-anesthetic action in Caenorhabditis elegans. Proc. Natl. Acad. Sci. USA 96: 2479-2484, 1999.

[112] Vitiello G. Quantum dissipation and information: A route to consciousness modeling. Neuroquantology 2: 266-279, 2003.

[113] Vitiello G. Dissipation and memory capacity in the quantum brain model. Int. J. Mod. Phys. B 9: 973-989, 1995.

[114] Yasue K. Quantum mechanics of non-conservative systems. Ann. Phys. 114: 479-496, 1978.

[115] Zhai RG and Bellen HJ. The architecture of the active zone in the presynaptic nerve terminal. Physiology 19: 262-270, 2004.

[116] Zucker RS. Exocytosis: A molecular and physiological perspective, Neuron 17: 1049-1055, 1996.

[117] Zworski M. Counting scattering poles. In: Iwaka M, editor, Spectral and Scattering Theory, pages: 301-331. Marcel-Dekker, New York, 1994.

18 微管和肌丝的电子及离子导电性，与细胞信号的关系及在生物电子学中的应用

Jack A. Tuszynski, Avner Priel, J. A. Brown,
Horacio F. Cantiello, John M. Dixon 著

占肖卫 译

18.1 引　　言

人们普遍认为，神经信息处理是基于膜的被动性质，它源于线性电缆理论在树突中的应用[114]。然而，近期的研究结果表明，与新实验证据相对应的非线性模型，似乎与这种经典观点不相符。特别地，传统理论不能很好地解释以下几个方面：①对近期激发脉冲的响应，突触效能在短期内会有明显的波动[54]；②存在各种能够影响局部膜电性质的活性离子通道；③局限于特定的树突点的非线性响应，表

明与特定输入相关的高度专一化机理。而且新模型中固有的非线性特性特性[74,133]，拓展了计算能力，如乘法、快速拟合等。此外，实验和理论可以支持蛋白质细丝及其周围离子云的导电性质，意味着我们有可能描绘神经元和其他细胞中更为复杂的信号和信息处理现象。

在本章中，我们认为，细胞骨架结构和离子通道之间功能电动相互作用，是神经信息过程机理的中心。沿微管网络和肌丝传播的长程离子波传播也支持这些相互作用，这些相互作用显示离子通道行为的亚细胞控制，因此，对整个神经功能的计算能力造成影响。细胞骨架生物高分子，包括肌丝(actin filament，AF)和微管(microtuble，MT)，构成了传播的骨架，进而与膜的组成部分相互作用，来调节突触联结和膜通道。事实上，直到近期，人们才清楚细胞骨架结构之间清晰的功能相互作用。MT 和 AF 在神经元丝状伪足中的结合，似乎可以引导微管的生长，而且在神经突的孕育中起着关键作用[28]。蛋白质的神经元与 MT 和 F-肌动蛋白相互作用，蛋白质还能够在两种细丝间作为信号中介，这是进一步的证据。这很可能被用来控制微管的入侵。例如，微管相关的蛋白质 MAP1B 和 MAP2(microtuble-associated protein，MAP)，可以在体外与肌动蛋白相互作用[146]。交联过程中，MAP2 和/或 MAP1B 很可能与这两种细丝互动，这有助于引导 MT 沿着 AF 束的方向。大量的证据表明，AF 和离子通道之间存在直接的相互作用，以及与肌动蛋白相关的调控功能作用。因此，显然，细胞骨架与膜组成部分，尤其是通道和突触之间，存在直接的联系。

接下来，我们要说明的是，每个独立的细胞骨架组成部分，是怎样来支持离子和电子波的传播的。我们将着重提出一个树突微管网络(MTN)的分子动力学模型，这里 MT 的阵列通过 MAP2 相互连接起来。在这个模型中，离子波沿着 MTN 传播，并与 MT 的 C 端相互作用，来产生行为的集合模式。在本章中，我们还将提出一个非线性离子波沿 AF 传播的生物物理模型，这个模型得到实验结果的支持。最后，我们用一个模型来描述通过 AF 和 MT 网络来直接调节离子通道和突触强度，其中 AF 和 MT 网络在狭义上控制树突的电响应，在广义上控制神经元的电响应。我们先总体概述神经细胞的结构和功能，重点放在细胞骨架细丝、离子通道以及它们之间的相互作用上。

18.2 神　经　元

神经元是典型的通信细胞。我们发现，大量的神经亚型可以通过多重突触相互连接成复杂的电化学电路。因此，连接点或突触的数量，决定了神经电路的信息处理量。神经元是高度极化的细胞，它们形态的复杂程度将会随着其发育成独特的亚细胞畴而增加。一个典型的神经元包括三个功能区分别为细胞体或胞体，包含细胞核和所有主要的细胞质细胞器；从胞体延伸出去的具有电缆样性质的轴突；一定数量从胞体发散出来的具有不同的形状和复杂程度的树突。轴突的末端区域表现出多样的形貌特异性(图 18.1)，突触利用它们与其他细胞相互作用。

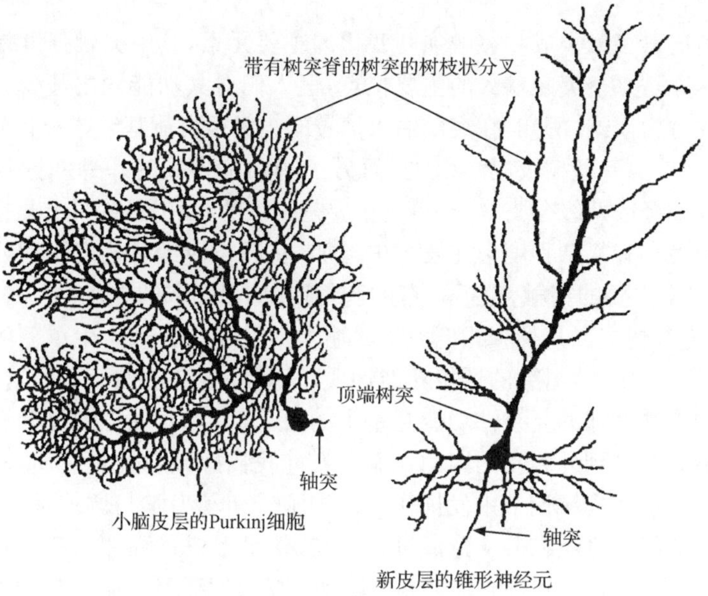

图 18.1 神经细胞的两个突出的例子

我们可以观察到两种主要的突触：①不对称突触，负责兴奋波的传输；②对称突触，出现在抑制的突触中。在形貌变成功能特征后，胞体和树突就成为接收输入信号的主要区域。因此，树突的树枝状分叉和轴突的分支在突触与给定的神经元特定的接触点带来很高程度的亚细胞特性。神经元相互联结的程度大体上取决于树突的三维伸展程度。树突包含大量的被称为树突棘的囊状细胞器，从树突干突出。树突棘在高度分叉的细胞(如锥体神经元)中含量丰富，而在低交联小型树突中间神经元中则较为少见。

树突棘是树状的区域，大部分的兴奋输入出现在这个区域，每个树突棘都包含一个不对称突触。兴奋输入的数量与树突中树突棘的数量有一定的相关性。树突棘是复杂的囊状扩大物，包含核糖体、细胞骨架结构，后者包括肌动蛋白、α-微管蛋白和 β-微管蛋白。从电学角度说，一个单一的神经元电路是闭合的，这样，到达胞体和树突的输入信号，可以迁移到细胞另一极的轴突，它们负责接下来的输出神经信息的传输。轴突的形态及其通过神经系统的路径，与某个神经元或与其他神经元联合处理的信息类型是相关的。当轴突以一个称为轴丘的小的隆起离开胞体后，一些神经元反而从主树突伸出轴突。细胞骨架的组成部分在神经元的结构/功能中是高度相关联的。轴丘包含较大的平行排列的 MT 束。轴突也与其他细胞骨架结构共存,如神经细丝在轴突中含量比在树突中更丰富。细胞骨架结构的动力学是我们争论的中心内容,信息可以通过细胞骨架结构的变化来处理和传递到突触功能。

树突是负责突触集成和突触强度变化的主要元素,其中突触强度是神经活动的函数。树突是兴奋突触输入的主要位点,但人们对其功能知之甚少。树状结构具有内在的行为模式,例如,在突触输入信号的集成很可能基于树枝状分叉结构的形状和大小[116]。一些树突是单级的,而另一些则是多级的;一些有多级分支,而另一些只有一级或两级分支;一些分支主要是二维的,而另一些具有复杂的三维结构。树突的大小和复杂程度会在发育中增加,它们与神经系统组织和处理信息的能力相关[49]。主要的突触,包括兴奋的和抑制的,都端接在树突上,因此,一直以来,人们认为是树突以某种方式把大量的输入信号整合起来产生单一的电输出信号。人们渐渐地明白,树突的形貌功能性质,是其综合功能的核心。这样,分支对于神经元的不断增加的复杂性功能是基本的要求,以应对发育的复杂性。神经分支和复杂性同时受到外因和内因的控制。目前我们感兴趣的是基质和电磁场,而化学物质梯度也在局域调节中发挥作用。细胞骨架动力学与调节是高度相关的,因为树枝状的细胞骨架在分支形成过程、丝状伪足形成过程和一些特定的神经活动[如长时程电位(LT)和长时程抑制电路动力学,包括记忆的形成]中发挥着核心作用。

树突的电紧张和被动性质,对我们了解突触信号的树突整合具有重要意义。早期的假说已经有运动神经元[34]和感觉接受器[38,67]等方面工作的支持。在此功能中,作为出现在神经元各部分的 EPSP(excitatory post-synaptic potential)和 IPSP(inhibitory post-synaptic potential)的等级或代数总和的结果,电位在轴丘区域被引发。由于运动神经元具有相对较短的计算得到的空间常数,因此,人们预测,位于树突末梢部分的突触产生的兴奋后突触电位不足以使神经元点火。Rall[115]为树突生理学领域做出了革命性贡献,他用电缆理论来研究神经元和它们的树突。后来人们观察到突触刺激在树突引发的动作电位,以约 0.3 m/s 的速率在两个方向传播[7,21,43]。直接来自小脑浦肯雅细胞[84]、皮层神经元[57]和海马神经元[153]的树突的细胞内记录,证实了动作电位可以在树突中引发和传播。然而,有关树突的运动性质或者电压依赖性,我们还知之甚少,很多问题仍然没有答案,如树突中离子通道的种类、定位以及运动性质如何改变突触的整合等。

动作电位的点火引出了整个神经元内特征的 M 型 Ca^{2+} 模式。胞体中 Ca^{2+} 上升很小,在树突最近的顶侧和底侧最高,而在末梢顶部的树突又变小[62,100,118-120]。Ca^{2+} 通道的空间分布,解释了 Ca^{2+} 在细胞不同部位的显著上升,但更反映了在行动电位链树突中的传播。利用对钠离子敏感的染料,也得到了相似的图案,表明钙离子流入树突是被钠离子流入树突所驱动的,后者又是被钠离子依赖的动作电位所驱动的[62]。钙离子依赖的动作电位在海马神经元和树突中已经得到证实[131]。大多数动作电位诱导的钙离子,是通过电压开关的钙离子通道进入的[100]。多重的电压开关的离子通道,在海马神经元中也已经得到证实[36,40,68,101]。基于特定钙离子通道阻断剂的加入,L,N,P,Q,R 和 T 型钙离子通道已被报道[16]。这种通道的分布,有助于钙离子长钉式触发进入胞体和顶部树突。低电压激活(LVA)的通道和至少一种高电压激活(HVA)的通道,在离胞体 100mm 区域的树突中似乎占绝对优势。实验结果表明,海马神经元的胞体和树突中不同种类的钙离子通道并不是均匀分布的[152]。树突末梢中钠离子通道的存在,有助于解释动作电位回传进入树枝状结构[88,89,138,139,141]。动作电位在树突中的传播非常缓慢,并且容易受到缆过滤效应的影响。

树突离子通道调节的突出特征,是末梢突触的潜在增强。由电压控制的钠和钙离子通道,在向胞体的 EPSP 的放大中发挥着重要的作用。然而,通道的调节对突触输入附近树突的相互作用也是非常重要的。由电压控制的通道,可以改变局部输入电阻和时间常数,进而会影响 EPSP 和 IPSP 对空间和时间的加和,因而揭示出高度非线性的相互作用和信号放大[64,137]。因此,树突的非线性性质可以被用作电子器件。除了提供输出,突触输入引发的动作电位,不论是在局部突触位置,还是在轴丘处引发的或者回传进入树突的电位,都会从本质上造成树突膜电位的重置。动作电位也会向在动作电位前后激活的其他突触提供反馈或者一个相关信号。

一个神经元输出发生后,回传的动作电位也会向树突提供反馈。人们认为,后突触诱导的突触可塑性[如短期势差(STP) [92]、LTP(long-term potentiation)和 LTD(long-term depression)[8,15]]与钙离子信号有关。很长时间以来,人们一直认为,肌动蛋白在神经元形态形成中起着重要作用。在发育的神经元的生长锥的前沿和成熟的神经元的突触中,含有高浓度的肌动蛋白。肌丝动力学也在一些相关的现象(如轴突的萌芽、生长、导向和分枝、突触的形成和稳定性、树突以及树突棘的形态和稳定性)中发挥着作用。神经元在轴突和树突中有两种细胞质生长过程,这两种细胞质生长过程在功能上和形态上都是截然不同的,但都是从生长锥开始发育的。生长锥由手指样丝状伪足和面纱样板状伪足组成,它有助于生长过程对环境的探索。轴突行进了很长距离,在到达目标时长出了末端分支,在末端分支处生长锥转变成了前突触末端。树突一般不会延伸这么长的距离,但会高度分支,生成树枝状结构。通过与轴突恰当的接触,后突触专门化(specialization)创造了功能性的突触,恰好与轴突的前突触末端相反。这些都定位在一种称为树突棘的小的突起上,这里也是最兴奋的突触所在的位置。哺乳动物的大脑中,这些多重突触联结在学习和记忆中起着重要作用。因此,神经形态的形成需要底层的细胞骨架及其与质膜特定相互作用的改变。为了产生膜的突出结构(如轴突),肌动蛋白和微管组织需要协同变化。发育神经元的生长锥,通过细胞骨架动力学的集中变化,来快速地伸出和收回丝状伪足,这就是丝状伪足中束状的AF,它由板状蛋白中交联的肌动蛋白网络组成[80,81,155]。在本节中,我们对神经元中信号发生的主要特征进行了概括。我们将重点介绍细胞骨架在神经元的结构、生长和内部信号过程中所起的作用。下一节我们将对细胞骨架的主要生物物理性质进行讨论。

18.3 细胞骨架

细胞骨架在所有活细胞中都是一个较大的组分。它由三种不同类型的基本结构组成,其中包括由肌动蛋白构成的微丝(MF)、中间丝(IF,如神经丝,角蛋白等)以及由微管蛋白构成的微管(MT)。它们形成网络结构,这些网络通过无数特殊的蛋白相互贯穿,且在细胞功能中扮演特定的角色。细胞骨架网络主要是组织在细胞迁移、细胞分裂以及物质的内部传输过程中各种定向运动。微丝的聚合对细胞的迁移和细胞主要边缘的重新塑造起重要作用。分子马达是蛋白质的复合体,与细胞骨架密切关联,它驱动细胞器沿微管和微丝矢量传输。

微管是神经形态架构中最基本和最重要的细胞骨架元素之一。就肌动蛋白结构中的松胞素而言,微管调节剂的加入,首先被用作评价微管在神经轴突伸长过程中所扮演的角色。微管干扰剂首先影响神经轴突,但对生长锥体细胞和丝状伪足却没有什么早期影响,这说明微管对神经轴突提供支持。相反,微管的侵入,在神经突的伸出形成过程中也许是关键要素。扩展的板状伪足,首先在特定点上发生分裂,微管在此则以有序阵列的方式积聚[27,144,156],并逐渐地“迁移”出细胞体。这些板状伪足变形后,进入初生的生长锥体细胞。当轴中微管被压缩成一个狭窄的神经束时,轴突发生伸长。在人工培育的海马趾和皮层神经元中,这一过程可能更意味着主要细胞骨架单元的协同控制,包括肌动蛋白、微管以及有关的蛋白质。

因此,微管对神经突的发育起着极其重要的作用。微管在神经突生长中一个特殊的用途,就是传输气泡。大部分的薄膜插入出现在轴突的生长锥体中[22,24]。MAP稳定的微管,形成平行的或反平行的阵列,这可能作为神经突内部抗压缩的支柱。因为微管经常侵入上皮细胞[125]和神经细胞瘤细胞[27]的板状伪足中肌动蛋白的细胞骨架,微管的这种机械角色,在轴突再生过程中很重要的。例如,神经突样的突起就可以通过稳定化的蛋白质(如MAP2和tau[72,79,157])的外源性表达,引入非神经细胞。神经突的自发产生同时依赖于微管的存在及其动力学性质。

大量的蛋白质与微管[包括微管马达,致活酶,以及所谓的“结构”MAP(可以改变微管结构)和特殊化的MAP(结合到微管正负末端)]相互作用。人们早已认为,MAP2和tau家族是轴突行为的重要调节剂[10,48,151]。MAP2和tau通过减少突变和促进救护稳定微管，延长了生长期，增强了网状微管的积累[32,45,75]。MAP2和 tau 通过绑缚在原丝外部的隆起部位稳定微管[2]。

人们普遍认为，F 型肌动蛋白和微管细胞骨架网络充当分离且独立的细胞这一角色。高度动态的肌动蛋白网络在细胞扩展和收缩中发挥作用。更加稳定的微管细胞骨架在细胞分裂和细胞器输运中发挥重要作用。然而，最近的研究表明，肌动蛋白细胞骨架在细胞分裂和交流以及输运中发挥重要作用，微管在细胞形貌的产生和可塑性中扮演重要的角色。人们认为，肌动蛋白细胞骨架和微管细胞骨架之间有直接的物理作用，因为微管通常优先沿肌动蛋白束生长，瞬时地把富肌动蛋白的黏合物作为目标。

丝状伪足中微管和肌动蛋白束的相互作用，似乎引导着微管沿与逆流反平行的这条最有效的路径生长[130]。因此，微管和肌动蛋白束间的特殊耦合，有可能有助于微管的增长。能同时与微管和 F 型肌动蛋白发生相互作用的蛋白质，或可以作为细胞骨架间信号媒介的蛋白质，有可能控制调节微管的侵入。通过由与微管关联的蛋白质 MAP1B 和 MAP2 间的特殊相互作用，可以进一步地增强这种调控，这两种蛋白质在体外与肌动蛋白相互作用 [20,109,128,134,146]。而且，MAP2 连接到 F 型肌动蛋白，并可高效地引起肌动蛋白束的形成[51,129]。通过交联，MAP2和/或 MAP1B 可能与两种细胞骨架相互作用，进而引导微管沿肌动蛋白丝束方向运动。换句话说，MAP 可以在微管和肌动蛋白间来回穿梭，并可通过有效交联的肌丝改变 F 肌动蛋白的行为。

细胞骨架的变化对离子通道行为的影响，一直是近来关注的焦点。多数的研究都使用药物，这些药物可以选择性地对肌丝或微管起稳定或失稳作用，从而影响特殊离子通道行为，或改变整个细胞的导电性，或通过夹片技术改变单个通道的行为。尽管特定的细胞骨架蛋白质与单通道蛋白质的直接结合，还需要进一步论证，最近的工作把外源纯化的肌动蛋白加到从细胞膜上剥离的通道的细胞质一侧，直接证实了细胞骨架细丝效应的存在。早期的证据表明，各种细胞骨架组分(包括肌动蛋白和与肌动蛋白相关的蛋白质)可锚定、共定位、调整空间稳定性以及离子传输蛋白质的功能。肌动蛋白可能直接绑缚通道，或者是肌动蛋白首先与其绑缚的蛋白质相互作用，这一作用可调节离子通道的功能(通过耦合或其他非直接的相互作用)。独立的研究表明，膜内 CFTR(cystic fibrosis trans membrane conductance regulator)通过肌丝组织从功能上得到调整，它可能包括与肌动蛋白间的直接相互作用。这样，离子通道可能通过直接或间接的细胞骨架相互作用而得到控制。

首先，我们应该回顾一下有关传导性质方面的知识，然后，评述有关细胞骨架主动和被动的结构单元传导性质。

18.4 生物导电性概述

Cope[19]曾写过一篇关于固体物理概念在生物学系统中应用的详细综述。他将讨论分成七个部分。第一，电子穿越酶粒时的半导体特性，这在细胞色素氧化酶中是决速过程，已得到酶动力学以及微波霍尔(Hall)测量的证实。第二，利用在眼睛和光合作用中的光生物学自由基动力学，提出了p-n结传导电子，其*I-V*特性符合二极管方程式

$$I = I_0 \exp(V/kT) \tag{18.1}$$

第三，神经中超导性和生长可能存在联系。第四，光子和极化子涉及线粒体的磷酸化。第五，压电和热电现象可能涉及神经和骨结构的生长。第六，红外电磁波可以在神经和线粒体的脂质双分子层中传播能量。第七，在结构化的细胞液中的钠钾离子复合体可能类似于半导体中价带电子，自由阳离子类似于导带电子。细胞液中的离子过程类似于半导体中的电子传导。对于干的蛋白质或DNA而言，Szent-Gyorgi[142]注意到它们的导电性遵从以下关系：

$$\sigma = \sigma_0 \exp(-E_a/kT) \tag{18.2}$$

活化能E_a在1eV的量级。水的存在可能导致电导率发生相当大的改变(例如，在细胞色素氧化酶中，它可能会降低到0.3eV)。

Adessi等[1]通过一种多聚DNA分子，提出了传输过程理论处理方法。他们发现，B-DNA中存在一种上升改变，它可导致导电通道向价带移动。他们还发现，分子主链形变对空穴传输也很重要。而且，离子(如Na)在分子环境中可以创造新的导电通道。在光激发实验中，空穴传输在短距离内是相干的，而在长距离时是非相干的或跃迁式的。Fink等[39]使用一种电子发射技术，研究了λ DNA的金属行为。Kasumov等[66]观察到了超导行为。Porath等[111]研究了poly(g)-poly(c) DNA的半导体行为。de Pablo等[26]使用扫描力显微镜观察了绝缘行为。该文以位于两电极间的单个poly(g) DNA为模型，利用基于Green函数的Landauer-Buettiker方程对传导进行了计算。Mehrez等[96]研究了O_2掺杂DNA的电学性能，他们认为，DNA的导电性受O_2掺杂的影响，特别是空穴掺杂。然而，通过对O_2掺杂DNA进行的第一原理电子结构计算表明，电荷转移可以忽略。de Pablo等[26]发现，λ DNA中无直流导电。第一原理电子结构计算表明，DNA的最小电阻为每分子约$10^{16}\,\Omega$，最小电阻率为$10^4\,\Omega$m。然而，较低能量的电子轰击可以显著地增加导电性，使用能量为50～200eV的电子，可能会产生电阻为$2\times10^8\,\Omega$的金属导电性。Fink等[39]讨论了DNA和导电电子，结果表明，电阻为2MΩ的600nm长的DNA带的*I-V*特性，显示出类欧姆行为，符合$\rho = m\Omega\cdot$cm。这些作者推断，DNA可能是半导电的、绝缘的或金属性的，它取决于其结构中分子的排列。

Endres等[37]探索了高电导DNA，他们认为，DNA的导电性是自Eley和Spivey[35]提出以来尚未解决的问题。实验结果表明，它在绝缘体到半导体甚至到超导体的范围内变化，这一不确定性取决于：①两电极和DNA间的接触；②DNA分子的差异（序列、长度、排列、制备）。尽管主链通过对离子（counter-ion）也可发生空穴掺杂，干的DNA似乎可以拥有定域电子高态的构形。由于在高 π^* 能隙中溶剂的不纯，湿的DNA可能容易通过电流。Davies和Inglesfield[25]讨论了用于计算DNA电导率的包埋法。他们认为，在DNA中传输路径通过双螺旋分子的中心。DNA的主要传输机理表现为相干跃迁。计算表明，它对接触轨道的选择极其敏感。

Marechal[95]讨论了作为氢键的第三个基本性质的质子转移。在环状结构中，协同共振类型非常重要。在链、螺旋以及环形结构中，质子沿氢键的转移是一种极其重要的机理。Consta和Kapral[17]讨论了介观分子体系中的质子转移。他们通过溶液中的溶剂分子对质子转移速率和机理进行了理论研究。质子转移是团簇表面发生定向波动的结果。环境影响溶剂的效应和反应速率。速率常数在260K、键长2Å时为1/59ps。Morowitz [102]讨论了生物体系中的质子半导体和能量转换。他指出，光化学与电化学可能是平行的。ATP合成与质子转移耦合，门控蛋白质半导体贯穿薄膜。蛋白质在生物结构中的导电性，涉及水合的水分子和蛋白质分子。

Ripoll等[121]研究了离子的凝聚和信号的转换。生物高分子中的离子凝聚到临界电荷密度时，由于附近区域凝聚的对离子（counter-ion）沿细胞骨架丝的扩散，可能会产生细胞内信号。人们提出了在钙的凝聚/去凝聚和与钙相关的酶激活之间的反馈机理。这也显示了蛋白质磷酸化过程中的相干现象。人们推测，信号的转换是由离子凝聚操控的。对聚合物离子来说，电导率对温度的依赖性可由式(8.3)表示：

$$\sigma T = A\exp[-B/(T-T_o)] \tag{18.3}$$

它表明是活化跃迁。Bockris和Khan[9]通过引入一种可逆氧化还原电对（redox couple），拓宽了溶液中费米能级的概念。

不幸的是，生物高分子（包括微管）电导率的测定，则因为其结构上的不均匀性、强烈的环境依赖性（如pH、离子浓度、温度等）以及样品固有的液体状态，而面临着很大的困难。尽管如此，人们最近正在尝试测量微管的本征电阻值和作为离子导线的电阻值。Fritzsche等[41]采用在包含金微电极的基体上干法刻蚀的方法，在单个微管上制造电接触。他们的结果表明，在干燥状态下，12μm长的微管的本征电阻应该在500MΩ，电阻率约为40MΩ/μm。首先，他们溅射一层30nm厚的金来覆盖微管，并对它进行测量。金属化的微管电阻值估计低于50Ω（如果完全由金属涂层引起）。Minoura和Muto[99]在交流电场下使用电子定向方法，测量了微管的离子电导率。计算得到的微管的离子电导率为(1.5±0.5)mS/m，要比在缓冲溶液中得到的电导率高 15 倍。这可能归因于对离子的极化，与最近另一项有关微管电导率的研究结果相一致。此外，Goddard 和 Whittier[47]配制了缓冲溶液，其中含有自由微管蛋白、微管以及带 MAP 的微管，测量了这些样品的射频反射谱。每种样品量均为 5mL。微管蛋白滴浓度为 5mg/mL，在最后一例中，MAP2 和 tau 蛋白的浓度为 0.3mg/mL。作者报道的平均直流电阻为 0.999kΩ（缓冲溶液）、0.424kΩ（微管蛋白）、0.883kΩ（微管）和 0.836kΩ（微管 + MAP）。如果不对它们的几何排列和连接性作任何假定，就不能直接地将这些结果换算成微管的电阻。然而，在直流电阻为 0.883kΩ 时，若假定所有微管蛋白发生聚合，且微管均匀分布，并形成串联和并联网络，则可以发现，10μm 长的微管在这样一个电路中形成最基本的电子元件，其电阻约为 8MΩ。这非常贴近于早期基于 Hubbard 模型的微管电导率理论估算，这一理论认为，电子在微管蛋白单体间发生跃迁。这一模型预测，1μm 微管的电阻应在 200kΩ 左右，因此，一根 10μm 微管的本征电阻应在 2MΩ，与 Goddard 和 Whittier[47]报道的结果处于同一数量级。尽管直接对各种细胞骨架组分的本征电导率进行的实验分析依然不清楚，但这些效应的理论模型却发展的很好。下一节我们将论述对微管本征电导率的当前理解。

18.5 微管的本征电导率

微管（MT）广泛分布于真核细胞生物中。它主要是起到细胞支架的作用，同时，还是由马达蛋白传输小泡通过细胞的通道。对微管的兴趣，起源于它们参与很多至关重要的细胞过程，包括有丝分裂，以及最近发现的它们在细胞外部与细胞核的通信中所起到的作用[46,94]。染色体分裂之前，微管特殊的排列使得它们成为传递某些信号的理想候选者，而这些信号将会引起姐妹染色单体的协调断裂。在神经细胞的轴突中，微管成束排列，并与轴突平行[56]。这些微管群跨越整个轴突，且还可能传送从细胞体到神经末端或神经末端到细胞体的信号。我们仍不知道这种直接反馈的任何机制。微管能沿它的长径方向，通过在每个二聚体结合位点间的电子跃迁来传导电流。

微管由名为微管蛋白的蛋白质构成。每一个亚单元，都包括由 α-微管蛋白和 β-微管蛋白结合所形成的二聚体。这些二聚体尾尾相连，并形成原丝。通常 13 根原丝缠绕（wrapped up）形成空管，也就是微管。这些二聚体本身直径为 5nm，长为 8nm。一个微管的外径为 25nm，内径为 15nm（图 18.2）。

构成微管的微管蛋白二聚体，至少有两种不同的构形[58]。也就是说，即使蛋白质的氨基酸链固定不变，它的三维形态也可能会发生改变。人们相信，这些构形的变化是由水解和相关的电荷在分子内从一个结点到另一个结点的运动而引起的。恰恰是这种电荷的运动，使得聚合物能导电。

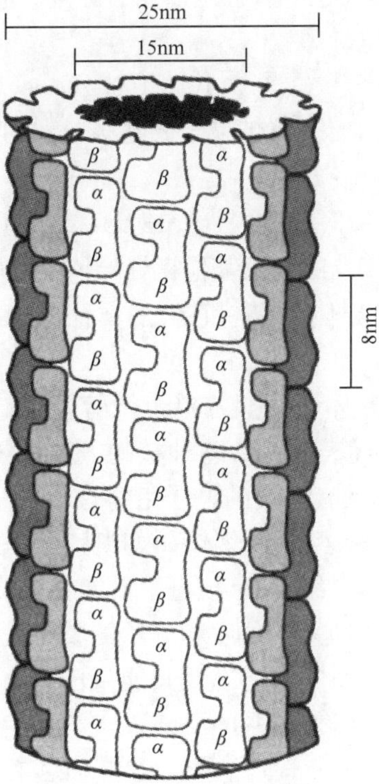

图 18.2　典型的微管结构

也许有人可能会持半经典的观点来看待电子沿原丝的运动。我们忽略原丝是近乎一维的这一事实，来考察它的体相性质。假设每个微管蛋白二聚体有两个导电电子，则导电电子的密度为

$$\begin{aligned} n_0 &= 2/(8\text{nm}\times 5\text{nm}\times 5\text{nm}) \\ &= 1.0\times 10^{19}\,\text{cm}^{-3} \end{aligned} \tag{18.4}$$

与其他材料相比，该值在比典型的半导体的密度（通常为 $10^{13}\sim10^{17}\,\text{cm}^{-3}$）稍高，不过，比典型的金属材料（导电电子密度为 $10^{13}\sim10^{23}\,\text{cm}^{-3}$）要小得多。然而，我们通常认为，电子有相对较低的迁移率，除非它们是从基态激发的。激发能是原丝内电子数目和原丝大小的函数。假设激发态电子的迁移率至少和半导体内电子的迁移率相近，如半导体 Si，其电子迁移率 μ_e 值约为 $1300\text{cm}^2/(\text{V}\cdot\text{s})$。半经典模型的电导率 σ 由式(18.5)给出。

$$\sigma = ne\mu_e \tag{18.5}$$

式中，e 为电子电荷；n 为传导电子密度。n 由式(18.6)给出

$$n = n_0\,\text{e}^{-\Delta/(\kappa T)} \tag{18.6}$$

式中，n_0 为电子总数。如果我们假定价带和导带间的带宽 Δ 约为 0.40eV，那么，

一些载流子在生理温度就会被激发，且应该能够导电。应用式(18.6)，原丝会有约 10^{-2}(采用国际单位制)的电导率。

$$\sigma \sim (10^{25}\mathrm{e}^{-0.40/0/026})(1.6\times10^{-19})(0.13)\sim 0.04\Omega^{-1}\cdot\mathrm{m}^{-1} \tag{18.7}$$

然而，如果电子轨道的杂化，将带隙降低到接近零，那么，预期的电导率就会非常高。

$$\sigma \sim (10^{25})(1.6\times10^{-19})(0.13)\sim 2\times10^{5}\Omega^{-1}\cdot\mathrm{m}^{-1} \tag{18.8}$$

这些值就可以和超过 10^8 的铜及其他良好导体以及少数 10^7 的次导体和半导体相当。室温下，典型的半导体(如硅和锗)的本征电导率为 $10^{-3}\sim10^{+1}$，但重掺杂后，该电导率就会上升至 $10^4\sim10^5$。

为了将微管模拟成半导体，首先，各单个微管蛋白二聚体必须是可物理分析的。$\alpha\beta$-微管蛋白二聚体由代表了 13000 种核的 890 种氨基酸所构成。通过粗略简化，我们可以视每个单体具有有效的电子束缚位点能量。小于单体间距的位点能量波动，也因此被忽略。很容易将该体系模拟为由势垒隔离的双量子阱。这两个势阱代表了一个电子的两个结合点，该电子可能会在单体之间跃迁，从而导致分子构形的变化。我们可以从动力学角度和分子的整个几何结构，来估算阱深和阱宽的相关参数。一旦这个体系的束缚态及其能量已知，就可以运用二次量子化方案。该过程使得我们无需求解该体系的波函数。

量子双势阱的一维链如图 18.3 所示。简单地说，首先，我们使每个结点能量相同。如果这涉及 GTP 的水解，它们可能会有约 0.17eV(4kal/mol)的差别[59]。这是 GTP 水解成 GDP 时储存于晶格里的大概能量[13,60]。二聚体之间的势垒高度，已经从动力学数据中估算出来。该键合强度必须要比传到晶格的水解能稍大，否则，二聚体的水解会导致它的立即分解。据推测，沿原丝的电子跃迁能量和该结合能相当。我们已经估算出二聚体内和二聚体间的跃迁能分别为 0.4eV 和 1.0eV。每个微管蛋白二聚体构形的改变，所需克服的中央能垒在模型中可以有所不同。如果它和二聚体之间的电子运动势垒相当，那么，原丝看起来就像单量子势阱链，而不是双量子势阱链，这是因为，α 单体和 β 单体单体之间的区别不大。然而，如果该中央能垒太小，由于能垒的影响可以忽略，该链又会看起来像一系列单量子势阱。最初设定深势阱的深度 f_1 为 0.4eV。给定该值后，我们假设阱深存在有 25%差别。如果 f_1 大得多，原丝就会由于阱深相同，而失去二聚体特性。

双量子势阱的单电子本征态的结果，可以采用与时间无关的一维薛定谔方程的传输矩阵方法得到，在分段等势的各间隔中定义为

$$\hat{H}\psi = \frac{\hat{p}^2}{2m}\psi + \hat{V}\psi = E\psi \tag{18.9}$$

振荡解为

$$\psi(x) = A\cos(kx) + B\sin(kx) \tag{18.10}$$

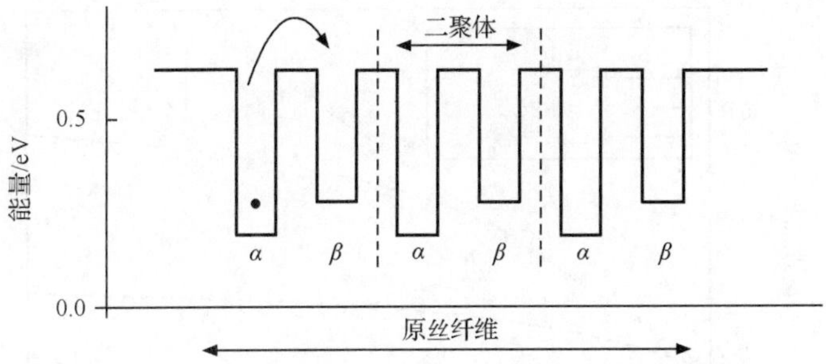

图 18.3 量子势阱的一维链，表示沿 α 和 β 单体交替结点能量的微管原丝的能量轮廓

式(18.10)适用于 $E>V$ 的情形，这里

$$k = a\sqrt{2m(E-V)}/\hbar \tag{18.11}$$

而对于 $E<V$ 的情形，该解则呈指数衰减。

$$\psi(x) = A\mathrm{e}^{\kappa x} + B\mathrm{e}^{-\kappa x} \tag{18.12}$$

这里

$$k = \sqrt{2m(V-E)}/\hbar \tag{18.13}$$

现在，在各分界处应用波函数及其导数的衔接条件。它给出了一个系数按波函数展开的 2×2 矩阵，即

$$\begin{pmatrix} A_2 \\ B_2 \end{pmatrix} = \begin{bmatrix} {}^{2,1}M_{11} & {}^{2,1}M_{12} \\ {}^{2,1}M_{21} & {}^{2,1}M_{22} \end{bmatrix} \begin{pmatrix} A_1 \\ B_1 \end{pmatrix} \tag{18.14}$$

在上式中，M 左上标表示哪些系数是相关联的，而右下标表示矩阵元。写成迭代的形式，我们最终得到

$$\begin{pmatrix} A_n \\ B_n \end{pmatrix} = \begin{bmatrix} {}^{n,1}M_{11} & {}^{n,1}M_{21} \\ {}^{n,1}M_{12} & {}^{n,1}M_{22} \end{bmatrix} \begin{pmatrix} A_1 \\ B_1 \end{pmatrix} \tag{18.15}$$

现在，对于束缚态，$A_1 = B_n = 0$，这样，波函数在量子势阱外衰减。

$$B_n = 0 \Rightarrow {}^{n,1}M_{22} = 0 \tag{18.16}$$

给定双量子势阱(阱宽 a = 2nm；阱高 V = 1.0eV)，我们发现，这种二聚物问题存在两个束缚态。随着二聚物数目的增加，我们必须使用数字分析。在图 18.4 中，随着中央能垒的能量改变，两种束缚态的能量可以画成曲线。最低能态是对称波函数，它的能量随着中央能垒的增长而急剧地增加。第二束缚态是反对称波函数，它在势垒内有一个节点，因此，它的能量仅能略微地增加。

对于 n 个这种二聚体的能量计算得到如下结果，即随杂化轨道沿聚合物扩展，能带也相应展宽。大致说来，其中一个能带是杂化对称轨道，另一个能量高的能带是杂化反对称轨道。两个能带的分离以及每个能带的扩展决定了参数的值，这些参数值将用于模拟聚合物的紧束缚 Hubbard 模型。

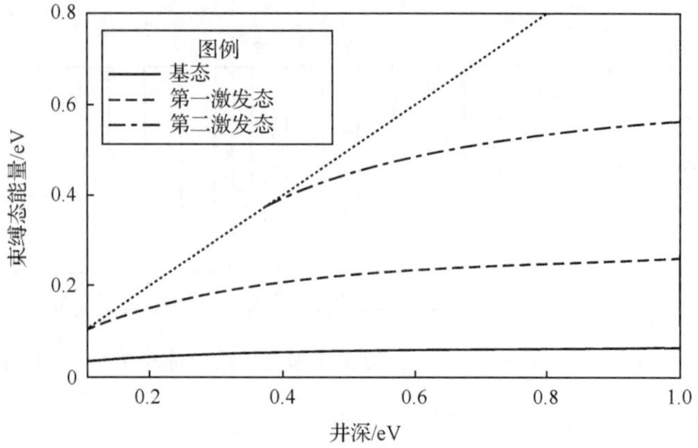

图 18.4 束缚态能量随双量子势阱深度的变化，$f_1 = f_2$。直线表示束缚态能量等于阱深

对于多电子的多聚体体系，二次量子化哈密顿变量为

$$\hat{H} = \sum_{i,\sigma} \varepsilon_i \hat{c}_{i\sigma}^\dagger \hat{c}_{i\sigma} + \sum_{i \neq j,\sigma} t_{ij} \hat{c}_{i\sigma}^\dagger \hat{c}_{j\sigma} \quad (18.17)$$

式中，$\hat{c}_{i\sigma}^\dagger$和$\hat{c}_{i\sigma}$为通常的费米子产生和湮灭算符；$i$ 为 1～$2n$，代表 n 个二聚体之一上的两个位点；ε_i 为每个位点的势能；动力学相 t_{ij} 为位点间的跃迁。存在有两种不同的相互作用，它取决于电子的跃迁是发生在一个二聚体内，还是发生在两个二聚体之间。因此，沿链的方向有两个不同的动力学参数值。由于+1/2 自旋和−1/2 自旋之间的态没有相互作用，态空间可以分为通过电子旋转标识的两个相同的子空间。在每个子空间中，对应于二聚体链的矩阵是三对角的(tri-diagonal)，并且可以使之对角化，来确定这个体系的巡游(itinerate)本征态。系数 t_d 代表二聚体内电子的运动，本征态被分裂为两个带 $2t_d$。在每个带里，二聚体之间的跃迁系数 t_1，使得两个单电子能带展宽到约 $2t_1$。尽管上述讨论都是定性的，显然，只要 $t_d \sim t_1$，这些能带都会重叠，并且态间跃迁将会是很重要的。

考虑到量子势阱表象中能带的形成，我们可以赋值给 t_d 和 t_1。两个能带分离大约 0.4eV，这样 t_d 约为 0.2eV，若用底部能带来估计 t_1，它将展宽至大约 0.1eV，所以 t_1 约为 0.05eV。

Hubbard 模型是最简单的二次量子化模型，它可以反映相互作用粒子的真实体系的重要特征[82]。在此模型里，电子是元激发。所有态都使用费米子产生算符从真空建立。一旦位点数 n 选定，电子数 e 就确定了，存在

$$\binom{2n}{e} = \frac{2n!}{e!(2n-e)!} \quad (18.18)$$

个独特的电子态。这些态可以通过 e-电子态的常规组合来建立。

对于电子间存在相互作用的 Hubbard 模型，二次量子化哈密顿函数一般写为

$$\hat{H} = \sum_{i,\sigma} \varepsilon_i \hat{c}_{i\sigma}^{\dagger} \hat{c}_{i\sigma} + \sum_{i \neq j,\sigma} T_{ij} \hat{c}_{i\sigma}^{\dagger} \hat{c}_{j\sigma} + \sum_{i} U_i \hat{c}_{i\uparrow}^{\dagger} \hat{c}_{i\uparrow} \hat{c}_{i\downarrow}^{\dagger} \hat{c}_{i\downarrow} \tag{18.19}$$

最后一项代表电子-电子排斥，现在，我们必须处理多电子体系。在我们的简单模型中，它限于一个位点的相互作用。对于这一点，我们假定每个位点的能量相等($\varepsilon_i=\varepsilon,\ \forall i$)。$U=\ 2.0\text{eV}$，这是两个 0.7nm 远的裸电子相互作用的能量。在 2.0nm 深的势阱内，这个选择似乎是合理的。我们试图将电子-电子项作为微扰来解决这个问题，以研究它如何影响二聚体的电子态。如果不存在最后的 U 项，哈密顿函数可以通过下面的么正变换对角化。

$$\alpha_{1'\sigma}^{\dagger} = \frac{1}{\sqrt{2}}(c_{1\sigma}^{\dagger} + c_{2\sigma}^{\dagger}) \tag{18.20}$$

$$\alpha_{1'\sigma}^{\dagger} = \frac{1}{2\sqrt{2}}(c_{1\sigma}^{\dagger} - c_{2\sigma}^{\dagger}) \tag{18.21}$$

由于已经假定位点能量 ε_1 和 ε_2 相等，因此算符的线性和非常简单。这些新的算符显然遵循常规的费米子的反对易关系，并且处于巡游或分布的电子基组。利用这些新的运算符，哈密顿函数可以改写为

$$\hat{H} = \sum_{\sigma} (\epsilon + t)\alpha_{1\sigma}^{\dagger}\alpha_{1\sigma} + \sum_{\sigma} (\epsilon - t)\alpha_{2\sigma}^{\dagger}\alpha_{2\sigma} + \frac{1}{2}\sum_{\sigma\neq\sigma'} V_{ijlm}\alpha_{i\sigma}^{\dagger}\alpha_{j\sigma'}^{\dagger}\alpha_{l\sigma'}\alpha_{m\sigma} \tag{18.22}$$

真空态由$|\Omega\rangle$来表示。在此基组上作用我们的哈密顿量，可以得到哈密函数的矩阵形式

$$\hat{H} = \begin{pmatrix} 2(\varepsilon+t)+\frac{(U_1+U_2)}{4} & 0 & \frac{(U_1-U_2)}{4} & \frac{(U_2-U_1)}{4} & 0 & \frac{(U_1+U_2)}{4} \\ 0 & 2\varepsilon & 0 & 0 & 0 & 0 \\ \frac{(U_1-U_2)}{4} & 0 & 2\varepsilon+\frac{(U_1+U_2)}{4} & -\frac{(U_1+U_2)}{4} & 0 & \frac{(U_1-U_2)}{4} \\ \frac{(U_2-U_1)}{4} & 0 & -\frac{(U_1+U_2)}{4} & 2\varepsilon+\frac{(U_1+U_2)}{4} & 0 & \frac{(U_2-U_1)}{4} \\ 0 & 0 & 0 & 0 & 2\varepsilon & 0 \\ \frac{(U_1+U_2)}{4} & 0 & \frac{(U_1-U_2)}{4} & \frac{(U_2-U_1)}{4} & 0 & 2(\varepsilon-t)+\frac{(U_1+U_2)}{4} \end{pmatrix}$$

为了确定其本征态，随后，将哈密顿函数对角化。在不存在库仑排斥的情况下($U\ =\ 0$)，电子位于 $2'$位点，能量为 $2(\varepsilon-t)$，到第一激发态的带隙是 $2t$。然而，随着 U 的增加，库仑相互作用提升了基态的能量，而激发单线态却没有感受到库仑排斥。因此，实际上，基态和第一激发态之间的能隙减小了，如图 18.5 所示。这样，当考虑到导电性时，在电子间存在相互作用的情况下，带隙是减小的。

关于这一点，我们已经假设所有位点能量都相等($\varepsilon_i=\varepsilon$)，所有位点的电子排斥也相同($U_i=U$)。唯一复杂的地方就是在动力学项，这里，跃迁参数主要取决于电子跃迁的两个位点。不过，由于我们首先考虑微管原丝，它初始时也为常数，

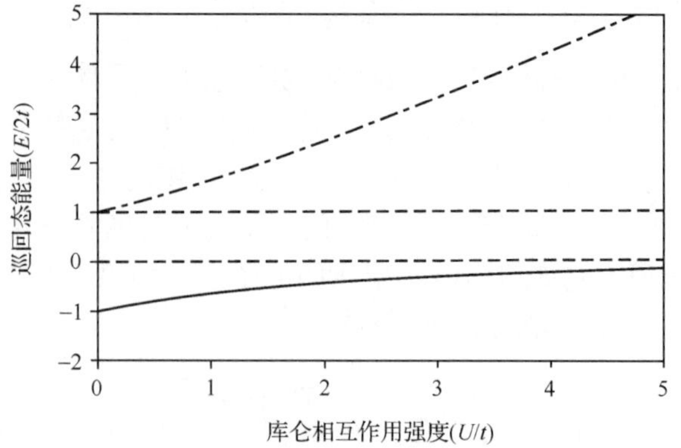

图 18.5 巡游态能量($E/2t$)随库仑相互作用强度 U/t 的变化

$t=0.4\text{eV}$,这个选择来自于一维薛定谔图的能带分离。

由于哈密顿量在粒子数和各态的总自旋数上是守恒的,我们可以自由地在由状态自旋定义的子空间中进行处理。这略微地解决了部分问题,这是因为,我们可以在双电子体系中单独考虑自旋+1,自旋 0,自旋-1。另外,对称性意味着自旋+1 和-1 同有相同的导电性。我们还发现,基态是一个自旋总数最低的态。

当二聚体之间的跃迁小于二聚体之内跃迁项时,$t_{\text{inter}}<t_{\text{intra}}$,基态的形式与二聚体的数目无关。在所有情况下,基态是各二聚体单线态的线性组合。单线态指的是,两个电子在单个连接点上配对,或者是一个上自旋电子和一个下自旋电子在二聚体的相邻结合位点上的反对称组合。当二聚体之间的跃迁参数增加时,基态和最高能量本征态间的态密度更加均匀。基态和第一激发态的带隙变得消失。由于二聚体中的跃迁项是最大的,体系中的两个电子更倾向处于同一二聚体内的且具有相同自旋的基态。

对于电子的导电性,能带的形成主要取决于二聚体之间的跃迁参数。相对于二聚体内的跃迁参数,若这个参数比较小,$t_{\text{inter}}/t_{\text{intra}}\sim 0.1$,在基态和第一激发态之间仍然有大约 $2t_{\text{intra}}$的带隙,且随着排斥项的增加而减小。然而,当二聚体之间的跃迁与二聚体之内的跃迁相等时,$t_{\text{inter}}\sim t_{\text{intra}}$,带隙达到最小值。如果 $t_{\text{inter}}>t_{\text{intra}}$,我们将不得不重新标记二聚体,然后再回到 $t_{\text{inter}}<t_{\text{intra}}$的情形。

Kubo 率先导出了固体电子导电性公式,其推导也适用于我们现在的情形[77]。在库仑规范中,对沿着链方向的均匀电场,矢量势 $A(t)$,可以写为

$$A(t)=\frac{cE(t)}{-\mathrm{i}\omega}\mathrm{e}^{\mathrm{i}\omega t} \tag{18.23}$$

加入一个场耦合项到 Hubbard 哈密顿量中,使用正则变换,得到[91]

$$\hat{H}'_0=-t\sum_{i\sigma}\left[\hat{c}_{i\sigma}^{\dagger}\hat{c}_{i+1\sigma}\mathrm{e}^{-\mathrm{i}eA(t)/c}+\hat{c}_{i\sigma}^{\dagger}\hat{c}_{i-1\sigma}\mathrm{e}^{\mathrm{i}eA(t)/c}\right] \tag{18.24}$$

式中,a 为晶格间隔;c 为光速。展开到矢量势的二次项,我们得到

$$\hat{H}_A = \frac{A}{c}\hat{j} - e\frac{A^2}{c^2}a^2\hat{H}_0 \tag{18.25}$$

这时

$$\hat{j} = i\mathrm{Eat}\sum_{i\sigma}(\hat{c}^{\dagger}_{i\sigma}\hat{c}_{i+1\sigma} - \hat{c}^{\dagger}_{i\sigma}\hat{c}_{i-1\sigma}) \tag{18.26}$$

因此,最初体系的能量校正到这个量级,相互作用项和电流成比例。

若施加一个含时的外电场到固体中,则

$$E^{\mathrm{ext}}_{\alpha}(r,t) = \Xi^{\mathrm{ext}}_{\alpha}\mathrm{e}^{\mathrm{i}q\cdot r-\mathrm{i}\omega t} \tag{18.27}$$

式中,α 为笛卡儿坐标方向。在线性响应理论中,诱导电流与外加电场成正比。

$$J_{\alpha}(r,t) = \sum_{\beta}\sigma'_{\alpha\beta}(q,\omega)\Xi^{\mathrm{ext}}_{\beta}\mathrm{e}^{\mathrm{i}q\cdot r-\omega t} \tag{18.28}$$

$\sigma'_{\alpha\beta}$ 是将观察的电流密度与外加电场方向、周期性和频率相关联的参数。不过,出现在式(18.28)的符号并不是我们要求的导电性。相反,我们想要的是导电性,它代表固体中对总电场的响应,一个可以测量的量。这个导电性要求考虑到所有外电场产生的电流,它产生自己的电场。这样,我们寻找 $\sigma_{\alpha\beta}$,它将宏观电场与体系电流联系起来。

$$J_{\alpha}(r,t) = \sum_{\beta}\sigma_{\alpha\beta}(q,\omega)E_{\beta}\mathrm{e}^{\mathrm{i}q\cdot r-\mathrm{i}\omega t} \tag{18.29}$$

$$E_{\alpha}(r,t) = \Xi_{\alpha}\mathrm{e}^{\mathrm{i}q\cdot r-\mathrm{i}\omega t} \tag{18.30}$$

$$\sigma_{\alpha\beta} = \mathrm{Re}(\sigma_{\alpha\beta}) + i\mathrm{Im}(\sigma_{\alpha\beta}) \tag{18.31}$$

我们将体系哈密顿量写成 $\hat{H}+\hat{H}'$,后者包含电场,它引入一个含时的微扰。算符的演化如下

$$\hat{j}(x,t) = \mathrm{e}^{\mathrm{i}\hat{H}t}\hat{j}(x)\mathrm{e}^{-\mathrm{i}\hat{H}t} \tag{18.32}$$

式中,$\hat{H}$ 为不含扰动的哈密顿量。这样,可采用相互作用图。,电导率的 Kubo 公式以电流-电流相关函数表示。

$$\sigma_{\alpha\beta}(q,w) = \frac{1}{\omega}\int_0^{\infty}\mathrm{d}t\mathrm{e}^{\mathrm{i}\omega t}\langle\Omega\hat{j}^{\dagger}_{\alpha}(q,t)\hat{j}_{\beta}(q,0) - \hat{j}_{\beta}(q,0)\hat{j}^{\dagger}_{\alpha}(q,t)\Omega\rangle + i\frac{n_0e^2}{m\omega}\delta_{\alpha\beta} \tag{18.33}$$

式中,$|\Omega\rangle$ 为体系的基态,没有受到电场的扰动。式(18.33)中的第一项对应导电性的非相干性贡献。现在,我们在前一公式中应用式(18.32),且应用这个事实,即我们使用的基组是本征态的。因此,通过恰当地归一化,导电性的实部的新表达式为[90]

$$\sigma(\omega) = \frac{\pi}{Z}\frac{(1-\mathrm{e}^{-\beta\omega})}{\omega}\sum_{n,m}\mathrm{e}^{-\beta E_m}\ |\langle n|\hat{j}_{\alpha}|m\rangle|^2\delta[\omega-(E_n-E_m)] \tag{18.34}$$

DC 导电性按以前的步骤计算[90,91]，它应用了下面的求和规则和 $\langle K\rangle$ 是哈密顿量动力学项的预期值。

$$\int_0^\infty \sigma'(\omega)\mathrm{d}\omega = -\frac{\pi e^2}{2}a^2\langle K\rangle \tag{18.35}$$

这里

$$\sigma'(\omega) = D\delta(\omega) + \sigma_{\mathrm{kubo}}(\omega) \tag{18.36}$$

在 0℃或有限温度下，计算 $\sigma(\omega)$ 和 Drude 分布是相当简单的。第一步就是构筑与子空间的哈密顿量[式(18.19)]对应的矩阵，这个子空间是由晶格几何、电子数和总电子自旋数定义的。这样会导致严重的计算困难，这是因为，对于一个中等大小的晶格，例如，10 个二聚体和任意自旋的 8 个任意自旋的电子，相应的空间大约有 7.7×10^7 个态。一个 7.7×10^7 平方的矩阵大约有 5.9×10^{15} 个矩阵元。显然，要计算一个中等大小的晶格，我们必须局限在低电子浓度下进行。由于电子-空穴的对称性，我们也可以研究几乎充满的状态，下面的这个关系是非常有用的。

$$\lambda = \frac{1240\mathrm{nm}\cdot\mathrm{eV}}{\text{能量}} \tag{18.37}$$

可见光的能量范围从 1.75～3.10eV。能量大于这个范围的对应于紫外光，小于这个范围的则对应于红外光。由于细胞对近红外光有反应，且由微管组成的细胞中心粒是光的探测点，因此，对细胞生物学来说，这一能量范围内的吸收是非常有意义的。这个能量大小，也应该与 ATP 和 GTP 水解的相应能量(分别为 0.49eV 和 0.22eV)相当。这些能量值限制了传导过程中的化学能的作用。

在 0℃下，对于线性聚合物，简单地讲，不存在 DC 传导，这与 Hubbard 系统模拟的结果相符。

随后的微管蛋白二聚体 1D 链的结果，则代表了 AC 电导率。在 $\sigma(\omega)$ 中存在有峰值，它也就是光电导率，对应于聚合物电子态中的激发态。电子激发态导致电子的重新分布，并产生电流。我们选择 $\varepsilon = 0.02\mathrm{eV}$ 来介绍我们的结果，这个值约等于 kT 值，但却比 Hubbard 模型中的三个能量范围要小，它们分别是 t,U 和 $4t^2/U$[82]，因此，在预测的光谱中，我们希望能够挑选到对应于特殊跃迁的特征。

我们将从两个二聚体开始，并假定 $t = 0.4\mathrm{eV}$,$U = 2.0\mathrm{eV}$，以及在 α 和 β 两单体位置上位点能相等。这个系统能够支持高达八个电子。这些系统的结果如图 18.6所示。对 2 个与 3 个电子的情形，预测的光谱相当类似。不同之处在于，三电子谱图中存在一个新的小峰，能量比主峰稍低，在 2.6eV 吸收谱带的细节存在变化。不过，在带的位置上，两光谱非常相似。这与半填充的四电子系统的两种情况不同。其差异在于，光导谱图中的峰的大小从 0.48eV 显著提高到 1.64eV。这一变化表明，半填充的情形是特殊的。在这个系统中，基态主要由电子构成，这些电子向外扩散以使库仑能最小化。如果移走某个电子来激发这个系统，就会增加电子-电子之间排斥力，因此，要求的激发态能量就近似等于 U。

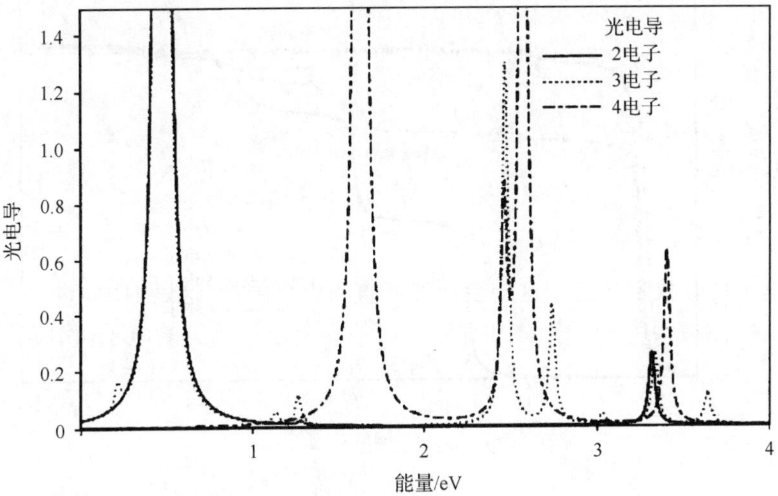

图 18.6 带有 2、3 和 4 个电子的两个二聚体系统的光导性

随着聚合物长度的增加，结果定性地保持不变。在三-二聚体结构中，电导率的结果如图 18.7(a)所示，积分电导率则如 18.7(b)所示。同样，对于全填充情形，光谱是非常类似的，而对于半填充情形，则有所不同，半填充由六个电子组成的。当填充分数向半填充增加时，可以清楚地看出，电导率移向更高的能量。我们现在来介绍，当改变扩展参数 ε 和温度时，它们会对结果有什么样的影响。图 18.8表明，当宽度减小时，光谱会变得更加尖锐。值得注意的是，当 ε 增加时，在这个简单光谱中，2.5eV 附近的两个峰是如何逐渐地混合成一个带的。这些峰表示从一个

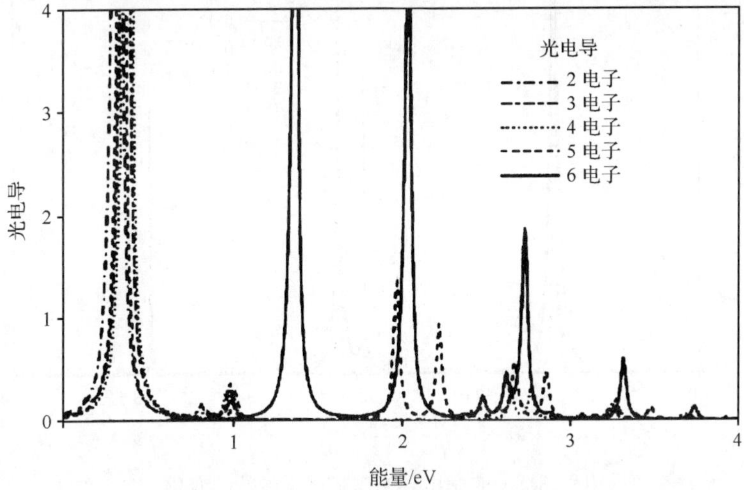

(a)

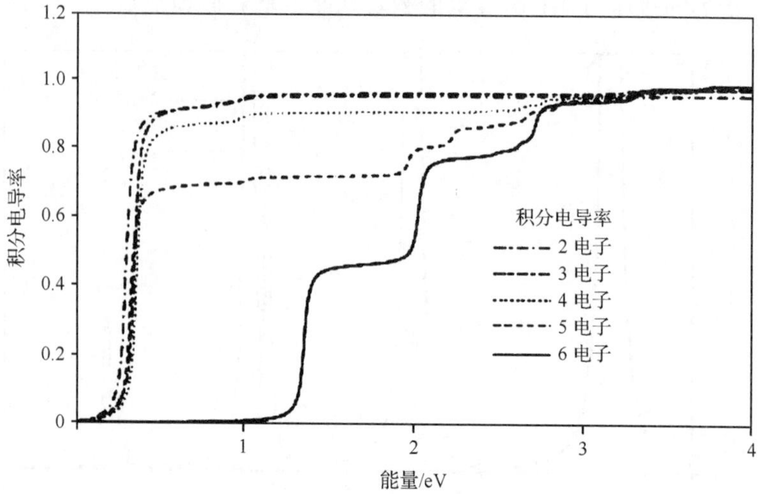

(b)

图 18.7 从 2 电子到半填充,三-二聚体系统的光学电导率(a);三-二聚体的积分光学电导率曲线(b),由图(b) 表明原丝确实是绝缘体。半填充聚合物的激发带隙是显而易见的

特定的电子构型向另一个电子构型的转变,其权重通过相关的电导率来表征。改变温度的作用是激发电子构型,而不是基态。因此,从一个激发态到另一个激发态的跃迁,则对电导有贡献。图 18.9 给出了它是如何降低能隙至导通状态的:300K 光谱中的所有主要峰,略微移向 3000K 光谱中较低的能级,由此导致出现更多的

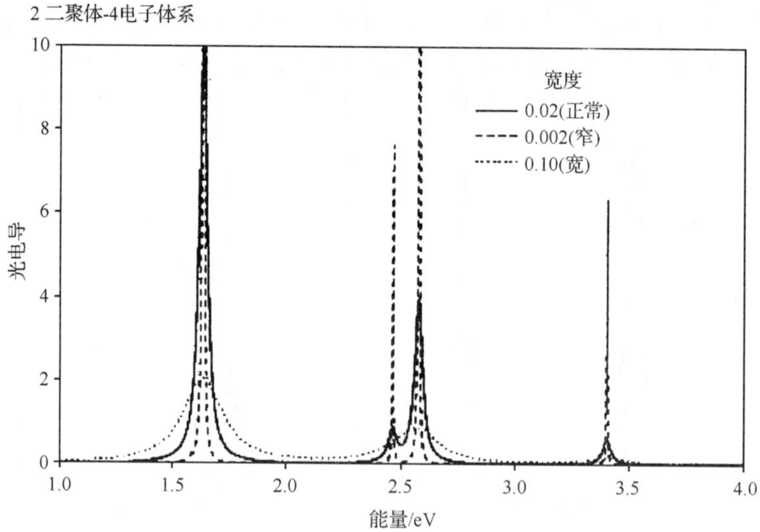

图 18.8 光学电导率谱随展宽参数的变化

特征,以及以前对电导没贡献的态都会跃迁到激发态。相对于系统能级的范围,300K($kT=0.026$eV)的生理温度是相对较小的,因此,降低温度对光谱的影响不大。

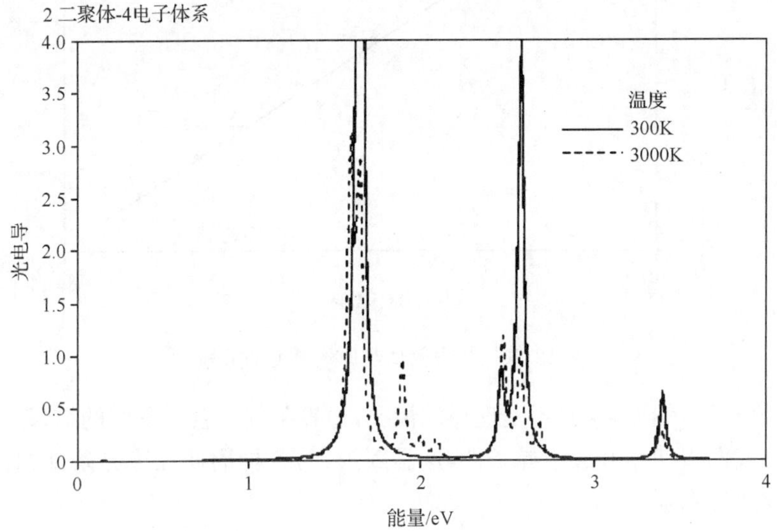

图 18.9 光学电导率谱随温度的变化

如果 α 微管蛋白和 β 微管蛋白位点能量不同,则 MT A 和 B 的晶格是可区分的。当考虑单个原丝时,这一变化对光谱的影响似乎较小。此外,求和定则表明,原丝将会保持为绝缘体。我们可以单独地考虑一些参数,并且在系统尺寸变化时进行比较:电导率的阈值和动能算符的期望值。电导的阈值简单地对应于光谱中第一吸收峰的位置,它随着聚合物长度增加而减小。对于二-二聚体体系,它为 0.48eV,它下降得似乎要比 $1/n$(对应于由 n 个二聚体构成、两个电子的系统)稍微快一些。图 18.10 中的拟合值正比于 $1/n^{1.4}$。外推到更大的 n 值,这一带隙肯定会降低到可以热激发这些激发态的范围。在一定的温度下,原丝会产生一定的 DC 电导率。有趣的是,尽管第一个峰的确向零移动,但它所包含的电导率分数却逐渐变小。在能量谱图中,一些导带持续停留在靠近 t 的峰上。在二维晶格中,在维度上存在相变。即使是在零度,DC 导电也是可能的。不过,由于计算是在小晶格中进行的,所以,我们仍然需要考虑边界条件。

考虑已经在 Hubbard 模型中计算过的动能/电子,我们采用参数 t, U,1 个、2 个或 3 个原丝。图 18.11 演示了随着系统尺寸的增大,各电子的动能是如何达到极限值 $2t$ 或 0.80eV 的。可以非常容易地看出,对于那些大于 20 个电子的位点,每个电子的平均动能开始趋于无限,我们预计,模型中得到的结果应该以一种类似的方式收敛于长原丝极限。特别地,我们在微管模型中考虑了 28 个电子位点,它

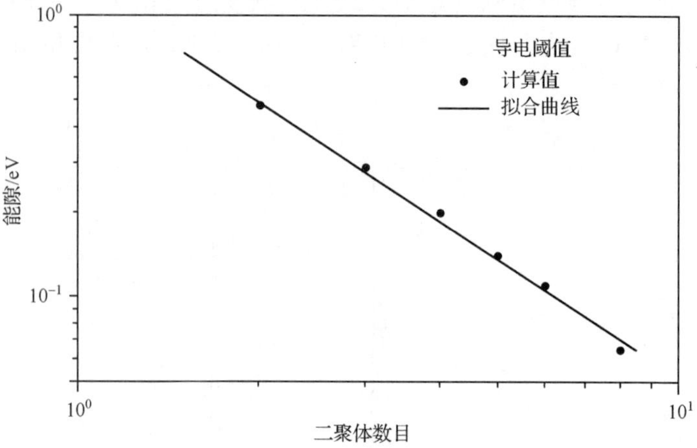

图 18.10　导电阈值与原丝长度的关系

跨越 3 个原丝。然而，这并不是理想的情况，边界条件不会对我们的结果产生很大的作用。我们将使用开放边界条件，这是因为，与各种周期性边界条件相比，它们能最小化边界效应。

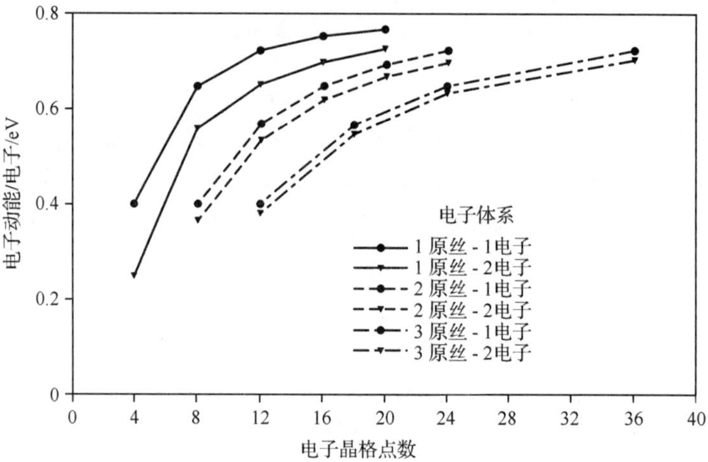

图 18.11　每个电子的动能与体系尺寸的关系

以图 18.12 中描述的元胞作为计算的基础。在晶格 A 中，当微管卷起时，无论是处在晶格中还是在边缘处，α-二聚体沿着 $\overline{3}$-开始(start)螺旋方向与 β-二聚体相连。在晶格 B 中，它们是沿着 $\overline{3}$-开始(start)螺旋方向进行 α-α 或β-β 连接，但从不进行 α-β 连接。作为比较，我们对平面的微管蛋白单元进行了计算，尤其是对侧向缺乏周期边界条件的 A 晶格微管。它用于模拟展开的微管。众所周知，微管晶格是三角形的，存在三个不同的跳跃方向。由于原丝沿长度方向紧密结合，而原丝之间的结合则相对较弱，因此，可以认为，电子在原丝之间跳跃时，跳跃参数要小得多。采用与一维系统中相同的参数进行计算，沿着原丝方向时，$U=2.00\text{eV}$，$t=0.40\text{eV}$，且所有位点能都设为 0。沿着 3-开始(start)螺旋方向的跳跃参数值设为 t_l(左侧)，而沿着 8-开始(start)螺旋方向(即从一个单体出发对角地向右上方向)的值设为 t_r(右侧)。

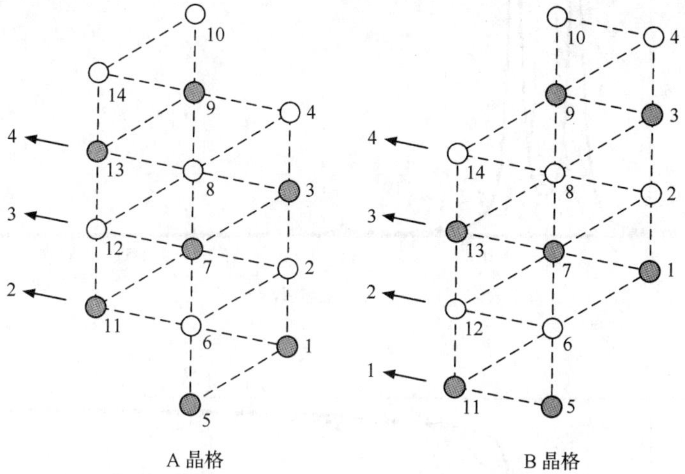

图 18.12 用于电导率计算的晶胞单元。左侧的晶胞单元对应微管 A 晶格，而右侧晶胞单元则对应微管 B 晶格

首先，我们考察微管晶格没有卷曲形成管状而是微管蛋白片状的情形，这里，$t_r=0$，且仅 t_l 的值变化(图 18.13)。由于 $t_r=0$，说明晶格实质上仍为矩形。当$t_l=0$ 时，这一特定的系统等同于单个原丝，光谱中的 2 个峰是由原丝具有不同长度引起的。0.22eV 和 0.40eV 处的吸收峰分别对应于二-二聚体和三-二聚体，且是前面讨论过的双电子情形。该体系的不同之处在于，双电子分布于 3 个原丝中，因此，其电子排斥效应有所减弱。不过，当 t_l 从 0 开始增加时，则整个晶格是可及的，导致光谱中原丝特征消失。t_l 光谱中的两个峰合并成一个具有较高活化能的单峰，第二个较小的吸收峰略高于 0.5eV。在电导率积分图中，当 $t_l=0.1\text{eV}$ 时，在 0.16eV 处也会出现一个小峰，这是由沿 t_l 方向上的电导引起的吸收峰。当 $t_l=0.4\text{eV}$ 时，该峰在 0.61eV 处出现。这样，这一峰大约出现在 $1.5t_l$ 位置。沿原丝轴向电导的活化能也会增大，但却不如 t_l 方向敏感。因此，积分电导的分析表明，总的吸收组合使 Drude 权重保持为 0。

单个原丝和片状微管蛋白的不同之处如图 18.14 所示。由于 Drude 权重不为 0，其行为不同于绝缘体的行为。从光导率可以看出，最大峰在所有方向总是出现在同一位置，但却具有不同的权重。第一条曲线对应于 $t_r=0.00\text{eV}$ 的结果，两个

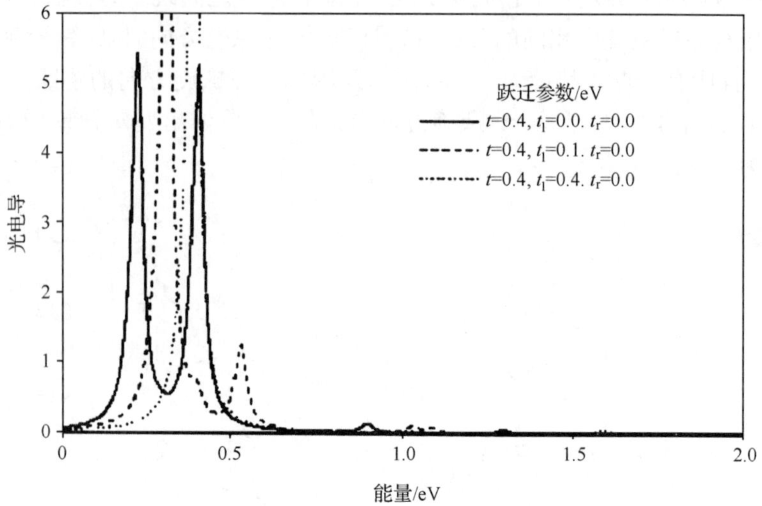

(a)

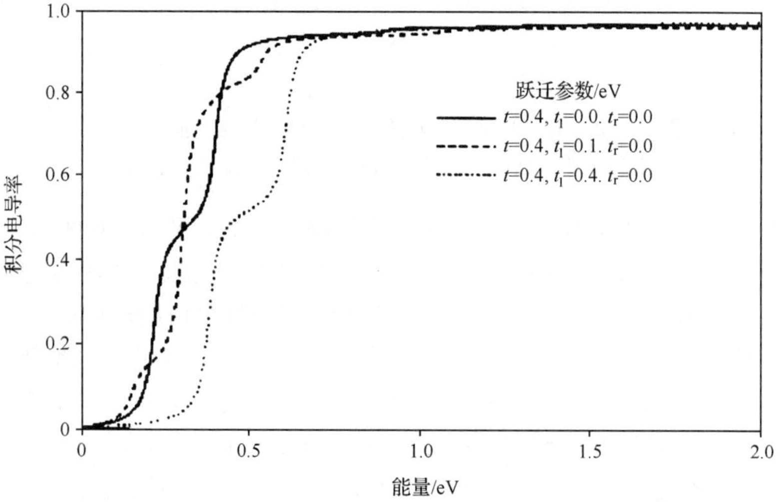

(b)

图 18.13 (a) 当 $t_r=0$、改变 t_l 时，由带 2 个电子的 14 位点晶格组成的微管蛋白片沿原丝轴向的光学电导率；(b) 当 $t_r=0$、改变 t_l 时，带 2 个电子的微管蛋白片的积分电导率

峰分别出现在 0.38eV 和 0.61eV 处。一旦第三个跃迁方向是允许的，吸收峰略微移动到 0.43eV，对应于 $t_r=0.1$eV，并在 0.74eV 处形成一个小峰。较低的那个峰主要是由沿原丝方向的跃迁构成的，而第二个峰主要是由沿 t_l 方向的跃迁构成的，它也对应于较大的跃迁参数。当 t_r 增大至 0.40eV 时，它与其他跃迁参数属于同一量级，仅在 0.70eV 处出现一个单峰。

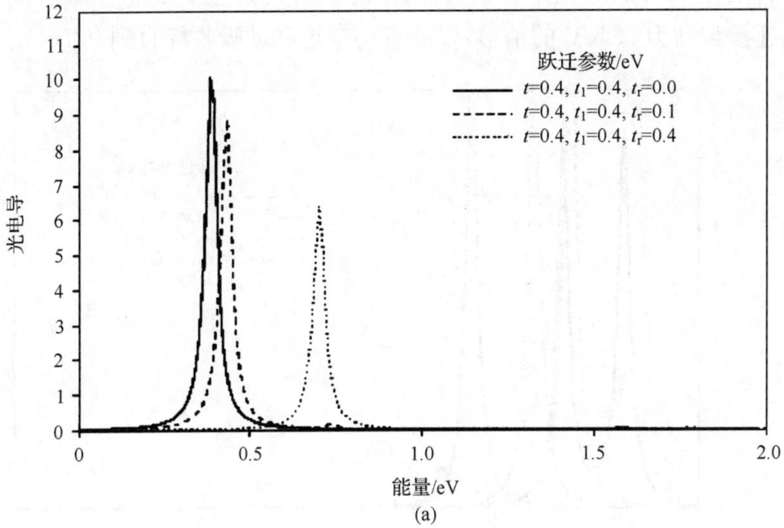

(a)

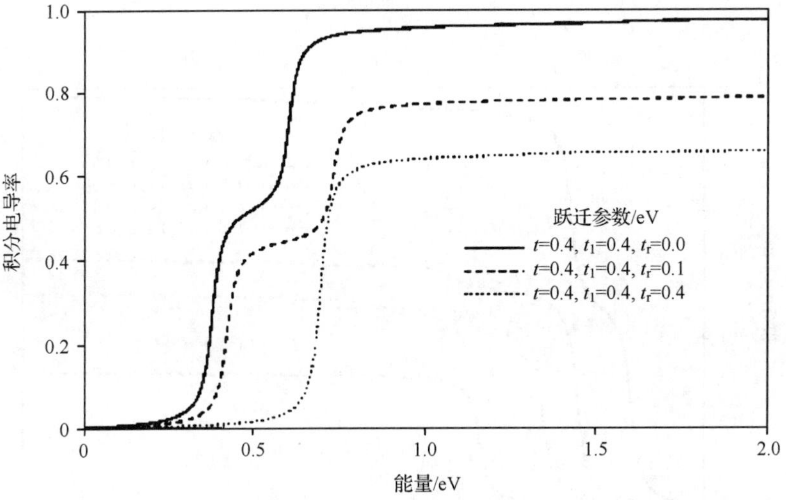

(b)

图 18.14　(a) 当 $t_r=0$、t_l 变化时，带 2 个电子的未包埋的 14 个位点晶格沿原丝轴向的光学电导率。(b) 当 $t_r=0$、t_l 变化时，带 2 个电子的未包埋 14 个位点晶格的积分电导率

将微管 A 晶格周期性边界条件应用于我们的体系，结果如图 18.15 所示，可以看出，仅 t_l 改变了有限的量，而 t_r 保持为 0，它足以导致产生非零的 Drude 权重。因此，侧向的周期性边界条件，与未包埋晶格的附加跃迁方向类似。若假定原丝间的动力学参数值为 0，光导谱表明，在 0.23eV 和 0.40eV 处出现了两个较大的吸收峰。随着 t_l 增大，这些峰向高能方向移动，第二个峰的积分权重变小。最后，一

且 $t_l=t$，则在 0.47eV 处出现一个大的单峰。引入第三个跃迁方向，对于所有方向的跃迁参数均为 0.4eV 的情形，仅能进一步地移动吸收峰直到 0.7eV。

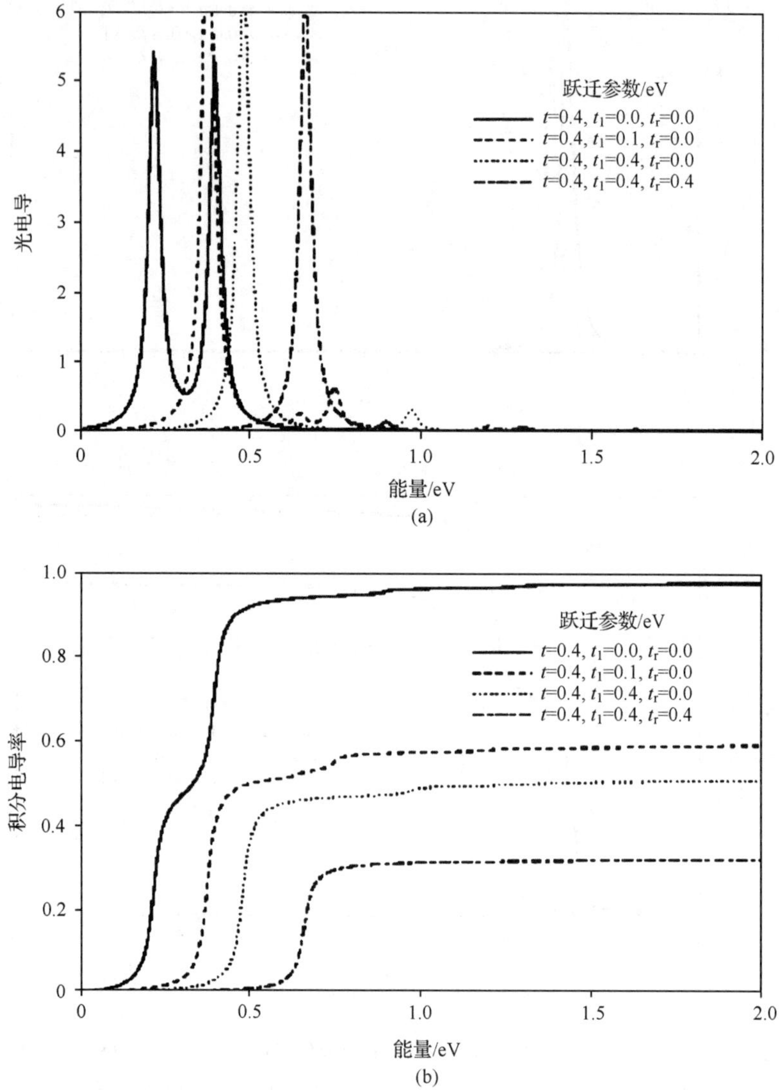

图 18.15 (a) 带 2 个电子的 14 个位点微管 B 晶格沿原丝方向的光学电导率；(b) 带 2 个电子的 14 个位点微管 B 晶格积分电导率表明，对于有限的 t_l，具有为非零权重

通过比较图 18.15 和图 18.16，可以看出，对于较小的 t_l（如 0.1eV），B 晶格要比微管 A 晶格具有更高的电导。不过，在两种晶格中，甚至吸收峰的位置也非常相似。同样，只要 t_l 或 t_r 不为 0，就能得到有限的 Drude 权重。

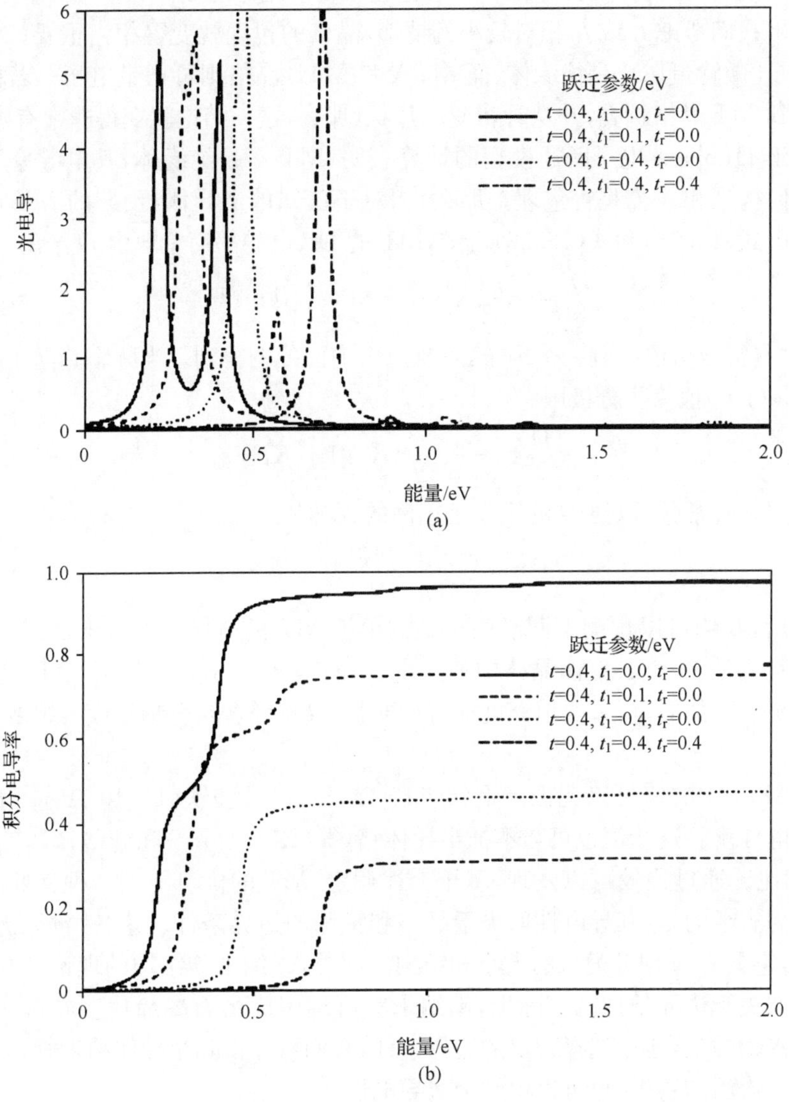

图 18.16 (a) 带 2 电子的 14 个位点微管 A 晶格沿原丝轴向的光学导电性;(b) 带 2 电子的 14 个位点微管 A 晶格积分电导率对于有限的 t_1 具有非零的 Drude 权重

最后,我们把微管 A 和 B 晶格与未包埋微管蛋白片及其二聚体原丝进行比较。可以用一个有趣的几何解释来说明这些结果:当 $t_1 = t_r$ 时,微管 A 和微管 B 晶格具有相同的传导性质,这是因为在计算时,我们认为所有单体具有相同的位点能。因此,B 晶格可以认为是具有相反螺旋而结构相同的 A 晶格。体系的螺旋方向不会影响沿主轴的传导性质。只要 t_1 和 t_r 都不为 0 时,由于晶格的一些跃迁自由度受到限制，但仍保持传导，因此，未包埋微管不是好的导体。

如果我们考虑 t_l 或 t_r 相对较小的情形，晶格的包埋就变得相当重要。如前所述，未包埋微管蛋白片是绝缘体，而 MTA 和 MTB 晶格则可携带电子。若能在体内观察到 MT 晶格折叠，并从管状变成片状，那么，这一结论就变得非常有意义。

基于 Hubbard 电子跃迁模型的计算表明，MT 不是绝缘体，其电导率取决于晶格几何构型和 MT 是否包埋。那么，相对于已知的半导体，预期的 MT 电导率如何？由式(18.35)和式(18.36)可知，MT 的 DC 电导率简单地由 D 给出。

$$\frac{D}{2}=-\frac{\pi e^2}{2}a^2\langle K\rangle-\int_0^{\infty}\sigma_{\text{kubo}}(w)\mathrm{d}w \tag{18.38}$$

式中，这些常数可以归到一个因子，并且可由前面的图得到。当频率趋向于无穷大时，Kubo(KF)值为积分极限。

$$\frac{D}{2}=-\frac{\pi e^2}{2}a^2\langle K\rangle(1-KF) \tag{18.39}$$

返回系统常数，以便 D 的维度是正确的，我们有：

$$D=-\frac{\pi ne^2a^2}{\hbar}\frac{\langle K\rangle}{t}(1-KF) \tag{18.40}$$

最后，我们可以预测不同晶格类型的单根 MT 的电导率。对于下列计算，电子密度看成是 14 个二聚体晶格中的双电子，对应于 $1.8\times10^{18}\,\mathrm{cm}^{-3}$。因此，这些结果基于如下的假定：只要填充度保持相同，电导率随着聚合物长度的扩展而保持恒定。

表 18.1 中的值可以比拟于铜($6\times10^7\,\Omega^{-1}\cdot\mathrm{m}^{-1}$)和铁($1\times10^7\,\Omega^{-1}\cdot\mathrm{m}^{-1}$)等金属的电导率。这些值也可与本征半导体锗($2.5\Omega^{-1}\cdot\mathrm{m}^{-1}$)和硅($4\times10^{-4}\Omega^{-1}\cdot\mathrm{m}^{-1}$)相比。通过比较可以发现，基于上述假定，MT 的确可能是一种良好的半导体。尤为有趣的是，其导电性取决于晶格和特殊的边界条件。这一情形类似于碳纳米管，它具有与 MT 类似的大小和结构。此外，碳纳米管结构的理论计算预测，导电性取决于边界条件。实际上，碳纳米管可理解成由石墨烯片层卷折而成的。令人感兴趣的是，通过选择特定的边界条件，我们可以得到半导体纳米管，同样，纳米管通过恰当的卷折，也可以得到金属导电性[31]。

表 18.1 由微管蛋白二聚体组成的 1μm 的聚合物的计算电导率和电阻

微管蛋白结构	电导率/($\Omega^{-1}\cdot\mathrm{m}^{-1}$)	电阻/Ω
个体原丝	不导电	
微管蛋白片($t_l=t_r=0.04$eV)	9.4×10^3	418k
微管蛋白片($t_l=t_r=0.1$eV)	2.0×10^4	195k
微管蛋白片($t_l=t_r=0.4$eV)	6.3×10^4	62k

续表

微管蛋白结构	电导率/($\Omega^{-1}\cdot m^{-1}$)	电阻/Ω
个体原丝	不导电	
微管(A 晶格，$t_l=t_r=0.04$eV)	1.8×10^4	219k
微管(A 晶格，$t_l=t_r=0.1$eV)	4.5×10^4	87k
微管(A 晶格，$t_l=t_r=0.4$eV)	1.6×10^5	25k
微管(B 晶格，$t_l=t_r=0.04$eV)	1.9×10^4	211k
微管(B 晶格，$t_l=t_r=0.1$eV)	4.7×10^4	84k
微管(B 晶格，$t_l=t_r=0.4$eV)	1.6×10^5	24k

由于电导率性质影响细胞观测和对外界电磁场的响应，即使还没有观察到单个电子沿着 MT 传导，可以认为，通过简单的几何改变使绝缘体转变成为导体，可能与生物特性相关。具体地讲，当 MT 可导电时，它们对电磁场的反射率也较高，因此，它们能够把红外信号导入中心体内部。如果 MT 是导电的，由于中心粒(centriole)间彼此垂直，细胞就可以检测到光源的纬度和经度[4,5]。由于 AC 电导率的能量值都显著地高于热活化阈值，因此，在无光照条件下，MT 没有电导性，不过，红外-可见光范围的光导也是可能的。因此，光激发电导具有功能性反射是可能的。此外，除了 MT 及可能包括 AF 的本征半导体行为外，当浸泡在离子缓冲液中时，这些蛋白质丝具有很强的电缆特性。在下一节中我们将讨论 AF 的离子导电效应。

18.6 基于肌丝的非线性离子波

实验[12,83]表明，沿肌丝(AF)产生离子波的可能性是存在的。由于在本体溶液中对离子(counter-ion)的稠密电子云将肌丝核与其他离子分开，我们预期，肌丝可以在离子和对离子之间充当介电介质。肌丝由单体构成，而单体含有电阻组分和电容组分。距离肌丝表面大约相当于 Bjerrum 长度的半径范围内预期会产生离子流。肌动蛋白的双螺旋结构，导致离子流以螺旋的方式前进，从而使得结构中出现诱导组分。由于在肌丝的表面形成了由对离子组成的外壳，这些聚合物可以当作生物“电线”[83]，并且被模型化为非线性、非均一的传输线，这种传输线传播的是非线性的离散孤立波。最近，Lader 研究组[78]将放大到 200mV、持续时间达 800μs 的脉冲电压，施加于 AF 的一端，在其另一端测量电信号。这个实验表明，AF 传导离子波是以轴向非线性电流的方式进行的。一项早期的实验表明[83]，在单根 AF 中，由电激发形成的波形与非线性导线中由电激发形成的孤立波形极其相似[85]。考虑到 AF 具有高度非线性的复杂物理结构，且对离子的电子云存在热涨落，观察到的类孤子离子波与 AF 可以作为生物传输线的想法是一致的。

电导介质是环绕着聚合物离子的稠密电子云，并且由于溶液中的热涨落而与聚合物分离。Bjerrum 距离(λ_B)被定义为溶液中的热涨落强度超过溶液中电荷之间的吸引或者排斥强度的距离。若用 ε 代表介质的介电常数，对于给定温度 T(以 K 为单位)，则 Bjerrum 距离可以表示为

$$\frac{e^2}{4\pi\varepsilon\varepsilon_0\lambda_B} = k_B T \tag{18.41}$$

式中，e 为电子的电量；ε 为介电常数；ε_0 为真空介电常数；k_B 为 Boltzmann 常量。在 293K 时，我们有 $k_B = 7.13\times10^{-10}$ m。当电荷之间的平均距离 b 满足 $\lambda_B B/b = S > 1$时，反离子的电子云被压缩。在真空中，每一个肌动蛋白单体可以带 14 个以上的负电荷，由于存在组胺酸的质子化等因素，若每一个肌动蛋白单体存在三个组氨酸，那么，每一个肌动蛋白亚组将有 11 个基元电荷[143]。假定平均每 1μm 有 370 个肌动蛋白单体，我们发现它大约为 $4e$/nm。因此，我们预期线性电荷间距 $b = 2.5\times10^{-10}$ m，这样，$S = 2.85$。由于有效电荷 q_{eff}或重整化棒状电荷是除以 S 的裸值，我们有 $q_{eff} = 3.93e$/单体。结果表明，大约 99%的反离子都被限制在聚合物轴向附近的 8nm 半径的范围内[110]。在这种"紧束缚"的离子云中，沿肌动蛋白丝的轴向可以发生显著的离子运动[104,107]，不过前提条件是它与体溶液隔离开来。

导电网络各部分的物理重要性和一些细节已在[148]中进行过介绍。对于溶液中的肌动蛋白，一个显著的特点是，与末端带负电荷的聚集相比，末端带正电荷的聚集要更加迅速[135]。这导致肌丝末端电荷的不对称和蛋白丝的电极化作用。肌动蛋白单体采用头-头连接的方式形成肌动蛋白二聚体，从而导致沿肌动蛋白丝长度方向出现电偶极距交替分布的现象。因此，我们认为，沿着肌动蛋白丝周围大约一个 Bjerrum 长度的范围存在离子的螺旋分布，这就相当于一个螺线管，由于其两端间存在电压梯度，因而产生一个起伏的电流。

电路的电容要素是通过观测在肌动蛋白丝表面的反电荷层来获取的。我们认为，蛋白表面的负电荷均匀地分布到一个定义肌动蛋白丝表面的圆柱上。此外，带正电荷的反离子，会沿着肌动蛋白丝表面再形成一个半径比蛋白丝半径大的圆柱。这些正电荷距离蛋白丝表面大约有一个 Bjerrum 长度 λ_B，它包括凝聚态离子。介电常数 ε_0 由 $\varepsilon = \varepsilon_0\varepsilon_r$ 给出，这里，ε_r 为水的相对介电常数，即 $\varepsilon_r = 80$。我们一般取肌动蛋白单体的长度 $a = 5.4$nm，肌动蛋白丝的半径 $r_{actin} = 2.5$nm[14]。下一步我们考虑一个长度为 a 的柱状高斯表面，其半径 r 满足 $r_{actin} < r < r_{actin} + \lambda_B$。

将高斯定律应用于圆柱内封闭的所有电荷，我们得到下述电容表达式。

$$C_0 = \frac{2\pi\varepsilon a}{\ln\left(\frac{r_{actin} + \lambda_B}{r_{actin}}\right)} \tag{18.42}$$

利用前面给出的参数，我们估计出每个肌动蛋白单体的电容 $C_0 = 96 \times 10^{-6}$

pF。电阻部分可以通过欧姆定律得到。考虑到电势差 V 和电流 I ，电阻 $R = V/I$，对于一个肌动蛋白丝，我们有

$$R = \frac{\rho \ln\left(\frac{r_{\text{actin}} + \lambda_{\text{B}}}{r_{\text{actin}}}\right)}{2\pi l} \tag{18.43}$$

式中，ρ 为电阻率。一般来说，细胞内 K^+ 和 Na^+ 的浓度分别为 0.15mol/L 和 0.02mol/L[147]。Kohlrausch 定律表明，盐溶液的摩尔电导率等于盐溶液中各离子电导率之和。因此，

$$\sigma = \Lambda_0^{K+} c^{K+} + \Lambda_0^{\text{Na}^+} c_{\text{Na}^+} = 1.21(\Omega^{-1} \cdot \text{m}^{-1}) \tag{18.44}$$

利用 $\rho = \sigma^{-1}$，则电阻值 $R = 6.11\text{M}\Omega$，由于 $R_{\text{water}} = 1.8\times 10^6 \text{M}\Omega$，因此，这个值远小于纯水的电阻值。

为了描述整根肌动蛋白丝的性能，如前所述，我们简单地连接 n 个子电路，以便分别得到有效电阻、感应系数和电容值，因此有

$$R_{\text{eff}} = \left(\sum_{i=1}^{n} \frac{1}{R_{2,i}}\right)^{-1} + \sum_{i=1}^{n} R_{1,i} \tag{18.45}$$

$$L_{\text{eff}} = \sum_{i=1}^{n} L_i \tag{18.46}$$

$$C_{\text{eff}} = \sum_{i=1}^{n} C_{0,i} \tag{18.47}$$

式中，$R_{1,i} = 6.11\times 10^6\,\Omega$；$R_{2,i} = 0.9\times 10^6\,\Omega$，因此有 $R_{1,i} = 7\,R_{2,i}$。注意我们利用了 $R_{1,i}=R_1$，$R_{2,i}=R_2$，$L_i=L$，$C_{0i}=C_0$。对于 $1\mu\text{m}$ 的肌动蛋白丝，我们有

$$R_{\text{eff}} = 1.2 \times 10^9\,\Omega \tag{18.48}$$

$$L_{\text{eff}} = 340 \times 10^{-12} H \tag{18.49}$$

$$C_{\text{eff}} = 0.02 \times 10^{-12} F \tag{18.50}$$

这一螺旋形电流几何构形导致形成一个具有自感特性的等效电子元件。根据法拉第定律，我们可以得到溶液中肌动蛋白丝的有效电感系数。

$$L = \frac{\mu N^2 A}{l} \tag{18.51}$$

式中，l 为肌动蛋白丝的长度；A 为有效线团的横截面积。

$$A = \pi(r_{\text{actin}} + \lambda_{\text{B}})^2 \tag{18.52}$$

可以通过测定沿着蛋白质单体排列的离子数目而计算出圈数。然后，我们就能够估计出排列在肌动蛋白丝轴向上圆圈形的螺旋圈数。在计算中，我们也考虑到了离子的水合层。所谓水合层就是定向排列在离子周围的一群水分子。可以证明，对于一个单体的长度，$L= 1.7$ pH。

肌动蛋白丝的电学模型，是将基尔霍夫(Kirchhoff)定律运用到与相邻单体耦合的有效电路的一段。沿着肌动蛋白丝存在有大量单体，采用连续极限[148]，我们

推导得到了如下的沿肌动蛋白丝的电势的时空行为的方程。

$$LC_0 \frac{\partial^2 V}{\partial t^2} = a^2(\partial_{xx} V) + R_2 C_0 \frac{\partial[a^2(\partial_{xx} V)]}{\partial t} - R_1 C_0 \frac{\partial V}{\partial t} + R_1 C_0 2bV \frac{\partial V}{\partial t} \tag{18.53}$$

受到这张图的启发，Tuszynski[148]等模拟了沿一小段聚合物(平均节距为35～40nm)的离子分布的物理性质，以作为一个具有非线性部件的电路(图 18.17)。电路的主要元件包括：①在聚合物内层离子和外层离子之间的空间电荷分布的非线性电容；②由于肌动蛋白丝螺旋形几何构形而产生的自感；③由溶液黏度而产生的电阻。

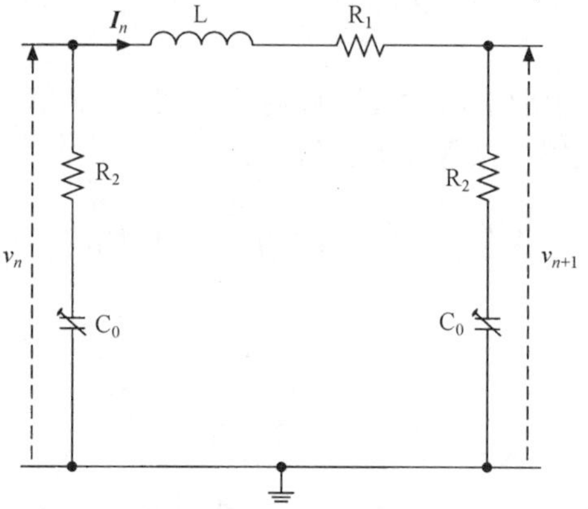

图 18.17 一段肌丝的等效电路

根据基尔霍夫定律，我们可以得到描述电势沿肌动蛋白丝传播的方程[148]。这个模型的关键部分是，相关电容的非线性最终引起离子波的自聚焦[86,150]。由这个模型推导得到的方程，最初来源于将基尔霍夫定律应用于一个肌丝里肌动蛋白单体模型所形成的 RLC 共振电路。也许，最重要的发现是行波的存在，行波是用来描述高离子浓度和低离子浓度之间移动跃迁区域的，它是由相应的单体之间的电势梯度造成的。传播速度估计在 $1 \sim 100\text{m} \cdot \text{s}^{-1}$ 的范围，它取决于电路模型的特性。值得注意的是，这些值与易兴奋组织中肌动蛋白电势传播的速度有重叠[55]。

对前述的模型进行分析可以发现，某一时刻的驻波可能导致离子浓度产生周期性空间分布。如前所述，Lader 研究组[78]将一个幅度约到 200mV、持续时间 800μs 的输入电压脉冲施加于 AF 的一端，并在其另一端测量电信号。这一实验表明，AF 支持轴向非线性电流形式的离子波。早期的实验[83]表明，在电刺激的单根 AF 中观察到的波形，类似于在电刺激的非线性传输线中记录的孤立波形[85]。考虑到 AF 高度非线性的物理结构和对离子电子云的热涨落，类孤子离子波的观点与 AF 可以作为生物传输线的想法是一致的。

至于肌动蛋白的实际模型，本节的结论支持类孤子离子行波的观点。模拟依赖于受实验条件限制的数据和/或所作的假定，其中包括电荷密度，它是基于肌动蛋白的净表面电荷而计算得到的。我们还应当考虑，孤子的速度直接地正比于刺激的幅度，这种机制在生物体内还没有得到正式的描述。肌动蛋白与大量的离子通道相互作用，这些离子通道具有不同离子渗透性和电导率。因此，我们可以预料，通道的开启、单通道电流和其他的通道性能（包括细胞的静止电势），会显著地改变孤子波的幅度和速度。这应该与行波沿与通道偶合的细丝运动速度有关。其他一些在这种电动力相互作用中发挥作用的参数包括，局部离子梯度和肌动蛋白结合蛋白质的调节作用，这些参数可以帮助“聚焦”(focus)导电介质，或者会反而削减波速。导电网络各部分的物理重要性以及其补充细节已在[148]中进行过介绍。MT 与 AF 在许多方面都有所不同。最重要的不同点之一是 MT 存在缩氨酸链，它们从表面突出，并被称为 C 端。在 18.7 节中，我们将探讨它们沿 MT 在离子波电导率中所起的作用。

18.7　沿微管的长程时空离子波

MT 是一种长的中空圆柱体，由 $\alpha\beta$-微管蛋白二聚体构成[33]，这已经在 18.5 节中介绍过。最近，人们知道，神经元细胞在感知过程中利用 MT。人们发现，与 MT 有关的运动蛋白和 MAP2 在学习和记忆过程中起作用[69,154]。特别地，树枝状的 MT 也是如此，关键蛋白质和 mRNA 沿树枝状 MT 轨道由运动蛋白精确协同地输运到突触后密度，对学习过程是必要的，正如 LTP 一样[70]。

下面的分子动力学(MD)模拟结果，将集中在相邻微管蛋白的 C 端，它们的生物物理性质对于物质输运到活性树突有着重要的影响。这会影响到细胞骨架信号的传导和处理，以及与 LTP 相关的突触的机能。使用 MD 模拟，我们可以计算从 MT 外表面伸出的 C 端的构象，它与其他蛋白（如 MAP2 和运动蛋白）发生强烈的相互作用[124]。为了阐明 C 端的生物物理特性，以及洞察它们在树突功能中所起的作用，我们基于现有的有关大分子结构（包括微管蛋白、它们的 C 端以及相关的 MAP2）的生物物理和生物化学方面的数据，建立定量的计算模型。在提出的 C 端微管网络的模型中，微管蛋白二聚体被认为是基本单位。在一些可能的构象中，每个 2 聚体带有 2 个 C 端，它们或者从原丝表面向外伸出，或者与其结合。

系统的大部分动态结构要素（即其弹性和导电自由度）被设想为 C 端的构象态。未结合的 C 端的各态逐渐演化，以使体系的总相互作用能最小。带有负电荷的 C 端与①二聚体表面；②邻近的 C 端；③相邻的 MAP 发生相互作用。尽管二聚体的表面总体来说是高度负电荷化的，但它仍然存在一些正电荷区域，它们将吸引 C 端，使它们发生弯曲，并以“向下”的构象结合。两个主要的亚稳态的能量差相对较小,约在几个 $k_B T$ 的量级[112]。

为了简化我们的计算,我们首先使用珠簧模型(head-spring model),将C端表示成一串柔性连接的珠子。我们已经考虑了由二聚体施加的电场,由环境产生的外场,和受激的C端内的各种短程相互作用,包括珠子之间的相互作用(即 Lennard-Jones 势、角向力等)。

我们使用了简化的模型,模型中 MAP2 与它的离子环境通过对离子发生相互作用,以研究 MAP2 作为"波导"(wave-guide)的能力,这种波导把C端态中构象变化传输到一个近邻 MT(图 18.18)。施加扰动到 MAP2 一端的对离子,使它们偏离平衡,并产生一个沿 MAP2 传播的波[112]。图 18.18(b)描述了对 MAP2 结合位点附近的对离子施加一个持续几个皮秒的扰动所生成的主要结果。沿 $N=50$ 的对离子链的波动传播表明,对离子的置换 u_i 平行于 MAP2,这里,i 表示第 i 个对离子。沿 MAP2 传播的这种扰动几乎可以作为一个"纽折"(kink),它的相位速度 $v_{ph} \approx 2\text{nm/ps}$。

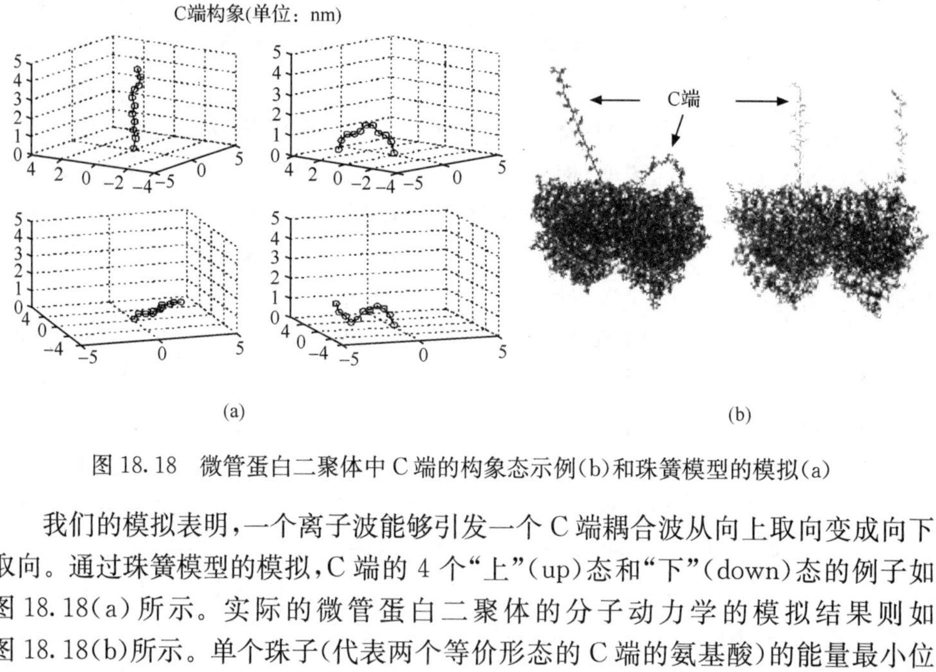

图 18.18 微管蛋白二聚体中C端的构象态示例(b)和珠簧模型的模拟(a)

我们的模拟表明,一个离子波能够引发一个C端耦合波从向上取向变成向下取向。通过珠簧模型的模拟,C端的 4 个"上"(up)态和"下"(down)态的例子如图 18.18(a)所示。实际的微管蛋白二聚体的分子动力学的模拟结果则如图 18.18(b)所示。单个珠子(代表两个等价形态的C端的氨基酸)的能量最小位置的计算表明,向下位置的概率(包括完全或部分吸附)是 15%。它意味着,体系的两个主要态强烈地偏向于向上伸展。

在本节的后部分,我们将介绍 MT 与 MAP2 之间相互作用的 MD 模拟研究,随后是 MT 的离子波传导的初步实验结果。

我们使用了简化的模型,模型中 MAP2 与它的离子环境通过对离子发生相互作用,以研究 MAP2 作为“生物导线”(biological wire)的能力,这种导线把 C 端态中构象变化传输到一个近邻 MT(图 18.19)。

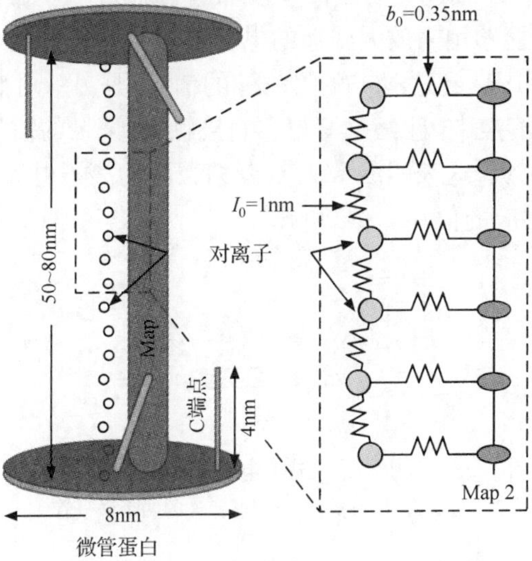

图 18.19 MT C 端构象变化转移过程示意图
离子波通过局域扰动沿近邻 MAP 传输到束缚的对离子

对 MAP2 末端的对离子施加一个扰动,驱使它们偏离平衡,并形成一个波动,沿 MAP2 传播[112]。图 18.20 描述了对 MAP2 结合位点附近的对离子施加一个持续几个皮秒的局域扰动的主要结果。波动的传播是沿着对离子的链方向,这说明了对离子的位移平行于 MAP2。

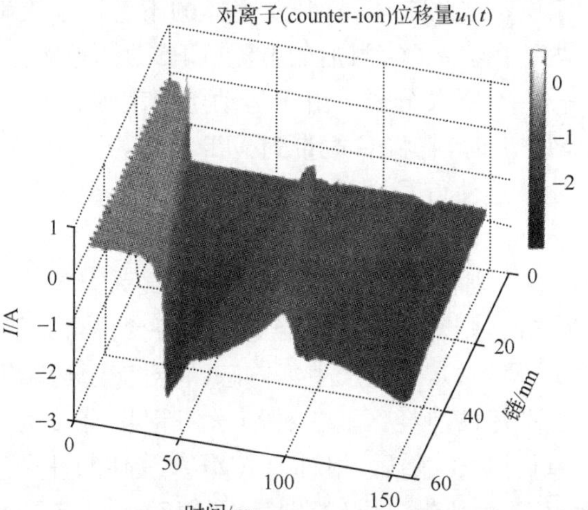

图 18.20 施加到 MAP2 结合位点附近的对离子的局域扰动的传播

为了验证提出的模型，我们在溶液中进行了 MT 的电刺激实验。实验的详细描述及其结果已发表在其他地方[113]。这里，我们仅描述针对这一现象开展研究的主要方面。图 18.21 描述了所用的实验布置。通过一个微滴管，用分离的紫杉醇稳定化了的 MT 能够用来放大施加的电信号。输入信号持续时间为 5～10ms，幅度范围为± 200mV。到达 MT 的另一端的信号，是另一对照实验(这里，两个相同的滴管同时浸在溶液中，且无 MT 与它们接触)中记录的信号的两倍。MT 的计算电导率在 10nS 量级，这表明沿 MT 具有相当高的离子电导率。相比之下，在典型的离子通道中，对应的值在 5～200pS。

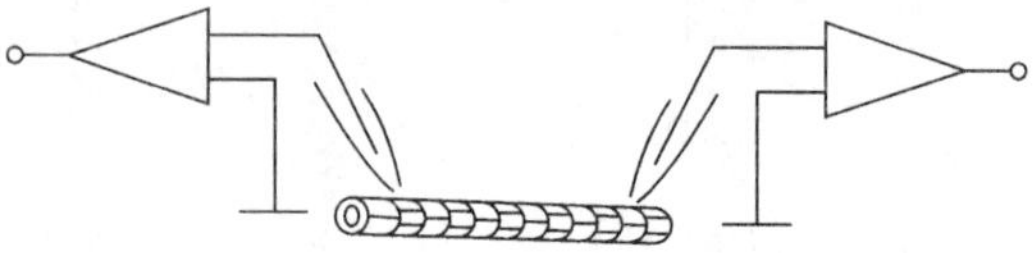

图 18.21 测量 MT 离子电导率的实验布置示意图
MT 附着于与信号放大器相连的两个微吸管

前面介绍的 MD 模型结果表明，静电扰动可能通过 MAP2 在邻近 C 端之间传输，也可能从一个 MT 上的 C 端传输到另一个 MT 上的 C 端。C 端的集体构象态和在 C 端之间传输扰动，作为一种亚神经元级别的新型信息处理机理，其重要性是显而易见。MAP2 和马达蛋白连接着附近微管蛋白上的 C 端，而 C 端的静电性质又影响着这种连接[2,145]。因此，从某种意义上说，我们必须考虑 C 端的构象以了解神经处理过程，而这种神经处理又取决于在神经元中的突触蛋白的输运。Kim 和 Lisman [71]曾经指出，在海马脑切片中，MT 运动蛋白的抑制可以降低 AMPA 受体介导的响应。这意味着，AMPA 受体的不稳定层依赖于 MT 动力学，而束缚 MT 的马达决定了兴奋的突触后的电流(EPSC)的振幅。一个行走运动蛋白携带一种蛋白或一种 mRNA 分子。由于运动蛋白束缚在 C 端的一个 MT 上，当运动蛋白“站”在 MT 上时，它将 C 端带到 MT 表面，并使其在一段时间内不能与下一个运动蛋白结合，这使得 C 端处于未束缚状态，并突出到外面。由此，我们可以推断出，在垂直方向上的长段的 C 端，在运输运动蛋白及其载体方面将是最显有效的，而水平的 C 端，则在分离运动蛋白方面是最为有效的。因此，若同时考虑运输许多个运动蛋白时，则 C 端的集体静电效应将变得至关重要。当突触被激活时(如当突触产生 EPSC 时)，可能产生集体态，它对应于运输策略，把最优数量的运动蛋白分子发送到突触神经区。一种与学习记忆有关的驱动蛋白载体是 NMDA 受体，它与 LTP 相关。随后，相对于 AMPA 受体的补充，PSD 可能更需要 NMDA 受体的补充[71]。运动蛋白质(特别是 KIF17)可以有效运输 NMDA 受体 2B 亚单位(NR2B)到 PSD 区域[52]。一旦 NR2B 在活性突触附近，它就与运动蛋白分离，然后与PSD结合，这里假定使用肌动蛋白运输作为中介步骤。因此，以运动蛋白为媒介的沿MT的NMDA受体的运输，存在一种内在的负反馈机制：每当有太多NMDA受体被运输到突触神经的位点（经常位于脊椎头）时，然后，那些NMDA受体能引起MAP2的蛋白水解故障。后者预计将进一步地降低NMDA受体到突触神经位点的输运。对于学习和LTP，信号转换分子CaMKⅡ也是非常重要的。与NMDA受体类似，CaMKⅡ通过一种运动蛋白媒介传输机制输运到活性突触。不过，与输运到脊椎的蛋白质相比，CaMKⅡ的mRNA的可能性似乎更大，这是因为，枝状突起富含有多核糖体和CaMKⅡ的mRNA[140]。核糖体从枝状突起被重新分配到具有LTP的脊椎[106]。枝状突起中CaMKⅡα的局部转换对于LTP的晚些阶段是必要的：恐惧适应和空间记忆[98]。此外，突触功效的变化经常伴随着形貌的变化；对于这些形貌的变化，底层MT的重组是最为重要的因素。在讨论了AF和MT在亚细胞传导过程中的单个性质和所起的作用后，我们将从总体上探讨它们在细胞内的功能。随后几节将深入地讨论这个问题。

18.8 树枝状细胞骨架信息处理模型

现行的假说认为，细胞骨架生物聚合物构成离子波传播的骨干，它们相互作用并且调控树状膜组分（如离子通道）以便有效地控制突触的连接。图18.22描述了树状轴的一部分，MT被C端修饰，并通过MAP2相互连接（粗线）。图中给出了MT和AF之间的连接，以及突触的两种连接方式。在左上部，肌动蛋白束结合到无刺突触的后突触密度（PSD）。在右下方，可以观察得到带有刺的突触，这里，肌动蛋白束进入脊椎颈，并结合到PSD上，而在另一端，则连接到MTN上。

我们设想了一种电响应机理，AF以及相关的细胞骨架结构直接地调节离子通道和突触强度，从而控制并修改神经元的电响应。在这幅图中，以混合极性网络方式排列的MT，以电扰动的形式从突触接收信号，它是通过MAP2连接到MT的AF来实现的[122]，或者通过诸如CRIPT这样的分子直接将MT与后突触密度蛋白质连接来实现的[108]。如下所述，MTN可以看成是一种高维度的动态系统，主要自由度与C端构象态有关。输入信号扰动系统的当前态，这种态将持续不断地演化。前述想法可以概述如下。电信号通过突触传输到达PSD，依次引起离子波沿着突触刺上的相关AF传播。这些树状输入信号，以离子波的形式，通过AF传输到MTN，这里，它们作为输入信号。MTN就像一个大型高维度机械一样运转，通过动态地改变C端构象，以便使得这些输入态发展。从MTN输出的则是系统的状态，它通过AF传播到遥远的离子通道。这些输出的功能被认为是可以调控压敏通道的时控状态。这一过程进而调控膜的导电性，并且通过改变开(open)/闭(close)通道的比率、分布和拓扑来控制轴突突起的行为。枝状突起和

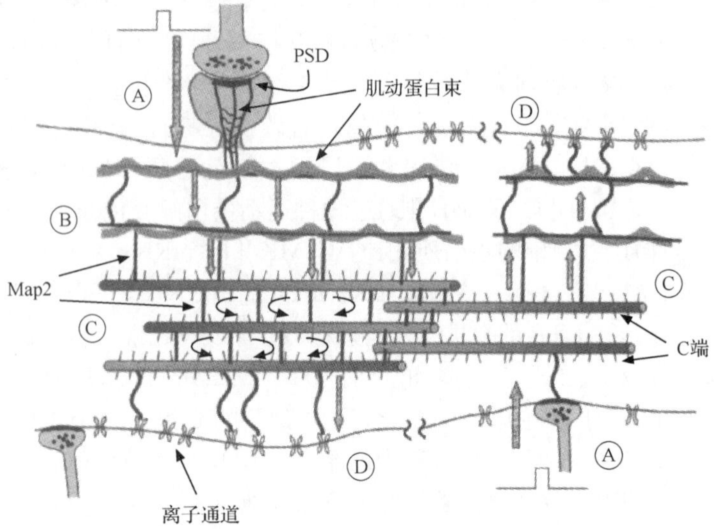

图 18.22 带有 MT 的树状轴的示意图。MT 排成混合极性网络，并以电扰动的形式从突触接收信号，AF 通过 MAP2 连接到 MT，或者 MT 通过诸如 CRIPTMT 等的分子直接与后突触密度蛋白质连接来实现的。右下角给出了一个刺状突触，这里，一束肌动蛋白进入到刺脊

神经元的全部功能都可以通过这种方式来进行调控。

细胞溶质与其骨架结构表现为一个大的动态系统，这一概念的诱人之处是显而易见的，这是因为，它提供了一种无需稳定的吸引子态而进行实时计算的方法。此外，输出对 MTN（细胞骨架结构网络）或输入模式的微小变化并不敏感。值得注意的是，即使是在没有额外输入的情况下，瞬时系统状态也在不断地演变。不过，新近的扰动对 MTN 轨道有着长期的影响，也就是说，这一系统具有记忆效应（不要与突触 LTP 相混淆，它具有长得多的时间尺度）。来自 MTN 的输出聚集在或接近离子通道以调控它们的时间行为。适应性问题需要反馈机制，至少局部地能够改变输出的功能。在对神经元功能的描述中，重点在于加工性、突触增强、LTP 和记忆增强，输出功能可能简单地反映了 MTN 对突触通道功能的影响，这样，对伴生输入模式的表达，通道的预期状态似乎具有更高的开/闭概率。一种可能性是基于 Hebbian 的响应，MTN 输出态的某些子域更为频繁的活动，可以提高或降低连接到对应通道的 AF 的密度。

我们现在来解释这一总体看法是如何作为一种调节（适应）机理的。图 18.22 中输入水平（level）由 A 表示，与通过膜的外部电扰动有关，突触的输入则主要来自于其他神经元。这些信号到达细胞骨架后，直接影响 MTN 和（或）带刺突触中的肌动蛋白丝（束）。不过，肌动蛋白细胞骨架也负责将信号向 MTN 传递（水平 B）。这些传播的信号（水平 C）又被当作为 MTN 的输入，从而可以看成是一个动

态系统。我们进一步地认为，MTN生成各种相空间轨迹，以便对不同的输入矢量做出反应。由于输出状态不是系统的吸引子，因此，对这一系统的限制并不太大。换句话说，这一水平的信息处理，并不一定是基于吸引子动力学，而是基于实时计算。这一假设取决于观察到的MTN传播信号的能力，以及树突结构中MTN的拓扑特点，其中，具有混合极性的更短的MT被连接到MAP2。来自MTN的输出可能是某些区域的演变状态矢量的函数，这些区域能够被肌动蛋白丝接近和/或直接与离子通道连接(水平D中的两种可能)。这些输出信号可以改变时间通道活性，它或者通过从MTN直接到达通道，或者以肌动蛋白丝为中介。因此，基于通道的突触膜的传导率仅在轴突小丘区域受到调节，在多数情况下，它负责产生动作电位。

非特异性高维动态系统可以用作液态机器(LSM)中的轨迹池，这种想法最近被提出来、并用来解释大脑中微电路的存在性[87]。LSM的基本结构是一种可激发的介质(即"液体")和一个绘制当前液态的输出功能。液体必须足够复杂、且是动态的，以确保通用的计算能力。这足以保证不同的输入矢量产生分离的轨道。一个突出神经元网络和循环神经网络被当作"液体"，而输出(读出)功能则由简单的感知器、阈函数甚至线性回归函数来执行。显然，简单的读出功能制约了整个系统捕获复杂非线性相关性的能力。

18.9 神经细胞骨架与膜的内在关系

通常，F-肌动蛋白和微管细胞骨架网络被认为扮演着不同的且彼此独立的细胞角色。高度动态的肌动蛋白网络被认为对细胞运动起作用，尤其是对前沿传播和收缩更是如此。更稳定的MT细胞骨架则被认为对细胞分裂和细胞器传输起重要作用。然而，最近的研究则提供了一个统一的角色，肌动蛋白细胞骨架在细胞分裂和传输中扮演着重要的角色，而MT则在细胞形态的产生与塑化上扮演重要角色。最近，在细胞迁移和形态形成过程中，人们观察到了肌动蛋白细胞骨架和MT细胞骨架之间的协调效应，同时，在神经突形成过程中，情形也非常类似[28]。可以认为，两种细胞骨架之间存在着直接的物理联系，这是因为，MT通常优先沿肌动蛋白束生长，且瞬时选择有大量肌动蛋白附着的复合物。在神经元中，某些血小板溶素和具有特异性神经细胞的MAP，如MAP1B和MAP2，在连接MT和AF时起作用，并协助其从无差别态到载有神经突形貌的转变。

已知MAP1B和MAP2在体外可与肌动蛋白发生相互作用[20,109,128,134,146]。与两种细胞骨架相关的MAP2和MAP1B可能通过交联，参与MT沿AF束的导向。MAP或者能够在MT与肌动蛋白之间穿梭，或者能够通过活性交联AF来改变F-肌动蛋白的行为。

然而,关于神经细胞的离子通道和细胞骨架之间的相互作用,我们还知之甚少。最近,全细胞和单通道记录表明,带松胞素 D 的内生 AF 的急剧分裂可以激活这些细胞中的受电压控制的 K^+ 流,而它可以通过 AF 稳定剂(鬼笔环肽)在细胞内充满而得到极大的抑制。有趣的是,直接地将肌动蛋白加到切除的外翻片段,可以激活和/或增加单一的 K^+ 通道。因此,肌动蛋白细胞骨架动力学上的急剧变化,可以调控在双极神经元中的受电压控制的离子通道活动。这也许预示着存在更为一般和相当诱人的机理,即在神经元通道中细胞骨架结构控制反馈。

最近的对溶液中 AF 和 MT 电性质的理论和实验研究表明,它们有可能作为生物高分子导线[83,148]。这意味着,这些蛋白质聚合物细丝能够传导非线性离子波,甚而能够放大相对于导电溶液的信号[112]。我们假定存在一种机理,即 AF 和与之相关联的细胞骨架结构直接地调节离子通道和突触强度,从而能够控制和改变神经元的电响应。根据这一假定(图 18.22),在混合极性网络中排列的 MT,以电扰动的形式接收来自突触的信号,要么通过 MAP 将 AF 与 MT 连接[122],要么通过诸如 CRIPT 的分子直接地将 MT 连接到突触后密度蛋白质[108]。这些信号以离子波的形式传播。传播的离子波的特定物理性质将在随后的章节中讨论。

18.10 与感知功能的关系

神经元中蛋白质和受体的传输可能是基于电磁场的,在某种程度上说,这一功能可能是 MT 计算的结果。本章提出的观点是,由一个微管阵列的特定电磁场状态所决定的指纹,可能对应于独特的识别单位(如一个基本的视觉参量)。最近的研究表明,视觉单元能够以音乐形式表现[23];因此,发散的视觉和认知过程可能以某种普遍的能量类型为基础。若不考虑知觉输入,一个电磁指纹的活化可能激活另一电磁指纹。此外,我们可以根据影响蛋白质到突触传输的 MT 的关键物理性质,对电磁能量的普遍模式的物体感知进行分类。影响运动蛋白传输的因素包括微管蛋白的构象和 C 端的性质[112,136]。

微管蛋白的构象对有效传输起关键性作用,马达蛋白似乎也会暂时性地改变微管蛋白的构象。运动蛋白的束缚和 MAP(tau)的束缚等可以改变原丝脊沿 MT 的突起方向,并进而影响它们的束缚能力[127]。除了能够对束缚能力进行局部调节,MT 也有可能在运动蛋白加工性之前改变其构象,这也证实了沿 MT 纵向原丝定位的微管蛋白二聚体之间的长程协作效应。这些生物化学关系与电磁场有关。微管蛋白的偶极矩取决于其在 MT 中的构型[53,97]。从理论上说,MT 中的电磁场可以通过突触输入来产生,突触输入直接影响微管蛋白的蛋白质构象,或通过运动蛋白或 MAP 的束缚变化来予以抑制。突触对 MT 的影响可以以离子流为媒介,或通过肌动蛋白丝传导[148],或通过信号转导叠加来实现,这种叠加能够引起

MAP 的磷酸化[126]。

由于微管蛋白二聚体纵向的电偶极子，以行波形式沿微管轨道传播的信息，原则上能够在突触间高保真地传递[149]。通过使极化的 MT 的一部分排列起来，MAP2 桥可以促使微管在树枝状核中呈平行或反平行的排列。MT 的反平行排列(特别出现在枝状突起中)会严重地削弱由 MT 引起的任何电磁场。然而，在增强的以运动蛋白为媒介的传输过程中，由于可能出现活跃的突触活动，束缚在 MT 上的 MAP 会被扰动，甚至可能从 MT 上暂时分离。类似的现象也可能发生在以动力蛋白为媒介的传输中，它主要发生在以运动蛋白为媒介的传输的相反方向上。假设至少存在有一些 MAP2 保持附着在反平行的 MT 上，从而保持树状阵列的完整性，则沿 MT 阵列的所有净单向输运都应该增加与指纹有关的电磁场强度，并且进一步导致电磁场扩展到毗邻 MT。一旦足够数量的 MT 参与动态的发送和接收互补电磁能，整个神经细胞隔间(如枝状突起)就会发生相互作用。由于在脑皮层枝状突起中 MT 的平行/反平行排列，以及电磁场从一个枝状突起向毗邻的枝状突起传递的能力，原则上，信息可以在神经元之间传递，前提条件是，MAP 或者运动蛋白的束缚变化时，这种电磁场能够被足够地放大。

人体的脑皮质中大约含有 10^{11} 个神经元和 10^{14} 个突触，因此，每个感官单元都能够提供极高的分辨率。例如，视网膜中的凹陷部分含有大约 10^6 个能够传送信息到脑皮质的受体细胞，并能扩展到最终驱动至少 10 亿皮质细胞的突触活动。尽管哺乳动物的脑皮质含有很多神经元和更多的神经键，其连接性(connectivity)可以用一常见的理论阐述：重复性地高分辨率拓扑表达。尽管这一组织方案非常简单，脑皮质中的细胞，特别是在高感官和辅助区的细胞，在认知过程中，令人费解地显示出相关反应。实验改变了基本的树突结构，最终它也会改变由 MT 产生的电磁场，这是传输的蛋白质沿着它们运动的结果。如前所述，细胞骨架的重排发生在早期发育阶段，并伴随在学习和神经退行性病变引起的老年痴呆症的过程中。

尽管突触功效变化的模型[如长期的增强或抑制(LTP 和 LTD)]为记忆机理提供了巨大的潜能[93]，人们经常忽视的问题是，大量的突触同时受到影响。如果只是每个记忆中的很少突触改变，整个脑皮层系统将具有几乎接近无限的能力，不过，如果许多突触都参与进入每个记忆中(如 LTP 的情形)，将会产生严重的饱和效应。这又关联到脑皮质的拓扑组织(topographic organization)。严格地说，突触模型(电化学)表明，复杂的神经元网络组织增加了突触的重量(即同时激发的神经元会串联在一起)。不过，视觉皮质区域没有在视觉图的所有部分进行大量的任意互接，因此，突触功效的许多改变是不可能的，而这些突触功效对于编码复杂知觉特性是必不可少的。

对于 MT 的生物物理性质，人们刚开始在分子和原子水平上有所理解，近期的经验证据显示，在特定的实验诱导条件下 MT 之间会出现有趣的效应。两个研究组，一个由康奈尔大学的 Watt Webb 领导，另一个由康涅狄格大学的 Paul Campagnola 和 William Mohler 领导，发现 MT 能够引起强烈的二次谐波产生：用 880nm 的蓝宝石激光激发时，会出现倍频（其他频率只是部分有效）。MT 是少数几个具有电偶极的生物物质之一，它们能够与相邻的 MT 的偶极增强地相干[11,29]。这种现象发生在轴突内平行的 MT 中，而在树突内反平行的 MT 中则不发生这种现象。对于自然学习或暴露于震荡输入的情形，或存在 LTP 诱发的破伤风或者各种药剂时，这种现象会发生吗？可以想象它们能够诱发电磁能。此外，除了对电磁辐射敏感外，MT 本身也能产生这种能量。MT 产生的二次谐波和它们的铁电特性是一致的。产生二次谐波时，最强的增强波长是 880nm，它支持经常被人们忽视的由细胞产生电磁信号的报道。Guenther Albercht-Buehler[5] 观察到近红外区的电磁能量与由中心粒在 880nm 处产生的能量相重叠。中心粒的作用是细胞间的通信，因此他给出建议“……MT 的功能之一可能起着细胞’神经’的作用”。这个波段的红外光也会诱使细胞聚集[6]。因为频率（或波长）决定了给定 MT 的介电极化的长程效应，人们预期这一效应也与长度相关。在 MT 产生的二次谐波中，MT 之间的距离起着决定性的作用。

18.11 用于生物电子应用和神经形态计算的可能性

传统上，生物学家们认为，细胞是含有酶、器官等的“液体马赛克袋”（fluid mosaic bag）。近期的工作主要集中于找出能够形成这种细胞“汤”（soup）的蛋白质，并研究影响对应于某一特定生物学功能的变化。通过对这些蛋白质与蛋白质相互作用的分子层次的分析，各实验室的近期工作是建立“系统生物学”的模型，在这个模型中，各生化反应能够单独表征，并能形成一个有机的整体和一个协同的动态网络。基于这些知识，我们期望能够获得影响纳米技术、生物技术和材料科学等诸多学科的有用信息。在每个细胞中，都有服务于众多功能的细致网络。这是一种细胞内的“高速公路”，例如，它提供了马达蛋白运送货物的道路，并旅行以扩展轴突长度。它控制突触和树突的外生长，负责在有丝分裂中拉开染色体以及细胞的运动等。

随着人造的工程系统变得越来越小型化，建立“纳米机器”的需求促使物理学家和工程师面向仿生科学（即，模仿生物材料的工程分支）。这一领域是相当可行的，并已经取得了很多进展。然而，由于在如此小的尺度建立机械器件受到其内在的限制，仍然有很多的东西需要我们了解。可以想象，通过我们对细胞各个功能和结构组成进行更好的了解，我们将能够更好地发展医学和技术，甚至会超出我们漫无边际的梦想。其中一个领域是，计算机工程将经历一次范式大转变。

进入 21 世纪，令人兴奋的计算生物技术新世界的黎明已经来临，我们已经为新一代的计算机做好了准备，我们不需要告诉它们去做什么，相反，它们有能力自我学习。生物计算机的发展方向是快、小且可以进化，它不再是科学幻想。科学家们将生物材料和最新的硅基技术结合起来，为我们提供的电子器件不仅尺寸上更小，而且结构和功能上也更加灵活。

具有讽刺意味的是，我们的大脑可以佐证这一概念。许多科学家相信，每个神经元都显示出布线模式和交流的能力，它类似于个人电脑，因此，它为人们设计生物计算机提供了框架。大脑由 10^{10} 个神经元构成，每一个神经元都能和其他 1000 个神经元交流。神经元沿着其臂膀或"轴突"发送电信号。在每个轴突里，微管的并行架构与其他蛋白质互联，类似于并行计算机的连线。事实上，微管的结构可能演变为提供最佳的计算机效率。在电场和电流的作用下，蛋白纤维的压电性容许其弯曲，因此，它们是突触可塑性调节器的理想候选者，这一机制能够用于解释这一通用原则"使用它或失去它"(use it or lose it)。因此，很少使用的突触连接会被关掉，以便有利于更有活性的突触。生物学家 Guenter Albrecht-Buehler[3] 曾经演示，细胞通过细小的被称为中心粒(由能够与电磁辐射相互作用的微管组成)的器官来感知环境。为了进一步地表明微管具有导电性，由 Eberhard Unger[41,42] 领导的德国生物技术小组成功地进行了一些必需的实验，现在正致力于使用这些蛋白质以及其他一些蛋白质来构建纳米电子部件。同时，将生物材料和硅基材料结合的工作也正在实施过程中，以期赢得对未来生物电子应用的更多的支撑。世界范围内的各实验室都在致力于发展生物芯片。主要目标就是使用混合的蛋白质-硅结构来设计纳电子部件，蛋白质阵列作为生物振荡器，并可以被电极或声学耦合器刺激。这将提供一种具有丰富动态特性的模拟电路。

DNA 计算机不太可能是电子计算机的独立竞争者。不过，以 DNA 和蛋白质形式的数字存储，可用于精巧、且高效的编辑机器，用来通过细胞导航、剪切和粘贴分子数据到有生命的物质中。此外，把先天的智能植入 DNA 分子，有助于构筑微小、复杂的结构：从本质上讲，是使用计算机的逻辑，不是去压缩数据，而是去建立事物，这是加州理工学院的 Winfree 和 Rothemund 曾经设想的构法[123]。DNA 分子瓦(DNA tiles)的单根试管能够操作 $10^{13}\,s^{-1}$ 次加法(比电子计算机要快一百万倍)。将 DNA 或蛋白质基杂化结构与活性细胞相对接，将使得一系列医学和技术应用成为可能，包括非侵入式诊断，治疗医学应用和计算器件。

这种框构的一个主要部件是以蛋白质为基础的亚细胞结构，我们称之为微管，在这一章中，我们主要对它进行了介绍。微管由 13 条原丝组成，它们以螺旋形状排列，每条原丝又由微管蛋白亚结构构成。每个微管蛋白具有两种构象：一种是所有的单体排列成一行；另一种是一个单体相对于垂直轴移动 30°。取决于构象，单个微管蛋白能够在特定的时刻存在，其近邻的构象也能改变。这种构象的改变，可以通过微管进行传输，它类似于通过细胞自动元胞机程序进行的模式传输。此外，正如在这本章前面论述的那样，微管蛋白具有几种电子态和偶极态，其中有些微管蛋白可以认为是连接到C端的构象及其周围的对离子云。我们通过输入一种电的、化学的或者是机械的信号，然后在系统的另一端就能够输出另外一种信号，这一想法给予我们进行计算或信息处理的启发。我们相信，有序的蛋白质阵列可以作为一种可编程处理器，甚至能够作为在细胞内(如神经元)的计算机，或者作为纳米器件。

纳米技术能够而且应该以一种全新的方式利用生物学的优势(不是制造模仿生物部件的材料，而是使用生物部件本身)。对于微管和微管蛋白，不是从诸如牛或猪脑等传统资源中纯化蛋白质，相反，微管蛋白可以非常容易地克隆到一个表达矢量里，并大量地从细菌纯化。随后，具有预置序列的纯化的微管蛋白(因而具有要求的生物物理和生物化学特性)，可以方便地聚合成具有特定的结构和功能的微管。紧接着，所得到的微管稳定在聚合物凝胶中，它们能够在特殊的控制参数下如温度、外加压力、pH或者离子浓度等进行相转变。随后引发一个信号，开始计算过程，在能够仿真亚神经设计的体系架构中，这一计算过程由单根的微管或通过MAP互连的微管集合体，或与肌动蛋白丝相连的微管来执行。在构建可演化的计算机过程中，这一技术也可以用于传感器或人工智能系统。这一努力的唯一限制，就是我们的想象力和我们梦想新应用的能力。

18.12 讨 论

考虑到在轴突和树枝状的神经元中存在大量的MT和AF，上述的发现和理论模型，对我们理解信号和离子在细胞内的传输是至关重要的。大量的新信息[63]表明，AF直接地或间接地连接到兴奋和非兴奋组织里的离子通道，在这些电流发生器(即通道)和细胞内部的传输线(即AF和MT)之间提供了可能相关的电耦合。此外，两种细丝对细胞的流动性起着关键作用，也就是，他们能够重排其空间构象。在神经元细胞内，AF主要位于突触间隙区域内，而MT则主要位于树枝突以及轴突上。同样可以理解，细丝支持的电信号有助于引发神经传递素，而电信号则是通过电压调制的膜形变来释放的，这会引起胞外分泌[132]。在后突触树枝状刺里，肌动蛋白也是非常显著的，树枝刺里的肌动蛋白的动力学特性意味着对突触传输的后突触响应。Kaech等[65]说明了一般的麻醉剂能够抑制肌动蛋白介导的响应。在神经元里肌动蛋白的功能中，我们提到了流逝的谷氨酸盐受体通道，它意味着长期势差现象。因此，我们可以合理地认为，在AF和MT之间传播的离子波，能够引起大范围的生理学效应。

总之，本章广泛地叙述了一些物理条件，它们允许诸如MT和AF这类的细胞骨架聚合物作为电传输线路，用于沿他们的长度和相邻细丝之间的由MAP媒介互连的方向的离子流动。对于AF的情形，我们提出了一个模型，每个蛋白亚单元等价于一个电路振荡器。基于聚合体的分子性质，评估了模型中用到的物理参数。使用适应于电路的通用电导率规则，我们分析了离子波的性质，它们沿着AF传播，并将这些性质与早期观察到的实验现象进行了比较。对于神经元中MT所起的作用，我们介绍了C端态的动力学性质。我们不但讨论了单个的MT，而且还讨论了他们所构成的网络，包括和离子间的相互作用，以及通过MAP的信号传输。近期对沿AF和MT的离子传导率的实验证明，模型中所作的基本假设是正确的。根据这些结果，我们设想了一种新的树枝状信号传输机理，它涉及离子波沿蛋白丝的传播，它可以传播超过十微米而没有显著的衰减，并可能影响神经键和离子通道的作用。

我们提出了一种树枝状蛋白内涉及细胞骨架的基于电信号的信息处理新模型。这一模型预测，包括诸如AF和MT等的树枝状细胞骨架，在影响神经元功能的计算中，将起关键性的作用。这些细胞骨架细丝受离子通道活性的影响并调节离子通道的活性。对从MT表面突出的C端的分子动力学描述，揭示了几种构象的存在，并由此产生神经元细胞骨架的集体动力学性质。MT上的C端的这些集体态已经被证明对离子凝聚和离子云的传播有着重要的影响，和最近发现的肌动蛋白丝物理类似。随后，我们基于自上而下的方案提出了一个总体看法，它演示了离子波沿细胞骨架结构传输是如何能够影响通道的功能，并进而影响神经元的计算能力。

由肌动蛋白和MT细丝提供的可演化的、动力学的、可响应的细胞内电路，对我们理解细胞的内部运作及其与环境相互作用有重要意义。特别地，在细胞分化、细胞分裂以及细胞之间的通信方面，它为我们开拓了全新的视野。尽管创建一套完整的这类行为的理论还很遥远，但其个别理论却已经在逐渐成型。

致　谢

这一研究得到了NSERC(加拿大)，MITACS和Leverhulme信托基金(英国)的支持，同时还得到了LLC of Rochester(NY)技术创新的资助。

参 考 文 献

[1] Adessi, Ch., Walch, S., and Anantram, M. P. (2003). Environment and structure influence on DNA conduction. Phys. Rev. B, 67, 081405(R).

[2] Al-Bassam, J., Ozer, R. S., Safer, D., et al. (2002). MAP2 and tau bind. longitudinally along the outer ridges of microtubule protofilaments. J. Cell Biol., 157:1187-1196.

[3] Albrecht-Buehler, G. (1994). Cell Motil. Cytoskel., 27, 262-271.

[4] Albrecht-Buehler, G. (1995). Changes of cell behavior by near-infrared signals. Cell Motil. Cytoskel.,

32, 299-304.

[5] Albrecht-Buehler, G. (1998). Altered drug resistance of microtubules in cells exposed to infrared light pulses: Are microtubules the "nerves" of cells? Cell Motil. Cytoskel., 40, 183-192.

[6] Albrecht-Buehler G. (2005). A long-range attraction between aggregating 3T3 cells mediated by near-infrared light scattering. Proc. Natl. Acad. Sci. USA, 102, 5050-5055.

[7] Andersen, P. (1960). Interhippocampal impulses. II. Apical dendritic activation of CAI neurons. Acta. Physiol. Scand., 48:178-208.

[8] Bliss, T. V. P. and Collingridge, G. L. (1993). A synaptic model of memory: long-term potentiation in the hippocampus. Nature, 361, 31-39.

[9] Bockris, J. O'M. and Khan, S. U. M. (1983). Fermi levels in solution. Appl. Phys. Lett., 42(1), 124-125.

[10] Caceres A., Mautino J., and Kosik K. S. (1992). Suppression of MAP2 in cultured cerebellar macroneurons inhibits minor neurite formation. Neuron, 9(4):607-618.

[11] Campagnola P. J., Millard A. C., Terasaki M., et al. (2002). Three-dimensional high-resolution second-harmonic generation imaging of endogenous structural proteins in biological tissues. Biophys. J., 82, 493-508.

[12] Cantiello, H., Patenande, C., and Zaner, K. (1991). Osmotically induced electrical signals from actin filaments. Biophys. J., 59:1284-1289.

[13] Caplow, M. Ruhlen, R. and Shanks, J. (1994). J. Cell. Biol., 127, 779.

[14] Chasan, B., Geisse, N., Pedatella, K., et al. (2002). Evidence for direct interaction between actin and the cystic fibrosis transmembrane conductance regulator. Eur. Biophys. J., 30:617-624.

[15] Christie, B. R. and Abraham, W. C. (1994). Differential regulation of paired-pulse plasticity following LTP in the dentate gyrus. Neuroreport, 5(4):385-8.

[16] Christie, B. R., Eliot, L. S., Ito, K., et al. (1995). Different Ca^{2+} channels in soma and dendrites of hippocampal pyramidal neurons mediate spike-induced Ca^{2+} influx. J. Neurophysiol., 73(6), 2553-2557.

[17] Consta, S. and Kapral, R. (1994). Proton transfer in mesoscopic, molecular clusters. J. Chem. Phys., 101(12), 10908-10914.

[18] Coombs, J. S., Eccles, J. C., and Fatt, P. (1955). The specific ionic conductances and the ionic movements across the motoneuronal membrane that produce the inhibitory post-synaptic potential. J. Physiol., 130(2): 326-373.

[19] Cope, F. W. (1975). A review of the applications of solid state physics concepts to biological systems. J. Biologic. Phys., 3(1), 1-41.

[20] Correas, I., Padilla, R., and Avila, J. (1990). The tubulin-binding sequence of brain microtubule associated proteins... is also involved in actin binding, Biochem. J., 269(1): 61-64.

[21] Cragg, B. G. and Hamlyn, L. H. (1955). Action potentials of the pyramidal neurones in the hippocampus of the rabbit. J. Physiol., 129(3): 608-627.

[22] Craig, A. M., Wyborski, R. J., and Banker, G. (1995). Preferential addition of newly synthesized membrane protein at axonal growth cones. Nature, 375, 592-594.

[23] Cronly-Dillon J., Persaud K., and Gregory, R. P. (1999). The perception of visual images encoded in musical form: a study in cross-modality information transfer. Proc. Biol. Sci., 1999 Dec 7, 266(1436):

2427-2433.

[24] Dai, J. and Sheetz, M. P. (1995). Mechanical properties of neuronal growth cone membranes studied by tether formation with laser optical tweezers. Biophys. J., 68, 988-996.

[25] Davies, O. R. and Inglesfield, J. E. (2004). Embedding method for conductance of DNA. Phys. Rev. B, 69, 195110.

[26] de Pablo, P. J., Moreno-Herrero, F., Colchero, J., et al. (2000). Absence of dc-conductivity in λ-DNA. Phys. Rev. Lett., 85, 4992-4995.

[27] Dehmelt, L., Smart, F. M., Ozer, R. S., et al. (2003). The role of microtubule-associated protein 2c in the reorganization of microtubules and lamellipodia during neurite initiation. J. Neurosci., 23(29): 9479-9490.

[28] Dehmelt, L. and Halpain, S. (2004). The MAP2/Tau family of microtubule-associated proteins, Genome Biol., 6.

[29] Dombeck, D. A., Kasischke, K. A., Vishwasrao, H. D., Ingelsson, M., Hyman, B. T., and Webb, W. W. (2003). Uniformpolarity microtubule assemblies imaged in native brain tissue by second-harmonic generation microscopy. Proc. Natl. Acad. Sci. USA, 100, 7081-7086.

[30] Doniach, S. and Sondheimer, E. (1974). Green's Functions for Solid State Physicists (W. A. Benjamin Inc., Don Mills).

[31] Dresselhaus, M. S., Dreselhaus, G., and Eklund, P. C. (1996). Science of Fullerenes and Carbon Nanotubes, (Academic Press: San Diego).

[32] Drewes, G., Ebneth, A., and Mandelkow, E-M. (1998). MAPs, MARKs and microtubule dynamics. TIBS, 23, 307-311.

[33] Dustin, P. (1984). Microtubules. (Springer-Verlag, Berlin).

[34] Eccles, J. C. (1964). The Physiology of Synapses (Springer, Berlin).

[35] Eley, D. D. (1989). Studies of organic semiconductors for 40 years I. Mol. Cryst. Liq. Cryst., 171, 1-21.

[36] Eliot, L. S. and Johnston, D. (1994). Multiple components of calcium current in acutely dissociated dentate gyrus granule neurons. J. Neurophysiol., 72(2), 762-777.

[37] Endres, R. G., Cox, D. L. and Singh, R. (2004). Colloquium: The quest for high-conductance DNA. Rev. Mod. Phys., 76, 195.

[38] Eyzaguirre, C. and Kuffler, S. W. (1955). Further Study of Soma, Dendrite, and Axon Excitation in Single Neurons. J. Gen. Physiol., 39, 121-153.

[39] Fink, H. W. (2001). DNA and conducting electrons. Cell. Mol. Life Sci., 58(1).

[40] Fisher, R., Gray, R., and Johnston, D. (1990). Properties and distribution of single voltage-gated calcium channels in adult hippocampal neurons. J. Neurophysiol., 64(1), 91-104.

[41] Fritzsche, W., Böhm, K., Unger, E., et al. (1998). Making electrical contact to single molecules. Nanotechnology, 9, 177-183.

[42] Fritzsche, W., Koehler, J. M., Boehm, K., et al. (1999). Nanotechnology, 10, 331-335.

[43] Fujita, Y. and Sakata, H. (1962). Electrophysiological properties of CA1 and CA2 apical dendrites of rabbit hippocampus. J. Neurophysiol., 25: 209-222.

[44] Fye, R. M., Martins, M. J., and Scalapino, D. J. (1992). Optical-conductivity properties of onedimensional Hubbard rings: Repulsive and attractive-u cases. Phys. Rev., B45, 7311-7314.

[45] Gamblin, T. C., Nachmanoff, K., Halpain, S., et al. (1996). Recombinant microtubule-associated

protein 2c reduces the dynamic instability of individual microtubules. Biochemistry, 35 (38), 12576-12586.

[46] Glanz, J. (1997). Science, 276, 678.

[47] Goddard, G. and Whittier, J. E. (2006). Biomolecules as nanomaterials: interface characterization for sensor development. Proc. SPIE, Varadan, V. K., Ed., Vol. 6172, 617206.

[48] Gonzales-Billault, C., Owen, R., Gordon-Weeks, P. R., et al. (2002). Microtubule-associated protein 1B is involved in the initial stages of axonogenesis in peripheral nervous system cultured neurons. Brain Res., 943:56-67.

[49] Greenough, W. T. (1975). Experiential modification of the developing brain. Am. Sci., 63(1):37-46.

[50] Greenough, W. T., Black, J. E., Wallace, C. S. (1987). Experience and brain development. Child Devel., 58(3), 539-559.

[51] Griffith, L. M. and Pollard, T. D. (1982). The interaction of actin filaments with microtubules and microtubule associated proteins. J. Biol. Chem., 257(15), 9143-9151.

[52] Guillaud, L., Setou, M., and Hirokawa, N. (2003). KIF17 dynamic sand regulation of NR2B trafficking in hippocampal neurons. J. Neurosci., 23:131-140.

[53] Hagan, S., Hameroff, S. R., and Tuszynski, J. A. (2002). Quantum computation in brain microtubules: decoherence and biological feasibility. Phys. Rev. E, 65, 061901-1 to -11.

[54] Hempel et al. (2000).

[55] Hille, B. (1992). Ionic Channels of Excitable Membranes. (Sinauer Associates, Sunderland, MA.)

[56] Hirokawa, N. (1991). In: The Neuronal Cytoskeleton (Wiley-Liss, New York), 5-74.

[57] Houchin, J. (1973). Procion yellow electrodes for intracellular recording and staining of neurons in the somatosensory cortex of the rat. J. Physiol., 232, 67-69.

[58] Howard, W., and Timasheff, S. (1986). Biochemistry, 25, 8292.

[59] Hyman, A. (1992). J. Cell Biol., 127.

[60] Hyman, A., Chretien, D., Arnal, I., et al. (1995). J. Cell. Biol., 128, 117.

[61] Ingber, D. E. (1993). Cellular tensegrity: defining new rules of biological design that govern the cytoskeleton. J. Cell Sci., 104, 613-627.

[62] Jaffe, D. and Brown, T. (1994). Metabotropic glutamate receptor activation induces calcium waves within hippocampal dendrites. J. Neurophysiol., 72: 471-474.

[63] Janmey, P. (1998). The cytoskeleton and the cell signaling: component localization and mechanical coupling. Physio. Rev., 78:763-781.

[64] Jaslove, S. W. (1992). The integrative properties of spiny distal dendrites. Neuroscience, 47:495-519.

[65] Kaech, S., Brinkhaus, H., Matus, A. (1999). Volatile anesthetics block actin-based motility in dendritic spines. Proc. Natl. Acad. Sci. USA, 96, 10433-10437.

[66] Kasumov, A. Y., Kociak, M., Gueron, S., et al. (2001). Proximity induced superconductivity in DNA. Science, 291, 280-282.

[67] Katz, B. (1950). Depolarization of sensory terminals and the initiation of impulses in the muscle spindle. J. Physiol., 11(3-4):261-82.

[68] Kay, A. R. and Wong, R. K. (1987). Calcium current activation kinetics in isolated pyramidal neurones of the Ca1 region of the mature guinea-pig hippocampus. J. Physiol., 392(1), 603-616.

[69] Khuchua, Z., Wozniak, D. F., Bardgett, M. E., et al. (2003). Deletion of the N-terminus of murine

MAP2 by gene targeting disrupts hippocampal Ca1 neuron architecture and alters contextual memory. Neuroscience, 119, 101-111.

[70] Kiebler, M. A., and DesGroseillers, L. (2000). Molecular insights into mRNA transport and local translation in the mammalian nervous system. Neuron., 25:19-28.

[71] Kim, C. H., and Lisman, J. E. (2001). A labile component of AMPA receptor-mediated synaptic transmission is dependent on microtubule motors, actin, and *N*-ethylmaleimide-sensitive factor. J. Neurosci., 21:4188-4194.

[72] Knops, J., Kosik, K. S., Lee, G., et al. (1991). Overexpression of tau in a nonneuronal cell induces long cellular processes. J. Cell Biol., 114, 725-733.

[73] Kobayasi, S., Asai, H., and Oosawa, F. (1964). Electric birefrigence of actin. Biochim. Biophys. Acta, 88:528-540.

[74] Koch and Segev (2000).

[75] Kowalski, R. J. and Williams, R. C. Jr (1993). Microtubule-associated protein 2 alters the dynamic properties of microtubule assembly and disassembly. J. Biol. Chem., 268(13), 9847-9855.

[76] Krebs, A., Goldie, K. N., Hoenger, A. (2004). Complex formation with kinesin motor domains affects the structure of microtubules. J. Mol. Biol., 335 (1):139-153.

[77] Kubo, R. (1957). Statistical mechanical theory of irreversible processes, I. General theory and simple applications to magnetic and conduction problems. J. Phys. Soc. Japan, 12 570-586.

[78] Lader, A., Woodward, H., Lin, E., et al. (2000). Modeling of ionic waves along actin filaments by discrete electrical transmission lines. METMBS'00 International Conference, 77-82.

[79] LeClerc, N., Kosik, K. S., Cowan, N., et al. (1993). Process formation in Sf9 cells induced by the expression of a microtubule associated protein 2C-like construct. Proc. Nat. Acad. Sci., 90, 6223-6227.

[80] Letourneau, P. C. and Ressler, A. H. (1983). Differences in the organization of actin in the growth cones compared with the neurites of cultured neurons from chick embryos. J. Cell Biol., 97, 963-973.

[81] Lewis, A. K. and Bridgman, P. C. (1992). Nerve growth cone lamellipodia contain two populations of actin filaments that differ in organization and polarity. J. Cell Biol., 119, 1219-1243.

[82] Lieb, E. H. (1995). The Hubbard Model (Plenum Press, New York).

[83] Lin, E. and Cantiello, H. (1993). A novel method to study the electrodynamic behavior of actin filaments. Evidence of cable-like properties of actin. Biophys. J., 65:1371-1378.

[84] Llinas, R. and Nicholson, C. (1971). Electrophysiological properties of dendrites and somata in alligator Purkinje cells. Neurophysiol., 34: 532-551.

[85] Lonngren, K. (1978). Solitons in Action, (Academic Press, New York).

[86] Ma, Z., Wang, J., and Guo, H. (1999). Weakly nonlinear ac response: Theory and application. Phys. Rev. B, 59:7575.

[87] Maass, W., Natschläger, T., and Markram, H. (2002). Real time computing without stable states: A new framework for neural computation based on perturbations. Neural. Computation, 14:2531-2560.

[88] Magee, J. C., and Johnston, D. (1995). Synaptic activation of voltage-gated channels in the dendrites of hippocampal pyramidal neurons. Science, 268(5208):301-4.

[89] Magee, J. C., and Johnston, D. (1995). Characterization of single voltage-gated Na^+ and Ca^{2+} channels in apical dendrites of rat CA1 pyramidal neurons. J. Physiol., 487(1), 67-90.

[90] Mahan, G. D. (1981). Many-Particle Physics (Plenum Press, New York).

[91] Maldague, P. F. (1977). Optical spectrum of a Hubbard chain. Phys. Rev., B16, 2437-2446.

[92] Malenka, R. C. (1991). Neuron, 6, 53-60.

[93] Malenka, R. C., Bear, M. F. (2004). LTP and LTD: an embarrassment of riches. Neuron., 44, 5-21.

[94] Maniotis, A. J., Chen, C. S., and Ingber, D. E. (1997). Proc. Natl. Sci. USA, 94, 849.

[95] Marechal, Y. (1991). What mechanisms for transfers of protons through H-bonds? J. Mol. Liq., 48(2-4), 253-260.

[96] Mehrez, H., Walch, S., and Anantram, M. P. (2005). Electronic properties of O_2-doped DNA. Phys. Rev. B, 72, 035441.

[97] Mershin, A., Kolomenski, A. A., Schuessler, H. A., et al. (2004a). Tubulin dipole moment, dielectric constant and quantum behavior: computer simulations, experimental results and suggestions. Biosystems, 77, 73-85.

[98] Miller, S., Yasuda, M., Coats, J. K., et al. (2002). Disruption of dendritic translation of CaMKIIalpha impairs stabilization of synaptic plasticity and memory consolidation. Neuron., 36:507-519.

[99] Minoura, I., and Muto, E. (2006). Dielectric measurement of individual microtubules using the electroorientation method. Biophys. J., 90:3739-3748.

[100] Miyakawa, H., Ross, W. N., Jaffe, D., Callaway, J. C., Lasser-Ross, N., Lisman, J. E., Johnston, D. (1992). Synaptically activated increases in Ca^{2+} concentration in hippocampal CA1 pyramidal cells are primarily due to voltage-gated Ca^{2+} channels. Neuron, 9(6):1163-73.

[101] Mogul, D. J., Adams, M. E., Fox, A. P. (1993). Differential activation of adenosine receptors decreases N-type but potentiates P-type Ca^{2+} current in hippocampal CA3 neurons. Neuron, 10(2):327-34.

[102] Morowitz, H. J. (1978). Proton semiconductors and energy transduction in biological systems. AJP - Regulatory, Integrative and Comparative Physiol., 235(3), 99-114.

[103] Moskowitz, P. and Oblinger, M. (1995). J. Neurosci., 15, 1545.

[104] Oosawa, F. (1970). Counterion fluctuation and dielectric dispersion in linear polyelectrolytes. Biopolymers, 9:677-688.

[105] Oosawa, F. (1971). Polyelectrolytes. (Marcel Dekker, New York.)

[106] Ostroff, L. E., Fiala, J. C., Allwardt, B., et al. (2002). Polyribosomes redistribute from dendritic shafts into spines with enlarged synapses during LTP in developing rat hippocampal slices. Neuron, 35:535-545.

[107] Parodi, M., Bianco, B., and Chiabrera, A. (1985). Toward molecular electronics. Self-screening of molecular wires. Cell Biophys., 7:215-235.

[108] Passafaro, M., Sala, C. Niethammer, M., et al. (1999). Microtubule binding by CRIPT and its potential role in the synaptic clustering of PSD-95. Nat Neurosci., 2:1063-1069.

[109] Pedrotti, B., and Islam, K. (1996). Dephosphorylated but not phosphorylated microtubule associated protein MAP1B binds to microfilaments. FEBS Lett., 388(2-3):131-3.

[110] Pollard, T. and Cooper, J. (1986). Actin and actin-binding proteins. a critical evaluation of mechanisms and functions. Ann. Rev. Biochem., 55:987-1035.

[111] Porath, D., Bezryadin, A., de Vries, S., et al. (2000). Direct measurements of electrical transport through DNA molecules. AIP Conf., 544, 452-456.

[112] Priel, A., Tuszynski, J. A., and Woolf, N. (2005). Transitions in Microtubule C-Termini Conforma-

tions as a Possible Dendritic Signaling Phenomenon, Eur. Biophys. J..

[113] Priel, A., Ramos, A. J., Tuszynski, J. A., et al. (2006). A Biopolymer transistor: electrical amplification by microtubules. Biophys. J., 90:4639-4643.

[114] Rall, W. (1959). Branching dendritic trees and motorneuron sensitivity, Exp. Neurol., 1, 491-527.

[115] Rall, W. (1957). Membrane time constant of motoneurons. Science, 126(3271):454.

[116] Ramón-Moliner, E. (1968). The morphology of dendrites. In: Structure and Function of the Nervou Tissue, Bourne, D. F,, Ed., (Academic Press, New York).

[117] Ratner, M. A., and Shriver, D. F. (1989). Polymer ionics. MRS Bull., Sept 1989, 39-52.

[118] Regehr, W. G., Connor, J. A., and Tank, D. W. (1989). Optical imaging of calcium accumulation in hippocampal pyramidal cells during synaptic activation. Nature, 341, 533-536.

[119] Regehr, W. G. and Tank, D. W. (1990). Postsynaptic NMDA receptor-mediated calcium accumulation in hippocampal CAl pyramidal cell dendrites. Nature, 345, 807-810.

[120] Regehr, W. G. and Tank, D. W. (1992). Calcium concentration dynamics produced by synaptic activation of CA1 hippocampal pyramidal cells. J. Neurosci., 12, 4202-4223.

[121] Ripoll, C., Norris, V., Thellier, M. (2004). Ion condensation and signal transduction. BioEssays, 26(5), 549-557.

[122] Rodriguez, O. C., Schaefer, A. W., Mandato, C. A., et al. (2003). Conserved microtubule-actin interactions in cell movement and morphogenesis. Nat. Cell Biol., 5:599-609.

[123] Roweis, S., Winfree, E., Burgoyne, R., et al. (1998). J. Comput. Biol., 5(4):615-629.

[124] Sackett, D. L. (1995). Structure and function in the tubulin dimer and the role of the acid carboxyl terminus. In: Subcellular Biochemistry-Proteins: Structure, Function and Engineering, Biswas, B. B. and Roy, S. Ed. (Kluwer Academic Publishers, Dordrecht). 24:255-302.

[125] Salmon, W. C., Adams, M. C., and Waterman-Storer, C. M. (2002). Dual-wavelength fluorescent speckle microscopy reveals coupling of microtubule and actin movements in migrating cells. J. Cell Biol., 158(1), 31-37.

[126] Sanchez, C., Diaz-Nido, J., Avila, J. (2000). Phosphorylation of microtubule-associated protein 2 (MAP2) and its relevance for the regulation of the neuronal cytoskeleton function. Prog. Neurobiol., 2000 June, 61(2):133-68.

[127] Santarella, R. A., Skiniotis, G., Goldie, K. N., et al. (2004). Surface-decoration of microtubules by human tau. J. Mol. Biol., 339, 539-553.

[128] Sattilaro R. F. (1986).

[129] Sattilaro, R. F. (1986). Interaction of microtubule-associated protein 2 with actin filaments. Biochemistry, 25:2003-2009.

[130] Schaefer, A. W., Kabir, N., and Forscher, P. (2002). Filopodia and actin arcs guide the assembly and transport of two populations of microtubules with unique dynamic parameters in neuronal growth cones. J. Cell Biol., 158(1), 139-152.

[131] Schwartzkroin, P. A., and Slawsky, M. (1977). Probable calcium spikes in hippocampal neurons. Brain Res., 135(1):157-61.

[132] Segel, L. and Parnas, H. (1991). What controls the exocytosis of neurotransmitters. In Peliti, L., Ed., Biologically Inspired Physics, (Plennum Press, New York), 2000.

[133] Segev, I., London, M. (2000). Untangling dendrites with quantitative models. Science, 290(5492),

744-750.
[134] Selden and Pollard, (1983). Phosphorylation of microtubule-associated proteins regulates their interactions with actin filaments, J. Biol. Chem. , 258(11), 7064-7071.
[135] Sept, D. , Xu, J. , Pollard, T. , et al. (1999). Annealing accounts for the length of actin filaments formed by spontaneous polymerization. Biophys. J. , 77:2911-2919.
[136] Skiniotis, G. , Cochran, J. C. ,Muller,J. ,et al. (2004). Modulation of kinesin binding by the C-termini of tubulin. EMBO J. , 23, 989-999.
[137] Softky, W. (1994). Sub-millisecond coincidence detection in active dendritic trees. Neuroscience, 58(1):13-41.
[138] Spruston, N. , Jonas, P. , and Sakmann, B. (1995). Dendritic glutamate receptor channels in rat hippocampal CA3 and CA1 pyramidal neurons. J. Physiol. , 482(2) 325-352.
[139] Spruston, N. , Schiller, Y. , Stuart, G. , et al. (1995). Activity-dependent action potential invasion and calcium influx into hippocampal CA1 dendrites. Science, 268:297-300.
[140] Steward, O. and Schuman,E. M. (2001). Protein synthesis at synaptic sites on dendrites. Annu. Rev. Neurosci. , 24:299-325.
[141] Stuart, G. J. and Sakmann, B. (1994). Active propagation of somatic action potentials into neocortical pyramidal cell dendrites. Nature, 367, 69-72.
[142] Szent-Gyorgyi, A. (1941). Study of energy levels in biochemistry. Nature, 14, 157-187.
[143] Tang, J. and Janmey, P. (1996). The polyelectrolyte nature of F-actin and the mechanism of actin bundle formation. J. Biol. Chem. , 271:8556-8563.
[144] Tang, D. , Goldberg, D. J. (2000). Bundling of microtubules in the growth cone induced by laminin. Mol. Cell. Neurosci. , 15(3), 303-313.
[145] Thorn, K. S. , Ubersax, J. A. , and Vale, R. D. (2000). Engineering the processive run length of the kinesin motor. J. Cell Biol. , 151:1093-1100.
[146] Togel, M. ,Wiche, G. ,and Propst,F. (1998). Novel features of the light chain of microtubule-associated protein MAP1B: microtubule stabilization, self interaction, actin filament binding, and regulation by the heavy chain. J. Cell Biol. , 143:695-707.
[147] Tuszynski, J. A. and Dixon, J. M. (2001). Biomedical Applications of Introductory Physics. (John Wiley & Sons, New York).
[148] Tuszynski, J. A. , Portet, S. , Dixon, J. M. , et al. (2004). Ionic wave propagation along actin filaments, Biophys. J. , 86, 1890-1903.
[149] Tuszynski, J. A. , Brown, J. A. , and Hawrylak, P. (1998). Philos. Trans. R. Soc. London Ser. A, 356, 1897.
[150] Wang, B. , et al. (1999). Nonlinear quantum capacitance. Appl. Phys. Lett. , 74:2887.
[151] Weisshaar, B. , Doll, T. , and Matus, A. (1992). Reorganisation of the microtubular cytoskeleton by embryonic microtubule-associated protein 2 (MAP2c). Development, 116, 1151-1161.
[152] Westenbroek, R. E. , Ahlijanian, M. K. , and Catterall,W. A. (1990). Clustering of L-type Ca^{2+} channels at the base of major dendrites in hippocampal pyramidal neurons. Nature, 347, 281-284.
[153] Wong, R. K. S. , Prince, D. A. , and Basbaum, A. I. (1979). Intradendritic recordings fromhippocampal neurons. PNAS, 76(2), 986-990.
[154] Woolf, N. J. , Zinnerman, M. D. , and Johnson, G. V. W. (1999). Hippocampal microtubule-associat-

ed protein-2 alterations with contextual memory. Brain Res. , 821:241-249.

[155] Yamada, K. M. , Spooner, B. S. , and Wessell, N. K. (1971). Ultrastructure and functions of growth cones and axons of cultured nerve cells. J. Cell Biol. , 49 (3): 614.

[156] Yu, W. , Ling, C. , and Baas, P. W. (2001). Microtubule reconfiguration during axogenesis. J. Neurocytol. , 30(11), 861-875.

[157] Yu, X. , Shacka, J. J. , Eells J. B. , et al. (2002). Erythropoietin receptor signalling is required for normal brain development. Development, 129, 505-516.

[158] Zimm, B. (1986). Coulombic Interactions in Macromolecular Systems, 212-215, (American Chemical Society, Washington D. C).

第Ⅳ部分

分子与纳电子学：器件层次建模与模拟

19 分子电子学的模拟工具

Christoph Erlen，Paolo Lugli，Alessandro Pecchia，Aldo Di Carlo 著

耿 华 帅志刚 译

19.1 引 言

近年来，由于分子电子器件具有非常高的集成能力、低的生产成本、基底选择的灵活性和大面积应用的可能性等诱人特点，因而吸引了越来越多的关注。在这一领域，目前存在两种方法：一是模仿现有的器件，并将活性层替换为有机材料；二是使单分子与电极两端接触，并利用其传输特点获得电子功能特性。对于前者，传

统器件模拟能够适用于电子和光电器件的理论研究，而后者则需要开发全新的模拟工具。

基于本组获得的一系列结果，下面我们将介绍有机分子体系模拟的最近进展，包括前面提到的两种方法的应用。首先介绍单分子体系的量子传输，然后介绍有机薄膜器件的模拟。

19.2 量子传输模拟工具

将分子元件甚至是单个分子应用到电子器件的思想已经提出了很长一段时间。分子电子学领域在最近几年来取得了长足的进步，这在本书的其他章节也已提到。实验上每年都有新的突破，这个领域的文章数量呈指数增长。目前采用不同的实验配置都能够测量到单分子的电导性质。

然而将原理应用到实际器件仍然具有相当的挑战性：一方面需解决精确控制分子构建器件的困难；另一方面是有机材料稳定性的问题。

尽管取得了巨大的进步，要理解和控制传输机制还远远没有达到。从理论角度来说，因为微妙的多电子关联起着重要的作用，而且传输机制也从相干范围变为不相干或库仑阻塞，描述分子体系的电导是一件极具挑战性的事情。目前，最先进的原子量子输运工具还不能描述关联传输机制，通常需要借助于简化模型。另一方面，由于计算量太大，目前高精度的量子化学方法还不能处理由成百上千原子构成的实际体系。

最有前景的分子器件之一是双稳态分子开关[1]，它可用作存储阵列和现场可编程门阵列(FPGA)的逻辑架构。开关的原理为：阈值电压引起分子构型的变化，从而引起电导的变化。因此，对实际器件的发展而言，电压下分子结的稳定性以及开关机理是关键性的问题。

为了阐明这些问题，我们结合热耗散模型发展了量子传输计算工具。包括第一性原理计算电声子耦合、分子振动产生声子以及在电极与分子接触处的热量扩散。gDFTB代码基于密度泛函紧束缚方法(DFTB)[2]，结合非平衡格林函数(NEGF)自洽地计算电荷密度和电子传输[3,4]。

gDFTB方法可以近第一性原理地处理由大量原子构成的体系。在计算电极间流过的隧穿电流时，格林函数能够处理传输问题中常常出现的开放边界条件。此外，非平衡格林函数公式可以计算在外加电场下分子器件在非平衡条件下的电荷密度。

第一节我们将简单介绍理论计算方法，并将其应用在计算分子体系的电导，主要集中在八烷基硫醇的非弹性电子隧穿谱(IETS)谱和分子体系的热耗散。

19.2.1　gDFTB 方法

基于紧束缚公式的密度泛函(DFTB)方法，在许多论文和综述中都有报道[2]。所有的矩阵元和轨道波函数由紧束缚密度泛函方法计算得到。该方法的优势在于使用较小的基组和双中心积分，并且参数可以查表。紧束缚密度泛函方法与经验方法的区别是可以清楚地计算基本的波函数，这有利于我们更深入地理解并更好地控制所做的近似。这种方法用 Mulliken 电荷投影自洽求解 Kohn-Shan 方程[5]。

在传统的 DFTB 代码中，使用原子轨道的最小基组以降低矩阵的维数从而加速对角化。这种方法能给出可移植的精确相互作用势，并且计算效率允许进行大超胞分子动力学模拟。尤其适用于研究大的介观体系和有机分子，如碳纳米管、DNA 纤维或表面的吸附物、半导体异质结等[6]的电子性质和动力学性质。

接下来我们将简短地描述自洽 DFTB 方法，它是由 Foulkes 的思想发展而来的，这里的电子密度展开为参考密度 $n^0(r)$ 和 $\delta n(r)$，偏移量之和，(参考密度可以选为中性原子电子密度的叠加)，$n(r)=n^0(r)+\delta n(r)$。在中性原子的电子密度的二阶近似下，体系的总能量可写为

$$E_{\text{tot}}[n] = \sum_k nk\langle \Psi_k \mid H^0 \mid \Psi_k\rangle + E_{\text{rep}}[n^0] + E^{(2)}[\delta n] \tag{19.1}$$

对于式(19.1)中的第一项，在紧束缚近似下，哈密顿量可以写为

$$\begin{cases} H^0_{\mu\nu} = \varepsilon_\mu^{\text{free-atom}}, & \mu = \nu \\ \langle \phi_\mu \mid T + \nu_{\text{eff}}[n_i^0 + n_j^0] \mid \phi_\nu \rangle, & \mu \in i, \nu \in j \end{cases} \tag{19.2}$$

式中，ϕ_μ 和 ϕ_ν 为原子中心 i 和 j 的局域原子轨道波函数；T 为动能算符，ν_{eff} 为单粒子有效势，它依赖于两原子中心 i 和 j 的电荷密度。

式(19.1)中的 $E_{\text{rep}}[n^0]$ 项为离子间的排斥能，被原子核外的电子和交换能屏蔽。方程(19.1)中的第三项为二阶修正，

$$E^2[\delta n] = \frac{1}{2}\iint\left[\frac{1}{\mid r - r'\mid} + \frac{\delta^2 E_{\text{xc}}}{\delta n(r)\delta n(r')}\right]\delta n(r)\delta n(r')\,\mathrm{d}r\mathrm{d}r' \tag{19.3}$$

这里将 Hatree 势和交换关联势分离开来。它仅保留了原子中心密度振荡沿径向展开的单极项[7]。

在 LDA 近似下，交换能的贡献随着原子间距离的增大而消失，因此，在方程(19.3)中 E_{xc} 的二阶修正对库仑相互作用可以忽略。对原子间距离较小的情形，库仑和交换贡献通过格点 Hubbard 参数体现，在 LDA-DFT 下任何原子类型的格点 Hubbard 参数可以通过原子总能量相比于最高占据原子轨道的占据数的二阶导数得到。因此，这些值既不可调也不是经验参数[5]。对方程(19.1)的能量函数应用变分原理，我们可以得到修正的 Kohn-Sham 方程

$$H_{\mu\nu} = H^0_{\mu\nu} + \frac{1}{2}S_{\mu\nu}\sum_k(\gamma_{ik} + \gamma_{jk})\Delta q_k, \quad \forall \mu \in i, \nu \in j \tag{19.4}$$

式中，$S_{\mu\nu}$为原子波函数之间的交叠矩阵，γ_{ik}是原子间势的简写[7]，由式(19.3)计算，Δq_i 是原子电荷。因为原子电荷依赖于单粒子波函数 Ψ_k，需要自洽地求解。在分子体系的结构和能量性质方面，相比于非自洽方法，自洽方法有巨大的改进[5]。

DFTB 方法被扩展到非平衡格林函数公式中(非平衡格林函数已在本书中介绍过)，将原子电荷推广到非平衡(DFT)密度矩阵并通过三维泊松方程计算(19.3)[3,4]。

虽然非平衡格林数方法在数学上非常复杂，然而，在最近几年来，在计算量子输运方面获得了很大的推广，相对于波函数或转移矩阵方法，非平衡格林函数方法具有很好的灵活性和数值稳定性。此外，开放边界条件可通过准确地将电极映射到体系的有限的一小部分而进行很好的处理[8]。而且，格林函数方法还能推广到多体量子理论，可以在统一的形式下包括电声子相互作用[9]和电子-电子相互作用[10]。多体量子理论方面的文献可以参见文献[11，12]，有关非平衡格林函数方面的详尽的综述则可以参见[13]。

19.2.2 非相干电子-声子散射

通常，处理分子振动的过程是展开有效核势到谐振子项，退耦合哈密顿量为独立的一维谐振子的正则模的叠加。每个振动模记为 q。利用标准的位置算符和 Bose 场算符的关系，通常情况下谐振子能量是量子化的。

电声子散射需要计算电子和振动的耦合矩阵，$\gamma^q_{\mu\nu}$，它是通过展开紧束缚哈密顿 TB 到原子位移的一阶项而得到的。这样，耦合矩阵没有拟合参数[14,15]，因此，可以表示为哈密顿变分和交叠矩阵的函数

$$\gamma^q_{\mu\nu}=\sqrt{\frac{\hbar}{2\omega_q M_q}}\sum_\alpha\left[\frac{\partial H_{\mu\nu}}{\partial R_\alpha}-\sum_{\lambda,\sigma}\frac{\partial H_{\mu\lambda}}{\partial R_\alpha}S^{-1}_{\lambda\sigma}H_{\sigma\nu}-H_{\mu\lambda}S^{-1}_{\lambda\sigma}\frac{\partial H_{\sigma\nu}}{\partial R_\alpha}\right]\boldsymbol{e}^q_\alpha \quad (19.5)$$

式中，R_α 为原子位移，M_q 为原子质量，$\boldsymbol{e}^q_\alpha$ 为振动模式特征向量。当电子在分子体系中输运时，电子与分子的原子核振动发生相互作用，并可被非弹性散射。在非平衡格林函数公式的微扰理论下考虑电声子相互作用，通过结的电流用 Meir-Wingreen 公式[16]计算

$$I=\frac{2e}{h}\int\mathrm{Tr}[\sum<G>(E)-\sum>G<(E)]\mathrm{d}E \quad (19.6)$$

式中，$\sum^{<(>)}$ 代表散射中的电子(空穴)通过器件的左电极；$G^{<(>)}$ 为电子(空穴)关联函数。式(19.6)中的电流包括相干部分和非相干部分，自能表示为以下三项的和

$$\sum^{<(>)}=\sum\nolimits_{\mathrm{L}}^{<(>)}+\sum\nolimits_{\mathrm{R}}^{<(>)}+\sum\nolimits_{\mathrm{el\text{-}ph}}^{<(>)} \quad (19.7)$$

前两项贡献来源于电极，第三项与分子内的散射过程相关，由电声子相互作用引起。在非交叉近似(NCA)下，这种退耦合是正确的，而可以自由运动的分子和电极的固定原子是满足不交叉近似的。

电-声子自能可以通过图解方法进行估计。最简便的方法是采用一阶玻恩近似(BA)

$$\sum\nolimits_{\text{el-ph}}^{<(>)}(\omega)=i\sum_{q}2\pi\int \mathrm{d}\omega'\gamma^{q}G^{<(>)}(\omega-\omega')\gamma^{q}D_{0,q}^{<(>)}(\omega') \tag{19.8}$$

式中，$D_{0,q}^{<(>)}(\omega)$为振动模式的关联函数，假定与热库平衡的爱因斯坦振子的关联函数可以写为

$$D_{0,q}^{<(>)}(\omega)=-2\pi i[(N_q+1)\delta(\omega\pm\omega_q)+N_q\delta(\omega\mp\omega_q)] \tag{19.9}$$

在环境温度下，通过玻色-爱因斯坦(Bose-Einstein)分布函数的一阶近似可得到热平均声子数 N_q。自洽地计算声子分布函数需要更复杂的计算，下面几节介绍的声子分布是外加电压的函数。

19.2.3　分子结中的功率耗散

电-声子相互作用可看作虚接触(virtual contact)下的粒子交换[17]，粒子在某一能量下吸收电子并在另一能量时释放，以声子量子的形式损失能量。与实际的接触非常相似，虚接触决定波函数相位的相干性。由于非弹性声子发射，通过虚接触电流可以得到分子中的功率耗散[14,17]。功率耗散则由能量转移到分子的净速率和虚拟接触电流计算得到

$$W=\frac{2}{h}\int_{-\infty}^{+\infty}\omega\mathrm{Tr}\left[\sum\nolimits_{\text{el-ph}}^{<}(\omega)G^{>}(\omega)-\sum\nolimits_{\text{el-ph}}^{>}(\omega)G^{<}(\omega)\right]\mathrm{d}\omega \tag{19.10}$$

式(19.10)给出了粒子虚接触后的平均能量转移。

功率耗散可以被用作计算声子发射速率。式(19.10)可表示为对每个振动模式求和，$W=\sum W_q$，我们可以计算每个模式的功率耗散[14]。

为了计算外加电压下的非平衡声子数，我们将建立唯象速率方程。声子发射速率定义为：$R_q(N_q)=W_q/\hbar\omega_q$，表示为单位时间振动模 q 发射的能量除以它的能量。它是电压的函数，并且依赖于声子数本身。速率 R_q 为声子发射的净速率，包括由于加速隧穿和电子空穴对产生的吸收速率，它在金属接触中非常重要。振动模式的声子数可以通过速率方程计算，其中包括声子发射速率和在电极中耗散的速率

$$\frac{\mathrm{d}N_q}{\mathrm{d}t}=R_q(N_q)-J_q[N_q-N_q^0(T)] \tag{19.11}$$

有关 J_q 平衡量子发射速率与衰减到热库的声子的耗散速率，将在下面做讨论。在静态条件下，声子分布恢复到玻色-爱因斯坦分布，平衡时玻色-爱因斯坦通

过接触温度 T 表征

$$N_q = N_q^0(T) + R_q(N_q)/J_q$$

由于有许多不同的机制参与声子弛豫，声子耗散速率并不是一个可以从初态即可预测的简单量。因此，J_q 在许多情况下可以看作是模型的拟合参数。由于分子振动模式与接触区振动的弹性耦合，我们可以计算这个参数的上限。

19.2.4　硅-苯乙烯-银体系的功率耗散

现在我们来考虑一个杂化体系，如图 19.1 所示，在基底 Si(100)上构建一个 2×1超元胞，在桥联位置吸附苯乙烯分子，将 Ag 电极模拟成 STM 针尖。选择针尖的位置，以获得针尖和苯乙烯 π 轨道之间相对较大的直接耦合，由此保证足够高的电导。图 19.1 给出了体系的一个单胞，采用周期性边界条件。

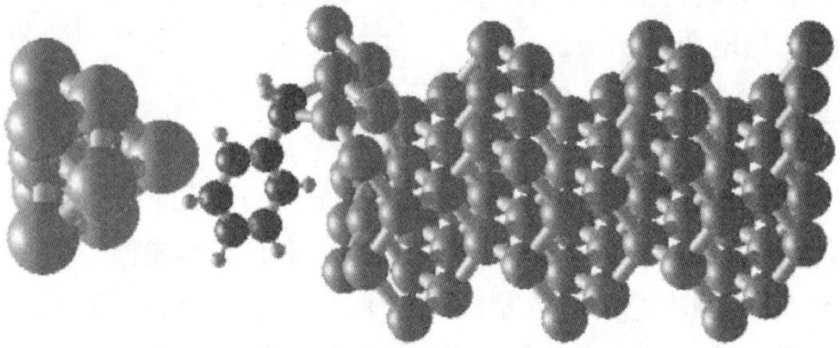

图 19.1　(见彩色插图)吸附在 Si(100) 2×1 基底上的苯乙烯分子体系示意图

高浓度地 p 型掺杂 Si 基底以使之能够导电，假定费米能量在价带顶。电子穿过分子时与分子的离子振动相互作用而被非弹性散射，这里不考虑电极内的声子散射。

为了研究电子振动耦合，我们首先精确地优化体系的结构(在未施加电压的情况下)。然后固定 Si 和 Ag 原子来计算分子的振动，电子振动耦合由式(19.5)得到。

这里采用格林函数计算声子耗散进入接触区的速率，分子振动模式与体材料振动相耦合。首先，计算整个接触区一分子一接触区的黑塞矩阵(力矩阵)，然后体系被分为分子和左、右接触区三个部分，广义的振动特征系统格林函数为

$$\boldsymbol{G} = [\boldsymbol{M}\omega^2 - \boldsymbol{H} - \sum\nolimits_{\mathrm{L}} - \sum\nolimits_{\mathrm{R}}]^{-1} \tag{19.12}$$

式中，$\boldsymbol{H}$ 为黑塞矩阵；$\boldsymbol{M}$ 为对角质量矩阵；$\sum_{\mathrm{L,R}}$ 为电极体材料在开放条件下的自能。因为原子间的耦合局域分布在几个邻近原子上，所以公式成立。自能的虚部用来得到振动的寿命。这种方法包括声子一对一的一阶衰减过程，但是明显地忽略许多其他机制。在能量守恒限制下，当直接衰减机制不允许时，这些机制仍可能

发生。例如，表征分子振动的高频振动模，这些振动模式通常位于体材料的振动带宽之外，只有通过一对多的声子通道衰减。其他的衰减机制包括与周围分子的耦合，而且这些机理通常依赖于环境或通过多步过程和非谐耦合。计算结果表明(图 19.2)，耦合体系的声子态密度(灰色区)与非耦合分子频率(显示为垂直虚线)的叠加。Si 振动的频率截断为 500cm^{-1}。实线代表由自能近似获得的投影态密度，显示出一定的展宽和位移。如前所述，对于位于 Si 声子带中的分子模式，计算能够给出合理的结果，但展宽较大。相应的声子衰减速率在 $10^{11}\sim10^{12}$ Hz 范围内。对于那些振动模式位于体材料带宽之外的情况，展宽急剧地降低，导致高频模式的衰减速率降为 10^2 Hz，这是非常不合理的。因此，在接下来的计算中，衰减速率的下限固定为 $J_{q,\min}=10^6$ Hz。

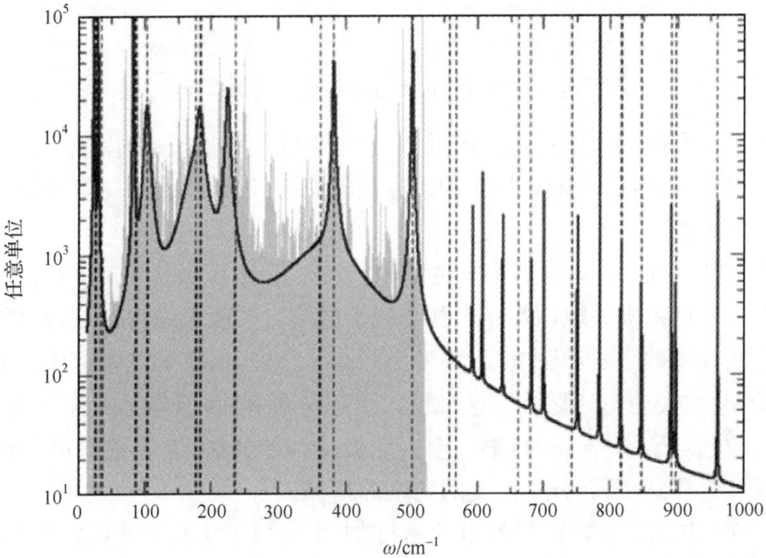

图 19.2 体系 Si-苯乙烯-Ag 的振动态密度。灰色区为 Si 态密度，垂直线为未耦合的分子振动模式，实线为态密度在分子模式上投影，展宽是由于分子与基底的耦合引起的

我们发现，非平衡条件下声子数与电压密切相关。图 19.3 给出了在两种不同接触温度(10k 和 300k)下分子平均温度与施加电压的关系图。分子温度(T_{mol})可以通过式(19.13)计算得到

$$\sum_q \hbar\omega_q N_q = \sum_q \hbar\omega_q n_q(T_{\text{mol}}) \tag{19.13}$$

式中，$n_q(T_{\text{mol}})$为温度 T_{mol}下的玻色-爱因斯坦分布。当电压升高时，由于更多的热量在分子振动中耗散而使得温度升高，图 19.3 给出了不同电声子耦合近似下三种不同计算结果。点线相应于最简单的最低阶电声子耦合的计算(不包括电子传播子的重整化)，短线相应于一阶修正，通常称为一阶玻恩近似，它包括传播子重整化

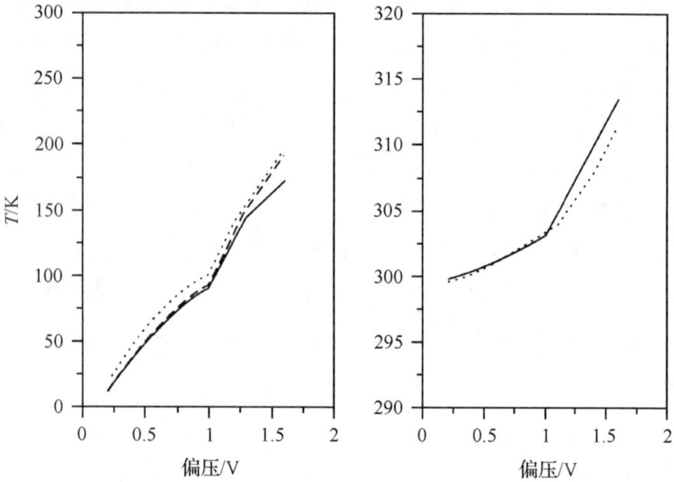

图 19.3　在不同电声子耦合近似下分子温度与施加电压的关系(见正文)

的一阶修正。实线相应于自洽玻恩近似,这里自能和传播子通过自洽计算。因此,我们可以得到结论:由于较小的非相干隧穿电流,电声子耦合的高阶项仅对最终结果有很小的修正。

图 19.3 中,在 1.0V 处斜率发生变化。在外压为 0.95V 时,分子的共振态进入电压窗口。这将极大地增加相干和非相干电流。一般来说,在电压升高时,所有的振动模式都将被激发,其中位于频率 10.55cm^{-1}处,相应于整体苯环偏离和靠近 Ag 尖端的刚性振动尤其显著。这个模式引起分子-金属矩阵元的强烈变化,因而导致较大的电声子耦合。一旦第一个振动模式开始共振,大多数的声子将在最低能量模式发射,因而引起分子温度的急剧的增加。

在 2.0V 电压窗口内计算的电流密度如图 19.4 所示,这里我们可以看到,Si 价带边位于−4.26eV,分子共振峰位于−5.25eV。图 19.4 同时给出了总电流和相干电流部分。非相干部分(没有显示)大约要小两个数量级,只有在共振情况下是可比的,在 1.0V 电压下,总隧穿电流为 1.2nA。

分子温度敏感地依赖于隧穿电流,这里隧穿电流可通过改变探针和分子的距离而改变,当距离约为 2.0Å 时,流过电流达到 0.5μA,从而导致温度显著地增加(约 1000K)。显然,分子不可能在这样高的温度存在,因此它可能已经引起分子与电极脱离。

19.2.5　应用于八烷基硫醇

我们计算了八烷基硫醇分子夹入两个 Au 电极间体系的功率耗散。分子在电极间的几何结构如图 19.5 所示。体系的结构由以下两步确定:首先,优化八烷基

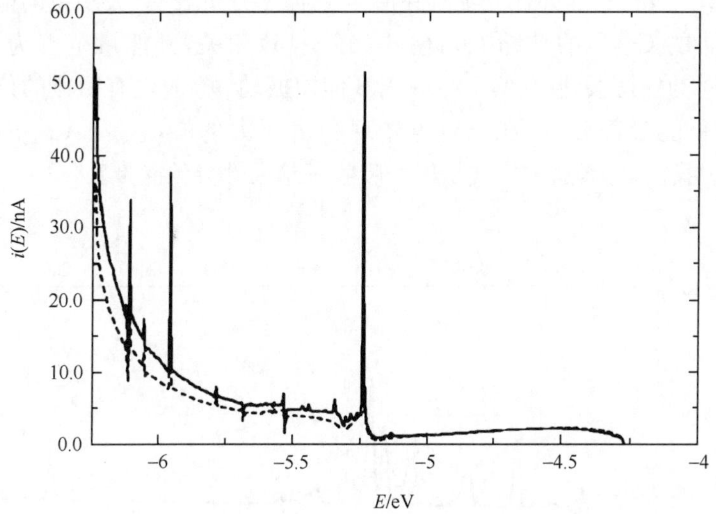

图 19.4 相干电流和总电流与注入能量的关系

硫醇分子末端硫原子化学吸附在一个具有周期性条件的 Au(111)面的几何构型。然而,化学吸附的分子与孤立的分子结构有很大的差别。整个电极-分子-电极体系的几何结构由在八烷基硫醇分子上的 C4—C5 键作反演操作而使分子接两个共面的 Au(111)面。计算得到的通过体系的相干电流,与实验数据吻合得很好[14]。

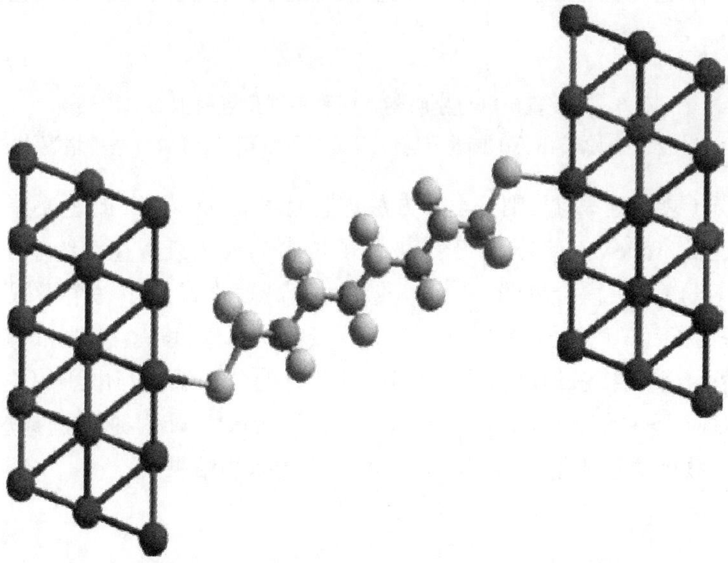

图 19.5 八烷基硫醇分子在两个 Au 电极间

如图 19.6 所示，非弹性电子隧穿谱[15]的详尽分析表明，大多数的电声子耦合与分子纵向的 C—C 的伸缩振动模式（峰 9-15）相关，其能量范围为 140～180 meV。CH_2 的摇摆振动模（峰 7）和 C－S 伸缩振动（峰 6）也有明显的信号。在从 7～50meV低能量部分（峰 1～5）也发现相对较大的峰，包括 Au—S 伸缩振动（25meV）。我们认为，这些模式从电子吸收了绝大部分的能量。

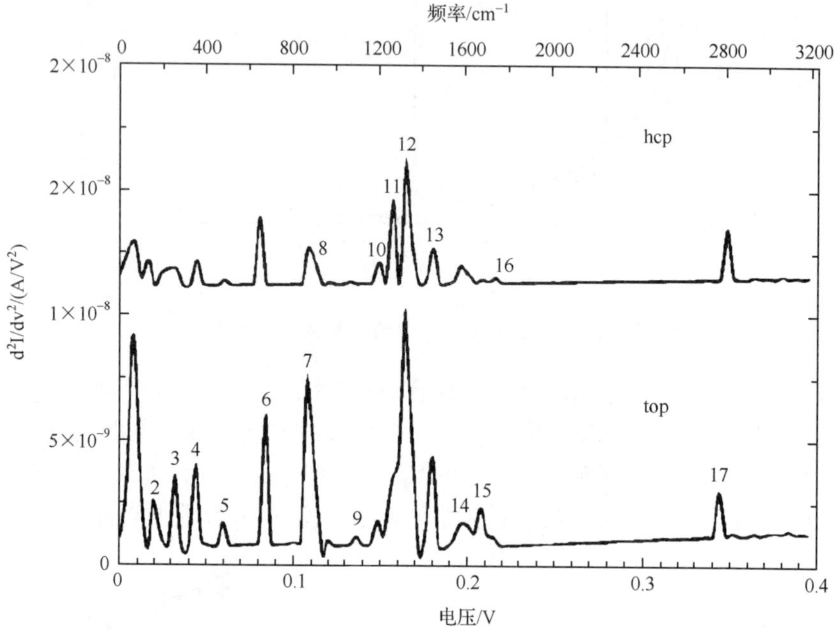

图 19.6 八烷基硫醇分别吸附在两种不同位置模拟的 IETS 谱，对应于 S 原子在 Au 原子的顶位或在六角密积（hcp）位置两种情况

对于声子衰减速率 J_q，则按上节方法进行计算。Au 与 Si 的主要差别是其声子带宽仅延展 30meV。此外，位于电极声子带中的模式衰减速率约小于 10^{11} Hz，与 Si 相比，其电声子耦合更弱。同样，我们为衰减速率设置了一个下限为可调参数 $J_{q,\min}$，它位于 Au 声子带之外。我们发现，分子温度敏感地依赖于下限。图 19.7给出了平衡接触温度为 $T=296$K 时计算的分子温度与电压的关系。不同类型的线对应于不同的 $J_{q,\min}$值，范围从 $5\times(10^8\sim10^{10})$Hz。通过选择这些参数，便可获得与最近实验测量的电压与温度关系相比拟的结果[18]。

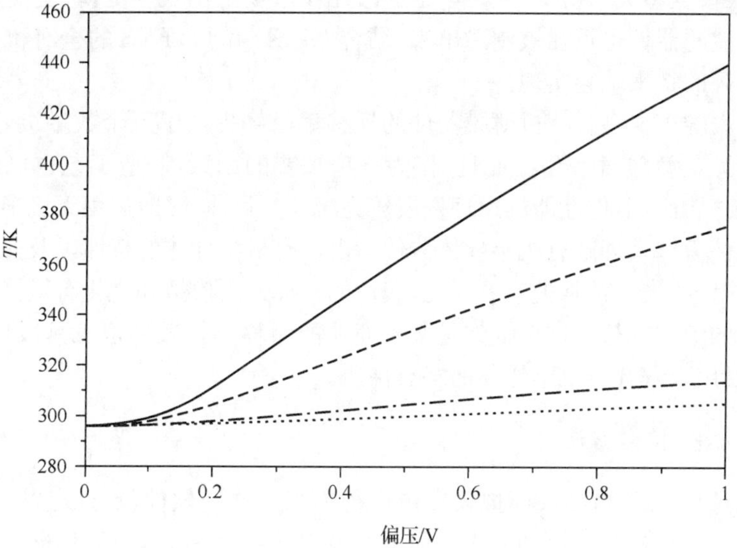

图 19.7 不同 $J_{q,\min}$ 下分子温度与电压关系。点线为 $J_{q,\min}=1010$Hz；点划线为 $J_{q,\min}=5.109$Hz；短划线为 $J_{q,\min}=109$Hz；实线为 $J_{q,\min}=5.108$Hz

19.3 有机薄膜器件的模拟

最近几年来，在新的廉价有机材料应用的驱动下，有机半导体材料的研究取得了极大的进展。自从聚合物的导电性和半导体性[19]，以及 1977 年聚乙炔的金属导电性被发现后[20]，各种小分子和聚合物的电学性质被广泛地研究。这就促进了电子器件的发展，例如有机发光器件、太阳能电池，以及基于有机半导体薄膜的光电二极管。1986 年，人们采用电化学方法生长聚噻吩薄膜器件制备了第一个有机薄膜晶体管(OTFT)[21]，并于 1989 年通过六噻吩体系实现了由小的共轭分子构造 OTFT 的可能性[22]。

相比于传统的无机材料，有机半导体能够展开于各种大面积基底并大量生产，降低清洁空间成本和其他昂贵的制造成本。使用柔性的基底，再加上较轻的重量，它甚至可以集成在衣服或塑料表面上。由于可以在分子层次进行修饰，有机半导体引入了新的自由度。我们可以针对特定的性质要求进行材料设计，比如期望的的吸收和发射谱。相比于数量很少的无机半导体如硅和砷化镓来说，这无疑是一种革命性的方法。

有机光电器件的发展尤其迅速。这里，通过化学合成调控材料的优势已经变得非常显然。因此，在这一领域首先出现商业化产品(OLED)是不足为奇的。目前，无机底板上蒸镀 OLED 点矩阵显示已经在市场上出现。更薄、更亮、更便宜，并且更节能的器件也正在被制造出来，结合 OLED 和 OTFTS 的全有机显示器件预期在不久的将来就会实现。

在过去的 15 年内，有机薄膜器件的迁移率已经提高了五个数量级，其迁移率值可以与无定型硅相比[23]。而且，作为一项重要的因素，制造工艺也已经发展并成熟起来。然而，器件性能的原理发展较为滞后。目前，一般运用无机半导体发展的标准器件模型来理解有机半导体器件。由于有机半导体的特性以及非传统的器件设计，这样的模型常常失效。因此，我们的目标是为模拟和优化有机器件和电路建立模拟的结构框架。这个框架是基于商业的漂移一扩散模拟工具，对其进行了修改，以便用来解释有机半导体的特有性质。

19.3.1 漂移-扩散方法

我们选择 ISE TCAD 模拟软件包进行模拟。这个软件包可以进行多尺度的模拟：热电，混合模式器件和三维几何电路模拟[24]。通常，模拟器将器件分为有限元格点，耦合泊松方程自洽求解漂移-扩散输运方程。主要需要输入的参量为器件的几何结构、材料规格和界面性质。而且，ISE TCAD 工具提供了多种软件接口以便引入用户定义的物理模型，如迁移率或复合速率。这对精确地描述有机器件是非常重要的。

下面我们将对模拟方法作一简单地介绍[24]。如前所述，我们需要求解电势 ϕ 的泊松方程和空穴电子密度的连续方程。泊松方程可以写成

$$\nabla\varepsilon \cdot \nabla\phi = -q \cdot (p - n + N_{D+} - N_{A-}) \tag{19.14}$$

式中，ε 为介电常数；q 为基本电荷；n 和 p 为电子空穴密度；N_{D+} 为离子施主数目；N_{A-} 为离子受主数目。空穴和电子密度的连续方程通常写为

$$\begin{aligned} \nabla \cdot \boldsymbol{J}_n &= q\frac{\partial n}{\partial t} + q \cdot R_{net} \\ -\nabla \cdot \boldsymbol{J}_p &= q\frac{\partial p}{\partial t} + q \cdot R_{net} \end{aligned} \tag{19.15}$$

式中，J_n 为电子电流密度；J_p 为空穴电流密度；R_{net} 为净电子-空穴复合速率。在非简并极限下，它们由空穴电子准费米势 ϕ_n 和 ϕ_p 联系起来

$$\begin{aligned} n &= n_i \cdot \exp\left\{\frac{\phi - \phi_n}{U_T}\right\} \\ p &= n_i \cdot \exp\left\{\frac{\phi_p - \phi}{U_T}\right\} \\ n_i &= \sqrt{N_V N_C} \cdot \exp\left\{-\frac{E_g}{2qU_T}\right\} \end{aligned} \tag{19.16}$$

式中，n_i 为本征密度；N_V 和 N_C 为有效态密度；E_g 为能隙；$U_T = k_B T/q$ 为热电压。

在分子材料中,式(19.3)代表了能斯特(Nernst)方程,它描述低浓度下的氧化和还原势[25]。在固态,能隙为氧化势和还原势之差。所以,这里用分子或单体密度而不是有效态密度。对大多数有机半导体材料,分子密度的数量级为 $N_C = N_V = 5\times10^{20}\,cm^{-3}$。

为了计算电势,载流子和电流分布,需要求解如下方程:

$$\begin{aligned} \nabla \varepsilon\varepsilon_0(-\nabla\phi) &= e(p - n + N_{D+} - N_{A-}) \\ \nabla en\mu_n(-\nabla\phi_n) &= +e\frac{\partial n}{\partial t} + e\cdot R_{net} \\ \nabla ep\mu_p(-\nabla\phi_p) &= -e\frac{\partial p}{\partial t} - e\cdot R_{net} \end{aligned} \tag{19.17}$$

两个准费米势的梯度驱动空穴和电子电流。空穴和电子流可以表示为漂移和扩散流,因为迁移率通过(非简并)爱因斯坦关系分别与空穴和电子的扩散系数相联系 $\mu_p = D_p/U_T$,$\mu_n = D_n/U_T$,爱因斯坦关系在跳跃输运(hopping transport)下也是成立的[26]。

19.3.2 有机半导体材料

Alan J. Heeger、Alan G. MacDiarmid 以及 Hideki Shirakawa 由于在导电聚合物方面的贡献被授予诺贝尔化学奖[19]。有机共轭体系分子的原子是通过单、双键交替成键。碳原子的 sp^2 杂化引起电子在某些分子区的离域分布,形成交叠 π 轨道。在施加电场后,电子的离域使得电荷在分子内传输。共轭分子内的迁移率很高,然而共轭体系之间的传输则存在势垒。这个势垒的克服是通过跳跃过程实现的。无机半导体的价带对应于最高占据分子轨道(HOMO),最低占据分子轨道(LUMO)对应于导带。HOMO 和 LUMO 的能级差别为能隙。能级结构与无机半导体非常相似,但是存在被缺陷和熵隔离开的局域态。图 19.8 给出了并五苯的能级图。

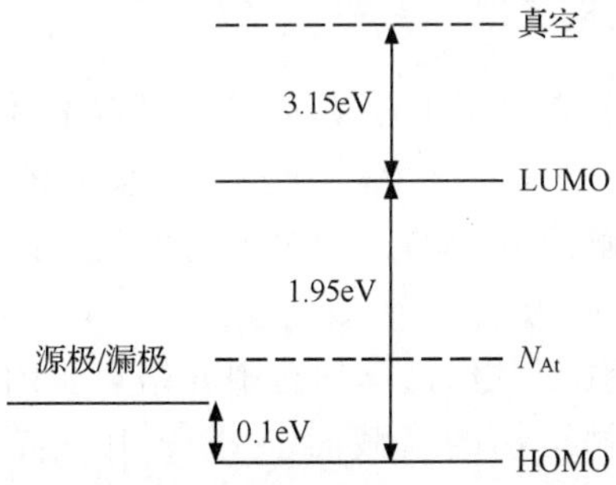

图 19.8 并五苯和 Au 源、漏电极接触的能级图。受陷能级用虚线标出

有机半导体分为聚合物和小分子。聚合物半导体由长分子和重复共轭单元组

成(如聚噻吩)。小分子半导体包括具有小的分子质量的芳香分子,如并三苯、并五苯和 α-6T。聚合物呈现高度的无定型性,然而小分子往往可以形成单晶或多晶薄膜。由于聚合物链间有序度低和几乎无交叠,聚合物导电主要由链间跳跃输运决定。相反,由于晶体薄膜的高度有序度,跳跃和类能带混合输运机制在小分子中占主导地位。

蒙特卡罗模拟[27]和可变自由程跳跃理论预测,在跳跃体系的迁移率将呈现 Poole-Frenkel 场相关性

$$\mu = \mu_0(T)e^{\sqrt{E/E_0}} \tag{19.18}$$

式中,μ_0 为低场迁移率;E_0 为临界场参数,为 3×10^5V/cm。我们在 ISE TCAD 用户定义模型中加入了与电场的相关性。

有机半导体分为 p 型或 n 型,具有许多奇异的特点。对于无机半导体,通过离子掺杂,如果费米能量向下移动到价带(导带),则为 p 型(n 型)。对于有机半导体,在 10^{15}cm^{-3}数量级内,通常发现有较低的无意 p 型掺杂。这可以从 MOS CV 测量的斜率得到。另外,还有三个要点需要强调。首先,有机半导体有相对较宽的带隙,对于载流子的注入,这就使得电极材料的选择非常重要[28]。功函数与 LUMO能级接近的电极通常作为电子注入端,功函数与 HOMO 能级接近的电极则作为空穴注入端。有机半导体依赖于势垒条件,因而能够控制空穴或电子模式。第二,电子和空穴的迁移率在半导体中的差别可以达到几个数量级。因此,在实际情况下,p 型材料指的是那些具有可忽略电子电导的材料,反之亦然。第三,有机半导体通常包含有大量杂质和缺陷导致的陷阱。如果主要俘获电子(空穴),则材料也将有效地表现为 p 型(n 型)导电。大多数的有机半导体材料如 P3HT 和并五苯等则显示 p 型导电。

电极与分子的接触势垒定义为金属功函数与对传输起主要贡献能级之差的绝对值。对电子来说,这就是电子的亲和能 X,对空穴来说则是电离能:$X+E_g$。

19.3.3 有机薄膜晶体管的模拟

由于制作工艺的发展,在电子工业领域,有机薄膜晶体管越来越引起人们的兴趣。对于器件的优化和电路设计,理解有机薄膜晶体管器件的性能并用适合的模型进行描述,都成为需要解决的问题。下面我们将演示说明,漂移-扩散方法是获得深入了解器件性能的可行方法。

图 19.9(a)为相应的用于数值计算的有限元格点。图 19.9(b)显示了并五苯有机薄膜晶体管底部接触结构的横截面。图 19.10 给出了一个具有代表性的 SiO_2 绝缘层上并五苯晶体管实验测量的转移特性曲线,沟道长度为 20μm。对于有机晶体管电流电压曲线,尤其需要强调的是:晶体管的转移曲线常常碰到转移和输出滞后现象,这种效应有三种可能原因:极化、离子的运动和半导体陷阱。在我

们的器件结构中，不可能是前两种原因。因为绝缘材料是非常干净的 SiO_2，它是非常稳定的。并五苯是通过逐步升华而高度纯化的，所以在半导体层没有运动的离子存在。图 19.10 的测量是在真空下进行的，所以，没有像水一样的气相分子存在并引入极化。因此，这种滞后效应一定是半导体的本征性质。下面我们将尝试基于陷阱效应来解释这种现象。

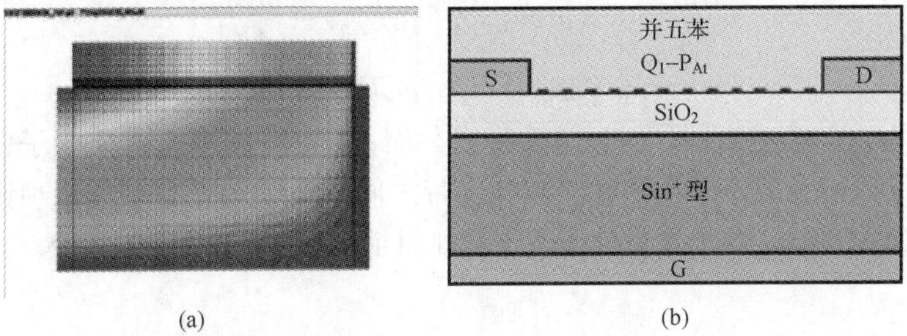

图 19.9　(见彩色插图)有限元格点(a) 和并五苯有机薄膜晶体管底接触结构的截面图(b)。虚线标出了绝缘半导体界面电荷和陷阱

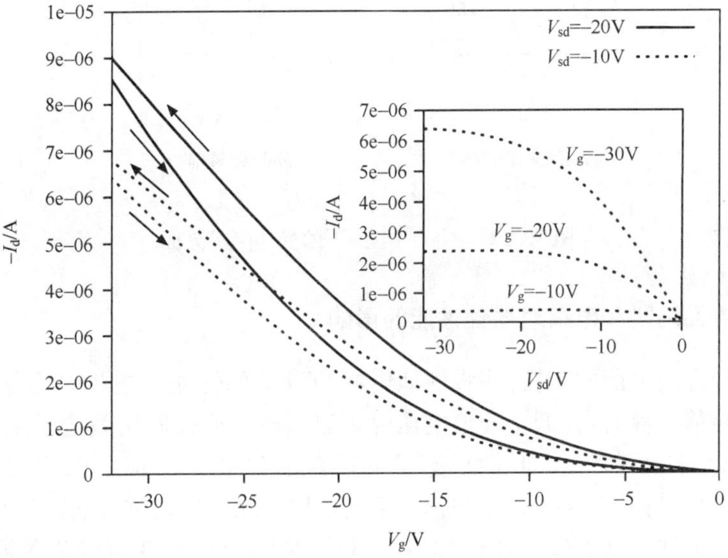

图 19.10　由并五苯薄膜制成器件的转移特性具有可重复的滞后现象，输出特性见插图

19.3.4　有机薄膜中的陷阱

据文献报道，与价带能量接近的受体型陷阱趋向于聚集在有机/氧化物界面[29,30]。在我们的模拟中，我们假设，单个的陷阱能级具有能量 E_{At} 和空间密度 N_{At}。如图 19.11 所示，当填充一个电子时，受体型陷阱能级是负值，被受陷空穴

占据时则为中性[31]。在平衡条件下，受陷空穴密度 p_{At} 与空穴的占据概率 f_p 的关系如下：

$$p_{At} = N_{At} \cdot f_p \tag{19.19}$$

总电荷密度与受体陷阱关系为 $Q_{At} = -q(N_{At} - p_{At})$。如果平衡条件被打破，将发生陷阱再充电。平衡载流子在受陷能级及价带之间的流动遵循如下速率方程[31]：

$$\begin{aligned} \frac{dp_{At}}{dt} &= v_{th}^{p}\sigma_p N_{At} \left\lfloor p(1-f_p) - \frac{p_1}{4} f_p \right\rfloor \\ p_1 &= n_i \cdot \exp(-E_{At}/k_B T) \end{aligned} \tag{19.20}$$

式中，v_{th}^{p} 为空穴热速度；σ_p 为空穴俘获横截面；n_i 为半导体的本征电子密度。式(19.20)仅描述了载流子在陷阱能级和价带之间的流动。还有一类似项则为导带和陷阱之间的跃迁，由于导带电子浓度较小且能隙较大，这项贡献很小。

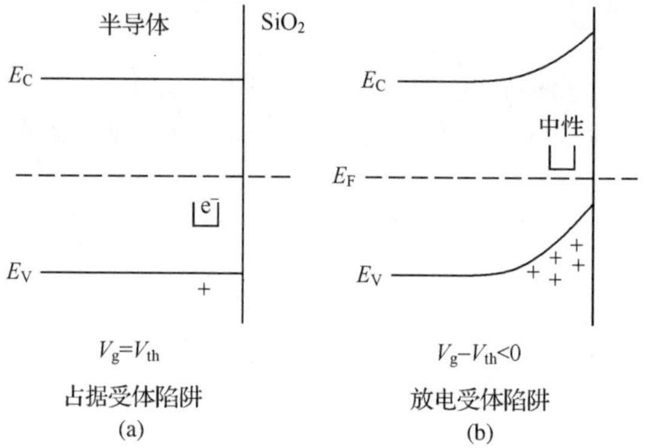

图 19.11 不同门电压下的受体陷阱界面

19.3.5 界面陷阱和电荷对器件性能的影响

陷阱和界面电荷的存在，将强烈地影响 OTFT 的性能。在非常缓慢速度扫描电压测量转移特性时，在低于阈值电压时可以观察到受体陷阱效应。阈值电压由界面电荷 Q_f 定义[31,32]。"非常缓慢"意味着施加并保持电压不变，在测量电流之前，体系一直保持准平衡态。在进行一系列这样的测量后，我们能够得到准静态的 OTFT 性能曲线。从实验中我们知道，有机器件需要保持几秒或几分钟的时间，图 19.11(a)显示出低于阈值电压时，陷阱填满电子，并吸引空穴到界面。这些界面空穴的存在将导致电流的增加和更负的亚阈值斜率[29]。当门电压高于阈值时，俘获的空穴将中和陷阱，因此，对准静态电流几乎没有影响[图 19.11(b)]。

如果迅速的变化扫描电压，则需要更仔细的分析。假定门电压快速地从正到负扫描，陷阱最初填满电子。当门电压高过阈值电压时，根据速率[式(19.20)]平衡条件要求放电。然而，如果扫描速度足够高，当施加的门电压变得更负时，陷阱

没有时间达到平衡。在这种情况下,总的界面电荷又加入负陷阱,则界面电荷正比于阈值电压的变化:

$$\Delta V_T = -\frac{Q_{int}}{C_{ox}} = -\frac{(Q_f + Q_{At})}{C_{ox}} \tag{19.21}$$

图 19.10 表明,在门电压快速负的增大时,阈值电压向右移动。

19.3.6　静态和瞬态 *IV* 模拟

图 19.12 给出了实验测得的转移特性与静态模拟的相应曲线,从中我们可以清楚地观察到迟滞特性。模拟方法为:首先,调节固定界面电荷 Q_f 拟合阈值电压。由于器件为负的阈值电压,我们将得到正电荷密度,而高于阈值电压的斜率则用迁移率拟合。随后,模拟亚阈值电压。亚阈值电压区的模拟,对陷阱参数非常敏感(摘自文献[29]),这些用于模拟曲线的值见表 19.1。

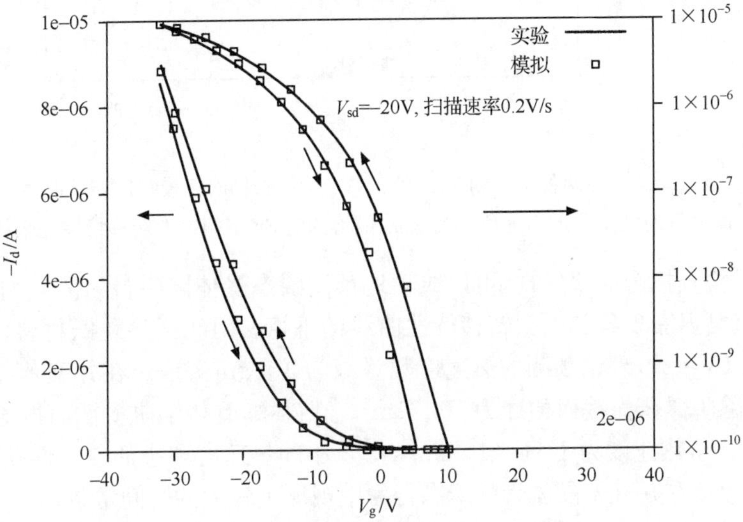

图 19.12　向上和向下扫描的模拟值与实验测量值
左边曲线采用线性刻度,而右边则采用对数刻度来显示相同的电流

表 19.1　向上和向下扫描的两次静态模拟的参数

	μ_0/[cm²/(V·s)]	Q_f/(cm^{-2})	N_{At}/(cm^{-2})	E_{At}/eV
向上	1.9	0.5×10^{11}	9×10^{11}	0.3
向下	2.3	5.5×10^{11}	9×10^{11}	0.3

我们注意到一个有趣的现象:向上和向下扫描静态模拟,将导致产生同样的陷阱。这使得我们更有信心相信,迟滞现象是由于单种陷阱在快速扫描过程中没有

完全充电造成的。在瞬态模拟中，我们使用了向下的扫描参数 $Q_f=5.5\times10^{11}\mathrm{cm}^2$ 和 $\mu_0=2.3\mathrm{cm}^2/(\mathrm{V}\cdot\mathrm{s})$。陷阱性质拟合的其他自由变量则按(19.20)，即乘积 $\nu_{th}\sigma_p$。图 19.13给出了不同 $\nu_{th}\sigma_p$ 值拟合的瞬态电流。当 $\nu_{th}\sigma_p=2.3\times10^{-19}\mathrm{cm}^3/\mathrm{s}$ 时，可以得到最优的迟滞拟合。

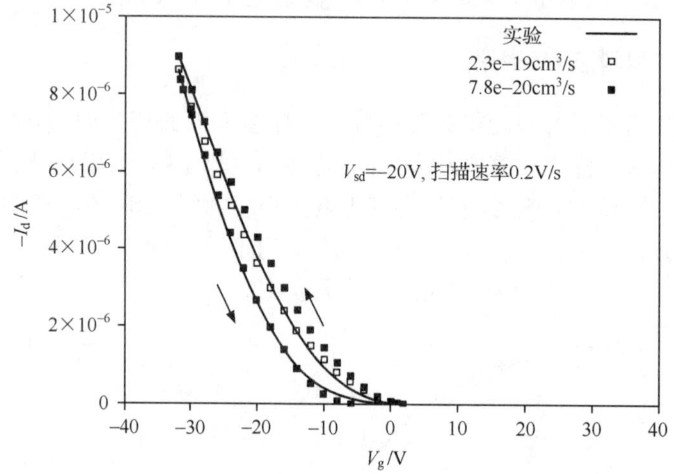

图 19.13 在两种不同的 $\nu_{th}\sigma_p$ 值下，V_g 循环扫描瞬态模拟的转移曲线，可以清楚地观察到迟滞现象。当 $\nu_{th}\sigma_p$ 值不同时，向下扫描的转移特性完全相同

通过检查拟合曲线发现，可以成功地预测瞬态受体陷阱行为的影响。器件模拟可以重复迟滞现象和上扫转移特性曲线的下弯。对于无序跳跃材料，迁移率约为 $1\mathrm{cm}^2/(\mathrm{V}\cdot\mathrm{s})$，理论预测的热速度数量级为 10^3 cm/s[29]。在并五苯/SiO_2 界面处，受体陷阱俘获横截面估计为 $10^{-22}\mathrm{cm}^2$。在硅中，受体陷阱横截面报道为 $1.5\times10^{-17}\mathrm{cm}^2$[33]，热速度为 $1.56\times10^7\mathrm{cm/s}$[31]。小的热速度和小的空穴俘获横截面的组合，将导致在并五苯晶体管的瞬态行为中观测到较大的时间常数。

目前的有机半导体模拟表明，漂移-扩散方法是一种检验物理模型是否合适的途径。实验和模拟并不一定总是能吻合的很好。然而，试验和理论的差别应该成为微调现有模型的动力，并将新的理论或经验发现加入现有模型。

19.3.7 有机逻辑电路的分析和优化

在有机电路的设计、优化和验证方面，漂移-扩散模拟也是一个强有力的工具。从模拟单一晶体管结构开始，我们可以模拟静态和瞬态条件下的逻辑电路。在建立鲁棒的有机电路方面，能够分析各种晶体管几何构形对电路行为的影响是非常有利的。

19.3.8　反相器电路

p 型材料的限制对有机电子技术的设计提出了要求。尽管人们针对 n 型 OTFT进行了研究,但 n 型材料和制造工艺仍然不成熟[34]。因此,设计专门的基于 p 型电路用于数字和图像处理是非常有意义的。图 19.14 的插图给出了可能的耗尽型负载的反相器布置。基于 TFT 设计的主要优点是,能够通过改变晶体管的 $\lambda = W/L$ 的比率来调节电路的性能。上图表明,几何因素对反相器的转移特性有很大的影响。通过优化转移电压曲线在(−10V,−10V)点的对称性,可以得到几何因素比率 L=0.059 (图 9.14)。

$$\Lambda = \frac{\lambda_{\text{driver}}}{\lambda_{\text{load}}} = \frac{W_{\text{driver}} \cdot L_{\text{load}}}{L_{\text{driver}} \cdot W_{\text{load}}} \tag{19.22}$$

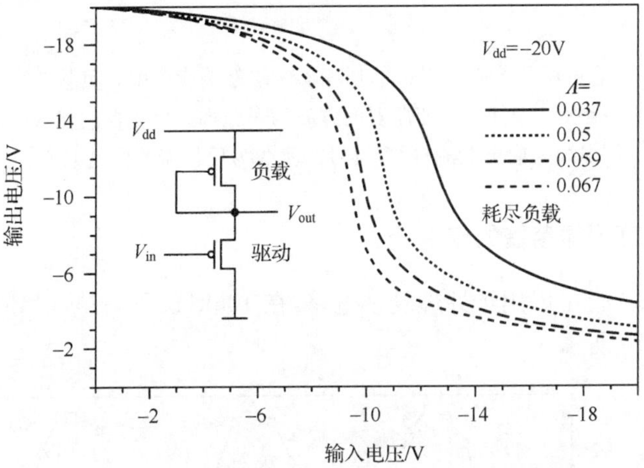

图 19.14　几何因素 Λ 对具有耗尽负载的有机反相器的电压转移性质的影响

为了确定动态开关行为,通过连接一个负载电容 C_L=20fF,对反相器电路进行模拟。反相器在 40μs 时间段对方形波信号的响应如图 19.15 所示。输出电压在上升和下降边沿具有明显的不对称性。从 0 到−20V 上升时间约为 5μs,而下降时间则接近 0.5μs。此外,对于非互补逻辑电路,由供电电流曲线图可以观察到高的功率消耗。通过改变电路参数,我们可以对这些性质进行模拟。

目前,有机电子学领域的研究主要致力于器件性能、材料和制作过程的优化。此外,人们也逐渐地向电路应用与实现方面转移。有机电子学的一些实际问题,包括剧烈的参数变化和迟滞现象,不能单纯从器件水平理解。我们应当努力建立鲁棒的电路概念,并允许存在奇异性。目前的有机电路 TCAD 框架,有可能是评价新电路设计的一种可选工具。

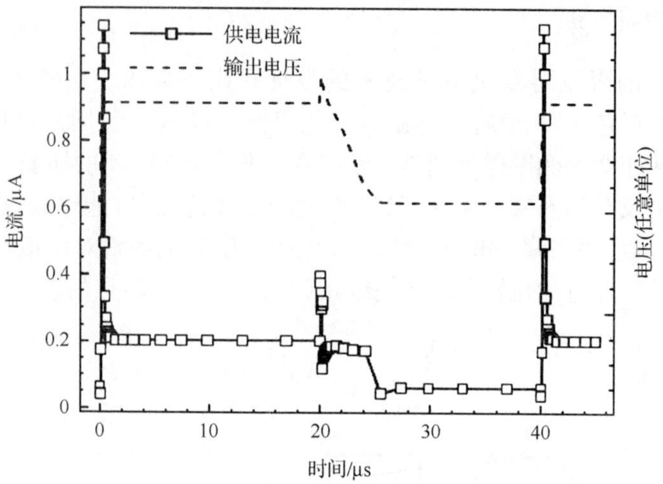

图 19.15 具有耗尽负载(Λ=0.059)反相器的瞬态响应模拟。负载电容 C_L=20fF。在 T=40μs 时间内,变压器的方波信号施加到反相器的输入端。虚线为输出电流,而带符号的实线为反相器的供电电流

19.3.9 有机环形振荡器的应用

ISE TCAD 也可以用于处理复杂电路,在 105kHz 下,三阶段环形振荡的模拟信号如图 19.16 所示。

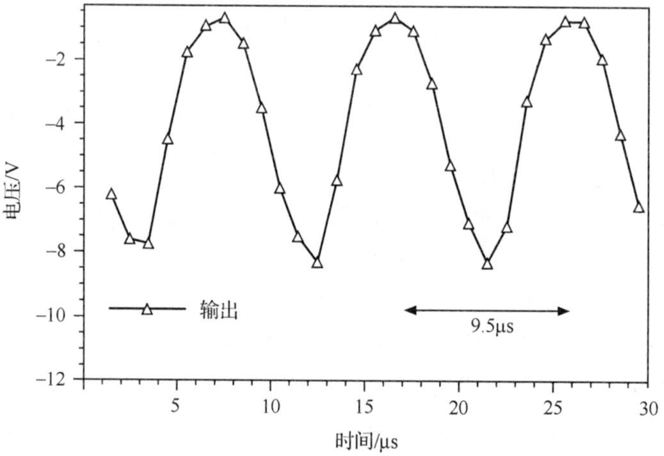

图 19.16 稳态运行(V_{dd}=−20V)时,三阶段有机振荡器的模拟输出电压。在 105kHz 下,信号周期为 9.5μs

对于逻辑应用,简单地构建逻辑门对是不够的。它要求能够放大输入信号,这

样，在许多步骤后信号不会被丢失。此外，一个逻辑门的输出必须能够驱动另一个门的输入。这就要求输入输出电压范围匹配。

环形振荡器包括奇数个转换步骤。第一步的输出为下一步提供输入。最后的反相器连接到第一反相器的输入，以构成一个封闭的环。奇数个反相器则阻碍体系达到一个稳定的操作点。在振荡发生时，必须严格地遵守上面提到的转换步骤要求。由于有机电子器件的逻辑能力还处于原型阶段，人们目前正致力于有机环振荡的实验实现。振荡频率高达 220kHz 的有机振荡环也已见诸报道[35]。

致 谢

作者衷心感谢 Deutsche Forschungsgemeinschaft（DFG）在 OFET 和分子水平的量子输运重点项目的基金支持。

参考文献

[1] Cai, L. et al., Nano Lett., 5, 2365, 2005.

[2] Frauenheim, T. et al., J. Phys.: Condensed Matter, 14, 3015, 2002.

[3] Pecchia, A. and Di Carlo, A., Rep. Prog. Phys., 67, 1497, 2004.

[4] Di Carlo, A. and Pecchia, A., Introducing Molecular Electronics, Springer, 2005, Cuniberti, G. et al., Eds.; Pecchia, A. et al., Molecular Electronics: Analysis, Design, and Simulation, Elsevier, 2006.

[5] Elstner, M. et al., Phys. Rev. B, 58, 7260, 1998.

[6] Maragakis, P. et al., Phys. Rev. B, 66, 241 104, 2002.

[7] Porezag, D., Phys. Rev. B, 52, 14, 963, 1995.

[8] Caroli, C. et al., J. Phys. C: Solid State Phys., 5, 21, 1972.

[9] Galperin, M. et al., Nano Lett., 4, 1605, 2004.

[10] Faleev, S. V. and Stockman, M. I., Phys. Rev. B, 66, 085 318, 2002.

[11] Fetter, A. L. and Walecka, J. D., Quantum Theory of Many Particle Systems, Dover Publications, 1971.

[12] Mahan. D. M., Many Particle Physics, Plenum Press, 1981.

[13] Haung, H. and Jauho, A. P., Quantum Kinetics in Transport and Optics of Semiconductors, 123, Springer Series in Sol. State Sci., 1993.

[14] Pecchia, A. et al., Nano Lett., 4, 2109, 2004.

[15] Solomon, G. C. et al., J. Chem. Phys., 124, 094704, 2006.

[16] Meir, Y. and Wingreen, N. S., Phys. Rev. Lett., 68, 2512, 1992.

[17] Datta, S., Electronic Transport in Mesoscopic System, Cambridge University Press, 1995.

[18] Huang, Z. et al., Nano Lett., 6, 1240, 2006.

[19] Shirakawa, H. et al., Synthesis of electrically conducting organic polymers: halogen derivatives of polyacetylene, Chem. Commun., 16: 578-580, 1977.

[20] Chiang, C. K. et al., Electrical conductivity in doped polyacetylene, Phys. Rev. Lett., 39, 1098-1011, 1977.

[21] Kurokawa, T. and Ando, Macromolecular electronic device: Field-effect transistor with polythiophene

thin film, Appl. Phys. Lett., 49: 1210, 1986.

[22] Horowitz, F. et al., A field-effect transistor based on conjugated alpha-sexithienyl, Solid State Commun., 72, 381, 1989.

[23] Shaw, J. M. and Seidler, P. F., Organic electronics: Introduction, IBM J. Res. & Dev., 45, 3, 2001.

[24] ISE-TCAD, Manual Dessis, Integrated Systems Engineering, AG, Zurich, Switzerland, 1995-1999.

[25] Paasch, G. et al., Simulation of organic light emitting diodes: influence of charges localized near the electrodes, Synth. Met., 139, 425-432, 2003.

[26] Nesterov, A. et al., Simulation study of the influence of polymer modified anodes on organic led performance, Synth. Met., 130, 165-175, 2002.

[27] Bolognesi, A. et al., Large drift-diffusion and Monte Carlo modeling of organic semiconductor devices, Synth. Met., 138, 2003.

[28] Schilinsky, P., Loss Analysis of the Power Conversion Efficiency of Organic Bulk Heterojunction Solar Cells, Ph. D. thesis, Carl von Ossietzky Universität Oldenburg, 2005.

[29] Scheinert, S. et al., Subthreshold characteristics of field effect transistors based on poly (3-dodecylthiophene) and an organic insulator, J. Appl. Phys., 92, 2002.

[30] Kang, J. et al., Shallow trap states in pentacene thin films from molecular sliding, Appl. Phys. Lett., 86, 2005.

[31] Sze, S., Physics of Semiconductor Devices, John Wiley & Sons, New York, 1982.

[32] Bolognesi, A. et al., Effects of grain boundaries, field dependent mobility and interface trap states on the electrical characteristics of pentacene thin film transistors, IEEE Trans. Electron Dev., 51, 2004.

[33] Masson, P. et al., Frequency characterization and modeling of interface traps in $HfSi_xO_y/HfO_2$ gate dielectric stack from a capacitance point-of-view, Appl. Phys. Lett., 81, 2002.

[34] Ahles, M. et al., N-type organic field-effect transistor based on interface-doped pentacene, Appl. Phys. Lett., 85, 19, 2004.

[35] Clemens, W. et al., From polymer transistors toward printed electronics, J. Mater. Res., 19, 7, 2004.

20 分子电子学器件中的电流整流、开关和缺陷影响的理论

A. M. Bratkovsky 著

吕文刚 夏 钶 译

摘要:

纳米和分子尺度的电子学器件可能产生高效的电流整流和开关行为。本章综述了基于第一性原理和模型近似的一些分子尺度器件的理论研究。分子量子点的整流比基本上不超过100。由分子构形变化而导致的电流开关非常缓慢,通常在数千赫兹的范围内。在与振动激发强耦合的分子量子点中,至少在原理上能够实现快速开关(约1THz)。分子薄膜中的缺陷将导致产生电导虚峰、似是而非的负微分电阻,还可能导致奇异的电流-温度和电流-偏压的依赖关系。在多数情况下,

所观察到的开关性质都是外禀的，它来源于诸如分子-电极几何结构，分子重构和穿过薄膜的金属丝形成。

20.1 引　　言

人们当前对分子电子学的兴趣在很大程度上受这下述期望所驱动，即分子可以被用作纳米电子学部件，且纳米电子学部件能够互补或者取代正在 10μm 以下发展的标准的硅 CMOS 技术[1,2]。第一个关于分子电子器件(二极管、整流器)的推测，是在 20 世纪 70 年代中期被明确地提出来的[3]。对分子整流器的原始设想，已经引发了人们对于这个领域的巨大兴趣以及对各种各样分子电子学元件的设想，尤其是在与硅基技术不能降到 1μm 特征尺寸以下这一不成熟的估计相联系时更是如此。尽管在数十年间人们做了大量的实验努力[4]，但还是从未制成过 Aviram-Ratner 的给体-绝缘体-受体结构 TTF-σ-TCNQ—(D^+-σ-A^-，细节见下文)。在该结构中，载流子被认为通过绝缘分子的饱和 σ 键在两个方向上非对称隧穿。最终的结果表明，它在电学意义上是一个轻度非对称绝缘体，而不是二极管，不适合作为硅器件的替代物。这是因为，为了在 Langmuir-Blodgett 槽(trough)中将这些分子组装成具有合适性质的单分子层(避免当电极沉积后缺陷使器件短路)，我们必须吸附上一个长尾分子 C_{18}[$\equiv(CH_2)_{18}$]，它能产生足够的范德瓦尔斯力，将分子结合到一起，不过，C_{18}是一个具有带隙为 $E_g\approx 9\sim 10$eV 的宽带隙绝缘体。如果我们组装不带尾巴的 Aviran-Ratner 分子，可以预测，它无论如何都不可能产生整流效应。事实上，最近，一项对 D^+-σ-A^- 分子的第一原理计算研究[5]表明，它的 I-V 曲线没有表现出明显的非对称性。Ellenbogen 和 Love[6] 曾设想一个中间含有二甲基绝缘桥的 4-苯环 Tour 分子线[1]，经过硫醇基团直接连接到金电极上。给体-受体非对称结构由在侧边的 NH_2^+ 和 NO_2^- 产生，这是在分子器件中使用 Tour 分子线[1]时的常用手段。整流效果不好的原因很简单："绝缘"桥太短了，由于一维绝缘体的一小段几乎是透明的，而所施加的电场是三维的，在这样的几何结构中，电场不能够被有效地屏蔽、且在绝缘基团上产生显著的电压降。虽然在 D 和 A 的基团上的能级间只有 0.7eV 的能量差，但仍然需要大约 4eV 的偏压使它们对齐，而得到的仍然是相对较小的电流，这是因为，全共振透射实际上是不可能达到的。值得注意的是，模型计算意味着与电极间是理想耦合，而实际上这是不可能的，我们知道，非理想接触会极大地改变通过分子的电流。我们将在下面讨论中给出这一方法的一些可能的替代方法。

值得注意的是，于 20 世纪 60 年代早期，人们对分子晶体的能量和电子输运性质就已经开展了研究[7]。在 60 年代中期，人们便已经了解，在什么样的环境下分子中的电荷输运由电子隧穿完成[8]。在 70 年代中期，人们认识到，既然有机分子是软的，那么沿着线性生物分子和蛋白质等的能量输运，可能是通过低能的非线性集体激发而进行的，如 Davydov 孤子[9]（综述[10]）。

为了接替现代硅 CMOS 技术，分子电子学应当提供更小、更可靠的功能部件，它们能被同时生产和组装，并能在集成上与 CMOS 技术竞争。分子所能提供的小单元尺寸优势是十分明显的。然而，要满足其他的要求，似乎还非常遥远。为了超越其他技术，如致密（和廉价）的存储器，应当将目标定在几 TB/in^2（$>10^{10}\sim10^{13}$ bit/cm^2）和大约 10 年的工作寿命上。此密度对应的线性比特（覆盖区）尺寸是 3～10nm。对于有机分子，长寿命的要求是难以满足的，因为它们易于氧化和分解，特别是在非常强的外场条件下（在和 CMOS 集成的分子上施加约 1V 的工作偏压，且它们的小尺寸为几个纳米的量级）。对于面积密度，我们应当与诸如铁电随机存取存储器（FERAM）[11]或相变存储器[12]等这样迅速发展的技术相比。当前最小的商业纳米铁电学器件，具有大约 400nm×400nm 的面积和 20～150nm 的厚度[13]，且已实现在开关铁电像素为 128bit×128bit 的阵列中每比特的尺寸小于 50nm（相应密度为 TB/in^2）[14]。与铁电器件相比，基于硫化物 GeSbTe（GST）的相变存储器似乎能够更好地缩型化。可以发现，随机存取存储器的主流技术正在非常迅速地接近分子尺度。例如，Reed 等[15]制作的所谓的“纳米孔”分子器件，具有与分子尺度相比拟的尺寸，不过，是否具有可重复的行为还有待证实。

在分子器件并行制作方面，人们都集中在了自组装技术上（见文献[16,17]和其文后的参考文献）。Langmuir-Blodgett 技术常用于分子在水上的自组装，其中分子包括有亲水“头”和疏水“尾”，使得组装成为可能，例子请参见文献[18,19]。对应的组装所允许的公差，尤其是混合的（hybrid）结构（分子在硅 CMOS 上集成），通常在几分之一埃的量级上，因此，我们实际上需要皮米技术（picotechnology）[2]。能否很快地达到这样的精度是有疑问的，因此，人们便提出了一体（all-in-one）分子方法，它意味着，全功能的计算单元应当合成到一个单一的超分子单元中去[2]。也许，我们能够使用定向自组装来实现建造这样的单元，不过，在大尺度上无缺陷的自组装是几乎不可能的，因为它是与熵增原理相违背的[16,17]。当超过某一小的缺陷浓度（逾渗）阈值时，在这样一个自组装网络上，即使是映射一个简单的算法也是不能的[20]。

在这样一个包含了大有机分子的器件中，其电子输运也是一个大问题。高质量并五苯晶体也许是作为薄膜晶体管的最好材料，不过，即使是在这样的材料中，晶格的作用使载流子受到俘获，结果导致迁移率只有 1～2 $cm^2/(V\cdot s)$（见文献[21]）。当然，通过长分子（>2～3nm）的载流子输运情况，在本质上不同于通过刚性短分子的输运，而这种短分子被设想为有可能作用电子部件。实际上，在短分子中，主要的电子输运模式可能是通过电激活的分子轨道的共振隧穿[22]。取决于电极的功函数、分子的电负性以及分子与电极之间耦合的对称性，隧穿通过的轨道可能是最低非占据分子轨道(LUMO),或者是最高占据分子轨道(HOMO)[23,24]。实际上,众所周知,在包含超过 40 个原子位置的长导线中,隧穿时间相当于或者大于声子特征时间,以至于极化子(和/或双极化子)能够在分子导线内部形成[25]。大量的分子块体导体存在有(双)极化子载流子。在聚乙炔中,极化子(和带电的孤子)的形成,在很早以前就从理论上探讨过[26],而双极化子(2 个极化子的束缚态)的形成也在文献[27]中讨论过。文献[28]报道了利用光学方法检测到了聚乙炔中的极化子,并随后被细致地研究过。有大量的证据表明,极化子和双极化子能够在共轭聚合物(如聚苯、吡咯、聚噻吩、聚硫化噻吩[29]、铯掺杂联二苯[30]、n 掺杂联噻吩[31]、聚苯乙烯和其他的分子系统)中形成。因为存在着上面提到的有关大分子的电子输运问题,我们应当首先考察短到中等尺寸的分子。

在分子电子学中,最近的研究潮流主要与近期所合成的线性共轭分子线(Tour 分子线[1])和各种能够在亚稳态位形之间做往复微循环运动的分子(分子梭)[35]中的载流子输运性质有关。Tour 分子线表现出非线性 I-V 特性(负微分电阻(NDR))和“记忆”效应[15,33,34];当分子梭以三明治结构的形式安装在固态器件中电极之间时,表现出一些在相对稳定的电阻态之间的“开关”性质[36](同时请参考[37])。同时,还存在多种光致变色分子,可以在吸收光时改变形态(“开关”)[38],在光子学应用中,这也许是令人感兴趣的,但却不是电子学的主要目的。使用这种分子的最严重的问题之一是功耗。事实上,所研究的有机分子,电阻普遍很大(约在 1MΩ 到 1GΩ 之间,或者更大)。由于开关电压通常都超过 0.5 V,功耗密度将有可能超过 10kW/cm^2,超过当前可以控制水平的几个数量级以上。人们也可以考虑降低开关器件的密度,但这与使用分子尺度元件的初衷相抵触。同样,这也是 CMOS 技术面临的共同问题,但是有机分子似乎仍然没有表现出明显的优点。还存在一些其他突出的问题,例如,对实际开关机制的理解(它与分子相当无关)[37]、稳定性以及标度等。因此,在可预见的未来,分子似乎还不能取代硅技术,同样,在混合技术中,也很难占主导地位。

第一个主要的分子电子学应用将可能是化学和生物传感器领域。在这一领域中,当前解决方案之一是使用功能化纳米线。当一个目标分析分子从环境中被吸附到纳米线上时,改变了纳米线中载流子能“看到”的静电势。由于纳米线器件的电导很小,即使化学吸附一个分子也可能使电导产生可以观测的变化[39]。半导体性纳米线,可以是碳纳米管(CNT),能够从金属纳米颗粒种子上生长[16]。碳纳米管由于其相对简单的结构和某些独特的性质,如高电导性[40],而得到了广泛的研究。

在本章中,我们将阐述多种与分子器件的电子输运性质相关的一般性问题,介绍一些对作为整流器和开关应用可能会有意义的特定分子系统,以及一些相关的物理问题。我们首先考虑这样一个体系，其中，弹性隧穿占主导地位，与分子振动激发之间的相互作用，只能改变一些描述隧穿的参数。我们还将介绍一个载流子与分子振子具有很强耦合的情形，在这种情况下，隧穿实际上是非弹性的，而当电子-振子相互作用强到能够超过分子上载流子的库仑斥力时，将会导致电流迟滞现象。该分子具有中心窄带/共轭单元，且被具有宽带隙的饱和分子基团比如$(CH_2)_n$从电极上分隔开来，我们称之为分子量子点(molQD)。另一个非常重要的问题是理解有机薄膜中不完整性的本质和作用，这将在本章的最后一节中阐述。

20.2　分子-电极接触的作用：分子倾斜导致的外禀分子开关

我们曾经预言，通过共轭分子（如 Tour 分子线[1]）的电流强烈依赖于分子-电极接触的几何结构[23,24]。STM 单分子电极可以由嵌入到非导电短烷烃链 SAM 之间的三环 Tour 分子来充当，在其中观察到的明显的“电报”型开关行为也归于这种效应[34]。该理论预言了通过分子的电流将强烈地依赖于分子骨架和与电极表面垂直方向的夹角。其他的解释，如旋转中央环对分子充电，或者用组分影响中央环，都不成立。特别地，NO_2 或 NH_2 组分的存与否，对分子开关实际上没有影响。

倾向于电导的”倾斜”机制的一个简单解释是，分子-电极通过与π-共轭分子轨道(MO)耦合而导致的较大的各向异性。通常，我们预期，当分子末端原子的 p 轨道沿着表面垂直方向取向时，交叠积分和电导将达到最大值，而偏离垂直时，由于对称性降低，交叠积分将会变小。在两种取向下，p 轨道和其他类型的轨道之间的交叠积分可相差 3～4 倍。由于电导与包含了两个金属-分子间跳跃积分的乘积的矩阵元的平方成正比，因此，整个构形的总电导变化可能达到 2 个数量级，对一些特殊的情形，可能会更大。

为了演示几何结构对电流的影响，我们考虑一个简单的双格点模型，其中，具有 p 轨道的两个格点与具有 s 轨道的电极耦合[24]。对于非零偏压，透射概率具有共振形式(20.5)，其跳跃到左(右)电极上的线宽为 $\Gamma_L(\Gamma_R)$。电流的近似形式为(其中 $\Gamma=\Gamma_L+\Gamma_R$)：

$$I \approx \begin{cases} \dfrac{q^2}{h}\dfrac{\Gamma^2}{t_\pi^2}V \propto \sin^4\theta, & qV \ll E_{LUMO}-E_{HOMO} \\ \dfrac{8\pi q}{h}\dfrac{\Gamma_L\Gamma_R}{\Gamma_L+\Gamma_R} \propto \sin^2\theta, & qV > E_{LUMO}-E_{HOMO} \end{cases} \tag{20.1}$$

式中，θ 为倾角[23,24]；t_π 为π电子的跳跃积分；q 为基本电荷，如图 20.1 所示。倾角对苯二硫(BDT)分子的 I-V 曲线具有较大的影响，特别是当分子在金电极的顶位置锚定时，如图 20.2 所示。通过从 5°到仅有 15°改变 θ，我们便能驱动 I-V 特征从具有约 2V 的电压间隙到具有欧姆特征的相对大幅度的电导变化。即使是从 10 度到 15 度的 θ 变化，也能使电导变化约一个数量级。当与空位相连接时，直到 75°倾角，I-V 曲线都能保持其欧姆特征，电导只发生适当的变化。因此，在测量时，如果分子从顶位滑到空位再返回，将导致产生明显的开关现象[34]。最近，人们发现，接触的几何结构能够严重地影响分子桥接的量子点之间的相干自旋传输[41]。值得强调的是，经常在有机分子层中观察到的开关的另一个外禀机制则归因于电极材料扩散到分子层内而形成金属"细丝"(见下文)。

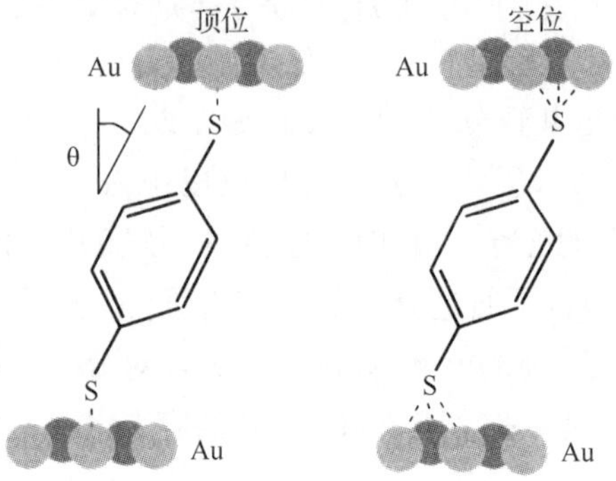

图 20.1　位于顶位和空位的苯二硫分子示意图。端部硫原子分别与 1 个和 3 个金原子成键，θ 是倾角

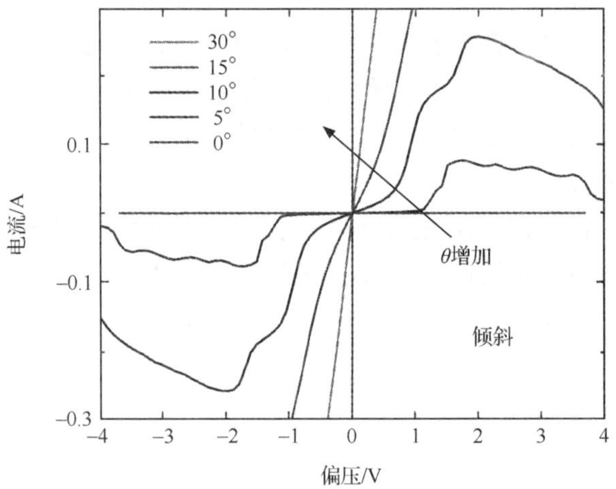

图 20.2　倾斜对 BDT 分子(图 20.1)I-V 曲线的影响。电流单位是 $I_0 = 77.5\ \mu A$，θ 是倾角

20.3 分子量子点整流器

Aviram 和 Ratner 研究了一个整流分子，该分子包含了给体(D)基团和受体(A)基团，它们被饱和的 σ 桥(绝缘体)基团分隔，其中的(非弹性)电子传输更倾向于从 A 到 D[3]。实际合成的分子整流器，$C_{16}H_{33}$-γQ3CNQ，则与 D-π-A 的类型略有不同，且它的"桥"基团是共轭的[4]。尽管分子没有表现出整流性(具有明显的迟滞性)，不过，它更像是一个各向异性绝缘体，仅有 10^{-17} A/分子量级的很小电流，这归因于 LB 组装所需要的较大的烷烃"尾巴"。最近，人们认识到，这个分子中的共振隧穿是因为分子上的非对称压降所致，而并非来源于 HOMO 和 LUMO 的对齐，因为它们不能通过共轭 π 桥退耦合[42]。其他类型分子中的整流行为很可能是来源于与电极的非对称接触[43,44]，或者分子本身的非对称性[45]。为了制作整流器，应当避免使用具有长绝缘基团的分子，我们曾经建议使用相对较短的分子，这些分子具有"锚"(anchor)端基，便于在金属电极上自组装，并同时将苯环作为中央共轭部分[46]。这一想法已在文献[47]中通过 CO 基团附接一个$(CH_2)_{15}$尾巴到噻吩环而得到验证。观察到的整流比略小于 10 倍，而有些样品则表现出约 37 倍的整流比。

最近，我们研究了一种更有希望的整流器，如—S$\leftarrow$CH$_2\rightarrow$Naph$\leftarrow$CH$_2\rightarrow_{10}$S—，它的理论整流比略小于 100 倍[48]，如图 20.3 所示。该体系已经被合成出来，并从实验上进行了研究[49]。在这种情况下，为了准确地描述这个体系的输运性质，我们采用了基于非平衡格林函数的第一原理计算方法[50]。现在的计算仅考虑弹性隧穿过程。非弹性过程只有在电子与分子振动之间相互作用很强时才有可能显著地改变计算结果，见文献[51]和随后的讨论。文献指出，载流子可能被限制在饱和分子中的极化子状态上，这些分子略长于我们在本文中所讨论的那些分子[52]。在当前的整流器中，势垒的一边较短，且相对透明，所以，不存在明显的库仑阻塞效应。当前分子整流器的结构如图 20.3 所示。分子包括了一个中央共轭部分(萘)和将它与电极隔开的两个绝缘脂链，用 L_1(L_2)表示左(右)链长。

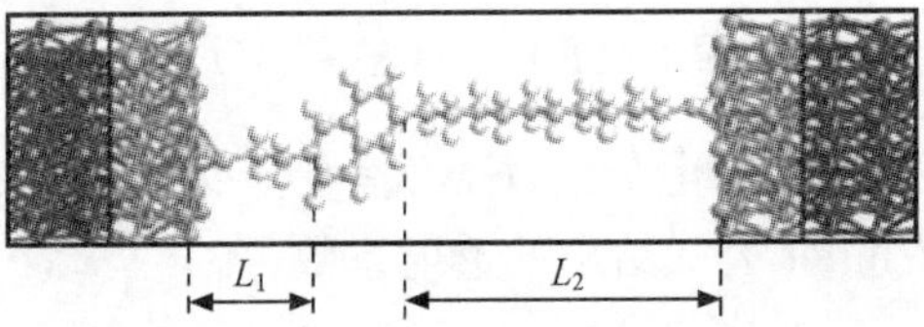

图 20.3 长为 $L_{1(2)}$ 的饱和(宽带隙)烷烃基团，将萘分子与左(右)电极隔开的杆形图

利用分子量子点作为分子整流器的原理如图 20.4 所示，其中，被局域在中央

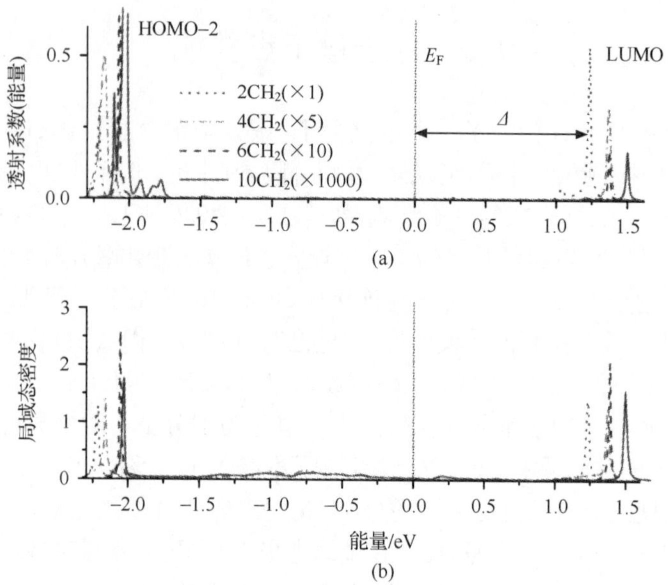

图 20.4　整流器—S$\leftarrow$CH$_2$$\rightarrow_2C_{10}H_6$$\leftarrow$CH$_2$$\rightarrow_n$S—，$n$=2，4，6，10 的透射系数与能量关系图。Δ 表示离电极费米能(E_F=0)最近的分子轨道的能量

共轭部分上的电“活化”分子轨道即 LUMO，它位于零偏压下电极费米能级上方 Δ 处。LUMO 的位置 Δ 取决于金属的功函数 $q\phi$ 和分子的电负性 qx，$\Delta=\Delta_{\mathrm{LUMO}}=q(\phi-x)$。HOMO 的位置为 $\Delta_{\mathrm{HOMO}}=\Delta_{\mathrm{LUMO}}-E_g$，其中 E_g 是 HOMO-LUMO 的能量差。如果这个轨道相当接近于电极费米能级 E_F，那么，它将先于其他轨道与 E_F 共振。假设电压主要降落在分子的绝缘部分，则很容易估计正向和反向的偏压

$$V_F=\frac{\Delta}{q}(1+\xi),\quad V_R=\frac{\Delta}{q}\left(1+\frac{1}{\xi}\right) \tag{20.2}$$

$$V_F/V_R=\xi\equiv L_1/L_2 \tag{20.3}$$

式中，q 为基本电荷。在 $V_F<|V|<V_R$ 的电压范围内，我们应当能够被观察到正向(forward)电流和反向(reverse)电流之间的显著差异。电流由 Landauer 方程得到

$$I=\frac{2q^2}{h}\int \mathrm{d}E[f(E)-f(E+qV)]g(E,V) \tag{20.4}$$

在共振隧穿模型中，我们能用电导 $g(E,V)\equiv T(E,V)/q$ 来定性地估计，其中，$T(E,V)$ 是由 Breit-Wigner 公式给出的透射系数

$$T(E,V)=\frac{\Gamma_L\Gamma_R}{(E-E_{\mathrm{MO}})^2+(\Gamma_L+\Gamma_R)^2/4} \tag{20.5}$$

式中，E_{MO}为分子轨道能量。展宽 $\Gamma_{L(R)}\sim t^2/D=\Gamma_0\mathrm{e}^{-2\kappa L_{1(2)}}$，其中，$t$ 为分子轨道和电极之间的交叠积分，D 是电极能带宽度，κ 是进入到势垒中的共振分子轨道衰减

长度的倒数。在共振阈值以上的电流为

$$I \approx \frac{2q}{\hbar}\Gamma_0 e^{-2\kappa L_2} \tag{20.6}$$

我们看出，当增加分子的空间非对称性时，(L_2/L_1)线性地改变了可操作电压的范围，不过，它也导致了电流呈指数型地减小[46]。这严重地限制了在保持适当的电阻的同时来优化整流比的能力。为了计算 I-V 曲线，我们采用 Keldysh 非平衡格林函数(NEGF)和基于赝势的实空间密度泛函理论的第一原理计算方法[50]。我们的方法的主要优点是：①能够正确地处理开放边界条件；②电极的全原子处理方法；③使用 NEGF 进行非平衡电荷密度的自洽计算。输运格林函数可从 Dyson 方程得到，

$$(G^R)^{-1} = (G_0^R)^{-1} - V \tag{20.7}$$

式中，非微扰推迟格林函数的算符定义形式为 $(G_0^R)^{-1} = (E+i0)\hat{S}-\hat{H}$，$\hat{H}$ 为散射体(分子和电极的屏蔽部分)的哈密顿矩阵，$\hat{S}$ 为交叠矩阵，在非正交基组 χ_i 下 $S_{i,j} = \langle \chi_i \mid \chi_j \rangle$。散射体与电极之间的耦合，由哈密顿矩阵 $V = \mathrm{dia}[\sum_{\mathrm{l,l}}, 0, \sum_{\mathrm{r,r}}]$ 给出，其中 l(r)表示左(右)电极。用来构造散射区非平衡电子密度的自能部分 $\sum^<$，则从 $\sum^< = -2i\mathrm{Im}[f(E)\sum_{\mathrm{l,l}} + f(E+qV)\sum_{\mathrm{r,r}}]$ 中得到，其中，$\sum_{\mathrm{l,l(r,r)}}$ 是左(右)电极的自能，我们可以通过采用迭代技术来计算半无限大电极而得到[50]。$\sum^<$ 描述了从电极"流入"的稳态电荷。透射概率由式(20.8)给出

$$T(E,V) = 4\mathrm{Tr}\left[\left(\mathrm{Im}\sum\nolimits_{\mathrm{l,l}}\right)G^R_{\mathrm{l,r}}\left(\mathrm{Im}\sum\nolimits_{\mathrm{r,r}}\right)G^A_{\mathrm{r,l}}\right] \tag{20.8}$$

式中，$G^{R(A)}$ 是推迟(超前)格林函数，$\sum$ 是连接左(l)和右(r)电极的自能部分[50]，电流由式(20.4)得到。图 20.4 给出了计算得到的一系列整流器在零偏压下的透射系数 $T(E)$，这些整流器结构为—S$(CH_2)_m C_{10}H_6(CH_2)_n$S—($m$=2，$n$=2，4，6)。我们发现，LUMO 是对电子输运透明的分子轨道，位于 E_F 上方 Δ=1.2～1.5eV 处。通过局域在终端硫原子上的 HOMO 和 HOMO-1 态的透射率被忽略，不过，HOMO-2 态的传导性很好。HOMO-2 定义了反向电压 V_R 的阈值，因而限制了操作电压的范围。我们的有关压降正比于位于两边的烷烃长度的假设，被电势斜面的计算结果所证明。电势斜面沿着$(CH_2)_n$ 链近似于一个线性斜面。LUMO(V)和 μ_R(V)恰好在约 2V 处相交，而正向电压对应着此交点。尽管 LUMO 决定了所有在此研究的分子中的正向阈值电压，而反向电压则由右势垒$(CH_2)_n$，(n=6，10)的 HOMO-2 所决定。I-V 曲线如图 20.5 所示。我们看到，对于"2～10"分子(m=2，n=10)，在操作窗口内，电流的整流比 L_+/L_- 达到了最大值 35。具有中央单苯环的分子系列[46]没有发现任何明显的整流性。我们能够操控系统，以增加传导轨道的能量不对称性(减小 Δ)。为了将 LUMO 移向 E_F，可以附加一

个电子提取基团,如—C≡N,到共轭的中央基团(萘)上[48]。无论如何,分子的整流比都不是很大,不过,考虑到这是一个工作在弹道输运极限的小尺寸体系,这与载流子以扩散方式通过体系的现代硅器件很不相同。然而,当硅器件变得更小时,除了在体系中的有限温度和无序效应之外,弹道输运将占主导地位,整流比也将变小。

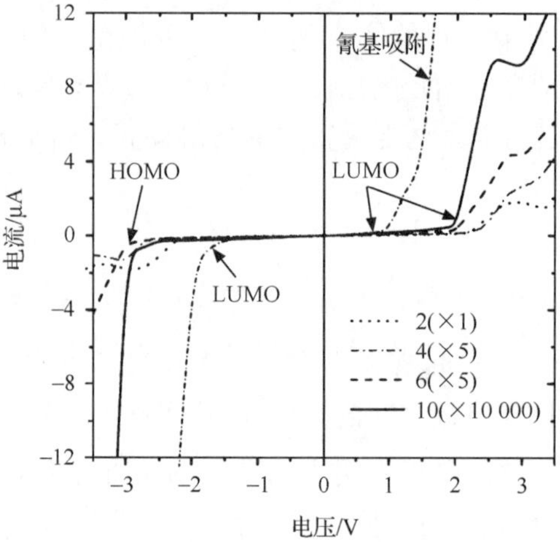

图 20.5 萘整流器—S$\leftarrow$CH$_2\rightarrow_2$C$_{10}$H$_6\leftarrow$CH$_2\rightarrow_n$S—,n=2,4,6,10 的 I-V 曲线

短划线对应于氰基(增加的基团—C≡N)掺杂的 n=10 的整流器

20.4 分子开关

有许多分子系统表现出某种程度的电流“开关”[34-37]、“负微分电阻”[33]和“记忆”[15]行为。开关系统本质上是在两个具有明显不同电阻的态之间的跳跃。这个行为并不真正对特定的分子结构敏感,这是因为,此类双稳性不仅在复杂的像轮烷烃一样的分子中被观察到,而且在 LB 薄膜中组装的非常简单的烷烃链(CH_2)$_n$ 中也被观察到过[37],甚至有机薄膜也不是唯一的。这些数强烈地表明,开关性质是一种外禀属性,或者与分子-电极取向的双稳性有关[23,24,34],或者与薄膜中由缺陷诱导的输运有关[53,54]。

20.4.1 有机分子薄膜中的外禀电导开关:缺陷与分子重构的作用

有证据表明,作为强场中电迁移的结果,大缺陷能在有机薄膜中形成,正如很久以前所观察到的那样[55]。几十年前得到的结论是,通过吸附形成的[53] Langmuir-Blodgett[54]脂肪酸(CH_2)$_n$ 单分子层(我们用 C_n 表示)的电导与缺陷有关。特别地,Polymeropoulos 和 Sagiv 研究了许多通过吸附得到的在 Al/Al_2O_3 衬底上的单分子层，从 C_7 到 C_{23}，他们发现，对分子链长度的指数性依赖关系，只有在液氮温度 77K 以下时才能够被观察到，而在更高的温度下则观察不到明显的长度依赖关系[53]。电流的温度依赖关系较强，归因于某些缺陷诱导的输运。在文献[54]中，处在氦气体中的 Al/Al_2O_3 衬底上的 LB 薄膜的电流也强烈地随温度的变化而变化，这与弹性隧穿不一致。由于氦气被认为能阻滞 Al_2O_3 生长，薄膜的电阻仍然在 45 天后增加了大约 100 倍，因此，可以认为，"缺陷"随时间以某种形式被湮灭掉。在 3～30μm 厚的聚二甲基硅烷烃薄膜中，观察到了两种类型的开关，一种是标准的介电质击穿，其中，电极材料"喷蒸"(jet evaporation)进入到薄膜中，随后，在大约 100V 下将金属细丝焦耳地熔化；另一种是具有明显"电报"(telegraph)特征的低压"超开关"(ultraswitching)，它能够导致间歇性的转换到更加导通的状态[56]。这种开关的具体本质仍不清楚，但很有可能与金属细丝的形成相关，即使是在弹道输运区可能也是如此。

最近，一个直接的证据是，AFM 电流映射得到的图像给出了可能与细丝生长有关的在 LB 薄膜中形成的"热点"(hot spot)[57]。在这一工作中，考察的体系是 Pt/硬脂酸(C_{18})/Ti($Pt/C_{18}/Ti$)交叉矩阵分子结构，在平面 Pt 和 Ti 电极中间夹着一个有 2.6nm 长硬脂酸分子组成的单分子层，其典型的零偏压电阻超过了 $10^5\,\Omega$。这个器件能够被可逆地和重复地切换到较高("ON")或低("OFF")电导态，这种切换是通过在顶部的钛电极上施加一个相对于铂电极足够大的偏压 V_b 来实现的，如图 20.6 所示。

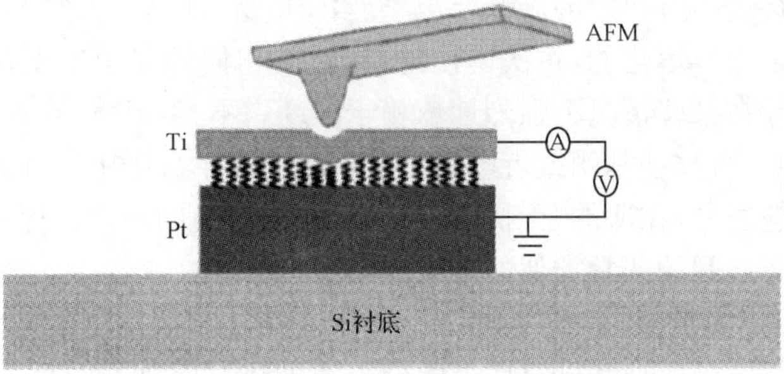

图 20.6 用于映射局域电导的实验布置。
AFM 使得顶电极和其下的有机薄膜产生局域形变。
器件的总电导被测量和映射(C. N. Lau 提供)

有趣的是，在对称的 $Pt/C_{18}/Pt$ 器件中，没有观察到反向开关现象。通过使用 AFM 针尖并同时测量在 $V_b=0.1V$ 偏压下经过分子结的电流(AFM 针尖不是用作电极，只是用来在表面上施加局部压力)，可以获得 $Pt/C_{18}/Pt$ 结构的局部电导映射。研究表明，薄膜在电学意义上具有显著的开关性质，其中，零偏压电导为 0.17μS("OFF"状态)和 1.45μS("ON"状态)，如图 20.7 所示。

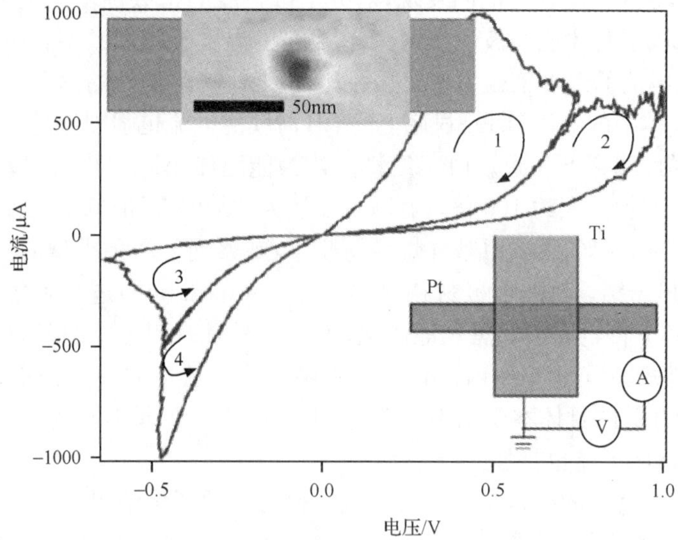

图 20.7 演示有机薄膜器件(下插图)反向开关循环的 I-V 特性曲线。箭头标示扫描方向。负偏压将器件转换到高电导态,而正偏压将器件转换到低电导态。根据图 20.6 中的方案,映射表明,"热点"在转换后出现(上插图)(C. N. Lau 提供)

每次转换到"ON"(开),在图形上就会出现一个典型的直径约为 40nm 的导电区,该区域在转换到"OFF"后消失,见图 20.7 中的上部插图。这种开关行为可以归因于由电迁移过程所导致的局部导电细丝的形成。目前,仍然不清楚在相反偏压下这些细丝是怎样熔化的,每次切换时,为什么它们倾向于出现在新的位置上,以及为什么电导在某些情况下强烈地依赖于温度。不过,显然,在这样一些没有任何氧化还原中心、可移动基团或者电荷接受中心的简单分子中的开关现象,应当是"外禀"的。有趣的是,在薄的"无机"钙钛矿氧化物薄膜的隧穿过程中,我们观察到了在两个电阻态之间的非常类似的开关现象[58]。

最近,出现了大量报道,包括诸如负微分电阻(NDR)这样的非线性 I-V 特性和近期的在金属电极(金)和硅衬底上的分子随机开关行为。文献[33,34,59]报道了与金属接触(金,汞)有关的分子 NDR 现象。显然,大多数的观测结果,与分子重构以及分子成键和断键有关,而不是与任何像氧化还原态这样的内禀机制有关,最早的讨论见文献[33]。因此,Tour 分子中的 NDR 与分子-金属电极间的结构重组有关[23,24],而在二茂铁约束的烷烃单分子层中[59]的 NDR 现象中,被发现与在高电压下的氧损伤(oxygen damage)有关[60]。在 STM[61-63] 和汞液滴接触[64] 的实验中发现,是结构的变化和键的断开导致产生了 NDR 现象。

像苯乙烯这样的几个分子,已经在退化硅表面上进行过研究,它们表现出了 NDR 行为[65]。然而,那些结果随后被仔细地检查过,发现苯乙烯分子没有表现出

NDR 行为，不过，当保持在相同的偏压时，却零散地(sporadically)发生不同电流状态之间的切换(闪烁效应)[66]。

苯乙烯分子(用箭头指示)在硅(100)表面上的 STM 图像表明，分子是闪烁的，如图 20.8 所示。在干净硅区域[黑色(D)]，闪烁不出现，亮点(C)是缺陷。这可以反映在采集图像中发生的动态过程。通过比较图 20.8(a)和图 20.8(b)，可以发现，一些分子实际上被分解了。在特定点上的高度-电压谱则在图 20.8(c)所示。无特征的曲线 1 取自干净的硅二聚体。其他谱线记录的是单个分子。各谱线都表现出电流存在许多突然的下降和上升，好像分子在测量过程中在不同的态之间变化而导致了电流的变化和反馈控制的响应，最后导致产生了高度的变化，因此，这里存在着一个或更多的构形，由此导致出现不同高度的测量结果。实际上，这些变化与 STM 图像中的分子闪烁有相同的来源。图 20.8(b)揭示了与那些特定谱变化相联系的明显的结构变化。在谱线存在显著变化的情况下，图像中的分子都从亮的特征变化到暗点。这被解释为分子的解体。对每个解体苯乙烯分子(在 3 位、4 位、5 位和 6 位)的细致考察发现，暗点并不精确地与原先亮点特征位置对应，表明分解产物参与了近邻二聚体的反应[66]。

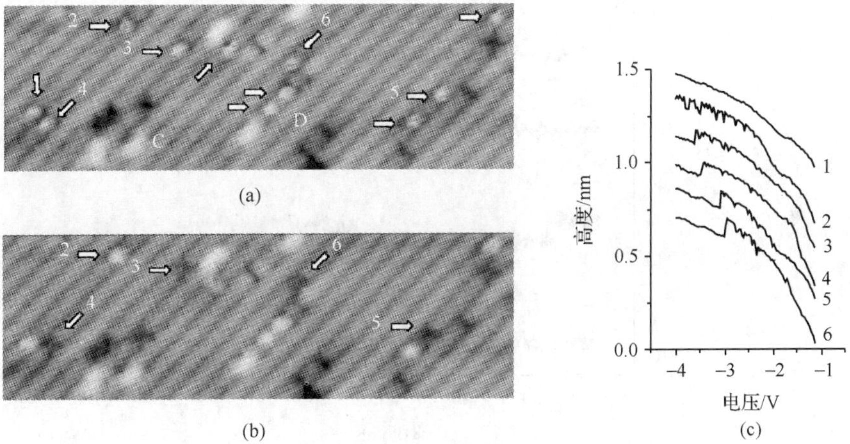

图 20.8　清洁的 Si(100)表面上的苯乙烯分子在扫描前后的 STM 图像，扫描面积为 75×240Å。(左上图)偏压为－2V，电流为 0.7nA。在采集图像时，只有苯乙烯分子(用箭头标出)在闪烁。洁净硅表面、亮缺陷(标以 C)和暗点(标以 D)没有经历闪烁。(左下图)偏压为－2V，电流为 0.3nA。单个苯乙烯分子的 STM 图像用数字 2～6 标记。苯乙烯分子 3～6 已经分解。该分解包含了苯乙烯分子从亮到暗的变化和它们与近邻二聚体的反应。苯乙烯分子 2 没有分解，且图像和以前一样没有发生位置上的变化。(右图)洁净硅(1)和苯乙烯分子(2～6)的高度-电压谱。分子的谱线显示出了几个与图像中闪烁有关的高度尖峰。在谱线 3～6 上，记录了一个陡峭且高度保持恒定的变化，该变化与分解有关，如左下图像所示。谱线 2 没有出现永久的高度变化，因此，分子没有分解(J. Pitters 和 R. Wolkow 提供)

结构变化和相关的NDR行为，与通过分子能级的共振隧穿或者氧化还原过程无关，可能与非弹性电子散射或其他外禀过程有关，这在如图20.9所示的电流-时间记录中已清楚地表明[66]。这些记录表明，电流随时间没有变化(1)，或者存在一个或几个在某些电流态之间的随机跳跃(电报噪声)。在固定电压下，所观察到的电流变化，明显地不能像文献[67]那样用分子能级的移动和对齐来解释，它们一定与被吸附分子的结构随时间变化有关。因此，Datta等所提出的共振能级对齐是NDR产生原因的解释不再适用[67]。如上所述，类似的电报开关和NDR行为，在Tour分子和其他分子中也曾经被观察到。因此，在完全不同的分子中观察到的负微分电阻现象，明显地具有相似的起源，而且与分子的表面重构有关。实际上，就我们所知，关于受外电场影响的分子电阻态的内禀开关性质，目前还没有令人信服的数据。各种分子明确地显示出结构上的开关性质，但却仅限于易受特定能量光子照射影响的光色(photochromic)分子，或者由化学反应产生的分子，就像溶液中的轮烷烃那样[38]。在固态结中发生了什么，目前仍不清楚，但很可能是外禀的，这是因为，在那里，轮烷烃表现出与良好绝缘体分子烷烃链完全相同的行为[37]。

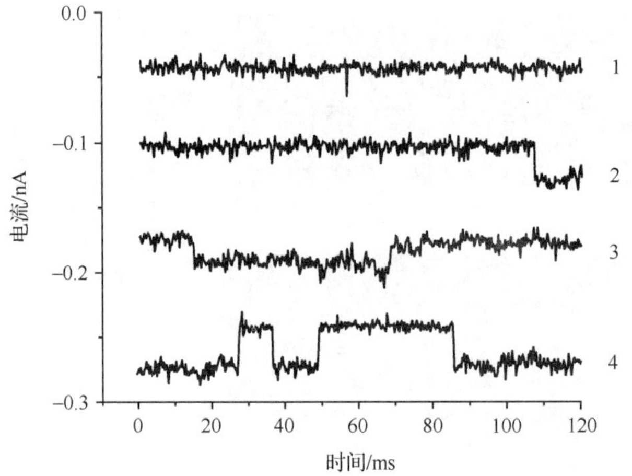

图20.9　在Si(100)上苯乙烯分子的通过电流随时间的变化关系图。隧穿条件被设置在了−3V和0.05nA。电流的陡峭的上升和下降，与测量中分子的变化有关。一些实验显示电流没有变化(曲线1)，另外一些实验则显示出了各种各样的电报型切换(J. Pitters和R. Wolkow提供)

20.4.2　分子铁电PVDF中的内禀极化和外禀电导开关现象

就我们所知，在偏压下唯一公认的内禀分子开关(极化的，而不是电流的)，是在分子铁电体共聚合物聚亚乙烯中被观察到的[68]。铁电聚合物薄膜采用70%的亚乙烯氟化共聚物 P(VDF-TrFE 70∶30),对于后者,它采用水平 LB 方法,将蒸发制成的铝顶电极,沉积到覆盖有铝的玻璃衬底上,然后蒸发铝顶电极而最后制得的。此聚合物链包含有$(CH_2)_n(CF_2)_m$片段的随机序列,氟位上带有强的负电,并且在铁电相中多数碳-氟键指向同一个方向。在非常强的电场中,约 5MV/cm,氟的基团能够转动并排列。由此导致整个分子链的有序,并且在这个方法下宏观极化能够在相反的态之间切换。不过,切换过程非常缓慢,需要 1~10s[69,70]。考虑到带电的基团与金属电极之间的强库仑相互作用、粗糙表面的钉扎和对转动的位阻,这一结果是不足为奇的。这一行为应当令人联想起其他基于一个或几个单分子层的开关体系,和其他相关的有意义的行为[70]。

在 30 个单分子层厚的 PVDF 薄膜中,也观察到过电流开关现象。薄膜的电导由所观察到的极化滞回线导出,范围在1×10^{-9}至$2\times10^{-6}\Omega^{-1}$[71]。电导开关现象具有下列重要特征:①与体极化开头现象相关联。②在"ON"和"OFF"态之间存在较大的比值,约 1000∶1。③只有当体极化切换到正方向时,才能得到"ON"状态。④电导开关要较体极化变换更快。延迟时间仅为 6s,即在体极化转换接近完成后,即当最后一层转换到与其他层排列一致时,电导切换到"ON"状态。而在施加了反向电压后,电导则切无明显延迟地换到"OFF"状态,就好像只有一层在翻转一样(由此可能产生一个电荷转移的势垒)。极化开关现象的这一缓慢的约 2s 的时间常数,可能是受成核限制的,就像在具有低成核密度的高品质体薄膜中观察到的那样[72]。电导开关的切换持续时间约为 2ms,它可能仅受到更快的单层开关时间所限制。

电导开关存在 3 个数量级差异的原因,目前仍不清楚。它可能与电子隧穿/跳跃中存在的无序散射的变化有关。一个有趣的课题是,将载流子牢固地束缚在 PVDE 中极化态上,在没有完全完成切换时,找到在材料中跳跃的优化路径。这是一个有趣的问题,当然,需要进一步地实验和理论研究。

20.4.3 可电寻址分子

对于许多应用,我们需要一个内禀的分子开关,即一个双稳的可电压寻址的分子系统,该系统在两个能够非常快速到达的状态上具有非常不同的电阻。我们需要在分子态的稳定性和在外部扰动下分子在两个态之间发生切换的能力之间做出权衡(我们讨论的是电场,有关通过吸收光子来进行开关的工作,在纳米尺度是不现实的)。事实上,外加的外场通常在典型的击穿电场(E_b约小于10^7V/cm)的量级上,远小于典型的原子场(约10^9V/cm),即特征量垒。事实上,这一较小的势垒也不能过小,以避免热激发导致的偶然开关,而势垒为 1~2eV 时,则又不太可能用所施加的场来克服。不过,我们可以通过外场改变双稳态间的相对能量,在两个态之间重新统计地分配分子。构形机制涉及离子团的运动,由于离子质量超过电子质量许多个数量级，使得开关速度缓慢(约 kHz)，这是一个内禀的不足。在像轮烷烃和索烃这样的超分子复杂体的情形中[35]，存在有 2 个纠缠的部分，它们能(在溶液中)经过氧化还原反应之后交换相互的位置。因此，对于这种基于轮烷烃的存储器件，已经有一个约为 10^{-2}s 的慢开关速度的报道。

我们已经讨论了一个带有$-CONH_2$偶极基团的双稳态分子[73]。其势垒高度是 $E_b=0.18$eV。与外电场的相互作用改变了能量极小值，不过，所估计的开关电场是非常大的，约 0.5V/A。在非零温下，温度波动可能导致在低场下统计上的偶极子翻转。对于两种可能的构型，在 3～4V 电压窗口内，*I-V* 曲线表现出迟滞现象。因此，可以估计出态的热稳定性在室温时为 58ps，在 77K 时为 33ms。

20.5 分子量子点开关

这里定义的分子量子点由一个中央共轭单元(包含半占据的、因而是扩展的 π 轨道)组成，如图 20.10 所示。它们经常由未饱和碳原子上的 p 态所形成(即它们不能与其他原子共用电子而形成 σ 键，该键典型的成键-反键能量差约为 1Ry)。由于 π 轨道被占据一半，它们因此形成了 HOMO-LUMO 态。这样，HOMO-LUMO之间能隙的大小与共轭区的尺寸 d 直接相关，如图 20.11 所示，一般来说，$E_{\text{HOMO-LUMO}}\sim\hbar^2/md^2\sim2-5$eV。值得注意的是，在像聚乙烯这样的共轭线形聚合物中，π 电子的扩展长度将是 $d=\infty$，预期 $E_{\text{HOMO-LUMO}}=0$。不过，这样的一维金属

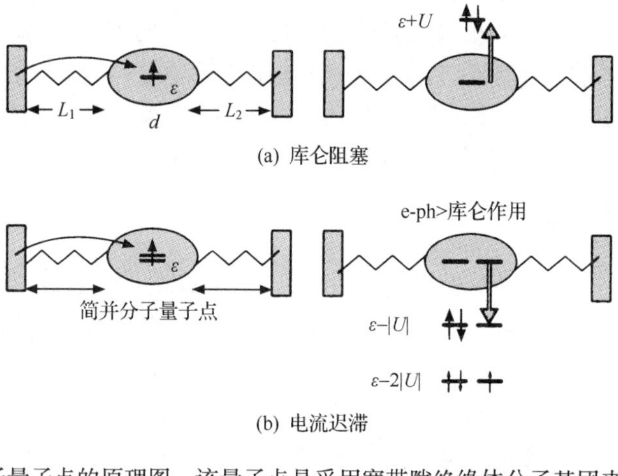

图 20.10 分子量子点的原理图。该量子点是采用宽带隙绝缘体分子基团来将电极与中央共轭单元隔开的。第一个电子隧穿进入到量子点，并占据一个空(简并)态。如果第一个和第二个进入电子的相互作用是排斥的，$U>0$，那么该量子点将处在库仑阻塞区(a)。如果量子点上的电子相互有效地吸引，$U<0$，那么体系将表现出电流迟滞(b)

是不可能存在的，由于产生的 Peierls 畸变(C=C 键长二聚化)会在费米能级处打开一个约 1.5eV 的能隙[18]。在一个分子量子点中，中央共轭部分与电极之间会被一个具有饱和 σ 键的绝缘基团(如烷烃链)分开，如图 20.3 所示。这时，载流子存在两种主要的可能性，来通过分子量子点进行输运。如果至少有一个绝缘基团的长度不是非常大(电导 $G_{1(2)}$ 并非远小于量子电导 $G_0 = 2e^2/h$)，那么，通过分子量子点的输运将通过共振隧穿过程进行。此外，如果两边的基团具有的电导都满足 $G_{1(2)} \ll G_0$，量子点上的电荷将会被量子化。于是，我们将有另外两种可能性：①外部电荷对量子点的作用是排斥的，$U > 0$，我们将得到库仑阻塞效应[74]；②有效相互作用是吸引的，$U < 0$，我们将得到电流迟滞(见下文)。分子量子点中的库仑阻塞在文献[75]中已有介绍。在这些工作以及文献[76]中，三端活性分子器件被制作出来，并且成功地进行了测试。

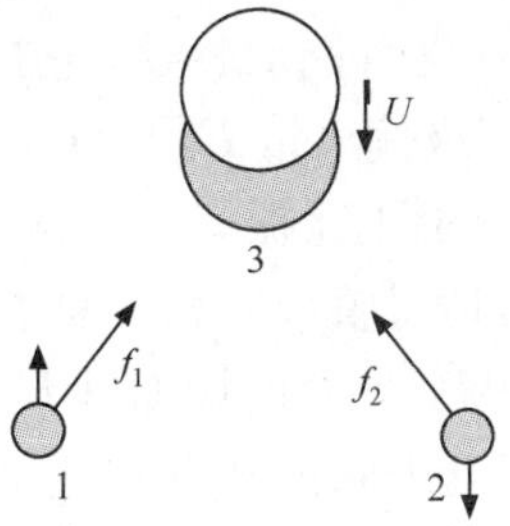

图 20.11 处在位置 1 和 2 的两个局域电子，移动了处在位置 3 的离子的平衡位置。由此导致两个电子之间相互吸引

20.5.1 在强电子-振子相互作用下分子量子点中吸引关联的起源

尽管具有电子-电子排斥相互作用的介观体系的关联电子输运，在过去受到了大量的关注，它仍然是当前研究的焦点，不过，对于分子量子点中的电-声子关联作用，目前仍然知之甚少。不久以前，我们提出了一个 d 重简并量子点的负 U Hubbard 模型[77]，以及一个通过利用一个具有简并能级分子来进行共振隧穿的极化子模型[51]。我们发现，由于分子中任何的相互作用所引起的吸引性的电子关联，都能够导致产生分子开关效应，这时，在相同偏压下，I-V 特性曲线存在高电流和低电流两个分支。这一预言被得到证实，并在通过简并量子点的关联输运理论中得到进一步的扩展，该理论完全考虑了库仑排斥和真实的电-声子(e-ph)相互作用[51]。我们已经展示，尽管与负 U Hubbard 模型对比，声子边带(side-band)显著地改变了滞回的 I-V 曲线的形状，但开关特性却保持了其稳定性。这表明，当极化子的有效相互作用是吸引的，且量子点的状态是 d 重简并的，则有 $d > 2$。我们明确地计算了非简并($d = 1$)和两重简并($d = 2$)的分子量子点的 I-V 曲线，结果

表明，在那些体系中不存在开关性质。

我们首先考虑一个最简单的模型，其中，一个单原子能级与单一的一维振子耦合。对于位移 x，使用一次量子化表示

$$H = \varepsilon_0 \hat{n} + fx\hat{n} - \frac{1}{2M}\frac{\partial^2}{\partial x^2} + \frac{kx^2}{2} \tag{20.9}$$

式中，M 和 k 分别为振子质量和弹性常数；f 为相互作用力；$\hbar = c = k_B = 1$。对振动坐标 x 进行严格的位移变换

$$x = y - \hat{n}f/k \tag{20.10}$$

便可将哈密顿对角化为没有电子-声子耦合的形式

$$\tilde{H} = \varepsilon\hat{n} - \frac{1}{2M}\frac{\partial^2}{\partial y^2} + \frac{ky^2}{2} \tag{20.11}$$

$$\varepsilon = \varepsilon_0 - E_p \tag{20.12}$$

其中，根据 Fermi-Dirac 统计学，我们令 $\hat{n}^2 = n$。它描述了在原子能级 ε_0 上的一个小极化子，向下移动了极化子能级偏离量 $E_p = f^2/2k$，并且与离子振动之间完全退耦合。离子在新平衡位置的附近振动，位移了 f/k，频率仍然是原来的 $(f/M)^{1/2}$。由于局域离子畸变，使得整个体系的总能减小了 E_p，这是因为，电子能量的 $-2E_p$ 减小量超过了离子畸变导致的增加量 E_p。

晶格畸变也强烈地影响着电子间的相互作用。当短程的畸变势与分子的电子-振动(声子)相互作用和长程的 Fröhlich 相互作用同时考虑在内时，它们能超过库仑斥力。这样，在相当于晶格常数大小的短距离内，相互作用变成相互吸引。两个小极化子之间的吸引力的起源，可以通过类似的 Holstein 型简化模型[78]来轻松地理解，而两者之间的相互作用变成了相邻格点 1,2 上的两个电子与离子 3 的相互作用，如图 20.11 所示。不失一般性，我们现在假设离子是由位移矢 $\boldsymbol{u}$ 描述的一个三维振子，而不是式(20.9)中那样的一个单分量位移 x。

该模型哈密顿量的振动部分是

$$H_{ph} = -\frac{1}{2M}\frac{\partial^2}{\partial \boldsymbol{u}^2} + \frac{k\boldsymbol{u}^2}{2} \tag{20.13}$$

与离子之间的库仑相互作用的电子势能约为

$$V_{1,2} = V_0 - \boldsymbol{u}\cdot\nabla_{R_{1,2}}V_0(R_{1,2}) = V_0 + \boldsymbol{u}\cdot f_{1,2} \tag{20.14}$$

式中，$f_{1,2} = 2e^2/a^2$ 是库仑力，$\vec{R}_{1(2)}$ 是连接离子 3 和电子 1(2)的矢量，如图 20.11 所示。因此，模型哈密顿量由式(20.15)给出

$$H = E_a(\hat{n}_1 + \hat{n}_2) + \boldsymbol{u}\cdot(f_1\hat{n}_1 + f_2\hat{n}_2) - \frac{1}{2M}\frac{\partial^2}{\partial \boldsymbol{u}^2} + \frac{k\boldsymbol{u}^2}{2} \tag{20.15}$$

式中，$\hat{n}_{1,2}$ 是格点占据数算符。采用与前面相同的振子坐标 $\boldsymbol{u}$ 的位移变换

$$\boldsymbol{u} = \boldsymbol{v} - (f_1\hat{n}_1 + f_2\hat{n}_2)/k \tag{20.16}$$

将哈密顿量对角化为没有电-声子耦合的形式

$$\widetilde{H}=(\varepsilon_0-E_{\rm p})(\hat{n}_1+\hat{n}_2)+V_{\rm p}\hat{n}_1\hat{n}_2-\frac{1}{2M}\frac{\partial^2}{\partial v^2}+\frac{kv^2}{2} \tag{20.17}$$

它描述完全与离子振动退耦合的两个小极化子，它们分别处在移动了极化子能级偏移量 $E_{\rm p}=f_{1,2}^2/2k$ 的各自原子能级上。因此，两个电子带来的晶格畸变，引发了它们之间的有效相互作用，该作用应当被添加到它们的库仑斥力 $V_{\rm c}$ 中去

$$V_{\rm p}=-f_1\cdot f_2/k \tag{20.18}$$

当 $V_{\rm p}$ 为负值且绝对值大于正的 $V_{\rm c}$ 时，得到的相互作用是吸引的。这也是分子量子点迟滞行为的起源，见下面讨论。

20.5.2 通过分子量子点电流的严格解

既然高频分子振动（振子）会导致分子上载流子之间的相互作用，人们会想到利用它来瞬时建立一个分子的相关双电子态。吸引能为两个较大的相互作用能之差，分别是 1eV 左右的库仑排斥作用和声子诱导的吸引作用，假设 $|U|\sim 0.1$eV。这个态的能量比单粒子态更低，甚至可以在偏压减小到初始阈值以下时仍能保持，从而导致产生了电流迟滞。事实上，这是能级简并度 $d>2$ 的情况，这是因为，至少在某个临界温度以下，量子涨落显然不能破坏它，我们将会在下面看到这个情况。

我们来考察一个与分子量子点有关的情形，它与量子点的耦合较弱，即能量宽度 $\Gamma\ll|U|$。电流由式(20.19)得到[79]

$$I(V)=I_0\int_{-\infty}^{\infty}{\rm d}\omega[f_1(\omega)-f_2(\omega)]\rho(\omega) \tag{20.19}$$

$$\rho(\omega)=-\frac{1}{\pi}\sum_{\mu}{\rm Im}\hat{G}_{\mu}^{R}(\omega) \tag{20.20}$$

式中，$|\mu\rangle$ 为单粒子分子态的一个完备基。这里，$I_0=q\Gamma$，$\rho(\omega)$ 是分子态密度，$\hat{G}_{\mu}^{R}(\omega)$ 是格林函数 $\hat{G}_{\mu}^{R}(t)=-i\theta(t)\langle\{c_{\mu}(t),c_{\mu}^{+}\}\rangle$ 的傅里叶变换，$\{\cdots,\cdots\}$是反对易式，$c_{\mu}(t)={\rm e}^{{\rm i}Ht}c_{\mu}{\rm e}^{-{\rm i}Ht}$，当 $t>0$ 时 $\theta(t)=1$，当 $t<0$ 时 $\theta(t)=0$。我们严格地从哈密顿量计算 $\rho(\omega)$，而哈密顿量同时包含了库仑作用 U^C 和电子-声子相互作用

$$H=\sum_{\mu}\varepsilon_{\mu}\hat{n}_{\mu}+\frac{1}{2}\sum_{\mu\neq\mu'}U_{\mu\mu'}^{C}\hat{n}_{\mu}\hat{n}_{\mu'}+\sum_{\mu,q}\hat{n}_{\mu}\omega_q(\gamma_{\mu q}d_q+H.c.)+\sum_{q}\omega_q(d_q^{\dagger}d_q+1/2) \tag{20.21}$$

式中，ε_{μ} 为单粒子分子能级；$\hat{n}_{\mu}=c_{\mu}^{+}c_{\mu}$ 为占据数算符；$c_{\mu}(d_q)$ 为电子（声子）湮灭算符；ω_q 为声子（振子）频率；$\gamma_{\mu q}$ 为电子-声子耦合常数（q 表示振子模式）。我们应用标准的 Lang-Firsov 极化子幺正变换，将声子部分积分掉。电子和声子算符被分别变换为 $\tilde{c}_{\mu}=c_{\mu}X_{\mu}$ 和 $\widetilde{d}_q=d_q-\Sigma_{\mu}\hat{n}_{\mu}\gamma_{\mu q}^{*}$，$X_{\mu}=\exp(\Sigma_q\gamma_{\mu q}-H.c.)$，因此，哈密顿量变换为

$$\widetilde{H} = \sum_i \tilde{\varepsilon}_\mu \hat{n}_\mu + \sum_q \omega_q (d_q^\dagger d_q + 1/2) + \frac{1}{2}\sum_{\mu\neq\mu'} U_{\mu\mu'}\hat{n}_\mu \hat{n}_{\mu'} \tag{20.22}$$

其中

$$U_{\mu\mu'} \equiv U^C_{\mu\mu'} - 2\sum_q \gamma^*_{\mu q}\gamma_{\mu' q}\omega_q \tag{20.23}$$

是极化子相互作用,我们将其简化为 $U_{\mu\mu'} = U$。分子能级由极化子能级的移动

$$\tilde{\varepsilon}_\mu = \varepsilon_\mu - \sum_q |\gamma_{\mu q}|^2 \omega_q \tag{20.24}$$

来决定。推迟格林函数变为

$$G^R_\mu(t) = -i\theta(t)[\langle c_\mu(t)c^\dagger_\mu\rangle\langle X_\mu(t)X^\dagger_\mu\rangle + \langle c^\dagger_\mu c_\mu(t)\rangle\langle X^\dagger_\mu X_\mu(t)\rangle] \tag{20.25}$$

声子关联函数简单地是

$$\langle X_\mu(t)X^\dagger_\mu\rangle = \exp\sum_q \frac{|\gamma_{\mu q}|^2}{\sinh\frac{\beta\omega_q}{2}}\left[\cos\left(\omega t + \mathrm{i}\frac{\beta\omega_q}{2}\right) - \cosh\frac{\beta\omega_q}{2}\right] \tag{20.26}$$

式中,$\beta = 1/T$,是温度倒数,$\langle X^+_\mu X_\mu(t)\rangle = \langle X_\mu(t)X^+_\mu\rangle^*$。余下的格林函数 $\langle c_\mu(t)c^+_\mu\rangle$ 从运动方程中严格地得到。最后,对于一个最简单的耦合到单模的情况,该模的特征频率为 ω_0,并令 $\gamma_q \equiv \gamma$,我们得到[51]

$$\begin{aligned} G^R_\mu(\omega) = Z\sum_{r=0}^{d-1} C_r(n)\sum_{l=0}^{\infty} I_l(\xi)\Big[&\mathrm{e}^{\frac{\beta\omega_0 l}{2}}\left(\frac{1-n}{\omega - rU - l\omega_0 + \mathrm{i}\delta} + \frac{n}{\omega - rU + l\omega_0 + \mathrm{i}\delta}\right) \\ &+ (1-\delta_{l0})\mathrm{e}^{\frac{\beta\omega_0 l}{2}} \times \left(\frac{1-n}{\omega - rU + l\omega_0 + \mathrm{i}\delta} + \frac{n}{\omega - rU - l\omega_0 + \mathrm{i}\delta}\right)\Big] \end{aligned} \tag{20.27}$$

其中

$$Z = \exp\left(-\sum_q |\gamma_q|^2 \coth\frac{\beta\omega_0}{2}\right) \tag{20.28}$$

是熟悉的极化子窄化(polaron narrowing)因子,简并因子是

$$C_r(n) = \frac{(d-1)!}{r!(d-1-r)!}n^r(1-n)^{d-1-r} \tag{20.29}$$

$\xi = |\gamma|^2/\sinh\frac{\beta\omega_0}{2}$,$I_l(\xi)$ 为修正的贝塞尔函数,δ_{lk} 为 Kroneker 符号。式(20.19)中态密度的重要特征是它与占据数 n 的非线性依赖关系。它含有与输运有关的所有可能的关联和非弹性效应,特别是所有声子边带的全部信息。因此,我们可以从式(20.20)、式(20.27)中得到 d-重简并分子量子点的严格的谱函数(即分子态密度,DOS)

$$\begin{aligned} \rho(\omega) = Zd\sum_{r=0}^{d-1} C_r(n)\sum_{l=0}^{\infty} I_l(\xi)\big[&\mathrm{e}^{\beta\omega_0 l/2}[(1-n)\delta(\omega - rU - l\omega_0) + n\delta(\omega - rU + l\omega_0)] \\ &+ (1-\delta_{l0})\mathrm{e}^{-\beta\omega_0 l/2}[n\delta(\omega - rU - l\omega_0) + (1-n)\delta(\omega - rU + l\omega_0)]\big] \end{aligned} \tag{20.30}$$

20.5.3 非线性速率方程和开关现象

对于目前的分子量子点与电极弱耦合的情形，可以应用 Fermi-Dirac 黄金法则，来得到关于 n 的方程。当单位时间内进入和离开分子量子点的电子数相等时，我们得到关于能级占据数 n 的自洽方程

$$(1-n)\int_{-\infty}^{\infty} \mathrm{d}\omega\{\Gamma_1 f_1(\omega)+\Gamma_2 f_2(\omega)\}\rho(\omega) \tag{20.31}$$

$$=n\int_{-\infty}^{\infty} \mathrm{d}\omega\{\Gamma_1[1-f_1(\omega)]+\Gamma_2[1-f_2(\omega)]\}\rho(\omega) \tag{20.32}$$

式中，$\Gamma_{1(2)}$ 为从左(右)电极到分子量子点的跃迁速率；$\rho(\omega)$ 则由式(20.27)和式(20.19)得到。当 $d=1,2$ 时，关于 n 的动力学方程是线性的，此时开关现象消失。当 $d\geqslant 3$ 时，动力学方程变为非线性的，此时开关现象出现。对于对称性电极，$\Gamma_1=\Gamma_2$，同时考虑到关系 $\int_{-\infty}^{\infty}\rho(\omega)\mathrm{d}\omega=d$，式(20.32)简化为

$$2nd=\int \mathrm{d}\omega\rho(\omega)(f_1+f_2) \tag{20.33}$$

它自动满足 $0\leqslant n\leqslant 1$。显然，占据数自洽方程为

$$n=\frac{1}{2}\sum_{r=0}^{d-1}C_r(n)[na_r^+ +(1-n)b_r^+] \tag{20.34}$$

其中

$$a_r^+=Z\sum_{l=0}^{\infty}I_l(\xi)\times(\mathrm{e}^{\frac{\beta\omega_0 l}{2}}[f_1(rU-l\omega_0)+f_2(rU-l\omega_0)]$$
$$+(1-\delta_{l0})\mathrm{e}^{-\frac{\beta\omega_0 l}{2}}[f_1(rU+l\omega_0)+f_2(rU+l\omega_0)]) \tag{20.35}$$

$$b_r^+=Z\sum_{l=0}^{\infty}I_l(\xi)\times\{\mathrm{e}^{\frac{\beta\omega_0 l}{2}}[f_1(rU+l\omega_0)+f_2(rU+l\omega_0)]$$
$$+(1-\delta_{l0})\mathrm{e}^{-\frac{\beta\omega_0 l}{2}}[f_1(rU-l\omega_0)+f_2(rU-l\omega_0)]\} \tag{20.36}$$

电流表达为

$$j\equiv\frac{I(V)}{dI_0}=\sum_{r=0}^{d-1}Z_r(n)[na_r^- +(1-n)b_r^-] \tag{20.37}$$

其中

$$a_r^-=Z\sum_{l=0}^{\infty}I_l(\xi)\times(\mathrm{e}^{\frac{\beta\omega_0 l}{2}}[f_1(rU-l\omega_0)-f_2(rU-l\omega_0)]$$
$$+(1-\delta_{l0})\mathrm{e}^{-\frac{\beta\omega_0 l}{2}}[f_1(rU+l\omega_0)-f_2(rU+l\omega_0)]) \tag{20.38}$$

$$b_r^-=Z\sum_{l=0}^{\infty}I_l(\xi)\times\{\mathrm{e}^{\frac{\beta\omega_0 l}{2}}[f_1(rU+l\omega_0)-f_2(rU+l\omega_0)]$$

$$(1-\delta_{l0})\mathrm{e}^{-\frac{\beta\omega_0 l}{2}}[f_1(rU-l\omega_0)-f_2(rU-l\omega_0)]\} \tag{20.39}$$

当 $d=4$ 时，速率方程是非线性的，考察能否产生多个物理结果。例如，在 $|\gamma|\ll 1$ 的极限和 $T=0$ 时，我们有 $b_r=a_r$，$Z=1$，剩余的相互作用为 $U=U^C<0$。我们回到负 U 模型[77]，则 $d=4$ 时的动力学方程为

$$2n=1-(1-n)^3 \tag{20.40}$$

其电压范围是 $\Delta-|U|<eV/2<\Delta$。此方程有一个额外的非平庸(nontrivial)物理解 $n=(3-\sqrt{5})/2=0.38$。电流被简化为 $I/I_0=2n$。电流-电压特性在此 $d=4$ 的情形下表现出迟滞行为。当电压从零增加时，4 重简并分子量子点保持在低电流状态，直到阈值 $eV_2/2=\Delta$ 为止。值得注意的是，当电压从高于阈值 V_2 的值上开始减小时，分子能够保持在高电流态上，直到电压下降到明显低于阈值 V_2 的电压 $eV_1/2=\Delta-|U|$ 时为止。

电流迟滞对所有的电-声子常数 γ 都存在，例如，$\gamma^2=11/13$［选择此值是为了得到 ω_0 和 U 的偶然公度性(accidental commensurability)］，如图 20.12 所示。事实上，量子点平均占据数的严格方程是

$$\begin{aligned}2n=&(1-n)^3[na_0^+ +(1-n)b_0^+]+3n(1-n)^2[na_1^+ +(1-n)b_1^+]\\&+3n^2(1-n)[na_2^+ +(1-n)b_2^+]+n^3[na_3^+ +(1-n)b_3^+]\end{aligned} \tag{20.41}$$

对于 $\omega_0/\Delta=0.2$，$U^C=0$ 的情形，这时，电子间的吸引作用是 $U=-2\gamma^2\omega_0=-0.4$(所有能量都以 Δ 为单位)，解此非线性方程得到迟滞曲线，如图 20.12 所示。双稳态区域随着温度的增加而缩减，滞回线在 $T/\Delta=0.01$ 时实际上关闭。正如我们从式(20.35)和式(20.36)中看到的那样，具有边带为 $\Delta\pm l\omega_0$，$\Delta+U\pm l\omega_0$，$\Delta+2U\pm l\omega_0$，$\Delta+3U\pm l\omega_0$，其中 $l=0,1,\cdots$ 的电子能级，对电子输运具有不同权重的贡献，由此在 I-V 曲线上产生了阶梯状的复杂形状，如图 20.12 所示。

需要强调的是，开关操作需要一个简并的分子量子点($d>0$)及其与电极间的弱耦合，$\Gamma\ll\omega_0$。不同于非简并量子点，由于分子量子点中不同电子态之间的关联，与电极之间弱耦合的多重简并量子点($d>2$)的速率方程，在一定的电压范围内具有多重物理根和迟滞行为[51]。

总之，在这一小节中，我们计算了非简并和两重简并分子量子点的 I-V 特性。它们不具有迟滞形为，并且可以得出结论，在文献[51]中已严格地求解模型中，平均场近似[82]将导致产生一个不存在的迟滞。不同于非简并和两重简并的量子点，由于分子量子点中不同电子态之间的关联，在一定的电压范围内，与电极间弱耦合的多重简并量子点($d>2$)的速率方程，存在多重物理解，且表现出迟滞行为[51]。我们的结论，对于寻找电流控制的极化子分子开关是十分重要的。C_{60} 分子非常难得地具有 6 重简并的最低非占据能级，如果它们与电极的弱耦合能得到保证，那

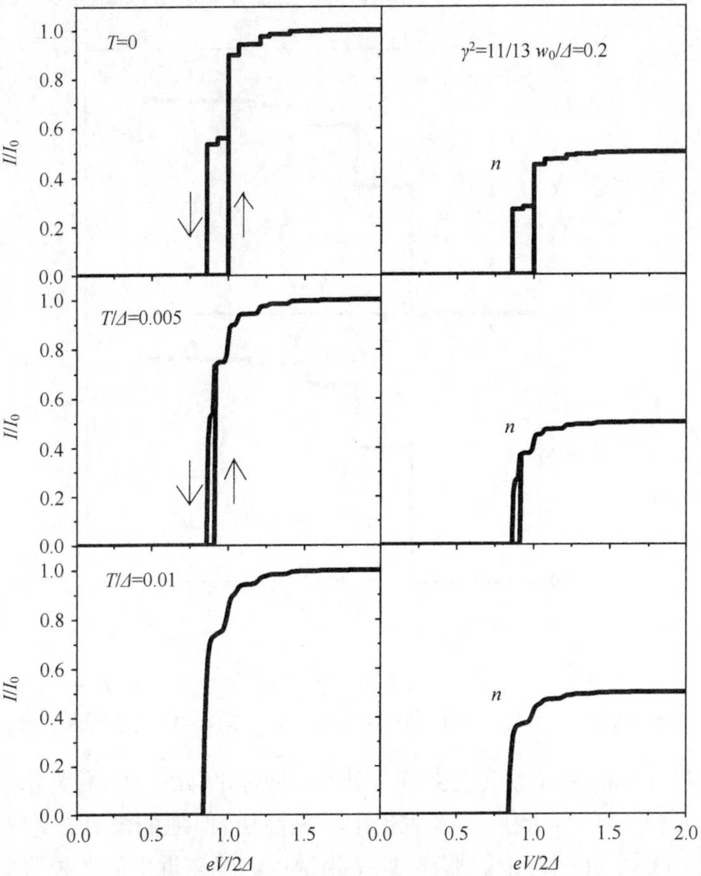

图 20.12　隧穿分子量子点的 *I-V* 曲线。该量子点如图 20.10(b)所示，并且电子-声子耦合常数取为 $\gamma^2=11/13$

么，C_{60}分子将成为最有前景的候选体系之一。

2.5.4　什么样的分子量子点能进行开关过程？

值得注意的是，要进行开关操作就需要一个简并的分子量子点（$d>0$），以及其与电极的弱耦合，$\Gamma\ll\omega_0$。对于非简并能级（$d=1$）的强耦合的情形，即$\Gamma\geqslant\omega_0$，电子输运是绝热的，文献[80,81]中考虑了这种情形。显然，在此情形中，不存在开关现象，这正是这些作者所发现的结论。对于与电极强耦合的分子，这一明显的结论，用多少种方法都无法得到，例如，文献[80,81]中使用了相当复杂的推导。在他们的模型中，没有出现电流迟滞，叠加有噪声的电流保持为偏压的单值函数。对于双简并分子量子点（$d=2$）的情形，则有两项，即$c_0(n)=1-n$和$c_1(n)=n$，它们对于对 r 的求和有贡献。速率方程因此变换为一个二次方程[51]。不论如何，对于任何温度和电压，都仅有一个物理根，电流也是单值的，如图 20.13 所示。

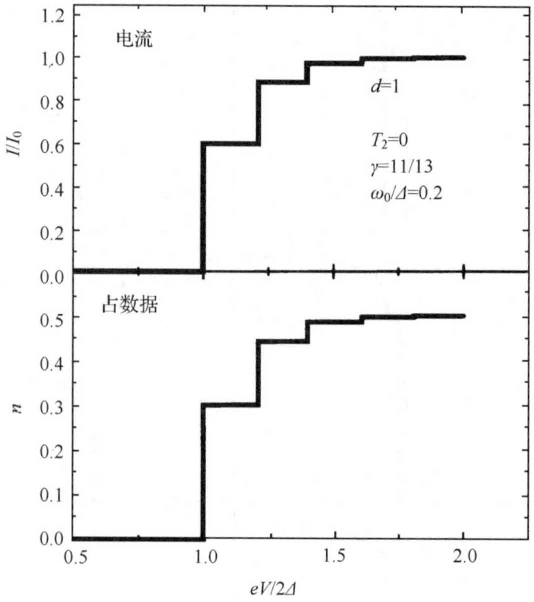

图 20.13 非简并($d=1$)分子量子点在 $T=0$，$\omega_0/\Delta=0.2$ 和 $\gamma^2=11/13$ 时的电流-电压特性。在电流-电压曲线上出现了声子阶梯，但没有出现迟滞现象

不过，随后 Galperin 等发表文章[82]声称，非简并（$d=1$）和强耦合（$\Gamma \geqslant \omega_0$，$\Gamma \approx 0.1-0.3$ eV）的分子桥，的确表现出开关性质，但他们没有讨论先前的结果。正如在文献[78]中详细讨论的那样，此结果是他们绝热近似的一种假象。实际上，通过使用平均占据数 n_0，来对电子-声子相互作用中的占据数算符 $\hat{n}$ 进行不合理的描述，Galperin 等[82]已经在分子量子点中得到了电流迟滞现象{文献[82]中的式(2)，平均场近似 $\hat{n}^2 \approx n_0\hat{n}$ 违反了严格的关系 $\hat{n}^2=\hat{n}$}，并发现稳态电子振动平均位移 $\langle d+d^{+}\rangle$ 正比于 n_0（这显然忽略了在量子点上严格求解所需要考虑的量子涨落）。随后，他们在他们的初始哈密顿[式(20.21)]中用位移算符 $d+d^{+}$ 的平均值来替换它，他们得到了一个随着能级平均占据数线性移动的分子能级，$\hat{\varepsilon}_0=\varepsilon_0-2\varepsilon_{\mathrm{reorg}}n_0$（我们用 $\varepsilon_{\mathrm{reorg}}$ 来标记 $|\gamma|^2\omega_0$）。这显然不同于传统的极化子能级移动为常数的情形，如式(20.12)、式(20.24)所示。平均场近似下的谱函数作为占据数的函数是高度非线性的，例如，与电极弱耦合时，$\rho(\omega)=\delta(\omega-\varepsilon_0-2\varepsilon_{\mathrm{reorg}}n_0)$，见文献[82]中的式(20.17)。因此，文献[82]的作者发现有关稳态占据数（文献[82]中的式(20.15)和图 20.1）和开关现象（文献[82]中的图 20.4）的多个“虚”(ghost)解。

值得注意的是，Galperin 等提出的平均场解适用于任意 Γ/ω_0 的比值，包括我们所感兴趣的极限，$\Gamma \ll \omega_0$，此时，它们在 $n_0=0$ 和 1 的态之间的切换，只是变得更加尖锐，但所有结果并没有改变。因此，平均场近似预言了在 $d = 1$ 时体系中不存在电流双稳性。对于 $\Gamma \gg \omega_0$，$\Gamma \approx 0.1 \sim 0.3$ eV 的情形，对应的分子桥的电阻大约为 100kΩ，文献[82]给出了所得的结果。从它们的电导上来说，这些模型“分子”在很大程度上是“金属性”的，因此，难以表现出任何双稳特性，这是因为，载流子在分子上没有时间与振子相互作用。实际上，即使考虑了与电极之间二阶以上的耦合以及分子和声子的耦合，也难以产生任何的非线性，因为这些耦合并不依赖于电子数。对于分子强耦合到电极的情况，可以用多种方法得到非常明显的结论，例如，参见文献[80,81]中的相关推导，虽然文献[80,81]的确讨论了这个模型中的电报型电流噪声，但在绝热区域，即 $\Gamma \gg \omega_0$，也没有发现迟滞。显然，这一结论与适用于 $d > 2$ 的分子量子点($\Gamma \ll \omega_0$)的开关机制[51]无关。文献[80,81,83]中没有研究的这一区域，可以被看成是个“太过挑战性的问题”。不过，它并没有阻止 Mitra 等曲解我们的结果[51]，他们宣称它“缺乏量子点-电极耦合的重整化”(源于电子-振子相互作用)，或者“用了平均方法处理”。如上所述，方程[51]是严格的，在严格的分子态密度中，如式(20.30)，它完全考虑到了极化子重整化、声子边带和极化子-极化子关联。

事实上，大多数分子的电阻都非常大，因此，实际的分子量子点都在我们研究的范围之内，见文献[84]。例如，通过化学键连接到金属性金电极上的完全共轭的三苯环 Tour-Reed 分子的电阻，超过了 1GΩ[33]。因此，我们感兴趣的多数分子，都在我们讨论的范围内，而不是引文[80,81]中给出的那个范围。

20.6　分子输运中缺陷的作用

在上述有趣的分子系统中的电子输运行为，描述着在有序和成分上没有不完整性的理想体系。实际上，在有机分子薄膜中，存在着大量的无序和缺陷。如上所述，通过采用文献[53]和 Langmuir-Blodgett 方法得到的脂肪酸 $(CH_2)_n$ 单分子薄膜的电导，是与缺陷有关的。Boulas 等[52]报道了通过自组装形成的 C_{12} 至 C_{18} 单层膜中不存在隧穿现象(从室温下与厚度无关而推断出来的)。此外，文献[85,86]报道了烷烃硫化物自组装分子中的隧穿，其中，单层膜的电阻与链长呈指数关系，即 $R_\alpha \propto \exp(\beta_\sigma L)$，此外，在 T=80～300K 的温度内没有观察到 C_8～C_{16} 分子的电导温度依赖关系[86]。

烷烃分子中的电子通过 σ 键被牢固地束缚在碳原子上，并且带隙(最高占据分子轨道 HOMO 和最低非占据分子轨道 LUMO 之间的间距)很大，约 9～10 eV[52]。在含有 π 电子的共轭体系中，分子轨道是扩展的，相应地，HOMO-LUMO 能隙较小，例如，在聚硫苯中，它的电阻也被发现与链长呈指数关系，$R_\pi \propto \exp(\beta_\pi L)$，其中，$\beta_\pi = 0.35$ Å^{-1}，而不是 $\beta_\sigma = 1.08$ Å^{-1}[85]。与自组装分子不依赖于温度的隧穿结果形成鲜明对照的是[86]，近期在 2～300K 温度下对 2.8nm 厚的二十烷烃酸(C_{20})LB 单层膜的电子输运的全面研究中，得到了如下的结论，即电流实际上在 $T<60$ K 时与温度无关，不过，在更高的温度($T=60\sim300$ K)下，有很强的温度依赖关系[87]。

人们对有机薄膜及其可能的缺陷进行了大量的研究[19,88,89]发现，像金这样的电极材料，当进入到薄膜内部时，会导致金属离子作为单个杂质和团簇存在于薄膜中。在很薄的薄膜中，载流子的共振隧穿(或者在较厚薄膜中发生跳跃，两者之间的过渡取决于厚度)可以利用在这些杂质离子上的电子态。依靠一定的杂质态密度，随着薄膜厚度和等间距杂质数目的增加，隧穿将会受到杂质“链”的辅助[90]。单杂质通道在 I-V 曲线上产生阶梯，但不存在温度依赖关系，然而，在低温下通过杂质对的非弹性隧穿将决定薄膜电导的温度依赖关系，$G(T)\propto T^{4/3}$，以及电流的电压依赖关系，$I(V)\propto V^{7/3}$ [91]。

理论预言的这一行为，通过非晶硅[92]和 Al_2O_3[93]的隧穿实验，在实验上得到验证。由于在“软”基底中不可避免地存在无序，在一个“通道”内，不同杂质上的共振态将随机地移入和移出共振，由此产生 I-V 曲线的介观涨落。振子对分子的作用，可能伴随着隧穿过程，并引起 I-V 曲线上的台阶状特征[51,76]。

在制作过程中，特别是顶电极沉积，电极材料的小团簇可能在有机薄膜中形成，引起库仑阻塞，这也能够在 I-V 曲线上表现出台阶。人们很早就知道，强外场能够导致薄膜的局部损伤，这可能是由于电迁移和导电细丝的形成所导致的[55]。在 40～160 个单分子层厚的 LB 薄膜中，损伤区的直径约为 30 nm[55]，而在 500～5000Å 厚的 LB 薄膜中，损伤区域的直径为 5～10 μm，在外偏压循环下表现出开关行为[55]。如上所述，人们近期使用导电 AFM 空间成像，对由导电自组装分子所得到的脂肪酸 LB 单层膜的电导进行研究表明，损伤区域的直径为 30～100nm，而且常在“柔”(soft)电击穿后出现在样品中，有时会伴随有薄膜电导的强烈温度依赖性[57]。

从低温隧穿到高温类活化依赖性的转变，预期会出现在有机分子薄膜的电子输运中。近期存在一些有关在单个分子中存在这样转变的报道，例如，具有较小激活能 $E_a\approx130$meV 的 2nm 长的 Tour 分子线[94]。非常小的 10～100meV 量级上的激活能，已在聚硫苯单层膜中被观察到[95]。我们现在的结果表明，这可能是与电极相接触的分子电子结构进行剧烈重整化和薄膜中无序之间相互影响的结果(图 20.15，右插图)。我们曾经报道过，通过自组装在金电极上的烷二硫酚 $S(CH_2)_nS$ 和噻吩 T3(三个环 SC_4)分子在点缺陷辅助下隧穿的第一原理计算。烷烃链的长度在 $n=9\sim15$ 范围内。

我们研究了薄膜中含有一个和两个缺陷的情形：①单一金杂质，如图 20.14(a)、图 20.15(a)所示；②金杂质和链上的氢缺位(悬挂键)，如图 20.14(b)、图

20.15(c)所示;③一对金杂质,如图 20.15(b)所示;④金杂质和链上的"扭折"(kink)缺陷(一个 C═C 键取代 C—C 键)。单缺陷态导致在相应 *I-V* 曲线上出现台阶,然后,当存在两个缺陷时,分子通常表现出负微分电阻(NDR)现象。这两种行为都是普遍的,并可能与所观察到的 SAM 和 LB 薄膜独特的输运性质有关[53,54,57,87,94,95]。我们使用了结合 Keldysh 非平衡格林函数方法和自洽的基于赝势的实空间密度泛函理论的第一原理计算方法,来研究在外偏压下半无限电极所引入的开放边界条件下的体系[48,50]。在进行输运计算前,用高斯 98 软件对所有现有的结构都进行弛豫优化[96]。在给定能量下,体系的电导曲线由式(20.8)给出,电流由式(20.4)给出。

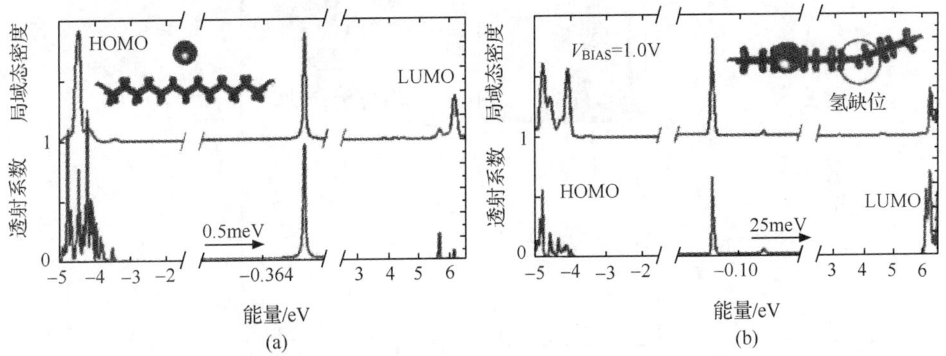

图 20.14 C_{13}分子在含有(a)金杂质和(b)金杂质与氢空位(悬挂键)时的局域态密度和透射系数作为能量的函数。由于该杂质能级相对于 HOMO 和 LUMO 分子态较深,中央部分是杂质能级的共振峰的放大显示。这一 HOMO-LUMO 能隙约为 10eV

金杂质的平衡位置大约距离烷烃链 3Å,这是一个典型的范德瓦尔斯距离。正如密度图像所示(图 20.15),在金的 s 态和 d 态与碳水化合物链的 sp 态之间存在相当大程度的杂化。此外,金离子产生了一个约束 6s 电子的库仑中心,相对于费米能级的能量为 $\varepsilon_i = -0.35$eV 处,几乎处在 C_n 的 HOMO-LUMO 能隙(约为 10eV)的中央。隧穿的衰减共振态是分子轨道 HOMO 和 LUMO 的叠加。这些轨道具有非常复杂的空间结构,它们可以通过透射系数的非对称线形反映出。由于杂质能级很深,它们可以用"短程杂质势"模型来理解[97]。实际上,在窄阱外的杂质波函数能够用式(20.42)很好地近似

$$\varphi(r) = \sqrt{\frac{2\pi}{\kappa}}\frac{e^{-\kappa r}}{r} \tag{20.42}$$

式中,κ 为态的半径的倒数,$\hbar^2\kappa^2/2m = E_i$,$E_i = \Delta - \varepsilon_i$,是杂质能级相对于 LUMO 的深度,而 Δ=LUMO-F,是 LUMO 和金的费米能级 F 之间的距离,因此,杂质态的半径 $1/\kappa$ 很小。烷烃链$(CH_2)_n$[52]的能隙 $\Delta \approx 4.8$ eV(≈ 5 eV,根据 DFT 的计

算)，烷烃中的有效隧穿质量 $m^* \approx 0.4$[86]。对于一个矩形隧穿势垒中的单个杂质[97]，我们得到了与前面式(20.5)一样的 Breit-Wigner 形式的透射率 $T(E,V)$。使用含有杂质态波函数[式(20.42)]的模型，对于 C_{13}(L=10.9Å)中含有金杂质的情况，我们可以估计宽度为 $\Gamma_L=\Gamma_R=1.2\times10^{-6}$。与计算值 1.85×10^{-5} 相比，它们在一个数量级内。当 $E=\varepsilon_i$ 和 $\Gamma_L=\Gamma_R$ 时，透射系数达到最大、且等于 1，这相当于杂质处于相对于电极对称的位置上。

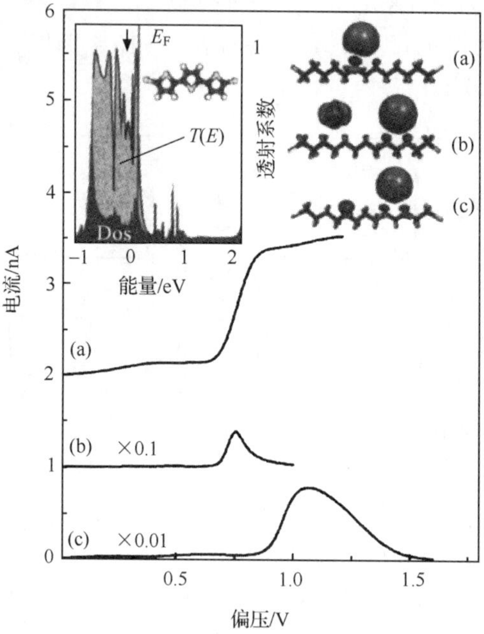

图 20.15 分别含有(a)单个金杂质(6s 态)、(b)两个杂质(分别处在左右离子上的 5d 和 6s 态上)和(c)金杂质与氢空位(悬挂键)的烷烃链 C_{13} 的电流-电压特性曲线。双缺陷产生了负微分电阻峰(b)和(c)。插图给出了聚噻吩 T3 分子的态密度、透射系数和棒状模型。在费米能级上存在明显的透射系数值，说明连接到金电极上的 T3 分子表现出了欧姆型 I-V 特性。薄膜中的无序可以使靠近费米能级的态局域化(用箭头粗略地标出)，这可以帮助具有很低活化能(0.01～0.1eV)的空穴跃迁输运，正如所观察到的那样

电子隧穿到电极所经过的烷烃骨架的电子结构显示出非对称线形，具有显著的洛伦兹特性，如图 20.14 所示。直到偏压将杂质能级与电极的费米能级对齐时，电流保持很小，由此导致电流中出现台阶现象，电流为 $I_1 \approx 2q/\hbar\Gamma_0 e^{-\kappa d}$，如图 20.14(a)所示。只有当杂质能级没有远离费米能级 E_F 时，才能观察到这个台阶，因此，在器件被击穿之前，在接触上施加偏压就能导致对齐。我们所发现的最有趣的情况是对应于薄膜中点缺陷“对”(pairs)的。如果缺陷的浓度 $c \ll 1$，带有缺陷对的相应位形数将很小，$\propto c^2$。不过，它们却对电流作出了呈指数型增加的贡

献。实际上,两杂质的理想位置是对称的,且相距 $L/2$,载有电流为 $I_2 \propto e^{-\kappa L/2}$。两杂质链的电导是[97]

$$g_{12}(E) = \frac{4q^2}{\pi\hbar} \frac{\Gamma_L \Gamma_R t_{12}^2}{|(E-\epsilon_1+i\Gamma_L)(E-\epsilon_2+i\Gamma_R)-t_{12}^2|^2} \tag{20.43}$$

对于具有能量略微差异的杂质对,$t_{12}=2(E_1+E_2)e^{-\kappa r_{12}}/\kappa r_{12}$,其中,$r_{12}$ 为它们之间的距离。对于两杂质通道电导[式(20.43)]的解释是相当直接的:如果与电极没有耦合,即 $\Gamma_L=\Gamma_R=0$,g_{12} 的极点(pole)将对应于这个两杂质"分子"的成键和反键能级。与电极的耦合使它们具有限宽度,并且通常会产生电导的两个峰值,其中,电导峰所对应的能量相对位置随偏压的变化而变化。对于较长的链,这个解释同样也适用,并且能够给出关于杂质态的"带"形成的直观图像。最大电导 $g_{12}=q^2/(\pi\hbar)$ 发生在对应于 $\varepsilon_1=\varepsilon_2$,$\Gamma_L\Gamma_R=t_{12}^2=\Gamma_2^2$ 的情形,其中,Γ_2 是两杂质共振态的宽度,它对应于沿垂直于接触方向、且间隔半个分子长度 $r_{12}=L/2$ 杂质的对称位置。负微分电阻(NDR)是两杂质情形的重要性质。实际上,在外偏压下杂质能级移动

$$\epsilon_i = \epsilon_{i0} + qV_{z_i}/L \tag{20.44}$$

式中,z_i 为相对于分子中心的杂质位置。由于薄膜中存在无序,在偏压下,能级将移入和移出共振态,因此产生了 I-V 曲线上的 NDR 峰。最显著的负微分电阻出现在同时含有紧邻 Cn 链的金杂质和某点上出现氢空位这种情形中,如图 20.14(b)(氢空位缺陷对应于一个悬挂键)所示。缺陷导致在透射率上出现两个共振峰。出乎意料的是,氢空位(悬挂键)的能量非常接近于电极的费米能级 F,具有 $\varepsilon_i=-0.1$eV[图 20.14(b),右峰]。共振峰的相对位置随外偏压移动,并且在 1.2V 相交,在 I-V 曲线上产生了一个显著的 NDR 峰,如图 20.15(c)所示。对于同时含有金杂质和链上的 C=C 折角的情形,没有发现 NDR 现象,这是因为,折角能级的能量远离金的 6s 杂质能级。计算得到的通过分子的峰值电流值为:对于金杂质和氢空位,$I_p \approx 90$nA/分子,而对于两个金杂质,$I_p \approx 5$nA/分子。

在薄膜中存在两个金杂质的情况下,我们观察到了一个 NDR 峰的新机制,即金离子在 Cn 薄膜中产生了两组深杂质能级,一组来源于 6s 轨道,另一组来源于 5d 壳层,在图 20.15(b)(插图)中清楚可见。5d 态在能量上与 6s 分开,以至于现在除了通过 s-s 态隧穿以外,通过 s-d 态的隧穿也是被允许的。既然 5d 态处于比 s 态更低的能量上,那么,不同金离子上的 d 态和 s 态将在某个偏压下被对齐。由于那些轨道具有不同的角度特征,在第一个杂质上的 s 态与另一个杂质上的 d 态之间的隧穿,将通过使用类似于 Slater-Koster 的 spd 跳跃积分来描述。这种情况对应的峰电流要小于金-氢空位对对应的值,其中的交叠积分是 $ss\sigma$ 型的[图 20.15(b)、(c)]。

对于噻吩分子,由于 π 态是共轭的,因而 HOMO-LUMO 能隙是非常狭窄的,

刚好低于 2eV，所以，噻吩分子表现出非同寻常的行为。T3 分子（有三个环）中的 HOMO 态的尾巴明显地存在于电极的费米能级附近，这导致产生了近“金属性”的态密度，相应地出现欧姆性的 *I-V* 特性。这一行为是相当稳固的，与观察到隧穿行为的实验结果存在明显的不一致[85]。然而，在实际的噻吩器件中，分子与电极之间的接触显然很差，这可能导致产生奇异的电流通道和温度依赖关系[95]。

对于包含有单一或两个点缺陷这一类有机分子链，我们已经阐述了其第一个无参数 DFT 计算。结果表明，在薄膜中，当前的一般缺陷能够产生深杂质能级，并且导致电子通过薄膜时的共振隧穿，并且强烈地依赖于缺陷的类型。因此，一个缺失的氢原子将产生一个非常接近于金电极费米能级 E_F 的能级（悬挂键）。对于单个杂质的情形，当一个电极的费米能级在一定偏压下与杂质能级对齐时，将在 *I-V* 曲线上产生台阶。双缺陷情形的结果则要比较丰富些，这里，我们通常能够观察到负微分电阻峰的形成。我们发现，当金原子和氢空位（悬挂键）同时出现在 C_{13} 中时，在偏压为 12V 时，它产生了最显著的 NDR 峰。其他的缺陷对则没有产生如此显著的 NDR 峰。尽管实际的线形会有所不同，短程杂质势模型还是能够很好地重复这些数据。

这里仍然存在一个问题，即是什么可以导致在像 $(CH_2)_n$ 这样简单的有机薄膜中存在着强烈的电导-温度依赖关系？有报道给出了在烷烃中的活化特性电导 $\propto \exp(-E_a/T)$，其中，活化能很小，$E_a \approx 100 \sim 200$meV[87,94]，而在聚噻吩中，活化能则更小，约为 10～100 meV[95]。这远小于这里对烷烃的计算值和对 C_n 分子电学和光学测量的预期值 $E_a \approx \Delta \approx 4$eV[52]，而此处得到的值与现在的结果符合得很好。然而，在共轭分子中，对于这一小活化能，也许存在更本质的解释。事实上，位于金上的 T3 聚噻吩的 HOMO 被极大地展宽，并移向更高的能量，且 HOMO 轨道在费米能级上存在一个很大的权重。HOMO 的向上移动，恰恰是金和分子之间功函数不同的结果。对于薄膜中存在（不可避免的）无序的情形，分子上的一些电子态将局域在费米能的附近。在小活化能（小于约 0.1eV）范围内，那些态将会帮助空穴进行热激活。当电极-分子接触很差时（通常情况下往往如此），可以预期，Tour 分子线具有类似的行为[94]，其中，E_F-HOMO～1eV[50](c)。

对于载流子在饱和单分子层中跳跃的情景，我们可以合理地设想，在许多研究实例中，有机薄膜都会出现像筛子一样的金属突出物（细丝）。细丝的出现来源于在强电场中的电迁移和/或金属和羟基等杂质[55,57]。它可能导致载流子隧穿距离 d 的减小和势垒的镜像电荷的降低。在宽度为 d 的间隙中，镜像电荷导致的势垒降低值是 $\Delta U = q^2 \ln 4/(\varepsilon d)$，这意味着，在介电常数为 $\varepsilon = 2.5$ 的薄膜中，大约 3.5eV 的势垒降低只可能发生在不现实的窄间隙 $d = 2 \sim 3$ Å 中，不过，镜像电荷将加剧势垒的降低。沿着这些方向进行更为细致的表征和理论研究，将有助于阐明这个奇异的行为。值得注意的是，这样一种机制并不能解释，在单分子测量中，随温度变化而发生的从隧穿过程到跳跃过程的过渡，这必定是一种器件的特性，而不是单一分子的特性[94]。

20.7　结　　论

对可能作为超高密度电子电路的分子进行的研究，是一个持续了30多年的非常有意义的问题。几十年前，硅技术正接近其极限特征尺寸的说法，为这一研究注入了新活力，在当时，人们估计大约到1985年将达到1μm[98]。30多年后，FET门的长度正向亚10μm发展[99]，这时，有关硅需要在某方面被其他技术取代的说法，再一次风啸尘上。其他方法是否还将继续被硅技术所压倒，目前仍不清楚，虽然硅技术依然是当前主要的纳米技术，但对著名的摩尔定律的不断攀升的阻力，要求我们仔细地审视对功率耗散、电流泄漏、串线干扰、速度等的其他解决方法。在分子薄膜的电子输运研究中，出现了一些非常有趣的进展，不过，一些观察到的电导“开关”现象和/或非线性电行为的机制仍难以理解，此外，这些有趣的行为仍是零散出现的，不具备良好的可重复性。目前观察到的绝大多数开关性质在本质上是外禀的。例如，我们讨论过的分子-电极接触效应：共轭分子吸附在电极上的倾角可能显著地改变电导，这也许可以解释在Tour分子线中观察到的外禀“电报”型开关性质[24,34]，而分子重构也可以导致在其他体系中出现类似的现象[66]。对分子薄膜中的缺陷也进行了讨论，它可能导致*I-V*曲线上出现虚峰。同时，我们概述了一些可能具有整流行为的分子的设计，即所谓的分子“量子点”。最后，我们也演示了，至少在一些特殊情况下，分子量子点能够表现出高速(THz)的内禀开关特性。

作者感谢Jeanie Lan提供了图20.6和图20.7，Jason Pitter和Robert Wolkow提供了图20.8和图20.9。本工作得到了DARPA的部分资助。

参 考 文 献

[1] Tour, J. M., Acc. Chem. Res. 33, 791(2000).

[2] Joachim, C., Nanotechnology 13, R1(2002).

[3] Aviram, A., and Ratner, M. A., Chem. Phys. Lett. 29, 277(1974).

[4] Martin, A. S., Sambles, J. R., and Ashwell, G. J., Phys. Rev. Lett. 70, 218(1993); Metzger, R. M., Chen, B., Höpfner, U., et al., J. Am. Chem. Soc., 119, 10455(1997).

[5] Stokbro, K., Taylor, J., and Brandbyge, M., J. Am. Chem. Soc. 125, 3674(2003).

[6] Ellenbogen, J. C., and Love, J., IEEE Proc. 70, 218(1993).

[7] Davydov, A. S., Theory of Molecular Excitons(McGraw-Hill, New York, 1962).

[8] Gutmann, F., Nature 219, 1359(1968).

[9] Davydov, A. S., J. Theor. Biol. 66, 379(1977); Davydov, A. S. and Kislukha, N. I., Phys. Status Solidi(b) 75, 735(1976).

[10] Scott, A., Phys. Reports 217, 1(1992).

[11] Scott, J. F., Ferroelectric Memories(Springer, Berlin, 2000).

[12] Atwood, G., and Bez, R., presentation at ISIF11(Honolulu, 21-27 April, 2006); Cho, W. Y., et al., ISSCC Dig. Tech. papers(2004); Wicker, G., SPIE 3891, 2(1999); Ovshinsky, S. R., Phys. Rev. Lett. 21, 1450(1968).

[13] Jung, D. J., Kim, K., and Scott, J. F., Phys. J. Condens. Mat. 17, 4843(2005).

[14] Hiranaga, Y. and Cho, Y., 11th Intl. Mtg. Ferroel. (IMF 11, Iguassu Falls, Brazil, Sep 5-9, 2005).

[15] Li, C., Zhang, D., Liu, X., et al., Appl. Phys. Lett. 82, 645(2003); Reed, M. A., Chen, J., Rawlett, A. M., et al., Appl. Phys. Lett. 78, 3735(2001).

[16] Kamins, T. I., Interface 14, 46(2005); Self-assembled semiconductor nanowires, in The Nano-Micro Interface, edited by H. J. Fecht and M. Werner(Wiley-VCH, 2004), p. 195.

[17] Rabani, E., Reichman, D. R., Geissler, P. L., et al., Nature 426, 271(2003).

[18] Petty, M. C., Langmuir-Blodgett Films, Cambridge University Press, Cambridge, 1996.

[19] Ulman, A., Characterization of Organic Thin Films, Butterworth-Heinemann, Boston, 1995.

[20] Snider, G., Kuekes, P., and Williams, R. S., Nanotechnology 15, 881(2004).

[21] Stadlober, B., Zirkl, M., Beutl, M., et al., Appl. Phys. Lett. 86, 242902(2005); Shaw, J. M., and Seidler, P. F., IBM J. Res. Dev. 45, 3(2001).

[22] Datta, S. et al., Phys. Rev. Lett. 79, 2530(1997).

[23] Bratkovsky, A. M., and Kornilovitch, P. E., Phys. Rev. B 67, 115307(2003).

[24] Kornilovitch, P. E., and Bratkovsky, A. M., Phys. Rev. B 64, 195413(2001).

[25] Ness, N., Shevlin, S. A., and Fisher, A. J., Phys. Rev. B 63, 125422(2001).

[26] Su, W. P., and Schrieffer, J. R., Proc. Natl. Acad. Sci. 77, 5626(1980); Brazovskii, S. A., Sov. Phys.-JETP 51, 342(1980).

[27] Brazovskii, S. A., and Kirova, N. N., Zh. Eksp. Teor. Fiz. Pis'ma Red. 33, 6(1981) [JETP Lett. 33, 4(1981)].

[28] Feldblum, A., et al., Phys. Rev. B 26, 815(1982).

[29] Chance, R. R., Bredas, J. L., and Silbey, R., Phys. Rev. B 29, 4491(1984).

[30] Ramsey, M. G., et al., Phys. Rev. B 42, 5902(1990).

[31] Steinmuller, D., Ramsey, M. G., and Netzer, F. P., Phys. Rev. B 47, 13323(1993).

[32] Swanson, L. S., et al., Synth. Metals 55, 241(1993).

[33] Chen, J., Reed, M. A., Rawlett, A. M., et al., Science 286, 1550(1999).

[34] Donhauser, Z. J., Mantooth, B. A., Kelly, K. F., et al., Science 292, 2303(2001); Donhauser, Z. J., Mantooth, B. A., Pearl, T. P., et al., Jpn. J. Appl. Phys. 41, 4871(2002).

[35] Collier, C. P., Wong, E. W., Belohradsk'y, M., et al., Science 285, 391(1999); Collier, C. P., Mattersteig, G.; Wong, E. W., et al., Science 289, 1172(2000).

[36] Chen, Y., Ohlberg, D. A. A., Li, X., et al., Appl. Phys. Lett. 82, 1610(2003); ChenY., Jung G. Y., Ohlberg, D. A. A., et al., Nanotechnology 14 462(2003).

[37] Stewart, D. R., Ohlberg, D. A. A., Beck, P. A., et al., Nanoletters 4, 133(2004).

[38] Molecular Switches, edited by Ben L. Feringa(Wiley-VCH, 2001).

[39] Zheng, G., Patolsky, F., Cui, Y., et al., Nature Biotechnology 23, 1294(2005).

[40] Bachtold, A., Hadley, P., Nakanishi, T., et al., Science 294: 1317(2001); Collins, P. G., Arnold, M. S., and Avouris, P., Science 292, 706 (2001); Rueckes, T., Kim, K., Joselevich, E., et al., Science

289,94(2000).

[41] Ouyang,M. , and Awschalom,D. D. ,Science 301,1074(2003).

[42] Krzeminski,C. ,Delerue,C. ,Allan,G. ,et al. ,Phys. Rev. B 64,085405(2001).

[43] Zhou,C. ,Deshpande,M. R. ,Reed,M. A. ,et al. ,Appl. Phys. Lett. 71,611(1997).

[44] Xue,Y. ,Datta,S. ,Hong,S. ,et al. ,Phys. Rev. B 59,7852(R)(1999).

[45] Reichert,J. ,Ochs,R. ,Beckmann,D. ,et al. ,Phys. Rev. Lett. 88,176804(2002).

[46] Kornilovitch,P. E. ,Bratkovsky,A. M. ,and Williams,R. S. ,Phys. Rev. B 66,165436(2002).

[47] Lenfant,S. ,Krzeminski,C. ,Delerue,C. ,et al. ,Nanoletters 3,741(2003).

[48] Larade,B. and Bratkovsky,A. M. ,Phys. Rev. B 68,235305(2003).

[49] Chang,S. ,Li,Z. ,Lau,C. N. ,et al. ,Appl. Phys. Lett. 83,3198(2003).

[50] Taylor,J. ,Guo,H. and Wang,J. ,Phys. Rev. B 63,R121104(2001);ibid. 63,245407(2001);Jauho,A. P. ,Wingreen,N. S. and Meir,Y. ,Phys. Rev. B 50,5528(1994).

[51] Alexandrov,A. S. and Bratkovsky,A. M. ,Phys. Rev. B 67,235312(2003).

[52] Boulas,C. ,Davidovits,J. V. ,Rondelez,F. ,et al. ,Phys. Rev. Lett. 76,4797(1996).

[53] Polymeropoulos,E. E. ,and Sagiv,J. ,Chem,J. ,Phys. 69,1836(1978).

[54] Tredgold,R. H. , and Winter,C. S. ,Phys,J. ,D 14,L185(1981).

[55] Carchano,H. ,Lacoste,R. ,and Segui,Y. ,Appl. Phys. Lett. 19,414(1971);Couch,N. R. ,Movaghar, B. ,and Girling,I. R. ,Sol. St. Commun. 59,7(1986).

[56] Shlimak,I. ,and Martchenkov,V. ,Sol. State Commun. 107,443(1998).

[57] Lau,C. N. ,Stewart,D. ,Williams,R. S. ,et al. ,Nano Lett. 4,569(2004).

[58] Rodriguez Contreras,J. ,Kohlstedt,H. ,Poppe,U. ,et al. ,Appl. Phys. Lett. 83,4595(2003).

[59] Wassel,R. A. ,Credo,G. M. ,Fuierer,R. R. ,et al. ,Am. J. Chem. Soc. ,126,295(2004).

[60] He,J. , and Lindsay,S. M. ,J. Am. Chem. Soc. ,127,11932(2005).

[61] Gaudioso,J. ,Lauhon,L. J. ,and Ho,W. ,Phys. Rev. Lett. 85,1918(2000).

[62] Hla,S.-W. ,Meryer,G. ,and Rieder,K.-H. ,Chem. Phys. Lett. 370,431(2003).

[63] Yang,G. and Liu,G. ,Phys,J.. Chem. B 107,8746(2003).

[64] Salomon,A. ,Arad-Yellin,R. ,Shanzer,A. ,et al. ,Am. Chem. Soc. 126,11648(2004).

[65] Guisinger,N. P. ,Greene,M. E. ,Basu,R. ,et al. ,Nano Lett. 4,55(2004).

[66] Pitters,J. L. and Wolkow,R. A. ,Nano Lett. 6,390(2006).

[67] Rakshit,T. ,Liang,G. C. ,Ghosh,A. W. ,at al. ,Nano Lett. 4,1803(2004).

[68] Bune,A. V. ,Fridkin,V. M. ,Ducharme,S. ,et al. ,Nature 391,874(1998).

[69] Ducharme,S. ,Fridkin,V. M. ,Bune,A. V. ,et al,Phys. Rev. Lett. 84,175(2000).

[70] Bratkovsky,A. M. , and Levanyuk,A. P. ,Phys. Rev. Lett. 87,019701(2001).

[71] Bune,A. ,Ducharme,S. ,Fridkin,V. ,et al. ,Appl. Phys. Lett. 67,3975(1995).

[72] Furukawa,T. ,Date,M. ,Ohuchi,M. ,at al. ,J. Appl. Phys. 56,1481(1984).

[73] Kornilovitch,P. E. ,Bratkovsky,A. M. ,and Williams,R. S. ,Phys. Rev. B 66,245413(2002).

[74] Averin,D. V. ,and Likharev,K. K. ,in: Mesocopic Phenomena in Solids,edited by Altshuler,B. L. et al. ,(North-Holland,Amsterdam,1991).

[75] Park,H. ,Park,J. ,Lim,A. K. L. ,et al. ,Nature 407,57(2000);Park,J. ,Pasupathy,A. N. ,Goldsmith, J. I. , et al. ,ibid. 417,722(2002);Liang,W. ,Shores,M. P. ,Bockrath,M. ,et al. ,ibid. 417,725(2002).

[76] Zhitenev,N. B. ,Meng,H. ,and Bao,Z. ,Phys. Rev. Lett. 88,226801(2002).

[77] Alexandrov, A. S., Bratkovsky, A. M., and Williams, R. S., Phys. Rev. B 67, 075301(2003).
[78] Alexandrov, A. S., and Bratkovsky, A. M., cond-mat/0603467.
[79] Meir, Y., and Wingreen, N. S., Phys. Rev. Lett. 68, 2512(1992).
[80] Mitra, A., Aleiner, I., and Millis, A., Phys. Rev. Lett. 94, 076404(2006).
[81] Mozyrsky, D., Hastings, M. B., and Martin, I., Phys. Rev. B 73, 035104(2006).
[82] Galperin, M., Ratner, M. A., and Nitzan, A., Nano Lett. 5, 125(2005).
[83] Mitra, A., Aleiner, I., and Millis, A., Phys. Rev. B 69, 245302(2004).
[84] Park, H., Park, J., Lim, A. K. L., et al., Nature 407, 57(2000); Park, J., Pasupathy, A. N., Goldsmith, J. I., et al., Abruna, H. D., McEuen, P. L., and Ralph, D. C., Nature(London) 417, 722(2000); Liang, W., et al., Nature(London) 417, 725(2002).
[85] Sakaguchi, H., Hirai, A., Iwata, F., et al., Appl. Phys. Lett. 79, 3708(2001); Cui, X. D., Zarate, X., Tomfohr, J., et al., Nanotechnology 13, 5(2002).
[86] Wang, W., Lee, T., and Reed, M. A., Phys. Rev. B 68, 035416(2003).
[87] Stewart, D. R., Ohlberg, D. A. A., Beck, P. A., et al., Appl. Phys. A 80, 1379(2005).
[88] Fisher, G. L., Hooper, A. E., Opila, R. L., et al., J. Phys. Chem. B 104, 3267(2000); Seshadri, K., Wilson, A. M., Guiseppi-Elie, A., et al., Langmuir 15, 742(1999).
[89] Walker, A. V., Tighe, T. B., Cabarcos, O., et al., J. Am. Chem. Soc., 126, 3954(2004).
[90] Pollak, M., and Hauser, J. J., Phys. Rev. Lett. 31, 1304(1973); Lifshitz, I. M., and Kirpichenkov, V. Ya, Zh. Eksp. Teor. Fiz. 77, 989(1979).
[91] Glazman, L. I., and Matveev, K. A., Sov. Phys. JETP 67, 1276(1988).
[92] Xu, Y., Ephron, D., and Beasley, M. R., Phys. Rev. B 52, 2843(1995).
[93] Shang, C. H., Nowak, J., Jansen, R., et al., Phys. Rev. B 58, 2917(1998).
[94] Selzer, Y., Cabassi, M. A., Mayer, T. S., et al., J. Am. Chem. Soc., 126, 4052(2004).
[95] Zhitenev, N. B., Erbe, A., and Bao, Z. Phys. Rev. Lett. 92, 186805(2004).
[96] Frisch, M. J., GAUSSIAN98, Revision A. 9, Gaussian, Inc., Pittsburgh, PA, 1998.
[97] Larkin, A. I., and Matveev, K. A., Zh. Eksp. Teor. Fiz. 93, 1030(1987).
[98] Rambidi, N. G., and Zamalin, V. M., Molecular Microelectronics: Origins and Outlook(Znanie, Moscow, 1985).
[99] Ieong, M., Doris, B., Kedzierski, J., et al., Science 306, 2057(2004).

21 分子电导问题的复杂性

Gil Speyer，Richard Akis，David K. Ferry 著

李启楷　帅志刚　译

摘要：

在孤立分子中观察到的新的电导现象，需要从理论上对接触构形以及费米能级的位置进行准确的表征，因为这些因素对金属-分子-金属系统产生巨大的影响。这就要求我们必须进行严格的第一性原理计算，但各种方法都有其相应的弊端。线性独立平面波基组可以确保系统具有精确的势描述，但这一基组导致产生棘手的高秩哈密尔顿量，因此，我们又必须使用局域轨道基组。密度泛函理论方法则允许用于表征混合的金属-未饱和有机化合物的哈密尔顿量计算。不过，在此方案中，带隙普遍低估，计算的键长和离解能也是错误的。在本章中，通过结合多种方法，包括复能带结构、DOS(态密度)计算以及高效的散射矩阵方法等，我们可以因此对分子电导有更深入的理解。此外，尽管存在已知的计算精确性问题，通过对大量的(例如，对于分子，则为振动模式下对伸展构形及多个位置)哈密尔顿量进行计算，仍然允许我们确定其趋势。计算结果表明，电导会随着伸展程度的变化而变化，并发现四元低聚体要较其对应的三元低聚体具有出乎意料的高电导能力。

21.1 引　　言

耶鲁大学的 Mark Reed 实验组首次通过使用机械可控断裂结(break junction) 方法,测定了单分子的电流-电压特性曲线,并因此为电子器件的研究开创了一个全新的领域[1]。之后不久,其他实验组也使用各种不同实验技术开展了相似的测量工作。然而,对连接到金属电极的孤立分子电子特性的分析表明,尽管实验上可行,但理论上是非常困难的。初步计算得到的电导值可以存在数个数量级的差异。研究表明,接触几何的细节及细微的吸附化学变化都对理论分析极为重要[2]。我们可以对与接触相关的细节综合考虑、并参数化,以匹配实验结果,不过,这种随意的(*ad hoc*)处理对分子电导性质的本质理解是非常有限的。此外,从第一原理计算的角度看,接触构形数以及诸如多头等变化因素使得问题变得复杂,因此很难获得满意的最终结果。

本章将研究与分子电导有关的问题,并侧重于为得到精确的解在文献中常见的问题。在探讨电导的数值范围之前,问题的性质本身就值得研究。首先是电子势以及能带结构计算的有效性。我们知道,准确的平衡势计算是所有随后平衡计算的基础。

在所使用的各种方法中,每种方法都有其相应的不足。复能带结构计算对接触性质的研究无法提供本质的东西。局域化轨道由于不能表征金属表面,因而不能给出正确的势。密度泛函理论则低估带隙,对未饱和有机化合物更为如此。使用多种理论方法的目的是,试图深入理解实验中观察到的现象。其他研究组也使用了这一方法,并取得了一定的成果[3]。

与此方法相对应的伙伴策略是,采用大量的类似系统进行比较。由于在本工作中采用了非常有效的电导计算模块,电导的计算非常快;因此,我们可以对具有很小差异的系统进行比较计算,这样可以对实验现象有更深入的理解。基于此,例如,我们可以通过对分子逐渐地伸展,得到纳米隧道结(nanojunction)内分子振动的一系列"快照"。这些特定的问题本身有助于所采用的分析研究。

在 Reed 的突破性工作之后,存在大量的实验进展评述。粗略地讲,所有方法可以归结于两类。一类是试图最小化端基的尺寸和其间的缝隙以利于各单分子的结合;另一类是在金基底上组装单分子层、并利用其规则性,并使用导电原子力显微镜(AFM)针尖以接触单分子。图 21.1 和图 21.2 给出了两幅单分子结合的示意图。对于分子电导的研究,机械可控断裂(mechanically controllable break, MCB)隧道节技术是一项关键的技术突破。一个高度可控的压电晶体逐渐地在一个光刻级气相沉积的纳米线(附着于一个柔性的基底)上施加压力以形成一个非常狭的断裂缝隙[4]。在这一微小的缝隙中,于溶液环境下将巯基-端基分子非常小心地沉淀到此缝隙,由此重新连通两接触端,尽管其具有较高的电阻。这里,巯基端基是关键,它起到了分子"鳄鱼嘴夹"的作用,并随时断开氢键与金表面的结合[5]。测量在不同的偏压下通过探头的电流,则可以得到电导率

$$G(V)=\frac{\partial I(V)}{\partial V} \tag{21.1}$$

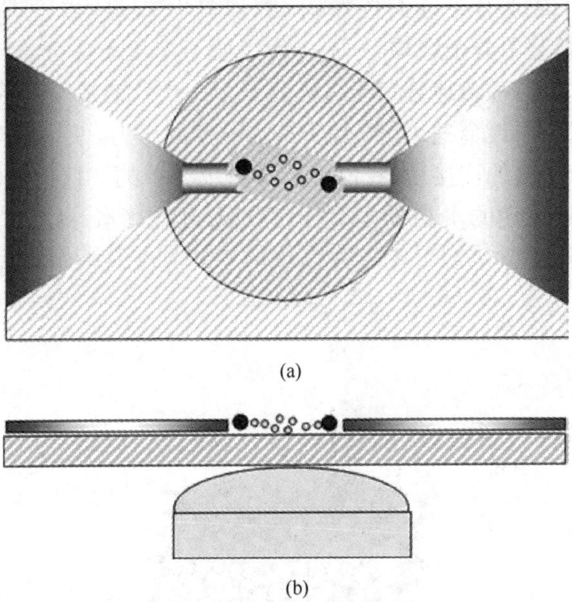

图 21.1 MCBJ 布置示意图。(a)顶视图;(b)侧视图

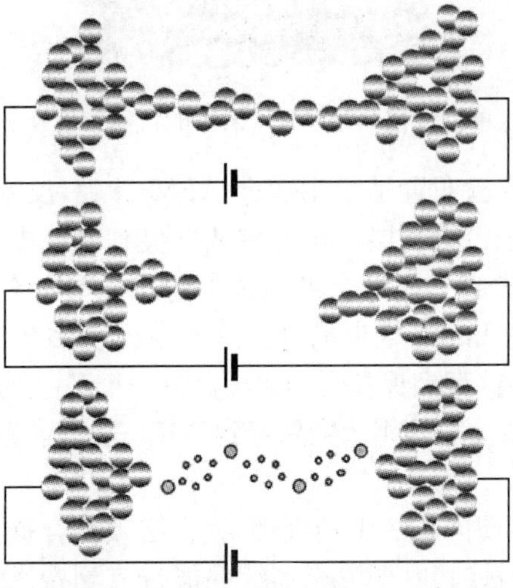

图 21.2 电化学隧道结布置。在纳米线形成时,短时反转电迁移偏压,形成一个非常小的缝隙,随后沉积分子

这样可实现可再现的测量，对于苯二硫酚和苯二甲硫醇等小分子，其测量范围可以达到数十兆欧姆。第二种方法（图 21.2）是采用电化学隧道结，使用电迁移而不是光刻技术来制造纳米隧道结[6]。同样，这一技术也可以在整个纳米间隙宽度范围进行有效的控制，它是通过施加偏压来实现的。在形成原子桥结时，可以略为反转偏压，因此形成适合于分子的纳米间隙。图 21.3 显示如何单独地探测布置于基底（通常是自组装单分子层）的分子。为了便于连接单一分子，一个绝缘单分子层（如单甲基化烷烃）稀疏地分布于目标分子。一个金纳米团簇悬浮连接到目标分子的甲基化端基。对镀金的 AFM 针尖施加一定的压力，便可以对表面进行探讨。在做好到金纳米团簇的连接后，我们可以对各单分子的连接进行测量。图 21.3为 Lindsay 研究组所采用的实验方案，它示意地显示出了位于十二烷单分子层之上的芳香目标分子[7]。

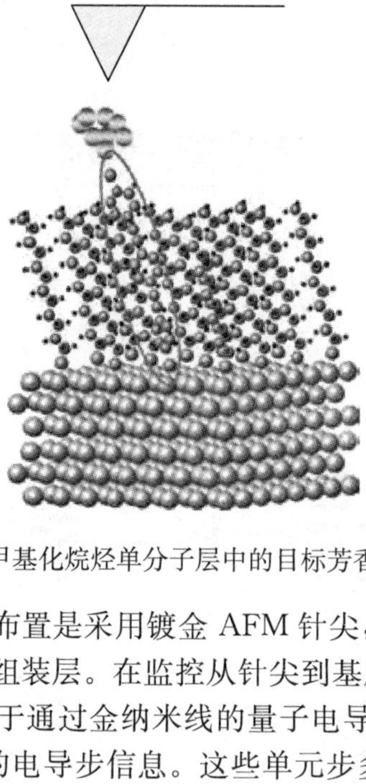

图 21.3　嵌入单甲基化烷烃单分子层中的目标芳香分子的 AFM 探测

本章中所使用的实验布置是采用镀金 AFM 针尖，反复地下降到某些特定的位于金基底上的单分子自组装层。在监控从针尖到基底电流的过程中，通过测量电流的踪迹可以反映对应于通过金纳米线的量子电导的各步信息。在许多测量中，我们同时也记录更低的电导步信息。这些单元步多次波（unit step multiple）表明单分子与针尖分离，直到保持单元步（表明一个孤立的分子将针尖连接到基底）。图 21.4 给出了镀金 AFM 针尖附着到巯基（这里为三聚噻吩）单分子层之前的布置。

对于金属-分子-金属问题的理论处理，我们必须耦合孤立的分子（其电子束缚于分子轨道）和金属接触（其电子填充连续的能带直到费米能级）。这一耦合方案混合分子轨道与金属接触的扩展态，对整个系统定义一个联合能谱（combined spectrum）。外加偏压使整个系统形成一个非零的传输，它可以随后予以计算。因

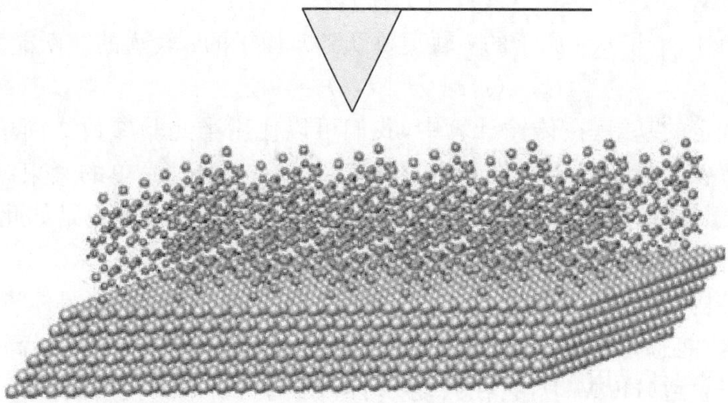

图 21.4 镀金 AFM 针尖下降并附着之前的三聚噻吩单分子层

此,计算中的两个主要步骤是,能带结构(由平衡系统决定)以及在偏压下的输运过程,它们可以分别予以表征。

首先,对于第一原理计算,我们必须对各种更为严格的能带结构计算方法的优缺点有所了解。我们发现,采用局域轨道基组得到易于处理的(tractable)哈密顿量,其优点要超过势的不准确表征所带来的影响。随后我们将对各输运计算技术进行评估,并进一步介绍快速、且数值稳定的散射矩阵方法(由 Usuki 等发展),最后对自洽方法进行一些讨论。复能带结构能够对分子(不包括描述到接触的动力学过程)的电导行为提供进一步的认识和了解。

针对大量的哈密顿量进行电导计算,可以帮助我们理解在伸展及振动条件下分子系统行为的趋势。在保持与金属电极耦合的分子复杂性不变的条件下,通过比较,我们可以发现一些新的特性,并用于解释在实验中观察到的现象。例如,与金属扩展态相耦合的分子轨道变化可以帮助我们理解在伸展条件下的电导峰值。特别地,四元低聚体要较其对应的三元低聚体具有更高的电导能力。在振动分析中,这些低聚体电导的变化可以用于解释这一现象。

21.2 理论方法

21.2.1 能带结构

对分子电导计算的最初尝试是使用紧束缚模型,即系统是具有分立轨道的原子的集合。当电子在系统中运动时,它们表示为在原子轨道之间的跳跃(hopping)。矩阵表象中的哈密顿量,即原子 i 的各轨道 j 的位能,可以表示为对角项

$$\langle j,i \mid H \mid j,i\rangle = \varepsilon_{j,i} \tag{21.2}$$

对于非对角项，电子从 i 原子的 j 轨道跳跃到 k 原子的 l 轨道的跳跃能为

$$\langle j,i \mid H \mid l,k\rangle = t_{l,k,j,i} \tag{21.3}$$

使用选定的基组，在传输计算中，我们可以使用半经验参数或简单的 π 轨道项。在理解各种分子电导现象方面，在输运计算中，通过简单的紧束缚构造的矩阵，尽管易于处理，但被证明是不合适的，尤其是对于金属接触更是如此。因此，有必要寻求更为严谨的第一原理计算方法。

电子结构计算的目的在于，在所研究的系统中，描述载流子（具体讲为电子）可用的轨道（或能态）。在这些能态确定后，它们从低到高填充，直到最高能态，即最高占据分子轨道（HOMO），它在共轭分子中作为价带。紧接着的下一能态，即最低未占据轨道（LUMO），则作为导带。如果 LUMO 和填充的 HOMO（0K）由一带隙分开，仿效绝缘体或半导体，则费米能级将位于两态之间。

复合金属-分子-金属系统的电子结构计算，是耦合两种不同的系统到一次计算中去。作为一种折中方案，它们能够同时处理两个系统。具体地讲，密度泛函理论方法尤为适合于金属的非局域电子密度，但它却不适合于描述与有机系统非均匀密度分布相对应的激发态或成键特点。同样，局域轨道基组可以有效地描述分子的轨道特性，但在此框架下，却不能得到满意的金属表面耦极和功函数。同时，我们还必须处理真空，尽管平面波基组非常适用于孤立的金属表面，但在处理复合系统时，它会导致产生非常高秩的哈密顿矩阵。

密度泛函理论使用简单的矢量，即密度泛函，替代拥有 10^{23} 个坐标的波函数。这一经典理论步，在单电子密度和单体势之间建立了一一对应的关系，使得以前无法进行的计算成为可能。不过，其难点在于准确的泛函是未知的，因此导致使用各种经验泛函，如局域密度近似（local density approximation，LDA）、广义梯度近似（generalized gradient approximation，GGA）以及混合泛函等。然而，问题并不到此结束。LDA 不能处理激发态，并且低估能隙，对未饱和有机化合物尤为如此[8-10]。相反，使用 GGA 则高估能隙[11]。混合泛函方法已发现不能正确地处理开放系统，导致电极间的隧道态产生赝简并态，因此高估了传输率[12]。在弱耦合条件下，无论采用何种近似，对于准静态非平衡下的交换与相关项，使用标准平衡表达式的典型 DFT 代码已被证明是不可行的，它通常导致高估能态展宽及相应的传输率[13]。

Hartree-Fock 理论使用 Slater 行列式描述多电子波函数。对于交换与相关项的处理，显著地不同于常用于 DFT 中费米液体的处理方法。后一处理方法将导致产生不正确的键离解能，它是本工作中所必需的一些结果[14]。人们提出了用准确的交换项来改善 DFT 普遍低估带隙的不足，但却显著地增加计算量。例如，VASP 组估计，使用 VASP5（计划于 2007 中期发布[15]），如果使用准确的交换泛

函,将增加计算时间约 2 个数量级。其他组使用含时电流密度理论来描述 DC 电导对交换与相关泛函的相关性[16]。此外,在计算反相自旋相关时,Hartree-Fock 理论也有其相应的不足,不过,我们可以在更为耗时的组态相互方法中使用多 Slater 行列式来对其进行校正[17]。

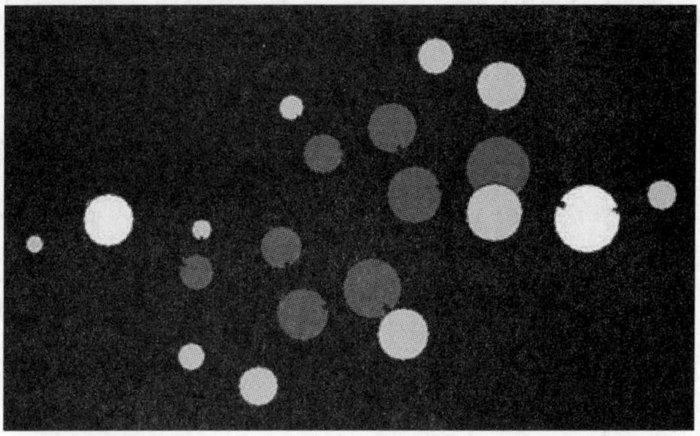

图 21.5 (见彩色插图)孤立的 xylyl-dithiol。碳原子为灰色,硫原子为黄色,氢原子为蓝色。标识了对位碳(Paracarbon)和邻位碳(Orthocarbon)。分子显然不共面(引自 G. Speyer, R. Akis, and D. K. Ferry, *J. Vac. Sci. Tech. B*, 24(4), 1987-1991, 2006)

下面我们来探讨一下各种理论之间的差异。经过大量研究的 xylyl-dithiol 分子(图 21.5),将作为模型分子。其基本构成是一个苯环在(1,4)位置(对位碳位

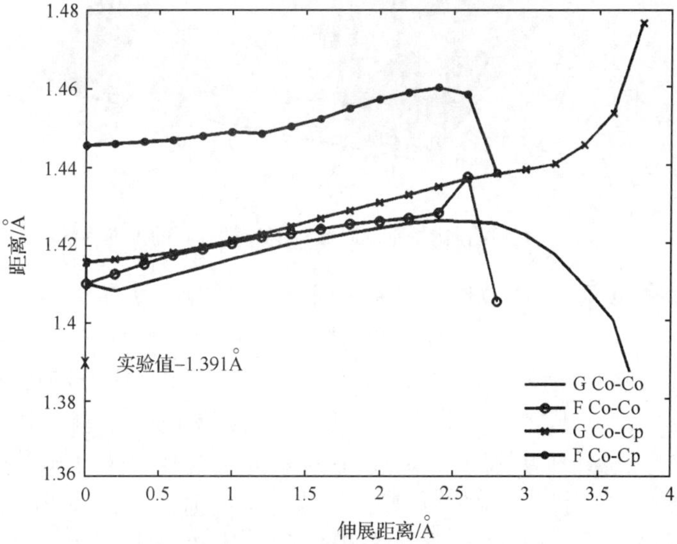

图 21.6 通过伸展苯环邻位碳(Orthocarbon, Co)和对位碳(Paracarbon, Cp)使用 DFT(F)和 HF(G)代码计算得到的原子间距

置)连接两个甲基基团,它们依次连接两个硫醇基团。在图 21.6 中,当环伸展时,计算苯环中的碳-碳距离。所有的连线在分离点都显示一个突变。这一突变点在两种理论中的定义是不同的。对于 DFT,计算时,分子在两个逐渐分离的金层之间进行伸展。对于 Hartree-Fock 理论,它并不包括金层,而是将最外的硫原子逐渐地拉开,直到其完全脱离碳原子。由于硫-碳分离以一种不同方式使分子离子化,对分离后行为进行比较是没有意义的。更为重要的是,DFT 部分代表了分子与金的结合,同时也会发生电荷转移。然而,使用 DFT 研究孤立的分子时,对苯环中的键长(几乎与接触隔离)的分析都显示出相同的特点。值得探讨的是苯环中 π 电子的共轭性质。当无伸展时,碳间距应当与 Hartree-Fock(G)数据给出的数值相同。此外,对于这一距离,这些数据也非常接近精确测量的实验值。显然,DFT 代码(F)不能很好地表征这种共轭性。此外,DFT 由伸展得到的键离解能估计也不准确[14]。

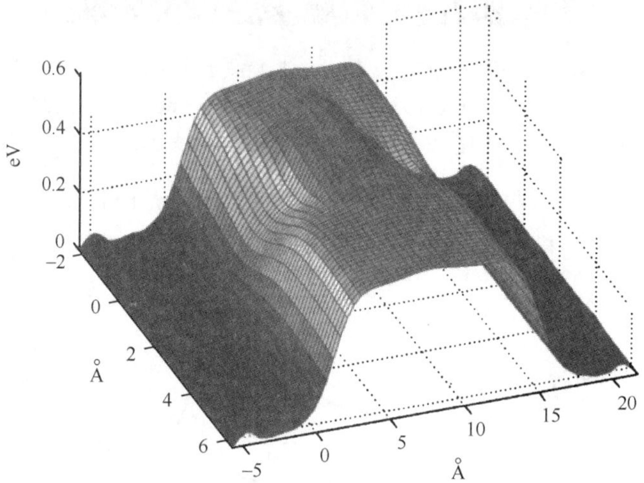

图 21.7 (见彩色插图)通过局域轨道计算得到的不准确的势

从理论的角度看,平面波作为一种无偏基组,具有计算简单等特性,明显优于局域轨道。对金属而言,由于具有高度非局域化的轨道,平面波基组具有显著的优势[18,19]。实际证明也是如此,复合系统的势仅可以使用平面波进行准确的描述。使用局域轨道基组无法表征真空,因而不能得到准确的表面偶极,如图 21.7 所示。此图已经经过光滑处理,以强调功函数(它表示为左右接触区的电位差)以及中间的能隙(约为 0.5eV)。由 VASP 计算得到的分子势则如图 21.8 所示。计算势所用的平面则列于左侧,它位于单分子层两分子之间。顶端势图的金层为从 −15 到 2Å,并在 13Å 处再次重复。在这些层之间,真空层位于约 7eV。计算得到的费米能级由蓝线标出,约为2eV。计算的精度可以通过金的功函数来予以佐证,约为

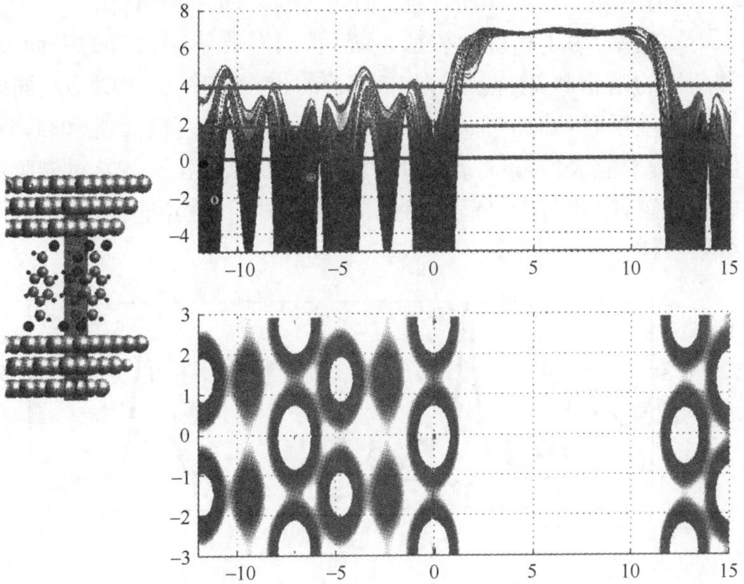

图 21.8　(见彩色插图)使用 VASP 计算得到的分子平面处的势列于图的左侧。变化出现在金核附近,从表面开始增加,直到达到真空能级。红色(顶)和蓝色(底)线分别对应于分子的 HOMO 和 LUMO 能级。绿色(中间)对应于金属的费米能级

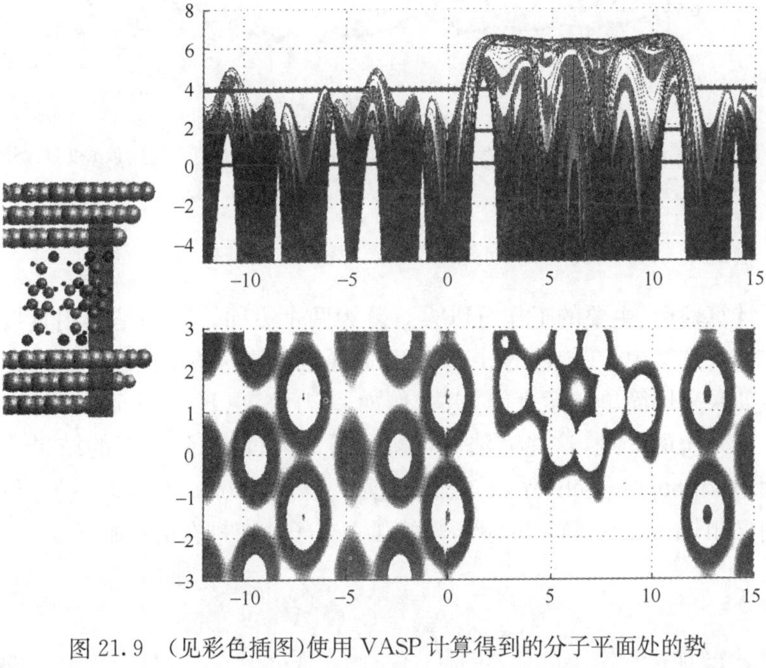

图 21.9　(见彩色插图)使用 VASP 计算得到的分子平面处的势

5eV。图 21.9 给出了包含分子的平面。计算平面的选择是确保二甲苯基的苯环是可视的。不幸的是，为了精确地表征系统，我们需要使用大量的平面波，因而导致使用非常高秩的哈密顿矩阵。分子中原子的投影态密度(PDOS)，同时使用局域轨道和平面波基组时，则如图 21.10 所示。可以发现，尽管带隙和轨道的基本特性非常相似，但费米能级位置(原点处)的确是不同的。由于电导对能隙中费米能级的位置非常敏感，因此，在局域轨道计算中会产生一些定量误差，正如本工作中所给出的结果一样。

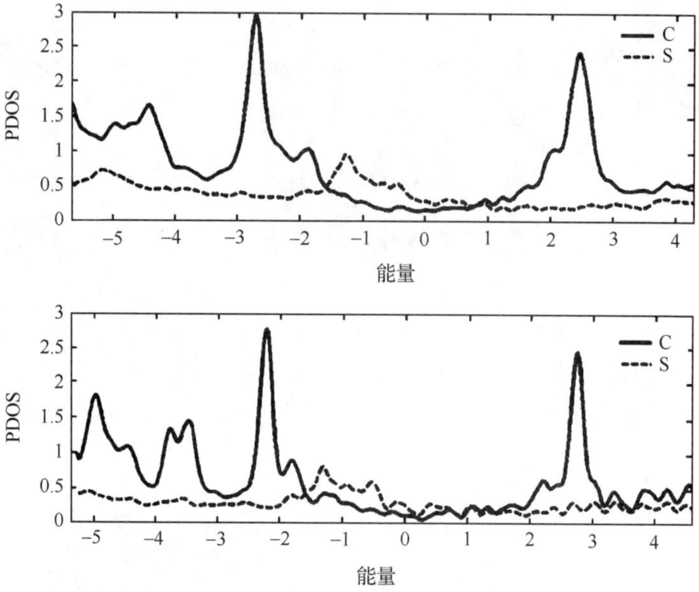

图 21.10 (见彩色插图)附着于金上苯二甲硫醇的 PDOS。局域轨道(顶)和 VASP(底)(摘自 G. Speyer, R. Akis, and D. K. Ferry, J. Vac. Sci. Tech. B, 24(4), 1987-1991, 2006.)

21.2.2 输运

为了计算输运，主要的工作可以大致分为两个方向。其一是采用直接对角化技术。在这一方案中，在传输的计算中，我们通常需要对角化高秩的矩阵以求得本征矢量。如果采用简单的紧束缚方法，例如，基于扩展 Hückel 哈密顿量，它简化为对 π 电子系统的处理，这些方法是计算可行的，且能得到预期的结果[20,21]。我们可以利用 Lippmann-Schwinger 公式来演示金属(Block)波函波数 Φ_0 和基于全相互作用(full interacting)系统波函数的孤立分子轨道耦合的影响[22]：

$$|\Psi\rangle = |\Phi_0\rangle + G_0(E)V|\Psi\rangle \tag{21.4}$$

这里 V 代表微扰相互作用耦合，传播子 G_0 代表孤立的左头、右头和分子的分立格林函数求合。为了达到一定的定量精度，第一原理计算由于其原子级严谨性受到相当的重视。因此，对于金属接触，人们对每一个原子使用多个原子轨道，而不是单一的 π 型轨道，它意味着对于足够大的接触，原子 d 轨道是金属性的，因此问题变得迅速复杂起来。

第二种常用的方法是采用非平衡格林函数(NEGF)，将哈密顿量划分为广义“扩展分子”H_M，半无限接触区 H_l、H_R 以及相互作用相 V[23,24]

$$H_{tot} = H_L + H_M + H_R + V \tag{21.5}$$

“扩展分子”将部分金属原子纳入分子体系，因此将所有接触和表面相关的信息都包括到有限的输运区。这样，我们可以使用半无限的接触来表示体材料。用于定义“扩展分子”矩阵的秩将远远小于直接对角化方法所用的全系统，因此，它使得第一原理方法更为可行。

一般来讲，连续分数超越方程(continued fraction transcendental equation)决定左和右半无限相互作用项[25]。由相互作用项和“扩展分子”定义的格林项之积的迹得到透射系数

$$T(E) = \mathrm{Tr}\left\lfloor \Gamma_L(E) G_M^{+}(E) \Gamma_R(E) G_M(E) \right\rfloor \tag{21.6}$$

在一定的能量窗口范围内，通过上述任一种方法计算得到的传输积分乘以量子电导可以得到通过系统的电流

$$I(V) \approx \frac{2e}{h}\int_{E_F}^{E_F+eV} \mathrm{d}E T(E) \tag{21.7}$$

当包括接触时，这两种方法在最初都遇到了一定的困难。由于费米能级和接触距离难以确定，而它们对电导计算又非常重要，传输曲线图可以很好地说明这一问题[26,27]，同样可以得出两条重要的结论：①如果将费米能级沿着能量轴设定于某一特定位置，传输性质预期可以从金属性变化到高度绝缘性；②通过增加或减小到接触的耦合距离，传输曲线将上升或下降数个数量级。它意味着，在一定的能量窗口内对传输进行积分的电导，也将受到显著的影响。因此，通过这些研究发现的最为突出的一点是，费米能级和界面细节是决定分子电导的关键因素。这些因素并非一目了然。通过改变费米能级和接触耦合，电导的计算结果可以相差数个数量级[28]。有研究组通过实验演示，可以在相互作用的单分子层分子间进行电导测量，而不是使用单一的金属-分子-金属布置[29]。另外，可以通过有效地“调控”分子格林函数的极来测量所有的实验结果，并能预测各种各样的现象[30]。可见，计算方法变得越来越成熟。

首先，理论工作需要解决表面这一难题。在分子传导过程中，其重要性是毋庸质疑的，但在计算中其表征的方法各种各样，并存在争议[31]。许多研究者将界面处理成一个简单的 Schottky-Mott 界面，简单地与真空能级对齐，费米能级决定电子和空穴载流子 φ_e和 φ_h。不过，它忽略了界面处的电荷转移，后者引起真空能级发生漂移，并因此形成界面偶极 Δ。实验上，人们常使用紫外光电子光谱仪(UPS)

来测定这一漂移[32]。这类实验结果表明，几乎所有界面处都会形成这种偶极壁垒[33]。偶极性质决定于金属和分子之间发生电荷转移的程度，以及金属表面电荷位移和重排的影响[34]。

已有研究表明，分子固定到接触的夹角具有重要影响，它意味着，当这些分子与表平面垂直时，使得 π 轨道偶合最大化[35]。实际上，它起因于 p 轨道的方向信赖性，对 sp2 杂化轨道(常见于大量研究的未饱和有机化合物)，这种效应更为明显[36,37]。为了更好地表征实验中各种构形的统计分布，我们必须对各种角度进行多重计算分析，以理解电导的这种信赖性[38]。

由于硫醇端基非常容易附着在金上，因此它们常用于实验中。对于金-硫醇吸附点，它引起了进一步的争论。各种理论计算表明，能量上最为有利的附着点为 FCC 洞位(hollow site)[39,40]和类桥位(在 FCC 洞位和桥位之间)[41]，而实验结果更倾向于顶位(on-top site)[42]。另有理论建议，接触的倾向性因横向自由度而消失[43]。细致的研究表明，洞位和桥位具有较高的电导，顶位具有较低的电导，并对倾斜角非常敏感，且具有非常高的非线性电流-电压行为[44-46]。不过，另有研究表明，顶位的电导要高于洞位的电导[47-49]。有人认为，在硫与金吸附时，氢并不总是分开，因此，对这种接触产生不可预料的影响[50]。

有关表面的另一个重要的方面是包括 Au(111)表面的表面重构。在表面处，仅顶层发生弛豫，不过，这种弛豫产生约 0.05Å 皱褶以及沿[110]方向发生单向收缩[51]。为了研究这些表面效应，我们必须使用更大的超元胞，因而更高的计算负载。

许多第一原理计算代码[52,53]不能处理周期性单元，因此不能处理无限的金属块。相反，作为变通，而使用金团簇[54]。尽管我们知道，团簇仅能作为金属行为的一种较差的近似，通过使用非有序的金接触，而不是使用完整周期的原子布置，我们仍然可以对实验布置的真实行为有一定的认识，甚至超过使用金纳米团簇的情形。通过对颗粒状金的理论研究，人们在电流-电压轨迹中发现了低温库仑阻塞特性[55]。当然，金并不是唯一的接触金属，人们对石墨和银电极的研究也发现了一些有趣的现象[56,57]。

下一步，我们需要研究器件的电势分布，尤其是在施加偏压后的分布。因此，在计算传输时，最初趋向于认为压降是均匀的或用平均值处理，最后导致产生不准确的计算结果，它意味着在这些近似中存在错误[58]。上述不足的一个补救措施是，对势采用自洽计算以响应由于施加偏压引起的电荷重新分布。这一新的电荷分布不仅包括由于施加偏压引起的电荷静态再分布，同时也包括电流流过系统时产生的动态效应。一般来说，用于确定系统平衡能带结构的第一原理代码，并不具备处理动态系统的能力。因此，自洽计算需要在单独的输运计算内核模块中增加一个循环。由于这一程序一般不调用能带结构计算中的力计算模块，因此它不能处理偏压下的核的运动。

有些研究组立即注意到了这一问题，必须集成这两个模块以处理这类问题。作为第一步，一个部分解决方案是仅处理电荷的静态分布，并假定隧道电流对精确的势的贡献较小[59]。由此发现了非常强的非线性电位降，且主要集中于接触区。当实际使用具有这种复杂度的复合程序时，初步结果表明，对于电导和力行为的电流诱导校正，仅在非常高的、甚至是不现实的偏压下才有显著影响[60]。Trans-Siesta 项目是最早使用包含成熟的复合能带结构输运代码的项目之一，许多其他研究也紧跟其后[62-67]。对应于密度矩阵的 lesser 格林函数积分

$$D = \frac{1}{2\pi i}\int_{-\infty}^{\infty} d\varepsilon G^{<}(\varepsilon) \tag{21.8}$$

这里

$$G^{<}_{L,R}(\varepsilon) = G_M \Gamma_{L,R} G^{+}_M \tag{21.9}$$

要求复积分，它意味着，对于沿着指定路径的值，必须计算格林函数和相互作用项。密度矩阵随后投影到局域基组而得到密度

$$n(r) = \sum_{\mu,\nu} \phi_\mu(r) \mathrm{Re}[D_{\mu,\nu}] \phi_\nu(r) \tag{21.10}$$

这一密度依次进入泊松方程，得到 Hartree 势，用于更新系统哈密顿量和能态。这样，在自洽循环中递归地求解超越方程、复积分以及所有相关的对角化，由此增加了相当的计算负载。

理论研究表明，与界面类似，势也具有其相应的复杂性。通过研究屏蔽长度和分子线有效“宽度”势的变化，我们发现，轮廓曲线并不能随意指派[68]。分子电荷转移，外加电场引起的极化，分子屏蔽长度和各种结合构型都起一定的作用[69-71]。近期对热电效应的研究进一步拓展了势影响现象的范围[72]。

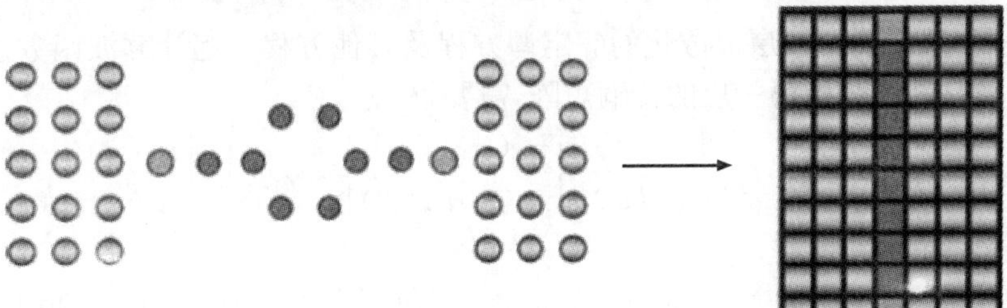

图 21.11　(见彩色插图)将位点项指派给散射矩阵分块方案示意图

作为本工作输运计算的核心，Landauer 公式，表示了在两个电子库之间一个小桥的电导[73]。由于此桥的电导表示为量子力学的传输概率，桥(在这里是分子)的尺度必须是相干长度的长度尺度。基于此，所有研究的分子都是小分子。相干输运可以表征为扩展分子能级的共振或指数衰减为隧道事件。较长的导线则要求动态地包括电子间相互作用和振动耦合。

我们的方法是，利用 Lippmann-Schwinger 方程的散射矩阵变体的计算效率

和数值稳定性[74]。通过将系统离散化到格子各点，通过在各层迭代矩阵计算和变换来求解传输矩阵。从系统的哈密顿矩阵元和原子距离开始，分子和金原子的位点能被映射到离散的格点，一个入射电子通量随后逐层传播。最后一层的传输效率进入到 Landauer-Büttiker 公式，从而获得电导。这一方案由图 21.11 给出。

由于系统是三维的，各分层代表了一个崩塌空间，这里的哈密顿量仍保持空间关系。此外，各原子可能具有多重轨道，这些轨道包括与相邻原子轨道或同一原子的其他轨道相关的耦合信息。对于周期性金层，各原子轨道在矩阵 H_l 用一行表示，非零的非对角项代表到层中其他原子的跃迁项。对于边界原子，其跨越元胞到近邻的跃迁项被周期性链接在一起。事实上，金属性波函数的扩展性使得矩阵中非零矩阵元非常有限。分子也崩塌成为一个单层。如果将元胞选的足够大，则非零同期性矩阵元都进入到此分层。此外，分子波函数是非常局域化的，相对金分层而言，其矩阵更为稀疏。分层之间的耦合 $H_{l,l-1}$ 和 $H_{l,l+1}$ 包括相邻原子之间的跃迁项。由于这一方案不能处理次近邻耦合，因而此信息并不包括在计算中。它包括从左接触到右接触的所有隧道信息。可见，计算的电导仅表示通过分子的传输。

因此，用于表示波函数的矢量的长度为 N，它等于分层中的原子数，通常按一定的顺序排列，乘以每原子的轨道数。从左接触传播通过各分层 l 的入射波函数 ψ 可表示成

$$\begin{bmatrix}\psi^{(l)}\\ \psi^{(l+1)}\end{bmatrix}=T_l\begin{bmatrix}\psi^{(l-1)}\\ \psi^{(l)}\end{bmatrix} \tag{21.11}$$

这里

$$T_l=\begin{bmatrix}0 & 1\\ -H_{l,l+1}^{-1}H_{l,l-1} & H_{l,l+1}^{-1}(E_{\mathrm{F}}-H_l)\end{bmatrix} \tag{21.12}$$

以及 E_{F} 为费米能。按层离散化的薛定谔方程及其他方程一起计算波函数通过系统的传播。为了得到第一层的传输矩阵，需要解

$$\begin{bmatrix}0 & 1\\ -H_{0,1}^{-1}H_{0,-1} & H_{0,1}^{-1}(E_{\mathrm{F}}-H_0)\end{bmatrix}\begin{vmatrix}u_m(\pm)\\ \lambda_m(\pm)u_m(\pm)\end{vmatrix}=\lambda_m(\pm)\begin{vmatrix}u_m(\pm)\\ \lambda_m(\pm)u_m(\pm)\end{vmatrix} \tag{21.13}$$

得到 N 个本征值 λ_m 和 N 个本征矢量 u_m[对于靠近最左端的向前(+)和向后(−)传播模式]，它们随后可用于构造

$$T_0=\begin{bmatrix}[u_1+,\cdots,u_N(+)] & [u_1(-),\cdots,u_N(-)]\\ [u_1(+),\cdots,u_N(+)]D[\lambda_1(-),\cdots,\lambda_N(-)] & [u_1(-),\cdots,u_N(-)]D[\lambda_1(-),\cdots,\lambda_N(-)]\end{bmatrix} \tag{21.14}$$

式中，D 表示对角元为 λ 的矩阵。对本工作计算，哈密顿量是对角化的。可以引入一个非正交的重叠，不过需要改写式(21.12)和式(21.13)以包括重叠矩阵。

传统的矩阵方法是级联 T_l 矩阵。不过，它通常会导致产生发散因素，从而引起数值稳定性问题。本变种通过迭代散射矩阵技术解决了这一问题，它能精明地

使发散因素相互抵消，使得这一技术的稳定性可以比拟格林函数技术。此外，我们不能保证式(21.12)的反向逆总是定义的。如果由于较大的元胞尺寸或某些特别的孤立构形而引入一列零以反映分层间的非相互作用，此方法可能会失效。

其优于格林函数之处在于，我们可以对所有点同时得到传输矩阵和波函数，这样可直接得到各点的密度。在自洽方案中，可以节省大量的时间，这里密度（即波函数的归一化平方）必须不断地重复计算。正如上节所介绍的那样，格林函数方法要求对态密度进行积分以获得密度，由于其精细的结构，它常意味着复积分计算[61]。此外，相互作用项（ϵ 项）通过使用连续分数或其他超越方程递归求解，进一步增加计算负担。

自洽过程使用泊松求解器，通过计算电子势的变化，将这些修正项加回到哈密顿矩阵。

$$\nabla^2 \delta V(r) = \delta\rho(r) \tag{21.15}$$

对于这一计算，由传输计算得到的密度必须投影到基于三维空间精确位置各原子轨道的波函数。所使用的求解器为对称逐步过弛豫预处理双共轭稳定算法(symmetric successive over-relaxation preconditioned bi-conjugate gradient stabilized algorithm，SSOR-BiCGSTAB)，它最早由 van der Vorst 开发[75]。为了与能谱代码中单胞给出的非正交网格相适应，求解器工作于 15 个对角矩阵。外加的偏压使用 Dirichlet 边界条件来实现。需要注意的是，由于实验中施加的偏压非常低（本工作也是如此），因此自洽势引入的修正非常小。

21.2.3 复能带结构

当分子系统可以模拟成一系列的重复元胞，它可以用于表征实验中分析的许多低聚物，且电子本征态可以当成布洛赫态处理[76]。具有周期边界的分子轨道导致产生布洛赫驻波，以某种频率振动的实布洛赫 k 矢量，以及某种程序的分子“壁垒”尺度，它非常类似于量子力学中的简单方形势垒问题。一旦知道了壁垒，我们便可以计算复布洛赫矢量。它们对应于通过有限单元的隧道系数 β，类似于通过壁垒的空间衰减率。为了将本征值问题扩展到复 k 矢量，与正常方法相反，我们首先求解取决于能量的波函数，得到包括实部和虚部的更宽范围的波矢量解。将结果绘图，则其实部对应于传统的能带结构图。对于其虚部，连接实 HOMO 和 LUMO边界的半椭圆给出 β 值，即通过带隙的电子概率的隧道系数。半椭圆给出通过有限元胞单元隧道行为的部分信息，但并没有给出分子传导的其他信息，如接触到金的性质。因此，我们不要期望复能带结构能给出分子传导行为的所有信息。

21.2.4 振动模式

通过对质量加权黑塞(Hessian)矩阵的对角化，可以得到一组对应于振动频率的本征值和一组描述特定模式下核运动的本征矢量[77]。通过分别计算迁移率或极化率，可以得到分别对应于 IR 或拉曼(Raman)谱的各模的强度[78]。金属-分子-金属系统的振动涉及的弛豫时间通常在 $10^{-11}\sim10^{-13}$ s[79]。由于小分子对应的输运时间通常小于这一范围，本研究并没有考虑弛豫和输运之间的相互作用，因此，可以认为这是一种纯弹性处理。有些研究组将研究范围进一步扩展，同时考虑偏压和电流对振动模式的影响。结果表明，在施加偏压后会发生有趣的电子振动共振。不过，有些时候，所加的偏压远远大于实验中施加的偏压。实际上，从理论计算的角度讲，已有报道，在高偏压下会发生一系列期望的现象[60,80-82]。高偏压预期能够减小能隙[83]以及使分子和团簇的核发生重排[84]。然而，我们却不能忽略考虑高偏压的情形。例如，在约 2eV 时，分子的电子亲和度可以比拟于施加的偏压，它意味着分子不能被考虑成是电中心的[85]。此外，最弱的键(硫-金结合)估计在 1 到 2eV 的范围[5]。换句话说，在计算过程中，我们应当考虑外加偏压的强度是否能够确保分子是中性或附着的。最近，有关分子电导电子-声子耦合影响的研究工作，使得我们对金属-分子-金属系统动力学有了更深入的理解[86-88]。

21.3 结　　果

在讨论伸展对电导的影响时，复能带结构计算可以作为一个很好的研究起点。在分离聚苯胺元胞的两个苯环和耦合氮后(图 21.12)，在系统弛豫前，使用 Hartree-Fock 理论的 GAMESS 程序[52]将两个最外的碳各向外拉伸 0.1Å。将这一过程重复数次，对于各次能带结构计算，重新构造整个元胞。通过分析图 21.12 所示的核位置，可以发现，分子的平面性更好，这样使 π 轨道的相互作用增强。正如所期望的那样，能带结构的虚部代表递减的 β。尽管不能说明所有问题，但它可用于解释扩展非平面分子的大致趋势。参见图 21.13。

在以前的研究中，因为它与在 AFM 实验测量的轨迹中观察到的涨落相关，因此，我们研究了 xylyldithiol 分子伸展时的电导增强效应[89]。这一伸展计算进行了两次，第一次是在 Fireball 2000(使用赝 LDA 局域原子 DFT 方法[90])确定 Hellmann-Feynman 力，第二次是使用基于 Hartree-Fock 理论的 GAMESS。这两方法的主要差异在于，伸展是相对金-硫键进行的。Fireball 使用了周期性元胞，它允许将金层包括在内，并当成一个无限的层。因此，伸展时，将各分层相对于硫移动一小段距离。在 GAMESS 中，我们不能将金表示成为一个无限的层，相反，我们使用加氢硫醇的孤立分子。在伸展过程中，硫本身被拉开，并从空间上固定[91]。其顶位和洞位接触构形在量级上有所差异，但表示出的趋势基本相似，尤其是分子扩展最大时的电导增强区[46]。人们使用 DFT 对金属纳米线的伸展影响也进行了一定的研究[92,93]。对压缩 C_{60} 的电导计算也观察到了电导增强现象[94]。

聚噻吩，如图 21.14 给出三元(T3)和四元(T4)类型的芳香杂环低聚物，是非

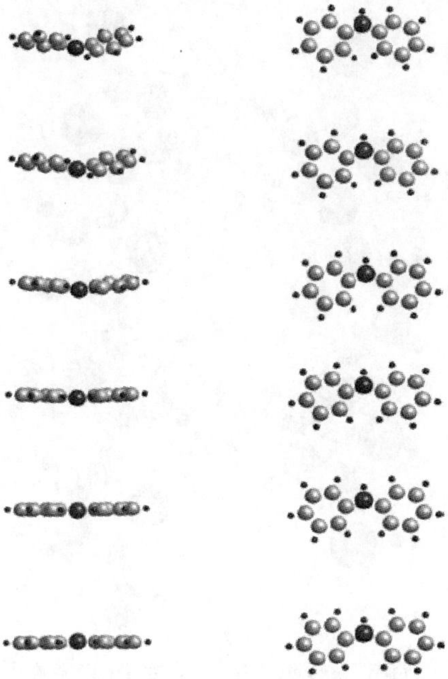

图 21.12 伸展时聚苯胺元胞的平面化效应

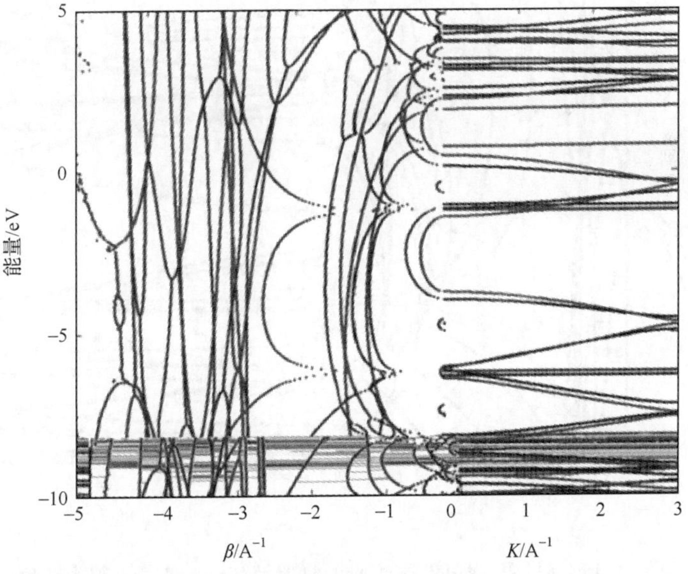

图 21.13 (见彩色插图)聚苯胺的能带结构。伸展元胞用红色标出

常有意思一类化学物。分子是平面的,X 射线衍射实验也证实如此,因此伸展分子

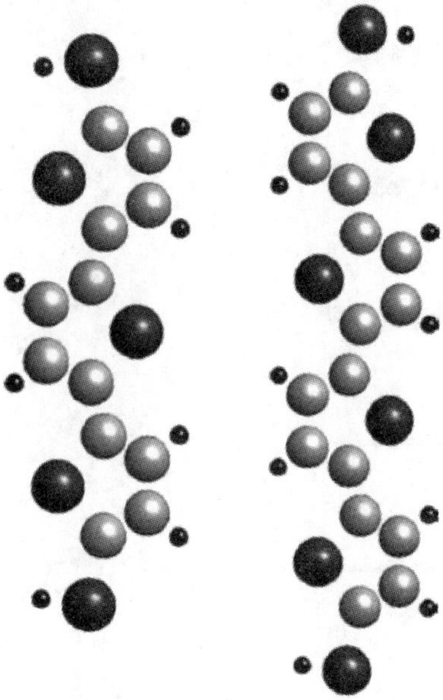

图 21.14 （见彩色插图）聚噻吩。左：三联噻吩(T3)；右：四联噻吩(T4)

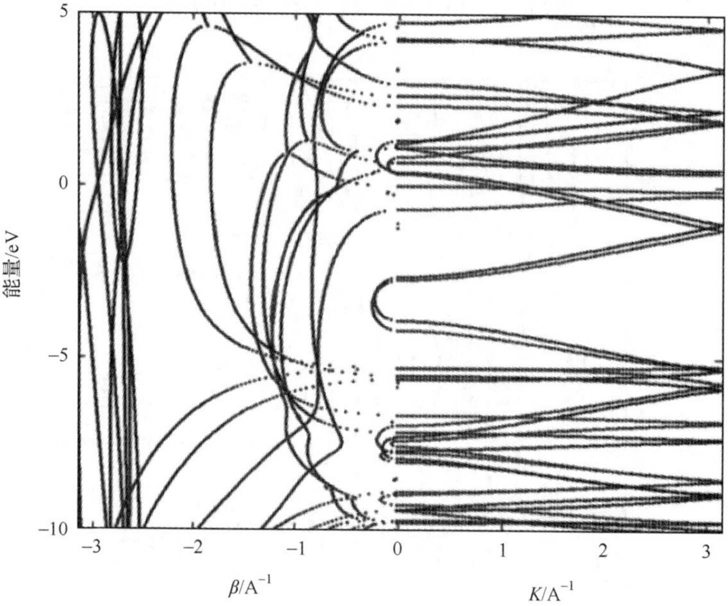

图 21.15 （见彩色插图）聚噻吩的复能带结构。伸展元胞为红色

不会改进 β 值[95]。事实上，伸展时，AFM 测量轨迹中的大多数步可以观察到明显的下行斜坡[96]。对无限聚合物的能带结构的理论研究也证实这一点，如图 21.15

所示。能隙和β值都与其他理论研究符合得很好[97]，并随伸展明显增加。此外，HOMO 更加局域化。然而，仔细观察图 21.16 所示的电导发现，开始伸展时，在电导下降前 T3 和 T4 都可以观察到出现明显的峰。当相对于分子长度将伸展距离归一化时，这些峰几乎出现在相同的形变点。图 21.17 给出噻吩各键的畸变。正如期望的那样，内单和双碳-碳键的畸变要低于链接环的单碳-碳键。环中碳-硫单键畸变最大。伸展时基态能量变化的计算结果与实验测量的力符合得较好。

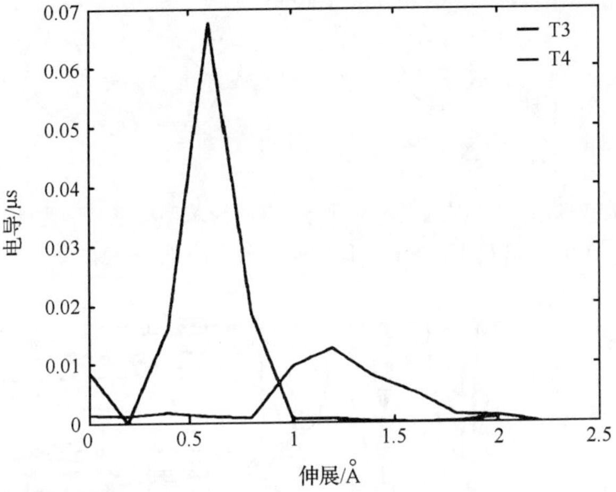

图 21.16　左：T3 和 T4 电导

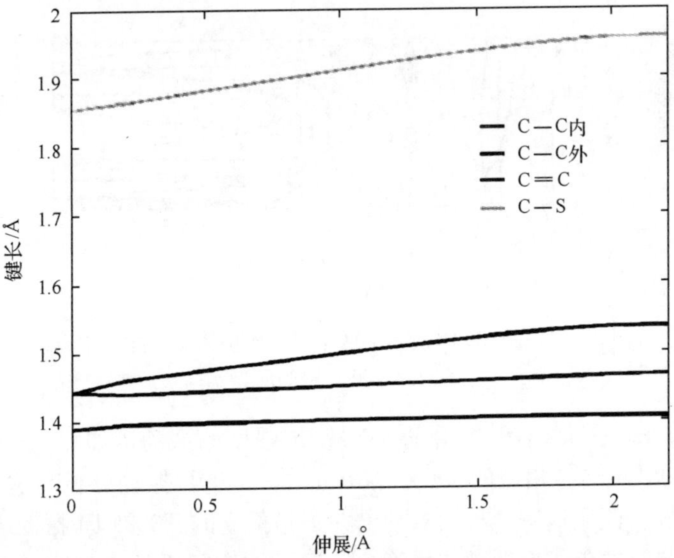

图 21.17　(见彩色插图)将碳(C)和硫(S)之间各 T3 键向环内和环外伸展

实验结果发现的一个有趣的聚噻吩电导现象是，四元 T4 低聚物的电导要高于三元 T3 低聚物的电导[98]。它与预期的低聚物长度依赖性正好相反[99]。无限噻吩聚合物单元具有两个同分异构体，它构成研究这一 T3/T4 电导异常的一个良好的开端。实验研究人员已经注意到带电聚噻吩的醌型特性，电导要高于其对应的中性分子[100]。图 21.18、图 21.19 和图 21.20 给出了两种同分异构体以及其复能带结构。显然，醌型变体中存在显著的 β 值下降。但是，这种构形是如何实现的呢？硫端原子固定至少两个外环的苯型特性。

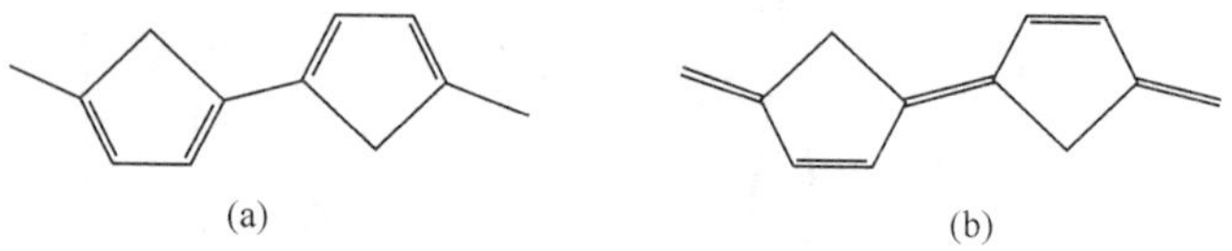

图 21.18 无限噻吩的两个异元同构体元胞。(a)为苯型构形；(b)为醌型构形。(摘自 G. Speyer, R. Akis, and D. K. Ferry, J. Vac. Sci. Tech. B, 24(4), 1987-1991, 2006.)

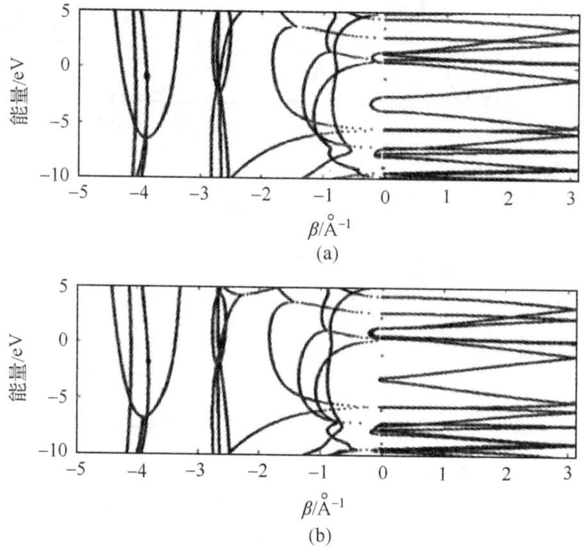

图 21.19 图 21.18 所示的两个异元同构体的复能带结构。(a)为苯型；(b)为醌型

使用 Hartree-Fock 代码计算的 T3 带 IR 强度的振动谱如图 21.21 所示。计算的 T4 振动谱也具有相似的特性。Nitzan 等[101]进行振动分析与这里给出的结果相符的很好。注意这里给出的振动谱并不是孤立的 T3 和 T4 振动谱，而是将末端硫原子固定时的分子振动谱。尽管这些原子在实际系统中可能会运动，我们的目的是近似描述束缚的聚噻吩。当我们研究伸展系统的振动模式时，情形尤为如

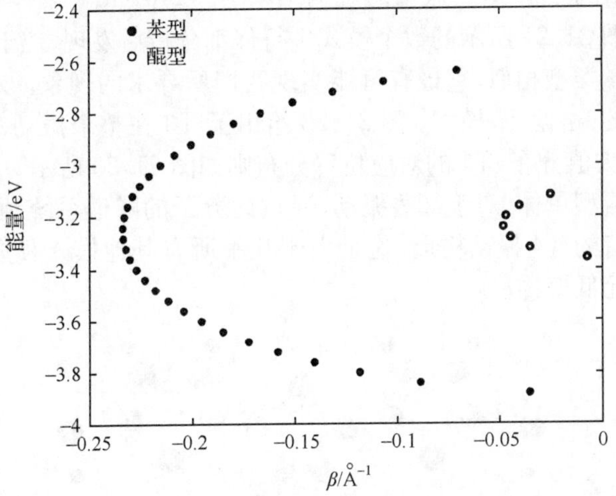

图 21.20　(见彩色插图)苯型(蓝色)和醌型复能带结构比较(摘自 G. Speyer, R. Akis, and D. K. Ferry, J. Vac. Sci. Tech. B, 24(4), 1987-1991, 2006)

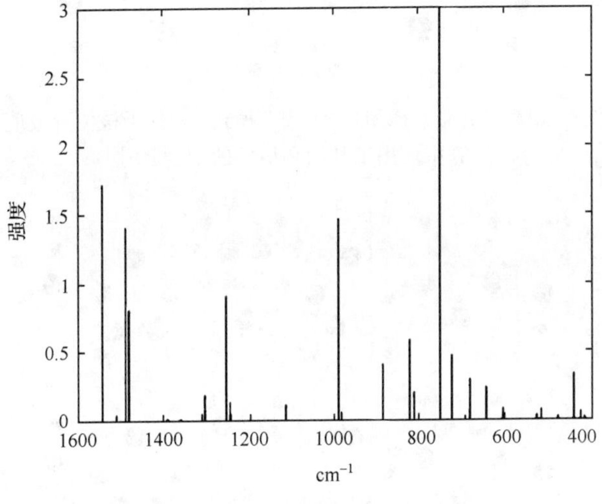

图 21.21　通过 Hartree-Fock 代码计算得到的 T3 振动频率

此。不过,最靠近静态金接触的核显然移动得最小。由于硫吸附的影响,末端环将固定于环型构形,这样,我们需要寻找这样的振动模式,它使得 T4 的两个中心环具有醌型特性。对于 T3 情形,它意味着一个中心环将更多地偏向外部苯形环之一。人们已经对奇元原子链和偶元原子链的非线性电导变化进行了计算[102,103]。

波数大于 $1600cm^{-1}$ 模式通常包括氢-碳键,因此予以忽略。单体核的全部漂移预期发生于谱的下部分。然而,为了观察单体之间的临时切换,我们将寻找其多烯结构的二聚化漂移。这些振动的观测结果为～1400cm^{-1}[104]，与文献报道的结果一致。在对图 21.21 所示的数个模式进行仔细分析后发现，位于 1480cm^{-1}的模式与位移动力学类型相似，它最有可能实现我们所寻求的现象。对于 T4，在谱中也发现了类似的(略偏下)模式。图 21.22 给出了 T3 在整个振动范围的核位置的 20 帧快照的极大值分布，T4 的对应位置分布则如图 21.23 所示。由于 T4 的两个内环同时偏向醌型单体，对于某些振动，通过此分子的隧道系统预期会显著减小。其关键在于独特的 T4 振动构形，这是由于几乎所有其他模式预期从三元低聚物正常变化到四元低聚物。

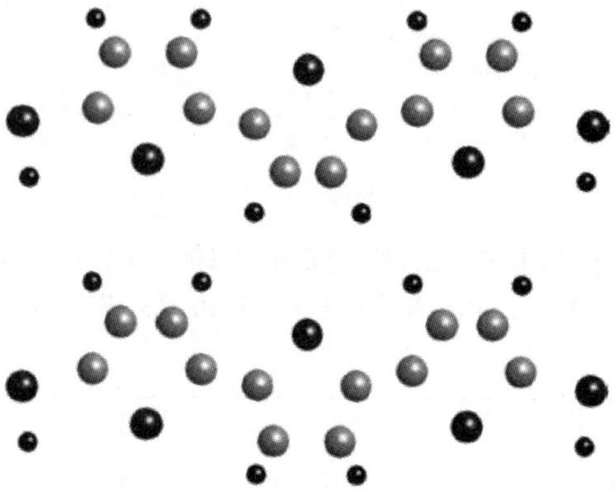

图 21.22 (见彩色插图)对于选定模式 T3 分子核位置极值，计算中使用了开始和最后的 20 帧快照

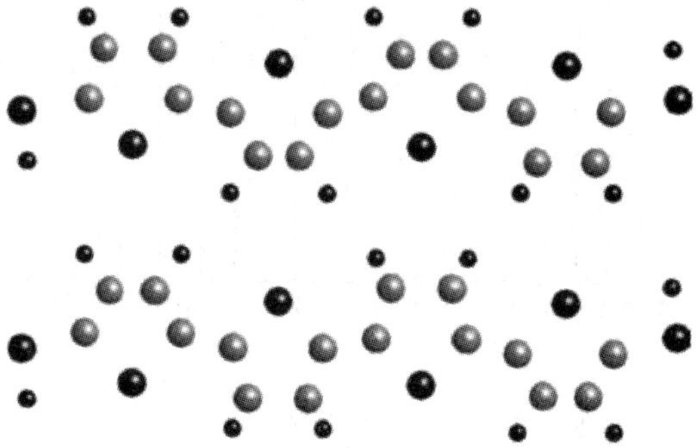

图 21.23 (见彩色插图)T4 的核位置极值，计算中使用了最初的和最后的 20 帧快照。注意内环醌型环同步

与 Olson 等[105]所用的方法类似，选定模式的位移变化 Δq_λ 可以通过均分定理计算得到

$$\Delta q_\lambda = \sqrt{\frac{k_B T}{k_\lambda}} \tag{21.16}$$

式中，k_λ 表示模式的力常数。各核位移随后可以按式(21.17)标度计算

$$\Delta r_i = c_{i,\lambda} \Delta q_\lambda \tag{21.17}$$

在室温下，可以将选定的振动幅度标度约为 0.37。通过计算此振动模式下数个位移上的电导，平均后得到总体性能。在这一方法中，能量按经典处理。从量子力学的角度看，式(21.16)的分子能量应当对应于最低振子能量。零点运动计算发现与经典振幅存在差异，不过，其幅度仍为同一数量级。

首先，振动的元胞可以从振动位置的极值处获得，如醌型和畸变苯型杂环的情形，进而计算能带结构，并与未微扰噻吩单胞比较。这一计算结果如图 21.24 所示。可以观察到明显的 β 值下降以及带隙的减小。当由一个醌型和一个苯型环替代后，由于消除了两个未微扰环的简并，而发生能带劈裂。当然，这并不代表严格的 T4 元胞情形，它不存在交替的苯型和醌型环。

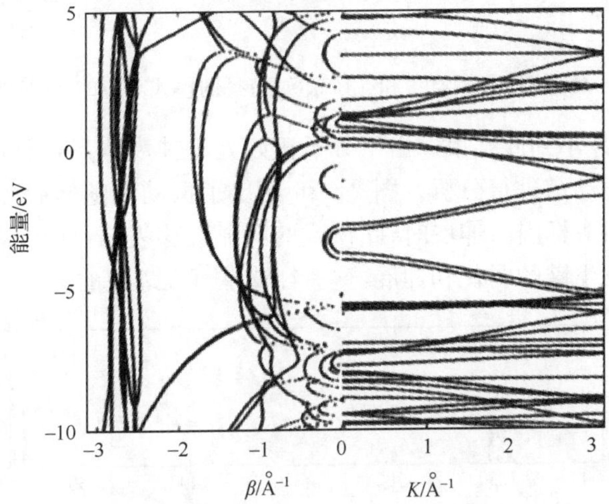

图 21.24 (见彩色插图)噻吩元胞选定振动模式位于极值处(红色)和未微扰核位置处的复能带结构

T3 和 T4 的电导曲线则如图 21.25 所示，可以发现两者存在非常显著的差异。当对分子的振动略微微扰(最大值约为 0.18μS)、且偏向醌型环位于外侧的构形时，T3 电导达到极大值，如图 21.22 的底部所示。完全未受微扰系统的电导则示于图 21.16 的最左侧点，约为 0.007μS，它位于图中的 10 和 11 之间。对于 T4，醌型环位于中间的构形(如图 21.23 的顶部所示)(振幅在 1 到 10 的区间下降，见图 21.25)具有电导增强特性，它几乎与 T3 电导行为相类似。醌型环位于末端的构形显现出更强的电导增强特性。对振动模式中的所有快照取平均，尽管 T3 的平均电导略高于 T4 的平均电导，但其增强因子仅为 3.5，略小于未微扰分子中观察到 4 倍增强因子，不过它并不能说明振动是实验观察到的 T4 电导高于 T3 电导的证据。此外，尽管振动的确能增强 T4 的电导，位于分子中间的醌型单体并不能

提供分子中心两个畸变苯型环提供的增强效应。

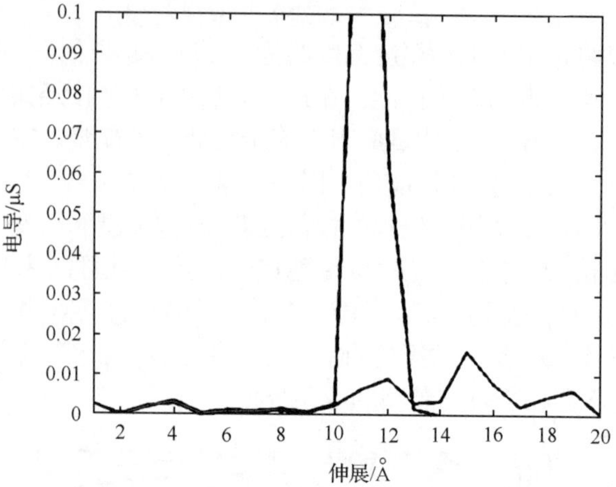

图 21.25 (见彩色插图)T3(蓝色)和 T4(绿色)选择的模式对应的 20 帧快照构形的电导

不过,问题并不到此结束。由于分子正好处于伸展构形,当分子伸展时,我们有必要对分子振动谱进行分析。图 21.26 给出了振动谱随伸展程度的变化过程,分析的模式由箭头标出。伸展时,此模式的明显红移表明,此模式的振幅将更高。由于伸展时会发生键的弱化和伸展,这一红移是可以理解的。

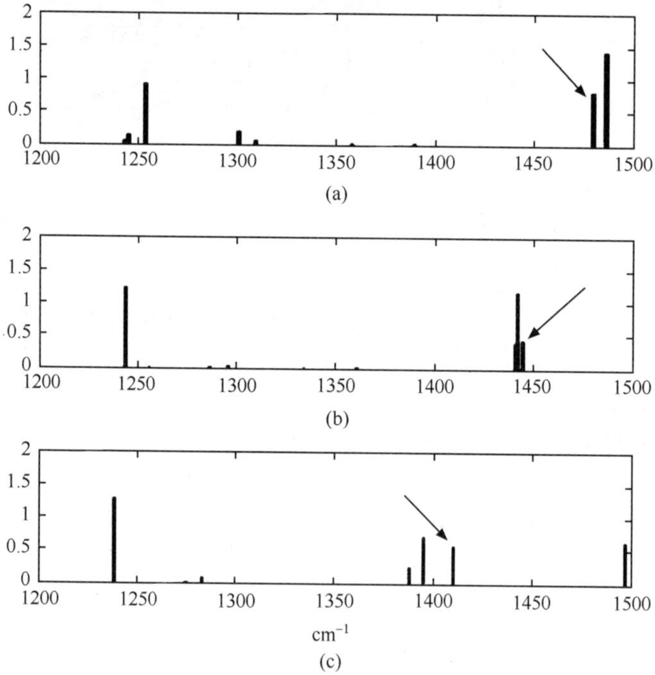

图 21.26 伸展时振动谱的变化。(a)为未伸展;(b)为 0.8Å;(c)为 1.8Å。选定的模式用箭头标出

如图 21.27 和图 21.28 所示，T3 能带随振动而变狭和变宽，伸展时，这一效应更为明显。图 21.29 和图 21.30 给出 T4 的这些变化趋势，只不过效应更为显著。对于这两种伸展距离，T4 的电导增强效应要高于 T3，图 21.31 和图 21.32 也与这一结论相符。醌型中心环给出最佳的电导，至少较 T3 的电导高出一个数量级。由于系统的尺寸和拓扑等因素，我们不能对吸附分子带隙的费米能级位置进行 VASP PDOS 分析，这是因为要求的平面波数量使得矩阵的秩超出了所用计算机的能力。不过，可以使用 Fireball 2000 对 PDOS 进行分析。振动模式不同点的未伸展和伸展 T3 的 PDOS 如图 21.33 和图 21.34 所示。位置 1 对应于图 21.22 的顶部构形，而位置 20 则对应于底部构形。位置 11 则非常类似于未微扰的分子。当带隙最小化和醌型环位于中心时，能带的变狭和变宽效应相似，如图 21.27 所示。与未伸展分子相比，伸展分子的带隙有所下降。有意思的是，费米能级似乎锁定在距离 HOMO 的某一个固定的距离。费米能级处的 PDOS 如图 21.35 所示，在振动范围并没有发生显著的变化。分析图 21.35 和图 21.36 的未伸展和伸展 T4 PDOS 发现，带隙行为与 T3 的变化趋势非常相似。在这两种情况下，带隙小于 T3 的带隙。尤为重要的是，图 21.37 和图 21.38 显示出我们最初在 T4 中寻求的 PDOS 的醌型中心增强特性，它正是 T3 所缺乏的。对于这一独特的构形，T4 增强的碳的 PDOS 表明，它具有更高电子密度的传导通道，因此可以很好地解释实验中观察到电导特性。

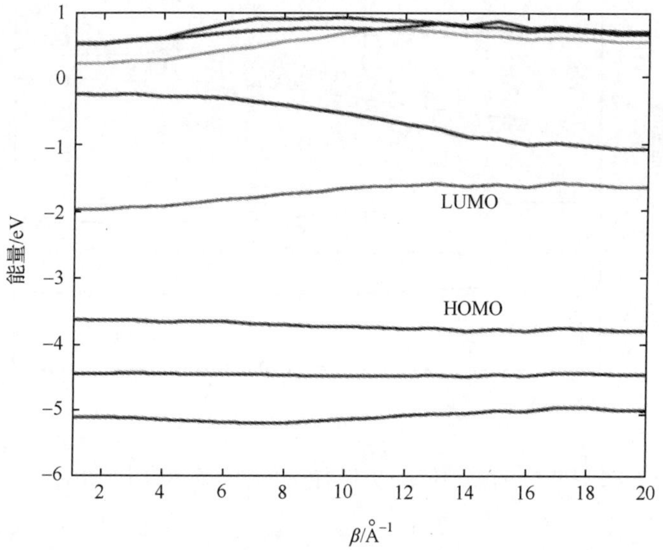

图 21.27 带振动位移的 T3 能带结构。水平轴标明快照指标

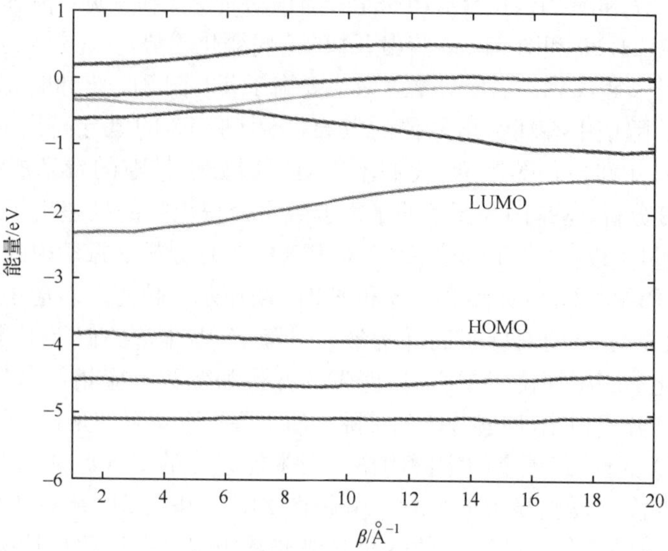

图 21.28 带振动位移和伸展的 T3 能带结构。水平轴标明快照指标

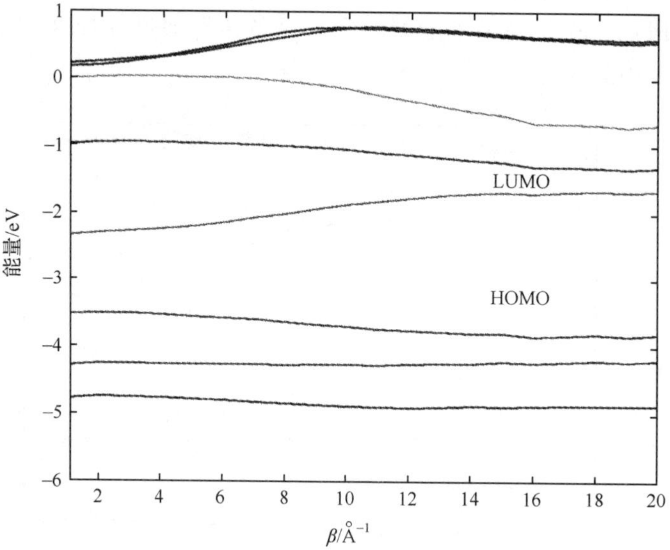

图 21.29 带振动位移的 T4 能带。水平轴标明快照指标

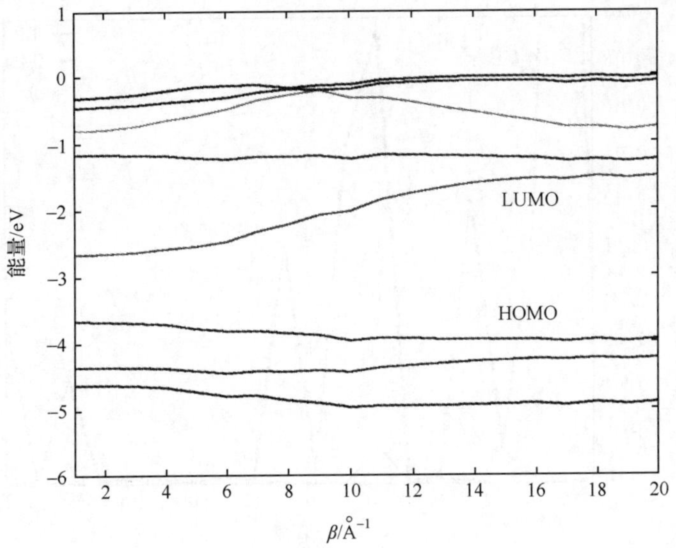

图 21.30　带振动位移和伸展的 T4 能带。水平轴标明快照指标

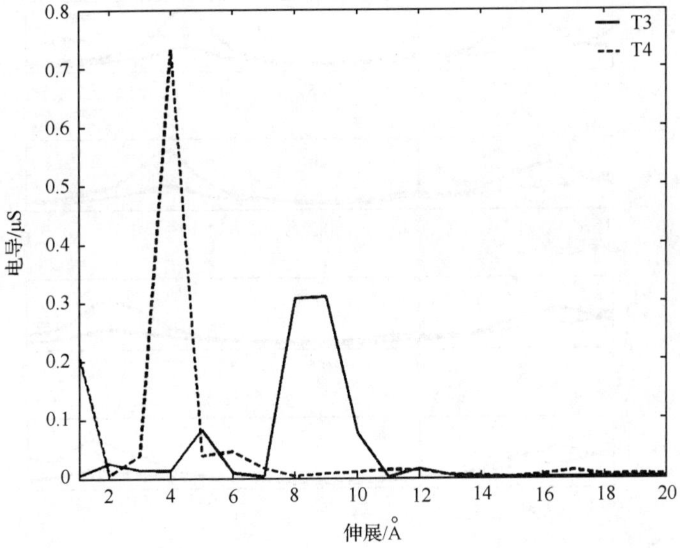

图 21.31　(见彩色插图)伸展 0.8Å 时 T3 和 T4 选定模式的 20 帧快照平均的电导(摘自 G. Speyer, R. Akis, and D. K. Ferry, J. Vac. Sci. Tech. B, 24(4), 1987-1991, 2006)

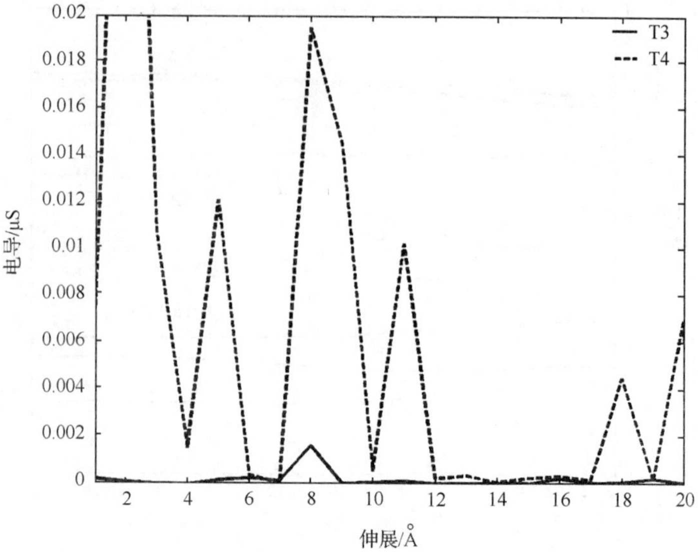

图 21.32 (见彩色插图)伸展 1.8Å 时 T3 和 T4 选定模式的 20 帧快照平均的电导

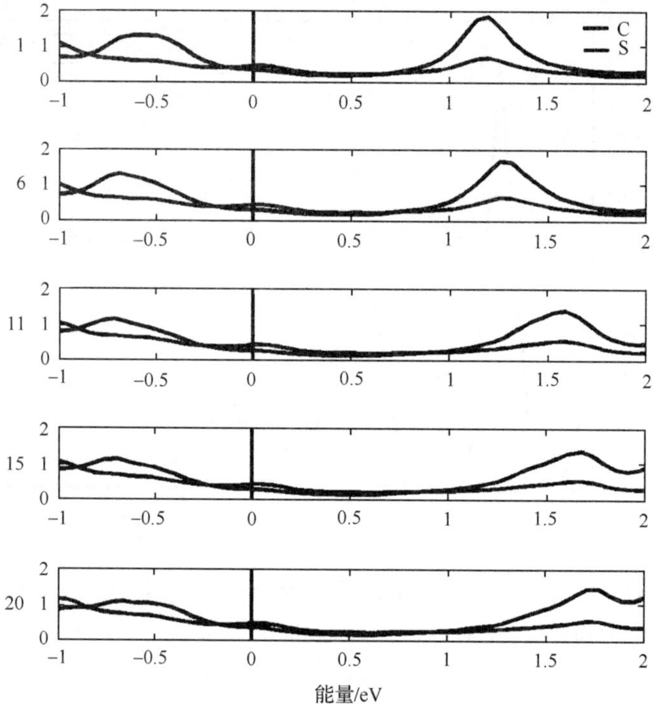

图 21.33 碳(C)和硫(S)选定模式下未伸展 T3 的 PDOS。1 代表苯型环位于末端的构形。20 代表醌型环位于末端的构形(图 21.22)。11 非常类似于未微扰的分子

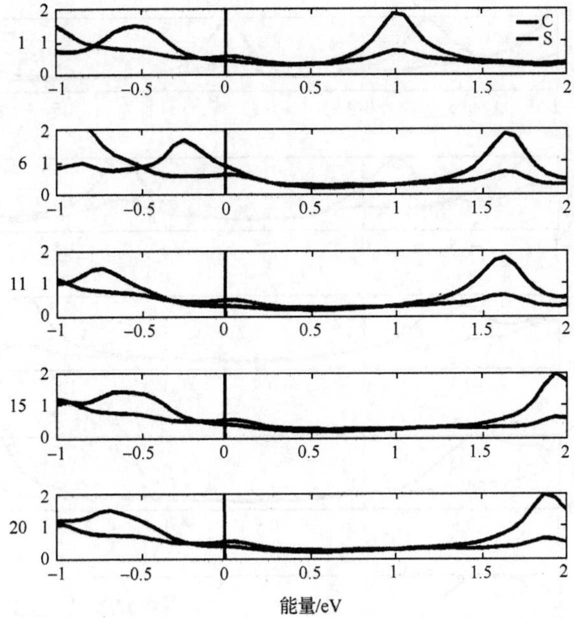

图 21.34　碳(C)和硫(S)选定模式下伸展 T3 的 PDOS。1 代表苯型环位于末端的构形。20 代表醌型环位于末端的构形(图 21.22)。11 非常类似于未微扰的分子

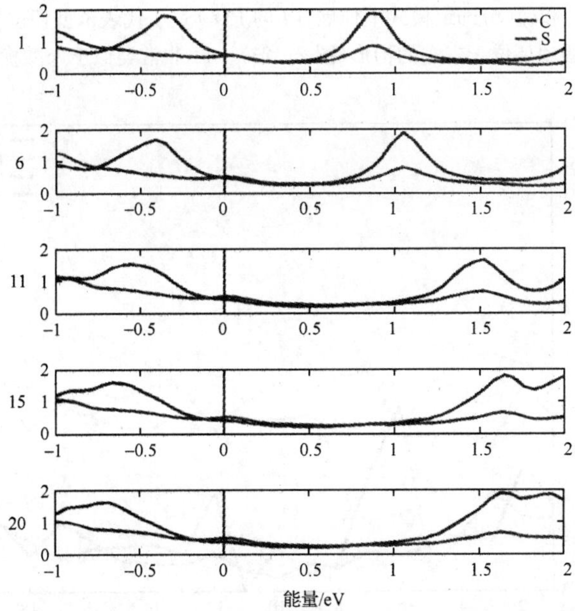

图 21.35　碳(C)和硫(S)选定模式下未伸展 T4 的 PDOS。1 代表苯型环位于末端的构形。20 代表醌型环位于末端的构形(图 21.23)。11 非常类似于未微扰的分子

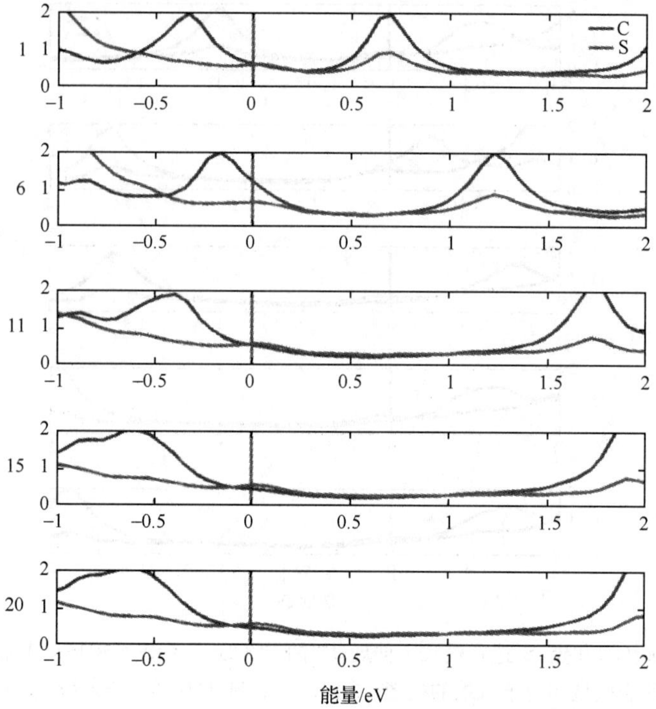

图 21.36 碳(C)和硫(S)选定模式下伸展 T4 的 PDOS。1 代表苯型环位于末端的构形。20 代表醌型环位于末端的构形(图 21.23)。11 非常类似于未微扰的分子

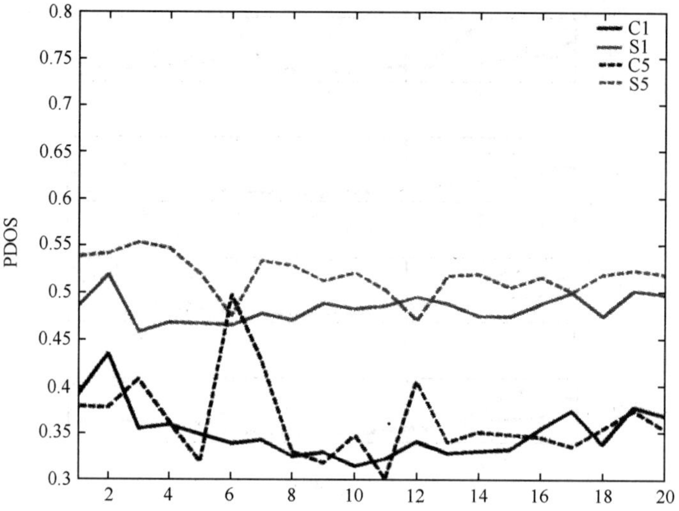

图 21.37 碳(C)和硫(S)的费米能级处未伸展(1,实线)和伸展(5,虚线)T3 的 PDOS。结果为整个振动范围的 20 帧快照构形平均

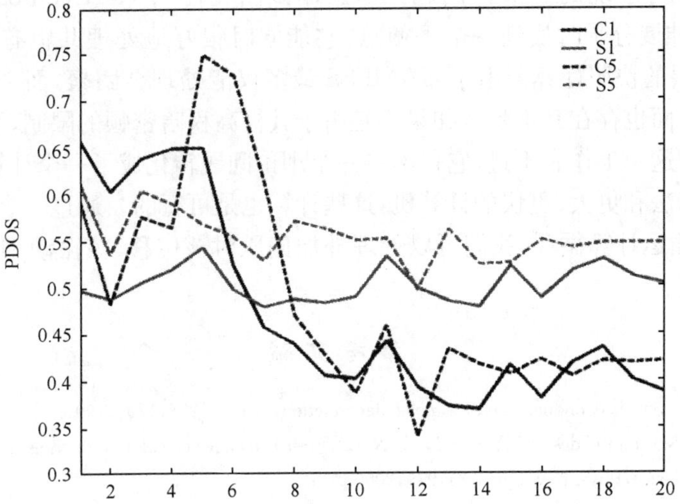

图 21.38 碳(C)和硫(S)的费米能级处未伸展(1,实线)和伸展(5,虚线)T4 的 PDOS。结果为整个振动范围的 20 帧快照构形平均

21.4 结 论

本章的目的是,阐明分子电导计算中用到的各种方法以及相应的问题。研究中发现了这些理论所面临的问题以及在各种因素之间如何取得平衡。在决定电导行为时,接触细节和费米能级位置起关键作用。为了模拟金属体系,高的精度相应地要求较大的元胞,它相应地要求更高的计算负担。由于局域轨道基组不能准确地给出表面势,因此计算中无法得到定量的结论[106]。虽然平面波基组可以准确地描述表面势,便却导致难以处理的高秩哈密顿量。在计算复合金属-分子-金属系统哈密顿量时,DFT 和 Hartree-Fock 理论也有其相应的问题。

因此,最为明显的结论是,它对大量类似的系统给出了一定变化趋势。复能带结构分析证实,尽管接触之间的距离有所增加,在伸展时,一些非平面分子的电导仍有所增加。与三联低聚体(三联噻吩)相比,四联低聚体(四联噻吩)具有较高的电导,耦合的振动模式效应可以解释这种效应。对于特定的振动模式,伸展与核位置运动使得我们解释四联噻吩的内环能够形成其独特的构形,从而降低电子隧道壁垒。相反,这一构形无法在三联噻吩中实现。不过,这些特定的例子并不能完全描述分子的电导性质。尽管看起来极其简单,但各分子的电子计算要求我们能够处理金属的接触、扩展态和功函数以及有机系统的带隙和键等复杂性问题。

因此,将来的努力方向是使用基于平面波的第一原理计算,它可以准确地计算金属的表面偶极。尽管采用 LDA 的 DFT 具有其不足,这些第一原理理论应该能够处理非均匀系统的复杂性问题。本工作试图在使用 Hartree-Fock 理论代码 GAMESS 伸展分子时找到一个平衡点，它能同时很好地处理共轭有机分子以及 DFT 金属层的快照计算。由于 GAMESS 最多仅能处理金团聚，而 Hartree-Fock 理论在这方面也存在其不足。如果不是由于其极高秩哈密顿的限制，VASP5 可以很好地胜任这一工作。不过，它仍然将一个理论问题转化成了一个计算问题，通过使用并行算法和更大、更快的计算机，这些计算也是可行的。通过一个完全集成的能带结构-输运计算循环，我们可以处理外加偏压对核位移、核振动和电荷重排的动力学效应。

参考文献

[1] Reed, M. A., et al., Conductance of a molecular junction, Science, 278, 1705, 1997.

[2] Di Ventra, M., Pantelides, S. T., and Lang, N. D., First-principles calculation of transport properties of a molecular device, Phys. Rev. Lett., 84, 979, 2000.

[3] Tomfohr, J. K., and Sankey, O. F., Complex band structure, decay lengths, and Fermi level alignment in simple molecular electronic systems, Phys. Rev. B, 65, 245105, 2002.

[4] Reichert, J., et al., Driving current through single organic molecules, Phys. Rev. Let., 88, 176804, 2002.

[5] Mankefors, A., Grigoriev, A., and Wendin, G., Molecular alligator clips: A theoretical study of adsorption of S, Se and S-H on Au(111), Nanotechnology, 14, 849, 2003.

[6] He, H. and Tao, N. J., Interactions of molecules with metallic quantum wires, Adv. Mate., 14, 161, 2002.

[7] Rawlett, A. M., et al., Electrical measurements of a dithiolated electronic molecule via conducting atomic force microscopy, App. Phys. Lett., 81, 3043, 2002.

[8] Toerker, M., et al., Electronic transport through occupied and unoccupied states of an organic molecule on Au: Experiment and theory, Phys. Rev. B, 65, 245422, 2002.

[9] Tozer, D. J., et al., Does density functional theory contribute to the understanding of excited states of unsaturated organic compounds? Mol. Phys., 97, 859, 1999.

[10] Cai, Z.-L., Sendt, K., and Reimers, J. R., Failure of density-functional theory and time-dependent density-functional theory for large extended π systems, J. Chem. Phys., 117, 5543, 2002.

[11] Picozzi, S., et al., Organic/metal interfaces: An *ab initio* study of their structural and electronic properties, Surf. Sci., 566-568, 628, 2004.

[12] Solomon, G. C., Reimers, J. R., and Hush, N. S., Single molecule conductivity: The role of junction orbital degeneracy in the artificially high currents predicted by *ab initio* approaches, J. Chem Phys., 121, 6615, 2004.

[13] Evers, F., Weigend, F., and Koentopp, M., Conductance of molecular wires and transport calculations based on density-functional theory, Phys. Rev. B, 69, 235411, 2004.

[14] Reimers, J. R., et al., The appropriateness of density-functional theory for the calculation of molecular electronics propertiesin Molecular Electronics III, J. R. Reimers et al. eds., New York Academy of Sciences, 235, 2003.

[15] VASP web site: http://cms.mpi.univie.ac.at/vasp/vasp/node8.html.

[16] Sai, N., et al., Dynamical corrections to the dft-lda electron conductance in nanoscale systems, Phys. Rev. Lett, 94, 186810, 2005.

[17] McGlynn, S. P., et al., Introduction to Applied Quantum Chemistry, Holt, Rinehart and Winston, New York, 1971.

[18] Kresse, G., and Furthmüller J., Efficient iterative schemes for *ab initio* total-energy calculations using a plane-wave basis set, Phys. Rev. B, 54, 11169, 1996.

[19] Kresse, G., and Furthmüller, J., Efficiency of *ab-initio* total energy calculations for metals and semiconductor using a plane-wave basis set, Comp. Mater. Sci., 6, 15, 1996.

[20] Dahlke, R., and Schollwöck, U., Electronic transport calculations for self-assembled non-layers of 1,4-phenylene diisocyanide on Au(111) contacts, Phys. Rev. B, 69, 85324, 2004.

[21] Yoder, G., Dickerson, B. K., and Chen, A.-B., Semiempirical method for calculating structure and band gap od semiconducting polymers, J. Chem. Phys., 111, 10347, 1999.

[22] Emberly, E. G., and Kirczenow, G., Antiresonances in molecular wires, J. Phys.: Condens. Matter, 11, 6911, 1999.

[23] Mujica, V., Ratner, M. A., and Goscinski, O., Partitioning technique and transport across molecular interfaces: Many-body effects, Intl. J. Quantum Chem., 90, 14, 2002.

[24] Mujica, V., Kemp, M., and Ratner, M. A., Electron conduction in molecular wires. I. A Scattering formalism, J. Chem. Phys., 101, 6849, 1994.

[25] Tomfohr, J. K., Electron Tunneling Transport Theory for Molecules, Ph. D. Dissertation, Arizona State University, 2002.

[26] Emberly, E. G. and Kirczenow, G., Theoretical study of electrical conduction through a molecule connected to metallic nanocontacts, Phys. Rev. B, 58, 10911, 1998.

[27] Kergueris, C., et al., Electron transport through a gold-bisthiolterthiophene-gold junction, in Electronic Properties of Novel Materials: Science and Technology of MolecularNanostructures, Kuzmany, H. et al., eds., American Institute of Physics, 421, 1999.

[28] Zahid, F., Paulsson, M., and Datta, S., Electrical conduction through molecules, in Advanced Semiconductors and Organic Nano-Techniques, Morkoc, H. ed., Academic Press, 2003.

[29] Emberly, E. G. and Kirczenow, G., Models of electron transport through organic molecular monolayers self-assembled on nanoscale metallic contacts, Phys. Rev. B, 64, 235412, 2001.

[30] Mujica, V., et al., Molecular wire junctions: tuning the conductance, J. Phys. Chem. B, 107, 91, 2003.

[31] Farajian, A. A., et al., Electronic transport through benzene molecule: Effect of gold contacts, Phys. E, 18, 253, 2003.

[32] Kahn, A., Koch, N., and Gao, W., Electronic structure and electrical properties of interfaces between metals and π-conjugates molecular films, J. Polymer Sci. B, 41, 2529, 2003.

[33] Hill, I. G., Rajagopal, A., and Kahn, A., Molecular level alignment at organic semiconductor-metal interfaces, Appl. Phys. Lett., 73, 662, 1998.

[34] Witte, G., et al., Vacuum level alignment at organic/metal junctions: 'Cushion effect' and the interface dipole, Appl. Phys. Lett. 87, 263502, 2005.

[35] Seminario, J. M., De La Cruz, C. E., and Derosa, P. A., A theoretical analysis of metal-molecule contacts, J. Am. Chem. Soc., 123, 5616, 2001.

[36] Kornilovitch, P. E. and Bratkovsky, A. M., Orientational dependence of current through molecular films, Phys. Rev. B, 64, 195413, 2001.

[37] Onipko, A., Analytical model of molecular wire performance: A comparison of π and σ electron systems,

Phys. Rev. B, 59, 9995, 1999.

[38] Hu, Y., et al., Conductance of an ensemble of molecular wires: A statistical analysis, Phys. Rev. Lett., 95, 156803, 2005.

[39] Grönbeck, H., Curioni, A., and Andreoni, W., Thiols and disulfides on the Au(111) surface: The head-group-gold interaction, JACS, 122, 3839, 2000.

[40] Yourdshahyan, Y., Zhang, H. K., and Rappe, A. M., *n*-alkyl thiol head-group interactions with the Au (111) surface, Phys, Rev. B, 63, 81405, 2001.

[41] Hayashi, T., Morikawa, Y., and Nozoye, H., Adsorption state of dimethyl disulfide on Au(111): Evidence for adsorption as thiolate at the bridge site, J. Chem. Phys., 114, 7615, 2001.

[42] Kondoh, H., et al., Adsorption of thiolates to singly coordinated sites on Au(111) evidenced by photoelectron diffraction, Phys. Rev. Lett, 90, 66102, 2003.

[43] Beardmore, K. M., et al., Determination of the headgroup-gold(111) potential surface for alkanethiol self-assembled monolayers by *ab initio* calculation, Chem. Phys. Lett., 286, 40, 1998.

[44] Grigoriev, A., et al., Critical roles of metal-molecule contacts in electron transport through molecular-wire junctions, Phys. Rev. B, 74, 045401, 2006.

[45] Kondo, H., et al., Contact-structure dependence of transport properties of a single organic molecule between Au electrodes, Phys. Rev. B, 73, 235323, 2006.

[46] Speyer, G., et al., Conductance investigations of stretched molecules, IEEE Trans. Nano., 4, 403, 2005.

[47] Tomfohr, J. and Sankey, O. F., Theoretical analysis of electron transport through organic molecules, J. Chem. Phys., 120, 1542, 2004.

[48] Ke, S.-H., Baranger, H. U., and Yang, W., Contact atomic structure and electron transport through molecules, J. Chem. Phys,. 122, 74704, 2005.

[49] Ke, S.-H., Baranger, H. U. and Yang, W., Molecular conductance: Contact atomic structure and chemical trends of anchoring groups, JACS, 126, 15897, 2004.

[50] Baschand, H. and Ratner, M. A., Molecular binding at gold transport interfaces. IV. Thiol chemisorption, J. Chem. Phys., 120, 5771, 2004.

[51] Takeuchi, N., Chan, C. T., and Ho, K. M., Au(111): A theoretical study of the surface reconstruction and the surface electronic structure, Phys. Rev. B, 43, 13899, 1991.

[52] Schmidt, M. W., et al., General atomic and molecular electronic-structure system, J. Comput. Chem., 14, 1347, 1993.

[53] Frisch, Æ. and Frisch, M. J., Gaussian 98 Users Reference, 2nd ed., Gaussian Inc., Pittsburgh, PA, 1998.

[54] Wang, C.-K., Fu, Y., and Luo, Y., A quantum chemistry approach for current-voltage characterization of molecular junctions, Phys. Chem. Chem. Phys., 3, 5017, 2001.

[55] Bowman, M., et al., Localization and capacitance fluctuations in disordered Au nanojunctions, Phys. Rev. B, 69, 205405, 2004.

[56] Fagas, G. and Kambili, A., Conductance properties of carbon-based molecular junctions, http://arxiv.org/abs/cond-mat/0403694, 2004.

[57] Geng, W. T., Nara, J., and Ohno, T., Adsorption of benzene thiolates on the(111) surface of M(M = Pt, Ag, Cu) and the conductance of M/benzene dithiolate/M molecular junctions: A first-principles study, Thin Solid Films, 464-465, 379, 2004.

[58] Pati, S. K., Transport in molecular wire with long-range Coulomb interactions: A mean-field approach, J. Chem. Phys., 118, 6529, 2003.

[59] Li, J., Tomfohr, J. K., and Sankey, O. F., Electric field effects on the octanedithiol wire, Phys. Stat. Solid B, 239, 80, 2003.

[60] Di Ventra, M., Pantelides, S. T., and Lang, N. D., Current-induced forces in molecular wires, Phys. Rev. Lett, 88, 46801, 2002.

[61] Brandbryge, M., et al., Density-functional method for nonequilibrium electron transport, Phys. Rev. B, 63, 165401, 2002.

[62] Taylor, J., Guo, H., and Wang, J., *Ab initio* modeling of quantum transport properties of molecular electronic devices, Phys. Rev. B, 63, 245407, 2001.

[63] Galperin, M. and Nitzan, A., NEGF-HF method in molecular junction property calculations, in: Molecular Electronics III, Reimers, J. R., Picconatto, C. A., Ellenbogen, J. C., et al., eds., New York Academy of Sciences, 48, 2003.

[64] Tada, T., Kondo, M., and Yoshizawa, K., Green's function formalism coupled with Gaussian broadening of discrete states for quantum transport: Application to atomic and molecular wires, J. Chem. Phys., 121, 8050, 2004.

[65] Berman, O., and Mukamel, S., Current profiles of molecular nanowires: dft green function representation, Phys. Rev. B. 69, 155430, 2004.

[66] Derosa, P., and Seminario, J. M., Electron transport through single molecules: scattering treatment using density functional and green function theories, J. Phys. Chem., 105, 471(2001).

[67] Ke, S.-H., Baranger, H. U., and Yang, W., Electron transport through molecules: Self-consistent and non-self-consistent approaches, Phys. Rev. B, 70, 85410, 2004.

[68] Nitzan, A., et al., On the electrostatic potential profile in biased molecular wires, J. Chem. Phys., 117, 10837, 2002.

[69] Lang, N. D., and Avouris, P., Understanding the variation of the electrostatic potential along a biased molecular wire, Nano Lett., 3, 737, 2003.

[70] Xue, Y., Datta, S., and Ratner, M. A., Charge transfer and 'band lineup' in molecular devices: A chemical and numerical interpretation, J. Chem. Phys. 115, 4292, 2001.

[71] Zahid, F., et al., Charging-induced asymmetry in molecular conductors, Phys. Rev. B, 70, 245317, 2004.

[72] Paulsson, M., and Datta, S., Thermoelectric effect in molecular electronics, Phys. Rev. B, 67, 241403, 2003.

[73] Ferry, D. K., and Goodnick, S. M., Transport in Nanostructures, Cambridge University Press, Cambridge, 1997.

[74] Usuki, T., et al., Numerical analysis of ballistic-electron transport in magnetic fields by using a quantum point contact and a quantum wire, Phys. Rev. B, 52, 8244, 1995.

[75] van der Vorst, H. A., Bi-CGSTAB: A fast and smoothly converging variant of Bi-CG for the solution of non-symmetric linear systems, J. SIAM J. Sci. Stat. Comp., 13, 631, 1992.

[76] Tomfohr, J. K., and Sankey, O. F., Complex band structure, decay lengths, and Fermi level alignment in simple molecular electronic systems, Phys. Rev. B, 65, 245105, 2002.

[77] Foresman, J. B., and Frisch, A., Exploring Chemistry with Electronic Structure Methods, Gaussian, Inc. Pittsburgh, PA, 1993.

[78] Neugebauer, J., et al., Quantum chemical calculation of vibrational spectra of large molecules-Raman and IR spectra for Buckminsterfullerene, J. Comput. Chem., 23, 895, 2002.

[79] Petrov, E. G., Transmission of electrons through a linear molecule: Role of delocalized and localized electronic states in current formation, Low Temp. Phys., 31, 338, 2005.

[80] Chen, Y., Zwolak, M. and Di Ventra, M., Inelastic current-voltage characteristics of atomic and molecular junctions, Nano Lett., 4, 1709, 2004.

[81] Petrov, E. G., and Hanggi, P., Nonlinear electron current through a short molecular wire, Phys. Rev. Lett., 86, 2862, 2001.

[82] Emberly, E. G., and Kirczenow, G., Current-driven conformational changes, charging, and negative differential resistance in molecular wires, Phys. Rev. B, 64, 125318, 2001.

[83] Xue, Y., and Ratner, M. A., Microscopic study of electrical transport through individual molecules with metallic contacts. I. Band lineup, voltage drop, and high-field transport, Phys. Rev. B, 68, 115406, 2003.

[84] Basch, H., and Ratner, M. A., Molecular binding at gold transport interfaces. III. Field dependence of electronic properties, J. Chem. Phys., 120, 5761, 2004.

[85] Luo, Y., Wang, C.-K., and Fu, Y., Effects of chemical and physical modifications on the electronic transport properties of molecular junctions, J. Chem. Phys., 117, 10283, 2002.

[86] Koch, J., et al., Current-induced nonequilibrium vibrations in single-molecule devices, Phys. Rev. B, 73, 155306, 2006.

[87] Galperin, M., et al., Resonant inelastic tunneling in molecular junctions, Phys. Rev. B, 73, 045314, 2006.

[88] Pecchia, A., et al., Role of thermal vibrations in molecular wire conduction, Phys. Rev. B, 68, 235321, 2003.

[89] Xiao, X., Xu, B., and Tao, N. J., Measurement of single molecule conductance: benzenethiol and benzenedimethanethiol, Nano Lett., 4, 267, 2004.

[90] Sankey, O. F., and Niklewski, D. J., *Ab initio* multicenter tight-binding model for molecular-dynamics simulations and other applications in covalent systems, Phys. Rev. B, 40, 3979, 1989.

[91] Speyer, G., et al., Self-consistent conductance calculations on molecular calipers using a transfer matrix method, Superlattices and Microstructures, 34, 429, 2003.

[92] Jelìnek, P., et al., First-principles simulations of the stretching and final breaking of Al nanowires: Mechanical properties and electrical conductance, Phys. Rev. B, 68, 85403, 2003.

[93] da Silva, E. Z., et al., Theoretical study of the formation, evolution, and breaking of gold nanowires, Phys. Rev. B, 69, 115411, 2004.

[94] Paulsson, M., and Stafstrom, S., Conductance manipulation at the molecular level, J. Phys.: Condens. Matter, 11, 3555, 1999.

[95] Bakhshi, A. K., Ladik, J., and Seel, M., Comparative study of the electronic structure and conduction properties of polypyrrole, polythiophene, and polyfuran and their copolymers, Phys. Rev. B, 35, 704, 1987.

[96] Xu, B. Q., et al., Electromechanical and conductance switching properties of single oligothiophene molecules, Nano Lett., 5, 1491, 2005.

[97] Magoga, M., and Joachim, C., Conductance and transparence of long molecular wires, Phys. Rev. B, 56, 4722, 1997.

[98] Crijen, Ž., et al., Nonlinear conductance in molecular devices: Molecular length dependence, Phys. Rev.

B,71,165316,2005.

[99] Zhitenev, N. B. , Meng, H. , and Bao, Z. , Conductance of small molecular junctions, Phys. Rev. Lett. , 88, 226801, 2002.

[100] Cornil, J. , Beljonne, D. , and Bredas, J. L. , Nature of optical transitions in conjugated oligomers. II. Theoretical characterization of neutral and doped oligothiophenes, J. Chem. Phys. , 103, 842, 1995.

[101] Troisi, A. , Ratner, M. A. , and Nitzan, A. , Vibronic effects in off-resonant molecular wire conduction, J. Chem. Phys. , 118, 6072, 2003.

[102] Emberly, E. G. and Kirczenow, G. , Electron standing-wave formation in atomic wires, Phys. Rev. B, 60, 6028, 1999.

[103] Avouris, Ph. , and Lang, N. D. , Oscillatory conductance of carbon-atom wires, Phys. Rev. Lett. , 81, 3515, 1998.

[104] Yurtsevar, E. , and Kirmizialtin, S. , Vibrational spectroscopy of structural defects in oligothiophenes, Mol. Phys. , 101, 2725, 2003.

[105] Olson, M. , et al. , A conformational study of the influence of molecular vibrations on the conductance in molecular wires, J. Phys. Chem. B, 102, 941, 1998.

[106] Late in the development of this work, we learned that the Trans Sresta group(61) had attained improved work function calculations using local orbitals.

22　作为开放量子体系的纳米机电谐振子

Lev G. Mourokh，Anatoly Yu. Smirnov　著

邵久书　译

摘要：

研究了与隧穿结耦合的纳米机电谐振子的电子输运以及存在电子隧穿时谐振子的动力学。分析了两个不同的模型，即纳米悬臂和量子梭。前者的电子直接从一个热库隧穿到另一个热库，其中转移矩阵元为机械振动所调制；而后者的机械振子具有自己的量子电子态，它们是电子在两个热库间隧穿的中间态。在两种模型中，纳米振子都与由导电电子形成的热库相互作用，我们将其看成动态子体系。因此，可以应用业已发展好的开放量子体系理论来研究这些模型。这样，系统的非线性电导率、振子的衰减速率以及振子位置涨落的偏差可以确定为外加电压、温度以及电子隧穿长度的函数。本章也将讨论这些理论分析在实际纳米和分子电子学体系中的应用。

22.1 导　论

近年来,纳米技术的快速发展引领着新一代器件即所谓纳米机电体系(NEMS)的研制潮流。在 NEMS 中,纳米尺度的机械谐振器与大小匹配的电子结构相耦合[1-42]。这类器件包括嵌入在电极间弹性介质中的晶粒[9,10,12]、连接到金属接触[43]或置于其间的单导电分子[11]、碳纳米管[26,27]以及悬臂(悬梁一端被固定)等人造结构[14,25]、纳米桥(悬梁两端都被固定)[31]、纳米柱等。这些机械振动的频率涵盖从兆到千兆赫兹的范围。因为已经有很多从不同角度论述 NEMS 动力学的优秀综述和专著[1-8],本章的主要目的是揭示 NEMS 中机械和电子自由度之间的相互影响,并且特别地关注振子位置的涨落。通过 NEMS 的电子输运,一般由始于和终于纳米振子的电子隧穿实现。因为隧穿矩阵元与隧穿距离之间为指数依赖关系,所以机械运动对体系的电导性具有强烈的影响。此外,当存在外加偏压时,传导电子充当纳米振子的非高斯非平衡热库,从而振子位置的涨落不再遵从涨落-耗散定理[44],甚至可以实现振子的冷却[36,39]。本章的分析是建立在我们过去发展的开放量子体系理论和其在纳米结构中电子动力学应用的基础上[45-49]。本章的结果不仅可以应用于作为纳米电子器件雏形的人造结构,也可以应用于将单分子融合为电路一部分的电子体系。本章的 22.2 节将讨论纳米悬臂问题的一般理论。这里,电子从一个热库直接隧穿到另一热库,而转移矩阵元受到机械振动的调制。包含此类悬臂的电路如图 22.1 所示。

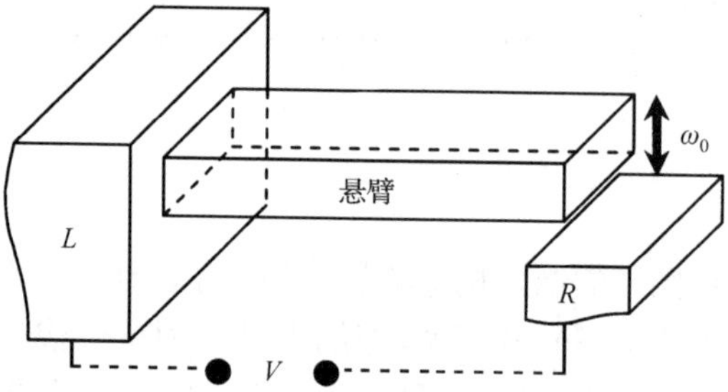

图 22.1　与一个隧道结耦合的悬臂示意图

图 22.2(a) 给出了描述该系统的物理模型。振子位置算符的运动方程以及振子涨落的自洽方程组可以根据热库的关联函数来确定,而这些关联函数则可以通过分析作为纳米振子非平衡热库的电子气得到(见 22.3 节)。22.4 节将推导出通过此类结构的电流表达式。22.5 节将展示 22.2 节得到的方程在各种体系参数情况下的数值解。体系的非线性电导、振子衰减速率以及振子位置涨落的偏差也将表达为外加电压、温度以及电子隧穿长度的函数。22.6 节集中讨论梭子情况下体

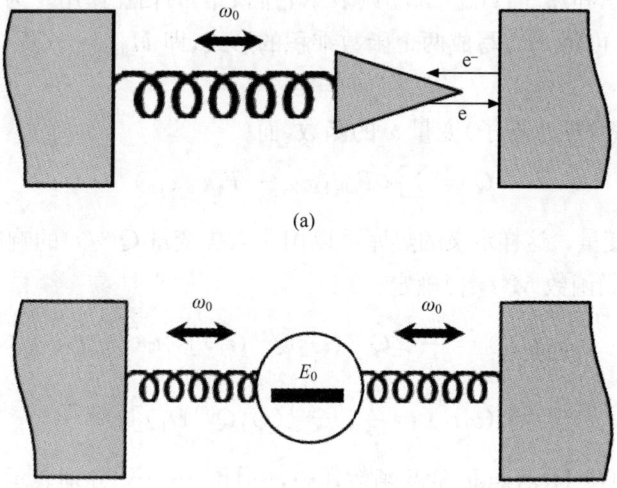

图 22.2 所讨论器件的物理模型。(a)纳米机械悬臂:一端振动,电子的隧穿距离也随之振动;(b)包含单个电子能态的量子梭:电子隧穿经过两步完成:首先从一端到量子梭态,然后再到另一端

系行为的变化。此时,机械振子具有自己的量子电子态,它们是电子在两个热库间隧穿的中间态[图 22.2(b)]。我们将给出相应的新表达式和数值结果。最后,我们将在 22.7 节阐述所得结论。

22.2 基本公式

考虑与隧道结耦合的悬臂[图 22.2(a)]。其哈密顿量为

$$H = H_0 + H_{\mathrm{L}} + H_{\mathrm{R}} + H_{\mathrm{tun}} \tag{22.1}$$

其中,

$$H_0 = \frac{p^2}{2m} + \frac{m\omega_0^2 x^2}{2} \tag{22.2}$$

为质量为 m、频率为 ω_0 的纳米机械振子的哈密顿量,

$$H_\alpha = \sum_k E_{\alpha k} c_{\alpha k}^{+} c_{\alpha k} \tag{22.3}$$

为电极的哈密顿量(α=L、R,分别表示左右),

$$H_{\mathrm{tun}} = -\sum_{k,q} (T_{kq} c_{\mathrm{L}k}^{+} c_{\mathrm{R}q} + T_{kq}^{*} c_{\mathrm{R}q}^{+} c_{\mathrm{L}k}) \mathrm{e}^{-x/\lambda} \tag{22.4}$$

表示已经考虑了转移矩阵元对振子位置依赖的隧穿项,λ 为特征隧穿长度。可以看出,式(22.1)的形式与开放量子体系的哈密顿量十分相似,即 H_0 和 H_α 分别代

表动力学子体系和热库，$H_{tun}=H_{int}$则表示它们之间的相互作用。为了区分动力学子体系与环境，可将 H_{tun}写成两个函数乘积的形式，即 $H_{tun}=-QF$，其中

$$F = e^{-x/\lambda} \tag{22.5}$$

为动力学子体系（纳米振子）变量 x 的函数，而

$$Q = \sum_{k,q} (T_{kq} c^{+}_{Lk} c_{Rq} + T^{*}_{kq} c^{+}_{Rq} c_{Lk}) \tag{22.6}$$

是有效的热库变量。这样定义的热库可以用非微扰变量 $Q^{(0)}(t)$的响应函数 $\varphi(t,t_1)$和对称化的关联函数 $M(t,t_1)$确定

$$\varphi(t,t_1) = \frac{i}{\hbar}\langle [Q^{(0)}(t), Q^{(0)}(t_1)]_- \rangle \Theta(t-t_1) \tag{22.7a}$$

$$M(t,t_1) = \frac{1}{2}\langle [Q^{(0)}(t), Q^{(0)}(t_1)]_+ \rangle \tag{22.7b}$$

式中，$\Theta(\tau)$是单位 Heaviside 阶跃函数，[…,…]和[…,…]分别表示对易算符和反对易算符，中括号代表对左右两电极平衡态的平均。为了便于后面的应用，我们引入一个新的关联函数

$$R(t,t_1) = \frac{1}{2}\langle [Q^{(0)}(t), Q^{(0)}(t_1)]_- \rangle \tag{22.7c}$$

热库的响应函数和由式(22.7a)、(22.7b)定义的关联函数的傅里叶变换分别给出谱函数 $S(\omega)$ 和极化率的虚部 $\chi''(\omega)$

$$\chi''(\omega) = \int d\tau \sin(\omega\tau)\varphi(\tau) \tag{22.8a}$$

$$S(\omega) = \int d\tau e^{i\omega\tau} M(\tau) \tag{22.8b}$$

二者通过涨落-耗散定理(FDT)相联系[44]。然而，当热库不处于平衡状态时(如给结外加一偏压)，FDT 不再成立。尽管如此，如果隧穿耦合较弱，则可以将耗散振子速率、位置涨落以及通过结构的电流用 $S(\omega)$和 $\chi''(\omega)$的平衡值表达。下面介绍如何计算它们的平衡值。对于弱隧穿耦合，振子对热库(导电电子)的反作用可以包含到热库的变量中[45]

$$Q(t) = Q^{(0)}(t) + \int dt_1 \varphi(t,t_1) e^{-x(t_1)/\lambda} \tag{22.9}$$

这一变量涉及振子位置算符的海森堡运动方程，即

$$\ddot{x}(t) + \omega_0^2 x(t) = -\frac{1}{m\lambda} Q(t) e^{-x(t)/\lambda} \tag{22.10}$$

热库对振子动力学有双重影响[式(22.10)的右端]：即产生体系的涨落和导致振子的衰减。为了得到涨落源和衰减速率的表达式，我们应用量子 Furutsu-Novikov 定理[45]

$$\langle Q^{(0)}(t)\mathrm{e}^{-x(t)/\lambda}\rangle=\int\mathrm{d}t_1\langle Q^{(0)}(t)Q^{(0)}(t_1)\rangle\left\langle\frac{\delta}{\delta Q^{(0)}(t_1)}\mathrm{e}^{-x(t)/\lambda}\right\rangle \tag{22.11}$$

式中，$\delta/\delta Q^{(0)}$为对非微扰热库变量 $Q^{(0)}(t_1)$的泛函导数。对于任意动力学子体系的算符 $A(t)$，其泛函导数正比于如下形式的对易子[45]

$$\frac{\delta A(t)}{\delta Q^{(0)}(t_1)}=\frac{i}{\hbar}[A(t),\mathrm{e}^{-x(t_1)/\lambda}]_-\,\Theta(t-t_1) \tag{22.12}$$

将式(22.9)、式(22.11)及式(22.12)代入式(22.10)，并将非交换算符对称化，就得到振子位置算符的非马尔可夫随机方程：

$$\begin{aligned}\ddot{x}(t)+\omega_0^2x(t)+\frac{1}{m\lambda}\int\mathrm{d}t_1\Big(\varphi(t,t_1)\,\frac{1}{2}[\mathrm{e}^{-x(t)/\lambda},\mathrm{e}^{-x(t_1)/\lambda}]_+\\+M(t,t_1)\,\frac{i}{\hbar}[\mathrm{e}^{-x(t)/\lambda},\mathrm{e}^{-x(t_1)/\lambda}]_-\,\Theta(t-t_1)\Big)=\xi(t)\end{aligned} \tag{22.13}$$

此时，定义涨落源为

$$\xi(t)=-\frac{1}{m\lambda}\Big(Q^{(0)}(t)\mathrm{e}^{-x(t)/\lambda}-\int\mathrm{d}t_1\langle Q^{(0)}(t)Q^{(0)}(t_1)\rangle\,\frac{i}{\hbar}\langle[\mathrm{e}^{-x(t)/\lambda},\mathrm{e}^{-x(t_1)/\lambda}]_-\rangle\Theta(t-t_1)\Big) \tag{22.14}$$

由式(22.11)可知其平均值为零。我们可以利用式(22.14)计算任意阶的关联函数。特别是，在弱耦合情况下，反对易子有如下形式：

$$\begin{aligned}\left\langle\frac{1}{2}[\xi(t),\xi(t_1)]_+\right\rangle=\frac{1}{2m^2\lambda^2}\Big(M(t,t_1)\langle[\mathrm{e}^{-x(t)/\lambda},\mathrm{e}^{-x(t_1)/\lambda}]_+\rangle\\+R(t,t_1)\langle[\mathrm{e}^{-x(t)/\lambda},\mathrm{e}^{-x(t_1)/\lambda}]_-\rangle\Big)\end{aligned} \tag{22.15}$$

需要强调的是，非马尔可夫随机方程[式(22.13)]包含了子体系之间的非线性耦合以及热库涨落的非局域特征。这一非线性导致非高斯涨落源，即式(22.14)，它不仅具有非零的二阶关联函数，而且同样具有非零的高阶关联函数。从这一点来看，我们的理论处理远远超越了著名的 Caldeira-Leggett 方法[50]。然而，应该注意到此时热库的非高斯性源于电子的费米统计。

为了简化式(22.13)和式(22.14)，我们需要求出式中包含的对易子和反对易子。注意到只有当时间 t 和 t_1 的差小于热库的关联时间 τ_c 时才对最后结果有重要贡献。现假设与振子有弱相互作用的热库在其关联时间 τ_c 内对振子演化的影响可以忽略。这样，在计算式(22.13)和式(22.14)的对易子和反对易子时，便可以使用自由演化的谐振子方程($t-t_1=\tau\sim\tau_c$)

$$x(t)=x(t_1)\cos\omega_0\tau+\frac{p(t_1)}{m\omega_0}\sin\omega_0\tau \tag{22.16}$$

借助 Baker-Hausdorff 定理，即

$$\frac{1}{2}[\mathrm{e}^{-x(t)/\lambda},\mathrm{e}^{-x(t_1)/\lambda}]_+=\cos\left(\frac{\hbar\sin\omega_0\tau}{2m\omega_0\lambda^2}\right)\exp\left(-\frac{x(t)+x(t_1)}{\lambda}\right) \tag{22.17a}$$

和

$$\frac{i}{2}[\mathrm{e}^{-x(t)/\lambda},\mathrm{e}^{-x(t_1)/\lambda}]_- = \sin\left(\frac{\hbar\sin\omega_0\tau}{2m\omega_0\lambda^2}\right)\exp\left(-\frac{x(t)+x(t_1)}{\lambda}\right) \tag{22.17b}$$

这样,振子位置算符可以分解为均值和涨落两部分。应该强调的是,即使振子位移的均值远远小于隧穿长度 λ,位置涨落也可能产生重要效应,因为偏差的均方根与 λ 在同一量级。式(22.13)可以重写为非马尔可夫朗之万方程的形式

$$\ddot{\tilde{x}}(t)+\int \mathrm{d}t_1\gamma(t-t_1)\,\dot{\tilde{x}}(t_1)+\omega_0^2\,\tilde{x}(t)=\xi(t) \tag{22.18}$$

进行傅里叶变换并利用弱隧穿这一事实,可以得振子位置涨落偏差的表达式

$$\langle\tilde{x}^2\rangle=\frac{K(\omega_0)}{2\omega_0^2\gamma(\omega_0)} \tag{22.19}$$

其中

$$K(\omega)=\int \mathrm{d}\tau \mathrm{e}^{\mathrm{i}\omega\tau}\langle[\xi(\tau),\xi(0)_+]\rangle \tag{22.20}$$

通过计算式(22.15)和式(22.13)中的碰撞项,可以将 $K(\omega)$ 和 $\gamma(\omega)$ 由热库的谱函数显式地表示出来,即

$$\begin{aligned}K(\omega)=&\frac{\hbar^2}{2m^2\lambda^2}\mathrm{e}^{\nu_c}\sum_{l=-\infty}^{l=\infty}I_l(\nu_c)\{J_0(\nu_0)[S(\omega-l\omega_0)+S(\omega+l\omega_0)]\\&+\sum_{n=1}^{n=\infty}J_{2n}(\nu_0)[S(\omega+2n\omega_0-l\omega_0)+S(\omega+2n\omega_0+l\omega_0)\\&+S(\omega-2n\omega_0-l\omega_0)+S(\omega-2n\omega_0+l\omega_0)]\\&+\sum_{n=0}^{n=\infty}J_{2n+1}(\nu_0)[\chi''(\omega-(2n+1)\omega_0-l\omega_0)+\chi''(\omega-(2n+1)\omega_0-l\omega_0)\\&-\chi''(\omega+(2n+1)\omega_0-l\omega_0)-\chi''(\omega+(2n+1)\omega_0+l\omega_0)]\}\end{aligned} \tag{22.21a}$$

和

$$\begin{aligned}\gamma(\omega)=&\frac{\hbar}{2m\omega_0\lambda^2}\mathrm{e}^{\nu_c}\sum_{l=-\infty}^{l=\infty}I_l(\nu_c)\{J_0(\nu_0)[\chi''(\omega-l\omega_0)+\chi''(\omega+l\omega_0)]\\&+\sum_{n=1}^{n=\infty}J_{2n}(\nu_0)[\chi''(\omega+2n\omega_0-l\omega_0)+\chi''(\omega+2n\omega_0+l\omega_0)\\&+\chi''(\omega-2n\omega_0-l\omega_0)+\chi''(\omega-2n\omega_0+l\omega_0)]\\&+\sum_{n=0}^{n=\infty}J_{2n+1}(\nu_0)[S(\omega-(2n+1)\omega_0-l\omega_0)+S(\omega-(2n+1)\omega_0+l\omega_0)\\&-S(\omega+(2n+1)\omega_0-l\omega_0)-S(\omega+(2n+1)\omega_0+l\omega_0)]\}\end{aligned} \tag{22.21b}$$

这里引入了刻画真空振子涨落水平(相对于隧穿长度)的参量

$$\nu_0 = \frac{\hbar}{2m\omega_0\lambda^2} \tag{22.22}$$

以及描述非平衡振子涨落水平的参量

$$\nu_c = \frac{\langle \widetilde{x}^2 \rangle}{\lambda^2} \tag{22.23}$$

式(22.21a)、式(22.21b)中 J_n 和 I_l 分别表示一般的和修正的贝塞尔(Bessel)函数。由此可以看出，式(22.19)至式(22.23)是一组需要对涨落和振子位置自洽求解的方程组。这组方程的解将用于计算有效振子温度和通过结构的电子电流。

22.3 热库关联函数

为了求解由式(22.19)到式(22.23)构成的自洽方程组，我们需要确定非扰动的电子热库的谱函数 $S(\omega)$ 和极化率的虚部 $\chi''(\omega)$。为此，假定电极中的非扰动电子产生/湮灭算符遵从维克(Wick)定理。这样，可以将热库变量的关联函数表示成如下形式：

$$\langle Q^{(0)}(t)Q^{(0)}(t_1)\rangle = \sum_{k,q} |T_{kq}|^2(\langle c_{Lk}^{(0)+}(t)c_{Lk}^{(0)}(t_1)\rangle\langle c_{Rq}^{(0)+}(t)c_{Rq}^{(0)}(t_1)\rangle + \langle c_{Lk}^{(0)}(t)c_{Lk}^{(0)+}(t_1)\rangle\langle c_{Rq}^{(0)}(t)c_{Rq}^{(0)+}(t_1)\rangle) \tag{22.24}$$

引入电极电子的推迟和超前以及“寡项”(lesser)格林函数，即

$$\begin{aligned} g_{\alpha k}^{r}(t,t_1) &= (-i)\langle[c_{\alpha k}^{(0)}(t), c_{\alpha k}^{(0)+}(t_1)]_+\rangle\Theta(t-t_1) \\ &= -i\exp\left(-\frac{i}{\hbar}E_{\alpha k}(t-t_1)\right)\Theta(t-t_1) \end{aligned} \tag{22.25a}$$

$$\begin{aligned} g_{\alpha k}^{a}(t,t_1) &= i\langle[c_{\alpha k}^{(0)}(t), c_{\alpha k}^{(0)+}(t_1)]_+\rangle\Theta(t-t_1) \\ &= i\exp\left(-\frac{i}{\hbar}E_{\alpha k}(t_1-t)\right)\Theta(t_1-t) \end{aligned} \tag{22.25b}$$

$$g_{\alpha k}^{<}(t,t_1) = i\langle c_{\alpha k}^{(0)}(t)c_{\alpha k}^{(0)+}(t_1)\rangle = if_\alpha(E_{\alpha k})\exp\left(-\frac{i}{\hbar}E_{\alpha k}(t-t_1)\right) \tag{22.25c}$$

式中，$f_\alpha(E)$ 是 α-电极的费米分布，其化学势为 μ_a。注意两个电极的化学势可以不同，$\mu_L - \mu_R = eV$，其中 V 是外加于隧穿结的偏压。热库的关联函数和响应函数可以用格林函数表示

$$\begin{aligned} M(t,t_1) = \frac{1}{2}\sum_{k,q} |T_{kq}|^2 (& g_{Rq}^{<}(t,t_1)(g_{Lk}^{r}(t_1,t) - g_{Lk}^{a}(t_1,t)) \\ & + g_{Lk}^{<}(t_1,t)(g_{Rq}^{r}(t,t_1) - g_{Rq}^{a}(t,t_1)) + g_{Rq}^{<}(t_1,t)(g_{Lk}^{r}(t,t_1) \\ & - g_{Lk}^{a}(t,t_1)) + g_{Lk}^{<}(t,t_1)(g_{Rq}^{r}(t_1,t) - g_{Rq}^{a}(t_1,t)) \\ & + 2g_{Rq}^{<}(t,t_1)g_{Lk}^{<}(t_1,t) + 2g_{Rq}^{<}(t_1,t)g_{Lk}^{<}(t,t_1)) \end{aligned} \tag{22.26a}$$

和

$$\varphi(t,t_1)=\frac{i}{\hbar}\Theta(t-t_1)\sum_{k,q}|T_{kq}|^2(g_{Lk}^{<}(t_1,t)(g_{Rq}^r(t,t_1)-g_{Rq}^a(t,t_1))) - g_{Rq}^{<}(t,t_1)(g_{Lk}^r(t_1,t)-g_{Lk}^a(t_1,t))+g_{Rq}^{<}(t,t_1)(g_{Lk}^r(t,t_1) - g_{Lk}^a(t,t_1))-g_{Lk}^{<}(t,t_1)(g_{Rq}^r(t_1,t)-g_{Rq}^a(t_1,t))) \tag{22.26b}$$

它们的傅里叶变换也相应地由热库的谱函数和极化率虚部给出：

$$S(\omega)=\pi\sum_{k,q}|T_{kq}|^2(\delta(\omega-E_{Lk}/\hbar+E_{Rq}/\hbar)+\delta(\omega+E_{Lk}/\hbar-E_{Rq}/\hbar)) \times(f_R(E_{Rq})+f_L(E_{Lk})-2f_R(E_{Rq})f_L(E_{Lk})) \tag{22.27a}$$

和

$$\chi''(\omega)=\pi\sum_{k,q}|T_{kq}|^2(\delta(\omega+E_{Lk}/\hbar-E_{Rq}/\hbar)-\delta(\omega-E_{Lk}/\hbar+E_{Rq}/\hbar))(f_L(E_{Lk}) - f_R(E_{Rq}) \tag{22.27b}$$

引入态密度 $D_L(E)$ 和 $D_R(E)$，并用对能量积分代替对 k 和 q 的求和，则有

$$\sum_{k,q}(\cdot)=\int dE_L\int dE_R D_L(E)D_R(E)(\cdot) \tag{22.28}$$

在宽带极限下，假设隧穿元 $|T_{kq}|^2$ 不依赖于能量 $|T_{kq}|^2=|T_0|^2$，且两个电极费米面附近的态密度也与能量无关，则 $D_\alpha(E)=D_\alpha(\mu)=D_\alpha$。进一步假设，问题中的所有能量参数($eV,k_BT,\hbar\omega_0,\cdots$)都远小于电极中电子气的基本化学势 μ。

低温时，式(22.27a)、式(22.27b)可以重写为

$$S(\omega)=\pi D_L D_R|T_0|^2\left\{(\hbar\omega-eV)\coth\left(\frac{\hbar\omega-eV}{2k_BT}\right)+(\hbar\omega+eV)\coth\left(\frac{\hbar\omega+eV}{2k_BT}\right)\right\} \tag{22.29a}$$

$$\chi''(\omega)=2\pi D_L D_R|T_0|^2\omega \tag{22.29b}$$

在没有外加电压时，可以证明 FDT 成立，即

$$S(\omega)|_{V=0}=\hbar\chi''(\omega)\coth\left(\frac{\hbar\omega}{2k_BT}\right) \tag{22.30}$$

从前面的分析可以看出，对于机械纳米振子来说，电极电子代表欧姆型非白噪声热库。之所以称为欧姆型，是因为极化率的虚部与 ω 成正比。而称其为非白噪声，则是因为谱函数与频率相关(除了包含在双曲余切外)，这显然与白噪声不同。

22.4 通过纳米机械振子的电输运

通过结的电流定义为 $I=I_L=-I_R$，其中

$$I_\alpha = -e\langle \dot{N}_\alpha \rangle = -e\frac{\mathrm{d}}{\mathrm{d}t}\sum_k \langle c_{\alpha k}^+(t)c_{\alpha k}(t)\rangle \tag{22.31}$$

从式(22.3)和式(22.4)出发，可以得到电极中电子湮灭算符的运动方程，即

$$i\hbar\,\dot{c}_{\mathrm{L}k}(t) = E_{\mathrm{L}k}c_{\mathrm{L}k}(t) - \sum_{q'} T_{kq'}c_{\mathrm{R}q'}(t)\mathrm{e}^{-x(t)/\lambda} \tag{22.32a}$$

和

$$i\hbar\,\dot{c}_{\mathrm{R}q}(t) = E_{\mathrm{R}q}c_{\mathrm{R}q}(t) - \sum_{k'} T_{k'_q}c_{\mathrm{L}k'}(t)\mathrm{e}^{-x(t)/\lambda} \tag{22.32b}$$

相应地，包含依赖于振子位置的电流表达式为

$$I = \frac{ie}{\hbar}\sum_{k,q}\langle (T_{kq}^* c_{\mathrm{R}q}^+ c_{\mathrm{L}k} - T_{kq}c_{\mathrm{L}k}^+ c_{\mathrm{R}q})\mathrm{e}^{-x/\lambda}\rangle \tag{22.33}$$

式中的产生/湮灭算符可以由非扰动算符和推迟格林函数式(22.25a)来表示，即

$$c_{\mathrm{L}k}(t) = c_{\mathrm{L}k}^{(0)}(t) - \sum_{q'} T_{kq'}\int \mathrm{d}t_1\, g_{\mathrm{L}k}^r(t,t_1)c_{\mathrm{R}q'}^{(0)}(t_1)\mathrm{e}^{-x(t_1)/\lambda} \tag{22.34a}$$

$$c_{\mathrm{R}q}(t) = c_{\mathrm{R}q}^{(0)}(t) - \sum_{k'} T_{k'q}\int \mathrm{d}t_1\, g_{\mathrm{R}q}^r(t,t_1)c_{\mathrm{L}k'}^{(0)}(t_1)\mathrm{e}^{-x(t_1)/\lambda} \tag{22.34b}$$

因此，电流可以写为

$$\begin{aligned} I = \frac{e}{\hbar}\sum_{k,q} | T_{kq} |^2 \int \mathrm{d}t_1 \left\langle \frac{1}{2}[\mathrm{e}^{-x(t)/\lambda}, \mathrm{e}^{-x(t_1)/\lambda}]_+ \right\rangle (g_{\mathrm{R}q}^r(t,t_1)g_{\mathrm{L}k}^<(t_1,t) \\ - g_{\mathrm{L}k}^r(t,t_1)g_{\mathrm{R}q}^<(t_1,t) + h.c.) \end{aligned} \tag{22.35}$$

代入反对易子、格林函数等的表达式[式(22.17a)、式(22.25a～c)]，并对 t_1 进行积分，则有

$$\begin{aligned} I = \frac{e}{\hbar}\frac{\pi}{2}\mathrm{e}^{\nu_c}\sum_{l,n=-\infty}^{\infty} I_l(\nu_c)J_{2n}(\nu_0)\sum_{kq} | T_{kq} |^2 [f_{\mathrm{L}}(E_{\mathrm{L}k}) - f_{\mathrm{R}}(E_{\mathrm{R}q})] \\ \times[\delta(E_{\mathrm{L}k}/\hbar - E_{\mathrm{R}q}/\hbar + (l-2n)\omega_0] + \delta[E_{\mathrm{L}k}/\hbar - E_{\mathrm{R}q}/\hbar - (l-2n)\omega_0] \\ + \delta[E_{\mathrm{L}k}/\hbar - E_{\mathrm{R}q}/\hbar + (l+2n)\omega_0] + \delta[E_{\mathrm{L}k}/\hbar - E_{\mathrm{R}q}/\hbar - (l+2n)\omega_0)] \end{aligned} \tag{22.36}$$

把对 k 和 q 的求和替换为对相应的能量积分，并利用宽带极限近似，最后得到

$$I = G(V)V = 2\pi\frac{e^2}{\hbar}D_{\mathrm{L}}D_{\mathrm{R}} | T_0 |^2 \mathrm{e}^{2\nu_c}V \tag{22.37}$$

式中，$G(V)$ 是隧穿结的非线性电导，它依赖于机械振子的涨落水平。需要注意，振子的涨落也是外加在结上电压的函数。

22.5 悬臂情况的结果与讨论

22.5.1 电压依赖性

由于自洽方程组[式(22.19)至式(22.23)]十分冗长，一般情况下需要数值求

解。然而，在一些极限情况下，如低温时则可以得到具有重要意义的解析解。

首先，考虑弱非线性悬臂-结耦合，即 $\nu_0 \ll 1$。这样，真空振子涨落贡献可以忽略。此时，涨落力的谱，即式(22.21a)可以写为

$$K(\omega) = \frac{\hbar^2}{2m^2\lambda^2} e^{\nu_c} \sum_{l=-\infty}^{\infty} I_l(\nu_c)[S(\omega - l\omega_0) + S(\omega + l\omega_0)] \tag{22.38}$$

再次强调，包含在朗之万形式的式(22.13)中的涨落源是非白噪声，因为其关联函数的傅里叶变换显示出频率依赖性。即使在悬臂涨落的均方根幅度远远小于隧穿长度(即当 $\nu_c \ll 1$ 时)的弱热化的情况下也是如此。产生这样的振子涨落的根源在于热库电子的非白噪声特征。代入热库谱函数的表达式，可得弱热化情况下的

$$K(\omega) = \frac{\pi D_L D_R \mid T_0 \mid^2 \hbar^2}{m^2 \lambda^2} e^{2\nu_c} \left((\hbar\omega - eV) \coth\left(\frac{\hbar\omega - eV}{2k_B T}\right) + (\hbar\omega + eV) \coth\left(\frac{\hbar\omega + eV}{2k_B T}\right) \right) \tag{22.39}$$

同样情况下，振子衰减速率的形式为

$$\gamma(\omega) = \frac{2\pi\hbar D_L D_R \mid T_0 \mid^2}{m\lambda^2} e^{2\nu_c} \tag{22.40}$$

利用式(22.19)、式(22.39)和式(22.40)，可以推出振子位置涨落的偏差为

$$\langle \tilde{x}^2 \rangle = \frac{\hbar}{4m\omega_0} \left(\frac{\hbar\omega_0 - eV}{\hbar\omega_0} \coth\left(\frac{\hbar\omega_0 - eV}{2k_B T}\right) + \frac{\hbar\omega_0 + eV}{\hbar\omega_0} \coth\left(\frac{\hbar\omega_0 + eV}{2k_B T}\right) \right) \tag{22.41}$$

在没有外加电压时，式(22.41)复原为已知的振子位置的热涨落表达式。低温时，这些涨落在真空水平，$\nu_c = \nu_0$。然而，当外加电压大于机械振子的频率时，即 $eV > \hbar\omega_0$，偏差随着电压的增大线性增长

$$\langle \tilde{x}^2 \rangle = \frac{\hbar}{2m\omega_0} \frac{eV}{\hbar\omega_0} \tag{22.42}$$

或

$$\nu_c = \nu_0 \frac{eV}{\hbar\omega_0} \tag{22.43}$$

涨落程度的线性增长可以解释为有效振子温度的升高，$k_B T_{eff} = eV/2$，这一结果可以从 Caldeira-Leggett 模型框架中得到。热化过程(heating process)还影响衰减速率的偏压依赖关系[式(22.40)]以及非线性电导[式(22.37)]。低温和低电压($eV < \hbar\omega_0$)下，这两个特性变得与电压无关，即

$$G = 2\pi e D_L D_R \mid T_0 \mid^2 (1 + 2\nu_0) \tag{22.44}$$

和

$$\gamma = \frac{2\pi\hbar D_L D_R \mid T_0 \mid^2}{m\lambda^2} (1 + 2\nu_0) \tag{22.45}$$

不过,在悬臂振动激发的阈值之上($eV < \omega_0$),热化过程对电导和衰减速率的表现为线性贡献,即

$$G(V) = 2\pi e D_{\mathrm{L}} D_{\mathrm{R}} \mid T_0 \mid^2 \left(1 + 2\nu_0 \frac{eV}{\hbar\omega_0}\right) \tag{22.46}$$

和

$$\gamma(V) = \frac{2\pi\hbar D_{\mathrm{L}} D_{\mathrm{R}} \mid T_0 \mid^2}{m\lambda^2} \left(1 + 2\nu_0 \frac{eV}{\hbar\omega_0}\right) \tag{22.47}$$

对于更高的温度,需要对自洽方程组[式(22.19)至式(22.23)]数值求解。它们的解和参数 ν_c 可以代入到电导和衰减速率表达式[式(22.37)和式(22.19a)]中。图 22.3 和图 22.4 给出了在不同温度下它们如何随外加偏压而变化。这里,悬臂质量为 $m = 10^{-17}\,g$;隧穿长度为 $\lambda = 10^{-8}$ cm。当参数 ν_0 远小于 1 时,悬臂-结耦合的非线性较弱,量子效应较小。为了讨论方便,我们将外加电压和温度都以机械振动的基础频率标准进行了归一化。电导的归一化值为 $G_0 = 2\pi e^2 D_{\mathrm{L}} D_{\mathrm{R}} | T_0 |^2/\hbar$。由此可以看出,在低温情况下,当外加电压小于振子频率时,电导和衰减速率都与电压无关,此结果和前面的定性分析一致。随着温度的上升,电压依赖的尖锐扭折变得光滑。进一步提高温度,电导和衰减速率有更大的绝对值,但函数形状没有变化。22.5.2 节将讨论体系特性对温度的依赖性。

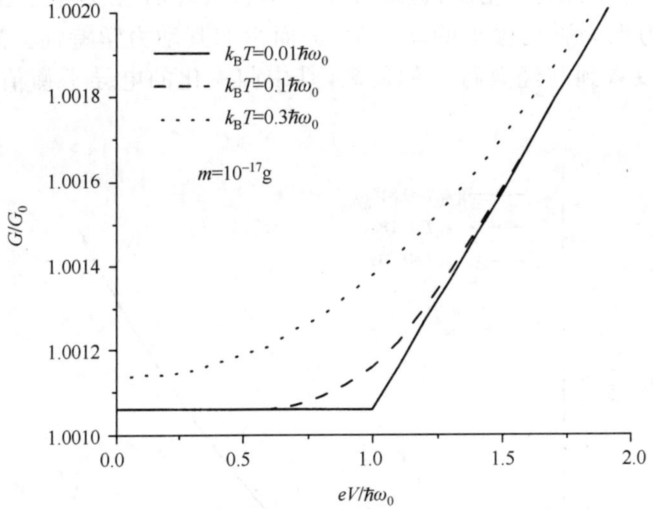

图 22.3 当 $m = 10^{-17}$ g 时不同温度下电导随电压的变化

以上分析表明,当外加电压大到可以与纳米振子的基础频率相比时,系统的行为发生剧烈变化。此外,可以预测,一旦机械振动的空间特征参数,即位置涨落偏差的均方根达到隧穿尺度 λ(即当 $\nu_0 \sim 1$)时会发生异常现象。为了说明这一点,我们在图 22.5 和图 22.6 中给出了较轻悬臂($m = 10^{-20}$ g)的非线性电导和振子衰减

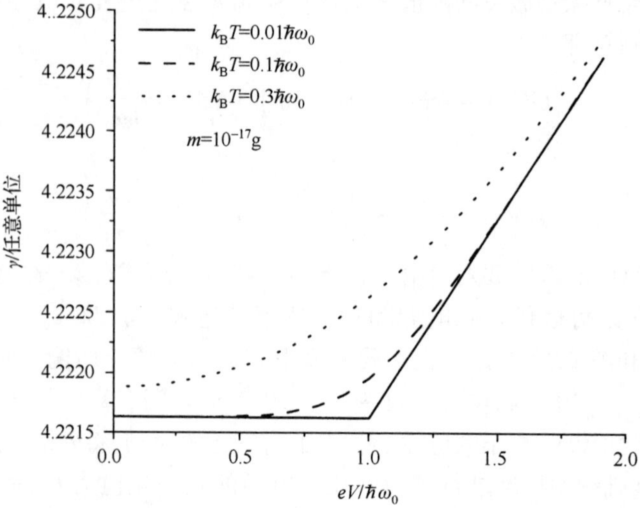

图 22.4 质量 $m = 10^{-17}$ g 在不同温度下的振子衰减速率对电压的依赖关系

速率。图中表明了明显的量子效应，同时也显示出即使电压小于振子的频率，这些参数也会随着电压的升高而增大。而且，在平衡情况下，电导和衰减速率的绝对值也大于较大质量的悬臂的情况，这是因为，尽管没有外加电压，电子在两个电极隧穿的真空行为也会影响振子的动力学，进而影响其动力学特性。需要注意，从图 22.3中可以看到与经典行为的偏离，其中归一化的电导平衡值并不准确地为一。

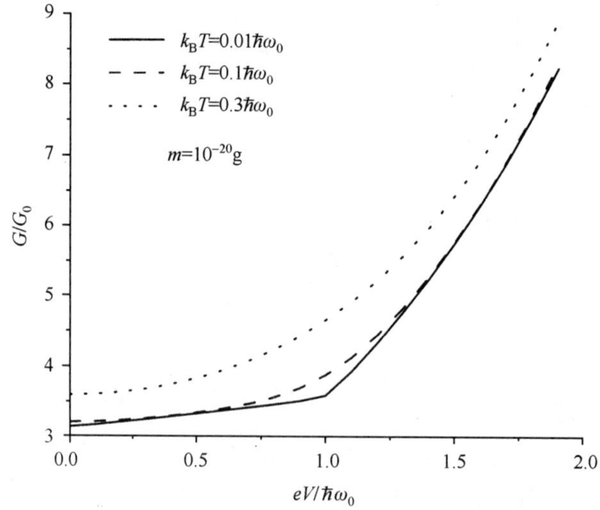

图 22.5 质量 $m = 10^{-20}$ g 在不同温度下电导对电压的依赖关系

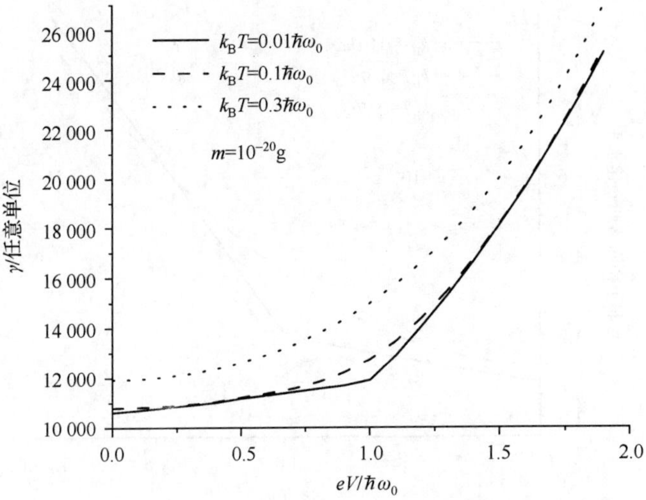

图 22.6 质量 $m = 10^{-20}$ g 在不同温度下振子衰减速率对电压的依赖关系

为了区分量子效应、热效应和非平衡效应，我们考察了非平衡位置涨落的偏差，即

$$\text{var} = \langle \tilde{x}^2 \rangle / \frac{\hbar}{2m\omega_0} \coth\left(\frac{\hbar\omega_0}{2k_B T}\right) \tag{22.48}$$

其中归一化因子定为与电极没有耦合的纳米振子的热涨落。

图 22.7 和图 22.8 分别显示了两个不同质量 $m = 10^{-17}$ g 和 $m = 10^{-20}$ g 振子

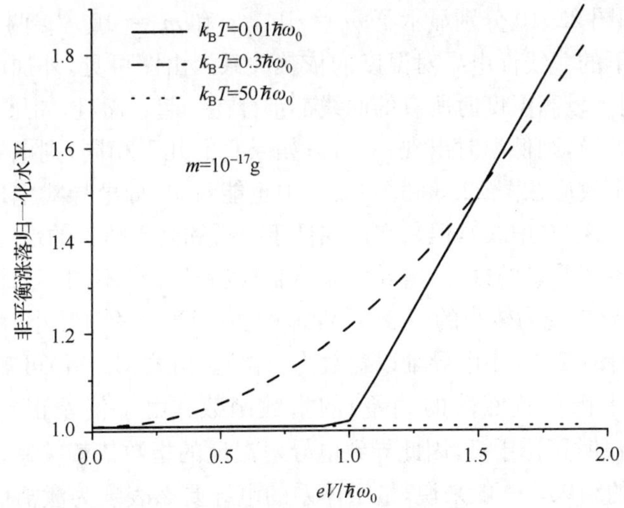

图 22.7 质量 $m = 10^{-17}$ g 的振子位置非平衡涨落水平在不同温度下随外加电压的变化

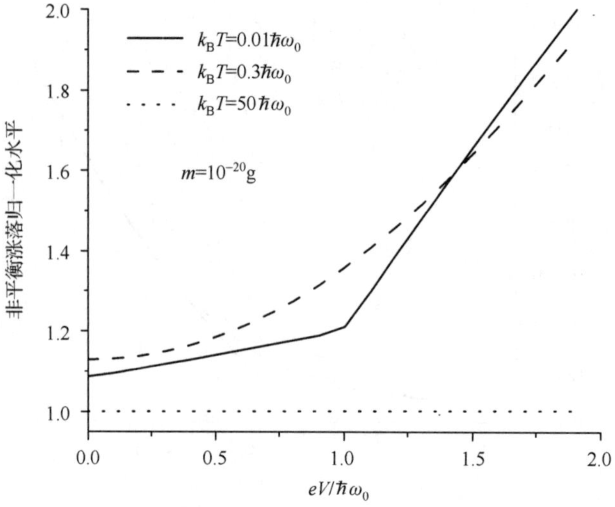

图 22.8 质量 $m = 10^{-20}$ g 振子位置的非平衡涨落程度在不同温度时对外加电压的依赖关系

的性质对电压的依赖关系。由图可见:①低温情况下,当外加电压接近振子频率时,归一化的偏差出现尖锐扭折;②小质量振子的量子效应更明显;③较高温度情况下,由导电电子产生的非平衡和量子效应会消失,纳米振子的表现为似乎与电极没有耦合一样。

22.5.2 温度依赖性

图 22.9 和图 22.10 分别显示了 $m = 10^{-17}$ g 和 $m = 10^{-20}$ g 两个不同质量振子在不同电压下的非线性电导对温度的依赖关系。由图可见,外加电压仅在低温情况下重要,因为较高温度时所有的曲线都重合在一起。而且,如果外加电压与振子频率有较大差异,则低温时出现一平台;如果它们几乎相同,则电导随着温度升高而增大。这个效应在图 22.3 和图 22.5 中也能看出,即电导对电压的尖锐扭折(实线)在高温时变弱(虚线),但是它们在低于扭折和高于扭折的地方重合。

对于两个不同质量的振子,电导的温度依赖特征完全不同。当振子的质量较大时,$\nu_0 \ll 1$,电导表现为较小的、几乎线性地增加;而当其质量较小时,$\nu_0 \approx 1$,电导则为指数增加(图 22.10 中电导轴以对数为单位)。由式(22.37)可知,电导正比于幂次为 $2\nu_c$(非平衡位置涨落的偏差)的指数函数。由于偏差正比于 $\coth(\hbar\omega/2k_BT)$,其在高温时正比于 T,因此导致电导对温度的指数依赖关系。这是一个非常有趣且重要的结果。一般来说,量子体系的电导要么表现为激活(activation)依赖(翻越能垒输运),要么不依赖于温度(隧穿),只有结合悬臂的机械运动才导致上述非常规的依赖关系。已有关于置于金属电极间单分子和水锰矿电导的温度指数

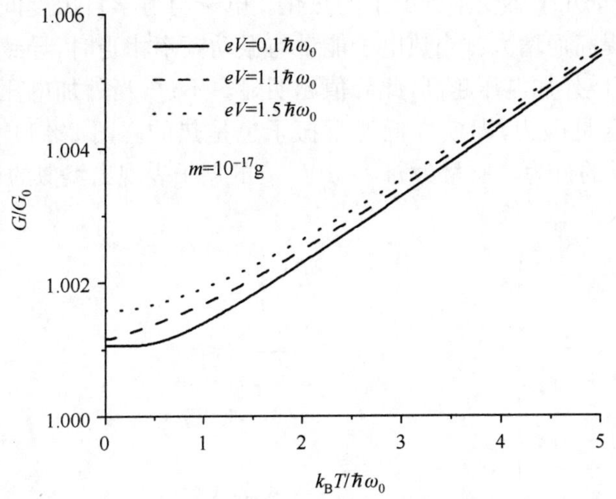

图 22.9　质量 $m = 10^{-17}$ g 振子的电导率在不同外加电压下的温度依赖关系

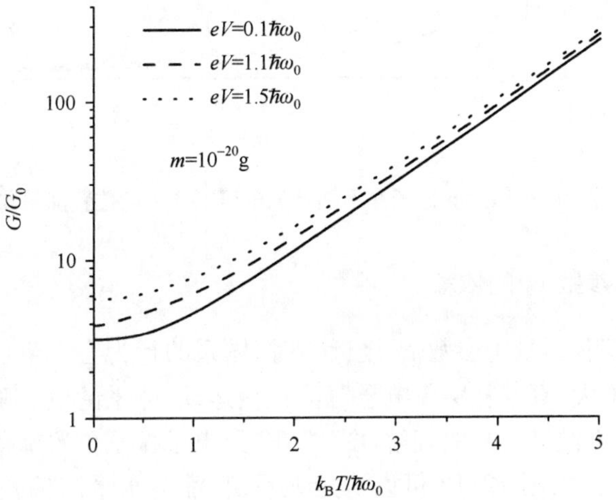

图 22.10　质量 $m = 10^{-20}$ g 振子的电导率在不同外加电压下的温度依赖关系

依赖性的报道。但是到目前为止，对其内在过程的理解还不完善。对于前者，机械振动的物理机制可能是分子和电极间的弹性耦合；而对于后者，则可能源于氧原子在锰原子之间的振荡。

为了进一步地阐释量子效应、非平衡效应以及热效应对体系动力学的影响，我们在图 22.11 中给出了各种外加电压下归一化的位置涨落偏差对温度的依赖关系，即式(22.48)。由此可以看出，高温时所有曲线都重合为一条，这意味着热运动支配着电子-振子相互作用。低温和低电压时，电子能量不足以激发悬臂的机械运动，从而纳米振子几乎感受不到电子的热化。电子与力学自由度间的量子相互作用随着温度的提高而增大。当热电子能量与振动频率相当时，导致对温度依赖的一个峰值。而且，外加电压越高，此峰值越明显。不过，当外加电压超过振子频率时，此峰消失，这是因为，即使在低温下振子也是热的。图 22.11 显示了质量为 $m=10^{-20}$ g 振子的行为。质量为 $m = 10^{-17}$ g 的振子表现出类似的行为，只是热效应小一些。

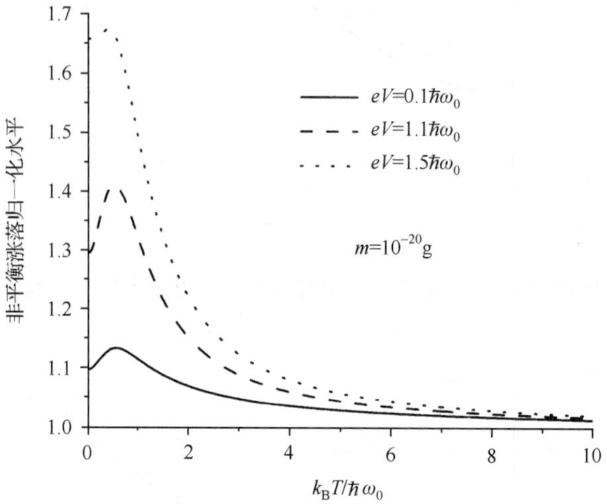

图 22.11 质量 $m = 10^{-20}$ g 振子在不同外加电压下非平衡位置涨落与温度的关系

22.5.3 对量子参数 ν_0 的依赖

上述讨论表明，当量子参数 ν_0 接近 1 时，体系的行为会产生巨变。具体的表现为：振子热化增大、真空隧穿影响悬臂的机械运动、体系的电导随温度升高而指数地增加。为了方便进一步的理解，图 12.12 给出了振子位置涨落的归一化偏差与参数 ν_0 的关系。由图 12.12 可以清楚地看出，涨落水平即偏差开始随着 ν_0 增长，但到一定程度后，随着 ν_0 的继续增加而迅速下降。此效应可以做如下解释。在振子的质量和频率确定的情况下，ν_0 的增大对应着隧穿长度 λ 的缩短，这就意味着式(22.4)中的隧穿矩阵元素的减小，最后导致两个电极间的退耦。因此，电子输运和机械运动之间的相互作用，最初随着 ν_0 的增大而增强，但随后减弱，并最终又消失。

如图 22.13 和图 22.14 所示，电导和衰减速率对 ν_0 的依赖也显著地表现出前面论述的效应：即经过初期（也是指数）的增长后迅速地指数下降。图 22.12 到图 22.14给出的均为温度 $k_BT=0.1\hbar\omega_0$ 的情形。体系在更高温度下的定性特征没有改变。

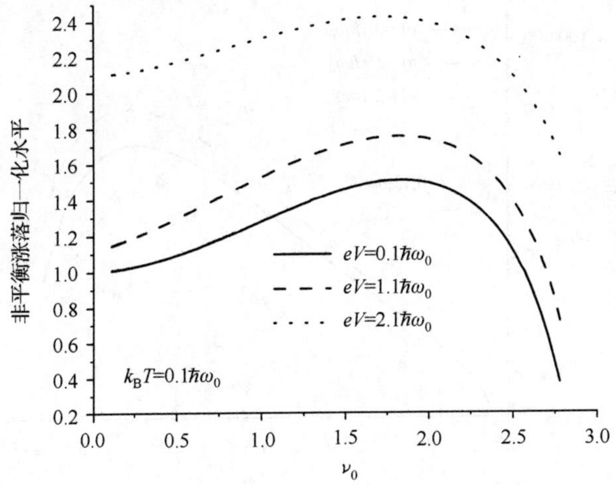

图 22.12　不同外加电压下振子非平衡位置涨落与参数 ν_0 的关系

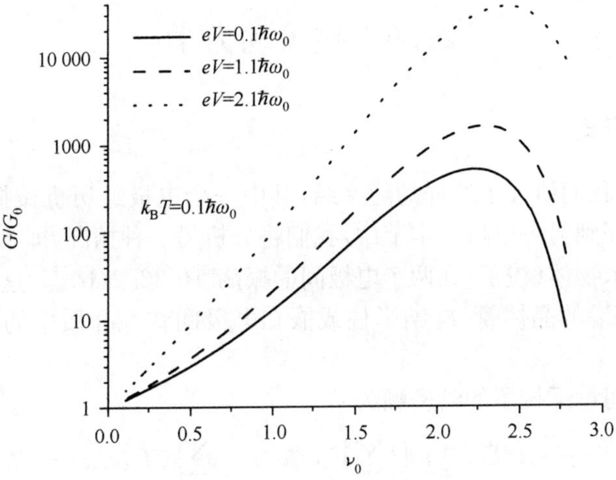

图 22.13　不同外加电压下电导作为参数 ν_0 的函数

本节中，外加电压和温度的值都是采用了对悬臂频率进行归一化的结果。对于 ω_0＝1 GHz 的频率，$eV=\hbar\omega_0$ 对应于约 6.55×10^{-6}V 的偏压，而 $k_B T=\hbar\omega_0$ 则对应于 7.6mK 的温度。

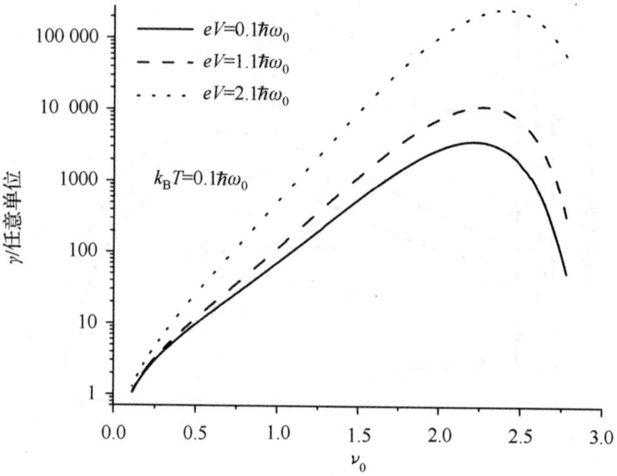

图 22.14 不同外加电压下振子衰减速率作为参数 ν_0 的函数

22.6 梭子动力学

22.6.1 表达形式

在前几节，我们研究了这样的隧穿结，其中一个电极经历机械振动，而电子直接从此电极隧穿到另一电极。本节中，我们将分析另一种情况，即本身具有量子化电子态的小纳米物体（梭子）在两个电极间的振荡［图 22.2(b)］。这些条件对应于通过一个基于 C_{60} 的晶体管、硅纳米柱或嵌在电极间弹性介质中的小晶粒的电子输运[9,10,12]。

置于电极间量子梭子的哈密顿为

$$H=\frac{p^2}{2m}+\frac{m\omega_0^2x^2}{2}+E_0a^+a+\sum_{\alpha,k}E_{\alpha k}c_{\alpha k}^+c_{\alpha k}+\sum_{\alpha,k}(T_{\alpha k}c_{\alpha k}^+a+T_{\alpha k}^*a^+c_{\alpha k})\mathrm{e}^{x/\lambda_\alpha} \tag{22.49}$$

式中，a^+/a 表示能量为 E_0（假设其他态在能量上不可能）的梭子量子化电子态的产生/湮灭算符，α =L、R，$\lambda_L=-\lambda$，$\lambda_R=\lambda$。由此哈密顿可以推导出如下形式的运动方程

$$i\hbar\,\dot{a}(t)=E_0a(t)-\sum_{\alpha,k}T_{\alpha k}^*c_{\alpha k}(t)\mathrm{e}^{x(t)/\lambda_\alpha} \tag{22.50a}$$

$$i\hbar\,\dot{c}_{\alpha k}(t)=E_{\alpha k}c_{\alpha k}(t)-T_{\alpha k}a(t)\mathrm{e}^{x(t)/\lambda_\alpha} \tag{22.50b}$$

以及

$$\ddot{x}(t)+\omega_0^2x(t)=\sum_{\alpha,k}\frac{1}{m\lambda_\alpha}[T_{\alpha k}c_{\alpha k}^+(t)a(t)+T_{\alpha k}^*a^+(t)c_{\alpha k}(t)] \tag{22.50c}$$

通过梭子的电流定义为 $I=I_{\mathrm{L}}=-I_{\mathrm{R}}$，其中

$$I\alpha=-e\frac{\mathrm{d}}{\mathrm{d}t}\sum_{k}\langle c_{\alpha k}^{+}c_{\alpha k}\rangle=\frac{ie}{\hbar}\sum_{k}(T_{\alpha k}^{*}\langle a^{+}\mathrm{e}^{x/\lambda_{\alpha}}c_{\alpha k}\rangle+T_{\alpha k}\langle c_{\alpha k}^{+}\mathrm{e}^{x/\lambda_{\alpha}}a\rangle)\tag{22.51}$$

由此可见，与悬臂情况相比，梭子态算符而非另一个电极的算符包含在通过此电极的电流的表达式中。而且，此电极的电子算符表达式中也包含梭子态的算符，即

$$c_{\alpha k}(t)=c_{\alpha k}^{(0)}(t)+iT_{\alpha k}\int\mathrm{d}t_{1}\,\mathrm{e}^{-\mathrm{i}E_{\alpha k}(t-t_{1})}a(t_{1})\mathrm{e}^{x(t_{1})\lambda_{\alpha}}\Theta(t-t_{1})\tag{22.52}$$

其中代入了推迟格林函数公式[式(22.25)]，并省略了普朗克常数。与前面处理悬臂的情况类似，经过运算，可以得通过梭子的电流表达式为

$$\begin{aligned}I_{\alpha}=\frac{e}{\hbar}\Big(&\sum_{k}|T_{\alpha k}|^{2}\int\mathrm{d}t_{1}f_{\alpha}(E_{\alpha k})\mathrm{e}^{-\mathrm{i}E_{\alpha k}(t-t_{1})}\Theta(t-t_{1})\langle[a^{+}(t)\mathrm{e}^{x(t)/\lambda_{\alpha}},a(t_{1})\mathrm{e}^{x(t_{1})/\lambda_{\alpha}}]_{+}\rangle\\&+\sum_{k}|T_{\alpha k}|^{2}\int\mathrm{d}t_{1}\,\mathrm{e}^{-\mathrm{i}E_{\alpha k}(t-t_{1})}\Theta(t-t_{1})\langle a^{+}(t)a(t_{1})\rangle\langle\mathrm{e}^{x(t)/\lambda_{\alpha}}\mathrm{e}^{x(t)/\lambda_{\alpha}}\rangle+h.c.\Big)\end{aligned}\tag{22.53}$$

为了化简此式，我们必须计算梭子的稳态电子布居，即

$$N=\langle a^{+}a\rangle\tag{22.54}$$

对于弱梭子-电极耦合情况，电子关联函数有如下形式：

$$\langle a^{+}(t)a(t_{1})\rangle=N\mathrm{e}^{\frac{i}{\hbar}E_{0}(t-t_{1})}\tag{22.55a}$$

和

$$\langle a(t_{1})a^{+}(t)\rangle=(1-N)\mathrm{e}^{\frac{i}{\hbar}E_{0}(t-t_{1})}\tag{22.55b}$$

稳态电子布居 N 可以通过下面的条件计算得到

$$I_{\mathrm{L}}+I_{\mathrm{R}}=0\tag{22.56}$$

利用前几节得到的公式，并代入梭子电子算符的关联函数表达式[式(22.55a)和式(22.55b)]，可得

$$\begin{aligned}I_{\alpha}=\frac{e\Gamma_{\alpha}}{\hbar}\mathrm{e}^{\nu_{c}}\sum_{l,n=-\infty}^{+\infty}I_{l}(\nu_{c})J_{n}(\nu_{0})\{&N[1-f_{\alpha}(E_{0}-l\hbar\omega_{0}-n\hbar\omega_{0})]\\&-(1-N)f_{\alpha}(E_{0}+l\hbar\omega_{0}+n\hbar\omega_{0})\}\end{aligned}\tag{22.57}$$

式中，ν_0 和 ν_c 分别由式(22.22)和式(22.23)给出；I_l 和 J_n 则分别为变型和普通贝塞尔(modified and ordinary Bessel)函数，引入的参量为

$$\Gamma_{\alpha}=2\pi\sum_{k}|T_{\alpha k}|^{2}\delta(\omega-E_{\alpha k}/\hbar)\tag{22.58}$$

它在宽带极限下与能量无关。下面我们考虑对称情况，从而得 $\Gamma_{\mathrm{L}}=\Gamma_{\mathrm{R}}=\Gamma$。

从式(22.57)可以导出稳态梭子电子布居为

$$N=\frac{C}{D}\tag{22.59}$$

其中

$$C=\sum_{l,n=-\infty}^{+\infty}I_l(\nu_c)J_n(\nu_0)[f_{\mathrm{L}}(E_0+l\hbar\omega_0+n\hbar\omega_0)+f_{\mathrm{R}}(E_0+l\hbar\omega_0+n\hbar\omega_0)] \tag{22.60}$$

和

$$\begin{aligned}D=\sum_{l,n=-\infty}^{+\infty}&I_l(\nu_c)J_n(\nu_0)[2-f_{\mathrm{L}}(E_0-l\hbar\omega_0-n\hbar\omega_0)\\&+f_{\mathrm{L}}(E_0+l\hbar\omega_0+n\hbar\omega_0)-f_{\mathrm{R}}(E_0-l\hbar\omega_0-n\hbar\omega_0)+f_{\mathrm{R}}(E_0+l\hbar\omega_0+n\hbar\omega_0)]\end{aligned} \tag{22.61}$$

基于前面推导出的公式，可以得到振子位置涨落方程中衰减速率和涨落源的关联函数表达式分别为

$$\gamma(\omega)=\nu_0\Gamma e^{\nu_c}B(\omega) \tag{22.62}$$

和

$$K(\omega)=\frac{\hbar\omega_0}{m}\nu_0\Gamma A(\omega) \tag{22.63}$$

其中

$$\begin{aligned}A(\omega)=&\sum_\alpha\sum_{l,n=-\infty}^{+\infty}I_l(\nu_c)J_n(\nu_0)\\&\times\{N[2-f_\alpha(E_0-l\hbar\omega_0-n\hbar\omega_0-\hbar\omega)-f_\alpha(E_0-l\hbar\omega_0-n\hbar\omega_0+\hbar\omega)]\\&+(1-N)[f_\alpha(E_0+l\hbar\omega_0+n\hbar\omega_0+\hbar\omega)+f_\alpha(E_0+l\hbar\omega_0+n\hbar\omega_0-\hbar\omega)]\}\end{aligned} \tag{22.64}$$

和

$$\begin{aligned}B(\omega)=&\sum_\alpha\sum_{l,n=-\infty}^{+\infty}I_l(\nu_c)J_n(\nu_0)\\&\times(N(f_\alpha(E_0-l\hbar\omega_0-n\hbar\omega_0-\hbar\omega)-f_\alpha(E_0-l\hbar\omega_0-n\hbar\omega_0+\hbar\omega))\\&+(1-N)(f_\alpha(E_0+l\hbar\omega_0+n\hbar\omega_0-\hbar\omega)-f_\alpha(E_0+l\hbar\omega_0+n\hbar\omega_0+\hbar\omega)))\end{aligned} \tag{22.65}$$

这样，振子位置涨落的偏差为

$$\langle\tilde{x}^2\rangle=\frac{\hbar}{2m\omega_0}\frac{A(\omega_0)}{B(\omega_0)} \tag{22.66}$$

或

$$\nu_c=\nu_0\frac{A(\omega_0)}{B(\omega_0)} \tag{22.67}$$

22.6.2 数值结果

式(22.59)至式(22.61)、式(22.64)、式(22.66)和式(22.67)构成一个确定稳态梭子电子布居以及非平衡振子位置涨落水平的方程组。数值上求解这些方程，并将结果代入式(22.57)，则得到电流值。图 22.15 给出了低温($k_BT=0.01\hbar\omega_0$)和不同的平衡化学势 μ 与梭子电子态能量 E_0 之差情况下的电流-电压曲线。当偏压①$eV/2 = E_0-\mu$ 和②$eV/2=\hbar\omega_0-E_0+\mu$ 时，图中显示出两个明显的台阶。第一个台阶在左边电极的化学势($\mu_L=\mu+eV/2$)扫过梭子的能级时出现；而第二个则在右边电极的化学势($\mu_R=\mu-eV/2$)扫过能量为 $E_0-\hbar\omega_0$ 的虚态时开始。后者对应于能量为 $E_0-\hbar\omega_0$ 的左电极电子隧穿到能量为 E_0 的梭子电子态，同时从梭子机械运动(声子)中吸收一个量子。随后，到能量为 $E_0-\hbar\omega_0$ 的右电极态的隧穿伴随着一个声子的发射。这些过程甚至在平衡时都有可能发生，不过此时具有能量为 $E_0-\hbar\omega_0$ 的左右电极的布居相等，因此没有净电流。只有当右电极的化学势扫过此能量时，右电极的布居变得少于左电极的布居时，才会出现电流-电压特性中的第二个台阶。

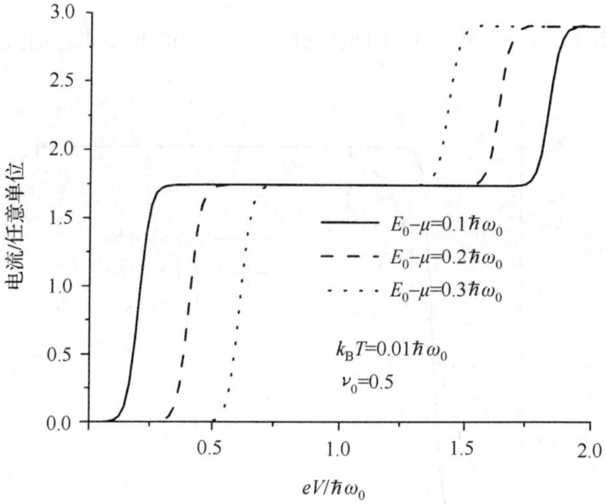

图 22.15 不同的电极间平衡化学势和梭子电子能量差的量子梭子的电流-电压曲线

当电子与梭子的机械自由度存在较强的耦合时，声子的发射和吸收过程才容易发生。为了做一说明，图 22.16 给出了不同参数 ν_0 值即不同耦合强度下的电流-电压曲线。由图可见，当 ν_0 增大时，第二个台阶变得十分显著，而它取较小的值时，几乎分辨不出此台阶。图 22.17 显示了不同温度情况下梭子布居对电压的依赖关系，其中并没有第二个台阶。注意这里只有通过梭子能级才有布居，而且，在较高温度下，即使平衡时梭子也有布居。不过，即便通过虚能级 $E_0-\hbar\omega_0$ 的电流小到可以忽略不计，它也会影响梭子的机械运动特性，如衰减速率(图 22.18)以及振子位置的非平衡涨落程度(图 22.19)。实际上，当外加电压扫过值 $eV/2=\hbar\omega_0-E_0+\mu$ 时，两者低温时都伴随着明显的台阶，而这些台阶随着温度升高而变光滑。

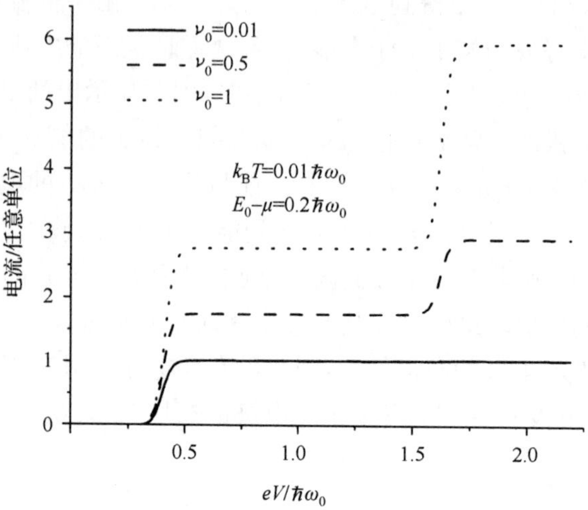

图 22.16 参数 ν_0 取不同值时的量子梭子的电流-电压曲线

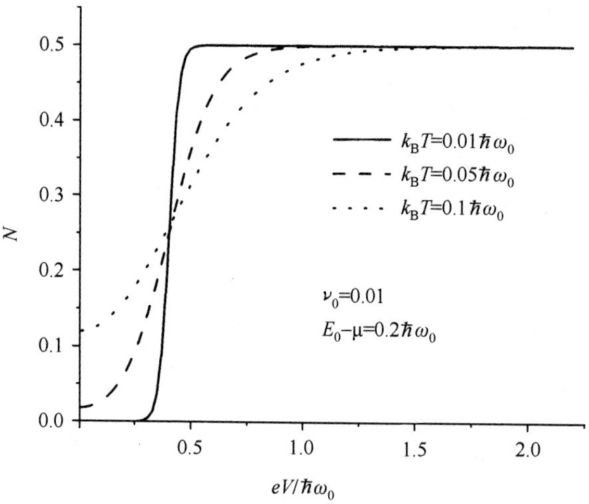

图 22.17 不同温度下梭子电子态布居作为外加电压的函数

图 22.20 给出了不同温度下较大 ν_0 值时的电流-电压曲线。由图可见，高温时台阶变平滑，而且电压加强，电流增大。后者是高电压下梭子的不稳定性导致的结果[21,24,35]。而且，温度越高，电流增大的越早。从图 22.18 和图 22.19 也能看出这

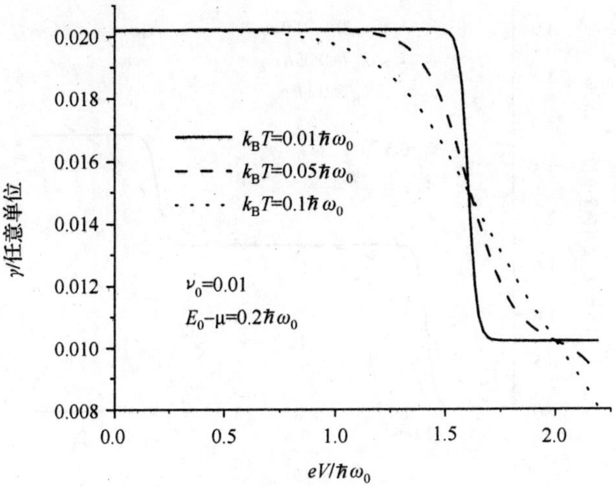

图 22.18 不同温度下梭子衰减速率作为外加电压的函数

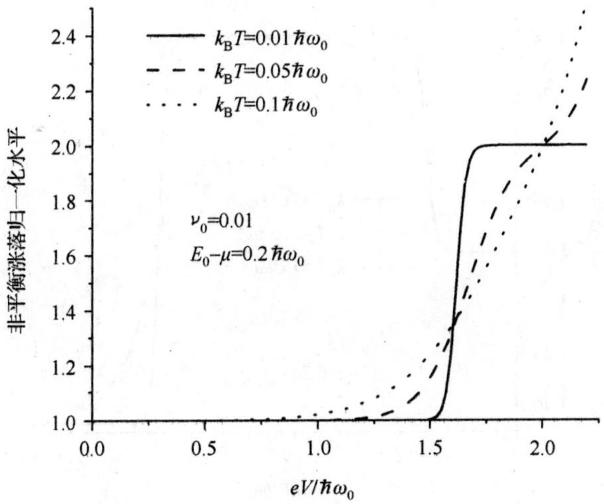

图 22.19 不同温度下梭子位置的非平衡涨落水平作为外加电压的函数

一效应是由不稳定性所导致的。

图 22.21 和图 22.22 分别给出了参数 ν_0 取较大值时振子衰减速率和振子位置非平衡涨落程度。一旦增强机械和电子自由度的耦合，不仅在通过梭子的电流伴随着发射/吸收开始时会导致台阶的出现，而且当电压对应于电流-电压特征的第一台阶时也都会导致台阶的出现。高温情况下这些台阶变光滑，也产生与梭子不稳定相关的特性。

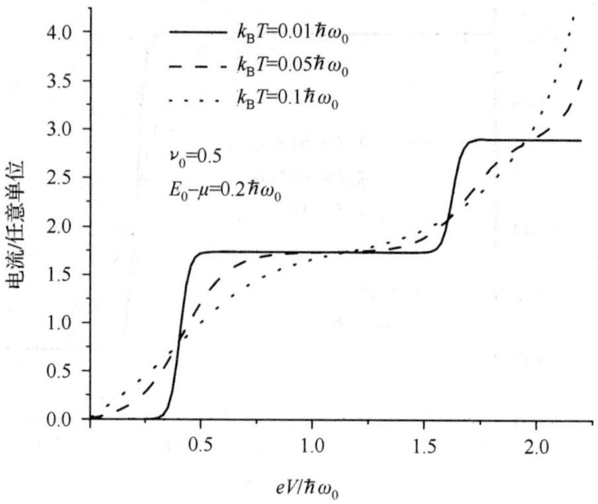

图 22.20　不同温度下量子梭子的电流-电压曲线

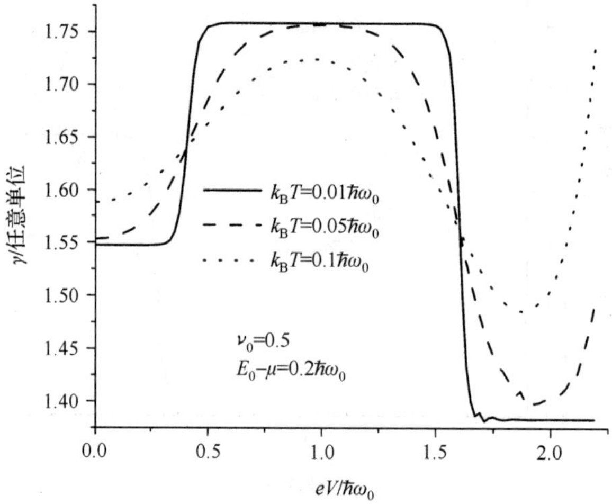

图 22.21　不同温度下梭子衰减速率对电压的依赖关系

图 22.23 至图 22.25 分别显示了参数 $\nu_0=0.01$、0.1 和 0.5 时通过梭子的电流对温度的依赖性。图中外加电压的值分别取自开始、第一个和第二个平台值。由图可见，不同 ν_0 值导致不同的定性特征。当 ν_0 较小时，电流随温度的升高而减小(除非电压对应于第一个平台：低温下没有电流)；当 ν_0 为中间值时，电流随温度的升高而增大；当 ν_0 较大时，电流随温度的升高而呈指数地增大。这种行为可以从高温下电流的极限表达式($k_BT\gg|E-\mu|$)看出。此时，$\nu_c=\nu_0(2k_BT/\hbar\omega_0)$，且电流表示为

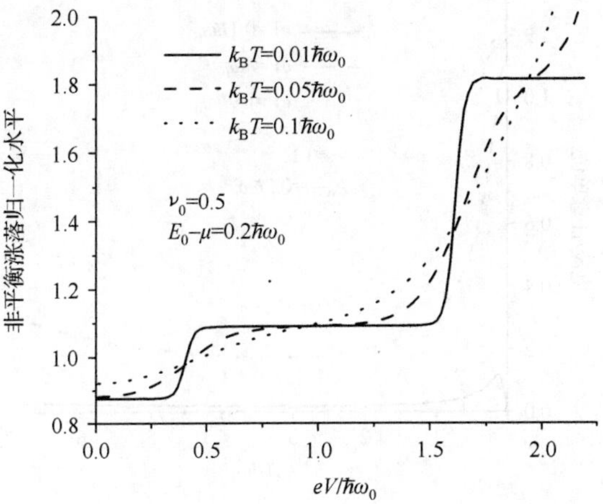

图 22.22 不同温度下梭子位置的非平衡涨落水平衰对电压的依赖关系

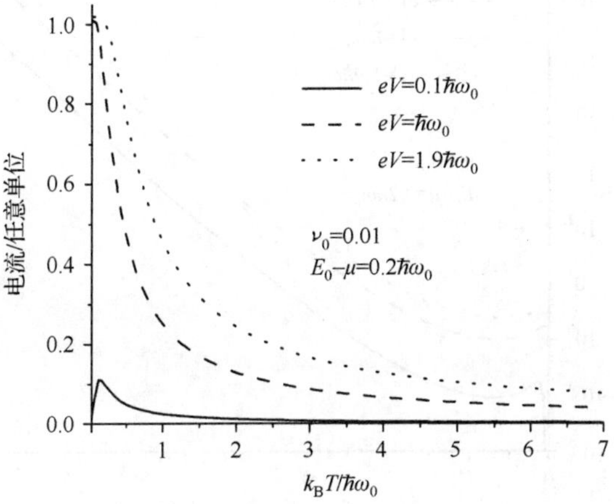

图 22.23 $\nu_0=0.01$ 和不同外加电压下通过梭子的电流与温度的关系

$$I=\frac{e}{\hbar}\Gamma\exp\left(\frac{4k_BT}{\hbar\omega_0}\nu_0\right)\frac{eV}{4k_BT} \tag{22.68}$$

其中乘积的最后一项由费米分布所致。从式(22.68)可见指数项和 $1/T$ 项的竞争,究竟哪一项占主导则取决于 ν_0。当 ν_0 较小时,$1/T$ 项起决定作用;而对中间值 ν_0 电流几乎不依赖于温度;当 ν_0 变大时,电流指数增大。

如图 22.26 至图 22.28 所示,振子位置非平衡涨落程度对温度的依赖性,在此三个区域中也明显地表现出不同。对于较小的 ν_0(图 22.26),涨落衰减到高温无耦合情况,且在弱电压下没有热化效应。在中强电压下加热衰减为一直线

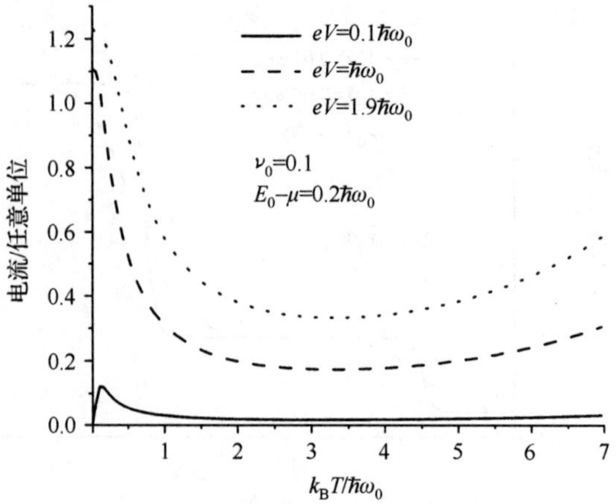

图 22.24 ν_0=0.1 和不同外加电压通过梭子的电流与温度的关系

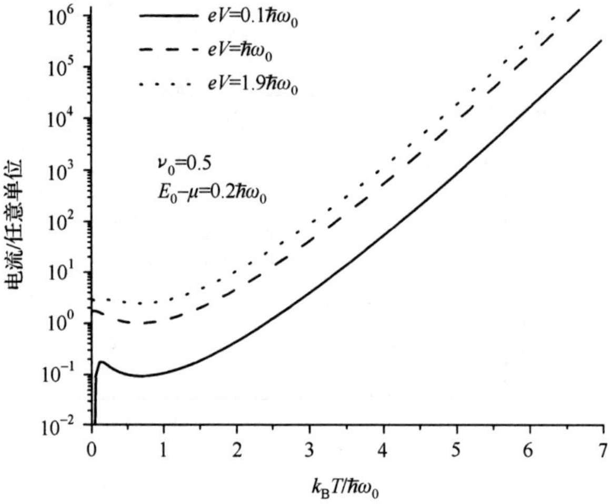

图 22.25 ν_0=0.5 和不同外加电压通过梭子的电流与温度的关系

(图 22.27),更高电压时则为一非线性函数。作为对比,悬臂情况下的非平衡和量子效应在高温时都消失。

典型的梭子振动频率为 1THz 左右。这样,$eV=\hbar\omega_0$ 对应于约 6.55×10^{-3}V 的偏压,而 $k_BT=\hbar\omega_0$ 则对应于温度 7.6K。

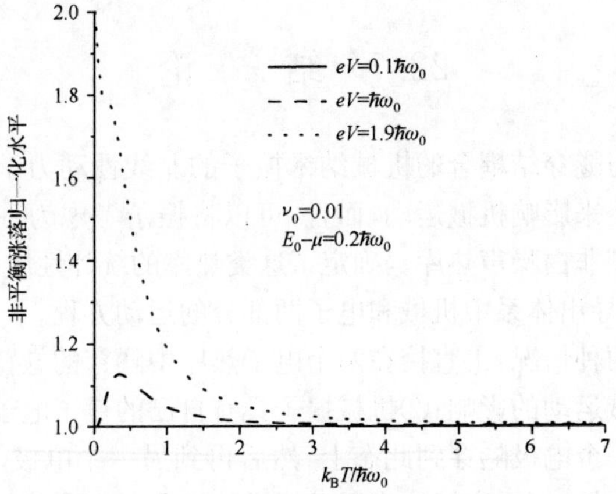

图 22.26 ν_0 =0.01 和不同外加电压时梭子位置的非平衡涨落作为温度的函数

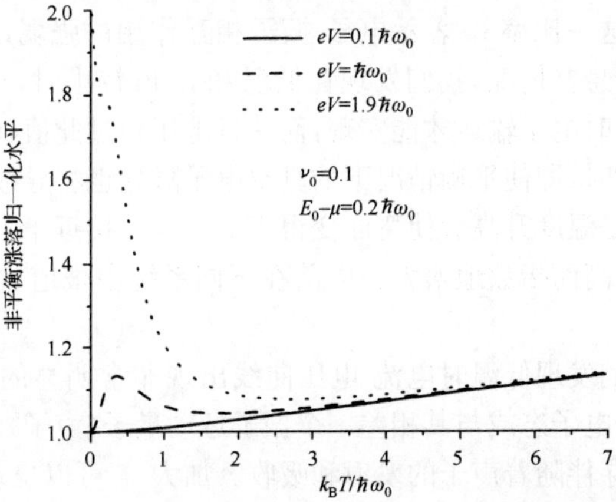

图 22.27 ν_0 =0.1 和不同外加电压时梭子位置的非平衡涨落作为温度的函数

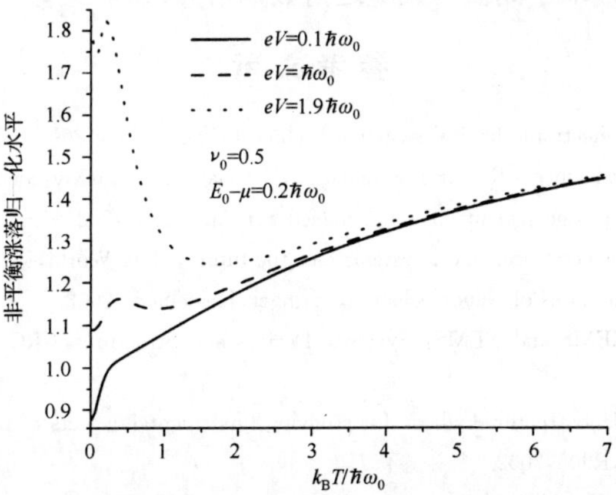

图 22.28 ν_0 =0.5 和不同外加电压时梭子位置的非平衡涨落作为温度的函数

22.7 结 论

本章讨论了与隧穿结耦合的机械纳米振子的非线性动力学。研究表明，通过隧穿结的电子输运来影响机械运动，而且，可以将振子考虑为一开放体系，且其导电电子代表欧姆型非白噪声热库。确定了这类热库的统计性质。在业已发展的理论基础上，我们推导出体系中机械和电子两部分的运动方程。

本章分析了两种情况：①直接在两个电子热库中隧穿的悬臂动力学，此时隧穿矩阵元素受到机械运动的影响；②机械振子具有自己的量子电子态的梭子动力学，此时电子首先从一个电极隧穿到此态上，然后再到另一个电极。我们确定了两种情况下的非线性电导、振子衰减速率以及振子位置非平衡涨落的偏差等，它们是温度、施加在隧穿结上的电压、耦合强度（由振子参数 $\hbar/2m\omega_0$ 与电子隧穿长度平方之比刻画）函数。这一比率 ν_0 表示电子-振子相互作用的强弱以及振子处于量子区域的深度。对于悬臂情况，我们发现在低温和 ν_0 值较小时，只有当外加电压达到振子的基础频率时电子输运才能实现，而一旦电压扫过此值，电导出现一个尖锐的扭折。当 ν_0 较大时，即使平衡情况下的真空电子隧穿也将导致振子热化，扭折仍然可以观测到，只是温度升高会使弯曲变得光滑。当 ν_0 接近于 1 时，电导在深量子区域随着温度的升高而指数地增大。以前在不同系统中报道过这一效应，其机制还有待解释。

对于梭子，我们发现低温时电流-电压曲线出现非常明显的台阶，此时一个电极的化学势与梭子电子态或与其相差一个振子运动量子（声子）的虚态在能量上共振。因此，电子隧穿伴随着声子的发射和吸收。加大 ν_0 可以出现更多的台阶。通过梭子的电流对温度的依赖性表现出不同的行为：或反比于温度（如果 ν_0 较小），或与之无关（如果 ν_0 取中间值），或随之指数地增大（如果 ν_0 较大）。

参 考 文 献

[1] Roukes, M. L., Nanoelectromechanical systems, Technical Digest of the 2000 Solid-State Sensor and Actuator Workshop, Transducers Research Foundation, Cleveland, 2000; arXiv: cond-mat/0008187.

[2] Roukes, M. L., Nanophysics: plenty of room, indeed, Sci. Am., 285, 48, 2001.

[3] Roukes, M. L., Nanoelectromechanical systems face the future, Phys. World, 14, 25, 2001.

[4] Cleland, A. N., Foundations of Nanomechanics, Springer, Heidelberg, 2002.

[5] Lyshevski, S. E., MEMS and NEMS: Systems, Devices and Structures, CRC Press, Boca Raton, FL, 2002.

[6] Blick, R. H. et al., Nanostructured silicon for studying fundamental aspects of nanomechanics, J. Phys.: Condens. Matter, 14, R905, 2002.

[7] Shekhter, R. I. et al., Shuttling of electrons and Cooper pairs, J. Phys.: Condens. Matter, 15, R441, 2003.

[8] Blencowe, M., Quantum electromechanical systems, Phys. Rep., 395, 159, 2004.

[9] Gorelik, L. Y. et al. , Shuttle mechanism for charge transfer in Coulomb blockade nanostructures, Phys. Rev. Lett. , 80, 4526, 1998.

[10] Isacsson, A. et al. , Shuttle instability in self-assembled Coulomb blockade nanostructures, Physica B, 255, 150, 1998.

[11] Park, H. , et al. , Nanomechanical oscillations in a single-C_{60} transistor, Nature, 407, 58 2000.

[12] Gorelik, L. Y. et al. , Coherent transfer of Cooper pairs by a movable grain, Nature, 411, 454, 2001.

[13] Erbe, A. et al. , Nanomechanical resonator shuttling single electrons at radio frequencies, Phys. Rev. Lett. , 87, 096106, 2001.

[14] Mozyrsky, D. and Martin, I. , Quantum-classical transition induced by electrical measurement, Phys. Rev. Lett. , 89, 018301, 2002.

[15] Armour, A. D. and Mac Kinnon, A. , Transport via a quantum shuttle, Phys. Rev. B, 66, 035333, 2002.

[16] Nishiguchi, N. , Gate voltage dependence of a single-electron transistor using the shuttle mechanism, Phys. Rev. B, 65, 035403, 2002.

[17] Isacsson, A. et al. , Mechanical Cooper pair transportation as a source of long-distance superconducting phase coherence, Phys. Rev. Lett. , 89, 277002, 2002.

[18] Huang, H. M. H. et al. , Nanoelectromechanical systems: Nanodevice motion at microwave frequencies, Nature, 421, 496, 2003.

[19] Knobel, R. G. and Cleland, A. N. , Nanometer-scale displacement sensing using a single electron transistor, Nature, 424, 291, 2003.

[20] Blencowe, M. , Quantum physics: Uncertain future, Nature, 424, 262, 2003.

[21] Novotny, T. et al. , Quantum shuttle in phase space, Phys. Rev. Lett. , 90, 256801, 2003.

[22] Smirnov, A. Yu. et al. , Nonequilibrium fluctuations and decoherence in nanomechanical devices coupled to the tunnel junction, Phys. Rev. B, 67, 115312, 2003.

[23] McCarthy, K. D. et al. , Incoherent dynamics of vibrating single-molecule transistors, Phys. Rev. B, 67, 245415, 2003.

[24] Fedorets, D. , Quantum description of shuttle instability in a nanoelectromechanical single-electron transistor, Phys. Rev. B, 68, 033106, 2003.

[25] Rugar D. et al. , Single spin detection by magnetic resonance force microscopy, Nature, 430, 329, 2004.

[26] Cleland, A. N. , Nanophysics: Carbon nanotubes tune up, Nature, 431, 251, 2004.

[27] Sazonova V. et al. , A tunable carbon nanotube electromechanical oscillator, Nature, 431, 284, 2004.

[28] Blencowe, M. , Nanomechanical quantum limits, Science, 304, 56, 2004.

[29] LaHaye, M. D. et al. , Approaching the quantum limit of a nanomechanical resonator, Science, 304, 74, 2004.

[30] Mozyrsky, D. et al. , Quantum-limited sensitivity of single-electron-transistor-based displacement detectors, Phys. Rev. Lett. , 92, 018303, 2004.

[31] Weig, E. M. et al. , Single-electron-phonon interaction in a suspended quantum dot phonon cavity, Phys. Rev. Lett. , 92, 046904, 2004.

[32] Fedorets, D. et al. , Quantum shuttle phenomena in a nanoelectromechanical single-electron transistor, Phys. Rev. Lett. , 92, 166801, 2004.

[33] Novotny, T. et al. , Shot noise of a quantum shuttle, Phys. Rev. Lett. , 92, 248302, 2004.

[34] Armour, A. D. et al. , Classical dynamics of a nanomechanical resonator coupled to a single-electron tran-

sistor, Phys. Rev. B, 69, 125313, 2004.

[35] Smirnov, A. Yu. et al., Temperature dependence of electron transport through a quantum shuttle, Phys. Rev. B, 69, 155310, 2004.

[36] Clerk, A. A. and Girvin, S. M., Shot noise of a tunnel junction displacement detector, Phys. Rev. B, 70, 121303, 2004.

[37] Armour, A. D., Current noise of a single-electron transistor coupled to a nanomechanical resonator, Phys. Rev. B, 70, 165315, 2004.

[38] Flindt C. et al., Current noise in a vibrating quantum dot array, Phys. Rev. B, 70, 205334, 2004.

[39] Clerk, A. A., Quantum-limited position detection and amplification: A linear response perspective, Phys. Rev. B, 70, 245306, 2004.

[40] Scheible, D. V. and Blick, R. H., Silicon nanopillars for mechanical single-electron transport, Appl. Phys. Lett., 84, 4632, 2004.

[41] Fedorets, D. et al., Spintronics of a Nanoelectromechanical Shuttle, Phys. Rev. Lett., 95, 057203, 2005.

[42] Rodrigues D. A. and Armour, A. D., Noise properties of two single-electron transistors coupled by a nanomechanical resonator, Phys. Rev. B, 72, 085324, 2005.

[43] Chen J. et al., Molecular electronic devices, in: Molecular Nanolectronics, Reed, M. and Lee, T., Eds., American Scientific Publishers, 2003.

[44] Callen, H. B. and Welton, T. A., Irreversibility and generalized noise, Phys. Rev., 83, 34, 1951.

[45] Efremov G. F. and Smirnov, A. Yu., Contribution to the microscopic theory of fluctuations of a quantum system interacting with a Gaussian thermostat, Sov. Phys. JETP, 53, 547, 1981.

[46] Efremov G. F. et al., Noise-induced relaxation of quantum oscillator interacting with a thermal bath, Phys. Lett. A, 175, 89, 1993.

[47] Mourokh, L. G. and Smirnov, A. Yu., Brownian motion in submicron rings, in: Quantum Dynamics of Submicron Structures, Cerdeira, H. et al., Eds., NATO ASI Series, 291, Kluwer Academic Publishers, Dordrecht, 1995.

[48] Mourokh, L. G. et al., Electron Transport through a Parallel Double-Dot System in the Presence of Aharonov-Bohm Flux and Phonon Scattering, Phys. Rev. B, 66, 085332, 2002.

[49] Puller, V. I. et al., Theory of Open Quantum Systems as Applied to Spin Relaxation in Solids, Problems of Modern Statistical Physics, 1, 63, 2002, arXiv: cond-mat/0205625.

[50] Caldeira, A. O. and Leggett, A. J., Influence of dissipation on quantum tunneling in macroscopic systems, Phys. Rev. Lett., 46, 211, 1981.

[51] Stewart, D. R., et al., unpublished data, 2003.

[52] Noginova, N., personal communication, 2003.

23　分子接触的相干电子输运:一个易处理的模型实例

Alexander Onipko，Lyuba Malysheva　著

孙庆丰　译

在这一章我们要达到以下两个目的:

首先,我们首要目标是,为研究人员提供一套完整且必需的研究方法,它能够独立地描述与两个金属/半导体导线连接的单分子体系中的相干电子输运性质。基于这一想法,对于相对较为简单的接触电导和电流-电压特性,我们在 23.1 节与 23.2 节中给出了基于精确模型公式的相应的计算方法和物理图像。据我们所知,尽管现在已有一些综合性的书籍、评论和综述性的文章[1-12]涉及这方面的工作,但是仍缺乏像我们这里所提供的这种系统性资料。在 Lippman-Schwinger 公式的框架下,并辅以 Löwdin 分离技巧[14],用于计算接触透射系数的 Datta 求迹公式,可

以用一种更为直接的方式重新推导出来，从而避免了一系列的额外定义。同时，我们也给出了以“试试看”(try-and-see)计算方式求解分子-导线相互作用和分子格林函数的具体实例。在本章的最后，还详细地讨论了我们早期得到的一些低聚体分子的隧穿公式。

其次，我们需要提供一种理论方法，它用来描述恒定电场对分子谱以及通过分子的电子输运性质的影响。这一问题的重要性在于它与 Fowler、Nordheim[16]、Zenner[17] 和 Wannier[18] 的预测密切相关。在 23.3 节中，我们将重点放在隧穿指数，特别是它对能量和电场的依赖关系上。我们还将描述当势垒顶部施加外部偏压时，隧穿指数是如何变化的；当继续增加偏压将隧穿能量变为场致三角形势阱时，隧穿指数是如何变化的；最后，随着偏压继续增加到足以产生了 Wannier-Stark 带的大小但仍有带底能量低于隧穿能量时，隧穿指数是如何变化的。我们将采用长分子的紧束缚模型来研究这些变化，这时分子的“势垒参数”能够被清晰明确地表达出来。这些分析将揭示一些早期理论未能发现的新的场效应特性。

23.1 导线-分子-导线连接模型

我们首先简要描述一下待研究的体系，然后详细地推导出接触隧穿系数，并对它进行分析。分子与导线间的相互作用采用耦合函数来进行描述，这里的耦合函数相当于自能。最后，我们将给出当前研究的体系与接触输运中格林函数自能之间的联系。

23.1.1 相干输运体系结构

图 23.1 给出了我们要研究的模型：一个分子连接到两个半无穷长理想导线上。很多实验都可以用这个模型来描述，如金属衬底上的自组织分子的 STM 谱，在那里衬底和针尖都可以被看作是导线。图 23.1 中也画出了衬底和针尖相应的坐标轴选取情况。符号 $\boldsymbol{r}=(r_{\perp},r_z)$，$r_{\perp}=(r_x,r_y)$，用于描述两导线中的原子。衬底和针尖的坐标系分别用 $\{r\}_{\alpha}$，$\alpha=\mathrm{s},\mathrm{t}$ 来表示。属于同一坐标系 $\{\boldsymbol{r}\}_m$ 的分子中的原子用数字来表示。

对于存在散射区的体系(图 23.1)，通过它的相干电子输运行为，一般用隧穿系数 T 来描述。隧穿系数 T 表示一个定态单能电子流遇到障碍且穿过障碍的概率。

设 s 端和 t 端导线中的电子态分别以 μ 和 ν 来标记，则隧穿系数 T 定义为所有可能的从通道 μ 到通道 ν 的隧穿概率之和[4,15,19~22]

$$T=\sum_{\nu,\mu}T_{\nu,\mu} \tag{23.1}$$

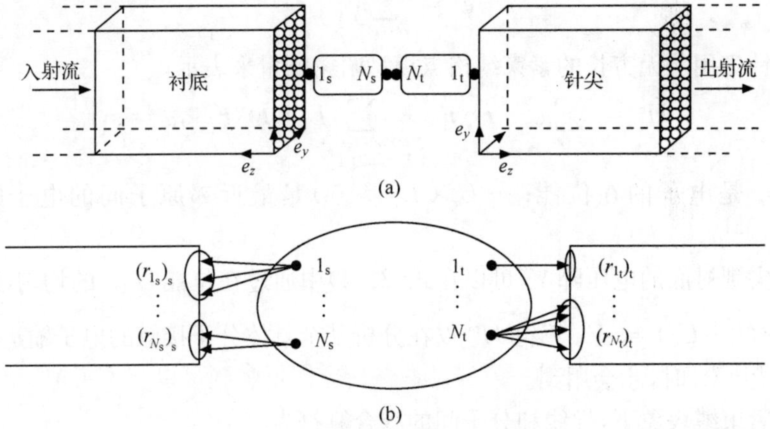

图 23.1 导线-分子-导线的接触示意图

(a) 分子通过自身的一个原子(黑点 1_s 和 1_t)分别与导线的原子相连接。(b) 分子中的原子 1_s,…,N_s 分别和衬底导线上的原子团$\{\boldsymbol{r}1_s,\}_s$…,$\{\boldsymbol{r}_{N_s}\}_s$ 相耦合。类似的,分子和针尖之间的连接同样也显示出来

在我们的体系中,$\psi^{s}_{\mu,k_\mu}(\boldsymbol{r})\exp(-\mathrm{i}\boldsymbol{k}_\mu r_z)$ 表示入射电子波函数,其中指标 μ 表示衬底中从左到右运动电子的本征态量子数,其波矢为 $\boldsymbol{k}_\mu$。相应地,指标 ν 标记了透射电子波函数 $\psi^{t}_{\mu,k_\mu;\nu,k_\nu}(\boldsymbol{r})\exp(-\mathrm{i}\boldsymbol{k}_\nu r_z)$,它依赖于入射波矢 $\boldsymbol{k}_\mu$ 和通道 μ。这些透射波沿同一方向传播,但是局限于针尖内。式(23.1)需要对所有入射能量为 E 的电子态求和①。一旦我们得到了各个部分中的波函数 $\psi^{s}_{\mu,k_\mu}(\boldsymbol{r})$ 和 $\psi^{t}_{\mu,k_\mu;\nu,k_\nu}(\boldsymbol{r})$ 的振幅以及群速度 $\nu^{s}_{k_\mu}$、$\nu^{t}_{k_\nu}$,通道 ν、μ 间的透射概率就可以由它们的流比率得到

$$T_{\nu,\mu}=\frac{\sum\limits_{r_\perp\in\{r\}_t}\nu^{t}_{\boldsymbol{k}_\nu}\left|\psi^{t}_{\nu,\boldsymbol{k}_\nu;\mu,\boldsymbol{k}_\mu}(\boldsymbol{r})\right|^2}{\sum\limits_{r_\perp\in\{r\}_s}\nu^{s}_{k_\mu}\left|\psi^{s}_{\mu,\boldsymbol{k}_\mu}(\boldsymbol{r})\right|^2} \tag{23.2}$$

这里的求和区域是导线 s 和 t 的任意截面。

有很多其他方法也可以用于计算透射系数 T,如 S 矩阵、格林函数方法等[5,7-12,15,23-26]。然而,我们将采用式(23.1)和式(23.2)来进行下面的推导,这是为了更简洁地得到结果,这也与我们的目标相一致。

23.1.2 哈密顿量和散射型本征态

哈密顿量算符 $\hat{H}^\alpha(\alpha=\mathrm{s,t,m}$, 分别表示衬底、针尖和分子)的任何本征态 ψ^α 都可以用一套完备原子轨道基矢 $|\boldsymbol{r}\rangle$ 展开,

① 此后,我们将略去 T 是 E 的函数的显式表示。

$$\psi^{\alpha} = \sum_{r \in \{r\}_{\alpha}} \psi_{r}^{\alpha} \mid \boldsymbol{r} \rangle \tag{23.3}$$

衬底和针尖用半无穷长的紧束缚格点模型哈密顿量来表示，

$$\hat{H}^{\alpha} = \sum_{r \in \{r\}_{\alpha}} \varepsilon_{\alpha} \mid \boldsymbol{r} \rangle \langle \boldsymbol{r} \mid - \sum_{\substack{r,r' \in \{r\}_{\alpha} \\ |r-r'|=a}} L_{\alpha} \mid \boldsymbol{r} \rangle \langle \boldsymbol{r}' \mid, \alpha = \mathrm{s}, \mathrm{t} \tag{23.4}$$

式中，ε_{α} 是电子的在位能；$-L_{\alpha}$（$L_{\alpha}>0$）是最近邻原子间的电子跃迁能；$|\boldsymbol{r}-\boldsymbol{r}'|=a$。

针尖到衬底的电压降 V，可以在式(23.4)中通过在位能 $U_{\mathrm{s(t)}}$ 的均匀改变来表示，即 $e(U_{\mathrm{t}}-U_{\mathrm{s}})=eV$。算符 $\hat{H}^{\mathrm{m}}$ 仅在分析某个具体分子接触的电子输运(决定欧姆电导[1,19,22])时，才会用到。

在紧束缚表象下，导线和分子间的耦合算符为

$$\hat{V}^{\mathrm{s}}+\hat{V}^{\mathrm{t}} = \sum_{i_{\mathrm{s}}=1}^{N_{\mathrm{s}}} \sum_{r \in \{r_{is}\}_{\mathrm{s}}} V_{t_{\mathrm{s}},\boldsymbol{r}}^{\mathrm{s}} (\mid i_{\mathrm{s}} \rangle \langle \boldsymbol{r} \mid + \mid r \rangle \langle i_{\mathrm{s}} \mid) + \sum_{i_{\mathrm{t}}=1}^{N_{\mathrm{t}}} \sum_{r \in \{r_{i_{\mathrm{t}}}\}_{\mathrm{t}}} V_{t_{\mathrm{t}},\boldsymbol{r}}^{\mathrm{t}} (\mid i_{\mathrm{t}} \rangle \langle \boldsymbol{r} \mid + \mid \boldsymbol{r} \rangle \langle i_{\mathrm{t}} \mid) \tag{23.5}$$

式中，$i_{\mathrm{s}(t)}$ 表示邻近衬底(针尖)且和衬底(针尖)耦合的原子(图 23.1)。不失一般性，我们假定衬底-分子(针尖-分子)的耦合系数 $V_{i_{\mathrm{s(t)}},r}^{\mathrm{s(t)}}$ 为实数。通常，只有衬底(针尖)表层和亚表层几层原子的耦合系数不为零，因此，我们需要考虑的衬底(针尖)束缚原子(它的坐标为 r_z)只有几层。

我们下面用 Lippman-Schwinger 方程[13]来推导透射系数的表达式。从哈密顿量 $\hat{H}=\sum_{\alpha}\hat{H}^{\alpha}+\hat{V}^{\mathrm{s}}+\hat{V}^{\mathrm{t}}$ 的薛定谔方程的形式解出发，得

$$\psi = \psi^{0} + \hat{G}^{0}(\hat{V}^{\mathrm{s}}+\hat{V}^{\mathrm{t}})\psi \tag{23.6}$$

其中，$\hat{H}^{0}\psi^{0}=E\psi^{0}$，$\hat{H}^{0}=\sum_{\alpha}\hat{H}^{\alpha}$，$\hat{G}^{0}=(E\hat{I}-\hat{H}^{0})^{-1}$，$\hat{I}$ 是单位算符，E 是电子能量。

波函数 $\psi=\sum_{\alpha}\psi^{\alpha}$[$\psi^{\alpha}$ 的定义见式(23.3)]用来描述入射到分子的稳恒电子流、透射出分子的稳恒电子流以及从分子反射回的稳恒电子流。对于在衬底中传播的入射电子流，如图 23.1 所示，可选择 $\psi^{0}=\psi^{\mathrm{s}0}=\sum_{r\in\{r\}_{\mathrm{s}}}\psi_{r}^{\mathrm{s}0}\mid r\rangle$，$\hat{H}^{\mathrm{s}}\psi^{\mathrm{s}0}=E\psi^{\mathrm{s}0}$。这样 ψ^{α} 的展开系数满足以下方程组：对于 $\alpha=\mathrm{s},\mathrm{t}$，有

$$\psi_{r}^{\mathrm{s}} = \psi_{r}^{\mathrm{s}0} + \sum_{i_{\mathrm{s}}=1}^{N_{\mathrm{s}}} \sum_{r' \in \{r_{is}\}_{\mathrm{s}}} G_{r,r'}^{\mathrm{s}} V_{i_{\mathrm{s}}r'}^{\mathrm{s}} \psi_{i_{\mathrm{s}}}^{m} \tag{23.7}$$

$$\psi_{r}^{\mathrm{t}} = \sum_{i_{\mathrm{t}}=1}^{N_{\mathrm{t}}} \sum_{r' \in \{r_{i_{\mathrm{t}}}\}_{\mathrm{t}}} G_{r,r'}^{\mathrm{t}} V_{i_{\mathrm{s}},r'}^{\mathrm{t}} \psi_{i_{\mathrm{t}}}^{m} \tag{23.8}$$

而对于 $\alpha=\mathrm{m}$，有

$$\psi_{i_s}^{m} = \sum_{i'_s=1}^{N_s} \sum_{r \in \{r_{i'_s}\}} G_{i_s,i'_s}^{m} V_{i'_s,r}^{s} \psi_r^{s} + \sum_{i_t=1}^{N_t} \sum_{r \in \{r_{i_t}\}} G_{i_s,i_t}^{m} V_{i_t,r}^{t} \psi_r^{t} \tag{23.9}$$

$$\psi_{i_t}^{m} = \sum_{i_t=1}^{N_s} \sum_{r \in \{r_{i_s}\}} G_{i_t,i_s}^{m} V_{i_s,r}^{s} \psi_r^{s} + \sum_{i'_t=1}^{N_t} \sum_{r \in \{r_{i'_t}\}} G_{i_t,i'_t}^{m} V_{i'_t,r}^{t} \psi_r^{t} \tag{23.10}$$

注意,$G_{r,r'}^{\alpha} = \langle \boldsymbol{r} | \hat{G}^0 | \boldsymbol{r}' \rangle, \boldsymbol{r}, \boldsymbol{r}' \in \{\boldsymbol{r}\}_\alpha$ 和矩阵 $G^s \equiv [G_{r,r'}^{s}], G^t \equiv [G_{r,r'}^{t}]$ 分别为衬底和针尖的推迟格林函数(在这里,格林函数是格林函数算符矩阵的缩写)。

对于孤立的半无穷长衬底,散射问题的解 ψ_r^{s0} 通常是已知的。当衬底和针尖通过分子发生耦合时,入射波完全由波函数 ψ_r^{α} ($\alpha = \mathrm{s,t,m}$)的振幅来确定。

23.1.3 单原子连接的分子-导线接触体系

在这一小节,我们将考虑分子和导线的连接仅通过一个单原子耦合的情况,即 $N_s = N_t = 1, i_{s(t)} = 1_{s(t)}, \{r_{1_{s(t)}}\}_{s(t)} = \{\boldsymbol{r}\}_{s(t)}$ [27]。例如,端基为巯基的分子和金导线相连就是这种单原子连接的分子-导线接触体系。在这种情况下,传输到针尖的波函数能从式(23.7)至式(23.10)中解出

$$\psi_r^{t} = G_{1_s,1_t} \sum_{r' \in \{r\}_s} V_{1_s,r'}^{s} \psi_{r'}^{s0} \sum_{r'' \in \{r\}_t} G_{r,r''}^{t} V_{r'',1_t}^{t} \tag{23.11}$$

其中

$$G_{1_s,1_t} = \frac{G_{1_s,1_t}^{m}}{(1 - A^s G_{1_s,1_s}^{m})(1 - A^t G_{1_t,1_t}^{m}) - A^s A^t (G_{1_s,1_t}^{m})^2} \tag{23.12}$$

是由分子 m 计算出的格林函数矩阵元,束缚原子 1_s 和 1_t 的在位能 ε_{1_s} 和 ε_{1_t} 分别被复数 A_s 和 A_t (均依赖于 E)所修正 $A^{s(t)} \equiv A^{s(t)R} - iA^{s(t)I}$

$$A^{s(t)} = \sum_{r,r' \in \{r\}_{s(t)}} V_{1_{s(t)},r}^{s(t)} G_{r,r'}^{s(t)} V_{r,1_{s(t)}}^{s(t)} = \sum_{r,r' \in \{r\}_{s(t)}} V_{1_{s(t)},r}^{s(t)} \left(\mathrm{Re} G_{r,r'}^{s(t)} + i \mathrm{Im} G_{r,r'}^{s(t)} \right) V_{r,1_{s(t)}}^{s(t)} \tag{23.13}$$

也就是说,式(23.12)右边的分母与行列式 $\det(E\hat{I} - \hat{H}^m)$ 有完全相同的形式,仅除了 ε_{1_s} 和 ε_{1_t} 被 $\varepsilon_{1_s} + A_s$ 和 $\varepsilon_{1_t} + A_t$ 所代替以外[29]。因此,A^s 和 A^t 决定了由于导线-分子耦合引起的分子能级移动和展宽。

用格林函数方法处理这一问题时,$A^s + A^t$ 被有条件地称为系统的"自能"[15]。值得注意的是,在 Newns 的化学吸收理论和一些其他的物理文献中,$A^s + A^t$ 也被称为"化学吸收函数"和"谱密度"。为了谨慎起见,在这里我们将把 $A^{s(t)}$ 称为耦合函数。

到目前为止,我们还没有对衬底和针尖的表面以及晶格结构做详细说明。要得到解的显式形式,需要对模型做进一步的假定。

假定与导线 s 和 t 的接触表面是一个 $N \times N$ 正方格子,即类似于立方格子的

001 面。因此,原子坐标可以表示为 $\boldsymbol{r}=\{r_\perp, r_z\}, r_\perp = an_\perp, r_z = an_z$,其中 a 是晶格常数,$n_\perp=\{n_x, n_y\}$。导线的横截面是有限的,$n_x, n_y = 1,2,\cdots,N$,但其长度是无穷的,$n_z=1,2,\cdots,\infty$。同时,也假定 $\hat{V}^{\mathrm{s}}=0$,并且衬底中沿 $-z$ 和 z 方向传播的电子流可以分别用波矢为 $\boldsymbol{k}'_{j'_\perp}/a$ 的平面波 $\exp(-\mathrm{i}k'_{j'_\perp} n_z)$ 和 $\exp(\mathrm{i}k'_{j'_\perp} n_z)$ 来表示(图 23.1)①。在横向 x 和 y 方向,电子态用两个驻波表示。因此

$$\psi^{s0}_{r_\perp, r_z} = -2i\sin(k'_{j'_\perp} n_z)\chi_{j'_\perp}(n_\perp)$$

$$\chi_{j'_\perp}(n_\perp) \equiv \frac{2}{N+1}\sin\left(\frac{\pi j'_1 n_x}{N+1}\right)\sin\left(\frac{\pi j'_2 n_y}{N+1}\right) \tag{23.14}$$

其中,指标 $j'_\perp \equiv \{j'_1, j'_2\}$ 表示横向电子运动模。

对于给定入射电子的能量 E,j'_1 和 j'_2 可以取 $1\sim N$ 的任何整数,且满足以下能量关系

$$E^{\mathrm{s}}_{k'_{j'_\perp}, j'_\perp} + eU_{\mathrm{s}} = E, E^{\mathrm{s}}_{k'_{j'_\perp}, j'_\perp} = \varepsilon_{\mathrm{s}} - 2L_{\mathrm{s}}\left(\cos k'_{j'_\perp} + \cos\frac{\pi j'_1}{N+1} + \cos\frac{\pi j'_2}{N+1}\right) \tag{23.15}$$

任何反射(透射)电子波的波矢 $k^{\mathrm{s}}_{j_\perp}$($k^{\mathrm{t}}_{j_\perp}$)和模数都必须满足以下类似关系:

$$E^{\mathrm{s}}_{k^{\mathrm{s}}_{j_\perp}, j_\perp} + eU_{\mathrm{s}} = E^{\mathrm{t}}_{k^{\mathrm{t}}_{j_\perp}, j_\perp} + eU_{\mathrm{t}} = E \tag{23.16}$$

这里 $j_\perp \equiv \{j_1, j_2\}, j_1, j_2 = 1,2,\cdots,N$,并且

$$E^{\alpha}_{k^{\alpha}_{j_\perp}, j_\perp} = \varepsilon_\alpha - 2L_\alpha\left(\cos k^{\alpha}_{j_\perp} + \cos\frac{\pi j_1}{N+1} + \cos\frac{\pi j_2}{N+1}\right), \quad \alpha = \mathrm{s,t} \tag{23.17}$$

满足式(23.16)的波矢 $k^{\mathrm{s}}_{j_\perp}$ 和 $k^{\mathrm{t}}_{j_\perp}$ 可以是实数,也可以是虚数,因此,这些波矢可以是在区间 $0 \leqslant k^{\alpha}_{j_\perp} \leqslant \pi$ 的任意实数,也可以是虚数 $k^{\alpha}_{j_\perp} = iq^{\alpha}_{j_\perp}$ 或者 $k^{\alpha}_{j_\perp} = iq^{\alpha}_{j_\perp} + \pi, q^{\alpha}_{j_\perp} > 0$。这意味着,两种波(传导波和衰减波)都能在散射区存在,但是透射和反射电子流都是由传导波组成的。

为了计算耦合函数,首先需要求出矩阵 G^{s} 和 G^{t}。求解式(23.18)

$$(E\delta_{r,r''} - \langle \boldsymbol{r} \mid \hat{H}^{\alpha} \mid \boldsymbol{r}''\rangle)G^{\alpha}_{r'',r'} = \delta_{r,r'}, \alpha = \mathrm{s,t} \tag{23.18}$$

它的解描述了从分子-导线界面流出的具有以下形式的电子波:

$$G^{\alpha}_{r_\perp, r_z; r'_\perp, r'_z} = -\frac{1}{L\alpha}\sum_{i_\perp} \mathrm{e}^{ik^{\alpha}_{j_\perp} n_z}\frac{\sin(k^{\alpha}_{j_\perp} n'_z)}{\sin k^{\alpha}_{j_\perp}}\chi_{j_\perp}(n_\perp)\chi_{j_\perp}(n'_\perp) \tag{23.19}$$

以上形式是针对 $n_z > n'_z$ 情形。如果 $n_z < n'_z$,我们仅需要在式(23.19)中将 n_z 和 n'_z 互换即可。求和是对所有横向电子运动模进行的。

由于传导模贡献了格林函数 $G^{\mathrm{s(t)}}$ 的虚部,因此,根据式(23.13),$A^{\alpha\mathrm{I}}$ 等于

$$A^{\alpha\mathrm{I}} = \frac{1}{L_\alpha}{\sum_{j_\perp}}' \sin k^{\alpha}_{j_\perp}\tilde{\chi}^{\alpha_2}_{j_\perp} \tag{23.20}$$

① 在以后的讨论中,我们使用 a^{-1} 作为单位的无量纲波矢.

这里，带撇求和指的是对所有传导模。式(23.20)中引入了一个新符号，它的定义如下：

$$\widetilde{\chi}_{j_\perp}^{\alpha} = \sum_{r\in\{r\}_\alpha} \chi_{j_\perp}(n_\perp)\frac{\sin(k_{j_\perp}^{\alpha} n_z)}{\sin k_{j_\perp}^{\alpha}} V_{1_\alpha,r}^{\alpha} \tag{23.21}$$

类似地，$A^{\alpha R}$ 的显式表达式也可以从式(23.13)和式(23.19)中得到。或者，我们可以使用 Kramers-Kronig 色散关系[32,33]直接方便地得到式(23.22)

$$A^{\alpha R}(E) = \frac{1}{\pi} P \int_{-\infty}^{+\infty} \frac{A^{\alpha I}(E')}{E-E'} dE' \tag{23.22}$$

式中，P 表示求柯西主值。对于一些分子中键联原子处于(001)衬底(针尖)表面的顶位和谷位的情形，表达式 $A^{\alpha I}$ 可以在文献[27]中查到。

现在我们已经定义好了式(23.11)中的各项，下面就可以完成对透射系数的计算。把式(23.14)和式(23.19)代入式(23.11)，就能得到由传导波和衰减波叠加组成的透射电子波函数：

$$\psi_r^{t} = \sum_{j_\perp} t_{k_{j_\perp}^{t},j_\perp;k_{j'_\perp}',j'_\perp}(n_\perp)\exp(ik_{j_\perp}^{t} n_z) \tag{23.23}$$

其中

$$t_{k_{j_\perp}^{t},j_\perp;k_{j'_\perp}',j'_\perp}(n_\perp) = \frac{2i\sin k_{j'_\perp}'}{L_t}\chi_{j_\perp}(n_\perp)\widetilde{\chi}_{j'_\perp}^{s}\widetilde{\chi}_{j'_\perp}^{t} G_{1_s,1_t} \tag{23.24}$$

根据式(23.2)，$v_{k_\nu}^{t}/v_{k_\mu}^{s} = v_{k_{j_\perp}^{t}}^{t}/v_{k_{j'_\perp}'}^{t} = L_t\sin k_{j_\perp}^{t}/(L_s\sin k_{j'_\perp}')$，$|\psi_{\mu,k_\mu}^{s}(r)|^2 = \chi_{j'_\perp}^{2}(n_\perp)$，$|\psi_{\nu,k_\nu;\mu,k_\mu}^{t}(r)|^2 = |t_{k_{j_\perp}^{t},j_\perp;k_{j'_\perp}',j'_\perp}(n_\perp)|^2$，所以从通道 $j'_\perp$ 到通道 $j_\perp$ 的透射系数等于

$$T_{k_{j_\perp}^{t},j_\perp;k_{j'_\perp}',j'_\perp} = \sum_{n_\perp} \frac{v_{k_{j_\perp}}^{t}}{v_{k_{j'_\perp}'}^{s}} |t_{k_{j_\perp}^{t},j_\perp;k_{j'_\perp}',j'_\perp}(n_\perp)|^2 \tag{23.25}$$

式(23.25)两边需要对所有传播模[由式(23.15)和式(23.16)确定]求和；再利用式(23.20)和式(23.21)，我们就能够得到对于给定电子能量 E 的总透射概率

$$T = \sum_{j'_\perp}{}' \sum_{j_\perp}{}' T_{k_{j_\perp}^{t},j_\perp;k_{j'_\perp}',j'_\perp} = 4A^{sI}A^{tI}|G_{1_s,1_t}|^2 \tag{23.26}$$

其最终的透射系数公式最先由 Mujico 等[34]给出，但他们考虑的是一维模型。另外，基于格林函数方法和 Fisher-Lee 定理[35]，Datta[15]给出了不受体系维数和/或束缚原子数目限定的透射系数公式。在 23.1.5 一节中，我们将介绍如何把式(23.26)推广到更一般的接触模型中(图 23.1)。不过，首先我们先来分析一下分子接触体系中的相干电子输运的一些普遍规律。

23.1.3.1 共振隧穿系数

将表达式 $|G_{1s,1t}|^2 \equiv G_{1s,1t}^{m_2}/D_T$[36] 的分母 D_T 重写如下：

$$D_T(E) = [1 - A^{sR}G^m_{1_s,1_s} - A^{tR}G^m_{1_t,1_t} + (A^{sR}A^{tR} + A^{sI}A^{tI})G^m_\Delta]^2 + [A^{sI}G^m_{1_s,1_s} - A^{tI}G^m_{1_t,1_t} - (A^{sI}A^{tR} - A^{sR}A^{tI})G^m_\Delta]^2 + 4A^{sI}A^{tI}G^{m_2}_{1_s,1_t} \tag{23.27}$$

其中

$$G^m_\Delta = G^m_{1_s,1_s}G^m_{1_t,1_t} - G^{m_2}_{1_s,1_t} \tag{23.28}$$

可以得到与式(23.26)等价的表达式如下：

$$T = 4A^{sI}A^{tI}\frac{G^{m_2}_{1_s,1_t}}{D_T} \tag{23.29}$$

它清楚地揭示了透射谱的共振结构。当左右接触对称即 $A^s = A^t$ 和 $G^m_{1_s,1_s} = G^m_{1_t,1_t}$ 时，可以实现无背散射的分子输运。利用式(23.27)和式(23.29)，我们可以得到全透射(共振隧穿)的条件如下：

$$G^{m_2}_{1_s,1_s} - G^{m_2}_{1_s,1_t} = -\frac{1}{|A^s|^2}(1 - 2A^{sR}G^m_{1_s,1_s}) \tag{23.30}$$

当电子的能量满足以上条件时，$T=1$，这表明每个通道的电导都可以达到其最大值 $g = 2e^2/h$ [19,20]。然而，式(23.27)和式(23.29)也清楚地表明：当体系非对称时(包括左右导线的非对称、或者/和耦合系数的非对称、或者/和中间分子是非对称的、或者/和非对称的外加电压等)，通过导线-分子-导线体系的电子共振隧穿几乎不可能发生①。Ricco 和 Azbel 在之前研究传统双势垒体系时，也发现了类似的结论，并提出了非对称系统对共振隧穿有抑制作用的结论。

作为一个例子，我们研究中间的分子为 N 个原子的碳链情况。这个体系的格林函数矩阵 $G^{(C)_N}$ 将由式(23.58)给出。这里我们选取 $G^m_{1_s,1_s} = G^m_{1_t,1_t} = G^{(C)_N}_{1,1}$ 和 $G^m_{1_s,1_t} = G^{(C)_N}_{1,N}$，式(23.30)变成

$$\sin[(N+1)\xi] + 2\frac{A^{sR}}{\beta}\sin(N\xi) + \frac{|A^s|^2}{\beta^2}\sin[(N-1)\xi] = 0 \tag{23.31}$$

其中 $\xi \in (0,\pi)$，并通过关系式 $2\beta\cos\xi = \varepsilon - E$ 与电子能量 E 相联系，这里在位能 ε 和交换积分 β 将在 23.2.1 节中予以介绍。在这一简单例子中，式(23.31)的结果也体现了通常导线-分子-导线体系的输运性质：共振隧穿($T=1$)时所对应的电子能量 E 只能位于分子能带以内[对于 $(C)_N$ 链，只有一个能带，$E \in (\varepsilon - 2\beta, \varepsilon + 2\beta)$]。对于其他能量值，隧穿系数将强烈地依赖于分子-导线接触情况以及分子长度，对这种依赖关系，后面会进行一些简单讨论。

23.1.3.2 电子输运的隧穿机制

当电子能量远离共振隧穿的能量时，共振隧穿过程不会发生，式(23.12)中的

---

① 要严格证明在非对称接触中 $T=1$ 不可能发生是比较困难的。然而，式(23.27)右边两个平方项在同一能量 E 同时为零的情况几乎是不可能发生的。

$A^s A^t G^{m_2}_{1_s,1_t}$ 项可以忽略，这对最终的结果影响不大，但是却能极大地方便中间计算过程。考虑一边的分子-导线耦合比另一边强很多的情形：即 $V^{\alpha}_{1_\alpha,r} = V^{\alpha}\delta_{r,r0}$ 和 $A^{\alpha R} \ll A^{\alpha I} = V^{\alpha 2}/L_{\alpha}$。如果仍选 $(C)_N$ 链作为例子，那么 $G^m \rightarrow G^{(C)_N} \sim 1/\beta$ 以及式(23.26)中仅有的耦合系数为 $\widetilde{V}^s$、$\widetilde{V}^t$ 和 $\widetilde{V}^{\alpha} = \dfrac{V^{\alpha 2}}{\beta L_{\alpha}}$。利用式(23.58)中的结果，我们可以直接得到

$$T = 4\exp(-2N\delta)\frac{\widetilde{V}^s\widetilde{V}^t[1-\exp(-2\delta)]^2}{[1+\widetilde{V}^{s_2}\exp(-2\delta)][1+\widetilde{V}^{t_2}\exp(-2\delta)]} \tag{23.32}$$

其中 $|E-\varepsilon|>2\beta$，$2\beta\cosh\delta=|E-\varepsilon|$ 和 $N\delta\gg 1$。

在以往的电子输运理论里[38]，我们知道，隧穿系数 T 会指数地依赖于分子长度（$\approx aN$）。但是隧穿系数 T 非线性地依赖于耦合系数 $\widetilde{V}^s$ 和 $\widetilde{V}^t$ 的情形我们知之甚少。至少，它从未在用微扰方法（如 Bardeen 隧穿理论[39,40]和其他[5]等）解隧穿问题的结果中出现过。

从隧穿概率的严格表达式来看，当分子和一个导线是强耦合情况，或者说当 $\widetilde{V}^s$ 和 $\widetilde{V}^t$ 中的其中一个是比较大时，是非常不利于隧穿发生的。因为如果 $\widetilde{V}^{\alpha}\gg 1$，我们有

$$T \sim \frac{1}{\widetilde{V}^{\alpha}} \ll 1 \tag{23.33}$$

所以说从这里的公式来看，要得到一个“高隧穿率”的导线-分子-导线体系，应该让左右导线耦合同时趋于一。

为了使式(23.32)有效，要求不等式 $N\delta\gg 1$ 成立①。当入射电子能量 E 处于分子带边或接近带边时这个条件不再满足。特别地，对于 $(C)_N$ 链，在 $E=\varepsilon\pm 2\beta$ 时，我们有

$$T = \frac{4}{N^2}\frac{\widetilde{V}^s\widetilde{V}^t}{(1+\widetilde{V}^{s_2})(1+\widetilde{V}^{t_2})} \tag{23.34}$$

上式表明，入射能量在带边时的隧穿概率以幂函数的形式依赖于分子长度。

23.1.4 STM 型接触体系的输运

到目前为止，我们的讨论还没有涉及耦合函数大小的影响。现在我们考虑如下情形：分子-针尖之间的耦合函数 A^t 非常小，以至于它可以看作是一个微扰。如果进一步地假设 $V^t_{1_t,r} = \delta_{r,r0}V^t$，那么 A^{tI} 就与针尖原子的局域态密度(LDOS) $\rho^t_{r_0}$

---

① 我们在下面的 23.2 节中将给出隧穿项对能量依赖关系的具体分析，同时也给出对于$(C)_N$链情况的 δ 的具体表达式。

成正比：$A^{\mathrm{tI}} = -V^{\mathrm{t}_2}\,\mathrm{Im}\,G^{\alpha}_{r_0,r_0} = \pi V^{\mathrm{t}_2}\rho^{\mathrm{t}}_{r_0}$。展开到 V^{t_2} 项，式(23.26)变为

$$T = 4\pi V^{\mathrm{t}_2}\rho^{\mathrm{t}}_{r_0}\,\frac{A^{\mathrm{sI}}G^{\mathrm{m}_2}_{1_\mathrm{s},1_\mathrm{t}}}{|\,1-A^{\mathrm{s}}G^{\mathrm{m}}_{1_\mathrm{s},1_\mathrm{s}}\,|^2} \tag{23.35}$$

为了看清式(23.35)中各项所代表的物理意义，我们考虑一个由衬底和化学吸附在该衬底上的分子 m 组成的系统，这个体系的哈密顿算符表示为 $\hat{H}=\hat{H}^0+\hat{V}^{\mathrm{s}}$，其中 $\hat{H}^0=\hat{H}^{\mathrm{s}}+\hat{V}^{\mathrm{m}}$。它的格林函数算符 $\hat{G}^{\mathrm{s-m}}$ 满足以下方程

$$\hat{G}^{\mathrm{s-m}} = \hat{G}^0 + \hat{G}^0\hat{V}^{\mathrm{s}}\hat{G}^{\mathrm{s-m}} \tag{23.36}$$

其中格林函数 $\hat{G}^0$ 的矩阵元是：当 $\boldsymbol{r},\boldsymbol{r}'\in\{r\}_{\mathrm{s(m)}}$ 时，$G^0_{r,r'}=G^{\mathrm{s(m)}}_{r,r'}$；其余时有，$G^0_{r,r'}=0$。

对于分子中的原子 1_t，从式(23.36)中能解出格林函数的对角矩阵元 $G^{\mathrm{s-m}}_{1_\mathrm{t},1_\mathrm{t}}$ 是

$$G^{\mathrm{s-m}}_{1_\mathrm{t},1_\mathrm{t}} = G^{\mathrm{m}}_{1_\mathrm{t},1_\mathrm{t}} + \frac{A^{\mathrm{s}}G^{\mathrm{m}_2}_{1_\mathrm{s},1_\mathrm{t}}}{1-A^{\mathrm{s}}G^{\mathrm{m}}_{1_\mathrm{s},1_\mathrm{s}}} \tag{23.37}$$

如果定义 $\rho^{\mathrm{s-m}}_{1_\mathrm{t}}=-\dfrac{1}{\pi}\mathrm{Im}G^{\mathrm{s-m}}_{1_\mathrm{t},1_\mathrm{t}}$，则式(23.35)变为

$$T = 4\pi^2V^{\mathrm{t}_2}\rho^{\mathrm{s-m}}_{1_\mathrm{t}}\rho^{\mathrm{t}}_{r_0} \tag{23.38}$$

其中 $\rho^{\mathrm{t}}_{r_0}=-\dfrac{1}{\pi}\mathrm{Im}G^{\mathrm{t}}_{r_0,r_0}$ 且

$$\rho^{\mathrm{s-m}}_{1_\mathrm{t}} = \frac{1}{\pi}\,\frac{A^{\mathrm{sI}}G^{\mathrm{m}_2}_{1_\mathrm{s},1_\mathrm{t}}}{(1-A^{\mathrm{sR}})^2+(A^{\mathrm{sI}}G^{\mathrm{m}}_{1_\mathrm{s},1_\mathrm{s}})^2} \tag{23.39}$$

这可以看作是吸附分子中原子的 LDOS(局域态密度)，同时这也是 STM 实际要探测的物理量。

进一步改写式(23.38)，便可以直接应用到真实的实验体系上去：如衬底和针尖通过表面吸附分子的连接。我们现在把分子 m 任意地分成两部分 $\mathrm{m_s}$、$\mathrm{m_t}$，这两部分通过原子 N_s 和 N_t 进行强度为 $V^{\mathrm{s-t}}$ 的弱耦合[图 23.1(a)]。在线性近似下，我们有 $G^{\mathrm{m}}_{1_\mathrm{s},1_\mathrm{s}}=G^{\mathrm{m_s}}_{1_\mathrm{s},1_\mathrm{s}}$，$G^{\mathrm{m}}_{1_\mathrm{t},1_\mathrm{t}}=G^{\mathrm{m_t}}_{1_\mathrm{t},1_\mathrm{t}}$ 和 $G^{\mathrm{m}}_{1_\mathrm{s},1_\mathrm{t}}=V^{\mathrm{s-t}}G^{\mathrm{m_s}}_{1_\mathrm{s},N_\mathrm{s}}G^{\mathrm{m_t}}_{1_\mathrm{t},N_\mathrm{t}}$。将这些近似表达式代入式(23.26)中，就能得到(展开到 $V^{\mathrm{s-t}}$ 最低阶)

$$T = 4\pi^2(V^{\mathrm{s-t}})^2\rho^{\mathrm{s-m_s}}_{N_\mathrm{s}}\rho^{\mathrm{t-m_t}}_{N_\mathrm{t}} \tag{23.40}$$

其中

$$\rho^{\alpha-\mathrm{m}_\alpha}_{N_\alpha} = \frac{1}{\pi}\,\frac{A^{\alpha\mathrm{I}}G^{\mathrm{m}_\alpha 2}_{1_\alpha,N_\alpha}}{(1-A^{\alpha\mathrm{R}})^2+(A^{\alpha\mathrm{I}}G^{\mathrm{m}_\alpha}_{1_\alpha,1_\alpha})^2},\quad \alpha=\mathrm{s,t} \tag{23.41}$$

它具有与式(23.38)中 $\rho^{\mathrm{s-m}}_{1_\mathrm{t}}$ 相同的含义。

需要注意一点，就是在隧穿系数①中出现 LDOS 要受到具体情况的限制，即仅

① 欧姆电导和 LDOS 的正比关系是 Tersoff 和 HammmanSTM 理论的核心概念。

当针尖和样品之间的耦合连接是单原子时这一结论才成立。当存在多于一个原子参与针尖-样品之间耦合时,就需要适当地改写耦合函数才能描述这种情况。

式(23.40)在文献[27]中最先给出,然后,文献[40]应用这一公式计算了用STM测量一个和三个苯环低聚体自组装体系的电流-电压曲线。这是为数不多的几个试图定量地描述分子接触电学特性的工作之一。

23.1.5 任意数目束缚原子的接触体系

在这一节,我们要得到一个闭合形式的隧穿概率公式,就像式(23.26)一样,使之能够描述更多的接触结构体系。例如,分子通过几个原子连接到金属导线、位于金属电极之间的分子自组装结构(如纳米通道[28,43])等,也包括下面我们要考虑的模型。

假设分子分别通过 N_s 和 N_t 个原子与衬底和针尖耦合[图 23.1(b)],而在其他各方面,这里的导线-分子-导线接触模型都与 23.1.1 节中所描述的模型完全一样。所以,我们需要求解的基本方程式(23.7)至式(23.10)中现在只包含束缚原子的分子格林函数矩阵元。为了更简洁地表达,引入一个简化的 2×2 分块矩阵如下:

$$G^{\mathrm{m}}=\begin{pmatrix}[G^{\mathrm{m}}_{i_s,i_s'}] & [G^{\mathrm{m}}_{i_s,i_s}]\\ [G^{\mathrm{m}}_{i_t,i_s}] & [G^{\mathrm{m}}_{i_t,i_t'}]\end{pmatrix}\equiv\begin{pmatrix}G^{\mathrm{m}}_{\mathrm{ss}} & G^{\mathrm{m}}_{\mathrm{st}}\\ G^{\mathrm{m}}_{\mathrm{ts}} & G^{\mathrm{m}}_{\mathrm{tt}}\end{pmatrix} \tag{23.42}$$

方程组[式(23.7)至式(23.10)]的解可以用矩阵格林函数 G 来表示,它满足下面的 Dyson 方程

$$G=G^{\mathrm{m}}+G^{\mathrm{m}}AG \tag{23.43}$$

其中 A 是矩阵耦合函数,它被定义为

$$A=\begin{pmatrix}[A^{\mathrm{s}}_{i_s,i_s'}] & 0\\ 0 & [A^{\mathrm{t}}_{i_t,i_t'}]\end{pmatrix}\equiv\begin{pmatrix}A^{\mathrm{s}}_{\mathrm{ss}} & 0\\ 0 & A^{\mathrm{t}}_{\mathrm{tt}}\end{pmatrix} \tag{23.44}$$

其中

$$A^{\alpha}_{i_\alpha,i_\alpha'}=\sum_{r\in\{r_{i_\alpha}\}_\alpha}\sum_{r'\in\{r_{i_\alpha'}\}_\alpha}V^{\alpha}_{i_\alpha,r}G^{\alpha}_{r,r'}V^{\alpha}_{r',i_\alpha'}\equiv A^{\alpha\mathrm{R}}_{i_\alpha,i_\alpha'}-iA^{\alpha\mathrm{I}}_{i_\alpha,i_\alpha'} \tag{23.45}$$

矩阵 G 有着和矩阵 G^{m} 相同的结构,即

$$G=\begin{pmatrix}G_{\mathrm{ss}} & G_{\mathrm{st}}\\ G_{\mathrm{ts}} & G_{\mathrm{tt}}\end{pmatrix} \tag{23.46}$$

要注意到由于矩阵 $\boldsymbol{A}$ 的矩阵元由推迟格林函数 G^{s} 和 G^{t} 的矩阵元来确定,因而矩阵 $\boldsymbol{G}$ 也可以被理解成为推迟格林函数。

利用式(23.42)、式(23.43)和式(23.44),通过求解方程组[式(23.7)至式(23.10)],可以得到

$$\psi_r^{\mathrm{t}} = \sum_{i_{\mathrm{s}}=1}^{N_{\mathrm{s}}}\sum_{i_{\mathrm{t}}=1}^{N_{\mathrm{t}}} G_{i_{\mathrm{s}},i_{\mathrm{t}}} \sum_{r' \in \{r_{i_{\mathrm{s}}}\}_{\mathrm{s}}} V_{i_{\mathrm{s}},r'} \psi_{r'}^{\mathrm{s}0} \sum_{r'' \in \{r_{i_{\mathrm{t}}}\}_{\mathrm{t}}} G_{r,r''}^{\mathrm{t}} V_{r'',i_{\mathrm{t}}} \tag{23.47}$$

容易验证，当 $V_{i_\alpha,r}^{\alpha} = \delta_{i_\alpha,1_\alpha} V_{1_\alpha,r}^{\alpha}$，式(23.43)的解 $G_{\mathrm{st}} = G_{\mathrm{st}}^{*} = G_{1_{\mathrm{s}},1_{\mathrm{t}}}$，具有与式(23.12)相同的形式。并且当对耦合常数做同样的假设后，式(23.45)就与式(23.13)一致了。因此，对于分子两端只通过一个原子耦合到导线的情形，式(23.47)回到式(23.11)。

用与得到式(23.26)类似的技巧，可以得到

$$T = 4\mathrm{Tr}(A_{\mathrm{ss}}^{\mathrm{sI}} G_{\mathrm{st}} A_{\mathrm{tt}}^{\mathrm{tI}} G_{\mathrm{ts}}^{*}) = 4\mathrm{Tr}(G_{\mathrm{ts}}^{*} A_{\mathrm{ss}}^{\mathrm{sI}} G_{\mathrm{st}} A_{\mathrm{tt}}^{\mathrm{tI}}) \tag{23.48}$$

文献[15]已给出了类似的 Datta 公式[式(3.5.20)]如下：

$$T = \mathrm{Tr}(\Gamma_p G^R \Gamma_q G^{R*}) \tag{23.49}$$

其中

$$G^{\mathrm{R}} = [EI - H_{\mathrm{C}} - \sum\nolimits_p^{\mathrm{R}} - \sum\nolimits_q^{\mathrm{R}}]^{-1} \tag{23.50}$$

其中 $\Gamma_{p(q)} = -2\mathrm{Im}\sum_{p(q)}$，并且 H_{C}（即 H^{m}）代表中间区，指标 p、q 分别对应于我们的指标 s、t。所以立即可以看出：如果自能矩阵 $\sum_{p(q)}$ 和格林函数 G^{R} 具有下面的形式：

$$\sum\nolimits_p^{\mathrm{R}} = \begin{pmatrix} \sum_p^{\mathrm{R}} & 0 \\ 0 & 0 \end{pmatrix} \equiv \begin{pmatrix} A_{\mathrm{ss}}^{\mathrm{s}} & 0 \\ 0 & 0 \end{pmatrix}, \sum\nolimits_q^{\mathrm{R}} = \begin{pmatrix} 0 & 0 \\ 0 & \sum_q^{\mathrm{R}} \end{pmatrix} \equiv \begin{pmatrix} 0 & 0 \\ 0 & A_{\mathrm{tt}}^{\mathrm{t}} \end{pmatrix} \tag{23.51}$$

和

$$G^{\mathrm{R}} = \begin{pmatrix} G_{pp}^{\mathrm{R}} & G_{pq}^{\mathrm{R}} \\ G_{qp}^{\mathrm{R}} & G_{qq}^{\mathrm{R}} \end{pmatrix} \tag{23.52}$$

那么文献[15]中的 Datta 公式[式(3.5.20)]就完全等价于我们的式(23.48)。

最后，我们总结一下本节内容，具体如下：

在分子格林函数已知的情况下，用以上这些公式结合分子-导线耦合参数，就可以用来研究分子接触的输运性质。然而，为了保持结果的精确性和为了解析地获得结果(这也是本节的主要目的)，分子哈密顿量就需要足够的简单。幸运的是，有机分子的 π 和 σ 电子子系统，可以用一个 Hückel 哈密顿量[44]或其变形形式来描述，而 Hückel 哈密顿量能够解析地处理。对于由少数原子组成的分子，如杂环和芳香环，G^{m} 很容易求解，完全可以作为一个小练习。此外，在参考文献[45,46]中，已有很多具体求解格林函数的例子。对于由相同原子单元组成的长分子，格林函数 G^{m} 也有闭合的形式。这将在 23.2 节中给出。

23.2 分子线模型

在这一节，我们研究的重点是分子格林函数，并给出它与能量依赖关系的显式

表达形式，这一方法适用于一大类有机分子。按照以往的经验，这种做法对理解分子接触、桥接(DBA)型系统以及如何根据实际需要来调控这类体系是非常有指导意义。

对于分子线接触部分，我们先来研究有机低聚物 $(M)_N$，这是由 N 个相同的化学单元 M 通过相邻单元间的单键连接而成的一个线性序列(图 23.2)；同时，我们还将对 M_1-M_2 型低聚物进行简单地描述[图 23.2(b)]，这种结构在常规意义的描述中与 M 型低聚物是类似的。下面我们将会看到，可以通过求解单体哈密顿量 $\hat{H}^M$ 相对应的单体格林函数 G^M，来明确地写出与紧束缚模型哈密顿量 $\hat{H}^{(M)_N}$ 相对应的低聚物格林函数 $G^{(M)_N}$；通过这种计算，可以对 23.1 节所表述的解析模型进行更全面的分析。此外，我们还能够得到分子的电子结构与指数因子的关系式，而指数因子通常会决定分子接触中的欧姆隧穿电流和包含 M 型和 M_1-M_2 型结构的低聚物中的电子长程转移。

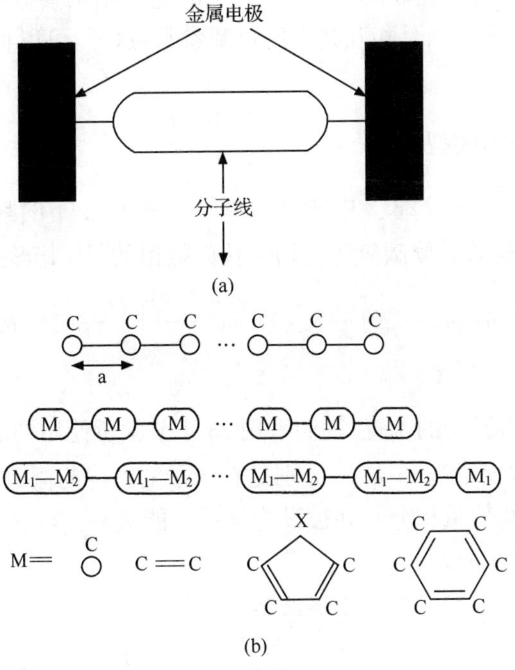

图 23.2 在金属-分子-金属连接中所用的分子示意图

链烃(氢原子没有画出来)，M 型与 M_1-M_2 型低聚物以及各种单元的示例；α 是晶格常数

首先，我们讨论碳链的格林函数，一般分以下两种情形，一种是碳原子间只有同种类型的键：M＝C，另一种是具有不同类型的键型：M＝C＝C。对格林函数进行的双线性展开，使得我们可以解出 M＝C，M＝C＝C 的完备性的本征值 E_μ 与

本征态 ψ_n^μ

$$G_{n,n_0}^{(M)N}(E)=\sum_\mu \frac{\psi_n^\mu \psi_{n_0}^{\mu *}}{E-E_\mu} \tag{23.53}$$

这种方法在以后的分析中会被经常地用到。从最常见的 M 型低聚物开始讨论，并采用 Dyson 方程技巧，这样，可以避免冗长繁杂的计算。在这些前提下，对于低聚物$(C)_N$、$(C=C)_N$、$(M)_N$ 和$(M_1—M_2)_N$，我们可以准确得到其指数因子与隧穿电子能量间的明显依赖关系，这种依赖关系导出的基本物理图像已经被全部检验过，并且一些例子可以证明这种方法是有效的、合理的。

这种模型的哈密顿量在附录中所列的参考文献中被广泛地采用，它将是下面讨论的基础。人们通常利用特征参数来得到有机低聚物的真实电子结构，而这些特征参数一般是通过下列途径得到的：半经验模型、第一性原理计算或是由实验数据推算。在下面的讨论中，我们将通过对电子线中电子隧穿的一般物理性的描述，揭示出固定能量下的隧穿概率是如何与分子的电子结构参数相联系的，通常实验中的隧穿概率与结构参数是相互独立的可测参数，这样，可以直接用实验结果来检验我们的理论。

23.2.1 正则紧束缚模型

我们先来介绍一下图 23.2 中所示的单原子链$(C)_N$ 下的紧束缚模型。这种方法是 Hückel 在描述芳香族碳氢化合物时首先提出的[44]，其形式如下：

$$\hat{H}^{(C)_N}=\sum_{n=1}^{N}[\varepsilon\mid n\rangle\langle n\mid-\beta(1-\delta_{n,N})\mid n\rangle\langle n+1\mid-\beta(1-\delta_{n,1})\mid n\rangle\langle n-1\mid] \tag{23.54}$$

式中，n 表示链中碳原子的位置。我们采用 23.1 节中所使用的形式语言：$\mid n\rangle=c_n^+\mid 0\rangle$（$\mid 0\rangle$ 是真空波函数），c_n^+ 与 c_n 分别是费米子的产生与湮灭算符。ε 是孤立碳原子的电子能量（库仑能量积分），并被设为是单一能级；$-\beta$（$\beta>0$）代表最近邻 C 原子间的跃迁能量积分。

哈密顿量式(23.54)的归一化本征态为

$$\psi_j^{(C)_N}=\sum\nolimits_{n=1}^{N}\psi_{n,j}\mid 0\rangle$$

$$\psi_{n,j}=\sqrt{\frac{2}{N+1}}\sin\left(\frac{\pi jn}{N+1}\right) \tag{23.55}$$

用下标 $j=1,2,\cdots,N$ 来标示；这对应于下列本征态：

$$E_j=\varepsilon-2\beta\cos\left(\frac{\pi j}{N+1}\right) \tag{23.56}$$

因而式(23.53)中的格林函数具有下面的形式[47]：

$$G_{n,n_0}^{(\mathrm{C})_N}(E)=\langle n\mid \hat{G}^{(\mathrm{C})_N}\mid N_0\rangle=\frac{2}{N+1}\sum_{j=1}^{N}\frac{\sin\frac{\pi jn}{N+1}\sin\frac{\pi jn_0}{N+1}}{E-\varepsilon+2\beta\cos\frac{\pi j}{N+1}} \tag{23.57}$$

利用叠加法，由式(23.57)可以得到如下准确的解析结果[48]：

$$G_{n,n_0}^{(\mathrm{C})_N}(E)=-\frac{1}{\beta}\begin{cases}\dfrac{\sin(n_0\xi)\sin[(N-n+1)\xi]}{\sin(\xi)\sin[(N+1)\xi]}, & n\geqslant n_0\\ n\leftrightarrow n_0 & n\leqslant n_0\end{cases} \tag{23.58}$$

其中实数波矢 $\boldsymbol{k}(\boldsymbol{k}a\equiv\xi, 0\leqslant\xi\leqslant\pi)$通过式(23.59)与电子的能量相联系

$$2\beta\cos\xi=\varepsilon-E \tag{23.59}$$

电子能量所在的能带宽度为：$E_{\mathrm{bw}}^0=4\beta$。

对超出式(23.56)给出的能谱范围的电子能量，要满足色散关系式(23.59)，必须要求 ξ 为复数：在 $E<\varepsilon-2\beta\equiv E_{\mathrm{b}}^0$ 时 $\xi=i\delta, \delta>0$；在 $E>\varepsilon+2\beta\equiv E_{\mathrm{t}}^0$ 时 $\xi=\pi+i\delta$。因而

$$\pm 2\beta\cosh\delta=\varepsilon-E \tag{23.60}$$

式中，符号"＋"和"－"分别代表在能带上、下能带。这样式(23.58)所示的格林函数矩阵元相应地也会发生变化，例如

$$G_{1,1}^{(\mathrm{C})_N}=G_{N,N}^{(\mathrm{C})_N}=\frac{\mathrm{sign}(E-\varepsilon)\sinh(N\delta)}{\beta\sinh[(N+1)\delta]}\xrightarrow[{[N\delta\gg1]}]{}\frac{\mathrm{sign}(E-\varepsilon)}{\beta}\mathrm{e}^{-\delta}$$

$$G_{1,N}^{(\mathrm{C})_N}=-\frac{[\mathrm{sign}(\varepsilon-E)]^N\sinh\delta}{\beta\sinh[(N+1)\delta]}\xrightarrow[{[N\delta\gg1]}]{}-\frac{[\mathrm{sign}(\varepsilon-E)]^N}{\beta}\mathrm{e}^{-N\delta}(1-\mathrm{e}^{-2\delta}) \tag{26.61}$$

上述方程在 23.1.3 节中是用来估计分子接触的欧姆电导的。与桥接分子体系中最后一些原子相对应的矩阵元 $G_{l,N}^{(\mathrm{C})_N}$ 决定着非绝热电子传输率 k_{et}[49-52]，T 与 k_{et} 均正比于 $(G_{l,N}^{(\mathrm{C})_N})^2\sim\exp(-2N\delta)$。将这一结果与式(23.60)一起来考虑，我们在 $(\mathrm{C})_N$ 连接(桥接)体系中得到

$$T\sim k_{\mathrm{et}}\sim\exp\left[-2\ln\left(\frac{|E-\varepsilon|}{2\beta}+\sqrt{\left(\frac{E-\varepsilon}{2\beta}\right)^2-1}\right)N\right] \tag{23.62}$$

式(23.62)表明，分子链长度决定着分子接触中的欧姆隧穿电流和 DBA 系统中的电子传输概率。这是因为在具有一定势垒厚度的条件下，一个自由电子隧穿通过一个长方形势垒是有一定概率的。然而，二者对隧穿指数的能量依赖关系却是不同的。为了更明显看出二者之间的相似性与区别，我们先来看一下 δ 对 E 的依赖关系。

在 $E<E_{\mathrm{b}}^0$ 的分子能谱以下范围与 $\delta\ll1$ 的接近能带底区域，从式(23.60)得到

$$\delta\approx\sqrt{(E_{\mathrm{b}}^0-E)/\beta} \tag{23.63}$$

在接近能带顶部或在其以上的区域：$\delta\approx\sqrt{(E_{\mathrm{b}}^0-E)/\beta}$。将其中的跃迁能量积分 β

用电子的有效质量 m^* 来写出 $\beta=\hbar^2/(2m^*a^2)$，式(23.63)就是通常手册中所写的隧穿方程。为了方便应用，我们重写为一个更加普遍的形式：$k^{im}=(\sqrt{2m^*}/\hbar)\sqrt{\Phi-E}$，式中，$\Phi=E_b^0$ 是势垒的高度；k^{im} 是在势垒区能量为 E 的电子的虚波矢的模。因而有：$\delta=ak^{im}$。

指数因子制约着电子通过长 $(C)_N$ 链与长方形势垒的隧穿过程，这两个指数因子间的一一对应关系，只在一个远小于能带宽度的能量区域内才是成立的①。当电子的能量沿着相对势垒顶部的能带边进一步下降时，隧穿指数呈现出比平方根的依赖关系还缓慢的增加。在远离能带的区域，δ 有如下对数渐近形式

$$\delta\approx\ln\left(\frac{|\varepsilon-E|}{\beta}\right)\tag{23.64}$$

这一著名的结果是由 McConnel[38] 给出的，它在实际研究中被广泛地引用，但是却经常不被人提到这其实是一个渐近的结果。

上面所讨论的这个模型，经常用来解释在 DBA 系统或者其他物理系统中的电子转移特性。但是在大多数情况下，这个模型过于简单，不能直接地用来与实验结果进行比较。例如，如果一个模型哈密顿量要恰当地描述在分子线中起作用的有机低聚物，那必须考虑到这时的电子结构是半导体类型的；否则，就不可能得到基于实际材料的完整带隙隧穿过程。在下一节中，我们将引入一个二能带紧束缚哈密顿量，它能很好地描述被禁带所隔离的价带与导带。

23.2.2 交替 C—C 键碳链

由 CH 基团组成的具有不同类型 C—C 键的刚性链，被认为能很好地来描述聚烯化合物[54]（图 23.3），下面我们使用 Su-Schrieffer-Heeger 哈密顿量的电子部分来描述这样的刚性链，并将其重写为下面非相互作用单体项与相互作用项之和的形式：

$$\hat{H}^{(C=C)_N}=\sum_{n=1}^{N}\hat{H}_n^{C=C}+\hat{V}\tag{23.65}$$

其中，在单体间的 C 原子被认为是通过双键连接起来的，

$$\hat{H}_n^{C=C}=\varepsilon(|n_l\rangle\langle n_l|+|n_r\rangle\langle n_r|)-\beta_d(|n_l\rangle\langle n_r|+\text{h.c.})\tag{23.66}$$

而最近邻的单体间是通过一个 C−C 单键连接起来，

$$\hat{V}=-\beta_s\sum_{n=1}^{N}(|(n+1)_l\rangle\langle n_r|+|(n-1)_r\rangle\langle n_l|)\tag{23.67}$$

---

① 自由电子通过一个长方形垫垒的隧穿概率可以通过紧束缚模型的连续极限而得到：$a\to 0$，$N\to\infty$，并且符合下述限制条件[53]：$a(N-1)=d$。在这种极限下紧束缚哈密顿量 $H^{(C)_N}$ 和自由电子哈密顿量对 d 部分给出的结果是等价的。

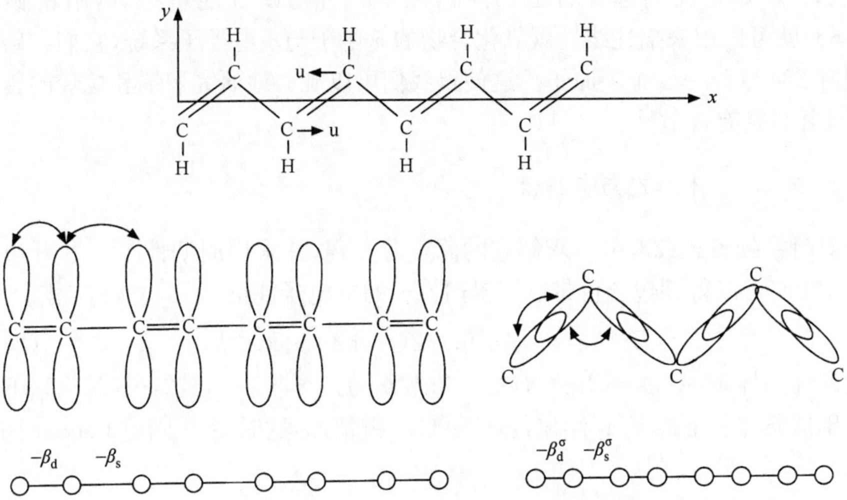

图 23.3 在金属-分子-金属连接中所用的分子示意图

链烃(氢原子没有画出来)，M 型与 M_1—M_2 型低聚物以及各种单元的示例；α 是晶格常数。$-\beta_s=-\beta\exp(-\eta)$和$-\beta_d=-\beta\exp(\eta)$与下列参数相联系：非二聚烯中最近邻 CH 基团间的电子共振转移能量 t_0($t_0<0$)，电声耦合常数 κ，图示中箭头所示的沿着聚烯主轴方向的 C—C 键长改变量 μ[55]，它们满足方程 $t_0=-\beta\coth\eta$ 和 $\kappa u=-\beta\sinh(\eta)$。我们采用辛四烯的结构参数[56]：C═C=1.33Å，C—C=1.45Å，∠C═C—C=125°和 $u=0.034$Å。Kohler[57]从高分辨实验中得到以下参数；$\beta=3.757$eV；$\eta=0.1333$($\beta_d=4.33$eV，$\beta_s=3.29$eV)。下面部分：左边是聚烯的 π 电子结构示意图，右边是烷烃的 σ 电子结构示意图，都是根据 Sandorfy's 的 C 近似模型[59,59]与二者的紧束缚等价性来画出的。σ 电子跃迁能量积分为 $\beta^{\sigma}_{d(s)}=-\beta\exp(+(-))\eta^{\sigma}$

其中 $\eta^{\sigma}=0.54$($\beta^{\sigma}_d=6.47$eV，$\beta^{\sigma}_s=2.189$eV)，这与饱和碳氢化物链的相关数据是一致的[36]

在式(23.65)至式(23.67)中，下标 n 取遍单体中的所有双键，其数目是碳链上总碳原子数目的 1/2。右矢 $|n_{l(r)}\rangle$ 表示碳原子的 $2p_z$ 原子轨道，指标 l(r)表示与第 n 个双键连接的左边(右边)那个原子。$|0_r\rangle=|(N+1)_l\rangle=0$；$-\beta_s=-\beta\exp(-\eta)$ 和 $-\beta_d=-\beta\exp(\eta)$($\beta>0$) 分别表示由单键和双键所连接起来的碳原子间的跃迁能量积分。

哈密顿量式(23.65)经常被用来讨论聚烯和聚乙炔的 π 电子结构。在某些涉及哈密顿量参数的模型假设下，式(23.65)[36]也可以用来讨论饱和或共轭碳氢化合物的 σ 电子子系统。这种模型可以简单地描述如下。

在紧束缚描述中，由于相邻碳原子间的 π 轨道具有较强的轨道重叠，因此 π 电子在整个分子空间的行为具有非定域性，与之相对应的跃迁能量积分由于碳主链的二聚化也就变得不同。Sandorfy[58]采用类似的物理图像描述了 σ 电子非局域化行为(图 23.3 和文献[60])。如图所示，$-\beta^{\sigma}_d$ 表示沿着给定共价 C—C 键方向上，在 sp^3(或 sp^2)杂化轨道间较强的电子转移能量积分，而 $-\beta^{\sigma}_s$ 表示沿着与邻近原子形成的共价键方向，同一碳原子上的两个 sp^3(或 sp^2)杂化轨道间较弱的电子转移能量积分。如果我们选择合适的库仑能量积分与跃迁能量积分，哈密顿量式(23.65)就可以用来描述线性碳氢化合物的 π 电子与 σ 电子子系统，它们在碳链中分别有 $2N$ 与 $N-1$ 个碳原子。这使得我们可以统一地研究聚烯和烷烃的传导性质[36]，并且具有普适性。

23.2.2.1 本征态与本征值

对哈密顿量式(23.65)，求解它的薛定谔方程，并采用周期性[54,55]和开边界条件[61]，我们可以得到包含价带(v)与导带(c)的 π 电子能谱

$$E_j^{v(c)} = \varepsilon - (+)\beta\sqrt{2(\cosh 2\eta + \cos\xi_j^{v(c)})} \tag{23.68}$$

对周期性边界条件：$\xi_j^v = 2\pi j/N, \xi_j^c = 2\pi(N-j)/N, j = 0,1,2,\cdots,N-1$。下面我们特别地研究一下以 CH_2 结尾的 $(C=C)_N$ 链情形，这时，$\xi_j^{v(c)}$ 满足 Lennard-Jones 方程[62]

$$D = \exp(-2\eta)\sin(N\xi) + \sin[(N+1)\xi] = 0 \tag{23.69}$$

式中，ξ 在 $0 \leqslant \xi \leqslant \pi$ 范围内取值。对方程的根 ξ_j^v 和 $\xi_j^c = \xi_{N+1-j}^v$ 按照 $j = 1,2,\cdots,N$ 来编号，其中，ξ_1^v 和 ξ_1^c 分别对应于在各自能带范围内的最低能量。这意味着，ξ_1^v 很接近于 0，而 ξ_1^c 是式(23.69)的最大根，其值非常接近于 π。

注意到终端被取代的聚烯的能谱与我们上面所描述的这种能谱是完全不同的，尤其是这种取代引起的扰动(由分子通过其最末端的原子与导线的相互作用而引起)会在带隙之间产生一种类似 Tamm/Shockley 态[63]的离散态。这些态的存在会使得分子的传输特性发生显著的变化，这已经被[29]及其引用的文献所证明。

在修正过的聚烯 π 电子能谱中，带隙完全由键长的改变所决定，它由交替参数 η 来描述，并表现为 Pierls 不稳定性。$\eta = 0$ 时 $\hat{H}^{(C=C)_N} \rightarrow \hat{H}^{(C)_{2N}}$。由式(23.69)可以得到

$$\xi_j^v|_{\eta=0} = 2\pi j/(2N+1), \xi_j^c|_{\eta=0} = 2\pi(2N+1-j)/(2N+1)$$

因此，这种双带能谱(式(23.68))描述的是 $\hat{H}^{(C)_{2N}}$ 中的低能与高能部分，见式(23.56)。

为了完整地描述 Hückel 近似下的聚烯，我们写出 $\hat{H}^{(C=C)_N}$ 的本征态如下

$$\Psi_{v(c),j}^{(C=C)_N} = \sum_{l=1}^{N}(\psi_{2l-1,j}^{v(c)} \mid 2l-1\rangle + \psi_{2l,j}^{v(c)} \mid 2l\rangle) \tag{23.70}$$

其中[71]

$$\psi_{2l-1,j}^{v(c)} = \pm(-1)^{j+1}B(\xi_j^{v(c)})\sin[(N+1-l)\xi_j^{v(c)}] \xrightarrow[\eta=0]{} \sqrt{\frac{2}{2N+1}}\sin\left(\frac{2l-1}{2}\xi_j^{v(c)}|_{\eta=0}\right),$$

$$\psi_{2l,j}^{v(c)} = B(\xi_j^{v(c)})\sin(l\xi_j^{v(c)}) \xrightarrow[\eta=0]{} \sqrt{\frac{2}{2N+1}}\sin(l\xi_j^{v(c)}|_{\eta=0}) \tag{23.71}$$

$$B(\xi_j^{v(c)})=\left(\frac{2\sin\xi_j^{v(c)}}{(2N+1)\sin\xi_j^{v(c)}-\sin[(2N+1)\xi_j^{v(c)}]}\right)^{1/2} \tag{23.72}$$

23.2.2.2　格林函数

利用式(23.68)、式(23.71)和式(23.72)给出的本征值与本征态，对式(23.53)进行求和 $\sum_{\mu}\longrightarrow\sum_{\{\xi_j^c\}}+\sum_{\{\xi_j^v\}}$ 是一个很繁杂的过程。为了避免这种困难，利用 $(C{=}C)_N$ 碳链上奇数/(偶数)碳原子的格林函数间的关系[64]，人们首先采用聚烯的格林函数来计算这一问题，接着又发展了更为普遍的格林函数方法，它可以精确地给出用单体格林函数 G^{M}[45,46,65] 来表达的低聚物格林函数 $G^{(M)_N}$。M 型低聚物将在 23.2.3 节中讨论；这里，我们着重说明普适关系式(23.90)是如何应用到 M═C═C 型情形的。我们用这个例子来说明，当电子能量在带隙中时，其通过分子线进行隧穿的一些性质。

具有不同 C—C 键长的碳链上，与最末端一些原子相对应的矩阵元可以写为(见 23.2.3 节)

$$G_{1_l,1_l}^{(C=C)_N}=G_{N_r,N_r}^{(C=C)_N}=\frac{(E-\varepsilon)\sin(N\xi)}{\beta^2 D},\quad G_{1_l,1_r}^{(C=C)_N}=-\frac{e^{\eta}\sin\xi}{\beta D} \tag{23.73}$$

式中，D 被定义为式(23.69)。

在这些表达式中，波矢 ξ 和能量 E 以及与之相关的电子能量范围是

$$\frac{1}{2}\left(\frac{E-\varepsilon}{\beta}\right)^2-\cosh 2\eta\equiv f(E,G^{C=C})$$

$$=\cos\xi\begin{cases}\xi=i\delta, & \delta>0 & 若\ E<E_b^v\\ \xi=\xi^v, & 0\leqslant\xi^v\leqslant\pi & 若\ E_b^v\leqslant E\leqslant E_t^v\\ \xi=\pi+i\delta^{v-c}, & \delta^{v-c}>0 & 若\ E_t^v\leqslant E\leqslant E_b^c\\ \xi=\xi^c=\pi-\xi^v, & & 若\ E_b^c\leqslant E\leqslant E_t^c\\ \xi=i\delta, & \delta>0 & 若\ E>E_t^c\end{cases} \tag{23.74}$$

其中，$f(E,G^{C=C})$ 是关于单体 C═C 格林函数矩阵元的泛函，在下面讨论一般 M 型低聚物时会给予详细的说明

$$G_{l,l}^{C=C}=G_{r,r}^{C=C}=\frac{E-\varepsilon}{(E-\varepsilon)^2-\beta^2\exp(2\eta)}$$

$$\beta_s G_{l,r}^{C=C}=-\frac{\beta^2}{(E-\varepsilon)^2-\beta^2\exp(2\eta)} \tag{23.75}$$

图 23.4(a)图示了上述方程中一些物理量的意义以及它们与单一类型 $(C)_N$ 链的色散关系间的联系。需要说明的是，对于 $\eta=0$ 的情形，如果我们把式(23.73)中的 ξ 替换为 2ξ，它便退化到 $(C)_{2N}$ 链格林函数矩阵元的[式(23.58)]情形；也就是 $G^{(C=C)_N}\rightarrow_{\eta=0}G^{(C)_{2N}}$。

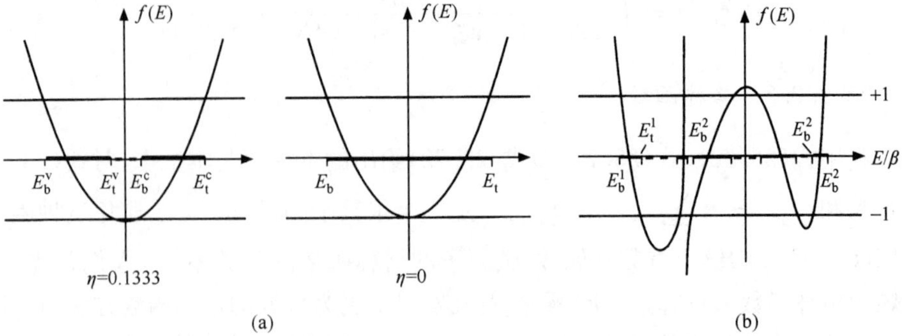

图 23.4　多项式 $f(E,G^{M})$ 的一些例子，它决定着能量对在第 μ 支能带中波矢的依赖关系 $E^{\mu}(\xi)$，$\mu=1,2,\cdots,N_{M}-1$，在带隙下时的依赖关系 $E(\delta)$ 和在带隙上时的依赖关系 $E(\delta^{\mu=N_{M}})$。(a) 图：M 是二价乙烯基基团，$f(E,G^{M})$ 是采用文献[57]中交替参数 η 而计算出来的二阶多项式（见式(23.74)的左边部分）；$\mu=1,2$ 分别对应于价带(v)和导带(c)，它们的边界能量值由曲线与水平线的交点来给出：$E_{b(t)}^{v(c)}=\varepsilon-(+)2\eta\cosh(\eta)$ 和 $E_{b(t)}^{c(v)}=\varepsilon-(+)2\eta\sinh(\eta)$。在式(23.74)中 $\delta^{C=C}\equiv\delta^{\mu=1}$，$\delta|_{E>E_{t}^{c}}\equiv\delta^{\mu=2}$。能带间隔与带隙间隔在 E/β 轴上分别以实线与虚线来标示出。双带能谱在 $mu=0$ 时合并为一个单带能谱。(b) 图：M 是呋喃环，$f(E,G^{M})$ 是一个五阶的多项式（详细计算参见参考文献[65]）。聚呋喃的 5 个 π 能带和与之相对应的带隙按照聚烯中 π 带与 π^{*} 带一样的标注方式（简写为 $E_{b(t)}^{\mu}$，而 $\mu=2,3,4$ 被省略不写）被标示出来。聚呋喃中的 HOMO-LUMO（或价带 - 导带）的能量间隔对应于 $E_{b}^{\mu=4}-E_{t}^{\mu=3}$

23.2.2.3　隧穿指数

现在我们考虑电子隧穿通过一个聚烯或者烷烃，并假设这时 $N\delta\geqslant1$ 和 $N\delta^{v-c}\geqslant1$。利用式(23.26)、式(23.73)和式(23.74)，我们可以得到透过带隙的隧穿过程

$$T\sim(G_{1_{l},N_{r}}^{(C=C)_{N}})^{2}\sim\exp(-2\delta^{v-c}N) \tag{23.76}$$

其中

$$\delta^{v-c}=\cos^{-1}\left[1+\frac{(E_{b}^{c}-E)(E-E_{t}^{v})}{2\beta^{2}}\right] \tag{23.77}$$

需要说明的是，对于聚烯隧穿指数，可以写为 $2\delta^{v-c}N=\delta^{v-c}N_{C}$，其中，$N_{C}$ 是碳原子的数目；而对具有相同碳原子数目的烷烃链，隧穿指数会大 2 倍左右：$2\delta^{v-c}(N_{C}-1)$[36]。

从式(23.77)我们立即就能得到，电子能量在带隙边缘时，δ^{v-c} 值接近于 0，而在带隙中间 $E=\varepsilon$ 时，其值为最大。对于 $\delta^{v-c}\ll1$ 的情形，这时能量取值接近带隙边缘或者带隙比较窄，$E_{g}/\beta\ll1$（对应于 $\eta\ll1$），我们可以使用式(23.78)来取代式(23.77)

$$\delta^{v-c}\approx\frac{1}{\beta}\sqrt{(E_{b}^{c}-E)(E-E_{t}^{v})}=\frac{1}{\beta}\sqrt{\Delta E(E_{g}-\Delta E)} \tag{23.78}$$

其中，$\Delta E \equiv |E_{b(t)}^{c(v)} - E|$。如果 $\Delta E \ll E_g$（任意宽度的带隙），式(23.78)可以再简化为

$$\delta^{v-c} \approx \frac{1}{\beta}\sqrt{\Delta E E_g} \tag{23.79}$$

在宽带 $E_g/\beta \gg 1$（相对应地，$\eta \gg 1$），但离带隙中间不远（$\delta^{v-c} \gg 1$）的情形下，隧穿指数的能量依赖关系由式(23.80)描述

$$\delta^{v-c} \approx \ln\left[\frac{(E_b^c - E)(E - E_t^v)}{\beta^2}\right] \tag{23.80}$$

因而这时其最大值为

$$\delta_{\max}^{v-c} \approx 2\ln\left(\frac{E_g}{2\beta}\right) \approx 2\eta \tag{23.81}$$

与之相反对窄带情形（$\eta \ll 1, E_g \approx 4\beta\eta$，图 23.4），隧穿指数的最大值与带宽成正比：

$$\delta_{\max}^{v-c} \approx \frac{E_g}{2\beta} \approx 2\eta \tag{23.82}$$

从中可以看出，对于宽带与窄带情形，隧穿指数的最大值与带宽之间的关系完全不同。在这种分类下，聚烯（$\eta = 0.1333$ [55]）给出了一个窄带的分子线例子，而烷烃则给出了一个中间的情况，因为它的 $\eta \to \eta^\sigma \approx 0.5$ [36]。

以下我们对上面的结果进行一些简单的讨论。

第一，双带模型与单带模型的结果对于宽带情形而言，前者在相同能量 $E = E_b^0 - E_g/2$ 下给出的 $\delta_{\max}^{v-c}$ 要比后者大 2 倍。这时，它满足式(23.64)：$\delta \approx \ln[(E_g + e_{bw}^0)/(2\beta)] \approx \ln[E_g/(2\beta)]$。

第二，我们一般认为，如果隧穿电子的能量处于带隙中，并且接近于价带或者导带中任一者，则远离的那一端能带的影响就可以忽略不计，此时式(23.63)便能够很好地描述。但是如上所述，对于聚烯或者烷烃的双带模型哈密顿量，这种想法并不正确。

第三，现在这种方案，连同我们以前的结果[45,46,51,52]，都清楚地揭示出有效质量这一概念(在以前的理论框架下，关于隧穿的常规的方法[66,67]或者 Franz 的双带模型)具有很大的局限性，尤其是在讨论电子通过较长分子的隧穿过程中。以后我们将会再提到这一点。

当电子处于聚烯 π 电子能谱之上或之下的能量范围时，δ 值将会从能带边的 0 值单调地增加。在远离聚烯 π 能级的地方（$|E - E_{b(t)}^{v(c)}| \gg \beta$），这种增加逐渐趋近于弹性模量的渐近线，并具有式(23.80)的形式，即

$$\delta^{v-c} \approx \ln\left|\frac{(E_b^c - E)(E - E_t^v)}{\beta^2}\right| \tag{23.83}$$

我们认为这种现象很有意思，也很具有启发性。

对一般 M 型低聚物的隧穿指数渐近线的详细讨论请参见文献[51,52]。

23.2.3　M—M—…—M 型低聚物

长期以来，我们在上面所讨论过的这种$(C)_N$型和$(C=C)_N$型低聚物的紧束缚哈密顿量，一直是少数几个线性有机分子的可解模型之一。然而，目前最成功的模型可能是参数化的半经验哈密顿量，它可以得到精确的解，并且在很多相关分支上都有应用。就像前面所提到的，人们也用这种模型来描述金属-分子接触的分子线与长程电子转移中的桥接通道。

一般来说，一个结构方程的表态式如果能够涵盖一大类有机分子，其中包含 M—M—…—M(M 型低聚物)与 $M_1—M_2—M_1—M_2—\cdots—M_1—M_2—M_1$[$(M_1—M_2)$型低聚物]，那么，这种结构方程便可以广泛地应用于下述领域：低聚物能谱[65]、分子线的量子输运[45,46]以及 DBA 系统中非绝热电子通过桥接分子的转移过程[51,52]。

23.2.3.1　M 型低聚物的哈密顿量与格林函数

在前面的 23.2.2 节中介绍的聚烯哈密顿量具有与 M 型低聚物相同的特征。这些化合物[简写为$(C)_N$，其中 N 是单体的数目]的 π 电子与 σ 电子结构可以写为

$$\hat{H}^{(M)_N} = \sum_{n=1}^{N} \hat{H}_n^M + \hat{V} \tag{23.84}$$

式中，$\hat{H}_n^M$ 是第 n 个单体的哈密顿量算符；$\hat{V}$ 是单体间的相互作用项，且

$$\hat{V} = -\beta_{\text{int}} \sum_{n=1}^{N} [\,|(n+1)_{\alpha_l}\rangle\langle n_{\alpha_r}| + |(n-1)_{\alpha_r}\rangle\langle n_{\alpha_l}|\,] \tag{23.85}$$

在式(23.85)中，$|0_{\alpha_r}\rangle = |(N+1)_{\alpha_l}\rangle = 0$，右矢 $|n_{\alpha_i}\rangle$ 表示第 n 个单体中第 α_i 原子的 π(或 σ)轨道。$-\beta_{\text{int}}$ 是 π(σ)电子在 α_l 与 α_r 两个近邻原子间的隧穿能量。因为下面的结果对于具有任意原子数目的单体(以 N_M 标示)和任意化学结构的 M 都是普适的，因而 $\hat{H}_n^M$ 可以在必要的时候任意指定一种形式。

通过 Dyson 方程，我们可以将式(23.84)与式(23.85)所定义的格林函数写为

$$\hat{G}^{(M)_N} = \hat{G}^M + \hat{G}^M \hat{V} \hat{G}^{(M)_N} \tag{23.86}$$

在矩阵表示中，式(23.68)可以改写为

$$\begin{gathered} G^{(M)_N}_{n_{\alpha_i}, m_{\alpha_j}} = \delta_{n,m} G^M_{\alpha_i,\alpha_j} - \beta_{\text{int}} [G^M_{\alpha_i,\alpha_l} G^{(M)_N}_{(n-1)_{\alpha_r}, m_{\alpha_j}} + G^M_{\alpha_i,\alpha_r} G^{(M)_N}_{(n+1)_{\alpha_l}, m_{\alpha_j}}] \\ G^{(M)_N}_{0_{\alpha_r}, m_{\alpha_j}} = 0, G^{(M)_N}_{(N+1)_{\alpha_l}, m_{\alpha_j}} = 0 \end{gathered} \tag{23.87}$$

其中，$G^M_{\alpha_i,\alpha_j} = \langle n_{\alpha_i} | (E\hat{I} - \hat{H}_n^M)^{-1} | n_{\alpha_j} \rangle$，下标 n,m 取遍从 $1 \sim N$ 的所有可能值，而下标 α_i, α_j 表示单体中的原子位置。特别地，如果在式(23.87)中令 $\alpha_i = \alpha_l, \alpha_r$ 和

$\alpha_j = \alpha_l, \alpha_r$,我们可以得到关于单体内紧连原子低聚物的格林函数矩阵元的四个方程。

如果我们知道低聚物的能量 E 与波矢 ξ 之间的关系,那么,解这四个仅涉及 $G^{\mathrm{M}}_{\alpha_l,\alpha_l}$、$G^{\mathrm{M}}_{\alpha_r,\alpha_r}$,$G^{\mathrm{M}}_{\alpha_l,\alpha_r}$ 的方程是比较容易的。而能量与波矢间存在关系[65]

$$\cos\xi = f(E,G^{\mathrm{M}}),\quad f(E,G^{\mathrm{M}}) = \frac{1-G^{\mathrm{M}}_{\Delta}}{2\beta_{\mathrm{int}}G^{\mathrm{M}}_{\alpha_l,\alpha_r}} \tag{23.88}$$

其中,G^{M}_{Δ} 表示

$$G^{\mathrm{M}}_{\Delta} \equiv \beta^2_{\mathrm{int}}[G^{\mathrm{M}}_{\alpha_l,\alpha_l}G^{\mathrm{M}}_{\alpha_r,\alpha_r} - (G^{\mathrm{M}}_{\alpha_l,\alpha_r})^2] \tag{23.89}$$

$f(E,G^{\mathrm{M}})$ 是一个阶数 $\leqslant N_{\mathrm{M}}$ 的多项式,它由单体格林函数的矩阵元中的能量依赖关系所决定。为了得到 M=C 情况下的色散关系式(23.59),我们令其中的 $G^{\mathrm{M}}_{\alpha_{l(r)},\alpha_{l(r)}} = G^{\mathrm{M}}_{\alpha_l,\alpha_r} = (E-\varepsilon)^{-1}$ 和 $\beta_{\mathrm{int}} = \beta$。将矩阵元(23.75)代入式(23.88)和式(23.89),我们可以得到式(23.74)。

我们把 $G^{(\mathrm{M})_N}_{n_{\alpha_{l(r)}},m_{\alpha_{l(r)}}}$ 和 $G^{(\mathrm{M})_N}_{n_{\alpha_{l(r)}},m_{\alpha_{r(l)}}}$ 重写为入射波与反射波的叠加,并利用式(23.88),经过较长但直接的代数运算后,可以得到下面的矩阵元

$$G^{(\mathrm{M})_N}_{n_{\alpha_i},m_{\alpha_j}} = (G^{\mathrm{M}}_{\alpha_l,\alpha_r}P^{(\mathrm{M})_N}_N\sin\xi)^{-1}$$

$$\times\begin{cases}-\beta^{-1}_{\mathrm{int}}G^{\mathrm{M}}_{\alpha_l,\alpha_l}\sin[(N+1-m)\xi]P^{(\mathrm{M})_N}_{n-1}, & i=j=l,n<m,\\ n\leftrightarrow m, & i=j=l,n\geqslant m,\\ G^{\mathrm{M}}_{\alpha_l,\alpha_l}G^{\mathrm{M}}_{\alpha_r,\alpha_r}\sin[(N+1-m)\xi]\sin\xi n, & i=l,j=r,n<m,\\ \beta^{-2}_{\mathrm{int}}P^{(\mathrm{M})_N}_{m-1}P^{(\mathrm{M})_N}_{N-n}, & i=l,j=r,n\geqslant m,\\ \beta^{-2}_{\mathrm{int}}P^{(\mathrm{M})_N}_{n-1}P^{(\mathrm{M})_N}_{N-m}, & i=r,j=l,n<m,\\ G^{\mathrm{M}}_{\alpha_l,\alpha_l}G^{\mathrm{M}}_{\alpha_r,\alpha_r}\sin[(N+1-n)\xi]\sin\xi m, & i=r,j=l,n\geqslant m,\\ -\beta^{-1}_{\mathrm{int}}G^{\mathrm{M}}_{\alpha_r,\alpha_r}\sin(n\xi)P^{(\mathrm{M})_N}_{N-m}, & i=j=r,n<m,\\ n\leftrightarrow m, & i=j=r,n\geqslant m,\end{cases} \tag{23.90}$$

其中

$$P^{(\mathrm{M})_N}_n = \sin(n\xi) + \beta_{\mathrm{int}}G^{\mathrm{M}}_{\alpha_l,\alpha_r}\sin[(n-1)\xi] = \sin(n\xi)G^{\mathrm{M}}_{\Delta} - \beta_{\mathrm{int}}G^{\mathrm{M}}_{\alpha_l,\alpha_r}\sin[(n+1)\xi] \tag{23.91}$$

很容易地证明,对 $(\mathrm{C})_N$ 情形,式(23.90)能够退化为式(23.58)。利用式(23.75)中 M=C=C 情形下的单体格林函数以及 $\beta_{\mathrm{int}} = \beta$,我们可以重新得到 23.2.2 节的式(23.73)。

利用上面得到的矩阵元,再联立 $(N_{\mathrm{M}}-2)$ 个方程,可以得到其他的以 α_i,α_j 为下标的矩阵元,其中 $i,j\neq l,r$。这相对于最初 $(N\times N_{\mathrm{M}})$ 阶的问题,难度已经大为简化。更进一步地,我们通过单体格林函数 G^{M} 的矩阵元,得到了 M 型低聚物格

林函数的准确表达式。这会大大方便计算或分析低聚物和多聚物中电子的性质，下面我们将会进行简要的描述。

23.2.3.2 M 型低聚物单电子能谱的总体结构

式(23.88)给出了关于 M 型低聚物单电子能谱的总体结构的完整描述。就像图 23.4 中的所示的例子那样，在 $f(E,G^{\mathrm{M}})$ 与水平线 ± 1 的交点处

$$f(E,G^{\mathrm{M}}) = \pm 1 \tag{23.92}$$

给出了带边界的能量值，以 $E^{\mu}_{b\langle t\rangle}$ 表示。类似地，对于聚烯，指标 μ 表示多项式 $f(E,G^{\mathrm{M}})$ 的根。对于每一个能带(即允许电子存在的能量范围)，式(23.88)决定了能量依赖关系 $E^{\mu}(\xi^{\mu})$，它起到了色散关系的作用。本征值由广义 Lennard-Jones 方程所决定

$$P_{N}^{(\mathrm{M})_N} = \sin\xi N + \beta_{\mathrm{int}} G^{\mathrm{M}}_{\alpha_l,\alpha_r}\sin[(N-1)\xi] = 0 \tag{23.93}$$

其中，能量取值为 $E^{\mu}_{b} \leqslant E \leqslant E^{\mu}_{t}$，而 $|f(E,G^{\mathrm{M}})| > 1$ [65]。利用表达式 $G^{\mathrm{M}}_{\alpha_l,\alpha_r} = G^{\mathrm{C=C}}_{l,r}$ 和 $\beta_{\mathrm{int}} = \beta_s$，式(23.93)就变为了 Lennard-Jones 式(23.69)。

现在考虑电子能量在带隙中的情形，这时 $|f(E,G^{\mathrm{M}})| > 1$。在低聚物无限长的极限下，如果

$$\beta_{\mathrm{int}} \mid G^{M}\alpha_l,\alpha_r \mid < 1 \tag{23.94}$$

则式(23.88)与式(23.93)不能同时被满足。

这种不等价性使得所有电子的能量都在能带范围之内成为一个必要条件。

从另一方面来看，$\beta_{\mathrm{int}}|G^{\mathrm{M}}_{\alpha_l,\alpha_r}| > 1$ 的条件要求在某一带隙能量时，式(23.93)也能被满足。如果

$$G^{M}_{\alpha_l,\alpha_l} G^{M}_{\alpha_r,\alpha_r} = 0 \tag{23.95}$$

则这些能量(以 E_{loc} 来表示)同样属于低聚物能谱的一部分。

换言之，M 型低聚物的能谱能够包含一些带隙中的离散态，而这在周期性边界条件中是不可能存在的。

式(23.95)要求在同一能量取值时，下述方程应该同时满足

$$\beta_{\mathrm{int}} \mid G^{m}_{\alpha_l,\alpha_r} \mid = 1 \tag{23.96}$$

这是一种能带连接的特殊情形，也就是靠近对应带隙的情况[65]。

下面我们利用与聚烯低聚物相对应的单体格林函数式(23.75)来检验我们上面的一些论断。在 $E = \varepsilon$ 时，式(23.95)有二阶根；这时，如果 $\eta < 0$，则 $|G^{\mathrm{C=C}}_{l,r}| > 1$。如果一个无限长的二聚碳链的末端是 C—C 单键，则在带隙中间存在一个能量二重简并的离散能级。同样地，在 $\eta < 0$ 时，解式(23.69)和式(23.74)也能得到带隙中的两个能级，但却是在带隙中间之上与之下的位置。随着聚烯长度的增加，这些能级的能量取值会逐渐接近。

因为 $\beta_s G_{l,r}^{C=C}|_{E=\varepsilon,\eta=0}=-1$，当 $\eta=0$ 时，则对于能量 $E=\varepsilon$，式(23.95)和式(23.96)能够同时得到满足，这意味着，这时的带隙宽度趋向于 0。通过直接的计算，我们已经看到了聚烯中的带隙宽度逐渐趋于 0 情况，参见式(23.68)以及后面的讨论和图 23.4。

23.2.3.3　M 型低聚物的隧穿指数

为了与前面的 $(C)_N$ 和 $(C=C)_N$ 例子相类比，色散关系式(23.88)可以通过下面的替代应用到虚波矢情形：如果 $f(E,G^M)>1$，则 $\xi^\mu\rightarrow I\delta^\mu,\delta^\mu>0$；如果 $f(E,G^M)<-1$，则 $\xi^\mu\rightarrow\pi+i\delta^\mu$，也就是：

$$\begin{aligned}&\cosh\delta=|f(E,G^M)|,\quad E<E_b^{\mu=1};\\&\cosh\delta^\mu=|f(E,G^M)|,\quad E_t^\mu<E<E_b^{\mu+1},\mu=1,2,\cdots,N_M-1\end{aligned}\tag{23.97}$$

并且 $E>E_t^{\mu=N_M}$，这时，μ 对应于最高的能带。注意到如果多项式 $f(E,G^M)$ 的阶数小于 N_M，则电子能带的数目也会随之减少。上面式(23.60)与式(23.74)给出的结果仅是式(23.97)的特例。

这个方程的 $f(E,G^M)$ 的定义[式(23.88)]，给出了隧穿指数的最一般表达式，它通过与单体最近邻原子相对应的单体格林函数的矩阵元来写出。这时，为了计算任意带隙的隧穿指数，我们只需要知道单体格林函数与低聚物的长度。

一般来说，我们最为关心的是 HOMO(最高占据轨道)-LUMO(最低未占据轨道)之间的带隙，即价带与导带间的带隙。采用与聚烯情形完全相同的缩写形式，我们可以写出能量在价带与导带间的带隙内时电子隧穿通过 M 型低聚物的过程

$$T\sim k_{et}\sim\exp(-2\delta^{v-c}N)\tag{23.98}$$

其中

$$\delta^{v-c}=\ln(|f(E,G^M)|)+\sqrt{f^2(E,G^M)-1}\tag{23.99}$$

需要注意的是，低聚物的 HOMO(LUMO)轨道能级总是比相对应的导带顶(价带底)要偏低(偏高)，因此，能量取值在 $E_t^v-E_{HOMO}$ 与 $E_{LUMO}-E_b^c$ 区域时，式(23.98)与式(23.99)是不适用的。

对于同时满足式(23.95)与等价性 $\beta_{int}|G_{\alpha_l,\alpha_r}^M|>1$ 的带隙内离散能级(如果有)，$\delta^{v-c}(E=E_{loc})$ 的定义式可以简化为

$$\delta^{v-c}(E=E_{loc})=\ln(\beta_{int}|G_{\alpha_l,\alpha_r}^M(E=E_{loc})|)\tag{23.100}$$

作为一个例子，对于长聚烯链，式(23.100)给出与式(23.82)相符的结果：$\delta^{v-c}(E=E_{loc})=\delta_{max}^{v-c}=2|\eta|$。

应该指出的是，在接近或者位于带隙间离散能级位置时，下面的近似是不合适的

$$T\sim k_{et}\sim|G_{1_{\alpha_l},N_{\alpha_r}}^{(M)_N}|^2\tag{23.101}$$

这时，我们不得不利用式(23.98)。对带隙间离散能级范围内的电子隧穿的准确计算，需要 23.1.2 节中给出的更加精确的方程。

因此，为了计算在 M 型低聚物实际能带中电子波传播的色散关系或者任意带隙间的隧穿指数，我们只需要知道特定的单体格林函数矩阵元 $f(E,G^{\mathrm{M}})$。

对于给定的单体 M 的化学结构和不同 M 型低聚物中单体的连接方式，$f(E,G^{\mathrm{M}})$ 对于能量有不同的依赖关系。低聚物通过式(23.88)和式(23.93)表现出各自的低聚物谱性质，这对上面的一些讨论具有很重要的现实意义。

在 $f(E,G^{\mathrm{M}})$ 定义式(23.88)中出现的单体格林函数的双线性组合函数 G_{Δ}^{M}，有一系列以 N_{M} 作为限制范围的极点，这些极点与单体格林函数的极点相吻合。此外，G_{Δ}^{M} 的极点比 $G_{\alpha_l,\alpha_r}^{\mathrm{M}}$ 的极点要稍多一些，在那里 $f(E,G^{\mathrm{M}})$ 变成一个奇异函数，而且 $G_{\alpha_l,\alpha_r}^{\mathrm{M}}$ 的零点也会导致 $f(E,G^{\mathrm{M}})$ 的奇异性。具体的示例，如图 23.4 所示。不管什么原因，由 $f(E,G^{\mathrm{M}})$ 的奇异性而导致的隧穿指数的无穷大，至少表明了低聚物具有固有的电学开关特性。分子的透射谱包含着只在带隙间能量间隔中才能发生的反共振行为[52]。如果不考虑 $f(E,G^{\mathrm{M}})$ 的奇异性，在给定带隙条件下的隧穿指数就对应于 $f(E,G^{\mathrm{M}})$ 的最大值，如图 23.4 所示。

完全由单体电子结构所决定的隧穿指数，并不依赖于末端效应，但这绝不是说欧姆隧穿电导也不依赖于接触点的行为。存在许多与分子-金属接触有关的有趣现象，下面就是其中之一。

实验上，经常采用巯基基团来连接有机分子和金衬底，这可以产生带隙间的离散能级。它们会在带隙能量间隔内产生类似共振一样的隧穿能谱。这种共振被称为赝共振，以与在能带间的真正共振相区别，理论上，硫醇基和二硫基聚烯、硫醇基和二硫基烷烃分子连接的情形已经被广泛地研究过[36]。

23.2.3.4 $(\mathrm{M}_1—\mathrm{M}_2)$型低聚物

我们对 M 型低聚物的电子结构与传输性质的研究方法可以很容易扩展为$(\mathrm{M}_1—\mathrm{M}_2)$型低聚物，只要将其中的—M—考虑成—$\mathrm{M}_1$—$\mathrm{M}_2$—，但是最末端的第 N 个单体 M 需要被用 M_1 替代，这种替代使得式(23.94)与式(23.95)需要进行一定方式的修正[46]。然而，这类线性化合物的色散关系仍然满足式(23.88)式，只是其中的 $f(E,G^{\mathrm{M}})$ 被 $f(E,G^{\mathrm{M}_1-\mathrm{M}_2})$ 所替换。因此，我们在计算带隙能量和与之相对应的隧穿指数时，只需将单体格林函数由 G^{M} 替换为 $G^{\mathrm{M}_1-\mathrm{M}_2}$，其他保持不变。这时的矩阵元为

$$G_{\alpha_l,\alpha_l}^{\mathrm{M}_1-\mathrm{M}_2}=\frac{G_{\alpha_l,\alpha_l}^{\mathrm{M}_1}-G_{\alpha_l,\alpha_l}^{\mathrm{M}_2}G_{\Delta}^{\mathrm{M}_1}}{1+\beta_{\mathrm{M}_1-\mathrm{M}_2}^2G_{\alpha_r,\alpha_r}^{\mathrm{M}_1}G_{\alpha_l,\alpha_l}^{\mathrm{M}_2}},\quad G_{\alpha_r,\alpha_r}^{\mathrm{M}_1-\mathrm{M}_2}=\frac{G_{\alpha_r,\alpha_r}^{\mathrm{M}_2}-G_{\alpha_r,\alpha_r}^{\mathrm{M}_1}G_{\Delta}^{\mathrm{M}_2}}{1+\beta_{\mathrm{M}_1-\mathrm{M}_2}^2G_{\alpha_r,\alpha_r}^{\mathrm{M}_1}G_{\alpha_l,\alpha_l}^{\mathrm{M}_2}} \tag{23.102}$$

$$G_{\alpha_l,\alpha_r}^{\mathrm{M}_1-\mathrm{M}_2}=-\beta_{\mathrm{M}_1-\mathrm{M}_2}\frac{G_{\alpha_l,\alpha_r}^{\mathrm{M}_2}G_{\alpha_l,\alpha_r}^{\mathrm{M}_1}}{1+\beta_{\mathrm{M}_1-\mathrm{M}_2}^2G_{\alpha_r,\alpha_r}^{\mathrm{M}_1}G_{\alpha_l,\alpha_l}^{\mathrm{M}_2}} \tag{23.103}$$

这时 $-\beta_{M_1-M_2}$ 表示 $M_1—M_2=C=C$ 情形下的在 M_1 与 M_2 间的跃迁能量积分。如果 $\beta_{M_1-M_2}=\beta\exp(\eta)$，则式(23.102)就退化成为式(23.75)。在以上关系条件下，做如下替换 $M_1 \longrightarrow M—M—\cdots—M$，其中 $M=M_1—M_2$ 和 $\beta_{M_1-M_2}\rightarrow\beta_{int}$，我们可以得到与有低聚物末端原子相对应的矩阵元 $G^{(M_1-M_2)_N}$ 值。

对于($M_1—M_2$)型低聚物，类似于式(23.101)，这时的 T 与 k_{et} 为

$$T\sim k_{et}\sim\left|\frac{\beta_{int}G^{M_1}_{\alpha_l,\alpha_r}G_{1_{\alpha_l},N_{\alpha_r}}^{(M_1-M_2)_N}}{1+\beta_{int}^2G^{M_1}_{\alpha_l,\alpha_l}G_{N_{\alpha_r},N_{\alpha_r}}^{(M_1-M_2)_N}}\right|^2\sim\exp(-2\delta^{v-c}N) \qquad (23.104)$$

其中

$$\delta^{v-c}=\ln(|f(E,G_1^{M_1-M_2})|+\sqrt{f^2(E,G^{M_1-M_2})-1}) \qquad (23.105)$$

和 $E_t^v<E<E_b^c$。

23.2.3.5　隧穿通过长分子的其他行为

文献[69]给出了电子隧穿通过长分子的详细描述，那里与我们的想法一致，但是却采用了另外不同的技术处理方式。我们严格地定义了 $f(E,G^M)$ 函数，并且它通过实部 $\arccos[f(E,G^M)]$ 或者虚部 $\cosh^{-1}[f(E,G^M)]$ 与波矢直接相关[式(23.88)]。文献的作者定义了另一个多项式 ΔE，它同样也决定了波矢与能量间的依赖关系，但是却比多项式 $f(E,G^M)$ 高二阶，这引入了在计算隧穿指数时不必要的复杂度。

文献[70]重新整理了文献[69]中的结果，使得隧穿指数可以完全用依赖于能量的有效质量来表达。我们认为，通过分子哈密顿量来解释实验结果，要比通过有效质量图像的解释更加翔实和可信。

23.2.4　小结

在这一节中，我们通过建立哈密顿量系统，阐述一个易处理的有机低聚物的解析模型，它可以涵盖一大类分子线，并且这些哈密顿量可以描述饱和分子的电子结构特性。我们得到了 M 型与($M_1—M_2$)型低聚物的格林函数，并给出了具体的例子来作为说明。

即使对于半经验模型而言，要处理的系统也是很复杂的，更不用说为了进行精确的第一性原理计算所需要的大量计算资源，如果异质结中传输电子的能量与外部电压的依赖性可以在秒的量级内达到，那将会是很吸引人的成果。这样，我们就可以对实验中决定流过分子接触点电流大小的主要因素进行更为细致的研究。

决定电子通过分子线隧穿的指数因子已经被证明是一个只依赖于分子的长度和单体格林函数的泛函，这样，就可以直接把电子在分子线或桥接分子中的传输效率与电子结构联系了起来。

23.3 电场效应

体系的电导可以用前两节中阐述的分子接触模型来进行解释(见文献[1,15,19,20]及其引文)。假设驱动电势仅在金属-分子接触面有电势降落,那么,在这一限制条件下我们来研究非线性的电流-电压特性。基于这种假设,我们就可以通过适当地定义导线格林函数中的能级来计入外偏压的影响(见 23.1 节)。

在过去十年间的理论模型中,大多数研究工作采用电势仅在接触面处下降的假设下来计算分子的非线性电导[5,6,8,10,23-25,42]。相对而言,分子导线中的线性电势降落并没有引起研究者足够的重视。

在我们的工作中[71~74],采用受场移效应影响的格点哈密顿量模型来解释以下问题①:恒定的电场将以何种方式影响电子谱,这种效应会对分子导线的电导性质有何影响。这一简单的模型已经足够清楚地阐述有限体系在外电场驱动下的量子效应。

在前人工作的基础上,首先,我们引入碳链的量子化能级,而将外电场的影响加在接触点处。然后,我们将讨论外电压影响下的能级劈裂。而对于电子的量子输运,我们对偏置能带和倾斜能带中的电子态进行了详细分类——此类问题是 Zenner 隧穿、布洛赫振荡等理论的中心课题。同时,我们将考虑分子导线中的电子受外电场的影响。在本章中,我们重点讨论电子的输运机制。相比前人的工作,我们的模型主要用来讨论有限带宽(能量空间)和有限带长(实空间)的问题。在下文中,我们将会比较该模型的结果和前人已有模型结果的异同。

23.3.1 外偏压下的$(C)_N$链能谱

假设外加恒定的电场 ε,这样$(C)_N$链中的格点能级是以 $\varepsilon_\varepsilon = ae\varepsilon$ 为能级间隔的阶梯型等距能级,其中 a 是晶格常数,e 是电子电荷。在这样的假定下,式(23.54)中的紧束缚哈密顿算子可以重写为

$$\hat{H}^{(C)_N} = \sum_{n=1}^{N}\left\{\left[\varepsilon + \left(n - \frac{N+1}{2}\right)\varepsilon_\varepsilon\right] \mid n\rangle\langle n \mid \right.$$
$$\left. - \beta[(1-\delta_{n,N}) \mid n\rangle\langle n+1 \mid + (1-\delta_{n,1}) \mid n\rangle\langle n-1 \mid]\right\} \tag{23.106}$$

在文献[75~78]中已经考虑过类似的哈密顿算子。

在式(23.106)中,零级场移下的格点能级置于链的中央;ε_ε 可以表示成布洛

---

① 这些工作主要考虑外置偏压下的超晶格,但这个哈密顿量是普适的。

赫振荡频率和普朗克常数的乘积；此时，加在分子终端上的外电压 $V=(N-1)a\varepsilon=(N-1)\varepsilon_\varepsilon/e$。容易看出，$\hat{H}^{(C)}{}_N$ 的能谱关于格点能级 ε 是对称的。因此，外电场参数可以仅考虑 $eV>0$ 的情形。参见图 23.5。

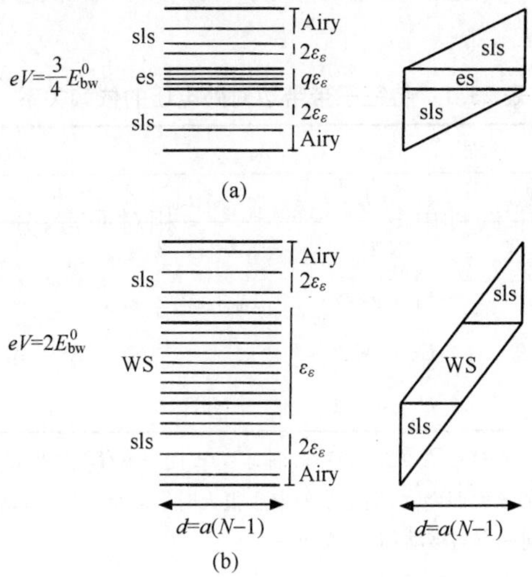

图 23.5 恒定电场对电子谱的影响

左侧：分别是能级间距为 $eV=\frac{3E^0_{bw}}{4}$ (a)和能级间距为 $eV=2E^0_{bw}$ (b)的能带。水平粗线分别代表带顶，es、sls 和 WS 能带带边；水平细线带边电子能级。竖直线中间隔处的能谱不能用简单函数表示。Airy 表示 Airy 型电子谱。右侧：与左图相对应的倾斜能带及其在相同偏压下等效分割成的 es、sls 和 WS 子带。

类似文献[72,75～78]，哈密顿矩阵的行列式

$$\mathscr{D}_N(E)=(-1)^N\frac{\varepsilon_\varepsilon}{\pi\beta}\det[\beta^{-1}(\hat{I}E-\hat{H}^{(C)}{}_N)] \tag{23.107}$$

表示为一系列贝塞尔函数的双线性函数。如果选取在 $n=(N+1)/2$ 处的能量作为能量零点，$D_N(E)$ 可以表示为[72]

$$\mathscr{D}_N(E)=J_{\mu+(N+1)/2}(z)Y_{\mu-(N+1)/2}(z)-Y_{\mu+(N+1)/2}(z)J_{\mu-(N+1)/2}(z) \tag{23.108}$$

其中，$\mu\equiv(\varepsilon-E)/\varepsilon_\varepsilon$，$z\equiv 2\beta/\varepsilon_\varepsilon$，$J_\mu(z)$ 和 $Y_\mu(z)$ 分别表示第一类和第二类贝塞尔函数。

这样，可以通过求解行列式的本征值问题，用一些基本函数来表示能谱对能级间距 eV 的依赖关系。

$$\mathscr{D}_N(E)=0 \tag{23.109}$$

这样得到的电子态大致分为三类：Henceforth 扩展态(es)、Wannier-Stark (WS)态和表面局域态(sls)。这三种态的能级间距见表 23.1。对应地，谱函数由

中心子带及其演化成的上子带和下子带构成。其中,体系态可以看作是低能下的扩展态或是高电压下的 WS 态。当外偏压 eV 小于零场带宽 E_{bw}^0 时,体系能级对外场的依赖关系与 $E_{\text{bw}}^0 > eV$ 时的是不同的。我们把这两类情况标记为:低电压和高电压情形,并分别予以讨论。低电压和高电压下子带带边在表 23.1 中给出了定义。

表 23.1 特征子带带边对外电压的依赖关系

<table>
<tr><th rowspan="2">特征子带</th><th colspan="2">带底</th><th colspan="2">带顶</th></tr>
<tr><th>$eV < E_{\text{bw}}^0$</th><th>$eV > E_{\text{bw}}^0$</th><th>$eV < E_{\text{bw}}^0$</th><th>$eV > E_{\text{bw}}^0$</th></tr>
<tr><td>es 带</td><td>$E_b^0+eV/2$</td><td>N/E</td><td>$E_t^0-eV/2$</td><td>N/E</td></tr>
<tr><td>下 sls 带</td><td></td><td>$E_b^0-eV/2$</td><td>$E_b^0+eV/2$</td><td>$E_t^0-eV/2$</td></tr>
<tr><td>上 sls 带</td><td>$E_t^0-eV/2$</td><td>$E_b^0+eV/2$</td><td colspan="2">$E_t^0+eV/2$</td></tr>
<tr><td>WS 带</td><td>N/E</td><td>$E_t^0-eV/2$</td><td>N/E</td><td>$E_b^0+eV/2$</td></tr>
</table>

零场下带底为 $E_{(b)t}^0=\varepsilon-(+)2\beta$[式(23.59)]。缩写 N/E 代表不存在。值得注意的是,表面局域态能带的带顶随着 $eV < E_{\text{bw}}^0 = 4\beta$ 的增大而增大,但是当外电压很大时会减小。Henceforth 扩展态子带和 WS 带的带边在外电场影响下,朝着同一方向移动,向上或向下。

23.3.1.1 低电压情形 $eV < E_{\text{bw}}^0$:扩展态能带

在低电压下,体系能级处于能级间隔 $[\varepsilon-2\beta+eV/2,\varepsilon+2\beta-eV/2]$ 中。例如,Henceforth 扩展态子带的下半部分不会出现,因为 $-2\beta+eV/2+\varepsilon_\varepsilon < E-\varepsilon < -\varepsilon_\varepsilon$。于是式(23.108)的行列式可以写为

$$\mathscr{D}_N(E) \approx \frac{\varepsilon_\varepsilon}{\pi\beta}\sqrt{\frac{1}{\sin\xi\sin\xi'}}\sin\left[\xi+\xi'-\frac{2\beta}{\varepsilon_\varepsilon}(\Phi_\xi-\Phi_\xi{}')\right] \tag{23.110}$$

其中

$$2\beta\cos\xi = \varepsilon-E+\frac{eV}{2},\quad \Phi_\xi = \sin\xi-\xi\cos\xi$$
$$2\beta\cos\xi' = \varepsilon-E-\frac{eV}{2},\quad \Phi_{\xi'} = \Phi_\xi(\xi\rightarrow\xi') \tag{23.111}$$

这样,扩展态的能级由式(23.112)决定。

$$\sin[(N+1)\xi^{\text{es}}] = 0 \tag{23.112}$$

其中

$$\xi^{\text{es}} = \frac{1}{N+1}\left[\xi+\xi'-\frac{2\beta}{\varepsilon_\varepsilon}(\Phi_\xi-\Phi_{\xi'})\right] \tag{23.113}$$

需要注意的是,尽管式(23.112)在形式上与无外场情形下的波矢量本征值方程 $\sin[(N+1)\xi]=0$[式(23.56)]一致,然而式(23.113)中的 ξ^{es} 并无明显的物理

含义。

当 $N\to\infty$ 时,ξ^{es} 的最大值逼近 $\pi/2$,而 ξ^{es} 的最小值则由外场决定。可以通过 ξ^{es} 来确定 Henceforth 扩展态能带中态总数的 1/2

$$n^{es}=\left[\frac{N+1}{2}\right]_{N/I}+1-\frac{N+1}{\pi}\xi^{es}\Big|_{E=\varepsilon-2\beta+eV/2} \tag{23.114}$$

式中,$[\cdots]_{N/I}$ 表示最近的整数。其余的 $N-2n^{es}$(N 为偶数)或 $N-1-2n^{es}$(N 为奇数)个态被排除在外,而归入下方或下方的表面局域态能带。

进一步地,当 $N\gg1$ 时,通过对式(23.110)至式(23.113)的分析,可以得到 Henceforth 扩展态能带中的能级可以表示为

$$E_l=\varepsilon\pm\frac{\varepsilon_\varepsilon^{(m'/m)}}{1-2m'/m}\begin{cases}l, & N\text{ 为奇数},\\ (l+1/2), & N\text{ 为偶数},\end{cases}\quad l=0,1,2,\cdots \tag{23.115}$$

式(23.115)对于特定的外场参数成立,外场参数 $\varepsilon_\varepsilon=\varepsilon_\varepsilon^{(m'/m)}$ 由式(23.116)确定

$$\beta^{-1}\varepsilon_\varepsilon^{(m'/m)}=4\cos\left(\pi\frac{m'}{m}\right)\begin{cases}1/(N-1), & N\text{ 为奇数},\\ 1/N, & N\text{ 为偶数}\end{cases} \tag{23.116}$$

式 中,$m=3,4,\cdots;m'=1,2,\cdots<m/2$ 并且 m,m' 互质。

从式(23.115)和式(23.116)中可以看出,电子谱和外电压的依赖关系存在一种有趣的规律:通过恰当地调整外电压,可以使能谱的能级间距大于 Wannier 预测的结果

$$\Delta E=q\varepsilon_\varepsilon,\quad q>1 \tag{23.117}$$

根据 Wannier 的理论[18],恒定外场下晶体的体系态是以 ε_ε 为能级间隔的。这类能谱通常称作为 WS 梯子。式(23.115)与正常的 WS 梯子不同的是:它的能级虽然是等间距的,但是能级间隔大于 ε_ε。

通过调节外偏压,等间距的能谱将由式(23.115)和式(23.116)所描述的能谱替代。考虑一个特殊的例子:取 N 为奇数且 $eV/\beta=4\cos(\pi/4)$ 时,也就是 $m'=1$,$m=4$ 的情形,此时,两倍 ε_ε 间隔的 WS 梯子会出现,其中 $E-\varepsilon=0,\pm2\varepsilon_\varepsilon,\pm4\varepsilon_\varepsilon,\cdots$:。当我们调节外电压 V' 使 $\arccos(eV'/4)\beta/\arccos(eV/4\beta)=4/3$ 时,三倍 ε_ε 能级间隔的 WS 梯子会出现。此时 $E-\varepsilon=0,\pm3\varepsilon_\varepsilon',\pm6\varepsilon_\varepsilon',\cdots$。

综上所述,在低电压下(不同于高电压下的 WSL 谱),Henceforth 扩展态能带中的电子态,按式(23.117)描述的方式随着 V 的变化而变化,并且在 $q=1$ 的极限下趋向整数值。

23.3.1.2 高电压情形 $eV>E_{bw}^0$:Wannier-Stark 能带

当 $eV=E_{bw}^0$ 时,Henceforth 扩展态的子带宽变为零,即 $n^{es}=0$,此时,所有态变为表面局域态的上能带或表面局域态的下能带。在高电压情况下,考虑能级间

隔 $[\varepsilon+2\beta-eV/2,\varepsilon-2\beta+eV/2]$ 中的态，且当$(N-2n)\varepsilon_\varepsilon/\beta\gg1$ 时，式(23.106)的解可以表述为[72]

$$E_n=\varepsilon\pm n\varepsilon_\varepsilon\pm\frac{2\varepsilon_\varepsilon\beta^2}{\pi(eV-2n\varepsilon_\varepsilon)^2}\left[\frac{2\times2.7183}{N-2n}\frac{\beta}{\varepsilon_\varepsilon}\right]^{(N-2n)}+\begin{cases}0 & \text{奇数 } N\\ \pm\varepsilon_\varepsilon/2 & \text{偶数 } N\end{cases}\tag{23.118}$$

式中，$n=0,1,2,\cdots$；$+$，$-$分别代表上、下两个能带。除了到带边间隔为 ε_ε 的其他区域，式(23.118)是非常准确的。忽略掉式(23.118)较小的部分，即第三项，便得到了 Wannier 的结果。类似地，对 Wannier 能级的修正在文献[76]给出了讨论细节。

23.3.1.3 表面局域态的能带

Henceforth 扩展态能带和 WS 带表示的是体电子态。而这些能带以表面局域态为带边(表 23.1)。由于能谱存在对称性，我们仅需要考虑表面局域态的下能带，而其上能带以 $E=\varepsilon$ 为对称轴与下能带对称。

对于表面局域态下方的能级，式(23.108)可以表述为

$$D_N(E)\approx\frac{\varepsilon_\varepsilon}{\pi\beta}\sqrt{\frac{1}{\sin\xi'\sinh\delta}}\cos\left(\frac{2\beta}{\varepsilon_\varepsilon}\Phi_{\xi'}+\xi'-\frac{\pi}{4}\right)\exp\left(\frac{2\beta}{\varepsilon_\varepsilon}\Phi_\delta+\delta\right)\tag{23.119}$$

其中

$$2\beta\cosh\delta=\varepsilon-E+\frac{eV}{2},\Phi_\delta=\delta\cosh\delta-\sinh\delta\tag{23.120}$$

通过求解式(23.119)，表面局域态的能级 $\xi_n^{\rm sls}$ 可以表示为

$$\xi^{\rm sls}\equiv\frac{2\beta}{\varepsilon_\varepsilon}\Phi_{\xi'}+\xi'+\frac{\pi}{4}=\pi n,\quad n=1,2,\cdots,n^{\rm sls}-1,n^{\rm sls}\tag{23.121}$$

其中，表面局域态的总数目为

$$\pi n^{\rm sls}=\xi^{\rm sls}\mid_{E=\varepsilon-|2\beta-eV/2|}\tag{23.122}$$

表面局域态的带底、带中、带顶三处的能级可以通过解析表达式分别表示如下。

1）表面局域态下能带带底处的电子能级

根据式(23.111)，ξ'小于能级间距，其中，$E-\varepsilon+2\beta+eV/2\ll\beta$。这样，$\Phi_{\xi'}$可以按 $\xi'\approx\sqrt{2+(E-\varepsilon)/\beta+eV/(2\beta)}\ll1$ 的幂级数形式展开。这样，式(23.121)可以表示为

$$E_n-\varepsilon+2\beta+eV/2=\beta^{1/3}\left[\frac{3}{2}\pi\left(n-\frac{1}{4}\right)\varepsilon_\varepsilon\right]^{2/3}-\varepsilon_\varepsilon\tag{23.123}$$

式(23.123)正好是 Airy 能谱[79]。通过有效质量近似，也可以得到类似结果[80]。即在式(23.123)中，令 $\beta=\hbar^2/(2m^*a^2)$。这样，式(23.123)给出了无限深三角势阱中的自由电子能谱。

2) 表面局域态能带中部($eV>E_{\mathrm{hw}}^{0}/2$)的电子能级

当能量满足 $|\varepsilon-E-eV/2|\ll\beta$ 且 $eV>E_{\mathrm{bw}}^{0}/2$ 时，电子能级可以表示为[72]

$$\varepsilon-E_m\approx\frac{4\beta}{\pi}+2\varepsilon_\varepsilon\left(\frac{3}{4}-\left[\frac{2\beta}{\pi\varepsilon_\varepsilon}+\frac{3}{4}\right]_{\mathrm{N/I}}\right)\pm 2\varepsilon_\varepsilon m+\frac{eV}{2}\tag{23.124}$$

式中，$m=0,1,2,\cdots;m\ll\beta/(2\varepsilon_\varepsilon)$

值得注意的是，在 sls 态的中部，能级间隔是 WSL 能级间隔的 2 倍。

3) 表面局域态能带带顶处的电子能级

当 $\varepsilon+2\beta-eV/2-E\ll\beta$ 且 $eV>E_{\mathrm{bw}}^{0}$ 时，根据式(23.121)得到

$$\varepsilon+2\beta-eV/2-E=2\beta-\varepsilon_\varepsilon(n-5/4)\tag{23.125}$$

式中，n 和 n^{sls} 相同量级。这样，处于上述能量区间中的能级之间的间隔为

$$E_{n+1}-E_n=\varepsilon_\varepsilon\tag{23.126}$$

上面的结果与 WS 能带的能级间隔相同。

结合式(23.118)的结果，我们可以得出结论：在高电压下，从 sls 下能带到 sls 上能带中的能级精确的按照间隔为 ε_ε 来排列。换言之，也就是 WS 型的能带与 sls 型能带在带边处融合，邻近能级构成 WS 梯子，并且能级间隔的附加修正很小，可以忽略不计。

在远离 WS 能带处，能级间隔增大。在 sls 能带中部，能级间隔以 2 倍的 Wannier 能量 $2\varepsilon_\varepsilon$ 为间隔，而在 sls 能带底部，能级对应 Airy 函数的零点。

值得指出的是，sls 能带的能级间距在 WSL 能带附近时为 ε_ε，而在能带中央处则以 $2\varepsilon_\varepsilon$ 为间隔的这一特征，是有限体系所特有的。文献[81]细致地讨论了有限体系 sls 能带能谱与半无穷大体系 sls 能带能谱的异同。

外加恒定电场的有限尺度导线(即晶体厚度有限)的电子能级如图 23.5 所示。同时，该图也给出了能级结构与半经典的倾斜能带的对应关系。此外，我们还讨论了在外电压影响下能级的几种情形，给出了能级间隔和能量区间，并讨论了加在接触点处外电压对体系影响。

在 23.3.2 节中，我们将讨论嵌入电极中的分子导线(或者薄晶体膜、超晶格)的倾斜能带对电子传输的影响。

23.3.2　有限长度倾斜能带的隧穿

外电场的调制对相干电子输运的影响，在很大程度上依赖于分子能级与零外场下金属电极费米面 E_{F}^{0} 的相对位置。为了简单起见，同时考虑到与经典的异质结相对应，可以假定 E_{F}^{0} 位于零场紧束缚能带的底部。

23.3.2.1　接触区域的能图

金属-分子-金属接触的能级图如图 23.6 所示，左右电极导带中已填满能级，

用交叉阴影表示。在零温下，外加偏置如图 23.6 所示，只有当右边电极中能量高于左边电极已填满的能级时，才会产生电流。这一段能量区间对应一个“隧穿窗口”。处于 sls 能带下方的电子，需要隧穿通过一个四边形势垒。这些电子的隧穿如图 23.6TB 箭头所示。而在 sls 能带中部的电子，则需要隧穿通过一个三角形势垒(图 23.6FN 箭头)。这种情形类似于 Fowler 和 Nordheim 基于 Sommerfield 金属电子理论提出的电子发射机制。此时，三角形势阱中的电子态会协助导线中的电子输运。如果 WS 能带位于隧穿窗口，分子链中的局域电子态会协助电子输运。也就是说，电子需要隧穿通过两个三角形势垒(图 23.6WS 箭头)。在讨论 TB、FN 和 WS 型隧穿概率之前，我们先回忆一下 23.3.1 节中提到的外场影响下的分子能谱。

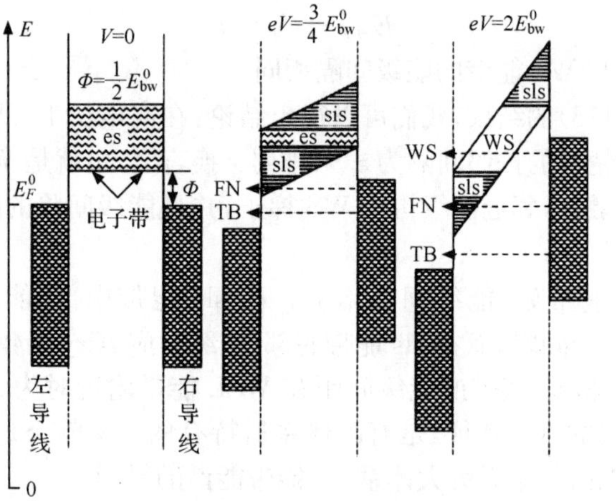

图 23.6 当外置偏压 eV 小于或大于零场能级 E_{bw}^{0}时，链的能带随着恒定外场 ε 的变化示意图

es、sls、WS 能带及电极中填充能级用不同形式的阴影标出

在无外场情况下，所有分子(从带底 E_b^0 到带顶 E_t^0)的电子态呈现扩展型或是带型特征。示意性的能带则在图 23.6 中用 es 标出。随着外偏压的增大，es 能带的带宽将缩小，同时，诱导产生的两条表面态(sls)能带将分别出现于 es 能带的下方和上方。表面态下能带和上能带分别占据 $[E_b^0-eV/2, E_b^0+eV/2]$ 和 $[E_t^0-eV/2, E_t^0+eV/2]$ 区域，而 es 能带占据 $[E_b^0+eV/2\text{to}E_t^0-eV/2]$ 区域，而整个能谱的宽度 E_{bw}^0+eV 随着外偏压的增大而增大。这种情形一直持续到 eV 超过 E_{bw}^0 为止。当时 $eV=E_{bw}^0$，es 带的带宽变为零。而当外偏压进一步增大时，会出现 WS 态。这时，WS 态的带宽为 $eV-E_{bw}^0$，而 sls 态的带宽变为常数 E_{bw}^0，见表 23.1。

23.3.2.2 指数因子

前面描述的是基于式(23.26) 和式(23.106)的哈密顿量及其对应的格林函数得到的结果。我们已经提到,当$N\gg 1$,$\varepsilon_{\varepsilon}=ae\mathscr{E}\ll E_{bw}^{0}$且es能带被排除在外时,透射系数正比于一个指数因子。我们忽略文献[73]中提到的隧穿能谱的共振线型等细节,而重点地分析这个指数因子

$$T\sim\exp(-\kappa N) \tag{23.127}$$

这个因子将决定TB、FN和WS的隧穿概率

$$\begin{aligned}&\kappa=\kappa_{\mathrm{TB}},\text{若}\quad E\leqslant E_{\mathrm{b}}^{0}-eV/2\\&\kappa=\kappa_{\mathrm{FN}},\text{若}\quad\begin{cases}E_{\mathrm{b}}^{0}-eV/2<E\leqslant E_{\mathrm{b}}^{0}+eV/2, & eV\leqslant E_{\mathrm{bw}}^{0}\\E_{\mathrm{b}}^{0}-eV/2<E\leqslant E_{\mathrm{b}}^{0}+E_{\mathrm{bw}}^{0}-eV/2, & eV>E_{\mathrm{bw}}^{0}\end{cases}\\&\kappa=\kappa_{\mathrm{WS}},\text{若}\quad E_{\mathrm{b}}^{0}+E_{\mathrm{bw}}^{0}-eV/2<E\leqslant E_{\mathrm{b}}^{0}+E_{\mathrm{bw}}^{0}/2\end{aligned} \tag{23.128}$$

式(23.128)中的能级间隔可以通过图23.6得出。

为了进一步方便讨论,我们计入接触点处的细节,它类似于半导体异质结模型,我们可以引入势垒高度Φ①。

令$E_{\mathrm{F}}^{0}+\Phi=E_{\mathrm{b}}^{0}$,即$\Phi$取等于es带底与电极费米面之间的能级间隔。

在下面的讨论中,令势垒高度$\Phi<E_{\mathrm{bw}}^{0}$。我们讨论κ_{TB}、κ_{FN}和κ_{WS}的具体形式,即κ对能级和外电场的依赖关系[73]。其中,电势eV取为正值。我们给出$E<\varepsilon$时指数因子的具体形式,而$E>\varepsilon$时的公式与$E<\varepsilon$时的公式关于$E=\varepsilon$对称。

1) 四边型势垒中的隧穿

当$E\leqslant E_{\mathrm{b}}^{0}-eV/2$时,$\kappa_{\mathrm{TB}}$对能级和外电压的依赖关系可以表示为

$$\kappa_{\mathrm{TB}}=2\delta\left(1-\frac{eV}{4\beta\delta^{2}}\right) \tag{23.129}$$

其中

$$\beta\delta^{2}=\Phi+\frac{eV}{2}-(E-E_{\mathrm{F}}^{0}) \tag{23.130}$$

这样

$$\kappa_{\mathrm{TB}}=\frac{2}{\sqrt{\beta}}\sqrt{\Phi+eV/2-(E-E_{\mathrm{F}}^{0})}\left[1-\frac{eV}{4[\Phi+eV/2-(E-E_{\mathrm{F}}^{0})]}\right] \tag{23.131}$$

式(23.131)等价于②

① 符号Φ和23.3.1节中提到的Φ_{ξ}、Φ_{ξ}'、Φ_{δ}没有联系。

② 相对而言,更好的近似可以通过引入WKB指数来实现。

$$\kappa_{\mathrm{TB}} = \frac{2}{\sqrt{\beta}}\sqrt{\Phi - (E - E_{\mathrm{F}}^{0})} \tag{23.132}$$

这个结果与无偏压下的式(23.63)一致。

2) 表面局域态协助隧穿

当 $eV < \Phi$ 时，处于隧穿窗口 $E_{\mathrm{F}}^{0} - eV/2 \leqslant E \leqslant E_{\mathrm{F}}^{0} + eV/2$ 中的能级，可以通过将 $\kappa = \kappa_{\mathrm{TB}}$ 代入式(23.127)得到。当电压更大时，即 $\Phi < eV \leqslant E_{\mathrm{bw}}^{0} + \Phi$ 时，$\kappa = \kappa_{\mathrm{TB}}$ 仅对 $E = E_{\mathrm{b}}^{0} - \mathrm{e}V/2$ 以下的能级成立，而当 $E_{\mathrm{b}}^{0} - eV/2 \leqslant E \leqslant E_{\mathrm{F}}^{0} + \mathrm{e}V/2$ 时，则 $\kappa = \kappa_{\mathrm{FN}}$。其中

$$\kappa_{FN} = \frac{4}{3}\frac{(E_{\mathrm{F}}^{0} + \Phi + eV/2 - E)^{3/2}}{\sqrt{\beta}eV} \tag{23.133}$$

从紧束缚模型导出式(23.133)的过程较为复杂[73]。然而，可以容易地看出，这一结果可以通过描述场发射的 WKB 方式得到。在这样的近似下，透过三角形势垒的隧穿概率可表示为

$$T \sim \exp\left(-\frac{4}{3}\frac{\sqrt{2m^{*}}}{\hbar}\frac{\Phi_{E}^{3/2}}{e\mathscr{E}}\right) = \exp\left[-\frac{4}{3}\frac{\sqrt{2m^{*}}}{\hbar}\frac{(E_{\mathrm{F}}^{0} + \Phi + eV/2 - E)^{3/2}}{e\mathscr{E}}\right] \tag{23.134}$$

式中，Φ_{E} 是对应于能量为 E 的电子的势垒高度。在倾斜能带中，势垒高度可以表示为：$\Phi_{\mathrm{E}} = E_{\mathrm{F}}^{0} + \Phi + eV/2 - E$（即 sls 下能带的带顶减去电子能量，图 23.6 和表 23.1）①。此外，用 $\beta = \hbar^{2}/(2m^{*}a^{2})$ 和 $\kappa = \kappa_{\mathrm{FN}}$ 代换式(23.133)和式(23.127)中的对应量，将会得到式(23.134)。

当电压 $eV \ll \Phi$ 时，式(23.134)的指数因子与 Fowler-Nordheim 隧穿概率类似[16]

$$T_{\mathrm{FN}} \sim \exp\left[-\frac{4}{3}\frac{\sqrt{2m^{*}}}{\hbar}\frac{(E_{\mathrm{F}}^{0} + \Phi - E)^{3/2}}{e\mathscr{E}}\right] \tag{23.135}$$

正如文献[73]中所提到的那样，在分子导线中，透射因子还包括有另一层含义：它对应 sls 态的透射谱中共振峰的包络。

3) WS 态协助隧穿

当电场满足 $eV > E_{\mathrm{bw}}^{0} + \Phi$ 时，隧穿窗口与 WS 能带出现交叠，如图 23.6 所示。此时，WS 能带将会参与电子隧穿。这样，式(23.127)中的隧穿系数按如下方式随能量变化：即当 $E_{\mathrm{F}}^{0} - eV/2 \leqslant E \leqslant E_{b}^{0} - eV/2$ 时，$\kappa = \kappa_{\mathrm{TB}}(E)$；当 $E_{\mathrm{b}}^{0} - eV/2 \leqslant E \leqslant E_{\mathrm{t}}^{0} - eV/2$ 时，$\kappa = \kappa_{\mathrm{FN}}(E)$；而当 $E_{\mathrm{t}}^{0} - eV/2 < E \leqslant \varepsilon$ 时，则 $\kappa = \kappa_{\mathrm{WS}}(E)$。这样，能级间隔仅在能谱下方恒定。

---

① 需要注意的是，不可以通过高电压下的 sls 能带带顶的定义(表 23.1)得到式(23.134)。因为当 $eV > E_{\mathrm{bw}}^{0}$，无半经典对应。

WS隧穿中存在两类不同的指数因子: $T \sim \exp(-\kappa_{WS}^{+}N)$ 以及 $T \sim \exp(-\kappa_{WS}^{-}N)$ [73]。这些因子对能量和外场的依赖关系可以表示为:

$$\kappa_{WS}^{\pm} = \frac{4}{3}\sqrt{\frac{eV}{\beta}}\left[\left(\frac{1}{2}+\frac{E_b^0-E}{eV}\right)^{3/2} \pm \left(\frac{1}{2}+\frac{E-E_b^0-E_{bw}^0}{eV}\right)^{3/2}\right] \tag{23.136}$$

第一类因子对应于分子导线透射谱的下包络,而第二类因子则对应于其上包络。通过计算表明,κ_{WS}^{+}对电子隧穿起到决定性作用。

23.3.2.3　隧穿系数对能量/偏压的依赖关系

对于两种不同大小的偏压(分别代表低电压和高电压情形),隧穿系数随能量的变化如图 23.7 所示。粗实线表示准确计算结果[73],其他线型表示近似式(23.132)、式(23.133)、式(23.136)所对应的结果,读者可以对应参照图 27.3 下方的说明。下面将说明一些有趣的特性,这些特性描述了 κ 随外电压及能量的变化关系,但在图 23.7 中并不容易明显地看出。

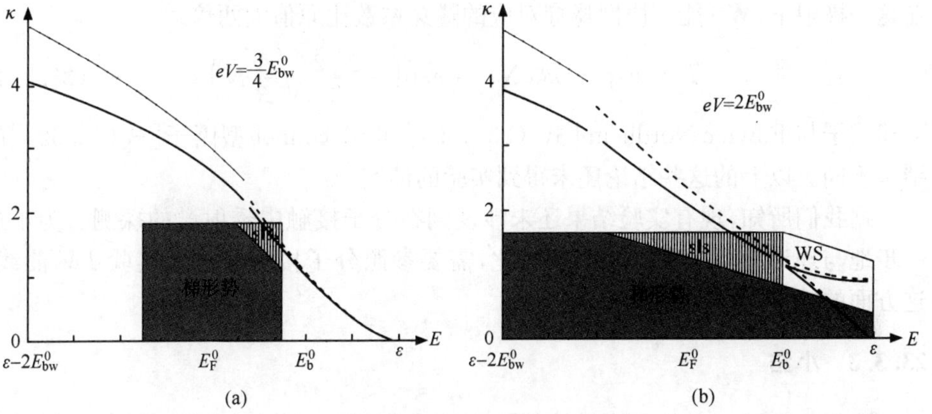

图 23.7　隧穿系数对能量的依赖关系(图中粗实线,见文献[73])

曲线上的间断处大小约为 ε_ε,在此间隔内无法得到 κ 的准确解析表达式。(a)图的矩形区域和(b)图的五边形区域表示在给定电压下(与图 23.6 中的势垒图相对应)处于隧穿窗口中的能级。κ_{WS}的上下两支分别对应 κ_{WS}^{+} 和 κ_{WS}^{-}。图中的曲线采用了如下近似:κ_{TB}[细实线,见文献[23.132]],κ_{FN}[虚线,见文献[23.133]],κ_{WS}^{+}[虚分岔线,见文献[23.136]]

函数 $\kappa_{TB}(V)$随着 V 的增大而单调地递减。而 $\kappa_{FN}(V)$不是单调函数。当能量 $E<E_b^0$ 时,$\kappa_{FN}(V)$在 $eV=4(E_b^0-E)$处取最小值,其最小值为

$$\kappa_{FN}^{\min} = \sqrt{\frac{3}{\beta}(E_b^0-E)} = \frac{\sqrt{3}}{2}\sqrt{\frac{eV}{\beta}} \tag{23.137}$$

当给定能量且能量满足 $E > E_b^0$ 时,$\kappa_{FN}(V)$ 是 V 的单调增函数。这种情况类似于 $\kappa_{WS}^{+}(V)$对 V 的依赖关系[式(23.136)],它的最小值对应于 $E=\varepsilon$ 处的取值

$$\kappa_{\mathrm{WS}}^{+\min} = \frac{2\sqrt{2}}{3}\frac{\sqrt{eV}}{\beta}\left(1-\frac{E_{\mathrm{bw}}^0}{eV}\right)^{3/2} \tag{23.138}$$

sls 能带对于隧穿系数的独特影响，主要体现在不同电压 V_1 和 V_2 驱动下 $\kappa_{FN}(E)$ 的两条曲线出现交点，交点由 $\kappa_{FN}(E_{\mathrm{cross}},V_1)=\kappa_{\mathrm{FN}}(E_{\mathrm{cross}},V_2)$ 给出。不妨取 $V_2>V_1$，当 $E>E_{\mathrm{cross}}$ 时，隧穿概率随电压的增大而减小，即 $\kappa_{\mathrm{FN}}(V_2)>\kappa_{\mathrm{FN}}(V_1)$。而当 $E>E_{\mathrm{cross}}$时，则会出现相反的结果。交点处的能量由式(23.139)给出

$$E_{\mathrm{cross}} = E_b^0 - \frac{e}{2}\frac{V_1V_2}{V_1+V_2}\left(\sqrt[3]{\frac{V_1}{V_2}}+\sqrt[3]{\frac{V_2}{V_1}}-1\right) \tag{23.139}$$

不难看出，$E_{\mathrm{cross}}<E_{\mathrm{b}}^0$。

如上所述，式(23.134)中的指数因子与 Fowler-Nordheim 的结果在低电压下吻合。而当 $eV\gg E_{\mathrm{F}}^0+\Phi-E$ 时，该因子对外场的依赖关系则呈现出强电场对指数因子的抑制作用。

$$T \sim \exp(-\kappa_{\mathrm{FN}}N) = \exp\left(-\frac{\sqrt{2}}{3}\sqrt{\frac{eV}{\beta}}N\right) \tag{23.140}$$

在这一极限下，WS 能带协助隧穿对应的隧穿系数比原值大两倍

$$T \sim \exp(-\kappa_{\mathrm{WS}}^{+}N) = \exp\left(-\frac{2\sqrt{2}}{3}\sqrt{\frac{eV}{\beta}}N\right) \tag{23.141}$$

上述式子与 Fowler-Nordheim[式 (23.135)]和 Maconnel 型因子[式(23.62)]的结果不同。以上的这些结论还未得到实验的证实。

据我们所知，现有实验结果还未涉及到在分子接触中透射谱的探测。为了进一步地与理论计算的 I-V 曲线相对比，需要参照分子接触体系的实验 I-V 曲线。这方面的结果很快将会公布。

23.3.3 小结

我们提出了一个分子接触体系的理论模型，用于讨论电子透射和电导问题。它基于描述分子和导线接触的格林函数和紧束缚模型，将金属-分子-金属接触体系的透射概率表示为仅依赖于几个主要参数(接触面的特性、分子能谱、外偏压等)而变化的函数。大量的研究工作表明，这种仅考虑主要因素(即接触特征、电极和分子格林函数等)的理论框架是可行的。上面的讨论同时还涉及了一些新的效应。

以上的讨论主要基于我们的研究工作，而绝非是该研究领域的完整综述。我们的理论研究工作，揭示了分子导线体系中电子输运的某些特性，并对电子透射问题提出了一些新颖的观点。

致　谢

本文作者感谢 Yuri Klymenko 提供的理论结果(用于 23.1 节和 23.2 节)，同

时非常感谢 Linda Wylie 对文章的润色。

参考文献

[1] Beenaker C W J and van Houten H. Quantum transport in semiconductor nanostructures. Solid State Physics, 44:1-228, 1991.

[2] Petty M C, Bryce M R, and Bloor D. Introduction to Molecular Electronics. Oxford University Press, New York, 1995.

[3] Jortner J and Ratner M A. editors, Molecular Electronics. Blackwell, Oxford, 1997.

[4] Ferry D K and Goodnik S M. Transport in Nanostructure. Cambridge University Press, Cambridge, 1999.

[5] Nitzan A. Electron transmission through molecules and molecular interfaces. Annu. Rev. Phys. Chem., 52:681-750, 2001.

[6] Reed M A and Lee T. editors, Molecular Nanoelectronics. American Scientific Publishers, 2003.

[7] Mujica V and Ratner M A. Molecular conductance junctions: A theory and modeling progress report. Handbook of Nanoscience, Engineering, and Technology, 10-1-27, 2003.

[8] Paulsson M, Ferdows Z, and Datta S. Resistance of a Molecule. Handbook of Nanoscience, Engineering, and Technology, 10-1-27, 2003.

[9] Joachim C and Ratner M A. Molecular wires: Guiding the super-exchange interactions between two electrodes. Nanothechnology, 15:1065-1075, 2004.

[10] Datta S. Quantum Transport: Atom to Transistor. Cambridge University Press, Cambridge, 2005.

[11] Cuniberti C, Fagas G, and Richter K. editors, Introducing Molecular Electronics. Springer, 2005.

[12] Petrov E G, May V, and Hänggi P. Kinetic rectification of charge transmission through a single molecule. Phys. Rev. B, 73:045408-1-12, 2006.

[13] Lippman B A. and Schwinger J. Variational principles for scattering processes. I. Phys. Rev., 79:469-480, 1950;

[14] Löwdin P O. Studies in perturbation theory. IV. Solution of eigenvalue problem by projection operator formalism. J. Math. Phys., 3:969-982, 1962.

[15] Datta S. Electronic Transport in Mesoscopic Systems. Cambridge University Press, Cambridge, 1995.

[16] Fowler R H and Nordheim L W. Electron transmission in intense electric fields. Proc. R. Soc. London, Ser. A 119:173-181, 1928.

[17] Zener C. A theory of electric breakdown of solid dielectrics. Proc. R. Soc. London, Ser. A145:523-529, 1934.

[18] Wannier G H. Wave functions and effective Hamiltonian for Bloch electrons in an electric field. Phys. Rev. 117(2):432-439, 1960.

[19] Landauer R. Spatial variation of currents and fields due to localized scatters in metallic conduction. IBM J. Res. Develop., 1:223-231, 1957; Philos. Mag., 21:683, 1970.

[20] Büttiker M, Imry Y, Landauer R, and Pinhas S. Generalized many-channel conductance formula with application to small rings. Phys. Rev. B, 31(10):6207-6215, 1985;

[21] Büttiker M. Four-terminal phase-coherent conductance. Phys. Rev. Lett., 57(14):1761-1764, 1986.

[22] Imry Y. Introduction to Mesoscopic Physics. Oxford University Press, Oxford, 2002.

[23] Datta S. Nanoscale device modeling: the Green's function method. Superlattices and Microstructures,

28(4):253-278, 2000.

[24] Tian W, Datta S, Hong S, et al. Conductance spectra of molecular wires. J. Chem. Phys., 109:2874-2882, 1998.

[25] Lang N D and Avouris Ph. Electrical conductance of individual molecules. Phys. Rev. B, 64:125323-1-7, 2001.

[26] Emberly E G and Kirczenow G. Multiterminal molecular wire systems: A self-consistent theory and computer simulations of charging and transport. Phys. Rev. B, 62:10451-10458, 2000.

[27] Onipko A, Klymenko Yu, and Malysheva L. Conductance of molecular wires: Analytical modeling of connection to leads Phys. Rev B, 62:10480-10493, 2000.

[28] Wang W, Lee T and Reed M A. Electron tunneling in self-assembled monolayers. Rep. Prog. Phys., 68:523-544, 2005.

[29] Malysheva LI and Onipko A I. Local state spectrum of end substituted polyenes. J. Chem. Phys., 105:11032-11041, 1996.

[30] Newns D M. Self-consistent model of hydrogen chemisorption. Phys. Rev., 178:1123-1135, 1969.

[31] Desjonquéres M C and Spanjaard D. Concepts in Surface Physics. Springer-Verlag, Berlin, 1993.

[32] Kronig R L. On the theory of dispersion of X-rays. J. Opt. Soc. Am., 12:547-555, 1926;

[33] Kramers H A. Some remarks on the theory of absorption and refraction of X-rays. Nature, 117:775-778, 1926.

[34] Mujica V, Kemp M, and Ratner M. Electron conduction in molecular wires. I. A scattering formalism. J. Chem. Phys., 101:6849-6855, 1994.

[35] Fisher D S and Lee P A. Relation between conductivity and transmission matrix. Phys. Rev. B, 23:6851-6854, 1981.

[36] Onipko A. Analytical model of molecular wire performance: A comparison of π and σ electron systems. Phys. Rev. B, 59:9995-10006, 1999.

[37] Rico B and Azbel M Y. Physics of resonant tunneling. The one-dimensional double-barrier case. Phys. Rev. B, 29:1970-1981, 1984.

[38] McConnell H M. Intramolecular charge transfer in aromatic free radicals. J. Chem. Phys., 35:508-515, 1961.

[39] Bardeen J. Tunnelling from a many-particle point of view. Phys. Rev. Lett., 6:57-59, 1961.

[40] Gottlieb A D and Wesoloski L. Bardeen's tunnelling theory as applied to scanning tunnelling microscopy: a technical guide to the traditional interpretation. Nanotechnology, 17:R57-R65, 2006.

[41] Tersoff J and Hamman D R. Theory of the scanning tunneling microscope. Phys. Rev. B, 31:805-813, 1985.

[42] Onipko A, Berggren K-F, Klymenko Yu, et al. Scanning tunneling spectroscopy on π-conjugated phenyl-based oligomers: A simple physical model. Phys. Rev. B, 61:11118-111124, 2000.

[43] Wang W, Lee T and Reed M A. Mechanism of electron conduction in self-assembled alkanethiol monolayer devices. Phys. Rev B, 68:035416-1-7, 2003.

[44] Hückel E. Quantentheoretische Beitrage zum Benzolproblem. Z. Phys., 70:204-286, 1931.

[45] Onipko A, Klymenko Yu, Malysheva L, et al. Tunneling across molecular wires: an analytical exactly solvable model. Solid State Commun., 108:555-559, 1998.

[46] Onipko A, Klymenko Yu, and Malysheva L. Green's function of conjugated oligomers: the exact ana-

lytical solution with an application to the molecular conductance. Mater. Sci. Eng. C, 8-9: 281-291, 1999.

[47] Lakatos-Linderberg K, Hemenger R P, and Pearlstein R M. Solutions of master equations and related random walks on quenched linear chains. J. Chem. Phys., 56:4852-1972.

[48] Karadakov P and Castaño O. A resolvent approach towards the electronic structure of systems constructed of chain fragments. Branched polyenes. J. Chem. Soc., Faraday Trans. 2, 78:73-80, 1982.

[49] Ratner M A. Bridge-assisted electron transfer: effective electronic coupling. J. Phys. Chem., 94:4877-4883, 1990.

[50] Evenson J W and Karplus M. Effective coupling in bridged electron transfer molecules: Computational formulation and examples. J. Chem. Phys., 96:5272-5278, 1992.

[51] Onipko A. An extension of the MConnell superexchange formula to the case of real conjugated oligomers. Chem. Phys. Lett., 292:267-272, 1998.

[52] Onipko A and Klymenko Yu. Nonadiabatic electron transfer: exact analytical expression of through conjugated-bridge effective coupling and its asymptotics and zeros. J. Phys. Chem. A, 102:4246-4255, 1998.

[53] Onipko A and Malysheva L, unpublished.

[54] Longuet-Higgins H C and. Salem L. The alternation of bond lengths in long conjugated chain molecules. Proc. Roy. Soc. London, Ser. A 251:172-185, 1959.

[55] Su W P, Schrieffer J R, and Heeger A J. Soliton excitations in polyacetylene. Phys. Rev. B, 22:2099-2111, 1980.

[56] Baughman R H, Kohler B E, Levy I J, et al. The crystal structure of *trans*, *trans*-1,3,5,7-octatetraene as a model for fully-ordered trans-polyacetylene. Synth. Met., 11:37-52, 1985.

[57] Kohler B E. A simple model for linear polyene electronic structure. J. Chem. Phys., 93: 5838-5842, 1990.

[58] Sandorfy C. LCAO MO calculations on saturated hydrocarbons and their substituted derivatives. Can. J. Chem., 33:1337-1351, 1955.

[59] Pople J A and Santry D P. A molecular orbital theory of hydrocarbons. I. Bond delocalization in paraffins. Mol. Phys., 7: 269-295, 1964.

[60] Murrell J L, Kettle S F A, and Clarke T C. Valence Theory. Wiley, London, 1965.

[61] Kohler B E, Malysheva L I, and Onipko A I. Molecular orbital coefficients and transition dipoles of real polyenes. J. Chem. Phys., 103:6068-6075, 1995.

[62] Lennard-Jones J E. The electronic structure of some polyenes and aromatic molecules. I—The nature of the links by the method of molecular orbitals. Proc. Roy. Soc. London, Ser. A 158:280-296, 1937.

[63] Kouteský J. Quantum Chemistry of crystal surfaces. Adv. Chem. Phys., 9:85-168, 1965.

[64] Malysheva L I and Onipko A I. Exact solution for the Hückel model of heteropolyenes. Synth. Met., 80:11-23, 1996.

[65] Onipko A, Klymenko Yu, and Malysheva L. Analytical one-particle approach to the π-electronic structure of heterocyclic polymers J. Chem. Phys., 107:5032-5050, 1997.

[66] Duke C B. Tunneling in Solids. Academic, New York, 1969.

[67] Burstein E and Lundguist S., Eds., Tunneling Phenomena in Solids. Plenum Press, New York, 1969.

[68] Franz W. Dielektrischer Durchschlag. Handbuch der Physik, Edited by S. Flügge, Springer-Verlag,

Berlin, 17:155-263, 1956.

[69] Magoga M and Joachim C. Minimal attenuation for tunneling through a molecular wire. Phys. Rev. B, 57(3):1820-1823, 1998.

[70] Joachim C and Magoga M. The effective mass of an electron when tunneling through a molecular wire. Chem. Phys., 281:347-352, 2002.

[71] Onipko A and Malysheva L. Triple-, double-, and fractionally-spaced Wannier-Stark ladders. Solid State Commun., 118:63-67, 2001.

[72] Onipko A and Malysheva L. Noncanonical Wannier-Stark ladders and surface state quantization in finite crystals subjected to a homogeneous electric field. Phys. Rev. B, 63:235410-1-10, 2001.

[73] Onipko A and Malysheva L. Signatures of Wannier-Stark and surface states in electron tunneling and related phenomena: Electron transmission through a tilted band. Phys. Rev. B, 64:195131-1-14, 2001.

[74] Onipko A and Malysheva L. Tunneling through a tilted tight-binding band. Molecular Electronics II, Annals of the New York Academy of Sciences, 960:143-152, 2002.

[75] Saitoh M. Electronic states in a finite linear crystal in an electric field. J. Phys. C: Solid State Phys., 6:3255-3267, 1973.

[76] Stey G C and Gusman G. Wannier-Stark ladders and the energy spectrum of an electron in a finite one dimensional crystal. J. Phys. C: Solid State Phys., 6:650-656, 1973.

[77] Fukuyama H, Bari R A, and Fogedby H C. Tightly bound electrons in a uniform electric field. Phys. Rev. B, 8(12):5579-5586, 1973.

[78] Davison S G, English R A, Mišković A L, et al. Recursive green-function study of Wannier-Stark effect in tight-binding systems. J. Phys.: Condens. Matter, 9(30):6371-6382, 1997.

[79] Davies J H. The Physics of Low-Dimensional Semiconductors. Cambridge University Press, Cambridge, 1998.

[80] Rabinovitch A and Zak J. Electron in crystals in a finite-range electric field. Phys. Rev. B, 4(8):2358-2370, 1971.

[81] Malysheva L. Quantization of band states of a crystal layer in a constant electric field. Ukr. Fiz. Zh., 47:1173-1179, 2002.

[82] Sommerfield A and Bethe H. Elektronentheorie der Metalle. Handbüch der Physik Von Geiger Unf Scheel, Vol. 24/2. Springer-Verlag, Berlin, 1933.

24 单分子第一性原理输运计算的骄傲、偏见和窘境

F. Evers, K. Burke 著

陈克求 译

最近,有关测量单分子输运性质方面的研究进展,对第一性原理输运计算提出了迫切需求。尽管已经有一些商业化的用于处理这类任务而“量身定做”的程序包,但是当分子电导远小于 e^2/h 时,通常情况下我们很难得到可靠的信息,而且非常耗时。本章从含时密度泛函理论出发,概述了单分子输运的计算方法,着重描述了目前分子电导计算的“标准方法”,并对其缺点及可能的应用范围进行讨论。

24.1 引　　言

最近一系列显著的实验表明,测量单分子电流-电压(*I-V*)特性[1-6]是切实可行的。分子本身就有其有趣的自身特性,而 *I-V* 曲线则能表现出其相应的特征,如台阶的位置和高度[7]或非弹性激发能[8,8a]等。基于这一原因,近年来,对单分子第一性原理输运计算显得尤为重要。

进行这类计算是一件困难的事情,因为它必须同时满足两个基本要求:一方面需要一种强有力的方法来处理单分子;另一方面又要能处理各分子之间的关联问

题，这仍然是理论物理和量子化学需要面临的挑战之一。

困难之一是由于分子实际上是多体系统，因此，其内部粒子间的相互作用，对于它的性质，特别是对其能量和（有效的）分子准粒子轨道形状的理解是至关重要的。对于一些比较突出的问题，如分子中各原子坐标、分子轨道对称性和它们的相对能等，通常可以用有效的单粒子理论如密度泛函理论来精确描述。对于一些次要的基本问题，如激发能或具体的电荷分布、极化和充电效应等，则需要用到量子化学和电子结构计算的方法和程序。

困难之二是输运计算涉及分子和宏观电极之间的耦合问题［即分子与库之间可交换粒子（和能量）］。相关联的分子能级加宽是定量理解输运计算的关键，因此，我们必须慎重地模拟分子与电极的耦合效应。

虽然第一个困难对于足够小的分子体系来说是能够解决的；但对于第二个问题来说，为了能够正确地外推到宏观极限，需要包含很多电极原子（即大量的自由度）。这两个问题是相互对立的，因此，对于用第一性原理方法处理分子尺度下的输运计算来说，这是我们将面临的一个特别的挑战。

实际上，在处理前面提到的两个困难时，任何一种第一性原理输运计算方法均采用大量的近似，且这种近似常常是难以控制的。在多体性方面，目前的分子电导的标准方法[9~11]做了很大的简化。其中一个普遍接受的做法是：将基于基态密度泛函理论（DFT）的结构计算中出现的 Kohn-Sham 能和轨道看作是输运自洽散射理论中合理的单粒子态。如果足够精确，会发现这种方法具有一个很大的优势，即能够明确地定义包含库在内的体系。就实际应用来说，基于非平衡格林（或 Keldysh）函数的公式是很便利的，因此，它常被采用[12]。对于无相互作用的粒子，该理论与 Landauer-Büttiker 输运理论是等价的[13,14]。对于 KS 粒子，只要对其做部分推广就可以自洽计算偏压下的电荷分布。

显然，散射态 DFT 已经涵盖了包括静电 Hartree 相互作用［即用凝聚态物理语言所描述的费米液体（FL）重整化］在内的许多重要的相互作用效应，甚至达到了局域密度近似或梯度关联密度近似（LDA、GGA）层次[15]。尽管如此，关联电子系统的基态和激发态不是单 Slater 行列式，因此，处理无相互作用的粒子中所应用的散射理论，并不能直接用来有效地处理相互作用系统。此外，除 FL 重整化以外的关联效应对如库仑阻塞或近藤（Kondo）共振等输运特性也是非常重要的，这用单行列式理论是不难理解的，但是它需要远比 LDA 高级的密度泛函。应用先进的量子化学手段来计算包含多个 Slater 行列式在内的关联多体态，可以获得更好的近似，这是很吸引人的。但是，此方法的严重缺陷在于它只能计算相对小的体系。在典型的输运实验中，裸分子一般包含 5～10 个芳香环，而这已经达到关联方法所能有效处理的极限。在可控方式下，我们需要再考虑 10～200 个金属原子，才能更精确地模拟与电极的耦合效应，这超出了目前这种方法的应用范围。正因如此,仅有极少数人在这方面尝试性地对一些小分子进行了研究[16]。

在本文中,我们将描述基于含时密度泛函理论(TDDFT)的三种输运计算的原理方法。首先,我们对基本的原理方法做了简要介绍,然后,对第一性原理输运计算的标准方法进行详尽地解释。在 24.2 节中,我们将试图用 TDDFT 的观点证实该方法的可行性[17~19],并指出了一些并不是很严谨的结论和明显的概念性困难。

由于我们不能准确地得到交换-关联势 $V_{XC}(\boldsymbol{x})$,在实际计算过程中,必须采用如 LDA 这样的近似。当处理实际分子系统时,它将不再是可控的。因此,除了概念问题,同时还会出现与近似泛函有关的问题。用于量子化学和电子结构理论的标准 DFT 已得到了很好的研究,而且应用到了输运计算中[20]。在 24.3 节,我们将介绍一些有关输运计算的非常重要的不足之处。

24.2 TDDFT 与输运

TDDFT 是(基态)密度泛函理论的一种很好的推广,它最早由 Runge 和 Gross 提出[21],后来由 Leeuwen 进行了扩展[22]。

重整化群(RG)理论:对于任何相互作用的费米子系统,可以用一个特殊的有着下列性质的无相互作用费米准粒子双系统(dual system)描述:在任一外驱场 $V_{ex}(t)$ 下,其初始的含时密度与两粒子系统是相同的;其双(Kohn-Sham 或 KS)费米子系统随时间的演化,由包含 Hartree 项和交换-关联势 $V_{XC}[n]$ 项的薛定谔方程决定,可以将其表述成含时粒子密度泛函 $n(\boldsymbol{x},t)$。一般情况下,$V_{XC}[n]$ 依赖于初始时刻 $(t=0)$ 的全部的多体态。

由于 Runge-Gross 理论保证了双系统相互作用的粒子密度随时间的精确演化,因此,纵向输运电流可以由连续性方程计算得到[47]:

$$\dot{n}(\boldsymbol{x},t)+\nabla\cdot\boldsymbol{j}(\boldsymbol{x},t)=0$$

式中,点表示对时间 t 求导。它是 TDDFT 在输运计算的应用基础。

一般来说,输运可以用几种不同的语言来进行研究,在有效性相交叠的范围内,所有这些语言是彼此等价的。即使我们最终只对标准方法感兴趣,但其他的 TDDFT 版本也将给出一些有价值的信息。因此,我们也将简要地对这些内容进行回顾。首先,让我们对 TDDFT 的基本公式做一个回顾。

24.2.1 TDDFT 公式

TDDFT 是随时间传播密度的一种方法,不是多体波函数。因此,应用此方法的一个先决条件是需要一个初始密度 $(t=0)$。它需要表述成由有效单粒子态 φ_m 的(完备)集所构成的单 Slater 行列式 $|0\rangle$。如果 $t<0$ 时,系统处于基态,则基态 DFT 的 KS 轨道显然是 ϕ_m 的候选对象。在此情形下,$t=t'=0$ 时的密度矩阵可

以表示为

$$n(\boldsymbol{x},\boldsymbol{x}')=\sum_{m}^{occ.}\varphi_m^*(\boldsymbol{x})\varphi_m(\boldsymbol{x}') \tag{24.1}$$

态和密度矩阵 $|0\rangle$ 随时间的演化可以通过 H_S 来描述

$$H_s=-\frac{1}{2m}\int \mathrm{d}\boldsymbol{x}\,\psi^+(\vec{x})\Delta\psi(\boldsymbol{x})+V_H[n(t)]+V_{XC}[n(t)]+V_{ex}(t) \tag{24.2}$$

其中

$$V_H[n(t)]=\frac{1}{2}\int \mathrm{d}\boldsymbol{x}\,v_H[n](\boldsymbol{x},t)\psi^+(\boldsymbol{x})\psi(\boldsymbol{x}) \tag{24.3}$$

这里 $v_H(\boldsymbol{x},t)=\int \mathrm{d}x'\,n(\boldsymbol{x}';t)/|\boldsymbol{x}-\boldsymbol{x}'|$，同时

$$V_{XC}[n(t)]=\int \mathrm{d}x\mathrm{d}x' v_{XC}[n](\boldsymbol{x};t)\psi^+(\boldsymbol{x})\psi(\boldsymbol{x}) \tag{24.4}$$

需要着重指出的是：当 $t>0$ 时，轨道 $\phi_m(t)$ 不是 H_S 的本征态。考虑到探测势 $V_{ex}(t)$，H_S 是含时间的。隐含的动力学过程通过 Hartree 和交换-关联项而存在，并依赖于时间的粒子密度 $n(\boldsymbol{x},t)$。这里，我们首先对势 $V_{XC}[n]$ 做一些说明：

(1) 交换-关联势 $V_{XC}[n]$ 不仅是一个密度泛函。它的精确定义需要明确 $t=0$ 时初始的多体态。但是对于初始非简并基态，我们需要借助于 Hohenberg-Kohn 定理，其对初始波函数的依赖性可以用初始态密度来代替。

(2) TDDFT 仅在有限系统中可以得到严格应用，而对于无限系统，一般用电流作为基本变量。

(3) 实际上，构造一个更一般的、包括（含时）规范场的非对角化 $v_{XC}[n](\boldsymbol{x},\boldsymbol{x}';t,t')$ 的近似，可能会更有意义。同样，有人也曾考虑将 $v_{XC}[n]$ 当作全密度算符 $n(\boldsymbol{x},\boldsymbol{x}';t,t')$ 的泛函，而不仅是对角元上的粒子密度。因此，其他可观察量如电流密度等均被引入到哈密顿量当中。在统计力学中，这是为了在动力论方程[23]中消去对过去时刻的依赖性的一种标准技巧，这里也完全适用[24]。

弱外场 V_{ex} 下交换-关联势的构成

在这一小节中，我们来分析 $v_{XC}[n]$ 势中的非平衡部分。此想法是为了能使用这一事实，即当探测势 V_{ex} 比较弱时，它与我们所熟知的关联函数相关。

首先，让我们回顾一下有关 TDDFT 线性响应理论的一些基本知识。因为双系统与原系统的密度 $n(\boldsymbol{x},t)$ 演化是一致的，特别是在这一密度下它们有着相同的磁化系数 $\chi(\boldsymbol{x},\boldsymbol{x}',t-t')$，这一系数描述了系统对外场 $V_{ex}(t)$ 的线性响应。通常测量的不是对探测场的响应，而是对总电场的响应，而后者是外场与诱导(屏蔽)场的总和。一个重要的例子就是线性电导，它是电流与测得的通过电阻器的(总)静电压降的比 I/V_{bias}。

对应的响应函数是 Hartree 不可约化关联因子：

$$\chi_{\text{irr}}^{-1} \equiv \chi^{-1} + f_{\text{H}}$$

其中 $f_{\text{H}}(\boldsymbol{x},\boldsymbol{x}') = 1/|\boldsymbol{x}-\boldsymbol{x}'|$。在 TDDFT 中,算符 χ_{irr} 甚至能被更进一步地分解。也就是说,TDDFT 哈密顿量 H_{S} 对密度修正产生作用的有两种。除包括静电屏蔽的 V_{H} 外,还有一个影响 V_{XC} 的诱导效应

$$\chi_{\text{irr}}^{-1} = \chi_{\text{KS}}^{-1} - f_{\text{XC}} \tag{24.5}$$

式(24.5)也能如同 f_{H} 一样可以被分解。右边第一项描述了(裸)基态 DFT 响应。关联因子 χ_{irr} 与 $v_{\text{XC}}[n]$ 通过 XC 内核联系起来,

$$f_{\text{XC}}(\boldsymbol{x},\boldsymbol{x}',t-t') = \delta v_{\text{XC}}[n](\boldsymbol{x},t)/\delta n(\boldsymbol{x}',t') \tag{24.6}$$

式(24.5)和式(24.6)非常有用,正因为有 Kohn、Vignale 及其合作者的一系列很漂亮的工作,才有了 χ_{irr} 的非平衡项贡献的简单近似[24,25]。实际上,这些作者通过运用量子流体唯象理论揭示了 χ_{irr}^{-1} 的整个流体结构。

在他们的分析当中,f_{XC} 是两个不同项之和

$$f_{\text{XC}} = f_{\text{XC}}^{\text{adia}} + f_{\text{XC}}^{\text{non-eq}} \tag{24.7}$$

式中,$f_{\text{XC}}^{\text{adia}} = \delta v_{\text{XC}}^{\text{gs}}[n]/\delta n$;$f_{\text{XC}}^{\text{non-eq}}$ 的梯度展开由 f_{VK} 给定。第一项完全类似于 f_{H},它描述了对探测场基态 DFT 哈密顿量的交换-关联屏蔽。仅在第二项中,一个真实的非平衡多体效应才出现:它结合了电子量子液体的黏弹性响应。由于此项是局域的和耗散的,相应的力并不守恒。这意味着 f_{VK} 不能合并成一个纯密度耦合,即 H_{S} 的势能项,但是会导致产生一个(含时)规范场,仅能用与电流有关的内核来进行描述。

24.2.2　外驱场

在这节中,我们回到 TDDFT 中的输运问题上来。为了考察由外驱场引起的输运电流,我们需要在 H_{S} 中增加一包括电极在内的非均匀电势 $V_{\text{ex}}(q,\omega)$[51]。在 TDDFT 的实际应用中,这一方法会遇到这样的情况:在取 dc 极限 ($\omega \to 0$) 之前,必须先要对无限系统尺寸取热力学极限 ($q \to 0$)。在实际计算中,这通常是一项非常繁琐的工作。

然而,从概念上讲,考虑由弱外驱场引起的电流是有意义的,因为这会回到 Kubo 公式和线性响应理论上来,因此,我们便能够直接运用前面的结论来研究一些问题,特别是研究黏弹性对电流的影响。

24.2.2.1　Kubo 公式

出现在 TDDFT 计算中的 Kubo 公式,为我们提供了电流密度与外驱场以及诱导(有效)电场间的精确关系[26]

$$j(\boldsymbol{x},\omega)=\int \mathrm{d}\boldsymbol{x}'\sigma_{\mathrm{KS}}(\boldsymbol{x},\boldsymbol{x}',\omega)[E_{\mathrm{ex}}+E_{\mathrm{H}}+E_{\mathrm{XC}}](\boldsymbol{x}',\omega) \tag{24.8}$$

式中，σ 是非局域电导率张量，此处的电场来自式(24.2)中的势能项。通常，粒子密度的磁化系数 χ_{KS} 和电流 σ_{KS} 通过如下连续方程联系起来：

$$\partial_t \chi_{\mathrm{KS}}(\boldsymbol{x},\boldsymbol{x}',t)=-\sum_{i,j=1}^{3}\nabla_i\nabla_j\sigma_{\mathrm{KS},ij}(\boldsymbol{x},\boldsymbol{x}',t) \tag{24.9}$$

24.2.1 节的结构分析提出，可以将全电流密度分解为裸响应项 j_0 和剩余项 j_{VK}

$$j=j_0+j_{\mathrm{VK}} \tag{24.10}$$

我们首先讨论第二项，它由力场 E_{VK} 来驱动。

$$j_{\mathrm{VK}}(\boldsymbol{x},\omega)=\int \mathrm{d}\boldsymbol{x}'\sigma_{\mathrm{KS}}(\boldsymbol{x},\boldsymbol{x}',\omega)\,E_{\mathrm{VK}}(\boldsymbol{x}',\omega) \tag{24.11}$$

它与 f_{VK} 相关。在 Vignale 等所考虑的流体力学极限下[25]，它解释为电子流体内在的黏弹力，由应力张量 ζ_{ij} [末微扰的密度 $n_0(\vec{x})$]来描述

$$E_{\mathrm{VK},i}(\boldsymbol{x},\omega)=n_0(\boldsymbol{x}')^{-1}\sum_{k=1}^{3}\nabla_k\zeta_{ik}(\boldsymbol{x}',\omega) \tag{24.12}$$

由于电子流体的黏性 η 非常小，j_{VK} 比 j_0 小。依据二维空间和三维空间中 η 的平均值，我们可以粗略地估计 j_{VK} 与 j_0 的比值[26]。预期比值 j_{VK}/j_0 通常为典型的10%或更小。在数值计算中，明确地计算了硫醇苯环分子电导的黏性修正。正如所预料的那样，这种效应比较小，大致为 5%[27]。

但是值得注意的是，前面的结论还存在一些问题。严格地讲，式(24.12)的直接引出是基于这样的假定：异质黏滞摩擦力的出现提供的"表面"是十分光滑的，在探测场的周期 ω^{-1} 内，电子穿过的距离应该不大于异质背景改变的典型空间尺度，即有 $v_{\mathrm{F}}/\omega \ll \ell$。将此条件应用到分子中，同时假定 $k_{\mathrm{F}}\ell \sim 1$，我们便能得到 $v_{\mathrm{F}}k_{\mathrm{F}} \ll \ell\omega$，此式仅在其光学频率为几电子伏时满足，但不在 dc 极限内。然而，上面提到的定性估计，即黏滞效应往往是较小的，这是可以理解的，由于相空间的约束，在低温下，电子间的(横向)动量交换是一个低概率的过程。我们认为，这一基本原理也同样适用于处理分子中的电子[52]。

因此，我们提出，式(24.10)的主要贡献源于对反应力的响应

$$j_0(\boldsymbol{x})=\int \mathrm{d}\boldsymbol{x}'\sigma_{\mathrm{KS}}(\boldsymbol{x},\boldsymbol{x}')\,[E_{\mathrm{ex}}+E_{\mathrm{H}}-\nabla_{x'}v_{\mathrm{XC}}^{\mathrm{gs}}](\boldsymbol{x}') \tag{24.13}$$

我们的表述没有给出对 ω 的信赖性。

24.2.2.2 偏压和 Kohn-Sham 电压降

如果我们假定，力对垂直于电流路径 z 的坐标 $\boldsymbol{x}_{\perp}$ 依赖是小到可以忽略的，那么，式(24.13)的电流密度表达式可以进行简化。这一假设对于定量问题未必是合适的，但是它能够让我们更清楚地讨论 σ_{KS} 与在典型的输运实验中测量的电导 σ_{irr}

之间的差异

$$j(\boldsymbol{x})=\int \mathrm{d}\boldsymbol{x}'\,\sigma_{\mathrm{irr}}(\boldsymbol{x},\boldsymbol{x}')[E_{\mathrm{ex}}+E_{\mathrm{H}}](\boldsymbol{x}') \tag{24.14}$$

如果我们按拟好的步骤，且忽略力对 $\boldsymbol{x}_{\perp}$ 的依赖性，那么我们就能对式(24.14)两边的任一横截面积分，可得

$$I=GV_{\mathrm{bias}} \tag{24.15}$$

其中，电导为

$$G=\int \mathrm{d}\boldsymbol{x}_{\perp}\,d\boldsymbol{x}'_{\perp}\,\sigma_{\mathrm{irr}}(\boldsymbol{x}_{\perp},\boldsymbol{x}'_{\perp};z,z') \tag{24.16}$$

由于粒子数守恒，在 dc 极限下 $(\omega\to 0)$，横截面的积分致使其总和与 z、z' 无关。通常偏压由式(24.17)给出

$$V_{\mathrm{bias}}=\int_{\boldsymbol{x}_1}^{\boldsymbol{x}_2}\mathrm{d}\boldsymbol{s}[E_{\mathrm{ex}}+E_{\mathrm{H}}[n]](\boldsymbol{s}) \tag{24.17}$$

式中，$\boldsymbol{s}(t)$ 表示连接分子左边和右边的任一路径；V_{bias} 从离散射区足够远的 $\boldsymbol{x}_{\mathrm{l}}$、$\boldsymbol{x}_{\mathrm{r}}$ 两点间取值，在靠近渐近线区域，静电势能表面已经变为常数。

对于式(24.13)，同样可以重复上面的步骤，得到

$$I=G_{\mathrm{KS}}V_{\mathrm{KS}} \tag{24.18}$$

式中，G_{KS} 的表达式完全类似于式(24.16)。我们已经引入了 KS 电压降 V_{KS}，它由所有 KS 力的总和给定，沿 $\boldsymbol{s}(t)$ 方向方程(24.13)成为

$$V_{\mathrm{KS}}=V_{\mathrm{bias}}+V_{\mathrm{XC}};V_{\mathrm{XC}}=-\int_{\boldsymbol{x}_{\mathrm{l}}}^{\boldsymbol{x}_{\mathrm{r}}}\mathrm{d}\boldsymbol{s}E_{\mathrm{XC}}(\boldsymbol{s}) \tag{24.19}$$

对于式(24.10)，我们可以将 V_{XC} 分解为测量的偏电压和 V_{KS} 两部分

$$V_{\mathrm{XC}}=\int_{\boldsymbol{x}_{\mathrm{l}}}^{\boldsymbol{x}_{\mathrm{r}}}\mathrm{d}\boldsymbol{s}\,\nabla_{\mathrm{s}}v_{\mathrm{XC}}^{\mathrm{gs}}[n](\boldsymbol{s})-\int_{x_{\mathrm{l}}}^{x_{\mathrm{r}}}\mathrm{d}\boldsymbol{s}E_{\mathrm{VK}}(\boldsymbol{s}) \tag{24.20}$$

第一项一般可以由积分得到：$v_{\mathrm{XC}}^{\mathrm{gs}}[n](\boldsymbol{x}_{\mathrm{l}})-v_{\mathrm{XC}}^{\mathrm{gs}}[n](\boldsymbol{x}_{\mathrm{r}})$。如果左右电极由相同的材料构成，由于 $v_{\mathrm{KS}}^{\mathrm{gs}}$ 中的长程作用项，那么两者之差则不能抵消。特别的是，像 LDA 或 GGA 的局域近似，在交换项中不能给出有限的贡献。式(24.20)的第二项，描述了真实的非平衡力，它由前面讨论过的电子液体的黏滞性产生。

式(24.18)和式(24.19)表明：在偏压下，KS 粒子的行为与物理的准粒子有很大的不同。物理粒子中的长程力是通过 V_{ex} 实现的，是纯库仑一类。正因为如此，偏压必须与左右电极间的电化学势差完全相等

$$V_{\mathrm{bias}}=\mu_{\mathrm{L}}-\mu_{\mathrm{R}}$$

这里没有出现(除 Hartree 能级外)相互作用项。相比之下，KS 粒子受到了与 V_{bias} 极不相同的有效电压 V_{KS}。这种通过添加修正项 V_{XC} 到电压降中来涵盖相互作用效应的方法，并不是一种很符合物理规律的做法。在 24.2.3 节和 24.2.4 节中，我们就会发现其困难之处了。

24.2.3 初值问题

考察输运的第二步是，不涉及任何外驱场 V_{ex} 的初值(所谓的“弛豫”)问题。考虑任一分子与左右两个库(L,R)。当 $t<0$ 时，分子与左电极 L 耦合，且处于平衡。当 $t=0$ 时，开始与右电极 R 耦合，正如 24.2.1 节所描述的 H_S 随时间开始演化。如果 L、R 彼此间不平衡，在 $t>0$ 时，电流 I 开始流动。电流 I 是电极中的粒子数 $N_{L,R}$ 对时间求导。

$$I(t)=-\dot{N}_L=\dot{N}_R \tag{24.21}$$

如前所述，电流可以通过明确地求解 TDDFT 电荷密度传播子所对应的连续方程得到。由于弛豫过程是包含各种时间尺度的过程，因此，原则上，对于大于观测时间倒数的频率，响应函数 $\chi(\omega)$ 都能得到。

这个方法的缺陷也与前面的情形类似：首先，如果需要解决长时间、低频率的一些性质如稳态电流，则必须包含大的电极(库)并传播多个时间步骤。由于存在这样的困难，使用 TDDFT 的弛豫方法，主要是为了获得高频响应部分。当 $t=0$ 时，一个台阶势将起作用，在无相互作用系统里的输运研究中，它也曾用到，但是不适用于实际的 TDDFT 计算[28]。然而，前面曾经提到，密度重整化群方法已经成功地运用到相互作用的 Hubbard 链强关联输运模拟研究中[29]。

就我们的目的而言，根据初值问题得到的输运公式，从概念上看是重要的。因为它能够将 DFT 散射理论与密度的时间传播子(TDDFT)联系起来。

让我们进行如下的“Gedanken 实验”，在实验中，我们将使用理想的库，密度的时间传播子可以到任意时刻。在初始阶段 ($0<t\ll t_{trans}$)，我们将遇到瞬变现象，它使接触区域附近的粒子密度随时间变化。仅在非常靠后的时刻 ($t\gg t_{trans}$)，我们才能达到渐近的非平衡状态。

为了能够应用通常的散射公式，携带 TDDFT 态 $|QS\rangle$ 的渐近电流应满足以下条件：

(1) 在零温下，态 $|QS\rangle$ 是左、右运动的散射态 $\psi_{l,r}$ 的单一 Slater 行列式，它是渐近 TDDFT 哈密顿量 H_{qs} 的本征态。与之相关联的准粒子 KS 密度矩阵[式(24.22)]，则是一个时间平移不变量：$n_{qs}(\boldsymbol{x},\boldsymbol{x}';t-t')$。

(2) 势 $V_{XC}[n]$ 取一渐近形式，不依赖于历史。

(3) KS 散射态是根据 Fermi-Dirac 分布 $f_{L,R}$ 来占据的，携带有库的温度和化学势。

讨论：对于相互作用电子流体的非平衡态的真正本质，人们知之甚少，因此，我们只是给出了定性的讨论。

条件(1)紧密地依赖于物理弛豫过程。因为当 $t\gg t_{diss}$ 时，等时密度矩阵 $n_{qs}(\boldsymbol{x},\boldsymbol{x}';0)$ 是不依赖时间的，粒子和电流密度必须是稳定的：

R：瞬态现象消失以后，在 $t \gg t_{\text{trans}}$ 时，达到准静止非平衡态。在本章中所要强调的“准静止”，是指粒子与电流密度随时间的演化停止。

这个条件在小偏压 $\mu_{\text{L}} - \mu_{\text{R}}$ 线性区域，似乎总是能满足的[53]。对于无相互作用粒子，在非线性情况下也是正确的[54]。对于相互作用粒子，在非线性电压范围内的情形就不太清楚了。实际上，由于动力学方程的非线性本质，可以想象，扰动现象定会发生[30]，这意味着，即便在 $t \ll t_{\text{trans}}$ 时，密度和电流随时间发生涨落，以致条件 R 不能严格地满足[55]。

如果量子流体的确发生扰动，那么初始条件的部分记忆就永远不会丢失，一般而言，甚至有关动力场初值(如粒子密度、电流等)的微观细节通常也会引起不同的动力学行为。也正因如此，条件(2)的有效性就无法得到保证。然而，通常我们认为，初始条件的精度影响不大，或许可以用适当的平均方式(在初始条件之上或是一小段时间间隔之后取平均值)有效地重建(2)。

再回到小偏压的情况上来，我们强调，即使 $|QS\rangle$ 是一个单 Slater 行列式，条件(3)的有效性也不会自动满足。为了说明这一点，我们设想在一个库($T=0$)中有一多余粒子，电化学势差能保证使粒子流向另一个库。如果这是正确的，那么，所有电流均由位于 μ_{L} 和 μ_{R} 间能量窗口内的散射态引起。随后，我们发现，电流与电压的线性关系必然通过 $G_{\text{KS}}(\mu_{\text{L}} - \mu_{\text{R}})$ 给出。修正项 V_{XC} 将消失，于是我们得到与式(24.18)相悖的表述。这是一个难点，也已经在 24.2.2 节的末尾有所提及。在 24.2.3 节中我们将再一次讨论这个问题。

24.2.4 散射方法

散射理论的优点在于，所有信息均编码在散射态中，而不涉及到时间传播子。这个思想用等价的边界问题取代初值问题，这是分子输运计算标准方法所采用的观点。其说服力和迷人之处在于：①方法是固定的；②库相对容易包含在内。

最为显著的问题是，直到目前为止还没有给出这个方法的严格证明，而且它是否成立也不明确。仅对无相互作用粒子，散射公式被严格地证明是成立的。在 24.2.3 节中的条件(1)～(3)是否真正满足，亦即对 KS 粒子的处理方式是否合理，到目前为止还不完全确定。如果认为这是理所当然的，那么接下来的自洽过程就能证明是合理的，实际上这是一种标准的方法。

首先，我们从等时密度算符 $n_{qs}(\boldsymbol{x},\boldsymbol{x}')$ 的猜测开始。当然，倘若函数 $v_{\text{XC}}[n]$ 已给定，对于为哈密顿量 H_{qs} 构建第一近似，条件(2)保证，则无需其他。

为了开始下一步的迭代，我们应该知道，如何由 H_{qs} 来构建更好的密度算符的初始猜测。它在条件(3)中，但与条件(1)是相斥的：根据条件(1)，发现散射态是 H_{qs} 的本征态，然后，连续地填充 H_{qs} 的本征态，得到 $|QS\rangle$ 和改进的密度矩阵。它与无相互作用粒子的情形是完全类似的：

$$n_{qs}(\boldsymbol{x},\boldsymbol{x}')=\sum_{l}f_{\mathrm{R}}(\varepsilon_l)\psi_l^*(\boldsymbol{x})\psi_l(\boldsymbol{x}')+\sum_{r}f_{\mathrm{L}}(\varepsilon_r)\psi_r^*(\boldsymbol{x})\psi_r(\boldsymbol{x}') \quad (24.22)$$

在迭代循环结束时，自洽完成。这就意味着，有效势中的散射态已经找到，它包含了非平衡情形下的电荷分布迁移，这种非平衡情形将引起电流。

最后，假定条件(1)～(3)成立，基态计算与一个标准的直流输运计算之间仅有两个微小的差别：

(1) 由式(24.22)计算的非平衡密度算符取代了基态表达式(24.1)(当 $f_{\mathrm{L}}=f_{\mathrm{R}}$ 时求得)。

(2) 原则上，应当用一个准静态泛函取代基态波泛函。事实上，由于没有更好的选择，运用普通的基态泛函会导致其他结果(见 24.3 节)。

24.2.5 标准方法与 Kubo 公式的差异

直流电流的计算则根据式(24.22)直接得到，它具有 Landauer-Büttiker 类型的表述形式

$$I=\int \mathrm{d}ET(E,\mu_{\mathrm{L}},\mu_{\mathrm{R}})\left[f_{\mathrm{L}}-f_{\mathrm{R}}\right] \quad (24.23)$$

这里引入了输运函数 T。内核 $T(E,\mu_{\mathrm{L}},\mu_{\mathrm{R}})$ 可以表达为

$$G(E)=\left(E-H_{qs}-\sum\nolimits_{\mathrm{L}}-\sum\nolimits_{\mathrm{R}}\right)^{-1}$$

式中，自能 $\sum_{\mathrm{L,R}}$ 代表电极表面的边界条件[31]。我们有

$$T(E,\mu_{\mathrm{L}},\mu_{\mathrm{R}})=tr\Gamma_{\mathrm{L}}G\Gamma_{\mathrm{R}}G^{+} \quad (24.24)$$

式中，$\Gamma_{\mathrm{L,R}}=i\left(\sum-\sum^{+}\right)_{\mathrm{L,R}}$[17]。对于无相互作用粒子，式(24.23)、式(24.24)与 Landauer 公式是相互等价的，可以得到精确的电流[9]。Landauer 电导 $G_{qs}=T(\varepsilon_{\mathrm{F}})e^2/h$，这是电流对外加电化学势差的线性响应。

$$I=G_{qs}(\mu_{\mathrm{L}}-\mu_{\mathrm{R}}) \quad (24.25)$$

(采用 24.2.2.2 节的术语)。对于无相互作用粒子，可以得到严格的结果，表明 Landauer 电导与从 Kubo 电导率 σ_{irr} 中得到的电导是一致的[32]，这是正确的，因为不考虑相互作用时

$$G=G_{\mathrm{KS}}=G_{qs} \quad (24.26)$$

然而，KS 粒子之间并不是真的无相互作用。因为在通常情况下 $V_{\mathrm{XC}}\neq 0$，这个表达式实际上相当于 $G\neq G_{\mathrm{KS}}$。在目前的标准方法中，有 $G_{qs}=G_{\mathrm{KS}}$，因此，将电流与 V_{XC} 成正比的那一项忽略。为了把这一项包括进去，我们必须对 H_{qs} 内所用到的 XC 函数进行操作，以使得其净直流电流响应变成 χ_{irr} 而不是 χ_{KS}。众所周知，即使在 LDA 内，被忽略的这项也可能是重要的。在“绝热”的 LDA 水平下，包含这些项能够改变共振，因此，对输运特性有重要的影响[33]。

24.3 基态 DFT：局域密度泛函的瑕疵

在本节中，我们来讨论一些通用的密度泛函近似下的局限性，以及它们对输运计算的影响[46]。

谈到通用密度泛函近似，我们指的是 Kohn 和 Sham 最初的局域密度近似[37]、利用密度及其梯度的广义梯度近似，如 PBE[38]，以及 GGA 与精确交换泛函的杂化，如 PBE0[39]和 B3LYP[40-42]。

这些近似有多种相应的不足之处。首先，他们不能用于单电子系统，因为单电子系统中的交换能将精确抵消 Hartree 项，而关联能将消失。上述密度泛函一般不满足这样的要求，它被认为有自相互作用错误，这意味着电子与自身的相互作用是不正确的[45]。

另一个相关的困难是，在这样近似下的基态 KS 势难以起作用。对于电中性系统，在距离较大时，其精确的 KS 势是按 $-1/r$ 衰减的。如果采用这些近似方法，则势的衰减过快，实际上，由于对密度的局部依赖性，势将随距离呈现指数变化(杂化泛函包含因子 $-1/r$ 是不正确的)。这导致势总体上太浅，而 HOMO(最高占据分子轨道)也不够深。

精确 KS 的 HOMO 被证明等于离子势的负值，基于上述原因，一般来说，近似的 KS 势也是不正确的。因此，尾部区域(密度低的地方)的电荷密度是不精确的。此外，当局域系统与库存在弱接触时，系统的平均粒子数是连续的。只要通过的粒子数为整数，精确的 KS 势就会(空间地)跳变为一常量[43,44]。如果采用前面的近似，这种行为就会完全消失，因为它会在不连续处两边平滑插值。

通过使用依赖于轨道的泛函，这些困难中的大多数甚至全部都能够被克服。其中，最为流行的就是 SIC-LDA，即 Perdew 和 Zunger 提出的自相互作用修正局域密度近似[45]。目前已发展了众多用于处理依赖于轨道的泛函的程序代码，通过优化势方法(OPM)，即优化有效势(OEP)，来找到对应的 KS 势。精确的交换势具有适当的衰减特性，它们的 HOMO 接近离子势的负值，同时，它们在整数粒子数处不连续地跳变[50]。

所有这些是如何影响输运计算的呢？存在的主要影响有两个，其中一个是很明显的，另一个则要相对不太明显。

首先，由于输运通常对应于一个弱的隧穿过程，分子能级与电极的相对位置对计算电流影响很大。若分子与电极耦合较弱，毫无疑问，用标准泛函近似计算电流会造成很大的误差。在平衡的情形下，能级不仅不匹配，而且在描述电荷到局域分子轨道上的转移时，也是完全错误的[48]。

这些通用基态泛函的不足之处，可能正是为什么目前的 DFT 计算方法不能正确地重复基本的基态性质，而它们则反映在输运特性中。最突出的例子是库仑阻塞现象，它通常不能定量地再现这种现象[34]。其次，Kondo 效应也属于这类现象，目前还没有引起足够的重视。它表明，当分子谱函数处于 ε_F 时，存在额外的共振，即 Abrikosov-Suhl 共振。大体上来说，这种共振是一种基态属性。它影响分子的总电荷，也正因如此，如果采用合适的泛函(至今未知)，它应当可以用 DFT 来进行处理。

此外，密度泛函近似人为地将尖的共振峰抹平成为弱得多的峰，在不带电分子的 LUMO 和带电分子的 HOMO 间，有时展宽为几个电子伏[26]。在简单模型计算中，这种效应已得到证实[48]，近来，在全 OEP 计算中也发现了这种现象[49]。当然，对于与电极以化学键连接的分子，不存在密度非常低的区域，在一般近似中，势是合理精确的。所以，另一个问题是：这个效应对当今实际的实验到底有多大影响？

第二个效应则更加微妙，在化学键成键的情形下，或许更为重要。由于其局域本质特性，标准近似对通过分子的势降没有任何的 XC 修正。如前所述，V_{KS} 与实际的静电势降 V_{bias} 相等。然而，在实际情况下或更精确的计算中，这无疑是不正确的。因此，交换计算将产生有限效应。正如前面所提到的，一个依赖于电流的近似(VK)，的确会产生一个小而有限的效应。这样，在有限偏压下进行自洽的计算就需要考虑这个势降，从而修正 Landauer 公式，以考虑这种效应。它就意味着，电导不仅与通过自洽 KS 势的输运系数成正比。在一维空间中，同时也意味着，电流必须用包括 XC 贡献部分的总电势降来进行计算，并且这必须除以静电势降。在这种情形下，用简单的单粒子有效势，很难得到准确的电导[26]。

24.4 结　　论

我们探讨了各种问题，如散射方法的有效性、V_{XC} 的忽略、一般密度泛函近似的缺陷等，目前，对有关输运计算的标准方法的可靠性，人们提出了严重的质疑。这些误差在定量上究竟有多重要，目前了解甚少。在这样的估计中，与时间和轨道相关的计算可以作为一很重要的工具[28]。为了获得更深刻的理解，探讨(TD)DFT 之外的方法也是非常重要的，这方面的工作也正在进行中。有关这方面的建议包括：基于组态相互作用[16]、GW 方法[35]和 LDA+U 方法[36]，这些方法都有其优点和缺点。目前，人们还没有找到一种最合适的方法，用于描述包括可控地处理电极效应的实际大分子的电导。

致　　谢

FE 对 P. Schmitteckert、P. Wölfle 和 E. K. U. Gross 的富有价值的讨论表

示感谢，我们也感谢 Meded 对手稿有价值的评论，以及卡尔斯鲁厄大学功能纳米结构中心和 DOE DE-FG02-01ER45928 资金支持（FE）。

参 考 文 献

[1] Djukic, D., Thygesen, K. S., Untiedt, C., et al., Phys. Rev. B 71, 161402 (2005).
[2] Kubatkin, S., Danilov, A., Hjort, M., et al., Nature 425, 698 (2003).
[3] Li, Z., Han, B., Meszaros, G., et al., Faraday discussions (2005).
[3a] Venkataraman, L., Klare, J. E., Nuckolls, C., et al., Nature Lett. 442, 904 (2006).
[4] Loertscher, E., Ciszek, J. W., Tour, J., et al., Small 2, 973 (2006).
[4a] Keane, Z. K., and, Natelson, D., Nano Lett. 6, 1518 (2006).
[5] Jo, M. H., Grose, J. E., Baheti, K., et al., Nano Lett. 6, 2014 (2006).
[6] Reichert, J., Ochs, R., Beckmann, D., et al., Phys. Rev. Lett. 88, 176804 (2002).
[7] Elbing, M., Ochs, R., Koentopp, M., et al., Proc. Natl. Acad. Sci. U. S. 102, 8815 (2005).
[8] Heersche, H. B., de Groot, Z., Folk, J. A., et al., Phys. Rev. Lett. 96, 206801 (2006).
[9] Brandbyge, M., Mozos, J. L., Ordejon, P., et al., PRB 65, 165401 (2002).
[10] Xue, Y., Datta, S., and Ratner, M., J. Chem. Phys. 115 (2001).
[11] Paulsson, M., Zahid, F., and, Datta, S., Handbook of Nanoscience, Engineering and Technology (CRC Press, 2002), cond-mat/0208183.
[12] Kadanoff, L. P. and Baym, G., Quantum Statistical Mechanics (Addison-Wesley, 1962).
[13] Landauer, R., IBM, J. Res. Dev. 1, 233 (1957).
[14] Büttiker, M., PRL 57, 1761 (1986).
[15] Dreizler, R., and Gross, E., Density Functional Theory (Springer-Verlag, 1990).
[16] Delaney, P., and Greer, J. C., Phys. Rev. B 73, 241314 (2006).
[17] Evers, F., Weigend, F., and, Koentopp, M., Phys. Rev. B 69, 235411 (2004).
[18] Stefanucci, G., and, Almbladh C. -O, Phys. Rev. B 69, 195318 (2004).
[19] Stefanucci, G., and, Almbladh C. -O, Europhys. Lett. 67, 14 (2004).
[20] Reimers, J. R., Cai, Z. -L., Bilić A, et al., Ann. N. Y. Acad. Sci. 1006, 235 (2003).
[21] Runge, E., and, Gross, E. Phys. Rev. Lett. 52, 997 (1984).
[22] van Leeuwen, R., Phys. Rev. Lett. 82, 3863 (1999).
[23] Brenig, W., Statistical Theory of Heat: Nonequilibrium Phenomena, vol. II (Springer Verlag, 1989).
[24] Vignale, G., and, Kohn, W., Phys. Rev. Lett. 77, 2037 (1996).
[25] Vignale, G., Ullrich, C. A., and, Conti, S., Phys. Rev. Lett. 79, 4878 (1997).
[26] Koentopp, M., Burke, K., and, Evers, F., Phys. Rev. B 73, 121403 (2006).
[27] Sai, N., Zwolak, M., Vignale, G., et al., Phys. Rev. Lett. 94, 186810 (2005).
[28] Kurth, S., Stefanucci, G., Almbladh, C. -O., et al., Phys. Rev. B 72, 035308(2005).
[29] Bohr, D., Schmitteckert, P., and, Wölfle, P., Europhys. Lett. 73, 246 (2005).
[30] D'Agosta, R., and Ventra, M. D., cond-mat/0512326 (2005).
[31] Evers, F., and Arnold, A., Proceedings of the Summerschool on Nano-Electronics, Bad Herrenalb Sept. 1-4, 2005, Springer, 2006.
[32] Baranger, H. U., and Stone, A. D., Phys. Rev. B 40, 8169 (1989).

[33] Gonze, X. , and, Scheffler, M. , Phys. Rev. Lett. 82, 4416 (1998).
[34] Arnold, A. , and Evers, F. , unpublished (2006).
[35] Thygesen, K. S. , and Rubio, A. , condmat/0609223v1 (2006).
[36] Pemmaraju, C. D. , Archer, T. , Sánchez-Portal D, and S. Sanvito, condmat/0609325v1 (2006).
[37] Kohn, W. , and, Sham, L. J. , Phys. Rev. 140, A 1133 (1965).
[38] Perdew, J. P. , Burke, K, , and, Ernzerhof, M. , Phys. Rev. Lett. 77, 3865 (1996); 78, 1396 (1997) (E).
[39] Perdew, J. P. , Burke, K. , and, Ernzerhof, M. , Local and gradient-corrected density functionals, in Chemical Applications of Density-Functional Theory, Laird B B, Ross R B, and, Ziegler T, Eds. , ACS Symposium Series 629 (ACS Books, Washington DC, 1996).
[40] Becke, A. D. , Phys. Rev. A 38, 3098 (1988).
[41] Lee, C. , Yang, W. , and, Parr, R. G. , Phys. Rev. B 37, 785 (1988).
[42] Becke, A. D. , J. Chem. Phys. 98, 5648 (1993).
[43] Perdew, J. P. , Parr, R. G. , Levy, M. , et al. , Jr. , Phys. Rev. Lett. 49, 1691 (1982).
[44] Perdew, J. P. , and, Levy, M. , Phys. Rev. Lett. 51, 1884 (1983).
[45] Perdew, J. P. , and, Zunger, A. , Phys. Rev. B 23, 5048 (1981).
[46] Chang, C. , Koentopp, M. , Burke K, et al. , in prep.
[47] Di Ventra, M. , Todorov, T, N. , J. Phys, Cond. Matt. 16, 8025 (2004).
[48] Toher, C. , Filippetti, A. , Sanvito, S, et al. , Phys. Rev. Lett. 95, 146402 (2005).
[49] Ke, S. -H. , Baranger, H. U. , and, Yang, W. cond-mat/0609637v1.
[50] Engel, E. , Orbital-dependent functionals for the exchange-correlation energy: A third generation of density functionals, in A Primer in Density Functional Theory.
[51] Equivalently, a time-dependent vector potential may also be introduced.
[52] An additional caveat should be mentioned, also: the viscosity η not only has a real (dissipative) but also an imaginary (reactive) piece. The effect of the latter has not been investigated thus far and we have ignored it here.
[53] For a thorough discussion of a related problem, see Chapter 3 of [23].
[54] Stefanucci, G. , Kurth, S. , Rubio, A. , et al. , condmat/0701279; condmat/0607333.
[55] Stefanucci, G. , condmat/0608401.

25 分子电子器件①

Anton Grigoriev, Rajeev Ahuja 著

陈克求 译

① 英文版中本章开头设有一个缩略语列表，现已并入中文版在本书附录中增设的全书编略语表中。

25.1 引　　言

本章的主题非常广泛，因此，在单个章节中不可能评论此研究领域内的所有内容。当考虑理论描述和模型的基本原理时，仅研究了充当导体的分子。尽管这些非常基础，但它们往往会被相关的研究人员认为是显而易见的而不予考虑，从而使得非专业人士很难涉足此领域。

分子电子(ME)器件可以被定义为临界尺度在5nm以下的相互连接的电子器件。此定义反映了本主题的一个概念化的重要观点。根据百科全书定义：分子是能保持其化学性质的最小物质单元。分子电子器件有着典型的分子尺寸，我们有充分的理由用分子构建电子学器件。但是，如果纳米器件(如硅晶体管、纳米管等)被视为一个大分子，那么最近在纳米电子学器件的描述和设计方面就有了重大进展。由此看来，分子电子学已经成为纳米电子学学科中一个非常重要的领域，在器件小型化过程中，甚至连传统的基于硅的微电子学技术也很自然地和分子电子学联系起来。

起初，构建分子电子学器件背后的想法是，为了打破或者至少扩展摩尔定律[1,2]。仅在历史上第一块平面集成电路问世之后4年，也就是1965年，戈登·摩尔就发表了一个很著名的发现。新闻界称之为“摩尔定律”，而且这个名字沿用至今。在其原始论文中，摩尔提出了每块集成电路上的晶体管数量与年份呈指数增长关系，并预测这种趋势将持续下去。迄今为止，摩尔定律(集成电路中晶体管的密度每两年翻一番)基本上一直在维持着，并有望至少维持到20世纪60年代末。由于在某种程度上晶体管的大小将缩为仅有几个原子那么大，因此，对此定律的扩展存在着一些原理上的限制。而其另一限制则出于经济上的考虑，因为产品的成本将随器件的小型化而迅速增加。分子电子学的目的就是通过引入更便宜的生产工艺和利用量子受限效应的新型处理器的原理和结构，打破摩尔定律的两个限制。

分子电子学是基于这两个基本思想而建立的。要使做的东西更小，就意味着要使用尽可能小的构建模块，由定义可知，这就是分子。要使做出的东西更便宜，就不得不使用最廉价材料，往往是最普通的材料。分子电子学中常用到的生产人造分子的化学方法，其目的仅在于不到1mol(约6.022×10^{23}个分子)材料，大约为几克的量级。然而，它通常会产生数量众多的相同分子，减少了单个分子的成本。

对于常规的电子设计，传统上采取驱动电流通过金属电极或半导体，而在分子电子设计中，则采用的是驱动电流通过分子和金属-分子(MM)体系或是沿导体表面通过吸附分子的方法来控制它们的性质[3]。构建分子器件意味着分子与表面以及分子与分子的连接，这个工作也能通过化学方法来完成，另外也将节省产品的成本。许多分子能够在溶液中或在表面上完成自组装，形成预先定义的规则图样。

与传统的电子技术相比,分子电子技术采用的是“自下而上”的方法,而前者在小型化现有器件所采用的技术是所谓的“自上而下”的方法。从某种意义上来说,分子可能是最小的、并在一般条件下(常温常压)仍能保持其属性的构建单元,因此,分子电子学器件是可能存在的最小器件,问题在于如何构建整个体系并将所有元件连接在一起[2]。“自下而上”的方法基于自组装和其他用于构建预先定义结构的化学方法。

分子电子器件会有用处吗?首先,由于纯量子规律和效应主导着分子的属性,导致其可能在相同的分子里面执行许多功能,因此,人们期盼着有一个分子电子器件的富裕“家园”。其次,人们相信将来的分子电子器件所具有的丰富功能是因为自然界中分子“器件”真实存在。一个普通的例子就是一只蚂蚁的大脑工作在几赫兹频率范围时,它只需要消耗几毫瓦的能量,但是仍能完成图像识别的任务。鉴于这样的原因,高度专业化的分子电子器件可能是如医学等方面的唯一选择。

分析预测,如果分子电子器件能够成为现实,那么它至少会弥补传统硅器件的限制。对于廉价的功能化电子器件来说,它将会有更大的发展空间(例如,发展中的且广泛使用的超便携式、采用特殊墨水的喷墨打印机或采用分子传感器制造的医学检测用的即时读出器)。因此,分子电子学的将来将取决于生产工艺的进步,即传统方法加上更高级的方法,如自组装等。

最近,分子电子学[3,4]在生产分子和使用不同实验装置测量其输运性质方面都有了重大突破。然而,这一领域仍处于初创阶段,理论模拟有必要对实验结果有更深入的、更准确的理解,从而设计出具有新功能的分子电子器件和组件。

本章具体内容如下:首先,定义了所研究的器件范围。在这里,我们将介绍一个或多个分子与金属电极相连形成一些确定的原子排列的情形。然后,回顾一下在分子电子器件工程方面通常用到的实验装置以及所取得的成果。接下来,我们将描述分子器件中的电子输运过程,并探究其在分子电子学领域的潜在应用。分子电子学的最终问题在于单独考虑分子与电极间的界面问题。由于我们的目的是用来分析真实器件,因此就必须能够在理论上进行解释,并能够预见现在或预期的实验结果。我们还对有关分子电子学器件结构和输运计算的理论方法做了一个简短的评述,并讨论了一些有用的模拟手段。最后,讨论了从生物传感器到选择性逻辑计算等领域的可能应用。

25.2 范　　畴

在这一部分,我们将讨论分子电子学学科的范畴,并引入一些重要术语。从定义分子电子学为临界尺寸在 5nm 下的相互连接的电子器件开始,这就意味着,与金属电极相连的任何确定的原子排列都是符合这个定义的,但是,“分子”这个词的准确意义到底是什么？

完全由分子组成的器件，其功能就像能执行非常复杂任务的微小型计算机。例如，存在于自然界中类似于昆虫大脑的图形识别功能。但是，制造这种器件仍只是一个梦想。目前，我们所能做到的只是用分子线[5,6]来连接（宏观）电极。随后，我们将看到这样的线具有非常丰富的功能：整流器（二极管）或是电子开关。

分子电导现象与作用于分子内给体-受体间的电荷输运现象在化学上是众所周知的。在研究反应中的电荷转移时，把分子当作连接给体-受体基团间的桥梁也是化学上所知道的。

在器件中使用分子的理由在于分子定义中的“最小”一词。最小可能的芯片必须用最小可能的化合物，这其中最可能的最小物质单元就是分子。电子学中的小型化随之可能提供更快、能耗更小、更廉价的器件[2]。

但是，分子不仅是分子电子学研究中的唯一对象。碳纳米管（CNT）[7]、金[8-10]及硅[11]纳米线已经在纳米器件的电子互连一文中进行了讨论。通过在有机分子（特别是DNA[12]和卟啉分子堆[13]）薄膜上嵌入金属原子或在其他材料表面组装金属原子来制备金属原子链。这些结构不是真正的分子，有人提出建议，将其命名为“分子姊妹”[14]。尽管它们是稳定的，且在周围环境下也能保持其属性，但是它们的规模则决定于制备所用的方法。根据百科全书的定义，分子是保持其化学性质的最小物质单位①。这样看来，碳纳米管和其他线都能切成更小的部分，它们继续保持原来较长线的属性。这意味着，在描述这种体系及其行为时有着很大的不同。

通常，尽管存在一些有价值的例外，但是由于分子-电极间强烈的相互作用（通常是化学吸附），致使分子线不同于物质中的分子（在溶液中或晶体相中）。分子失去其保护基团，随后分子与电极间成键（图25.1）。由于分子内部的电子态和电极表面上的电子态间的相互作用，分子的电子结构将发生较大的变化。

由此看来，选择碳纳米管、聚合物链等“分子姊妹”以“三明治”或其他方式与电极相连是很有道理的。实际上，在实验中，只有很短的一部分线用来充当两电极的连接器。这个很小部分的材料本质上类似于一个能用分子电子学方法来描述和研究的大分子。

首先，让我们来详细讨论图25.1中的金属-分子-金属（MMM）结构。电流沿着z轴方向从左电极向右电极流动。这里的z轴与电流方向平行，这是因为，过去大多实验中所用的扫描隧道显微镜（STM）装置的STM针尖在以吸附有分子的薄膜作为导电基底的x-y水平面上进行扫描，该针尖的垂直位置很自然地就沿着坐

① 更准确来说，分子是“纯物质可分的最小的、可辨别的单元，而且仍能保持其合成物和物质的化学性质。”（引自《大英百科全书》（*Encyclopoedia Britannica*））

标系的 z 轴测量。

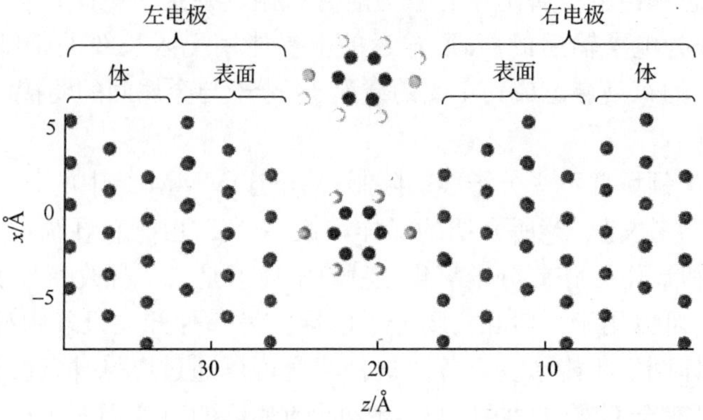

图 25.1　(见彩色插图)1,4-硫苯分子与其对应的金属-分子-金属的“三明治”结构

前面已经提到,在其分子吸附到电极表面时或之前,由于保护基团将会被去除。在图 25.1 的例子中,氢原子将会从 SH 基团中去除,随后,在电极表面上形成金属-硫键。在电极的深层内部,材料没有受到干扰,因而具有类似于体材料的结构和属性。即使考虑的是一平整表面作为电极,由于存在平移对称性的破缺和与吸附原子的相互作用,这样的表面区域也与体材料有所不同。电极的表面区域也可能包含有表面缺陷,它有助于分子吸附或代替 STM 针尖。

如果通过单分子层来连接两平整电极,那么可能存在表面原子层的弛豫与重构。对于较密的薄膜,由于分子薄膜的存在,金属与真空间的密度变化将变得更为平缓,重构通常会增强。然而,对于较密的薄膜而言,其表面与吸附物间的电荷输运变得重要起来,我们应当考虑相应的原子和电子结构的改变。

MMM 结的中间区域包含电极表面与吸附的分子,被称为“扩展分子”。在位于左、右两个半空间的周期性块金属间的扩展分子区域,由分子结引起的对传播电子的整个散射过程被局域化。连同在化学吸附分子情况下形成的金属-分子(MM)键一起,表面和相关分子现象也包含在扩展分子当中。理想情况下,当扩展分子与体电极相连(或者没有连接),且处于零偏压的平衡态时,其电子和结构变化是可以忽略不计的。

在分子电子学框架内,对 MMM 结的分析,通常是从平衡时相应的自由分子或无限长的分子线(如 CNT 等)到扩展分子着手进行的。自由分子的电子态、表面态以及它们之间的相互作用,共同组成扩展分子的联合结构。如果将扩展分子与电极连接起来,那么就可以计算该体系在零偏压下的电子输运性质。在低偏压下电流是线性的,且在零偏压下的输运决定了电导。在高偏压下,整个系统完全处于非平衡状态,此时态的布居分布以及扩展分子的结构有了很大改变。

这样看来，在MMM结中，由一个分子或一段短线组成扩展分子两者之间没有区别。分子态和由电极所诱导的态均能为共振透射提供依据。但是，对于长的结，线本身则成为电子输运的瓶颈，输运的上界能用无限长线的带结构来进行估计。这时，线中的布洛赫态成为主要的载流子，分子与金属间的弱接触只会减弱其输运。

分子电子学领域并不受分子线的限制，甚至连MMM结中的分子也表现出众多功能。正如参考文献[2]所介绍的那样，对于CNT，由于存在荷电效应，分子线能在库仑阻塞机制下工作。分子氧化（还原）本质上是另一种改变分子结构和属性的方法，使得它可以用于开启和关闭分子电导。另一种开关机理则源自于相同分子的不同异构体间发生构形变化。而这种改变可以通过电脉冲、光脉冲或机械力学来完成（特别对于CNT）。很明显，当分子随环境的改变而开关时，它就变成了一个电传感器。但是，对于开关型分子，它还具有其他的用途：分子存储器和可重构网络。

虽然有一些器件的电流-电压特性（IVC）是对称的，但随电压转换的另外的一些特性则显然是不对称的[5]，这使得构建分子整流器或二极管成为可能。对由分子线结和第三门电极（通常是以金属基氧化物模板的形式）构成的分子晶体管，人们有着浓厚的兴趣。门压改变分子的有效势可以用来改变其输运性质。

工艺上，自组装这一“魔术”的过程有助于构建比MMM结更为成熟的器件[2]。很多分子、小金属颗粒甚至CNT都趋向于以高度有序的薄膜方式或其他结构进行自组装。化学功能化分子也能被识别出来，并将其放置于特殊点上，以此来生成复杂的排列结构[15]。实际上，这也是DNA分子两相邻链产生双螺旋结构的机理。

所有前面介绍的器件（和许多其他内容），构成了分子电子学的研究领域。分子器件的优点在于它的尺寸。在25.3节，我们将详细地讨论这种小器件的制备。

25.3 实验技术

在处理系统的电子输运性质之前，有必要了解其物理结构。这里，我们面临的第一挑战是，如何建立有着分子尺寸间隙的结，或者从另一个角度说，就是让分子生长成要求的间隙尺寸大小。对于CNT，后一种方法可以成功地实现，但是对于长分子，由于电导随长度呈指数衰减[16]，因此是很难操纵的。

对于电极形状的设计，可以选取那些允许分子吸附、并能建立电学连接的形状。另一个要求是能够控制其结构。对接触进行区分，是一次连接单个（或少数几个）无相互作用的分子，还是在薄膜外连接单个（或少数几个）分子或是很多分子（在薄膜内部）。当前，我们能用扫描探针显微镜来完成对构型的精确控制

(图 25.2)，这就意味着，至少要有一个电极是平坦的，探针能够在其上进行水平扫描。在如此平的表面上，单个分子趋向于平行吸附到电极表面。当分子浓度增加时，可以形成几乎垂直于表面的分子薄膜，也就能够从上面蒸发金属(交叉光刻技术[19]或无孔技术[20])来进行连接。尤其是从短分子薄膜上伸出的单个长分子，或者是嵌入绝缘分子薄膜的导电分子[21]，薄膜的单个分子则(主要)通过扫描探针显微镜的针尖来进行连接。最近公认的技术是，将微小的(纳米)金属颗粒放置在薄膜上，充当薄膜与 STM 针尖的焊料。通过对颗粒形状以及其大小进行很好的控制，可以保证只与薄膜中的极少数分子连接，而扫描探针显微镜(STM)与金属颗粒接触所具有的性质则是确定的。对于由保护与解保护(de-protected)分子混合物所组成的薄膜，实际上可能只有一个分子建立了连接。此技术的缺陷在于，薄膜屏蔽了金属-分子界面，因此，需要考虑薄膜中相邻部分的相互作用。

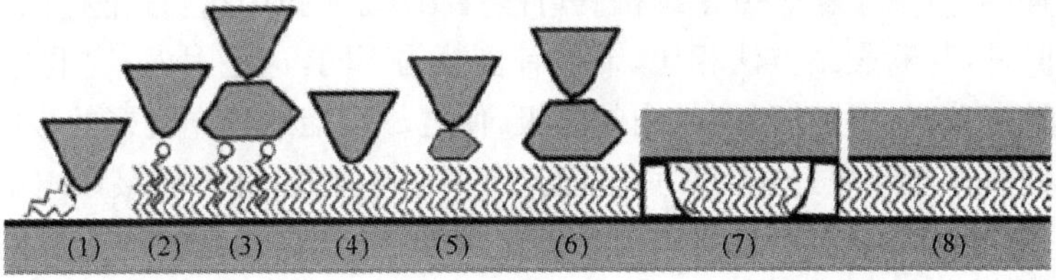

图 25.2　分子通过吸附建立与平面电极之间的连接，
分子间相互作用所起的作用从左到右是增加的

(1)在时间域内单分子通过自发吸附与解吸附监测的 STM 图[18]；(2)单分子植入低电导分子薄膜的 STM 图[21]；(4)SAM 的 STM；图(3)、(5)和(6)用于定义连接区金团簇，可以用于测量对应于不同数目分子的电流，以此区别单分子对总电导的贡献[24~28]；(7)微孔技术[25]；(8)非常小的宏观“衬垫”接触，它位于分子薄膜之上[27]。后两种技术通常会导致电极间的短路，主要用于更厚的多层薄膜。

为了连接单个分子，需要产生很小面积的接触。最通常的技术有：断裂结(break junction)[5]、带悬挂掩模的角度蒸发技术[22]和电迁移技术[6](图 25.3)。

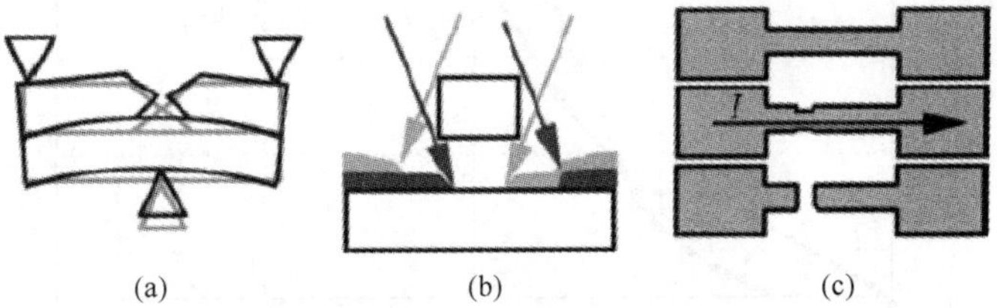

图 25.3　在电极间制备纳米级间隔的断裂结(a)、带悬挂掩模的
角度蒸发(b)和电迁移(c)的方法

后两种方法通常与在带隙中沉积金属团簇(静电诱捕)的方法相结合，以减小电极间隔。
此间隔往往通过测量两极间的真空隧穿率而得到

断裂结的第一步包括金属线的机械断裂和产生一个很稳定的间隙。校准间隙的过程是:将分子放置于某溶液中后,再进行测量,这是费时的(人们不能重复测量,也就是说,用不同数目分子或不同种类分子在相同的结中产生 *I-V* 曲线),并且成功连接分子的数目与其本身的构型也是不确定的。

对于使用悬挂掩模的角度蒸发方法,通过在一有限角度下将金蒸发,采用光刻技术形成电极,这样,使得掩模下的阴影面积缩小。这里,我们可以很好地控制电极的构型,但是吸附分子的数目仍是不确定的,此外,实验也是非常耗时和消耗资源的。

电迁移方法是用细金属线连接电极,让电流通过导线,直至其断裂。当无连接时,导线断裂部分之间的间隙就产生了。当得到这样的电极阵列后,再用稀溶液分子将其覆盖。当溶液干燥时,一些分子或分子团就吸附在大约 20%的电极对中。这就意味着,吸附多于一个分子结构的可能性很小。同时,我们只能进行有限次数的测量。但是,与断裂结方法相比,结果有显著的不同,这是因为,这里的器件往往具有库仑阻塞效应。移动断裂结内的电极,使之尽可能地建立良好的接触,并用分子来桥接电极。对于电迁移方法而言,分子吸附到何处,是否桥接于电极间,还是仅放置于接近间隙的位置,都是不清楚的。例如,对于在纳米尺度电极间中的 C_{60} 分子,通过其二维微分电导 $(\partial I/\partial V)$ 图像(图 25.4)可以看出,它具有良好的结构,这归因于分子在接近电极的间隙处振动[23]。

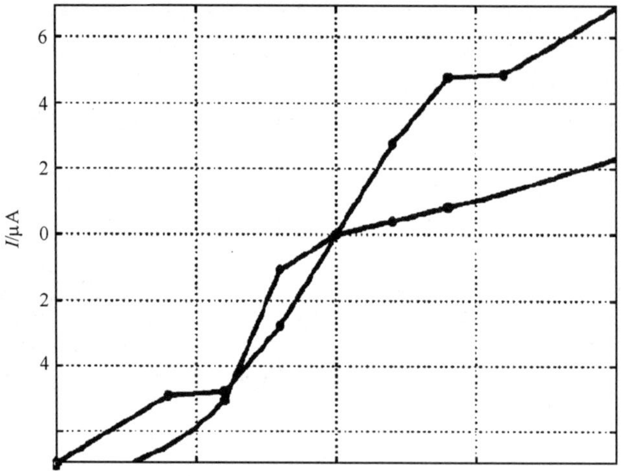

图 25.4 (见彩色插图)与一空位缺陷的 Au(111)面非对称(红)和对称(蓝)耦合的二环[2.2.2]辛-2,5,7-三烯-1,4-二硫醇分子对应的计算 *IV*。未填充圆标记的点对应图 25.5 中计算的输运谱

提高溶液的浓度，将不会增大分子与电极间的桥接概率，这是因为，分子会倾向于产生自组装薄膜岛，而不是均匀扩展到晶片上。因此，分子桥接于电极间隙的可能性将会增加，但是这种桥接很有可能通过自组装单层岛来实现，而不是通过孤立分子。

令人吃惊的是，在相同的布置下，没有哪种方法的目的在于建立与单一分子或至少几个分子的连接，从而能够得到对应于 1，2，3，… 个分子接触的实际的 *I-V* 曲线，正如嵌入到绝缘薄膜、并通过金团簇进行连接的导电分子一样[24-28]，如图 25.2（第 3 位置）所示。可以预计，在接连的实验中，连接的实际分子数目会发生改变，通过数据的比较可以发现，其电导的变化与分子的个数有关。但是，实验的复杂性使得很难用同样的装置成功地重复接连的测量结果。

直到最近，才有人提出基于“断裂结”的测量分子电导的实用方法[17]。缩进式电极产生对应于金属收缩区的典型电导台阶图案。当直接接触消失时，由于全分子导电，电导峰则以不同的、但更好区分的尺度出现。然而，由于其界面的复杂构型，可能有许多过程能对电导作出贡献，这些过程具有介于纯金属和纯 MMM 结之间的中间尺度[18,29]。

值得注意的是，由于可以很好地控制其形状和大小，人们提出将金属团簇用作（一部分）电极[30]。因此，在如何与金属团簇建立良好连接这一问题上，目前还存在争议，因为团簇带电，所以，测量出来的分子现象与库仑阻塞效应叠加在一起[26]。

第二个挑战就是将分子连接到金属表面。如前所述，有可能将分子定位于电极之间，但是没必要在分子与电极表面间形成强的化学键。在用电迁移方法制备触点的实验装置中，分子与金属间形成的强化学键，将使分子在其表面的可动性大大减小，因而阻碍了分子的运动，并最终使其连接到电极间隙。用此种布置的更为常见的情形是，分子没有与第二个电极成键。

尽管有可能将分子连接到金属表面，但是对分子线的很多性质，我们仍然只能间接地进行研究，并且没有考虑分子与电极间的界面效应。例如，从化学角度研究的电荷输运、观察反应中的电荷转移以及将分子当作连接给体-受体基团间的桥梁来进行处理。

通过发生化学吸附或物理吸附，可以将分子吸附到电极上。具有活性“鳄鱼夹”基团（如硫端）的分子能够化学吸附到金上。此外，这样的“鳄鱼夹”活性端，将导致自由分子缺乏稳定性，因为它趋于形成稳定的化学键。活性分子的前端基，通常是用一些保护基团来进行保护。吸附前的解保护分子与被保护的分子能与电极形成某种接触。被保护的分子以及无“鳄鱼夹”的分子均覆盖于晶片表面，且有可能横过电极间的间隙。带夹的解保护分子吸附在金属表面上。其界面结构通常被分子尾部所隐藏，因而在实验中难以确定。对于低覆盖率的情形，可以发现，分子形成“条带相”(striped phase)单层[31]，其头基成行排列，且其尾部平躺在表面上。

对于高覆盖率的情形，分子趋向于形成直立单层，并通过硫键合到金属上。硫的吸附位置取决于衬底(刻面、粗糙[空位]厚度[若仅为几个原子层])，而且，硫原子可以很好地形成二聚物和其他构型[31]，所以，并不是所有分子都与金成键，而是仅有一个或两个分子与其成键。当溶液中的分子被吸附时，很可能用氢原子做终端原子。在吸附时究竟发生了什么，我们并不清楚[32]。硫原子有可能从分子中分离出来，尤其是对薄膜内的分子尾部间相互作用起着非常重要作用的长分子，覆盖率如何影响薄膜的构型，还仍然没有完全弄清楚[33]。

25.4 分子电导

本节将主要讨论分子线的电导。有关量子电导现象更详细的介绍，请参看文献[5,34,35]

作为第一近似，我们可以将分子线看作是两个(相对较大的)宏观电极之间的一种限制(constriction)。如声子非弹性散射、电子-电子碰撞、自旋反转过程等量子现象将导致沿分子结方向传播的电子相干性的消失。由于杂质或声子的碰撞引起的特征长度与结构特征宽度之间的关系，可以用于定义输运是扩散性的，还是弹道输运性的[5]。

让我们考虑一个能通过重复一些相同单元来增加其长度的分子线(参考文献[22])。当分子线长度增加时，它将一直传导电流吗？回答是肯定的，但是却与短线的方法有所不同。当从理论上引入更现实的修正时(如声子散射等)，长距离上的相干输运是不可能的，其电导会随着分子线的长度成指数衰减。但是非相干性(扩散的)输运不会衰减，而是饱和的，即从某一特定长度开始，(相干和非相干)电导是一个与长度无关的常量。然而，只有当分子足够长时，这种饱和才能达到；因此，长分子的电导仍然要比短分子的电导小，这是显而易见的。

下面我们将线当作由两电极间收缩所形成的一种限制，并假定这种收缩是理想的(如无声子散射等)，与通常的理想波导类似，其电导与电子的横向模数目有关。在无偏压时，从左流入的电子与从右流入的电子数是相等的，即无净电流。当外加电压 V 时，金属电极的费米能级彼此相对移动 eV，从左(高电势)流入的电子没有被从右(低电势)流入的电子完全补偿，因此，存在一从左往右流动的净电流。因为电子具有波动性，所以，只有当其沿收缩方向存在一非零的波矢 $\vec{k}$ 的薛定谔方程解时，它才携带电荷(电流将会流动)。对于长距离的理想收缩，我们可以分离变量，使每一支模均能表达成跨越收缩方向的驻波图案。一旦驻波的能量进入打开的能量窗口(左右电极间势相对移动 eV)，从左边流入的电子就能通过这个通道流向右电极，从而电流将开始流向整个通道。由于这一通道的电导为一常数，它将被添加到总的收缩电导中。这意味着,在 0 K 的理想收缩(constriction)下的电导是有限的,且随电压呈台阶形增长。由于费米分布的热展宽,此台阶在有效温度下被抹平。对于曲线收缩,也有着相同的图像,但是随后台阶也会因几何因素而被抹平[36]。

这个图像允许我们简单地解释分子电导:由于分子无论如何不再是理想的收缩,它们的电子结构也会被所加偏压修改,电导通道不仅能进入偏压窗口,而且也能从窗口中退出,这样,台阶就很明显地被抹平了。

图 25.5 演示了典型的分子透射系数与电压依赖关系[37]。正如对称的系统(右)所预料的那样,在负偏压下,透射系数是对称的。但是,如果分子、电极、金属-分子界面都不对称(左),正负偏压下的透射系数将有所不同,这就导致了电流-电压关系中的整流现象[38]。

分子的输运属性取决于它的结构。令人惊讶的是,同种类分子是否导电,则取决于它处于哪种异构体(形状)。这里的改变可以是自发的,也可以是诱导的。对于有序的薄膜结构,在高分辨率 STM 扫描时,嵌入的导电分子将表现为稳定的光斑。对于欠有序或稀疏的薄膜,分子开关会更快,光斑将开始闪动[39,40],它意味着,苯环能很容易地被旋转,中间苯环的旋转就对应着“开”或“关”态。

同薄膜的密度一样,其他环境因素也影响分子电导。在很多(技术上)重要的应用中,分子电子器件预期可以在室温下工作,但是人们期望的是,在某些气体或气氛、甚至在空气中就能生产出分子器件,而不在高度真空环境下。尽管有可能得到这样的器件[41],但是它的属性和结构将对环境非常敏感[42,43]。对于溶液中的自组装单层(SAM)聚集的分子,也存在着同样的问题。

碳纳米管、氢或氧将在管表面或在缺陷处发生吸附,并产生随机的局域散射中心[43]。对于长分子或电极间的分子络合物,也是如此。而吸附在表面的分子,甚至是靠近金属-分子界面的其他种类的吸附,同时也能显著地改变透射系数[42]。

分子线本身电导很小。当(或如果)它与电极接触不良时,连接处的势垒能有效地将电子局域在分子线的内部,使其带有额外电子。此后,另一个电子进入分子线时,不仅要花费贯穿势垒的能量,而且还要克服两电子间的库仑排斥力(类似于电容器的充电过程)。这是因为,我们已经假定连接处的势垒很高,在低温下穿过势垒的电子呈指数级减小,此时电荷只能以共振隧穿和非弹性散射过程两种可能的传输机理穿过双势垒系统。如果有效电容 C 很小,则充有 n 个电子的分子所引起的势垒(ne/C)就会很高,因此,共振隧穿就会被阻塞。此外,如果克服势垒所需的能量可以与热能相比拟时,即 $k_B T < ne^2/C$ 时,则非弹性散射的效率很低,因此,所有电子的输运将会被库仑阻塞所抑制。当然,这样的系统也可以通过引入外势到分子线上(门压)来再次打开,正如文献[22]所说,通过将被保护分子沉积在电极间隙,可以在分子与电极之间产生势垒。对分子的充电过程,可以理解为一个与氧

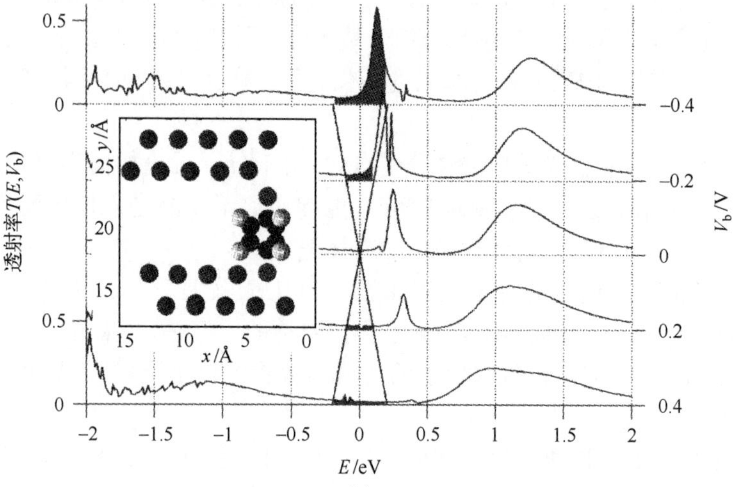

(a)

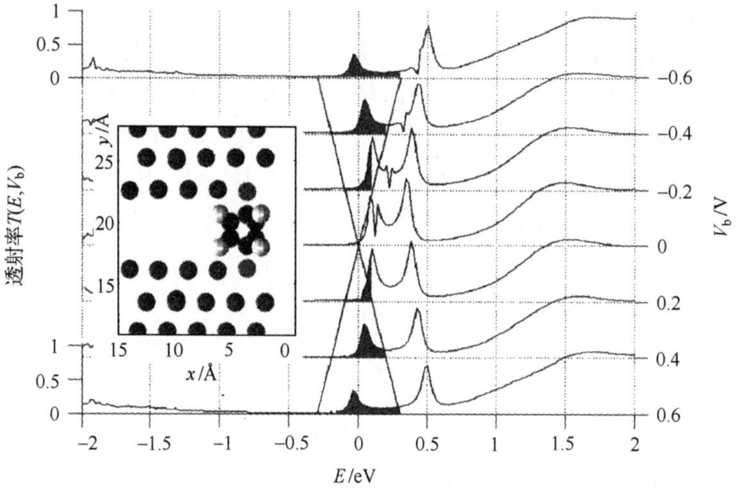

(b)

图 25.5 (见彩色插图)与有一空位缺陷的金(111)面非对称(a)和对称(b)耦合的二环[2.2.2]辛-2,5,7-三烯-1,4-二硫醇对应的透射谱。偏压窗口与其对应的谱部分用灰色标记

化相似的化学过程[22,39]。

迄今为止,我们还没有详细分析 MM 的界面。从前面讨论可知,MMM 结的完整描述是通过扩展分子实现的,这其中当然包括了金属与分子的接触界面。目前,无论是在技术上还是在理论上,MMM(metal-molecule-metal)界面仍然面临很大的挑战:将分子与金属电极连接在一起,仍然存在很大的难度。另外,一旦连接成功,分子与金属电极的接触面,就会隐藏于金属与分子薄膜之间。然而,这层隐

藏的接触面恰恰就是我们研究分子线结构(自组装)和输运(库仑阻塞)性质的关键。

25.5　分子在金属表面的吸附和电极的作用

前面已经指出:分子应该在物理和电学两方面同时与金属表面相连接。尽管这是可行的,但是目前要想制造出我们所期望的接触,无论在理论上还是在技术方面仍然面临很大的挑战。

表面催化的研究目前已经非常成熟,有关分子在金属表面的吸附,存在大量的材料可供选择。在这一章,我们继续上一章的讨论,并集中讨论分子线在金属电极上吸附。

由于其工艺上的重要性,分子与金属的连接特别引人注目,但是却又不简单。这是两种本质上完全不同的物质聚合在一起的情形:通常金属被看作是束缚在由原子核形成的势阱内的近自由电子气体,而一个孤立分子的电子是局域的,拥有精确的、且严格定义了的轨道。从原子轨道的概念出发,这些轨道通常被称之为杂化轨道,具有一些特别定义的能量值。而在金属的内部,电子是以能带的方式填充,能带上的所有能量值都以一定概率分布。

吸附一旦发生,金属和分子间的相互作用,使得它们的性质在接触区域发生改变。然而,分子不可能改变距离表面区域很远的金属电极的性质,分子的尾部(远离金属电极的部分)也不会受到很大的影响。但是,接触部分的改变却往往是非常显著的。靠近金属能带的分子轨道中的电子,有可能穿过分子到达另一端的金属电极。由于能级变得不确定(加宽),电子不会永远停留在一个状态,这个态会发生衰减。换言之,电子的被占据态是有一定寿命的。金属表面也会受到从分子迁移的电荷的影响,偶极子会产生较强的局域场(近场[44])。

由于金属和分子的相互作用,无论是金属表面,还是分子本身的性质,都会影响界面的构型和性质。单分子往往容易与金属表面的缺陷(位错、空位)相连接,在连接处吸附分子的场结构往往反映了金属表面的状态(晶格取向、重构、应力或应变)。此外,较密的分子薄膜也会影响金属表面(电荷贫化、产生缺陷[45])。

分子在电极表面的吸附,可以分为物理吸附和化学吸附两种形式。分子可以通过活性“鳄鱼夹”基团(即金电极上的硫端键),以化学吸附的方式吸附到电极上。但是,像“鳄鱼夹”这样的活性终端,使得自由分子缺乏稳定性,这是因为,硫趋向于形成稳定的化学键,所以,分子通常用一些保护基团来进行保护。被保护的分子以及在吸附之前被剥离保护的分子,能够与金属电极连接形成结。这些被保护的分子以及不包含“鳄鱼夹” 末端的分子位于晶片表面上,且有可能横跨金属电极间的间隙。如果保护分子没有被去除,就不会产生化学键,但是金属与分子之间的相互作用，仍形成了一个能量上稳定的构型，我们称之为物理吸附。

25.5.1 表面缺陷的作用

物理吸附和化学吸附之间具有什么样的联系呢？因为最初的吸引力非常普通（原子和分子依靠范德瓦尔斯力或者静电力相互吸引），但最终的构型则取决于两种吸附过程的相互竞争。

在吸附过程中，范德瓦尔斯力实际上是吸附物体中带电粒子与其基体中的镜像之间的偶极-偶极相互作用，但这是一个长程相互作用。当原子或者分子吸附在表面上，被吸附物体的电荷密度与基底的电荷密度相互接触，使得电子与其镜像“相遇”。因此相互作用被局域化，这一点我们可以通过 DFT 方法来进行描述[46]。

局域密度近似（LDA）下的 DFT 方法，部分成功地描述了电子间由于交换-关联相互作用而产生的排斥力（通常称为泡利不相容原理）。电子与电子间的斥力，可以被看成是电子与空穴间的吸引；电子周围的交换-关联空穴，反映了由斥力产生的其他电子的缺失[46]。严格地说，它是电子与其镜像电荷（空穴）之间的相互吸引力。尽管 LDA 下的 DFT 方法不能处理这种非局域的相互作用，但是它能处理当电子及其镜像彼此靠近时的情形。因此，DFT 方法可以用于局域地描述物理吸附过程。我们所有的 DFT 计算结果，都间接地包含物理吸附的贡献，并通过以下的积分来估计这种贡献

$$-\int \mathrm{d}\,\boldsymbol{r}\mathrm{d}\,\boldsymbol{r}'\,\frac{\rho_{xc}(\boldsymbol{r})\rho_{\mathrm{el}}(\boldsymbol{r}')}{|\boldsymbol{r}-\boldsymbol{r}'|}$$

式中，ρ_{xc}表示交换关联空穴的密度；ρ_{el}表示电子的电荷密度（正值，因此前面加个负号）。当减小这个能量值和增强连接键时，镜像电荷和电子之间的距离达到最小值，同时使得两者的密度重合达到最大值。显然，这个结果是在有表面缺陷的情况下得到的，它对发生在空位或者表面错位处的物理吸附非常有效。此外，当电子的电荷密度趋向于抚平尖锐的表面缺陷时，当电荷以物理吸附的方式吸附在表面时，将进一步地减小总能。同样，它也有利于吸附原子填充空位缺陷。

25.5.2 化学吸附

化学吸附实际上是在吸附物体与基底之间形成化学键。这一复合体系可以看成是一个独立的大分子。举例来说，带有“鳄鱼夹”的解保护分子（末端为硫原子），可以吸附于金上。如果考虑吸附过程中电荷分布发生改变，那么我们可以发现有两个原因来支配电荷的再分配。原因之一是成键后引起的结构变化（原子位置的改变）。同时，吸附物的表面被屏蔽，这将部分地消除表面原子的弛豫。另一个原因是电荷的重新分布的确表明形成了化学键。如果我们认为仅发生电荷重新分布，而原子保持不动，那么我们就能计算出分子与基底整个系统与单独的分子/基

底的电荷密度差。同样,保护基团(通常是氢原子)与分子的结合也可以看成是化学吸附,即通常的化学键结构。

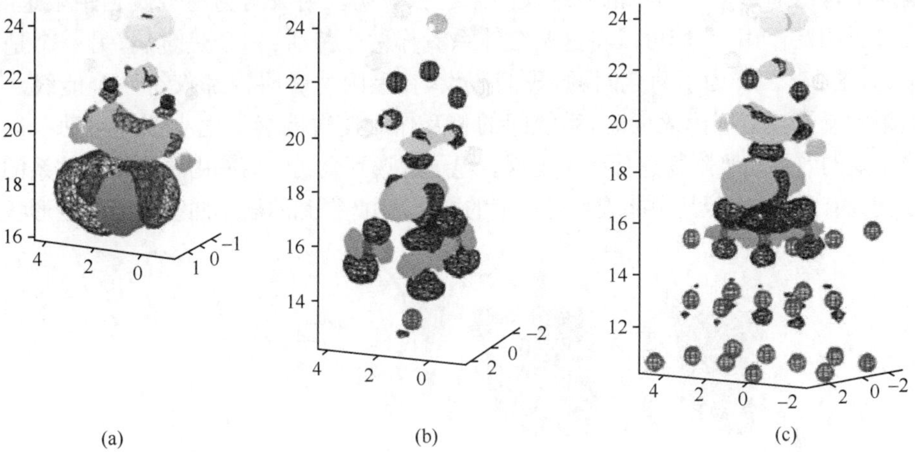

图 25.6 (见彩图插图)化学成键后的电荷分布

从左至右分别为:(a)DTB S—H 键;(b)DTB 与 4 个金原子成键;(c)DTB 在 hcp 表面。最大的电荷分布区域等值面,包括 40%的取代(实心)或者转移(空格)电荷。长度单位为 Å

如图 25.6 所示,我们可以看到表面键和与氢成键的键是不同的,其原因是两方面的,既包含化学上的(氢和金完全不同),又包括几何上的差异(表面键是表面与三个金原子成键)。但是从本质上来说,其机理都是一样的,即电荷转移到了分子的 π 轨道(和硫原子的 p 轨道),形状上与成键原子区域相类似。同时,电荷从成键原子和硫附近的"8"字形轨道突出部位移走。由于氢只有一个 s 轨道,电荷只能从其球形轨道中移出。对于金来说,还包含 d 轨道[47],电荷从"8"字形轨道突出部位迁移。

分子中化学键的形成机理可以用氢分子键这个标准的双能级例子来予以说明。当两个电子能级相互靠近时,其波函数间发生交叠且是正交的(杂化),因此分子中出现一高(反键态)和一低(成键态)两个不同的能级。如果最初有两个电子占据了这两个能级,他们会最终处在成键态能级上,且总能也将会降低。能量降低的另一个原因是它们的壳层结构。在填充壳层结构的过程中,它会吸收能量,当吸收的能量大于流失的(如填充反键能级、极化等)能量时,就会形成化学键。

这里有两点需要特别地指出。正交依赖于对称性,而对称性又依赖于结构。这就意味着分子成键至少在数量上会与单独的头基团的键有所不同,这是因为分子轨道一般具有不同的对称性。此外,对于多电子系统而言,一些原子的同一轨道将处于反键态,但是会因与另一电子对相结合而被填满。举例来说,对于两个 sp 系统,其 s-s 反键态由于其能量低于 p 态杂化能量,而会被前面的 p 电子填充。

对于金属形成表面键的情形，我们可以利用共振能级模型。其不同之处在于表面的一方没有孤立能级，其基底的一些能带的态密度是连续分布的。这种情形实质上可以通过一个简单的一维模型来进行说明。当吸附物与金属相距很远时，二者无相互作用，我们可以将这两个体系看作两个势阱：一个是金属；另一个是吸附物(图 25.7)。为了简化问题，我们假设，在吸附物势阱内部仅有一个能级。当吸附物慢慢接近吸附表面时，系统间的相互作用使得能级发生小范围移动。但是最主要的效果是吸附物连接到了金属。电子逃逸到金属的概率由原来单独体系的零改变到有限值，由于其中能级具有一定的展宽，因此得到的概率曲线为洛仑兹形状。

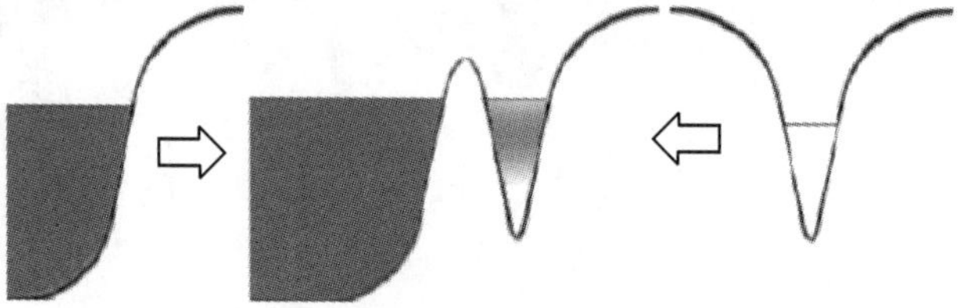

图 25.7　共振能级模型的一维示意图
详细描述见正文。填充态为灰色阴影

这个模型解释了发生在吸附过程中的电荷转移。如果诱发的 DOS 峰在费米能级以下，那么金属电子将会通过填充这些态来获得能量，且电荷将转移到吸附物中。如果 DOS 峰高于费米能级，那么吸附物就会通过与金属电子结合来降低其能量，且电荷也将转移到表面上。以上两种情形中所生成的键，都是离子键。如果诱导态在费米能级上，此时将会形成共价键，这样二者才能彼此更有效地共用电子。

对于过渡金属，这个简单模型必须要有一个重要修正。当吸附物渐渐靠近金属表面时，其电子与金属 d 能级电子相互作用，且这种相互作用发生在分子内部(图 25.8)。两个杂化能级将代替金属的 d 能级(和吸附分子的 s 能级)，一个是有关 d 电子和 s 电子的反键态，另一个是相应的成键态。这些杂化的能级再与金属电子态的连续谱相互结合。

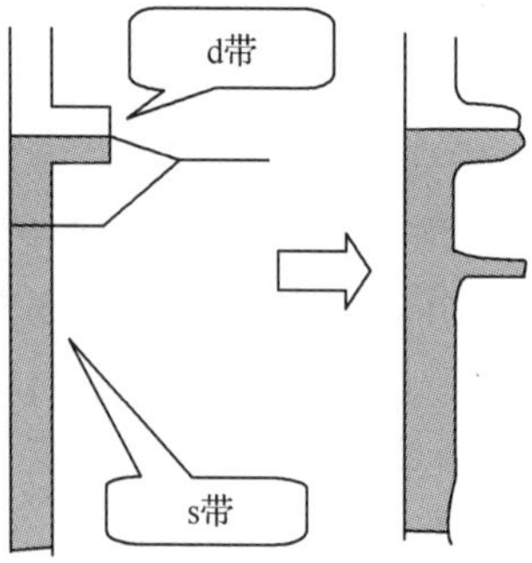

图 25.8　共振能级模型下过渡金属吸附过程的 DOS 示意图

在图 25.6 的例子中，电荷从金属向分子移动，但是形成的化学键并不完全是离子键。因为电荷不仅流向硫原子，而且还在硫附近以及硫与金之间的区域发生重新分布，这就显示了其具有共价键的性质。在表面金原子附近的电荷堆积，也说明了其与金的 d 电子发生了相互作用。

成键态和反键态的能量都低于费米能级，而且是饱和的，这很好理解。填充的反键态使它排斥吸附物，当这种排斥力克服了键作用时，接触面保持是干净的。在与贵金属接触时，大多数分子都会发生这样的情况。在一篇研究贵金属的经典文献中[48]，Hammer 和 Norskov 以两个不同金属（铜和金）为例，指出其反键态会在氢的化学吸附过程中被填充。其不同之处在于，金需要填充到 5d 能级，而铜只需要填充到 3d 能级。在拥有电子的数量上，5d 的能级要大于 3d 能级，而且 5d 能级与氢的 1s 能级的交叠要大于 3d 能级。严格来说，由于金原子的 5d 能级与氢原子的 s 能级的相互作用，这种交叠会变得更大（哈密顿量中的 s-d 耦合项）。更大的交叠导致更大的泡利排斥作用，或者说，轨道交叠的正交化需要消耗更多的正交化能，且以动能形式存储填充于这些轨道的电子中。当氢原子在金表面形成化学键时，填充反键态所需的能量要大于填充新轨道所需的能量，所以这一过程很难实现。

在现有的化学模型中，吸附物电子能级的位置都是相对金属费米能级而言的。最初的单个吸附物的能级会由于其与基底金属相互作用的两个耦合效应而发生改变：其一是电子与金属电极中的镜像电荷的相互作用；其二是电子与形成固体表面势垒的有效势之间的相互作用。

与镜像电荷之间相互作用是吸引的，且能量提高 $e^2/4z$，这里 z 是电子与接触面之间的平均距离。

当电子从由原子核形成的有效势阱中散射出来时，一些失去电子的正电荷没有得到补偿而被滞留在势阱中，因此，在表面上会形成一个偶极层。与偶极层的相互作用是排斥力，它导致能级的降低。

由于我们的工作对象是电子器件的电荷输运，因此对吸附过程中电荷的重新分配以及对能级调整的研究就显得尤为重要。堆积的电荷会产生一个局域电场，它作为阻碍电子输运的势垒。

无偏压系统不会产生电流，主要是因为电极间的电子迁移率相等。也就是说，在单位时间内从左往右与从右往左迁移的电子数目相等，因此无净电流。对于低偏压体系来说，尽管电子转移的过程没有改变，但是金属的化学势 eV 则不一样，这里 V 代表偏压，在费米能级附近的能量区域，电子从左电极流向右电极与从右电极流回来的电子数不相等，所以有电流出现。对于连接分子的电极来说，分子能级靠近费米能级，使得体系的电导有所增强（图 25.9）。

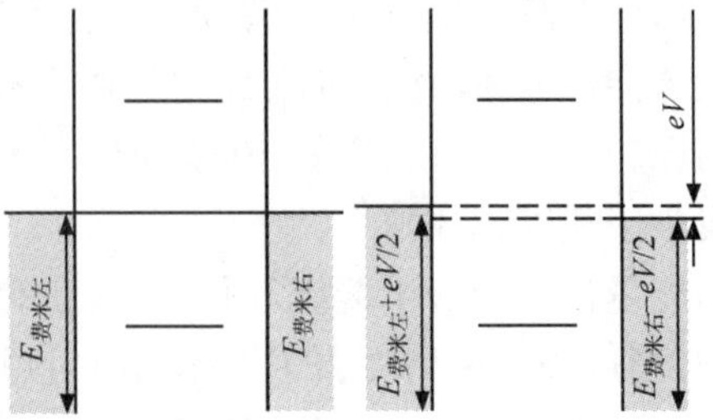

图 25.9　低偏压下分子能级与费米能级的对准导致增强的传导率

25.5.3　分子电子学中的“鳄鱼夹”装置

下面我们将研究对象从吸附的基础理论转移到分子电子学及其相关研究上来。这里，我们认为微小的且化学上有明确定义的接触应该是整洁的，传导性好，且易于制造。对于吸附金属，我们直接选择常用的金为例。众所周知，硫原子或者硒原子可以以化学吸附的方式吸附在金表面，而且这种吸附非常稳定。在室温环境下，关于此种分子的电子传导实验也取得了成功。

在 20 世纪 30 年代，尽管人们就开始以自组装技术将官能团吸附在金属上来控制表面的湿润性质[50]，但是在金表面上成功实现自组装沉积作用的报道，最早才出现在 20 年之前[49]。关于金-硫头基团相互作用的理论，直到 20 世纪 90 年代才最终成功地建立。尽管在吸附过程中氢原子被解离的事实已经被广泛接受，但是硫醇对硫醇盐的连接相互作用仍然存在争议[51]。

吸附的整个过程如下：解保护的分子吸附在金表面的硫原子上，其上的氢原子被分离，同时分子尾部平坦地排列在吸附表面[47]。这些互相平行排列的分子尾部将产生了一个所谓的“条带”相，在 STM 的照片中可以观察到这种条带。此相中的 SAM 层通常是有序的，所以硫头基团成行地排列。

如前所述，分子趋向于在大范围内通过硫原子与金电极连接形成直立的单层。在这些直立相中，由于分子的末端影响了接触表面结构的直接观察，因此很难在实验上确定接触面界的结构。分子尾部的排列通常像晶体一样非常有序，形成因相邻分子旋转引起的分子平面交叉而导致的镶嵌结构。但是这个结构的细节往往又依赖分子链的长度。当分子链间的相互作用大于硫-金或者硫-硫间的相互作用时，分子末端堆垛的结构将会发生改变[33]。

然而，不仅是构型甚至连化学结构我们也不清楚，因为整个吸附过程分子的头基团到底发生了什么样的变化仍然是不能确定的。在溶液中分子吸附之前，它们的末端一般是一个氢原子，但是在吸附的过程中发生了怎样的变化则不清楚[47]。

举例来说，分子末端的硫醇基团上的氢原子在吸附过程中是否未受到影响[47]，是从基团上分离出来并吸附在金电极上[52]，还是分离出来从金电极表面逃出[33]？对于纯粹的氢原子吸附，氢分子在吸附表面离解，而金表面的氢化作用并没有发生，因为从能量上看它是不容许的[48]。对于硫醇头基团来说，氢原子在吸附过程中离解[52]，但是对于不同的外界环境氢原子最终是否从金电极逃逸仍不能确定。

如果将硫原子和分子相分离，那么薄膜的精确构型是如何依赖于覆盖度的，这一点仍然不十分清楚。在文献[53]中，我们的结果建议了这样的一种可能性。

25.6 分子的电子输运理论

分子电子系统电子输运的理论描述是一个复杂的多粒子问题，求此问题的完全解实际上是不可能的。一些可行的方法都是某种程度的近似。但是，输运计算是基于对分子电子器件本身的描述，这就意味着，不能对分子电子器件中输运和结构选取各自独立的模拟方法。

从处理一些简单模型(双势垒)中实际的多粒子问题，到包含数百原子的整个实际结构中输运的半经验模型，人们发展了众多的各种各样的输运计算方法。尽管这些方法中有一些很明显并不是为了分子电子器件而设计，如分子内给体-受体的电荷转移或 STM 图像计算，但是这些方法通常适用于分子电子学体系。

如果我们的目的是研究实际系统，那么我们就应当将研究工作建立在分子和金属电极的原子描述和所能采用的计算化学方法上来，可用的方法大体可以分为两类：半经验方法和从头计算方法。第一类方法在计算过程中引用了一些与实验相比较的可调参量。半经验计算方法只能选择一些普通参量，且在一定实验条件下不发生改变(至少不是很明显)。如果我们所考虑的不是分子自身，而是连接到电极之后的情形(例如，我们想把研究体系扩大到开放体系)，则最好选用没有参量的从头计算方法来进行基本的结构计算。

从头计算方法通常被称为第一性原理计算方法。与半经验方法的典型区别在于，它的计算步骤和算法都不采用任何拟合参数，而是从形成体系的基本结构和普适常数如电子质量、电荷等出发。尽管计算结果的精度依赖于所采用的近似程度，但是所得到的结果则不包括没有任何经验估计和想象成分。其优势在于，这种在数值方法和理论模型上所用的近似，至少在原理上(通常在实际运用中)可以在很大程度上得到改进，因此，这样结果的收敛性能被检验。它为检查结果的准确性提供了一种严格的估计方法。但是，第一性原理计算的复杂理论背景，使得其在实际中计算量庞大，因此，需要大量的计算资源。

对各种的输运计算方法进行一个全面的分类是一项不讨好的工作，这里，并不是因为各种方法之间的差异，而是因为缺乏公认的标准。此外，大多数方法也可以用各种等价的方法方式进行重写。

根据 Nizan 的介绍[54]，能够处理完整化学结构的电子输运计算方法有两种：一种是格林函数方法(GF)；另一种是密度泛函方法(DF)。二者在概念上有所区别，格林函数方法用唯象方法处理系统内的相互作用，也就是说，电子输运的计算与体系性质的计算是分开的，因此，允许使用任何输入水平。其适用的例子范围很广，从半经验模型[55]到离散紧束缚模型[56]、连续 DF 模型[57]、HF 能级模型[58]。在 DFT 框架内，电荷载流子密度是唯一的参量，因此，可以同时计算出电流以及与密度函数有关或由密度构成的体系的其他性质。因此，当体系在偏压下，DFT 方法至少在理论上可以无缝地重构，但是紧束缚方法和半经验方法都自然不允许这样做。因此，格林函数方法通常以半经验方法的方式来拟合实验数据。拟合的参量往往是体系的电压降形状[59]。

另一重要的方法通常被称为劳厄(Laue)展开(表示)法[60,61]。在最简单模型中，系统用一个半径变化的圆截面硬壁势垒来表示，这与转移矩阵方法一致。对于一般势，劳厄展开则用于波函数(或势)。在劳厄表述中，薛定谔方程实际上是离散在格点上的一维线性微分方程，由此得到了一个线性矩阵方程[61]。数值计算程序也可能不同(要用到递归矩阵方法[60])：分步积分取代了格点的离散化等。此外，薛定谔方程也可以先离散化，再用劳尔展开进行计算[62]。

由于以上方法的本质都是对薛定谔方程直接求解，因此寻求其他可能的方法来直接求解是也是有意义的，尤其是对简化后的经验哈密顿量[63,64]。

对于小模型系统，上面的方法看起来是一样的，当考虑实际器件应用时，概念上有很大的区别。这些器件一般包含数百万个原子，在现代计算机上，这种计算任务是比较容易处理的。因此，一次只考虑一个“开放”部分，这里的“开放”是指与这个体系的其他地方相连，考虑电流的流进和流出等。不同的方法对于体系“开放”的描述有所不同。

接下来，我们来考虑 Löwdin 分割方法，它是非平衡格林函数方法的基础。从头计算方法中对于分子部分、金属电极及其接触界面的描述均采用密度泛函方法。在本章的其余部分，我们将详细地讨论电子量子输运的构架。对于开放体系下的电子输运理论以及非平衡格林函数方法已有大量的介绍，这里我们就不再重复。为了讨论的完整性，我们将列出一些主要结论，并建立系统的符号。在相应尺度建立后，我们会引入一些主要概念，随后，我们将逐一给出最重要的结论。

25.6.1 量子化电流

分子线中的电流来源于电极中的电子态，并由横向通道或模来传输。后者可以引出两个重要的结论：第一，如果电流是量子化的，那么，对于不同横截面的分子线，其电流仅当新通道出现或消失时才会发生改变。第二，对于长分子线，若

$k \sim 1/L_z$,那么沿 z 方向上的谱线几乎是连续的。但是对于很短的或是横截面变化的分子线,变量不能用简单的方法进行分离,其输运将不经由通道,而是经由分子线的全哈密顿量的本征态传输。这种传输是弹道输运,且电子被认为处在分子线的相干态之中。如果我们从分子线一端挑选波函数,它将精确地告诉我们在体系任何位置时它的相位及大小。在存在非相干、相位中断散射时,这是不可能的。

电极中的受限有效入射电子态,也能导致电流的量子化。电极中的电子态并不是全部都参与电子的输运,只有进入了分子线中的态才参与输运。即使在电极中存在可用的一些态、且能通过分子线的通道,但是体金属电极与分子线之间接触界面的几何构型仍能阻碍这些态的传输。我们的模型就存在这样的困难,但是可以通过以下两种等效的方法予以解决。我们假设电子库通过无反射通道与分子线相连,或者,我们可以把电子库与分子线的接触界面纳入体金属电极的内部,这样,这个接触界面都属于散射区。但是对于第二种方法,不允许我们分离分子线哈密顿量中的变量。如前所述,任一分离电极表面上的电流密度的积分决定了电流的大小。因此,物理电极到分子线部分的分布不会改变电流的结果。

这个理论常被称为朗道方法。假设有 N 个通道打开,即 $\int \mathrm{d}S\psi_{xy}^*\psi_{xy} = 2N$,这是因为每个能级包含两个电子态(xy 在横截面上)。进一步假设温度很低,费米分布可以近似由阶梯函数表示,因此我们得到朗道公式

$$I = \frac{2e^2}{h}VN \tag{25.1}$$

朗道公式定义了电导量子,即电导值随通道的打开或关闭而改变。

$$G_0 = \frac{2e^2}{h} \approx 1/12.9\mathrm{k}\Omega \tag{25.2}$$

根据量子输运的朗道图像,我们可以得出一个非常重要的结论:即使是一段理想的分子线(使之在输运方向上无电子反向散射),且电极为无反射电极,当把分子线与电子库连接时,仍只能得到一个有限电导,它的逆被称为接触电阻。

对于特殊形状的分子线,我们能得到相同的结果。我们能在薛定谔方程中能分离变量,同时,能将体系能分成电极和分子线(收缩区)两部分,因而将边界纳入体电极的内部。这样的例子包括抛物线[65]和双曲线[66]收缩两种。

25.6.2 相关长度尺度

在朗道方法中,电流是通过对能量窗口 $f_{\mathrm{L}}(\varepsilon) - f_{\mathrm{R}}(\varepsilon)$ 积分来得到的,在低温下接近于1,并且大致分布于左电极的费米能级和右电极的费米能级之间,间隔为 eV。因此,只有费米能级附近的电子才能参与导电,这样,我们就能对分子线的几何尺寸大小做出估计,允许我们直接观察输运过程中的量子化效应。

当系统的特征尺寸(如分子线的长度)与粒子的德布罗意波长可以相比拟时,

其量子化效应就变得非常重要。此外，载流子的波动性是可以忽略不计的。正如我们从金属中电子输运的朗道图像所看到的那样，费米波长是一个重要的长度衡量尺度，它的典型值大约为 1nm。对于半导体，电子浓度较低，因此，它的费米波长可以长达 10nm。根据这些数据，我们就能对准一维量子线的极限长度作出估计。

当分子线的特征长度 L 满足 $L < L_\varphi$ 时，此时的输运是相干的。这里，L_φ 是相位弛豫(phase relaxation)长度，它表示电子波函数保持初位相信息的长度。随后，我们就能观察到干涉现象。像声子间的相互作用这样的非弹性过程，会破坏其记忆的位相。当存在弱非弹性散射时，几乎简并的电子态，因其中的态失去能量而不再简并。我们将超过两个电子相干传输的长度称为热退相(thermal dephasing)长度。

25.6.3 散射

Landauer 公式的范围可以扩展到包括电极中的电子从初态(以 i 为标注)散射到末态(以 j 为标注)的情形，这些态可以局域在相同电极中(反向散射)，也可以考虑同时与很多电极连接的系统。

对于相同电极的情形，电子输运一般是对称的，有 $t_{i\to j} = t_{j\to i}$，我们得到

$$I = \frac{2e}{h}\int \mathrm{d}\varepsilon T(\varepsilon)[f_\mathrm{L}(\varepsilon) - f_\mathrm{R}(\varepsilon)] \xrightarrow[T\to 0]{} \frac{2e^2}{h}V\int_{E_\mathrm{F,L}}^{E_\mathrm{F,R}=E_\mathrm{F,R}+eV} \mathrm{d}\varepsilon T(\varepsilon) \quad (25.3)$$

这里

$$T(\varepsilon) = \sum\nolimits_{i,j\in \mathrm{L}} t_{i\to j}(\varepsilon) \equiv \sum\nolimits_{l,r\in \mathrm{R}} t_{l\to r}(\varepsilon)$$

对于连接两个电极以上的散射区情形(多端情形)，在计算具体分子结的电流时，就应当对所有终端进行指数求和。

令人吃惊的是，有人能在式(25.3)基础上“猜”出其电流计算公式。的确，如果在某一能量上的电子输运概率为 T，单位时间内这种单电子从左到右的一次传输概率的计算正比于从左电极得到一个电子的概率 f_L 乘以 T 再乘以从右电极得到一个空态的概率$(1-f_\mathrm{R})$。这是由于在我们的例子中，认为电极中没有发生反射，从左到右与从右到左的电子输运相互独立，因此对于一给定能量的对称传输可以表示为

$$I \sim eT[f_\mathrm{L}(1-f_\mathrm{R}) - f_\mathrm{R}(1-f_\mathrm{L})] = T(f_\mathrm{L} - f_\mathrm{R})$$

剩下的就是对能量的积分了。

输运系数可以从由散射矩阵计算得出。从散射矩阵元 S 的定义可知，它可以把入射态和出射态联系起来。换言之，每个元素的绝对值的平方就表示从一具体的入射态到其相应出射态的透射概率。如果对其中的元素进行分块，t 代表透射概率，r 代表反射概率，那么，式(25.3)可以改写成

$$S=\begin{pmatrix} r & t \\ t^* & r^* \end{pmatrix} \rightarrow T(\varepsilon)=tr(t^* t) \tag{25.4}$$

实际上，总概率是所有通道间的概率之和

$$T(\varepsilon)=\sum_{\substack{i,j=1\\ i\in \mathrm{L}, j\in \mathrm{R}}} |t_{i-j}|^2=\sum_{\substack{i,j=1\\ i\in \mathrm{L}, j\in \mathrm{R}}} t_{i-j}^* t_{i-j}=tr(t * t) \tag{25.5}$$

利用散射公式对输运的描述允许我们方便地讨论从左往右或从右往左输运的对称性。宣称的散射矩阵的形式并不是最普通的。这是因为，我们所写的矩阵是归一化的，即 $S^* S=1$，且透射和反射都被归一化为 $r^* r+t^* t=1$，对输入态集合矩阵的操作不改变输入向量的模，仅是引入了一个轮换操作，它将入射电流重新分配到出射态上。因此，式(25.3)的电流形式是有效的，而且能够自动地保证电流守恒。只有当连接电极的占据态由于电极化学势的不同(通常由外加偏压引起)或温度不同时，才会产生电流。

25.6.4　连续输运

目前我们考虑的仅是相干隧穿过程。然而，非相干过程也可以轻松地由相干理论类似地推导得到。如果依次连接三个电子库，且让电子停留在中间的电子库的时间足够长，那么波函数的初始相位信息会不会消失呢？这在量子点上有重要的应用，该量子点是与电极弱连接的微小的金属岛。事实上，最初成功地解决电子输运的模型就包含了连续输运模型[5]。

为了模拟这样的体系，我们把中间区域的量子点或分子看作一个通过输运节点与外界连接的开放系统本身。而后，“电极”中的态密度变为 $f_{\mathrm{L}}(\varepsilon)\sum_{i,l\in \mathrm{L}} t_{l\rightarrow i}(\varepsilon)$。这是因为，在金属中没有更多的态，而只有在连接处的中间岛上诱导的输运态。如果系统处于定态，中间岛上态的分布概率不会改变，对于金属，这种分布就是费米分布，对于金属团簇，电极价带的电子态与原子的壳层结构类似，对于分子而言，那就是以概率 P_i 占据态$\{i\}$的集合。当电子传输到中间岛时，就有一些态被占据，态布居也会发生改变。左电极中从占据态 j 到占据态 i 的改变概率为

$$T_{i\rightarrow j}^{\mathrm{L}}(\varepsilon)=f_{\mathrm{L}}(\varepsilon) t_{j\rightarrow i}(\varepsilon)\,;\, T_{j\rightarrow i}^{\mathrm{L}}(\varepsilon)=[1-f_{\mathrm{L}}(\varepsilon)] t_{i\rightarrow j}(\varepsilon) \tag{25.6}$$

但是占据概率不会改变。这里给出一个稳态条件

$$\frac{\mathrm{d}}{\mathrm{d}t} p_i=\sum_j T_{j-i} p_j-T_{i-j} p_i=0 \tag{25.7}$$

这指明了占据一个态与非占据一个态的概率是相等的：$T_{j\rightarrow i}=T_{j\rightarrow i}^{\mathrm{L}}+T_{j\rightarrow i}^{\mathrm{R}}$。稳态条件是向量 P 的矩阵方程。可以求解出它在中间岛上的态密度。随后，任一结中的电流可以看作是岛上占据态的改变速率

$$I = e\sum_{i,j} p_i(T^{\mathrm{L}}_{j-i} - T^{\mathrm{L}}_{i-j}) = e\sum_{i,j} p_i(T^{\mathrm{R}}_{j-i} - T^{\mathrm{R}}_{i-j}) \tag{25.8}$$

注意,这种形式要比式(25.3)更为方便,因为电极的DOS是用一连续的费米分布函数来表示的,而岛上的DOS则是离散的。为了计算它们之间的差,则需要引入能级展宽。

25.6.5 非平衡格林函数方法

25.6.5.1 格林函数和自能

在计算量子电流的朗道公式中,描述金属-分子-金属体系时,采用的是密度泛函理论。基于Lowdin分割,整个体系可以分为左电极(L)、中间区(C)和右电极(R)。这种金属-分子-金属体系的自洽伴随矩阵哈密顿量 H 为

$$H = \begin{pmatrix} H_{\mathrm{L}} & \tau_{\mathrm{L}} & 0 \\ \tau_{\mathrm{L}}^{+} & H_{\mathrm{C}} & \tau_{\mathrm{R}}^{+} \\ 0 & \tau_{\mathrm{R}} & H_{\mathrm{R}} \end{pmatrix} \tag{25.9}$$

左右电极之间的相互作用 τ 假设为零。$\tau_{\mathrm{L(R)}}$ 分别代表了左(右)电极与中间区域的相互作用。

格林函数定义为:$(E-H)G(E)=1$,这里

$$G = \begin{pmatrix} G_{\mathrm{L}} & G_{\mathrm{CL}} & G_{\mathrm{RL}} \\ G_{\mathrm{LC}} & G_{\mathrm{C}} & G_{\mathrm{RC}} \\ G_{\mathrm{LR}} & G_{\mathrm{CR}} & G_{\mathrm{R}} \end{pmatrix} \tag{25.10}$$

$$(E - H_{\mathrm{L,C,R}})g_{\mathrm{L,C,R}} = 1 \tag{25.11}$$

格林函数给出了系统的脉冲响应,在这样的情形下,系统响应通过加一个 δ 函数的微扰到薛定谔方程中来进行描述。

整个系统能够很容易地分成不同区域,并计算其格林函数,这是因为我们对电极内部的过程并不感兴趣,中间区域仅与电极表面相连,因此,可以想象 $\tau_i(i=\mathrm{L},\mathrm{R})$ 与 H_i 相比很小。从式(25.9)到式(25.11),我们有

$$[-\tau_{\mathrm{L}}^{+}g_{\mathrm{L}}\tau_{\mathrm{L}} + (E - H_{\mathrm{C}}) - \tau_{\mathrm{R}}^{+}g_{\mathrm{R}}\tau_{\mathrm{R}}]G_{\mathrm{C}} = 1$$

这就意味着 G_{C} 也是有效哈密顿 $H_{\mathrm{eff}} = H_{\mathrm{c}} + \Sigma_{\mathrm{L}} + \Sigma_{\mathrm{R}}$ 的格林函数,这里

$$\Sigma_{\mathrm{L,R}} = \tau_{\mathrm{L,R}}^{+}g_{\mathrm{L,R}}\tau_{\mathrm{L,R}} \tag{25.12}$$

则是所谓的自能。

从式(25.9)中可以清楚地看出,H_{eff} 比总哈密顿量 H 小很多,而且只在中间区域更小维度的子空间起作用。然而,这并没有简化问题,因为分割方程后也就分离了 H_{eff},那就必须要知道 $g_{\mathrm{L,R}}$,但是这是一项非常艰难的工作。如果中间区域与电极之间的耦合仅用局限于电极表面区域的 $\tau_{\mathrm{L,R}}$ 来描述,那么问题就会被简

化[63]。这样，式(25.12)中的 $\tau_{L,R}$ 为零，因此，计算 $g_{L,R}$ 将会很变得容易。

注意，公式 $G_C=(1-g_C[\tau_L^+g_L+\tau_R^+g_R)]^{-1}g_C$ 部分地揭示了形式上的复杂性。以一维盒子连接到半无限长电极这一简单例子来说，格林函数可以由齐次方程的一个特解来建立①。但是，当考虑边界问题时，相应的公式与转移矩阵方法相比，就变得非常大。

然而，正如我们将要看到的那样，格林函数方法功能非常强大，在处理实际问题时是十分简洁的。例如，jellium 表面的格林函数是

$$G(\boldsymbol{r},\boldsymbol{r}')=\frac{1}{2\pi}\int \mathrm{d}^2k_{/\!/}\ \mathrm{e}^{ik_{/\!/}(\boldsymbol{R}-\boldsymbol{R}')}\frac{u^{\mathrm{L}}_{\min(z,z')}u^{R}_{\max(z,z')}}{W(u^{\mathrm{L}}_z,u'^{\mathrm{R}}_z)} \tag{25.13}$$

式中，W 为朗斯基行列式(Wronskian)；$u^{\mathrm{L,R}}$ 为齐次薛定谔方程的解，它对应左(右)电极中的输出平面波。

为了理解自能的重要性[式(25.12)]，我们考虑单一能级与几个电极(在吸附情况下就只有一个电极)相连的情形，它相应的有效哈密顿量为 $H_{\mathrm{eff}}=H_{\mathrm{c}}+\Sigma_{\mathrm{L}}+\Sigma_{\mathrm{R}}$。由于自能是有关能量的函数，而且是非厄米的，因此，能量是复数。能量的虚部用 δ 来代替，这里的 δ 值是准确地描述共振形式的能级与电极中连续态的杂化，它是一个有限的数。这种展宽(也遵循共振的基本理论)与态的寿命是成反比，这里的寿命是指电子被局域在中间区域或吸附物上的某个态上的(平均)时间。

在我们的描述中，参数 δ 与自能的虚部所起的作用一样，最初是为了防止非物理发散。这是造成与中间区域相关的离散谱“镶嵌”或被吸附进入电极连续谱的原因。当然，也可以设想电极的哈密顿量只有一个离散谱(一紧密排列的本征值集合)的情形。当这种电极与中间区相连时，波函数与电极的能带结构将波及(spill)到中间区，同时产生离散能级间的杂化。局域态密度随后形成占有数为 $\frac{\delta}{(E-\varepsilon_k)^2+\delta^2}$ 的一系列能级，这里 δ 是自能的虚部。连续谱的界限一旦确定(它是一个象征性表示为 i_0 的很小的参数)，使得这些尖峰扩宽成为连续 DOS。

我们可以在时间域中看出连续谱和离散谱的不同，前者的共振布居随时间是衰减的，而后者只有平均布居随时间衰减。但是，在包络以下的每个单能级偶尔会被占据和腾空。

由于自能虚部的重要性，我们引入了一个特殊符号

$$\Gamma=i(\Sigma-\Sigma^+) \tag{25.14}$$

注意，与自由的(未连接的)中间部分的哈密顿量相比，我们将自能的实部加到自洽

---

① 对于自由电子，势能不依赖于 x。表达式 $HG=\sum_n a_n\frac{\partial^n}{\partial x^n}G(x)=\delta(x)$ 的解是 $G(x)=\theta(x)\psi(x)$ 式中，θ 是 Heaviside 函数；ψ 是满足 $\frac{\partial^n}{\partial x^n}\psi(0)=\delta_{1,n}(n=0,1,2)$ 的齐次方程的解。

伴随矩阵中来，且平移局域在中间区域的能级。有趣的是，如果它与中间区域的耦合是不对称的，正如在文献[68]中所讨论的那样，能谱将受到强耦合结的影响，有效哈密顿量的能谱将显著地随电极的势的变化而变化。

25.6.5.2 输运问题

现在我们回到输运问题上来（确切地说，我们讨论的是从左到右的输运）。

首先，在单独的左接触面上有

$$H_L \mid \nu\rangle = E' \mid \nu\rangle \tag{25.15}$$

式中，$|\nu\rangle$ 是由格林函数 g_L 得到的一个解。我们可以通过求解全部的薛定谔方程来得到其延迟解(retarded solution) $|\psi\rangle$

$$|\psi\rangle = \begin{vmatrix} \psi_L \\ \psi_C \\ \psi_R \end{vmatrix} = \begin{pmatrix} (g_L\tau_L G_C \tau_L^+ + 1) \\ G_C\tau_L^+ \\ g_R\tau_R G_C\tau_L^+ \end{pmatrix} |\nu\rangle \tag{25.16}$$

它具有非常明确的物理意义：只要知道电极的入射态的解，我们就可以用它来构建整个解，（通过推广）我们也知道连接处的电子布居，这样，我们就能填充体系的不同输运态。

特别地，我们能计算出电荷密度

$$\rho = e\sum_k f(E_k, \mu) \mid \psi_k\rangle\langle\psi_k \mid \tag{25.17}$$

式中，f 代表能级为 E_k 态的占据数；μ 代表电极的化学势。对于金属来说，它与费米分布相符。由左电极引起的电荷密度为

$$\rho_L = e\sum_k f(E_k, \mu_L) G_C \tau_L^+ \mid \upsilon_k\rangle\langle\upsilon_k \mid \tau_L G_C^+ \tag{25.18}$$

它包括非简并态在内的所有态的求和。式(25.18)还可以改写成在文献经常看到的更为简洁的形式

$$\rho_L = \frac{e}{2\pi}\int dE f(E, \mu_L) G_C \Gamma_L G_C^+ \tag{25.19}$$

总电荷态密度就是对接触面的总和

$$\rho_L = \frac{e}{2\pi}\int dE \sum_{i=L,R} f(E, \mu_i) G_C \Gamma_i G_C^+ \tag{25.20}$$

25.6.5.3 传导

只要从左电极到右电极有电流通过，那么左电子库中的电子就会被耗尽，而右电子库会被填满。这就导致了计算上的问题，但是如果我们假定在远离体系中间区的地方有电子填充库的过程发生（在实际的实验当中也是这样），这里流进中间

区的电流已经持续了相当长一段时间，这样，电流趋于稳定，且所有与接通(switching on)有关的跃迁振荡，由于远离库时发生的一些弱的非弹性过程也已经消失。由此得出

$$0 = \frac{\partial \langle \psi_C \mid \psi_C \rangle}{\partial t} \tag{25.21}$$

这意味着，中间散射区的态密度是一个恒量。即使电极没有得到补充，但是仍然非常大(电极库中的电子数与单位时间从左往右转移的电子数相比)，在我们实验中，式(25.21)仍是正确的。随后我们有

$$\frac{\partial \mid \psi \rangle}{\partial t} = \frac{i}{\hbar} H \mid \psi \rangle \tag{25.22}$$

联合式(25.21)和式(25.22)并展开，我们可以得出在能级 E 处第 j 接触(contact)的概率流，这里 $j = L, R$。由于电流是通过分开的左右电极间的任一横截面上载流电子的电荷量，如果将一个电子的电量表示为 $-e$，我们可以得到(能量为 E 时)从接触 j 进入体系的电流

$$i_j = -\frac{ie}{\hbar} (\langle \psi_C \mid \tau_j^+ \mid \psi_j \rangle - \langle \psi_j \mid \tau_j \mid \psi_C \rangle) \tag{25.23}$$

如果存在两个以上的接触，我们就仅有 $\sum_j i_j = 0$ (也就是说，体系内没有累积电荷)。相反，我们需要计算由接触 l 入射电流引起的接触 j (能量为 E 时)的出射电流。实际上，用式(25.16)来计算由接触 l 的入射态 $\mid v \rangle$ 产生的电流则更为方便。

$$i_{l, v \to j} = -i_j \big|_{\mid \psi_C \rangle = G_C \tau_l^+ \mid v \rangle} = \frac{ie}{\hbar} (\langle v \mid \tau_l G_C^+ \tau_j^+ \mid \psi_j \rangle - \langle \psi_j \mid \tau_j G_C \tau_l^+ \mid v \rangle) \tag{25.24}$$

如果电极连接到有化学势为 μ_j 的电子气库，且电极中的态根据费米分布 $f(\mu_j, e)$ 来填充，则两电极间的总电流通过对能量积分而得到

$$I_{l \to j} = \frac{e}{\hbar} \int_{-\infty}^{\infty} \sum_{\nu'} \langle \nu \mid \tau_l G_C^+ \Gamma_j G_C \tau_l^+ \mid \nu \rangle f(\mu_l, E) \mathrm{d}E \tag{25.25}$$

式中，对 ν' 求和考虑了能量 E 上态 $\mid \nu \rangle$ 的实际布居，此外，由于考虑自旋，因此存在一个因子 2。由式(25.12)和式(25.14)可得

$$I_{l \to j} = \frac{e}{\pi \hbar} \int_{-\infty}^{\infty} \mathrm{Tr}(G_C^+ \Gamma_j G_C \Gamma_l) f(\mu_l, E) \mathrm{d}E \tag{25.26}$$

现在我们开始计算分别与不同电势 μ_L 和 μ_R 的电子库相连的左右两电极间的电流

$$I = I_{L \to R} - I_{R \to L} = \frac{e}{\pi \hbar} \int_{-\infty}^{\infty} \mathrm{Tr}(G_C^+ \Gamma_R G_C \Gamma_L) f(\mu_l, E) - f(\mu_R, E)) \mathrm{d}E \tag{25.27}$$

这里我们用到伽马函数的性质 $\Gamma_i^+ = (i\tau_i^+ (g_j - g_i^+) \tau_j)^+ = -i\tau_j (g_i^+ - g_j) \tau_i^+ = \Gamma_j$ 以

及迹 $\mathrm{Tr}(G_C^+\Gamma_R G_C\Gamma_L)=\mathrm{Tr}(G_C\Gamma_L G_C^+\Gamma_R)=\mathrm{Tr}(G_C^+\Gamma_L G_C\Gamma_R)^*=\mathrm{Tr}(G_C^+\Gamma_L G_C\Gamma_R)$

式(25.27)就是著名的朗道输运公式。输运系数 $T(E)=\mathrm{Tr}(G_C^+\Gamma_R G_C\Gamma_L)$。

接下来我们继续讨论由式(25.27)所得电流的性质。首先,当左右电极的化学势和温度相等时,体系处于平衡态,没有电流。这是因为,两个方向的电流互相抵消。

当体系接近平衡或对外加电压呈线性响应时,我们展开 $f(\mu_L,E)-f(\mu_R,E)$为

$$f(\mu_L,E)-f(\mu_L+\delta\mu,E)\approx\frac{\delta f}{\delta\mu}\delta\mu=-\frac{\partial f}{\partial E}eV \tag{25.28}$$

从而得到电流

$$I=\frac{2e^2}{h}v\int_{-\infty}^{\infty}T(E)\left(-\frac{\partial f}{\partial E}\right)\mathrm{d}E\xrightarrow[T\to 0]{}\frac{2e^2}{h}VT(E_F) \tag{25.29}$$

这一结果强调了零偏压输运系数的重要性,这已经在文献[37]中进行了报道。

25.7 计算工具和算法

接下来,我们将讨论用于模拟分子系统原子结构和输运性质的计算方法。

25.7.1 用于输运计算的 DFT 与 NEGF

到 2006 年为止,从头计算的电子输运模拟程序代码还非常有限[69-73]。这里,我们介绍的 TranSIESTA 程序[73-75],是一个计算电子结构的从头计算模拟方法,可以模拟纳米结构与半无限电极相连接的电子输运性质。这一方法可以构建一个原子尺度的模型,并计算其外加偏压后的电流。所连接的两个电极可以是半无限的金属晶体,连接在两电极之间的纳米结构则由分子组成。其他典型的样品包括纳米管(作为电极或者纳米结构)或者两种材料之间的界面区域。

这样的设置可以模拟许多引起科学和工业上感兴趣的体系,如分子器件、金属线和纳米管结。在从头计算方法中,电子传输被假设是相干的。从头计算的非平衡格林函数方法将电子看作是量子化粒子,且在中间散射区相干地传播。电子间的相互作用可以由密度泛函方法计算出的有效势表示,而有效势则由自洽决定,并给出器件上的电压降。同时,还可以得到电流和电流引起的力场。此外,通过对程序输出文件进行处理,可以进一步地获得输运曲线,电流、总应力、连接处的电压降落、散射态的 3D 模型和总能。外加一系列偏压后,还可以获得电流随电压变化的性质。平衡时的几何结构和分子动力学性质可以由 DF LCAO 计算求得。

DTF 方法最主要的特征就是其可以处理开放系统。此外,也可以将其看成是在所选取的方向上外加了特殊的边界条件,这个方向通常是指在 STM 中的 z 方

向，这里，电流从基底流出到达顶端，因此，这里的底部相当于左电极，而顶部则相当于右电极。整个系统可以分成左电极、散射区和右电极三部分。电极区相当于边界区域，其“边界”条件包含了其作为块体时的有效势。这个值(如果需要，将包括电极的结构)可以由独立的自洽 DTF 方法中的块体计算程序计算出来。进行块体计算时，我们使用的是普适的周期性边界条件。

散射区的有效势则是由非平衡格林函数(NEGF)方法的自洽运算得来的。开放体系的计算以 NEGF 方法为基础，并且可以计算两个电极处于不同电势的情况，也就是说在结构上人为地加了偏压。

我们将 NEGF 方法和 DTF 方法相结合，用于计算电子结构。这个方法能够模拟两个半无限体系(可以视为周期排列的晶体)与中间散射区相连接的系统的电子结构。

在 x 和 y 方向采用周期性边界条件，但是 z 方向分割成前面讨论的三个部分。左右电极的块体参数已经假定由独立的块体计算程序计算完成，而将散射区间扩展到金属表面的最初几层后这一条件仍然适用。

电极的独立计算应该在开放系统计算开始之前完成，并获得块体哈密顿参数。计算出的哈密顿函数，用于计算电极的表面格林函数。接下来，定义一个计算的超元胞，它包括左右电极和中间散射区内的所有原子。局域基的相互作用范围，决定了描述电极区所选取的原子数目。在开放体系的计算过程中，由密度泛函自洽方法计算出的超元胞哈密顿参数，被应用到非平衡格林函数的子程序。电极原子的哈密顿参数被块体哈密顿参数取代，并决定了体系的非平衡密度矩阵，电极的剩余部分超元胞哈密顿参数则由表面格林函数决定。新的哈密顿参数由非平衡密度矩阵产生，并进行重复自洽计算。

开始计算时，在散射区域采用一个初始猜测势，这个猜测值由单独的超元胞结构中的块体计算给定。当外加一个偏压时，半无限的电极系统处于不同的化学势，在零偏压计算时给出的势的基础上，我们将得到一个更好的初始猜测势，它用于偏压的计算。使用局域基的哈密顿矩阵计算，就是从这个初始猜测势开始的。这个矩阵被用于建立系统的 NEGF。接下来，非平衡密度矩阵可以由 NEGF 计算出来。密度矩阵确定了散射区的有效势，因而确定了新的哈密顿参数。迭代计算反复地进行，直到找到自洽解。

一旦得到自洽哈密顿量，后期的处理工具可以提取出额外的信息。我们可以计算出输运系数随能量的变化，还可以确定每个本征通道单独的输运系数。依据输运系数，我们还可以计算出不同偏压下的电流。此外，左特定能级或右特定能级的传播散射态也可以得到，并分开成为各个本征通道。同时，也可以获得投影自洽哈密顿本征态。

最初将密度泛函方法应用于开放体系的是 McDCal 程序和 TranSIESTA 程

序。最近，随着新一轮的发展，以 SIESTA 程序 McDCal 和程序 TranSIESTA 程序为基础的 TranSiesta-C 程序问世（它是用 C 语言重写的 TranSIESTA 程序）。

25.7.2 一般算法

在这一节中，我们将给出我们研究工作的非常通用的技术方法。这样的考虑通常被研究人员认为是显而易见的而予以忽略。这一部分工作是为了使研究工作具有一般性、可阅读性以及让非专业人士从中受益。

描述吸附或者镶嵌的分子体系的第一步是，分开研究金属和分子。实际上，以平面波基矢为基础的 DFT 程序，是计算无限大金属晶体的理想程序。利用周期性边界条件，在立方元胞中只用 4 个原子就可以描绘金的面心结构。对于分子来说，必须采用一个足够大的矩形元胞，使得沿曲面法线方向的周期性作用达到最小化。

研究金属块体和分子的最初目的是不一样的。晶体结构是大家所熟知的，最主要的工作是建立合适的元胞参数用于表面计算，当计算好的表面与优化后的块体连接在一起时，不会出现人为的应力或应变。此外，块体上元胞的对称选择，要与表面元胞的对称选择一致。

对于分子，最令人感兴趣的是其自身的结构。许多分子都具有不同的异构体，氢原子的准确位置更难预先精确确定。为了模拟表面的特定反应，对于不同的情形，我们需要采用相应的吸附处理（分子在表面发生离解时，可以被弛豫或者能够分离掉一些基团）。在接下来的例子里，当分子与表面形成稳定的键后，就不必再弛豫了，但是在通常情况下，弛豫后的解保护分子的能量，将会进入能量平衡方程。

对于分子薄膜来说，分子末端的相互作用对分子结构的影响非常大。初步研究的有关问题就是分子构成分子薄膜所需要堆积的元胞的尺寸。众所周知，分子间的距离和薄膜的结构不能通过计算得到的，因为分子（即使吸附能主要由分子尾部的相互作用决定，分子的头部基团与基底的相互作用很弱）倾向于在表面延伸，以适应吸附物的表面结构。但是，这样的研究可以给出吸附物有限的覆盖，不仅有助于得到正确的结果，还可以显著地减少模拟时间，因为表面＋分子系统的自洽计算会花费大量的计算资源。

下一步研究的是表面。表面打破了晶体的对称性，首先是平移对称性，也就是沿着表面法线的周期性边界条件现在是多余的。然而，我们没有别的方法来改变这一设定，除了利用像格林函数方法这样特殊的数学方法。我们可以用超元胞方法来替代程序的改变。超元胞法就是沿表面法向矢量建立一个包括真空区域的合适块体元胞。换言之，我们在平行于表面的超元胞矢量方向建立周期性的分层结构，层与层之间是真空层。当然，这个真空层需要相当的厚度，以阻止层与周期性片层之间的相互作用，同时，尽可能与吸附物保持好连接。

在劈裂开的片层上，会发生两件事情（片层上的原子可以从块体的位置上弛豫)。片层的每一个表面都要求经过弛豫,这意味着,原子层在表面法线方向可以在原有块体位置的基础上向内或者向外做微小的移动。表面也能发生重构,这意味在表面和靠近表面的原子可以改变其横向的位置。如果平板的厚度足够厚,那么每个片层中间的原子位置都不会被扰动,它仍然是块体材料。

如果平板足够厚,可以进行"表面-块体-表面"原子结构的弛豫,但是没有必要厚到当吸附物吸附在某一层表面时中间的块体部分仍然不会受影响。片层与吸附物之间的电荷传输以及表面的化学键,都会增加表面弛豫的深度。同时,当表面被吸附物覆盖后,重构的程度将会降低。

为了保持表面的体"基底",人们采用了不同的测量方法。当电荷转移到吸附物或从吸附物转移时,附加弛豫最主要的原因就是表面极化。当将相同的吸附物放置于其他片层表面时,整个系统仍然保持上下对称,没有因表面极化产生净的偶极矩,这样,就可以忽略极化产生影响。

计算时间和存储数据的可用资源,严格地限制片层的厚度和尺寸。为了降低要求,在允许的情况下,我们可以只考虑一个表面。对于金属来说,近自由电子有效地屏蔽了包括表面在内的所有缺陷,所以,它们不会影响距离缺陷几层原子以外的结构。一般的做法是,利用这个效果使一个表面劈开,然后,外加一个适当的力去约束扩展片层内部的块体区域,这样,只需要对一个表面重构或者弛豫,以节省总的时间。这一步骤在某种程度上是人为控制的,所以,我们需要在固定的不受约束的片层上选取适当的数目来测试设置。

重构、吸附或者研究特定表面的缺陷,给我们选择适当的元胞用于计算带来了一定的问题。如前所述,在横向方向,元胞尺寸必须和优化后的块体周期性晶体结构一致。然而,如果在超元胞中只有一个表面原子,如金(111)面上的 $1\times g$ 元胞,就不会出现重构,因为此原子的邻近是其重复单元的一部分。这里,常常会出现块体和表面初级元胞匹配失衡的情况(图 25.10)。所以,需要我们采用其他一些超元胞来构建片层,尽管它不具备块体的完整对称性,但是它允许吸附层结构周期性重复排列,因此,保证了系统整体尺寸的合理性。

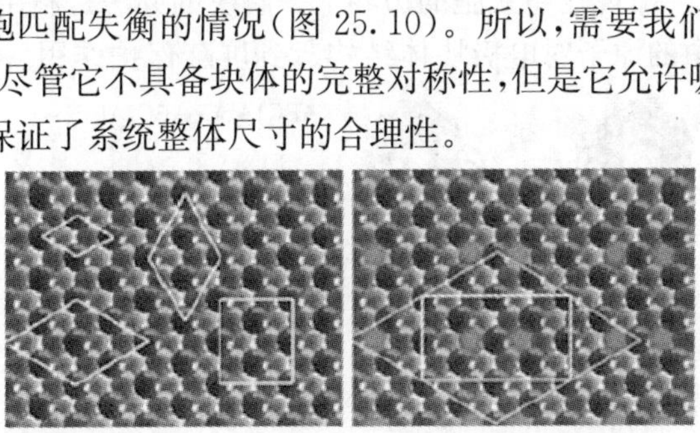

(a) (b)

图 25.10 (见彩色插图)(a)111 表面;分子的高度与阴影的强度成正比。并标记了可能的超元胞。(b)带有吸附物的同一表面。注意最小的表面元胞具有较低的对称性,而具有全对称性的元胞体积是前者的 2 倍

当系统的尺寸和复杂性增加时，对于模拟计算，理想的初始值猜测显得更为重要。如果选择了不恰当的初始值，将会减慢弛豫的速率，甚至出现失败，这是因为，如果初始结构的应变过大，会使较小的简单模块结构出现“崩散”现象。存在很多方法专门处理这个问题，一般是先由一个合理的小模块开始，然后，利用获得的合理数据进行更大模块的计算。比较好的做法是，将结构分成相对独立的模块，但是仍然保持整体结构的功能特征。在前文中，我们连续地讨论了一些琐碎的例子，如块体、片层、分子和吸附在片层上的分子。其次，研究了不包括基底在内的分子晶体作为吸附层的情况。另一例子是仅考虑分子头基团（不包括分子尾端）吸附时的金属-分子接触界面。这一方法清楚地将基底和吸附物头基团的相互作用功能分离开来。但是，它却不能将整体的结构预测出来，这是因为，实际分子末端的电荷能够决定传导和分子间的相互作用。然而，随着系统的尺寸变得更小，允许我们准确地研究接触界面的局部结构。我们希望知道，在已知相互作用力的情况下，头基团与分子末端的相互作用的位置，这样，使得“前端到基底”和“末端到末端”的参数选择更为合理，同时使吸附物成功弛豫的可能性增大。然而，这一方法使用时要格外小心，因为它可能使吸附层的性质发生显著的变化。因此，如果研究界面区的初始猜测值不适当，则会使得系统的基态结构不能复原。

当“金属-分子”和“金属-分子-金属”的结构被确定时，我们就可以进行输运计算。但是，输运的计算仍然是以 DFT 方法为基础，当存在计算表面（平移对称性被打破）时，会出现同样的问题。包含了电极和中间散射区的输运超元胞，必须是周期性的。此外，我们还必须在传输方向严格地控制这个周期性。对于“完美的”模型系统，为了排除不希望的影响（它们与研究的结构无关，而是与电极堆垛失配有关），左-右的对称性不可缺少的。然而，这样的设定会导致在超元胞的边界处产生失配（图 25.11）。对于“真实世界”的系统来说，一旦不同的电极左右相连接时，人为的边界界面就会出现在超元胞的边界上。解决的办法是利用缓冲区将电极分离出来，这个区域中的原子对电极块体结构起到屏蔽保护作用。尽管缓冲空间可

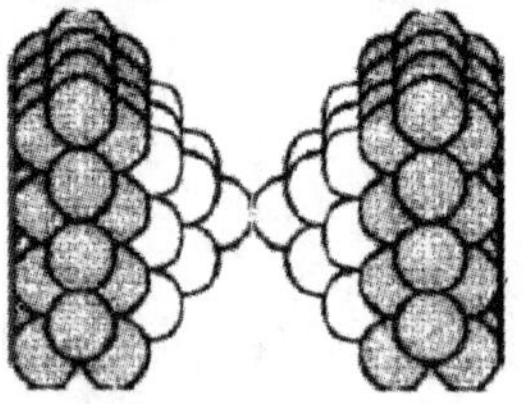

{ABC}ABC–ABC{ABC}

{BCA}BCA–ABC{ABC}

{ABC}ABCA–ABC{ABC}

A{BCA}BCA–ACB{ACB}

(a) (b)

图 25.11 （见彩色插图）(a)用于输运计算的点接触模型的可能模型。(b)111 面各种可能的堆垛情况。ABC 代表不同的原子层，并且无限周期地在左右两个方向重复，对称性（非对称性）设置通过图中墨绿（红色和黄色）表示

以由解理的"表面-真空层-劈开"的表面布置填充，但是具有最大效率的计算是利用堆垛层错(被几层块体原子屏蔽)，因为这样可以使缓冲空间的原子数和元胞尺寸达到极小。

对于"金属-分子-金属"夹心布置，电极的分离对系统产生重大的影响。具体的分离值要由左右电极之间的距离来定义。这是一个外部因素，可以在实验中控制。对于理论计算，这个参数还没有被细致地研究，对于不同的实验模型，可以采用不同的初始条件，接下来我们将讨论这一问题。

对于表面形成的单分子层，我们很自然地从分子吸附计算开始，然后，对称地加入第二个电极(即先弛豫一个金属-分子界面，然后再弛豫三层结构)。

对于沉积在两个电极之间的分子，自然的做法就是把自由分子放置在两个自由的表面，让其与两个金电极的距离不同(对于同样的金表面：两个硫原子与金之间的距离不同)，然后弛豫整个结构，慢慢地改变表面结构。

分子本身必须桥接两个电极。这里存在着争论，如果头尾基团在电极上的吸附能量都很大，同时分子不会互相吸引，当尾基团的硫原子延伸到第二个电极时(当分子在垂直于表面的方向完全伸展时)，薄膜中竖直排列的分子将会桥连于狭小的间隙中。当连接建立时或者在连接断开之前，我们可以测量到电流，这说明分子与电极表面垂直，同时，吸附薄膜达到了最大的可能的厚度。

然而，存在许多不同的实验布置，并不是所有的实验都允许电极之间的间隙是可变的，如中断结方法。对于压缩的或者倾斜的薄膜，可以非常容易地构造其测量结构。到目前为止，还没有一个被普遍接受的算法，可以用来处理"三明治"分子。

通过回顾用于 DF 代码的初始猜测作为起点，我们来对这一方法做一总结。分子和晶体结构或者是吸附物结构可以通过实验进行验证。但是，在"金属-分子-金属"结构中，分子的结构被隐藏，它很难被揭示。鉴于原子和分子的计算构型都是由初始猜测值所决定，那么我们怎样才够相信它的计算结果呢？这也许会被看成一个哲学问题，但是，这的确使得解决问题的从头自洽计算方法本身受到置疑。

系统基态(GS)的选择是基于最低能量原理。为了发现一个我们不熟知或者了解有限的体系(如金属-分子-金属)的基态，可以采取三个步骤：找到符合系统已知结构性质的最初猜测值；找到对应的弛豫结构；找到最低能量的构型。由于系统的维度很多，这个看似简单的步骤，实现起来却非常复杂。按照此步骤进行后，能够找到初始值和弛豫态的情形也是不多见的[77]。

然而，我们仍然相信，自洽的从头计算能够得出物理上合理的结果。当第一性原理自洽计算的初始猜测值不合理时，弛豫将不会收敛(无吸引力)，或者极大地依赖于输入参数或者扰动初始结构(不稳定性)。对于计算来说，这是一个极大的优点，这是因为，即使已知信息很少，它仍可以排除一些不切实际的结构。

25.7.3 电极的模拟

对于 MMM“三明治”布置，金属电极的分离是一个外部参数，对计算的影响非常大。取决于实验条件，金属电极之间的距离可以由固定(变化)的金属接触表面结构或分子层自身所决定。对于模拟不同实验情形的理论计算，可以选取相应的初始条件。

对于表面形成的分子单层，首先从分子吸附计算开始，然后，对称地将第二个电极加上去，也就是说，先进行单分子层接触界面的弛豫，再进行夹心结构的弛豫(我们的选择)。对于沉积在电极间分子的情况，最普通的做法就是，将自由分子放置在两个自由表面，选择与两个电极不同的距离(对于同一金与硫之间的距离)，然后弛豫结构，以改变界面结构。

当建立与分子薄膜的机械连接(如中断结或者金原子簇的沉积)时，分子薄膜与其中一个电极相连接，而另一个电极的表面最初是整洁的，控制其电极间隔的自由度非常有限：在特定的间隔下，分子与第二个电极形成化学键，它通过器件的 *I*-*V* 特性反映，这是因为，在化学键建立之前，预计的 *I*-*V* 特性是不对称的。当分子与电极两边形成化学键连接时，分子的受力就会由金团簇表面的中断结或者 AFM 连接所决定[24~28]。

现在考虑电极的构型。在低偏压下，分子的电子输运严格地由分子能级的性质和位置决定。不同的影响与被看成扩展分子的散射区域的能级结构相关，这个扩展分子包括了两个电极表面。此外，体系的电导也受电极材料的影响。对于类似于传感器的 ME 器件来说，其功能由扩展分子能级的位置决定，它不会被由电极中横向运动(x-y 能带结构)造成的能带加宽而“抹平”(图 25.12)。此外，这个“抹平”将会导致改善器件性质重复性和稳定性。对于同一个分子和同种通道材料来说，当输运被类似(分子)线一类通道的能带结构控制时，可以通过改变输运角的圆锥曲度到极端的情形，来调节分子器件的使用范围。当一个电极被设计成现存器件的一部分时，这个问题显得尤为重要。

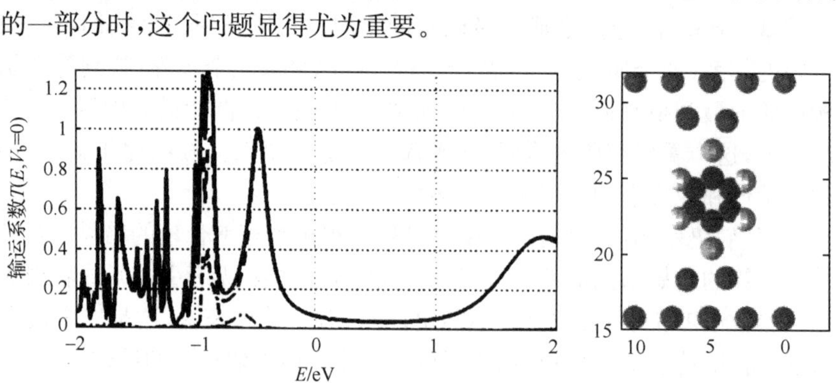

(a)

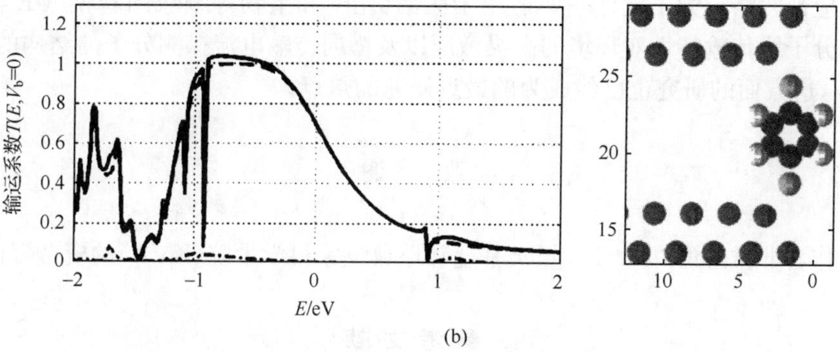

(b)

图 25.12　(见彩色插图)二硫苯分子零偏压输运曲线(总和和本征通道，$T=\sum_i T_i$)，分别对应于位于三个吸附分子的“顶位”(a)或平面(b)。结构对结果的主要影响：输运锥的狭窄化和电极距离的增加。当分子在顶位吸附时，其输运曲线中的两个峰变得十分明显，尽管键连机理在本质上没有变化[37]

25.8　结　　论

我们已经讨论了 ME 器件的一些独特性质。然而，将 STM 和“中断结”布置作为未来电子器件的一部分是不现实的。此外，对于复杂器件，分子部分自组装技术的可重复性至今还没有得到证实。在不久的将来，ME 器件最可能的应用是什么呢？

我们指出两个可能的应用领域。第一个应用领域即可以利用高度非线性的 IVC 和分子的开关特性，将其用于非传统逻辑的器件。例如，当器件全部由(分子)线构成时，0 和 1 之间任何数字可以通过金属线中有限电流的概率来表示，这里，在充分长时间间隔内，电流脉冲的随机序列将系统中传播。通过简单地将线连接在一起，我们可以实现在 0 和 0.5 之间的两个非相关信号的相加。这样的器件非常简单，尽管它的速率与精确度成反比，但是我们可以改善这个关系，即通过使用一束 N 根线，同时传递一个数字，来将时间缩短到原来的 $1/N$。

另一个应用领域就是用于传统的光刻技术。仅当我们考虑有用的(且可用的)器件时，器件小型化是传统电子技术的一个难题。然而，人们已经可以制造具有很小尺寸的等间隔金属棒[78]，尤其是在允许将一些棒随机地被分割的情形下更是如此。一对这样的栅格构成交叉杆阵列的基础。人们目前正在被解决这方面的两个问题：一是在栅格中与每个金属棒进行接触的方法；二是开发配置金属棒间可开关分子的算法(可以进行如寻址或内存功能，且不包括损坏的金属棒)。

此外，类似于传感器(光学器件的组成部分，如 LCD 屏)、输入输出器件的应用也不应被忽略。为了设计一些适用于医药、化学和生物等领域的新型 ME 器件，利用分子线传输特性对环境的高灵敏度以及横向传输电流探测分子的结构的可能性[79]，这方面的研究也已经成为的最近研究的热点。

致 谢

作者非常感谢 Carl Trygger 基金和瑞典皇家科学学院(KVA)的资金资助。

参考文献

[1] www. intel. com/research/silicon/mooreslaw. htm; Moore, G E, Cramming More Components onto Integrated Circuits, Electronics, Vol. 38, No. 8, 1965, www. intel. com/research/silicon/moorespaper. pdf.

[2] Reed, M. A., and Tour, J. M., Computing with Molecules, Scientific American, June 20, 2000, www. sciam. com.

[3] Vilan, A., and Cahen, D., How Organic Molecules Can Control Electronic Devices, Trends in Biotechnology, Vol. 20, No. 1, January 2002, http://tibtech. trends. com

[4] Tour, J. M., Rawlett, A. M., Kozaki, M., et al., Synthesis and Preliminary Testing of Molecular Wires and Devices, Chemical European Journal, Vol. 7, No. 23, 2001.

[5] Kergueris, C., Bourgoin, J. P., Palacin, S., et al., Electron Transport through a Metal-Molecule-Metal Junction, Physical Review B, Vol. 59, No. 19, 1999.

[6] Park, J., and, Pasupathy, A. N., Wiring up single molecules, Thin Solid Films, 439, 457-461, 2003.

[7] Dekker, C., Carbon Nanotubes as Molecular Wires, Physics Today, May 1999.

[8] Brandbyge, M., Schiotz, J., Sorensen, M. R., et al., Quantized Conductance in Atom-sized Wires between Two Metals, Physical Review B, Vol. 52, No. 11, p. 8500, 1995.

[9] Galperin, Y. M., Introduction to Modern Solid State Physics, 2001, http://edu. ioffe. ru/lib/galperin/.

[10] Grigoriev, A., Skorodumova, N. V., Simak, S. I., et al., Electron Transport in Stretched Monoatomic Gold Wires, submitted, 2006.

[11] Patolsky, F., and Lieber, C. M., Nanowire Nanosensors, Materials Today, Vol. 8, pp. 20-28, 2005.

[12] Calzolari, A., Di Felice, R., Molinari, E., et al., Electron Channels in Biomolecular Nanowires, Journal of Physical Chemistry B, Vol. 108, p. 2509, 2004; Di Felice R, Calzolari A, and, Zhang H, Towards Metalated DNA-Based Structures, Nanotechnology, Vol. 15, p. 1256, 2004.

[13] Crispin, X., Cornil, J., Friedlein, R., et al., Electronic Delocalization in Discotic Liquid Crystals: A Joint Experimental and Theoretical Study, Journal of American Chemical Society, Vol. 126, No. 38, pp. 11889-11899, 2004.

[14] Cramer, J. G., The Carbon Nanotube-Miracle Material, Alternate View Column AV-109, http://www. npl. washington. edu/AV/altvw109. html.

[15] Braun, E., Eichen, Y., Sivan, U., et al., DNA-Templated Assembly and Electrode Attachment of a Conducting Silver, Wire, Nature, 391, 1998, pp. 775-778. 25-32 Nano and Molecular Electronics Handbook.

[16] Mujica, V., Nitzan, A., Mao, Y., et al., Electron Transfer in Molecules and Molecular Wires: Geometry Dependence, Coherent Transfer, and Control, Advances in Chemical Physics, Vol. 107 (Electron Trans-

fer: From Isolated Molecules to Biomolecules, Pt. 2), pp. 403-429, 1999.

[17] Xu, B., and Tao, N. J., Formation of Molecular Junctions, Science, Vol. 301, p. 1221, 2003.

[18] Haiss, W., Nichols, R. J., van Zalinge, H., et al., Measurement of Single Molecule Conductivity Using the Spontaneous Formation of Molecular Wires, Physical Chemistry Chemical Physics, Vol. 6, pp. 4330-4337, 2004.

[19] Chen, Y., Jung, G.-Y., et al., Nanoscale, Molecular-Switch Crossbar Circuits, Nanotechnology, Vol. 14, pp. 462-468, 2003.

[20] Zhou, C., Deshpande, M. R., Reed, M. A, et al., Nanoscale Metal/Self-Assembled Monolayer/Metal Heterostructures, Applied Physics Letters, Vol. 71 No. 5, 611-613, 1997.

[21] Cygan, M. T., Dunbar, T. D., Arnold, J. J., et al., Insertion, Conductivity, and Structures of Conjugated Organic Oligomers in Self-Assembled Alkanethiol Monolayers on Au{111}, Journal of the American Chemical Society, Vol. 120, No. 12, pp. 2721-2732, 1998.

[22] Kubatkin, S., Danilov, A., Hjort, M., et al., Single-Electron Transistor of a Single Organic Molecule with Access to Several Redox States, Nature, Vol. 425, pp. 698-701, 2003; www. phantomsnet. com/nid-conference5/abstracts/ Bjornholm abstract. pdf, for the description of the technique, see, i. e., Kubatkin, S E, Danilov A V, Olin, H, et al., Tunneling through a Single Quench-Condensed Cluster, Journal of Low Temperature Physics, 2000, Vol. 118, No. 5/6, pp. 307-316.

[23] Park, H., Park, J., Lim, A. K. L., et al., Nanomechanical Oscillations in a Single-C_{60} Transistor, Nature, Vol. 407, No. 7, 2000.

[24] Hipps, K. W., It's All About Contacts, Science, Vol. 294, 2001.

[25] Chen, J., Reed, M. A., Rawlett, A. M., et al. Large On-Off Ratios and Negative Differential Resistance in a Molecular Electronic Device, Science, Vol. 286, No. 5444, pp. 1550-1552, 1999.

[26] Ramachandran, G. K., Tomfohr, J. K., Li, J., et al., Electron Transport Properties of a Carotene Molecule in a Metal-(Single Molecule)-Metal Junction, Journal of Physical Chemistry B, Vol. 107, pp. 6162-6169, 2003.

[27] Metzger, R. M., Chen, B., Hopfner, U., et al., Unimolecular Electrical Rectification in Hexadecylquinolinium Tricyanoquinodimethanide, Journal of American Chemical Society, Vol. 119, pp. 10455-10466, 1997.

[28] Nitzan, A., and Ratner, M. A., Electron Transport in Molecular Wire Junctions, Science, Vol. 300, 2003.

[29] Müller, K.-H., Effect of the Atomic Configuration of Gold Electrodes on the Electrical Conduction of Alkanedithiol Molecules, Physical Review B, Vol. 73, p. 045403, 2006.

[30] Dadosh, T., Gordin, Y., Krahne, R., et al., Measurement of the Conductance of Single Conjugated Molecules, Nature, Vol. 436, pp. 677-680, 2005.

[31] Fenter, P., Schreiber, F., Berman, L., et al., On the Structure and Evolution of the Buried S/Au Interface in Self-Assembled Monolayers: X-Ray Standing Wave Results, Surface Science, Vol. 412, pp. 213-235, 1998.

[32] Stokbro, K., Taylor, J., Brandbyge M, et al., Theoretical Study of the Nonlinear Conductance of Di-Thiol Benzene Coupled to Au(111) Surfaces via Thiol and Thiolate Bonds, Computational Materials Science, Vol. 27, pp. 151-160, 2003.

[33] Gerdy, J. J., and Goodard, W. A., Ⅲ, Atomistic Structure for Self-Assembled Monolayers of Alkanethiols on Au(111) Surfaces, Journal of American Chemical Society, Vol. 118, pp. 3233-3236, 1996. Molecu-

lar Electronics Devices 25-33

[34] Datta, S., Electronic Transport in Mesoscopic Systems, Cambridge University Press, Cambridge, 1995.

[35] Nikolic, B., Quantum Transport in Finite Disordered Electron Systems, Ph. D. thesis, State University of New York at Stony Brook, 2000, http://www.physics.udel.edu/~bnikolic/PDF/teza v2.0.pdf.

[36] Torres, J. A., Pascual, J. I., and Sáenz, J. J., Theory of Conduction through Narrow Constrictions in a Three-Dimensional Electron Gas, Physical Review B, Vol. 49, No. 23, pp. 16581-16584, 1994.

[37] Grigoriev, A., Skoldberg, J., Wendin, G., et al., Critical Roles of Metal-Molecule Contacts in Electron Transport through Molecular-Wire Junctions, Physical Review B, Vol. 74, No. 4, p. 045401, 2006 (Preprint: cond-mat/0603518); included in the Virtual Journal of Nanoscale Science, 14 (3) July 2006.

[38] Taylor, J., Brandbyge, M., and Stokbro K, Theory of Rectification in Tour Wires: The Role of Electrode Coupling, Physical Review Letters, Vol. 89, No. 23, 2002.

[39] Dan Feldheim, Flipping a Molecular Switch, Nature, Vol. 408, p. 45, 2000.

[40] Donhauser, Z. J., Mantooth, B. A., Kelly, K. F., et al., Conductance Switching in Single Molecules Through Conformational Changes, Science, Vol. 292, p. 230, 2001.

[41] Reichert, J., Ochs, R., Beckmann, D., et al., Driving Current through Single Organic Molecules, Physical Review Letters, Vol. 88, No. 17, pp. 176804/1-176804/4, 2002.

[42] Lang, N. D., and Avouris, P., Effects of Coadsorption on the Conductance of Molecular Wires, Nano Letters, Vol. 2, No. 10, pp. 1047-1050, 2002.

[43] Collins, P. G., Bradley, K., Ishigami M, et al., Extreme Oxygen Sensitivity of Electronic Properties of Carbon Nanotubes, Science, Vol. 287, p. 1801, 2000.

[44] Girard, C., Joachim, C., and Gauthier, S., The Physics of the Near-Field, Reports on Progress in Physics, Vol. 63, No. 6, pp. 893-938, 2000.

[45] Schreiber, F., Structure and Growth of Self-Assembling Monolayers, Progress in Surface Science, Vol. 65, pp. 151-256, 2000.

[46] Zangwill, A., Physics at Surfaces, Cambridge University Press, Cambridge, 1988.

[47] Di Felice, R., Selloni, A., and Molinari, E., DFT Study of Cysteine Adsorption on Au(111), Journal of Physical Chemistry B, 107, pp. 1151-1156, 2003.

[48] Hammer, B., and Norskov, J. K., Why Gold Is the Noblest of All the Metals, Nature, Vol. 376, pp. 238-240, 1995.

[49] Nuzzo, R. G., and Allara, D. L., Adsorption of Bifunctional Organic Disulfides on Gold Surfaces, Journal of the American Chemical Society, Vol. 105, No. 13, p. 4481, 1983.

[50] Poirier, G. E., Characterization of Organosulfur Molecular Monolayers on Au(111) Using Scanning Tunneling Microscopy, Chemical Review, Vol. 97, pp. 1117-1127, 1997.

[51] Letardi, S., and Cleri, F., Interaction of Benzene Thiol and Thiolate with Small Gold Clusters, Journal of Chemical Physics, Vol. 120, No. 21, pp. 10062-10068, 2004.

[52] Grolnbeck, H. A., Curioni, and Andreoni, W. Thiols and Disulfides on the Au(111) Surface: The Headgroup-Gold Interaction, Journal of American Chemical Society, Vol. 122, No. 16, pp. 3839-3842, 2000.

[53] Mankefors, S., Grigoriev, A., and Wendin, G., Molecular Alligator Clips: A Theoretical Study of Adsorption of S, Se And S-H on Au(111), Nanotechnology, Vol. 14, No. 8, pp. 849-858, 2003.

[54] Nitzan, A., Electron Transmission through Molecules and Molecular Interfaces, Annual Review of Phys-

ical Chemistry, Vol. 52, pp. 681-750, 2001.

[55] Luo, Y., Wang, C. K., and Fu, Y., Effects of Chemical and Physical Modifications on the Electronic Transport Properties of Molecular Junctions, Journal of Chemical Physics, Vol. 117, No. 22, pp. 10283-10290, 2002.

[56] Todorov, T. N., and Briggs, G. A. D., Effects of Compositional Impurities and Width Variation on the Conductance of a Quantum-Wire, Journal of Physics-Condensed Matter, Vol. 6 No. 13, pp. 2559-2572, 1994. 25-34 Nano and Molecular Electronics Handbook.

[57] Kobayashi, N., Aono, M., and Tsukada, M., Theoretical Approach for Electron Transport through Nanostructures, RIKEN Review, No. 37, 2001.

[58] Damle, P., Nanoscale Device Modeling: From MOSFETs to Molecules, Ph. D. thesis, Purdue University, West Lafayette, IN, 2003.

[59] Tian, W., Datta, S., Hong, S., et al., Conductance Spectra of Molecular Wires, Journal of Chemical Physics, Vol. 109, No. 7, p. 2874, 1998.

[60] Kobayashi, N., Brandbyge, M., and Tsukada, M., First-Principles Study of Electron Transport through Monatomic Al and Na Wires, Physical Review B, Vol. 62, No. 12, pp. 8430-8437, 2000.

[61] Lorenz, S., Solterbeck, C., Schattke, W., et al., Electron-Scattering States at Solid Surfaces Calculated with Realistic Potentials, Physical Review, Vol. 55, No. 20, p. R13432, 1997.

[62] Brandbyge, M., Jacobsen, K. W., and, Norskov, J. K., Scattering and Conductance Quantization in Three-Dimensional Metal Nanocontacts, Physical Review B, Vol. 55, No. 4, pp. 2637-2650, 1997.

[63] Datta, S., Nanoscale Device Modeling: The Green's Function Method, Superlattices and Microstructures, Vol. 28, No. 4, p. 253, 2000.

[64] Emberly, E. G., and Kirczenow, G., Theoretical Study of Electrical Conduction through a Molecule Connected to Metallic Nanocontacts, Physical Review B, Vol. 58, pp. 10911-10920, 1998.

[65] Büttiker, M., Quantized Transmission of a Saddle-Point Constriction, Physical Review B, Vol. 41, No. 11, p. 7906, 1990.

[66] Yosefin, V., and, Kaveh, M., Conduction in Curvilinear Constrictions: Generalization of the Landauer Formula, Physical Review Letters, Vol. 64, No. 23, pp. 2819-2822, 1990.

[67] Lang, N. D., Resistance of Atomic Wires, Physical Review B, Vol. 52 No. 7, p. 5335, 1995.

[68] Ghosh, A. W., Zahid, F., Damle, P. S., et al., Insights into Molecular Conduction from I-V Asymmetry, arXiv: cond-mat/0202519 v1, 2002.

[69] Palacios, J. J., Pérez-Jiménez, A. J. Louis, E. et al., Molecular Electronics with GAUSSIAN98/03, Current Trends in Computational Chemistry, Vol. 9, p. 1, 2005.

[70] http://www. wannier-transport. org; see also Calzolari, A, Marzari, N, Souza, I, et al, *Ab initio* Transport Properties of Nanostructures from Maximally Localized Wannier Functions, Physical Review B, Vol. 69, p. 035108, 2004.

[71] http://www. smeagol. tcd. ie/; Garcia-Suarez V, Rocha A R, Bailey S W, et al. Conductance Oscillations in Zigzag Platinum Chains-Suppression of Parity Effects, Physical Review Letters, Vol. 95, p. 256804, 2005.

[72] http://www. physics. byu. edu/research/lewis/fireball/; see also Jelínek, P., Wang, H., Lewis, J. P., et al., Multicenter Approach to the Exchange-Correlation Interactions in *ab initio* Tight-Binding Methods, Physical Review B, Vol. 71, p. 235101, 2005.

[73] www.atomistix.com; see also Taylor, J, Guo, H, and Wang, J, *Ab initio* Modeling of Quantum Transport Properties of Molecular Electronic Devices, Physical Review B, Vol. 63, p. 245407, 2001; Brandbyge, M, Mozos, J-L, Ordejon, P, et al., Density Functional Method for Nonequilibrium Electron Transport, Physical Review B, Vol. 65, p. 165401, 2002.

[74] Taylor, J., Guo, H., and Wang, J., *Ab initio* Modeling of Quantum Transport Properties of Molecular Electronic Devices, Physical Review B, Vol. 63, p. 245407, 2001.

[75] Brandbyge, M., Mozos, J.-L., Ordejon, P., et al., Density Functional Method for Nonequilibrium Electron Transport, Physical Review B, Vol. 65, p. 165401, 2002.

[76] Taylor, J., *Ab-initio* Modelling of Transport in Atomic Scale Devices, Ph. D. thesis, McGill University, Montreal, 2000.

[77] Yourdshahyan, Y., Ruberto, C., Halvarsson, M., et al., Theoretical Structure Determination of a Complex Material: Kappa-Al_2O_3, Journal of the American Ceramic Society, Vol. 82, No. 6, pp. 1365-1380, 1999.

[78] Likharev, K., Simplifying Hybrid Semiconductor-Nanodevice Circuits, The International Society for Optical Engineering Newsroom: Nanotechnology, 2006, http://newsroom.spie.org/x3865.xml.

[79] Li, J., Gershow, M., Stein, D., et al., DNA Molecules and Configurations in a Solid-State Nanopore Microscope, Nature Materials, Vol. 2, pp. 611-615, 2003.

26 STM 诱导单分子表面反应的电子共隧穿模型

Vladimiro Mujica，Thorsten Hansen，Mark A. Ratner 著

邵久书 译

摘要:

在包含三个电子态的电子输运理论框架下,分析了吸附在表面的分子的 STM 诱导单分子解离。电子态之间的跃迁可以看成由与电子共隧穿相关的能量转移所导致。其后由原子核动力学引起的化学反应发生在电子激发态上,此现象与气相有机光化学过程类似。我们利用这一模型解释了最近一些实验的主要特征。共隧穿思想为化学反应初期的能量转移机理提供了一个简单的物理图像。它也解释了实验观测到的最重要的特征:电压阈值的存在、对电流依赖性较弱以及测量电流的相对长时间尺度的变化。

26.1 导　　论

局域探针(如 STM 和 AFM)的引入,使得研究许多表面单分子过程成为可能。已有很多理论用于探讨通过纳米结的电流,此过程中 STM 的针尖起着电极的作用。尽管理论结果远非与实验达到定量的一致,但是模型研究的确在分子水

平上对电导的基本性质提供了可靠认识[1-4]。

最近的实验表明，即使通过分子结的隧穿电流较弱，也可能诱导从热化到脱附乃至化学反应等过程[5-9]。我们尤其对文献[5]中报道的实验结果感兴趣。这是一个非凡的实验，明确地表明了吸附于铜(111)面的乙炔分子在STM探针的影响下两个C—H键的连续断裂。这些实验结果促使我们从理论上分析其机理，并对实验现象给出合理的解释。

对于与隧穿电流相关的表面过程，一般来说，我们可以考虑两种不同机理：

(1) 不显示电压阈值的电流诱导过程。具体的实例包括脱附、结热化、Seideman和同事研究的那类机械振动等[10-14]。

(2) 存在电压控制的电流诱导过程。像STM诱导的化学反应表现的一样，这类过程确实显示电压阈值。

可以把(1)看成一类分子焦耳效应，其中结的热化伴随着声子的逐渐吸收。相反，(2)与发生于隧穿电子和分子桥之间的不同能量转移机理有关。此机理至少涉及基底-被吸物体系两个电子态，而它们之间通过接触产生耦合。

下面我们以文献[5]报道的实验为原型。该工作的关键结果为STM电流达到一稳定值，而且，即使电压低于临界值也是如此。当偏压高于阈值时，电流呈现台阶结构。不同的电流值对应于被吸物的顺序单分子解离的不同阶段，而解离本身则由STM电流诱导。

这些实验自然提出如下几个重要问题：

(1) 过程中涉及的能量转移机理是怎样的?

(2) 观测到的电压阈值的物理根源是什么?

(3) 一旦达到阈值电压，决定电流的两个不同稳态值之间转变的时间尺度的动力学是什么?

我们认为，共隧穿[15-17]为能量转移的基本机理，这与气相光化学中观测到的实验现象类似[18]。文献中也有对相关现象的不同层次的理论处理和解释[14,19-23]。尽管阐明实际的物理过程仍然是一个挑战，也需要进一步地与实验相互印证，但我们的模型不仅可以描述STM作用下的化学转化过程，而且相同的理论和概念框架也可以描述电流本身。

26.2节将介绍STM诱导的单分子解离的共隧穿模型和测量电流的描述方法。26.3节将介绍可以解释文献[5]所报道的实验的简单理论公式。最后，26.4节将对我们的结果进行总结性的讨论，也将说明它们如何用于描述涉及几个电子态的纳米结的电子输运。

26.2 共隧穿模型

在下面的讨论中，我们将忽略与电子-声子、电子-电子相互作用相关的非弹性过程,尽管它们在研究 IETS(inelastic electron tunneling spectroscopy,非弹性电子隧穿谱)[24-26]、库仑阻塞以及分子结的充电[27]等十分重要。我们讨论的重点将放在分析由相干的弹性和非弹性单电子隧穿导致的电流组成。隧穿的非弹性组成又称为共隧穿[15-17],它对应的过程为:隧穿电子首先转移能量到分子桥,然后保持在电子激发态上。弹性隧穿本质上对应于通常在非绝热分子内电子转移中考虑的超交换机理。无论电子隧穿还是共隧穿,两个过程在库仑阻塞可以忽略的区域内(即分子和电极的耦合强度可以与分子充电态间的能量差相比)都非常重要。在弱分子-电极耦合区域内,电子的输运主要由顺序隧穿决定,它是非相干过程,系统可能显示库仑阻塞效应[15-17]。

具体地,我们将考虑 STM 诱导反应中的三个电子态:①基态|a〉;②与基态有相同几何构型的激发态|b〉;③对应于不同化学物种的第三个态|c〉,即反应的结果。在文献[5]中描述的实验中,|a〉和|c〉分别相应于 C_2H_2 和自由基 $C_2H\cdot$ 的基态。而|b〉将起着光化学过程中[18]所谓的入口态的作用。图 26.1 给出了相应的三个电子态的电子势能面的一维示意图。激发态和|c〉的一个解离通道的交叠是化学反应的物理根源,它导致了实验所报道的单分子键裂。图 26.1 中并没有显示电子态和电极态之间的耦合,此耦合可以用谱密度来描述[2]。

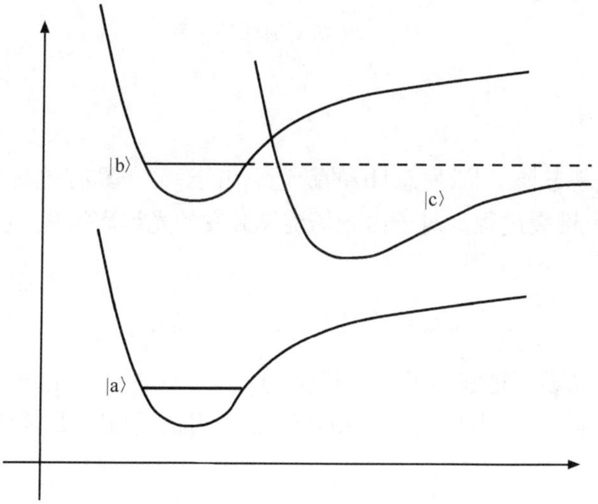

图 26.1　势能面

对于分子-金属耦合而言,单电子隧穿和共隧穿是相干的二级过程。如果忽略这些贡献,通过分子的稳定的态-态间电流则由电子的电荷乘以态-态间跃迁速率得到[28]。态-态间速率的表达式为(起始和终止态的定义将在后面给出)

$$I = -eW_{\text{fi}} \tag{26.1}$$

电流可以写成弹性和非弹性两项之和

$$I = I^{\text{elastic}} + I^{\text{inelastic}} \tag{26.2}$$

弹性项通常对实际电流的贡献是决定性的。而非弹性项的主要效应则在于使得分子以一个较小但有限的概率激发到解离态上。图 26.2 反映了来源于通过电子态|a〉|和|c〉的输运对电流的不同贡献是如何随时间变化的。

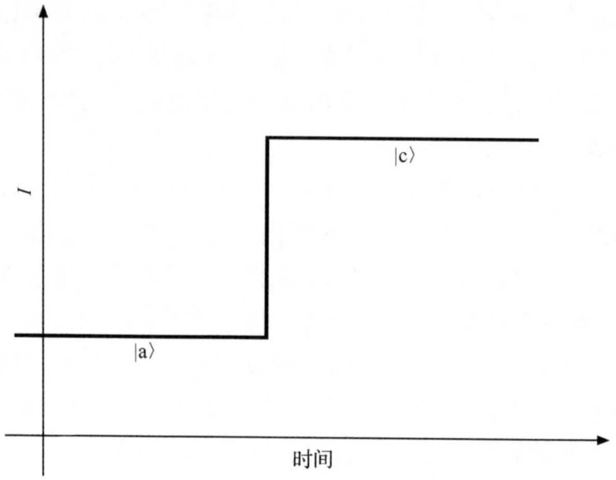

图 26.2 电流对时间的关系

26.2.1 激发速率

考虑分子从基态|a〉到激发态|b〉的跃迁。由于|b〉与具有解离散射通道的|c〉相耦合,从而导致键裂过程。对于由光场诱导激发的光解离过程,可以利用费米黄金规则

$$w_{\text{fi}} = \frac{2\pi}{\hbar} \mid V \mid^2 \delta(E_{\text{i}} - E_{\text{f}}) \tag{26.3}$$

如果激发源不是光场而是施加于金属基底-分子-STM 探针结的电压,则式(26.3)需要考虑 V 的高阶项。因此,可以将相互作用 V 用跃迁矩阵 T 替换。

26.2.2 自能

一个散射过程的跃迁矩阵 T 可以通过推迟格林函数表示,后者通过体系的哈密顿确定

$$G^{\text{ret}}(E) = \frac{1}{E - H + i\eta} \tag{26.4}$$

式中,$\eta = 0^+$,是一无穷小的正数。如果哈密顿可以写成 $H = H_0 + V$,即一个相对简单的部分 H_0 和一微扰项 V,则格林函数可以展开为

$$G = G_0 + G_0 V G_0 + G_0 V G_0 V G_0 + \cdots \tag{26.5}$$

然而，在我们考虑的通过分子隧穿的情况下，充电能量较大。从而充电态以虚态形式出现，且格林函数中只包含 V 的偶数阶项

$$G = G_0 + G_0 V G_0 V G_0 + G_0 V G_0 V G_0 V G_0 V G_0 + \cdots \tag{26.6}$$

定义自能 $\Sigma = V G_0 V$，可得格林函数式(26.6)的 Dyson 方程

$$G = G_0 + G_0 \Sigma G \tag{26.7}$$

只需保留 V 的偶数阶项，转移矩阵可以展开为

$$T = V G_0^{\mathrm{ret}} V + V G_0^{\mathrm{ret}} V G_0^{\mathrm{ret}} V G_0^{\mathrm{ret}} V + \cdots = V G^{\mathrm{ret}} V \tag{26.8}$$

如果考虑共隧穿过程，则意味着式(26.8)中仅考虑第一项，那么有 $T = \sum^{\mathrm{ret}}$。因此，推广的费米黄金规则变为

$$w_{\mathrm{fi}} = \frac{2\pi}{\hbar} \mid \sum{}^{\mathrm{ret}} \mid^2 \delta(E_{\mathrm{i}} - E_{\mathrm{f}}) \tag{26.9}$$

式(26.9)是一重要结果，因为它反映了电子输运过程和化学反应之间的关联。这里，需要提示的是自能 $\sum^{\mathrm{ret}}$ 是描述开放体系的非厄米算符。这类方法的更深刻的含义将在以后的论文中论述[29]。

26.2.3 共隧穿速率

为了利用式(26.9)计算共隧穿速率，必须确定始态和终态。假定分子用两个态，即 $|\mathrm{a}\rangle$ 和 $|\mathrm{b}\rangle$ 刻画。然而，由于推广的费米黄金规则[式(26.9)]中考虑的是包括金属基底和 STM 针尖的整个系统，始态和终态则分别为

$$| i\rangle = | L\rangle \mid \mathrm{a}\rangle \mid R\rangle$$

$$| f\rangle = c_l \mid L\rangle \mid \mathrm{b}\rangle c_r^{\dagger} \mid R\rangle$$

这样选择的终态对应于电子从左电极转移到右电极。对于反向偏压和较高温度的情况，必须考虑更多的终态。

因此，整个系统的哈密顿可以分成三部分

$$H = H^{\mathrm{mol}} + H^{\mathrm{lead}} + V \tag{26.10}$$

这里，分子部分由多粒子态描述，$H^{\mathrm{mol}} = \sum_j E_j |j\rangle |j\rangle$，而求和不仅包括感兴趣的两个分子态 $|\mathrm{a}\rangle$ 和 $|\mathrm{b}\rangle$，而且还包括两个电荷态，一个是阳离子态 $|n-1\rangle$，而另一个则是阴离子态 $|n+1\rangle$，n 是态 $|\mathrm{a}\rangle$ 和 $|\mathrm{b}\rangle$ 中的电子数。这两个电荷态在共隧穿过程中以虚中间态出现。

电极、金属基底以及针尖中的电子一般由下面的哈密顿描述

$$H^{\mathrm{lead}} = \sum_{k\in \mathrm{L}} (\varepsilon_k - \mu_{\mathrm{L}}) c_k^{\dagger} c_k \sum_{k\in \mathrm{R}} (\varepsilon_k - \mu_{\mathrm{R}}) c_k^{\dagger} c_k \tag{26.11}$$

式中，μ_{L} 和 μ_{R} 分别表示左右电极的化学势。最后，$V = V^{n-1} + V^{n+1}$ 表示分子于电极的相互作用。这里，

$$V^{n-1} = \sum_{j=\mathrm{a,b}}\sum_{k\in\mathrm{L,R}} \{V_{kn-1,j}c_k^{\dagger} \mid n-1\rangle\langle j \mid + V_{kn-1,j}^{*} \mid j\rangle\langle n-1 \mid c_k\} \quad (26.12)$$

$$V^{n+1} = \sum_{j=\mathrm{a,b}}\sum_{k\in\mathrm{L,R}} \{V_{kj,n+1}c_k^{+} \mid j\rangle\langle n+1 \mid + V_{kj,n+1}^{*} \mid n+1\rangle\langle j \mid c_k\} \quad (26.13)$$

物理上,算符 V^{n-1} 和 V^{n+1} 描述所有在电极的单电子流形和分子的多电子态间电子转移的过程[30]。这些算符与 Landauer 的观点一致:在电流计算中,只需要在散射区域考虑电子-电子相互作用。远离此区域,如在电极中,可以认为电子没有相互作用。

利用费米黄金规则式(26.9)计算非弹性共隧穿速率则得到总跃迁速率的表达式如下:

$$w_{\mathrm{ba}} = \frac{\Gamma^{\mathrm{L}}\Gamma^{\mathrm{R}}}{2\pi\hbar}\int \mathrm{d}\varepsilon_{\mathrm{l}}\int \mathrm{d}\varepsilon_{\mathrm{r}}\left|\frac{1}{E_{\mathrm{a}}-(E_{n-1}+\varepsilon_{\mathrm{r}})}+\frac{1}{E_{\mathrm{a}}-(E_{n+1}-\varepsilon_{\mathrm{l}})}\right|$$
$$\times f_{\mathrm{L}}(\varepsilon_{\mathrm{l}})[1-f_{\mathrm{R}}(\varepsilon_{\mathrm{r}})]\delta(E_{\mathrm{a}}-E_{\mathrm{b}}-\varepsilon_{\mathrm{r}}+\varepsilon_{\mathrm{l}}) \quad (26.14)$$

因为弹性隧穿速率 W_{aa} 对应于仅涉及基态 $|\mathrm{a}\rangle$ 的电子输运,所以只需要简单地取 $E_{\mathrm{b}}=E_{\mathrm{b}}$ 便得到

$$w_{\mathrm{aa}} = \frac{\Gamma^{\mathrm{L}}\Gamma^{\mathrm{R}}}{2\pi\hbar}\int \mathrm{d}\varepsilon_{\mathrm{l}}\int \mathrm{d}\varepsilon_{\mathrm{r}}\left|\frac{1}{E_{\mathrm{a}}-(E_{n-1}+\varepsilon_{\mathrm{r}})}+\frac{1}{E_{\mathrm{a}}-(E_{n+1}-\varepsilon_{\mathrm{l}})}\right|^2$$
$$\times f_{\mathrm{L}}(\varepsilon_{\mathrm{l}})[1-f_{\mathrm{R}}(\varepsilon_{\mathrm{r}})]\delta(\varepsilon_{\mathrm{l}}-\varepsilon_{\mathrm{r}}) \quad (26.15)$$

由式(26.14)和式(26.15)可以看出,能量守恒限制通过 δ 函数实现。由于式(26.14)积分中 δ 函数的变量比式(26.15)中涉及电极态的 δ 函数的变量更容易为零,因此,一般情况下弹性贡献比非弹性贡献大。此差异最终导致出现非弹性贡献的电压补偿,它与实验观测到的化学反应存在电压阈值密切相关。

26.3 简单模型

考虑非弹性共隧穿过程。为了简单,假设中间态主要为一虚阳离子,记为 $|n-1\rangle$。此时,式(26.14)则简化为

$$w_{\mathrm{ba}} = \frac{\Gamma^{\mathrm{L}}\Gamma^{\mathrm{R}}}{2\pi\hbar}\int \mathrm{d}\varepsilon_{\mathrm{l}}\int \mathrm{d}\varepsilon_{\mathrm{r}}\,\frac{f_{\mathrm{L}}(\varepsilon_{\mathrm{l}})[1-f_{\mathrm{R}}(\varepsilon_{\mathrm{r}})]}{[E_{\mathrm{a}}-(E_{n-1}+\varepsilon_{\mathrm{r}})]^2}\delta(E_{\mathrm{a}}-E_{\mathrm{b}}-\varepsilon_{\mathrm{r}}+\varepsilon_{\mathrm{l}})$$
$$= \frac{\Gamma^{\mathrm{L}}\Gamma^{\mathrm{R}}}{2\pi\hbar}\int \mathrm{d}\varepsilon_{\mathrm{l}}\,\frac{f_{\mathrm{L}}(\varepsilon_{\mathrm{l}})[1-f_{\mathrm{R}}(E_{\mathrm{a}}-E_{\mathrm{b}}+\varepsilon_{\mathrm{l}})]}{(E_{\mathrm{b}}-E_{n-1}-\varepsilon_{\mathrm{l}})^2} \quad (26.16)$$

零温极限下,速率有一解析表达式。定义正能差 $A=E_{n-1}-E_{\mathrm{a}}$ 及 $B=E_{n-1}-E_{\mathrm{b}}$。代入变量 $u=B+\varepsilon_{\mathrm{l}}$,可以将速率重写为($\vartheta$ 是 Heaviside 阶梯函数)

$$w_{\mathrm{ba}} = \frac{\Gamma^{\mathrm{L}}\Gamma^{\mathrm{R}}}{2\pi\hbar}\int du\,\frac{1}{u^2}[1-\vartheta(u-B-\mu_{\mathrm{L}})]\vartheta(u-A-\mu_{\mathrm{R}})$$

$$= \frac{\Gamma^{\mathrm{L}}\Gamma^{\mathrm{R}}}{2\pi\hbar}\int_{A+\mu_{\mathrm{R}}}^{B+\mu_{\mathrm{L}}} du\,\frac{1}{u^2}$$

$$= \frac{\Gamma^{L}\Gamma^{R}}{2\pi\hbar}\left[\frac{1}{A+\mu_{R}} - \frac{1}{B+\mu_{L}}\right] \tag{26.17}$$

相应的弹性速率为

$$w_{aa} = \frac{\Gamma^{L}\Gamma^{R}}{2\pi\hbar}\left[\frac{1}{A+\mu_{R}} - \frac{1}{A+\mu_{L}}\right]$$

$$\frac{\Gamma^{L}\Gamma^{R}}{2\pi\hbar}\frac{\mu_{L}-\mu_{R}}{(A+\mu_{R})(A+\mu_{L})} \tag{26.18}$$

如果电极耦合是对称的，则两边的化学势为 $\mu_{L} = -W + \frac{eV}{2}$ 和 $\mu_{R} = -W - \frac{eV}{2}$，其中 W 为金属的功函，弹性隧穿表达式变为

$$w_{aa} = \frac{\Gamma^{L}\Gamma^{R}}{2\pi\hbar}\frac{eV}{(A-W)^{2} + \frac{e^{2}V^{2}}{4}}$$

相应地，非弹性贡献的结果为

$$w_{ba} = \frac{\Gamma^{L}\Gamma^{R}}{2\pi\hbar}\frac{eV-\Delta E}{(A-W)(B-W) + \frac{eV}{2}\Delta E + \frac{eV^{2}}{4}} \tag{26.19}$$

这里，$\Delta E = E_{b} - E_{a}$。

跃迁概率的正定性要求 W_{aa} 和 W_{ba} 必须大于零。可以看出，W_{aa} 的确永远满足此条件。不过，对于非弹性贡献来说，式(26.19)中的分母对于任何参数都是正的，因此 W_{ba} 的正负性取决于分子的正负性。前述章节暗示的态的可用性在 W_{ba} 中变为电压补偿。就是说，当 $eV < \Delta E$ 时，非弹性贡献消失。这就是实验观测到电压有阈值的物理根源。

时间尺度

在导论中，我们曾经指出，实验结果提出了三个相关的问题。前面已经就能量转移机理和电压阈值两个问题进行了分析。在较长时间尺度下，电流从源自电子态 $|a\rangle$ 到源自电子态 $|c\rangle$ 的转变起主导作用的过程是核动力学。它发生于激发态 $|b\rangle$ 上，键裂也随之发生。文献[18]和文献[12]对同类光化学过程进行了深入的讨论。这些工作的主要结论为：解离时间 τ 在键裂过程中占主导地位，它同样也决定了两个电流值之间的转变所需要的时间。如前所述，两个电流值对应于表面上两种不同的化学组分。

26.4　讨　　论

揭示隧穿电流诱导的化学反应和其他过程的真实物理机理仍然是一个挑战。其部分原因在于非弹性散射涉及的重要相互作用，电子-电子和电子-声子相互作

用十分复杂。共隧穿是一个二阶过程，本质上可以在稳态区域内描述。我们觉得此过程在机械-电子能量转变情况下极其重要。

如果电子共隧穿的确是能量转移机理，则 STM 诱导的表面化学反应的一些显著特征则可以合理地解释。我们的模型在给出电子态之间实际耦合时，自然地考虑了自能的作用。

目前我们仍然考虑如何将上面讨论的模型推广到更实际的体系。而且，我们也在试图估计共隧穿机理所要求的分子和耦合参数的范围，此时，顺序声子吸收不占主导。

致　谢

感谢 DARPA、Mol Apps 项目、NSF-MRSEC 项目、NASA URETI 项目以及阿贡国家实验室 CNM 对本研究工作的支持。

参 考 文 献

[1] Ferry, D. and Goodnick, S. M. , Transport in Nanostructures, Cambridge University Press, New York,1997.

[2] Datta,S. ,Electronic Transport in Mesoscopic Systems,Cambridge University Press,New York,1995.

[3] Datta,S. ,Quantum Transport: Atom to Transistor,Cambridge University Press,New York,2005.

[4] Nitzan,A. ,Chemical Dynamics in Condensed Phases:Relaxation,Transfer,and Reactions in Condensed Molecular Systems,Oxford University Press,New York,2006.

[5] Lauhon,L. J. ,and Ho,W. ,Phys. Rev. Lett. ,84,1527,2000.

[6] Ho,W. ,J. Chem. Phys. ,117,11033,2002.

[7] Nakamura,Y. et al. ,Appl. Phys. Lett. ,85,5242,2004.

[8] Tsukamoto,K. and Nozoye,H. ,Appl. Surf. Sci. ,241,189,2005.

[9] Hla,S. , and Rieder,K. ,Annu. Rev. Phys. Chem. ,54,307,2003.

[10] Seideman,T. ,J. Phy. Cond. Mat. ,15,R521,2003.

[11] Seideman,T. ,J Mod. Opt. ,50,2393,2003.

[12] Seideman,T. and Guo,H. ,J. Theo. Comp. Chem. ,3,439,2003.

[13] Kaun,C. C. and Seideman,T. ,Phys. Rev. Lett. ,94,226801,2005.

[14] Jorn R. and Seideman,T. ,J. Chem. Phys. ,124,084703,2006.

[15] Bruus,H. and Flensberg,K. ,Many-Body Quantum Theory in Condensed Matter Physics. An Introduction,Oxford University Press,New York,2004.

[16] Averin,D. V. , and Nazarov,Yu. V. ,Phys. Rev. Lett. ,65,2446,1990.

[17] Averin,D. V. and Nazarov,Yu. V. ,in: Single Charge Tunneling,NATO Proc. ,Plenum Press,1992.

[18] Schinke,R. ,Photodissociation Dynamics,Cambridge University Press,New York,1993.

[19] Ueba,H. and Persson,B. N. J. ,Surf. Sci. ,566-568,1,2004.

[20] Kuznetsov, A. M. and Medvedev, I. G., Elektrokhimiya, 41, 273, 2005.

[21] Hasegawa, K. et al., J. Phys. Soc. Jpn., 71, 569, 2002.

[22] Yuan, L. et al., J. Chem. Phys., 116, 3104, 2202.

[23] Stipe, B. C. et al., Phys. Rev. Lett., 78, 4410, 1997.

[24] Galperin, M. et al., J. Phys. Chem. B, 109, 8519, 2005.

[25] Galperin, M. et al., Nano Lett., 5, 125, 2005.

[26] Galperin, M. et al., J. Chem Phys., 121, 11965, 2004.

[27] Bihary, Z. and Ratner, M. A., Phys. Rev. B, 72, 115439, 2005.

[28] Mujica, V. et al., J. Chem. Phys., 101, 6849, 1994.

[29] Hansen, T. et al., manuscript in preparation.

[30] Hubbard, J. C., Proc. Roy. Soc. A, 285, 542, 1965.

附录 缩 略 语

2-MEA 2-mercaptoethylamine 2-巯基乙基胺

3-APTS 3-aminopropyltriethoxysilane 3-氨基丙基三乙氧基硅烷

3-MPTS 3-mercaptopropyl-(trimethoxysilane) 3-巯基丙基-(三甲氧基硅烷)

A adenine 腺嘌呤

AAO anodized aluminum oxide 氧化刻蚀的氧化铝

ACM Association for Computing Machinery 美国计算机协会

ADALINE adaptive linear element 自适应线性元件

AER address-event-representation 地址-事件-表达(协议)

AF actin filaments 肌丝

AFM atomic force microscope 原子力显微镜

ALU arithmetic logic unit 算术逻辑单元

AMPA alpha-amino-3-hydroxy-5-methyl-4-isoxazole-propionic acid α-氨基-3-羟基-5-甲基-4 -异噁唑丙酸

ATP adenosine triphosphate 三磷酸腺苷

AZ active zone 活性区

B. C. blocking condenser 阻塞电容器

BA born approximation 玻恩近似

BDD binary decision diagram 二元决策图

BNs Bayesian networks 贝叶斯网络

BR bacteriorhodopsin 菌紫质

BW bandwidth 带宽

C **cytosine** 胞嘧啶

C-AFM conductive atomic force microscope 导电原子力显微镜

CAM cell adhesion molecule 细胞黏着分子

CaMKII calcium/calmodulin-dependent protein kinase Ⅱ Ca^{2+}钙调蛋白依赖性蛋白激酶Ⅱ

CAZ cell active zone 活性区细胞基质

CB conduction band 导带

CBO coulomb blockade oscillation 库仑阻塞振荡

CFTR cystic fibrosis transmembrane conductance regulator 囊性纤维化跨膜电导调节体

CIU core interface unit 核心接口单元

CMOI hybrid semiconductor/nanowire/molecular 混合半导体/纳米线/分子

CMOS complementary metal-oxide-semiconductor 互补金属-氧化物-半导体

CMP chemical mechanical polishing 化学机械抛光

CNS central nervous system 中枢神经系统

CNT carbon nanotube 碳纳米管

CRIPT cysteine-rich PDZ-binding protein 富含半胱氨酸的 PDZ 结合蛋白

CT-AFM conducting-tip AFM 带导电针尖的原子力显微镜

CTMC continuous time Markov chain 连续时间马尔可夫链

CTT C-terminal tail C 端尾

CV cyclic voltammetry 循环伏安法

CVD chemical vapor deposition 化学气相沉积

DBA dibutyl adipate 己二酸二丁酯
DE directed evolution 定向进化
DFT density functional theory 密度泛函理论

DFTB density functional tight-binding 密度泛函紧束缚方法
DHSG double hyperbolic sine-Gordon 偶双曲正弦戈登方程
DIFTree dynamic innovative fault tree 创新性动态故障树
DNA deoxyribonucleic acid 脱氧核糖核酸
DOS density of states 态密度
DR design rule 设计规则
DSP digital signal processor 数字信号处理器
DTMC discrete time Markov chain 离散时间马尔可夫链
DUT device under test 待测器件
DWNT double-walled carbon nanotube 双壁碳纳米管

EBL electron beam lithography 电子束蚀刻
ECR electron cyclotron resonance 电子回旋加速共振仪
EC-STM electrochemical scanning tunneling microscopy 电化学扫描隧道显微镜
EDA electronic design automation 电子设计自动化
EDC 1-ethyl-3-(3-dimethylaminopropyl)-carbodiimide 1-乙基-3-(3-二甲氨基丙基)碳二亚胺
EDP energy-delay-product 能量-延迟积
EEPROM electrically erasable programmable memory 电可擦除可编程存储器
EPSC excitatory post-synaptic current 兴奋性突触后电流
EPSP excitatory post-synaptic potential 兴奋性突触后电位
es extended state 扩展态
EUV extreme ultraviolet lithography 深紫外刻蚀

FA full-adder 全加器
FC Franck-Condon 夫兰克-康登(原理)
FDT fluctuation dissipation theorem 涨落耗散定理
FERAM ferroelectric random access memory 铁电随机存取存储器
FET field-effect transistor 场效应晶体管
FN Fowler-Nordheim 福勒-诺德海姆
FPGA field programmable gate array 场可编程门阵列
FPU float point unit 浮点单元
FWHM full width at half maximum 半高宽

G guanine 鸟嘌呤
GAMESS The General Atomic and Molecular Electronic Structure System (GAMESS) 通用原子分子电子结构体系(软件包)
GD glutaric dialdehyde 戊二醛
gDFTB Green's function density functional tight-binding 格林函数密度泛函紧束缚方法
GF Green's function 格林函数
GGA generalized gradient approximation 广义梯度近似
GPCR G-protein coupled receptor G-蛋白耦合受体
G-quartet G-quadruplex G-四联体
GRO guanine-rich oligonucleotide 富含鸟嘌呤的寡核苷酸
GS ground state 基态
GSI gigabits scale integration 千兆规模集成
GTP guanosine triphosphate 三磷酸鸟苷
HARP hybrid automated reliability predictor 混合自动可靠性预测器

hcp hexagonal closed-packed 六角密堆积

HDL hardware description language 硬件描述语言

HLSTM hydration layer scanning tunneling microscope 水化层扫描隧道显微镜

HOMO highest occupied molecular orbital 最高占据分子轨道

HOPG highly oriented pyrolytic graphite 高定向石墨

HP hyperbranched polymer 超枝化高分子

HPLC high-performance liquid chromatography 高效液相色谱

HPT horizontal pouring technology 水平倾角技术

HP-UCLA Hewlett-Packard-University of California，Los Angeles 惠普-加州大学洛杉矶分校

HREELS high resolution electron energy loss spectroscopy 高分辨电子能量损失谱

HVA high-voltage activated 高电压激活

I&F integrate-and-fire 集成和触发

IC integrated circuit 集成电路

ICP inductively coupled plasma 电感耦合等离子体

ICT intramolecular charge transfer 分子内电荷转移

IEEE Institute of Electrical and Electronics Engineers 电气和电子工程师协会

IETS inelastic electron tunneling spectroscopy 非弹性电子隧穿谱

Ifs intermediate filaments 中间丝

IL imprint lithography 压印光刻

IPSC inhibitory post-synaptic current 抑制性突触后电流

IPSP inhibitory post-synaptic potential 抑制性突触后电位

IR infrared spectroscopy 红外光谱

ITM ideal transfer matrix 理想转移矩阵

ITO indium tin oxide 氧化铟锡

ITRS International Technology Roadmap for Semiconductors 国际半导体技术蓝图

IVT intervalence transfer 价带间转移

JJ Josephson junction 约瑟夫森结

KIF17 kinesin family member 17 驱动蛋白家族成员 17

LB Langmuir-Blodgett 单分子膜沉积技术

LCSTM low current scanning tunneling microscope 低电流扫描隧道显微镜

LDA local density approximation 局域密度近似

LDOS local density of state 局域态密度

LD-TOF MS laser-desorption time-of-flight mass spectrometer 激光解离飞行时间管质谱仪

LOCAS local oxidation of silicon 硅的局域氧化

LPCVD low-pressure chemical vapor deposition 低压化学气相沉积

LSI large scale integration 大规模集成

LT long-term 长时

LTD long-term depression 长时程抑制

LTP long-term potential 长时程电位

LUMO lowest unoccupied molecular orbital 最低未占据分子轨道

LVA low-voltage activated 低电压激活

M. B. matching box 匹配器

MAJ major 多数

MAP microtubule associated protein 微管相关蛋白质

MARK microtubule affinity regulating kinase 微管结合调节激酶

MBE molecular beam epitaxy 分子束外延

MCB mechanically controllable break 机械可控断裂

MCI-HARP Monte Carlo Integrated HARP 蒙特卡罗集成 HARP

MD molecular dynamics 分子动力学

MDP markov decision process 马尔可夫决策过程

ME molecular electronic 分子电子

MEP molecular electrostatic potential 分子静电势

MFM magnetic force microscope 磁力显微镜

MFs microfilaments 微丝

MIM metal-insulator-metal 金属-绝缘体-金属结构

MIN minor 少数

MMM metal-molecule-metal 金属-分子-金属

MOCVD metal organic chemical vapor deposition 金属有机化学气相沉积

MOS-FET field-effect transistor 金属-氧化物-半导体场效应晶体管

MSI medium scale integration 中规模集成

MTN microtubule network 微管网络

MT microtubule 微管

MUX multiplex 多路复用(方案)

MWNT multi-walled nanotube 多壁纳米管

NASIC National Air and Space Intelligence Center 美国国家航空航天情报中心

NCA non-crossing approximation 非交叉近似

NDR negative differential resistance 负微分电阻

NEGF no equilibrium Green function 非平衡格林函数

NEMS nano-electromechanical system 纳米机电体系

NLS nano length scale 纳米长度尺度

NLS nonlinear Schrödinger equation 非线性薛定谔方程

NMDA *N*-methyl-*D*-aspartic acid *N*-甲基-*D*-天冬氨酸

NMR nuclear magnetic resonance 核磁共振

NR2B NMDA receptor 2B subunit NMDA 受体 2B 亚单位

NVM nonvolatile memory 非易失存储器

NVNW nonvolatile nanowire 非易失的纳米线

NW nanowire 纳米线

OEP optimized effective potential 优化有效势

OLED organic light-emitting diode 有机发光二极管

OMT orbital mediated tunneling 轨道介导隧穿

OTFT organic thin film transistor 有机薄膜晶体管

PCR polymerase chain reaction 聚合酶链反应

PDMS polydimethylsiloxane 聚二甲基硅氧烷

PDOS projected density of state 投影态密度

PDP power-delay-product 功耗-延迟积

PECVD plasma-enhanced chemical vapor deposition 等离子体增强化学气相沉积法

PEI polyethylenimine 聚乙烯亚胺

PGA programmable gate array 可编程门阵列

PGM probabilistic gate model 概率门模型

PLA programmable logic array 可编程逻辑阵列

PLA polylactic acid 聚乳酸

PMMA poly methyl methacrylate 聚甲基丙烯酸甲酯

PNA peptide nucleotide acid 肽核酸

PPF pyrolysis of photographic film corrosion 热解的感光耐蚀膜

PRISM Probabilistic Symbolic Model Checker 概率符号模型检查器(软件)

PSD position sensitive detector 位置敏感探测器

PSD postsynaptic density 后突触密度

PSI petabits scale integration 千兆兆规模集成

PTM probabilistic transfer matrix 概率转移矩阵

PVCR peak-to-valley current ratio 峰谷电流比

PVD physical vapor deposition 物理气相沉积

PVDF polyvinylidene fluoride 聚偏氟乙烯

PYP photosensitive yellow protein 光敏黄蛋白

QCA quantum cellular automata 量子元胞自动机

QCM quartz crystal microbalance 石英晶体微天平

QED quantum electrodynamics 量子电动力学

QM/MM quantum mechanics/molecular mechanics 量子力学/分子力学

RAM random-access memory 随机存储器

RBM radial breathing mode 径向呼吸模式

RC serial carry 串行脉冲进位

RF radio frequency 射频

RIE reactive ion etching 反应离子刻蚀

RMB reduced Maxwell-Bloch equations 约化麦克斯韦-布洛赫方程

RNA ribonucleic acid 核糖核酸

ROM read-only memory 只读存储器

RR rectification ratio 整流比

RSFQ rapid single flux quantum 快单磁通量子

SAM self-assembled monolayer 自组装单分子层

SAP synapse associated protein 突触关联蛋白质

SDS sodium dodecyl sulfate 十二烷基磺酸钠

SEM scanning electron microscope 扫描电子显微镜

SET single-electron transistor 单电子晶体管

SEU single event upset 单粒子翻转

SG sine-Gordon 正弦戈登方程

SHARPE Symbolic Hierarchical Automated Reliability and Performance Evaluator 符号分层自动可靠性和性能评估器(软件)

SIT self-induced transparency 自感应透明

sls surface localized state 表面局域态

SLSI super large scale intergration 超大规模集成

SMD site-directed mutagenesis 定点突变技术

S^nPT multi-spacer-patterning technology 多间隔模板技术

SOI silicon-on-insulator 绝缘衬底上的硅

SPM scanning probe microscope 扫描探针显微镜

SPR surface plasmon resonance 表面等离子体共振

SPT spacer-patterning technology 间隔模板技术

SR stochastic resonance 随机共振

SRM semi-random mutagenesis 半随机突变

SSB spontaneous symmetry violation 自发对称性破坏

SSI small scale integration 小尺度的集成

SSOR-BiCGSTAB symmetric successive over-relaxation-preconditioned bi-conjugate gradient stabilized algorithm 对称逐步过弛豫预处理双共轭稳定算法

ST short-term 短时

STEM scanning transmission electron microscope 扫描透射电子显微镜

StEP staggered extension process 交错延伸过程

STM scanning tunneling microscopy 扫描隧道显微镜

STS scanning tunneling spectroscopy 扫描隧道谱

SV synaptic vesicle 突触小泡

SVEPA slowly varying envelope and phase approximation 缓变包络和相位近似

SWCNT single-walled carbon nanotube 单壁碳纳米管

T thymine 胸腺嘧啶

TB tight-binding 紧束缚

TDDFT time-dependent density functional theory 含时密度泛函理论

TEM transmission electron microscope 透射电子显微镜

TGNW-FET top-gated nanowire-field effect transistor 顶门控制纳米线场效应晶体管

TMAFM tapping mode atomic force microscope 轻敲模式原子力显微镜

TS tangential stretching 切向拉伸

TSI terabits scale integration 亿万规模集成

UE unimolecular electronics 单分子电子学

ULSI ultra large scale integration 特大尺度的集成

UPS ultraviolet photoelectron spectroscopy 紫外电子光谱仪

VASP Vienna Ab-initio Simulation Package 维也纳从头计算模拟程序包

VB valence band 价带

vdW van der Waals 范德瓦尔斯(力)

VHDL Very-High-Speed Integrated Circuit Hardware Description Language 非常高速集成电路硬件描述语言

VLS vapor-liquid-solid 气-液-固

VLSI very large scale integration 超大规模集成(电路)

WEDP water electric dipole moment 水分子电偶极矩

WKB Wentzel-Kramers-Brillouin method 温策尔-卡莫尔-布里渊方法

WS Wannier-Stark 瓦尼尔-斯塔克

WSL Wannier-Stark ladder 瓦尼尔-斯塔克梯子

XPS X-ray photoelectron spectroscopy X 射线光电子能谱

YCC iso-1-cytochrome *c* from *Saccharomyces cerevisiae* 酿酒酵母中的细胞色素 *c*

ZBA zero-bias anomaly 零偏压反常

彩　　图*

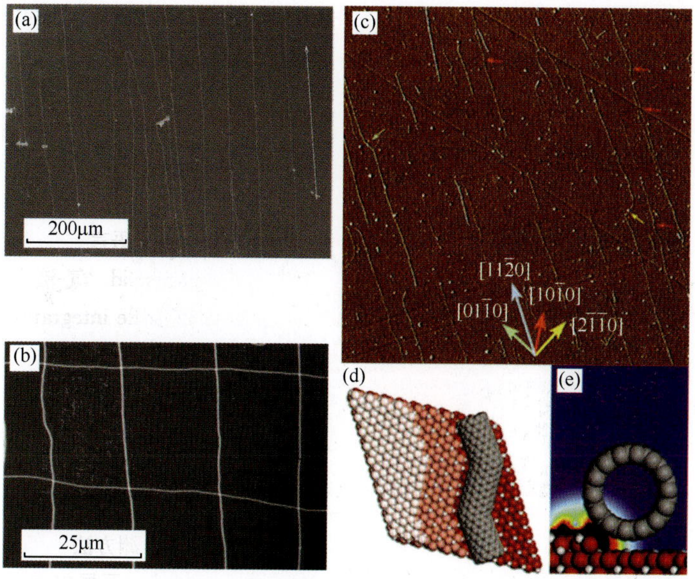

彩图 4.12

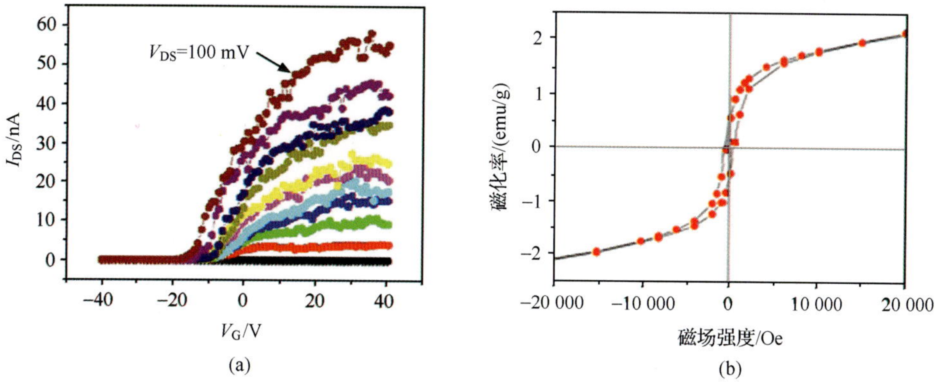

彩图 4.26

---

* 由于原版书图片质量欠佳，中文版对部分彩图进行了重绘。

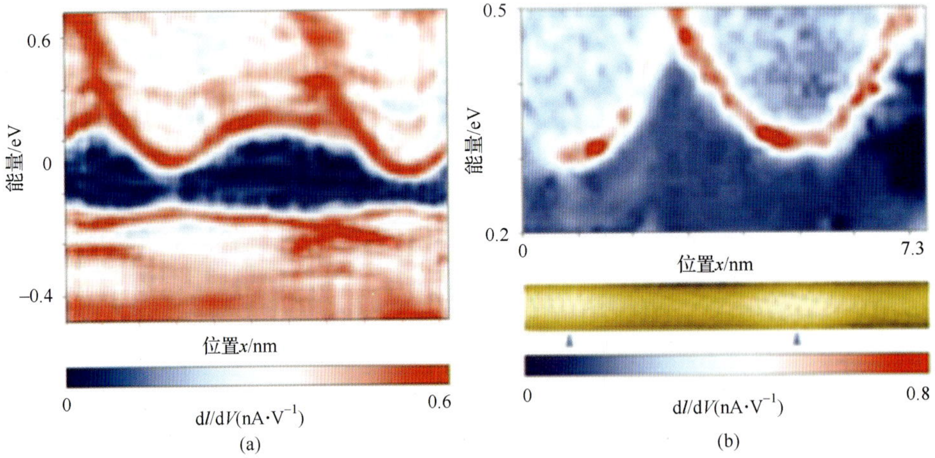

彩图 4.27

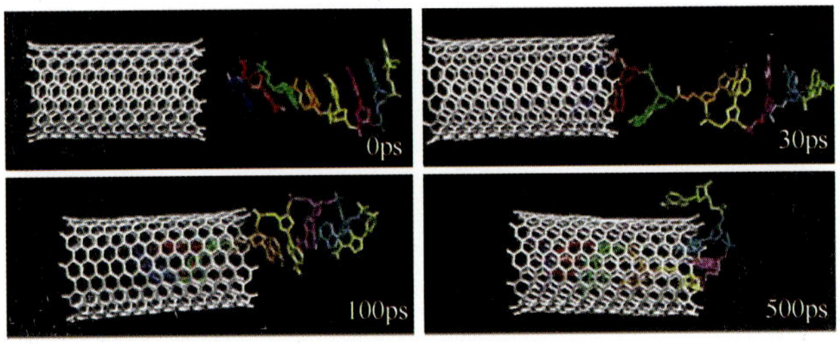

彩图 4.39

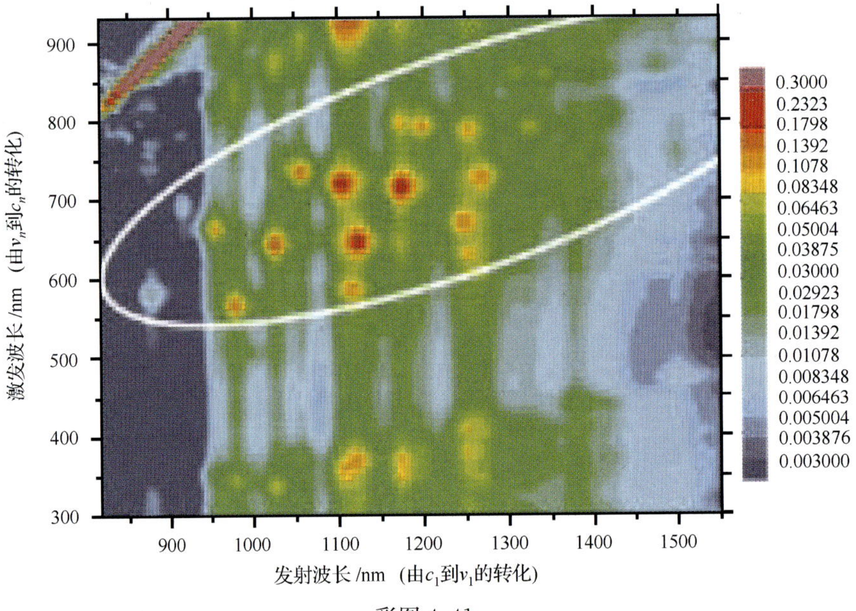

彩图 4.41

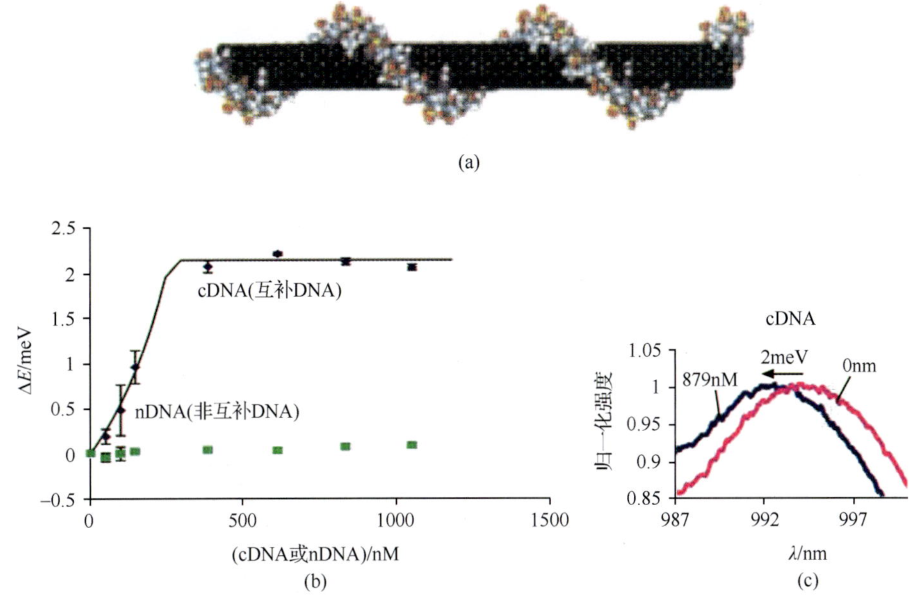
(a)
2.5
2
1.5
1
0.5
0
−0.5
ΔE/meV
cDNA(互补DNA)
nDNA(非互补DNA)
0
500
1000
1500
(cDNA或nDNA)/nM
(b)
cDNA
1.05
1
0.95
0.9
0.85
归一化强度
879nM
2meV
0nm
987
992
997
λ/nm
(c)

彩图 4.42

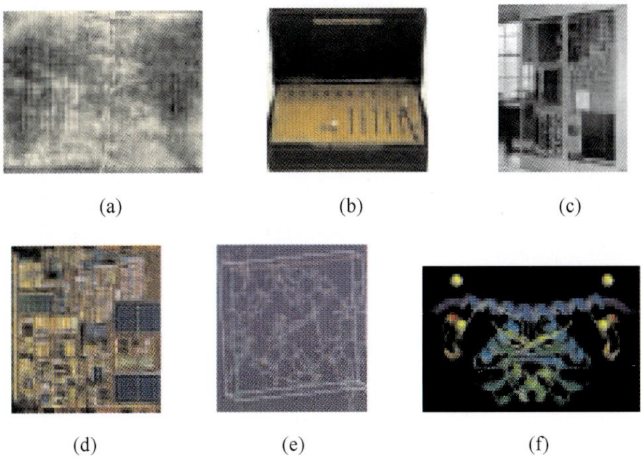
(a)
(b)
(c)
(d)
(e)
(f)

彩图 6.1

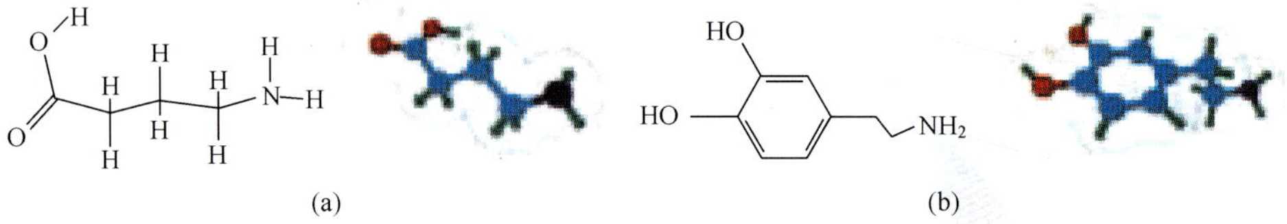
(a)
(b)

彩图 6.7

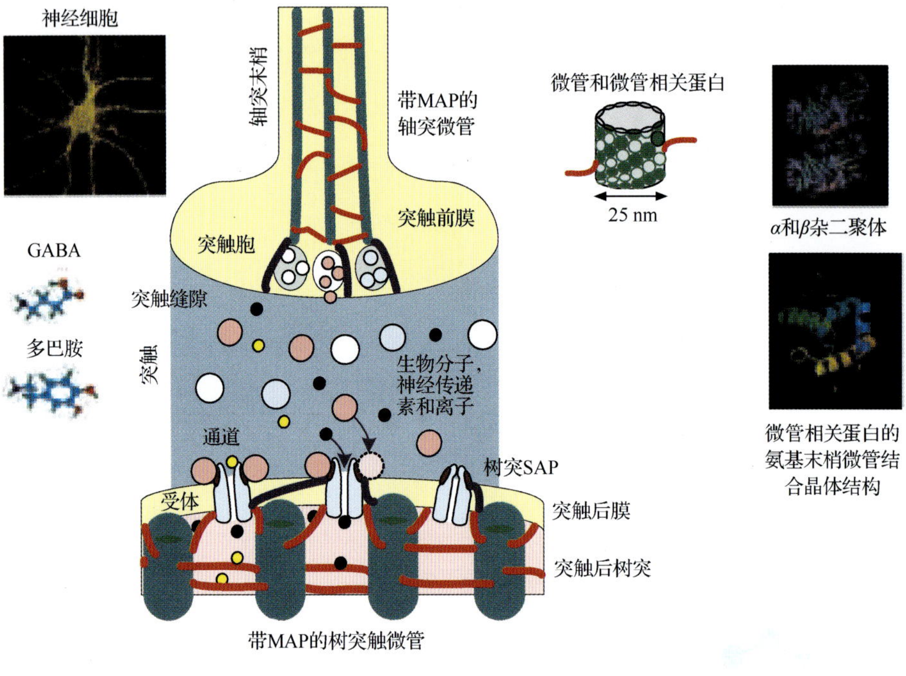
神经细胞
GABA
多巴胺
轴突末梢
带MAP的
轴突微管
突触前膜
突触胞
突触缝隙
突触
生物分子，
神经传递
素和离子
通道
树突SAP
受体
突触后膜
突触后树突
带MAP的树突触微管
微管和微管相关蛋白
25 nm
α和β杂二聚体
微管相关蛋白的
氨基末梢微管结
合晶体结构

彩图 6.8

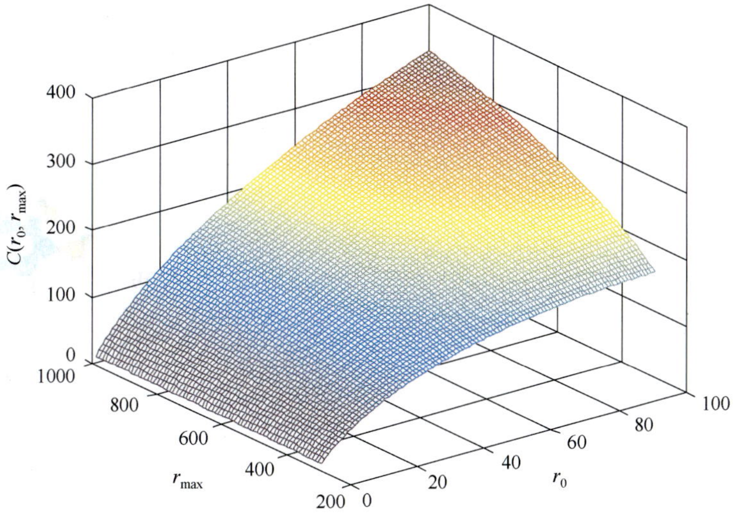

彩图 6.11

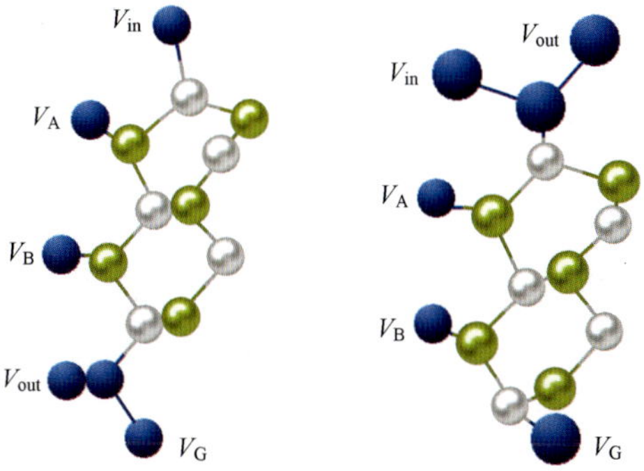

彩图 6.20

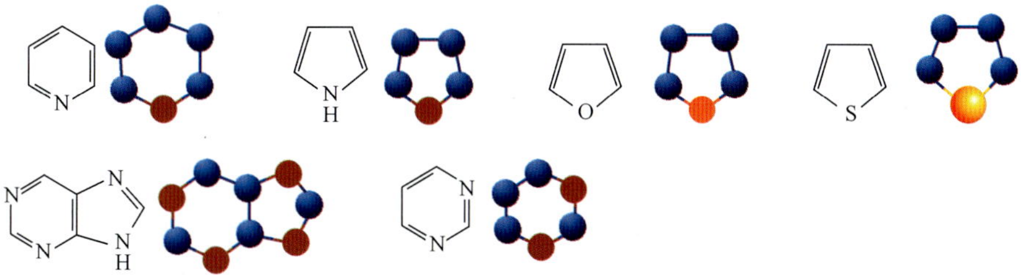

彩图 6.37

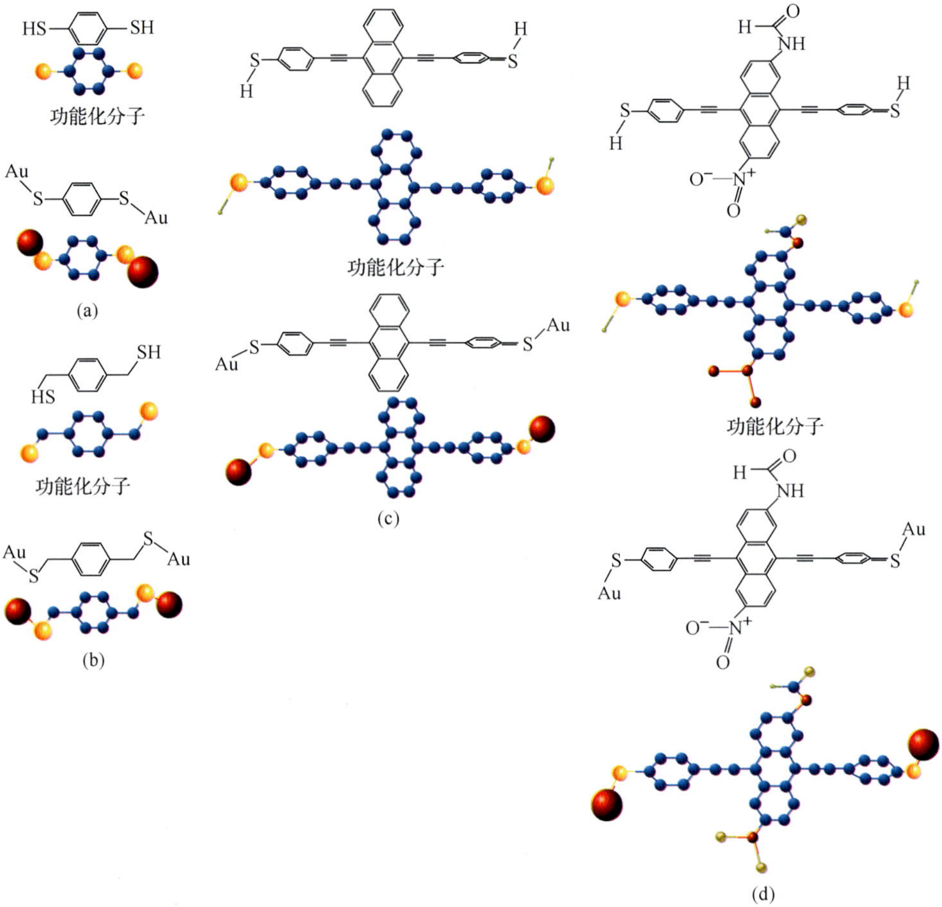
HS
SH
功能化分子
Au
S
S
Au
(a)
SH
HS
功能化分子
Au
S
S
Au
(b)
S
H
H
S
功能化分子
Au
S
S
Au
(c)
H
O
NH
S
H
H
S
O⁻
N⁺
O
功能化分子
H
O
NH
Au
S
S
Au
O⁻
N⁺
O
(d)

彩图 6.39

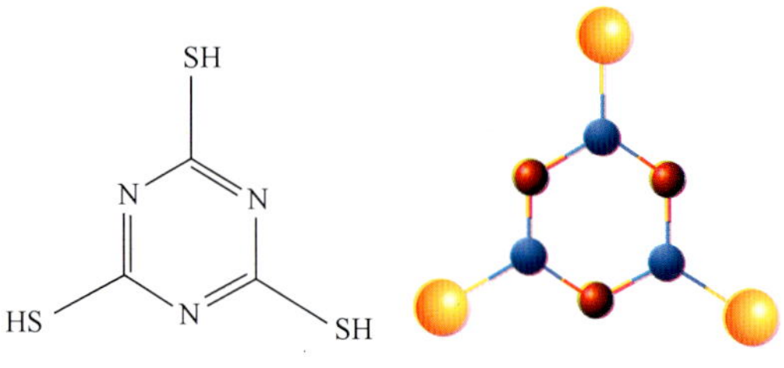
SH
N
N
N
HS
SH

彩图 6.41

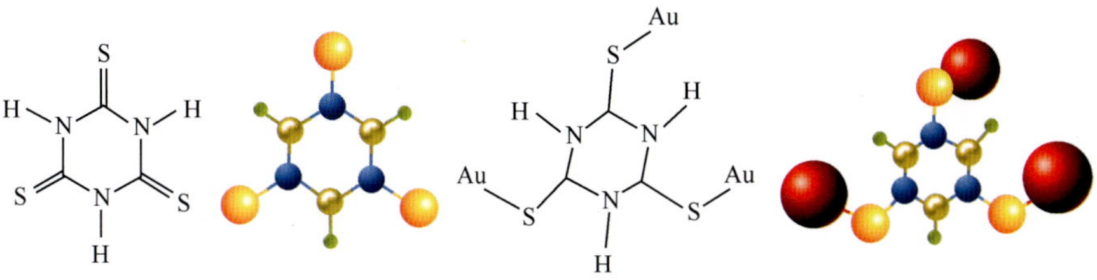

彩图 6.42

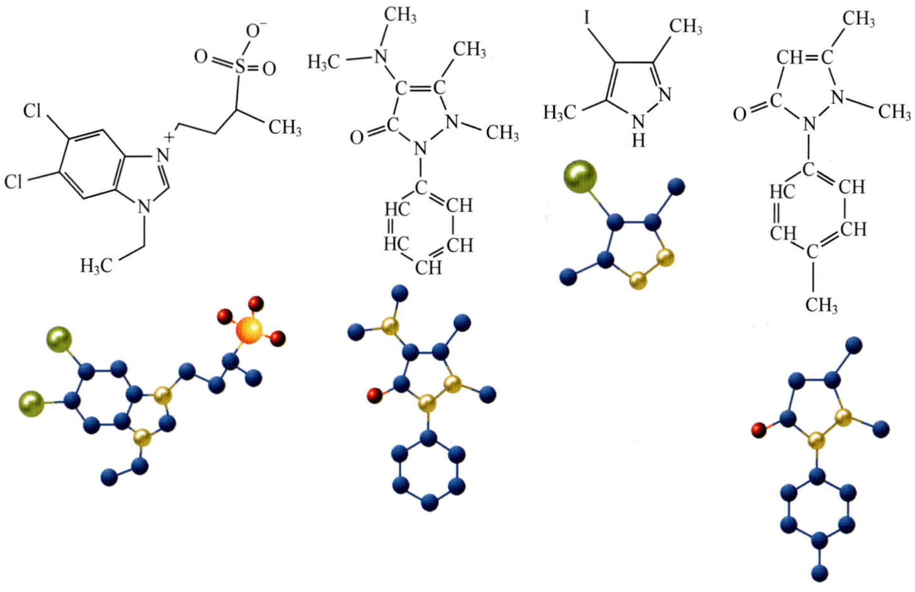

彩图 6.43

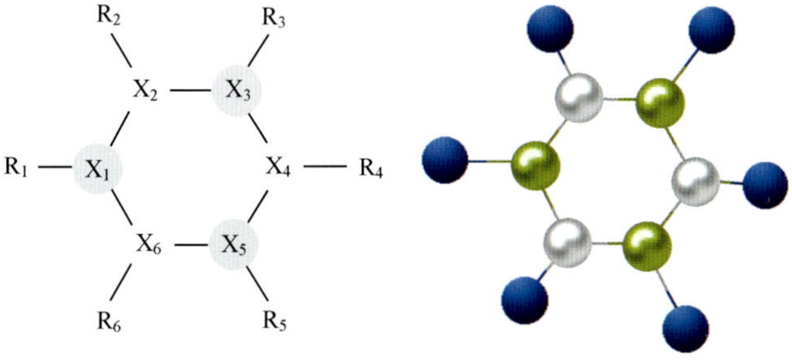

彩图 6.44

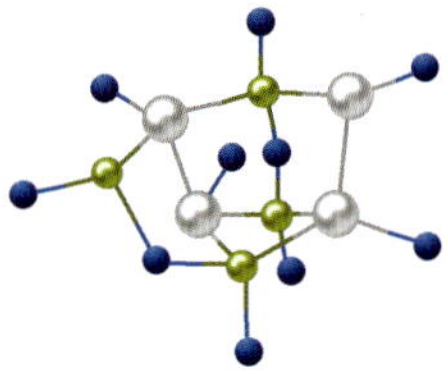

彩图 6.45

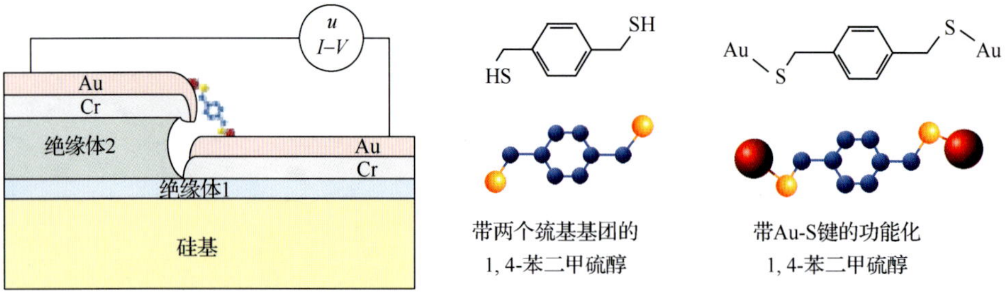

彩图 6.46

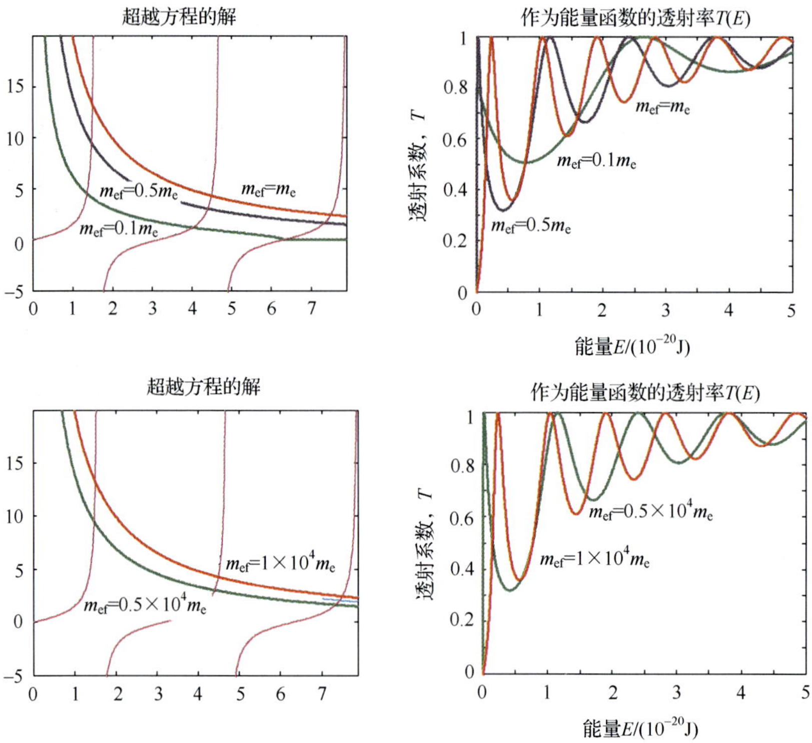

彩图 6.51

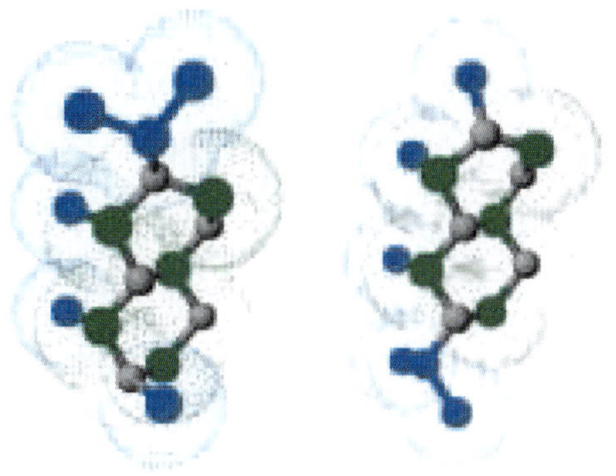

彩图 6.56

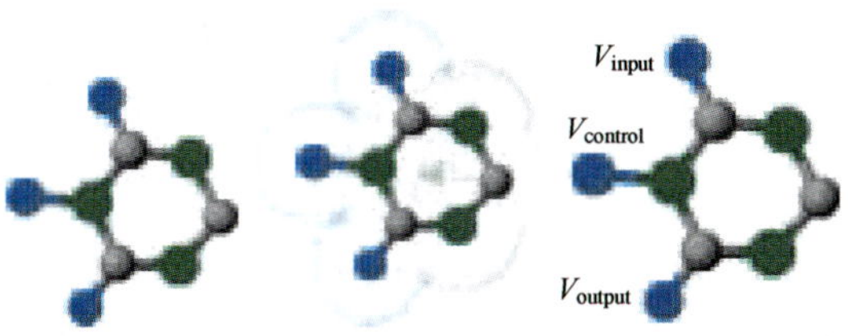

彩图 6.57

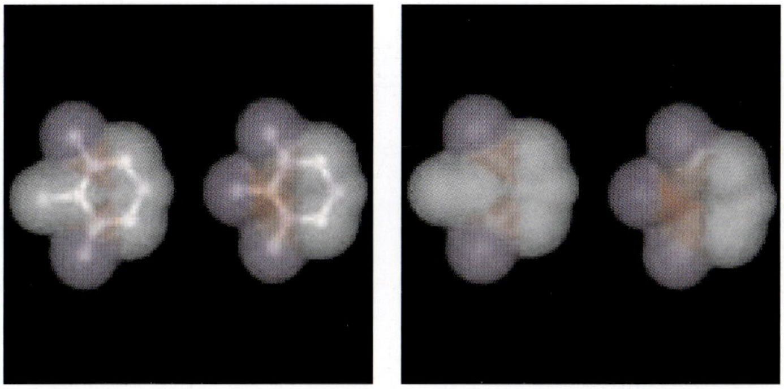

彩图 6.58

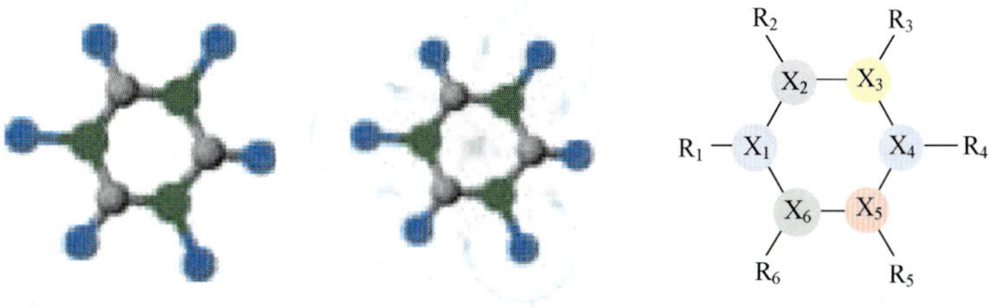

彩图 6.60

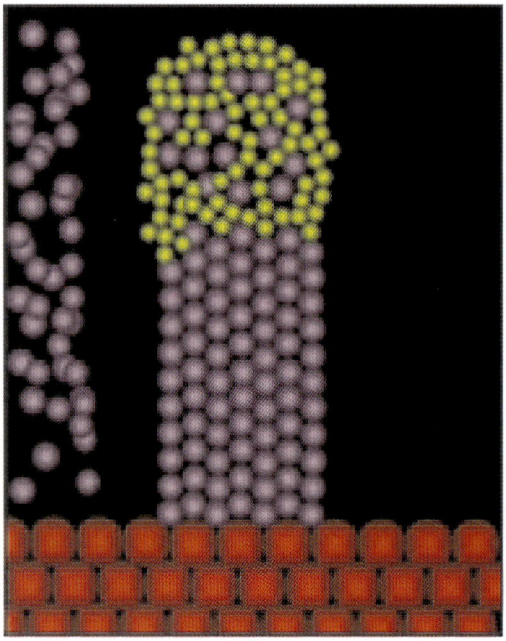

彩图 7.1

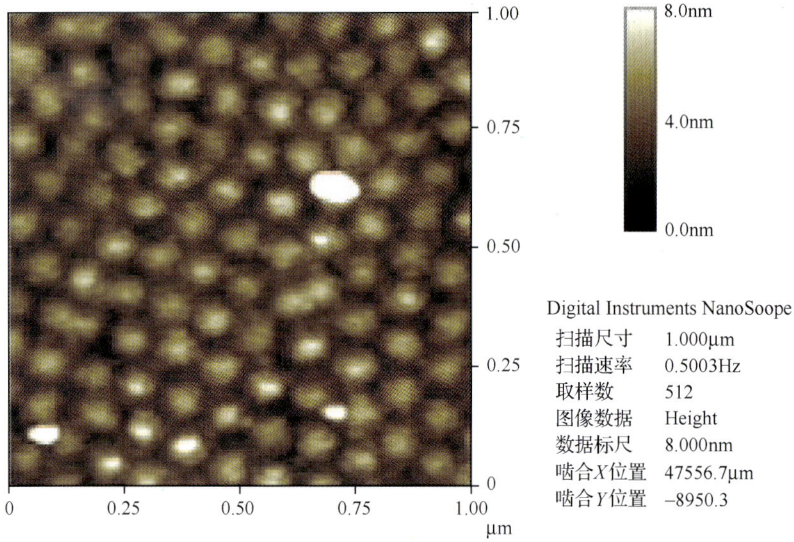

1.00
0.75
0.50
0.25
0
0
0.25
0.50
0.75
1.00
μm
8.0nm
4.0nm
0.0nm
Digital Instruments NanoSoope
扫描尺寸 1.000μm
扫描速率 0.5003Hz
取样数 512
图像数据 Height
数据标尺 8.000nm
啮合X位置 47556.7μm
啮合Y位置 –8950.3

彩图 9.1

彩图 9.3

彩图 9.12

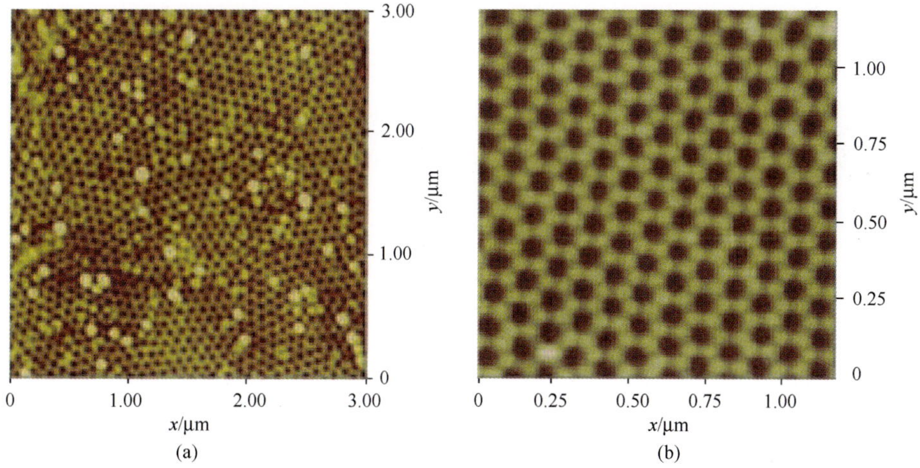

彩图 9.13

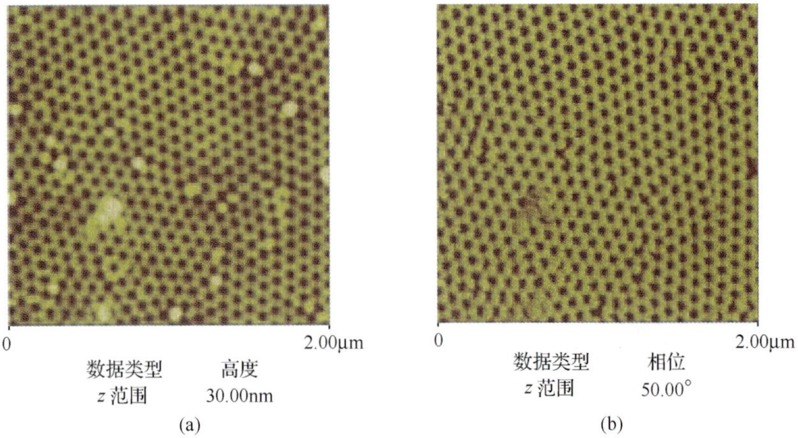

彩图 9.18

彩图 9.19

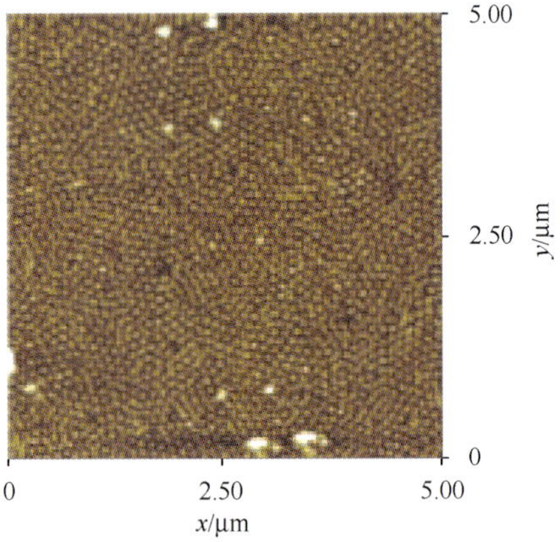

彩图 9.30

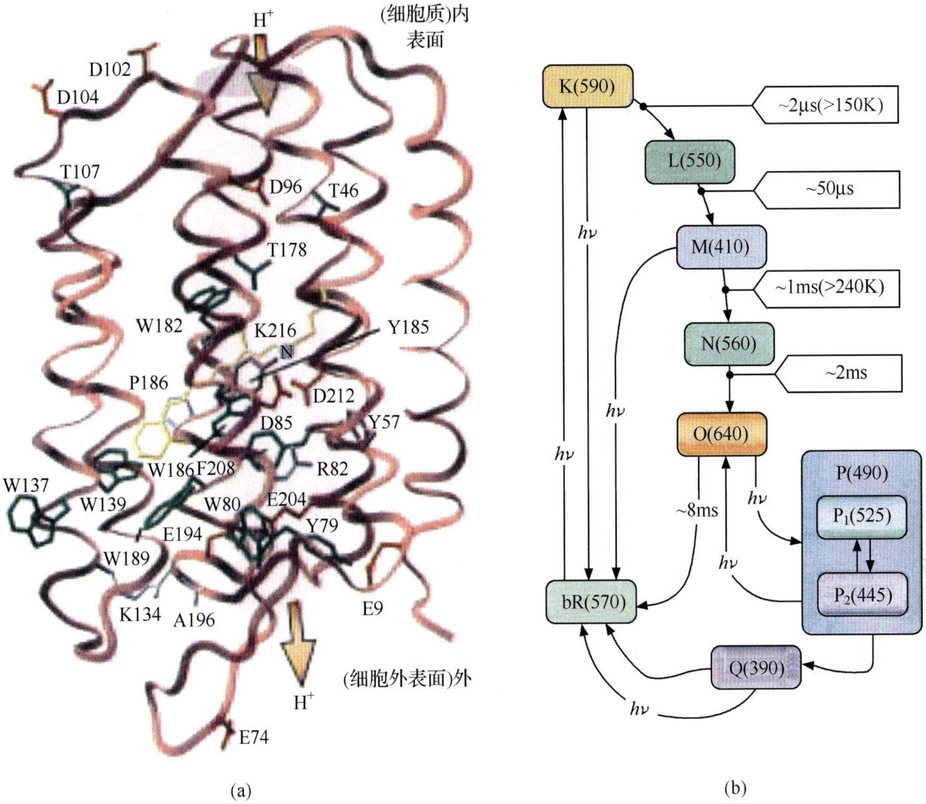

(细胞质)内
表面
H+
D102
D104
T107
D96
T46
T178
W182
K216
N
Y185
P186
D212
D85
Y57
W186
F208
R82
W137
W139
W80
E204
E194
Y79
W189
K134
A196
E9
(细胞外表面)外
H+
E74
(a)
K(590)
~2μs(>150K)
L(550)
~50μs
hν
M(410)
~1ms(>240K)
N(560)
~2ms
hν
O(640)
hν
P(490)
hν
~8ms
P1(525)
hν
P2(445)
bR(570)
Q(390)
hν
(b)

彩图 16.1

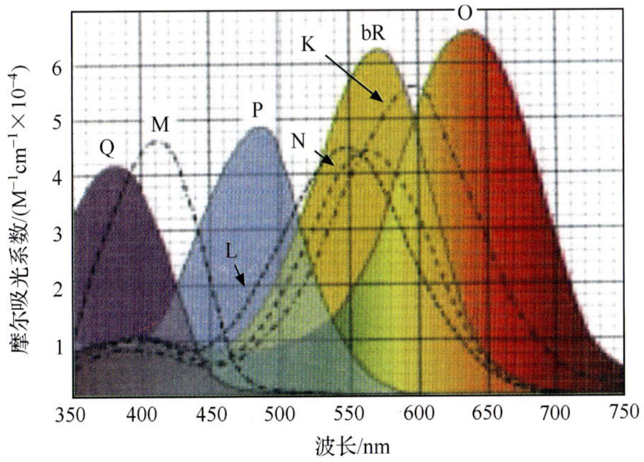

O
K
bR
P
M
Q
N
L
摩尔吸光系数/(M-1cm-1×10-4)
6
5
4
3
2
1
350
400
450
500
550
600
650
700
750
波长/nm

彩图 16.2

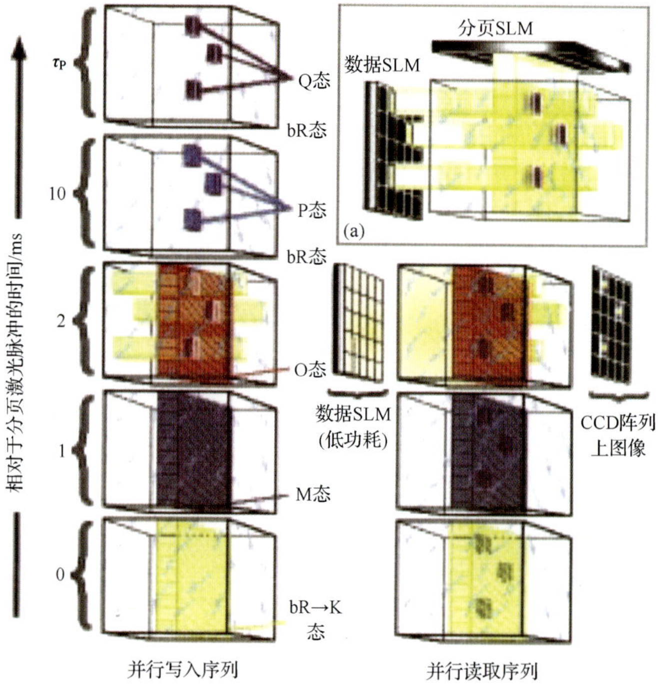

τ_P
10
2
1
0
相对于分页激光脉冲的时间/ms
Q态
bR态
P态
bR态
O态
M态
bR→K
态
分页SLM
数据SLM
(a)
数据SLM
(低功耗)
CCD阵列
上图像
并行写入序列
并行读取序列

彩图 16.4

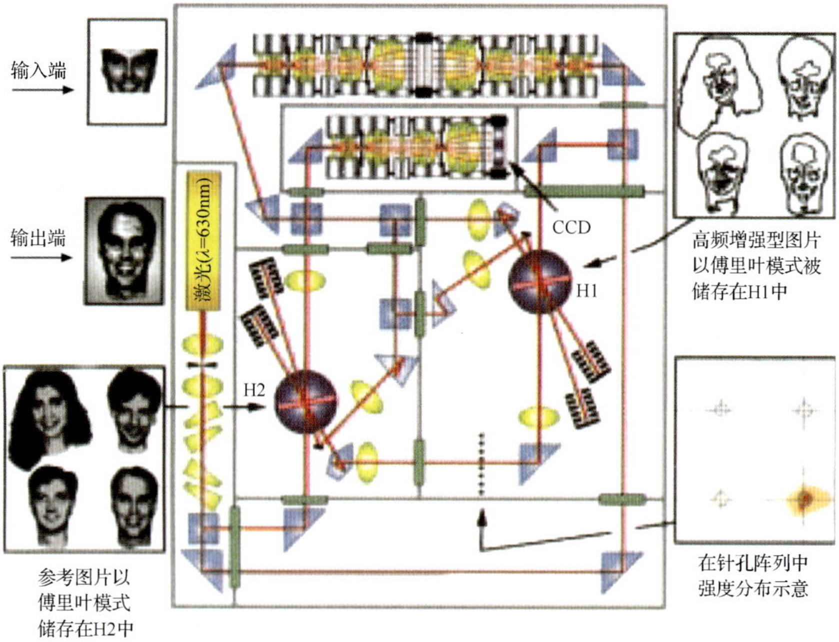

输入端
输出端
激光(λ=630nm)
CCD
H1
H2
高频增强型图片
以傅里叶模式被
储存在H1中
参考图片以
傅里叶模式
储存在H2中
在针孔阵列中
强度分布示意

彩图 16.6

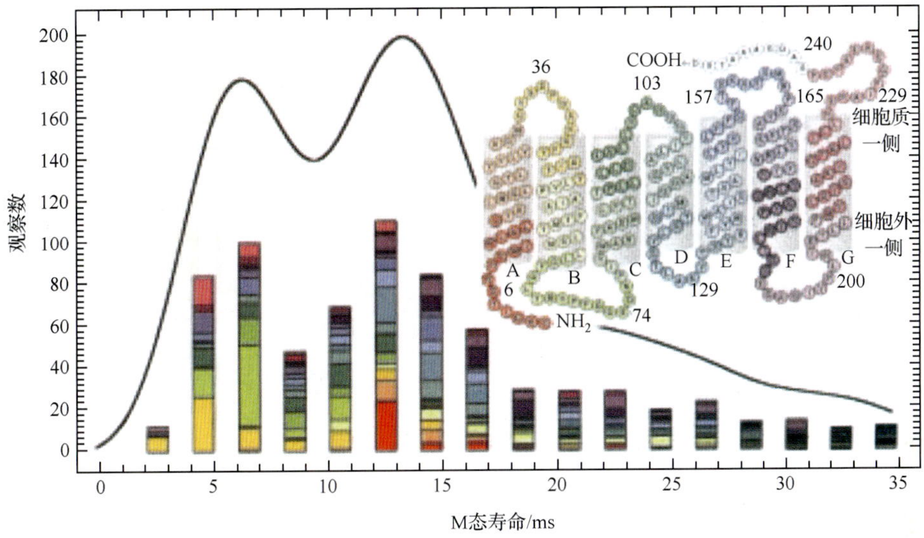

观察数
M态寿命/ms
COOH
NH2
细胞质一侧
细胞外一侧
A
B
C
D
E
F
G
6
36
74
103
129
157
165
200
229
240

(a)

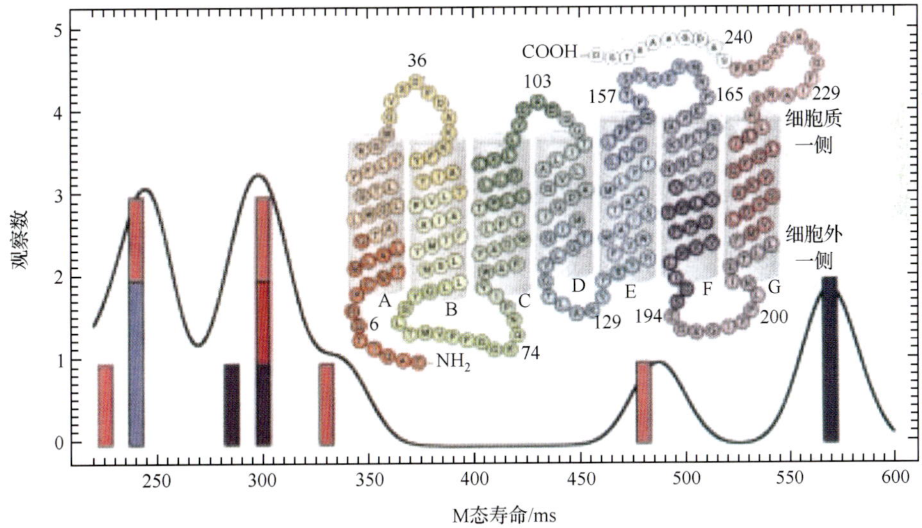

观察数
M态寿命/ms
COOH
NH2
细胞质一侧
细胞外一侧
A
B
C
D
E
F
G
6
36
74
103
129
157
165
194
200
229
240

(b)

彩图 16.11

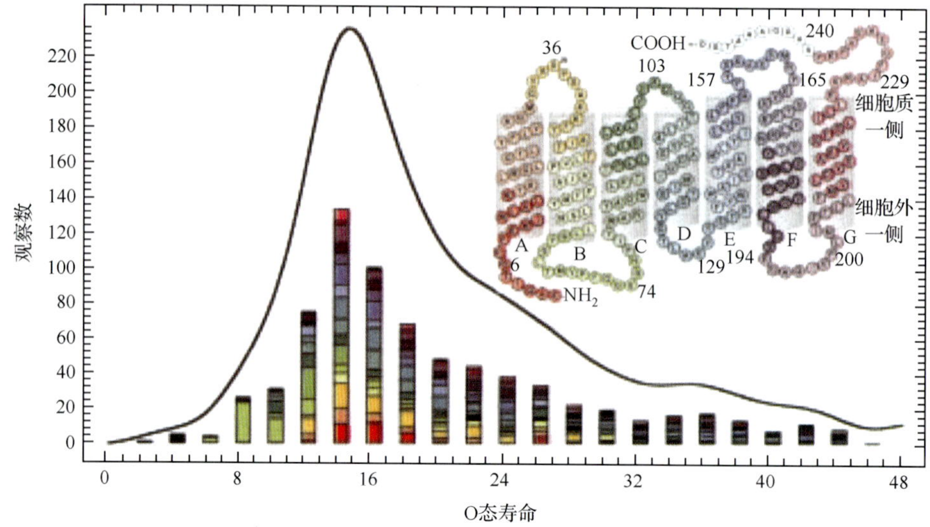
观察数
O态寿命
36
103
157
165
229
240
COOH
细胞质一侧
细胞外一侧
A
B
C
D
E
F
G
6
74
129
194
200
NH_2

(a)

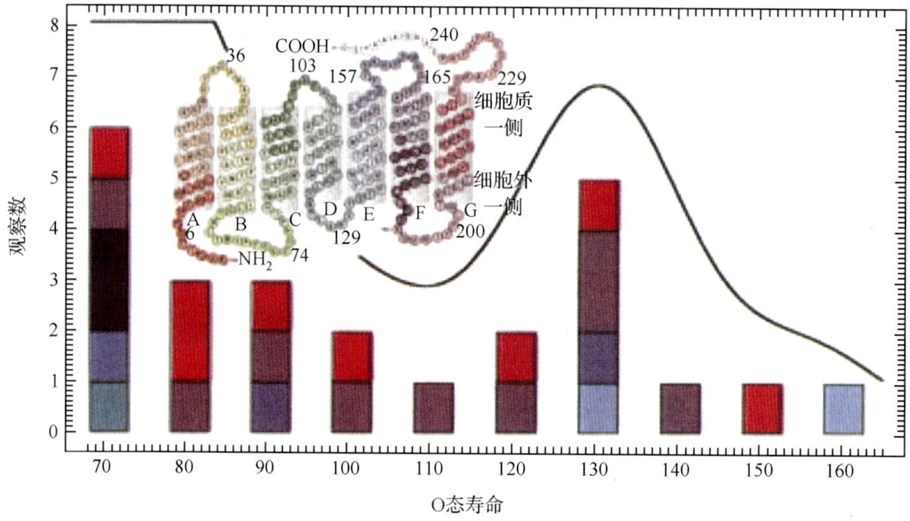
观察数
O态寿命
36
103
157
165
229
240
COOH
细胞质一侧
细胞外一侧
A
B
C
D
E
F
G
6
74
129
200
NH_2

(b)

彩图 16.12

16

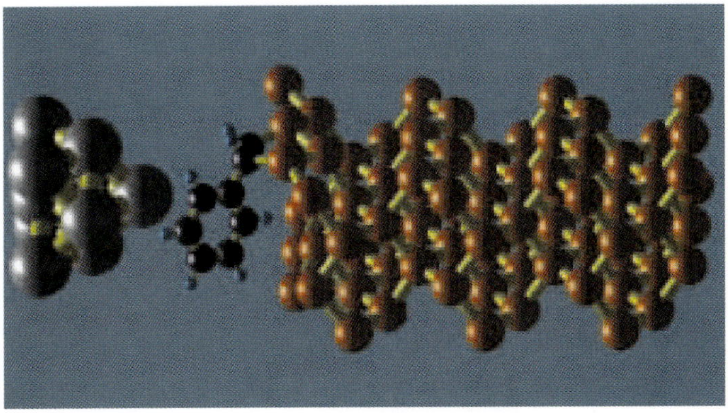

彩图 19.1

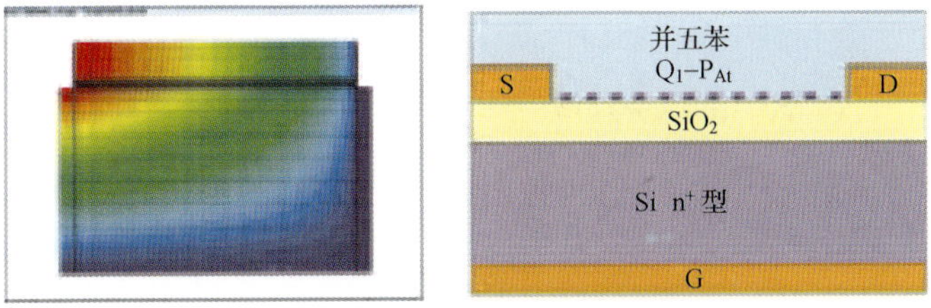

彩图 19.9

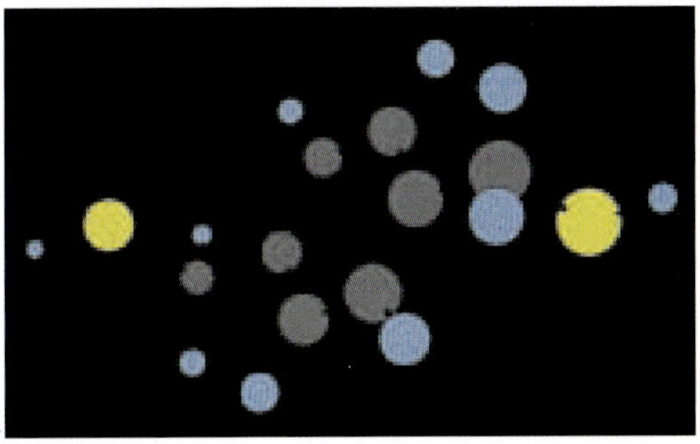

彩图 21.5

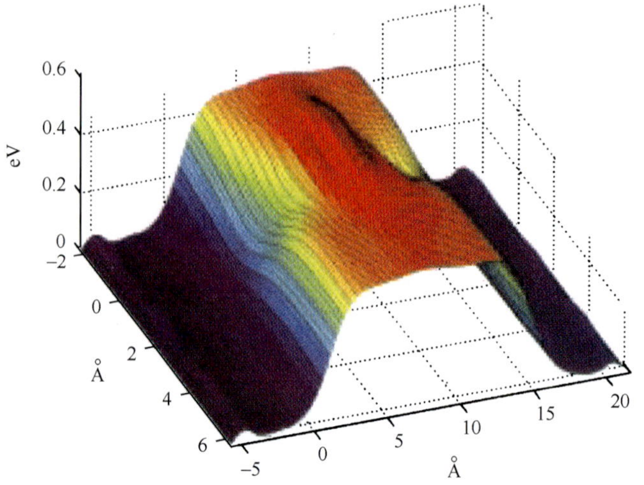
0.6
0.4
0.2
0
eV
−2
0
2
4
6
Å
−5
0
5
10
15
20
Å

彩图 21.7

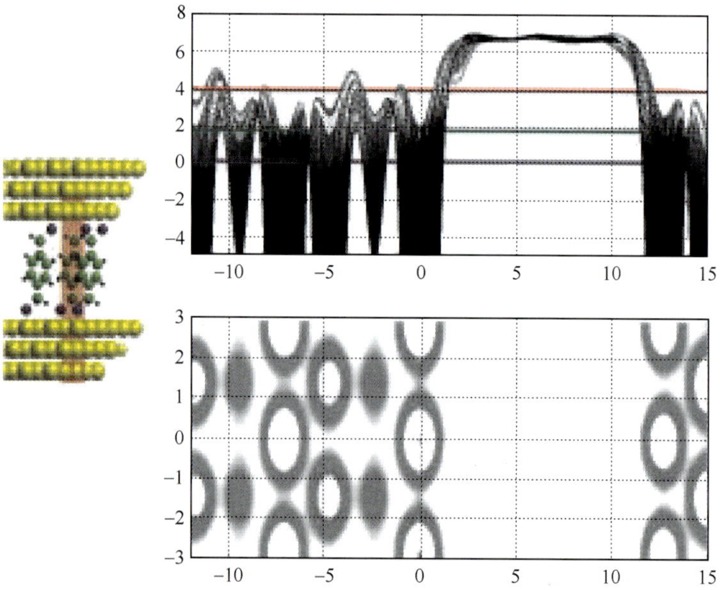
8
6
4
2
0
−2
−4
−10
−5
0
5
10
15
3
2
1
0
−1
−2
−3
−10
−5
0
5
10
15

彩图 21.8

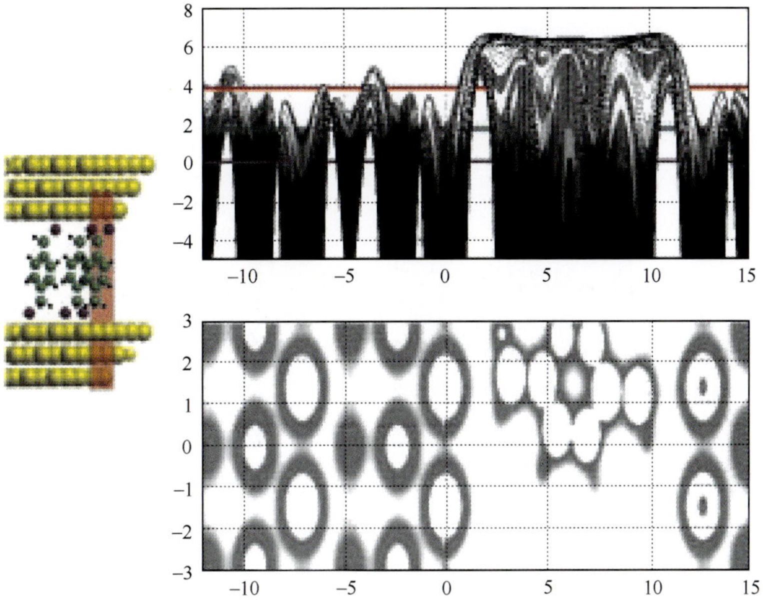

彩图 21.9

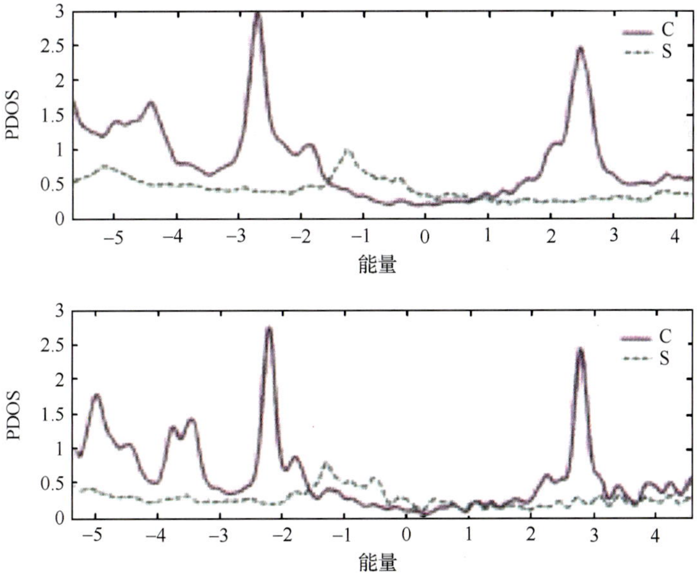

彩图 21.10

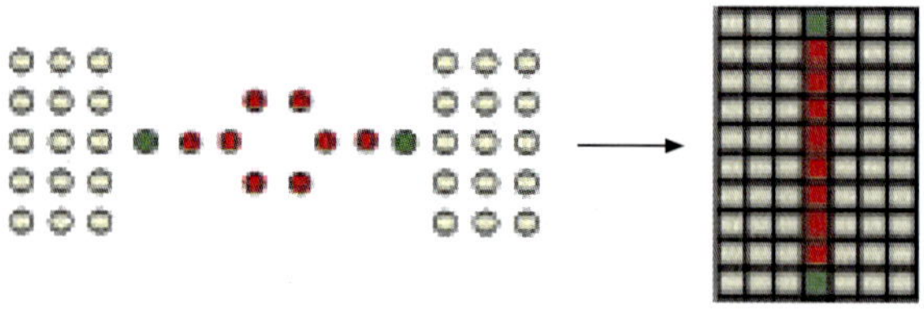

彩图 21.11

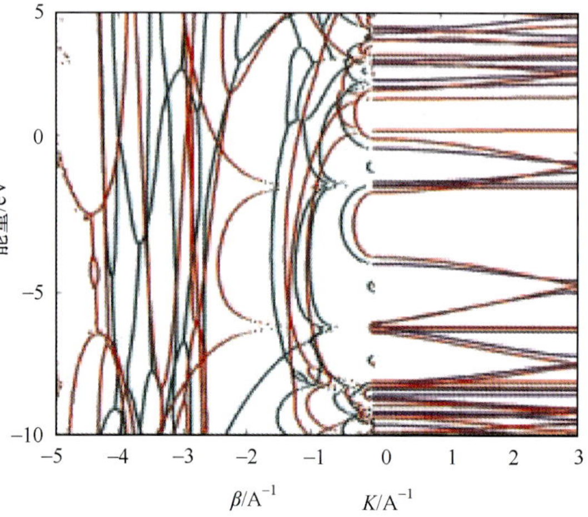

彩图 21.13

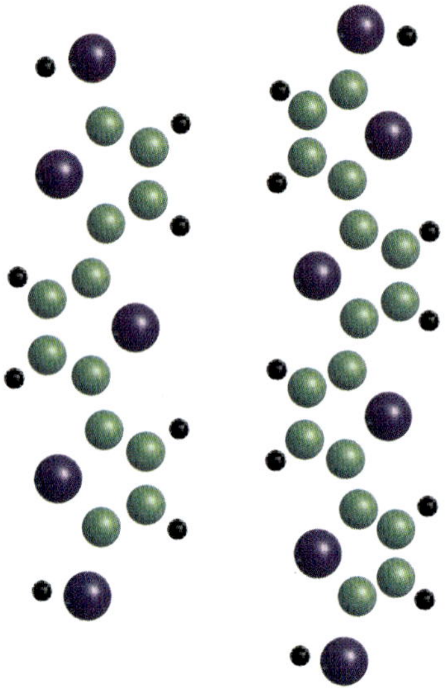

彩图 21.14

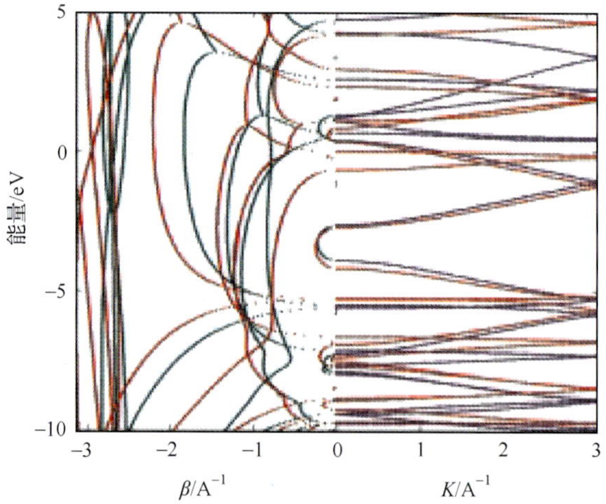

彩图 21.15

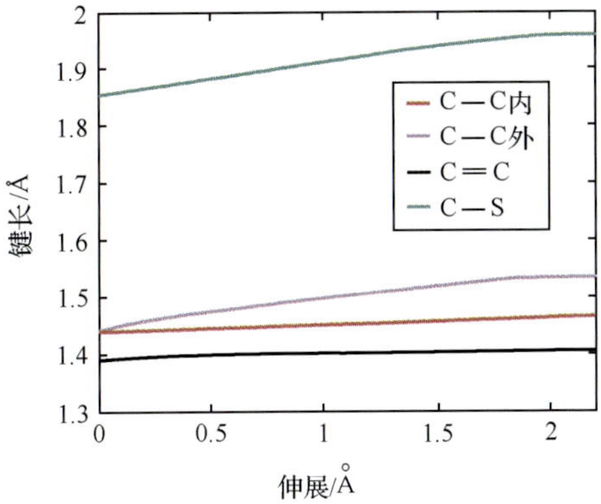

彩图 21.17

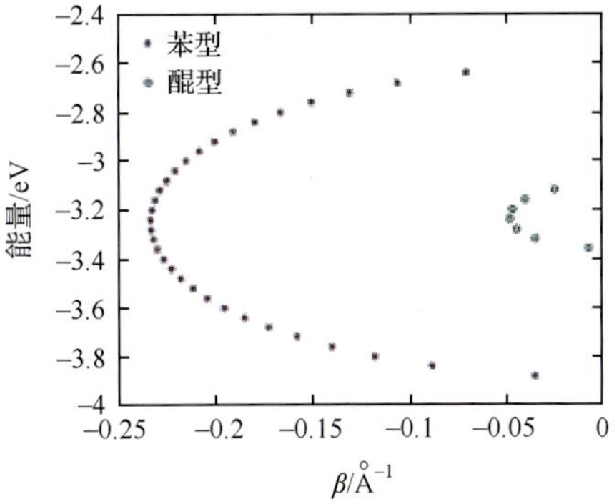

彩图 21.20

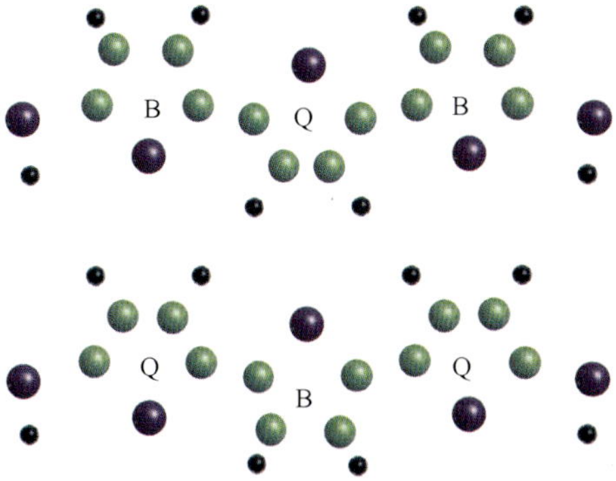

彩图 21.22

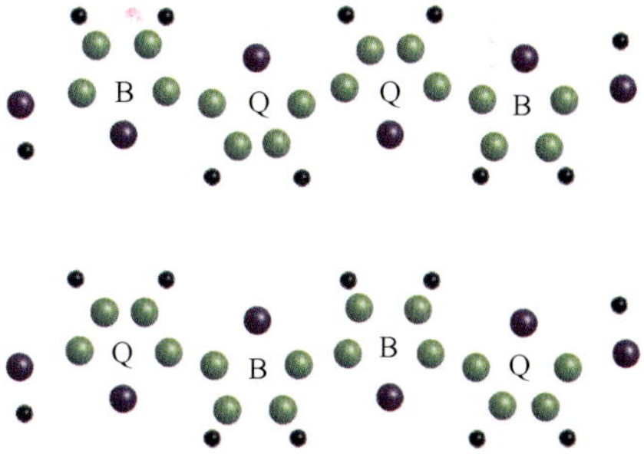

彩图 21.23

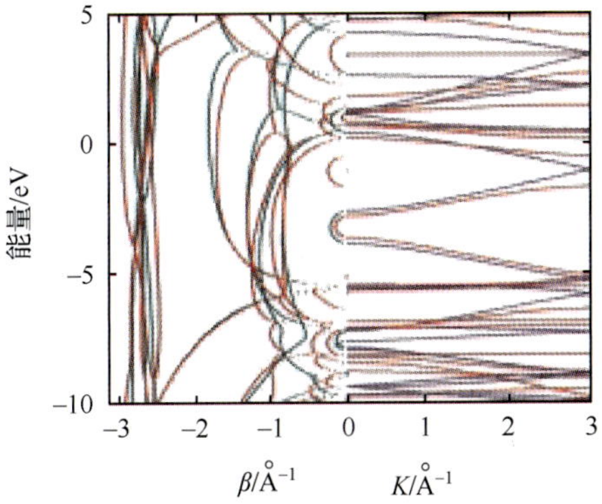

彩图 21.24

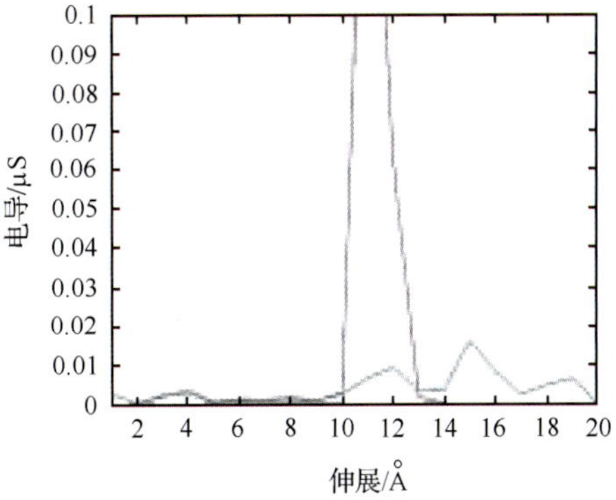

彩图 21.25

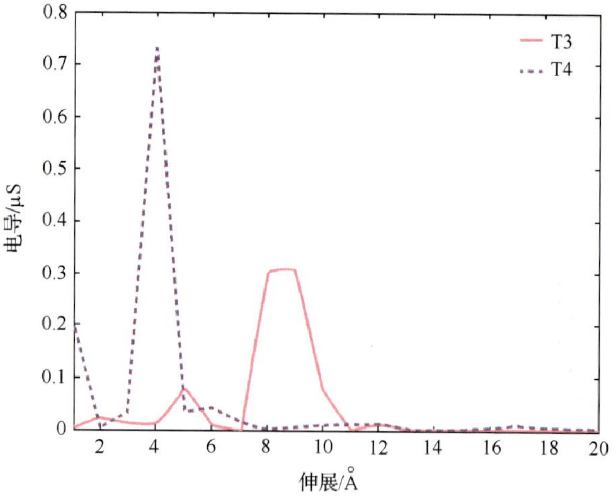

彩图 21.31

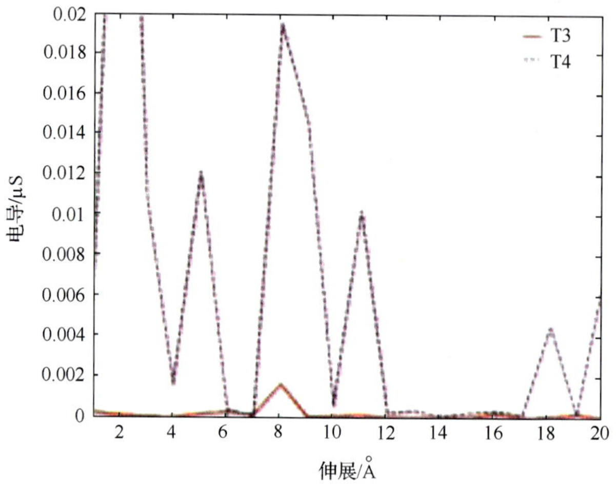

彩图 21.32

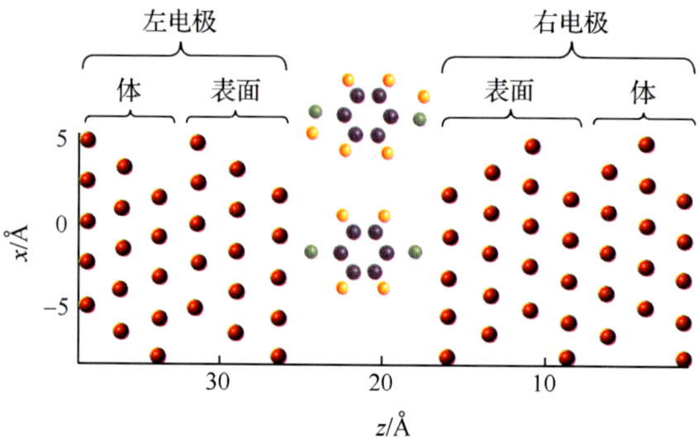

彩图 25.1

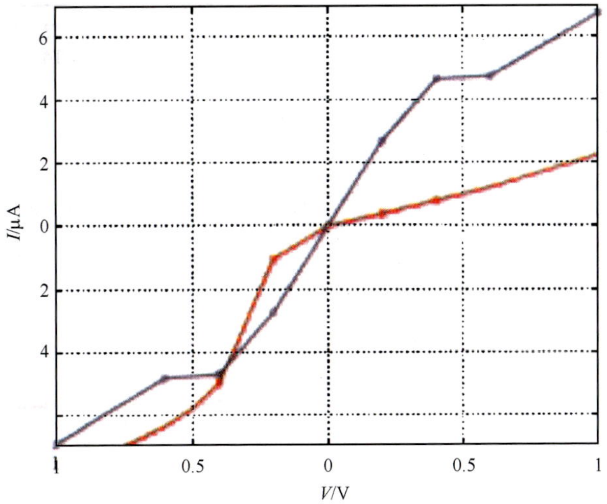

彩图 25.4

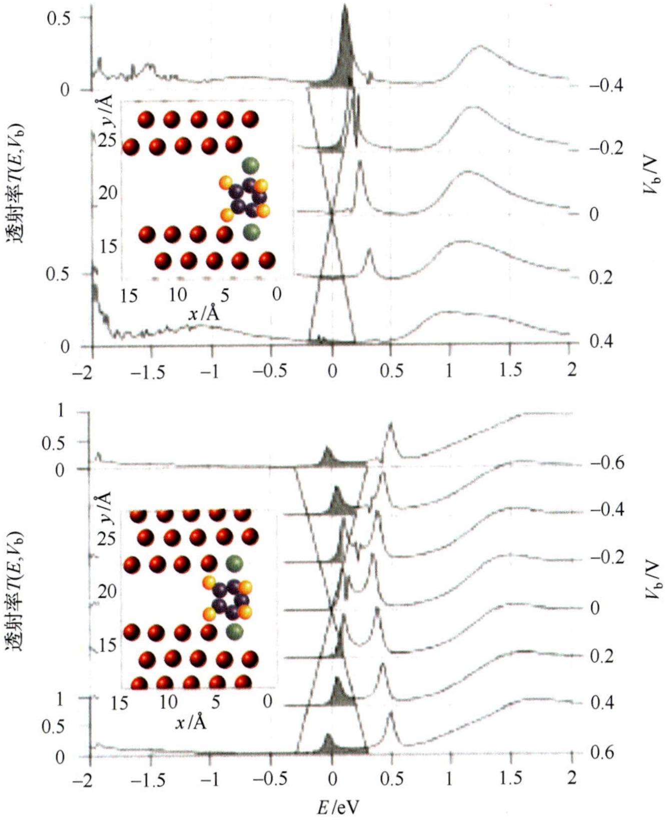

彩图 25.5

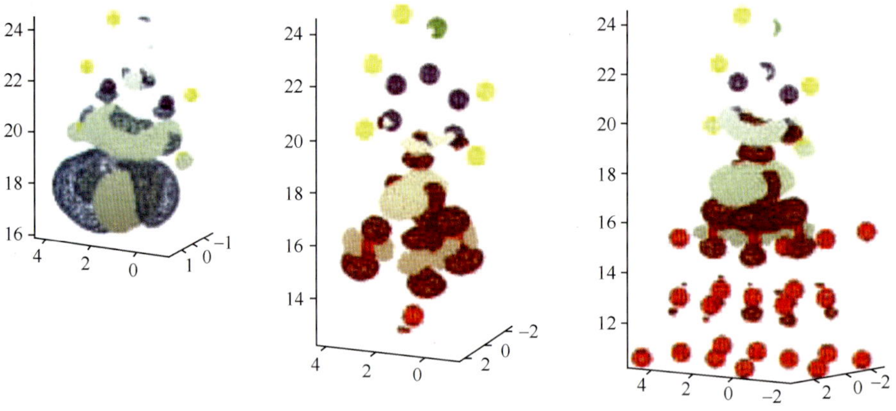

彩图 25.6

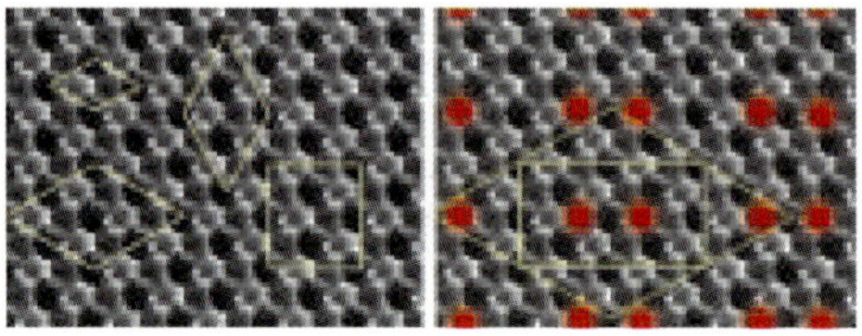

彩图 25.10

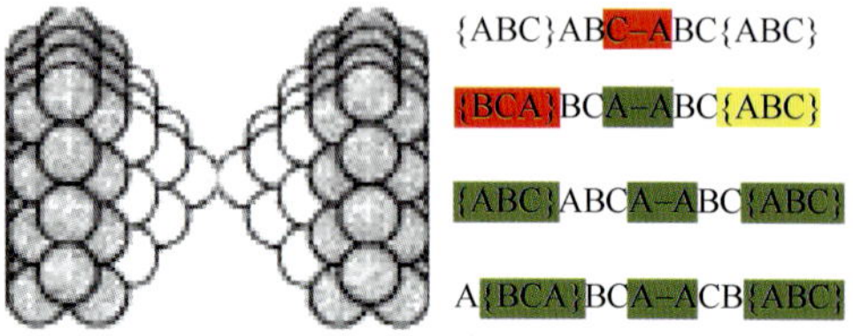

彩图 25.11

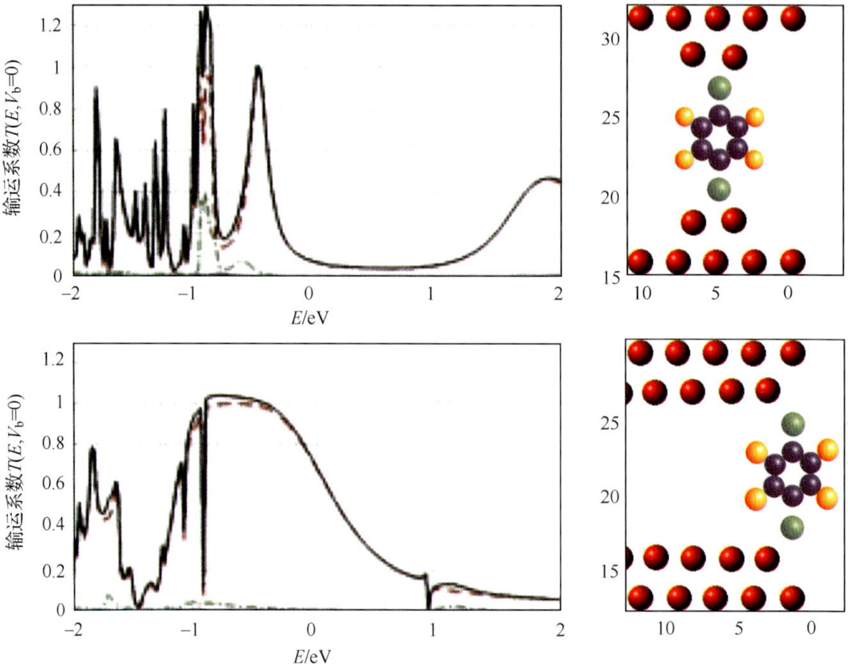

彩图 25.12